第六辑 INDUSTRIAL DESIGN RESEARCH

工业设计研究

屈立丰　李　娟　唐玄辉　主编

四川大学出版社

责任编辑：唐　飞
责任校对：胡晓燕
封面设计：墨创文化
责任印制：王　炜

图书在版编目(CIP)数据

工业设计研究. 第六辑 / 屈立丰，李娟，唐玄辉主编. —成都：四川大学出版社，2018.11
ISBN 978-7-5690-2549-1

Ⅰ.①工… Ⅱ.①屈… ②李… ③唐… Ⅲ.①工业设计—研究 Ⅳ.①TB47

中国版本图书馆 CIP 数据核字（2018）第 254505 号

书名　**工业设计研究（第六辑）**
GONGYE SHEJI YANJIU（DI LIU JI）

主　　编　屈立丰　李　娟　唐玄辉
出　　版　四川大学出版社
地　　址　成都市一环路南一段 24 号（610065）
发　　行　四川大学出版社
书　　号　ISBN 978-7-5690-2549-1
印　　刷　郫县犀浦印刷厂
成品尺寸　210 mm×285 mm
插　　页　2
印　　张　29
字　　数　1026 千字
版　　次　2018 年 11 月第 1 版
印　　次　2018 年 11 月第 1 次印刷
定　　价　88.00 元

◆读者邮购本书，请与本社发行科联系。
电话：(028)85408408/(028)85401670/
(028)85408023　邮政编码：610065
◆本社图书如有印装质量问题，请寄回出版社调换。
◆网址：http://press.scu.edu.cn

编委会

（按姓名字母排序）

IDRC

工业设计产业研究中心

Research Center of Industrial Design

工业设计产业研究中心简介

工业设计产业研究中心（以下简称“中心”）是四川省教育厅和西华大学为适应地方经济建设、社会发展，促进设计创新和产业提升，繁荣学术文化共建的人文社会科学研究基地。它集工业设计的学术研究、产业创新与实践研究于一体，是四川省教育厅人文社会科学重点研究基地。

中心以马克思列宁主义、毛泽东思想、邓小平理论和“三个代表”重要思想为指导，将学术研究与应用开发相结合，工业设计理论与产业创新相结合，科研人员的学术研究与文化管理部门的工作相结合，研究学术、转换成果，致力于工业设计产业化的战略创新与实践，努力建立“工业设计理论研究—产业升级—应用实践”三位一体的研究格局，为构建和谐四川和建设文化强省做贡献。

中心坚持校内外结合，整合省内的科研力量，积极与国内业界著名的公司和机构开展合作，已初步形成了一支具有学术理想和较强实力的科研队伍。中心现有教授10人，副教授18人，博士生导师1人，承担科研项目50多项，发表论文200多篇，出版学术专著3部，获省部级以上科研奖8项。

中心建立开放性的研究平台，将与《西华大学学报》（哲学社会科学版）联合开设“工业设计研究”专栏，以此扩大中心与学报的影响。中心立足于本土工业设计应用研究，以学理为支撑，在做好工业设计理论的基础上进行应用设计研究，以服务四川地方经济、社会和文化发展，促进四川产业结构优化和经济发展方式转型，为提升本土企业产品附加值提供良好服务，为“四川制造”转型到“四川创造”提供助推力。力争将中心建成工业设计产业的科学研究中心、学术交流中心、资料信息中心、人才培养中心和咨询服务中心。中心以重点课题为龙头，用项目聚合科研队伍，采取“申请课题和经费进中心，完成课题后出中心”的流动机制聘请研究人员，有效整合校内外科研力量；中心定期举办全省性（全国性或国际性）学术会议，派出和接受访问学者，加强学术交流，培养学术人才，认真办好网站和刊物，努力扩大学术影响；中心建立“走出去”的科研机制，主动为四川省工业设计产业研究创新策略、实践创新成果、发展创新产业提供咨询、策划和人才培训等方面的服务；中心通过科研管理制度的改革创新，完善自我发展、自我创新的运行机制，逐步建成省内一流水平、在国内具有一定学术影响的人文社会科学研究基地。

研究中心地址：成都市金牛区金周路999**号西华大学艺术大楼**A**座**108**室工业设计产业研究中心**

研究中心网址：http://idrc.xhu.edu.cn

研究中心电话：028－87726706（**联系人：陈文雯、李娟**）

主编寄语

今年是我们四川省教育厅人文社会科学重点研究基地“工业设计产业研究中心”坚持连续出版《工业设计研究》辑刊的第六年。这本《工业设计研究（第六辑）》分成两个版块：学术研究、行业前沿，其中，“学术研究”版块56篇，“行业前沿”版块28篇，总计84篇。

忽然之间，设计学就成了中国学术界的显学和热点，究其原因，可能是因为我国近年来设计产业迅速发展的拉动；也可能是因为艺术学独立成为学科门类之后，设计学成为一级学科的学科发展的自主性和迫切性的激励。目前我们看到的是，作为新兴交叉领域的用户体验行业走在了中国工业设计行业发展与设计研究领域的前沿，用户体验领域所关涉的用户体验及可用性、智能终端、设计思维、设计管理、用户研究、服务设计、先进制造技术恰恰也是我们的论文集这几年所关注的重点。

感谢西华大学学科办一直以来对我们工业设计产业研究中心在经费和政策方面的大力支持和鼎力帮助！感谢“UXPA中国”（中国用户体验专业协会）的同仁与我们在联合出版用户体验行业论文项目方面展开的长期而富有成效的合作。我们合作的重要基础在于：我们拥有积极推动中国工业设计学术研究与用户体验行业发展的愿景和价值观。感谢多年以来给我们的热情反馈和积极建议的热心读者，你们的期待和支持一直是我们坚持把本书做下去的重要动力。

工业设计产业研究中心

屈立丰

2018年9月21日

目　录

学术研究

行业前沿

学术研究

停车情境下车外灯光交互方案的测试与评估

白小晶　刘子瑜　沈祖煜　朱燕丛
（北京师范大学，北京，100875）

摘　要：随着经济的发展，私家车规模在不断扩大。与此同时，新手驾驶员的数量也逐渐增加。相对于经验丰富的驾驶员，新手驾驶员受制于经验不足、心理紧张等因素，更容易发生交通事故。因此，本文选取了新手驾驶员普遍认为较难的停车情境，为新手驾驶员们设计出一个基于灯光交互的解决方案。本文将重点通过概念测试、原型测试、混合现实场景测试三个阶段的测试对设计方案进行评估，以确保设计的有效性，从而帮助新手驾驶员更安全地停入停车位。

关键词：车辆网；灯光交互；测试与评估

1　背景

随着国家经济水平的提升和科学技术的发展，车联网技术更多地应用到了机动车之中。“互联网”已经普及，“车联网”也在迅速发展，私家车数量日益增长，人车之间、车辆之间都被网络联成一个整体。顾名思义，车联网就借以网络的载体，使道路系统中的各车辆能够相互连接并共享信息。不仅如此，行人、基础设施也是车联网系统中的重要组成部分。应用服务是车联网的核心，其能够不受时间、地域的限制，为每位用户提供定制化的服务。国外车联网的发展情况要领先国内很多，已基本实现了车辆位置共享、路况信息预测、智能停车系统等功能。Kanchanasut 等提出了解决车车通信安全问题的信息传输协议，Hosking 等设计并实现了分散交通管理系统。

1.1　研究意义

据公安部交通管理局（2017）数据，中国机动车数量已达 3.04 亿辆。随着车辆的增多，因车祸造成的生命财产损失也逐渐加大。尤其是新手驾驶员因为缺乏驾驶经验，更容易发生交通事故。据统计，因驾驶员因素造成的交通事故占事故总数的比例在 80%以上，其中 3 年驾龄以内的新手驾驶员造成的事故占一半以上。由此可见，新手驾驶员更容易发生交通事故。通用汽车公司曾做过一项调查研究，为了提高驾驶员在驾驶过程中的专注力，他们在中控上增加闪烁的图标。但是结果表明，这并不能有效提高驾驶员对中控的驾驶信息以及路面情况的注意水平。也有学者指出，目前绝大多数信息都显示在仪表板和中控台上，这就造成如果驾驶员想要获得这些信息，他的视线就必须离开主要道路，哪怕是很短的时间。而正是这短暂的时间，会耗费驾驶者一定的认知资源，对驾驶安全造成威胁。

无论是在交通系统还是在车联网系统中，人都是核心要素。同时，新手驾驶员一直是各项研究的重点，因为他们虽然经过了驾校考核，但其中很多人依旧不会开车。在驾驶的各个场景中，新手驾驶员普遍反映弯路、倒车、并线等情况较难。很多新手驾驶员都有“停车恐惧症”，而且由于不经常停车，所以锻炼的机会也少，停车技巧提高得很慢，新手驾驶员停车时常发生剐蹭事故，这更增加了新手驾驶员停车的恐惧心理。因此，在我国目前道路交通安全状况下，缓解新手驾驶员驾驶时的紧张感，对减少道路交通事故和改善交通安全状况具有重要意义。

1.2　新手驾驶员的界定

统计资料显示，在近年来发生的各种类型道路交通事故中，具有 3 年以下低驾龄的驾驶员肇事引发的死亡比例较高，低驾龄的新手驾驶员已成为交通事故的主要责任人。因此，通常认为驾龄小于 3 年的驾驶员为新手驾驶员，而驾驶技能鉴定标准应包括驾龄和驾驶里程数两个方面。《国家职业标准——汽车驾驶员》中也规定连续从事本职业工作 3 年或安全行车 100000km 以上，才能被称为中级驾驶员。因此，将新手驾驶员界定为：驾龄不足 3 年，且驾驶里程不足 100000km，驾驶时心理生理素质较差，与车、路、环境之间的适应及协调能力较弱的驾驶员。

心理学研究提出，人在从事某项任务时，适当的紧张有助于精力的集中，从而使工作的效率和可靠度提高。但如果紧张过度，人会因为紧张超过生理极限而导致动作失误。而新手驾驶员由于自身驾驶技能低下、心理生理素质较差等主观原因，在复杂的驾驶情境下往往会夸大困难的倾向，神经过分紧张，以致操作的速度和准确性受到很大影响，从而给行车带来极大的威胁，这也是导致交通事故的一个重要原因。

1.3 设计方案

本文选取了新手驾驶者普遍认为较难的倒车和停车入库场景，基于车联网的大背景，提出一种车外灯光交互的新方案，以帮助、指导新手驾驶者更方便安全地停入停车位。该方案的灯光关键交互如图1所示。

图1 灯光关键交互示意

当车辆来到空车位前面时，邻近车辆的后视镜会向四周投射出光线，照亮空车位。灯光的颜色取决于车辆的行进路线以及与其他车的距离，并且会随着车辆的移动实时改变。因为在车联网环境下，车辆的状态信息可以被读取和共享，所以光线会随着待停车辆方向盘的角度变化而改变。在驾驶员停车的过程中，当方向盘转动不同的角度时，系统会计算出车辆的行进路线，并判断会不会和其他车辆发生碰撞。同时，这个信息会通过车联网传递给相邻的车辆。不同的灯光颜色代表不同的安全状态，红色表示危险并会发生剐蹭；橙色表示不会发生剐蹭，但是距离其他车辆太近，开门下车可能不方便；绿色表示此行车路线安全。驾驶者通过后视镜或者直接观察到灯光信息，从而通过调整方向盘角度改变行车路线直至光线成为绿色，这样便可以安全地停入车位。

本文将重点测试和评估方案的可行性和有效性，希望通过定性研究和定量研究结合的方式，获得用户最真实的使用反馈和改进建议，从而进一步迭代并完善设计方案，使其拥有更好的用户体验。

2 方法和流程

本文对于方案的测试与评估主要分为概念测试、原型测试和混合现实场景（VR）测试三个阶段。三个阶段测试分别在不同的研究阶段进行，每个阶段测试结束后，研究者会根据用户反馈对设计方案进行迭代与修改。

2.1 概念测试

概念测试就是用故事板（Storyboard）的形式，只给被试呈现设计方案的图片而不包含对于关键交互细节的描述，要求被试根据自己的理解，把图片中想要表达的故事说出来，从而记录被试能否理解关键测试点。概念测试是整个测试和评估过程的第一步，对于被试无法理解的故事情节和交互点，研究者会进一步改进。

2.2 原型测试

原型测试在概念测试之后进行。在这个阶段，研究者针对概念测试阶段的被试反馈对设计方案进行迭代和改进，然后利用乐高搭建模拟场景。关键的测试点在于被试对于关键交互点和功能点的理解。与概念测试不同，原型测试中主试会把整个故事表述出来，并且配合原型为被试讲解。被试可以随意操作原型并与主试进行讨论。

测试的最后，要求被试填写一份满意度问卷，如表1所示。研究者试图从可用性、易用性及乐用性三个维度对方案进行评估。

表1 停车场景方案设计满意度量表

	十分符合	符合	一般	不符合	十分不符合
这个系统能够解决该问题					
这套系统是容易理解的					
我认为学习这套系统很容易					
我很期待这套系统					
我很乐意向朋友推荐这套系统					

2.3 混合现实场景测试

研究者借助微软的HoloLens工具，用Unity3D搭建了混合现实场景进行测试。由于设计方案与车辆驾驶有关，如果在真实情境下使用实体汽车进行方案测试可能会存在一定的危险性，同时在技术实现上成本较高，因此使用混合现实场景技术能将现实情境和虚拟情境结合起来，安全、高效、低成本地进行测试。

3 测试与评估过程

在测试过程中，研究者主要招募的是新手驾驶员进行测试与评估。所有新手驾驶员驾龄均不超过3年，具有驾驶技术不过硬、心理素质差等特质。此外，所有被试均为右利手，矫正视力正常，色觉正常。

3.1 被试招募

概念测试：招募符合要求的新手驾驶员6名，有经验的驾驶员2名，年龄均在25～30岁，性别比例为1∶1。

原型测试：通过网络招募新手驾驶员8名，其中男性4名，女性4名，年龄均在25～30岁。

混合现实场景测试：招募被试 30 名，其中男性 20 人，女性 10 人，均没有 HoloLens 操作经验，也没有 AR 或 VR 游戏的体验经验。

3.2 测试目的及工具

概念测试阶段主要是为了获取用户对于方案的理解和反馈，以便研究者快速迭代。在此阶段，研究者主要运用故事板进行测试，用户需要仔细查看故事板并进行理解。

原型测试阶段，更关注方案的功能点和交互细节。为了更好地使用户理解情境，研究者搭建了乐高原型，并使用模型车和用户交流讨论。

混合现实场景测试阶段，方案经过前两个阶段的迭代，已经趋于完善。为了获得更真实的数据和用户反馈，也为了给用户更真实的体验，研究者借助 HoloLens 搭建了混合现实场景对方案进行模拟，并将交互细节逐一呈现。

3.3 测试过程

三个测试均在实验室环境下开展，均用 GoPro 记录测试全过程，以获得准确的测试反馈和相关数据。在混合现实场景测试前，所有主试都需要接受 HoloLens 相关教学与培训，以了解设备的校准、使用及测试内容和交互细节等。同时，研究者在 HoloLens 里加入了教学关卡，以帮助用户尽快掌握设备的使用。

3.4 测试任务

在概念测试中，新手驾驶员和有经验的驾驶员的任务是一致的。所有被试均须先阅读故事版，并尝试阐述自己对于故事版的理解。同时，主试会对用户对于故事的理解进行肯定与更正，进而进行相关询问。图 2 为概念测试过程。

图 2　概念测试

在原型测试中，新手驾驶员需要手动操作模型模拟倒车入库，同时参与探讨方案及交互细节，例如，“倒车的时候灯光显示在哪里会关注到?”“如何理解灯光的颜色随着距离变化而改变?”“在倒车的什么时候开始出现灯光比较好?”等。图 3 为原型测试过程。

图 3　原型测试

在混合现实场景测试的整个过程中，被试需要尽可能发声思考。通过被试对自己行为的描述，研究者能够实时把握被试的视角和思路，尤其对于交互部分，在测试开始时，会有两个教程教学使用操作，在确保被试可以操作 HoloLens 后，测试正式开始。在整个测试过程中，被试是第一视角，被试需要完成坐在车内进入停车场找到车位并开始倒车。用户通过前后左右四个按键模拟汽车的前后左右四个方向，在倒车的过程中根据灯光的颜色调整方向和距离，进而完成安全停车的任务。图 4 为 VR 测试场景搭建。

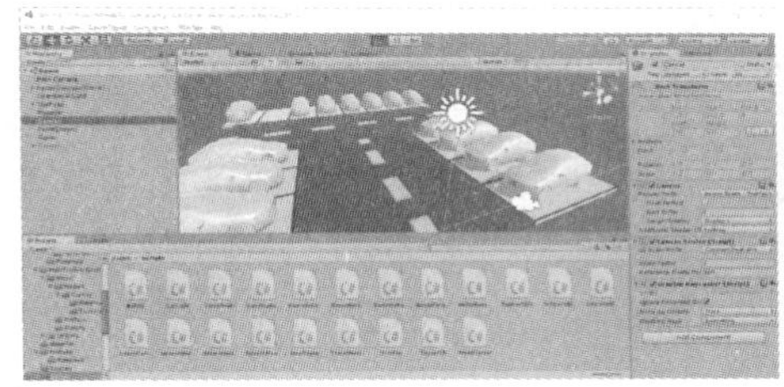

图 4　VR 测试场景搭建

在测试过程中，研究者记录了被试对于方案的理解与反馈。同时，研究者分析了每个阶段的数据，结果将指导设计的迭代。

4 结果

概念测试阶段获取了大量的用户反馈与建议，研究者将这些反馈逐一整理并进行聚类分析，结果如图 5 所示。

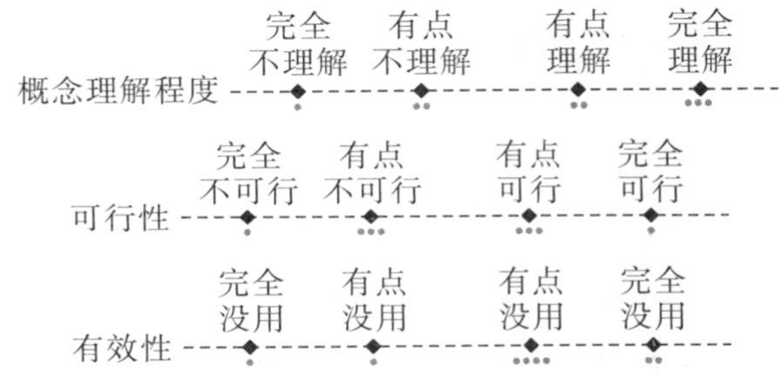

图 5　概念测试聚类分析结果

结果显示，大多数被试可以正确描述故事板中呈现的概念方案，但部分被试提出方案是否切实可行，以及现有技术是否真的可以实现的疑问。在有效性方面，被试表示方案可以解决自己在停车过程中遇到的困难。但是根据被试对故事板的反馈，研究者发现现有方案的细节把握不够准确，容易使被试疑惑，后期应该在视觉呈现方面多加注意，同时进行进一步迭代与修改。

经过概念测试，研究者对方案进行了迭代，同时搭建了乐高原型进一步测试。原型测试阶段，被试通过对模型进行操作，切实感受方案的交互细节。在测试过程中，研究者记录了被试的操作细节和反馈，同时让被试填答了“满意度量表”，结果如表 2 所示。

表 2　原型测试用户满意度

维度	女性被试		男性被试	
	均值	SD	均值	SD
可用性	4.5	1.78	3.5	2.32
易用性	4.6	0.63	4.4	0.58
乐用性	4.6	0.92	3.3	1.36

由表 2 可以看出，在可用性维度上，女性被试的得分高于男性被试，标准差低于男性被试，说明女性新手驾驶员对方案的可用性评价相对较高，且数据比较稳定。同时，在易用性和乐用性维度上，女性被试得分均高于男性被试，说明女性被试对方案评价相对较高，也更乐于使用方案呈现的功能。

混合现实场景测试阶段，研究者记录了被试对于任务的完成度，如停车任务是否成功、完成停车任务的操作次数等。经过分析，发现 67%的被试可以一次性完成停车任务，28%的被试经过 2~3 次尝试才能完成任务，仅有 5%的被试未能顺利完成任务，如图 6 所示。同时，被试表示在完成停车任务过程中，自己的压力水平和紧张程度相对较低。

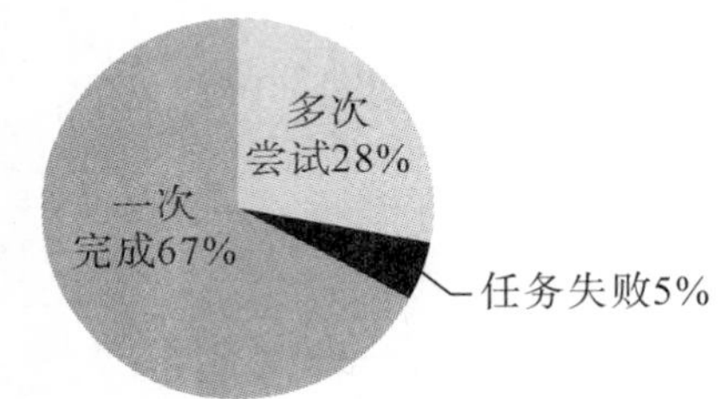

图 6　VR 测试被试任务完成情况

综上所述，可以认为停车情境下车外灯光交互方案对于被试来说易于操作，同时经过被试反馈可以看出他们乐于将这个方案推荐给其他人使用。

5　讨论

本研究从概念测试、原型测试、混合现实场景测试三个阶段入手，评估了新手驾驶员在停车情境下车外灯光交互方案的可行性和有效性，获得了大量可以推动研究者进一步研究的数据。同时，研究者发现被试有时难以表达自己内心想要表达的信息，此时就需要主试迅速反应，及时进行引导，并借助一定的工具包加以辅助。另外，在测试过程中对照组的设置并不明显，每个被试的停车经历也不同，因此额外变量的控制不够严格。未来进行深入研究时，应尽可能地严格控制额外变量，同时设置对照组进行对比。此外，本研究所选被试人数相对较少，今后继续研究还须增加被试量。

目前市场上很多车企（如法国的标致集团）都在用混合现实场景进行汽车交互相关的可用性测试。本研究利用混合现实场景技术，将现实情境和虚拟情境结合起来，既使被试能够体验到逼真的设计效果，又可以安全高效地进行测试。不足的是，虽然用户在混合现实场景中有一定程度的沉浸感，但是这种沉浸感并不能等同于现实场景，因此仍然存在实体汽车测试的必要性。且在测试过程中，并未使用仪器对被试在测试前后的情绪和紧张水平加以测量，仅仅根据被试的主观表述存在一定的误差，且基于社会赞许效应被试可能存在隐瞒等行为。未来研究者将继续完善测试细节，做进一步深入的研究。

参考文献

[1] 熊三炉．我国发展物联网的对策和建议［J］．科技管理研究，2011，31（4）：165－168.

[2] 刘小洋，伍民友．车联网：物联网在城市交通网络中的应用［J］．计算机应用，2012，32（4）：900－904.

[3] 程刚，郭达．车联网现状与发展研究［J］．移动通信，2011，35（17）：23－26.

[4] 罗军舟，吴文甲，杨明．移动互联网：终端、网络与服务［J］．计算机学报，2011，34（11）：2029－2051.

[5] Kanchanasut K，Boonsiripant S，Tunpan A，et al. Internet of cars through commodity V2V and V2X mobile routers：Applications for developing countries［J］. Ksce Journal of Civil Engineering，2015，19（6）：1897－1904.

[6] 成鑫，陈飞．新手驾驶员紧张度与道路线形及行驶速度相关性分析［J］．公路交通科技（应用技术版），2010（11）：250－253.

[7] Crundall D，Chapman P，Phelps N，et al. Eye movements and hazard perception in police pursuit and

emergency response driving [J]. J Exp Psychol Appl, 2003, 9 (3): 163-174.

[8] Tractinsky N, Inbar O, Tsimhoni O, et al. Slow down, you move too fast: Examining animation aesthetics to promote eco-driving [C] // International Conference on Automotive User Interfaces and Interactive Vehicular Applications. ACM, 2011: 193-202.

[9] 谭浩，赵丹华，赵江洪. 面向复杂交互情境的汽车人机界面设计研究 [J]. 包装工程，2012 (18): 26-30.

[10] 袁泉，李一兵. 新手还是杀手? ——“3 年以下驾龄”引发事故因素分析 [J]. 汽车与安全，2005 (9): 56-59.

中风患者早期介入型辅助康床设计研究

包泽华　陈世栋

（扬州大学，江苏扬州，225000）

摘　要：目的：针对中风患者康复困难、易留下后遗症等问题，设计一套能有效帮助患者恢复行动能力的康复流程。方法：针对现存医院康复手段的不足之处，有目的地进行用户需求分析，整合机械骨骼、RFID、DSP 门牌识别、数据检测等技术作为软件与硬件的技术基础。结论：基于术后暂无行动能力的中老年人这一群体，通过重设计康复流程来辅助患者及早介入复健活动，从而把握康复黄金期，提高恢复效率，减少后遗症的发生风险。

关键词：服务设计；偏瘫早期；辅助康复；传感器；数据反馈

随着我国社会老龄化进程的加速，老年人的健康问题越发受到重视。中风作为中老年人最常发生的急性病之一，由于发作的突然性和恢复的困难性，对老年人的身体机能和精神状况的伤害非常大。手术后的康复质量对于中风患者的健康恢复水平具有重要的影响。随着科技的发展，国内外出现了像“傅利叶智能”这类帮助偏瘫患者重获行动能力的康复装置。但是这些装置主要集中解决的是康复后期的自主训练问题，而这一阶段并非患者康复的黄金期。一旦错过黄金期，病人恢复的速度和最终恢复程度都会受到一定程度的限制。因此，针对中风患者进行早期干预和恢复性治疗的设备开发设计具有重要的临床意义和社会价值。本文主要针对康复早期的用户需求设计了一套服务流程，采用近年来发展迅速的机械外骨骼、传感器、数据分析等技术完成硬件构架，并将采集到的信息通过软件反馈到用户，以此贴合患者实际情况，制订个性化康复计划，帮助偏瘫患者早日恢复行动能力。

1　文献综述

脑中风是急性血管病在中医中的总称，西医又将其称为脑梗死、脑血栓、脑出血。中风一词始于《内经》“饮酒中风”“新沐中风”等，是由脑部血液循环系统的破裂或闭塞而引起的局部血液循环障碍，导致脑部神经功能障碍的病症。中风因其发生的突然性、恢复的困难性成为现代社会危害个体生理心理健康的一大疾病。同时，由于患者缺乏自主活动能力，在日常起居方面也给亲属带来了体力、心理、社会以及经济上的负担。

笔者在自行设计的问卷调查以及对江苏省海门市人民医院神经内科主任、病患和病患家属的深度访谈中了解到：①目前国内常规的综合医院大部分只负责生命体征的抢救，在康复训练时期几乎没有多余的护工进行专业的理疗，家属主导的训练方法缺乏系统性和专业性；②大城市中存在疗养院和康复医院提供专业服务，但是需要高昂的费用；③市面上现存的辅助康复设备主要集中解决病人具备一定活动能力后的自主康复问题，对于早期介入体系的设计意识不强。因此，设计一套早期介入型的交互式康复程序具有一定的医疗和社会价值。近年来，国内外机械外骨骼技术、RFID、DSP 门牌技术以及大数据分析等技术发展迅速，使得医院环境下的交互式康复手段具备了一定的可行性，重新设计康复流程具有较大意义。

综上所述，目前中风患者及其家属并未被常规的综合医院视为服务的体验者。该服务缺口使得患者的康复效果难以达到最佳水平，并且还会因此遭受心理上的煎熬。家属则需要承担大量社会、经济上的负担，长时间影响其正常的工作生活规律。我们本次设计的目的就是通过把握中风康复的黄金恢复期恢复效果最佳这一特性，为患者设计一套康复和反馈流程，同时减轻家属负担。

2　分析方法

2.1　研究流程

本次分析主要采用定性研究和定量研究的方式，获取患者及其家属的康复期情况，并量化为数据，同时借鉴部分医院的实验结果。通过这些数据分析得到现在医疗条件下中风患者康复的痛点，并进一步得出需求。采取的资料收集方法是问卷调查和深度访谈。

2.2 研究对象

研究对象为医生、患者、患者家属。我们于2018年4月到6月，深入扬州市苏北医院、扬州市人民医院、海门市人民医院进行现场调查，对海门市人民医院神经内科主任以及部分患者及其家属进行非结构式访谈，并且发放了106份问卷，收回83份有效问卷，参与者全部为患者及其家属。

2.3 问卷内容

问卷内容主要涉及患者性别、年龄、康复训练起始时间、辅助对象以及术后心理状况的部分信息。

2.4 非结构式访谈内容

为了使信息具有较强的准确性，我们不仅对患者进行了访谈，并且寻求了医生的专业性看法。针对访谈内容以卧床期生理心理体验为主，尝试了解患者，无行动能力时期的生理及心理需求。针对医生，访谈以综合医院现状为基础，深入了解现象产生的原因以及最终设计的可行性。

3 研究结果

3.1 问卷结果

3.1.1 性别比例

（1）调研发现，男性患者与女性患者比例大致为1.93∶1，如图1所示。这一结果与2017年北京中医药大学在“1529例中风患者病案资料中风发病特点的回顾性分析”中得出的1.8∶1的比例近似相等。综合分析两项数据得出，男性是更容易患急性脑血管病的客体。

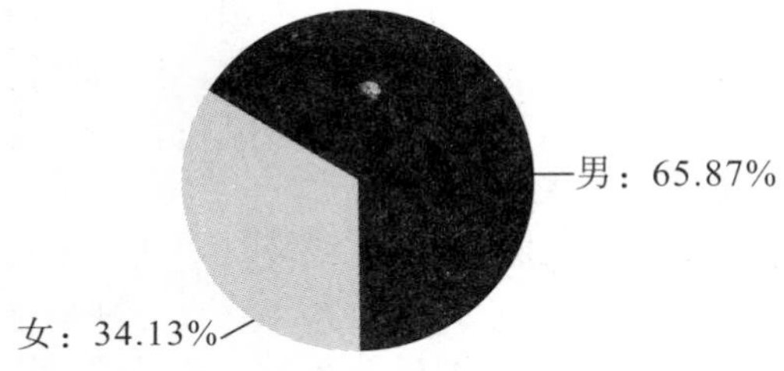

图1 中风患者性别比例

（2）《实用内科学》中列出了脑梗死的13点预防手段，提出饮酒和吸烟行为与脑血管疾病的发病率成正相关关系。在目前的社会现状中，这两项嗜好在男性中拥有更高的存在比例，成为导致男性中风患者数量明显高于女性患者的一大原因。

3.1.2 年龄结构

（1）中风患者年龄结构如图2所示，患者的年龄分布比例特征为50岁以下（10.38%），50～60岁（27.36%），60～70岁（33.96%），70岁以上（28.30%）。

（2）北京中医药大学在“1529例中风患者病案资料中风发病特点的回顾性分析”中研究分析得到，男性中风患者的发病年龄为62.93±13.57岁，女性中风患者的发病年龄为64.08±14.17岁。

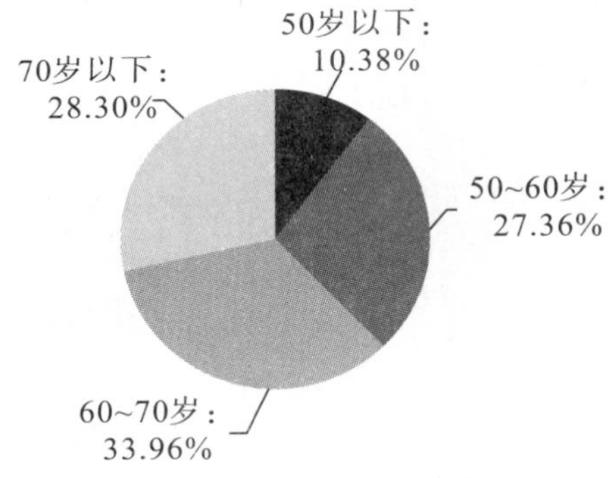

图2 中风患者年龄结构

3.1.3 康复训练起始时间

康复训练起始时间，如图3所示。

（1）意识恢复后即刻开始的患者占比17.92%。

（2）意识恢复后两周内开始的占比10.38%，意识恢复后两周后开始的占比52.38%。

（3）无康复训练的占比18.87%。

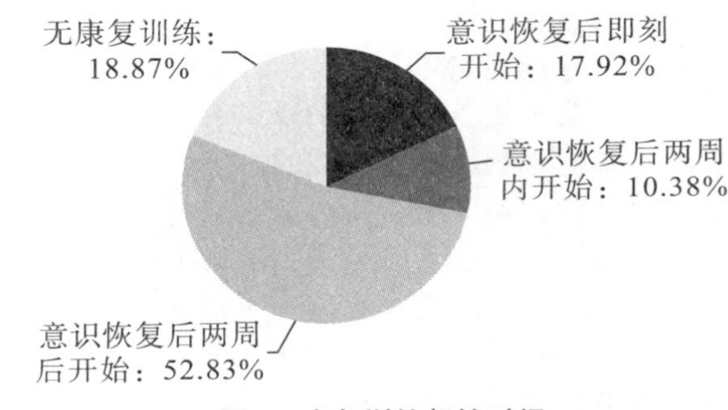

图3 康复训练起始时间

3.1.4 辅助对象

由于中风的高发性以及医疗人力资源的缺乏，患者生命体征稳定后难以接受后续康复治疗。问卷结果显示（图4）：

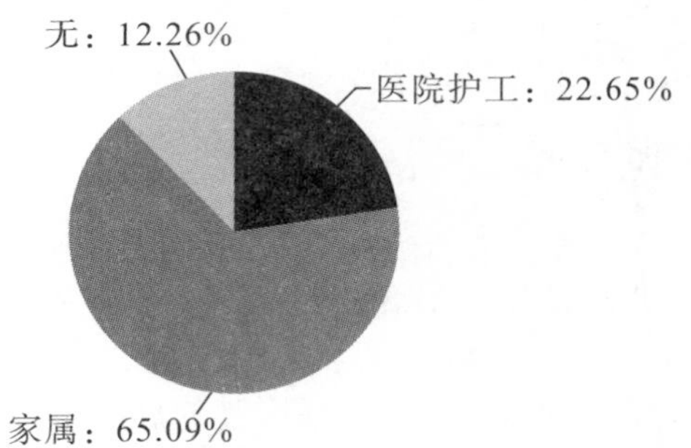

图4 辅助对象

（1）22.65%的患者接受到医院护工的后续看护和辅助康复活动。

（2）65.09%的患者依靠家属的看护。

（3）12.26%的患者没有辅助者，这部分患者在自然恢复部分行动能力之前无法进行任何康复活动。

3.1.5 术后心理状况

为了分析患者在现行方法下的康复体验，我们将患者的心理感受作为此项结论的指标，将情绪分为三个等级——乐观、与平常无异和时常悲观消极。问卷结果显示（见图5）：41.51%的患者呈现出时常悲观消极的情绪特征，这一情绪在康复过程中的长期累加容易导致术后抑郁症的形成，同时还会降低患者的主观意识能动水平，从而影响康复训练效果。

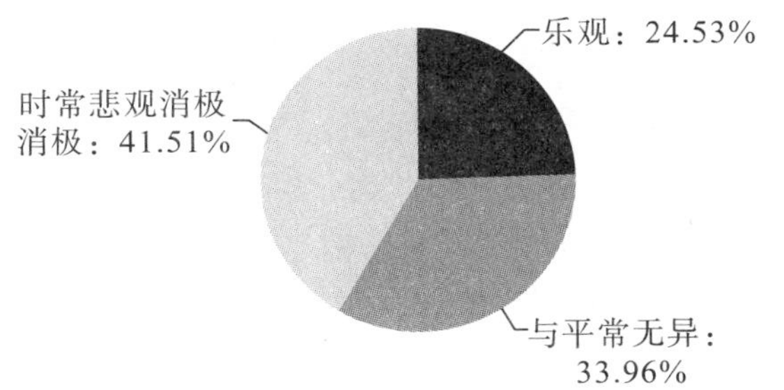

图5 术后心理状况

综上所述，可得出下列结论：

（1）男性患病率高于女性。

（2）中风高发于50岁以上的中老年人群。

（3）康复训练起始时间主要集中在意识恢复两周后。

（4）家属承担护工责任的情况占大多数。

（5）术后悲观消极情绪存在率较高。

3.2 医生访谈结果

如图6所示，在与医生进行非结构式访谈的过程中，我们发现中风患者住院时间相对较短，多数情况下在生命体征恢复，具备简单的坐起、辅助站立能力后就可离院，主要集中在7～14天这一区间。时间的紧迫使得许多患者对这一阶段的康复锻炼并不重视，从而错过最佳恢复时期。同时，患者家属普遍担心过早干预活动可能导致病人关节肌肉损伤，所以配合程度也因人而异。此外，中风病还伴随着大量并发症，包括坠积性肺炎、褥疮、肩—手综合症等。并发症的产生不仅在生理上给病人造成痛苦，心理上也对病人产生一定影响。因此，中风患者也是术后抑郁症的高发群体。

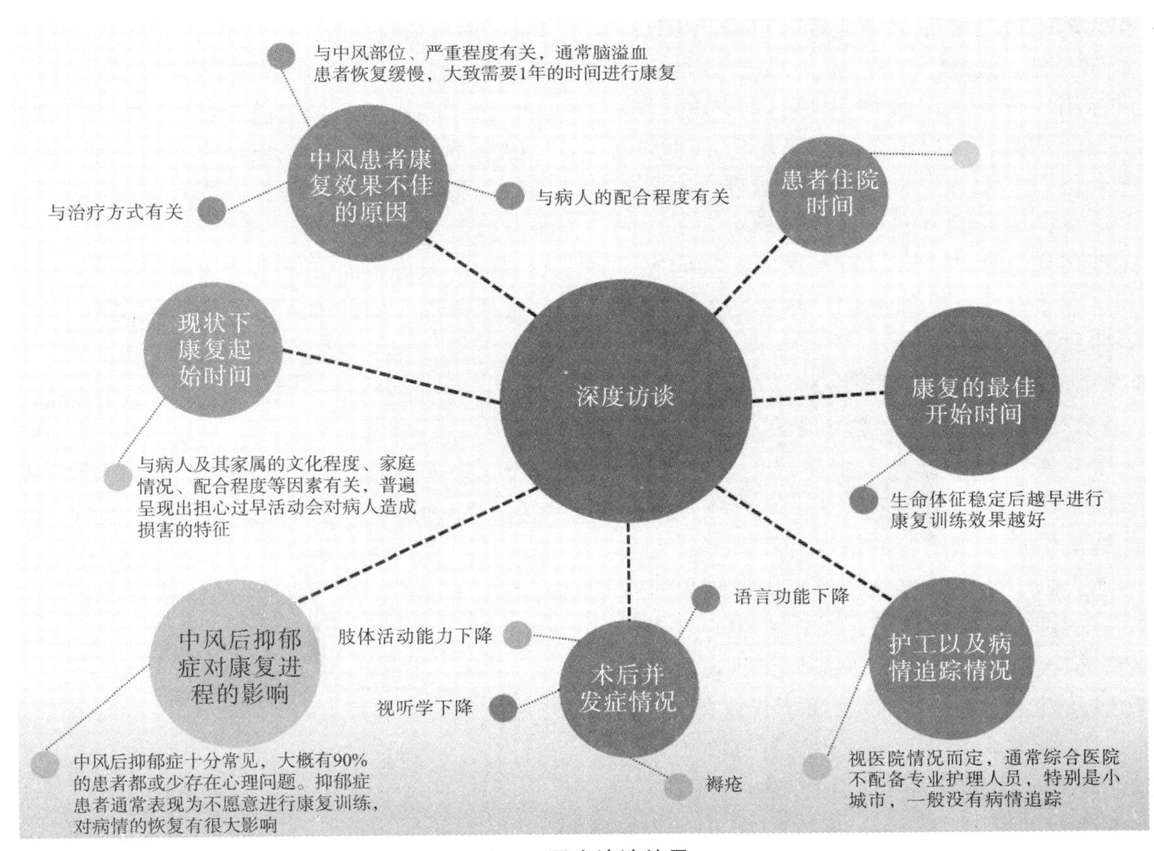

图6 医生访谈结果

3.3 患者访谈结果

我们挑选出一位具有中医背景且热衷锻炼的患者作为深度访谈对象，该患者的患病年龄为66周岁，性别男，中风类别为出血性脑卒，从患病到完全康复花费了将近一年时间。患者访谈整理结果如表1所示。

表 1 患者访谈整理结果

卧床时的生理特征	卧床时的心理特征	卧床时每天的康复流程	其他特征
言语不清； 四肢无法动弹（一侧）； 褥疮持续恶化，难以睡眠； 得了坠积性肺炎	病人性格体现为胆汁质，较为急躁。根据其描述可以感觉到他对于康复进行到何种程度不了解，心态较为急躁，存在厌世的想法。希望子女陪伴的同时又产生厌恶的感情	每日在亲人的帮助下每隔一两小时翻一次身，以防止褥疮或肺炎；帮助不能动或功能受限的肢体活动，以促进肌肉和神经的恢复	避免精神刺激和情绪激动引起的再出血

4 用户分析

4.1 用户定位

《实用内科学》中将中风患者的危险构成因素主要定义为高血压、糖尿病、冠心病、高血脂等，而这些诱因大概率存在于老年人群体之中。另外，吸烟史和饮酒史也会增加中风的概率，因此男性中风患者多于女性，比例大约为 1.8∶1。因此，可以得出目标用户年龄结构偏大，且男性与女性比例较为不平衡的结论。根据恢复阶段来定位，处于急性期的患者仍需要维持生命体征，无法进行康复活动。针对康复期患者的复健工具已经相对齐全，而处于软瘫期与硬瘫期的患者没有与之匹配的康复系统，因此这套康复流程的目标用户主要是处在这两个康复阶段之间的患者。

4.2 现存中风患者康复的难点分析

4.2.1 缺乏利用术后黄金康复时间的意识

中风康复通常被划分为三个阶段——软瘫期、硬瘫期、恢复期。临床医学研究表明，在中风发生的初期，病情加重与脑适应的情况并存，并且此时脑恢复的能力高于病情的恶化情况，因此病患宜及早开始治疗。许多刚度过急性期的患者担心过早活动病肢会对神经肌肉造成伤害，并且有些患者过于依赖药物以及针灸治疗，从而忽视了自主能动性。医院方面对生命体征抢救的重视程度远远高于对后遗症的重视程度。因此，后续的治疗往往开始得不够及时，错过了肌肉能力恢复的黄金时期（通常为发病后数日到两周）。同时，不及早进行康复训练还会带来大量并发症，如长期卧床导致的坠积性肺炎、褥疮、下肢静脉血栓等。

4.2.2 专业护工数量稀缺

由于人口老龄化进程的加快，老年人患者数量逐年攀升。与此同时，高血压在年轻人中的发病率也日益提高。患者总数的增加带来了医疗资源的紧缺。在治疗方面，药物资源并不存在严重的缺口，缺口在于有经验的护工人员。尽管经过了指导，但现今早期复健活动通常是由没有医疗经验的家属完成的，但其并不能真正根据病患的实时需求来改变治疗方式，因此中风患者康复效果普遍不佳。

4.2.3 患者自身缺乏专业知识，对康复进程不了解

中风作为一种急性病对人带来的伤害巨大，其突然性通常使患者毫无准备地受到打击，并且在相当长一段时间内会剥夺患者一定程度的行动能力。李常度、黄泳等（1995）的研究显示，中风后抑郁症在中老年人中的比例接近 60%。另外，在现行康复手段中，医生对于患者康复情况的了解常根据经验判断，缺乏科学准确的数据支撑。在康复过程中，坏死神经元失去给大脑传输病肢康复情况的能力，患者无法根据知觉感受康复进程，容易丧失信心和动力。

4.3 用户需求

4.3.1 用户行为特征分析

（1）脑血栓和脑出血会在不同程度上剥夺患者一侧身体的行动能力。患者失去活动能力的不仅是四肢，患侧肌肉也会受到不同程度的损害，从而影响身体的整体机能。

（2）术后短时间内患者需要卧床，之后患者会经历软瘫期、硬瘫期和恢复期三个阶段。第一阶段肌肉力量萎缩，下运动神经元受到损害。第二阶段，上运动神经元受损，失去对低级中枢的控制，肌张力开始增大，并且对刺激极其敏感。在这两个阶段，病人不具备自主行动能力，无法完成坐起、抓握、屈伸腿部、活动脚踝等动作。度过这两个阶段后，患者病情开始稳定但仍然会伴随并发症，此时神经元重连接活动强度减弱，肌力恢复速率逐渐减小。

（3）度过急性期后非病肢可正常行动——情况视个人而定，从一天至一周不等。该阶段患者生命体征稳定、神志清醒、病情不再恶化。

（4）心理上，因为行动能力的丧失，中风患者会产生巨大落差感。尤其是年龄在 50 岁以上的患者，容易变得沉默寡言，缺乏恢复信心，自我怀疑。中风后的抑郁症倾向是降低患者恢复期自我效能的一大因素。在成都中医药大学附属医院护理部的实验中，仅有 37.35%的患者自我效能处于高水

平，这一数据要低于常模。可见，中风同时伴随着罹患精神疾病的极大风险。抑郁症不仅会对病患的日常生活造成困扰，同时还会增加家属的经济负担和社会负担。

4.3.2 用户需求分析

4.3.2.1 恢复性要求

中风患者首要的需求就是恢复行动能力。虽然需要恢复的是肌肉的力量，但物理治疗的方式通常从关节带动肌肉活动入手。具体可划分为踝关节、膝关节、髋关节、肩关节、肘关节、腕关节和指关节的康复运动。例如，患者在卧床期需要对脚踝进行固定，以防止足下垂；膝关节需要进行有规律的屈伸运动，频率大概在一次 30 分钟，间隔 10 分钟。但在康复后期，病人具有站立能力后，肘关节的康复动作更为复杂，在此我们只针对软瘫期患者进行简单的被动式训练设计。

4.3.2.2 人体工学的需求

（1）尺寸与比例。

由于患者群体中男性数量占大多数，所以此处选取的标准应更多地考虑男性。主要考虑到腿部部件、坐垫与靠背、扶手位置。除了与人配合外，还要考虑到与病房尺寸的匹配。

（2）动作与安全。

由于腿部的动作大量涉及旋转，所以在设计时应考虑到连接处的安全性问题。手部的康复动作则应该在手的作业范围内进行设计。

（3）体位调节的需求。

部分患者及家属错误地认为病肢应处于无压力状态，所以长期保持身体处于同一个姿势，致使患侧身体错失感觉输入的良机。另一种患者倾向于长期保持的姿势为仰卧位，此体位受异常反射影响，容易增加患者骶骨处及跟骨处压疮风险。提倡患侧卧位，有助于健侧活动，增强康复信心，又可以压迫病肢，刺激感觉。健侧卧位可作为转换体位，一定程度上可促进患侧活动。综上所述，并不存在一种适合长期保持的体位，患者应根据自身患侧情况不断调整各种姿势。

（4）康复情况可知性需求。

过去病人了解自身恢复进程的方法主要是通过医生的语言描述和自己身体感性的知觉，并没有一个理性的途径供他们参考。针对这一情况，将身体机能量化为数据就显得十分重要。通过数据分析可以得出当时的最优恢复计划。

（5）情感需求。

由于中风患者年龄普遍偏大，对于身体的控制能力呈现下滑趋势。在经历了中风这样伤害性大的急性病后，较容易产生沮丧情绪。再加上中风的康复是一个长期的过程，短时间内看不到显著效果，容易导致患者产生落差感和不自信。自我效能水平的下降阻碍康复的进一步进行，最终导致康复效果不理想，落下后遗症。因此在设计外观时，要考虑产品带来的象征意义。反思层次的设计应注重信息、文化或产品效用的意义。合适的形态能给患者带来心理暗示，从而加强康复效果。此外，传统治疗通常由亲属人工完成，部分子女并没有大量时间来照顾患者，加上护工数量的紧缺，康复训练不论从时间还是强度上都达不到标准，老人也容易因此感到孤独。而受到细心照顾的患者则会滋生愧疚感，认为自己是子女的负担。综上所述，中风的康复不仅仅是生理机能的恢复，更是精神状况的重塑。

5 竞品分析

目前国内针对偏瘫患者的医疗器械呈现业余化特征，多为小型厂商单纯根据动作需求生产的简单功能仪器，缺乏系统化设计、用户调研分析、可用性与易用性分析过程。

专业智能公司“傅利叶智能”分别针对上肢、下肢推出了两款康复设备——Fourier X 和 Fourier M2。Fourier X 是一款帮助下肢瘫痪用户重新获得行走能力的外骨骼机器人，通过多传感器模式识别和运动状态检测模块的整合实现相对真实的行走体验。Fourier M2 则是一款上肢力反馈运动控制训练系统，包含多种训练模式并能生成训练报告，同时提供游戏界面以产生沉浸式交互体验。这两款产品都注重用户体验和交互过程，但面对的对象是上肢无能力者和下肢无能力者，中风患者只能在自然恢复一定行动能力后才能使用这两款设备。该阶段已经度过了身体机能恢复最快的时期，因此对于中风患者而言，这两套康复系统无法完全满足效果最大化的需求。

6 设计原型

6.1 服务流程设计

Stefan moritz（2005）认为，服务设计是通过帮助创造新的或者改善已有的服务来使得这些服务对于客户来说更加有用、可用和被需要，对于机构来说更加高效、有效。服务设计是全新的整体性强、多学科交融的综合领域。Fitzsimmons（2001）提出所有的服务设计都包含了服务提供物的特点、服务发生场所的设施环境和服务传递过程三个要素。作为为患者提供服务的企业，医院长期以来存在一定的服务设计缺陷，涉及中风患者康复治疗时这一点尤为明显。根据调查和已有研究综合分析，本文将针对中风患者康复治疗的服务设计缺陷定义为：在医院的中风患者治疗计划中，服务提供物、服务流程、服务的可感受性以及服务的个性化定制上存在缺口，并因此导致的康复效果不佳和用户满意度缺失的后果。

本研究基于上述缺口，根据前期调研分析得出的用户需求制订了计划，构建出面向中风患者的一整套康复流程框架（见图 7）：

（1）由医生对患者信息进行输入，根据患者的性别、年龄、脑卒类型、出血量等信息进行康复流程预估，制订初步的康复计划。

（2）当患者度过急性期后，通过辅助式康复床进行数据的采纳并通过 App 进行反馈。

（3）信息反馈后由医生选择康复模式。

（4）定时提醒康复内容。

（5）社群化信息跟踪系统。

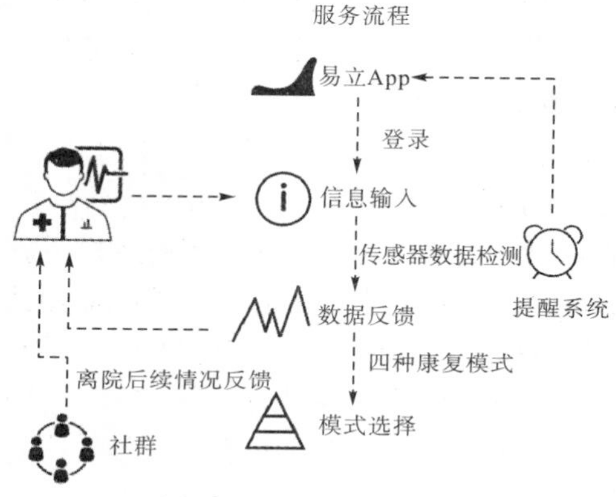

图 7　康复流程框架

6.2　产品功能架构

本款辅助康复床的功能主要分为关节活动模块、数据监测模块、体位调整模块和情感关怀模块四个模块。

6.2.1　关节活动模块

早期的被动式康复主要通过三个部件的活动来进行，即踝关节、膝关节、肘关节，完成这些活动的肌力数据将通过力敏传感器传递到数据监测模块进行分析。

6.2.2　数据监测模块

通过对传感器传输来的数据进行分析，得出患者当前的恢复水平，并据此制订出实时的康复计划。

6.2.3　体位调整模块

区别于传统单轴旋转的背部结构，本研究设计出的是可以同时实现矢状面、冠状面和水平面旋转的新型单元，以此实现姿势的切换。

6.2.4　情感关怀模块

如今越来越多的医院设备将情感因素纳入考虑，更多含有柔和曲线的设备取代了冰冷的方正形设备。外观通常给予使用者第一印象，一定程度上决定了他们是否乐于使用这一设备。传统医院设备并不具备让人乐于使用的特点，因为它们将所有的模块都冰冷地暴露在患者眼中，所以一款易于理解、具有人性温暖的康复床是有必要的。

此外，传感器的数据将被转化为恢复程度评估反馈给患者，并根据情况给予患者一定的建议、鼓励以及康复时间的预期，以此增强患者信心和动力。

该产品功能架构如图 8 所示。

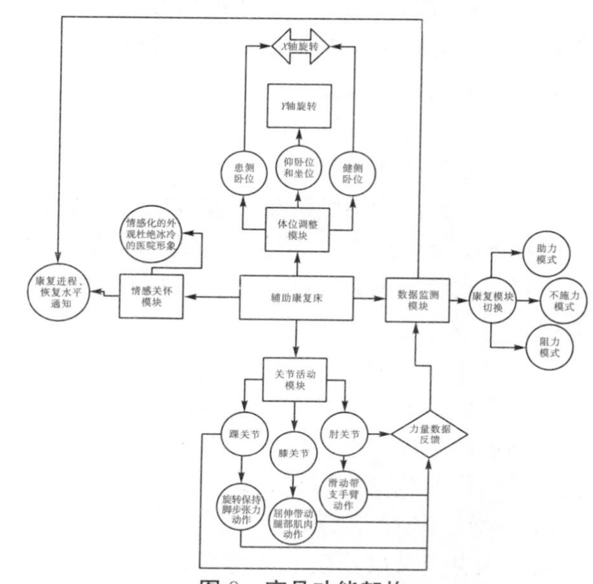

图 8　产品功能架构

6.3　软件设计

6.3.1　界面设计理念

相对于年轻人，老年人的视觉、听觉、触觉都处于衰退阶段，对于事物的感觉不敏感，对于复杂信息的反应能力较弱，而中风患者的上述机能更是呈现严重退化的特征。当下信息产品交互的主要途径为图像信息、声音信息和触觉信息。针对老年人的特点，上述三种途径应具备以下要素。

6.3.1.1　图像识别感官体验

界面色彩清新淡雅，减少老年人使用时的视觉刺激；图标设计风格统一，增强辨识性；符合老年人认知习惯，选取较大字体和图标。

6.3.1.2　声音识别感官体验

针对中风患者听力下降这一特点，适度调高音量；设置悦耳的声音，以增加患者康复信心。

6.3.1.3　触觉识别感官体验

信息产品的交互界面中，触觉起到了一种通知和反馈的作用。通过振动的设置，可以有效地告诉使用者操作生效。

6.3.2　界面设计

在确定了服务流程后，针对患者特征进行App界面设计。将界面设计得尽量简洁易懂，信息识别度高。色调选取蓝绿色系，以减轻患者心理负担，同时起到降低血压、减少二次危害的作用。

健康数据模块以折线图的方式显示每天健康情况，顶部为数据类别选择，包括血压、握力、臂力、蹬力。分时数据以折线图的形式显示，每日数据从上到下排列，易于进行横向与纵向对比。

康复模式分为助力模式、主动模式和阻力模式三种。助力模式下，康复床根据监测到的数据进行不同程度的施力，以帮助患者进行带动式训练。主动模式是针对康复进行到一定阶段的患者制订的，康复床本身不施加任何力。阻力模式是针对康复后期患者制订的，康复床施加阻力以增加训练强度。

App界面设计如图9所示。

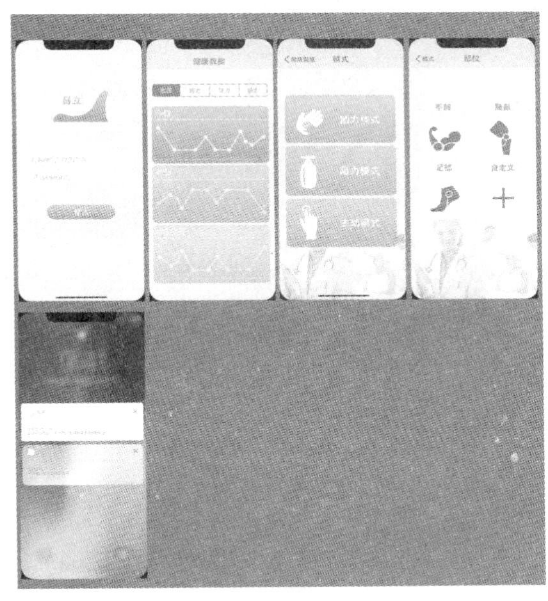

图9　App界面设计

6.4　硬件设计

6.4.1　形式

整体采用柔和的大曲线，有别于传统专业器械冰冷的造型以及视觉上带来的复杂感。通过这种风格给患者制造舒适、温暖的视觉印象。类似车身的形态同时也带来速度感，增强患者康复的信心。靠背曲线贴合人体背部，并在两边设置支撑，以防止病人滑落。上宽下窄的形态使其不会影响病人手部的康复动作。

6.4.2　功能

（1）腿部康复模块采用三段式结构，分别负责脚、小腿和大腿的包裹。由于中风患者中男性偏多，所以长度上选择男性90%的数据：大腿长496mm，小腿长396mm。脚部采用绑带式固定，穿脱方便。腿部采用充气式结构，使用时两侧内部气囊膨胀来夹紧腿部，既稳定又舒适，没有束缚感。在髋关节、膝关节、踝关节连接处都设置有铰链，可以进行旋转，从而带动腿部整体运动。运动的速率可根据传感器监测到的肌肉力量数据进行实时调整。脚踝部分的活动以防垂落为目的，在矢状面内做旋转运动。

（2）手部康复模块旨在为患者提供初步的手部力量恢复，从而在自主恢复训练的过程中更容易地完成动作。这样不仅可以提高后期恢复训练的效率，还能增强患者的自信心。实现方式为病人抓握球形结构，并用绑带固定。球形结构沿着设备外部构架上设定好的轨迹运动，从而带动手部运动。球形结构也可在矢状面内进行旋转，以达到恢复手腕肌力的目的。

（3）背部的姿势调整。由于单次康复训练时间较长，约为30分钟，意味着病人会较长时间地保持同一个姿势。因此，加入了靠背的升落调整功能，可在仰卧位以及坐位两种姿势间随时切换，降低了术后并发症发生的概率，同时也能训练坐起。

（4）在脚底以及球形握把上嵌入力敏传感器，以此来获取肌肉力量的数据，主要采集握力、手臂推力以及腿部蹬力。通过与以往案例的数据对比后分析康复进展情况，数据可以传输到移动端设备供医生和病患了解康复状况，也可以在授权后自动进行康复模式的切换。这套辅助康复系统设置了三套方案——助力模式、主动模式和阻力模式，分别适用于不同康复阶段的患者。

6.4.3　色彩

本款产品的使用场景为医院，病人需要一个安静、无压力的氛围，过高的色彩纯度和明度都会带来强烈的刺激；反之，过低的纯度和明度也会营造压抑的感觉。因此，决定采用无彩色中的中调灰色，这样既典雅，又不会给用户制造使用压力。

图10～图12分别为手部、背部、腿部功能模块细节，图13为场景图。

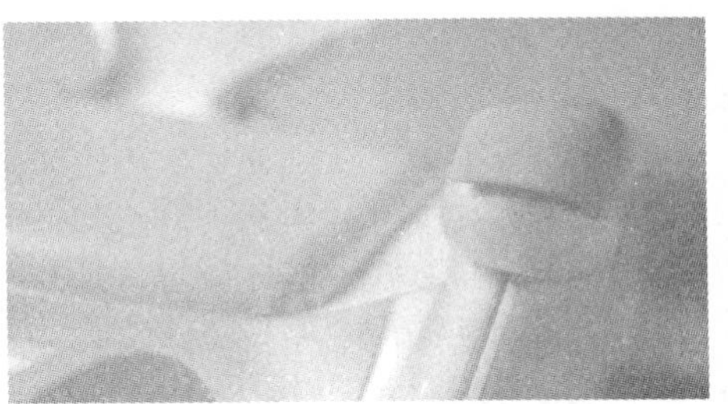

图10　手部功能模块细节

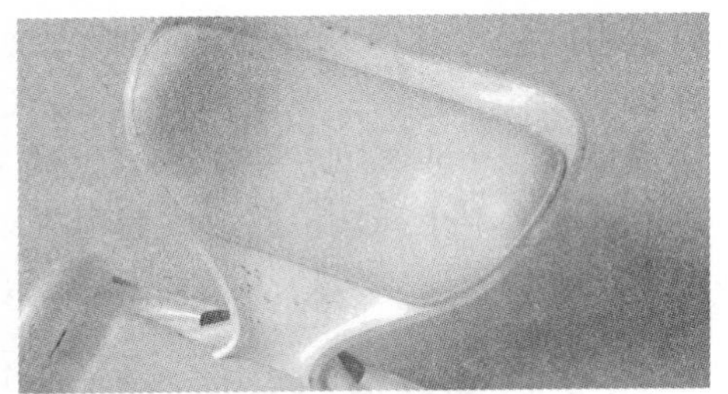

图 11　背部功能模块细节

图 12　腿部功能模块细节

图 13　场景图

7　总结

本设计对中风患者康复早期行为特征进行了分析，并对现存康复过程的痛点进行了研究，得出康复黄金期患者的用户需求集中在恢复性、舒适性、可知性和情感上。针对这些需求，制订了产品的功能框架并在功能的基础上确定了产品的形式。该产品整合了传感器、RFID 辅助定位技术、DSP 门牌识别技术以及数据监测技术，能有效适应医院环境，辅助康复。

参考文献

[1] 祁艳霞. 引导式自我康复训练对中风病偏瘫患者肢体运动功能影响的研究［D］. 济南：山东中医药大学，2016.

[2] 贺忠延. 1529 例中风患者病案资料中风发病特点的回顾性分析［D］. 北京：北京中医药大学，2017.

[3] 李常度，黄泳，李培丽，等. 中风后抑郁症发病情况及影响因素的探讨［J］. 中国康复，1995（2）：62－65.

[4] 唐纳德·A. 诺曼. 设计心理学 3：情感化设计［M］. 张磊，译. 北京：中信出版社，2015.

[5] 范钧，邱宏亮，葛米娜. 医院服务设计缺陷对患者不当行为意向的影响［J］. 商业经济与管理，2013（8）：34－42，52.

[6] 王家超. 医院病房巡视机器人定位与避障技术研究［D］. 济南：山东大学，2012.

[7] 张健. 面向医院的移动机器人导航系统设计［D］. 天津：天津大学，2007.

[8] 姚江，封冰. 体验视角下老年人信息产品的界面交互设计研究［J］. 包装工程，2015，36（2）：67－71

汽车玻璃的交互界面设计探究

陈昕炜　唐冠东　张学伟

（北京师范大学，北京，100875）

摘　要：随着车载信息娱乐系统功能与操作层级的不断增加，传统车载交互界面已渐渐无法承担多信息交互所需的信息量。挡风玻璃作为新兴的人机交互界面已成为汽车行业发展的趋势，但目前仍缺少行之有效的汽车挡风玻璃交互准则。本文试图使用迭代式的用户研究流程，以人为中心，探究用户在现阶段驾驶情境下的需求和痛点，结合汽车行业内的技术发展趋势，完善交互式挡风玻璃的设计准则，并拓展交互式挡风玻璃在用户典型场景中的应用。

关键词：汽车玻璃；车载交互方式；驾驶辅助；用户体验

1　背景

中国目前的城市化进程正在加快，汽车消费与日俱增，中国汽车市场规模已跃居世界第一。在当下全球汽车市场普遍疲态的形势下，中国市场仍然保持着快速增长的态势（庄惠明，2013）。随着中国汽车保有量的迅速攀升和车载信息设备的快速升级，中国消费者在有关车辆道路安全、交通导航、车载社交娱乐及日常便利等方面具有巨大的潜在需求。与此同时，身处信息爆炸时代，我们生活的方方面面，正受到各种数字技术的影响，汽车行业也不例外。

当下消费者对于驾驶舒适、安全的需求已能够得到较好的满足，市场的重心逐渐从保障驾驶安全和提高驾乘舒适度转移到如何提高用户在用车前、用车时、用车后整个与车相关的旅程中的体验。此外，从使用空间角度来看，汽车对年轻消费者而言更多的是“第三空间”，即可移动的生活、工作空间。越来越多的娱乐、社交和办公功能将被或已经被迁移到车载空间中，汽车除实现点对点的移动这一基本功能外，进一步为用户完成娱乐社交等任务提供了地点和必要的工具，使用户得以充分利用交通时间，满足他们的各项需求。如何更好地保证用户在车载移动过程中安全的同时，更舒适、便捷地完成上述非驾驶任务成为现阶段亟待解决的问题。

为将驾驶员有限的视觉注意和认知资源保持在与驾驶直接相关的任务上，根据人体工程学，常见的车内交互界面设计通常依据功能的任务类型进行分区布局（Gabbard，2014）。从以人为中心的角度出发，从驾驶员主要交互行为的角度，可以将车内人机交互界面划分为主驾驶界面、辅助驾驶界面、信息交互与娱乐界面。

图 1 为车内任务优先级分区，主要包括驾驶任务、次级任务和三级任务。

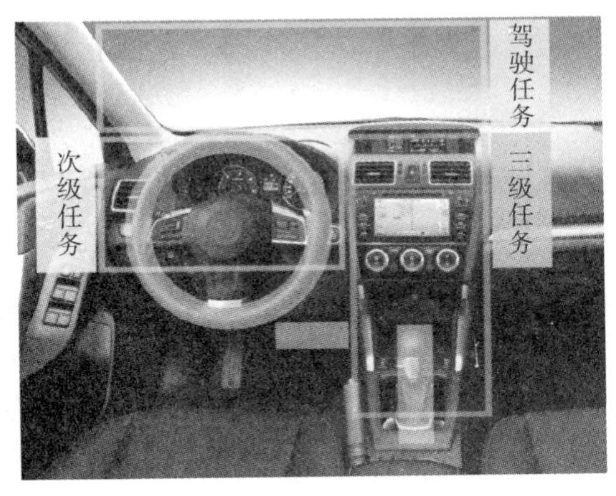

图 1　车内任务优先级及分区

其中，驾驶任务为与驾驶安全直接相关的驾驶任务，这些任务均要求驾驶员实时的视觉注意，多布局在驾驶员视线的正前方。次级任务是与驾驶行为间接相关的辅助驾驶行为，主要是包括查看仪表盘信息、导航路线，该类任务不需要驾驶员实时的视觉注意，只需要在进行相关操作和提取相关信息时的注意。多数次级任务布局在驾驶员正前方偏下的位置，通过仪表盘等进行信息呈现。三级任务是与驾驶无关的信息交互和娱乐行为，更多的是为了优化驾驶体验，营造次行为场景而设（Tonnis，2006）。由于自动驾驶尚未普及，三级任务多为乘客使用准备，普遍布局在中控台及副驾驶座位前部，驾驶员在驾驶过程中如果过多进行三级任务的操作，可能会对驾驶安全造成严重威胁。

随着智能交通系统、互联网等信息系统的逐步引入，基于物理按钮的交互方式面临巨大挑战。近年来，交互方式逐渐向空间界面发展。传统的信息呈现面板（如仪表盘和中控屏幕等）面对愈加丰富的信息种类和复杂的信息架构，已渐渐无法承担所有的信息呈现任务（Schmidt，2010）。前挡风玻璃逐渐作为新兴的信息呈现面板（通常被称作 Head Up Display，简称 HUD）出现在车载情境下。本研究在桌面调研阶段，通过现阶段车载挡风玻璃的应用以及相关研究归纳和整理了 WSD（通常称为挡风玻璃显示功能，Windshield Display）的主要应用场景和实现功能，如图 2 所示。

由图 2 可见，智能交互式挡风玻璃的应用主要分为娱乐和交流、车辆状态、驾驶安全、地图和导航四个主要应用场景，具体的实现功能繁复（Haeuslschmid，2016）。基于具体车辆的进一步调研分析发现，多个显示平台互联已成为主流车内交互方式，但存在多个屏幕或挡风玻璃同时以不同方式呈现相似信息的现象，这些冗余的信息可能会干扰驾驶员的选择。同时，现阶段各大汽车厂商与第三方车载设备制造商普遍各自为政，市场尚未存在对于智能挡风玻璃的交互准则，容易造成使用者的认知混乱，从而造成使用不便以及危害驾驶安全（Gabbard，2014）。也就是说，对于研究领域和汽车制造业，汽车挡风玻璃的交互设计准则需要被明晰，以拓展和推广交互式挡风玻璃在用户典型驾驶情境中的应用。

综上所述，汽车被赋予了越来越多除了移动这一基本功能外的其他非驾驶任务。传统车内交互与信息呈现方式为物理界面，主要通过分布在方向盘和中控台的物理按键和旋钮进行功能操作，并通过仪表盘和中控屏幕进行信息的呈现。而随着车载信息娱乐系统功能与操作层级的不断增加，多信息交互引起的驾驶负荷和驾驶分心成为需要继续解决的问题。由于自动驾驶因为技术限制尚未得到推广，尽管娱乐互联功能所占比重越来越高，但驾驶任务仍然为驾驶过程中最重要的任务，其与驾驶员、乘客以及行人和整个交通系统的安全都息息相关。车载挡风玻璃，尤其是前风挡为各种车内任务的信息输入和呈现提供了拓展空间，为解决非自动驾驶情境下的多信息交互任务所带来的问题，诸如信息架构过于复杂、系统易用性降低、驾驶员视线转移时间过长等提供了可能的解决办法。

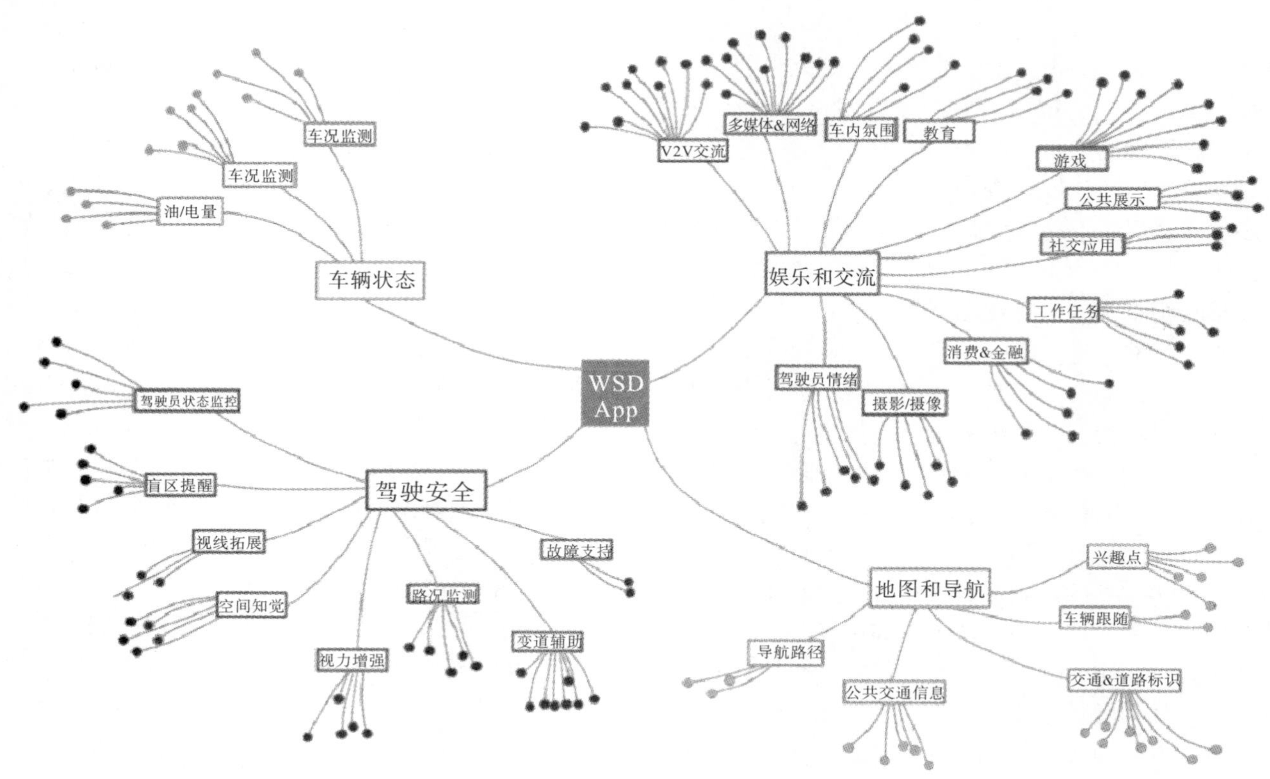

图 2　挡风玻璃显示功能的应用场景和实现功能

2　研究问题

本研究试图通过从用户的角度出发，以人为中心。本文选取的研究用户为“90 后”驾驶员，根据《2017 年中国汽车消费关注度报告》“90 后”的消费观念发生了很大的变化，与其他时代的人有很大的差异，并且“90 后”更加注重时尚感、科技感。同时，报告显示，“90 后”消费者已经逐步成为中国汽车市场的消费主力，在 2016 年占市场消费额的 25%。预计到 2020 年以后，将会占到 45%。通过定量和定性分析相结合的用户研究方法，对即将成为中国汽车市场主要购买力的“90 后”人群的出行相关需求以及从泛生活领域提取出来的各项偏好和电子产品使用习惯明晰挡风玻璃交互的设计准则，其中包括各项任务信息的优先级、布局方式以及用户的交互偏好等。同时，设法将从目标人群的泛生活领域提取出的隐性需求迁移到车载挡风玻璃交互设计中去，优化使用者的驾乘体验，拓展和完善车载智能挡风玻璃的应用场景以及具体实现功能。

综上所述，本研究将按照图 3 所示的研究流程，基于智能交互挡风玻璃市场调研，定义受众群体，从目标用户的需求出发，通过问卷、深度访谈等一系列用户研究方法挖掘用户的隐性需求，并基于用户的需求以及对市场现存挡风玻璃应用的意见和建议提出有针对性的设计准则。根据本文所要研究的问题，研究流程分为五大阶段，如图 3 所示。第一阶段为桌面研究，通过整理汽车行业的报告，分析已有的产品设计和市场，来了解现有玻璃交互技术、设计趋势以及用户群体。第二阶段，通过问卷的方式，较广范围地进一步了解用户，掌握用户生活中不同层面的触点，并通过交叉分析，得到不同因素之间的关系，针对发现的问题进行深度访谈。第三阶段，针对用户在问卷中表现出来的问题和特点，结合桌面调研中的设计趋势，制订出访谈大纲，并对 15 个目标用户进行一对一深度访谈，对访谈结果进行整理分析和洞察。第四阶段，针对现有用户特征和访谈结果，进行用户聚类，并结合用户场景分析。第五阶段，根据用户场景，利用用户旅程图的方式详细的分析用户在驾驶过程中遇到的问题，结合用户对于汽车方面的偏好，提出概念设计指导。本研究采用循环迭代式的研究方法，综合各阶段的指导性产出，从中提炼设计准则。

3　问卷

依据设计流程，本阶段我们通过问卷的方法对问题进行探索，问卷分为两个部分：第一部分是为了了解“90 后”用户的泛生活；第二部分是针对可以独立驾驶的用户提出的关于驾驶体验方面的问题。

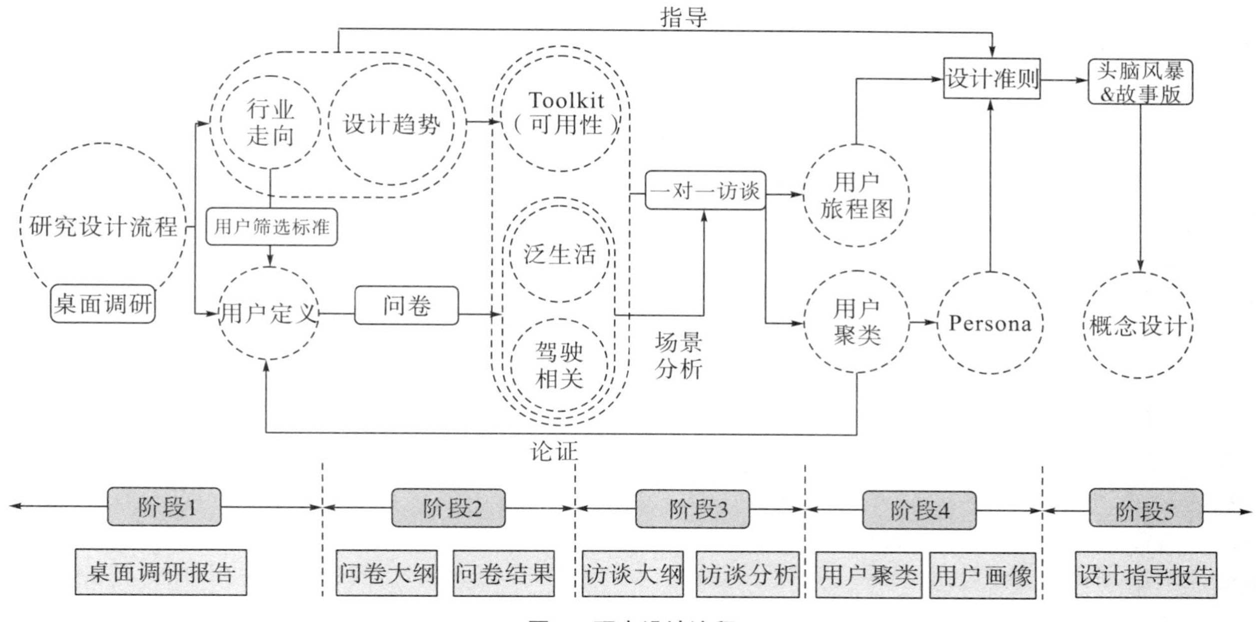

图 3　研究设计流程

本研究一共收集了 379 份有效问卷，其中男女比例均等，超过一半的被试曾有过驾驶经验。经过数据分析得到每个被试最为关注的点，找到被试普遍关注的问题。

（1）生活方式：90%以上的被试喜欢在休闲时间看电影、逛街、玩电脑；大部分人用短信和电话进行主要信息的传递；闲暇时间玩手机的主要目的是聊天、听音乐、看电影；最喜欢的交互方式是触屏交互。

（2）出行方式：公交车和地铁是大部分被试出行常用的交通工具；人们的驾驶经验是希望帮助他们更好地驾驶；男士们更加注重财产安全，女士们更加注重驾驶安全；超过 90%的人喜欢和朋友们一起出行；女士们更喜欢坐在汽车后排。

（3）驾驶体验：出行路线和车辆状态对于驾驶员来说是最重要的信息，并且超过 90%的人用手机导航；如果附近有大车，很难分辨周围的环境；人们最害怕听到限速信息；远光灯会影响人们的视线；在开车过程中经常听音乐或者广播。

本文通过所得数据，得到浅层的、粗略的用户需求和痛点，从而可以确定进一步调研的方向，为下一步访谈大纲的制订和访谈的进行提供切入点。

4　深度访谈

根据问卷的分析结果，我们选取了其中 15 位典型用户进行深度访谈，挖掘这些典型用户的典型行为。

4.1　被试招募

相较于广泛了解“90 后”生活特征的电子问卷阶段，访谈需要更有针对性地了解目标用户较为具体的典型出行场景以及泛生活典型场景、行为背后的心理动因和需求。显然不能仅仅通过被试年龄这一项人口学变量来筛选访谈被试。因此，本项目的研究人员结合前期桌面调研的结果以及玻璃市场的具体需求，制定了符合一对一深度访谈目的的访谈被试招募标准。由于访谈中使用了 Toolkits 帮助获取更多的有效信息，本次访谈要求与访谈主试面对面进行，所以访谈的所有被试均来自北京市。同时，为了使定量分析结果（线上问卷）与后期定性研究结果（一对一深度访谈）的样本之间联系得更加紧密，本研究对每一名参与线上问卷填写的被试，在问卷的最后都会询问他们继续参与本项研究的意愿以及联系方式。后续通过短信或邮箱的形式发放访谈被试招募量表。为避免收到回复过少，被试数不够，本研究同时通过 BNUXers 公众号发放访谈被试招募量表。

4.2　访谈大纲

从问卷分析结果中整理出的问题，需要在用户的深度访谈中找到更加深层的原因，因此问卷中的部分重要维度会延续在访谈问题中。同时，访谈大纲的编写还结合了桌面调研整理得出的行业相关信息。综合这两方面的信息，本文研究者们通过几轮讨论之后，制订出了针对用户的泛生活领域和驾驶相关的内容两方面的访谈问题。

在用户选择过程中，因为“90 后”群体数字原住民身份会影响他们的生活方式和兴趣爱好，人口学特征是初步筛选用户的参考因素，且本课题的研究内容是玻璃的交互设计，因此访谈问题中需要获得用户在驾驶方面的真实偏好和需求。除此之外，根据问卷中我们掌握的信息，在用户中有驾驶经验但是不能独立驾驶的人有很多，同时我们认为是否可以独立驾驶是一个很重要的影响因素。因此，为保证访谈结果的有效性，需要将用户分为可以独立驾驶和不能独立驾驶两类人群。

基于以上分析，我们将访谈问题分成两个部分，一部分针对全部用户的泛生活领域的行为特征以及背后的心理机制，另一部分针对能够独立驾驶的用户在驾驶过程中遇到的痛点，并就以下四个维度提出相关问题。

4.2.1 相关数字生活（泛生活）

“90后”群体作为数字原住民，从小使用电子设备，随着“互联网+”概念的提出，互联网服务业更加丰富，“90后”的生活习惯受到了很大影响，这是有别于其他年龄段人群的重要因素。另外，“90后”对于电子产品和电子品牌的偏好，也会反映用户对于新鲜事物或者科技产品的态度、接受程度和交互方式，可以迁移到汽车的交互方式和交互界面的设计上。

4.2.2 出行方式（泛生活）

出行方式是一个比较重要的问题，因为它与用户的生活息息相关，属于用户泛生活中的一个重要场景。而汽车的本质也是一种出行方式，用户日常生活中对于有不同出行方式的偏好也正反映着用户在出行过程中最关注的因素是什么，以及用户内心的本质需求是什么。同时在访谈过程中，可以更加明晰用户的使用场景或者需求的使用场景，进而通过场景进行交互设计。

4.2.3 汽车相关（驾驶相关）

对于汽车的偏好在一定程度上能确定用户购车之后的使用场景、驾驶经验和使用体验，也反映着一部分用户的交互偏好，可以运用于未来的设计指导中。

4.2.4 驾驶经历（驾驶相关）

我们认为驾驶经历中，让用户体验到最开心的经验或者是最愤怒的经验时，会有影响用户体验情绪的重要因素出现，因此挖掘影响用户情绪的重要因素成为我们关注的重点。同时根据不同用户的诉求，可能会出现共同的具有代表性的痛点。

通过制订出几个重要的维度，确定出每一个维度我们想要挖掘的目标，并针对目标设置相应问题，对问题进行编码，形成半结构的访谈框架。

4.3 Toolkit设计

根据桌面调研，现在的汽车厂商也在关注车载交互，在很多汽车的概念设计广告和视频中，已经涉及很多关于汽车玻璃的交互设计，但目前还在概念阶段，没有投入批量生产。然而用户对于现有的概念功能设计和交互设计的反馈对未来我们的设计有着重要的指导意义。因此，在访谈设计中，我们加入了现在有汽车玻璃的交互设计视频的可用性测试。我们在Youtube网站上选取了关于智能交互式挡风玻璃应用的6个点击量最高的视频作为实验材料，被试通过观看6个交互功能展示片段，告诉主试他们真实的想法，如图4所示。为了更好地帮助被试情绪的表达，我们利用李斯特七点量表法来测量被试对于该交互设计的喜爱程度。用户从对驾驶的帮助、功能易用性、购车吸引力、信息可读性、驾驶安全等7个方面对于视频中的设计进行打分，1分表示最不满意，7分表示最满意，来测量用户对于这些功能的态度。从用户的分数和语言表达中，总结出了用于未来设计的参考准则。图5为访谈场景。

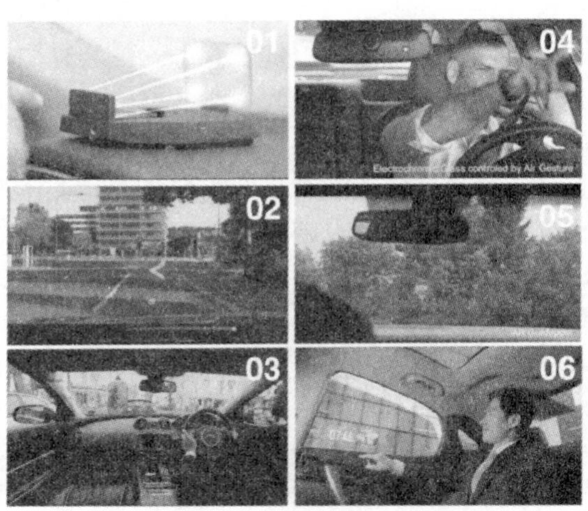

图4 Toolkit视频截图

图5 访谈场景

Toolkit的使用与访谈结合，组成一个完整的访谈方案。当被试无法说出脑海里抽象的想法时，视频Toolkit通过高度可视化的方式帮助他们总结和提炼对于交互式挡风玻璃的需求和意见。图6为访谈分析。

图 6　访谈分析

4.4　访谈流程

在正式访谈之前，需要对访谈方案的时长和问题逻辑做迭代修改。本研究共做了两个预实验，分别为一个不能独立驾驶的男性用户和一个可以独立驾驶的女性用户。通过对初始的两个用户访谈结果分析发现，访谈时长一般在 1～1.5 小时之间，符合非正式访谈的要求。之后，根据反馈对访谈问题的顺序做了进一步的迭代调整，使访谈节奏更加流畅，用户表达自己内心想法的过程不会被打断。

在正式访谈开始的时候，主试会在与被试确立信任关系之后，开始正式进入访谈。通过 1 小时左右的访谈，按照访谈大纲中的问题目的，深度挖掘用户的真实想法、真实需求、典型场景和痛点。

本研究的访谈被试共 15 人，为了保证获取足够多的有效信息，本研究将访谈分为三轮进行，人数分别是 3 人、6 人和 6 人。在每轮访谈过后，根据访谈中存在的问题进行讨论，进一步调整访谈问题的逻辑顺序和在时间的控制内增加问题点，进而使访谈大纲进一步趋于完美。三轮访谈后，我们将访谈获得的音频文件进行转录，并进行下一步的洞察分析。

5　分析与洞察

5.1　用户编码

根据被试招募的情况，我们将用户用颜色进行编码，每一个用户的转录文件用同一种颜色标记出来，并从 1～15 进行编号标记。

5.2　访谈分析

本研究中的转录文稿通过交叉勾选重点的方式，不同的研究者根据自己访谈中了解的特点和自己的洞察，找到用户的原话，并用该用户编码颜色进行标记。最后将这些原话进行转述分析，将转述分析得到的内容，结合访谈过程中主试对于被试的了解和访谈效果，我们做了进一步的洞察。

通过两轮洞察，我们对于访谈中的维度重新进行了亲和分析研究。我们发现，“90 后”驾驶员的社交场景、人生阶段、消费观以及喜欢的电子设备的交互方式等方面均非常多元。因此，我们就这些有很大差异的维度对用户进行聚类。

5.3　用户聚类

用户聚类的目的是进行更加具体的用户分类和用户画像产出，用于确定用户在使用场景和交互功能方面的偏好。

根据对于用户访谈的分析，我们得到了 7 个用户间可能存在差异的不同领域，在 7 个领域中按照用户在访谈中描述的自身行为以及动机分成不同的维度。通过关键词对编码过的用户按照领域和维度进行聚类，共聚类出 3 种用户群体。通过用户聚类，补充用户的典型行为，得到对应的 3 个有针对性的用户画像。最后，结合每个用户画像的典型出行场景和隐性需求，绘制出该类用户在典型出行场景中的旅程图，进一步详细分析整理用户旅程中存在的痛点、触点和机会点，为接下来的设计环节提供定性依据。

5.4　小结

本文利用问卷法得到汽车玻璃交互的研究方向，并为深度访谈提供切入点。针对典型用户提出针对性问题，结合 Toolkit 制订访谈流程。根据深度访谈中挖掘出的用户典型场景绘制用户流程图，再根据用户旅程图的各个部分，将在用户访谈中发现的用户喜欢的电子产品的交互方式、偏好的消费方式、社交生活等方面融入设计准则的设计中。通过头脑风暴的方式将设计准则和用户的使用场景结合起来，从而可以检验设计准则对用户的可用性。

6　设计准则

为了满足人们在驾驶过程中的各种需求，提高人们在驾驶过程中的体验，减少人们在驾驶过程中的认知资源，我们给出了基于先前调查的几点设计准则，如图 7 所示。

元素	需解决问题	解决办法	应用场景				
			畅通驾驶	堵车	恶劣天气	陌生路段	疲劳驾驶
HUD尺寸	减少驾驶之外的认知资源	调整HUD尺寸，使其足够大	√	√	√	√	√
导航和警报系统	保障驾驶安全	利用HUD呈现信息	√	√	×	√	√
信息呈现的方式和时间	信息有效呈现	根据不同司机的喜好，是信息及时呈现，并及时消失	√	×	×	×	×
个性化反馈	个人喜好需求	驾驶员选择喜欢的界面与反馈	√	√	×	√	√
交互方式	减少驾驶之外的认知资源	交互方式尽量简单并尽量避免视觉参与	√	√	×	√	√

√：适用于此场景
×：不适用于此场景

图 7　设计准则

6.1 HUD的尺寸

在驾驶过程中，我们不应该无故增加除了驾驶信息以外的其他任何信息，小尺寸的文字或者图片呈现会让人们花更多的时间在阅读这些信息上面，占用人们大量的认知资源，而且如果是重要信息，这种情况会更加严重。

因此，HUD所呈现的信息必须清晰可读取，尺寸足够大。重要信息不建议通过HUD的方式呈现，比如速度表和转速表要通过仪表盘呈现。

6.2 导航和警报系统

导航系统是一些基础功能的集合，包括“定位”“目的地选择”“路径计算”和“路径指导”，是人们在驾驶过程中最常用的功能之一。警报系统可以预防和缓解各种车辆在道路行驶中因驾驶者疲劳驾驶、分神、开小差、新手上路等各种突发状况引发的车道偏离、追尾、碰撞等交通事故，分担并缓解驾驶者的注意力高度紧张，创造轻松惬意的驾驶环境。

因此，将导航系统和报警系统信息用HUD的方式呈现，能更好地指导和提醒驾驶员的驾驶。

6.3 个性化反馈

根据不同人们的性格、喜好、行为习惯、思维方式、社交需求、生活方式等给驾驶员提供个性化反馈。

6.4 信息呈现的方式和时间

信息的呈现、不同功能的开启条件和持续时间都是不同的，功能只在需要的时候开启，并在不需要的时候关闭。

6.5 交互方式

人们在驾驶时会占用大量的认知资源，并且绝大部分的信息是通过视觉通道传递的，所以在驾驶过程中的交互方式要尽量简单，并且尽量避免视觉的参与。

对于生产厂商而言，建立恰当的、完整的、符合用户需求的设计准则对于汽车玻璃的设计创造具有极其重要的意义。而对于广大的用户而言，这样的设计准则无疑可以改进生活状态、提高生活水平。

7 可用性测试

为了验证设计准则是真正能够解决人们需求的，我们针对所得到的设计准则进行了可用性测试，并用问卷的形式对被试进行测评。

7.1 测试问题

根据测试问题分为以下4个部分：

（1）验证解决方法是否真正解决用户在驾驶过程中所遇到的问题。

（2）用户在理解或使用这些功能时是否感觉到麻烦。这一部分主要探究用户是否能够很快理解这些解决办法，是否能够接受这样的交互方式。

（3）用户在使用这些功能时的体验是什么样的。这一部分的问题是为了探究用户在使用这些功能时的体验是否良好，心情怎样，感受如何。

（4）用户是否愿意一直使用这些功能。探究用户是否愿意持续使用这些功能。

通过4个方面的测评来判断解决办法的可用性和实用性。

7.2 被试招募

为探究可用性问题，招募了30位被试，且30名被试全部在调研前期填写过问卷。

被试通过驾龄来进行分类，其中驾龄在10年以上的驾驶员10人，2～10年的驾驶员10人，0～2年的新手驾驶员10人。其目的是探究不同驾龄的司机对功能的看法，找出共性，方便后期解决办法的改进与迭代。

7.3 测试流程

我们采用一对一的方式对被试进行测试，给被试讲述问题情境和我们的解决办法，在测试过程中允许被试打断进行提问或者给出建议，之后通过展示概念视频的形式来加强被试对解决方案的理解，增加其代入感。

讲述结束后给被试发放量表，要求被试在填写量表的同时进行思考，有问题或者建议随时提出。测试结束后，进行量表的回收并询问被试是否还有其他需要补充的意见或者建议。

7.4 测试分析

通过对回收的量表进行数据分析，查看被试对哪个部分给予较高评价，哪个部分给予较低评价。根据分析结果来指导后续解决方法的更新与迭代：对于评价较高的部分，给予保留并优化；对于评价较低的部分，给予更改。

8 结论

当前，汽车玻璃的交互是未来车内交互方式发展的趋势之一，很多汽车厂商在做车载交互的过程中，总是将所有的功能、按键都呈现出来，认为“多”即为“好”。无论这些交互界面再怎样的美观，再怎样的人性化，都无法改变其本质，用户还是要在驾驶的过程中，不断地转移注意力，不断地分配认知资源在实现这些功能上面。这些看似多且全的功能，往往会影响用户的操作可用性、易用性。怎样增加用户的交互体验，让用户用最简单的交互、最少的认知资源实现他们的目标，应该是产品研发的核心关注点。只有足够了解用户的体验，充分发掘用户的需求，才能使产品从根本上得以创新，进而从本质上增加产品的竞争力，使其在众多的产品当中脱颖而出。

参考文献

[1] Gabbard J L，Fitch G M，Kim H. Behind the glass：Driver challenges and opportunities for AR automotive applications [J]. Proceedings of the IEEE，2014，102 (2)：124－136.

[2] Tonnis M，Broy V，Klinker G. A survey of challenges related to the design of 3D user interfaces for car drivers [J]. IEEE Symp. 3D User Interfaces，2006：127－134.

[3] Park H，Choi J，Kwon H J，et al. Multimodal Interface for Driving－Workload Optimization [C] // Human－Computer Interaction. Towards Mobile and Intelligent Interaction Environments. Germany：Springer Berlin Heidelberg，2011：452－461.

[4] Schmidt A，Spiessl W，Kern D. Driving Auto－motive User Interface Research [J]. IEEE Pervasive Computing，2010 (1－3)：85－88.

[5] 庄惠明，郑剑山，熊丹. 中国汽车产业国际竞争力增强策略选择——基于价值链提升模式的研究 [J]. 宏观经济研究，2013 (11)：95－102.

基于 Yerkes－Dodson 法则的视知觉容量研究

陈　鑫

（中兴通讯中研 UED，江苏南京，210000）

摘　要：人机界面中，用户的视觉通道接收到信息后，能立即储存的容量有限，而容量上限与多种因素相关。当决策允许的时间短暂时，造成的时间压力会严重影响用户的视知觉容量。当时间压力一定时，用户在人机界面交互系统下与其视知觉容量相关性最大的两个因素分别为图像形状与图像色彩。本文基于 Yerkes－Dodson 法则，以单任务实验模式研究图像形状与图像色彩对视知觉容量的影响，结果表明在时间压力一定时，用户对色彩形状组合图像的视知觉绩效最差，而对图像色彩的认知容量与认知速度均优于图像形状。

关键词：视知觉容量；时间压力；图像形状；图像色彩

在复杂的人机界面交互系统中，排除自身生理机能的因素，用户在心理压力与时间压力都很大的情况下，由于信息过载要准确、快速地做出反应十分困难。当摄入信息持续增多时，用户视觉认知容量必达上限，此时很可能会由于信息过载问题恶化而使作业绩效降低，甚至会因为作业难度的进一步提高导致操作失误。此外，当决策允许的时间短暂时，造成的时间压力会严重影响用户的视知觉容量。因此，基于 Yerkes－Dodson 法则，如何通过图像色彩与图像形状的合理搭配来提高用户的视知觉容量、改善作业绩效、减少作业难度、降低误操作率已经为界面设计中亟须解决的问题。

Yerkes－Dodson 法则又称为叶杜二氏法则，最早由心理学家叶克斯和杜德逊经过研究归纳而来，以此来解释心理压力、工作难度与作业绩效三者之间的关系。他们认为，因为动机而产生的心理压力，对作业表现具有促动功能，而其促动功能之大小，将因工作难度与压力高低而异。国内有学者发现，形状编码与颜色编码在不同时间压力下对用户产生的刺激不同。也有学者以解析不同编码元素在相异时间压力下的辨认绩效呈现水平指出，形状与色彩的辨认不受压力大小的影响。

本文在现有研究的基础上，将视知觉容量图像形状、图像色彩与形状色彩 3 种类别，以及通过设定时间压力的 3 种水平对被试进行实验，以此探究 Yerkes－Dodson 法则下图像色彩与图像形状在不同时间压力下对视知觉容量的影响机制。

1　视知觉容量与时间压力

1.1　视知觉容量

人机界面中，视知觉容量是指用户视觉通道接收到信息之后通过分类、整合能储存到大脑中信息数量的上限。视知觉包含视觉接收和视觉认知两部分，用户在其眼球器官察觉到视觉刺激后，会将信息传导至大脑接收和辨识，最终储存起来。视知觉中，视觉注意力对容量有着决定性的影响。视觉注意力包含 3 个层面：第一，视觉刺激出现后，能否被注意到并被接收；第二，接收到视觉刺激后能否持续注意；第三，多个视觉刺激出现时如何妥善分配及应用有限的注意力。

早期有心理学领域学者通过研究视知觉容量与信息编码之间相关机制发现，人类视知觉能绝对辨认的色彩数量为9个，较为简单的图像形状则为5～6个。也有文献通过研究视觉短时记忆容量与信息加载及目标数量之间的关系得出用户在短时状态下，视觉认知容量中的色彩数量平均为4.4个，不规则几何图形则为2.0个。在人机界面交互系统的研究历程中，已有学者通过建立图式、决策模式、分析信息量的差异所需视知觉处理时间等方法，在一定程度上缓解了由于时间压力和工作难度所导致的信息过载问题。

1.2 时间压力

时间压力是影响用户视知觉容量大小的重要因素。在人机界面交互系统中，时间压力表现为用户完成既定任务的紧迫感。作为信息接收、辨识及加工的首要阶段，视知觉的时间压力主要来自视觉刺激的运动状态以及视觉扫描、信息接收的速度。视觉扫描速度与眼睛凝视视觉刺激成正相关。在静态场景中，视觉凝视时间越短，视觉扫描速度越快，时间压力越大；视觉凝视时间越长，视觉扫描速度越慢，时间压力越小。依据视觉认知水平与时间压力大小的关系，本文将视觉扫描速度分为快、中、慢三个水平，相应的时间压力则为大、中、小，如表1所示。

表1 时间压力的水平及其描述

视觉扫描速度	时间压力	视觉认知水平
快	大	视觉认知过程时间十分紧迫，信息接收、加工与处理各阶段经常出现冲突
中	中	视觉认知过程时间较为紧迫，信息接收、加工与处理各阶段偶尔出现冲突
慢	小	视觉认知过程时间较为充裕，信息接收、加工与处理各阶段很少出现冲突

此时，视觉扫描速度反映作业难度，时间压力反映压力，而视觉认知水平则反映作业绩效。Robert等在《认知心理学》中指出，人眼平均一次凝视时长为250～300ms。Card、Moran等通过建立信息加工模型，提出了平均反应时长的计算公式，并据此得出人的视知觉信息处理系统平均每个循环耗时75～370ms。崔剑霞等通过研究短时记忆容量得出，能引起用户辨别的视觉刺激会诱导出200～300ms的大脑负电位。李晶等通过实验指出，当凝视时间为200ms时，时间压力大，视觉认知过程时间紧迫；当凝视时间为600ms时，时间压力适中，视觉认知过程时间稍微紧迫；当凝视时间为1000ms时，时间压力较小，视觉认知过程时间充裕。

综上所述，本文依照时间压力大、中、小3个水平，将实验视觉刺激的呈现时间分别设置为200ms、600ms和1000ms。

2 图像色彩与图像形状的导出

在人机界面交互中，用户经过视觉通道接收视觉刺激，然后视觉刺激转化为信息进行认知处理，之后进入中央系统做出决策给出具体生理反应。由于视知觉容量有上限，人眼每次接收视觉刺激的数量也会受限，因而视觉认知每次能处理的信息是有限的。图像色彩与图像形状作为人机界面中最常见的视觉元素，其数量、组合及排列方式都可对视知觉容量大小产生直接的影响。

实验中所采用的5组10个图像形状通过日常生活中常见的540个图标抽象而来，图像色彩也由此540个图标的颜色中统计频率得出，最终选择组成图标的最基础元素图形10个，如图1和图2所示。

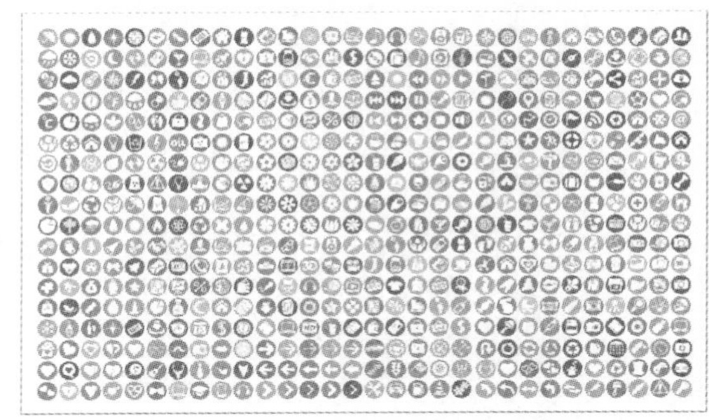

图1 实验原材料的540个图标

图2 提取的10种图像形状

颜色的选取则以常见的孟塞尔色相环为依据，取同一明度和纯度下的色相环等分颜色，再将其中的黄、绿、紫做增大区分度的微调，加上白色，得到如下10种颜色，如图3所示。

图3 提取的10种图像色彩

由图像色彩+图像形状组合而成的图像，如图4所示。

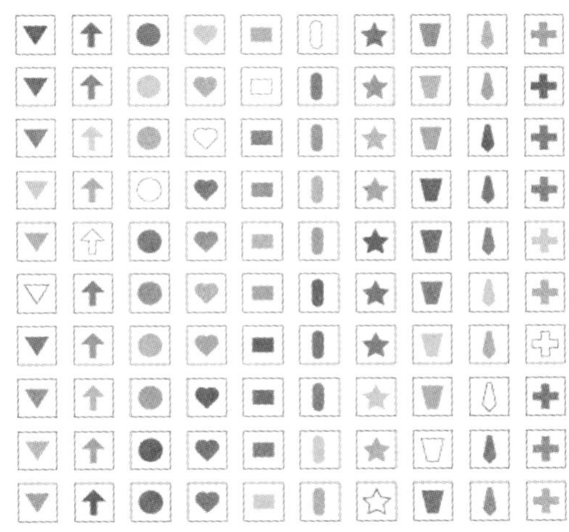

图 4　提取的色彩+形状图像

3　视知觉容量实验

实验采用单任务实验模式，要求被试熟悉实验流程后，记忆实验初始项，进而在探测项出现后以最快的速度分辨探测项是否在初始项中全部出现。

3.1　实验内容

实验采用 2×3×4×3 的被试方式，因素一为被试在做实验时心理压力的有无，同一被试不得同时在有心理压力组和无心理压力组参与实验；因素二为初始项的 3 个呈现时间水平，按照时间压力的高、中、低 3 个呈现水平依次为 200ms、600ms 和 1000ms；因素三为初始项的呈现数量水平，按照视知觉容量的小、中、大、特大依次为 3 个、5 个、7 个和 9 个；因素四为初始项的呈现特征，分类为阶段一图像形状、阶段二图像色彩和阶段三图像色彩+图像形状。在编程时，保证同一初始项的呈现组内呈现特征色彩和形状不会重复出现，且在整个呈现水平中有一半的探测项特征不在初始项集之中。按照有无心理压力、初始项的呈现时间水平、呈现数量水平以及呈现特征，要求每位被试参加 3×4×3 共 36 轮实验，每轮实验测试 3 次，依据初始项呈现数量水平的 3 个、5 个、7 个和 9 个，同一初始项下的探测项数量均为 2 个。初始项的呈现特征、时间和数量随机显示，被试的时间压力在每组实验内均不相同，要求被试在规定时间内判断出探测项显示内容是否均在初始项中出现，若是，则按 “Y”，否则按 “N”，因此要求被试注意力要相对集中。每位被试在各阶段完成后均有 2min 休息时间，每位被试完成全部实验预计 15min。

本次实验程序的编写采用行为心理学中常用的开发软件 E-prime，实验工具为屏幕分辨率 1366×768、处理器 Intel i3 M380、显卡 ATI HD 5400 的东芝笔记本电脑，实验进行时无论是初始项还是探测项始终显示在电脑中央，且根据被试坐高以调整支架高低的方式保证探测项在水平方向上保持与被试双眼齐平。

3.2　实验程序

实验被试分为两大组，共 60 人次，20 男 20 女，年龄为 18～40 岁，视力正常且无色弱和色盲症状，无设计相关人员参与，分为有压力组（15 男 15 女）和无压力组。有压力组在实验过程中会有进度条显示当前状态与剩余时间，无压力组则无任何显示。正式实验开始前，先行使其熟悉实验流程、实验要素和注意事项，并预播放程序一次使其在进入状态之后开始实验。

正式进入实验阶段，被试熟悉实验材料、模式、流程之后开始实验，如图 5 所示。

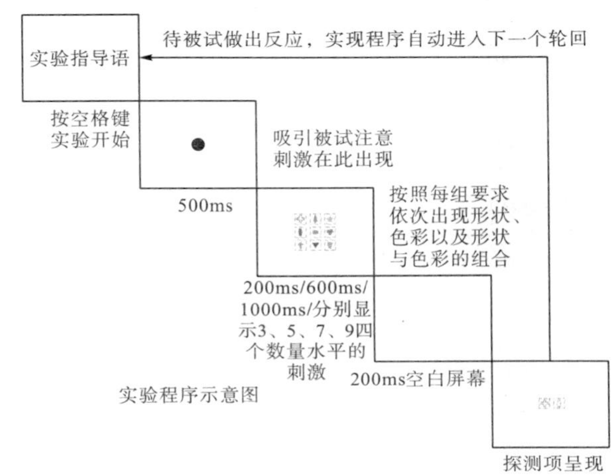

图 5　实验程式

4　实验数据分析

对实验被试的数据进行统计处理，得出有心理压力和无心理压力两组 3 个时间水平下，图像色彩、图像形状与色彩+形状 3 种类型的视知觉容量正确率。各阶段下视知觉正确率如图 6～图 10 所示。

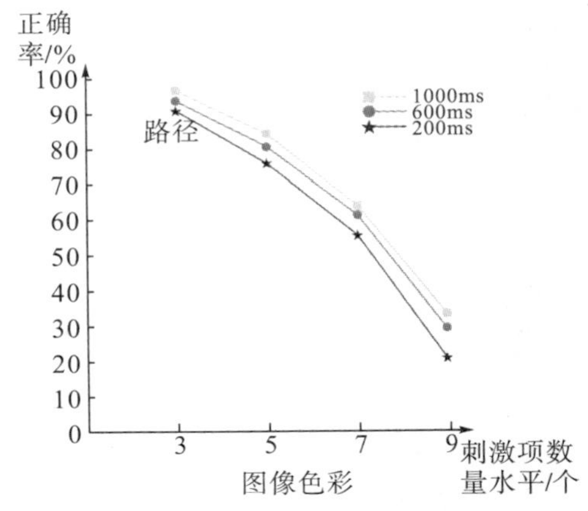

图 6　无心理压力的图像色彩研究结果统计

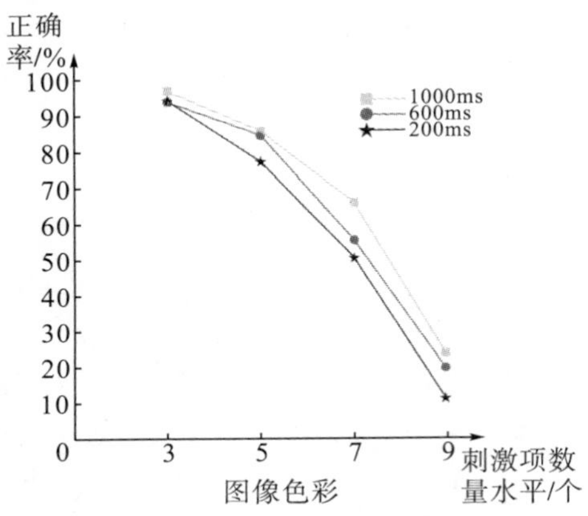

图 7　有心理压力的图像色彩研究结果统计

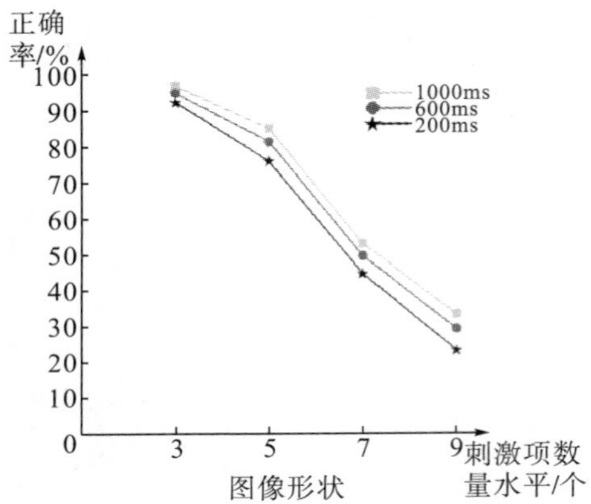

图 8　无心理压力的图像形状研究结果统计

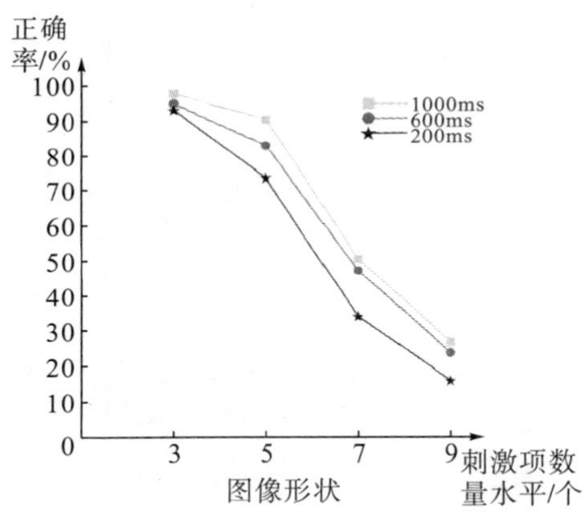

图 9　有心理压力的图像形状研究结果统计

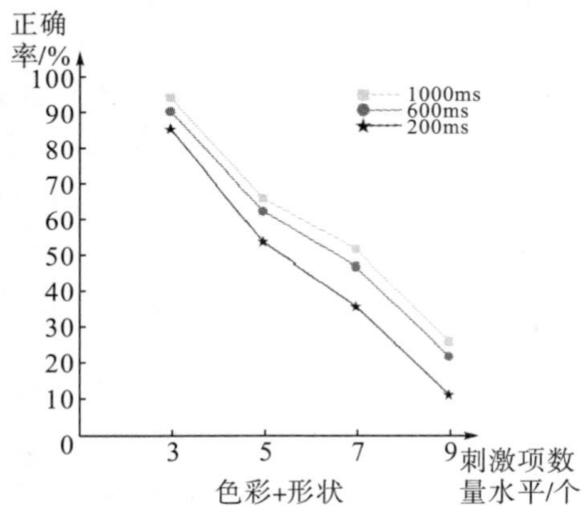

图 10　无心理压力的色彩＋形状研究结果统计

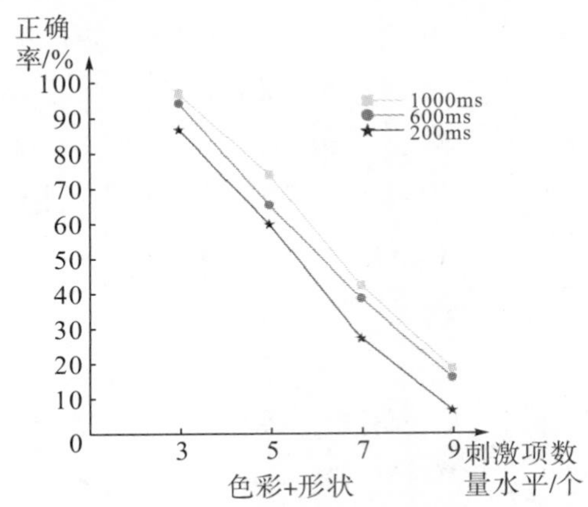

图 10　有心理压力的色彩＋形状研究结果统计

同一阶段下对比实验中心理压力因素有无的数据，结果显示，相对于无心理压力小组，有心理压力小组在视觉刺激 3 个数量水平的正确率上均有差异。其中，图像色彩、图像形状与色彩＋形状图像的 3 个阶段下，当视觉刺激的数量水平小于 5 个时，有心理压力小组比无心理压力小组的正确率要高。当视觉刺激的数量水平高于 7 个时，有心理压力小组的正确率则低于无心理压力小组。通过数据对比表明，心理压力对视知觉绩效会产生影响，能否产生积极的影响则视时间压力的大小而定。

同一心理压力状态、同一视觉刺激呈现时间下对比实验中各阶段视觉刺激呈现种类的数据，结果显示，图像色彩在视觉刺激数量超过 7 个时，正确率下滑速度明显上升；图像形状在视觉刺激数量超过 5 个时，正确率下滑速度明显上升；而色彩＋形状图像在视觉刺激超过 3 个时，正确率的下降幅度便十分明显。数据表明，同一条件下，在视知觉刺激数量水平较低时，图像色彩的视知觉绩效最大，色彩＋形状图像的视知觉绩效最小。

同一心理压力状态、同一实验阶段下对比实验中 3 个视觉刺激呈现时间水平的数据，结果显示，当视觉刺激呈现时间从 600ms 降低至 200ms 时，准确率有比较显著的下降，对视知觉绩效的影响更加明显。数据表明，当时间压力增大时，视知觉容量的降幅增大。

同一心理压力状态下，综合各实验阶段中的视觉刺激呈现时间来看，色彩＋形状图像在 3 个水平的呈现时间即 1000ms、600ms 和 200ms 时，差异最大，此时，视知觉绩效较图像色彩与图像形状的认知有显著降低。数据表明，人机界面中元素不宜过多，否则会引起用户视知觉绩效降低，导致误操作概率提升。

5　结论

根据视知觉容量实验，可以得到以下结论。

（1）视觉扫描速度即时间压力对图像色彩、图像形状和色彩+形状图像的视知觉容量都有明显影响。当视觉扫描时间从 600ms 降低为 200ms 时，对图像色彩的视知觉容量与认知速度的影响更为显著；当视觉扫描时间从 1000ms 降低为 600ms 时，对图像形状的视知觉容量与认知速度的影响更为显著；当视觉扫描时间从 1000ms 降低到 600ms 以及从 600ms 降低到 200ms 时，对色彩+形状图像的视知觉容量和认知速度的影响均十分显著，当视觉扫描时间从 600ms 降低到 200ms 时影响更加显著。

（2）相对于无心理压力组，有心理压力组在视觉刺激的数量水平在低于 5 个时，正确率均有提高，表明适度的心理压力能提高视知觉容量（作业绩效）；当视觉刺激的数量水平超过 7 个时，正确率显著下降，表明此时由于作业难度增加临近信息过载边界，心理压力会导致视知觉容量的降低。

（3）实验过程中，当图像色彩刺激的数量水平达到 9 个、图像形状刺激的数量水平达到 7 个、色彩+形状图像刺激的数量水平达到 5 个时，被试视觉认知正确率骤减，出现了视知觉容量信息过载的情况。当视觉扫描速度在 1000ms 以内时，时间越短视知觉容量越小，认知速度越慢，认知错误率越高。

（4）在时间压力一定时，用户对色彩+形状图像的视知觉绩效最差，而对图像色彩的认知容量与认知速度均优于图像形状。同时，当时间压力较大时，图像色彩的视知觉容量比图像形状的视知觉容量大，表明人机界面中用户需要快速识别时，色彩比形状更具准确性优势。

参考文献

［1］Chang T W，Kinshuk，Chen N S，et al. The effects of presentation method and information density on visual search ability and working memory load ［J］. Computers & Education，2012，58（2）：721－731

［2］郭伏，钱省三. 人因工程学［M］. 北京：机械工业出版社，2006.

［3］李晶，薛澄岐，王海燕，等. 均衡时间压力的人机界面信息编码［J］. 计算机辅助设计与图形学学报，2013，25（7）：1022－1028.

［4］Cavanagh G A A P. Research article the capacity of visual short － term memory is set both by visual information load and by number of objects ［J］. Psychological Science，2004，15（2）：106－111.

［5］Chalmers P A. The role of cognitive theory in human－computer interface ［J］. Computers in Human Behavior，2003，19（5）：593－607.

［6］Paul S，Nazareth D L. Input information complexity，perceived time pressure，and information processing in GSS－based work groups：An experimental investigation using a decision schema to alleviate information overload conditions ［J］. Decision Support Systems，2010，49（1）：31－40.

［7］张慧姝，庄达民，马丁，等. 飞行员视觉信息流强度模拟及适人性分析［J］. 北京航空航天大学学报，2011，37（5）：519－523.

［8］Robert L S，Kimberly M M，Otto H M. 认知心理学［M］. 6 版. 何华，译. 南京：江苏教育出版社，2010.

高桥善丸文字设计风格启示下的字体设计及应用

——以心经为例

陈　瑶

（福建网龙计算机网络信息技术有限公司，福建福州，350000）

摘　要：平面大师高桥善丸对字体设计有着深刻的研究，其字体设计具有鲜明的个性表现。本文对高桥善丸字体设计的创作特征进行分析，如笔画借让及圆润风格等，其具有禅宗美学特点的字体设计适宜在《心经》等宗教哲学类书籍中运用，通过充满禅意的字体能更好地向读者展现《心经》魅力，同时将新媒体技术的表现形式与字体设计相结合，以提升读者的阅读体验。

关键词：字体设计；新媒体；高桥善丸；心经；禅宗美学

1　高桥善丸生平事略

日本设计家泉真也说：“日本设计的第一特征是传统设计和现代设计的结合。”传统禅宗美学与现代设计技法的完美融合，是目前日本设计文化中的一大特色。正是由于有这种传统文化内涵作为支柱，日本设计界才逐渐在国际领域中占据一席之地，而高桥善丸正是一位将传统美学与现代技法融会贯通的平面设计大师。高桥善丸 1952 年出生于日本富山，毕业于大阪美术大学，曾在大阪艺术学校进行教学。高桥善丸的作品曾入选富山国际海报三年展、波兰华沙国际海报双年展等，多项作品为苏黎世 Gestaltung 博物馆等机构收藏，其还曾出版多本作品集。

高桥善丸是日本平面设计师中出类拔萃的代表。作为地地道道的日本人，他深受日本佛教禅宗美学文化的影响，因此其作品常常将传统的禅宗美学观念与当下设计相融合，使设计作品中蕴含高雅、质朴、纯粹的日系设计特点，其设计作品意境高深宁静、形式典雅含蓄、元素纯粹精练，将日本传统文化特征及禅宗美学观念与设计完美融合，使作品具有独特的东方文化气息，传递出深厚的民族精神，给予观者安宁舒适之感。高桥善丸与众不同的设计表现手法、富有民族文化特色的设计内涵及对设计作品的独到把控，使其在日本乃至其他国家的设计界都产生了一定的影响。

2 高桥善丸生平事略

2.1 高桥善丸字体设计特征解析

高桥善丸在海报、字体、书籍等方面均有所建树，其中，以字体设计最为人所知，在高桥善丸众多的海报、书籍作品中，也常常能看见其精心设计的字体，为海报等作品画龙点睛。高桥善丸字体中包含着丰富的笔画借让增减、流畅圆润的线条、正负空间、虚实变化等特征，这些设计原则有助于指导相关创意字体的再设计。

2.2 借让关系

高桥善丸的字体设计非常注重字与字之间的借让关系。例如图 1 中的 3 组字体，高桥善丸特意将部分“撇”的笔画拉长，形成夸张效果，同时适当将其他笔画缩短，形成鲜明的对比效果。特别是图 1 中的“胃肠药”加强借让关系组合后，使得原本平淡无奇的文字组合生动化，让文字不但在字间距上产生疏密对比效果，并且在一定程度上加强字体的独特性及视觉冲击力，让受众在阅读文字时产生一种文字伸缩的视觉体验感，使字体更具生命力。

图 1 高桥善丸字体设计中的借让关系

2.3 笔画增减

高桥善丸为《土壁》一书所做的封面设计，仅仅采用了“土壁”这两个文字作为主要设计元素，并运用了笔画增减的设计手法。例如图 2，笔画的叠加使得文字更具有块面感，同时纵向延伸的空间感也得到了体现，力图让文字在纵向上也能展示出独特的形体特征，营造出一种坚实的力量感，“壁”字笔画中夸张拉长的部分，成功地打破了横线增加所带来的呆板感。同时扉页中“土壁”两字采用删减笔画的手法，使得字体更加简练柔和、明快大方，与封面字体产生“软硬”对比，使得原本单调的文字变得交相呼应，回味无穷。

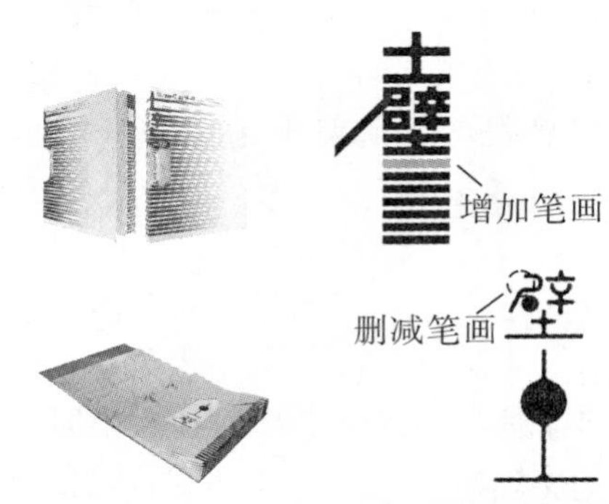

图 2 高桥善丸《土壁》书籍中的字体设计

2.4 流畅圆润

高桥善丸字体设计中最大的特点是文字笔画中线条运用得非常流畅，笔画饱含秩序却富有变化，不会给人呆板之感。例如图 3，高桥善丸将字体笔画的大小、粗细、长短、疏密等关系进行有节律的创作布列，同时将文字笔画结构做统一调整，使文字线条更加简洁，也使得字体更具图形感和艺术美感。高桥善丸在处理文字形态时还采用了圆角方式，使得文字在笔画交叉部分形成柔和质朴的圆润感，蕴含别致禅意，这种圆润的风格特征也是其字体设计区别于其他作品最别致的特点。

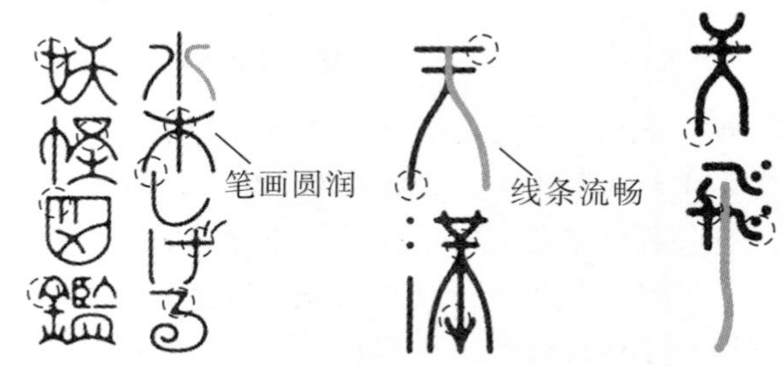

图 3 高桥善丸字体设计中的流畅圆润特征

2.5 正负空间

高桥善丸的字体设计在构成关系上十分看重点、线、面三者的结合运用。例如图 4，除了线条流畅，高桥善丸还擅长在文字中将部分笔画替换成圆点元素，同时将部分笔画填充，形成正负空间对比感，充满构成韵味的设计手法让字体的条理性得到加强，文字组合构图更加考究缜密，体现出其对待字体设计的严谨性，这点也与日本民族独特的严谨性格息息相关。同时，将部分笔画与点或面进行替换，能进一步体现字体的图形视觉感，创造出更具现代感的字体。

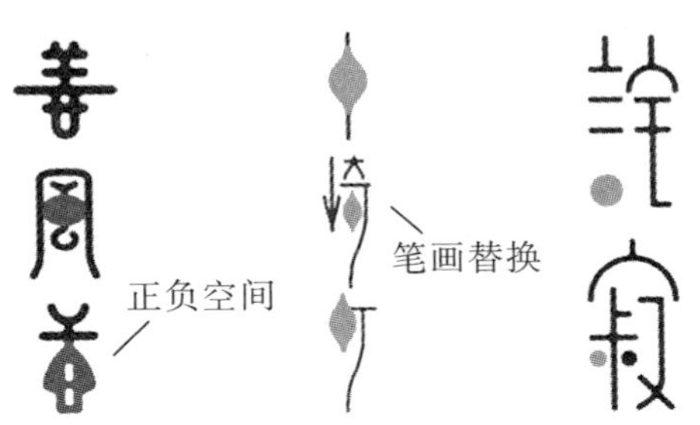

图 4　高桥善丸字体设计中的正负空间关系

2.6　虚实变化

在高桥善丸的字体设计中，常常还采用虚实对比的设计手法，让欣赏者对字体的虚实产生思考，发觉这种因虚实变化而产生的设计美感及空间感。高桥善丸利用文字的投影、被遮挡等方式，把文字虚实呼应的设计美感呈现给受众。例如图 5，文字主体与海报背景之间巧妙的虚实对比，在一定程度上能有效地突出海报作品的主题，促使观者主动去解读海报中的文体，有助于视觉中心的传达，让受众产生阅读兴趣，而不是一味地被动接收信息，这样能让人们在充满乐趣的互动中体会海报中文字的深层含义。

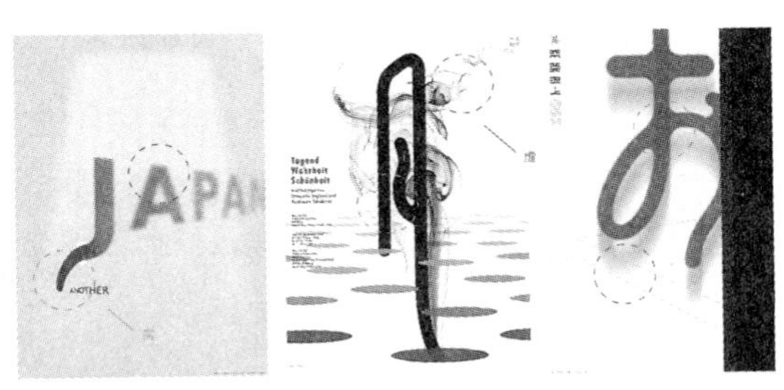

图 5　高桥善丸字体设计中的虚实变化

2.7　高桥善丸字体设计中的禅意

通览高桥善丸的字体设计作品，从中能感受到纯净、优雅的艺术美学气息，其设计作品中没有过多的累赘修饰，随意、淳朴、素雅的同时富有生命力的特点在作品中随处可见。高桥善丸的字体设计作品是将日本文化融入现代设计之中，将“禅”的美学思想同现代设计相结合，因而其文字作品和禅宗美学交相呼应，整体的设计内涵得到提高，以求在设计手法上摸索出革新及突破，进而使作品中蕴含婉约优雅、干净纯粹的精神内涵。高桥善丸的字体设计在笔画借让增减、线条流畅圆润、正负空间、虚实变化等方面均有所考量，其字体设计特征深受日本“禅”思想文化的影响，其字体与禅宗美学交相呼应使观者心生宁静之感，适合运用于《心经》等宗教哲学类书籍中，通过搭载新媒体技术，使字体设计更具多元化，对宗教哲学类书籍在当代社会中的传播具有积极的促进价值。

3　高桥善丸字体设计在《心经》再设计中的多维度应用

3.1　《心经》市场调研情况

《般若波罗蜜多心经》简称《心经》，是般若经系列中的经典，为佛教徒日常背诵的佛经。《心经》全文共 260 个字，其意义在于使诵者在阅读经文过程中，安抚焦躁内心，心灵得到沉淀。目前，市面上《心经》等宗教哲学类书籍形式大都死板单一，缺乏设计美感，无法激起读者特别是年轻受众的阅读兴趣。而高桥善丸的字体设计本身就包含禅宗美学思想，在字形上给人一种安和平静之感，与《心经》的思想内容相契合。因此，《心经》适合采用具有高桥善丸字体设计特征的字体来为其进行再设计，同时字体设计通过网站等新媒体进行转播，以求吸引更多受众，扩大传播力度。

3.2　《心经》字体再设计

根据前文所总结的高桥善丸字体特征，对《心经》内容进行全新字体再设计。在字体笔画特征上，首先，保留文字的基本构成笔画，以确保重新设计后的字体具有基本识别性。例如图 6，在原有字体的基础上，增加“自”字部分笔画，删减“行”字部分笔画，这种增减笔画的设计手法，保留了字体笔画转折的结构特征，不但没有降低字体的识别效果，相反还加强了字体的可读性及视觉效果。

图 6　笔画增减设计形式

其次，在保留文字笔画原有朝向的基础上，移动或夸张部分笔画。局部改变笔画能使文字产生变化，强调其上下结构和左右结构的对比关系，具有新的韵味。例如图 7，在“说”字的设计上，将言字旁部首上移，强调上下对比关系，将部分笔画以圆形替换，增加图形视觉感，另外将“乚”的笔画夸张拉长，使文字更具特点。而在“多”字的设计中，加强笔画之间的借让、松紧关系，使字体笔画结构之间的变化更具多样性。

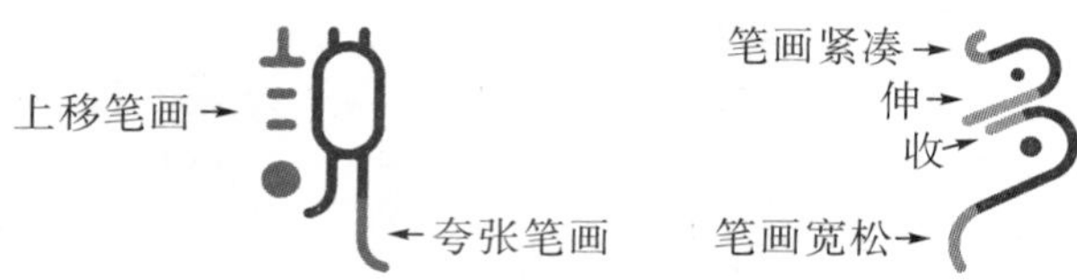

图 7　笔画移动、夸张手法，笔画借让及松紧关系

再次，强调字体特点，使字体独特的韵味和视觉特点得到充分体现。例如图 8，在对《心经》字体的再设计中，集中强调字体的线条流畅感及笔画圆润特征，突显字体中蕴藏的柔和、含蓄禅意。同时，这种圆润特征有助于与其他字体设计相区分，形成自己与众不同的设计风格特点。另外，在字体笔画的大小上进行变化，使读者在阅览文字时，在视觉上产生一种富有节奏及韵律的变化效果。例如图 9，“增”“谛”“涅”三字，分别在部分笔画上采用点的形式来代替原本笔画，并对点的面积进行放大处理，以加强字体块面感，或对点进行缩小处理，以增强点的形式感。通过不同大小的圆点对比，在视觉上形成一种跳跃、灵动的节奏感，使字体更具活力和多样性，形成字体中对比与和谐元素的统一。

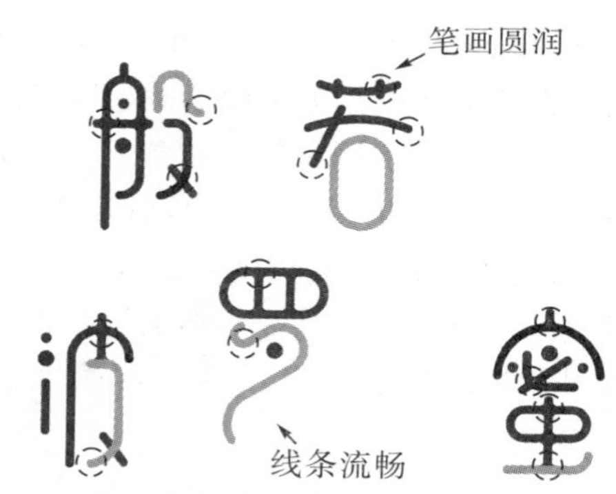

图 8　线条流畅感及笔画圆润特征

图 9　笔画大小对比手法

在字体疏密关系上，考虑到《心经》内容的主要作用是安抚内心，使人入静入定，因此字体疏密上采用较为宽松的排版形式，从视觉上减少紧凑压抑感，营造一种闲适宽松感。

3.3　《心经》书籍装帧再设计

完成《心经》字体设计后，选择书籍载体形式对字体进行应用。目前，市场上出售的《心经》书籍装帧均缺乏设计美感，书籍装帧形式过于单调，不足以吸引广大受众进行购买及阅读。在已经设计好的《心经》字体基础上，对《心经》书籍的版式及装帧形式进行再设计。

首先，考虑到《心经》是宗教哲学类书籍，书籍开本选择传统的经折装形式，书籍封面、函套及内页均采用黑色，营造沉静稳重感，且黑色更易使读者集中注意力，较快平静心情。书籍内页为加强传统阅读感受，选择从右至左、竖向排版，内页纸张及封面标签部分均采用洒金特种纸，营造古典视觉感受，如图 10 所示。

图 10　《心经》书籍装帧再设计效果

其次，书籍内文采用《心经》再设计字体，字体颜色采用金色取“佛光普照”之意，以求通过具有禅宗美学内涵的字体，使受众在阅读《心经》的过程中，在视觉上感受到一定的设计美感，使内心产生宁静平和之感。通过对《心经》字体和书籍装帧进行再设计，激发读者阅读兴趣，从字体和书籍装帧设计上潜移默化地传达佛教禅意。

3.4　《心经》宣传推广再设计

随着新媒体技术的不断发展，声音、光效等多元化元素不断与字体设计相结合，并在一定程度上打破了书籍设计的二维空间展示效果，依靠新媒体技术，字体设计在三维空间中带给受众全新的体验。比如在推广《心经》等禅宗美学的网站中，将字体通过渐变、波动等动效，在视觉上使文字获得生命力，同时这些字体设计使得网站更具活力，并能进一步突显“禅”的重点含义。新媒体技术与字体的融合，让《心经》字体设计、书籍设计与宣传推广方式相配合，从平面到立体空间，多维度地向读者呈现禅宗美学的魅力。

4　结语

高桥善丸在字体上的设计手法及其设计美学思

想对当前字体设计领域具有借鉴意义。其字体设计作品除准确传递信息外，还具有丰富的民族文化内涵和意境，使字体设计能更好地与《心经》书籍设计、宣传推广设计中的“禅意”相契合。我国设计可从日本设计美学上得到启发，不应只是单纯从传统图形上得到借鉴，而应加强对本国传统美学思想的深入吸收，让我国传统美学思想指导当代设计，让字体设计不单只是传统设计形式的展现，而是通过当下全新的新媒体设计手法，从平面到立体空间，多维度地展现出字体设计作品的民族文化内涵。

参考文献

[1] 王受之. 世界平面设计史 [M]. 北京：中国青年出版社，2002.

[2] 高桥善丸. 高桥善丸的设计世界 第 3 卷：装帧 · 商标 · 字体设计 [M]. 朱锷，译. 南宁：广西美术出版社，2001.

[3] 周碧兴. 论字体设计在新媒体中的多样发展 [J]. 大众文艺（学术版），2016 (8)：54.

[4] 刘彬. 日本现代平面设计的传统性研究 [J]. 装饰，2006 (9)：46－47.

[5] 陈振旺. 日本现代设计的形式美溯源 [J]. 南京艺术学院学报（美术与设计版），2006 (4)：174.

[6] 马艳丽. 日本平面设计中的传统文化精神 [J]. 艺术研究，2010 (1)：144－145.

[7] 孙雅洁，吴卫. 浅叶克己字体设计的创作特征 [J]. 艺术探索，2011 (3)：109－111.

新媒体语境下集美大社文创旅游街区的品牌设计应用研究

陈　瑶

（福建网龙计算机网络信息技术有限公司，福建福州，350000）

摘　要：新媒体的出现在一定程度上改变了原有旅游行业的竞争格局，为产品老化、形式单一的旅游街区带来了新的发展机遇，依靠新媒体对文创旅游街区进行品牌设计及推广也成为当下热门的宣传方式。本文依托于新媒体语境，重点在于对集美大社文创旅游街区的视觉形象元素进行提取及整理，总结并归纳文创旅游街区的品牌设计原则及设计方法，同时运用于集美大社文创旅游街区的品牌设计中，保留传统特质的同时，对其商业文化价值加值，进行现代化数字转型。

关键词：新媒体语境；文创旅游街区；品牌设计；集美大社

1　新媒体语境对品牌设计发展的影响

1.1　新媒体语境下品牌设计的特征

如今，移动平台、全息投影等新媒介的诞生拓宽了视觉信息的传播形式，一定程度上打破了传统品牌设计的局限性与单一性，使品牌设计更具创新性、独特性与互动性。

国内研究方面，新媒体语境下品牌设计的传达形式及延展应用的研究成果主要集中于对二维静态视觉元素进行动态转型。例如，张力提出，“新的媒体提供了视觉可变化、四维的可能性，品牌识别设计必须结合这种技术特征并努力将新变化引入思考之中”，倡导在新媒体语境中，应合理利用新媒介技术的优势，加强品牌设计的创新性。国外研究方面，利弗 · 曼诺维奇（Lev Manovich）在著作《新媒体语言》中指出，新媒体的产生使设计成为元设计。现今，设计师除了要设计全新的视觉元素，还要考量信息架构、布局导航及交互流程等内容。

在传统媒介语境下，品牌设计主要依靠平面设计对信息内容进行设计制作，并依托纸媒来展现设计结果。新媒体语境涵盖了不同维度的媒介平台，为品牌设计在视觉传达上提供了更广泛的选择空间，对设计师如何挑选适宜的新媒体进行多维度的信息传播也提出了新的挑战。

现今，设计师不但要设计全新的视觉元素，还要考量设计中的信息架构、布局导航以及交互流程等。新媒体技术的快速更迭，使得用户对获取品牌信息的注意力下降，用户停留在信息内容的时间越来越碎片化，这也导致企业在进行品牌设计时愈发注意突显自身独特性，以求通过新颖别致的视觉形象，在用户心中奠定不同于同类品牌的印象，并给予用户全新的视觉感官体验。

1.2　新媒体语境下品牌的设计原则

第一，新媒体语境下品牌设计对媒介具有一定涵盖性，数字时代下的新媒体语境是传统媒介与新型媒介相互依存的环境，而非单一的媒介载体。新媒体语境下的品牌设计不仅需要适应书报期刊等传统媒介的应用，还需适配移动平台、应用软件、虚拟现实等新媒体。例如图 1，目前曾厝垵文创村除了在导视系统及传统纸媒上进行品牌宣传，同时也将品牌设计的宣传重点逐步转移至微信公众号、AR 等新技术上，以求跟随市场潮流，满足用户从新媒体上接收旅游信息的新诉求。

图 1　曾厝垵文创村 AR 扫码解说

第二，新媒体语境下品牌设计的信息内容要精练且明晰。数字化后的信息内容更为多元化，视觉、动效、音效的结合使品牌设计的内容更为生动，便于传播，这种多元化的体验也更易使用户接受，加强其对品牌的好感度与印象度。

第三，新媒体语境下品牌设计更在意品牌与用户之间的情感互动体验，以人为本的情感化设计手法成为热潮。品牌价值的高低不在于企业传奇的发家经历及营销模式，而是在于品牌与目标受众之间的情感互动。在新媒体语境下，更应利用好新媒介自身互动性强的优势，通过品牌设计带给用户更优质的互动体验。

2　新媒体语境下集美大社文创旅游街区的市场调研情况

2.1　集美大社文创旅游街区的品牌设计现状分析

集美是福建省知名的旅游观光区，这几年，厦门市旅游市场的竞争逐渐进入白热化状态，而集美大社作为极具地域性的侨乡，却没有通过特色旅游项目包装对外进行宣传，传统单一的观光模式也导致当地旅游吸引力有限。集美当地旅游行业现状堪忧，游客逐年减少，各类商户撤资转行，集美大社文创旅游街区迫切需要寻求新的发展传播方式。

集美大社文创旅游街区的规划依旧处在不完善阶段，并且存在一些显著问题：首先，集美大社文创旅游街区没有一个整体的品牌设计，导致目标受众对于集美大社的印象度不深，且不利于整个文创旅游街区对外进行宣传及推广；其次，现有的导视系统及相关宣传设计，其地域文化性相对较弱，针对性及创新性不足，同质现象严重，不能给予用户集美当地特有的南洋侨韵及闽南风貌；最后，集美大社文创旅游街区的推广形式依旧采用传统纸媒宣传形式，时效性差，且无法有针对性地将相关资讯推送给目标用户，市场推广渠道及力度相对狭窄。

2.2　国内外同类开发案例竞品分析

国外的相关案例中，韩国仁寺洞在旅游品牌推广上较为新颖。为了方便外国游客在韩国能顺利自由行，仁寺洞除了在旅游标识系统上做了统一设计外，目标受众还可在各游客中心租借手机，依靠手机上的“대한민　국구석구석（韩国的每个角落）”应用软件便捷地查找相关门店、美食、景点信息，以及定位当前位置进行实时导航等。依靠新媒体技术，韩国仁寺洞在一定程度上提高了用户体验，从侧面促进了当地的旅游收入逐年增长。

由此可见，集美大社文创旅游街区的景点内容虽然丰富，但由于其自身没有完整清晰的品牌设计，导致集美大社文创旅游街区对受众的传播影响力不足。因此，除了采用传统媒体的线下宣传方式，采用新媒体的线上传播手段应该是当地目前急需采取的宣传方式。若能将集美大社文创旅游街区当地视觉符号语言进行数字化转换，将特色景点与品牌设计进行创新整合，在设计元素中保留其原始特色风貌，同时运用新媒体的传播理念与方式，能较为快速地获取目标受众认同，使其产生新的旅游商业价值，在社会上产生优异的品牌传播效应，推动集美大社文创旅游街区的旅游经济再发展。

2.3　目标用户画像

本文的实践项目是设计集美大社文创旅游街区的品牌形象，并将其应用于当地的导游软件中。因此，选定的目标用户需要热爱旅游，最少 1 年旅游 1 次，并且具备熟练操作软件的能力，喜爱尝试新奇应用，喜欢在应用软件上分享旅游心得及美图。根据以上几个条件，优先将 18～35 岁的在校大学生及年轻白领划为重点目标用户。因为在校大学生及年轻白领时间较为宽裕，其年轻且具备旺盛精力，同时具有浓厚的旅游兴趣，尤其偏爱文艺景点及自然风光。同时，这两类目标用户群体对软件应用操作流利，适应力及学习能力强，并且日常喜欢在社交软件上分享个人旅游经历。综上所述，集美大社文创旅游街区的目标受众主要为热爱旅游的在校大学生及年轻白领。图 2 为用户画像。

喜欢尝试新应用软件　18~35岁

学习能力强　在校大学生及年轻白领

喜欢分享旅游照片及心情　收入稳定、可观

每年最少旅游一次以上　酷爱旅游

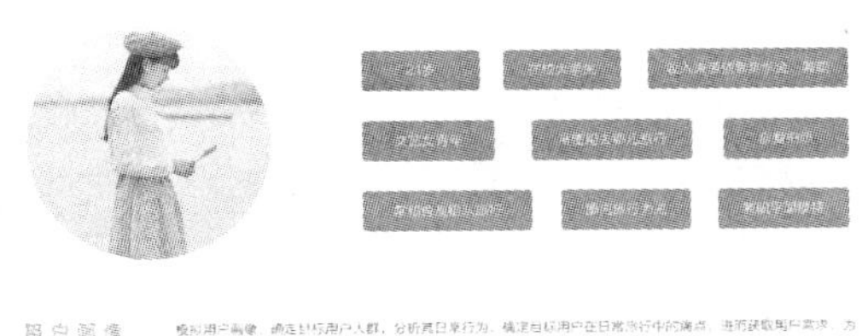

图 2　用户画像

2.4　用户地图

本文研究首先模拟一位游客在集美大社文创旅游街区进行旅游观光的场景，分配给用户一些具体任务，观察用户在游览集美大社过程中存在的问题及需求。通过用户地图所反映的问题，使设计师能更有针对性地解决用户痛点及需求，避免无效设计。

设定一个虚拟的典型用户，李萌萌，女，本科毕业两年，白领，月收入 8000 元，趁“十一”长假与男友到厦门市集美大社文创旅游街区游览。表 1 为虚拟用户李萌萌在集美大社游玩时遭遇的各种问题。

表 1　用户地图

时间	情景描述	出现的问题
10：00	李萌萌和男友乘车来到集美大社景区内，下车后两人被龙舟池的景色所震撼	两人未做详细的路线规划，不知应从哪里开始观光
10：00—10：30	李萌萌决定跟着人潮，前往嘉庚故居进行参观，里面有很多陈嘉庚的遗物和生平简介，但是介绍的文字密集繁多，两人粗略地扫了几眼便离开	相关文字介绍太多，造成游客不耐烦
10：30—11：30	李萌萌离开故居后，朝陈氏中心宗祠前行，进入宗祠景区后，两人想看看宗祠的相关简介，但是周围没有相关提示	没有宗祠的相关简介，没有对供奉的神明进行介绍
11：30—12：30	李萌萌在宗祠景点附近发现了好几家专做特色小吃沙茶面的店铺，但是她不知道哪家的沙茶面最正宗	不知道哪家小吃店铺最正宗，出现选择困扰

续表1

时间	情景描述	出现的问题
12：30—13：30	吃完沙茶面后，两人找了许久，没有发现建业楼的位置	没有找到想要参观的景点
13：30—14：00	李萌萌和男友接着参观了集美中学建筑群，建筑很精致，两人想进行拍照，却因为建筑被围栏围住，找不到合适的拍照点	没有合适的拍照地点
14：00—15：00	李萌萌和男友来到了著名的 4A 景区嘉庚公园，对景区内的石雕和影雕工艺非常感兴趣，李萌萌想了解这到底是怎么制作的	想了解石雕和影雕的简介及其相关工艺制作过程
15：00—15：00	李萌萌和男友两人在景区内的石凳上坐下休息，并将刚刚拍摄的照片上传至社交软件中。同时打开百度搜索，想知道下一步去哪里参观	需要访问百度，查访周边影响信息，规划接下来的旅游行程
15：30—17：30	李萌萌和男友根据网上攻略又参观了嘉庚纪念馆和文确楼，在返程的途中经过特产售卖店，两人打算购买一些特产送给家人	如何在种类繁多的特产中挑选适宜划算的特产

2.5　用户访谈及分析

根据用户地图所呈现的问题，有针对性地拟定访谈提纲，根据提纲在集美大社街区内随机选取游客进行一对一用户访谈，并从访谈游客中，对 10 名符合目标用户条件的游客访谈记录进行整合分析，如表 2 所示。

表 2　访谈对象基本情况

序号	性别	年龄	学历	职业	月收入	旅游频率
1	男	31 岁	本科	产品经理	8000 元	1 次
2	女	26 岁	研究生	学生	暂无	2~3 次
3	男	24 岁	本科	程序员	7000 元	1~2 次
4	女	33 岁	本科	个体户	12000 元	3 次
5	女	27 岁	研究生	公务员	5000 元	1~2 次
6	女	20 岁	本科	学生	暂无	1~2 次
7	男	19 岁	本科	学生	暂无	2 次
8	男	26 岁	专科	策划	4500 元	1 次
9	女	25 岁	本科	瑜伽老师	6000 元	1~2 次
10	女	22 岁	本科	文员	3000 元	1-2 次

问卷调研及访谈的目的是更准确地了解受访者对集美大社的观光感受、旅游服务需求及对导游软

件的看法。对用户访谈内容进行整合解析，提取目标用户痛点，得出用户需求涵盖以下几个方面：①景点历史背景简介；②当地传统文化及特色工艺；③景区游览服务攻略；④软件应用的机会点。每个方面又分别包含了若干条详细的用户需求，如表3所示。

表3　用户需求归纳

1. 景点历史背景简介	集美大社历史背景
	陈嘉庚等知名人士简介
2. 当地传统文化及特色工艺	字村文化、闽南文化、华侨文化
	影雕、石雕、漆线雕
3. 景区游览服务攻略	景点攻略
	美食推荐
	特产介绍
	住宿信息
	交通信息
	旅游路线规划
4. 软件应用机会点	智能语音导航
	操作便捷简约
	界面视觉效果符合当地特色

基于以上分析得出，在实践设计项目App中的信息架构要确保清晰，一级界面展示产品的主要功能，并提供简洁明了的导航标签；在交互方面，要给予适宜的操作反馈，确保反馈简单清晰；在视觉设计方面，特别注重控件的尺寸大小及合理布局，确保用户顺利地点击和操作。在必要时，为用户提供情景化的辅助和支持，同时要让用户愉悦、自在地接受帮助。

3　集美大社文创旅游街区的视觉符号提炼

3.1　主体视觉符号提取

本文实践设计项目的主体视觉符号包括集美大社文创旅游街区标志设计、印章成就设计、图标设计等。

前期对标志设计进行发散思考，从同构大社建筑元素、中国风、趣味年轻化等多个不同角度，对“集美大社”四个汉字进行设计，力求使标志更清晰化、简洁化，并且对标志设计方案进行规范制图，采用黄金分割线切割使标志更具设计美感，如图3所示。

图3　标志设计

线上印章成就设计采用扁平化设计手法，将当地建筑转化为矢量图形，以增强其趣味性、辨识性；在对各建筑进行扁平化处理时，遵循简洁凝练的设计法，提炼建筑中最显著的特征，同时弱化部分细节，避免设计图形过于复杂；最终整体设计方案采用燕尾红砖色、墙体黄灰色，点缀少许绿色，以此强化当地闽南古厝侨楼的特征，如图4所示。

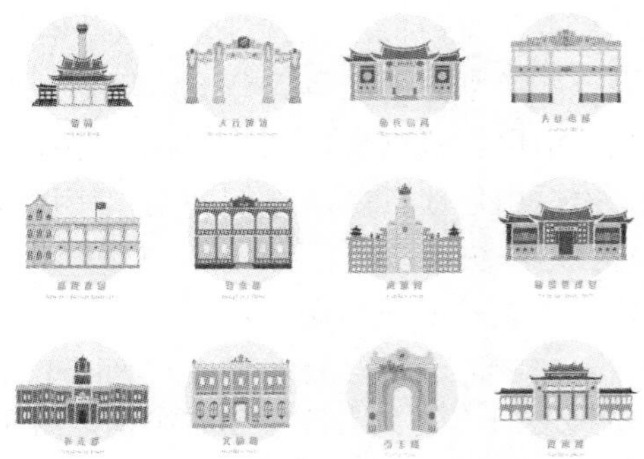

图4　线上印章成就设计

对软件中非功能类图标设计采用扁平化处理，与功能图标进行区分，使图标更具趣味性，符合目标受众的喜好，同时与软件主色调保持一致，使软件在视觉呈现上更具有整体性和统一性，如图5所示。

图5　图标设计

3.2　辅助视觉符号提取

在集美大社文创旅游街区的建筑纹样基础上，提取以下辅助视觉元素，运用本土特色设计法，从当地建筑、装饰纹样中，提取建筑中“燕尾红砖”花纹元素、“海浪”纹样及“回形”纹样（图6），以增强其地域特色性。辅助图形可通过局部裁剪的方式进行应用，以增加其多样性，辅助视觉符号色彩以红砖色为主。

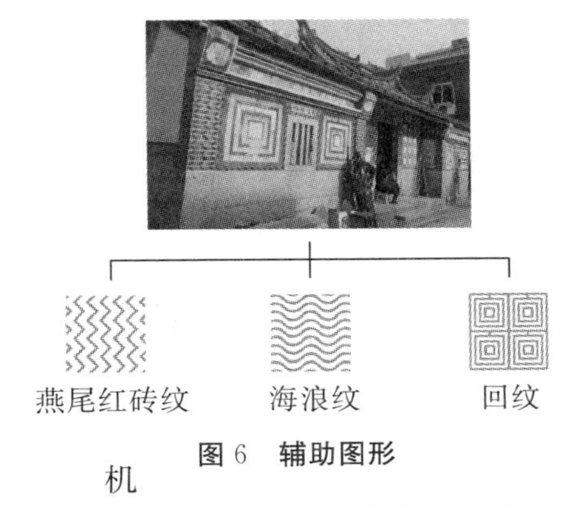

图 6　辅助图形

机

3.3　集美大社文创旅游街区的应用设计

根据调查研究结果，目标用户更注重了解景区的攻略简介、美食、特产、住宿、路线等推荐，在App应用软件的设计中，此部分将作为设计的重点。除了加强集美大社文创旅游街区的历史与文化体验，在集美大社的导游应用软件设计中，还应注重景点的语音智能解说服务、实时分享功能以及周边圈子信息的查询功能设计。

除了上述几大重点功能外，集美大社的导游应用软件还应包含移动终端基本的通用功能，即个人设置、搜索、扫码等内容。最终集美大社导游应用软件的信息架构如图 7 所示。

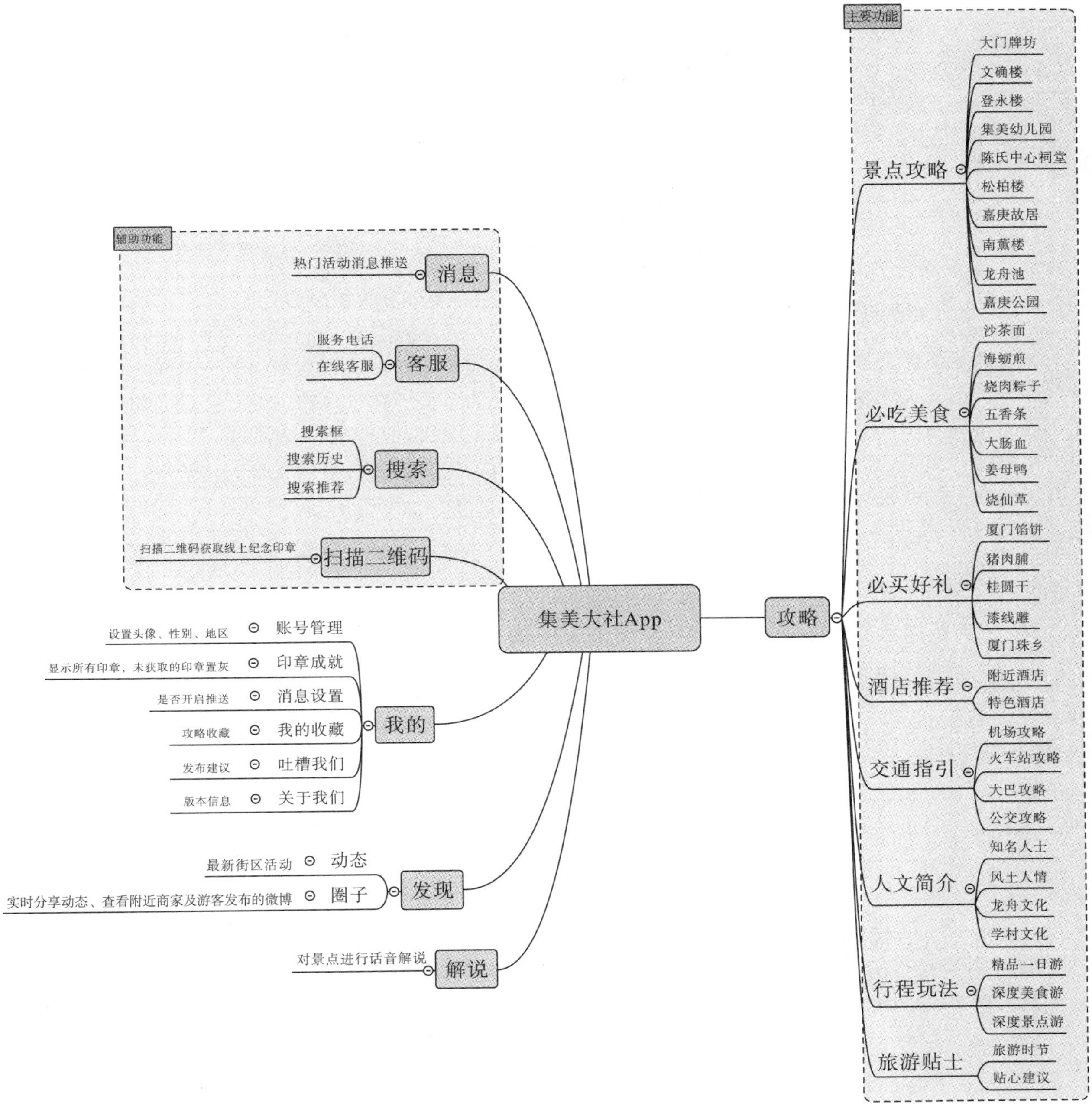

集美大社App

- 辅助功能
  - 消息：热门活动消息推送
  - 客服：服务电话；在线客服
  - 搜索：搜索框；搜索历史；搜索推荐
  - 扫描二维码：扫描二维码获取线上纪念印章
- 我的
  - 账号管理：设置头像、性别、地区
  - 印章成就：显示所有印章、未获取的印章置灰
  - 消息设置：是否开启推送
  - 我的收藏：攻略收藏
  - 吐槽我们：发布建议
  - 关于我们：版本信息
- 发现
  - 动态：最新街区活动
  - 圈子：实时分享动态、查看附近商家及游客发布的微博
- 解说：对景点进行话音解说
- 主要功能
  - 攻略
    - 景点攻略：大门牌坊；文确楼；登永楼；集美幼儿园；陈氏中心祠堂；松柏楼；嘉庚故居；南薰楼；龙舟池；嘉庚公园
    - 必吃美食：沙茶面；海蛎煎；烧肉粽子；五香条；大肠血；姜母鸭；烧仙草
    - 必买好礼：厦门馅饼；猪肉脯；桂圆干；漆线雕；厦门珠乡
    - 酒店推荐：附近酒店；特色酒店
    - 交通指引：机场攻略；火车站攻略；大巴攻略；公交攻略
    - 人文简介：知名人士；风土人情；龙舟文化；学村文化
    - 行程玩法：精品一日游；深度美食游；深度景点游
    - 旅游贴士：旅游时节；贴心建议

图 7　信息架构

根据集美大社导游应用软件的信息架构图设计App的低保真原型及其交互流程，界面涉及引导页、登录及注册页、一级界面等，搭建软件初步框架，如图8所示。

图8　低保真原型设计

在设计完低保真原型及交互流程之后，对软件进行高保真视觉优化设计，包含字体设计、色彩搭配、界面布局及图片文案等。视觉设计手法上采用扁平化设计，参考当地建筑风貌，主色调以红砖色与黄灰色为主，绿色为辅，给予用户浓厚的闽南特色，如图9所示。

图9　高保真效果图展示

3.4　App宣传视频设计

考虑在景区进行App推广时，海报传播力度相对较弱，因而根据高保真视觉稿，制作宣传广告视频，便于在景区内的电子屏幕及厦门市公交车内移动电视进行投放，从而扩大品牌及App的影响力，提升大众对集美大社的认知度，并尝试使用集美大社App进行旅游导览，如图10所示。

集美大社APP不止以下这些功能
还有彩蛋在等着你

图10　集美大社App宣传视频

3.5　线下周边应用设计

除了在新媒体中对集美大社文创旅游街区的品牌设计进行推广及应用，同时对线下周边应用进行延展设计，便于旅游街区线上、线下同时开展宣传，进一步提升集美大社的品牌设计影响力，如图11所示。

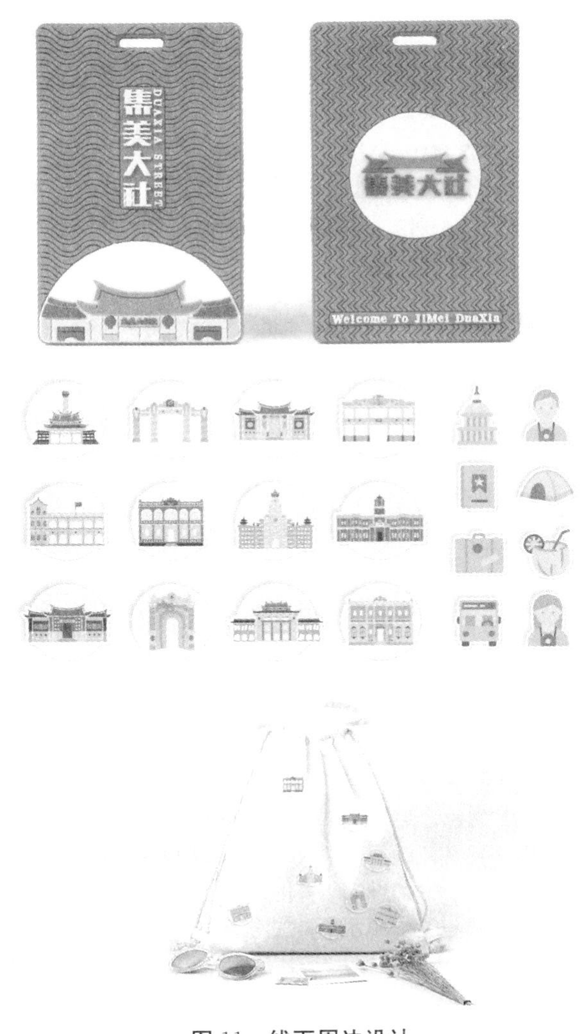

图 11　线下周边设计

4　总结

本文以集美大社文创旅游街区的导游应用软件作为实践设计项目进行研究。首先，对国内外相关案例进行竞品分析，并根据模拟的游客旅游情景提取用户访谈提纲，在街区内对真实的目标受众进行用户访谈，以提炼集美大社文创旅游街区现存的缺陷及用户需求；其次，通过模拟用户地图，确定每项用户需求与设计需求间的关联度，依照总结的需求结论对集美大社文创旅游街区进行用户体验设计，绘制软件的信息架构、交互流程及原型图，并优化界面的视觉设计；最后，结合线下周边产品设计，进一步推广集美大社的品牌设计，以求通过线上线下的双重渠道，快速提升街区的品牌名气，增进当地旅游产业的再发展。

新媒体是一个值得长期跟进研究的课题，品牌设计可以和新媒体碰撞出的火花绝不仅限于当前的App、Web等平台，未来的研究课题可以拓展至AR（增强现实）、AI（人工智能）等新兴领域，以寻求更为恰当的新媒体载体，实现文创旅游街区的品牌再生。

参考文献

［1］陈厥祥．集美志［M］．香港：侨光印务有限公司，1963．
［2］崔西里·奥斯丁，理查德·杜斯特．新媒体设计概论［M］．上海：上海人民美术出版社，2012．
［3］杨东念．品牌传播战略：数字时代的整合传播计划［M］．北京：科学出版社，2013．
［4］白雪莉．地域文化在旅游品牌中的视觉呈现浅析［D］．天津：天津美术学院，2015．
［5］常跃中．嘉庚建筑与厦门文化资本刍议［J］．装饰，2008（10）：88－89．
［6］常跃中．陈嘉庚建筑文化与城市区域品牌设计［J］．美术研究，2006（1）：112－115．
［7］王青剑．品牌视觉识别系统的建构［J］．包装工程，2005（3）：137．
［8］何忠．新媒体时代的视觉传达艺术设计——论新媒体艺术对视觉传达设计艺术的影响［J］．美术大观，2009（7）：112．
［9］张力．基于新媒体语境下的品牌视觉识别的动态化设计研究［D］．浙江：浙江工业大学艺术学院，2013．

基于行为心理学的白癜风治疗仪设计研究

程东芝
（郑州轻工业学院，河南郑州，450002）

摘　要：本文以郑州华夏白癜风医院为依托，通过对行为心理学中自尊心理的分析研究，旨在利用白癜风治疗仪的设计引导患者行为、改善患者心理。本文将自尊行为心理应用于治疗仪设计领域的可能性，从体验层面进行切入，其方法是通过操作方式对患者行为引导、通过情感体验舒缓患者心理，以此得出在白癜风治疗仪设计过程中应根据行为心理学的设计原则进行设计的结论。

关键词：白癜风；白癜风治疗仪；自尊心理；自病体；行为心理

1 引言

近年来，在对于白癜风的治疗上，白癜风治疗仪以其快速、有效、安全性高的特点辅助于传统的药物治疗，深受医界和患者欢迎。医疗产品设计除了功能应更加重视患者的体验，以患者的体验需求为设计的出发点。但目前对于治疗仪的研究仅停留在临床效果上，未见治疗仪设计方面的研究成果。本文主要研究白癜风治疗仪的设计，考虑到患者的自尊心理、患者和治疗仪的关系，因此有必要从行为心理学的角度出发对治疗仪设计进行研究。

2 白癜风研究现状

2.1 白癜风成因及治疗现状

白癜风素有“症在体表、源自血液、根在脏腑”的说法。白癜风是由于黑素细胞减少或缺失而引发的后天性皮肤病，目前病因不明，多数学者认为与遗传、免疫及神经因素有关。

俗话说“对症下药”，由于白癜风的发病机制不清，其治疗效果并不理想。主要治疗方法包括药物治疗、物理治疗、外科治疗及心理治疗等。药物治疗即传统的中西医药物治疗；物理治疗主要有NB－UVB、308nm准分子激光等疗法；外科治疗即外科移植；心理治疗方面，主要是对白癜风患者的心理问题进行疏导，解决影响治疗效果的精神方面的因素。

临床上，多见综合疗法，即在传统药物治疗的基础上，对患者进行物理和外科治疗及相关心理疏导。循证医学证明，在物理治疗中NB－UVB和308nm准分子激光治疗泛发性和局限性白癜风有效且是优先考虑的方法。

2.2 白癜风治疗仪

白癜风治疗仪主要指的是NB－UVB紫外线光疗仪和308nm准分子激光。百度百科中指出，NB－UVB通过释放有效波长的紫外线，消除其他过量和有害的紫外线刺激皮肤黑色素增长。308nm准分子激光采用液体光导光纤传输激光，可形成方形光斑，在治疗过程中可根据需要调整光斑或选择合适的剂量，刺激白斑部位皮肤黑色素再生。

308nm准分子激光治疗白癜风效果确切，但308nm准分子激光治疗仪发射端光斑小，长期及大面积治疗价格比较昂贵，大多数患者难以承受，故临床上多用于对皮损较小的白癜风患者的治疗。同时，308 nm准分子光主要是在医院由专业人员进行操作治疗，相比之下，NB－UVB紫外线光疗仪具有快捷方便、副作用小、针对性强、治疗费用低、色素恢复较快而均匀等特点，适用于大众患者的治疗。

2.3 自病体剖析

自确诊为白癜风至今，已有18年。十几年间中西药不断，病情得到较好控制。2016年白癜风开始大范围扩散，且具体原因不明，除在原有病变部位上开始增长之外，面部头部出现大量新发白癜风，白斑部位达全身皮肤面积的50%。

2016年10月，在郑州华夏白癜风医院开始接受治疗，治疗仪以NB－UVB希格玛牌紫外线光疗仪为主。由于白癜风特性造成治疗的长期性，仪器使用近两年之久，深感仪器使用和心理的变化。设计出身所具有的设计敏感性以及设身处地感受了广大病患心理，渴求对治疗仪做出设计改变。

3 行为心理学在产品设计中的应用

3.1 行为心理学中的自尊心理论

行为心理学主要强调能直接观察到的行为、学习和资料收集，通过行为分析其心理，以行为的过程和所导致的结果为研究重点。但在此，行为心理学中的患者心理不再是一种普通心理，而是一种自尊心理，它影响着我们的价值观、反应和目标。布兰登的自尊心理学打破了传统行为理论的惯例，宣扬自尊在健康生活、完满人生所扮演的关键性角色的理论。因此通过行为分析心理，即建立在自尊心理基础上的分析，以及对于自尊心理产生的行为进行分析，更符合白癜风治疗仪设计的需要。

3.2 自尊行为与设计的相互影响

应用行为心理学最重要的目的是获取患者最根本的想法、需求。而由于患者心理的自我保护机制，常隐藏自己真实的想法，比如反向作用、否定和转移机制等。反向作用机制是指一个人内心有一种动机或冲动，承认了会引起不安，结果反而表现出相反的动机或冲动。例如，有的病人十分关注自己的病情，但在别人面前反而故作无所谓的姿态。

自尊心理即对自我心理的认识，是个体的自我评价机制。自我保护机制源于自尊心理的体验和评价取向。患者使用治疗仪，操作行为和情感体验都是自尊心理引发的行为和心理感受。患者行为主要受自尊心理牵制，促使产品设计适应自身行为，而通过设计可以影响和改变人们的自尊心理，因此行为和设计处于相互影响的状态。

4 白癜风患者的自尊心理行为特征研究

4.1 白癜风患者调研案例基本情况

同作为患者，在郑州华夏白癜风医院接受治疗以来，接触到大量病友。在此有幸与10位病友建立了长久关系，现选择4位包括自身进行深入访谈分析。访谈对象具有不同的身份背景和工作生活经历，并且具有清晰的表述能力。该调查的主要目的在于收集用户详细信息，为之后的行为心理分析做准备。根据患者反馈的自身信息和基本情况汇集成表1。根据2009年白癜风共识，白斑面积（手掌面积约为体表面积1%）：1级为轻度，<1%；2级为中度，1%～5%；3级为中重度，6%～50%；4级为重度，>50%。根据2012年白癜风全球问题共识大会（VGICC）及专家讨论，类型分为节段型、非节段型、混合型及未定类型白癜风。

表1　患者基本情况表

序号	基本信息	病龄	类型	发病部位	白斑面积
1	姓名：薛同学 年龄：22岁 性别：男 职业：学生	一年零两个月	节段型	左腿弯处一侧，右手面零星白点，背部零散隐形白斑	1级
2	姓名：王女士 年龄：40岁 性别：女 职业：行政人员	7个月	非节段型（面肢端型）	面部（鼻窝处到眉毛一侧）	1级
3	姓名：郑同学 年龄：14岁 性别：女 职业：学生	一年	非节段型（散发型）	头部、右边侧腰部位、嘴唇和鼻子下方	2级
4	姓名：何女士 年龄：24岁 性别：女 职业：前台	11年	非节段型（泛发型）	前后整个腰部、腹部	3级
5	姓名：程东芝 年龄：27岁 性别：女 职业：学生	18年	非节段型（泛发型）	面部、头部、颈部、前后腰、肢端末梢	3级

注：隐形白斑指的是表面皮肤尚未变白，底层色素已被破坏，且只在伍德灯下可见。

明确访谈目的并确定访谈要点，与4位患者进行深入访谈，主要围绕白癜风造成的心理影响，以对于自尊心理产生的变化为核心。通过设身处地地进行交流，营造交心氛围和情景，引导患者回忆影响自己使用治疗仪体验感受的故事和事件，探寻在操作和情感方面影响体验的关键点，从而论述将自尊行为心理应用于治疗仪设计领域的可能性。

4.2　白癜风造成的自尊心理障碍

白癜风造成的心理障碍原因是内隐和外显自尊的需要。外显自尊比较容易受到环境的影响而发生改变，一旦患者得到治愈，其患者外显自尊就容易得到提升；内隐自尊的改变需要一个长期的、渐进的过程，即使治愈后，曾经造成的心理情绪也要经历相当长的一段平复期。

通过对上述患者的深入访谈，记录患者描述的在确诊前治疗中影响心理的关键事件，并对此进行分析。以下是根据受访患者访谈内容并结合自身做出的总结分析。

4.2.1　消沉与希望共生

白癜风影响外貌带来的低自尊心理引发的认知消沉，易扩散产生的恐慌心理导致的情绪消沉以及治疗的长期性造成的意志消沉；治疗效果带来的希望，医生心理疏导给予的希望以及病友间相互鼓励支持形成的希望，消沉与希望共生，患者拥有的矛盾心理和情绪的不稳定造成了白癜风的反复性。

4.2.2　被动与主动并存

白斑部位较少的患者因感觉不到疾病带来的身体变化，治疗相对被动，其过程显见消极心态；而病变部位较多者因看不到痊愈希望治疗也变得被动。重度患者对于轻度患者的心理刺激使得其主动治疗，以及在治疗中见到良好效果后变得更加主动配合治疗。被动与主动并存，影响使用治疗仪时的行为方式。

4.3　白癜风患者使用治疗仪行为分析

对于治疗仪的行为分析，可包括基于功能分析基础上的操作方式、情感体验。主要应用问卷调查、用户访谈和现场观察，并力求信息的完整性和准确性。对现有治疗仪从安全性、有用性、愉悦性、易学程度、舒适性方面进行打分，分数1～5依次表示“很不赞同”至“非常赞同”，通过用户对描述性词语的赞同程度来衡量用户的使用体验。本次线下问卷调查共发放50份问卷，其中3份未收回，1份未填写完整，故不计入统计，共得到有效问卷46份。男女比例、年龄分布、患病程度、主要发病部位统计信息如图1和图2所示。

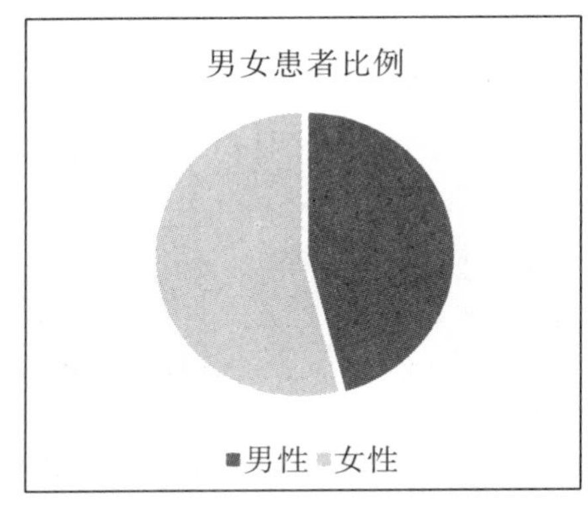

图 1 男女患者比例

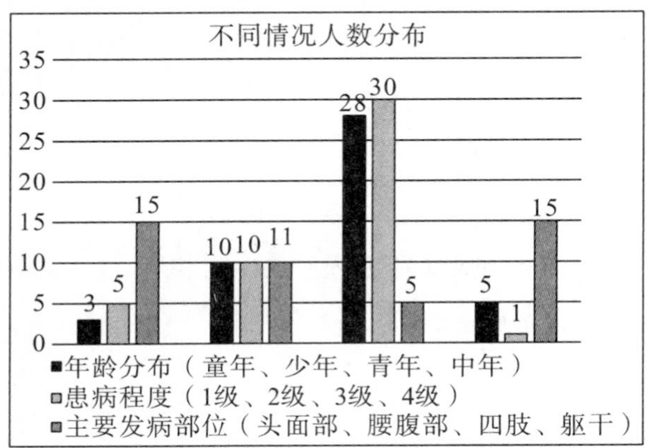

图 2 年龄分布、患病程度、主要发病部位

由图 2 可见，年龄分布以青年（18～40 岁）人数最多，患病程度以中重度（3 级 6%～50%）人数最多，主要发病部位集中在头面部和躯干部位。将收集到的 46 份问卷进行分组整理，设原始数据被分成 k 组，各组中的值为 X_1，X_2，…，X_k，各组的频数分别为 f_1，f_2，…，f_k，加权算术平均数的计算公式为：$M=\frac{X_1\times f_1+X_2\times f_2+\cdots+X_k\times f_k}{f_1+f_2+\cdots+f_k}$，将数据代入进行平均值计算，每一项的得分取所有用户的平均值作为最终得分，结果如表 2 所示。

表 2 治疗仪各个特性平均值

特性	安全性	有用性	愉悦性	易学程度	舒适性
平均值	2.78	3.87	2.32	2.83	2.43

从表中可以看出，治疗仪的愉悦性和舒适性较低，安全性和易学程度相对不高，应着重对患者的愉悦程度和舒适度进行深入访谈。以下是对 4 位患者的行为观察和访谈分析总结：①便携性。照射的 UVB 灯管，收纳时却没有任何防护措施，灯管易损坏；必须插电才能使用，使用位置范围比较固定。②隐私性。治疗时需直接接触皮肤，因此需要裸露患处皮肤，尤其私密病变部位，这对患者自尊心理带来更大考验。③情绪化。愉悦程度较低，随着治疗的增加，光疗时间变长，情绪极易烦躁。④舒适度。4 根并排 UVB 灯管，特殊部位难以照射，治疗仪色彩灰白，外壳坚硬、冰冷。⑤安全性。散射的光会对健康皮肤造成一定程度的伤害，治疗时多见患者用纸覆盖健康皮肤。

5 行为方式白癜风治疗仪设计中的两种层次

5.1 操作层面的行为方式设计

从行为心理学角度出发，操作层面的行为是使用者对外界环境刺激的反应。在产品引导用户发生一系列的行为时，需要根据用户的身体特征、活动范围等空间、物理条件，依据人机工程学的研究方法进行设计。患者使用治疗仪必须是手持手柄对患处进行照射，照射时间长加之不同的部位，都极易对手腕处造成伤害。因此，在治疗仪的设计中，应该保证手腕的顺直，避免疲劳和受伤。此外，也需要注意到患者潜意识状态中发生的行为。不同的白斑部位由于对光的敏感度不同，因此需要不同的光剂量，患者经常在一个部位照射完成后，直接按下开始键开始其他部位的治疗，会造成剂量不足或光过量，导致皮肤受到二次损伤。患者的这种潜意识通常在又一次照射完成后才意识到，而且等到第二天依然会出现同样的失误，因此设计时应打破这种惯性固定思维。尊重患者的行为习惯还是打破其行为习惯应根据具体情况的行为进行分析。

5.2 情感层面的行为方式设计

患者的情感和情绪构成了患者对于治疗仪的评价和满意度，其情感层面的行为设计方式主要是基于患者的自尊心理，不同的心理自尊对治疗仪设计有着不同的要求。

5.2.1 审美与情感体验

色彩作为产品设计的视觉审美核心，通过不同搭配能够引起人们的心理变化。市面上常见的治疗仪基本都是黑白灰的无彩色系，长时间地使用使患者有种深沉压抑感，视觉层面无法起到舒缓精神、放松自我的作用。同时在产品造型方面，患者的自尊心理需求通常不希望它看起来就是一款治疗仪器，不同产品形态的选择影响患者的治疗态度，现在的治疗仪通常使患者流露出松散消极的治疗态度，而之后的造型设计应能提高患者的治疗态度，给予患者良好的治疗体验。

5.2.2 意义与情感体验

治疗仪对于患者而言其意义重大，患者的自尊心理尤其对于隐私的重视，却偏偏易受挫，比如日常中无法遮盖的暴露部位白斑以及照射需要裸露的私密患处，对于治疗仪的设计应注重保护患者的隐私，让患者有种被保护、被尊重感。治疗仪不仅仅是治疗的工具，同时也应该是重新建立高自尊心理的情感依托。比如治疗时间的显示设计，应该抚平患者的焦躁情绪且不易产生误操作，患者使用治疗仪时应充满平和、信任而不是急躁、烦闷。此外，治疗仪对治疗效果需向患者进行反馈，以提高患者效果认定心理。

6 结语

本文基于行为心理学尤其是自尊心理学的相关理论，提出分析产品设计引导用户行为习惯的观点。通过对于患者使用治疗仪行为的分析，针对患者行为方式的设计主要可以在操作层面和情感层面的行为方式设计发生作用，通过操作方式对患者进行行为引导、情感体验舒缓患者心理。因此，将自尊行为心理学应用于治疗仪设计领域存在一定的可行性。

参考文献

［1］夏飞．白癜风治疗进展［J］．皮肤病与性病，2014（1）：20－22.

［2］于潮．白癜风的光疗研究进展［J］．中国激光医学杂志，2016，25（6）：395－398.

［3］常丽．内隐自尊的方法效度研究及理论假设检验［D］．新乡：河南师范大学，2005.

［4］李宝伟．基于行为心理学的办公家具设计研究［D］．河北：河北工业大学，2015.

基于患者情感需求的移动医疗平台服务流程设计研究

崔　彤

（南京理工大学，江苏南京，210000）

摘　要：在我国医疗卫生系统发展不平衡的现状下，很多互联网企业开始加入布局移动医疗平台的行列中。在移动医疗平台众多的情况下，如何掌握患者最迫切的情感需求，从而找出最能贴合患者需求的服务，是移动医疗平台提升用户体验的关键。本文以移动医疗平台服务为研究对象，从患者的情感需求出发，通过采用定性及定量研究获取患者情感需求，对不同移动医疗平台服务流程设计进行数据分析，获取用户在使用过程中对服务流程的情感需求。

关键词：移动医疗平台；情感需求；服务流程设计

医疗行业作为与人们健康息息相关的行业，传统医疗由于信息不对称会存在许多医患纠纷问题。通过引入移动互联网技术，可以为医疗行业的发展开拓广阔的市场前景，并提高整个行业的服务水平。移动医疗平台应用既能实现医疗资源的合理配置，提高医疗服务质量，还可以实现公民医疗服务和公共服务均等化。因此，医疗平台的设计如何能更好地满足患者的需求显得尤为重要。在移动医疗平台的设计中，分为许多功能模块，如提供健康资讯、生活常识、交流互动、在线问医等。其中，在线问医是移动医疗平台中最核心的医疗服务功能，也是患者在使用移动医疗平台时直接感受服务质量的环节。移动医疗平台服务设计的本源与使用者的生理需求，心理需求息息相关。基于此，本文研究了情感层面的理论论述，对移动医疗平台服务进行调研及实验分析，以期为以后的移动医疗平台服务设计的构建提出可靠依据。

1 情感需求的内涵与理论分析

1.1 情感需求的内涵

情感是人们对客观事物进行主观评价的一种心理活动，主要反映客观事物与人们主观意识之间的关系，也是客观事物是否符合人们需求的内心体验和主观感受。情感需求则是一种感情上的满足，一种心理上的认同，它来源于人们的精神追求，与主体需求的满足有着密切的联系，满足程度越高，由此获取的情感越强烈。它是精神层面的需求，是心理获得认同感的一个过程。情感是构成人心理认知系统的重要元素。

1.2 患者情感需求

对于患者而言，功能性需求是情感需求发展的基础，患者在功能性需求得到满足以后，就会萌发对情感需求的向往。随着移动医疗平台的增多和功能的丰富，患者在使用移动医疗平台时的需求不仅仅停留在功能层面，而是更多地去追求更加高级的情感需求。患者会期望移动医疗平台的服务设计符合自己的生理、行为、思维、判断的发展需要，达到一个感性的认同，并且获得良好的综合体验。人们希望使用的应用不仅仅具有实用性，还能够具有人性化、交互性、情感性以及体验性，能够从用户情感需求出发进行设计和制作。这时，移动医疗平台的设计不再是简单的视觉设计和信息呈现，系统与用户之间的互动和使用过程中的体验显得尤为重要。

通过阅读文献及翻阅调查报告显示，患者使用移动医疗平台进行就医问诊的动机依次为“获得医生帮助”“减少去医院就诊次数”“分享获取医疗信息”“减少焦虑”“增加治愈疾病的自信心”“就医过程更具有私密性”。从中不难发现，患者在使用医疗平台时，减少焦虑、增加自信心、获得私密性已经超越了某种功能性需求而成为患者使用此移动医疗平台就医的重要动机，而这些动机也正是患者对移动医疗平台的一种心理反应，是情感需求的重要表现。

2　移动医疗平台现状分析

移动医疗平台是基于移动通信终端的医疗类应用软件，2014 年之后，移动医疗平台更是呈爆发的趋势。据统计，目前市场相关的 App 有 2000 多种，各种类型的移动医疗 App 如雨后春笋般出现在消费者和医护人员的面前。其中数量最多、使用者最多的功能为问诊类医疗服务，其主要目的是帮助消费者进行健康管理，提供一个更为便利的与医生进行交流的方式。

数据显示，2014 年，我国移动医疗的市场规模已经接近 30 亿元人民币，而移动医疗领域的投资总额已经达到 6.9 亿美元，是过去 3 年的 2.5 倍；预计到 2018 年年底，中国移动医疗市场规模将突破百亿元，达到 125.3 亿元。目前，我国医疗保健类 App 产品已达 2000 多种，竞争激烈程度加剧，在此背景下，研究移动医疗平台服务设计策略问题具有较深的现实指导意义。

3　服务设计

服务设计和系统设计一样，是关注服务系统的情境。国际服务研究协会给服务设计下的定义是：服务设计从客户的角度来设置服务，其目的是确保服务界面，即从用户的角度来讲，有用、可用以及好用；从服务提供者来讲，有效高效以及与众不同，如图 1 所示。

服务设计要考虑服务提供者与服务接受者之间的交互质量和用户体验。其宗旨就是在服务的设计过程中紧紧围绕用户，在系统设计和测试过程中，要有用户的参与，以及及时获得用户的反馈信息，并根据用户的需求和反馈信息，不断改进设计，直到满足用户的体验需求。

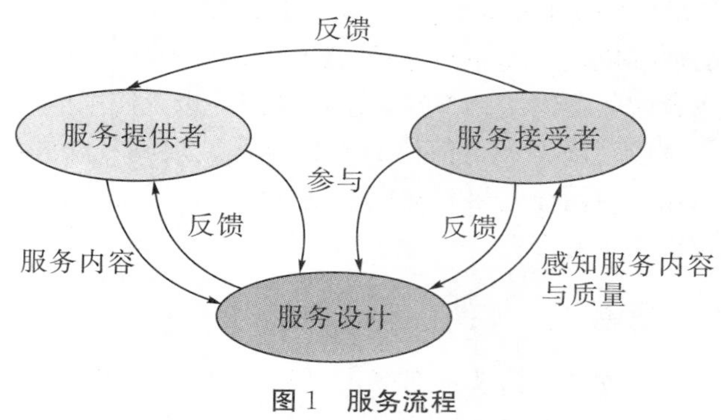

图 1　服务流程

4　患者情感需求提取研究

4.1　患者情感需求定性研究

4.1.1　文献研究内容分析

文献研究阶段，本文采取的主要方法为共词分析法。该方法主要通过分析相关文献中关键性词汇及术语共同出现的情况，考察某主题下不同要素之间的关系。以“情感需求”“患者就医情感”“患者情感需求 ”为关键词，检索国内医疗行业、服务行业近 7 年来的相关文献资料进行搜索分析。利用中国知网的题录信息导出功能，首先导出本研究需要的所有相关数据与信息，再保存为 NoteFirst 格式。然后借助 Bicmb2.0 书目分析软件，对提取的关键词加以集合分析，合并具有相同意义的重复性关键词。最后将累计频次达到总额次的 40%左右的高频词进行截取与分析，可以有效反映最近 7 年来国内在医疗领域患者的情感需求。研究得出“可靠性”“及时性”“安全性”“便捷性”“经济性”“交流性”“专业性” 7 个情感评价指标。

4.1.2　访谈内容分析

研究文献资料后，在移动医疗平台上选取患者用户进行实时在线交流（访谈人数为 20），深入了解患者在使用移动医疗平台时的实际感受，以及对移动医疗平台服务流程的体验。根据访谈的记录，从现有问题及患者期望功能两个方面归纳，获得了“隐私性”“信息性” 的需求。

4.2　需求定量分析

通过上述患者情感需求理论分析、前人研究结果以及访谈得到的消息，编制了包含“可靠性”“保证性”“移情性”“便捷性”“经济性”“交流性”“专业性”“隐私性”“信息性” 9 个指标共 25 个题项的调查问卷，以用来对移动医疗平台使用者的情感需求做出进一步的提取。

根据本文的研究对象和环境，将调研问卷进行网络投放与医院实地投放相结合的方式，在移动医疗平台交流社区和医院内部进行问卷投放。

本次调查问卷一共发放140份，回收率100%，其中121份有效，有效率86.4%，无效问卷主要是空卷或答题不规范（如多选、空选或全卷选择同一答案）。通过之前的调研提出了若干的情感需求，以及用户对情感需求比例的调查，获得重要性顺序，同时也对情感需求指标进行了筛选。经过数据筛选后得到的情感需求有“可靠性”“即时性”“信息全面性”“便捷性”“交流性”5种。

5 典型移动医疗平台服务流程提取

通过选择苹果iTunes商店和谷歌电子市场（安卓系统）中1300多个面向消费者的移动医疗App，经审核筛选最终选择40个评分较高、知名度较广以及由三甲医院推出的移动医疗平台作为样本进行平台实用性和使用情况等方面的评价和分析，对各个移动医疗平台服务流程进行提取归纳。通过提取归纳发现移动医疗平台的服务流程可归结为以下三种。移动医疗平台服务流程一如图2所示。

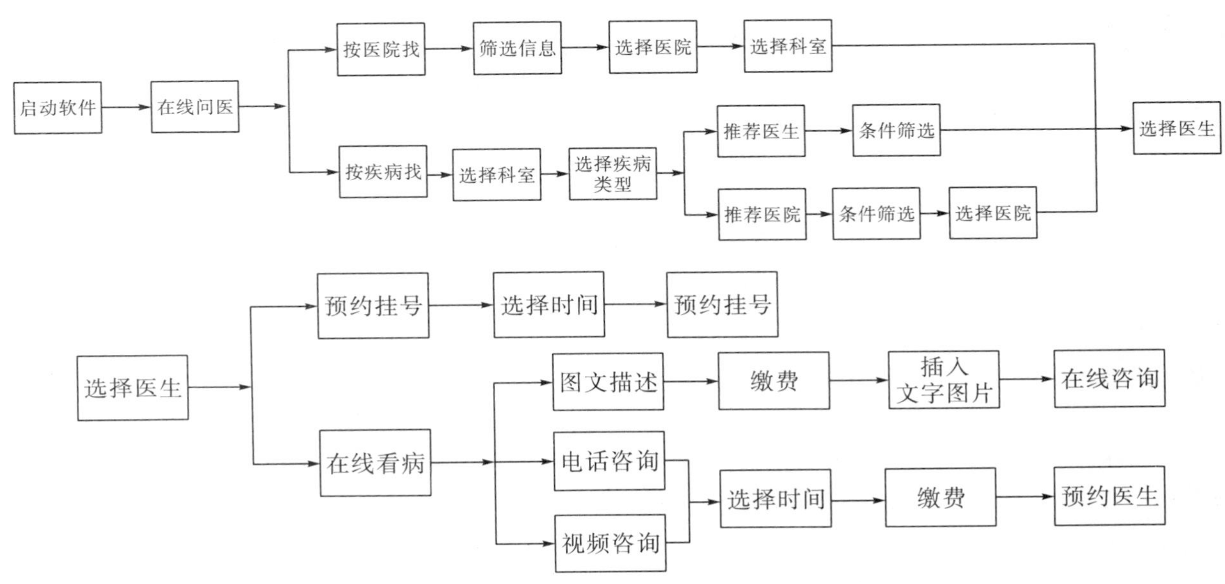

图2 移动医疗平台服务流程一

服务流程二为启动软件，进入在线问医环节，在此环节中包含快速咨询、专家咨询、电话咨询三个咨询方向可供选择。其中进入快速咨询后，对性别和年龄进行初步选择后进入描述具体症状，平台根据症状为患者推荐医生，接着患者可以从推荐的医生中进行选择，选择完毕后进入同流程一的在线看病环节。专家咨询与电话咨询服务流程相同，先进行科室的选择及条件筛选再选择医生，后同在线看病流程。

服务流程三为启动软件，选择在线问医，进行条件筛选，选择科室，平台自动匹配符合条件的在线医生，选择医生后进入在线看病环节；或进入在线问医后选择快速问医，对病情进行描述后，平台自动匹配合适的医生与患者进行交流。

6 基于患者情感需求的服务流程研究

6.1 研究目的与方法

目前，无论是发达国家还是发展中国家，医疗服务改革都是重要话题，如何在合理利用医疗资源的前提下提高效率和降低成本是全球的热点问题，而移动医疗的低成本、高效、快捷等优势成为解决这一问题的重要手段，并且移动医疗正在以前所未有的速度改变着传统医疗模式。我国移动医疗产业仍处于初级阶段，随着我国医疗信息化建设的推进，移动医疗展现出了巨大社会和经济效益，值得进一步推广和研究。因此，本文对患者在使用移动医疗平台时的情感需求和不同的服务流程对情感需求的满足情况进行试验研究，并对结果进行数据化分析，探求不同的服务流程对不同情感的满足程度以及患者在接受服务时的情感需求，为后期的移动医疗平台服务流程设计提供参考依据。

6.2 被测试人群定位

根据移动医疗平台在实际生活中的使用情况调研，以及2016年中国在线医疗行业发展现状及未来趋势分析，本次实验针对被实验参与人群做出了较为客观的筛选条件：①年龄在20～35岁；②使用智能手机；③对使用智能手机有一定的熟练程度，会独立使用 App；④有网上或使用自助挂号设备的经历，关注网络。

根据以上指标，参与本身实验的人员共计 30 人，男女性别比例为 1∶1，年龄分为 3 个阶段，每个阶段的人数均为 10 人。被测人员为来自某高校学生、公司职员及小区居民。

6.3 研究程序与方法

本次试验研究分为 3 个阶段，分别为评价指标及样本提取、分类评价和数据分析。此次研究流程如图 3 所示。

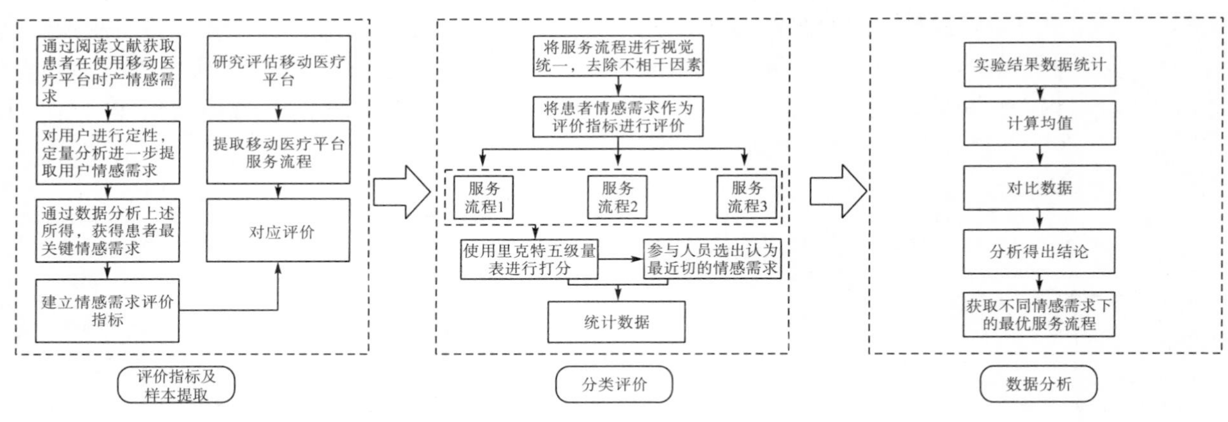

图 3　研究流程

在评价指标及样本提取阶段，评价指标来自本文前半部分通过对患者进行定性定量分析所获得的核心情感需求，服务流程来自典型医疗平台服务流程提取。

在分类评价阶段，为了避免额外变量对实验结果的影响，使用 Sketch 将不同的服务流程制作成风格、视觉相同的高保真模型，去除视觉因素对实验参与人员的影响，将变量控制在服务流程本身。实验参与人员根据评价指标对每组服务流程进行打分，打分结束后进行数据统计，取得此流程在各个评价指标下的得分。同时，由每个参评人员对他们在此服务流程中认为最重要的情感需求进行选择。

在数据分析阶段，统计实验参与人员对各项评价指标的评分。通过均值分析对此流程在各个情感指标下的最终得分进行评估对比，以获得此服务流程中在各项情感需求下的表现。对参评人员选择出的此流程下他们的情感需求进行统计，获得服务流程中患者的情感需求。

6.4 实验过程与数据统计

本次实验的测试过程共分为 3 个步骤，即让被试通过对不同的服务流程进行操作，对其是否能满足所列出的情感需求进行评分，并选择出他们在此过程所需要的情感。测试开始前必须取得被试的同意，使其在充分理解内容的前提下自愿参与调查。采取现场回收评分卡的形式，调研员对回收评分卡进行全面检查，确保数据的完整性。用 Excel 进行数据录入时，反复核查，确保准确性。统计分析前，再次确保数据准确无误。

具体操作步骤如下。

步骤 1：实验参与人员对给出的二维码进行扫描，获取实验所用包含 3 个不同服务流程的 apk（安卓系统）或 ipa（苹果系统）。

步骤 2：实验参与人员在手机上进行操作，使用结束后在评分卡上进行评分。评分选取里克特五点计分，分数由 1～5，分别表示“完全不符合”“不符合”“较符合”“符合”“完全符合”。评分表如图 4 所示。

评分表

服务流程 1	服务流程 1	服务流程 1
可靠性（ ）	可靠性（ ）	可靠性（ ）
即时性（ ）	即时性（ ）	即时性（ ）
信息性（ ）	信息性（ ）	信息性（ ）
便捷性（ ）	便捷性（ ）	便捷性（ ）
交流性（ ）	交流性（ ）	交流性（ ）

请在括号内填入数字1-5

5“完全符合” 4“符合” 3“较符合” 2“不符合” 1“完全不符合”

图 4　评分表

步骤 3：实验参与人员对他们在此在线问医服务流程中的情感需求进行选择。选项为双选。

通过上述的操作步骤，实验统计汇总了 30 名实验参与人员对3组服务流程每组流程五项评价指标共计450个分数，及30个情感需求词汇的选择，统计结果详见表1和表2（由于文章篇幅有限，此处只提供部分统计数据）。

表1　实验参与人员评分数据

30名实验参与人员对服务流程1的情感需求评分					
参与人员	可靠性	即时性	信息性	便捷性	交流性
人员1	3	3	5	1	3
人员2	4	1	3	2	4
人员3	5	1	4	1	3
人员4	5	2	5	3	4
人员5	4	1	4	2	5
⋮	⋮	⋮	⋮	⋮	⋮
人员30	5	2	4	2	3

30名实验参与人员对服务流程2的情感需求评分					
参与人员	可靠性	即时性	信息性	便捷性	交流性
人员1	4	4	3	4	4
人员2	3	3	2	3	2
人员3	2	3	3	5	5
人员4	2	4	4	2	4
人员5	3	5	2	4	3
⋮	⋮	⋮	⋮	⋮	⋮
人员30	5	4	3	5	4

30名实验参与人员对服务流程3的情感需求评分					
参与人员	可靠性	即时性	信息性	便捷性	交流性
人员1	2	5	2	5	5
人员2	3	4	3	5	5
人员3	3	4	3	4	4
人员4	1	5	2	4	4
人员5	2	5	1	3	5
⋮	⋮	⋮	⋮	⋮	⋮
人员30	2	3	1	5	5

表2　实验参与人员选择数据

30名实验参与人员对情感需求的选择				
可靠性	即时性	信息性	便捷性	交流性
26	7	19	11	7

通过对上述数据进行描述统计，可以得到不同流程对不同情感需求的满足度以及患者的期望情感，见表3～表5。

表3　流程一实验数据统计

	样本量	平均值	理论中值
可靠性	30	4.5	3
即时性	30	3.5	3
信息性	30	5	3
便捷性	30	2.5	3
交流性	30	3	3

表4　流程二实验数据统计

	样本量	平均值	理论中值
可靠性	30	3.5	3
即时性	30	4	3
信息性	30	3.5	3
便捷性	30	3	3
交流性	30	4.5	3

表5　流程三实验数据统计

	样本量	平均值	理论中值
可靠性	30	2.5	3
即时性	30	4	3
信息性	30	1.8	3
便捷性	30	4	3
交流性	30	4	3

6.5　实验分析及流程设计

由表1～表5，可以得出本次服务流程评价测试的结论及设计指导。

对于服务流程一的设计，可以通过较多的步骤让患者对自己所选择的医院和医生有更深一步的了解，以获取更为全面的信息，达到信息均等。信息均等会给患者带来更多的信任感。相对而言，这种烦琐的步骤使得便捷性低于中值，患者想要快速与医生获得交流的情感难以得到满足。流程二拥有两种操作路径可以进行选择，这种流程的设计使得此流程各项评分都比较平均，没有低于中值的分数，能较好地兼顾各项情感，但没有突出的长处。流程三的自动匹配合适的医生可以较好地满足患者便捷性的需求，但此种服务模式的显著弊端就是患者不能较为全面地对问诊医生进行了解，也就导致此流程的可靠性和信息性低于中值。

从对患者情感需求统计的表格中可以看出，对于实验参与人员而言，移动医疗平台应该首先给患者提供足够的安全感与信息量，在此前提下再对患者其他的情感需求进行满足。

针对以上数据信息，平衡各数据对移动医疗平台服务流程提出以下设计建议方案，如图5所示。

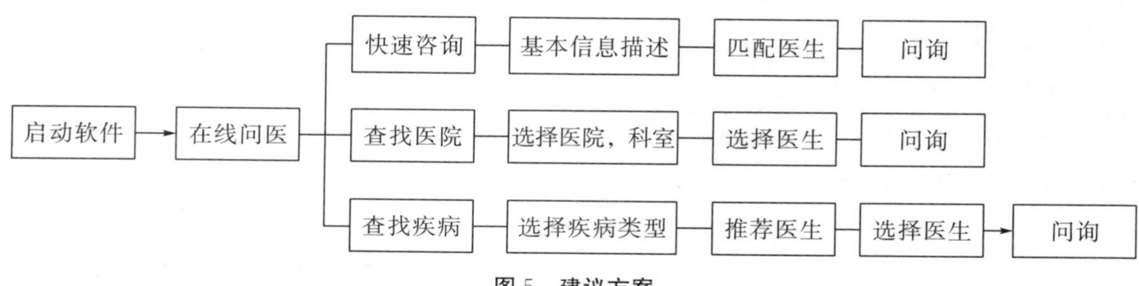

图5 建议方案

7 结语

现如今的移动医疗平台，大多是一个面向大众医疗的咨询服务平台。其功能框架已基本形成，基本能够满足用户日常求医问药的需求。由于移动医疗App软件不同于其他行业的App软件，其较为独特地需要满足用户的情感需求。网络时代建立产品黏性和美誉度更多依靠的是产品自身为用户带来的用户体验，以用户为中心的移动医疗产品服务设计，更注重系统中用户的精神需要和情感体验，这是建立在物质满足和可用性的基础之上的。

在移动医疗平台服务流程设计中，应当给予用户足够的安全感。医生数量和水平极大地影响着用户就医体验。应让用户可以直观地了解到自己所咨询的医生是由二甲、三甲公立医院主治医师以上资格的医生所担任的。患者可以通过平台随时随地地进行快捷问诊，降低时间、空间以及金钱成本。在此前提下，开发者可以根据自身品牌特点与期望发展方向选取合适自己使用的服务流程。

参考文献

[1] 胡威，毕亚雷，吴少凡. 移动医疗——医疗服务的朝阳产业［C］. 第二届全国医疗器械学术与产业论坛论文集，2003：41-42.

[2] 唐纳德·A. 诺曼. 情感化设计［M］. 付秋芳，程进三，译. 北京：电子工业出版社，2005.

[3] 赵霞，姚惠东，刘晓辉，等. 移动医疗技术对临床服务的拓展和细化［J］. 中国数字医学，2014（4）：10-12

[4] 林士惠，雷海潮. 中国医疗服务市场化演进趋势研究：市场化指数及其应用［J］. 中国医院，2013（12）：21-24

[5] 陈汉青. 系统设计原理［M］. 武汉：武汉理工大学出版社，2003.

[6] 李世国，顾振宇. 交互设计［M］. 北京：中国水利水电出版社，2012.

基于灵活服务的室内自助售药机设计

丁佳敏　陈世栋

（扬州大学，江苏扬州，225100）

摘　要：本文的目的是设计一款可以在地铁站等公共场所灵活服务于用户的室内自助售药机。该售药机将具备购药时间灵活、摆放地点灵活、药品选择自主等特点。此外，它将后台记录售药信息，通过数据分析、更新系统和销售药品，旨在为用户提供更好的服务。本文方法以文献研究、现场观察和问卷调查为基础，通过对数据的分析，挖掘用户的关键需求，由此展开设计方案的构思与研发。结论是一款基于灵活服务的自助售药机将大大改善用户的购药体验。

关键词：室内自助售药机；灵活服务；用户需求；用户痛点

1 引言

社区药房是构成社区医疗与卫生服务的重要环节，是一项把心理学、管理学、药学等统筹为一体的综合服务工作，因此规范化管理难度大，成本高。

当前，很多城市出现了药店成堆开设、分布极其不均等情况。在一个人口流量大的居民住宅区附近有四五个药店甚至更多，有两个药店相邻开设的，有隔了一条马路门对门开设的，因为这里繁华，生意前景可观。在这里消费者购药存在的问题，除了药店晚上关门暂停营业无处买药外，便是药店内人多拥挤浪费时间。而在人口流量少的社区却很难找到一个药店，因为此地做生意难有利润可言。这里的消费者购药将有极大的痛点：附近药房晚上关门暂停营业无处买药、药房内药品短缺没有备选方案，或者附近无药房、药房位置偏远、交通不便、不易寻找等。

此时，自助售药机服务灵活的重要性便会突显出来。与传统的药房零售模式相比，自助售药终端存在运营成本较低、投放地点更加自由、服务时间更充分、购买方式更自主等优点，在很大程度上提高了储药和出药的效率，实现了药品的信息化和智能化管理，可以称之为“人民的购药福利”。本课题聚焦于开发灵活服务的自助售药机，旨在帮助消费者摆脱传统购药方式的限制，提升购药体验。

2 设计调研

2.1 现有产品及产业发展分析

2.1.1 现有自助售药机的基本信息

目前，自助售药机的使用不多，其中具有代表性的是上海诺白与上海华氏大药房合作开发的首批自动售药机，2013 年它们被投放于上海的 50 多个地铁站点，如图 1 所示。

图 1 华氏大药房上海地铁自动售药机项目

该售药机占地仅 0.8 平方米，可以提供 24 小时药品自助零售服务。机器上看不到药品实物，通过屏幕展示药品图片，点击某个图片，可显示药品的价格、使用说明、功能主治和用法用量等信息。它主要销售黄连素、达克宁、清凉油、感冒退热颗粒、银翘片等 34 种药品，以呼吸道药品、胃肠道药品、计生类药品为主。由于售药机空间有限，每种药品配备 10～12 盒。一旦出现药品数量短缺，配送中心会及时补给。自动售药机内部设有冷风机，保证药品存放环境在 20℃以下。

自动售药机上的药品价格全部精确到元，便于消费者购买。如有问题咨询，可拨打页面上的 24 小时咨询电话，有职业药师接听。工作人员透露，这些常用药品流动较快，生产日期都是最近的。此外，售药机里药品的管理和药店相同，所有的药品信息都在电脑里备案，一旦有临近保质期的，将在第一时间撤出。

2.1.2 目前自助售药机发展现状

早在 1962 年，自动售货机就为商家和企业家带来了收益，并相继出现了饮料自动售货机、食品自动售货机、综合型自动售货机等。到了 2001 年，美国开始出现自助售药机。2002 年，上海引进了第一台自助售药机，至今已有 16 年之久，不论是外形还是内部的各类硬件设施，都处在完善改进中。自助售药机在国外和药房的发展是并驾齐驱的，可以完成和药店员工同样的工作。美国的自助售药机可以识别处方，能准确吐出医生开出的药品和所需数量，准确率高于人工发药的精确度。英国把自助售药机放在医院，为的就是减少排队，节约患者时间。而在国内，仅有为数不多的几个城市在投入试用阶段。

为满足消费者的购药需求，我国 2004 年出台的《药品经营许可证管理办法》中明确规定，药品零售企业必须具备能够满足当地消费者所需药品的能力，并保证 24 小时供应。不过考虑到药店入不敷出、亏本以及员工夜间安全等问题，医保协议取消了药房必须 24 小时营业的强制约束，改为“提倡”，旨在让药店根据自身情况，在可行的条件下自愿提供公益服务。2002 年 8 月 2 日，上海引进了第一台自助售药机。2005 年，重庆投放百台自助售药机。2007 年，山西太原引入第一台纸币付款售药机。2012 年 12 月，50 台地铁自动售药机在上海各点投入使用，提供乙类非处方药。2013 年，自动售药机进入上海居民小区。2016 年，自助售药机在福建、成都等地投入试用。

尽管自助售药机在我国的历史已有十余年之久，但它的普及率并不高。然而仍有不少人对自助售药机的发展前景十分看好。陕西省西安同一药业运营商处的工作人员魏巍表示：从目前情况看，自动售药机经营还处于亏损状态，但从长远着眼，它的前景还是不错的。因此，我们正在准备扩大网点，将根据销售情况陆续投入自动售药机，争取到 2010 年年底达到 200 台。

2.1.3 自助售药机尚不普及的原因

自助售药机其本身还存在诸多问题，主要原因有以下几点。

(1) 我国较发达国家而言，智能化自助设备这一块的发展起步较晚，发展较慢。1994 年，中国出现第一台自助售货机，20 年后才迎来了最好的时代。产品的智能化程度不够导致自助售药机操作烦琐，用户不习惯这种购药方式，而更愿意去实体药店购药。

(2) 用户对自助售药机内部药品的质量问题抱有疑虑。例如，药品正不正宗？药品会不会过了保质期？万一出了问题应该找谁解决？药品是直接关系到生命安危和身体健康的特殊商品，对于药品使用方面的安全问题，用户更愿意相信附近药店卖的药，出了什么问题也方便询问。

(3) 自助售药机内部空间有限，可摆放的药品种类、数量都有限制。它们一般会安放在人流量较大的地点售药，保证一定的消费人群，在这种情况下，内部的部分药品很容易一售而空。买不到药品会增加用户对自助售药机的负面情绪。

(4) 自助售药机面向的消费群众有限。它的一大优点是快，主要面向会使用智能产品、没有多少空余时间的用户。对于第一点"会使用智能产品"，智能产品在近几年才普及发展起来，学习能力、接受能力较高的人群非青少年莫属，而这一类人不会经常生病吃药，也不太会频繁使用自助售药机。对于第二点"没多少空余时间"，我国国内各地区经济发展水平不均衡，生活节奏不一样，自助售药机有发展空间的地区也只有北上广等地。

2.2 用户场景研究

于 2018 年 3 月 28 日至 4 月 1 日期间，前后共 3 次对扬州、常州的几大药店进行了调研，主要观察用户的购药方式、店员的售药方式。

2.2.1 用户购药行为研究

2.2.1.1 药店购药用户特点

年龄在 30～50 岁的中老年人居多。

2.2.1.2 药店购药情景再现

情景一：用户进门，导购上前询问需要的药品。回答是病症（如要感冒药）。导购会给予推荐以及用药搭配，然后用户自己考虑买哪种药。倘若用户犹犹豫豫地决定不了，还问东问西的话，导购的解答会没有一开始那么耐心。

情景二：用户进门，导购上前询问需要的药品。回答是确切的药名。第一种情况，店内有这一药品，导购会带用户前去，或者较忙的时候，大概指一个方向，用户自己找；第二种情况，店内没有该药品，有的导购会帮忙找一圈，有礼貌地回答卖完了，再介绍同类药品；有的导购一口回绝。

情景三：在药店繁忙的时候，会没有导购搭理用户。若用户是常客，直接走向药品区域，拿好目标药品，有时间再逛一下看看还缺什么；若是新客，会跟着药品类型指示牌走，在那块区域的货架上逐一寻找药品，实在找不到再询问导购。

情景四：节假日或药店内有活动的时候，顾客会很多，不可否认促销是一个很好的营销手段，但从另一方面来看，药店内拥挤，用户排队结账成为普遍现象。

2.2.1.3 总结

在传统药店的营销模式下，人与人之间的交流、接触不可避免，话语间的摩擦、导购的接待态度、药店的购药氛围都会影响到消费者的购药体验。

2.2.2 问卷调查

通过网络投放问卷，回收有效问卷 101 份。问卷的具体问题与调查的数据结果如图 2 和表 1 所示。

在整个调查样本中，只有 2.97％的人使用过自助售药机，从未听说过"自助售药机"的人占的比重较大，有 58.42％。人们习惯于去医院就诊或者去药店咨询买药，几乎没有人每次都选择自助售药机购药。就售药机内部药品的质量问题和用户使用的意愿问题，大部分人选择了看情况而定，可见自助售药机的普及率较低，大家对这款产品不了解，也不能表达出很准确的想法。在小部分有明确想法的人中，表示愿意尝试的人还是占多数的，这一结果比较符合用户对新事物抱有好奇心理的现象。使用过自助售药机的人体验到了它的便捷，一般情况下都会首选售药机购药；而那些没有接触过售药机的人首选药店购药，除非药店关门又急需用药或者药店距离远且交通不便。他们觉得自助售药机最大的优点就是 24 小时不断供药，而且投放点随意，可以就近买到药，不会受时间空间的限制，比较自由。同时，他们十分看重内部药品的来源和质量问题，机器的监管问题以及择药与用量咨询服务。

由此可以推断，自助售药机并不是不为用户所接受，如果最基本的保障做好了、最基础的需求满足了，它一样可以有很大的发展空间。

2.3 设计目标定位

2.3.1 目标用户定位

自助售药机主要面向 15～45 岁的消费者。这

智能化自助售药机市场调查

第 1 题　有没有听说过 24 小时自动售药机？　[单]

选项	小计	比例
A.从未听说过	59	58.42%
B.听说过但未使用过	39	38.61%
C.听说过并使用过	3	2.97%

第 2 题　您平常会以什么方式购买药品？　[多]

选项	小计	比例
A.去医院检查后购买	71	70.3%
B.就近药店咨询购买	86	85.15%
C.网上查询后自行备药	14	13.86%
D.自助售药机购买	1	0.99%

第 3 题　您认为自助售药机出售的药品有保障吗？　[单]

选项	小计	比例
A.非常有保障	11	10.89%
B.一般	85	84.16%
C.质量差，没有保障	5	4.95%

第 4 题　您愿意在自助售药机上购买药品吗？　[单]

选项	小计	比例
A.愿意	20	19.8%
B.看情况	70	69.31%
C.不愿意	11	10.89%

第 5 题　您觉得是否有在大学、小区、机场、客运站、火车站等场所投放自助售药机的必要？　[单]

选项	小计	比例
A.有必要	70	69.31%
B.没必要	20	19.8%
C.无所谓	11	10.89%

第 6 题　如果上述场景中安放了自助售药机您有需要时是否会去购买？　[单]

选项	小计	比例
A.会	43	42.57%
B.看情况	50	49.5%
C.不会	8	7.92%

第 7 题　什么情况下您会选择自助售药机？　[单]

选项	小计	比例
A.药店关门又紧急需要	49	48.51%
B.交通不便且药店较远	43	42.57%
C.一般都在自动售药机上买药	3	2.97%
D.其他	6	5.94%

第 8 题　你希望在自助售药机上购买哪些药物？　[多]

选项	小计	比例
A.乙类非处方药（感冒药、肠胃药、退烧药等）	81	80.2%
B.常用医疗器械（体温计、血压计、创可贴等）	74	73.27%
C.计生用品	42	41.58%
D.保健用品	22	21.78%
E.外用药品（酒精、眼药水、红霉素药膏等）	66	65.35%

第 9 题　您希望自助售药设备机在哪些地方投放？　[多]

选项	小计	比例
A.交通不便的大学城	70	69.31%
B.人流量多的景区	58	57.43%
C.居民社区	71	70.3%
D.交通枢纽（火车站、地铁站等）	66	65.35%
E.大型超市或百货楼	35	34.65%

第 10 题　您希望自助售药机采取什么样的支付方式？　[多]

选项	小计	比例
A.现金	56	55.45%
B.支付宝、微信	88	87.13%
C.医保卡	66	65.35%
D.银行卡	37	36.63%

第 11 题　促使您选择自助售药机购买的原因有哪些？　[多]

选项	小计	比例
A.药品质量保障	27	26.73%
B.满足 24 小时和紧急的药品需求	85	84.16%
C.支付方式多样	46	45.54%
D.购买花费时间少，快速便捷	64	63.37%
E.就近投放，购买方便	71	70.3%
F.操作简单易懂	29	28.71%
G.其他	5	4.95%

第 12 题　您认为自助售药机最重要的是？　[多]

选项	小计	比例
A.药品来源正规可靠	84	83.17%
B.药品质量有保障	79	78.22%
C.价格便宜	25	24.75%
D.有效监管，防止药品用途不当	73	72.28%
E.提供咨询服务，对症下药且有药剂量说明	58	57.43%
F.与互联网医院平台对接，能实现在线就诊	47	46.53%

图 2　调查问卷及问卷数据结果

表 1　问卷设置问题的主要方面

序号	问题
1	是否听过并使用过自助售药机
2	用户平常购药的方式
3	用户是否愿意使用自助售药机
4	用户对自助售药机出售的药品质量问题的看法
5	应该投放自助售药机的地点

续表1

序号	问题
6	上述地点出现了自助售药机，是否会去使用
7	在什么情况下，用户会愿意使用自助售药机
8	自助售药机的支付方式
9	自助售药机出售的药品类型
10	自助售药机最基本应该满足且保证的条件

个年龄段的用户有一定程度的自主学习能力，有能力独自系统地完成一件事。他们会因为拥有对新事物的好奇心从而去尝试一些新东西，他们拥有很强的学习适应能力去熟悉这些新东西，他们会紧跟时代发展的脚步从而不断更新自己的知识范围，使用新的技术、时间对他们来说是奢侈品，容不得浪费，他们更情愿在有限的时间内做尽可能多的事情。这个信息化的时代，与人交流也是通过手机等智能化设备，相信对这些用户来说，与机器交互应当不成问题，或许会更加亲切熟练。此时，自助设备将会成为他们的首选。

2.3.2 用户痛点分析

（1）当前用户购药的时间具有局限性，24 小时运营的药店少，若在药店营业时间外遇到了急需用药，且身边没有备用药品的情况，对用户很不利。

（2）用户购药的行为会受药店导购的态度的影响。若导购过于热情，会给用户一种推销的错觉，从而影响顾客对药品选择的自我判断，甚至引起厌恶情绪；若导购过于冷淡，用户会觉得其未履行好“顾客即上帝”的职责，获得一次不好的消费体验。

（3）药品分类混乱，或者说药品所在区域与用户的认知中药品应该摆放的位置不同，导致用户在无导购带领的情况下不容易找到目标药品。

（4）药店拥挤，排队结账，医院排队就诊的情况很普遍。

（5）在一定范围内，药店数量有限，分布不均。部分药店地理位置过于偏僻，交通不便，不利于用户寻找。倘若一家店内的某一药品售罄，用户很难找到下一家药店去购买此药品。

（6）即使自助售药机在某一城市中已投入使用，用户也不一定尝试过，甚至用户不一定知道该地有自助售药机。其一，售药机投放地点不合理；其二，售药机外观无明显特征，无法与早已深入人心的售货机、ATM 机造型分别开来；其三，售药机操作复杂，界面流程导向性不足，用户不能很好地理解操作步骤。

2.3.3 用户需求分析

（1）自助售药机要标有特别权威的药品质检通过的证明、可拨通的服务电话和可靠的监控系统，为用户提供一个安全的交易环境，一个有保障的消费体验。

（2）自助售药机要满足 24 小时运营，尤其是在下午 6 点至次日上午 9 点这个时间段内，要保证售药机里的药品数量充足、日期新，且机器无故障。同时，自助售药机的投放地点要有足够的人流量，保证用户可以注意到它，但又不能妨碍人们的正常出行。

（3）内部药品的种类不求多，但求精。根据当地的情况，售一些家用常备药品。

（4）自助售药机界面操作要简洁，指示性强，使新用户在初次体验时就感受到自助售药机的便捷。

（5）自助售药机的造型要有一定的辨识度。现在的自助设备较多，自助售药机的造型要和 ATM 机以及其他食品、饮料的售货机区分开来，防止用户在潜意识中将它们归为一类，以致忽略了它们的存在。

3 方案设计

3.1 产品的功能分析

自助售药机主打两大功能：购药和药品信息查询。

购药可分为两种方式：直接购买和诊断购买。对于知道自己想要什么药品的用户而言，直接购买会更加便捷。用户可以在各个分类下找到对应的药品，也可以通过药品关键词首字母搜索，关键词可以是药品名称，也可以是药品类型，搜索更加智能化。对于不清楚自己的症状属于哪一类病情、需要用哪种药的用户而言，可以选择诊断购药。诊断购药有两种方式：填写问卷，由程序给出诊断结果；若觉得不靠谱，可以采用另一种方式——在线问诊，也就是医生远程就诊，提出购药方案，医生都会给予严格的医生证明。自助售药机通过多种渠道满足各类用户的需求，用户可以自主选择自己习惯的购药方式，由此大大提高了用户对这款产品的满意程度。

药品信息查询可以给用户展示详细的药品信息，包括药品包装、生产日期、保质期、用量、不良反应、禁忌事项、库存等。信息内容尽可能全面，确保与内部商品一致，在用户和自助售药机之间建立信任，使用户有一个良好的购药体验。

此外，药品信息还将提供缺药时的备选方案，当库存为 0 时，自助售药机会提供就近的购药地点，若是另一个购药点仍然为自助售药机，则会提供相应药品的库存数量，以防用户白跑一趟。

3.2 产品服务架构设计

图 3 为产品服务架构设计。

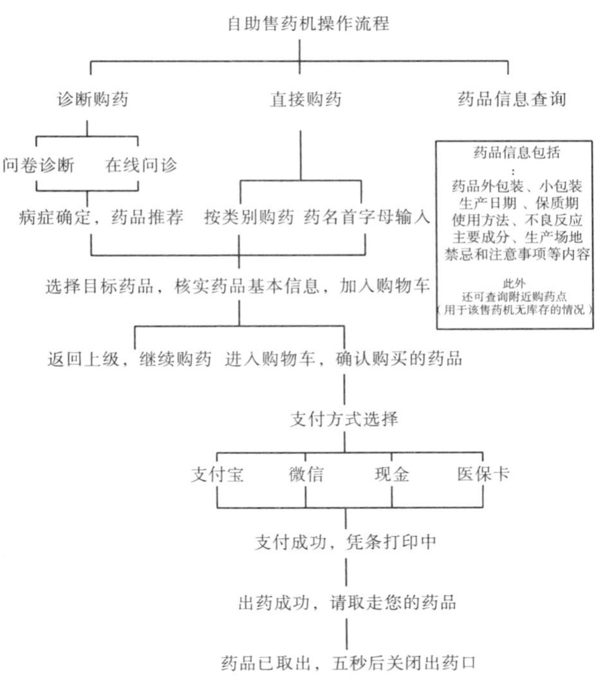

图 3　产品服务架构设计

4　产品与服务流程展示

4.1　产品外观设计

4.1.1　整体展示

该自助售药机的造型以药片造型为基础进行设计。造型方面的特殊性更有助于用户将自助售药机和其他类型的售货机、ATM 机、快递柜区别开来，如图 4 所示。

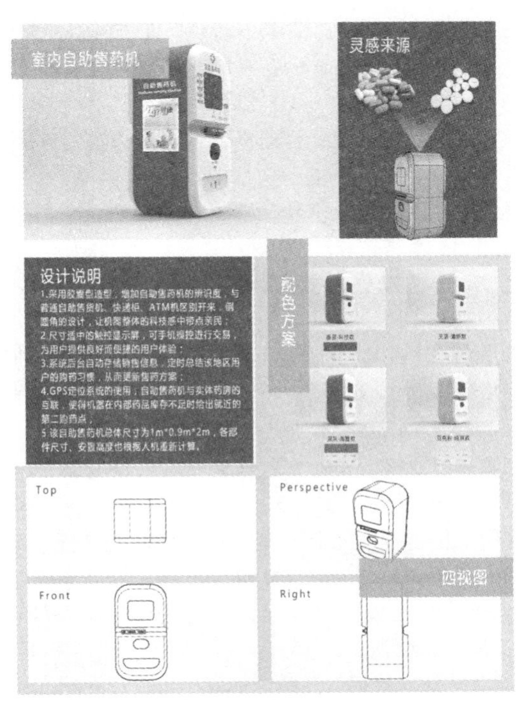

图 4　室内自助售药机整体效果及配色方案展示

4.1.2　细节展示

该自助售药机正面主要由显示屏、语音收录与输出口、支付口、凭条找零出口和出药口构成，远看似一张笑脸，亲和力强，如图 5 所示。显示屏左侧有流程显示：选择商品→确认信息→消费支付→等待出药→取走药品，根据色块的颜色提示告诉用户已经完成哪一步，下一步应该做什么。支付口上方和凭条出口下方有对应的图文提示。

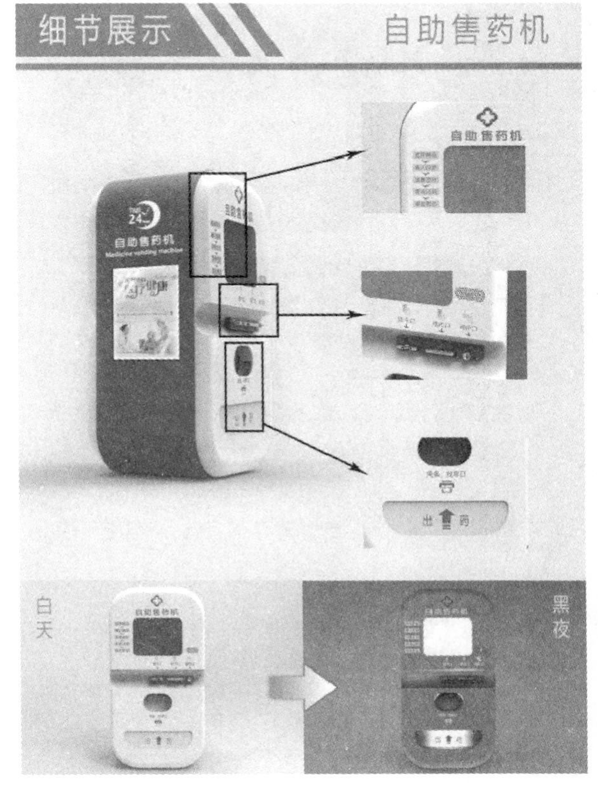

图 5　产品细节展示

售药机灯光的设置除了自发光的显示屏外还有 3 处：一照亮支付口，防止用户误操作；二照亮凭条出口，避免用户遗忘凭条和找零的钱；三照亮出药口，便于用户取药和确认药品信息。

4.1.3　场景展示

该自助售药机体积小，占地面积不大，适用于大多数场合，如图 6 所示。放置地点主要为室内环境，特别是 24 小时开放、人流量大的公共场所。例如大型超市、商场、各类车站、各种夜间娱乐场所（如酒吧、KTV 等）、社区楼宇等，并根据各区域人对药品种类的需要进行药品的销售。

4.2　服务界面设计

界面分为 5 个部分：主体界面、直接购药界面、问诊购药界面、药品信息查询界面和支付界面，如图 7 所示。界面形式统一，但按照界面对应的功能用 5 种不同的颜色进行区分，以免用户审美疲劳。

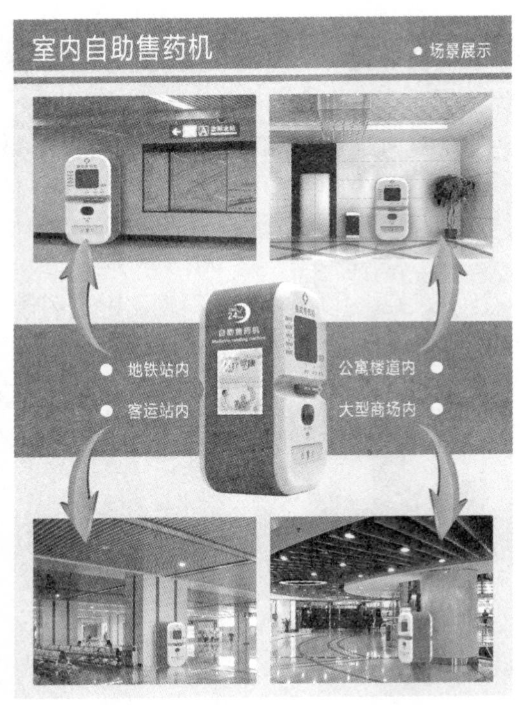

图 6　应用场景展示

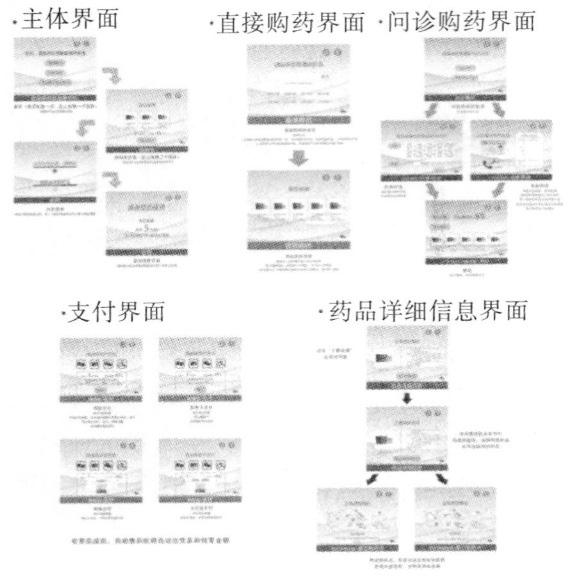

图 7　界面设计展示

5　总结与展望

随着新零售模式的出现和发展，企业产品的生产、流通和销售过程与互联网紧密联系在一起，自助营销的模式也逐渐走进人们的生活。其中，自助售药机的快捷、便利、低成本得到了广大人民群众的认可和好评。因此，一款基于灵活服务而设计的自助售药机将改善消费者的购药体验，并有望于大规模地投入生产使用。

本文主要通过对自助售药机的调查，了解其功能模块、技术支持和国内外的发展，并找出中国自助售药机发展坎坷的原因。利用观察法、问卷调查法分析用户的购药行为，从而确定自助售药机的目标用户、用户痛点和需求。根据前期调研，围绕灵活服务，对室内售药机的造型和服务系统进行再设计，主要表现在以下方面：

（1）特别的机身设计，与其他自助终端机器区分开来，4 套配色方案可根据场景的不同自主选择。

（2）使用互联网技术，对用户的购药信息进行采集，自行制订出该地区的特色售药方案。

（3）使用 GPS 定位系统，保证机器与机器、机器与实体店的互联，并在无库存的情况下给出确切的备选方案。

（4）售药机体积小，摆放地点灵活；24 小时服务，购药时间灵活；在线问诊，择药方式灵活；全程监控，重力感应，药品补给灵活。

目前，自助售药机还处于发展阶段，仍然需要我们不停地探索，寻找用户新的痛点，分析用户新的需求，结合新的技术，使用新的材料，从而对自助售药机的设计进行完善。

参考文献

[1] 张琼．新医改下社区药房管理的有效措施［J］．中国现代医生，2011，49（22）：144．

[2] 董小雷，任申．智能售药机国内外研究发展综述［J］．机械工程与自动化，2018（2）：216－217．

[3] 刘誉．自动售药机：公益在前，盈利何时跟上？［N］．21 世纪药店，2013－01－21（A06）．

[4] 赵碧．自动售药机：打造民众购药新渠道［N］．中国产经新闻，2017－06－16（002）．

[5] 陆濛洲，罗印升，宋伟．智能自助售药设备的研究与应用［J］．科技和产业，2017，17（8）：147－152．

[6] 赵安琪．自动售药机破冰之路［J］．中国药店，2010（10）：32－34．

[7] 魏小刚．华商网－华商报－西安设 24 小时自动售药机 药品质量问题可索赔［EB/OL］．［2009－06－09］．http：//health．sohu．com/20090609/n264413149．shtml．

[8] 王鑫，叶瑜敏．非处方药自动贩卖机市场调查与分析［J］．人力资源管理，2014（10）：230－232．

[9] 黎明．售药自助褒贬不一［N］．医药经济报，2002－09－23（A02）．

[10] 徐璐．基于人机工程学的自动售药机的设计［D］．太原：太原理工大学，2013．

[11] 黄宇．药店管理信息系统的分析与设计［J］．软件导刊，2009，8（2）：97－99．

斜坡用拉杆箱支撑结构设计

符　晗　宋燕芳

（桂林理工大学艺术学院，广西桂林，541006）

摘　要：设计一种安装在拉杆箱内的辅助支撑装置，解决拉杆箱在上下斜坡时难以拖行的问题。首先通过受力分析确定斜坡拖行拉杆箱的受力情况：拉力方向与行走方向不一致导致拖行拉杆箱比较困难。为了解决这个问题，从人机工程学角度出发，为拉杆箱设计了辅助支撑结构，让使用者用拉杆箱在斜坡行走时更加轻松。辅助支撑设计采用铝合金杆件作为支撑结构，运用扭转弹簧及自锁结构辅助支撑结构的开合，运用定位装置对支撑杆进行限位锁紧，防止杆件意外收起。此外还对装置的细节进行了完善，使设计更加注重用户体验。该装置能更好地协助使用者拖行拉杆箱上下斜坡，使拖行更加舒适省力。该设计可应用至任何需要斜坡拖行的箱体中。

关键词：工业设计；支撑结构；计算机辅助设计；人性化设计；受力分析

1　引言

首先，市面上的拉杆箱多为平地使用，当遇到坡度大的路段时，拖行非常吃力，比如在山城重庆，高低起伏的山地使城市步道形成一系列梯道和平台，还有四川、云贵等地，地势坡度在15°以上非常普遍，城市里坡道多，如果要搬运行李，用普通的拉杆箱是很难满足爬坡要求的；其次，在环山公路爬山旅行时，如果有一个可以在斜坡轻松拉行的拉杆箱，就可以不用肩背行李，旅途会变得轻松，更好地提升旅行的舒适度；最后，很多城市的建筑因地形条件限制等原因，无障碍通道的坡度很大，不容易提拉行李上下楼梯。虽然也有爬楼梯的星轮式机构，但是这种轮子占用空间大，出门旅行不方便，而且只适用于楼梯，对斜坡行走没有帮助。如果能够设计一款拉杆箱，可以在斜度大的坡道上轻松拖行，那样就会省去很多麻烦，尤其是当行李很重的时候更是如此。

在斜坡上提拉拉杆箱，为了能够同时行走，通常只能单手提拉拉杆。而拉杆箱的脚轮多是万向轮，因为万向轮很容易换向，容易导致拉杆箱跑偏，需要在上下坡的时候不断提拉箱体调整脚轮方向才能继续拖行。当遇到行李过重的情况时，调整方向十分困难，上下斜坡十分费劲。因此，很多使用者会放弃在斜坡拖行，如果有楼梯会直接提着行李箱上下楼梯，或者是采用背包出行。如何解决拉杆箱在坡度比较大的斜坡上拖拽困难的问题，使拉杆箱功能更完善呢？

产品设计不仅要关注产品本身，还要研究人们的生活方式，体现人与产品之间的关系。当今出行追求的是舒适体验，费力的行李箱无疑会给出行体验打上折扣。而且现在旅行的人越来越多，拉杆箱在人们生活中变得越来越重要，完善拉杆箱的功能，促进人性化设计就显得更加迫切。

2　拉杆箱受力分析

为了掌握拉杆箱上下斜坡困难的原因，首先对拉杆箱进行受力分析，分析人在拖拽拉杆箱上下斜坡时，拉杆箱对人体施加的拉力情况，以更好地对拉杆箱进行改进。以24寸的拉杆箱为例，拉杆箱受力分析示意如图1所示。

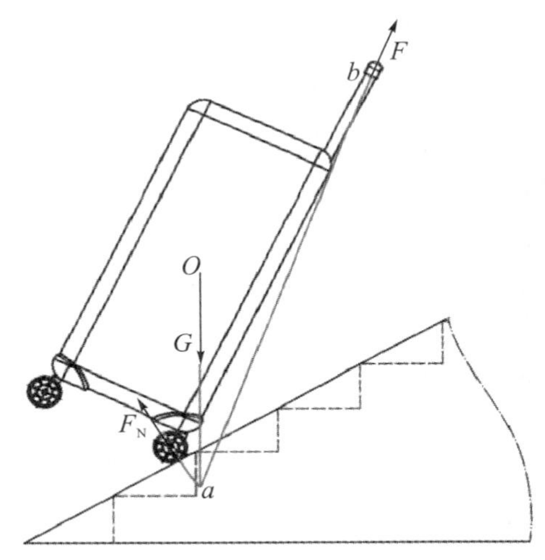

图1　拉杆箱受力分析示意

拉杆箱主要受到3个力的作用（忽略坡道的摩擦力），即自身重力 G、坡道对箱体的支撑力 F_N、手对拉杆箱的拉力 F。这3个力中，重力 G 和支撑力 F_N 的作用方向是确定的，拉力 F 的作用点在拉杆中间，力的大小随着重力 G 和支撑力 F_N 的变化而变化。根据三力平衡汇交定理，重力 G 和支撑力 F_N 的作用线汇交于 a 点，则拉力 F 的作用线也通过汇交点 a。因此，从点 a 出发连接拉杆的作用点 b，可以得到拉力 F 的方向。而力的大小则可以由力的多边形法则求解出来。

从受力分析结果也可以看出，拉力 F 的方向是斜向上的，因为拉杆箱在倾斜状态下只能靠底部两个轮子支撑箱体，箱体具有倾倒的趋势。如果箱体要保持平衡，就要求手对拉杆箱施加向上的力。这样一来，拉杆箱的大部分重力都分配给了手部，手受到的拉力 F 随着斜坡的坡度及重力的增大而增大。如图 2（a）所示，施加这个方向的力对沿着斜坡行走的人来说是非常困难的。因为人体沿着斜坡上行，行进方向是与斜坡平行的方向，而手则需要向上提拉箱体，与行走方向不一致，腿部力量能够带动手部提拉箱体的力很小，导致手受到的拉力非常大。

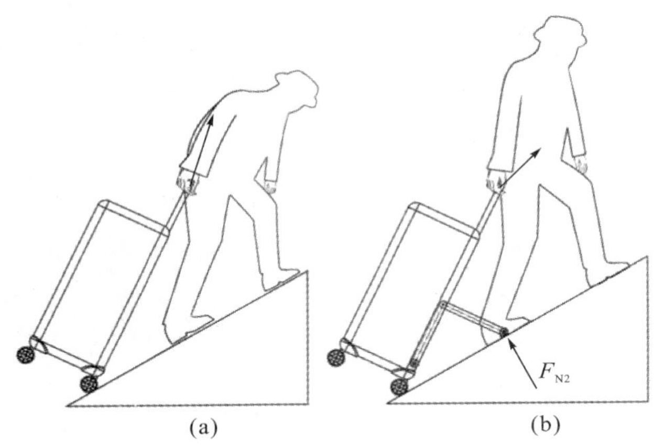

图 2　拉杆箱前后比较

为了调节拉杆箱对人体的拉力大小及方向，在拉杆箱的拉杆侧增加一个辅助支撑装置，以分担箱体的重力，防止箱体倾倒，如图 2（b）所示。辅助支撑对箱体的力是垂直于斜坡向上的支撑力 F_{N2}，经过这个支撑力的调节，手受到的拉力方向就会基本与人的行走方向一致。这样设计的意义在于，使用者在上下斜坡时，行走和拖拽可以同步发力，不容易使人体因倾斜而摔倒，而且手的拉力也会减小，拖拽更轻松。

3　装置结构设计

为了减轻拉杆箱本身的重量，辅助支撑采用轻巧且强度大的空心铝合金杆作为支撑杆。支撑杆一端连接箱体，另一端安装用于滚动的橡胶轮，具体结构如图 3 所示。装置的开合采用锁紧机构及扭转弹簧共同完成，锁紧机构能压紧支撑杆件，扭转弹簧可以在需要时弹出支撑杆件。支撑结构在工作位时，有定位机构对杆件进行固定，防止杆件掉落。支撑结构安装在箱体的凹槽内，便于收纳且不会影响箱体的正常使用及美观。在不需要使用的时候收起来，只有需要的时候才展开。辅助支撑装置结构小巧，不占箱体过大的空间，减少箱体有效利用空间的损失。

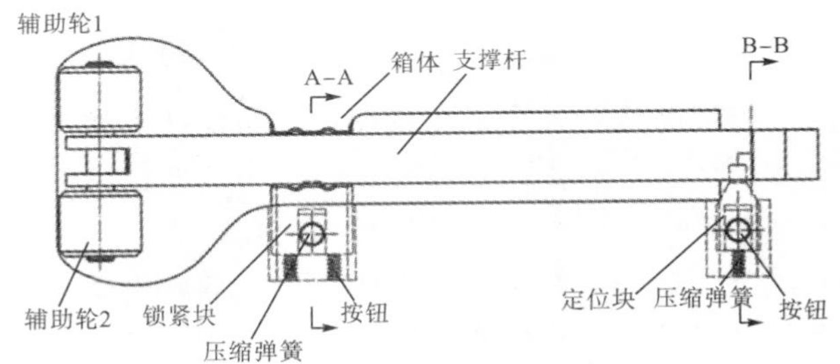

图 3　支撑杆机构示意

3.1　辅助支撑杆设计

空心的铝合金杆件轻巧且强度高，不易发生断裂，非常适合做支撑杆件。杆件的截面尺寸为 25mm×20mm 的矩形杆，壁厚 3mm，杆件的抗压能力非常强，能承受一般的箱体重力。杆件末端采用销钉，每侧连接两个辅助轮，辅助箱体移动。如果只采用一个轮子，安装不方便且受力面小，而两个轮子能提供更大的受力面积，增加运动的平稳性。

3.2　自动弹出机构

自动弹出机构是锁紧结构及扭转弹簧的配合。支撑杆的一般状态是收起的，只有在需要使用的时候才会展开。配合箱体采用锁紧机构将杆件压紧，防止杆件弹出。图 3 中，A－A 截面为锁紧结构的截面，在图 4 中表示出来。使用辅助支撑时，按下按钮 5，滑块 3 就会被按钮 5 挤压往回收，从支撑杆 2 的卡口处移出，支撑杆 2 在没有滑块 3 锁紧的状态下，会被安装在支撑杆转轴处的扭转弹簧弹起。

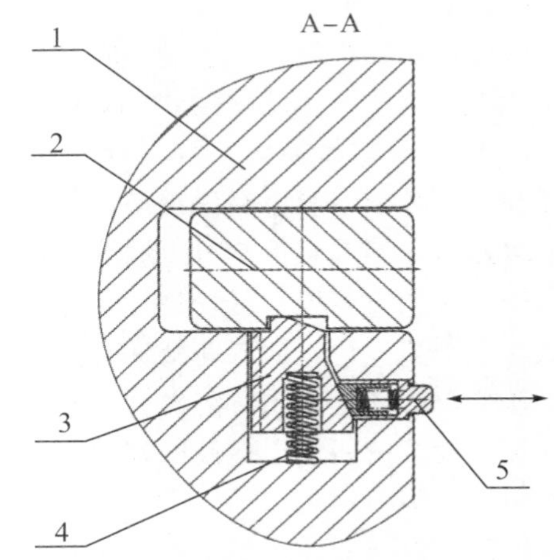

图 4　锁紧装置结构示意

1－箱体；2－支撑杆；3－锁紧块；4－压缩弹簧；5－按钮

采用按钮结构更方便使用者在拖行过程中进行

操作，当遇到上下坡时，直接用脚踢下按钮，锁紧开关就会自动松开，辅助支撑在弹力弹簧的作用下弹出。采用这种设计充分考虑了在行走过程中俯身用手操作不便的因素，充分显示了人性化的特点。

图 5 表示支撑杆的两种状态：收回状态和工作状态。其中，扭转弹簧 a 端连接箱体，b 端连接支撑杆，当杆件弹出时，b 点运动到 b' 与箱体呈 90°，辅助箱体运动。

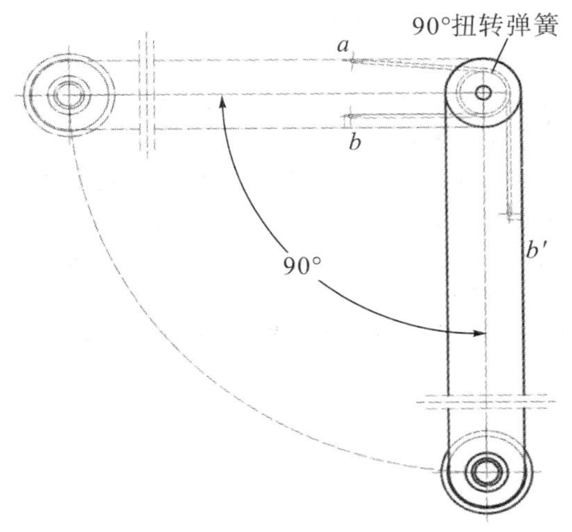

图 5　支撑杆展开示意

3.3　定位机构

为了使支撑杆件更好地固定在工作部位，增加滑块锁紧装置，结构如图 6 所示。当支撑杆展开到与箱体呈 90°时，定位块自动卡在支撑杆的卡槽内，阻止支撑杆转动。定位块 3 会在弹簧 2 的作用下卡在支撑杆 6 的卡口处，阻止支撑杆转动，使其保持与箱体垂直。使用完毕收起支撑杆时，向下移动按钮 5，使定位块 3 从卡口移出，支撑杆在重力的作用下向下转动，手动将支撑杆压入槽内，回到原位。

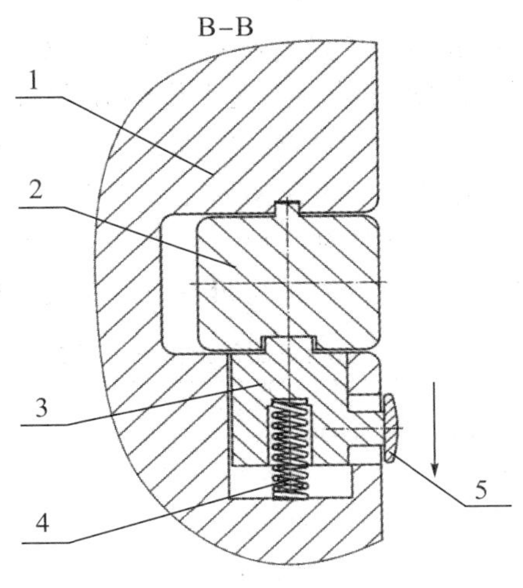

图 6　定位机构结构示意

1—箱体；2—支撑杆；3—定位块；4—压缩弹簧；5—按钮

定位块的收起是要移动按钮的，上下移动按钮可以控制定位块的伸缩。支撑杆打开时，定位块会自动嵌入卡槽内，是不需要手动移动按钮的，而收起时，为了防止误收，需要手动移动按钮移开定位块。这种设计更有利于提高使用过程中的安全性，以防支撑杆误收而发生意外。

3.4　支撑装置细节设计

拉杆箱的主体结构已经设计完成，立体图如图 7 所示。为了使拉杆箱用起来更舒适，更符合人们对品质的要求，对拉杆箱支撑结构的细节进行了设计。

(a) 收起状态　　　　(b) 打开状态

图 7　拉杆箱立体图

首先是锁紧装置的按钮，安装在距离地面高度 20cm 的箱体上，比一个成年人脚掌的平均长度要短，方便在倾斜箱体后勾起脚尖直接顶下按钮，开启锁紧装置。当然这个按钮的高度也方便使用者轻轻抬脚采用踢下按钮的方式来操作。不管采用哪种方式都可以避免弯腰，使开启更简单迅速。

为了让锁紧块在支撑杆压下时能很好地收回，锁紧块上表面采用圆弧来过渡，如图 8 (a) 所示。这样设计便于支撑杆件压下时能推开锁紧块顺利进入箱体凹槽内，回复原位。

定位装置的移动按钮，采用了防滑的凹凸条纹图案，增加了摩擦力，用手移动起来更省力，如图 8 (b) 所示。

当箱体不用的时候，可以安装上挡盖，将辅助支撑装置挡起来。挡盖的作用主要是防尘，避免细小的泥沙进入装置的缝隙难以清理，影响功能发挥。此外，挡盖还可以防止装置意外开启，提高了安全性。因为防尘挡盖是与箱体同色号的，安装后能很好地把辅助支撑隐藏起来，避免了该辅助支撑功能对箱体的美观造成的影响，具体如图 8 (c) 所示。

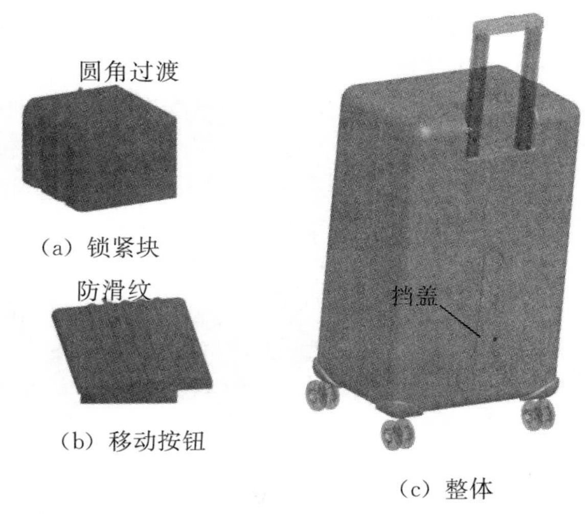

(a) 锁紧块

(b) 移动按钮

(c) 整体

图 8 细节设计展示

4 结论

当今旅行的人越来越多，对拉杆箱的人性化设计能解决拉杆箱在斜坡拖行费力的问题。设计采用辅助支撑结构，拉杆箱在坡道上拖行的时候，能将手的受力减小，改变受力方向，使拖行更加舒适，而且支撑设计可以完全收纳在箱体的凹槽内，不影响拉杆箱的正常使用及美观。此外，还充分考虑设计细节，对拉杆箱的支撑结构进行了完善，使用户体验更好。该设计可应用至任何需要斜坡拖行的箱体中，结构简单，安全可靠。

参考文献

[1] 周建华. 重庆渝中半岛山城步道人性化设计研究[D]. 重庆：重庆大学，2010.

[2] 张世洋，沈道远. 无障碍通道“姿态”能否再放低些?[EB/OL]. http://www. whnews. cn/news/node/2016-07/13/content_6765016. htm

[3] 王占礼，孟祥雨，陈延伟. 一种星轮式爬楼梯电动轮椅设计[J]. 机械设计与制造，2012 (10)：56-58.

[4] 颜声远. 人机工程与产品设计[M]. 哈尔滨：哈尔滨工业大学出版社，2010.

[5] 程靳. 简明理论力学[M]. 北京：高等教育出版社，2004.

基于用户体验的自动售药机研究

韩 春 陈世栋

(扬州大学，江苏扬州，225100)

摘 要：本文基于对社区民众日常购买药品的现场观察和问卷调查，分析了现有售药市场现状和用户群体的体验需求。针对用户的需求展开社区自动售药设备的功能分析、服务界面分析以及产品造型分析，根据分析提出并完善了产品设计方案。

关键词：自动售药机；用户体验；产品设计

随着现代社会共享经济的成长和智能信息化技术的普及，无人零售服务正在延伸到人们生活的各个方面。虽然目前从技术应用的角度来说还处在市场探索阶段，亟待进一步的完善，但按照目前互联网产品开发的高速迭代趋势，未来的无人零售必将为我们的生活提供更多的便利和惊喜体验，从而改变传统的零售模式，其中也包括比较专业的药品零售行业。本文就是面向社区附近的户外空间，开发能为社区民众提供自动售药服务的设备，为用户提供更便利、更自主的选择自由和更好的购物体验。

1 背景分析

1.1 自动售货机现状分析

从表 1 可知，目前日本、美国、欧洲等发达地区拥有自动售货机数量相对较多，发展状况也基本成熟，而中国目前自动售货机的发展相对落后。中国人口众多，零售市场体量非常大，可以说是世界第一大市场，作为一种智能的零售终端，目前的数量是肯定远远不能满足未来需求的。虽然目前从技术应用的角度来说，无人零售还处在市场探索阶段，亟待进一步的完善，但按照目前互联网产品开发的高速迭代趋势，未来的无人零售必将为我们的生活提供更多的便利和惊喜体验，从而改变传统的零售模式，其中也包括比较专业的药品零售行业。

表 1 各国自动售货机分布情况

国家	自动售货机总量/万台	每千人拥有量/台
欧洲	300	4.3
美国	500	50
日本	500	17
中国	30	0.2

目前，国外自动售药市场已经发展和普及起来，但我国自动售药没有得到有效发展，尽管曾经出现了2013—2015年的市场热炒，但是截至目前并未看到比较成功的案例。这与我国自动售药机其本身存在诸多问题有直接关系，如智能化技术、安全性、监管政策滞后、商业化明显、缺乏成本-效益研究等。

1.2 自动售药机现状分析

1.2.1 自动售药机优势分析

时间优势：目前零售药店是非处方药的主要销售渠道之一，然而在现实生活中，零售药店考虑到经济、人力成本，难以保证药店24小时营业，这使得一些深夜急需非处方药的消费群体难以及时买到所需药品。非处方药自动售卖机在理论上具有"24小时"售药的优势，能够打破时间限制，保障消费者24小时随时购买所需药品。

保护隐私：现代人越来越注重自身的隐私权，部分消费者在购买药品时，尤其是购买计生用品时不愿让他人知道。传统的零售药店售药方式即人工售药方式让一些消费者觉得尴尬，自动售药机的自助购药方式则避免了这些尴尬，既能让消费者快捷地购买所需药品，同时也尽可能地保护消费者的隐私。

1.2.2 自动售药机劣势分析

知晓程度低：缺乏必要的市场推广，受众群体知晓度普遍较低。根据本次在扬州范围内的问卷调查显示（图1），仅有2.97%的受访者知道自动售药机并使用过，58.42%的受访者从未听说过自动售药机。即使在拥有自动售药机的地方，其自动售药机在外表装饰上缺少明显的区辨性，与其他物品售卖机、LED广告相类似，难以吸引消费者的注意力，直接导致消费者对自动售药机的不了解。

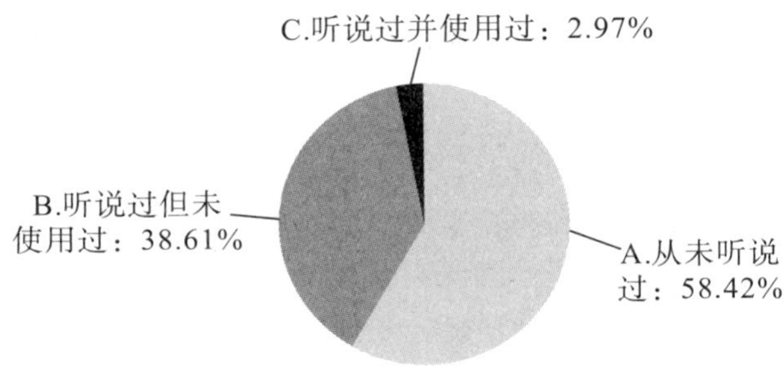

图1 对24小时自动售药机的认知度调查数据

1.2.3 自动售药机机会分析

较多受访者有使用意愿：尽管目前受众对于非处方药自动售卖机的了解不多，但是根据调查（图2），有19.80%的受访者表示愿意在自动售药机上购买自己所需药品，有69.31%的受访者愿意视情况而定。

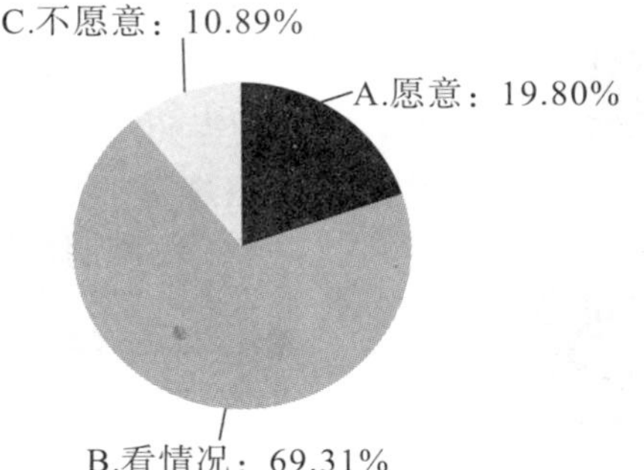

图2 用自动售药机购买药品意愿饼状图分析

市场需求大：1999年4月14日，中国非处方药物协会成立，开始积极研究、探索在中国实施药品分类管理制度。在国家药品监督管理局成立一年之后，中国非处方药物协会的目标即将得以实现，这是新机构成立以来高效运作的结果。建立并完善处方药与非处方药分类管理制度一直受到党中央和政府的高度重视，并被列为1996年12月召开的全国卫生工作会议的重要议题之一，写进《中共中央、国务院关于卫生改革与发展的决定》中。可见，非处方药行业的发展是建立在药品分类管理规定实施的基础之上，相对于医药制度行业较为发达国家来说，中国非处方药行业具有起步晚、增长快、潜力大的特点。

政策扶持：随着中国城市化进程不断加速以及人口老龄化的发展，未来中国居民慢性病发病率上升、自我医疗意识提升，消费者自行选购OTC药的情况将会变得越来越普及，市场需求将会持续扩大。

1.2.4 自动售药威胁分析

药品安全问题：药品安全是监管和技术命题，更具有深层次经济社会背景。近年来，我国药品安全状况总体稳定向好，但多重问题叠加且系统性风险突出。药品安全历来是消费者最为关心的问题，安放在室外的非处方药自动售药机，在使用时间上能达到24小时，在空间上要能享受到干净、恒温等条件。因此，自动售药机的定期维护、药品的检查与更换等工作要保证正常开展，药品安全性也要得到保证。这一系列的管理程序和工作的展开必然是复杂艰难的。

2 研究过程

2.1 研究方法

我们小组对扬州范围内去药店买药的人群进行了现场访谈和网络问卷调查。

调查地点有苏羊医药、百姓缘大药房、常州恒泰人民大药房和文昌阁西亭大药房；受访人群主要是在校学生和已工作人群。调查内容主要包括：用户对 24 小时售药机的了解程度；日常购药方式；使用自动购药机意愿；对自助售药机药品安全保障问题的相关看法和售药机投放场所的意见和建议；对药品种类和支付方式的需求；促使用户使用自动售药机的因素；等等。

2.2 研究对象

通过统计调查问卷和访谈结果发现，80.2%的受访者对自动售药机持愿意视情况接受的态度，19.8%的受访者表示不接受，他们主要从药品的安全性考虑，不少人认为去药店咨询医务人员购买会比较可靠。大部分人表示，自动售药机可能会买不到对症的药，买不到正规厂商生产的药，因各种原因导致用药失误等。

69.31%的受访者会优先选择自动售药机来购买药品，这种生活方式比较能跟上时代节奏。大多数人考虑到去医院和药店的路程远、排队等候时间长会消耗自己的时间和精力。对用户来说，自动售药机最大的特点就是提供时间和空间上的便捷。

2.3 用户需求

根据对用户分析和特点总结，使用自动售药机的主要用户群体是那些追求速度与方便的年轻人，他们的需求主要有：基本查询与购买功能，操作界面方便、舒适、简洁、省时，外观具有一定时代性，易于辨识，分布地点较多。

目前，现有的自动售药机一般功能主要有两种：查询功能，这是自动售药机的基本功能，通过查询功能，用户能够清楚地了解到药品的基本信息，包括生产时间、成分、用法用量、不良反应等；方便用户购买，其中，购买方式一般是通过现金、银行卡、医保卡、支付端支付。

3 设计方案

通过对用户体验的概念、构成、测量、评价以及应用现状的研究，利用用户体验的测量和评价方法进行用户体验分析。针对用户的需求，本次设计的自动售药机在满足 3 个基本功能（直接购买功能、按症状分类导向购买功能、远程连接遵医嘱购买功能）的同时，会考虑人机操作界面设计、外观辨识度设计等。

3.1 草图方案

方案一（图 3）：

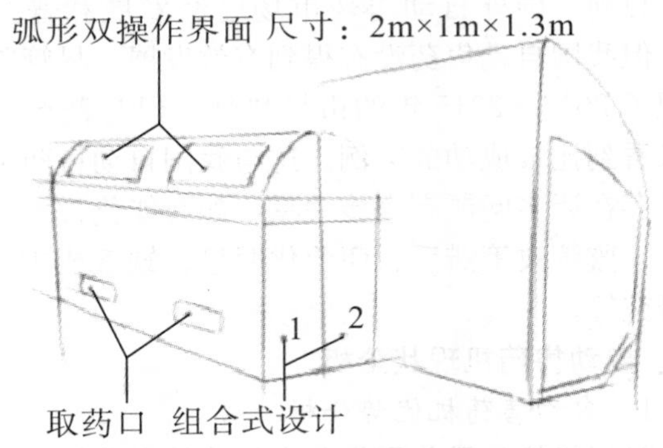

图 3 自动售药机方案一草图

方案二（图 4）：

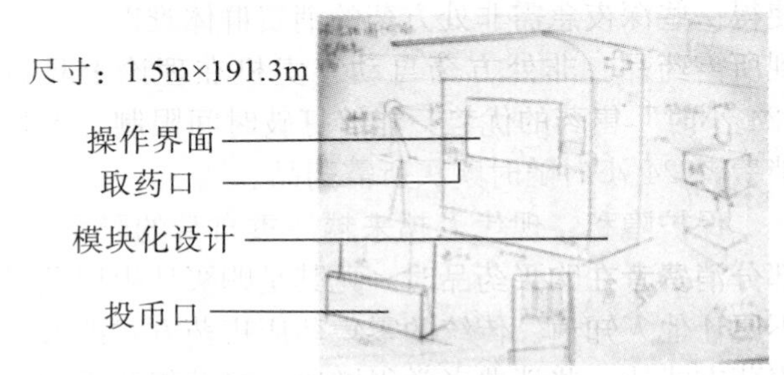

图 4 自动售药机方案二草图

方案三（图 5）：

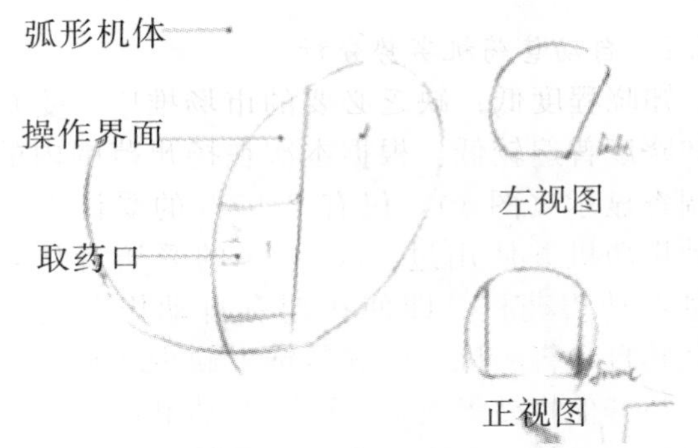

图 5 自动售药机方案三草图

3.2 最终方案

3.2.1 机体设计

机体整体尺寸按照中国平均人机最佳尺寸设计。按人机学的观点，生产中的“安全”并不是单纯地保护健康和防止事故，而是要创造一个最佳的工作环境，人机学的研究是在考虑人的特征和能力的情况下，设计出适合于人的工具和工作环境，使人的劳动符合科学性。表 2 为机体尺寸设计。

表 2 机体尺寸设计

设计方案		长/m	宽/m	高/m
方案一	机体	1.5	1.0	2.3
	显示屏	0.7	0.4	

续表2

设计方案		长/m	宽/m	高/m
方案二	机体	3.0	1.0	2.3
	显示屏	0.5	0.4	

自动售药机建模方案如图 6 和图 7 所示。

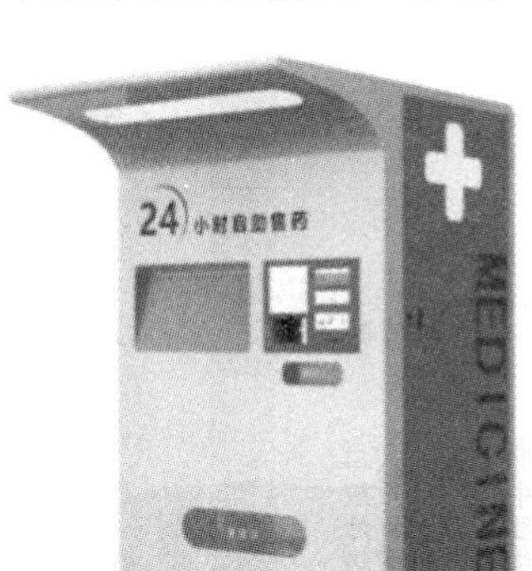

图 6 自动售药机方案一建模

图 7 自动售药机方案二建模

3.2.2 界面设计

界面设计不仅仅是外观布局设计，更重要的是交互行为设计，界面设计的领域已从传统的物质界面扩展到非物质界面。整体的界面设计操作流程遵循了用户体验界面设计原则，包括简易性、用户语言（即“用户至上”原则）、记忆负担最小化、安全性、灵活性、人性化等。设计简洁，整体风格统一，整体以绿色为主，使用户不容易产生视觉疲劳，如图 8 所示。

3.2.3 设计流程（图 9）

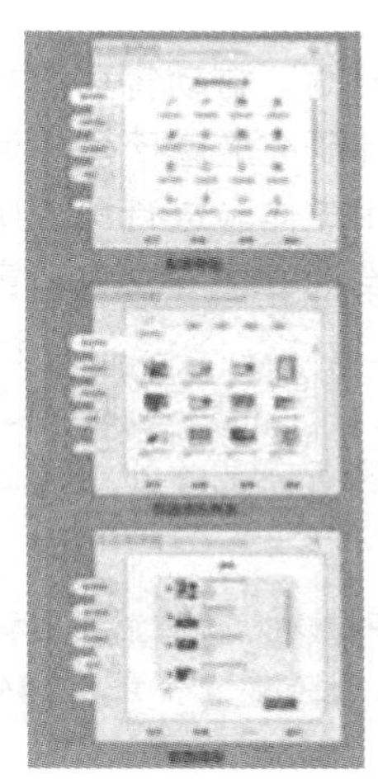
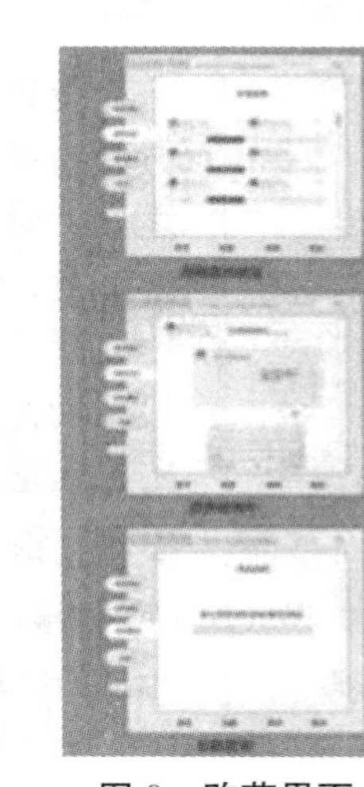
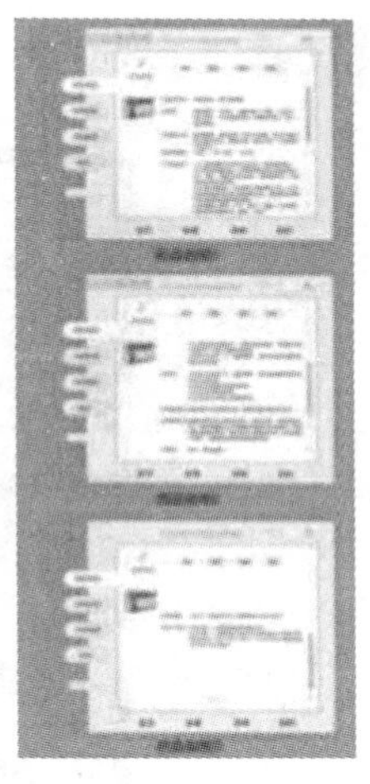

图 8 购药界面

3.2.4 外观设计

材质：由于本次设计的自动售药机自身的特点和投放在室外的环境因素，它有相对较大的体积，对安全和环境要求比较高，而钣金零件具有重量轻、强度高、结构简单、易加工及材料利用率高等优点，所以应该选择钣金材料来设计售药机机体。

色彩：色彩是形态以外的另一个设计要素，是无可替代的信息传达方式和最富有吸引力的设计手段之一。色彩在日常生活的不同设计领域中都影响着人们的心情和情绪。医院或药厂大部分场所以白色或淡色系为基调，将自助售药机设计为整体淡色系能很好地将其融入社区环境中，不会给使用人群带来视觉上的刺激，能使人平复不安的心理状态，并且利用不同色彩表达可以增强自动售药机的区辨性。因此，机体大面积为白色，辅助色为淡蓝色有舒缓人心情的作用，也具有增强药品权威性的视觉感；灯箱白天呈现为淡红色，既容易被发现也不会太刺眼，夜间为大红色穿透力强便于发现；绿色界面让使用者不容易产生视觉疲劳。

形态设计：本文设计的自动售药机是要放在社区公共场合的，因此它的整体造型不能太突兀，要符合社区特点，力求简洁大方直线条，如果造型太特异则不能适应周围的大环境。此外，自动售药机正面留有广告投放空位；机体上部有延伸出来的设计，一方面是为装灯箱便于夜间使用，另一方面便于遮雨、遮阳。

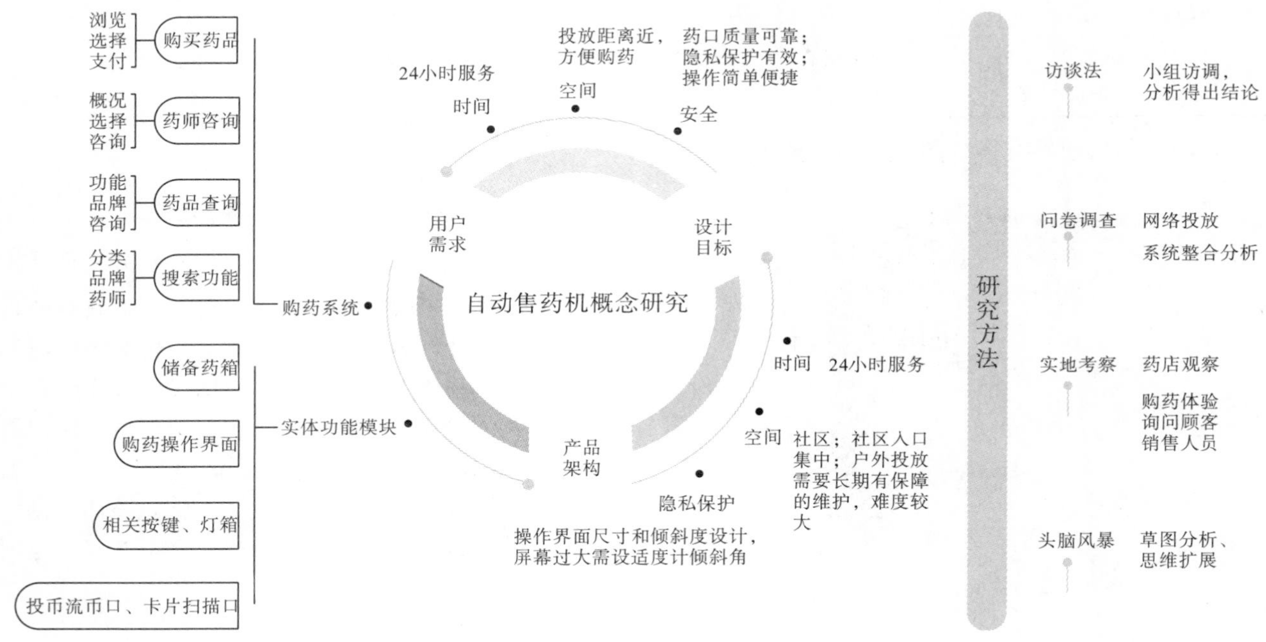

图 9　**设计流程**

3.3　效果图（图 10 和图 11）

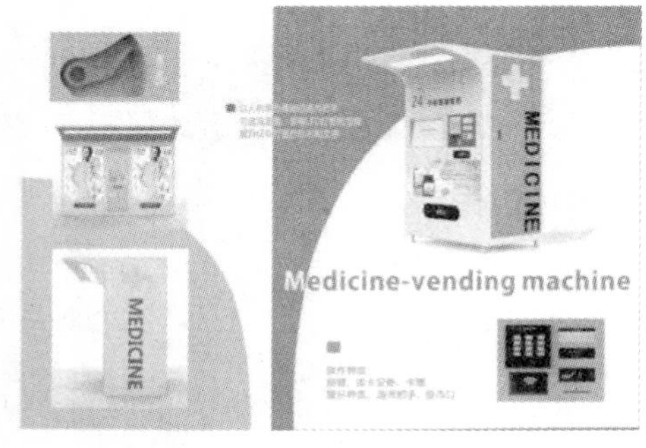

图 10　**渲染效果**

图 11　**场景效果**

4　总结

本文通过现场访谈和网络问卷调查法对相关用户群体进行调查并对用户体验进行研究分析，同时对影响自动售药机的各项因素进行了相关分析，并结合人体正常尺寸和修正数据，提出并完善了自动售药机的设计方案，为该领域的研究和设计提供了一种设计原则：自动售药机在材质、色彩、形态等方面的设计研究应基于用户调查研究和分析的基础之上，对用户体验进行深入研究后从用户体验的角度出发，设计方案要对自动售药机的使用环境特点进行针对性设计，如材料、颜色、形态设计选择符合环境特点和加工工艺，搭配协调。在此基础上提出的理论依据和设计方案才更具有可行性。

参考文献

[1] 王鑫，叶瑜敏. 非处方药自动售卖机市场的 SWOT 分析［J］. 经济研究导刊，2014（32）：157−159.

[2] 张鹤镛. 实施药品分类管理指日可待——在 1999 年度中国国际非处方药工业展览会暨研讨会上的讲话（摘要）［J］. 首都医药，1999（6）：4.

[3] 胡颖廉. 监管和市场：我国药品安全的现状、挑战及对策［J］. 中国卫生政策研究，2013，6（7）：38−44.

[4] 张崇红. 都市学佛的白领："高知识"与"善知识"——都市学佛的"白领"知识人群［J］. 佛教文化，2012（2）：16−25.

[5] 丁一，郭伏，胡名彩，等. 用户体验国内外研究综述［J］. 工业工程与管理，2014，19（4）：92−97，114.

[6] 佘启元. 西德钢铁工业中人机学的研究［J］. 冶金安全，1981（3）：44−46.

[7] 刘春花. 基于用户体验的界面设计（UI）研究［D］. 天津：天津工业大学，2008.

[8] 孙盘滔. 钣金零件成型工艺及设计分析［J］. 科技尚品，2016（4）：26，49.

[9] 于畅. 色彩设计的情感表达［J］. 设计，2013（2）：168−169.

基于羌语的语料库的建立和系统设计

何芳芳　邓　超　王梦婷　吴　琴
（成都信息工程大学，四川成都，610103）

摘　要：羌族是中国古老的少数民族之一，而羌语作为羌族的特色语言，却逐渐消失在历史长河中。为了羌族文化的保护和传承，我们将羌族日常用语收集整理成语料库，并结合互联网技术，在此基础上设计出一款羌语的学习应用。可通过图片学习、测验以及情景演练，实现羌语日常用语的学习。此外，为了让用户了解更多的羌族文化，我们增添了绘本录音模块，以绘本的形式来讲述羌族的历史故事，达到更好的羌族语言和特色文化传播效果。

关键词：羌语；语料库；语音绘本；文化保护；学习应用

1　羌族羌语的介绍

羌族源于古羌，历史可追溯到商周时期。羌族在发展的过程中不断融合汉族和其他少数民族，规模不断扩大，现已有 30 万人，主要分布在我国西南地区。而作为羌族人民沟通交流重要工具的羌语，源自我国汉藏语系——藏缅语。虽然羌语的涉及地区只有十余个，但分支较多，并且有着众多发音和意义，因此并不能将其简单分类。羌语早期仅仅作为口头交流语言，并没有可书写的文字，只能通过各代之间口口相传才流传至今。

一个民族的语言本就承载着民族的思想和文化积淀，但是随着汉化趋势的不断影响，目前羌语正面临着逐渐消失的危险。即便是在羌族地区，用羌语来交流的人也越来越少，说羌语的老一辈和年轻一代的沟通也越来越困难。由此可见，保护羌语文化刻不容缓。

2　设计动机

2.1　文献探讨

目前，国内外有关于少数民族语言学习应用的研究十分众多，其中藏语尤其突出，因此我们以基于 Android 平台的藏语学习应用——《藏语通》为例。该藏语学习应用依据国内外尚未研发出基于 Android 平台系统的全面藏语学习软件的研究现状，致力于为用户提供便捷、全面的藏文学习体验，主要实现了藏文显示和藏文输入、准确查找词语和语料库中的藏文检索和研究和完善在移动终端上的藏文信息处理。

除此之外，范雨涛、刘汉文的《羌语复兴阻障因素反思及保护传承的路径再探》认为，羌语的复兴阻障主要归因于社会和环境的变迁、学校教育的缺失、社会功能的弱化、政策和法规支持的薄弱、田野回馈的匮乏、创新思维和手段的不足。羌语保护传承的路径包括维护羌语的语言生态环境、恢复羌语的学校教育、拓展羌语的社会功能、制定羌语保护政策和法规、加强羌语研究田野回馈、开拓羌语保护传承的创新思维和手段、强调拓展羌语的社会功能和新媒体的利用，变羌语的被动复兴为社会的主动学习和使用需求，在一定范围和程度上复兴羌语。

根据上文藏语应用开发实例的研究和《羌语复兴阻障因素反思及保护传承的路径再探》可以得出，藏语与其他少数民族语言相比，在保护和传承上处于一个领先的状态。而本次的研究对象羌语作为世界上最古老的语言之一，随着时代的变迁，濒危速度不断加快，复兴羌语的种种举措未能扭转其濒危趋势。虽然有关羌语的研究众多，但是由于羌语没有与之相匹配的文字，这一点成为羌语保护和传承一个巨大的阻碍，从而导致到目前为止，羌语暂时还不存在一个相对完整的语料库，在没有语料库的情况下，羌语相关的学习应用同时也就不复存在。

为了更好地保护和传承羌语文化，我们致力于羌语语料库的建立。同时，为了让更多人了解和学习羌语，我们在羌语语料库的基础上设计并开发了一款有关羌族日常用语的学习应用。

2.2　面临困境

当下文创产业在不断发展繁荣，各个领域中陆续出现了羌族文化的应用，但关于羌族语言产品的开发及其推广还存面临着许多困境：

（1）资料匮乏，研究困难。羌族文化由于很少公开到互联网，并且没有官方正式的教学，导致很少有将羌族文化与现代技术二者相结合的产品，甚至没有与羌族语言相关产品。

（2）羌语语料库资源匮乏。如今市面上不存在羌族语音语料库，其原因是无人基于羌语对此语言进行归纳整理，并很少对语音进行音译比对。

（3）羌语的传播方式单一。一直以来，在羌族无文字的情况下，羌语通过一代一代人的口口相传，传播状况愈发堪忧。在现在互联网大环境下，羌语依旧没有利用当下的互联网向广大群众进行传播。其根本原因是现代羌族地区会讲羌语的当地人数量少，与此同时，多数人对羌族文化传承的漠视使羌族文化难以传播。

（4）羌族文化产品受地区经济所限无法产出推广。现阶段羌族文化推广多普及于旅游企业、地方政府部门和少量地方少数民族文化展览馆，其大多以宣传的方式向大众传播，以榜样的作用带动发展，并用相关民族文化内涵及故事为自身民族产品溢价，但极少结合羌族应用产品进行推广。其主要原因是少数民族地区受地域和经济限制，导致开发推广产品能力受限。

2.3 前期用户调研

2.3.1 实验设计

本次实验采用面对面访谈录音，后期逐字稿整理分析数据的形式。我们通过线上招募的方式，一共招募了10位受访者，5位男性，5位女性。这些受访者都是18～24岁的在校大学生，这些大学生都喜欢利用课余时间去各地旅游，并都有去过20多个以上的景点旅游。本次访谈一共分为4个部分：第一部分用以获得受访者的基本信息，第二部分调查受访者去少数民族地区旅游的可能性以及对当地语言的兴趣，第三部分了解受访者在旅途中最感兴趣的方面，第四部分请受访者分享自己喜欢的语言学习方式。

2.3.2 实验过程

为了能得到更加完整的信息，我们一次只对一个受访者进行访谈，以日常聊天的形式来切入整个话题，每个用户的访谈时间在半个小时左右。在征得受访者同意的情况下，进行了现场录音，并在后期将音频逐字稿处理，整理分析相关数据。

2.3.3 访谈结果分析

从访谈中我们了解到有2个人非常喜欢去少数民族地区旅游，他们分别去过西藏和延边朝鲜族自治州。5个人目前有去少数民族地区旅游的打算，正在进行相关旅游规划。还有2个人表示会考虑去美食美景丰富的少数民族地区。同时，其中有5个人表示对当地方言非常感兴趣，十分愿意学习当地语言。2个人表示在不耗费太多时间的情况下，可以学习一些简单的日常用语。大部分受访者还认为能说一些简单的方言会使他们与当地人更加亲近，使旅游的体验感更好。这些结果表明大部分人都愿意去少数民族地区旅游，并想要学习和了解当地语言。

受访者中有9个人会在旅游之前做景点路线相关的攻略，8个人会提前了解当地有哪些美食，6个人会关注旅游地的风俗习惯。部分用户也在访谈中透露了想要了解当地历史发展和故事传说的想法。在旅行困难方面，有6个人认为最大的问题是语言不通，很难与当地人进行交流沟通。这些结果显示了景点路线、美食和风俗习惯是大多数人会关心的问题，而语言不通则是在旅行中最大的困难。

在最后一部分关于语言学习的访谈中，本次接受访谈的10位受访者都有利用App来学习一门其他语言的经历。其中有6位受访者表示他们非常喜欢根据图片来联想记忆，这会使他们的学习效率提高。有4位受访者还提到了日语学习App中会将单词按照内容进行分类，并设置关卡，这样的方式让他们感觉学习就和玩游戏闯关一样非常轻松。这些受访者还认为App里的复习检测模块非常有用，可以随时测试自己的学习效果。这些结果表明图片、分类、闯关和复习会使用户学习一门语言的效率提高。

2.3.4 调研总结

从访谈结果分析中我们可以知道，大多数的人有意向去少数民族地区旅游并愿意学习一些当地语言，这样的结果预示着在去羌族地区旅游的年轻人之间推广羌语是可行的。又因为美食美景和风俗习惯是大多数人关注的问题，并且大多数人表示在旅游途中会遇到交通、问路和交流沟通等困难。因此，我们决定收集整理羌族日常用语，并将其分为羌族特色、交谈介绍、问路吃饭住宿和约会约人4个部分。而大多数人认为，利用图片联想和模块分类的方式来学习语言会更加轻松有趣。因此，我们会为每一组日常对话绘制对应的图片，让用户能够更好地学习羌语；同时会在每个模块学习之后提供检测复习功能，让用户能在学习之后得到学习效果的及时反馈。由于历史发展和故事传说也有不少人感兴趣，但是这部分的句子相对日常用语会更难表达，所以我们决定以绘本的形式来展示这些故事。

3 应用设计

《羌腔》是基于语料库设计并开发的一款羌族日常用语学习应用，以传播羌族语言为主要目的。“腔”是指说话的口音，本项目名为羌腔，意指羌族地区人民说话的口音腔调。其基于独立整理并建立的羌语日常用语语料库，以图片学习、测验以及情景演练等形式，实现羌语日常用语的学习。此外，我们将羌族广为流传的历史故事制成绘本，结合语音组成一个绘本录音模块，让用户了解到更多的羌族文化，以更好地传播羌族语言和特色文化。

3.1 语料库的建立

通过研究调查发现，国内外暂时不存在完整的羌语语料库。基于当前羌语的传播情况，我们决定建立一个羌语日常用语语料库。

日常用语指的是人们日常生活中所用到的语句，比如见面问候、告别再见、询问路线和犯错道歉等常用语。根据日常用语的使用频率和场景，我们整理出 3 个不同场景的日常用语。这 3 个场景涵盖了衣食住行等多个方面，分别是日常问候、约会见面和询问问路。考虑到羌族文化的影响，添加额外的羌族特色文化部分羌族文化。在日常问候部分，涉及简单的打招呼，如“你好!”——“呢边呢尼!”以及年龄、身份和天气等相关话题的交谈。约会见面部分主要是包括约会期间互相的交谈，如“今晚你有空吗?”“有空。”“没空，请原谅。”询问问路部分主要包括地点的询问、点餐和入住酒店时的日常用语，如“请问有几位?”“2 位，谢谢。”羌族文化主要包括羌族特色文化和物品，如“羌笛”和“云云鞋”。

为了确保羌语语料库的录音工作能够顺利进行并考虑录音素材的质量，我们前往北川县的桃坪羌寨进行了实地的走访，寻找能够清晰地表达羌语的羌族本地人。考虑到老人和小孩因为年龄的原因在表达上与成年人相比会比较弱，最终我们在当地找到一位对羌语十分了解并且表达清晰的年轻人作为我们语料库的语音来源。同时为了保证录音素材的质量，我们选择了具有专业录音环境的演播厅进行。此外在后期方面，我们也采用专业音频软件进行了降噪和剪辑处理。

因为羌语没有一套完备的文字体系，所以在设计语料库的时候为了能够通过文字记录羌语的读音，在后期的大量时间里，我们将羌语录音翻译成音译汉文字，并通过音译汉文字为语料库添加匹配的音标。通过汉译字和音标来完整的记录羌语，使语料库更加完善。语料库语料如图 1 和图 2 所示。

Custom

#	PROMPT_ID	汉语
1	custom_p01_01	你是什么族（你是哪里人）
2	custom_p01_02	我是羌族，你呢
3	custom_p01_03	汉族
4	custom_p02_01	你会说羌语吗
5	custom_p02_02	会一点
6	custom_p02_03	我不会
7	custom_p03_01	这是什么

图 1　整理后语料库羌族特色部分（1）

汉译字	音标
呢嗯哦比优嗯诶	ni en o bi yu en ayi
我次科比哇 呢呢	wo zu ke bi wa no no
尔一哇	ra i wa
呢没日大大日呢尼	ran me royu da da royu no
阿尼撒	a ni sa
阿妈撒	a ma sa
这尼哈有	ze ni ha yu
霉日普瑞涕	me royu pu ui ti
踢尼哈呦	ti ni ha yo

图 2　整理后语料库羌族特色部分（2）

3.2 模块设计

3.2.1　学习模块

羌语日常用语语料库分为 4 个版块，所对应的学习模式为日常问候、约会见面、询问问路和羌族特色 4 个章节，用户通过播放语音听取羌语发音，同时配以根据语料库整理后的音译汉字及我们自己编码的音标。

在最初项目设计研究过程中发现，语言是一个长期记忆的过程，并不能通过即时性的学习来完成。

考虑到语言学习本身是一件复杂而枯燥的事情，为了让大众能更好地学习羌语，在设计思维上，根据心理学家帕维奥（Paivio）提出的长时记忆中的双重编码理论，指出人脑中存在两个功能独立却又相互联系的加工系统：一个是以语言为基础的加工系统，另一个是以意象为基础的加工系统。同时指出一些离散的材料由于有了意义上的联系而被组织起来，使记忆变得相对容易。

我们由此编码理论得出，在语言的记忆过程中，人的眼睛会结合图像信息，加强大脑的记忆，而学习语言的过程中就是不断地巩固和完善这一步骤。羌语日常用语语料是各自独立的词语或句子，项目策划结合羌族小物品、场景等图片实例化，在使用应用时，根据设计的图片中的情景可以联想到使用相关日常用语，使这些独立的词语和句子在场景应用中有联系而被组织起来，加强了大脑对羌族日常用语的记忆，这使得学习羌语日常用语变得更加容易。

3.2.2　绘本模块

为了让用户在学习羌语的同时能够更好地领略

到羌族文化，在整理羌族神话故事时，需要对羌族的风俗习惯以及神话故事有充分的了解，并对羌族的神话故事做筛选，选出5个最为著名的富有羌族特色的故事。这5个故事是羌族文化中十分具有代表性的故事，与如今羌族地区独有的特色习俗紧密相连，分别为《仙女池的传说》《白石神》《羌笛》《羊角花》和《云云鞋》。

《仙女池的传说》讲述了一个猎人因爱上仙女而放弃屠杀牲畜，仙女因此感动并与他相爱。在一次人间灾难来临时，猎人恳求仙女相助，仙女为恢复大地的宁静与安稳牺牲自己，猎人得知后悲痛欲绝，自刎随仙女而去。他们两人化作高山与河流，永远守候人间。

《白石神》讲述了善良的村民救助了一只有预知能力的乌鸦，为报恩，乌鸦告知村民在不久后村子有一场灾难，但不允许他告诉别人，否则会惹祸上身。村民并没有听取乌鸦的建议，召集村民进行迁徙。在所有人成功逃生后，他自己变成了一颗白石，村民们为纪念他，把白石供奉起来年年祭拜。

以上仅举例两个神话故事，绘本图片如图3～图6所示。选择的所有神话故事自古在羌族地区广为流传，故事涉及的人物故事突出了他们在日常生活中所坚守的善良和勇敢，展现出羌族创造灿烂辉煌的历史文化值得传承和发展。

图3 《仙女池》绘本图片

图4 《白石神》绘本图片

图5 《羌笛》绘本图片

图6 《羊角花》绘本图片

本次项目关卡中默认绘本初始状态均为锁定，用户必须通过学习模块解锁绘本。这样的过程是为了使用户有一定的羌语基础学习后巩固基础，从而进阶地学习绘本语料里较难的长句子，能更好地与神话故事绘本图片融会贯通，体会神话故事中传达出的羌族文化内涵。

我们通过故事与图片相结合的方式，使用户在阅读绘本后能够图文并茂地向大众分享羌族神话故事，让羌族文化在得到更好的传播的同时，也让更多的人体会到羌族文化核心思想。

3.2.3 情景演练模块

本项目以模拟现实日常生活对话为主要目的，以颇具代表性的、极具真实性的现实图片和日常用语来表达，形式生动具体，便于学习。整个过程是为了检测用户日常生活的对话情况，提升用户应用交流能力。将情景、模拟、语言结合在一起，给予用户体验式学习和交流方式，增加了项目趣味性。在此过程中，我们还插入羌族的歌谣等民俗文化，使整个应用的内容更加丰富多彩。

3.3 界面设计

本项目设计风格鲜艳明亮，并且结合浓厚的羌族特色气息。在布局操作上简单明了，并在操作过程中指引用户操作。羌语日常用语学习应用界面设计以安卓平台为例。

应用主界面以羌族典型的建筑为背景，3个选项分别是学习模块、游戏模块和绘本模块，用户可以通过右上角设置音量以及退出应用（如图7所示）。

图 7　应用主界面

学习模块主界面通过左右滑动的交互方式来实现章节的选择，其背景是以羌族代表信仰羊头所搭成的一座拱门，这一场景是根据现实中羌族建筑来设计的。此外，每个章节的图标都具有强烈的羌族特色，例如羌族特色章节的图标是羌族当地特色乐器羌笛；问路住宿章节图标是羌族传统建筑——羌碉，如图 8 所示。

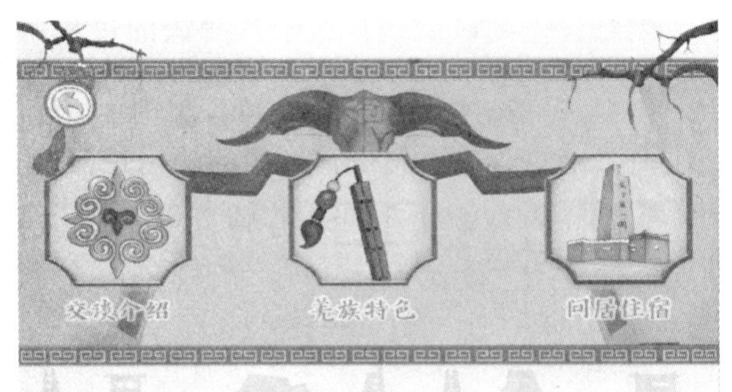

图 8　学习模块主界面

整个学习界面整体是由右边的汉译字、音标、中文释义和羌语语音组成的日常用语，搭配左边羌语相关的图片，如果用户未听清羌语语音，可点击文字左边的图标重复播放，如图 9 所示。

图 9　学习模块中的学习具体界面

用户学习结束后进入学习检测界面，用户根据界面下方的汉译字和音标在上方三个小图片中选择所正确的图片，UI 效果选择正确如图 10 所示，选择错误如图 11 所示。

图 10　学习检测：选择正确

图 11　学习检测：选择错误

绘本模块根据模块设计中所述，在用户完成学习之前所有章节均为锁定状态，如图 12 所示。

图 12　绘本选择界面（有锁定状态章节）

绘本具体界面通过左右滑动的交互方式实现页面的切换，用户可以点击下方的文本框播放羌语语音，羌语匹配了对应的汉译字、音标和中文释义，方便用户阅读绘本以及理解故事对应的羌语句子。此外，用户可以点击图片放大查看并进行录音，录音结束后，用户可以播放自己的录音与羌语录音进行对比，查看自己的掌握程度。《白石神》绘本的故事页面如图 13 所示。

图 13　《白石神》绘本的故事页面

游戏模块是一个模拟现实对话的情景游戏，用户仔细聆听游戏人物的问题并选择下方的中文来回答，用与NPC对话提升好感度作为奖励机制，反馈用户羌语掌握程度。如图14所示是回答界面，图15是用户与游戏人物交谈一般，说明用户羌语掌握程度一般。

图14 用户游戏回答界面

图15 回答结束的评价界面：交谈一般

4 应用测试

借助前期的用户调研数据，在完成羌语日常用语学习应用的设计与开发后，我们再次通过线上招募志愿者的方式召集了10位年龄在18～24岁之间的能够熟练使用智能手机的在校大学生，并表示希望通过他们在对该应用进行了一定程度的体验后，给予我们关于应用的用户体验反馈。该反馈不仅包括应用本身的功能性、交互性和实用性等多方面评估，还包括该应用在教育、旅游和文化传播等多领域应用方面是否具有一定的迁移价值，这些实验数据将为我们后期应用的优化和对羌语更深入的研究提供可靠支持。

4.1 测试应用名称

《羌腔》——羌族日常用语学习应用。

4.2 测试步骤

步骤（1）进入主界面选择学习模式并选择一个模块，进行羌语的学习。

步骤（2）学习完成进入课后测验。

步骤（3）返回主界面选择绘本模式，进入绘本模式后选择并浏览一本绘本。

步骤（4）返回主界面选择情景模拟游戏进行一次游戏体验。

4.3 测试结果分析

步骤（1）测试反馈：在未经提示的情况下，80%的测试用户可以顺利地进行学习，同时会跟读羌语语音，并表示根据羌语译制的汉译字很有帮助。但仍然有20%的测试用户在无提示的情况下无法成功播放羌语语音

步骤（2）测试反馈：虽然学习时间较短，并且没有进行相应的复习，但是仍旧有60%的测试用户的正确率能够达到50%，他们认为是图片起到了主要引导作用，让他们结合图片能够回忆起学习内容，从而有效地提高了正确率。而剩余测试用户正确率都低于20%，他们认为羌语本身具较高的学习难度是造成正确率低下的主要原因。

步骤（3）测试反馈：在绘本测试的过程中，所有测试用户均表示对具有羌族文化特色的神话故事语音绘本有极大的兴趣，对他们对学习羌语有一定的帮助作用，同时在交互方式方面，有40%的测试者表示希望通过按钮进行翻页而不是滑动翻页。

步骤（4）测试反馈：在经过一系列的交谈后，80%的测试者显示为交谈一般，仅有10%为交谈十分愉快和10%为沟通不畅，未出现无法沟通的结果，这说明测试者对于之前羌语的学习有一定的印象。

4.4 总结

通过用户测试数据可以得出，羌语日常用语学习应用交互方式简单易懂，功能完备，能够有效帮助用户在短时间内完成一些简单的羌语日常用语的学习，在教育、旅游和文化传播等多个领域具有一定的迁移价值。测试用户通过应用进行了短时间的学习，能够有效地记住简单的羌语日常用语，并且认为图片和汉译字起到了一定的辅助作用。所有测试用户都认为结合了羌语语音的绘本在对学习羌语有一定帮助的同时，富有羌族特色的故事画面也让他们感到愉悦。最后测试用户在情景模拟的游戏模式中，绝大部分都能够与游戏中的人物进行简单的沟通。当然，我们也发现了很多需要后期优化的地方。例如，学习模式和绘本模式的交互问题滑动翻页效率不高，需要多次滑动，因此我们会考虑增加按钮来提高翻页效率；学习模式的语音音速和音调我们也会做出一定的调节，使其更适合用户学习；游戏模式也

会增加更多的剧情，以贴近人们的日常生活。对于用户提出的其他意见，我们会在后期进行深入的研究，旨在以用户为中心，设计并开发出符合用户需求的羌语日常用语学习应用。

5 应用与意义

我们通过对现有羌语资料的收集并对其进行分类整理，建立了国内外第一个较为完整的羌语语料库。结合现代科技技术，将羌语数字化存储，既为羌语研究者提供了一个可靠的研究途径，也为羌语的保护和传承提供了一个切实可行的方案。

在羌语语料库的基础上，我们设计并开发了国内外第一款羌族语音学习应用，作为羌语学习应用，其可以应用在教育、旅游和文化传播等多个领域当中。在教育领域，羌族儿童可以通过该应用进行羌语的简单学习；在旅游推广领域，该应用可以作为准备前往羌族地区旅游的游客的出游攻略，让他们能够在旅游时更好地融入当地；在文化传播领域，羌语学习应用将有助于人们对于羌族文化的保护和传承。除了列举的三个领域，羌语学习应用亦可应用于其他领域，在此就不再列举。

6 结语

本文介绍了羌族日常用语应用，并详细阐述了羌语语料库的建立过程以及相关的应用模式设计。作为目前国内外首款羌语学习应用，用户可通过学习、绘本以及游戏等多种模式，采用图片与语音结合的方式实现羌族语言学习。

但是迫于羌语分支复杂，博大精深，因此要建立详细全面的羌语语料库仍是需要长期研究的过程。此外，由于羌语不同地区具有口音差异，同时羌语正处于不断流失的情况，让标准的羌语配音师更加难以寻找。

因此，本研究最大的挑战在于后续如何全面建立具有与地区相匹配的标准化发音的语料库。在未来的工作中，我们将对羌语从地区、口音和语法等多个方面进行更深入的研究。也希望更多的人们关注逐渐消失的羌语文化，让羌族文化得到保护和传承。

参考文献

[1] 孙宏开，刘光坤．羌语的调查研究［J］．阿坝师范高等专科学校学报，2014（3）：5－12．

[2] 王文广，拥措，冯艳杰，汪书北．基于 Android 移动终端藏语学习软件的设计与实现［J］．计算机时代，2016（7）：85－88．

[3] 黄成龙．2017 年羌语支语言研究前沿［J］．阿坝师范学院学报，2018，35（1）：5－9．

[4] 何云欢．有关双重编码理论国际研究综述［J］．今传媒，2017（6）：75－77．

[5] 曾诗安．羌家的爱情之花——窝斯拉巴［J］．西南民兵杂志，2000（4）：42－42．

[6] 白一君．云云鞋里的浪漫与凝重［J］．文艺生活旬刊，2012（2）：185－185．

[7] 何星亮．石神与石崇拜［J］．西藏民族大学学报（哲学社会科学版），1992（3）：45－53．

互联网券商设计策略研究

黄 灿

（上海交通大学，上海，200240）

摘　要：背景：目前，“证券行业深度拥抱互联网”的做法已经在金融行业得到公认，知名券商在国内证券互联网化大势中已经取得了一定的领先地位和成果。券商设计策略研究在其耕耘实践中也得到一定验证。相较于其他传统行业的设计实践，设计师不局限于设计实施，越来越多的券商已经意识到设计定位的重要性：设计是以人为中心的工作，是一种商务战略资源而非一项支持服务；设计是能有效解决券商发展的相关问题的。方法：本文将基于现代设计理论和方法，针对互联网券商设计策略，从设计定位、设计流程这两个设计维度梳理设计工作。结果：本文试图找到匹配券商的设计标准，从两个方面着手——一是规范普适性的设计流程；二是结合国内几个代表性的券商平台对证券产品做横向研究。以此为证券类产品提出针对性的设计意见。结论：设计在整个券商互联网产品开发中的地位和作用，是既不能忽视设计又不能把成败只寄托于设计。设计要融入和贯彻到券商互联网产品开发的全过程，也要分阶段分重点发挥其作用。设计作为一种指向商业成功的思维指导，又是一种需要整合的商业资源。

关键词：互联网；券商；UED

1 背景

当前，经济全球化和区域经济一体化不断加强，国际贸易合作与摩擦双重升级，国内经济形势平稳放缓，消费群体和方式观念加速迭代。国内互联网证券行业在大环境中经历了迅速成长的洗礼，初步进入平和成熟的阶段。服务的升级、技术的创新、用户体验的深耕细作成为行业主旋律。

随着行业发展和国家相关政策的支持和规范、各种概念提出的推动，"互联网+"、大数据、云计算等相关技术的深入发展，"证券行业深度拥抱互联网"的做法已经在金融行业得到公认，用户调研、UI 设计、UE 设计、服务设计等越来越多的设计理念在券商产品开发中得到应用，并在证券互联网化的耕耘实践中已经树立了不可或缺的重要地位。相较于其他传统行业的设计实践，设计师在证券行业互联网化的实践中发挥着越来越深层的商业战略价值。

设计的力量在于研究对象是人本身，以人为中心的设计辐射到券商产品的各个方面。由于研究对象的差异化，所以基于人本身的设计定位和设计流程在互联网券商设计策略研究中就有极大的价值。

2 设计定位

Forg 公司创始人 Hartmut Esslinger（2012）说："是设计让技术人性化，帮助企业直达人的精神，是设计把商业根植于历史，使它与更深远的未来连接在一起。"这一方面表明，设计正由传统的视觉效果、装饰，走向了更深层次的未来，即设计基于人本身出发，扩充了它战略方面的意义；另一方面表明设计是跨学科的，一个优秀设计师需要至少具备设计、技术、商业等多方面的知识和经验积累。

2.1 目标

张立群（2013）在提到整合产品创新新架构理念中指出：设计以体验创新为目标（图 1）。区分出 3 种不同驱动型公司：①技术驱动：寻求技术的优化与用户价值的填补与更新之间的平衡；②市场驱动：寻求技术与技术包的市场及用户价值匹配；③设计驱动：为用户价值寻求新的实现途径，开拓市场，定义技术研发机会与走向。目前，国内券商公司主要是由市场驱动为导向，逐步向设计驱动转向。一系列依托国家政策和市场力量，借由技术和设计而生的券商产品就是在转型过程中产生出来的产品。设计师有责任和义务在公司转型过程中补充入设计的力量，为公司和社会创造出更大的价值。

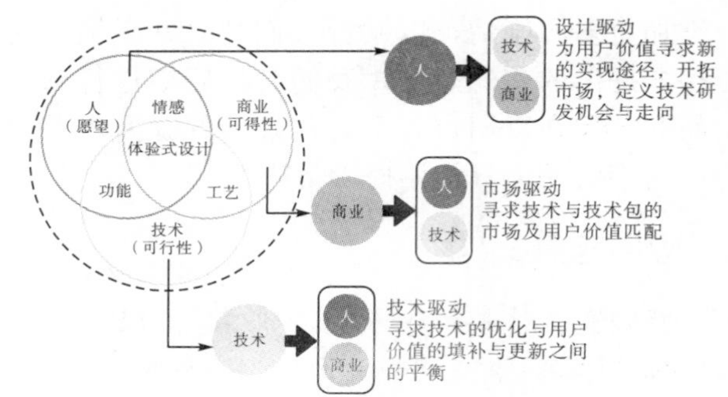

图 1　以体验式设计为目标

2.2 设计的价值

设计的价值不仅只体现在实施层面，设计的价值应该体现在三方面：第一，设计是以人为中心的工作；第二，设计是一种商务战略资源而非一项支持服务（Helmut Degen 等，2013）；第三，设计是解决问题的学科，设计师必须明确互联网券商行业的商业问题和技术问题并提出相应设计方案。

2.3 单靠设计不能成功

单纯依靠用户体验设计是无法做出伟大产品的，设计必须与互联网券商行业其他部门高效合作，包括产品团队、开发团队、市场团队等。只有这样，设计的影响力才能得以彰显，设计如同催化剂，最终目的是为整个组织带来成功。

2.4 合作关系

合作关系的第一点是成为战略合作伙伴。在互联网券商项目中，设计的价值是以一种战略性资源而存在的，可以通过设计提升互联网券商行业的商业价值，所以在明确定位后，设计和其他部门是一种互利关系，在具体工作中执行"和……工作"的高效流程，最终达到认可和信赖的目的，如图 2 所示。

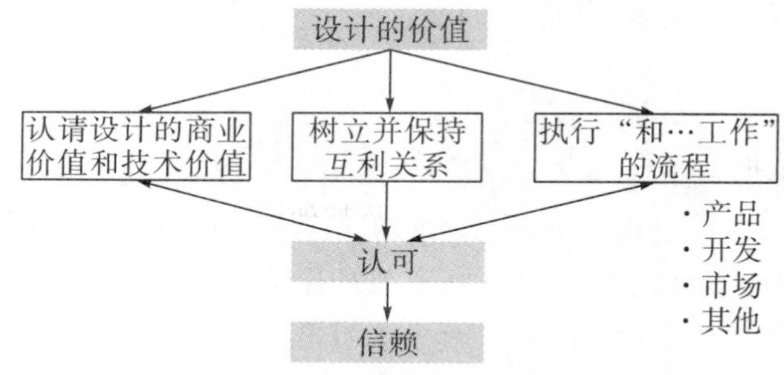

图 2　合作关系（Helmut Degen 等，2013）

3 设计流程

本文将结合互联网券商行业产品进行普适性的设计流程。

3.1 普适性设计大纲

3.1.1 意义

编写设计大纲有两方面的意义：一方面，使用户体验设计成为互联网券商所信赖认可的战略性竞争力工具；另一方面，建立标准化和体系化的设计，减少成本，提高效率。

3.1.2　由谁写

写作需要两人：第一人是了解互联网券商业务的产品经理负责人；第二人是解决实际设计需求的设计负责人。

3.1.3　写作流程

流程一共分为两步：第一步，两方共同负责人确立互联网券商需要完成的商业目标，确立具体细节，即我们要通过互联网券商解决什么商业问题；第二步，细化互联网券商商业动机背后的实际需求。

3.1.4　大纲内容

（1）目录：清晰目录结构，供各需求方查阅。

（2）文档版本信息：包含版本号、更新时间、更新内容及更新人。

（3）互联网券商项目背景描述：介绍互联网券商项目立项背景。

（4）行业综述：互联网券商在整个互联网金融中的比重，主要竞争产品是谁，互联网金融环境分析，互联网券商品牌定位，互联网券商推广策略。

（5）目标用户综述：细分用户群体，并提出设计解决方案。

（6）品牌关联：该券商公司与公司其他服务或者产品有什么关联，做此互联网券商产品对推动公司整体品牌定位有何帮助。

（7）商业目标和 UX 设计策略：根据商业目标制定设计开发方案策略。

（8）项目阶段：细化互联网券商产品设计的范围、时间表、预算，DRD 交互文档，模块化 UI 视觉标准。

（9）研究数据：总结各个阶段数据变化情况，依据数据改进设计方案。

（10）附录：设计草图及其他资料归总。

3.2　用户研究——以海通证券 e 海通财为例

3.2.1　意义

用户研究的意义在于观察用户并挖掘他们的真实需求。用户的陈述和行为都是表面现象，研究者存在的意义在于他们能够透过现象看到本质，并挖掘出用户的真实需求。

3.2.2　方法

设计用研方法可分为数据采集、调研分析（韩挺，2016）、App 数据分析三个步骤（戴力农，2014），如表 1 所示。笔者就现有观察到 e 海通财数据采集形式进行初步分析，并用人物角色法进行研究。

表 1　用户研究方法

数据采集	调研分析	App 数据分析
观察法	数量对比分析	从设计调研到设计洞察
单人访谈法	知觉图、鱼骨图	迭代
焦点小组	卡片归纳分类法	
问卷法	情景分析法	
头脑风景法	人物角色法	
自我陈述法	故事版	
实验法	可用性测试	
	a/b 测试	
	用户点击行为分析	
	流量、转化率和跳出率	

3.2.3　数据采集

e 海通财数据采集在首页下拉第二屏有问卷调查和意见反馈两个入口。不能为了做问卷调研而调研，问卷调研是为了采集数据的，是为了后一步分析和用户画像做准备的。基本的数据采集需要采集到男女性别、年龄、使用 e 海通财时间段和频率、对于投资的态度等。这些数据采集并不一定完全由 App 完成，也可以通过其他手段（如访谈、焦点小组等方式）完成。

图 3　e 海通财 App 内置问卷调查

3.2.4　设计调研与数据分析

设计调研将采用“人物角色”的分析方法，结合调研的数据分析，赋予角色人格，观察虚拟角色一天的生活及使用 e 海通财的情况，优化设计。

这一个阶段是具体结合 App 反馈数据和用户体验层次，具化用研结果，提出改进方案。具体来讲，用户体验分为 5 种层次（彭文波等，2015），如图 4 和表 2 所示：

（1）感官体验，体现出舒适性，对应 App 功能为：设计风格、logo、页面反应速度、页面布局、页面色彩、动画效果、页面导航、页面大小、图片展示、图标使用、广告位、背景音乐。

（2）交互体验，体现出易用性，对应 App 功能为：会员注册、表单填写、表单提交、按钮设置、点击提示、错误提示、在线客服、在线搜索、页面刷新、新开窗口、显示路径。

(3) 情感体验，体现出友好性，对应 App 功能为：客户分类、友好提示、注册用户独享信息、用户参与互动、吉祥物、专家推荐、邮件/短信、页面地图。

(4) 浏览体验，体现出操作实用性，对应 App 功能为：标题命名、项目层级、内容分类、内容丰富性、内容原创性、信息更新频率、信息展示方式、新推送通知、资讯导读、资讯推荐、收藏夹、资讯及功能的搜索、文字排版、文字字体、图文搭配、页面底色、页面长度、快速通道、语言版本、分页浏览、夜间模式。

(5) 信任体验，体现出可靠性，对应 App 功能为：搜索、公司及业务介绍、投资者关系、服务保障、资讯文章标题、资讯来源、资讯编辑作者、联系方式、客服及热线、投诉途径、法律声明、帮助。

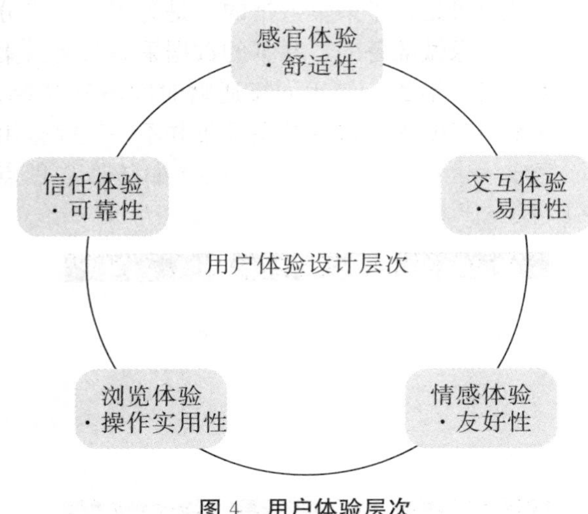

图 4　用户体验层次

表 2　常见 UED 对应 App 功能（池田拓司，2014）

体验类别	体验内容
感官体验	设计风格、logo、页面反应速度、页面布局、页面色彩、动画效果、页面导航、页面大小、图片展示、图标使用、广告位、背景音乐
交互体验	会员注册、表单填写、表单提交、按钮设置、点击提示、错误提示、在线客服、在线搜索、页面刷新、新开窗口、显示路径
浏览体验	标题命名、项目层级、内容分类、内容丰富性、内容原创性、信息更新频率、信息展示方式、新推送通知、资讯导读、资讯推荐、收藏夹、资讯及功能的搜索、文字排版、文字字体、图文搭配、页面底色、页面长度、快速通道、语言版本、分页浏览、夜间模式

续表2

体验类别	体验内容
情感体验	客户分类、友好提示、注册用户独享信息、用户参与互动、吉祥物、专家推荐、邮件/短信、页面地图
信任体验	搜索、公司及业务介绍、投资者关系、服务保障、资讯文章标题、资讯来源、资讯编辑作者、联系方式、客服及热线、投诉途径、法律声明、帮助

3.2.5　结论（二次迭代）

这一个阶段是具体结合 App 反馈数据和用户体验层次，具化研究结果，提出改进方案。具体来讲，用户体验分为以下 5 种层次（彭文波等，2015）。

(1) 投资型：凭借个人智慧参与投资。

(2) 职业型：金融市场中坚力量，高抛低吸，心态较好，较理性。

(3) 投机型：看重利润，幻想一夜暴富。

(4) 慰藉型：退休人员、闲散人员居多，存试试看心理，套牢就放着。

(5) 随意型：职业收入稳定，爱参考专家意见，不太在意涨跌。

新老投资者：

新投资者：风险预估能力和意识不强，注重盈利，投机跟风追买，对企业忠诚度不高，玩短线，花精力分析趋势行情，需要简单好用产品。

老投资者：经历过牛熊市，理性，有风险意识，懂得止盈止损。

目标点：

(1) 使 e 海通财用户能够快速找到期望的服务及信息的入口。

(2) 使 e 海通财用户再使用服务或者具体主动操作时可用性提高，能够顺利操作完每个步骤，减少不必要的客户流失。

(3) 当用户遇到疑问时，可以顺利在页面中找到解决办法。

(4) 挖掘用户对 e 海通财的功能需求，最大化吸引用户。

3.3　界面分析

华泰证券、国泰君安、海通证券、广发证券、中泰证券、东方财富、同花顺是目前国内知名券商及信息提供者。为了研究其产品界面的设计特点，笔者在上海交通大学设计学院邀请了小范围专家测试，测试采用李克特五级量表，具体分为网页端产品和移动端产品两个部分，主要就其产品首页界面做具体评分，评分结果见表 3。

表 3　知名券商互联网产品首页界面评分

网页端			移动端		
	平均值	SD 值		平均值	SD 值
华泰证券	4	0.70	华泰证券	3.4	0.55
国泰君安	3.8	0.84	国泰君安	2.8	0.45
海通证券	1.8	0.45	海通证券	2.4	0.89
广发证券	3.6	1.14	广发证券	2.8	1.10
中泰证券	2.2	0.45	中泰证券	2.4	0.55
东方财富	1	0	东方财富	2	0
同花顺	1.4	0.55	同花顺	3.2	0.84

由调研结果可知，在网页端，华泰证券和国泰君安是优良的设计，在移动端华泰证券和同花顺是优良的设计。笔者将结合专家意见就网页端和移动端的华泰君安和移动端的同花顺做具体分析。

专家意见中，用户具体操作中关心以下几点：

（1）资金流向。

（2）主力动向。

（3）个股推荐。

专家意见中，用户认为手机 App 重要功能模块应包括以下几点：

（1）行情报价。

（2）财经资讯。

（3）专家点评。

（4）委托交易。

3.3.1　*以华泰证券为例*

（1）官网导向性好。

官网首页随处可见导入 App 的入口，由此可见，涨乐财富通是华泰主推产品，如图 5 所示。

图 5　华泰证券官方首页部分导向性图片

（2）页面布局。

①网页端简约的设计风格。

简约的设计风格可以减少用户认知成本，提高用户快速获取有效信息的能力。华泰证券的网页设计简约，信息明了，便于用户操作，如图 6 所示。

图 6　华泰证券官方首页布局

②移动端均化信息布局。

涨乐财富通是华泰主推的移动端产品，涨乐财付通在布局上进行过设计规划，充分利用了 5 个功能入口（理财、行情、交易、资讯、我的），弱化首页的概念，更加符合移动 App 碎片式信息展示特点。

涨乐财付通注重用户获取外部资讯为主，从设计上说，用户每次打开 App 都会感觉内容充实，资讯页面是涨乐财付通唯一一个超过 2 屏的页面，可以刷新无限页面。它参照了新闻类 App 的做法，可以很好地增加用户黏性。

③各项信息展示空间。

涨乐财付通信息展示空间合理，每个页面重点信息突出，值得注意的是，涨乐财付通依据颜色进行了信息区分，黑色背景为主的页面是股票交易相关，白色背景为主的页面是信息页面和其他理财产品相关，如图 7 所示。

图 7　涨乐财富通功能页面

（3）图文搭配。

①按键图标。

图标的意义在于更容易帮助用户找到入口，以不给人歧义的原则来判断，涨乐财付通图标方面做得很好，进行过标准化 UI 设计，如图 8 所示。

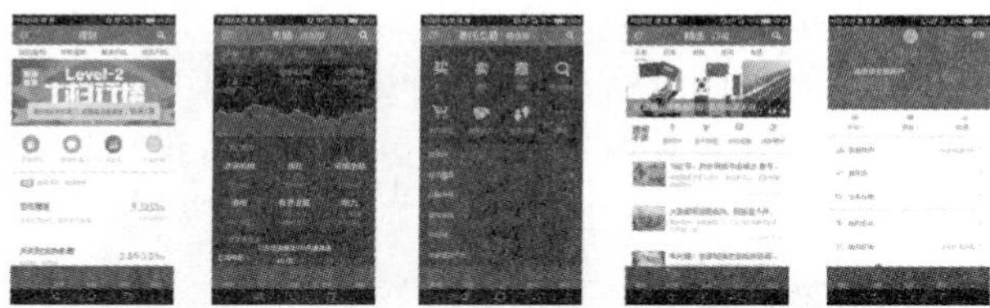

图 8　涨乐财富通图标

②色彩搭配。

色彩是用来区分功能的，这一点涨乐财付通做得不错。它研究了传统股市的配色，并很好地应用到了 App 中，如图 9 所示。

图 9　涨乐财富通色彩研究

③信息表达。

信息表达层面上，涨乐财付通借鉴了互联网资讯新闻类 App 的做法，因为在信息表达上新闻资讯类做得最好。本文以今日头条 App 和涨乐财付通进行对比，可以发现异同点，如图 10 所示。

图 10　涨乐财富通和今日头条信息表达对比

3.3.2　*以同花顺为例*

（1）页面布局。

①下拉屏数量。

同花顺 App 主页分屏数量超过 3 屏，根据人的认知心理，大多数人只关注第一屏信息。

②各项信息展示空间。

同花顺的特色在于资讯类信息和用户评论较多，首页首屏中，除去主要功能入口就是资讯信息了，在信息展示方面同花顺较为合理。

③第一屏信息架构（图 11）。

图 11　同花顺首页第一屏信息架构

（2）图文搭配。

①按键图标。

就首页而言，同花顺图标较为混乱，仔细分析，光首页就可以分为 10 类图标，图标风格不统一，如有的圆角矩形，有的直角矩形，图标描边线尺寸不统一等，如图 12 所示。

图 12　同花顺主要图标罗列

②色彩搭配。

功能性色彩上以红色、橙色为主，但是主色和辅色颜色过于接近，琐碎颜色也过多，同色系其他颜色使用主观随性化，如红色主色与辅色之间区分不明显，会给人造成认知负担，如图 13 所示。

图 13　同花顺色彩研究

③信息表达。

同花顺信息表达层面进行过规划，在单页有效信息和信息阅读上都表达得不错，字体、字体颜色、背景颜色都进行过设计。

例如，同花顺里面的资讯可以看到：

a. 针对不同年龄层次人群做了字体放大缩小区分；

b. 对于功能性文字（功能、分享）做出灰度处理；

c. 差异性凸显个股名字，并引导用户点击个股了解详情。

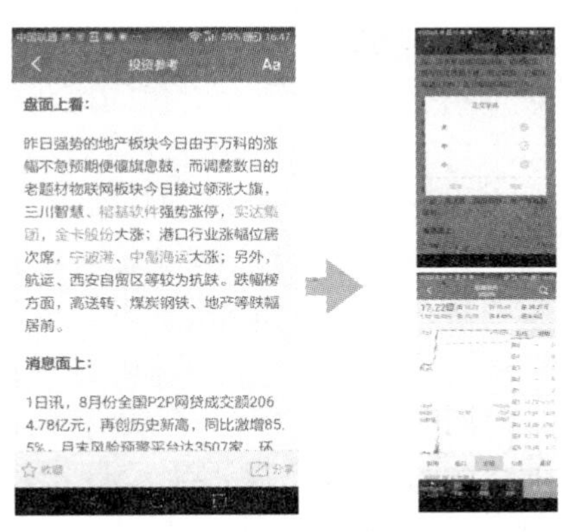

图 14　同花顺信息表达

3.4　普适性交互设计

在这一个阶段中，本文结合设计和产品、开发及其他相关人员共同讨论思路，根据具体项目需要，集合内部评审意见输出低保真的交互稿、流程图、确定信息架构等。

3.4.1　交互设计准则

好的交互准则有以下几点（彭文波等，2015）：

（1）保持一致性。

（2）与真实世界相匹配，减少用户认知成本。

（3）帮助用户从错误设置中恢复初始状态。

（4）自动帮用户完成一些任务。

（5）跳转清晰。

（6）用户可以随时暂停某个任务或关闭某个对话框。

（7）提供清晰的反馈。

（8）关注不同用户间差异。

3.4.2　做更接近目标的设计（Helmut Degen 等，2013）

（1）发现问题：迭代使用过程中发现设计问题。

（2）排列优先级：根据用户反馈排列问题优先级。

（3）解决问题：问题分为设计的问题、产品的问题、开发的问题、运营的问题等，各部门负责人必须作为一个团队通力合作才能真正解决问题。

（4）记录：迭代过程中补充设计标准，写进设计大纲并共享给其他相关部门负责人。

（5）实现：按照设计标准实现产品迭代并测试设计迭代效果。注：开发或者产品改进界面后，可以改状态为“已实现”，再返回给设计师，再由设计师改状态“通过”或“不通过”。

（6）评估 UX 设计完成情况。

（7）持续改进设计流程。

3.4.3　交互标准 DRD 编写

（1）目的：

①梳理互联网券商产品逻辑结构页面跳转及交互状态说明；

②对互联网券商产品公用设计模块的组成进行分析和整理；

③确保互联网券商产品交互体验的一致性和统一性。

（2）由谁写：

①第一人是解决实际设计需求的设计负责人；

②第二人是互联网券商产品程序开发负责人。

（3）阅读对象：

①设计师；

②开发工程师；

③测试人员。

（4）内容：

①目录：清晰目录结构，供各需求方查阅；

②文档版本信息：包含版本号、更新时间、更新内容及更新人；

③互联网券商产品结构拓扑图：互联网券商产品 App 逻辑架构图；

④复杂交互行为的逻辑设计图及说明：对于逻辑较强的页面以图表化方式注解或说明；

⑤公共模块的梳理及说明：图标、文本、按钮、导航等其他可能用到的公用模块；

⑥不明显的交互动作或隐藏设置说明：层级较深的或不明显的交互说明；

⑦部分单独页面或主要模块交互行为说明：链接、按钮激活与不激活状态、js 效果等；

⑧测试人员可行性检测：测试检测角度的建议收纳。

3.5　测试迭代

测试迭代是质量与效率的艺术，这个世界每天都在变化，设计师无法把控每个人心中的真实想法，但可以在每一次产品迭代中，找到更适合于目标用户的产品迭代点，从而在下一版本中更好地改进产品，让产品真正被用户所喜爱，这才是最重要的。

图 15 为迭代图。

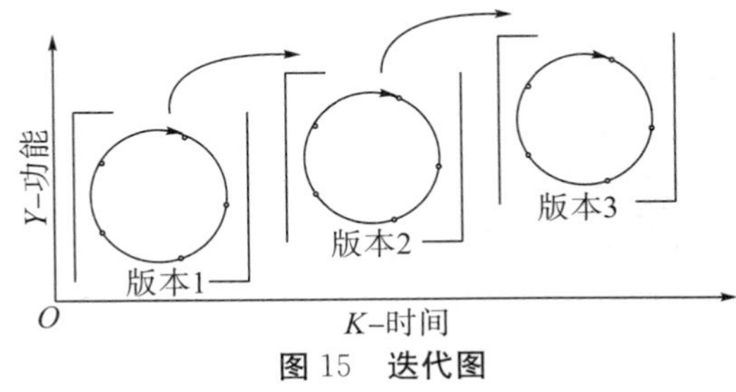

图 15　迭代图

4　讨论

设计在整个券商互联网产品开发中的地位和作用，既不能忽视设计又不能把成败只寄托于设计。设计要融入和贯彻到券商互联网产品开发的全过程，也要分阶段，分重点发挥其作用。设计作为一种指向商业成功的思维指导，又是一种需要整合的商业资源。

本文在设计策略研究中从设计定位、设计流程讨论互联网券商的设计。设计定位着眼于设计管理层面，设计流程着眼于设计实施层面，这两者相互依存缺一不可。国内目前的券商公司大多数是基于市场和正常发展起来的，设计驱动和技术驱动并不完全匹配券商公司的基因。就设计而言，设计的力量如果要大幅度在券商公司发挥出来，就要结合“互联网+”，结合互联网自由、开放、连接、虚拟、合作、高速、全球化等特点与券商公司做契合。设计是基于人本身出发，设计应该作为一种资源和手段，借助互联网的平台，融入券商公司的各个方面。就技术而言，券商要结合自身数据库优势，借助以大数据为背景的人工智能发展大潮，将自身数据优势通过用户界面、户用交互等方式更加淋漓尽致地发挥。例如，招商银行的摩羯智投产品，就是以技术为驱动，提出“用机器代替人，为投资者提供理财产品”的理念。

对于设计流程而言，这是一个效能的博弈过程。效能的发挥很大程度在于相关实施细则的规范。普适性设计大纲的制定、用户研究、界面分析、交互设计、视觉设计、测试迭代，这一系列流程是做出优良产品的一个手段，依据设计流程跑，不会有错的产品。但不可忽略的是对于设计师而言，这其中存在两个矛盾：第一，设计师自身的矛盾。设计师是一个自身具备设计创意和设计思路的群体，更应该是设计流程的制定者而不仅仅是实施者。设计师的思维是动态的，但设计流程是相对静态的，多跳出框框想问题应该是设计师的职责之一。第二，市场变化的矛盾。时代的变化带来人口味的变化，人口味的变化造就设计风格的变化。当今时代是一个设计风格多样化的时代，比如为了保留泛“90 后”用户，券商选择越来越迎合社会大众的口味和舆论热点，例如抖音兴起之时，券商也来蹭一波热点；小猪佩奇流行开来，券商也要制造相关的话题。同时，为了尊重用户已有证券操作习惯、App 使用时段屏幕亮度习惯、日常使用智能手机习惯，增加了多个应用场景模式。

还有一个值得思考的点在于企业品牌的建立。互联网券商设计中，品牌渗透到每一个设计环节之中，但仅仅靠设计也是无法完整构建品牌形象的。品牌的建立是一个长期的过程，需要各方面一起努力，把品牌潜移默化地渗透到用户的内心当中。

参考文献

[1] 韩挺. 用户研究与体验设计［M］. 上海：上海交通大学出版社，2016.

[2] 张立群. 以用户为中心的产品体验创新［R］. 上海：上海交通大学设计科学沙龙，2013.

[3] 戴力农. 设计调研［M］. 北京：电子工业出版社，2014.

[4] Hartmut Esslinger. 一线之间——设计战略如何决定商业的未来［M］. 孙映辉，译. 北京：中国人民大学出版社，2012.

[5] Helmut Degen. UX 最佳实践——提高用户体验影响力的艺术［M］. 袁小伟，译. 北京：机械工业出版社，2013.

[6] 彭文波，万建邦，刘耀宗. 修炼之道“互联网产品”从设计到运营［M］. 北京：清华大学出版社，2015.

[7] 池田拓司. App 这样设计才好卖［M］. 北京：人民邮电出版社，2014.

高校图书馆智能服务体验设计研究

李　响　许辰磊　汤宇航　陈世栋

（扬州大学机械工程学院，江苏扬州，225127）

摘　要：在知识环境背景下，高校图书馆作为知识服务场所，其使用效率与服务能力无法满足日益增长的用户需求。本文在现有文献研究分析基础上，结合实际用户调研，提出了一套完整的智能服务体系，并将其模块化细分，从用户端、连接端、后台端 3 个方面设计，相互配合，解决如今图书馆的众多问题并提升用户体验，是创造新型高校图书馆的一次成功设想。

关键词：智能机器人；服务体验；交互设计；自助借书

1　引言

目前，全国各大高校的图书馆为了给科学研究提供更好的服务，设备不断迭代、馆藏日益丰富，但是使用效率和服务能力却没有得到显著的改进。关于图书馆利用率的研究，高海涛发现目前高校存在投入冗余以及产出不足的现象，即图书馆利用效率有待改进；袁海提出技术效率下降是图书馆效率没有提升的主要因素。而在图书馆用户体验方面的研究，朱明尝试借助精益服务理念，完善图书馆；冯海艳得出用户之间的互动和接触，即用户兼容性问题影响图书馆服务质量控制，影响用户对图书馆服务的整体评价，即对图书馆的满意度和忠诚度的结论。通过对文献进行研究发现，当前图书馆对于用户体验方面关注度不高，导致当前图书馆利用率与用户的接受度较低。

鉴于此，本文对扬州大学昭文馆进行调研分析，针对技术效率下降的问题，设计优化新的借阅模式，引入智能机器人，结合自主定位导航、环境感知、智能芯片以及多机调度等技术，将传统借阅功能集中到一款应用中，以期推动高校图书馆借阅体验与效率的改革。

2 调研与分析

本部分有两个阶段：第一阶段是进行调研，主要采用观察、访谈和问卷的方法找寻图书馆存在的或潜在的问题；第二阶段是对调研结果进行系统的整理分类，总结出具体的用户需求，进而明确本研究的设计重点方向，并分析确认出关键的体验内容与服务缺口。

2.1 调研

2.1.1 观察法和访谈法

观察法和访谈法是设计调查的两个重要方法，我们走访了扬州图书馆和扬州大学昭文馆进行实验调查。表1是观察法和访谈法调研结果。

表1 观察法和访谈法调研结果

<table>
<tr><th colspan="3">地点A：扬州市图书馆</th></tr>
<tr><td>观察结果</td><td colspan="2">24小时自助机器使用频率不高；
因没有连接网络，图书查询系统基本无用；
云屏数字借阅使用率低，文献老旧数量不足；
馆内计算机的功能是文献查找和预约图书，需要自行登录，系统如果没有联网就会崩溃</td></tr>
<tr><td rowspan="2">访谈对象</td><td>工作人员</td><td>很现代化，没什么问题，偶尔会有人求助，主要是帮助和提示读者操作借阅机器</td></tr>
<tr><td>民众</td><td>没什么大问题，偶尔不会借还书</td></tr>
<tr><th colspan="3">地点B：扬州大学昭文馆</th></tr>
<tr><td>观察结果</td><td colspan="2">书籍老旧，常有残损；
自习借阅场所共用，会相互影响</td></tr>
<tr><td rowspan="2">访谈对象</td><td>工作人员</td><td>部分同学借书不还、乱放；
归还图书过程累，操作影响周围同学；
闸机出错率高</td></tr>
<tr><td>学生</td><td>很多图书没有上架；
对应书架找不到图书；
有时候自习找不到座位</td></tr>
</table>

2.1.2 问卷调查

根据现阶段高校图书馆的观察与问卷调查，可了解用户对目前服务的感受，同时观察图书管理员与用户之间的活动可分析其行为模式，在问卷调查前对调查目的做出分析，如表2所示。

表2 调查问卷设计

编号	问题	目的
1	您一般去图书馆的目的是什么	了解用户的行为模式
2	您认为高校图书馆存在什么问题	观察与了解用户痛点
3	您对高校图书馆有什么建议	挖掘设计的集会点

根据问题设计出的调查问卷最终反馈如图1、图2和表3所示。

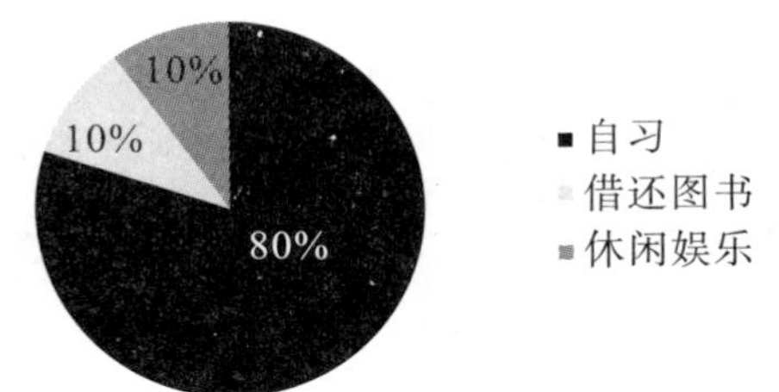

图1 去图书馆目的

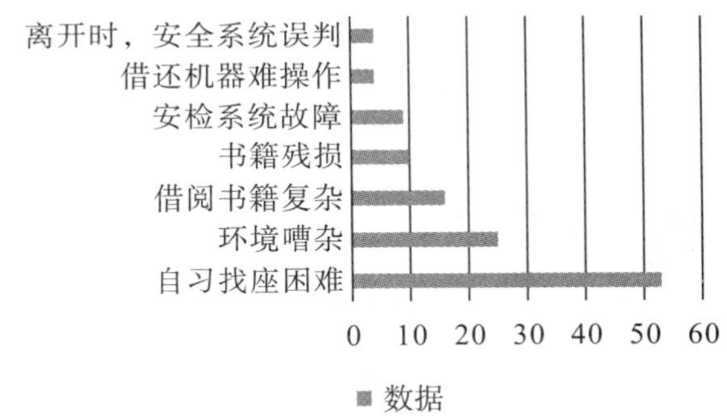

图2 图书馆问题列表

表3 图书馆建议结果

编号	建议	人数
1	书籍经常残损	1
2	座位少	5
3	空调等基础设施	9
4	提供更方便的借阅操作	3
5	占座现象严重	4
6	找不到借阅的书	2
7	书籍类别少	2
8	书籍混乱，类别与书架不对应	3

2.2 用户需求

2.2.1 用户需求与设计重点

针对高校图书馆的智能服务体验设计研究，主要目标用户确定为在校大学生及高校老师。通过对调研结果梳理得出：借阅与自习是图书馆用户最重要的两个需求。除此之外，图书馆环境的优化需求也变得强烈。因此，设计的重点应放在自习与借阅两方面，并考虑环境优化，为用户提供好的体验。

2.2.2 服务缺口

结合用户需求，分析用户痛点，进一步分析得到几项服务缺口，如表 4 所示。

表 4 服务缺口

序号	服务缺口	具体说明
缺口一	找座	自习成为高校学生图书馆学习的最大需求，多数高校并没有解决学生找座问题，引入互联网采用 App 的形式可以提供解决方案
缺口二	自习中借阅	图书馆自习与借阅存在交叉情况，当学生需要在自习中借阅图书时，如何提高效率是重点考虑的问题
缺口三	书籍残损反馈	自助借还机器存在缺陷，完全依赖用户自主借还图书，往往缺少与管理人员的沟通，书籍残损无法及时反馈

3 功能分析

高校图书馆智能服务体验设计按功能分为用户端、后台和二者的连接 3 个设计部分。如图 3 所示，用户端首先以 App 的形式为用户提供服务，在借书服务中通过网络协议方式将命令发送至后台，后台仓储机器人接受命令，进行取书操作，并与送书机器人对接，最终以送书机器人送书的形式反馈给用户。

在图书馆服务体系整体架构下，进一步确定用户服务的流程，如图 4 所示。

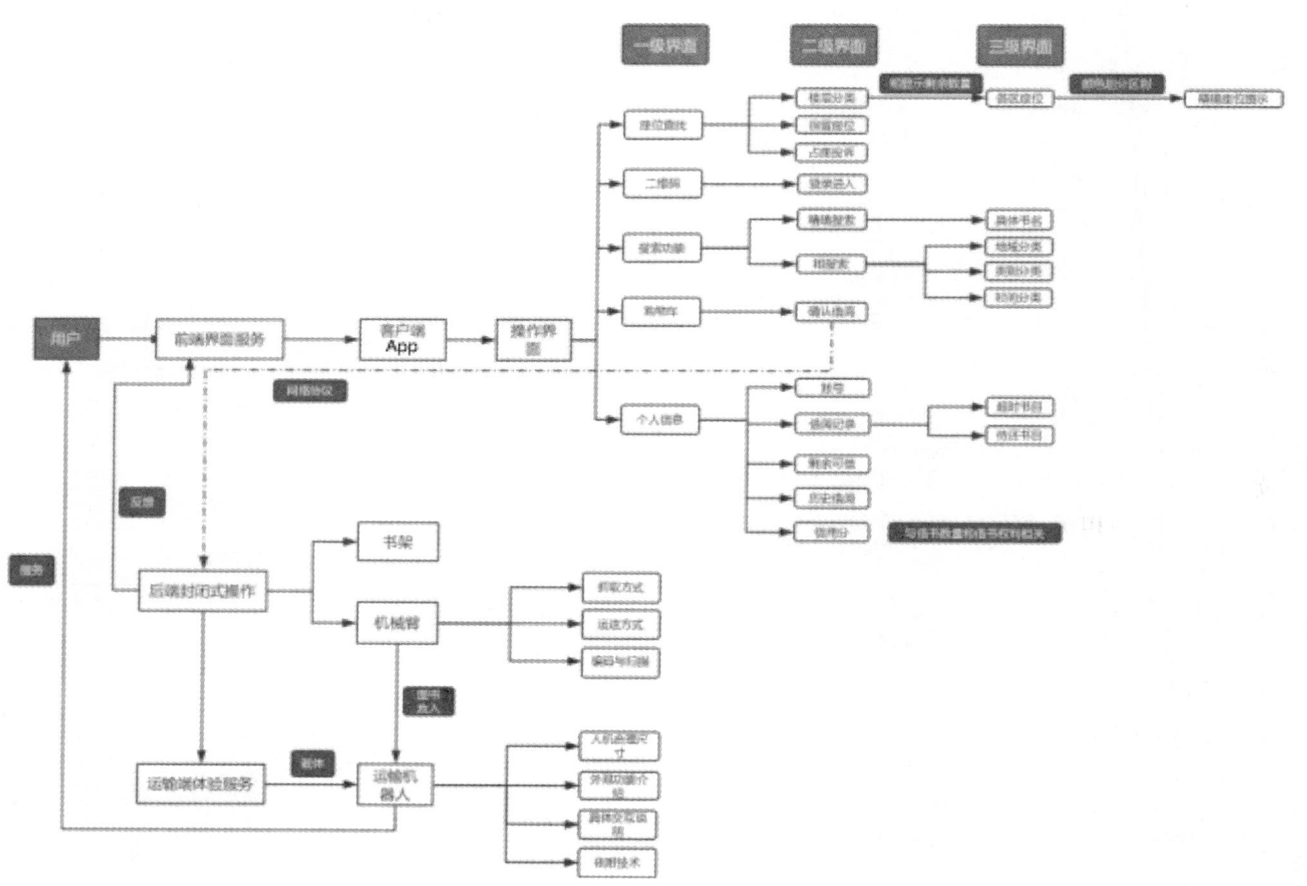

图 3 图书馆服务体系整体架构

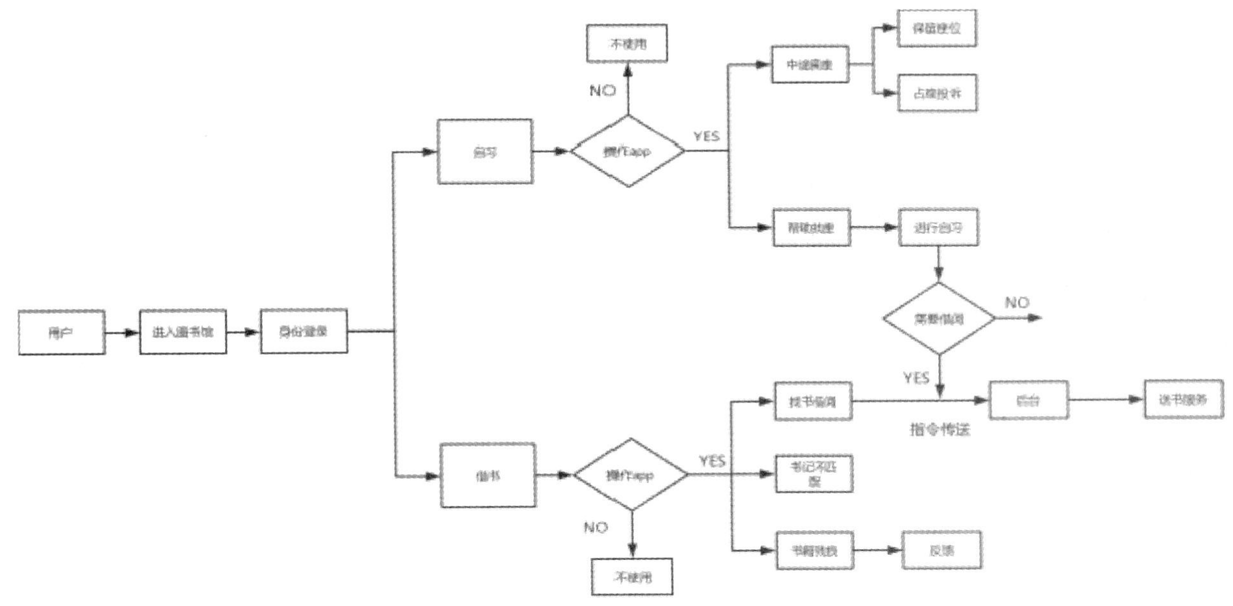

图 4　图书馆使用流程

用户端、后台、连接部分设计的具体细节如下。

3.1　用户端体验

在新的系统中，我们将图书馆功能整合于App中，简化操作流程；后台书库全程机器人操作，力图以更少的人工更高效地完成工作。

3.1.1　读者注册

读者注册时绑定自己的学号或者教工号，打开定位功能，目的是生成专属二维码，扫码入馆；形成个人档案，便于后续借还的管理；位置功能记录读者驻足区域，辅助图书馆优化布局设置。

3.1.2　读者借阅

系统将借阅功能整合于App，全部借阅工作交由读者操作软件自主完成，并由机器人传送到读者面前。

3.1.2.1　图书查询

App内提供精确查询以及模糊搜索功能，当读者明确自己的需求时，键入书目或者作者等相关信息即可转到相关书籍的详细介绍。在某些情况下，读者的意向不够明确，模糊搜索也可提供帮助。按照地域、专业、时间等标准将图书进行分类，利用大数据列出各条目下的热门书刊，便于意向不明的读者进行查找。

3.1.2.2　个人书单

完成图书查询后，读者将所需图书添加到书单内，在书单界面如在线购物一般，确认借阅即可完成全部操作。App向系统发送指令，指令到达后台由机器人进行分拣、运输，全程自动化送至读者身旁。在传统模式下，读者需要自行寻找楼层、书架、排列，并且由于各个图书馆定位频率的差异，往往还存在书架上的图书遗失、编排混乱的问题。交由机器人自动化完成，即可大大提高效率，降低错误概率。

3.1.2.3　错误书籍

书籍残损、读者所需与递送书目不匹配，这两种情况也有所考虑。我们将这两种情况集成到还书操作，在退换的同时附加原因即可完成操作，给予读者自由度以及参与度。

3.1.3　座位查找

高校图书馆普遍存在日益增长的座位需求与有限座位资源之间的矛盾，考试周前后，往往是座位问题最为突出的时间段。我们致力于运用定位功能缓解矛盾，以期提高座位利用率。

3.1.3.1　辅助查询

在App内，读者可以查询精确到楼层、分区的座位数量，诸如空调、插座、饮水机等便利性设施采用不同的颜色进行标注，便于读者快速查找。利用GPS定位，每3分钟刷新一次位置信息，当系统检测到15分钟后读者仍停留在同一位置，座位即被锁定，他人不可贸然占用。

3.1.3.2　中途离座

某些情况下，读者需要暂时离开座位。我们设置了两种方案：其一是读者主动申请保留期限，结合GPS定位，超出时限并且没有检测到读者的对应信号，系统将会重新开放座位；其二是读者先行离开，系统检测到信号消失后，将会向读者发送信息，与读者确认是否需要保留座位。

3.1.3.3　占座投诉

不可否认，占座一直以来都是高校图书馆的高发行为。结合 GPS 定位与人工巡查，我们也引入自主投诉的功能，力图以高压态势打击占座行为。将占座记录与信用积分进行捆绑，在占座达到一定次数、信用分低于临界值之后，校方可对相关读者进行部分权限的限制。

3.1.4　个人信息

3.1.4.1　个人账户

个人账户唯一，与学生学号、教职工工号相捆绑，形成个人档案，便于管理。

3.1.4.2　借阅记录

读者可以快速查询历史记录并且重新借阅。超时书目、待还书目一并整合其中，简化查询流程。

3.1.4.3　信用积分

信用积分与个人履约记录、占座记录挂钩。超时书目分为几个时间段，首先是 App 发送消息提醒读者及时还书；其次是积累滞纳金阶段，超时的时长决定缴纳罚款的数额；最后是降低信用分，限制部分权利。读者的恶意占座行为也将导致信用分的扣除，自主投诉、GPS 定位以及人工巡查相结合，发生超过 3 次恶意占座的行为后，系统将扣除部分信用分。当信用分低于临界值，读者的借阅数量以及借书范围将会受到限制。

3.2　后台分拣

目前，我国图书馆都是利用人工整理、清理、查找和上下架图书，耗时费力。而随着机器人技术的引入为图书馆更加智能化提供了可能，这一技术能够从根本上提升图书馆书籍整理和图书归库的效率，实现图书馆管理智慧化。图书馆后端指的是利用路径规划、图书定位、机械手设计等机器人技术，实现图书自动存取、盘点、搬运等自动化技术。

3.2.1　图书馆的自动存取

3.2.1.1　图书馆自动存取的应用情况

图书馆的自动存取可以分为三类：①基于书架的自动化，辅以自动传输系统实现图书的自动存取；②通过移动机器人与立体仓库的配合完成图书的自动存取；③完全意义上地由移动机器人完成图书的自动存取。

我们通过分析传统图书馆现有状态并且结合实际情况，致力于研究一种完全意义上的自动存取机器人。这样做的优点是相比较于另外两种方式所耗费的资金最少，同时也能更好地整理书架空间，即使书与书之间是相互紧密的，也可以通过设计精妙的机械臂存取所需书籍，从而最大限度地保留传统图书馆模式。图书馆自动存取功能的实现，可以保证将图书馆书架封闭式管理，从而高效地完成书籍的存和取。

3.2.1.2　图书馆自动存取机器人现状

设计全新的移动书架不仅造价高昂，而且还要对普通书柜进行分析和改造，不适合推广与普及，因此完全意义上的自动存取机器人就成为一种可行的方案。按照功能的不同进行划分，移动机器人可以分为两类：简单地将书放到指定地点和可以完成上下架功能。简单地送到指定地点已被很多仓储管理工厂投入使用，将这类机器人运用于图书馆的学校有德国洪堡大学等。而具有上下架功能的移动机器人目前还在实验状态，其涉及很多关于机械、电子技术、传感器技术、信息技术等不同领域的知识。

3.2.2　图书盘点

3.2.2.1　图书盘点自动化解放劳动力

图书盘点的目的是保证杜绝图书馆馆藏与图书馆藏书目数据不符的情况。盘点工作作为一项烦琐且细致的工作，工作量大且工作内容重复，对于工作人员来说是一项沉重的负担，而通过机器人技术自动化来实现，可解放劳动力。

3.2.2.2　高校图书馆图书盘点情况

目前，商用范围最广的技术是由古老的一维条码转向 RFID 技术。在我国，已经有高校诸如电子科技大学图书馆采用了这一技术，由此带来的转变不仅仅是效率的提升，同时也是馆员个人能力的提升。与传统图书馆盘点方式相比，这种方式不仅更为高效，还能额外获取图书收藏状况，通过图书馆数据分析，能够更好地利用图书馆书架，有利于图书馆书籍的管理与重配比。

3.2.3　图书搬运

在传统高校中，阅览区与阅览区之间还使用着“流动车”这类运输工具将书从某一地方运输到指定区域。这种形式最大的缺点就是噪音，并且因为流动车会同时运输很多书，效率也不是很理想。而使用运输机器人可以通过降噪处理和分流处理让更多的运输机器人投入使用，从而提高图书传输效率。

3.3　连接协调

新高校图书馆在借阅、运送形式上进行了创新，解决了用户需要人工借阅的一系列问题。对于送书机器人，它的核心功能是运送，而把书准确地从后台书库送到用户的手上存在三个难点：首先，机机交互，封闭式后台机械臂如何把书准确放进机器人的书柜；其次，环境障碍，机器人运送过程中按照制订路线运动，规避障碍；再者，人机交互，用户能够在机器指引下，顺利地取出自己的书。

(1) 与后台仓储机器人的对接，机机交互追求的是高效率与准确性。在这样的交接过程中，后台机械臂为主要操作方，机械臂夹取相应的书放置在类似书筐的地方，书筐分为与机器人储书对应的三层。当送书机器人到达指令的交接地点，书筐便慢慢旋转，将图书送进储书间，从而与运输机器人完成“接轨”。

(2) 送书机器人从后台把书送至用户面前，它的难点体现在两个方面：一是自身的路线规划执行，在不同的借书用户之间如何制订一条最短的路程送达图书来减少送书时间，进而提高效率。与此同时，还要按照既定路线运动，不出现偏差。二是对周围环境的识别并做出相应的反应，即当出现行人或者障碍物时，能迅速做出反应来规避碰撞。

除了图书馆系统辅助帮助外，送书机器人送达图书还需要用到机器人自身最核心的两个技术，分别是自主移动技术和环境感知技术。

(3) 与用户的交接，人机交互是最直接提升用户体验的方式。所谓人机交互，是指人与计算机之间使用某种对话语言，以一定的交互方式，为完成确定任务的人与计算机之间的信息交换过程。科技产品的人机交互设计多种多样，我们在这主要讨论两个交互因素：一是人行为直接操作的交互方式；二是交互的界面，包括机器的按钮、显示器上文字的显示和交互成功的灯光提示等。

综上所述，送书机器人需要起到后台与用户之间“连接”的作用，在后台，能高效配合机械臂放书；面对用户，能满足用户需求，提供一个好的用户体验。

4 设计展示

针对前期调研发现的问题，结合服务流程的设计，依照前文设想的服务体系整体架构，我们进行了配套的产品设计，分为用户端、连接端、后台端3个部分，以期探讨设计实现的可能性。

4.1 用户界面

4.1.1 用户登录（图5）

图5 用户登录

首次使用的读者需要通过学号/教工号进行注册，并且软件强制要求打开定位功能，以配合借还操作。用户完成注册并登录以后，在主界面进行侧滑或者下拉打开二维码，扫码验证身份通过闸机。

4.1.2 借阅流程（图6）

图6 借阅流程

用户在主页点击借阅功能后，软件跳转至搜索界面，此页提供模糊搜索以及精确搜索功能，读者可以根据自己的需求选择对应图书，随后切换到详情页，将图书添加至书单后统一借阅，稍后书库即可通过机器人将所借书籍传送至用户所在位置。

4.1.3 归还流程（图7）

图7 归还流程

读者打开个人信息即可查询历史借阅记录。点选对应的书籍，在服务台将书籍送还，即可完成全部退还过程。当系统出现差错，诸如传送错误书籍、残损书籍时，用户仍旧通过归还功能将图书退回，软件内附属退还原因即可。

4.1.4 座位信息（图8）

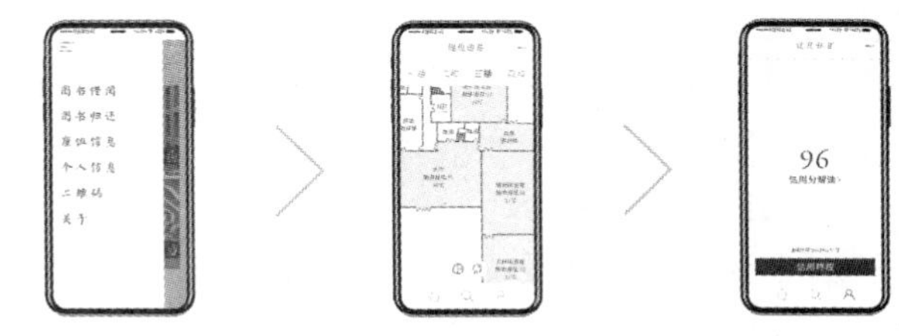

图8 座位信息

首页侧滑或者下拉即可找到座位信息。按照设计构架，系统集合GPS功能，每3分钟更新一次位置信息，读者可以通过界面内剩余座位的提示自主寻找空闲座位。当读者需要暂时离开位置时，可主动申请保留座位或者由系统发出确认信息以保留座位。长时间恶意占座遭到读者投诉或者经馆内工作人员确认后，将被扣除信用分。当信用分低于临界值，读者将被系统限制部分权利。

4.2 后台分拣机器人

移动机器人的工作内容可以如下：当机器人获得取书的请求后，移动装置移动到指定位置，机械手通过机器视觉技术扫描识别图书，识别成功后，由机器人末端执行器进行图书的夹取。当图书馆机器人获得存书请求后，机器人末端执行器夹取所还图书，移动装置移动到指定位置，机器人通过机器视觉技术辨别该图书所在书架层的最后一本图书的位置，然后由末端执行器将图书放在该层的最后位置。

因此，移动机器人的设计可以分为 5 个方面，即图书定位装置、自主导航设计、升降控制夹取装置和书筐。

4.2.1 图书定位装置

RFID 技术是一种智能识别技术，它由标签和 RFID 阅读器组成。RFID 通过在图书中插入芯片使它能够与系统进行“交流”，而通过 RFID 阅读器可以读取多个标签。通过 RFID 技术可以大致定位图书所在区间。

机器视觉技术是人工智能发展的一个分支，简单来说，就是用机器来代替人眼进行测量和判断。机器视觉技术已经用于工业机械手抓取与引导，将这一技术用于图书定位可以对图书书脊图案进行收集，从而建立数据库。当定位某书时，通过 RFID 技术进行大致区域的搜索。对于只有 10mm 的书脊而言，机器视觉技术通过比对书脊图案可以很好地进行定位。

图书馆使用 RFID 技术主要利用高频和超高频两种 RFID 技术。高频 RFID 技术性价比高存储容量大，但是兼容性、读取速度、可操作性等有待改进；而超高频 RFID 技术虽然优化了兼容性、读取速度、可操作性，但是存储容量相对较小。为了实现图书馆存取书的高效，这里选用了超高频 RFID 技术作为图书定位系统的技术依托。

4.2.2 自主导航技术

自主导航技术包括定位、地图创建以及路径规划。而在图书馆中，我们只需要将图书馆电子地图预设在控制芯片中，机器人在确定图书位置之后，通过人工路标导航——铺设在地面上的导航线或者路标进行路径的规划。

4.2.3 升降控制

4.2.3.1 书架的尺寸规格

图书馆的专用书架一般是指钢制双面书架，六层双柱双面书架标准规格：900×450×2000mm；尺寸范围限定在（900～1000）mm×（450～500）mm×（2000～2300）mm，其中，900～1000mm 为节长，平均一节的规格尺寸中的长度，450～500mm 为一节柜子的宽度，2000～2300mm 为一节铁书架的高度。

4.2.3.2 几种常见的升降结构（见表 6）

表 6 几种常见的升降结构

序名	名称	图示	工作空间	特点
1	直角坐标升降	Z X Y	长方形	运动直观性强，控制简单
2	柱面坐标升降	Z X Z	圆柱形	占地面积小，活动范围大，结构紧凑，定位精度高
3	球面坐标升降	X X Z	球形	占地面积小，活动范围大，运动控制较复杂
4	关节型球面坐标升降	X Y Z	近似球形	通用性强，动作灵活，运动直观性差，运动控制较复杂

考虑到需要在不同高度对书籍进行水平操作，并且需要满足不同类型的书架（如单面、双面图书馆书架结构），因此这里选用的是关节型球面坐标升降结构。

4.2.3.3 升降装置尺寸

参照图书馆现有书架尺寸，制作出的升降装置尺寸如图 9 所示。

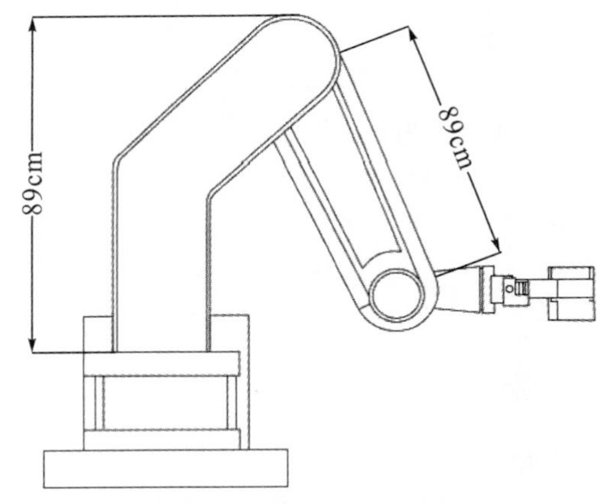

图 6 升降装置尺寸

升降装置的底部是一个可以 360°旋转的圆台，满足了双排书架时候的取书问题，通过一个可垂直方向移动的机械臂完成整个装置的升降运动。

4.2.4 夹取装置

4.2.4.1 书皮机制

为了能够降低书籍在用机械臂夹取的过程中损坏书籍的破损率，这里我们决定在书籍的外部套上一层书皮；考虑到夹取书籍时因为书与书之间的紧密排列而增加的取书难度，这里我们给了书皮一定的角度（15°），并且在最后的“尾部”做成垂直的，以达到既可以方便末端夹取器夹取，又可以整齐排列书籍的目的。书皮外观如图 10 所示。

图 10 书皮机制

在这里，我们设想的是让用户手动给书套上书皮，虽然这样一来增加了用户在体验过程中的摩擦，但是实验表明，有些摩擦是有利的，当用户花了心思在图书馆的管理中时，他们会更乐意去维护这个管理体系。

4.2.4.2 末端夹取器

末端夹取器的设计是整个装置能否高效完成的重要因素。配合书皮设计的末端夹取装置的末端是同样具有一定角度的金属片，金属片的末端是一个可以弯曲的部件，这样就能保证书不会在夹取过程中掉落。末端夹取器的外观如图 11 所示。

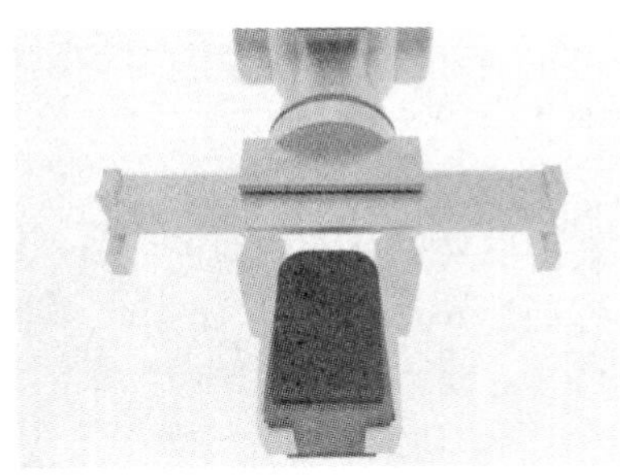

图 11 末端夹取器

4.2.5 书筐

书筐的设计是为了将要取的书和取好的书暂时放在一个地方，以及能够可以和运输机器人更好地协同，完成自动化的“交接”。书筐的外观如图 12 所示。

图 12 书筐

我们选用的方式是通过一个可以旋转的书筐，将书筐分为三层，与运输机器人相对应，从而与运输机器人完成“接轨”。

4.3 运输机器人

4.3.1 设计简述

4.3.1.1 设计理念

送书机器人作为服务机器人的一种，设计灵感来源于两个方面：一是从功能出发，它将图书从书库送到用户手上，扮演的是一个运送者的角色。作为传统的运输设备，火车拉载着批量不断的人们和货物去往各地，这两者之间是相通的。二是从应用场景出发，服务场景的不同限制并约束着机器人的外观功能。以送餐机器人为例，餐厅作为交互应用场景，机器人需要在外观上更拟人化，有人的行为特征，因此在功能上也会更加看重语音识别，其目的是听懂人们口述的语言，进而对口述语言中包含的要求或询问做出正确的动作反应或语言反应。

在图书馆场景下，一个安静的环境是用户需要的，语音识别技术并不适用。相反，在满是图书、简单桌椅这样的几何体背景下，以简单线条构成的半球体会给用户不一样的视觉体验。送书机器人内部装满图书，“有货”而“低调”的形象正符合高校图书馆的文化内涵。

4.3.1.2 配色及材质

配色上以灰、绿为主色调。大部分灰体现出机器人应有的科技感。部分绿色，一方面给图书馆增添一点活泼之感，缓解压抑气氛；另一方面，绿色是一种令人感到稳重和舒适的色彩，具有镇静神经、降低眼压、解除眼疲劳等作用。在长时间用眼的情形下，使用绿色的送书机器人不失为一种缓解视觉疲劳的方法。

材质上，机器人的外壳主体采用玻璃钢材质。玻璃钢是一种非常适合机器人外壳的材质选择，它比金属和木质等材质要轻，极不易弯曲，耐腐蚀性强，寿命长，不仅外观上档次，而且样式新颖。后身储书柜主要采用铝合金材质。铝合金密度小，有足够的强度，自己负重小且能承受书本的重量。车轮及底盘使用胎面较软的合成橡胶。对声音敏感的图书馆而言，橡胶能减少不良用户体验。

图 13 为送书机器人效果图。

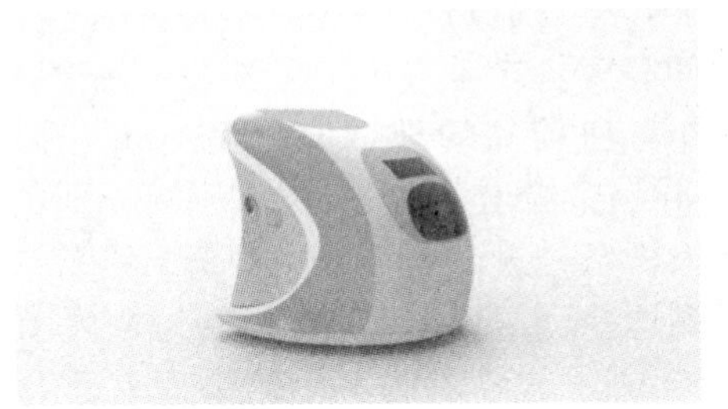

图 13　送书机器人效果图

4.3.2　人机尺寸

设计的最终目的是服务人类，因此必须针对送书机器人尺寸进行设计。如何负载更多的书并让用户舒适地取出书，需要从以下三方面进行考虑。

4.3.2.1　图书的尺寸

1999 年 11 月 11 日，国家质量技术监督局发布了《图书和杂志开本及其幅面尺寸》（GB/T 788—1999），标准规定了图书和杂志的开本及其幅面尺寸，适用于一般图书（含教科书）和杂志。目前，图书馆的书籍较多使用的是 16 开与 32 开的尺寸，16 开的尺寸为 210mm×297mm；32 开的尺寸为 148mm×210mm。

4.3.2.2　送书机器人的储书柜尺寸

机器人背面的储书柜尺寸大小，需要考虑多方面的因素。除了书籍尺寸外，还要考虑其自身的空间利用率和用户借阅的多重可能性。

首先是空间利用率，如果将储书柜分为若干小格，一个格子只够放一本书，那么必须将其分成很多格子送多本书，才能保证机器人一次送书的效率。但将储书柜分层分隔越多，那它层隔的间隙就会越多，空间浪费也随之增加。因此，在满足借书用户数量的基础上，应尽量少地分层与分隔。

其次是用户借阅的多种情况考虑。很多情况下，单用户并不只是借一本书，存在单用户借多书或多用户合借书的情况。如果能将一个目标借书用户借的所有书放进一个稍大的格间，那利用率就会提升。

综上所述，最终将储书柜分成上、中、下三层，每层尺寸为 600mm×520mm×160mm，在少分层利用空间的情况下，每层储书柜能放 6～7 本书籍，同时也解决了存在尺寸较大的书放不下的问题。

4.3.2.3　送书机器人的尺寸

送书机器人的尺寸大小直接影响着取书人的动作舒适度，进行取书动作的数据分析基于坐姿下的手臂侧伸高度。参考人机工程学关于座椅高度相关研究分析，座椅高的理想值为 410mm，而实际值是 440mm。读者坐姿取书时若以 200mm 的取书距离进行操作，经过试验与数据分析，手臂自然侧伸水平距离达 200mm 情况下，距离地面垂直高度在 210～230mm。这要求储书柜的最底层垂直高度不小于 230mm。图 14 为送书机器人的尺寸。

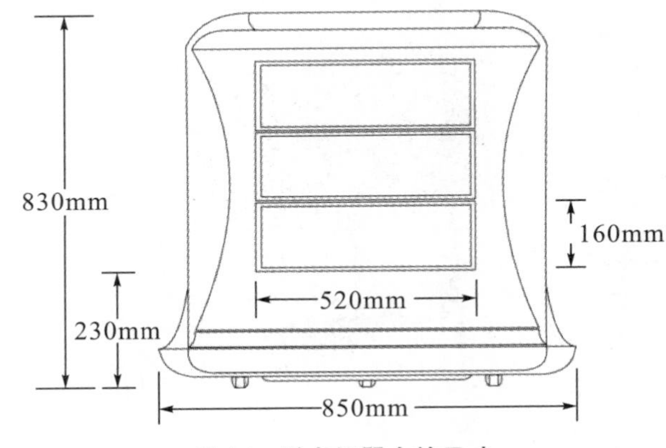

图 14　送书机器人的尺寸

4.3.3　人机交互

基于服务体验的送书机器人，使用机器送书是形式上的创新，人机交互是体验上的核心。因此，送书机器人应在交互方式、交互前后提示和交互成功提示上进行设计。

4.3.3.1　交互方式

考虑到图书馆这种特殊的应用场景和借还书的私密性，交互方式上采用扫码取书的形式。用户在最初进入图书馆时，第三方 App 上拥有自己的二维码。下单借书后，当送书机器人送达图书，用户使用自己的二维码在机器人的识别器上进行身份验证，一旦身份正确，机器人便会打开储书柜，用户顺利取出图书。

4.3.3.2　交互前提示

当机器人把书送至某个用户面前时，会做出交互提醒。一方面，App 端口会向用户手机发送出取书指令；另一方面，机器人正面的半透明显示装置也会出现“×××请取书”的字样。

4.3.3.3　交互成功提示

当顺利拿到书后，送书机器人也会做出反馈提示。两侧细长的玻璃材质会有灯光变化，从最初的绿色变亮来表示交互成功。

4.3.4　相关技术

送书机器人属于服务机器人中的一个细分领域，技术集成的特性需要多方面的共同发展。它是多种技术的融合和体现，主要依赖于以下五大核心技术。

4.3.4.1　自主移动技术

送书机器人要实现在图书馆内自由移动，就需要有自主移动技术的支撑。其中，机器人的自主定位导航技术解决机器人定位、地图创建与路径规划（运动控制）问题，SLAM 技术解决餐饮机器人在未知环境中运行时即时定位与地图构建的问题。

4.3.4.2　环境感知技术

送书机器人要实现智能化的交互体验，首先要具备一定的环境感知能力。在环境感知技术中，采用多传感融合是大趋势，包括视觉识别、结构光、毫米波雷达、超声波、激光雷达等。

4.3.4.3 底盘技术

送书机器人的底盘由一个轮式移动平台组成，可看成一个独立的轮式移动机器人，包括传动部分、伺服电机、充电电池和控制板卡等。送书机器人上部分为人形机器人本体，小腿以下部分是轮式移动机器人平台。

4.3.4.4 智能芯片技术

智能芯片是送书机器人的大脑，包括通用芯片和专用芯片。对于机器人来说，通用芯片和专用芯片各有千秋，未来各司其职，涉及深度神经网络。通用芯片中的 GPU 和 FPGA 在解决复杂运算上优于传统 CPU。操作系统方面，目前主要以 ROS 和安卓系统为主。

4.3.4.5 多机调度技术

让多个送书机器人精确地把图书送到每一位用户手里，不多送、不错送，并且在运输过程中不相互影响，这需要用到多机调度技术让各个机器人之间协同合作，这是送书机器人中的一个关键应用。

5 总结

本研究通过引入新技术和设计优化新的借阅模式，将传统借阅功能集中到一款应用中，以此改善图书馆效率和提升高校图书馆用户借阅体验，为图书馆的体验与效率的改革设计提供了思路。首先，在本次设计试验中，我们尝试改变原有的图书馆体验模式，将原有的人—书关系改变为人—机—书，旨在通过人工智能的引入节约学生的选书、找书时间；其次，我们建设性地采用仓储式存放模式，将大量根据实验数据归纳出的不常用书籍转移至地下，从而为更热门的书籍腾出空间，改善用户体验。这种打破传统思维模式的设计方式具有一定的借鉴意义。但是本研究也存在局限性。本研究主要是以市图书馆和扬州大学昭文馆为参考进行系统设计，实际上各个高校图书馆存在差异，其内部结构、功能分区、控制服务系统等并不完全一致；同时，新的借阅模式过于依赖整个服务系统，一旦系统崩溃或者发生意外情况，图书馆借阅水平会大大降低。

在互联网科技快速发展的当下，图书馆的建设重点也从馆藏的积累向提升用户体验方向转移，高校图书馆智能服务体验设计具有意义；同时，它拥有的巨大发展空间和潜力，还需要设计师们不断地探究。

参考文献

［1］高海涛，徐恺英，李晗．基于超效率 DEA 的高校图书馆评价体系研究［J］．图书情报工作，2014，58（5）：17－21.

［2］袁海，周晓唯．我国公共图书馆效率动态变化——基于省际面板数据的 Malmquist 指数分析［J］．图书馆建设，2011（8）：77－81.

［3］朱明．图书馆精益服务的基本概念及内容［J］．图书馆学研究，2016（14）：69－73.

［4］冯海艳，夏一红，郭清蓉，等．图书馆服务接触中的用户兼容性及兼容性管理研究［J］．图书馆，2015（7）：85－87.

［5］方建军，张晔．图书馆图书自动存取机器人的研究与应用［J］．图书馆建设，2012（7）：79－83.

［6］高浩政，宋璐璐，屈永良．高校桌椅的人机工程学研究［J］．安全，2016，37（6）：34－36.

推荐系统体验模型探索

——以视频推荐为例

李　成　胡文丽

（滴滴出行科技有限公司，江西南昌，330000）

摘　要：推荐系统是一个非常复杂的系统，涵盖各种算法、规则、策略和模型。为了监测优化推荐系统的效果，目前主要通过模型指标和业务指标来进行对比。虽然在推荐系统的演进过程中，算法始终起主导作用，但单用户在使用产品的过程中对推荐系统的体验感知才是我们在优化推荐系统过程中的出发点和落脚点。本研究通过分析用户行为路径，探索用户体验感知模型，并采用技术接受度模型验证用户体感对推荐系统的影响。研究结果表明，用户对推荐系统的体验感知主要分为理性体感和感性体感，并且感性体感对推荐系统的满意度影响高于理性体感；同时，进一步采用技术接受度模型结果表明，推荐系统的体感指标可以提升推荐系统的感知有用性和感知易用性，从而影响用户的意愿和行为。

关键词：个性化推荐；用户模型；用户体验

1　研究背景

1.1　推荐系统中缺失的用户

推荐系统通过建立用户与产品之间的二元关系，利用用户已有的选择过程或相似性关系挖掘每个用户潜在感兴趣的对象进行个性化推荐，其本质就是信息过滤。个性化推荐系统在互联网中应用越来越广泛，如购物推荐、商务推荐、娱乐推荐、学习推荐、生活推荐、决策支持、新闻推荐等。推荐系统有效连接了平台、内容和用户（图 1），使用户在面对过量信息时能快速获取有效信息，可以很好地解决用户信息过载的问题。

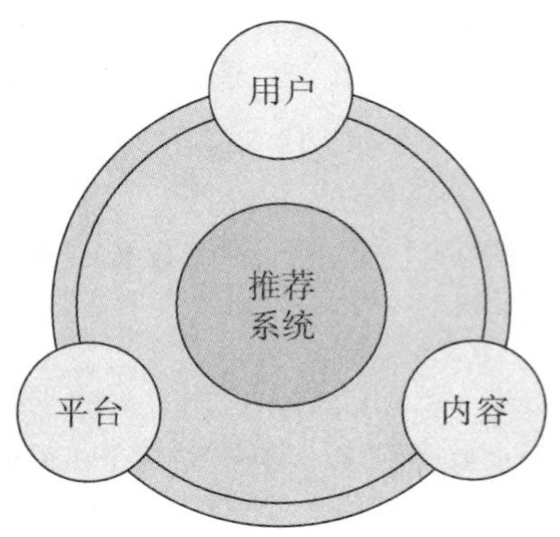

图 1　推荐系统的连接作用

在推荐系统的演进过程中，算法始终起着主导作用。而事实上，推荐系统虽然建立在算法和模型的基础上，但用户才应该是整个推荐系统应当关注的核心。推荐系统从本质上应该更多地通过发掘和识别用户个体特质，为其提供兴趣更强的服务推荐。用户在使用产品的过程中，外在行为表现以及其内在的心理特质和动机应当是我们在优化推荐系统过程中的出发点和落脚点。用户对知识和事物的复杂认知（图 2）才是构成推荐算法的基石，对于任何产品，服务的落脚点都是用户。我们使用的复杂模型、先进技术、数据化指标等只是提供服务的手

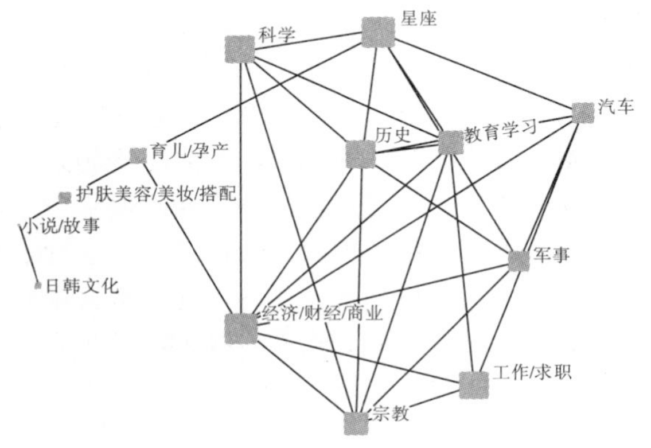

图 2　用户心智模型的复杂连接

段。推荐系统也需要基于对用户思考的深入剖析和理解，才能更好地服务，而不是只计算冰冷的数据，忽略用户的真实感受。

1.2　推荐系统的体验模型

推荐系统是一个非常复杂的系统，里面涵盖各种算法、规则、策略、模型。为了监测优化推荐系统的效果，我们需要有一套对推荐系统进行衡量和评测的方案。目前，推荐系统的方案更多为在线 A/B 测试和离线实验等纯技术方案，通过模型指标和业务指标来进行对比。模型指标包括准确率、覆盖率、基尼指标等，而业务指标包括数据报表中常见的 UV、PV、CTR 等。但目前始终缺少从用户感知视角对推荐系统进行衡量的有效指标（图 3）。

图 3　推荐系统的衡量指标

推荐系统对应的用户体验指标度量则可以使用结构化量表（图 4）实现：通过对推荐系统与用户触点的分解和细化，测量用户在使用产品的过程中对推荐系统的主观感受。虽然结构化量表的测量未必是用户真实的想法和感受，但是却是一个不可或缺的方案。已有研究发现，推荐系统存在感知可用性、感知易用性、感知个性化、感知多样性、感知惊喜性和感知新颖性等多种影响因素（McNee，Riedl，Konstan，2006），但是这些是 A/B 测试以及离线测试无法回答的问题。很多离线时没有办法测评的与用户主观感受有关的指标都可以通过结构化量表获得。用户“真实状态”的衡量工作需要由用户研究人员完成。其基本假设在于：结构化量表的数据来自用户主观态度，虽然主观态度并不能完全表示用户“真实状态”，但是用户表达自己的心理特征的有效途径。

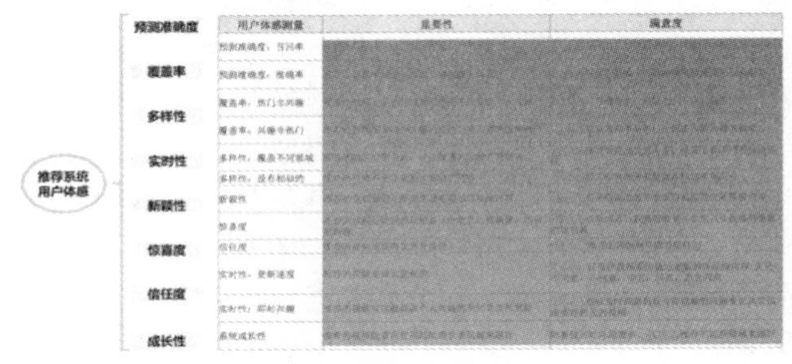

图 4　推荐系统的结构化量表

2 研究方法

此次研究在本公司的指定产品客户端的信息流进行了 24 小时的问卷投放，共回收问卷 853 份。用户的基本构成如图 5 所示。

男女比例9：1，男性占绝对多数。

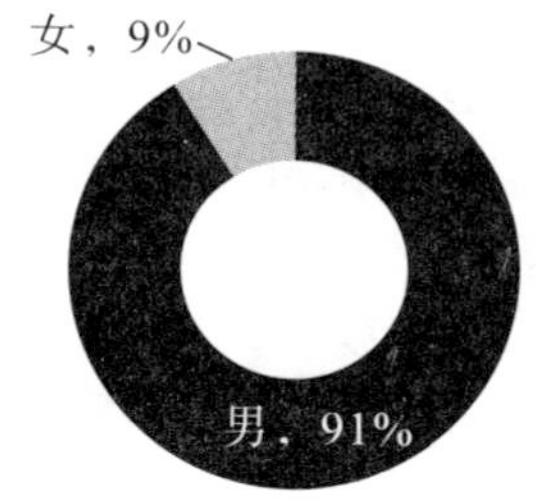

用户学历高，大学生占比接近半数。

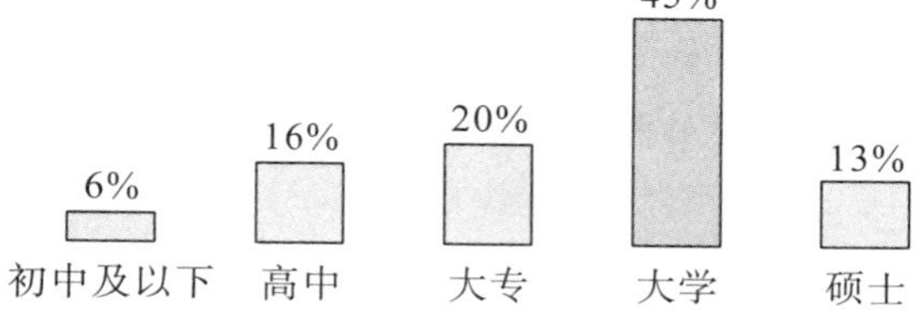

青壮年用户为主，主要分布在20~30岁之间。

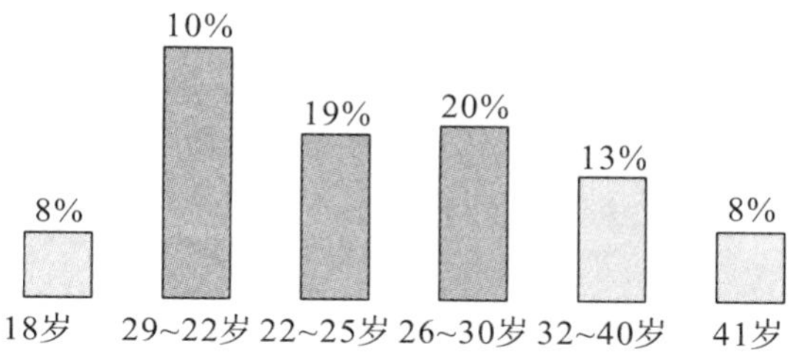

图 5　用户基本信息

随后通过问卷系统读取用户 UTDTD，从推荐系统后台提取该用户对应的画像数据，删除回收问卷中的无效数据和问卷或后台数据缺失的数据，最终得到 802 份问卷和后台画像数据。根据统计学的抽样误差计算方法，目前的抽样误差为 $d_{(802)}=3.5\%$，表明样本误差处于可接受范围。我们进一步使用 MATLAB、SPSS 和 M－plus 分析用户行为路径，随后探索用户体验感知模型，并采用技术接受度模型验证用户体感对推荐系统的影响，尝试评估和探索推荐系统的用户体验模型。

3 研究结果

3.1 用户行为路径分析

根据用户视频观看行为路径（图 5），我们将用户行为链拆分为“吸引注意—表现兴趣—点击意愿—视频观看”。通过对比数据分析发现，目前用户观看视频的行为路径最大的问题点在于用户点击意愿极低：89％的用户能够注意到推荐的视频，79％的用户对推荐的视频感兴趣，62％的用户对推荐的视频有点击意愿，而最终 75％的用户会点击观看视频。对比而言，用户从感知符合兴趣到点击意愿的比例下降 17％，而点击观看比例反而上升 13％。这个反常的结果潜在的原因是：算法精准推送符合用户兴趣的视频不足以保证视频对用户的吸引力，也就是目前视频展示的内容通常为静态或短动态内容，缺少能够打动用户点击的必要元素，导致用户点击意愿低。同时，该结果说明用户观看视频部分点击行为“不确定性”高，缺少观看意愿的点击后，如果推荐内容不精准，容易导致用户退出、观看时间短、无目的浏览等。进一步对比分析使用观看视频的不同历史时长用户的点击意愿，3 个月以内（55％）＜3～12 个月（59％）≈12 个月以上（59％）。该结果表明，用户使用历史的长短能够影响用户对视频的点击意愿，也就是推荐系统需要根据用户生命周期的不同特点，有针对性地优化推荐系统。

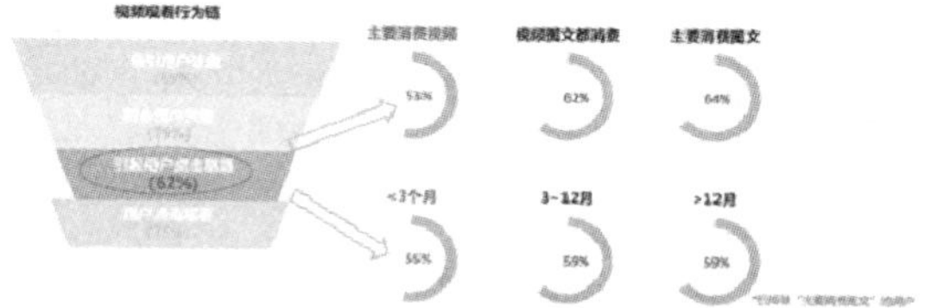

图 5　用户行为路径

3.2 用户体验模型探索

我们先通过探索性（EFA）对推荐系统的结构化问卷进行模型拟合，然后进一步采用验证性因子（CFA）分析。因子分析是指研究从变量群中提取共性因子的统计技术，主要将相同本质的变量提炼成更基本的，但又无法直接测量到的隐性变量。隐性变量可以看成是深层次的影响因素，各测量变量的负载量可认为是相对重要性的指标。分析模型拟合指标良好：KMO=0.85＞0.8，表明模型拟合良好；RSS=56％，表明拟合模型具有较高的解释力。

分析结果发现，用户对推荐系统体感分为“理性体感”和“感性体感”两个主要方面（图 6）。其中，理性体感是用户对推荐系统中有关技术指标维度的体验感知，主要包括推荐系统的准确度、覆盖率、多样性和实时性。而感性体感则是指用户对推荐系统中有关情感价值维度的体验感知，主要包括推荐系统的新颖性、惊喜度、信任度和成长性。同时拟合结果显示：感性体感对推荐系统的满意度影响力（59％）高于对理性体感的影响力（41％）。该结果暗示用户对于推荐系统的感知更偏感性层面。

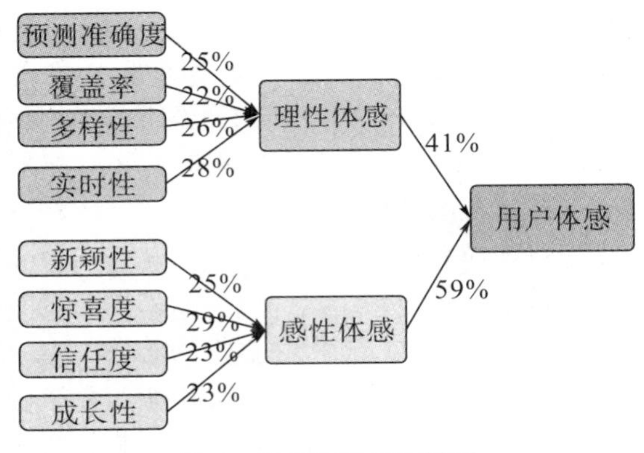

图 6　用户体验感知模型

进一步根据用户对推荐系统不同体验触点重要性和满意度的评价采用四分图模型（图 7）进行分析，可以明显看到：理性体感的各触点满意度明显低于感性体感的触点，目前处于修补区和机会区的触点以感性体感为主。该结果表明，目前产品的瓶颈在于提升的是偏技术指标的体感。对比而言，感性体感的各触点重要程度明显高于理性体感的触点，说明从长远而言，需要重点强化的是偏用户情感价值相关的体感。

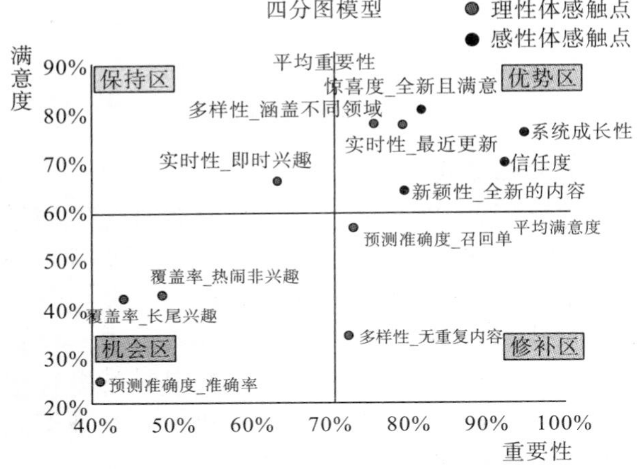

图 7：体验感知四分图

3.3　技术接受度模型

技术接受模型（Technology Acceptance Model，TAM）是目前信息系统研究领域中最优秀的技术接受理论之一，由于其模型结构简单和各种实证研究用户对其价值的证实，技术接受模型被广泛应用于研究对各种信息技术的接受。技术接受模型是理性行为理论研究用户对信息系统接受时所提出的一个模型，提出了用户对信息系统的接受有两个主要的决定因素：感知的有用性和感知易用性。我们通过引入技术接受度模型，探索用户体验触点的满意度是否能够有效影响用户对推荐系统有用性和易用性的感知。其中，感知有用性反映用户对系统带来的效率提高的感知程度，感知的易用性反映用户对系统容易使用程度的感知程度。

采用 SEM 路径分析结果表明，体验的触点满意度和系统可感知度影响用户对系统易用性和有用性的判断（图 8）。其中，体验触点满意度可以直接影响用户对系统易用程度和有用程度的感知判断，而对推荐系统的可感知程度则主要影响用户对系统易用程度的感知判断。更进一步地发现，用户对推荐系统的易用性的感知可以影响用户对有用性的感知判断；同时，其他外部变量（视频观看历史/内容消费形式/兴趣稳定度等）对系统易用性和有用性感知的影响较弱。而推荐系统的感知易用性和感知有用性都能够影响用户的行为意向，并且进一步地影响用户的使用行为。技术接受度模型的结果进一步表明，推荐系统的体感指标可以有效提升推荐系统的接受度，并进一步影响用户的意愿和行为。

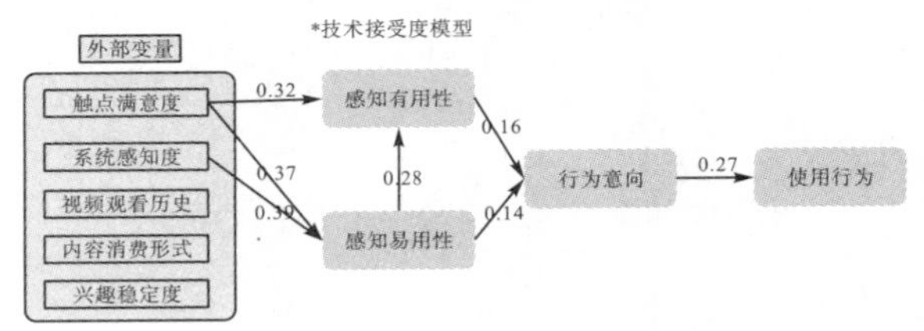

图 8　技术接受度模型

4　研究启发

本研究尝试通过用户行为路径、用户体验感知模型和技术接受度模型，对推荐系统的体验指标进行探索和建立。通过探索推荐系统用户体验模型发现，用户对推荐系统的体验感知主要分为理性体感和感性体感，并且感性体感对推荐系统的满意度影响高于理性体感。该结果表明，推荐系统优化过程中不能单纯地关注理性体感指标，更需要不断优化用户对推荐系统的感性体感指标。目前，推荐系统算法的迭代优化模型指标和业务指标更多地偏向于“理性体感”指标，这种优化是不全面的。我们需要思考从产品功能、交互、视觉呈现等方面入手，有效提升推荐系统的“感性体感”指标。进一步地采用技术接受度模型研究结果发现，推荐系统的体验感知评价能够同时影响用户对推荐系统感知有用性和感知易用性的评估。该结果表明，推荐系统的体感指标可以有效提升推荐系统的接受度，并进一步影响用户的意愿和行为。

我们更进一步地推测，用户对推荐系统不同维度的体感指标与用户的生命周期的关系如图 9 所示。产品使用的初期，用户的理性体感指标重要性远高于感性体感指标；而随着用户使用产品的时间增长，感性体验指标体感指标将越来越重要。也就是说，用户对推荐系统的感知将随着产品的使用逐步从偏理性评价过渡为偏感性感知。

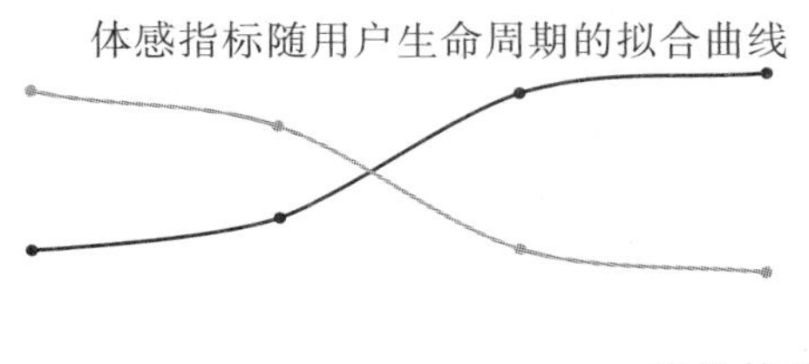

图 9 体感指标与用户生命周期的变化关系

参考文献

[1] 刘建国，周涛，汪秉宏. 个性化推荐系统的研究进展[J]. 自然科学进展，2009，19（1）：1−15.

[2] 曾春，邢春晓，周立柱. 个性化服务技术综述[J]. 软件学报，2002，13（10）：1952−1961.

[3] Agarwal R，Prasad J. Are individual differences germane to the acceptance of new information technologies? [J]. Decision Sciences，1999，30（2）：361−392.

[4] Davis F D. Perceived usefulness，perceived ease of use，and user acceptance of information technology [J]. MIS Quarterly，1989，13（3）：319−342.

[5] Kitchenham B，Pfleeger S L. Principles of survey research part 4：questionnaire evaluation [J]. Sigsoft Softw. Eng. Notes，2002，*27*（3）：20−23.

[6] Legris P，Ingham J，Collerette P. Why do people use information technology? A critical review of the technology acceptance model [J]. Information & Management，2003，40（3）：191−204.

[7] Davis F. Perceived usefulness，perceived ease of use，and user acceptance of information technology [J]. MIS Quarte，1989，13（3）：319−341.

产业转型升级需求下工业设计人才多层次培养模式研究*

李伟湛　杨先英

（重庆交通大学马蒂亚斯国际设计学院，重庆，400074）

摘　要：当前创新经济高质量发展，企业在转型升级过程对设计人才的要求更加全面。设计人才在企业从市场规划、项目实施至工程设计都能发挥作用，形成多层次作用特征。本文针对设计人才需求的多层次特征，分析设计类人才培养的现状与问题，融合创新经济活动过程规律，构建相应的培养模式，并通过应用大学生“双创”项目实践验证了其有效性，为高校设计类人才定位及过程培养提供参考。

关键词：分工细化；多层次；改革；“T”型人才

近年来，我国经济从高速增长阶段转向高质量发展阶段，进入了创新驱动发展的社会转型期。产学研合作一直是高校与社会可有效互动的支撑。为了更好地促进良性发展，促进高校向社会提供更优质的人才，国务院办公厅出台了《关于深化产教融合的若干意见》（2018 年第 1 号文件），提出健全需求导向的人才培养结构调整机制，产教融合迎来新发展机遇。由工信部提出的“提品质、增品种、创品牌（三品）”行动计划，促进了工业设计进入一个新的上升时期。产业整合扩大、企业的数量增加、产品系列的扩充、产品品牌的不断创建激活了工业设计产业设计需求。北京、上海、深圳等地围绕着工业设计打造产业品牌，各地人才培养的规模也不断扩大，工业设计的普及势必向分工细化的需求发展，凸显人才的专业化和多层次竞争力。因此，高校人才培养也相应进行细化改革，工业设计多学科融合的系统性特征已从单一的产品科技生产性服务覆盖到了产品规划、技术研发、功能创新，再到后期宣传、产业配套的产业全过程，正发挥着该专业的最大效能。

因此，多层次多类型的产教融合培养模式是未来工业设计类人才培养的方向，是对现有培养模式的改革和优化。本文基于需求的导向，对培养模式的层次化进行研究，有效促进工业设计人才培养面向产业与社会需求的指导。

1 产业转型升级急需多层次人才

我国传统高等教育模式历经多年发展，体系

* 基金项目：重庆市高等教育学会课题资助项目（项目编号：CQGJ17081B）。

作者简介：李伟湛（1980—），男，广东化州人，副教授，硕士，研究方向：工业设计、设计教育等，共发表论文 18 篇。

完善，学科化专业化特色鲜明。但是在智能化、信息化、跨界创新的时代背景下，学科之间的界限越来越模糊。以“新工科”为发展目标的学科发展与人才培养就反映了该特征。在面向产业创新与产品研发的设计类专业，将向宽知识面，强实践能力、创新能力，高专业意识发展，即“T”型人才，如图 1 所示。工业设计是集工程、艺术、技术与设计于一体的交叉型学科专业，正逐渐成为时代新宠。

专业能力素养强化

图 1 “T”型人才要素构成

目前，经济市场各类企业及行业发展阶段与程度各不相同，有的处在新技术、新产品的创业发展初期，有的处在扩大产品线的发展中期，有的则已经成为知名品牌、拥有成熟设计规模。进而，不同发展情况对设计创新就有着不同的需求，这些需求体现在技术与功能的整合、产品规划设计、注重品牌文化的注入、强化用户在使用过程中体现出设计的价值、人机界面设计、产品外观样式的设计与装饰等方面。不同的产品类型在创新设计的投入程度上也存在差异，如机械设备类产品强调功能品质的有效表达，而成熟的家电消费类产品强调良好的人性化交互与外观品质，面向消费服务的产品开发则突出良好的用户体验。相应地，工业设计人才需求是多类型多层次的，高校应在人才培养全过程中面向需求变化的因素进行模式探索。

产业需求的设计人才类型可以细分为以下几种：

（1）独立主导创新转化的创新创业型设计人才。

（2）着重打造产品形象的样式设计型设计人才。

（3）产品开发系统创新的创新设计型设计人才。

（4）侧重产品功能研发的创新工程型设计人才。

以上各层次人才与企业研发系统的配合程度有差异。图 2 为多类型多层次人才需求的示意图。

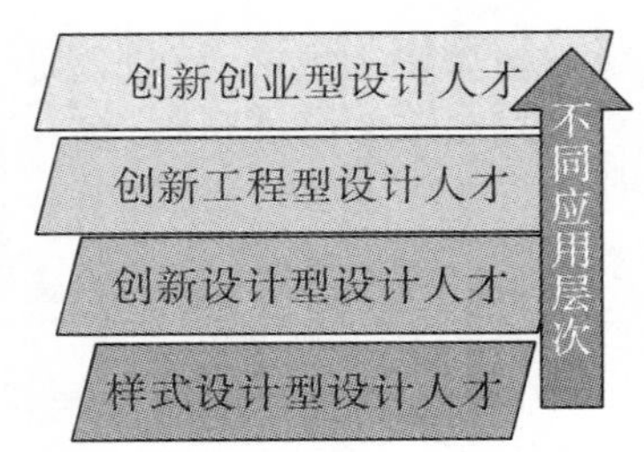

图 2 多类型多层次人才需求的示意

要实现多类型多层次人才供给，其培养模式的创新与实践就应从源头开始策划。目前，我国工业设计专业分别有工科类、艺术类招生。从生源来看，表现出两种不同的人才特征。来自不同文化知识背景的学生，他们的能力特点各异，在 4 年的培养过程中应因材施教，发掘他们自身优点，面向不同层次的就业需求，集中教师资源、教学条件、实验条件、创新创业等优势进行有针对性的培养。因此，工业设计多层次人才培养模式是遵循社会、人才个体两者结合的专业发展规律的。

2 常规设计人才培养的典型问题

在我国创新经济发展背景下，设计类专业面向各类创新需求的人才供应。常规的设计类人才培养模式突出了知识能力的培养，但也容易忽略社会需求的快速变化，特别是近几年快速增长的互联网市场，因此造成供不符需的脱节问题。

2.1 多学科融合的问题

常规设计类人才培养模式，依循了人才能力知识架构的系统性、完整性，保持了人才培养的独立性而容易忽略面向社会需求的多学科融合的应用培养。然而，社会是多元互动的，在当下信息化、智能化的社会，任何学科专业、任何行业领域都面临着跨界合作的问题。因此，工业设计人才在培养过程中，课程知识应用的多学科合作意识培养、跨界融合的视角培养成为需要解决的典型问题。

2.2 创新创业背景下工业设计人才实践强化问题

在“大众创业，万众创新”的时代背景下，高校人才培养不能仅停留在完成度上。如何在课程及实践环节实现多层次培养的模式机制及具体细则，如何在学生专业发展及技能训练上实现产学研结合的培养模式，完全没有实践经历的毕业生如何适应社会需求等，这些问题的解决在就业形势严峻的当前显得尤为急迫。

2.3 课程体系的产教互动问题

高校人才培养是面向社会需求的，如何在人才培养启动时就导入需求的目标，有针对性地进行人才培养；如何盘活课程设计及课程内容，将教学内容直接面向就业、面向社会需求。因此，在产教融合互动的推动下，课程体系、培养模式都将面临调整。

3 多层次人才培养模式构建

基于以上问题的分析，本文提出一种面向产业转型升级所需的多层次人才培养模式，并对该模式的内容进行构建。在基本面上，遵循工业设计人才成长规律，突出工业设计多学科融合的系统性素养的培养，及早介入培养目标导向；在过程线上，根据不同学习成长阶段加强能力知识的互动，强化学生个性化发展特点，面向多层次需求。

3.1 目标全过程引导

基于目标导向的人才培养，有效激发学生在学习方向的提早建立。专业课程集群设置体现社会转型需求设计人才的针对性课程及实习环节，在培养方案中凸显社会需求的因素的融入，构建符合社会需求的人才能力架构，力争每一门课程都有指向性，汇集形成多层次人才的培养要求。例如，基础的设计表现课程，直接围绕产业设计项目的方案表达要求，完成造型、功能、界面、材质等设计表达。

3.2 强化实践性的教学过程

提出“以赛促教，项目导向，以产促教，产教互动，项目引领”的教学理念，深入改革课程的作业、实习、实作、实验等教学环节的设计落地意识。专业课程作业都以企业要求的指标、完成度、完整度进行约定和指导，同时根据学生特点及合作企业、市场具体需求进行强化训练。例如，所在单位设计学院 2018 年毕业设计，开展了校企互动的指导模式。毕业设计内容直接指向企业当前的项目要求。毕业设计过程进行项目式的时间节点控制，切实加强了毕业设计的实践性。

3.3 多学科融合的强化

积极利用大学生“挑战杯”学科竞赛、“互联网+”创新创业大赛，进行团队式的多学科多专业合作。在开展第二课堂的教学活动中，教师指导团队具有不同的专业背景，学生团队也由不同的专业组成，如图 3 所示是由艺术设计、产品设计、市场营销专业同学完成的服装品牌化设计成果展示。在开展项目创新过程中，学生感受到了来自不同学科知识的碰撞与交流。有效加强了学生的跨界意识与转化意识。如图 4 所示的成果是由工业设计、产品设计、机械设计专业同学完成。学生在进行创新创业项目时，团队需要跨界融合设计学、经济学、机械工程、计算机工程等学科专业知识，这对每位成员来说都是挑战。

图 3 设计与商业专业合作完成项目成果

图 4 与工科专业融合完成项目成果

4 多层次人才培养模式优势与特点

多层次人才培养模式有效激发了每个工业设计专业人才的个性特点，利用产学研的合作机制与条件激活课程内容，在课堂教学内容及课程作业中直接面向项目设计的要求、面向市场需求。利用产学研合作条件指导学生进行实践实习活动，既能服务于合作项目，又能实现人才培养的实作训练。从各类型工业设计人才培养的方案中实现“产—教”的连接与互动。

本文提出基于产学研合作框架的多层次人才培养模式，鲜明指出工业设计人才培养与产业实践的重要关系；围绕产学研与人才培养的关系，以研促学、以产促学、以教促学；提出因学生自身特点及社会需求而创新多层次人才（“T”型人才）的培养策略，形成宽口径就业面广的自主创新创业型、功能创新型、高技术型、款式设计型等人才培养模式并予以实践；提出面向适应市场需求变化的工业设计人才类型的细分问题的解决办法。多层次的培养模式着重发掘不同学生的特点，并通过教学、实践、产学研结合引导发展，最终实现学生主动求学、主动发展自身能力，根据条件及环境实现自我的人才类型定位及就业。该模式通过研究及宣传推广，在业内及本地区形成了展示示范的作用。

5 结语

随着创新驱动发展的深入，企业产业转型升级的加速，面向产业多方面需求的工业设计人才，将结合个体、社会等因素，向多层次多类型发展，适应社会分工细化的变革，适应社会发展、社会进步的表现。本文研究多层次工业设计人才产学研结合培养模式，并成功实践，形成特色鲜明、具有市场前瞻性的人才培养范例，为同类专业及学科交叉型专业提供参考。由于时间、条件限制，我们在人才供需的长效培养计划、多学科的全过程深度融合等方面还有待进一步的研究。

参考文献

[1] Adner R. Match Your Innovation Strategy to Your Innovation Ecosystem [J]. Harvard Business Review，2006 (84)：98－107.

[2] 杨荣. 创新生态系统的界定、特征及其构建 [J]. 科学技术与创新，2014 (3)：12－17.

[3] Luoma－aho V，Halonen S. Intangibles and innovation：The role of communication in the innovation ecosystem [J]. Innovation Journalism，2010，7 (2)：1－19.

[4] Bloom P，Dees G. Cultivate your ecosystem [J]. Stanford Social Innovation Review，2008：45－53.

[5] 孙晓庆. 浅谈创新思维方法在工业设计专业中的应用 [J]. 大众文艺，2015 (15)：27－29.

[6] 赵争强. 高校工业设计专业学生应用型人才培养模式探索 [J]. 大众文艺，2015 (20)：51－53.

[7] 沈艳. 广西高校工业设计专业应用型教学模式研究与实践 [J]. 艺术科技，2016 (6)：41－42.

[8] 林立，陈婷，李伟湛，等. 工业设计专业"B+CDIO"人才培养模式研究 [J]. 高等建筑教育，2017 (4)：69－71.

[9] 杨先英，李伟湛. 服务区域支柱产业的地方高校工业设计平台构建研究 [J]. 重庆交通大学学报（社科版），2016 (1)：107－111.

基于感性工学的智能手机汉字录入工效研究

李　悦　王军锋　王文军　舒炎昕

（西南科技大学，四川绵阳，621000）

摘　要：本文主要目的在于探讨智能手机中使用不同的手势、录入不同的数量文字对于用户使用智能手机录入汉字时的工效情况，并利用感性工学的方法分析了迎合用户情感需求的智能手机录入汉字时的手势。通过设计实验对被试者录入汉字的实验结果进行统计分析，并结合手势实验的感性工学评测结果。结果发现：在智能手机手势交互行为中，用户使用双手持机双手操作手势，录入汉字效率最高，并且可以增加用户主观的良好用户体验，提高用户在智能手机手势交互行为中的友好程度。

关键词：手势工效；感性工学；用户体验

1　引言

利用手势交流是人类的本能，在人类学会语言和文字之前，已经可以用肢体语言进行交流。例如，婴儿看见自己喜欢的东西就会伸手去抓，而母亲看到婴儿这种行为就知道这件东西吸引了婴儿的注意。近年来，随着智能手机和移动互联网的普及，手势交互已逐渐成为继鼠标和键盘之后新的人机交互方式。触屏设备是手势交互的载体，手势交互是触屏设备的呈现方式，二者相辅相成密不可分。因此，简洁高效的操作手势能够极大地提高用户操作智能手机的效率和用户体验。

目前，关于手势对完成实际操作任务工效的影响研究，以及基于感性工学的方法研究智能手机手势用户体验的相关类似研究较少。何灿群等的研究表明，拇指机能占手掌机能约 40%，食指和中指各占约 20%，无名指和小指各占约 10%。从持机手势分类的研究来看，孙岩等通过实验发现，目前右利手智能手机用户群体操作手机的方式分为：左手持机右手操作、右手单手操作及双手一起操作 3 种。许雯娜等人研究了在室内静坐、户外行走、公交静坐三种不同的环境下，单点、多指、滑动等触摸手势的工效存在显著性差别。

2　研究目的

本文通过对智能手机用户操作手机的行为及完成实际任务的功效进行实验和统计分析，遵循感性工学的原则，从工效学的角度对智能手机的手势交互行为及用户体验进行研究，并为智能手机的手势交互设计提供实际参考意见。

2.1 不同持机手势完成不同类型操作任务的工效学研究

根据 Steven Hoober 的研究结果，目前右利手智能手机持机手势可分为：左手持机右手操作、右手单手操作及双手一起操作 3 种。手势示意如图 1 所示。

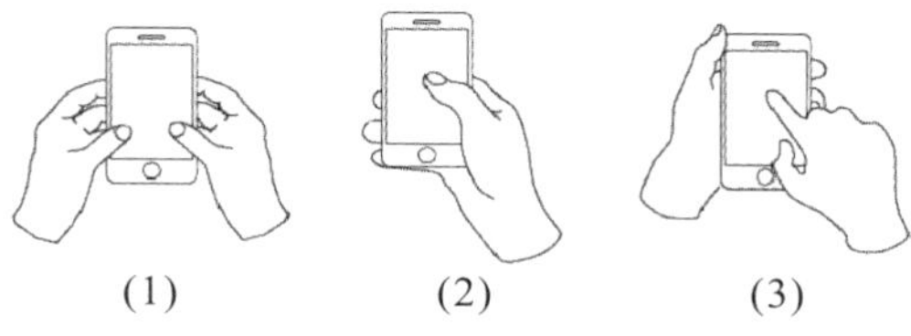

(1)　　(2)　　(3)

图 1　持机手势分类

图 1 为智能手机持机手势分类，其中（1）为双手持机双手操作手势示例，（2）为单手持机单手操作手势示例，（3）为左手持机右手操作手势示例。本文以上述 3 种手势为研究对象，研究了 3 种手势在完成不同数量汉字录入任务下的工效情况。

2.2 基于感性工学的持机手势用户体验研究

在基于感性工学的交互设计评价方法中，语义差分法是一种利用人类对事物的认知之后形成的意向来分析受测者心理意向的实验方法，在社会学、人类学、心理学等领域中应用广泛。本文实验遵循感性工学原则，采用语义差分法设计评价量表，研究 3 种手势完成不同操作任务难度下的用户体验。本文实验的语义差分法形容词为 6 组成对的反义词，每组反义词划分为 5 点量级，在手势实验结束后，需要实验对象根据自身实际感觉的强弱对 3 种手势完成不同任务做出感受分量上的选择。

3 实验

3.1 被试者

本实验的被试者选取来自西南科技大学在校本科生和硕士研究生共 10 名，男女各 5 人，平均年龄在 18～24 岁。所有实验对象均为右利手 iPhone 智能手机用户，惯用全键盘打字，身体健康，智能手机的使用情况相同。

3.2 实验设计

按照上述有关于智能手机手势交互行为研究的现有成果，本文对实验条件做以下规定：本文实验任务为使用 iPhone6 智能手机实际编辑并发送短信操作。编辑短信文字所使用的虚拟键盘为 iOS 系统内置全键盘简体中文输入法，任务全程所使用的触摸手势均为单点手势，无其他触摸手势的影响。短信文字来源于国家语委汉字处于 1988 年 1 月制订的现代汉语常用字表，从中随机挑选共计 120 个简体汉字，且文字内容在实验前不会告诉被试者。

实验采用控制变量法，控制的变量有：触摸手势相同、持机手势不同、任务字数不同。

3.3 实验仪器和材料

实验仪器使用 iPhone6 智能手机，机身厚度为 6.9mm，主屏尺寸为 4.7 英寸，计时设备，AirShow 录屏软件。实验材料将 120 个汉字随机组合为无意义文本并划分 3 种不同类型任务如表 1 所示。

表 1　任务分类

任务类型	文字个数
任务一	10 字
任务二	40 字
任务三	70 字

3.4 实验程序

3.4.1 预处理

在实验过程中可能遇见很多不可控的因素，例如对编辑并发送短信流程的不熟悉、操作设备的习惯都会影响被测试者。因此，须在实验之前将这些影响因素消除。通过预处理的方式消除对实验结果产生较大影响的因素，能保证实验完整顺利地进行；保证被试者处于较好的状态，从而保证获得的实验数据是可靠而准确的。

因此，实验前规定 5 分钟让每名被试者熟悉 iPhone6 智能手机编辑并发送短信给指定号码的流程，为了消除滑动触摸手势、多指触摸手势的影响，本实验仪器未设置包括指纹验证在内的任何锁屏方式，确保实验任务全部流程均为单点触摸手势。

3.4.2 实验步骤

实验过程中要求被试者在实验室环境中分别以右手单手持机、左手持机右手操作和双手持机双手操作 3 种不同的持机手势，握持 iPhone6 智能手机，点击进入 iPhone6 自带的信息 App，然后点击编辑新短信的图标，之后点击号码输入框默认全键盘打字输入指定号码，最后点击短信编辑框，编辑当前任务类型对应的文字，最后点击发送图标完成任务。

本文实验要求被试者在不同持机手势实验全过程中，需要与当前实验开始时要求的手势保持一致。每当一种手势对应的实验结束后需要让被试者休息几分钟，调节被试者的状态，放松双手。

3.4.3 数据整理

实验过程中需要测得 3 种手势完成 3 种类型任务的操作时间和文字的更正次数，并得出 3 种字体在 3 种类型任务下的平均操作时间与平均更正次数，其中平均操作时间 $\overline{T}_s$ 与平均更正次数 $\overline{M}_s$ 计算公式为（表 2）：

$$\overline{T}_s = \frac{\sum_{i=1}^{n} T_i}{n} \tag{1}$$

$$\overline{M}_s = \frac{\sum_{i=1}^{n} M_i}{n} \tag{2}$$

表 2 手势工效学参数

分类	参数	定义
时间	完成任务的时间 T_s	一种手势对应的一种难度的任务完成持续的总时间，单位为秒
操作情况	文字更正次数 M_s	实验中文字更正次数，单位为次

式中，n 为样本容量。本文实验中共有 10 名被试者，因此样本容量取值为 $n=10$。3 种手势实验全部结束后，需要被试者根据实验时的实际感受填写一份语义差异打分表。

4 实验结果与分析

4.1 3 种手势完成不同类型任务实验结果及分析

实验测得使用 3 种手势完成 3 种任务的操作时间和短信文字的更正次数，通过观察实验数据，发现数据并无明显异常，可以排除短信文字本身内容对实验结果产生影响，实验的数据和结果具有可靠性。将 10 组被试者的每种手势完成每种任务的操作时间数据使用公式（1）和公式（2）进行处理，将结果绘制条形统计图，如图 2～图 4 所示。

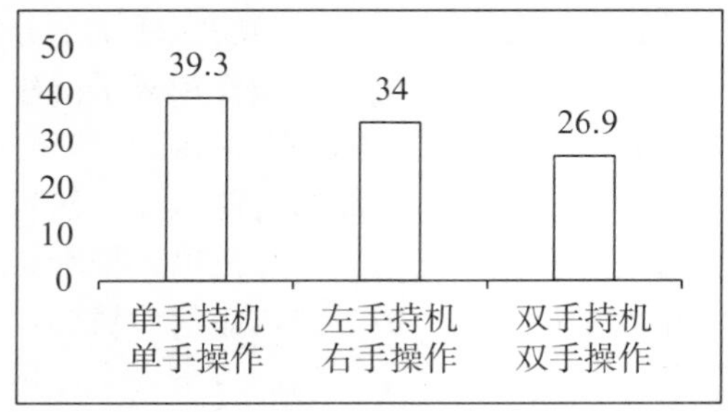

图 2 3 种手势分别完成“任务一”平均操作时间

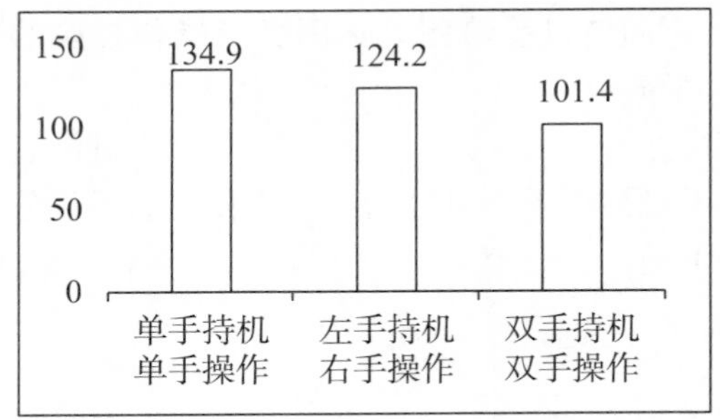

图 3 3 种手势分别完成“任务二”平均操作时间

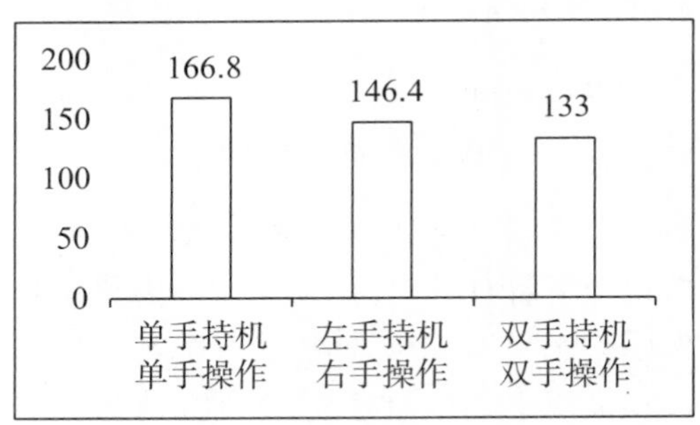

图 4 3 种手势分别完成“任务三”平均操作时间

从图 2～图 4 中可以看出，在任务类型相同的情况下，“单手持机单手操作”手势完成任务的平均操作时间 $\overline{T}_s$ 的值最大，“双手持机双手操作”手势完成任务的平均操作时间 $\overline{T}_s$ 的值最小，随着文字个数的增加，3 种任务的完成平均操作时间 $\overline{T}_s$ 的值和表现出相同趋势的变化情况。

将 10 组被试者的每种手势对应完成每类任务期间更正错字的数据使用公式（1）和公式（2）进行处理，得到 3 种手势完成任务时的平均更正次数，将结果绘制条形统计图，如图 5～图 7 所示。

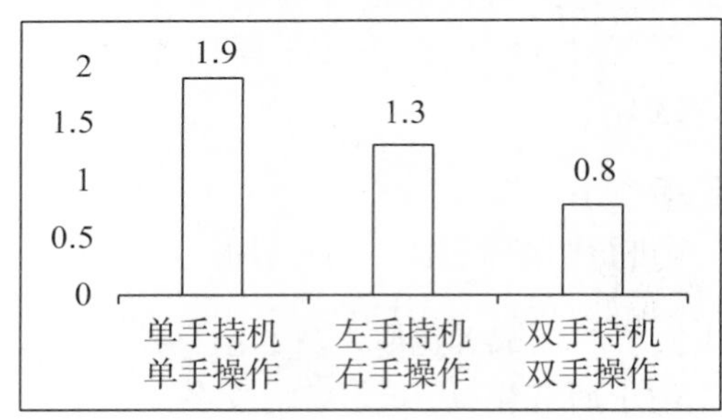

图 5 3 种手势分别完成“任务一”平均更正次数

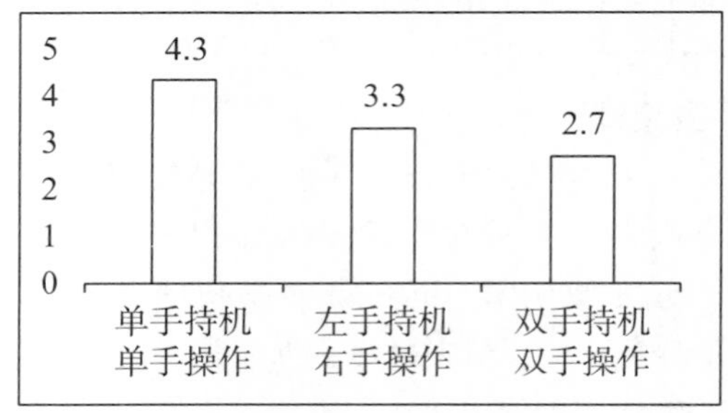

图 6 3 种手势分别完成“任务二”平均更正次数

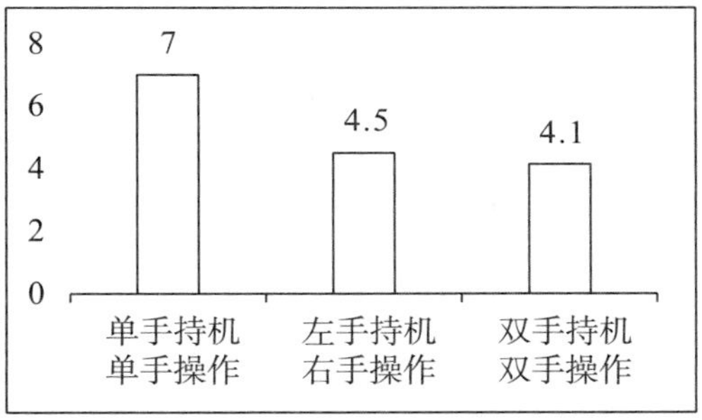

图 7　3 种手势分别完成“任务三”平均更正次数

从图 5～图 7 中可以看出，在任务类型相同的情况下，“单手持机单手操作”手势完成任务的平均更正次数$\overline{M_s}$的值最大，“双手持机双手操作”手势完成任务的平均更正次数$\overline{M_s}$的值最小，随着文字个数的增加，3 种任务的完成期间的错字平均更正次数$\overline{M_s}$的值表现出相同趋势的变化情况。根据人机工效学原理，在本实验中，完成任务的耗时越短，更正次数越少，即汉字录入正确率越高，完成任务的效率越高。

分析上述实验结果可以看出，在 3 种操作手势完成不同类型的任务实验中，使用“单手持机单手操作”手势进行实际操作时，$\overline{T_s}$ 和$\overline{M_s}$的值最大，即完成任务所消耗的时间和文字更正次数最多，完成任务的效率最低；使用“左手持机右手操作”手势完成任务的效率次之；而使用“双手持机双手操作”手势进行实际操作时，$\overline{T_s}$ 和$\overline{M_s}$的值最小，即完成任务所消耗的时间和文字更正次数最少，完成任务效率最高。

4.2　3 种手势的感性工学评价及分析

通过问卷调查、文献查阅、网络收集等方式汇总手势的感性意向词汇，在进行合并和分类基础上进行反义词配对之后，得到 30 组感性意向词组。运用 KJ 法，按照词汇的相互亲和性（相近性）和包含关系进行归纳整理，并结合用户问卷中的对词组的主观偏好打分，按分值由高到低和整理结果进行词汇筛选。结果显示，以下 6 组词组对 3 种持机手势的感性描述影响最大。因此，以这 6 组词组作为感性意向的评估标尺。6 组持机手势感性意向词组如表 3 所示。

表 3　持机手势感性意向词组

序号	感性意向词组
L1	灵活的—迟钝的
L2	便捷的—烦琐的
L3	舒适的—疲惫的
L4	轻松的—辛苦的

续表3

序号	感性意向词组
L5	愉悦的—厌烦的
L6	自由的—约束的

通过统计 10 名被试者的问卷打分调查结果，得到 10 名被试者在完成 3 种手势实验后的实际主观感受及心理意向，统计结果如图 8～图 10 所示。

实验中的表格使用语义差分法进行设计，感性词汇为 6 组成对的反义词，根据用户问卷中调研结果：“灵活—迟钝”“便捷—烦琐”属于行为感受层面；“舒适—疲惫”“轻松—辛苦”属于生理感受层面；“愉悦—厌烦”“自由—约束”属于心理感受层面。这 6 组反义词之间取 5 点奇数来划分评价等级，通过这样来反映和标注被测试者对词汇的反应强弱。每名被试者根据自己实验后的实际感受进行感性词汇的程度打分，被试者在“没有感受”处打分不计入统计结果。如果某一偏向的感性词汇符合人数超过半数及以上，就认为用户在使用该手势进行实际操作时确实获得了相应的操作体验。

	十分符合	比较符合	没有感受	比较符合	十分符合	
灵活的	3	5	2			迟钝的
便捷的	7	2		1		烦琐的
舒适的	4	4	1	1		疲惫的
轻松的	2	6	1		1	辛苦的
愉悦的	1	5	4			厌烦的
自由的	4	3	3			约束的

图 8　单手持机单手操作手势主观评测

	十分符合	比较符合	没有感受	比较符合	十分符合	
灵活的		1		7	2	迟钝的
便捷的		1	5	4		烦琐的
舒适的			2	5	3	疲惫的
轻松的		2	2	3	3	辛苦的
愉悦的			6	3	1	厌烦的
自由的		1	2	2	5	约束的

图 9　左手持机右手操作手势主观评测

由图 8 所示的单手持机单手操作手势主观评测分析，右手单手操作行为体验较为迟钝，使用户生理感受到疲惫和辛苦，用户主观心理感受使用此种操作手势进行操作比较有约束感。由图 9 所示的左手持机右手操作手势主观评测分析，左手持机右手操作行为体验较为便捷，用户生理感受较为舒适，用户主观心理感受使用此种操作手势进行操作比较愉悦和自由。图 10 双手持机双手操作手势主观评测分析，双手持机双手操作行为体验灵活、便捷，使用户生理感受轻松、舒适，用户主观心理感受使用此种操作手势进行操作比较愉悦、自由。

	十分符合	比较符合	没有感受	比较符合	十分符合	
灵活的	1	3	5		1	迟钝的
便捷的	1	4	3	1	1	烦琐的
舒适的	2	3	2	2	1	疲惫的
轻松的	1	1	4	3	1	辛苦的
愉悦的	3	3	4			厌烦的
自由的	2	6	1		1	约束的

图 10　双手持机双手操作手势主观评测

5　结语

（1）智能手机不同的手势交互行为会对完成实际操作任务的工效产生影响。

（2）智能手机不同的手势交互行为会影响用户主观的操作感受。用户手势交互行为操作效率越高，用户主观操作感受越良好。

（3）在用户使用“双手持机双手操作”手势操作智能手机时，用户完成任务的操作效率最高，用户主观感受最好。因此，本文建议在智能手机类似录入汉字行为的手势交互设计，中应该尽量考虑使用效率更高、用户主观感受更良好的双手操作模式及交互流程进行设计。

本研究结果为智能手机的手势交互设计提供了建议和理论支持。近年来，随着包含手势交互在内的自然交互方式的兴起，智能设备作为手势交互的载体，使得手势交互行为的工效研究具有较高的设计价值和实用价值。因此，基于工效学的手势交互设计及相应的用户体验的陆续研究极其重要。

参考文献

[1] 王超. 触屏时代手势交互形式与发展研究 [J]. 艺术与设计：理论版，2016 (1)：92－94.

[2] 何灿群. 基于拇指操作的中文手机键盘布局的工效学研究 [D]. 杭州：浙江大学，2009

[3] 孙岩，董石羽，徐伯初，等. 基于人类行为学的触屏手机手势交互设计研究 [J]. 包装工程，2015 (14)：55－59.

[4] 许雯娜，张煜. 基于现场评价的智能手机触摸手势工效学研究 [J]. 河北科技大学学报，2014，35 (2)：118－126.

[5] Hoober S. How do users really hold mobile devices [J/OL]. http：//www. uxmatters. com/mt/archives/2013/02/how－do－users－really－hold－mobile－devices.

[6] 梁轩. 基于感性工学的产品交互体验设计的研究与应用 [D]. 西安：西安工程大学，2013.

[7] 牟帮欢. 移动设备交互界面图标设计风格的工效学研究 [D]. 杭州：浙江理工大学，2016.

[8] 曾丽霞，蒋晓，戴传庆. 可穿戴设备中手势交互的设计原则 [J]. 包装工程，2015 (20)：135－138.

[9] 王中宝，任丽月，张宇红. 触屏手机中手势交互种类和设计原则的研究 [J]. 硅谷，2012 (9)：108－109.

[10] 杨晓琼. 手势语言观——手势研究的新视角 [J]. 宜春学院学报，2011，33 (2)：179－181.

[11] 王中宝，任丽月，张宇红. 关于手势交互移动平台的手势研究 [J]. 大众文艺，2012 (5)：84－86.

[12] 方芳. 基于移动设备中的交互性手势设计探考 [J]. 设计艺术研究，2016，3 (3)：80－82.

[13] 方旭亮. 基于计算机视觉的手势交互系统研究与设计 [D]. 杭州：浙江大学，2008.

[14] 陈子扬. 手持移动设备多点触摸手势代替点按交互方式研究与设计 [D]. 杭州：浙江大学，2016.

[15] Colborne G. 简约至上：交互式设计四策略 [M]. 李松峰，秦绪文，译. 北京：人民邮电出版社，2011.

基于用户需求的健身餐服务设计

林紫婧　王军峰　王文军　唐　杰

（西南科技大学，四川绵阳，621000）

摘　要：通过引入服务设计中用户旅程图、服务蓝图等方法，对健身餐定制及配送服务进行重新设计。本文将介绍目前健身餐服务现状，通过构建用户旅程图，定义目标用户，进而发现用户痛点，归纳洞察设计机会点。最终定义了健身餐服务设计中的目标用户和需求，结合服务蓝图的构建，找到了整个服务体系中的重点项目，并给出了基于用户体验旅程法的健身餐服务设计实践案例。

关键词：用户需求；服务设计；健身餐

1 背景介绍

1.1 健身餐的市场背景

数据显示，截至2016年，中国约有2700家健身俱乐部，会员数量超过390万。中国健身市场规模也在2016年突破130亿元人民币，位列亚洲第三，跻身全球前20。健身餐作为健身伴侣，也逐渐成为行业热议的话题。据2016年健身教练培训及亚洲形体学院中国健身行业大数据显示，以为健身人群提供的主食沙拉为例，2015年上海轻食沙拉店数量不到50家，2016年底已有300多家，外卖平台上相应的订单量从2016年的1%增长到2017年的5%。健身餐行业逐渐兴起，健身餐外卖市场具有广阔前景。但是，目前大多健身餐都是由健身发烧友自主搭配或者由营养师进行指导搭配而成。当然也存在普通健身爱好者自己做健身餐的现象。然而，在这个快节奏的社会，懒人经济与低时间成本成为健身餐市场可利用的条件。通过调研分析，健身餐在一线城市和非一线城市都有市场，大城市的居民购买力较强、健身爱好者基数比较多，但同行的竞争较强；小城市居民的购买力较弱、健身爱好者基数略低，但是相对应的同行竞争也会较弱。目前，用户订购健身餐都是根据店家当日推出的健身餐来进行选择，在食材的配比上，只是简单地分为减脂餐和增肌餐，而不是根据用户个体实际的情况来订制健身餐。每个人的体质和每次的运动量都是存在差异的，单纯地减少或增加饭量，是不科学的。

1.2 互联网健身餐行业现状

目前，关于健身餐的App非常少，经过竞品分析，可将其分为两类：一种是健身类App，如图1所示；另一种是食谱类App，如图2所示。这两种健身餐都只占很小一部分，而且都没有为用户提供真正适合他们的健身餐。健身餐是伴随着健身热潮产生的一个新行业，“三分练，七分吃”，健身和健身餐其实是相辅相成的。健身餐会影响健身的成效，而健身数据也会影响健身餐的营养成分。但由于科学健身餐的食材配比是需要很多信息的，所以目前还未有私人订制健身餐App。常见的饮食管理软件如薄荷、轻加等，Keep健身软件也有健身餐平台，但这些App主要是对饮食的一个录入功能，而简单地通过用户手动录入，大大降低了用户的体感。真正科学、合理的健身餐是需要根据用户的身体状况、运动数据实时监控来搭配的。国内的健身餐软件也只是刚刚起步，仍然有很多细节有待优化处理。

产品名称	目标人群	产品定位	主打功能	优点	缺点
Keep	[illegible]	[illegible]	[illegible]	[illegible]	[illegible]
[illegible]	[illegible]	[illegible]	[illegible]	[illegible]	[illegible]
[illegible]	[illegible]	[illegible]	[illegible]	[illegible]	[illegible]
[illegible]	[illegible]	[illegible]	[illegible]	[illegible]	[illegible]
[illegible]	[illegible]	[illegible]	[illegible]	[illegible]	[illegible]

图1 健身类App竞品分析

产品名称	目标人群	产品定位	主打功能	优点	缺点
[illegible]	[illegible]	[illegible]	[illegible]	[illegible]	[illegible]
[illegible]	[illegible]	[illegible]	[illegible]	[illegible]	[illegible]
[illegible]	[illegible]	[illegible]	[illegible]	[illegible]	[illegible]

图2 食谱类App竞品分析

1.3 健身餐服务中的用户调研分析

使用群体即消费者是服务设计的中心。在前期取得的数据中挖掘关键顾客的信息，分析他们的行为、需求对后续的工作具有决定性的意义。通过在网上发放问卷调查的形式获得的数据显示，用户在健身中遇到的主要问题如图3所示。

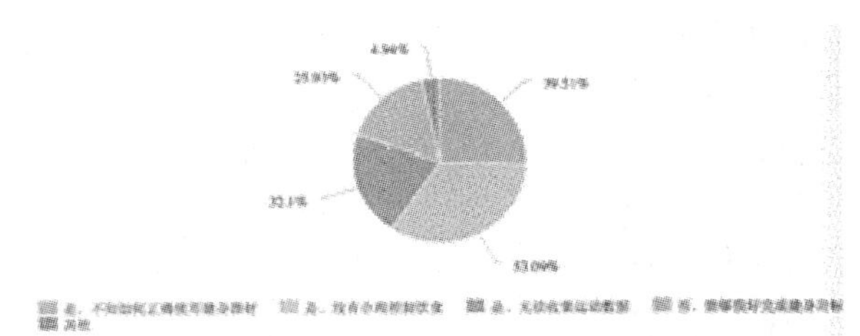

图3 用户在健身中遇到的主要问题

而对于健身餐服务中，我们得到的数据显示，用户需求如图4所示。

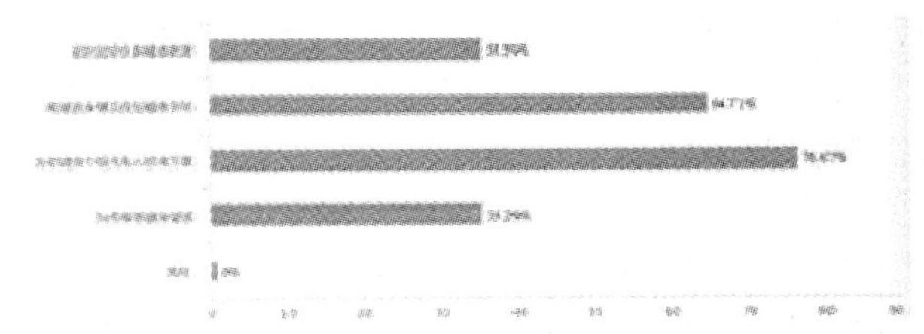

图4 用户对健身餐服务的需求点

对于为用户提供私人订制健身餐服务，我们的数据显示，有81.25%的人愿意尝试，有18.75%的人不愿意。由此看出，针对健身人群，多于80%的人希望可以针对自己的身体情况，科学合理地搭配适合他们自己的健身餐。

2 相关概念

2.1 用户体验旅程图的基本概念

服务设计强调针对目标用户的不同服务接触点进行服务体验设计，接触点多以时间顺序进行梳理，并把这种服务接触点梳理的方法称为用户体验旅程法。用户体验旅程法梳理的最终产物是用户体验旅程图。

用户旅程图的功能，在于能为服务构建生动逼真、结构化的使用者经验资料。通常会运用消费者与服务互动的接触点，作为构建旅程的架构——以消费者体验为内容建立起来的迷人故事；在做这些故事中，可以很清楚地看到服务互动的细节，以及随之产生的情感面连接。构建用户旅程图，首先要发现其中的接触点，等了解清楚接触点之后，再用具体的方式连接这些接触点，描绘出一个用户完整的服务体验。在用户体验旅程图中，不仅要将一连串的服务接触点呈现出来，还要收集相关的故事，说明各个触点发生的原因。用户体验旅程图包括用户需求、用户行为、用户感想以及体验情绪，通过分析用户的情绪体验找出痛点，从而得出产品的机会点。

2.2 服务蓝图的基本概念

服务蓝图是一种具体说明服务各个层面的方法，通常必须建立一张图表，载明使用者、服务提供者与其他服务相关各方角色，详细说明从消费者接触到幕后工作等各项流程。通过服务蓝图，可以很清楚地知道用户行为、实体表现、前台工作以及后台工作的相互联系，借以找出服务中必须检查与调整的项目。

3 健身餐服务设计中

3.1 健身餐服务设计中的用户体验旅程图构件

用户体验旅程图一般包括用户行为、用户感想、用户需求、情绪体验、痛点分析以及机会。根据实地分析和健身餐配比所需信息，将整个服务过程按用户行为分解为健身时、健身后、就餐三部分，如图 5 所示。

找出用户在各个阶段的接触点，分析目标用户在这些阶段的体验感受，可以得知目标用户情绪出现的低落点主要有：运动过程中不清楚自己的运动消耗量，不知道该如何挑选健身餐，外卖等待时间太长导致错过身体最佳吸收时间。通过分析用户情绪低点，挖掘造成情绪低点的痛点，并分析可行的产品机会点，为后续的接触点发现做铺垫。从用户体验旅程图可以分析出健身餐服务设计中的缺口，并最终确定目标用户需求。

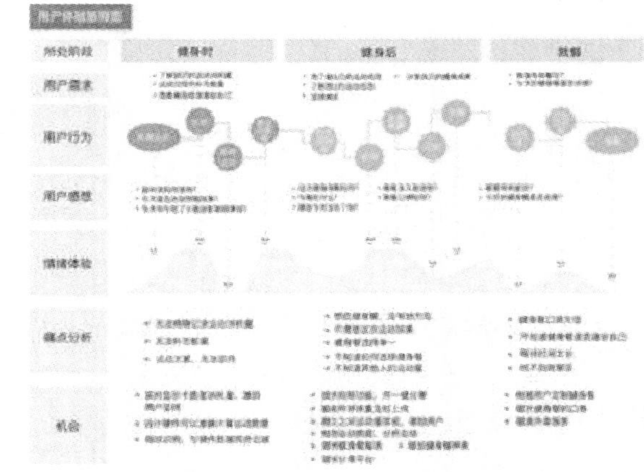

图 5 健身餐服务系统的用户体验旅程

(1) 能力量训练指导系统实时采集力量训练的负荷和训练量，通过云端传输运动手环以及手机 App 端，用户可以随时了解自己的运动情况。传统健身房里只有跑步机、滑雪机等运动器材才能收集到用户的运动数据，而对于力量型训练，则只能通过运动手环来进行检测。智能运动手环记录步数的准确性排序为下楼梯＞上楼梯＞快走＞正常走＞慢走。智能运动手环无法辨别穿戴者的运动状态，其工作原理存在一定不足，导致误差较大，这使得用户因在健身时不清楚运动数据而遭遇情绪低落。

(2) 通过智能力量训练指导系统收集到的运动数据，再结合用户自身身体状况，为用户定制私人健身餐。目标用户对健身餐其实有很大需求，他们需要通过正确、科学的指导，才能达到更好的健身效果。

(3) 线上 App 端挑选为用户定制的几套健身餐，线上下单付款，在健身房取餐区通过二维码即可取餐。通常在健身完的 1.5 小时内，是身体吸收营养物质的最佳时间，而传统的健身餐多采用外卖的形式，路上情况不确定，很难保证在规定时间送达，以致错过用户吸收营养的最佳时段。

3.2 健身餐服务设计中服务蓝图构建

服务蓝图的构建主要以用户在健身餐服务设计下的行为为主线，分别写明实体表现、前台工作、后台工作、支持过程以及各个之间的联系，并且以图标的方式呈现。通过分析用户旅程图，明确了用户在健身前后对于健身餐的服务缺口和解决方案以及用户需求。在此基础上，就可以通过构建整个服务体系下的服务蓝图（如图 6 所示），清楚这些服务背后所需的工作流程，借以找出需要检查和调整的部分。

服务蓝图

实体表现	硬件显示个人信息	手环显示运动数据		显示体脂率	App显示打卡信息	显示推送的健身餐	订单的确认	二维码	健身餐
用户行为	刷指纹	健身	查看运动数据	称体重	拍照、打卡	订购健身餐	下单	洗漱换衣	二维码取餐
互动接触线									
前台工作	登入账号	录入运动数据和体重		手环提示称重	App上传显示动态	推送健身餐	收款和提供订单		订单确认
可视分界线									
后台工作	识别指纹	传输数据到云端		导入手环数据和硬件数据	根据运动数据搭配健身餐并推送信息		准备健身餐	制作健身餐并送至取餐区	
内部活动分界线									
支持过程		云储存云计算			大数据		采购食材		

图 6　健身餐服务系统中的服务蓝图

4　基于用户体验的健康餐服务设计实践案例

4.1　健身餐服务系统构成

经过对用户体验旅程图的分析，对用户在健身餐服务体系下对各个接触点的痛点进行梳理，并分析机会点，再通过服务蓝图对各个重要元素的工作之间的联系呈现，得出了一套全新的健身餐服务系统。

这个全新的系统与传统模式最大的区别在于：通过智能设备对健身房的力量型健身器材采集用户健身中的运动数据，健身完之后通过智能秤检测到最新的体脂率；所有的数据将传输到云端进行储存和分析，并传输到移动端，通过营养师健身菜单和大数据分析健身餐食材配比，定制出适合用户的科学合理的健身餐方案；通过用户线上下单付款，健身菜单将自动传输到健康后厨，通过 TV 端实时显示下单情况和每单健身餐配比量，用户洗漱换衣之后，通过二维码即可在取餐区获取健身餐，保证在最有效的时间段让用户获得健身餐。

4.2　智能力量训练指导系统采集用户健身数据

智能力量训练指导系统采用巧妙的配重标签设计替代了原有的 PVC 纸状标签。训练中使用多功能插销自动识别配重负荷，并自动计算训练量；高清安卓屏幕能够完美展示训练计划和训练指导；训练后通过扫码可分享训练量。这个系统主要由插销和插销导向板构成，如图 7 所示。

插销中包含加速传感器用来检测称块的移动；光电直读检测配重块的值，如 5kg、10kg 等，以及插销是否完全插入导向板；蓝牙将检测的数据传输到移动端，如图 8 所示。

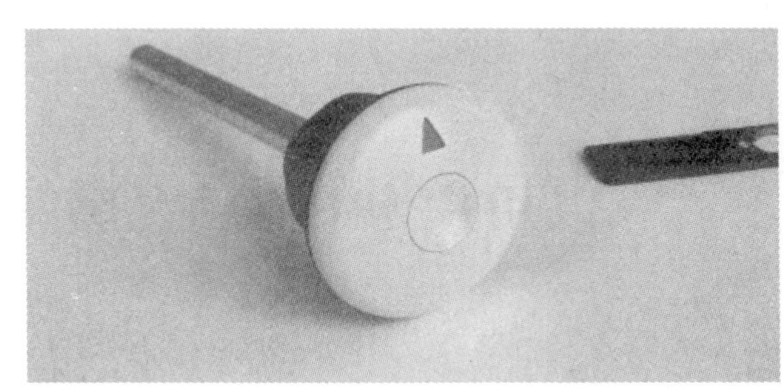

图 7　智能力量器械——插销

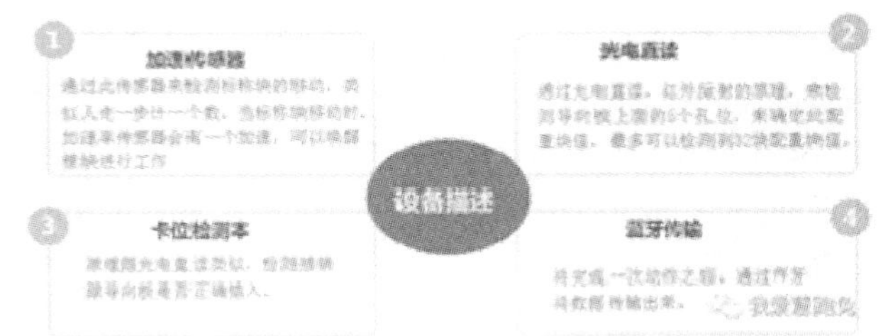

图 8　智能力量训练指导系统设备描述

4.3　线上为用户推送专属健身餐 App 设计

通过健身数据和当前状态下体脂率的采集、营养师健身菜单及大数据分析健身餐食材配比，定制出适合用户的科学合理健身餐方案，健身餐方案呈现给用户，用户可以进行选择，并且针对每一个健身餐方案都可以进行食材的选择，后台数据会自动将所选的食材通过一定比例组合，使最后营养成分仍满足用户所需。同时，用户还可以在线上进行分享和交流，如图 9 所示。

图 9　健身餐服务系统界面设计

5　结语

“三分练，七分吃”，一份合理的健身餐，可以更好、更快地实现健身目标。起初，健身餐只是线下健身房的一种服务，服务的客户群体十分有限。后来，移动互联网崛起，外卖平台火了起来，于是商家们就把健身餐搬到了网上，但实际上健身餐的服务还有很大的提升空间。综上所述，通过对用户体验旅程图分析得到的痛点与机会点和服务蓝图的构件，一份根据健身数据、健身目标以及当前体脂率配制的科学、合理的私人化健身餐，是与时俱进且切实可行的，这也将是健身餐行业兴起的卖点与突破点。

参考文献

[1] 刘怡亨. 健身餐在中国二、三线城市的发展策略 [J]. 中国市场，2018 (12)：129－130.

[2] 王玉梅，胡伟峰，汤进，等. 基于用户体验旅程的旅游明信片服务设计 [J]. 包装工程，2016，37 (22)：158－163.

[3] Marc Stickdorn，Jakob Schineider. This Is Service Thinking [M]. New York：Wiley，2012.

[4] 苏水军，杨管，庄维友，等. 5 款智能运动手环健康管理的实效性比较 [J]. 体育学刊，2018，25 (3)：67－73.

以用户为中心的漫画阅读类 App 交互设计探究*

刘航宇

（成都文理学院美术学院，四川成都，610401）

摘　要： 随着移动互联网和各类智能终端的发展与普及，各类漫画阅读类 App 发展迅猛，但由于对用户的忽视、产品创新的缺乏，使得大量的漫画阅读类 App 陷入了同质化竞争格局。以 App“快看漫画”为例，探讨其 App 界面交互设计的方法，并在此基础上，提出具有良好用户体验的漫画阅读类 App 的设计思路与策略，即贯彻以用户为中心（UCD）的设计方法，同时，融合用户体验（UED）和专业生产内容（PGC）的设计理念，重视产品自身的价值、尊重用户，注重交互模式的合理性设计，有效地提升产品自身的市场竞争力，从而改变行业现状，促进移动互联网数字娱乐内容产业健康、持续、和谐的发展。

关键词： 漫画阅读；App；用户为中心；交互设计

移动互联网技术以及各类智能终端的迅速发展和普及，使得用户阅读漫画的途径发生了重大的改变，传统的纸质漫画逐步转移到了以互联网为载体的各类漫画平台上，用户阅读的载体也由传统纸质载体变成了各类智能终端设备；同时漫画在智能终端的存在形式也逐渐从单一化向多样化转变，形成了扫描版漫画、条漫、动态漫画等多种形态。因此，为满足漫画读者阅读需求的各种漫画阅读类 App 应运而生并蓬勃发展起来，这种阅读方式基于移动互联技术，适应智能终端新的阅读习惯和用户碎片化的娱乐动机，同时也为传统漫画视听化的动态表现提供了平台，受到了广大漫画读者的青睐。一款高品质漫画阅读类 App 的设计，一定是以用户为中心、能为用户带来全新体验感的，这也将成为整个动漫产业发展的核心竞争力。

1　漫画阅读类 App 产业发展现状

近年来，伴随着国家对动漫行业的高度重视，中央及地方政府都出台了多项动漫扶持政策，使得我国互联网动漫市场也得到了快速发展，行业活跃

* 基金项目：四川省教育厅人文社会科学重点研究基地工业设计产业研究中心资助项目“基于用户体验的漫画阅读类 App 界面视觉设计与研究”（项目编号：GYSJ17－029）。

作者简介：刘航宇（1985—），男，四川邻水人，副教授，硕士，研究方向：动漫设计、数字媒体艺术设计等，发表论文 10 篇。

用户规模成倍增长，比达咨询（BigData－Research）数据中心监测数据显示，截至2018年3月，主要动漫App月活用户达到8033万人次，并且受众由低龄化逐步向全民化扩散。大量漫画阅读类App研发上线，有背靠互联网大鳄的腾讯动漫、有妖气漫画、网易漫画等；有自主融资研发的快看漫画、大角虫漫画、可米酷漫画等。漫画阅读类App产品的竞争日倾白热化，但由于整个App行业的进入门槛较低，产品的研发如果缺乏用户体验设计思维的引导，必将陷入严重的同质化，产品缺乏创新，也将导致用户活跃度较低等问题。

根据比达咨询（BigData－Research）数据中心监测数据对海量移动互联网用户的行为数据进行挖掘和分析，从漫画阅读类App的用户活跃度、人均访问时长、用户安装覆盖率3个方面的追踪统计情况来看，截至2018年3月，快看漫画均排名第一。在漫画阅读类App的开发和运营过程中，如何解决用户对产品日趋快捷的审美疲劳，是各个平台急需解决的问题。目前，用户对各款漫画阅读类App的需求已从单一的阅读功能的满足转化为全方位的产品品质化的服务层面，阅读体验较差、版权内容不够的漫画阅读类App也将迅速被市场淘汰。

2 漫画阅读类App产品研发亟须以用户为中心的设计理念支持

贯彻以UCD用户为中心，以UED用户体验为决策依据的设计方法是App产品设计的核心思想和理论依据，要求设计师在设计产品的过程当中始终将用户的需求和喜好置于首位，洞悉用户的行为模式，准确掌握用户的需求及采用的手段，其最终的目标和达到的效果是让用户具有良好的体验。用户至上，以人为本，重视用户体验的高品质漫画阅读类App在研发的过程当中必当遵循用户体验的设计原则，以用户为中心，提高用户体验的品质能够增加用户对产品本身的满意程度和使用黏性，并提升用户对产品的忠诚度，同时重视用户，精确了解用户对产品本身的需求，对不同的用户提供个性化、差异化的服务，内容个性化、视角多元化、传播民主化、社会关系虚拟化并最终实现用户价值的最大化是任何一款App产品成功的关键所在。

3 基于用户为中心设计理念的漫画阅读类App交互设计的策略

被称为“信息架构之父”的彼得·莫维尔曾提出过满足用户体验需要有用、可用、合意、可接近、可靠、可寻以及有价值7个基本要素，即著名的用户体验蜂窝理论，如图1所示。我们将其解构和归纳为价值、易用、可抵达和使用意愿4个主要要素来对漫画阅读类App的交互设计策略进行研究和探讨。

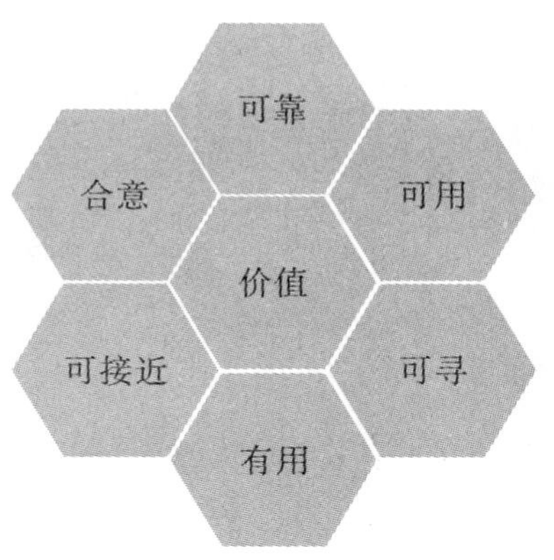

图1 用户体验蜂窝理论

3.1 重视产品本身的价值

产品的内容、功能和用户的需求是否保持了统一性是衡量产品是否有价值的一个重要标准。用户的需求在不断地变化，分为以下两种情况：一种是明确的需求，即用户可以清晰表达出来的需求；另一种是模糊的潜在需求，即用户无法明确表达出自己想要的东西。这就决定了App的内容和功能不仅要满足用户的需求，更要挖掘用户的潜在需求，带给用户持续的惊喜，才能保证产品的价值。

成立于2014年12月的快看漫画是国内首个专注于移动端的漫画阅读App平台，成立仅3年，迅速以条漫、高清、全彩等特点获取了大量年轻用户。截至2017年12月，快看漫画总用户量达1.3亿，月活近4000万，日活近1000万。根据QuestMobile、极光、易观、猎豹大数据、速途研究院等第三方机构统计，快看漫画在中国漫画App中排名第一。快看漫画的产品价值体现在巧妙地挖掘到了用户的潜在需求。作为漫画阅读App平台，产品用户分为两类：一是漫画作者，二是漫画阅读者。这两类人的共同点是年龄结构年轻化，拥有二次元属性。那么，快看漫画是如何满足用户的潜在需求的呢？

首先，快看漫画的定位是针对年轻用户的漫画轻阅读软件，其针对用户内容获取场景变化推出条漫模式和轻阅读内容，顺应移动互联网特性。在移动互联网时代下，漫画阅读载体的改变，使得条漫模式相对于传统页漫更有利于用户在碎片化时间中，使用移动端阅读漫画时得到更好的阅读体验。用户在使用手机阅读漫画时，可能是在公交、地铁等碎片化时间和环境中，条漫一刷到底和一图一版位的特性更适合在这种环境下移动端的交互操作和展示限制，保证了用户在阅读时的连贯性；同时，快看漫画还选择简单易懂的漫画剧情来应对用户碎片化阅读场景的需求。移动互联网的发展让用户拥有了大量碎片化的空闲时间可以利用，从而也产生了大量在碎片化时间消遣娱乐的需求，但由于碎片化时间短暂而分散，用户的注意力可能不会那么集中，其行为也可能会随时被打断，导致无法进入深层次的阅读，所以快看漫画提出了漫画轻阅读的形式，用户一分钟就可以阅读完一个漫画小故事，由此来保证大部分内容符合用户碎片化时间和场景的需求。

其次，快看漫画针对用户对于漫画内容偏好的转变需求，在注重剧情和画风的同时，还大力推崇发展原创国漫。快看漫画在作者创作过程当中，会根据用户对内容的需求，在剧情、人设、大纲等方面给予作者建议，帮助作者找到作品的亮点和卖点。平台甚至会跟作者一起共同创作，这既保证了作品的质量，又符合用户对于内容的偏好。快看漫画基于用户大多都是伴随着互联网成长起来的“95后”“00后”的年轻人，严格要求漫画作品的画风，一开始都以全彩的形式来满足用户群体特性的需求，并且以分类标签展示、男女版等多维度的细分筛选漫画，迎合用户多元化的兴趣需求；同时，快看漫画于开始就定位做原创国漫，专注少女漫画，利用二次元用户的动漫情结迁移用户，并且是将这部分用户服务到了极致才开始拓展新的用户类型和漫画种类。

最后，快看漫画在社交行为上迎合用户追星文化，打造作者社区，帮助双方交流互动。用户的年轻化导致追星文化盛行，并将其拓展到了各个细分领域，如著名漫画家夏达在微博拥有350万粉丝。为此，快看漫画打造了读者与作者交流互动的社区平台，为漫画作者提供发声渠道，发布作者的日常动态，与读者互动交流，拉近与读者的距离，提升知名度和影响力。读者也可以通过社区平台关注、查看和评论自己喜爱的漫画作者的日常，拉近与漫画作者的距离，增强快看漫画平台的用户黏性。

3.2 重视产品本身的价值

易用性是用户完成既定任务的难易程度，提倡产品的操作要简单、直接，应当平衡好个体体验和群体共性的关系，尽可能地让最大数量的用户在不需要说明文档的情况下，用最少的时间和学习成本，快速学会使用，其内容具有可发现性、可搜索性和可读性，易于被用户识别的信息和提示等。

3.2.1 采用极简主义交互设计风格

极简主义设计是指剔除多余元素，凸显主题使用户注意力聚焦，避免分散，倡导平静、本真和回归。移动互联环境下的用户具有上网时间碎片化、获取信息表面化、应用指向明确化、使用行为随机化等诸多特点，这些特点共同决定了漫画阅读类App的交互设计应该采取极简主义设计风格。大胆删除多余元素，优化行为设计，打造简单的主流用户体验，但简单并不意味着缺失和笨拙，而是要保证用户在简单的体验中优雅地完成任务达成目标。

快看漫画一直以来坚持极简方能不被超越的理念。默认首页以黄色为主色调，浅灰色背景色相辅，图标和颜色的设计都比较简洁，走可爱小清新路线。以当下流行的卡片式设计、浅灰色背景并用时间流串起，由于界面元素较少，视觉噪音也相对降低，使其看起来更加干净、清爽、简洁，从而最大限度地凸显漫画作品信息。这种打破传统模板式的个性化UI设计，使得产品界面更加清新和美观，不仅突出了产品本身的美感，而且还更加符合用户活泼、开放的性格特征。同时，产品功能的图标设计简洁、清晰，使得用户可以快速、便捷地了解产品功能的操作方式，如图2所示。

图2 快看漫画首页界面

3.2.2 核心功能避免堆砌、信息设计简约

用户在选择使用App产品时，核心功能是其重要的考量标准之一，对App应用的需求仅仅是在碎片化的时间内提供单一的精准服务，而不是大量功能的堆积。同时，秉承“简约”的信息设计原则，将信息内容和核心功能有效组织与结构，使得App产品实用、易用，保障产品的可行性、高效性、安全性、易学性和易记性从而提升用户体验的品质是App产品研发的基本策略。

例如快看漫画导航首页的交互模式，充分体现了其阅读漫画的核心功能，页面顶部栏有 5 个交互按钮，默认推荐页为“热门”列表，其他 4 个分别是活动、关注、浏览历史、搜索按钮，整体构架简单。其中，“热门”列表由导航栏和漫画列表组成，底部栏从左往右分别为漫画、发现、社区、用户栏目，采用了导航式平铺设计，默认漫画图标为黄色，其他图标为灰色显示，整体视觉效果简洁明了，充分展现了设计中简而精的思维，使得用户可以快速完成产品的基本操作。

在内容呈现的交互模式上，页面导航栏显示有时间周期，左右滑动可查看当日漫画的更新列表，单击漫画列表可直接查看当日更新漫画的内容，交互效果甚佳，便于用户在第一时间看到最新的漫画，从内容上看，每一个漫画列表都显示封面、标题和实时热度，用户可查看漫画更新的详情；点击漫画详情页面，顶部呈现的是漫画基本信息，结构上分为简介和内容，默认为漫画内容列表，每一话的基本信息都显示在内，每一话的封面和标题都不相同，内容列表右上角是正序和倒序的选择控件，便于用户记录和查找；快看漫画的条漫模式，其阅读方式默认为下拉列表阅读，末尾有此话的详细信息，用户可以点赞、评论和分享漫画；右上角有全集控件可一键返回漫画详情页面，下拉列表为用户评论详情，底部为快速评论入口，便于用户快速、便捷地寻找到自己感兴趣的漫画内容进行观看。

快看漫画在操作流程设计上秉承了“简约”的信息设计原则，将产品的信息内容和核心功能有效组织与结构，使得产品更加实用和易用，从而也提升了用户体验的品质，如图 3 所示。

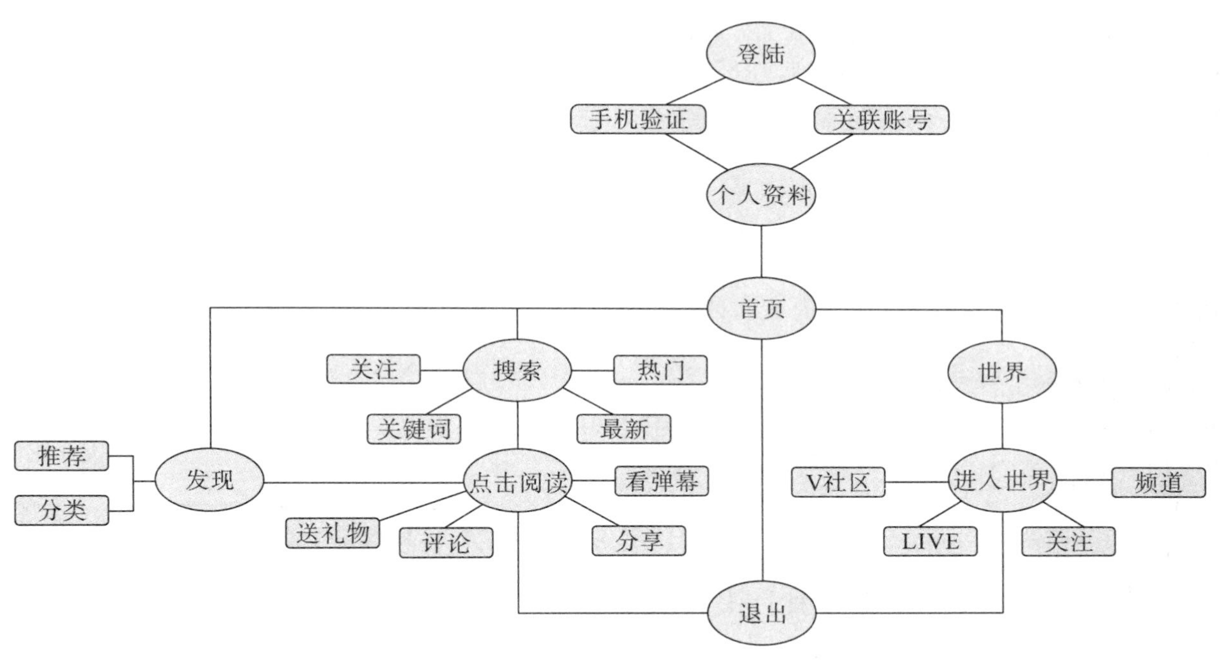

图 3　快看漫画操作流程

3.3　重视产品本身的价值

可抵达性取决于产品的可信度和品牌认知度，一个产品的特性再好，如果没有人下载安装，那也无济于事。漫画阅读类 App 需要大量的用户，不管是作者还是读者。因此，在进行交互设计时要考虑到产品将要在什么样的场景下初次展示在新用户面前，进而带动新用户后续安装，要保证容易接触和方便安装这两个原则。快看漫画的可抵达性设计主要体现在通过明星、粉丝效应提高其品牌知名度。创始人兼 CEO 陈安妮本身就是一名漫画作者，其个人微博在创立快看漫画之前就已经积累了 900 多万的粉丝，2014 年 12 月，陈安妮的一则鸡汤漫画《对不起，我只过 1%的生活》于 2014 年末刷爆全微博，得到了近 40 万次的转发，IOS 版应用在一天之内就冲上了 App Store 中国区排行总榜第 5 位。快看漫画在上线 3 天之后，下载用户就超过了 100 万。在随后两年多的时间里，用户数涨到了 9000 万，已经跻身为漫画行业的佼佼者。

3.4　重视产品的用户使用意愿

用户使用产品的意愿是否强烈，换言之，产品是否可以让用户觉得有趣，进而产生用户黏性。因此，在进行 App 交互设计时，要将情感化设计贯穿始终，增强用户在使用过程中的参与感。

阅读类产品的互动功能已经达到了一个相对成熟的阶段，漫画阅读类 App 产品的功能大同小异，基本包含翻页、书签、离线缓存、日夜景模式切换、弹幕聊天、分享、评论、签到奖励机制等功能，快看漫画取胜的关键就是将在这些通俗功能极度地细致化。例如，以条漫的形式呈现内容，适合当前移动端平台的交互操作和展示限制，使得用户阅读漫画时得到更好的阅读体验；平台经常在社区举办“同人”活动，吸引了大量读者和动漫爱好者的参与，直接促进了用户数量的增长；利用大数据分析用户感兴趣的话题，在社区中建立起最新和热门评论的同时，还搭建了议题专栏，大大地增加了用户黏性。

4 结语

近年来，随着二次元文化的发展壮大，越来越多的年轻人成长为主流用户，当初的亚文化逐渐发展成为互联网的主流文化，二次元领域的 AGCN [Animation（动画）、Comic（漫画）、Game（游戏）、Novel（小说）] 文化基本覆盖现代青少年文化娱乐相关领域。截至 2017 年，国内的泛二次元用户已经达到了 2.7 亿，核心“二次元”用户规模达 7000 万。由此可见，移动互联网时代和读图时代的到来，让漫画迎来结构性的机会，爆发性增长，漫画成为新生代的首要阅读形态，这一市场将更加广阔。那么，在“一屏之争”中，能够满足用户个性化需求、提供优质服务，就成为一个 App 应用软件持续稳定发展的撒手锏。基于以用户为中心 UCD 的设计理念，通过对漫画阅读类 App 快看漫画的交互设计策略分析，总结出了增强 App 用户体验品质的设计方法。尊重用户，了解用户核心需求，发掘用户潜在需求，设计出极简而精致的交互模式，优化用户体验，增强用户黏度，进而提升自我市场竞争力。

参考文献

[1] 比达网. 2018 年第 1 季度中国动漫 App 产品市场研究报告 [EB/OL]. [2018－05－21]. http://www.bigdata-research.cn/content/201805/685.html.

[2] 比达网. 2018 年第 1 季度中国动漫 App 产品市场研究报告 [EB/OL]. [2018－05－21]. http://www.bigdata-research.cn/content/201805/685.html.

[3] 杨君顺，武艳芳，苟晓瑜. 体验设计在产品设计中的应用 [J]. 包装工程，2004，25 (3)：85－86.

[4] 吴琼. 交互设计的域与界 [J]. 装饰，2010 (1)：34－37.

[5] Garrett J J. 用户体验的要素——以用户为中心的 Web 设计 [M]. 范晓燕，译. 北京：机械工业出版社，2011.

[6] 施奈德曼. 用户界面设计 [M]. 张国印，译. 北京：电子工业出版社，2006.

[7] 于东玖，吴晓莉. 设计中易用性原则与情感的关系 [J]. 包装工程，2006，27 (6)：308－309.

[8] 欧细凡，谭浩. 基于心流理论的互联网产品设计研究 [J]. 包装工程，2016，37 (4)：70－74.

[9] 姜进章. 新媒体管理 [M]. 上海：上海交通大学出版社，2012.

基于互联网思维的社区智慧养老服务设计系统建设

刘 娟 冯 峥 张婷婷 李雅坤 付雅楠 张 婧

（郑州轻工业学院，河南郑州，450000）

摘　要：智慧养老利用先进的信息技术手段，面向居家老人开展物联化、互联化、智能化的养老服务。其核心在于运用先进的管理和信息技术，将老人与政府、社区、医疗机构、其他服务提供商等紧密联合起来。使老年人在不改变居住地和居住环境的前提下，在家中就可以享受到养老服务。以政府为先导，充分利用社会和家庭资源，与社区内外各项资源进行联动，带动社区智慧养老的发展。智慧养老不仅可以提升老年人的生活质量和生活幸福指数，同时还可以促进社区周边服务行业的发展，形成稳定的消费群体，带动社会经济发展。

关键词：智慧养老；服务设计；社区

在服务经济时代的背景下，社会是循环导向型社会，设计的目标是建立与服务相关的各种能动性资源之间的相互“关系”。养老并不是局限于单一领域的专业性问题，而是具有广泛解域的综合性问题。在目前智慧社区养老的研究当中，大多都是从信息技术、信息平台建设等方面进行研究的。本文将从服务设计系统论的角度出发，对社区老年人生活各方面的需求进行挖掘，利用设计思维加强各学科之间的跨界协同，以老年人为中心，整合社区内原有配置、社区周边资源、环境等因素，从不同维度对社区智慧养老进行统筹规划，明确社区智慧养老的服务体系、运转模式以及相关利益者的职能范围。

1 研究背景

1.1 国内外现状

在国外，社区智慧养老最早由英国生命信托基金提出，也被称为“全智能老年系统”，即现代信息技术和智能设备（如互联网、物联网、移动计算、智能终端等）打破了养老时间、空间束缚，为老年人提供优质的养老服务。日本着力打造“30 分钟养老护理服务社区”，即以社区服务为基础，在 30 分钟路程范围的社区内建设基础养老护理服务设施的服务模式。缩短老年人护理检测的时间，方便老人以社区为单位完成日常护理项目。

在国内，随着人口老龄化加剧，养老服务工作的发展，社区服务逐渐与养老服务体系、政府部门、服务组织相结合，其中以江苏省苏州市沧浪区的“居家乐 221 养老服务系统”最具代表性。该系统以葑门街道的“邻里情”居家养老服务为基础，政府、企业、社区物业共同合作，向社区老人提供 53 项服务内容，涵盖养老服务的方方面面，满足社区老人的各种需求。此外，还有河南省新乡市老龄委主办的“12349 居家养老服务中心”，以现有社区为依托，利用社区辐射周边资源，带动养老产业。

随着社区养老服务的不断发展和社会各方的不断支持，以民营企业为主导的养老服务机构也逐渐成为我国养老的一股新生力量。“乐成养老”是一家专业从事养老服务的民营公司，它通过将社区医疗资源与养老资源相结合，实现社会资源利用的最大化。其中，“医”主要包括医疗康复保健服务，服务项目涵盖常规医疗服务，具体有健康咨询服务、健康检查服务、疾病诊治和护理服务、急症后康复服务以及临终关怀服务等特色服务项目；而“养”包括生活照护服务、精神心理服务、文化活动服务，以“医养一体化”的发展模式，集医疗、康复、养生、养老等于一体，将养老机构和社区医院的功能相结合，把生活照料和康复关怀融为一体的新型医养服务模式。此外，还有北京的双井恭和苑老年健康生活中心被政府确定为“医养结合”试点养老机构，为自理、不自理和失智老人提供生活照护、营养配餐、保健医疗、康复调理、修身养性等全方面、多维度的高品质照护服务。

1.2 现有社区养老服务平台及系统

近年来，众多企业、专家学者纷纷投身于智慧社区养老服务平台及系统的研究和开发。李山使用“Phone Gap”开发了基于移动医疗的老年人健康管理的系统。NEC 与北京汇晨老年公寓的合作，成功地将智能老年公寓信息化系统应用于社区建设。目前还有一些网络平台也相继推出居家养老服务，如“养老网”“爱老网”“颐养在线”“米寿”等。其中，“养老网”以提供养老机构信息为主，“颐养在线”以推送老年人健康生活资讯、老年旅游等信息资讯为主，“米寿”则是以养老护理、长者膳食以及数字化健康管理为核心业务。

2 搭建智慧养老服务体系

智慧养老是利用先进的信息技术手段，面向居家老人开展物联化、互联化、智能化的养老服务。本文架构的核心在于运用互联网思维，将老人与政府、社区、医疗机构、生活服务、教育服务等密切联系一起，形成服务矩阵，机构连接。其目的在于：运用互联网技术满足社区老人生活的各方面需求；运用服务设计的理念，建构基于老年人需求的养老服务新模式；开发智能化的辅助产品，为老人打造良好的辅助生活环境；为老人以及第三方服务提供者搭建起智慧平台，创建良好的社区养老服务模式，营造健康、便捷、舒适、安全的美好生活。

2.1 城市老人日常需求及其体验洞察

本研究从服务系统论的角度出发，对社区老人生活各方面的需求进行挖掘，整合服务、产品、行为和环境各个层面的知识和技能，运用服务设计的方法和工具对现有智慧养老进行分析，从而设计一个让系统中各利益相关者共赢的、可持续的、具有适应性的社区老人智慧养老服务系统。本文从以下几方面开展研究。

2.1.1 样本分析

通过对河南省新乡市 12349 养老服务中心进行访问和调查研究，对服务资源、基本设备、社区基本人口、地域情况等进行实地考察与资料收集。

2.1.2 样本采集后数据的归纳与整理

（1）安全：主要包括食品、药品的使用安全问题，药品、食品的过期问题，水、电、煤气的安全问题，老人外出时忘记是否已将家中设备关闭的问题等。

（2）生活服务：主要包括超市买东西路程较远问题、家庭清洁问题、营养餐的搭配问题等。

（3）医疗服务：主要包括老人理疗排队问题、购买药物偏远问题、日常意外受伤跌倒等突发问题等。

（4）情感陪伴：主要包括子女亲属的陪伴、交友等。

（5）辅助设备：主要包括符合老年人需求的出行设备。

2.1.3　建构新型智慧养老创新模式

从人、产品、运行平台 3 个维度来分析建构服务养老系统（图 1）。

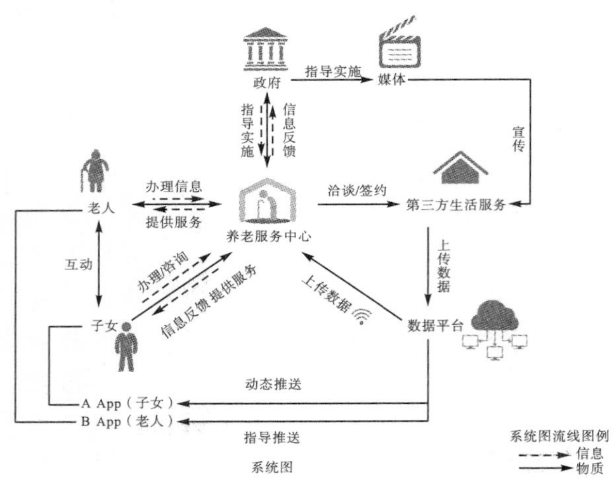

图 1　服务养老系统图

（1）人：子女及老人向养老服务中心办理信息。

（2）产品：手机 App 预约服务，支付金额或积分①，老人健康监测，针对老人需求的信息推送，发掘潜在需求。

（3）运行平台：养老服务中心主要负责办理业务，如子女或老人缴费（信息录入、水电费等）；政府指导实施方案；媒体进行宣传和推广；第三方生活服务（医疗机构、生活服务机构、教育机构）和养老服务中心签约形成连接，为老年人提供更加便捷的需求。服务中心根据老人的病情提供服务和信息反馈，使老人及时获取自己的健康信息及指导意见。

2.1.4　建立用户模型

从用户的角度建立用户信息，了解用户的年龄、健康状况、收入来源、性格及爱好进行详细的信息描述，发现用户的痛点，如图 2～图 4 所示。

图 2　典型用户模型 1

图 3　典型用户模型 2

图 4　典型用户模型 3

2.1.5　接触点与用户旅程图

用户旅程图如图 5～图 7 所示。

① 积分：新乡市 12349 居家养老服务中心实行积分养老。通过银行定期存款、生活缴费、参加老年课堂等行为均可获得相应积分，定期存款 10000/年得 300 共享积分，缴纳话费 10 元得 1 共享积分，参加老年课堂可获得 5 积分。1 积分等于 1 元服务，可用于理疗、家政、购物等，不同活动对应不同的兑换比例。本文所出现的“积分”均参照该积分模式。

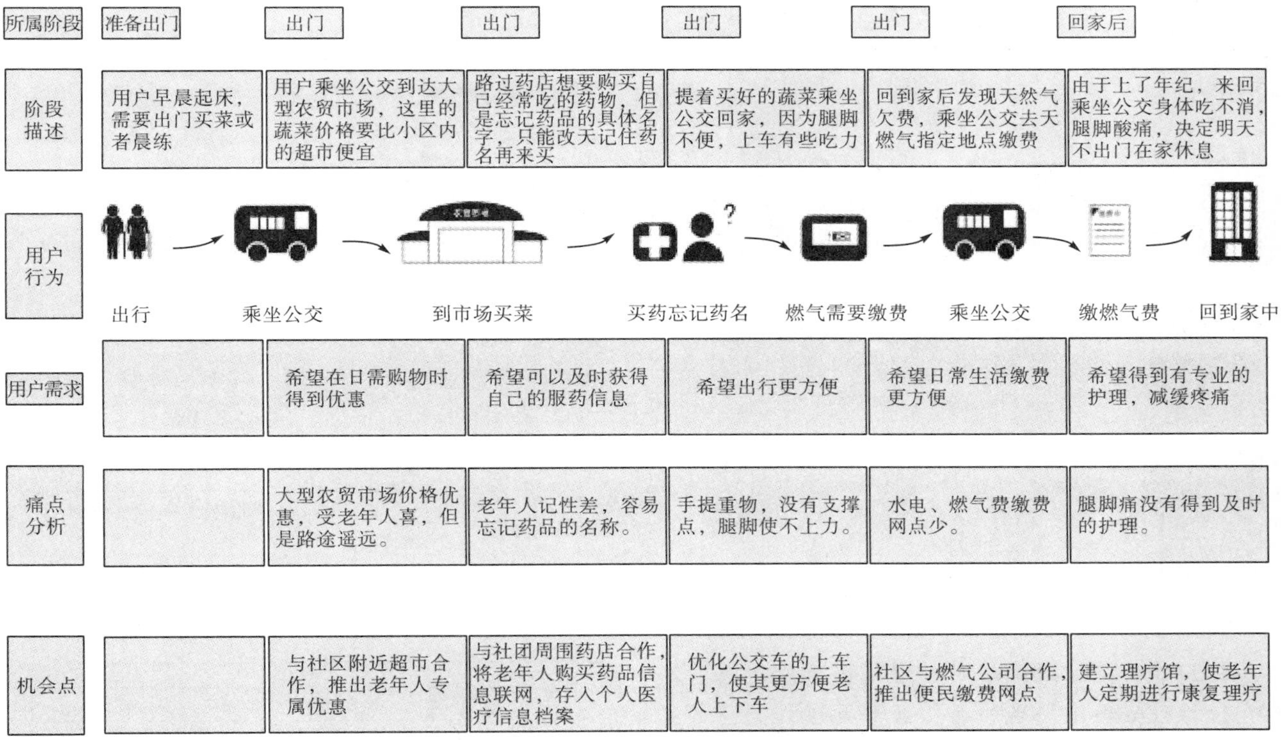

所属阶段	准备出门	出门	出门	出门	出门	回家后
阶段描述	用户早晨起床，需要出门买菜或者晨练	用户乘坐公交到达大型农贸市场，这里的蔬菜价格要比小区内的超市便宜	路过药店想要购买自己经常吃的药物，但是忘记药品的具体名字，只能改天记住药名再来买	提着买好的蔬菜乘坐公交回家，因为腿脚不便，上车有些吃力	回到家后发现天然气欠费，乘坐公交去天燃气指定地点缴费	由于上了年纪，来回乘坐公交身体吃不消，腿脚酸痛，决定明天不出门在家休息
用户行为	出行 → 乘坐公交 → 到市场买菜 → 买药忘记药名 → 燃气需要缴费 → 乘坐公交 → 缴燃气费 → 回到家中					
用户需求		希望在日需购物时得到优惠	希望可以及时获得自己的服药信息	希望出行更方便	希望日常生活缴费更方便	希望得到有专业的护理，减缓疼痛
痛点分析		大型农贸市场价格优惠，受老年人喜，但是路途遥远。	老年人记性差，容易忘记药品的名称。	手提重物，没有支撑点，腿脚使不上力。	水电、燃气费缴费网点少。	腿脚痛没有得到及时的护理。
机会点		与社区附近超市合作，推出老年人专属优惠	与社团周围药店合作，将老年人购买药品信息联网，存入个人医疗信息档案	优化公交车的上车门，使其更方便老人上下车	社区与燃气公司合作，推出便民缴费网点	建立理疗馆，使老年人定期进行康复理疗

图 5　用户旅程图 1

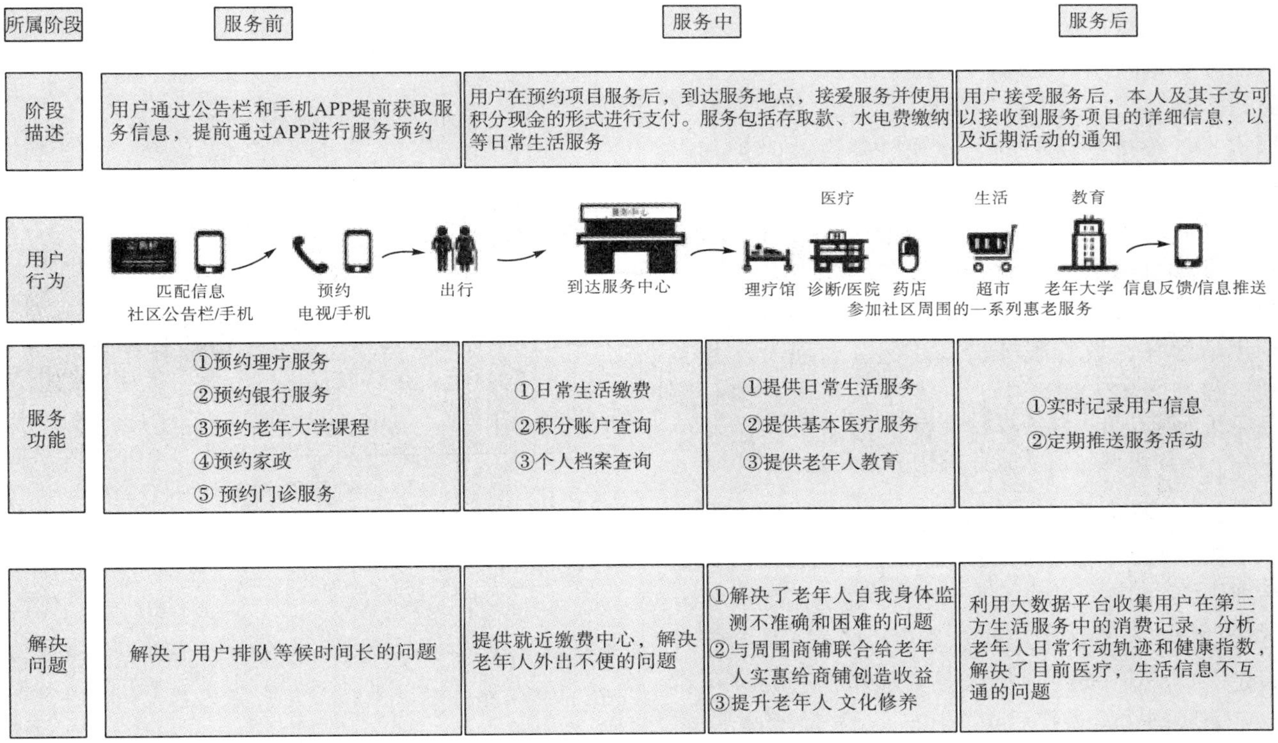

所属阶段	服务前	服务中		服务后
阶段描述	用户通过公告栏和手机APP提前获取服务信息，提前通过APP进行服务预约	用户在预约项目服务后，到达服务地点，接爱服务并使用积分现金的形式进行支付。服务包括存取款、水电费缴纳等日常生活服务		用户接受服务后，本人及其子女可以接收到服务项目的详细信息，以及近期活动的通知
用户行为	匹配信息 社区公告栏/手机 → 预约 电视/手机 → 出行	到达服务中心	医疗：理疗馆、诊断/医院、药店；生活：超市；教育：老年大学（参加社区周围的一系列惠老服务）	信息反馈/信息推送
服务功能	①预约理疗服务 ②预约银行服务 ③预约老年大学课程 ④预约家政 ⑤ 预约门诊服务	①日常生活缴费 ②积分账户查询 ③个人档案查询	①提供日常生活服务 ②提供基本医疗服务 ③提供老年人教育	①实时记录用户信息 ②定期推送服务活动
解决问题	解决了用户排队等候时间长的问题	提供就近缴费中心，解决老年人外出不便的问题	①解决了老年人自我身体监测不准确和困难的问题 ②与周围商铺联合给老年人实惠给商铺创造收益 ③提升老年人 文化修养	利用大数据平台收集用户在第三方生活服务中的消费记录，分析老年人日常行动轨迹和健康指数，解决了目前医疗，生活信息不互通的问题

图 6　用户旅程图 2

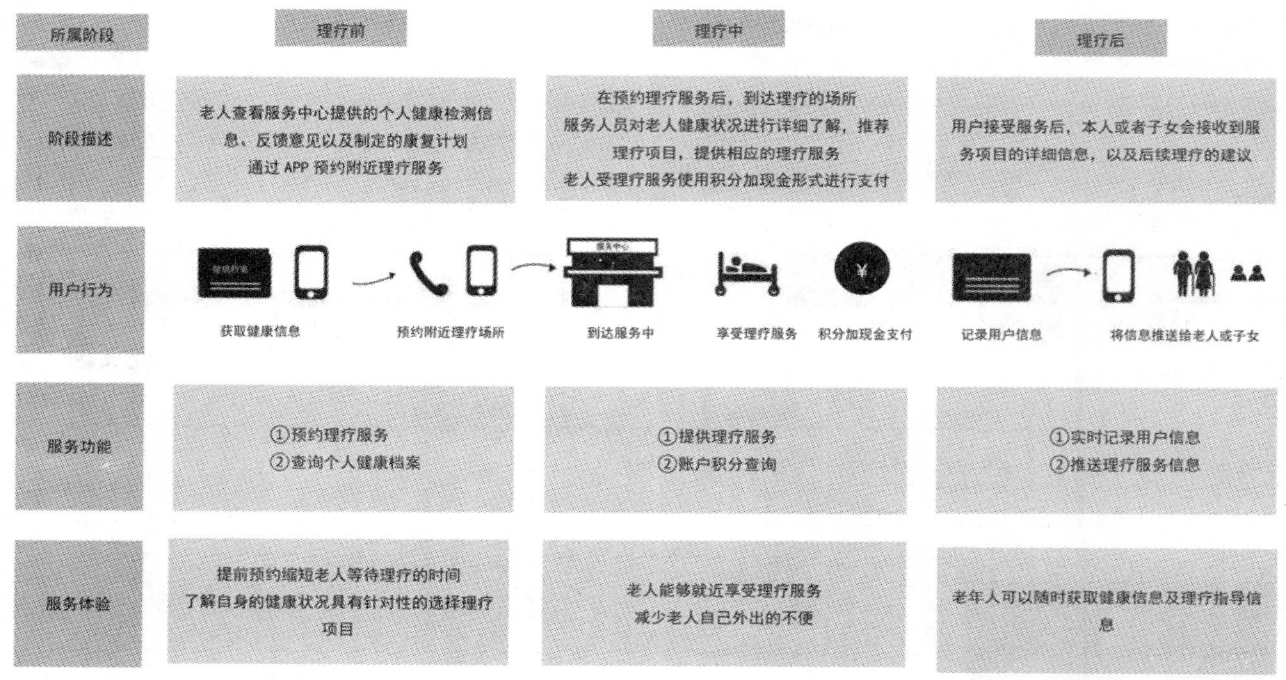

图 7 用户旅程图 3

用户旅程图，以讲故事的形式进行用户体验，尽可能地在故事中呈现所有服务交互过程的情节，并在这些情节中发现用户痛点，寻找到符合老人需求的机会点，做优化。从接触点上发现，大型农贸市场价格优惠，受老年人喜爱，但是路途较远，老人需要长时间或者多次转车才能到达；老年人记性差，容易忘记药品名称，导致买错药；水电燃气费网点少，等待缴费时间长；腿脚痛没及时护理等问题。

针对用户旅程图 1 对用户的痛点进行分析，从中发现机会点，从而分析服务功能，进行服务优化。老年人在家中通过手机即可方便地提前预约生活服务、教育服务、医疗服务。同时在各个社区设立老年人服务中心，老年人在服务中心缴纳水电费等费用，在获取方便的同时，还能获得专属优惠。

2.1.6 接触点与服务蓝图

服务蓝图以用户行为的形式进行操作体验，把物理事实、用户行为、前台行为、后台行为、系统支持进行对比，清晰地看出服务的可操作性。老人通过手机 App 预约理疗服务，选择合适的时间和地点完成操作，理疗后扣除相应的积分，手机上收到评价反馈。老人抵达服务中心后，通过手机支付水费、电费等各种费用，如图 8 所示。

2.1.7 核心需求功能

本项目的核心需求功能主要有预约服务及呼叫、支付、信息推送、个人档案。

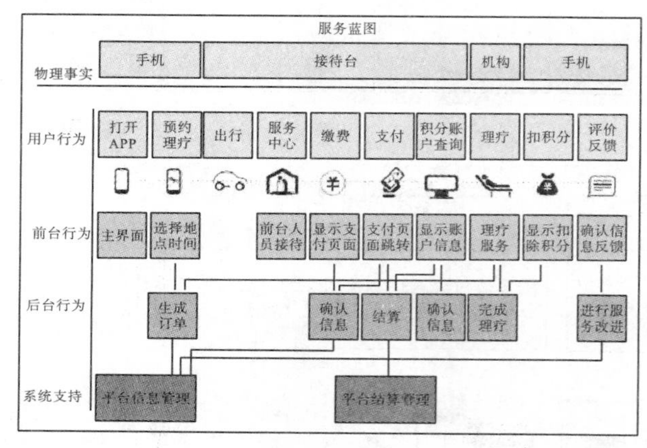

图 8 服务蓝图

2.2 社区养老（服务）模式的创建策略

目前，老人在获取社区服务和医疗服务上仍然存在不少困难，运用互联网快速高效的整合社区周边资源成为解决困难的有效途径之一。家庭养老越来越依附于社区服务，逐渐向社区加家庭养老模式过渡。因此，社区养老模式的创建成为社区建设的当务之急。

将养老服务中心站点设立在老人社区内，并签约各大合作商方便老人获得服务，无论在哪个社区哪个地点都可以享受到养老服务。老人只需在养老服务中心完善信息，办理相关手续，领取养老服务卡。通过银行存款、缴纳话费等行为即可获得积分进行消费。下载相关手机 App 轻松预约服务后，到就近的服务中心享受服务。

根据现有条件，在原有的资源基础上，形成服务矩阵，扩大碎片化，联系更多的服务商，为老人提供便利。

当下互联网与通信产业的发展正在渗入社会全产业链条和全生命周期，其与工业经济完全不同的生产要素、商业模式和经济形态正在改变这个世界。在这样的社会背景下，老年人需求也更加多维、多向、多样，这促使了设计关怀从身体照护拓展到心理建设，从改善老年人个人生活系统扩展到重构社会服务系统。因此，本文从服务设计的角度切入，以互联网思维的思考方式展开社区智慧养老的模式建立，将家庭、社区、各类社会机构、运营商进行连接，同时将积分运营与线上线下的第三方生活服务资源串联，运用大数据技术手段更加快速准确地发掘用户潜在需求，这样不仅使老人更方便、安全、高效地享受到服务，提高生活质量，还可以加快服务行业的发展，增加就业，实现服务行业的经济增长。

3 智慧养老服务设计提案

3.1 基于互联网思维的社区智慧养老服务系统的实施方案

本文通过细化目前社区养老服务系统的服务内容，并引入互联网思维和大数据分析技术，改善目前社区老人与养老服务提供商之间的信息传递效率低下、子女对老人生活细节的不了解、老人与服务机构难以展开互动等情况，提高服务中心对老人相关数据的转化效率，提升相关养老服务提供商与老人关系的密度，增加子女与老人的互动频率，从而激发社区养老的活力。

3.2 构建全局式的养老服务中心

现有的以老人为中心的养老服务系统仅强调了服务提供商提供服务时的物理因素对服务质量的影响。而本文的服务系统会在此基础上更加注重对利益相关者在影响服务过程中产生的信息进行收集、整理和挖掘，使养老服务中心成为所有利益相关者建立信任的基础和信息共享中心，实现全局式的服务互联，提高服务转化的效率。其主要体现在老人生活领域、第三方生活服务领域和政府指导领域3个服务领域。

在老人生活领域中，主要利益相关者是：老人的子女、养老服务中心、第三方生活服务（如医院、超市、老年大学等）；活动空间：家、社区；主要行为：出行、理疗、就医、购物、学习等。特点：生活基本能够自理，对自身的身体状况有一定的认识，会听从养老服务中心提出的建议和安排。

在第三方生活服务领域中，主要利益相关者是：政府、媒体、养老服务中心、老人；活动空间：老人的家里、社区、医院、超市、老年大学等；主要行为：治病、保健、家政服务、老年教育等。特点：第三方生活服务包含了多种养老服务，涉及大量的服务提供商，这些服务提供商存在的必要前提就是盈利，而媒体的推广与政府和养老服务中心的授权支持是其扩大影响力和营业范围的有力保障，因此政府、媒体和服务中心在服务提供商中有很强的话语权。

在政府指导领域中，主要利益相关者是：养老服务中心、媒体、第三方生活服务提供商；活动空间：社区、各管理部门；主要行为：监督养老服务中心、媒体和第三方生活服务提供商的行为，并对其进行指导。特点：政府的权威性为养老服务中心和第三方生活服务提供商提供保障，并对其进行监管，使其更好地为老人服务。

3.3 方案的核心是建立高效的养老服务中心数据平台

养老服务中心数据平台（以下简称数据平台）通过利用大数据分析技术，将老人在手机终端产生的信息进行归纳整理，发现每个老人不同的习惯特点和身体状况的发展趋势，利用互联网思维，将信息与授权的服务提供商共享，帮助服务商以更高的效率和更好的成本控制来满足老人的需求，达到互利共赢的目的。

3.4 建立高效的养老服务中心数据平台的关键技术是大数据技术

大数据技术主要分为数据采集、数据存储、数据分析、数据挖掘和数据可视化5个部分。数据平台是在充分使用大数据技术的前提下，将信息有针对性地传送给不同的利益相关者，从而提高社区智慧养老服务系统信息传递的效率。

主要流程如下：

首先是进行数据采集。老人在社区智慧养老服务系统中主要通过操作内容要求极低的手机应用来完成不同项目间的互动。通过手机应用终端可以收集到老人使用时产生的大量信息。例如，进行理疗的次数、理疗的项目、就医时的病情以及使用的药品等。采集过的数据将会实时存储在每个老人单独建立的数据库中。

其次是对数据进行分析。按照老年人对不同类型服务需求层次的高低进行分类，为服务商提供数据参考。例如，家政服务商可以通过对老人请家政服务的次数、内容和服务后的评价进行分析，为家政服务商指出哪类家政服务需求更高，应增添人手，或哪类家政服务反应不好需要提升等。

然后是数据挖掘，找到老人潜在的需求或未来发展的趋势。例如，服务中心人员通过对老人长期测量高血压的数值进行分析，判断老人未来高血压情况发生的可能性，并为相关医护人员提供信息，提前做好预防措施。

最后是数据可视化。数据可视化能够把大量数据按不同分类要求转变为直观的图形或图像信息呈现在不同需求的利益相关者面前。提高信息传达的效率，进而为不同利益相关者间建立更为密切的联系。例如，数据平台将老人身体健康状况分析图表传送给老人、老人的子女、养老服务中心和医院，老人会根据分析图表找到自己生活中疏忽的地方，老人的子女会更快速地发现老人某方面的身体变化，养老服务中心会针对老人身体健康分析图表为老人推送相关的服务，医院会根据分析图表提供医疗建议，并对其保持长期关注。

3.5 方案的实现形态：“乐养”App

通过前期研究得出核心需求主要为四大方面，即及时服务、便捷支付、信息推送、个人档案随时查询。根据这四大方面将 App 分为老人端和子女端，具体框架及界面设计如图 8～图 11 所示。

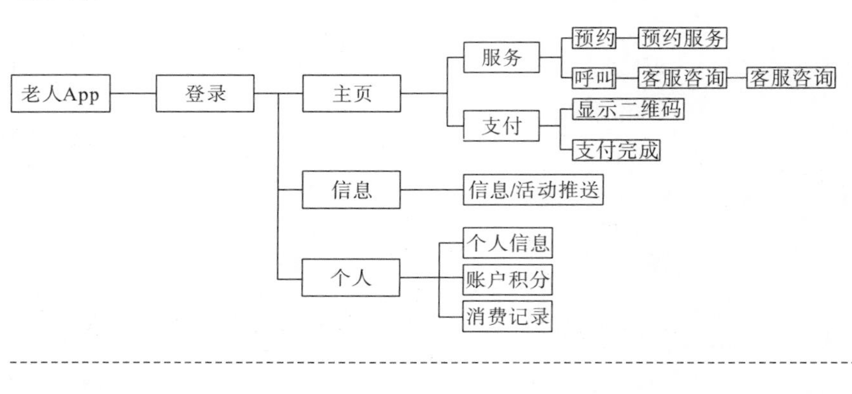

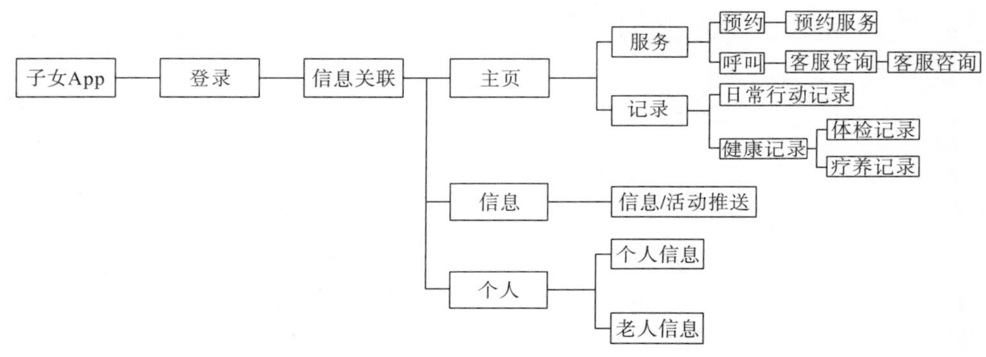

图 8 “乐养”App 信息架构

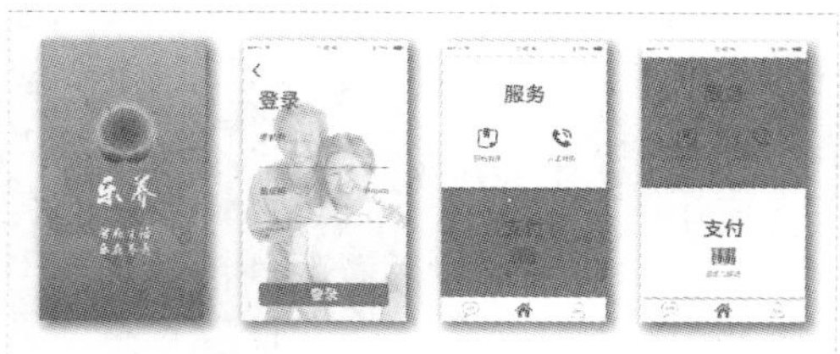

图 9 “乐养”App 界面 1

图 10 “乐养”App 界面 2

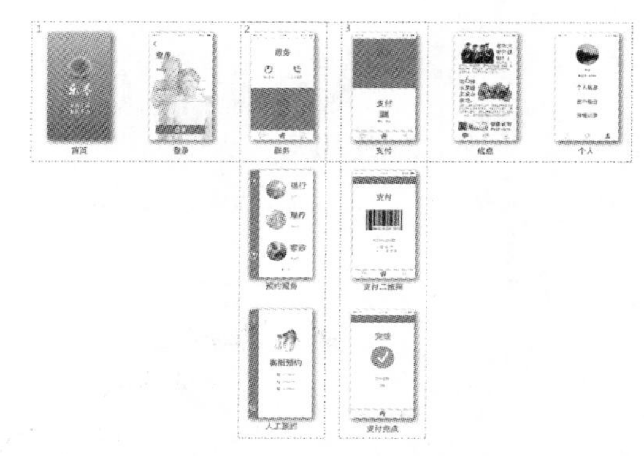

图 11 “乐养”App 界面 3

4 结语

智慧社区养老模式是当前大数据、“互联网+”时代下的新兴产物，目前我国政府与各社会组织都在大力倡导以社区为主导的养老服务体系。本文在现有的社区养老服务体系之上，将积分奖励制和积分抵现制运用到此课题中，不仅提升了社区养老服务的功能性，还将辐射到社区周边的服务商，形成一个以老年群体为主的经济产业。智慧社区养老服务体系构建是一项系统和长期的工程，需要社会各方面力量的积极参与。在构建过程中，不单只需要基层力量，更需要政府在做好顶层设计的同时，着力解决构建智慧社区养老的难题，为构建一个完善的智慧社区养老服务体系提供坚实的背后力量。与此同时，我们既要完善我们的服务，还要更深入挖掘老年人需求，为社区老年人养老提供方便、快捷、贴心的服务。

参考文献

[1] 谢修磊. 智慧社区养老服务模式的研究［D］. 沈阳：沈阳航空航天大学，2018.

[2] 邓若男. 中国社区养老服务的文献综述［J］. 社会福利（理论版），2015（9）：49，57－61.

[3] 潘峰，宋峰. “互联网＋”社区养老：智能养老新思维［J］. 学习与实践，2015（9）：99－105.

[4] 韩俊江，刘迟. 社区居家养老服务的多元体系建构［J］. 社会保障研究，2012（6）：36－40.

[5] 白卫勤. 基于互联网思维下老年人生活方式与服务需求研究［D］. 齐齐哈尔：齐齐哈尔大学，2016.

[6] 王宏禹，王啸宇. 养护医三位一体：智慧社区居家精细化养老服务体系研究［J］. 武汉大学学报（哲学社会科学版），2018，71（4）：156－168.

[7] 陈莉，卢芹，乔菁菁. 智慧社区养老服务体系构建研究［J］. 人口学刊，2016，38（3）：67－73.

[8] 姜颖，张凌浩. 服务设计系统图的演变与设计原则探究［J］. 装饰，2017（6）：79－81.

[9] 邓晖. 物联网技术在养老社区中的应用［J］. 智能建筑与城市信息，2013（8）：32－35.

[10] 依托社区的信息网络化来探讨社区养老模式的可行性［J］. 高科技与产业化，2003（12）：58－60.

弹幕视频观看体验要素设计研究

刘灵豫　王军锋

（西南科技大学，四川绵阳，621000）

摘　要：因弹幕文化在中国出现的时间并不长，所以国内针对弹幕的用户体验研究较少。为了提高弹幕的用户体验，为弹幕视频背后的程序员做出指导依据，探究弹幕视频观看体验要素是很有意义与价值的。在讨论弹幕视频观看体验的过程中，弹幕的呈现属性无疑是非常重要的部分，本研究结合现有的理论知识和相关的研究结论，分析弹幕视频观看体验要素。本研究实验采用 3（快、中、慢）×3（密、中、疏）×3（现、中、隐）设计，通过对速度、密度、不透明度的不同搭配测试被试的主观评价，进而得出最有利于用户体验的弹幕属性搭配。实验表明，中速度、低密度和中不透明度的属性搭配所达到的弹幕视频体验最优。

关键词：用户体验；弹幕；显示速度

1　引言

“弹幕”最早是一个炮兵术语，出现于军事领域中，指的是对某区域使用密集火力进行攻击。在日文中，也有含义与之相近的词语，后又沿用到某些射击游戏中。弹幕视频中的弹幕直接取自日语的“弹幕”（danmaku），用于形容游戏中像幕布一样过于密集的子弹。弹幕视频中的弹幕一词得来是因为在弹幕视频中大量吐槽评论从屏幕飘过时效果看起来很像是飞行射击游戏里的弹幕。

弹幕最早源于日本分享类视频网站“NICONICO”。与以往的视频网站不同，NICONICO 首推弹幕功能，在视频播放的同时，用户可以在视频画面上发布字幕评论，并且可以对字母进行字体和位置等属性的控制。国内最先出现的弹幕网站是 ACfun（下文简称“A 站”），于 2007 年 6 月成立。A 站以视频为载体，逐步发展出先锋内容创作的完整生态，拥有高质量互动弹幕，是中国弹幕文化的发源地。

因为 A 站在运行的时候常常不稳定，导致一些视频无法观看。最初的 BILIBILI（下文简称“B 站”）Mikufans，自称是 A 站的后花园，旨在解决这一问题，为用户提供一个更稳定的弹幕视频网站，2010 年 1 月 24 日正式命名为 BILIBILI，并且有了自己的弹幕。

随着 B 站的迅速发展，其他视频网站包括优酷、搜狐、爱奇艺等，都开始提供弹幕式的评论功能。虽然这么多视频网站都有弹幕功能，但是其操作方式却大同小异。弹幕功能位于播放画面的下方，弹幕的字体大小、颜色、出现位置都可以调整。

为了研究弹幕视频的各项属性对体验的影响，本研究进行了问卷调查，共计发放 80 份问卷。

根据问卷调研的结果，弹幕视频的主要用户集中在 20～29 岁的学生和白领，尤其偏向于动画类视频；弹幕属性中，对用户体验影响最大的是速度、密度、不透明度以及和当前画面的关联度。因为和当前画面的关联度受用户主观影响较大，所以只针对弹幕的速度、密度、不透明度展开研究。

2 相关研究

关于弹幕的用户体验实际上包括两个环节：发送弹幕与阅读弹幕。现有的弹幕视频网站发送弹幕的交互方式基本相同，简单容易上手，弹幕发送栏被设置于播放视屏的下方，用户可以在观看视频的同时直接输入并发送，发送成功的弹幕评论会实时出现在当前的画面视图当中。阅读弹幕是用户了解其他观众的观点和情绪的过程，主要集中在对弹幕内容的识别和理解，包括视觉运动追踪和文本阅读两个过程。而这两个过程都与速度、密度、不透明度有着密不可分的关系。由于发送弹幕是用户为了表达自身观点和情绪的过程，涉及更多的交互操作和用户行为，变量较多不易操作，本文主要探讨阅读弹幕。

弹幕属于一种特殊的动态文字。比如平时看到街上的广告灯箱、电影字幕、音乐软件中的歌词显示等都属于动态文字。动态文字包括起始方位、运动方向、持续性运动、线性运动、随机运动等，营造出一种流动变化的氛围。

而文本阅读则更易理解，文字的密度和不透明度直接影响到文本的阅读效率。不仅如此，字体、字号、是否加粗、是否倾斜都会影响弹幕视频的观看体验，由于影响因素太多，且根据用户的问卷调查，部分影响因素用户并不关注。接下来，本研究就着重探讨密度和不透明度。

3 观看体验要素定义

3.1 弹幕速度

速度方面，弹幕的阅读可理解为一种特殊的引导式文本阅读，就是在一行显示窗内，文字在一段时间间隔从右至左平移。而根据他人研究，最高效的引导式文本阅读速度为 3.3 字每秒到 6.7 字每秒之间。不同长短的弹幕速度不同。越长的弹幕速度越慢，反之则速度越快。根据相关实验得出，目前 B 站上弹幕的平均速度约为 6.4 字每秒。速度的可调整范围为 10%～200%，即 0.6 字每秒到 12.8 字每秒之间。根据本研究的问卷调查，70%的弹幕视频用户偏向于将速度调整为 70%～130%。

3.2 弹幕密度

关于密度，B 站上所谓的“同屏弹幕密度”，指的是每 7 秒钟弹幕的条数。有些视频上弹幕过多影响用户体验，因此 B 站的视频播放器上可以由用户自行设置同屏弹幕数量（但是仅仅对滚动弹幕有效），从 1 到无限。从问卷调查的结果得出，用户对弹幕密度偏向于 1～100 条同屏弹幕。

3.3 弹幕不透明度

B 站默认的不透明度为 100%，但部分用户会认为这样影响视频观看体验，所以 40%～70%的不透明度是多数用户选择的。

接下来的实验，将研究这 3 种属性的何种搭配可得到最佳的用户体验。

4 观看体验实验

4.1 实验素材与设计

因为根据问卷调查，弹幕的主要用户偏向于鬼畜、生活与动画类视频，然而生活类和鬼畜类视频用户的喜好比较极端，对此感兴趣的被试相对较少。因此，选择动画类视频作为视频素材，弹幕素材则是从其他同类视频的弹幕中选取的。因不同时间长度的视频也会对体验产生影响，考虑保证被试眼睛不受到伤害且视频长度足够被试做出合理判定，选择了长度在 10 分钟以内、画面颜色温和的动画视频。根据前期问卷调查，观看弹幕视频通常是晚上在书房电脑桌面前，因此本次实验也选择了相对安静光线较暗的环境。

设计 3（快、中、慢）×3（密、中、疏）×3（现、中、隐）的视频，根据问卷调查得出的数据，可将快、中、慢定义为原始速度（即平均 6.4 字每秒）的 40%、100%、170%；不透明度为 25%、55%、85%；同屏密度为 50、150、无限。被试看完 27 个视频后，根据自己的体验给每一个视频打分（0～10 分）。在实验过程中，仔细观察被试的神态、动作以及语言，并做出详细记录。

4.2 实验过程

因为用户体验具有动态性、环境依赖性和主观性，所以仅仅分析 3～5 个被试的结果是不够的，需要一定数量的实验样本，综合分析实验结果的合计、中数、众数。经过 80 份随机问卷调查，筛选出 24 名符合实验要求的被试，包括 11 名男性、13 名女性；10 名在校学生、14 名在职员工；且每位被试都拥有 3 年以上观看弹幕视频经验，每周至少观看 3 次以上弹幕视频。因为考虑到被试的兴趣爱好会对体验产生影响，所以选择的 24 位被试均为表示对动画视频有一定兴趣的。每一位被试都得到一份评分表（表 1）。

表 1　评分表

请根据您对该视频的体验打分（0 到 10 分）								
隐疏快	隐疏中	隐疏慢	隐中快	隐中中	隐中慢	隐密快	隐密中	隐密慢
中疏快	中疏中	中疏慢	中中快	中中中	中中慢	中密快	中密中	中密慢
现疏快	现疏中	现疏慢	现中快	现中中	现中慢	现密快	现密中	现密慢

Forlizzi 和 Battarbee 将用户体验定义为具有明确开始时间和结束时间的一段经历，这段时间内发生的所有使用经历称为用户体验。因此，从被试刚一点开视频开始记录被试的反应一直到视频观看完毕。最后将每一位被试的评分表收集起来，统一整理。

根据所得数据利用如下公式得出总分和中位数，并根据观察法得到众数。

$$X = \sum_{i=1}^{n} a_i \tag{1}$$

$$Y = \frac{a(n/2) + a(\frac{a}{2} + 1)}{2} \tag{2}$$

式中，X 为总分；n 为样本数量，即 24；a_i 为每一个被试打出的分数；Y 为中位数。

4.3　实验结果

每组实验的评分总分、中位数、众数的结果如图 1～图 3 所示。

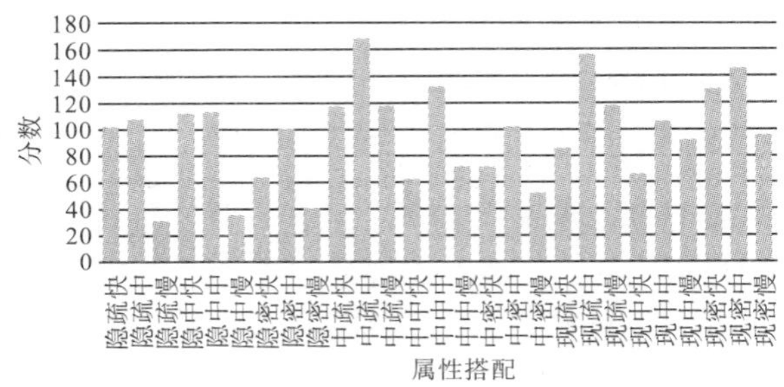

图 1　每组实验评分总分

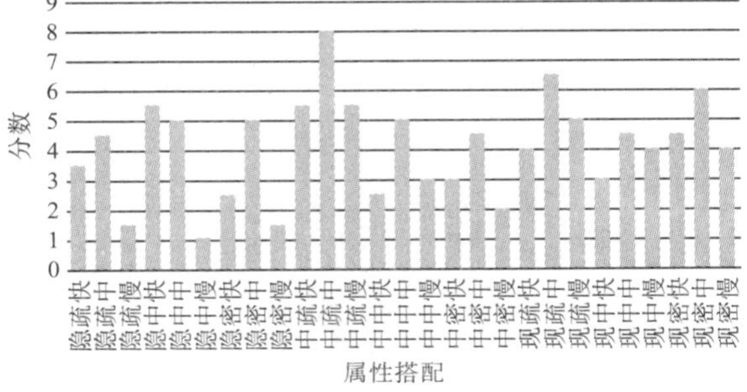

图 2　每组实验评分中位数

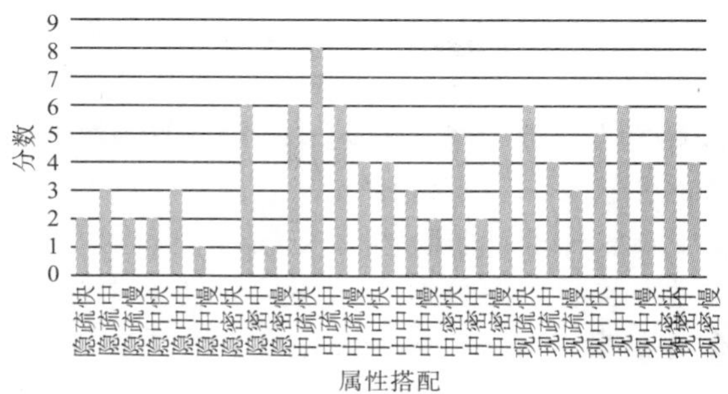

图 3　每组实验评分众数

由结果可以看出，不论是总分、中位数还是众数，得分最高的都是中不透明度、低同屏密度、中速度的搭配组，而且不透明度对观看体验的影响最大。

4.4　分析结果

根据问卷调查，用户对速度、密度、不透明度 3 项属性单独的偏好如表 2～表 4 所示。

表 2　用户对弹幕速度的偏好

原始速度的百分比	选择该项速度区间的用户比例
慢（10%～70%）	23.53%
中（70%～130%）	69.41%
快（130%～200%）	7.06%

表 3　用户对弹幕同屏密度的偏好

同屏弹幕密度	选择该项同屏密度区间的用户比例
疏（1～100）	61.18%
中（100～200）	36.47%
密（200～无限）	2.35%

表 4　用户对弹幕不透明度的偏好

不透明度	选择该项不透明度区间的用户比例
隐（10%～40%）	31.76%
中（40%～70%）	55.29%
现（70%～100%）	12.94%

通过表 2～表 4 的数据可以看出，问卷调查得出用户平时习惯的搭配是中速度、低同屏密度、中不透明度。与实验结果相吻合。

但是单独对每项属性的实验结果进行分析的话，可以发现不透明度对用户体验的影响是最大的，且低不透明度的用户体验最差；其次是速度，速度过慢时用户的体验比速度过快时更差。

在低不透明度（10%～40%）的条件下，所有评分都较低，被试在试验过程中表现出的愉悦度很低，称看着很累。无论低不透明度与其他属性怎样搭配，评分都较低，所有搭配方案都不具备分析价值。在中不透明度（40％～70％）的情况下，中速度和低密度的搭配评分最高，评分最低的是低速度和高密度的搭配。被试在这种状态下，除了搭配低速度时，整体的神态表情都表现得比较愉悦，觉得比视觉上看起来更舒服。试验后的访谈中被试称，低速度的状态看起来让人很着急。高不透明度（70％～100％）的条件下，搭配中速度、高密度的评分最高，但是这种状态下与低不透明度相反，搭配慢速反而比搭配快速评分更高。

在低速度（10％～70％）的条件下，整体评分也不高，其中最高的是搭配低密度和中不透明度，评分最低的是低不透明度和中密度。根据被试在实验过程中的言语，是由于低不透明度影响的结果。在中速度（70％～130％）的条件下，评分整体较高。证明现在B站上的默认速度是比较符合用户体验的。在高速度（130％～200％）的条件下，评分差异较大。搭配低不透明度的时候，评分非常低。符合之前的结论——低不透明度对用户体验的负面影响最大。其他的评分并不低。

在低密度（1～100）的条件下，评分差异也很大，低不透明度与之搭配时，评分也非常低。和前文的结论也相符合——低不透明度对用户体验的负面影响最大。评分最高的是与中速和中不透明度的搭配。虽然在前期调查的时候一些用户称有时候满屏的弹幕会给人莫名的愉悦感，但是实验证明，低密度的弹幕更有利于用户体验。在中密度（100～200）的条件下，被试没有特别激动的表现，可分析的价值不算大。在高密度（200～无限）的条件下，被试表现得比较浮躁，称已经严重遮挡了画面，而且阅读效率也很低，看不清楚。

其中令人疑惑的一点是，在用户调研的时候，仍然有30％～40％的用户选择了低不透明度，然而进行实验的时候，低不透明度与其他属性的任意搭配得分都非常低，用户对于低不透明度的体验非常差。为什么会出现这种现象呢?

试验完成后，对部分被试进行了简单的访谈，他们称自己在做问卷调查和实验中之所以表现得不一致，是因为他们误认为低不透明度就是指看不见弹幕即关闭弹幕的意思，但实际实验的时候，他们认为低不透明度其实是看得见只是看起来比较费劲。因为对文字的理解有偏差，所以导致了实验与之前的调查存在这一点偏差。

5 结论

对本文研究进行梳理，针对B站的弹幕视频（特别是动画类视频）可以得到以下主要的结论。

（1）弹幕的同屏密度和密度、速度对用户观看体验存在相互影响。

（2）综合评价弹幕视频观看体验的结果，中不透明度（50％～70％）搭配中速度（原始速度的70％～130％，即4.5字每秒到8.32字每秒之间）搭配低同屏密度（1～100）的体验最优，建议以这一形式呈现弹幕内容。

（3）被试对同屏密度、速度的评价受不透明度的影响，且低不透明度的负面影响最为严重。

（4）被试对不透明度、速度的评价受同屏密度的影响，且高密度的负面影响比较严重。

（5）被试对不透明度、同屏密度的评价受速度的影响，且低速度的负面影响最严重。

参考文献

[1] 杨茜．基于用户体验的手机弹幕视频界面设计研[D]．济南：山东大学，2016.

[2] 郭磊．我国弹幕视频网站的受众研究［D]．昆明：云南大学，2015.

[3] 刘烁兰．现代Web弹幕人机交互效率研究［D]．广州：中山大学，2015.

[4] Granaas M M，Mc Kay T D，Laham R D，et al. Reading moving text on a CRT screen［J]. The Journal of the Human Factors and Ergonomics Society，1984，26（1）：97－104

[5] Hostetler S C. Integrating typography and motion in visual communication［C］//iDMAa and IMS Conference，2006.

[6] 水仁德，符德江，李忠平，等．速度、步幅与窗口对引导式中文文本阅读工效的影响［J]．心理科学，2001，24（2）：141－144.

[7] 丁一，郭伏，胡名彩，等．用户体验国内外研究综述［J]．工业工程与管理，2014，19（4）：92－97，114.

新零售背景下的农村杂货店服务系统设计与研究*

罗嘉怡　戴力农

（上海交通大学，上海，201100）

摘　要：农村零售行业多年来没有得到充分发展，新零售能够为其带来新思路新设计。本文通过定性用户研究，对农村杂货店和农村消费者的行为需求进行挖掘和分析，结合服务系统设计的理论指导，探索新零售在农村地区的应用模式。为搭建更高效率和更因地制宜的零售服务系统提供建议和方向。

关键词：服务系统设计；新零售；农村零售

1　背景介绍

1.1　“三农”问题受重视

截止到2016年年底，中国出口额占全球出口总额的比重达到13%，占比继续提升的难度较大，且由此带来的贸易摩擦也会越来越多，这就需要我国进一步扩大内需，减少对全球经济的依赖度。其中，农村居民消费水平的提高是我国扩大内需的关键所在。国家政府对农村“三农”问题非常重视，2017年12月底中央农村工作会议召开，会议以乡村振兴战略为主线，全面部署“三农”工作，习近平主席出席并做出重要讲话。近年来，多项政策及措施都充分说明，政府已将扩大消费需求尤其是扩大农村居民的消费需求，作为新时期我国经济发展的重点。

农村市场经济及零售业虽发展多年，但市场仍不完善，零售全流程中仍有许多低效的环节。这与日益提升的农村人均收入和农村消费结构升级产生了巨大矛盾，传统的农村零售模式和不完善的农村电商模式都亟待改善和优化。

1.2　农村零售现状落后

农村传统零售现状具有三大特征：店铺数量大、分销层级多、商品档次低。农村零售渠道是传统零售渠道中数量占比最大的渠道，乡镇、农村市场小店达216万家，占全国零售传统渠道的30%。农村零售的供应链分销模式从制造商到末端的零售商，一般要经历4～6个环节。流通环节冗长繁复、效率低，渠道利润被层层消耗。商品方面，农村零售业经营的商品虽然品种多样，但多属于低档次的日用消费品，且不同商家经营品种雷同。同时，还经常出现假冒伪劣商品和过期商品。

农村电商经过多年艰难地推广和发展，在农村消费者心中已经有一定认识了，但是由于农村“最后一公里”配送成本高、缺乏电商人才等原因，农村消费者网络购物的习惯仍然没有养成，仍习惯于线下当面消费。

1.3　新零售为农村零售带来新思路

2017年是“新零售元年”，新零售为线下传统零售带来了新商业模式和新技术应用。新零售是通过各种新兴技术，融合线上线下的数据流，以提高商业效率和提升消费者体验为目标的泛零售形态。它倡导以数字化的精细管理为核心，强调全渠道营销，尤其强调线上线下贯通的购物体验优化，这能为改善农村零售现状提供新思路。

1.4　农村地区独具特性

农村地区与城市地区的消费习惯存在较大差异。几百年来，农村居民习惯聚族而居，人际关系中不仅包含社交基础还有血缘基础，所谓“血浓于水”，因此农村里人与人之间的关系非常密切。

李小建曾表示，农村地区会根据血缘、亲情、地缘、经济联系而形成不同群体组织，不同的地理环境会对农户生活各方面产生影响。居住在相似环境中的人会互相影响，造成生活、消费各方面的特征趋于相同。因此，同一村子的用户会具有相似的生活习性和消费偏好。这为下文构建农村零售服务系统的可行性提供了依据。

2　调研过程

2.1　研究范围

农村零售是一个复杂而多维的话题，为了能深入挖掘问题，我们将研究聚焦于农村杂货店的零售形式。一是因为经过观察发现，农村消费者在农村杂货店消费的频率较高，日用品消费金额占总消费额比例大，能比较真实地反映农村消费情况；二是因为杂货店销售的日用百货商品存储条件简单、保存时间较长，应用新零售模式的门槛较低，适合农

* 通信作者：戴力农（1970—），浙江人，上海交通大学设计学院副教授，硕士生导师。

村新零售的初期探索对象；三是处于供应链末端的杂货店，零售模式落后且数量庞大，拥有很大的改造优化价值。

不同地区农村情况差异非常大，本文选择广东农村作为研究地区。因为广东农村享受了经济发展中的土地红利，农村人民收入大幅提高，生活消费需求存在很大变化，但同时农村杂货店仍停留在传统经营阶段，店铺业绩多年没有明显增长，售卖的商品种类多年没有变化。因此，目前广东农村杂货店不能满足广东农村消费者的消费需求，落后的农村零售模式与先进的消费需求产生的矛盾比较明显。

2.2 调研过程

本研究使用定性调研方法挖掘农村新零售问题的突破点，搜集归纳杂货店店主的经营需求和农村消费者的消费需求，以及他们的痛点，在农村新零售的系统中寻找潜在的设计机会点。

观察法适合用于对调研场景不熟悉的情况。本次调研首先在繁忙与闲暇不同时间段内，观察3家农村杂货店内交易发生的情况，着重梳理经营流程、消费者店内消费的情况以及店内发生的社交行为。

然后使用田野调查法，筛选4位杂货店店主和5位村民进一步使用田野调查法，对店主和村民深入访谈，了解店主经营的日常行为和村民购买日常用品的问题。

3 需求分析

3.1 需求归纳

3.1.1 店主的行为、需求与流程总结

杂货店店主的日常经营行为可以分为3个环节：进货、盘货、卖货，如图1所示。

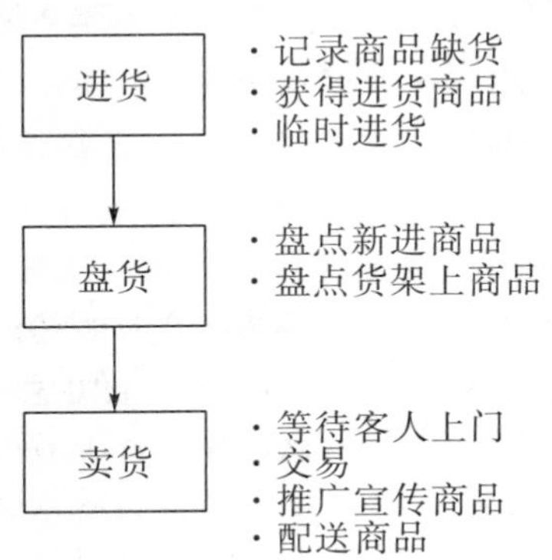

图1 杂货店店主经营流程

3.1.1.1 进货环节

农村杂货店的店主通常都是按照个人经营经验来判断每次进货的数量和商品种类。虽然方法操作简单且不需要门槛，但是容易错误判断，造成进货数量太多或太少，偶尔引进些新的商品种类，可能会无人问津或异常火爆，造成商品滞销或商品缺货。

进货期间会出现暂时人手不足的问题，因为店铺需要有人持续看守，以防有客人突然光顾，失去生意机会。若店主出门进货，则无法空出人手看店。

3.1.1.2 盘货环节

当商品流转速度比较快，则需要每天人工盘点货物，查看是否缺货、是否已经到保质期。其中，有部分杂货店会由于店主经营不善，盘货过程出现遗漏缺失，导致消费者买到过期商品。盘点货物对于店主来说，是烦琐又重复的工作。

3.1.1.3 卖货环节

由于农村人口数量少，经常出现长时间等待客人上门的现象。在售出商品的短短几分钟内，店主会跟顾客聊几句家常，加深与顾客的感情。

通过对店主进行走查和访谈，搜集了大量店主行为信息，经过分析整理，得到店主的需求（见表1）。店主的需求可以分为基础需求和高级需求，基础需求为店主开店必满足的需求，具有普适性和基础性。高级需求因店铺不同而不同，体现出来的是店铺之间的差异性需求，能体现店铺的核心。

表1 店主需求分析

序号	需求	需求优先级	需求分级
1	提高盘点商品便捷性	P0	基础需求
2	节省进货时间和精力	P0	基础需求
3	避免进货过程出错	P0	基础需求
4	与村民维持良好关系	P0	高级需求
5	建立可信赖的店铺形象	P0	高级需求
6	降低进货成本	P0	基础需求
7	提高商品销量	P1	基础需求
8	满足村民对商品品质的需求	P1	高级需求
9	了解村民对商品的需求	P1	高级需求
10	建立品质优的店铺形象	P1	高级需求
11	建立品类全面的店铺形象	P2	高级需求
12	满足村民对商品多样化需求	P2	高级需求
13	充实生活娱乐消遣需求	P2	高级需求
14	获得更多进货渠道	P3	高级需求
15	获得稳定的供应链	P3	高级需求

3.1.2 农村消费者的行为、需求分析

农村消费者在杂货店的消费流程大致可以分为

4个环节：获取信息、商品选购、购买支付、商品评价，如图2所示。

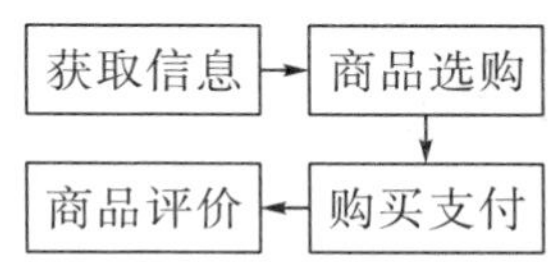

图2　农村消费者消费流程

通过描述农村消费者购物流程的具体行为，找到行为背后的需求，并将需求级别分类为基础需求和高级需求，如表2所示。由此，进一步得到设计切入点。

表2　消费者需求分析

序号	需求	需求优先级	需求分级
1	实时了解商品信息	P0	基础需求
2	对比多家店铺价格	P0	基础需求
3	关注店铺促销信息	P0	高级需求
4	通过亲友了解口碑好的商品	P0	高级需求
5	拜托邻居顺路购买商品	P0	高级需求
6	规律性购买日用品	P1	基础需求
7	临时购物需求	P1	基础需求
8	与店铺建立亲人感等感情维系	P2	高级需求
9	需求购买更多样的商品	P3	高级需求

尽管农村消费者与城市消费者的购物流程相似，均可以分为获取信息—商品选购—购买支付—商品评价。但是两者之间在细节处存在诸多不同。

在获取商品信息环节，城市消费更多地受商业广告或在线评价的影响，农村消费则主要依靠其他用户产生的口碑来决策购买。相比于商家的宣传，农村消费者认为来自亲戚朋友的评价更加可信、真实。究其原因，农村宗族文化带来的紧密的群体关系，导致人与人的信息流动比商家传播广告更高效。这也是城市的新零售模式不能直接复制到农村地区的主要原因之一。

在商品选购环节，村民普遍反映农村的杂货店商品不够丰富，买不到想要的商品，如果想购买更多的商品则需要到镇上的大型超市购买，严重打击了村民在店铺购物的意愿。同时，经常还会出现用户到店询问后，才发现店铺缺少商品库存或没有进货的现象。此外，优惠的商品价格也是村民消费者购物过程中的重要影响因素。

得益于互联网移动支付在广大农村地区的普及，各种移动支付产品给农村用户带来很多便利，农村消费用户已经养成使用手机支付的习惯，这点看来和城市消费者区别不大。

当使用商品后，村民消费者乐于在日常聊天中分享商品使用的心得体验，对商品的讨论是村民间日常聊天的重要话题之一。因此，商品口碑每天都在不断地产生，且是村民生活的重要组成部分。这一特征恰好与村民获取商品信息的习惯形成良好的对应。

3.1.3　农村消费者的基本特征

通过对多名农村消费者的访谈，同时与城市消费者进行比较，总结出以下农村消费者的特征。

（1）购物决策受亲友影响较大。农村居民多数不是根据自己的主观需要来决定自己的购买行为，而是依据他人的消费行为来决定自己的消费行为，在购买前习惯向熟人打听，并且对他们提供的信息深信不疑。其中出现一些特别热衷分享购物优惠信息的人群，他们会经常对其他村民的购物决策产生影响。这一群体性格较开朗，依赖他人的赞许而获得个人认同感。

（2）注重商品的实用价值。由于收入水平限制，农村消费者对性价比较敏感，选购商品时会比较周全地检查商品质量、商品耐用性、商品品貌等。

3.1.4　农村零售服务系统的不足

总结发现，农村零售服务系统存在以下几个问题：

（1）由于杂货店商品种类过少，无法满足消费者的多样化商品需求。

（2）杂货店和消费者之间存在严重的信息不对称现象，消费者无法获知实时商品信息，店主无法精确地掌握消费者的消费需求信息。

（3）除了购买商品外，消费者对额外服务的要求日益增长。

（4）店主日常看店过程有大量空闲又被浪费的时间。

3.2　需求总结

3.2.1　农村新零售的用户旅程图

用户旅程图是以视觉化呈现用户完成某目标所历经过程的工具。通过旅程图，能够更好地理解用户在特定时间里的感受、想法和行为，以及各自的演变过程，更容易找出用户的痛点。本研究通过梳理店主和消费者在零售消费过程的用户旅程图，可以看出农村零售服务的流程、店主和用户的潜在需求和痛点，如图3所示。

3.2.2　农村新零售的服务系统的设计策略

根据服务设计的理念，基本设计原则是要以用户为中心。这要求研究要深入挖掘用户的需求且分析出需求背后的目的，才能更好地提供符合用户思维习惯的体验。在农村新零售的系统中用户分为杂货店店主和农村消费者，两者有不同的需求和目的，本研究需要同时满足两方的需求，并达到共赢的效果。

信息流通是农村零售向前发展的前提。由上文的调研和分析可知，由于农村互联网化比较弱，店主和用户之间的信息流动存在阻碍，造成供应链中末端销售环节的信息不对称现象，商品不能销售给潜在的合适消费者，导致杂货店库存堆积，消费者的消费需求不能得到满足。因此，未来农村新零售的服务系统需要以信息流通为基础，促进商品流动的速度。

农村社会具有天然的社交基础。在互联网不发达的情况下，社交对村民来说是很重要的信息获取渠道，社交过程产生的信息具有很高的价值。商品信息通过社交的渠道传播是很自然而然的方式，符合农村用户的习惯和思维。以社交节点来扩散商品信息，还可以起到汇聚农村消费者需求的作用，当达到一定数量规模后，购入商品时更有议价能力。

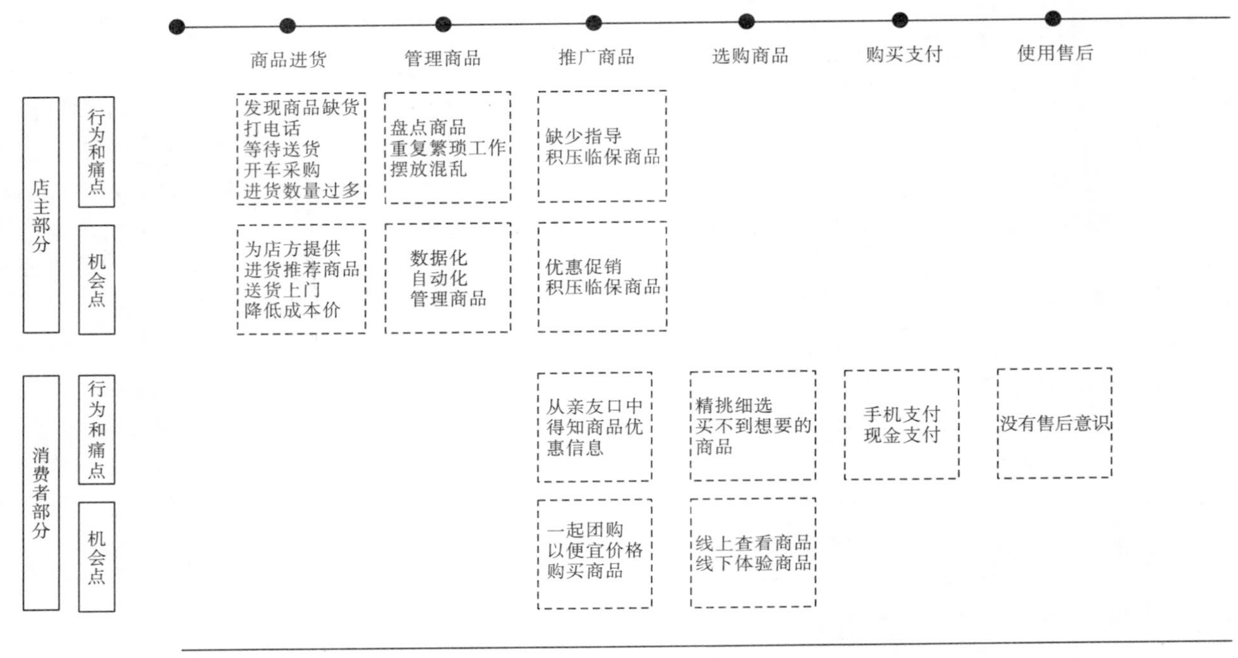

图 3　农村零售的用户旅程图

4　新零售背景下农村杂货店的服务系统构建

4.1　服务系统的定位

该系统定位是为杂货店店主提供商品信息、订货服务、商品管理服务，为农村消费者提供通过社交方式购买商品的平台，还为农村消费者提供附近杂货店的 LBS 服务。实现线上线下的购物数据互相贯通，打破商品信息的全方位阻碍。线下杂货店具有仓存、商品体验等功能，线上平台具有汇聚需求、团购下单等功能。

4.2　服务内容

对于农村消费者来说，商品的高性价比是最基本需求，同时农村消费者还非常注重亲朋好友对商品的评价，购物决策会受很大的影响。因此，服务内容需要考虑如何帮助农村用户通过社交方式购买到高性价比的商品，并为附近杂货店店主创造更多的收入，如与亲友团购优惠商品、为杂货店店主寻找更低进货价商品等。

4.3　服务系统平台建设

一是为店主搭建商品管理服务平台，从商品进货、盘点商品、财务分析 3 个方面方便店主对店铺进行管理。进货渠道从过去给传统的经销商打电话的方式，变成一键进货，为店主寻找低价货源和热门商品。

二是为农村消费者搭建社交购物平台。把农村用户集中在平台上交流商品的优惠信息，将分散的农村消费需求集中起来，让农村用户以更优惠的价格团购商品。同时提供附近杂货店的商品信息供用户查看，使用户及时获取急需的商品。

5　总结

新零售作为新兴的研究方向，已经为城市地区的零售带来一定的变革和创新了。但是在农村地区仍是一片空白，本文通过对农村杂货店和农村消费者的需求分析，结合服务系统设计的理论指导，探索农村新零售的应用模式，为农村新零售的未来发展提供一些参考。

参考文献

[1] 智研咨询. 2017—2023年中国快消品市场运行态势及投资战略咨询报告［R］. 2017.

[2] 李小建. 农户地理论［M］. 北京：科学出版社，2009.

[3] Kate Kaplan. How to create customer journey maps［EB/OL］. https://www.nngroup.com/articles/customer－journey－mapping/.

[4] 谢理正，沈榆. 基于用户体验的新零售系统设计策略［J］. 设计，2017（21）：116－117.

[5] 蒋丽. 新零售环境下实体零售的机遇与挑战［J］. 科技经济市场，2018（2）：112－113.

文学修辞与用户体验动效设计层次理论的应用研究

骆伟雄

（福建网龙计算机网络信息技术有限公司，福建福州，350000）

摘　要：通过传统文学修辞手法在产品用户体验动效设计中的运用，提升用户体验的立体层次。

借用本题的文学修辞，如果把产品比喻成一个人，界面就是她的衣着发型，交互就是她的气质和内涵，而动效则赋予了她形体动作的美感，如同美妙的舞蹈的作用一般。

文学修辞手法在文学作品中的运用，使得文学产品在更加生动形象和富有创造力的同时，也实现了在纯文字化的语境里传递丰富的五感；同样的，在用户体验设计中运用动效设计的手法传递产品的情感使得产品的品牌形象更深入人心。本文尝试通过二者的借鉴、联系和区别构建一套新颖的动效设计思维。

动效设计的运用最近几年才开始被用户体验设计师所重视，并无体系化成熟的理论研究，我们通过本文构建一个立体丰富且明确的理论架构，使得产品在交互逻辑、视觉渲染和创新实践上能更有章法可循，继而产生更大的突破。

用户体验设计中的动效设计包含多种维度的设计，如技术性、节奏感、落地性能、情感化等。本文仅挑选情感化的角度研究其与文学修辞的联系及技法运用，将抽象的概念转化为具象的动效表现。提升产品用户体验，为当下互联网线上产品的动效设计的发展提供理论指导。

关键词：用户体验；文学修辞；交互设计；动效设计；情感化设计

1　绪论

随着互联网的飞速发展，产品同质化现象逐渐严重，如何在同类型产品的功能、体验、界面操作都同质化类似的情况下脱颖而出，是目前产品设计中的一个重要研究问题。

动效设计，似乎是近几年来随之兴起的一个职业领域。不过其实在传统文学写作过程中，早就有了类似的设计手法。在文本化时代，我们无法面对面的通过类似语音、直播或者短视频的方式向用户展示我们的想法、概念和实物，我们通过修辞手法的方式将我们的思维与用户的思维进行沟通，并且使之立体真实，提供一种新颖的动效设计思维。而如今，我们通过动效设计的方式，使得产品的体验更加有趣——不同于同类的产品，这是最为重要的。美好的实物都是共通的，我们发现在二者之间存在一些类似的联系。

但在目前的设计教育乃至设计思维中，对于动效设计的体系化理论都偏少，所以作为一个创新型的研究而言，我们更多地考虑动效体系层次理论的建立。限于作者的知识范围和论述的篇幅，本文更侧重于设计思维和方法的研究。

2　动效设计的层次模型

在论述的起始，先将动效在产品用户体验设计中的结构进行阐述，再基于这个结构提出动效设计内部的层次理论。

2.1　动效外部层次结构（图1）

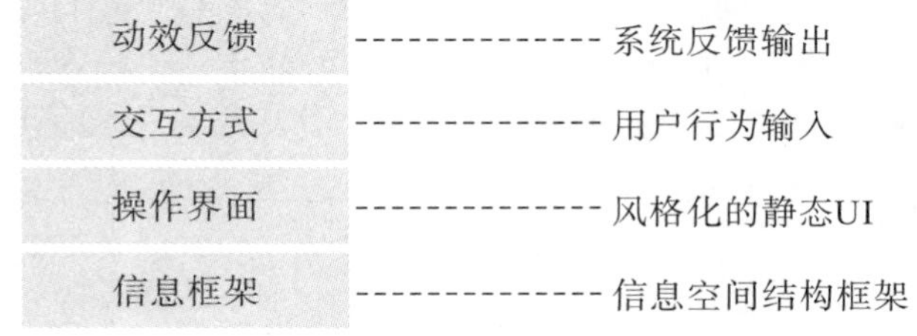

图1　动效外部层次结构

信息的传递模型自下而上触发。产品设计师通过信息架构指导操作界面的布局形成，用户通过操作界面和交互方式的输入与产品进行互动，而产品通过界面操作的动效反馈为用户带来系统的感知，从而形成用户体验操作的闭环。

在这里，我们主要针对最上层的动效层级进行拓展理论体系构建。可以看到，它主要侧重于用户体验中重要的环节——反馈，这是产品与用户互动沟通的渠道和最直接的方式，这个环节的设计质量高低直接决定了产品整体用户体验的好坏。

2.2 动效内部层次结构——金字塔原则

动效在产品设计中的使用并不是越多越好，也不是越复杂越好；同样的，它不是越少越好，也不是越简单越好。这是一个基于“量”和“度”双重维度的对动效层次的再次构建。在这里，笔者把多年来在诸多产品动效整体规划设计工作经验中总结出来的动效设计层级理论以金字塔的形式展示出来，如图 2 所示。

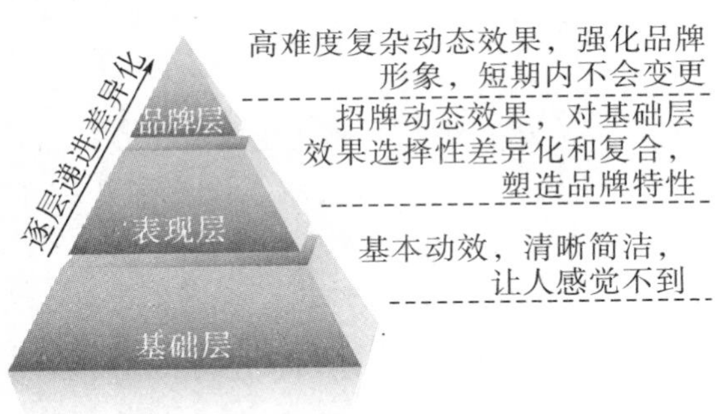

图 2 动效设计金字塔原则

整体的产品动效层级自下而上地进行逐层构建，进而形成立体化的动效理论——金字塔原则。

2.2.1 基础层动效——高频不可感知（可用性）

基础层动效设计，顾名思义，即一些常见的基础动态效果，如鼠标悬浮时按钮文字的变化或者按钮的外发光反馈等。它是普遍的，清晰简洁的，让人感知不到的。不可感知性是这个层级动效设计最为重要的点，因为它对应的都是一些高频次的操作，太多、太复杂就容易遍地都是，让用户眼花缭乱地产生烦躁情绪。这个层级的动效主要是起到一个引导和流畅整体产品体验环节的作用，使得产品的操作更加便捷和易于使用。

2.2.2 表现层动效——招牌、品牌形象差异化（易用性）

表现层动效设计，是在基础层诸多动效维度与同类产品对比并确定本产品品牌调性的基础上的选择性差异化和多维度的复合实现。例如，我们在一个普通的文本加粗按钮的动效设计中会让它产生文字上的颜色变化这一单一维度的设计——点状设计，它属于基础层动效设计；而对于一个重要按钮，例如 PowerPoint 中的新建 PPT 文档按钮的设计，我们可能会让用户在使用它的时候有不同的反馈效果，如加以音效、立体的翻转等。同时由于这个按钮的重要性，点击完成后展开新建页面的过程，也会以如纸飞机飞过并摊开成一张完整的纸张的动效过程加以演绎，类似于连锁反应一般，层层推进前后联系。表现层控件的动效设计是一个持续的而非单点的设计——线性设计。

从这里可以看出，同一类交互控件——按钮，基于它所处的语境和它自身体验和功能的重要性，我们将它定义为不同层次的动效设计。表现层不同于基础层的动效设计在于：它是多维度的而非单一维度的，它是持续连贯的而非点状结束的。

2.2.3 品牌层动效——高难度复杂、强化品牌形象、短期不变（品牌情感）

来到这一层的动效设计，区别于表现层，品牌层在每个产品中都至多只会有一个，它是高度复杂并富有表现力的一个动效综合体。例如，很多安卓手机里的手机内存清理软件的动效设计，它是一个产品最核心的功能和最酷炫的表现动效，可强化品牌形象（如清理的更干净更快速）等。同时它是在短期内不会改变的，可以把它当作品牌 VI 设计在新的互联网产品时代的一个增项——品牌动效 VI。这一层级的动效设计是基于表现层和基础层的深化和总结，作为三者共同形成的核心设计——面性设计。

3 动效立体层级建构——五维分析法

既然用户体验内产品的动效维度有金字塔式的三层结构，并通过点、线、面 3 个层次的深化设计实现，那我们通过哪些方式来区分和建构单一动效呢？

3.1 五维分析法

以下笔者将从复杂度、频率、关注度、时长、情感 5 个维度进行产品用户体验动效设计体系解构，如图 3 所示。

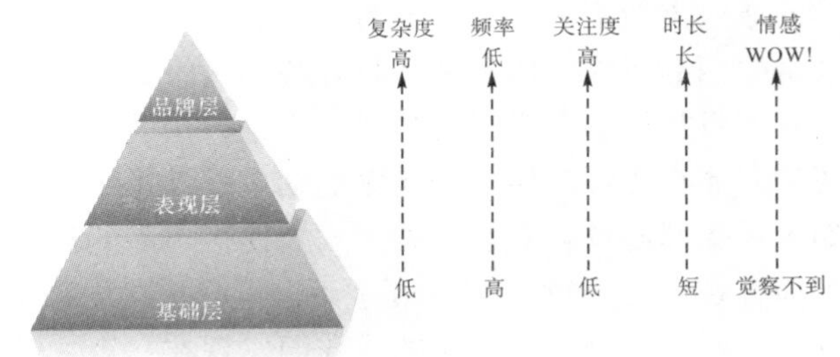

图 3 动效设计五维分析法

3.1.1　动效复杂度

动效复杂度是指实现的复杂程度。在目前线上产品设计过程中，动效的构建主要有以下 5 个维度 25 种设计手法，如图 4 所示。

每个动效都是由其中的单一或者复合属性构建而成的。所谓的动效由基础层到品牌层复杂度的变化，指的就是运用的动效设计手法的复合程度的高低。基础层动效一般只有一到两种设计手法，表现层和品牌层则更多、更复杂，视具体情况不一而足。

3.1.2　动效频率

所谓动效的频率，就是该动效在产品使用过程中出现的频次。在单位时间内，从基础层到品牌层这个频率是由高到低的。结合基础层动效不可感知的特点我们可以发现，基础层动效虽然出现频率高，但它的不可感知性决定了其动效复杂度是最简单的。

动效手法		
变换	透明度	
	位置	X轴坐标平移
		Y轴坐标平移
		Z轴坐标平移
	旋转度	绕X轴旋转
		绕Y轴旋转
		绕Z轴旋转
	面积	宽度缩放
		高度缩放
材质	形变	点线转换
		线面转换
		补间变形
		面到体
		路径重组/线的重组
		分裂/融合
		粒子特效(光效)
		物理动画/拟真动画
	色彩	
	投影	
	光反射	
音乐	背景音乐	
	反馈音效	
遮罩	擦除遮罩	
	透明遮罩	
速率	减速运动	
	加速运动	
	先加速后减速运动	
	自定义运动(比如弹性运动)	

图 4　动效设计手法

3.1.3　动效关注度

我们在一开始提到基础层较之表现层的主要特点是不可感知性，而这个不可感知即用户的关注度。整个动效层次体系自下而上的感知层度也是由低到高的，通过立体化的关注度的诠释，让用户在使用产品的过程中实现劳逸结合，而非审美疲劳。

3.1.4　动效时长

动效的时长直接影响了它的感知度，因此可以发现，从基础层到品牌层，整体产品的动效时长变化是由短到长的；越简单的动效时长越短；越复杂的动效基于多重复合和延迟等时长越长。

3.1.5　动效情感

在开题处，我们提到动效的作用是赋予产品动态的美感，如同美妙的舞蹈的作用一般，因此动效主要的作用也是在交互反馈过程中提供用户情感上的交流，形成“流动设计”。从基础层到品牌层的动效演变，动效给予用户的情感也是逐层递增的，由不可感知逐渐递增到惊艳和记忆深刻，从而产生美好的体验，使品牌形象深刻。

3.2　动效层级的立体层次

我们已经从纵向金字塔原则（如基础层、表现层、品牌层）的深入，以及横向五维分析法（如复杂度、关注度、频率、时长、情感）的对比，建构出一个多维立体的产品用户体验动效设计理论层级架构。它可以更好地指导我们在产品设计的过程中，对于产品动效设计的理解，避免我们不知为产品赋予怎样的动效，以及赋予多少的动效表现。

我们可以通过金字塔式的立体动效理论使产品变得更加立体和富有层次，通过良好的动效运作使得产品如同一个气质外形俱佳的少年一般与我们的用户产生良好的交流，进而强化品牌形象，形成美誉度。那么，如何去“教育一个少年的气质和动作”呢？这正是我们接下来所要探讨的通过文学修辞手法的运用来提升动效设计的质量的问题。

4　文学修辞在动效层级中的运用

首先我们看下二者分别的定义。

修辞是使用语言的过程中，利用多种语言手段收到尽可能好的表达效果的一种语言活动。

动效是产品设计过程中，利用多种动效手法对交互体验和操作界面作一个统一的动态表现，为用户提供便捷的操作，并使得操作的反馈富有情感和趣味，提升产品用户体验的过程。

我们可以发现，二者都是为了使它们各自所属的主体活动达到更好的效果而应运而生的装饰性手法。这里我们分开阐述二者，再做出结合示例。

4.1　常用的文学修辞手法

修辞手法一共有 63 个大类，78 个小类，限于篇幅，我们这边主要以常用的几种修辞手法来进行表现。

在我们通过业务和用户两方面对产品本身进行分析后得出动效设计的目的，继而形成它所需要承担的作用与功能，进而通过修辞手法的运用开展产品的动效设计。

4.2 修辞手法的运用

弗洛伊德的精神分析法提到，真正影响用户的显性人格的并非理性，而是在各个生理时期形成的潜意识因子。如果界面的设计元素可以与这些现实世界中的潜意识因子相呼应，勾起用户的回忆，引起用户的共鸣，那当用户操作界面时，就能够产生认同的情感体验，与界面产生互动，从而引导用户积极操作。

4.2.1 比喻运用

首先是比喻，即根据不同事物的相似之处，用浅显、具体、生动的事物代替抽象、难理解的事物。通过形象化的比喻，提升用户的理解力和感知力。

对于我们经常进行的 Mobile 端到 PC 端文件互传这一过程的动效设计，在我司产品设计过程中也碰到了如何让教育从业者感知虚拟的文件传输过程的问题。我们通过寻找日常生活中与传输运输相关的形象事物进行抽象，最终选取了时光隧道、纸飞机、碎片重现 3 种与传输相关的元素展开设计。同时经过最终的用户调研和测试，最终选取了纸飞机的设计方案。通过利用儿时课堂用纸飞机传递信息这一形象化过程对抽象化的文件互传进行提现，既满足了用户的愉悦感，又提升了体验设计的反馈效率，如图 5 所示。

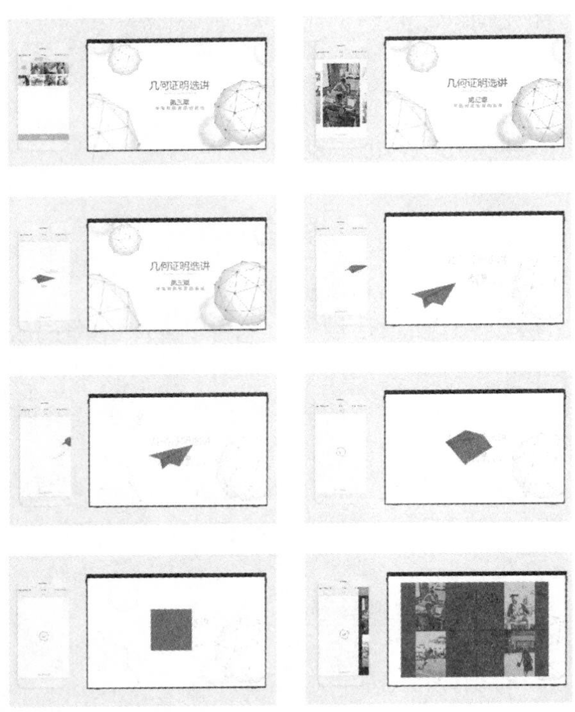

图 5　101 教育 PPT 文件传输——纸飞机动效

4.2.2 拟物运用

以拟物为例，谷歌提出的原质化设计（Material Design）的核心概念就是——材质隐喻。实体的表面和边缘是基于真实效果的视觉体验，熟悉的触感让用户可以快速地理解和认知。实体的多样性可以让我们呈现出更多反映真实世界的设计效果，但又绝对不会脱离客观的物理规律。

安卓系统 Material Design 里按钮点击模拟水波扩散的质感即为拟物在动效设计中的运用，如图 6 所示。例如，水波效果的比喻本体就是按钮，喻体就是水波，通过浅显熟悉的事物来说明抽象生疏的事物，缩短了用户和界面之间的认知代沟。

图 6　Material Design 水波纹效果

4.2.3 拟人运用

早在十几年前的金山杀毒软件的小狮子，乃至迪士尼动画设计都在使用的拟人，就是通过赋予人物的性格给产品，使得它易于亲近、生动形象，并且可以自主表达情感，与用户形成沟通互动的。这运用在了很多产品里面的小助手动态形象中。

例如，我们在如图 7 所示的登录框暗文输入时，猫头鹰的双手遮蔽眼睛的动效就非常新奇有趣，它模拟了现实世界中我们让旁边的人遮住眼睛不要看见秘密的情景。

图 7　登录框拟人运用

4.2.4 排比运用

排比在动效设计中的运用就更多了。排比的修辞手法是由 3 个或者 3 个以上结构相同或者相似、内容相关、意义相近、语气一致的短语或者句子排列起来，使行文更有节奏感和说服力，增强表达效果和语气，深化中心。那我们在产品的动效设计中，什么情况下会遇到结构相同的模块呢？列表元素的依次出现展示，或者是一二三级菜单的联动展示。通过第一个物体带动其他物体，结合一定的延迟来强化元素的逻辑性和结构的一致性，如图8所示。

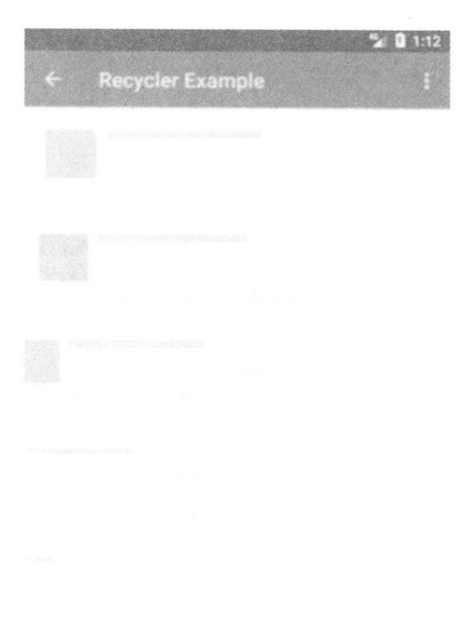

图8 列表元素排比运用

另外，抖音或者各大直播间的各种点赞动效，也是运用了排比的手法，通过长按点赞持续发送点赞符号，进而强化支持主播的氛围，如图9所示。可见在手法的运用上，达到了与排比修辞手法类似的作用。

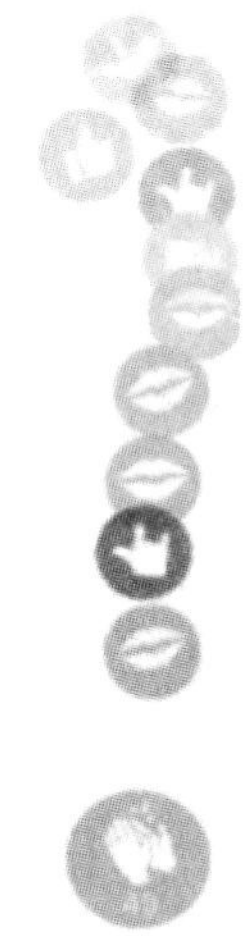

图9 直播间长按点赞排比运用

4.2.5 象征运用

象征，即根据事物之间的某种联系，借助某人某物的具体形象来表现某种抽象的概念、思想和情感。这在动效设计中也经常被运用来增强某类反馈的强度。

例如密码错误的提示，除了常规的文本内容提示，我司设计师在“101 教育 PPT”产品设计过程中赋予其“左右摇头”的动效，“摇头”的象征语义即为“错误，请重新尝试”，通过形象化的象征手法将反馈信息增加，提升用户对系统反馈信息的获取效率，如图10所示。

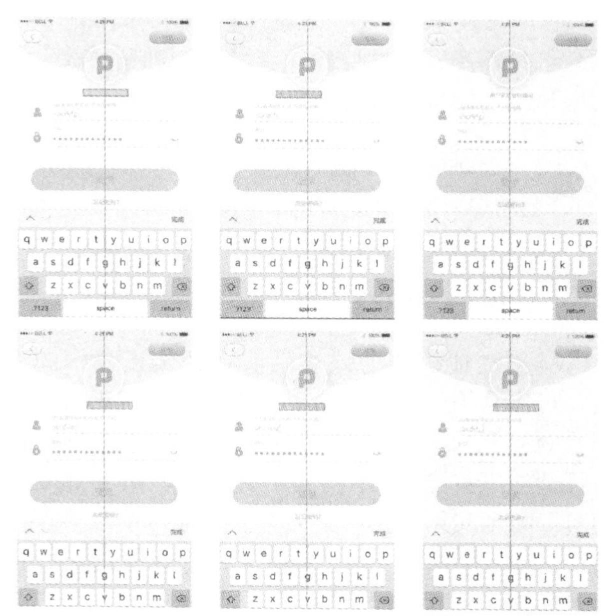

图10 “101 教育 PPT”密码错误反馈摇头动效

4.3 设计验证研究

笔者选取了以上4.2.1的纸飞机文件传输、时空隧道文件传输、常规无动效文件传输等3种设计进行用户调查，通过让用户传输一份300M的文件进行用户观察和访谈。调查结果显示，高达68.6%的用户认为纸飞机传输时间最短，22.9%的用户认为时空隧道方案传输时间最短，仅有8.6%的用户认为无动效传输方案时间最短，如图11所示。事实证明，利用比喻手法进行的动效设计方案对于消除等待烦躁的效果明显，提升了用户体验效率。

用户观察及访谈样本35份

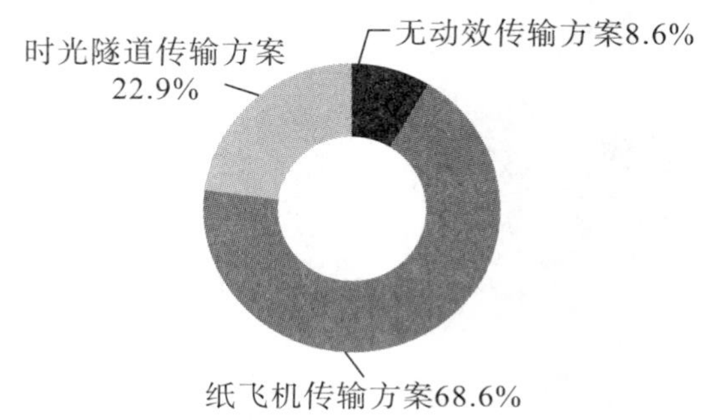

图11 “101 教育 PPT”文件传输动效用户调研

同时，对于 4.2.5 的象征手法的运用，我们也有针对性地对（密码错误提示摇头动效方案，密码错误提示透明度渐现式动效方案，无动效方案）3 组用户进行了测试：分别告知他们 3 组密码随机密码，仅有一个密码正确，让他们尝试登录。通过后台数据显示这 3 组用户从开始登录到成功，摇头动效组平均用时 7.7 秒，透明度渐现动效组平均用时 9.9 秒，无动效组平均用时 11.8 秒，如图 12 所示。可见，有针对性地使用修辞手法进行动效设计对用户感知力提升具有重要的作用。

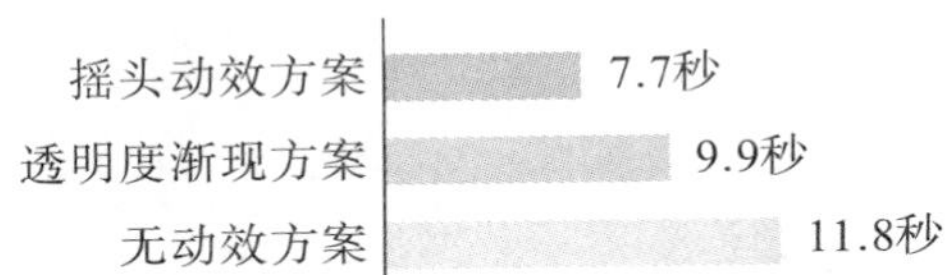

图 12 “101 **教育** PPT” **登录动效用户调研**

至于其他更多的修辞手法在动效设计中的运用，可以从中国传统文学里得到诸多灵感借鉴。例如，“枯藤老树昏鸦，小桥流水人家”的排比和借景抒情渲染氛围；“楚山秦山皆白云，白云处处长随君”将上句结尾作为下句开头的连珠手法在动效设计中体现转场连贯性；“烟笼寒水月笼沙”的互文手法在动效设计中体现耐人寻味给人思考的空间；“通感”修辞在动效设计中通过不止一个视觉维度增加听觉音效维度，以提升动效用户体验；“Mac OS”下窗口最小化的夸张动效；等等。

4.4 动效设计修辞运用流程

根据多年来在实际工作中对于修辞手法运用到动效设计中的经验终结沉淀，笔者归纳了如下的动效修辞手法运用流程，通过四个步骤实现动效设计与传统文学修辞的理性碰撞。

首先通过用户旅程图寻找动效设计的价值点，其次通过修辞手法卡片及设计点所要达到的体验目的进行融合选取适合手法并组合，再次通过设计 DNA 提炼视觉元素和定义交互手法（修辞再现），最后通过分镜和高保真 DEMO 进行用户测试直到落地发布，如图 13 所示。

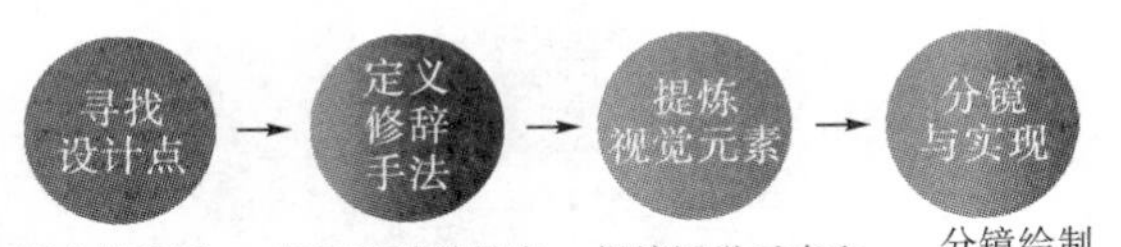

图 13 **动效设计修辞运用流程**

5 结论与展望

动效设计在交互设计乃至用户体验设计中的重要性已经广泛达成共识，如何通过理论化、体系化的方式来构建成熟有效的动效，如通过传统修辞手法的运用来提升动效设计在产品中发挥的作用等。然而除此之外，我们还需要关注动效设计的其他层面，如技术手法、节奏感、落地性能等。

传统的文学修辞能够很好地指导我们在产品用户体验设计过程中的动效设计灵感，当然这是基于我们对产品的动效目的、所处场景、用户群体等深入分析的情况下制订的，它必须符合上述的动效设计金字塔原则以及五维分析法。我们可以将常用的修辞手法以卡片的形式进行组合，通过多维的穷举组合形成不同的创作手法，在这之中寻找动效设计的创意和适于表达用户体验的手法。这将更好地帮助我们提升产品的用户体验。

艺术是相通的，在完善动效设计理论体系化研究的同时，我们需要更加积极地开展文学手法以及其他理论在动效设计中的研究和讨论。尽管动效设计刚刚起步不久，用户体验设计师真正能够成熟掌握它的还是比较少，但是作为互联网产品异质化和品牌特性化的实现手段之一，相信将来动效设计理论的发展，能使它可以被更加优雅和成熟地运用于产品设计过程中。作为用户体验设计师，我们需要不断学习和运用更多的修辞手法进行动效设计，要开始思考动效设计、交互设计、用户体验设计、服务设计等的内在联系并将之运用到日常的产品设计工作中，从而设计出更加符合用户预期及超越用户预期的产品，并为动效设计这一新领域带来新的思维、新的角度、新的可能。

参考文献

[1] 阿里巴巴 1688 用户体验设计部. U 一点料［M］. 北京：机械工业出版社，2016.

[2] 刘津，李月. 破茧成蝶 用户体验设计师的成长之路［M］. 北京：人民邮电出版社，2016.

[3] 唐纳德・A. 诺曼. 设计心理学 3：情感化设计［M］. 张磊，译. 北京：中信出版社，2015.

[4] Jesse James Garrett. 用户体验要素［M］. 范晓燕，译. 北京：机械工业出版社，2011.

[5] Alan Cooper. About Face 4 交互设计精髓［M］. 倪卫国，刘松涛，薛菲，杭敏，译. 北京：电子工业出版社，2015.

健康 App 造型形式与应用研究*

毛海月　张玉萍

（西华大学美术与设计学院，四川成都，610039）

摘　要：探讨健康 App 中的造型形式与产品造型语义的联系，改善健康 App 中的界面结构，使产品与用户之间的信息交流更人性化。对健康 App 视觉元素的造型形式进行梳理，提出以“点、线、面”为语言符号的 App 造型形式，并对这些符号进行应用研究，从形态符号结构语义的功能性、操作性、心理性三方面做应用设计。

关键词：健康 App；造型语义；应用设计；

生活质量的提高使人们开始注重自身健康管理，从而快速促进健康 App 的发展。健康 App 作为生活类的手机应用，表现人与社会的联系，是社会文化中的一个缩影。在产品造型语义学中，产品可作为联系“人—物—环境—社会—文化”的一种特殊符号。因此，用造型语义学的基本特征去扩展研究健康 App 产品设计形式和应用，有助于探讨健康 App 的用户体验诉求和完善产品造型语义的设计形式。这一设计研究可使健康 App 得到良性的发展，成为人们生活中真正意义上的健康小帮手。

1　健康 App 的发展状况

健康 App 在 App Store 下载排行榜中具有较高的下载量和关注度，这体现了人们开始结合手机应用来管理与解决自身健康问题。健康 App 应用是将健康企业与智能手机用户紧密地联系在一起的平台，是满足个人需求的健康类服务。

对于国外，在移动医疗这块的应用时间可以追溯到 20 世纪 90 年代，已运用掌上电脑对医患的数据进行采集和收集。移动医疗应用市场中欧洲占据 20%，其次为非洲拉美国家，最后为亚太地区。因此，国外对于健康 App 的发展已经达到相对饱和的状态，应用体系分类也相对全面成熟。IMS Heal 发布的关于健康 App 最新研究报告显示，Google Play（安卓）应用程序商店的安装数据显示了医疗保健应用程序的下载量非常少：超过 50%的此类 App 的下载量不到 500 次，只有 2%的 App 的下载量超过 10 万次。事实上，在这一类别约 6.6 亿次下载中，有 5 个应用占了 15%。因此，尽管消费者对于健康 App 有众多选择，但市场已经非常集中，消费者一直在选择同样的应用。

从国外对健康 App 的研究内容上来看，早期研究主要为医疗，特别是老年人慢性病的自我管理类的应用，健康与健美类的应用研究集中。近年来，目标用户发展趋势开始年轻化。特殊人群的健康类 App 也进入研究范围。除此之外，目前美国移动医疗行业已经步入数据驱动决策阶段。相比之下，中国现仍处于医患互动和医疗改革相关环节的前端。

对于中国来说，移动医疗这个概念是 2011 年引入国内的，但是其发展速度非常快。目前我国移动医疗应用在服务体系上也从单一的消费者群体为主的服务逐渐成为线上线下、软硬件一体的系统性服务体系。

健康 App 发展迅速的趋势从 2015 年的爆发期到现在的稳定发展期，用户规模也在稳定发展中放缓。一方面是由于现有移动医疗产品与服务的创新突破可能性减小，难以大幅度地提高用户的使用数量；另一方面是慢性病管理等细分领域的特定用户的潜在需求还未满足，企业仍需扩大对行业应用和商业模式的探索。

iiMedia Research（艾媒咨询）数据显示，截至 2016 年年底，中国移动医疗健康市场用户规模已经达到 2.98 亿人。健康 App 已经进入大众的生活，随着人口结构步入老年化，健康 App 的多模式更是今后医疗服务改革的重要途径之一。

2　健康 App 造型要素分析

根据市场调查，大部分健康 App 在造型形式

* 基金项目：西华大学研究生创新基金资助项目（项目编号：ycjj2017218）。

作者简介：毛海月（1993—），女，四川成都人，西华大学在读硕士研究生，研究方向：工业设计及其理论。

张玉萍（1972—），女，四川成都人，西华大学与美术设计学院副院长，教授，硕士学位，高级工业设计师，硕士研究生导师，四川省经济与信息委员会工业设计专家，中国工业设计协会会员，四川美术家协会会员，主要从事工业设计教育与研究。

上多有雷同，识别度较低。大部分用户对某些健康App的使用率不高，主要原因是健康App造型形式及功能设计不能满足多数追求个性生活的人们的需求。

为使健康App满足用户的更多需求和提高满意度，对健康App的造型形式与应用做了研究探讨。从各个手机应用商店里挑选了27个不同类别较受的健康App作为样本，并将其分为六类（图1），从产品造型语义的角度进行基本造型要素的分析。

图1 健康App样本采集

2.1 产品造型语义的概念及基本特征

造型语义源于几个方面：环境世界的再认识；心理、文化、社会的脉络；符号论背景；世界文化与地方文化。工业设计师协会（IDSA）举办的“产品语义学研讨会”中将其定义为：产品语义学乃是研究人造物的形态在使用情境中的象征特性，以及如何应用在工业设计上的学问。以产品造型语义来设计的产品在造型上具有特定的内涵，是为了实现人与物的交流及唤醒人的记忆与想象力。

产品语义的表达能使产品与使用者沟通交流，从而更好地为使用者服务。在产品语义学中，产品自身就是一个完整的符号系统，是传递信息、表达意义的符号载体。产品语义学有外延性与内涵性的基本特征：产品造型的外延性语义是直接体现产品功能属性及使用方式；内涵性语义则是除此之外的其他价值。

健康App造型形式在产品造型语义中则表现在展现形态和色彩，其中语义符号的传达则是“点、线、面”间接形式的界面呈现。

2.2 健康App的基本造型

如果把一个健康App比作一棵树，则其用户人群为营养，用户定位为树根，运营模式是整个树干，用户体验中的用户界面则是树叶。用户体验是进行光合作用的叶绿体，其生产的氧气即是用户与App信息情感交流的媒介。这个媒介便是用户界面。

健康App的用户界面是整个产品造型语义的重要形式表现。研究健康App的造型形式与应用，需要在分析健康App的基本造型基础上研究其蕴含的产品造型语义，故从Icon、界面布局、界面色彩三方面进行。

2.2.1 Icon

Icon是整个手机应用的首要传达体，传达能让用户的头脑创造出与App有关的抽象内容。在符号学中，符号形式的表达方式中广受应用的有文字符号、语义图形符号。在现在的丰富多样的设计表达方式的发展中，情感色彩的表达也是Icon在符号学中的传达方式。

对健康App样本中的Icon进行归纳分析后得出Icon的表现形式分为3种：以文字符号为基础形态的图标设计；以有语义的图形符号为基础形态的图标设计；以情感色彩表现为主、几何符号为辅的图标设计。

2.2.1.1 文字符号

以文字符号为基础形态的图标有糖护士、Dermatologistoncall（皮肤问答）等健康App（表1）。比较有代表性的有两类：一类是单以首字母或是英文缩写为基础原型的Icon。例如，糖护士以大写的“D”为主，以“doctor”的单词缩写明确了其App的类型；Dermatologistoncall图标是以字母缩写“DOC”来表达皮肤医生的角色，加上发射信号图标，传递了“求助、咨询”的信息。另一类则是名称为基础进行变形，演变过程中加入其他元素，使其语义更为丰富。例如ZocDoc，一个大写的“Z”字母为中，两“O”字母在两边组成一个笑脸，表达了提供微笑便捷的医疗服务；Keep的Icon以首字母为主，加入人做训练的姿势形态，充分地把应用的运动健身作用传达出来。

表 1　Icon 造型语义元素提取－1

Icon	元素	介绍
	Diabetes + nurse	有效管理血糖，轻松管理糖尿病
	Dermatologist On Call +	皮肤病问答服务
	Z + ● +	智能推送周围医生，传送病例
	K +	移动健身教练，随时随地练就完美身材
	ma 妈 + a +	妈妈与准妈妈的交流社区

2.2.1.2　语义图形符号

健康 App 中，以语义图形符号为基础形态的图标设计有微医、平安好医生、Stroke Riskometer（中风风险仪）等（表 2）。

表 2　Icon 造型语义元素提取－2

Icon	元素	介绍
	+ +	在线预约挂号网
	+ +	在线问诊 上门送药线上挂号
	+	春雨计步器，记录每天运动量
	+ 医	医疗健康咨询，三甲名医问诊
	+ + 糖	妈妈与准妈妈的交流社区
	血压表	通过测量和中风密切相关的因素，评估中风发病率
	+	智慧互联网医院，在线看病
	+	个人健康记录应用 药物查看和挂号
	+ 血管	高血压健康管理管家，快速稳定血压、调理血压
	橄榄枝 +	为患者提供医院的挂号服务

将这些样本整合分类为三类：一类是运用多个图形组合，直抒胸臆地表达其产品语义的外延性。比如作为一个医联平台的微医 App，其 Icon 设计用相对的两颗心和一个十字符号，其表达语义为微医是医疗机构与患者之间的心与心的交流平台；平安好医生的图标内容则表达温暖的医疗咨询平台。

另一类 App 的 Icon 则是委婉间接地表达其产品的内涵性。对于国外的健康 App “Stroke Riskometer”的图标来说，用检测仪表为基础形态的演变设计，传达出 App 的主要功能在于中风患者可随时检测自身状况，体现出 App 的专业性及可靠性。“On Patient”手机应用则是用人和爱心两个元素结合，表达为用户提供全心全意的服务，随时关心用户的健康状态。

还有一类则是直接运用卫生院的标志，表现出其专业性和认证性。这类通常运用在挂号相关的医疗服务 App 上，产品语义在语义特征的组织上运用官方的标志，直接从用户的认知上给予专业可靠性。

2.2.1.3　情感色彩符号

以情感色彩表现为主，几何符号为辅的健康 App 图标有春雨医生、Everymove 等（表 3）。春雨医生以缤纷的色彩和雨滴的图形来表示一场春雨后万物生长的语义，也展现了这是一个多姿多彩的医疗平台。Everymove 是通过新鲜有活力的橙色和跳跃的小人两个元素来体现随时保持活力的健康状态的理念。

表 3　Icon 造型语义元素提取－3

Icon	元素	色彩分析	介绍
	+	愉悦兴奋	激励式健康管理平台
	+	清新安心	30天帮你平稳血糖
	Run+	激情活力	跑步运动专业软件
	+	丰富多彩	足不出户问医生 在线提供服务

根据产品的主题选择相符的 Icon 主色调，让用户对 App 产生具体或抽象的联想，传达了一定程度的色彩语义，达到拉近 App 与用户的距离的作用。色彩加符号的语义特征提升更高层次的语义，组织成多层次的结构。

2.2.2　界面布局

一款 App 的用户体验好坏，很大部分取决于移动 App 页面布局的合理性。常见 App 的界面导航结构大致分为八种：标签导航、舵式导航、抽屉导航、宫格导航、组合导航、列表导航、tab 导航、轮播导航（图 2）。

对采集的样本进行分析，发现健康 App 的界面布局是根据其运营商的运营方式和用户人群来指定的。对于带有针对性和检测性的健康 App 来说，个人的用户信息包括以健康状态为主要页面，且会有一些与病情相关的建议为辅助界面的布局。对于健康管理和咨询的健康 App 的界面布局来说，主线比较多，各种子菜单都在用户界面的中上方。对于医联平台的 App，其界面布局会呈现单一的分科形状。

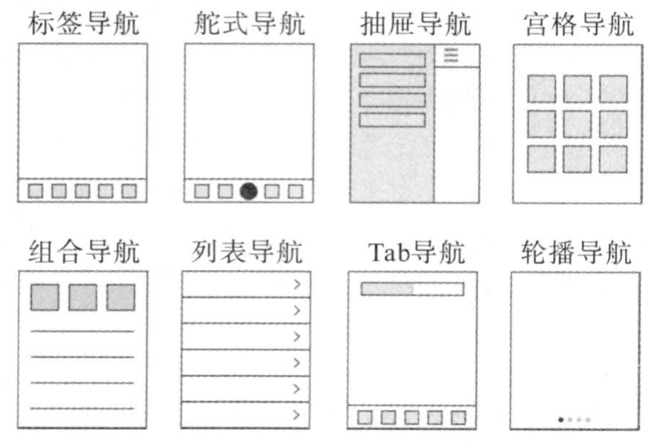

图 2　App 界面导航结构

2.2.3　*界面色彩*

UI 界面的色彩设计不仅是为了达到美观，而是应该深入地探讨附上这些色彩之后对产品本身或者对用户使用上的意义，以及所使用的色彩是否能够引导用户进行操作。色彩在界面设计中比图像和文字更为直观、更富有魅力。

健康 App 界面色彩表现形式总的来说分为三类：第一，以明亮、鲜艳色彩为主的界面色彩，其中带有警示性的健康 App。在色彩心理学上，这种色彩对比度高、冷暖色调对比强烈，可以引起人潜意识的重视。第二，以和谐、温和色彩为主的界面色彩，其中以健康管理类及医疗咨询平台类的健康 App 最为常见。这种色彩可以让人感到平静与愉悦，产生信任感。第三，以迎合用户人群的特征为主的界面色彩类的 App。最为典型的是女性健康 App。多数以粉色系为主的界面色彩会让用户使用时有归属感（表 4）。

表 4　健康 App 界面色彩条分析

类别	App	界面色彩条	主色调
警示性			黑红蓝
			蓝黑
			橙蓝
温和			蓝白
			绿白灰
			橙黄白
			蓝橙白
用户特征			粉蓝白
			粉白黑
			黑白灰

App 的界面色彩选择用户熟悉的或大众喜爱的色彩语义，有的 App 还选择通过色彩语义特征传达其文化内涵、功能性，体现其品牌价值。

由上对样本的分析得出，健康 App 的 Icon 造型设计有共性，也有不同性。其中，运用符号的变化来抽象地传达产品语义，展现出更多 App 主旨与内容，但在符号与元素上选择缺少独特性，包括缺少对于品牌特点的表达及与用户之间的独特交流。在造型形式上，用户体验缺少了反思层面上的思考，所以应基于 Icon 的作用要素，研究其产品造型语义的表达。

太多健康 App 的界面类似，往往由于功能的繁多而造成界面的复杂，缺少了对用户操作上简单、易懂的考虑。加上界面色彩选用上，大多以整体清淡色调为主，缺少与内容相关的表达性。

2.3　健康 App 的“点、线、面”造型要素分析

对于移动端的第三方应用软件 App 来说，其造型形式分为两种：一种为隐形内在式的形式，即整个服务结构体系的构建以及背后的运营方式；另一种为显性外在的形式，是直接引导用户体验 App 产品的媒介，即用户体验中的用户界面。App 视觉要素的产品造型语义应用对健康 App 的造型形式有一定的促进作用，特别是在对于用户体验上有着指导作用。

2.3.1　*“点”形式的 Icon*

在整个 App 的界面设计中，Icon 在应用设计过程中必不可少。Icon 一方面提高了 App 品牌在桌面图标中的辨识度；另一方面起到了对 App 应用的宣传作用。不管在 App Store 搜索栏中，还是在手机桌面上，Icon 都可作为一个点来吸引人们的眼球（图 3）。

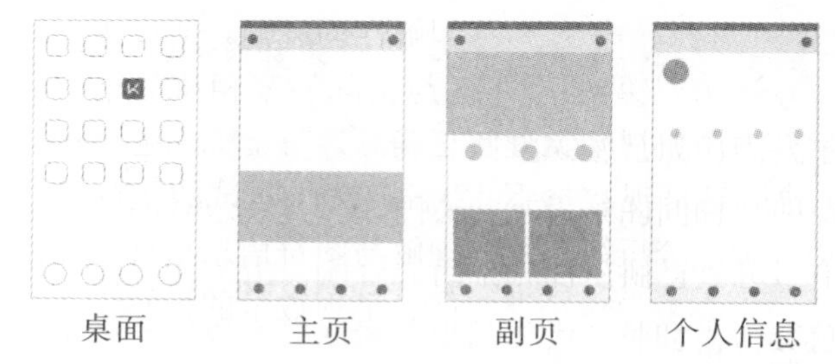

图 3　Keep 应用界面 Icon

从语义学的角度来看，其语义产生是通过图形元素的点、线，再加上色彩的方式组成了带情绪表达的二维空间。对于健康 App 的图标来说，它需要通过这种二维空间向人们提出手指点击的诉求。其实就是以一种语义学形式上的心理暗示让人们产生日常管理健康的心理倾向，从而增加用户的健康 App 使用率。Icon 的造型语义也充分体现了形态符号语义学结构中的文化性。

2.3.2　“线”形式的界面布局

App 的界面布局需要合理性，因为在整个 App 的界面布局中，它是起点，然后才是二级菜单和三级菜单等的布局结构设计。界面布局的研究设计需要眼动研究法等，这种线性的研究方法运用了符号学中线性形态的引导性。界面自身线性的切换变化也将 App 的内容在空间上进行了分割，形成立体的空间结构。

眼动研究提供的信息不只是人怎样“看”东西，还反映了大脑对信息处理的过程，所以眼动模式的特点与脑的信息处理有密切的关系。界面布局设计也就是将“大脑—眼动模式—App 界面布局结构流程”三点一线的流程体现出来（图 4）。其实良好的健康 App 的界面布局结构体现了形态语义学结构中的功能性和操作性。

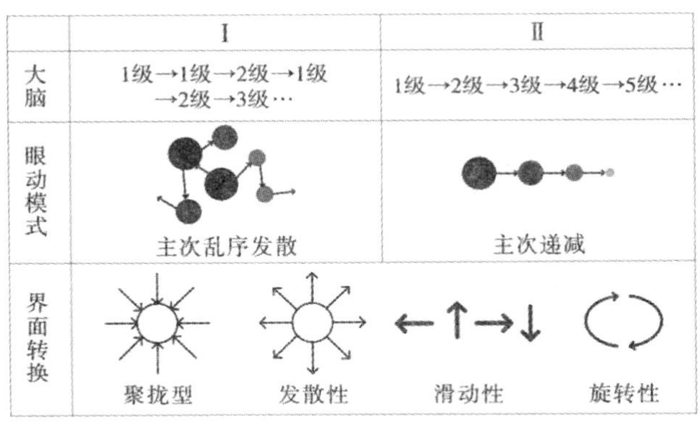

图 4　App 界面线性分析图

2.3.3　“面”形式的界面色彩

设计者可以从语义的传达角度出发，采用某种色彩的心理暗示和传达情绪的信号，对健康 App 的界面进行配色。用户通过色彩对健康 App 产品建立初步印象，色彩所表达的语义会间接影响用户情绪，达到一种人机交流模式。合理的色彩选择和协调的色彩区域划分，更能突出健康 App 语义表达的重点，使用户第一时间合理使用 App 产品，这就体现了形态语义学结构中的心理性。

3　产品造型语义在健康 App 设计应用实践

产品造型语义在健康 App 中的应用发展体现在视觉的三要素中。如果要建立一款既具有代表性又受人欢迎的实用健康 App 用户界面，可以从造型语义角度进行设计思考。

3.1　Icon 造型元素的提取

Icon 是一款健康 App 理念的缩写，需要体现健康 App 品牌文化的宣传性，所以其图标形态须符合健康文化的准则。对所处的社会区域和传统文化的考虑，图标的基础形态可以从古代有长寿吉祥寓意的图案或是中医讲究的阴阳调和等中国传统设计元素选择，如常春藤的图案与中国结。“健康籍”是一款记录健康数据，随时提供健康建议的健康 App，其 Icon 在菜单或桌面中作为一个点来说，颜色的搭配不只需要醒目和引人入胜，还得具有传统文化性，比如五彩祥云的语义有祝福吉祥，生生不息（图 5）。

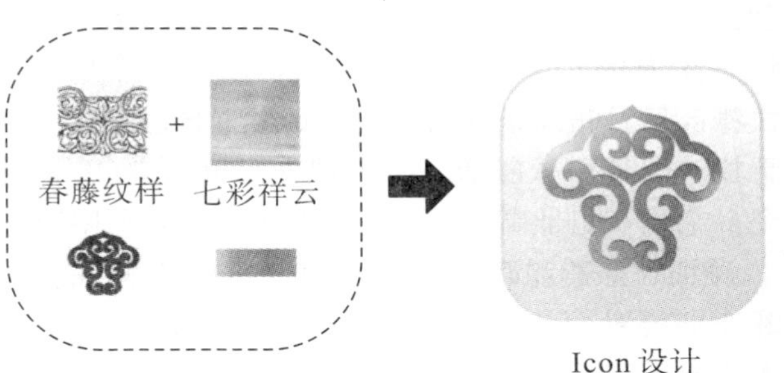

图 5　“健康籍”App 的 Icon 设计

3.2　界面设计

整个健康 App 的界面布局可以根据优秀法则和对页面信息完整的考虑来设计。整个界面的使用过程是一种线性思考，需要考虑“线”形成的空间结构与其引导性。从健康 App 的受众人群来考虑，以最简单的标签导航和列表导航为主的界面布局加上翻页切换效果，体现此 App 为一本健康书籍。在界面布局设计上，体现便捷、舒适、简单性（图 6）。

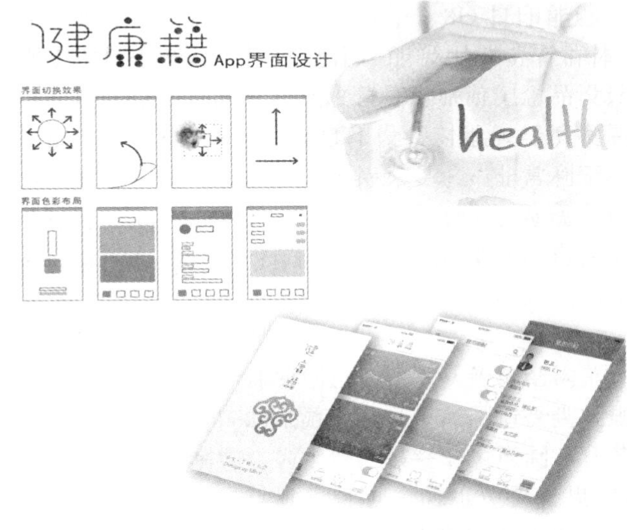

图 6　健康 App 界面设计

最后，健康 App 的界面色彩设计需要符合心理性的要求。App 的色彩是以面的形态呈现给用户，色彩的搭配选择需要符合用户心理认知。为了突出色彩的语义认知，使用较少颜色，以红色为主要标识颜色，橙蓝色为健康信息辅助色，总体使用一个以亲切、鼓励等色感为主的界面色彩，会让用户在心理上会产生依赖感。选择最能体现软件主题的色彩作为界面的主色调，其背景为浅色调，整个界面的配色能突显 App 界面的重点，在色彩语义中让主流用户最直接地识别信息点，增加亲切感而使其保持一定的使用频率。

4 结论

无论是发展中国家还是发达国家，人们的生活水平和医疗保障都大有提高，医疗服务改革一直是民生问题的主要解决任务。在因健康 App 的迅速发展而出现的良莠不齐的 App 现象中，可以看出大多数开发者并未做到有独树一帜的内涵性的产品。通过对健康 App“点、线、面”造型形式的语义研究和应用，得出了开发健康 App 可以从形态符号结构语义的功能性、操作性、文化性、心理性四方面去进行设计研究，使其更好地符合使用人群的结论。

参考文献

[1] 李建梅. 国内外移动医疗应用现状及启示［J］. 电脑与信息技术，2017，25（6）：64－66.

[2] Aitken M. Patient Apps for Improved Healthcare From Novelty to Mainstream［EB/OL］. http：//www. imshealth. com/portal/site/imshealth.

[3] 仝晶晶，邓胜利. 国外健康类 App 评价研究综述［J］. 信息资源管理学报，2016（4）：28－40.

[4] 代菊英. 产品设计中的仿生方法研究［D］. 南京：南京航空航天大学，2017.

[5] 刘胜志. 产品语义学具体应用方法的研究［D］. 上海：同济大学，2006.

[6] 伊嫱. 基于色彩语义学的移动应用 UI 界面色彩设计原则［C］//2015 中国色彩学术年会，上海，2015：162－165.

[7] 王鹏，程哲，何益群. 精神分裂症患者眼动特征及其相关因素研究［J］. 中国临床新医学，2014，7（7）：603－606.

[8] 赵亚伟. 手机 App 界面的情感化设计研究［D］. 济南：山东大学，2014.

[9] 陈瑾艺. 移动医疗产品 App 界面设计研究［D］. 南昌：南昌大学，2015.

[10] 江亚妮. 基于用户体验的移动应用界面视觉设计的研究［D］. 上海：东华大学，2016.

[11] 张利军. 智能手机 App 应用前景及发展瓶颈探析［J］. 电子技术与软件工程，2015（10）：69.

[12] 盛夏，杨君顺，潘倩. 基于符号学理论的趣味性产品设计［J］. 包装工程，2008（11）：152－154.

“双创”背景下工业设计创新创业人才培养模式探索

牟　峰　刘子畅

（中国海洋大学，山东青岛，266100）

摘　要：本文通过对创业活动理论的研究，结合国家本科教育改革要求，开展新时代工业设计专业创新创业人才培养模式探索。本文通过分析经典蒂蒙斯创业活动模型，进行模型改进，引入成果要素并由此形成了 OTPR 创业活动模型。通过对创业活动模型四要素的教育支撑分析，细化了与之相对应的工业设计本科创新创业教育支撑框架，初步构建了多体系综合的工业设计专业创新创业人才培养模式。

关键词：创业活动模型；创新创业教育；人才培养；工业设计

进入 21 世纪的第二个十年，创新已成为社会进步的主旋律，在诸如大数据、云计算、物联网等科技名词的簇拥下，设计的角色正发生着微妙的变化，而中国工业设计高等教育也正在迎来新时代中国特色、中国风格、中国气派的新变化。

2015 年国务院办公厅印发《关于深化高等学校创新创业教育改革的实施意见》，确立了到 2020 年建立健全高校创新创业教育体系，这标志着深化高校创新创业教育改革已经成为国家实施创新驱动发展战略和提升高校毕业生更高质量创业就业的重要举措，“双创”人才的培养已成为党与国家赋予高等教育的重要使命。与此同时，高等教育内部也意识到了与时俱进的紧迫感。2018 年 6 月 21 日，教育部自新中国成立以来第一次全国范围内召开会议专门研究部署高等学校本科教育工作，重溯高等教育本源，“重点加强创新创业教育，推动创新创业教育与专业教育紧密结合，全方位深层次融入人才培养全过程，造就源源不断、敢闯会创的青春力量”。

1 背景综述

自 2015 年国家提出创新创业人才培养战略以来，围绕建立健全工业设计专业创新创业教育体系这一核心，设计教育在教学思想、过程管理、培养手段、课程设置上不断开展研究与探索。

2016 年，江南大学魏洁撰写《社会转型与设计教育变革》针对工业设计教学体系做了综合的创新改革实践与研究。2017 年，谭嫄嫄撰写《创业导向下的工业设计专业毕业设计多方联动模式探索》讨论了以工业设计教育创新创业意识提升改革为基础，探讨毕业设计与商业、线上与线下联动的可能性。2018 年，李丰延、陆璐在《以创新创业能力为导向的工业设计专业实践教学模式改革与探索》中分析了多方面的原因，构建以创新创业能力为导向的工业设计专业实践教学模式。目前已经有较多的论文在讨论创新创业设计教育改革问题，创新创业设计教育改革已经进入了广泛研究的阶段，从体系改革到课程创新不断拓展，工作室（工作坊）教学、校企结合、双师型教育人才培养、课题化（项目化）教学、地方特色实践教学等多研究领域已产生较多研究成果，但大都不离相关的几个侧面：

（1）校内创新创业平台。

（2）校企结合实践教学。

（3）创新创业竞赛。

（4）提升一线教师设计实践能力。

这几个侧面反映了设计创新教育中急需改进的问题，体现了较为朴素的设计教育改革观。从过程来看，研究理论深度不足，缺乏更为完善的设计与创业理论支撑；从成果来看，“双创”设计创新创业人才培养模式搭建还未能形成科学、完善的框架模型。本文将立足设计理论模型与创业理论模型两个核心基础，探索较为完善的设计创新创业教育框架模型。

2　创业活动模型及改进

杰弗里·蒂蒙斯 Timmons 于 1999 年在《新企业的创建》（*New Venture Creation*）一书中提出了一个 Timmons 创业活动模型（图 1），机会、资源和创业团队这三个创业核心要素构成一个倒立三角形，创业团队位于这个倒立三角形的尖角。他提出，成功的创业活动必须对机会、创业团队和资源三者进行最适当的匹配：在创业初始阶段，商业机会较大，而资源较为稀缺，于是创业活动模型向资源倾斜；随着新创企业的发展，可支配的资源不断增多，而机会则可能会变得相对有限，于是创业活动模型向机会倾斜，创业者必须不断寻求更大的机会，并合理使用和整合资源，以保证创业活动平衡发展。机会、资源和创业团队三者必须不断动态调整，最终实现动态均衡，这就是新创企业的发展过程。

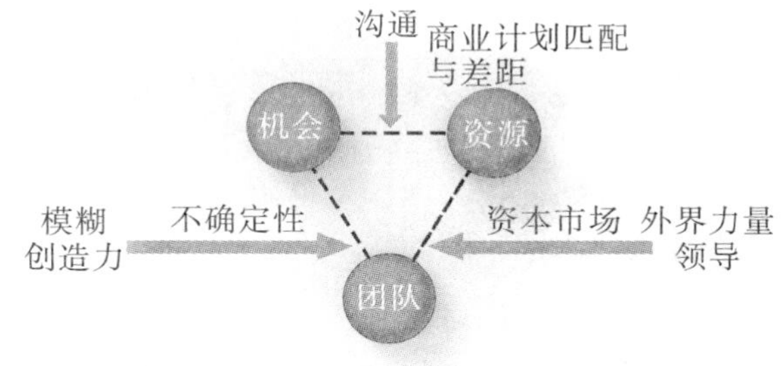

图 1　Timmons 创业活动模型

对于创业活动模型，本文在 Timmons 模型的基础上进行了改进。本文认为，创业的核心是团队成果与机会的匹配，团队成果可能是新技术、新产品、新服务、新商业……没有成果的团队是无法与机会匹配的。因此，成果是 Timmons 模型之外的第四大创业要素。在此基础上，本文提出了改进的 OTPR（Opportunity，Team，Production，Resource）创业活动模型（图 2）。

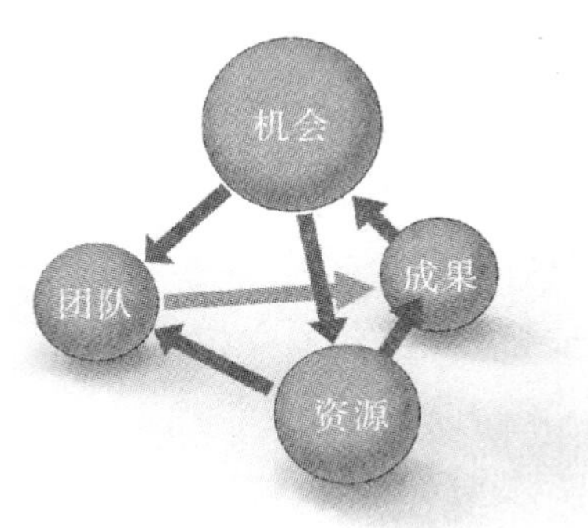

图 2　OTPR 创业活动模型

创业机会是自变量，是创业活动中相对独立的核心要素，而团队与成果是因变量。创业的关键是团队针对机会开发和应用成果，实现成果与机会的匹配。

识别与评估机会是创业活动的起点，团队进行针对性的成果开发并促使成果与机会连接。这是创业活动的关键阶段，一旦机会与成果连接成功就意味着创业的主框架搭建完成（图 3）。

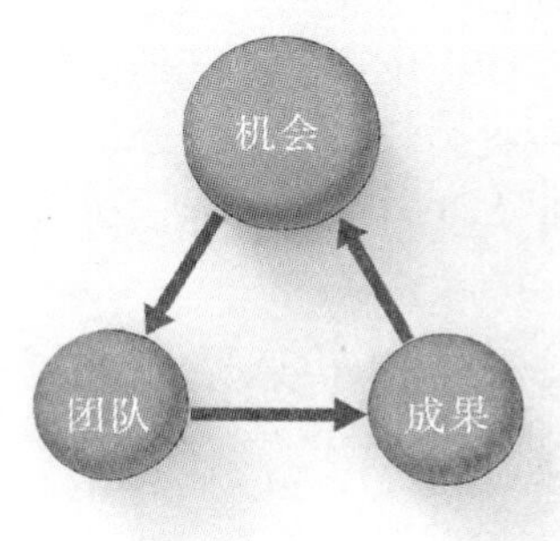

图 3　创业初始主框架模型

一旦创业框架搭建完成，资源将成为支撑创业活动快速发展的重要因素，资源将会滋养团队与成果的快速成长，力求创业成果与创业机会达到平衡，乃至完美匹配，从而保障资源自身能最大限度地从机会获取回馈（图 4）。

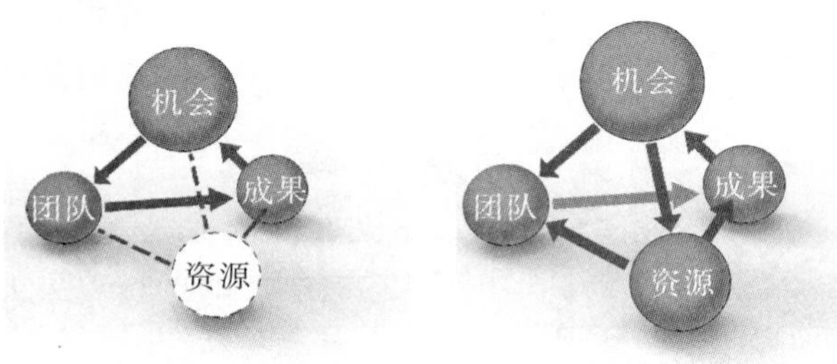

图 4　创业活动——资源引入模型

而创业团队则是实现创业这个目标的关键组织要素。创业者或创业团队必须具备善于学习、从容应对逆境的品质，具有高超的创造、领导和沟通能力，但更重要的是具有柔性和韧性，能够适应市场环境的变化。当机会衰退时，由于机会回馈的减少，资源迅速退出，优秀的团队应能够迅速寻找并匹配新的机会，产出新的成果替代逐渐丧失作用的原有成果（图 5）。

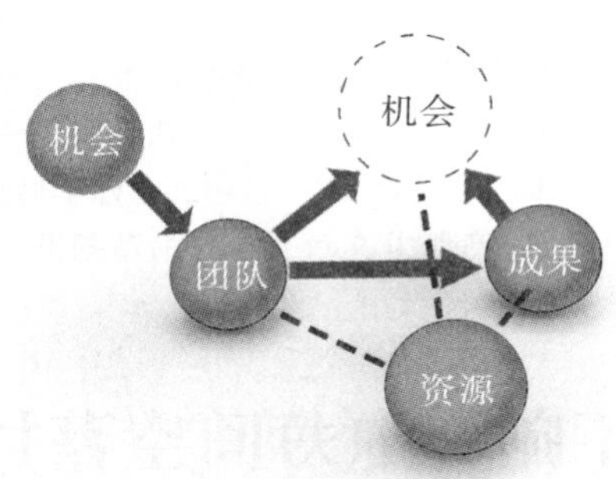

图 5　创业活动——机会退出模型

在创业过程中，由于各因素的不确定性，使得创业充满了风险，优秀的设计创业者必须自身具有优秀品质，能及时调整机会、资源、团队、成果四者的组合搭配，以保证新创企业顺利发展。

设计创新创业教育的目标是设计创新创业人才的培养，而设计创新创业人才应当具备设计创业者的优秀品质，并能在设计创业活动过程中积极应对机会变化、针对机会产出成果、调控资源。本文基于设计创新创业人才的培养目标，初步探索了设计创新创业人才培养模式。

3　基于创业活动模型的设计创新创业教育模式

3.1　机会发现与评估教育

识别创业机会是创业活动的起点，对于工业设计专业的学生，机会识别反而是优势，因为识别创业机会本质上是对信息的获取、加工并且再创造的过程，工业设计课程的用户研究、市场调查与分析培养了学生机会识别、痛点分析的能力。在机会识别的基础上，要理性创业就必须提前对创业机会的诸多因素进行评估，特别是创业机会背后的风险，根据评估的结果决定是否要进行创业。因此，设计创新创业教育模式在构建的过程中应该帮助学生识别创业机会，为学生提供创业机会并且培养学生的创业风险管理能力。

创业机会识别主要取决于以下四个关键因素，即创业者的先前经验、个人认知水平、社会网络关系和创造性。设计创新创业教育应该在这四个方面为设计学生的创新创业学习提供支撑。

创业风险评估需要在设计创新创业教育过程中加强培养学生的创业风险评估能力，了解风险管理的流程。这就需要对设计管理等相关课程进行相应的创新创业教育改革，强化设计学生对创业机会可能带来的风险的应对能力，掌握应对创业风险的管理策略。

3.2　支撑团队建设平台

工业设计专业的创业团队建设应当依托全校的力量，打破原有的专业壁垒，形成完整的创业团队结构。这方面的工作应当在学校层面展开，作为学校应当在建立健全团队搭建体系上做好支撑与服务，这是因为作为创业团队，初始的创业工作几乎全部都由自己完成。因此，创业团队成员专业能力应当互补，且要具备基本的技术、设计、财务、法务、商业模式等相关人才。同时对于创业团队，创业成员的经验差距越大，越能营造合作式冲突环境，这样的创业团队更容易产生概念碰撞与融汇，也更容易创新。高校作为创业团队的熔炉，可以围绕完善大学生创业服务工作、加强高校创业教育工作、开设创业培训辅导等方面展开支撑团队的平台建设工作。

3.3　加强成果产出培育

课程是学生培养的核心过程，也是学生成果产出的重要来源，传统的大学课程缺乏对大学生应有的激励与挑战。有调查显示（中国大学生发展研究和全美大学生学习的数据调查和分析），我国大学课堂的挑战性和美国高校相比还是有差距的。

要做好设计创新创业教育就要在提升大学生的课程学业挑战度，合理增加课程难度、拓展课程深度、扩大课程的可选择性，激发学生的学习动力和专业志趣各个方面改革课程建设，变“水课”为“金课”。同时，改变课程评价方式，严格课程过程考评，严把出口关，真正提升课程内涵建设，让学生把课程所学的内容真正转化为学习成果。

工业设计专业学生设计成果产出的重要途径就是实践课程。目前，设计教学过程中实践课程建设持续丰富，但仍有存在认识实习蜻蜓点水、生产实习敷衍了事、毕业实习走马观花的情况。然而，这些实践类课程正是设计创新创业教育开展的优秀阵地与成果产出源泉。通过设计实践类课程的改革，在这些课程中加强设计概念、外观设计以及设计专利的产出，既增强了学生的能力培养，又为学生创新创业提供了核心成果。同时，经济、法律、财务等创业必备课程也应纳入创新创业通识类课程体系，替代原有通识课程中缺乏深度、没有挑战的“水课”。青春就是用来奋斗的，对大学生的合理“增负”还应体现在大学校园内多样第二课堂的建设上，创新训练计划、创新实践项目、创新创业竞赛等课外实践环节都是设计创新创业成果的孵化场与练兵场，让设计创新创业教育的精彩过程，塑造出一个丰富充实的大学生创新创业奋斗过程。

3.4 健全资源支持保障

吴晓义在《创业理论》一书中将创业资源分为显性资源与隐形资源。其中，显性资源是在创业过程中直接可以看见的人、财、物等资源，隐性资源是看不见但在创业过程中起着重要作用的社会、政策、信息等资源。高校大学生创业支持体系学生创业资源扶持可以通过校内师生人力资源、校外校友资源、校内 SRDP、竞赛资金资源、社会资金资源、实验室设备物质资源、大学生创新创业活动空间资源、大学生实验室团队技术资源以及从政府到校园多层面的政策资源等多种方式得以实现。

综上所述，设计创新创业教育应从机会、团队、成果、资源四大模块实现支撑体系的搭建，形成初步的工业设计专业“双创”人才培养体系（图6）。

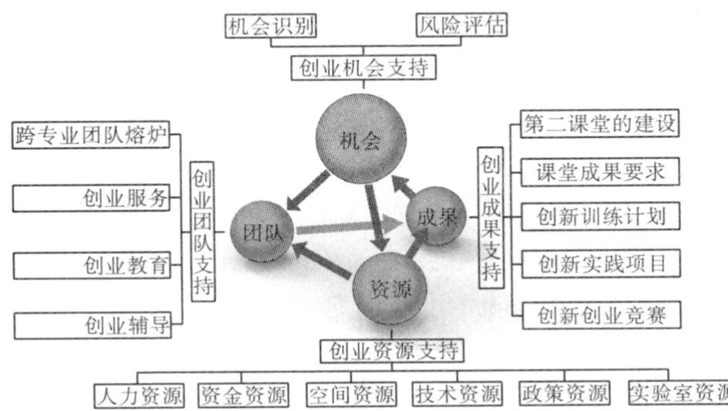

图6　基于创业活动模型的创新创业人才培养体系

4 总结

在“双创”背景下，设计人才教育面临机遇，因为设计师总是与创新为伍。但我们也要看到，创新创业是有风险的，非能人所不能为也。设计创新创业人才培养体系的挖掘与搭建就是为了依托创新创业理论体系，从机会、团队、成果、资源四大模块实现支撑体系的搭建，形成初步的工业设计专业“双创”人才培养体系，培养工业设计专业创新创业的能人。设计创新创业人才培养是一个难题，也是设计教育者迎接新时代的责任，设计创新创业人才培养体系建设是解决设计创新人才培养问题的关键，需要结合创新创业人才培养与设计人才培养的特点完善自身，不断探索与前进。

参考文献

[1] 何人可，肖狄虎，袁翔. 全球化视野下的艺术与设计专业实验实践教学［J］. 实验技术与管理，2010（5）：1-4.

[2] 中华人民共和国教育部官方网站. 新时代全国高等学校本科教育工作会议召开［EB/OL］.［2018-06-21］. http://www.moe.gov.cn/jyb_xwfb/gzdt_gzdt/moe_1485/201806/t20180621_340586.html.

[3] 魏洁. 社会转型与设计教育变革［J］. 装饰，2016（7）：131-133.

[4] 谭嫄嫄. 创业导向下的工业设计专业毕业设计多方联动模式探索［J］. 无线互联科技，2017（8）：75-76.

[5] 李丰延；陆璐. 以创新创业能力为导向的工业设计专业实践教学模式改革与探索［J］. 教育教学论坛，2018（1）：89-90.

[6] 杰弗里·蒂蒙斯，小斯蒂芬·斯皮内利. 创业学［M］. 周伟民，吕长春，译. 北京：人民邮电出版，2005.

[7] 李瑜. 大学生创业支持体系研究［D］. 天津：天津大学，2015.

[8] 吴晓义. 创业基础：理论、案例与实训［M］. 北京：中国人民大学出版社，2014.

多维度特性在产品展示中对用户视觉关注效率的影响研究

潘伟营 王一童 姜 斌

（南京理工大学，江苏南京，210000）

摘 要：产品展示的目的在于更好地让用户了解产品本身，更好地呈现产品的信息，以便于更多地获得用户反馈以完善产品，满足用户的需求，其给设计提供了一个直接与用户面对面交流的平台。随着多媒体技术的成熟，现代展示设计的呈现维度也越来越多样化。本文基于用户在不同视觉维度下对事物不同信息点关注效率的分析，探索多种视觉维度展示对用户视觉关注产品的影响，为产品展示设计提供更为准确、具体的应用方式，引导用户高效地了解产品的相关信息。本文首先通过调研的方式对国内外现有展示设计中的视觉展示方式进行维度划分；接着以家用智能咖啡机为实验对象，以 25～35 岁中青年为被试人群进行不同视觉维度展示下用户观看不同信息时其对该信息理解程度的控制变量实验；然后通过数学统计的方法对实验数据进行统计分析，得出不同视觉维度展示方式对产品不同信息展示的用户关注效率的影响，为展示设计方式的针对性应用提供依据，使不同的视觉维度展示在产品展示中真正做到物尽其用，提高展示设计的信息传递的效果。

关键词：展示设计；关注效率；视觉维度特性；虚拟现实

随着多媒体技术的发展，展示设计的呈现方式变得越来越多样化。特别是近几年来，伴随着虚拟现实技术的成熟，展示设计中一度激起了一阵虚拟热，因 3D 展示能全面、具体地向观展者陈述产品的信息，不少展览纷纷将一些传统平面信息以 3D 仿真的方式呈现，传统实物与 3D 仿真相结合的展示设计越来越成为当代产品展示设计的主流。但是，3D 视觉刺激在展示效率上是否确实完全优于 2D，面对琳琅满目的展品，消费者能否在三维展示下准确迅速地获取产品的主要设计点，迅速地捕捉设计师对该产品的设计意图，三维展示是否是每个产品每种设计亮点的最佳展示方式，仍是目前展示设计应该考虑的问题。

1 展示设计的应用方式及现状分析

1.1 展示设计的发展现状

1851 年英国伦敦世界博览会的开幕，正式掀开了世界展示设计发展的历史，发达国家对展示设计理论的研究也由此时真正开始。此后，各类型的展示设计在世界各地蓬勃发展。伴随着科学技术的发展及人民消费观念的转变，展示设计的呈现方式也不断地发生变化。近年来，随着多媒体技术的成熟、设计观念的不断丰富和完善以及设计理论研究的不断深入，展示设计从根本上突破了传统展示空间的概念，越来越向以消费者为中心的体验式交互方向发展。其视觉呈现方式也表现出由传统二维展示向三维仿真展示，由物质向非物质，由静态向动态展示发展的趋势。

伴随着虚拟现实发展的热浪，不少企业纷纷运用三维仿真展示来代替传统视觉平面展示以吸引消费者的眼球。从某种意义上看，传统二维展示似乎呈现出一种衰落的迹象。但由于视觉信息的 3D 展示目前还处于不断发展的阶段，其在展示设计中能否完全能够代替平面展示的地位尚不知晓，所以目前产品的视觉信息主要还是以文字展示、2D 剪影展示、2D 图片展示、3D 全息投影及实物模型展示等多种展示方式综合运用的方式呈现。

1.2 不同视觉维度在展示设计中的应用现状

数字媒体技术及现代模型制作工艺成熟以前，因为技术的限制，展示设计多以二维平面为主。在多媒体技术高速发展的今天，展示设计的呈现方式也越来越多样化。从空间维度定义的标准来看，目前视觉信息的展示设计主要包括以文字、2D 剪影图像为主的 2D 展示，以平面影像为主的 2.5D 展示及以全息投影、实物为主的 3D 展示。

1.2.1 传统 2D 展示

传统 2D 的视觉信息展示是完全用平面线框或文字描述的一种扁平化展示方式。其展示发展时间较长，经过时间的完善已经形成了一套完整的符号体系，用户对其认可度也比较高，所以在现代产品展示中仍处于不可或缺的地位。目前 2D 展示设计多应用于产品尺寸规格展示、必要功能属性提示等方面。

1.2.2 2.5D 展示

2.5D 展示是介于传统 2D 展示与 3D 展示之

间的一种视觉信息展示方式，视觉展示上的2.5D即具有一定真实性，有立体感但实际还是平面影像的画面。目前2.5D展示主要应用于展品大面积海报陈列、产品操作描述等方面，一些没有条件配有实物或者虚拟仿真的展示场景也多用2.5D展示对产品信息进行详细介绍（如目前大多数电商平台的产品展示还是以2.5D平面展示为主）。

1.2.3 3D展示

3D展示即360全方位展示。3D展示可以更为生动、形象地表达产品信息，为产品信息的可视化提供更为丰富的含义，有助于用户了解产品多方面且更为细致的视觉信息。随着虚拟现实技术的发展，目前的3D展示已经开始利用部分虚拟展示取代实物模型展示。

2 维度及维度特性

维度又称维数，是数学中独立参数的数目。在物理学和哲学的领域内，维度是指独立的时空坐标的数目。0维是一点，没有长度；1维是线，只有长度；2维是一个平面，是由长度和宽度（或曲线）形成面积；3维是2维加上高度形成体积面；……我们生活的环境，主要是由2维和3维组成的。根据坐标方向数目的不同，不同维度所具有的信息层级也会不同，其传达的信息量的多少也会有差别。一般而言，空间维度所呈现的视觉信息量具有以下特点：

（1）维度基数越大，所呈现的信息量越多，越全面。

（2）根据维度基数的增大，视觉信息的呈现数量呈指数倍递增。

（3）随着维度基数的增大，传递的信息越复杂，用户对接收信息时所承受的心理及认知压力越大。

另外，由于认知的不同对维度的理解也有所不同，不同领域对维度的运用界定也有所差别。在视觉信息的展示中，2维是通过平面剪影图像传递信息的形式，即平面图像中的纯线条与色块或文字的形式；2.5维是介于2维与3维之间的一种近似维度，即伪3维，实际上是传统意义上2维的一种，是一种带有立体感的平面图像；3维即立体形式，是一种可以360°全视角展示的形式。本文基于空间维度特性，并以维数标准定义下的视觉展示方式进行实验，通过针对用户对视觉信息的掌握数量及准确度进行分析，探究多维度展示对产品视觉信息用户关注效率的影响。

3 不同维度展示对视觉用户关注效率影响程度实验

3.1 实验目的

由于不同视觉维度在展示不同的信息时所传递的信息量会有所不同，且在展示不同类型的视觉信息时也会具有不同的优势与不足，因此合理地运用不同的视觉维度展示不同的产品信息，引导用户高效地获取相关信息，将会在一定程度上帮助展示设计提高信息传递的效率。本文通过研究在不同视觉维度产品展示下用户所掌握信息量及准确度的实验，探究不同视觉维度展示对用户关注效率的影响，希望可以在多媒体技术日益成熟的今天，为用户提供一种全方位、多角度、高效的视觉信息展示方式。

3.2 实验对象

通过对目前展示设计产品类别的调研分析，发现目前展示设计的产品主要以智能家电为主，其视觉信息展示的内容也多以产品的外观造型、材质、尺寸及操作执行为主。经过用户使用频率及上述四类设计属性的信息量的综合比对分析，最终确定选用家用咖啡机作为本次实验的实验对象。相比其他家用电器，家用咖啡机在外观造型、材质、尺寸及操作执行上具有相对多的形式变化，因此也更容易进行样本展示信息的提取。

通过对不同品牌咖啡机视觉信息进行比对，决定在进行不同视觉维度的产品形态展示时，选用形态差异较大的pitticaffe—next咖啡机、DOLCE GUSTO的EDG466、C－pot的CRM2008－1作为实验对象提取3种视觉维度实验样本；在进行不同维度的产品尺寸展示时，选用具有一定尺寸差异的pitticaffe—next咖啡机、NESPRESSO的INISSIA C40和NESPRESSO的pixie C60作为实验对象进行样本提取；在进行不同维度的产品材质展示时，选用在材质上有较大区别的NESPRESSO的pixie C60、NESPRESSO的INISSIA C40和C－pot的CRM2008－1制作3组实验样本；在进行产品执行操作时，选用操作顺序具有一定区别的pitticaffe—next咖啡机、NESPRESSO的INISSIA C40和NESPRESSO的pixie C60作为样本提取对象，如图1所示。因为同一展示信息的产品在该信息方面具有较大差异，所以可以在一定程度上减少被试者记忆力对实验结果的影响。

图 1　实验对象

3.3　被试人群定位

通过前期调研发现，新产品发布展览中参展人群常以 20～45 岁的中青年群体为主，为保证实验数据的客观性，本次实验的被试人群在上述年龄层基础上还应满足以下几点要求：①年龄在 25～35 岁之间；②具有一定的家电使用常识，且无咖啡机使用经验；③具有一定的空间想象能力；④对度量衡及材料有一定的认知。另外，为避免被试对虚拟现实展示的好奇对实验结果造成影响，被试人群还应有一定的虚拟现实体验经验。

经过以上条件约束，参与本次实验的甄选人群共 20 名，主要以南京本地某高校青年教师及学生为主。同时为减少因男女空间想象能力的差别对实验结果带来的误差，本实验所选男女比例为 1∶1。

3.4　实验方法与内容

本次实验以实验心理学理论为依托，将实验划分为实验样本定性提取、分类实验、数据统计与分析三步，具体实验步骤如图 2 所示。

在“实验样本定性提取”阶段，本实验主要通过调研法对现有家电产品种类进行筛选，然后比较各家用电器外观形态、尺寸、材质及执行操作属性在本类产品中的差异性，选取综合差异比例最高的产品（咖啡机）作为本次实验的实验对象。然后运用 Adobe illustrator 对实验对象进行 2D 剪影设计，运用相机对实物进行 2.5D 平面图像制作，并将两者制成相同规格大小的展板（为避免样本尺寸对用户理解的影响，多维度尺寸展示样本尺寸为实际产品尺寸）。同时，运用三维软件对实物进行建模，并使用全息投影设备对其进行三维投影。实验样本在实验前进行提取制作，为避免因多次重复观看形成的主观干扰，本次实验 3 组视觉维度样本选用不同实验对象进行提取。实验样本如图 3～图 6 所示。

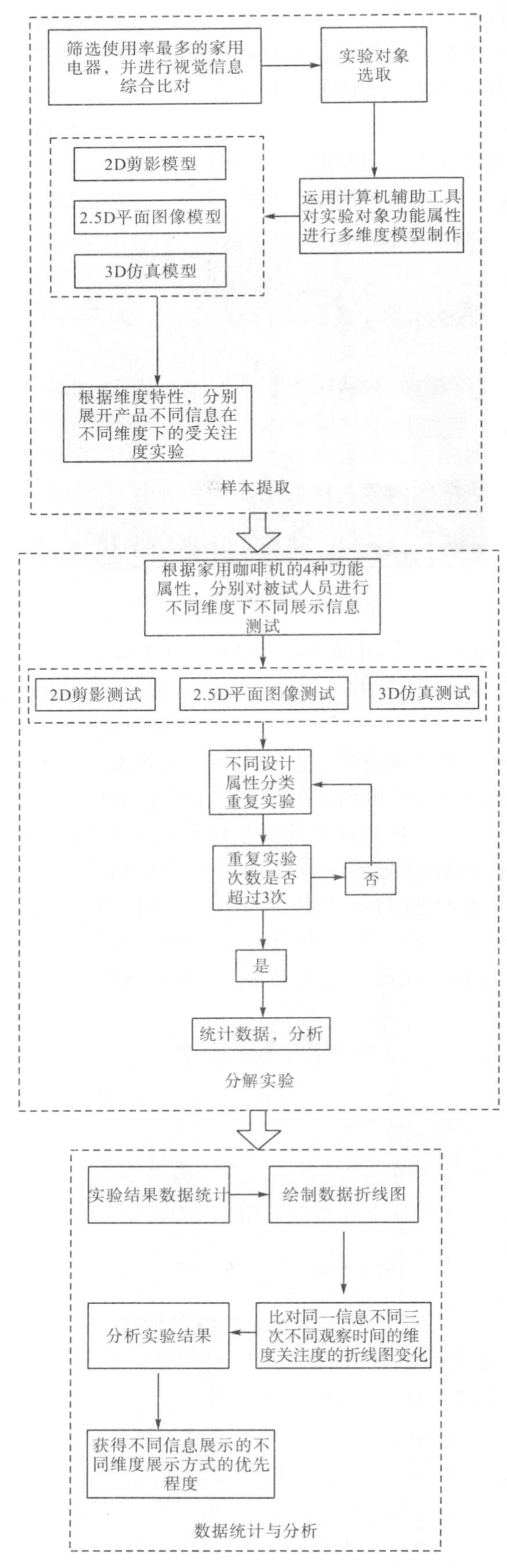

图 2　具体实验步骤

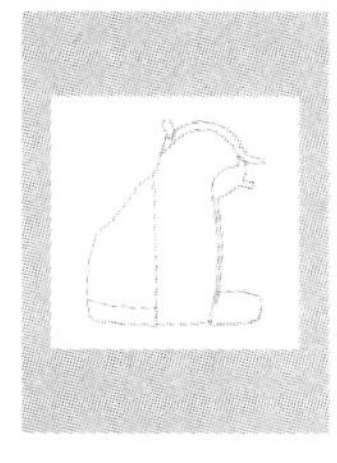

2D-sketch　2D-Photography　3D-simulations

图 3　多视觉维度产品尺寸视觉展示实验样本

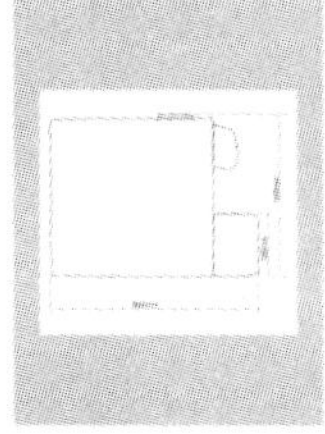

2D-sketch　2D-Photography　3D-simulations

图 4　多视觉维度产品形态视觉展示实验样本

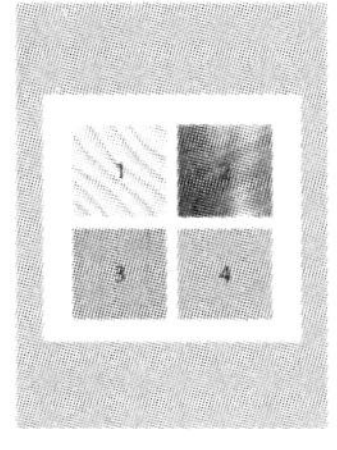

2D-sketch　2D-Photography　3D-simulations

图 5　多视觉维度产品材质展示实验样本

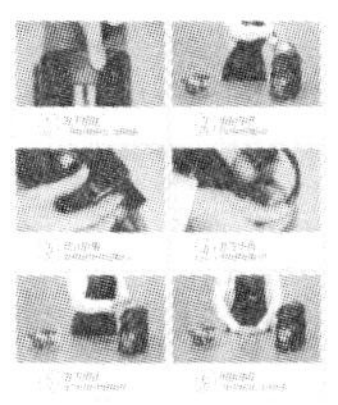

2D-sketch　2D-Photography　3D-simulations

图 6　多视觉维度产品执行操作视觉展示实验样本

在“分类实验”阶段，本实验采用控制变量的方法分别对 4 种产品设计属性展开不同视觉维度展示实验，并采用重复实验的方式，观察用户在不同时间长短内对不同视觉维度展现方式的关注效率。根据人机工程学原理，以时间特性划分，60s 以内为短时记忆，用户通过短时记忆获取的信息多为泛读信息；超过 60s 即为长时记忆，用户获取的信息即为深度学习之后的信息。因此，本次实验的两次观察时间设定分别为 60s 与 120s（此处 120s 包括前一次观察所用的时间）。

在“数据统计分析”阶段，本次实验将用户对信息获取的准确性及时间作为关注效率的评价指标，通过统计用户在某一维度展示下对信息获取的时间及准确性计算该视觉维度展示对用户关注效率的影响。本实验将通过计算绘制折线图的方式分析某一设计属性在 3 种视觉维度展示对用户关注程度，以及关注时间长短方面对 3 种视觉维度展示用户关注效率的影响。

3.5　实验过程

本次实验主要分为 3 个基本步骤进行，分别对 4 种产品设计属性进行重复实验，测试在不同维度的视觉展示下用户在不同时间内对某一设计属性的关注效率。因为本次实验实际操作步骤较多，所以只对 3 种视觉维度下产品形态的展示进行详细描述，其他 3 种设计属性实验操作步骤与以下实验步骤大致相似。具体实验步骤如下。

步骤 1：要求被试人群站在离展板（展板距地面高度 1.5 米）0.8 米左右的位置，观察 2D 剪影形状 60s，然后根据指示语选出产品类型，并选出构成该产品的全部基本构成形态（为保证实验结果准确性，本实验所选用实验对象由相同数量的几何图形构成）。当被试者提交该测试答案后，再次进入展览区观察 60s，重复进行上述题目作答，连续观察作答两次为第一步实验完毕，进入第二步。

步骤 2：要求被试人群站在离展板（展板距地面高度 1.5 米）0.8 米左右的位置，观察 2.5D 平面摄影图像 60s，并选出构成该产品的全部基本构成形态。当被试者完成第一次作答后，根据步骤 1 操作原理再次观察展板并进行重复作答。

步骤 3：要求被试人群站在离投影画面（投影距地面高度 1 米）0.5 米左右的位置，观察 3D 全息投影画面 60s，然后根据指示语选出产品类型并选出构成该产品的全部基本构成形态。当被试者完成第一次作答后，根据步骤 1 操作原理再次观察展板并进行重复作答。

效率测试如图 7～10 所示。

根据以往的经验，刚才所观察的图样应该是哪种家用电器？

A:咖啡机　B:台灯　C:热水壶

通过理解，刚才观察的图样应该是由以下几种几何体组成的？（多选）

A　B　C　D　E

F　G　H　I

图 7　多视觉维度产品形态展示用户关注效率测试

根据以往的经验，你觉得刚才的物体的尺寸大约是多少？

A:1m-1.2m　B:0.5m-0.8m　C:0.3m-0.5m

图 8　多视觉维度产品尺寸展示用户关注效率测试

根据以往的经验，你觉得刚才观察的几种材料分别是什么？

A:塑料、不锈钢、木、纸

B:纸、铁、纸、木

C:木、铝、塑料、纸

图 9　多视觉维度产品材质展示用户关注效率测试

根据刚才的观察，请对该产品的操作进行描述。

图 10　多视觉维度产品执行操作展示用户关注效率测试

3.6　数据统计

通过上述实验操作，本次实验对 20 名被试人群在 3 种视觉维度下对家用咖啡机外形、尺寸、材质及执行操作 4 种设计属性的信息获取测试结果进行统计。最终共获得产品形态在多种视觉维度展示下用户对产品属性认知选择结果 40 个，产品形态在多种视觉维度展示下用户对形态认知选择结果 137 个，产品尺寸在多种视觉维度展示下用户对尺寸认知选择结果 40 个，产品材质在多种视觉维度展示下用户对材质感受认知选择结果 40 个，产品执行操作在多种视觉维度展示下用户对操作流程复述结果 40 条。由于篇幅有限，本文对被试人群测试结果不再做出详细表述。

由于实验统计结果不利于精确地分析出不同的视觉维度展示对不同设计属性的用户关注效率的影响，故将 20 名实验结果与实际答案相符的被试的结果数量作为用户获取信息准确性的评价指标，通过统计在两次实验中不同视觉维度展示下用户掌握信息的正确数量（产品形态实验中将对产品形态认知选择结果进行百分比计算后再进行统计，统计结果仅取有两个以上正确选项且占总选项 60%以上的被试者人数，产品执行操作实验中仅统计能够正确操作的实验结果），得出其对用户关注效率的影响。为了更好地观察用户在不同视觉维度展示下对产品不同设计属性的关注程度，将同时对两次实验统计结果进行均值计算，与两次实验结果一同进行比对。本次实验被试人群认知正确实验结果统计如表 1 所示。

表 1　不同视觉维度展示实验下用户准确获取产品信息次数

视觉维度测试	产品形态在多种、视觉维度展示下用户属性认知			产品形态在多种视觉维度展示下用户形态认知			产品尺寸在多种视觉维度展示下用户尺寸认知			产品材质在多种视觉维度展示下用户材质感知			产品执行操作在多种视觉维度展示下用户操作		
总观察时间 正确人数 展示维度	2D	2.5D	3D	2D	2.5D	3D	2D	2.5D	3D	2D	2.5D	3D	2D	2.5D	3D
60s	7	12	19	14	10	9	16	17	16	6	9	11	10	15	17
120s	9	15	19	16	13	12	17	17	18	8	11	13	13	15	18
平均值	8	13.5	19	15	11.5	10.5	16.5	17	17	7	10	12	11.5	15	17.5

3.7　实验结果分析

为了便于更为直观地观察不同视觉维度展示对用户关注效率的影响，本实验对上述数据进行折线图绘制，4 种产品设计属性的不同维度展示下用户关注效率实验结果折线统计图如图 11～15 所示。

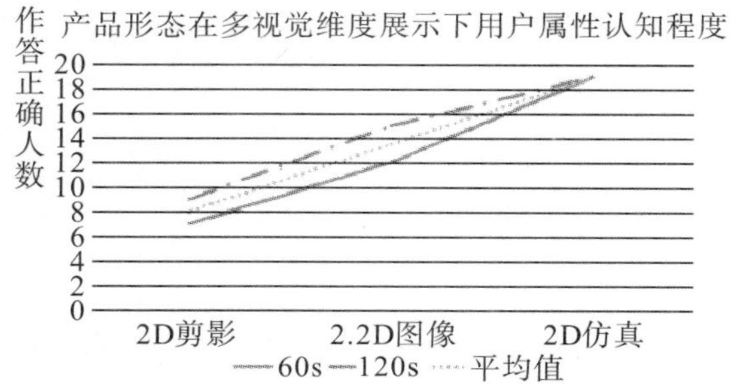

图 11　产品形态在多视觉维度展示下用户属性认知程度

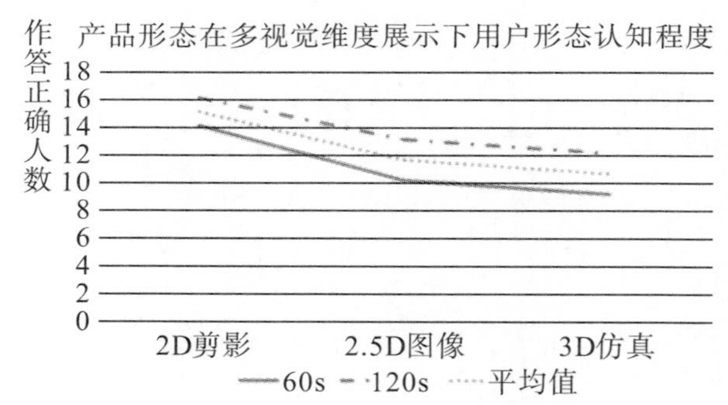

图 12　产品形态在多视觉维度展示下用户形态认知程度

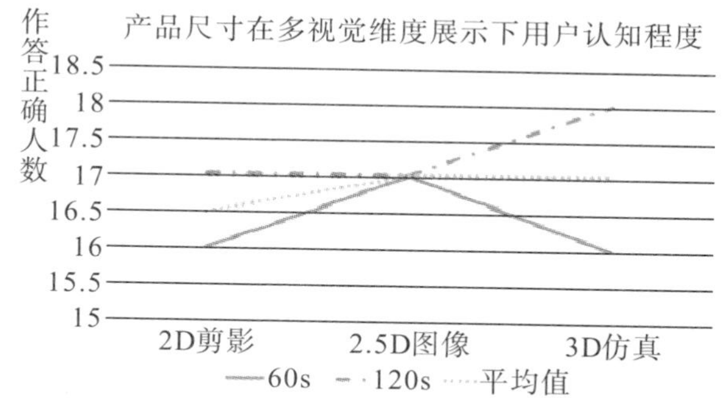

图 13　产品尺寸在多视觉维度展示下用户认知程度

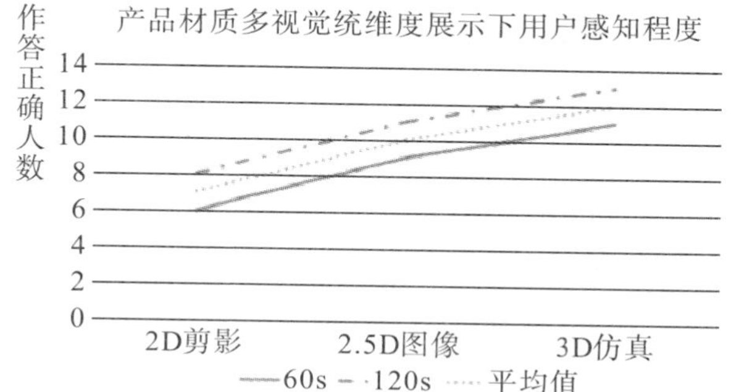

图 14　产品材质在多视觉维度展示下用户感知程度

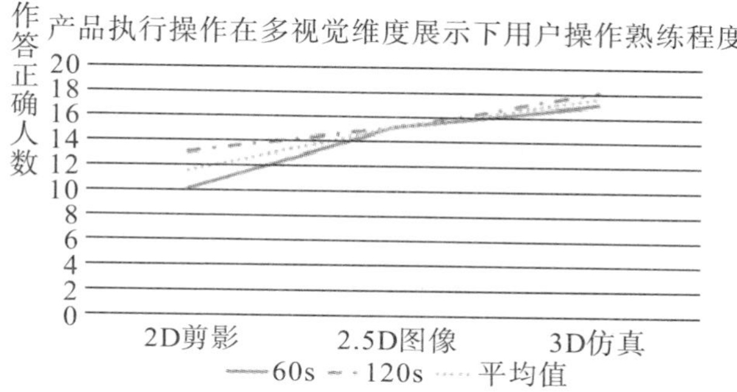

图 15　产品执行操作在多视觉维度展示下用户操作熟练程度

经过观察上述两次实验结果的折线图可以看出，时间长短对不同视觉维度展示下用户对信息的了解程度虽有一定影响，但并不明显，因时间变化影响最大的是 2D 剪影展示下操作流程的视觉信息用户关注效率。由此可以看出，相比其他展示方式，2D 剪影在展示用户执行操作方面的视觉信息时用户关注效率较低，在展示时可能需要用户花费更多时间关注此信息。

同时，观察上述两次实验结果的均值折线图可以看出，在产品属性展示方面，3D 仿真展示更容易清晰地向用户呈现相关产品信息，传统 2D 剪影与 2.5D 图像展示对此不占有优势；但在产品形态展示方面，2D 剪影图像却更容易向用户展现产品的基本轮廓，经过对 3 种展示的比较发现，2D 剪影较其他两种视觉维度展示具有更少的干扰信息，用户也因此会更容易关注产品轮廓本身；在产品尺寸展示方面，3 种视觉维度的展示对用户对实验对象尺寸的关注效率并无较大影响；在产品材质展示方面，3D 仿真较其他两种视觉维度展示而言略有优势，经比较发现，3D 仿真展示更容易展示材质的表面肌理等细节，因此也更容易使用户了解该信息；在执行操作的展示方面，3D 仿真演示同样具有较大优势。

4　结语

随着多媒体技术的成熟，多种维度交叉运用的方式将会越来越多地应用在现代产品的视觉信息展示中，如何运用多种视觉维度的展示向用户准确、高效地传达信息，增加用户对产品的关注效率，引导用户准确迅速地获取产品的相关信息，将是展示设计应该考虑的问题。本文通过利用不同视觉维度对部分产品设计属性视觉信息展示的用户关注效率实验，梳理出不同视觉维度在产品展示中的作用，希望可以为未来展示设计提供一些启迪，通过多种视觉维度展示的交叉结合运用，创造出互动性更强，传递信息更准确、迅速的视觉信息呈现方式。

参考文献

［1］林大飞．会展设计［M］．大连：东北财经大学出版社，2009.

［2］王军．视觉符号在展示设计中的应用研究［D］．兰州：西北大学，2012.

［3］王亚美，鲁田．基于＋OpenGL＋ES 的二三维地图可视化客户端设计与实现［J］．计算机应用与软件，2013，30（9）：77－80.

［4］李忠碧，李小白．n 维向量空间和与交空间的基及维数［J］．重庆师范学院学报（自然科学报），2002，19（3）：80－84.

［5］廖祝华，刘小平．EAST 装配仿真的三维交互和用户界面设计［J］．系统仿真学报，2004，16（10）：2329－2331.

［6］丁玉兰．人机工程学［M］．北京：北京理工大学出版社，2005.

［7］张璐琪．基于三维虚拟视觉的产品交互设计平台的开发与实现［J］．湖北：现代电子技术，2016，39（8）：118－121.

基于视知觉理解性机制的老年界面图符设计可用性研究

潘伟营　王一童　姜　斌

（南京理工大学，江苏南京，210000）

摘　要：目前，中国的智能移动终端用户数已经超过十亿，随着老龄化进程的加剧，智能移动设备的老年用户数量逐年增多，但由于老年人的生理及认知差异与年轻人有所不同，随着老年人生活需求的提高，基于老年人理解认知的图符设计需求也逐渐增大。本文通过研究老年人视知觉理解的特征，探讨符合老年认知的图符设计策略，希望为老年用户界面中图符信息呈现数量的可用性设计提供理论参考。

本文首先通过调研法研究目前老年智能移动设备中常用的 12 个功能，并基于图符设计中的差异性原则制作实验对象样本；然后通过控制变量的方法对老年被试者进行视知觉理解性实验，探究老年用户图符设计信息呈现数量的可用性；最后运用统计分析的相关方法分析老年用户图标信息设计的可用性策略。

关键词：视知觉；图符设计；适老化设计；视觉理解性

1　老年人交互界面图符设计现状

老年人交互界面图符设计即根据老年人的生理、心理及认知特征设计的专为老年人使用的图符，其目的主要是使产品更符合老年用户的使用习惯、生理特征等。目前常通过增大图符大小或增加提示语两种方式来提高老年交互界面的可用性。

（1）增大图符大小。随着年龄的增长，老年人视力等方面往往有所下降，目前老年移动设备交互界面图符设计也往往根据老年人这一生理特征进行图符大小的改变，通过增加图符大小来提高老年智能移动终端图符设计的可用性，如图 1 所示。

图 1　增加图符大小的老年界面设计

（2）增加提示语。由于老年人生活背景、文化程度与年轻人不同，所以老年用户在使用普通移动界面时往往因视知觉理解上的差异（即对符号的认知差异）而造成使用上的困扰。因此在进行老年交互界面图符设计时，设计师往往会根据图符功能适当增加提示语，以引导用户进行操作，如图 2 所示。但由于知识文化程度的不同，对于一些用户而言，此方法并不能很好地增加用户对该信息的视觉理解。

图 2　增加提示语的老年界面设计

（3）采用拟物化的图符。随着年龄的增长，老年人的记忆、理解能力都有所下降，因此，其更乐于根据以往的经验判断事物。为增加老年用户对图符设计的理解，部分老年终端界面图符往往基于老年人的认知特征，采用拟物化或者伪 3D 的形式进行设计，以适应用户对图符功能的理解与认知特性，如图 3 所示。但图符拟物化的程度究竟多大，图符信息所呈现的数量究竟多少最为合适，仍是目前设计师应该考虑的问题。

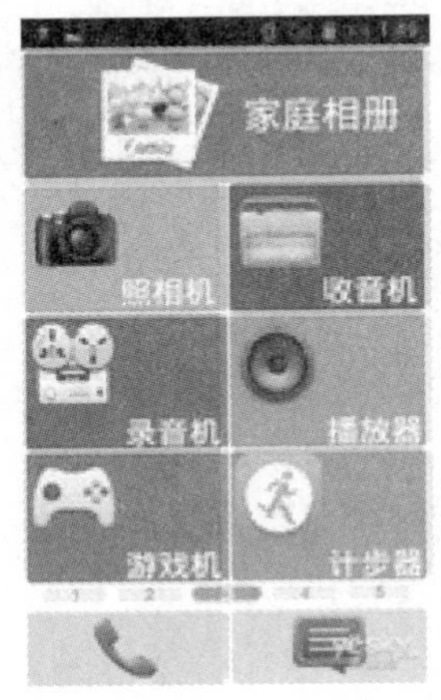

图 3　拟物化的老年图符设计

2 视知觉理解性机制及其在图符设计中的应用

2.1 视知觉理解性机制

人们通常会用以往所获得的知识经验来理解当前知觉对象的特征，称为视知觉的理解性。正因为知觉有一定的理解性，所以人在知觉一个事物时，同这个事物有关的知识、经验越丰富，对该事物的知觉就越丰富，对其认识就越深刻。人们对一个事物的视知觉理解程度往往受知识、经验、情绪状态及语言指导（提示）的影响。

一般而言，人在看到一个陌生的事物时，首先会对其整体轮廓特征进行记忆理解，结合以往的知识、经验对其进行认知；当不能根据轮廓特征对其进行理解时，该事物的主要功能属性即发生作用，帮助人们进行理解记忆；最后，再根据一些比较明显的细节特征，进一步对其进行理解，并储存到大脑中，以备下次观察理解所需。图 4 为视知觉理解顺序。

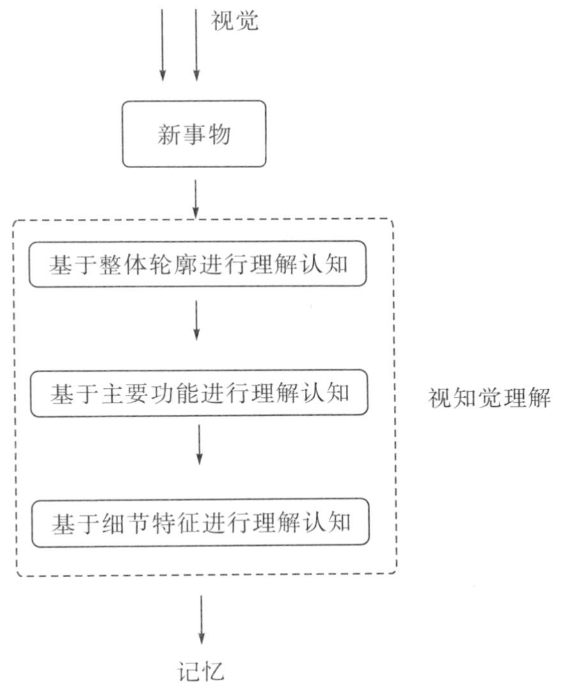

图 4 视知觉理解顺序

2.2 视知觉理解性机制在图符设计中的应用

在设计时，知觉的理解性往往是用户感受设计师意图的工具，设计师根据自己对某一语义的理解对其进行符号化，然后用户通过自己的知识、经验、背景及设计的某些提示对该符号化的物体进行理解，如图 5 所示。设计师通过自己的知觉理解对信息进行符号化的过程即是我们所说的设计，而用户通过知觉理解符号的过程即是使用产品的过程。设计师与用户知觉理解的共同信息越多，该设计就越容易被用户使用。

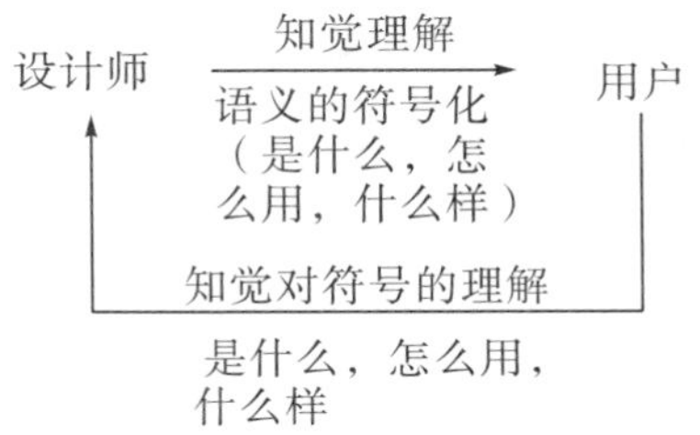

图 5 视知觉理解性机制与语义

通常情况下，知觉的理解性包含视觉、听觉、触觉、味觉、嗅觉等多种通道，在进行图符设计时，我们往往是通过视知觉的理解性实现设计师与用户之间的信息交流的。视知觉理解性在图符设计中的应用主要有以下两种表现方式：

（1）功能含义的符号化。即设计师运用本人的知识、经验等对某一功能进行理解并对该功能的抽象含义进行具象的符号化，如刷新、流程等图符的设计，即是依据设计师知识经验对该功能的理解所进行的具象符号化，如图 6 所示。

图 6 功能含义的符号化处理图符设计案例

（2）现实形象的抽象化。交互设计中有一部分功能在现实中是有具体物象的，如相机、收音机等，设计师根据生活中具有该功能产品的现实形象，对其基本特征进行抽象化提炼的过程，也是视知觉理解的过程，如图 7 所示。

图 7 现实形象的抽象化处理图符设计案例

3 基于视知觉理解性机制的老年用户图符设计可用性实验

3.1 实验目的

由于老年人的知识、经验、生活背景及生理方面与年轻人有所区别，因此其对图符信息的视知觉理解效率也与年轻人有所差别。本文通过控制变量实验研究老年人对图符的视知觉理解特征，研究老年人图符设计的视觉信息量呈现的可用性，为老年交互界面中图符的设计运用提供理论依据。

3.2 实验方法与内容

本次实验以实验心理学理论为依托，将实验划分为样本定性提取、实验操作过程、数据定量统计与分析三步。

在样本定性提取阶段，本次实验通过问卷及访谈法调研了目前老年人所用智能移动设备的操作功能，并依据使用频率选取现实中具有具象形态（因老年人对图符的理解认知主要以现实生活的经验为依据，所以在进行老年界面的图符设计时，现实形象的抽象化设计更有助于其认知）的基本功能 12 个（拨号、收音机、闹钟、相机、日历、手电筒、电话簿、短信、相册、话筒、充电器、购物车）制作本次实验的观察对象样本。然后根据人对具象物体的视觉理解提取以上 12 种基本功能的主要形象细节特征，并根据视知觉对事物的认知理解顺序对形象细节特征在图符设计中的重要程度依次进行排列，作为实验对象的制作依据。最后制作具有不同信息量的 3 组纯色图标（仅具有轮廓的扁平图符、具有两个形象细节特征的扁平图符、具有 3～5 个形象细节特征的扁平图符、具有 5 个以上形象细节特征的扁平图符）。

在实验操作过程阶段，本次实验通过控制变量的方法分别测试被试者对 3 种具有不同信息含量的图符设计的视觉理解准确度，为了便于结果的统计，本次实验将根据视觉理解性机制对图符功能为被试提供干扰选项，被试选择正确选项的概率即为该图符设计被试视觉理解的准确率。在本次实验中，将根据短时记忆原理及老年人注意特征，对测试时间进行设定。

在数据定量统计与分析阶段，本文将运用 SPSS 统计工具进行数据统计分析，本次实验将以老年被试对图符理解的准确度作为实验对象可用性的评价指标，将通过比对 3 组具有不同信息量的图符的理解准确性判断信息数量呈现的适宜性。

3.3 被试人群定位

基于世界卫生组织对老年人的定义及移动智能终端的受众人群，本次实验的被试人群应满足以下条件：①年龄在 65～75 岁之间；②没有严重的视力障碍；③不经常使用智能手机。本次实验将根据上述条件限制选用南京某工厂退休职工 12 名，为保证男女性别差异对视知觉理解程度的影响，本次实验所选被试人群的男女比例为 1∶1。

3.4 实验对象

通过调研及访谈所获取的结果，本次实验最终选取拨号、收音机、闹钟、相机、日历、手电筒、电话簿、短信、相册、话筒、充电器、购物车作为本次实验的实验对象提取材料。基于视觉理解性原理及老年认知特征，本次实验将运用现实形象的抽象化处理方式分别对以上功能的图符进行重新绘制，依据形象细节特征在视知觉理解中重要程度的排列顺序绘制具有不同信息含量的 4 组图符（仅具有轮廓的扁平图符、具有两个形象细节特征的扁平图符、具有 3～5 个形象细节特征的扁平图符、具有 5 个以上形象细节特征的扁平图符）。因为颜色、材质等信息过多会干扰用户在界面操作中的选择，增加视觉负担，所以本次实验依据交互设计中的图符应用规范，仅将功能细节特征作为图符实验对象的制作标准。为减少因老年人生活背景、环境认知等差异对实验结果的影响，本次实验所选用的现实事物的参照为老年人生活所能涉及的造型。

为了保证实验结果能更好地为老年移动设备图标设计提供依据，本次实验依据实验设备分辨率图标设计规范，将观察对象图符大小设为 200×200px，如图 8 所示。

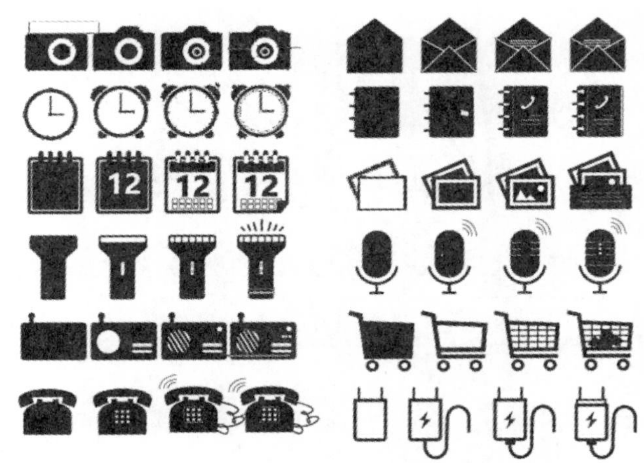

图 8　具有不同特征数量的图符实验对象

3.5 实验设备

为确保实验的准确性，本次实验选用分辨率为 1920mm×1080mm、屏幕尺寸为 5.5 英寸的智能手机作为本次实验的实验设备。

3.6 实验过程

为避免被试短时记忆及注意力差别对实验数据产生影响，本次实验将对 48 个实验对象进行随机分组（确保每 12 个图标一组，每组中所包含的图标功能均不相同且每组中均包含仅具有轮廓的扁平图符 3 个、具有两个形象细节特征的扁平图符 3 个、具有 3～5 个形象细节特征的扁平图符 3 个、具有 5 个以上形象细节特征的扁平图符 3 个）。然后依次通过手机显示屏呈现被试所抽取的实验对象组别内容进行实验。因本次实验所涉及的被试人数较多且实验过程大致相同，因此本次实验只对一位被试的实验过程进行描述。具体实验步骤如下。

步骤 1：要求被试观察显示屏中所显示的图符一 90s，然后勾选出该图符所代表的功能；

步骤 2：要求被试将视线移开屏幕 60s 进行休息；

步骤 3：要求被试观察显示屏所显示的图符二 90s，然后勾选出该图符所代表的功能；

……

步骤 12：要求被试观察显示屏所显示的图符十二 90s，然后勾选出该图符所代表的功能。

图 9 为老年用户图符设计可用性实验界面。

根据您的理解，您认为上图代表什么功能？

○ 拨号

○ 网络

○ 闹钟

○ 设置

图 9　老年用户图符设计可用性实验界面

3.7　数据统计

通过上述实验操作，本次实验共获得 12 名被试所进行的 12 步实验操作的结果 144 个，由于篇幅有限，本文不再对 12 名被试所获取的 144 个实验结果进行详细说明。为方便统计分析，本文将 12 名被试观察 4 种特征数量的图符的结果分为 4 组。

由于实验统计结果不利于精确地分析出信息呈现数量对老年人视知觉理解性的影响，所以本文将 12 名被试人群实验结果与实际答案相符的结果数量作为用户视知觉理解正确的评价指标，通过统计 4 种信息呈现数量下 12 名被试所测试的正确结果的数量，分析被试视觉理解与图符信息呈现数量的关系。表 1 为图符设计信息呈现数量的视知觉理解正确结果。

表 1　图符设计信息呈现数量的视知觉理解正确结果

被试序号 特征数量	仅具有轮廓	具有两个形象细节特征	具有 3～5 个形象细节特征	具有 5 个以上形象细节特征
1	0	1	2	2
2	1	2	2	2
3	0	1	2	3
4	2	2	2	1

续表1

被试序号 特征数量	仅具有轮廓	具有两个形象细节特征	具有 3～5 个形象细节特征	具有 5 个以上形象细节特征
5	1	1	1	2
6	1	0	2	3
7	0	0	3	2
8	1	2	3	2
9	2	2	3	2
10	1	1	2	2
11	1	1	3	2
12	1	1	1	2
合计	11	14	26	25

3.8　数据分析

为了便于更为直观地观察不同信息呈现数量对老年人视觉理解的影响，本实验对上述数据进行折线图绘制，4 种信息呈现数量下被试人群视知觉理解所认知正确的图符结果如图 10 所示。

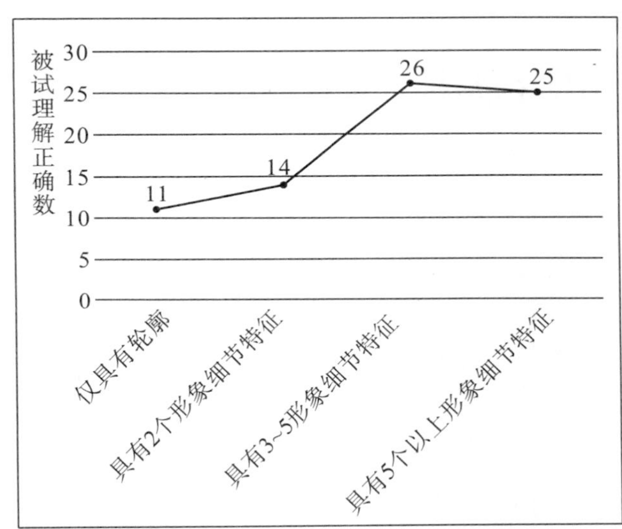

图 10　不同信息呈现数量的视知觉理解准确度

通过观察折线图可以发现，在不考虑颜色及立体维度的条件下，仅具有轮廓的情况下老年人往往难以辨认图符所具有的功能，其结果正确率低于 50%，具有 2 个左右形象细节特征的图符已经可以观察出部分功能，3～5 个形象细节特征的图符设计几乎可以辨别大多数功能，但随着形象细节特征数量的增多，被试老人对图符功能的理解却有所下降，这与信息数量增多对老年人群记忆及认知造成负担有关。

由于老年人较年轻人更易集中注意力，其在观察细节方面也更优于年轻人，所以老年人群在视知觉某一图符时，细节较多的图符更易于其理解与认知。但因为记忆及认知负荷的影响，形象细节特征数量达到某一程度对其理解准确度也会有一定影响。因此，在进行老年人交互界面的图符设计时，在信息呈现数量方面，设计师应考虑以增加形象细节特征的方式辅助老年用户对图符设计的影响。

4 结论

随着老龄化进程的不断加快及移动互联网的普及，老年智能移动终端设备的需求也将进一步增大。本文通过研究老年人视知觉理解性特征，为老年人交互界面设计的人性化提供理论指导。设计师在进行图符设计的过程中，应更多地考虑老年人的视知觉认知及理解性，将老年人真正的生理需求融入设计中去，设计出更符合老年人认知及视知觉理解的交互设计图符，使产品图符语义更符合其知识文化及生活经历的交互界面。

参考文献

[1] 朱丽萍，李永锋．不同文化程度老年人对洗衣机界面图标的辨识研究［J］．包装工程，2017，38（14）：140-144.

[2] 熊一鹏．基于技术升级条件下的老人手机 UI 设计研究［D］．南昌：江西师范大学，2017.

[3] 孙颖心．老年心理学［M］．北京：经济管理出版社，2007

[4] 丁玉兰．人机工程学［M］．北京：北京理工大学出版社，2015.

[5] 梁宁建．当代认知心理学［M］．上海：上海教育出版社，2014.

[6] 吴莹．基于视知觉理解力的图形设计研究［D］．西安：西安工程大学，2012.

[7] 黄薇．老年生活方式和产品设计研究［D］．杭州：浙江工业大学，2008.

[8] 邓丹．基于视觉选择性注意的界面交互适老化设计研究［D］．南京：南京理工大学，2017.

[9] 兰珂．格式塔理论对手机用户信息认知的设计研究［D］．桂林：广西师范大学，2016.

3D 打印技术在川陕革命老区红色旅游纪念品中的设计开发*

祁　娜　陈菲菲　冯青青　蒲桂平

（西华大学美术与设计学院，四川成都，610039）

摘　要：红色文化是中国文化遗产中的宝贵财富，红色旅游纪念品设计开发是促进红色景点经济发展、弘扬红色文化的重要途径。当前红色旅游纪念品普遍存在红色文化元素相对单一、同质化严重、缺乏文化内涵等问题，而 3D 打印技术的引入将为旅游纪念品设计开发带来机遇与突破。本文分析了 3D 打印技术在红色纪念品设计开发中的优势与机遇，总结了基于 3D 打印技术的红色旅游纪念品设计要点，并在此基础上进行了川陕革命老区红色旅游纪念品设计实践。

关键词：川陕革命老区；红色文化；旅游纪念品；红色旅游；3D 打印技术

“购”在传统旅游六要素“食、行、住、游、购、娱”中占据着越来越重的比例，越来越多的游客将选购旅游纪念品作为一次外出旅游的见证，旅游纪念品成为促进旅游产业经济发展的重要组成部分。红色文化是在特殊年代的特殊背景下产生的和中国共产党历程紧密相关的物质类与非物质类文化产品，具体包括红色遗址、红色遗迹、红色文物、红色歌谣、红色精神以及红色事迹等，是中国历史文化遗产的重要组成部分。文化旅游已成为当代主流的休闲娱乐方式，人们在欣赏美景的同时更期望体验当地的文化。随着红色旅游的挖掘与兴起，在旅游中学习思考并回顾历史已成为一种时尚，红色旅游迎来新的发展机遇，红色旅游纪念品的设计与研发成为制约旅游经济发展、促进红色旅游经济的一个关键点。

* 基金项目：四川省哲学社会科学重点研究基地、教育厅人文社会科学重点研究基地“四川革命老区发展研究中心”项目（项目编号：SLQ2017B-10）；2017 年省级大学生创新创业训练计划项目（项目编号：201710623056）；四川省教育厅重点项目（项目编号：16SA0047）；四川省社会科学重点研究基地“四川县域经济发展研究中心”项目（项目编号：xyzx1510）。

作者简介：祁娜（1981—），女，河南周口人，副教授，硕士生导师，研究方向：工业设计及相关理论、传统文化设计传承、3D 打印技术应用、用户体验设计等。

1 红色旅游纪念品特点分析

红色旅游纪念品与一般旅游纪念品最大的区别在于其具备明确的功能目的性，除了具有一般旅游纪念品的纪念性、便携性等特点外，还具有历史解说和精神教育功能。与红色旅游景点参观活动的亲临性、现场性以及短时性相比，红色旅游纪念品具有长时性以及频繁性的特点。红色旅游纪念品开发主要以革命文化为理念来源，要求其在浓缩地方民俗风貌的同时还需表现出革命老区的人文情怀、体现出特殊时代的特殊精神，具有较强的表达性和纪念性，是一种具有特殊意义的商品。

2 红色旅游纪念品设计开发现状

从世界旅游市场分析，旅游纪念品消费是各地旅游经济的重要支柱产业，红色旅游纪念品也应该成为红色旅游景点的重要经济支柱之一。但网上曾流传着一句话，用来形容当前中国的旅游纪念品市场现状："在中国几乎每个城市里都有这样一条街，人山人海，全是游客，以老街的名义，千篇一律地卖着从义乌批发来的工艺品，这条街在北京叫南锣鼓巷，在南京叫夫子庙，在成都叫宽窄巷子，在重庆叫磁器口，在丽江叫丽江古城等。"全国各地的大部分旅游纪念品都是某个生产基地批发量产运往各个旅游景点的，导致游客在旅游时想购买当地特色产品作为纪念时，总能在不同的旅游景点发现一样的纪念品，让游客对旅游纪念品的兴趣慢慢降低。

红色旅游纪念品市场亦是如此。如图 1 所示，红色景区里出现的旅游纪念品，红色文化元素相对单一、同质化严重，领导人徽章、木质梳子、纸质张贴画、布包等许多同样的产品出现在不同的红色景区，缺乏新意，做工粗糙简陋，缺乏内涵，各个红色文化景点未能形成自己的特色文化纪念品，不能很好地传递独特的红色文化内涵，无法有效地刺激游客的购买欲望、拉动经济消费。

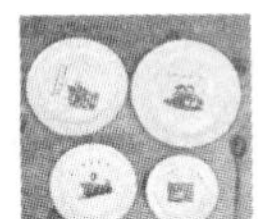

图 1 常见的红色旅游纪念品

3 3D 打印技术在红色纪念品开发中的优势与机遇

红色文化景点普遍集中于各个革命老区，它们普遍存在着地理位置相对偏远、经济相对落后、生产加工水平不够发达等问题，这极大地限制了优秀红色旅游纪念品的设计实现。3D 打印（Three Dimensions Printing），又称增材制造（Additive Manufacturing，AM）、快速成型（Rapid Prototyping，RP）、快速制造、立体制造或三维打印，实现了从减材制造或等材制造到增材制造的观念转变，是制造业具有代表性的一项颠覆技术。与传统制造方式相比，它具有生产周期短、适用性广、单个实物制作成本低、可实现近净成型等特点，特别适合于小批量生产。其最大的优势与魅力在于 3D 打印可以克服传统打印的建模难题，对于传统制造业不能生产制造的任何高难度、复杂、个性化的制造，通过 3D 打印技术都能够迎刃而解。

3D 打印技术作为一项新兴产业，将会改变和重塑一些手工业和制造业的格局。3D 打印技术不仅使产品的制造更加简单，还能突破一些使用老工艺无法做到的造型，让旅游纪念品更加精致，具有现代艺术感，并且能够脱出模具的限制，设计自由，更加具有灵活性。这些技术上的便利都在为旅游纪念品的创新提供支持，通过 3D 打印技术，让科技与文化融合。

随着 3D 打印技术的快速发展，其创新度高、个性化定制、资源浪费少的特点越来越鲜明，不需要机器进行加工和制作模具，而是直接在电脑上通过对应软件绘制模型，然后通过 3D 打印机打印出来，这样节约了时间和人力成本，也提高了制作产品的速度。在旅游纪念品设计上，3D 打印能够实现小批量生产，个性化制作，能吸引消费者群体，具有创新意义，同时也能改善红色旅游纪念品设计层次低的现状。加上 3D 打印设备对地域经济发展水平和制造能力几乎没什么特殊要求，非常利于将革命老区红色非物质文化优秀创意转化为现实产品。综上所述，3D 打印技术的日益成熟及其在产品设计领域的广泛应用，将为红色旅游纪念品的设计开发带来极大机遇。

（1）释放设计师的创意灵感，从传统结构工艺制约中解放。传统的旅游纪念品生产制造受到大规模制造方式的制约，为了保证最终的生产制造环节或者控制成本，设计师设计创意时难免畏首畏尾，许多优秀的设计灵感或设计方案最终无法投入生产。3D 打印技术的引入不再要求设计师去学习传统的种类繁多的各种制作工艺和结构，而只要了解电脑控制程序以及简单的 3D 打印必须要求即可。未来，设计师可以在红色旅游纪念品设计开发时在造型、结构、肌理能方面进行更加大胆与有突破性的尝试和创新。图 2 为上海极臻三维设计的一款

3D打印系列灯饰，用大胆的创意、复杂的造型、先进的成型手段诠释了中国传统文化元素，这种设计突破了传统灯饰造型风格，是依靠传统的减材制造方式无法实现的，借助3D打印技术对传统文化进行了完美诠释。

图2　3D打印系列灯饰

（2）缩短纪念品研发周期，提高效率。产品的研发周期直接关系到产品开发成本，在设计和制造阶段停留的时间越久、上市时间越晚，产品成功风险越高、利润越低。当前使用3D打印机的生产效率是采用传统方式的3倍，借助3D打印技术将能快速制造出纪念品模型，优化设计流程，加快迭代速度，缩短企业纪念品产品的研发时间和效率。

（3）让个性化定制成为可能，提升旅游纪念品档次。传统的旅游纪念品设计开发基于批量化减材制造，其本质是让千变万化的游客需求去适应有限种类的旅游纪念品，无法满足游客的差异化。随着旅游业的快速发展，游客无论是对旅游纪念品的种类还是个性化、档次都有了更高的要求，而3D打印技术具有极强的个性化、智能化特征，其原理让旅游纪念品的个性化与高档性成为可能，游客可以借助3D打印机根据自身喜好和需求实现纪念品的个性化定制与生产。

4　基于3D打印技术的红色旅游纪念品设计要点

深入挖掘川陕革命老区红色文化内涵、传达特殊红色精神是进行红色旅游纪念品设计开发的重要出发点，充分利用3D打印技术在造型实现上的特点和优势可以成为突破口。以3D打印技术作为旅游纪念品主要加工成型方式进行设计开发时，可以遵循以下设计要点。

（1）纪念品类型和设计风格要贴近群众、贴近实际、贴近生活。优秀的红色旅游纪念品既要满足游客的视觉审美需要和心理需求，还要具有一定的实用性，通过人们对红色旅游纪念品的日常使用持续性地营造红色文化氛围，传递红色文化精神。

（2）设计创意强调使用体验。红色旅游纪念品是红色景点旅游体验的物化和延伸，在游客直观感受到景点红色文化氛围并深深沉浸于革命怀旧情绪时，使用体验强、红色文化感受延续性强的红色旅游纪念品将更容易受游客青睐。玩具游戏类型纪念品或许是不错的设计开发类型。例如游戏棋“大富翁”产品经常选取某个国家或某个地区作为主题进行设计开发，人们可以在游戏玩耍的过程中了解该国或地区的特色，寓教于乐，从而通过游戏轻松愉快地认知主题内容。红色文化旅游纪念品设计开发也可以借鉴该思路，不一定是“大富翁”，也可以是其他具有娱乐或参与度较强的类型，如场景再现、角色扮演、游戏互动等，将旅游纪念品再度延伸至红色文化体验。

（3）强化红色文化寓意。红色文化景点正是因为其珍藏了“红色”历史，凝聚了精神财富。旅游纪念品情感寓意和文化内涵越丰富，其附属价值就越大。红色文化的寓意与情感表达应是红色文化旅游纪念品创新设计必不可少且至关重要的组成部分，在设计开发时应该注重人文情感的传递，借助旅游纪念品架起红色文化和游客间沟通的桥梁，将红色文化借助纪念品向游客及其亲朋好友延续下去、扩散开来。巧妙运用红色色彩是一种比较便捷有效的设计手段。色彩在人类感知要素里是最具感染力的，它在直接刺激人视觉感官的同时更能间接引发人的联想、激发人的观念和信念。人们在理解色彩时不仅仅是物理意义上的颜色，最主要的是借助色彩的来源、所依附的载体、不同的文化背景去感知不同的信息并加以理解。红色在中国悠久的历史和文化背景下给中国人传递的是一种血脉的色彩、生命的色彩、吉祥喜庆的色彩、热烈冲动的色彩。看到红色，人们便会联想到鲜血、火焰、旗帜等具象事物或者活力、刚强、激进、喜庆等抽象情感。在中国等社会主义国家，红色更是被认为包涵革命、胜利、理想、缅怀先烈等含义的象征色彩。红色寓意着坚定的信仰，代表着光明的未来、奋勇前进的精神，看到红色，我们便会联想起那段宝贵的革命历史。将红色作为红色旅游纪念品的主题色有利于体现革命时代特征、更易感染人的情绪、激发人们的激情以及对理想的追求，达到与人们情感上的共鸣。

（4）充分利用3D打印造型特点，实现纪念品造型设计的风格化。一般纪念品设计开发受到传统制造工艺的制约，造型与结构相对简单，形态较复杂的普遍要么工艺较差要么价格昂贵，而3D打印的特性决定了借助该技术可以形成一些独特的造型风格。图3为3D打印的花朵台灯，整个灯罩通过3D打印一次成型，是连成一体的，包括花瓣间的连接部分；同时该灯具的“花瓣”可以缓缓展开，且灯光也会随着花朵的开放慢慢变强。

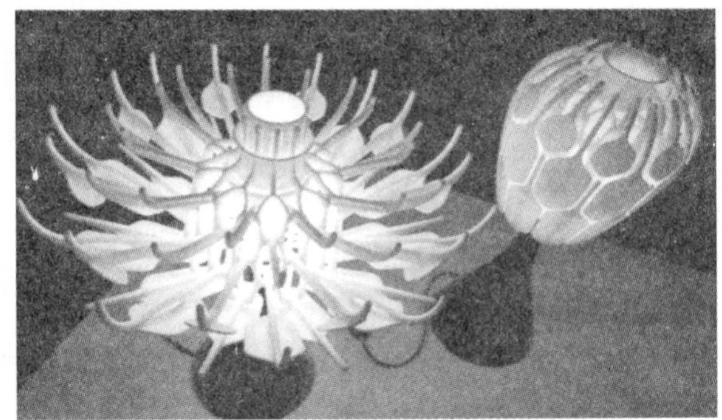

图 3　3D 打印花朵台灯

5　川陕革命老区红色旅游纪念品设计实践

5.1　川陕革命老区红色旅游资源

红四方面军于 1932 年 12 月进入川陕地区并创建了川陕革命根据地，它是“第二次国内革命战争时期，中国共产党的领导下，红四方面军撤出鄂豫皖根据地后创建的一个重要根据地”。虽然川陕革命根据地时间上仅仅存续了两年多，但是遗留下来了内涵丰富、形式多样的各种革命遗存和精神财富，其中物质类文化遗产包括红色政权遗址、战场遗址、红军石刻标语、红色报刊等，非物质类文化遗产包含 300 多首红军歌谣以及 4000 多个红军故事。这些宝贵的红色文化遗产都是川陕革命根据地的历史文化见证，也是旅游纪念品设计开发时取之不尽、用之不竭的灵感创意源泉。

图 4 为“赤化全川”口号，被雕刻在四川省通江县沙溪镇红云岩的岩石壁上，它代表着红四方面军宣传革命思想工作，这些口号起着打退敌人，激励鼓舞革命的作用。图 5 为经陕入川的战线，是一条“红色交通线”，这条从汉中通往川北的战线对当时的革命斗争非常重要，当时的主力军红四方面军带领着军队从陕西来到四川，并在四川建立革命根据地。

图 4　“赤化全川”口号

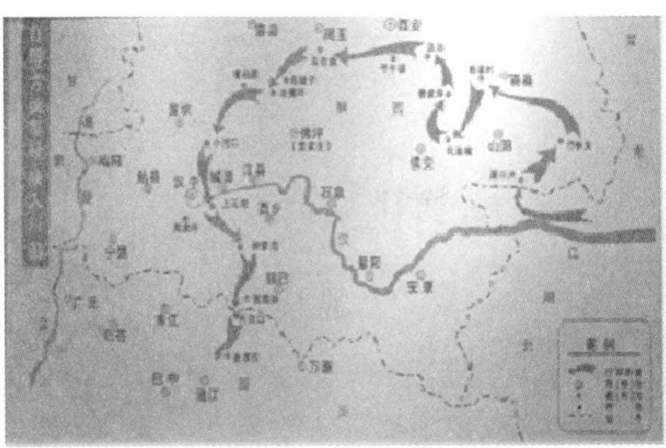

图 5　红色交通线

5.2　设计实践

在以上研究基础上进行了基于 3D 打印技术的川陕革命老区红色文化旅游纪念品创意设计，设计的核心思路为纪念品功能不仅仅是装饰作用，游客在旅游结束买回家后还能和纪念品具有一定的互动，能让人们在使用过程中潜移默化地了解红色文化，并从中感受到革命文化精神力量的激励。图 6 为“纪念拼图”系列，以川陕地区革命地形图为框架，人们可从框架内取出积木块，拼凑成相应的立体积木，如川陕革命纪念馆等纪念性景点。其意义在于通过拼图过程来了解景点形态等。图 7 为“我和革命老区有个合影”系列，游客选择想要合影的革命老区景点，设计人员对游客进行脸部的绘制，并让游客“穿”着军装，背后的景点可让游客自行选择，方案设计完成后进行 3D 打印，打印成实物，具有纪念意义。其最大亮点在于可以虚拟人们穿着军装，与曾经发生革命活动的地区进行合影，过一把“革命情结”的瘾。

图 6　“纪念拼图”设计方案

图 7　“我和革命老区有个合影”设计方案

6　结语

在旅游纪念品设计上，3D打印产品较为少见，3D打印在这一行业也存在着一些问题，比如人们不了解这项技术，打印成本太高，打印产品需要一定的材料、时间、技术人员等。但是3D打印这项成型技术的引入将为红色旅游纪念品市场带来大的变革，为红色文化的传承与弘扬带来更大的机遇。

参考文献

[1] 刘德鹏．红色旅游纪念品的象征意义与市场发展研究——基于旅游人类学视角［J］．洛阳理工学院学报（社会科学版），2017，32（1）：47－51.

[2] 黄涓．川陕革命老区红色文化遗产教育探析［J］．四川文理学院学报，2016，26（3）：107－110.

[3] 杨明，汪清．皖西红色旅游纪念品的设计与创新研究［J］．皖西学院学报，2018，34（2）：147－150.

[4] 郑颖，高喜银．西柏坡红色旅游纪念品现状及设计思路［J］．现代商贸工业，2016，37（8）：56－57.

[5] 宋军．红色旅游纪念品现状及设计思路［J］．现代营销（学苑版），2011（3）：116－117.

[6] Qi Na，Zhang Xun，Yin Guofu. Opportunities and Challenges of Industrial Design Brought by 3D Printing Technology［C］. International Conference on Concurrent Engineering. Beijing，2014：369－376.

[7] 罗军．中国3D打印的未来［M］．北京：东方出版社，2014.

[8] 祁娜，张珣．3D打印技术在产品设计领域应用综述［J］．工业设计研究，2017：101－107.

[9] 祁娜，张珣，贾铁梅，李小军．论工业设计应用3D打印技术的机遇与研究趋势［J］．工业设计研究，2016：62－65.

[10] 祁娜．3D打印技术：少数民族特色产品开发新机遇［J］．工业设计研究，2015：57－59.

[11] 崔帆．浅析遵义红色旅游纪念品设计创新［J］．遵义师范学院学报，2017，19（5）：157－159.

[12] 四川大学川陕革命根据地研究组．川陕革命根据地历史文献选编：上［G］．成都：四川人民出版社，1979：303.

[13] 黄涓．川陕革命老区红色文化遗产教育探析［J］．四川文理学院学报，2016，26（3）：107－110.

村落空间秩序影响下的乡村公共设施适老性设计研究*

唐洪亚

（安徽农业大学轻纺工程与艺术学院，安徽合肥，230036）

摘　要：随着中国老龄化社会的到来和城镇化的推进，公共设施的适老性设计也越来越受到关注。在乡村，公共设施的适老性设计呈现出了无障碍性、归属感营造、环境友好性和社交引导的原则。此外，村落空间秩序会对乡村公共设施的适老性产生影响，主要通过农事劳动功能与生活功能混合、延续聚落景观风貌稳定性、沉淀多年的民俗价值观3个方面进行，使得乡村公共设施的适老性设计策略须包含功能多样化、风格地域化和管理集约化3个方面。

关键词：村落空间；秩序；乡村；公共设施；适老性设计

* 基金项目：2018年四川省教育厅人文社会科学重点研究基地工业设计产业研究中心项目“乡村微更新语境下的社区公共设施适老性设计研究”（项目编号：GYSJ18－041）。

作者简介：唐洪亚（1990—），男，安徽合肥人，安徽农业大学轻纺工程与艺术学院助教，硕士，研究方向：城市设计、环境景观设计等。

1 引言

当前，中国正在快速步入老龄化社会，这对城乡养老提出了诸多挑战。在一些偏远的村落里，由于经济发展滞后，导致公共设施规划不强、质量不高、设计不合理、数量缺乏。同时在已有的乡村公共设施的设计中，适老性明显不足，主要表现在没有体现乡村老年人特有的作息习惯、安全性考虑不足、没有考量老龄人的身体状况和行为模式、没有完全顾及老年人的情感诉求等方面。公共设施作为公共空间环境中的重要元素，承担着老年人户外活动的主要辅助功能，包括老年人的活动锻炼、休闲娱乐、交通照明等方面。随着城镇化水平的提高，公共设施的适老性设计也向着多样化的方向发展，并针对不同地域文化、环境条件和使用者需求进行调整。由于乡村居住着大量的老年人口，他们所在村落的养老条件差，在户外活动时面临着没有适老性公共设施或公共设施适老性差的问题。这就意味着乡村公共设施的适老性设计需要进行更加深入的研究，并加以落实。这包含了两个基本方面：一方面是对于在乡村居住的本地老年人来说，他们的行为模式和情感诉求与居住在城镇的老年人不同，对公共设施的适老性有着较为特殊的要求；另一方面是乡村公共设施的布置和整体的规划要结合乡村本身的空间秩序进行，在具有典型景观风貌或浓厚地域文化的乡村中，景观风貌和地域文化通过对村落空间秩序的影响，来进一步地要求公共设施在适老性设计上的造型、色彩、尺度等元素。这促使在未来随着公共设施适老性完善的同时，对于整体村落的文化景观不会产生破坏或相关负面影响。而在不具有历史文化价值或良好景观风貌的乡村中，结合适老性设计的公共设施能促进良好空间秩序的生成。因此，村落空间秩序对于乡村公共设施的适老性设计存在一定的影响，而健全的乡村公共设施适老性设计，对于乡村本身的建设和常居村庄的老年人的生活具有一定的积极意义。

2 乡村公共设施的适老性原则

居住在乡村的老年人的行为模式和日常作息与城镇老年人不完全一样。乡村老年人由于大多远离城市的喧嚣，很多都参与或长时间参与过农事活动，所以他们对于自己的家乡和生活环境充满感情，喜爱田园式的自然环境，外出活动较多。他们中的一部分人，选择在自己的村子中度过人生最后的养老生活，这就不仅需要考量自身居住室内空间的适老性设计，也需要注重在村内公共空间里的公共设施设计的适老性，使得公共设施能方便老年人的日常活动。一般来说，乡村公共设施的适老性设计，须体现以下一些原则。

2.1 无障碍性

由于老年人的身体条件特殊，公共设施适老性设计要体现无障碍性，即考虑包括老年人在内的所有人群的特殊生理条件。无障碍性主要目的是方便老年人、残疾人人群的行动安全。由于在乡村，一些身体相对健康的老年人会从事一定程度的体力劳动，因此除了日常生活涉及的公共空间外，在老年人进行体力劳动的场所或空间内，也须尽可能考虑公共设施适老性的无障碍性。

2.2 归属感营造

在乡村，老年人对于家乡环境的依恋较重，村落的空间环境中很多场景对于老年人来说都是一种特殊的记忆，由于场地尺度较小，老年人对于村里的一草一木都会富有感情。公共设施在乡村公共空间的布置和设计过程中，需要考虑不破坏老年人对于村落的“记忆”，在提升生活质量的基础上，公共设施在造型、色彩等方面需要更多地与周边环境相协调，有条件地延续一些村落“记忆”特征和当地的文化元素，使老年人在心理上依然对自己的家乡保有亲切感，让他们不会因为周边环境的变化而产生没有归属感的状况。公共设施作为可能会和村民产生亲密互动的媒介，须对村民，尤其是因在村庄长时间居住而对村庄富有感情的老年人进行归属感的营造，避免让其产生陌生感。

2.3 环境友好性

公共设施的适老性对公共设施设计在细节和工艺上的要求更高，有的会选取一些特殊材料。在公共设施的适老性设计的同时，由于考虑对村庄的自然环境不产生破坏和污染，所以要选择对周围环境污染影响低的材料，有些材料可以从当地的原材料中选取，使公共设施具有环境友好性的特征。

2.4 社交引导性

乡村里的老年人对于社交的情感需求较大，他们的娱乐休闲活动很多是通过社会交往来的。尤其是老年人会在村庄内的公共空间开展体育文化活动和一些日常的休闲活动，在此过程中，老年人相互之间可以进行互动。公共设施应该合理引导老年人的社交需求，给予他们一个舒适的社会交往空间。

3 空间秩序对乡村公共设施适老性设计的影响

乡村空间秩序指的是村落里的物理空间环境以及通过物理空间环境反映的社会结构，即不仅包括空间结构，也包括在空间结构里长时间发生的、稳定的各项村民活动。因此，公共设施的整体规划和设计，在乡村空间中会受到本身村落文化或空间秩序的影响。在很多自然村的形成过程中，其所形成的空间秩序已经逐渐稳定，难以轻易地被改变，尤其在一些历史文化悠久的村落中更是如此。对乡村公共设施的适老性进行设计，在造型形态、空间布置、色彩材料等方面，都须考虑村落空间秩序对其的影响，使得公共设施的设计不仅符合人体工程学等基本要求，也符合当地的文化背景和社会环境。具体来看，村落空间秩序对乡村公共设施适老性的影响是通过以下方面进行。

3.1 农事劳动功能和生活功能混合的影响

在有一些村落空间内，农事活动和生活功能的空间会被混合在一起，而一些单独居住在家中的老年人，由于没有年轻人的帮助，他们会选择自己进行农事劳动。对于居住在村落的老年人来说，他们对公共设施适老性内容的要求会与在城镇社区的老年人不完全相同。在村落内的公共空间，老年人可能会从事一定的农事活动，如小规模的家禽养殖。因此，在公共空间内，可以布置一些具有适老性的公共设施，辅助从事体力劳动的老年人进行农事劳动或休息。

3.2 延续聚落景观风貌稳定性的影响

村落有自己的乡土风貌和历史文化，在一些具有悠久历史的古村尤为明显。在快速城镇化的今天，很多村落都面临着景观风貌和文化脉络被破坏的状况。在对村落进行保护或可持续发展的过程中，应注意村落本身的空间秩序是否被延续，这其中的特征就包括文化基因是否被传承、村落的宝贵记忆是否被保留等。在具有适老性的公共设施设计和布局上，要遵循聚落文化和乡土风貌中的视觉元素，使村落的风貌具有一定的延续性、完整性，不会因为突兀的公共设施造型、色彩等，而破坏村庄由于历史文化的积淀和发展而形成的空间秩序。

3.3 沉淀多年民俗价值观的影响

民间风俗的价值观会影响村落的空间功能或秩序形式。老年人在家乡村落居住的时间长，所形成的民俗价值观已经成型。这些价值观可以反映在认可村落的一些空间秩序上。因此，结合不同地域的不同民俗习惯，应因地制宜地在村落空间内进行公共设施设计，让老人在体验公共设施的适老性时，基本符合当地老年人固有的价值观，不让老年人产生抵触的情绪。

4 乡村公共设施的适老性设计策略

乡村公共设施的适老性设计主要针对的是生活在乡村的老年人，在功能上要符合老年人特殊的心理状况或身体条件。除此之外，还要在造型和色彩、材质等元素上符合村落特有的历史文化，即符合当地地域的文化符号，使得具有适老性的公共设施在历史文化相对悠久浓厚的村落里不破坏村庄的空间秩序。而在历史文化积淀较少的村庄内，可以通过结合适老性设计的公共设施以及针对其的管理来帮助改善老年人的日常生活质量，并积极地引导形成良好的、健康的空间秩序，进一步地推动村落的发展。这就要求乡村公共设施的适老性设计要素不能简单等同于城镇社区内的公共设施，乡村公共设施的适老性设计须建立一定的策略，包含以下 3 个方面。

4.1 功能多样化

乡村公共设施的适老性功能应更多地考虑村里老年人的生活习惯和素质背景。例如，在村落中建立一系列的标识导向，考虑到村里老年人可能文化水平不高，可以采用比较简单且村里老年人熟悉的图案来进行标识，减少长难句或生僻字的使用；村里可以结合当地实际情况设置无障碍设施，如台阶、步道、扶手等，由于老年人对村落空间较为熟悉，所以可依据村落本身的空间形态进行无障碍设计的分布，不对本身已有的空间秩序产生破坏，避免使老年人产生陌生感，增加他们可能存在的使用不便；在村落的公共空间内可结合实际情况布置休憩的桌椅板凳和凉亭廊道，为在村落行走的老年人提供可以休息的设施，在这些设施的设计上，要考虑老年人是否经常携带农具等器物，并给予一定的空间场地，在进行休憩设施的布置上，须考虑村落不同空间老年人的行为模式，以不同的密度或数量进行规划；在一些村里具有农事劳动行为发生的公共场所里，可在周边设置老人休息的专用设施；在一些村落里缺少给老年人的体育锻炼设施，可有条件地在村落的公共空间内进行设置，如村落本身具有完整的景观风貌，为保护风貌效果，可以将体育设施设置在村外不远的地方。

4.2 风格地域化

乡村公共设施的适老性设计在满足功能的同时，由于考虑到公共设施也是村落公共空间的一种构成元素，因此需要在公共设施的风格上进行地域化。在具有一定历史文化和景观风貌的村落中，要使得具有良好适老性功能的公共设施，不会因为与村落风貌格格不入的风格而破坏整体村落的风貌。在一些不具有直接历史文化价值或景观价值的村落中，则须通过挖掘其背后的村落风土人情或地域特征，将其作为文化符号融入公共设施中，并进一步的提升村落的文化活力。同时，在公共设施的适老性设计中应多考量老年人对地域文化的情感共鸣，让老年人在心理层面接受村里的公共设施的设计形式。例如，公共设施的颜色，若考虑其适老性，应尽量使用柔和的颜色，并结合当地村落本身的色彩体系进行搭配和设计；公共设施的材料应尽可能地使用当地材料，与自然环境相协调，让老年人产生一定的亲近感。

4.3 管理集约化

乡村在设置适老性公共设施的同时，也需要对其进行科学的集约化的管理，建立公共设施的维护管理制度。乡村不像城市中的商业小区具有专门的物业公司，对公共设施的维护较弱。在一些偏远的乡村，一些公共设施在投入使用后，由于后期的管理不到位，使得公共设施被磨损，影响正常使用。比如一些扶手是否松动、步道路面是否有破损等。具有适老性的公共设施会通过在设施的设计细节上体现适老性功能，这些设计细节需要被定时地进行全面的检查。这就促使村落需要建立集约化的公共设施管理制度，在资源有限的情况下，提高对适老性公共设施的管理。

5 结论

乡村公共设施的适老性设计要结合乡村的实际情况来进行。村落空间秩序是村落文化、社会等状况的一种空间反映，作为村落公共空间的一个重要构成元素，乡村公共设施在适老性设计方面会受村落空间秩序的影响，比如设计的造型、数量、色彩、布局等，均要尽可能地符合当地老年人的使用习惯，同时又不能对村落的空间环境产生消极影响。对于常年居住在乡村的老年人而言，村落的空间秩序不仅反映了他们的生活环境，也反映了他们对家乡的一种空间记忆。公共设施的适老性设计不仅要考虑到老年人的身体状况，也要考虑到老年人的心理和情感因素。这就促使乡村公共设施的适老性设计要在村落空间秩序的影响下进行，在此过程中不断调整适应。这不仅使老年人可以更好、更愿意地使用和体验具有适老性功能的乡村公共设施，也可以将公共设施的适老性设计，统一考虑进村落整体空间环境的建设或设计内容中，使得村落本身的空间秩序不会因公共设施的适老性设计而受到负面的影响。

参考文献

[1] 刘欣．公共空间中景观设施的适老化设计研究［J］，建筑工程技术与设计，2015（5）：28

[2] 李婕，王羽．室外环境适老性设计方法初探［J］，小城镇建设，2015（6）：94－97

[3] 孟晋，王珊，王冰冰．养老建筑公共空间色彩设计初探［J］，华中建筑，2016，34（8）：137－140

智能健身房系统的设计研究

唐　杰　林紫婧

（西南科技大学，四川绵阳，621000）

摘　要：本文以目前市面上新型智能健身房光猪圈（sun pig）为例，通过对光猪圈智能健身房系统的研究分析，以及用户调研，为未来中国智能健身房的发展设计提出合理化建议，为健身用户提供更健康、更科学合理的人性化健身服务。光猪圈智能健身房的交互设计主要分为硬件与软件两个方面。硬件方面，光猪圈健身房通过自主研发的健身器材、服务型智能硬件等提高健身房的智能化，增强用户健身体验。软件方面，光猪圈自行开发的 sun pig App 可以在线实时获得用户健身数据，提供健身教练在线答疑等社交活动，促进健身人群人际交流，增强健身人群的人性化、智能化体验。

关键词：智能健身房；智能健身器材；移动端健身社交

1 引言

随着“互联网＋”对各个行业颠覆性的深入，如今健身行业也面临着巨大的变革。一股新兴的势力——“互联网健身房”横空出世。相比于传统健身房关店数量大幅度上涨，“互联网健身房”正欣欣向荣地迅速发展，为健身行业带来新的转折点。光猪圈是光猪体育（北京）有限公司旗下的智能互联便利健身平台，线上拥有自主研发的 App，线下有遍布全国的小而美智能健身房，力图打造健身行业的 7－Eleven。

2 光猪圈智能健身房概况

互联网健身行业虽然不大，但对标欧美国家

仍然有很大的发展空间，据创始人王锋介绍，国内健身增量市场约 8000 万。现有的模式包括以下几种：ClassPass 模式的全城热炼、小熊快跑等，上门服务类燃健身、芭比辣妈，线上社区类 Keep、视频教学类 FitTime。其中，ClassPass 模式遭到了一部分传统企业的抵制，因为从行业来看，这种模式解决的只是消费者痛点，对于行业而言用处不大。

从存量市场看，健身俱乐部由于组织架构复杂，人员多，效率低，导致管理成本过高，年卡模式是抵消这种高耗费的最佳办法，足以见得按次消费对传统企业而言是个多大的漏洞。从增量市场看，人们不去健身房或许是基于距离远、天气不便、价格贵 3 个原因。

基于以上情况，光猪圈健身采用线上线下结合的运营模式。线上推光猪圈 App，功能涵盖课程表、会员付费、预约教练以及视频课程等，光猪圈将传统会员店的会员管理与教练管理全部转移到了 App 上。线下则开设场馆，主推“小而美”模式的健身房，面积在 300～500 平方米（传统健身房在 1000～2000 平方米），智能健身器械自助研发且品类齐全，但单品数量较少，人员配备则施行扁平化管理，一个店长配备多个健身教练。光猪圈业务流程如图 1 所示。

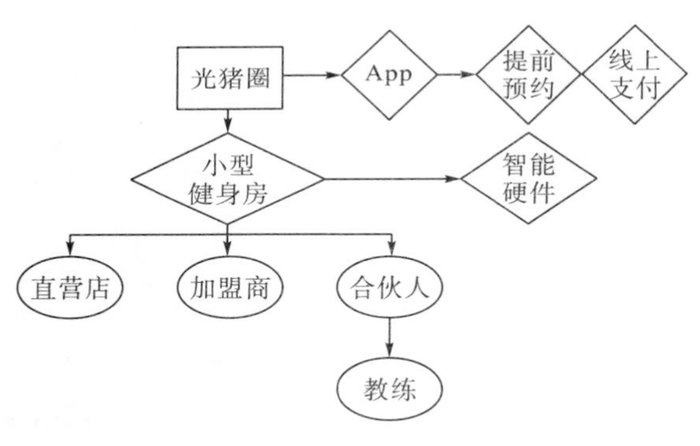

变革家拆解学院出品

图 1　光猪圈业务流程

3　光猪圈智能健身房系统组成

3.1　光猪圈智能健身房硬件

光猪圈智能健身房系统由健身房硬件设备以及相应的健身房管理系统两大板块组成。为了使健身用户在健身过程，时刻享受智能健身房所带来的人性化、智能化服务，健身房的硬件设施包含如下几种：

（1）智能化门禁，用户可以通过刷卡或者人脸识别进入健身房，进行健身。

（2）自助储物柜，通过扫码、指纹等方式智能识别身份储物。

（3）智能化器械，可以收集并处理用户的健身运动数据。硬件不光包括跑步机，其他如哑铃等不但能够识别重量，而且能够识别动作。此外，还包括动感单车等。

（4）自助淋浴系统，红外线感应供水，公共浴室，提高健身房空间利用率，如图 2 所示。

图 2　光猪圈自助淋浴系统

（5）运动手环的佩戴，帮助用户身份识别、无器械运动的数据采集和健身用户的身体状况监测。

（6）智能体测记录仪，通过光猪圈自主研发的体测仪，健身用户可以随时随地检测自己的身体数据和身体状况，从而科学地管理自己身体。

光猪圈健身具备业内领先的智能化软硬件体系，通过互联网＋物联网搭建的智能健身体系为用户提供从进入健身房、使用设备、沐浴、查数据到走出健身房的全套健身服务，如图 3 所示。

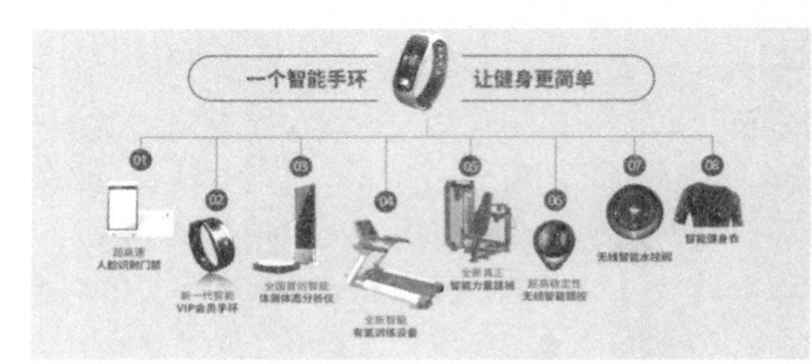

图 3　光猪圈智能健身房硬件组成

3.2　光猪圈健身房软件系统

光猪圈研发的 App“sun pig”包括四大板块，即首页、健身房、我的、数据。其中，数据是 App 的核心功能，也是光猪圈健身的独特优势。

数据功能包括运动数据、体测数据，可以记录实时发生的数据，也可以统计累计消耗，查看运动健身成果，如图 4 所示。

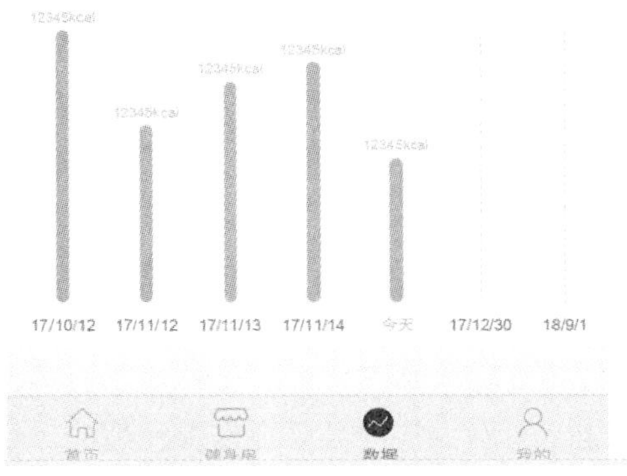

图 4　光猪圈数据界面

作为健身房的 App，首先要满足的自然是会员健身各流程的功能需求，如购买会籍卡、购买课程、预约上课等。另外，光猪圈健身可以通过首页推荐快速购买会籍卡、课程，也可以在“健身房”专区进入购买、预约。可购买的项目还包括淋浴、出租柜等。

健身房版块是光猪圈 App3.0 版本的特色之一，集合了去健身房锻炼需要用到的各种功能，如会籍卡剩余天数、私教课剩余节数等各种产品的余量都有一目了然的显示。此外，还有“请假”这样的贴心设计，如季卡会员可免费请假 7 天，半年卡可免费请假 15 天，年卡可免费请假 30 天等。

因此，与传统健身房相比，光猪圈智能健身房的关键在于智能，其提倡的是为健身房健身器材进行升级和创新。光猪圈研发出的智能健身平台，集运动数据采集、健身计划制订、娱乐游戏互动、社交分享于一体。有了这些之后，不仅能缓解体能运动的疲劳、增加运动的乐趣、延长运动的时间，还能收获身心健康，最重要的是能增强用户的黏性。

4　以光猪圈为例的智能健身房用户调研及分析

4.1　光猪圈智能健身房的实体店分析

根据光猪圈给出的数据，按每天到店的会员数占总会员数的比例就是到店率计算，光猪圈单店月均办卡 235 张，平均到店率达 36.8%，传统俱乐部的这两个数据分别为 81.8 张、7.9%。光猪圈的会员卡复购率高达 41.13%，大幅度高于传统俱乐部的 17.13%。私教复购率 73.19% 比 68.32%，同样显示了光猪圈在新型智能健身模式下更高的运营效率与会员黏性。

在健身消费人群方面，同样根据光猪圈健身房公布数据，光猪圈健身 50.03% 的会员在 20～30 岁，30～40 岁占 47.15%，会员平均年龄为 30.9 岁，相比传统健身俱乐部的平均消费年龄 34.2 岁，光猪圈的人群近乎“年轻”了 5 岁。

然而，用户群体的年轻化，也同样带来了用户群体的个性化与差异化需求。

在通过对光猪圈智能健身房的用户访谈与问卷调查中，相对于传统健身房，智能健身房的面积更小，健身器材以智能为主，但是数量与品种受限。另外，由于场地的限制而推出的公共更衣室，虽然在一定程度上，确保了私密性，但是仍然有不少用户对此留有意见，如图 5 所示。同时，公共浴室也由于受到小的限制而基础设施不足。

图 5　光猪圈公共更衣间

作为一个服务设施体验型场所，智能健身房不仅需要考虑用户与健身设备、健身仪器之间的交互方式的高效性、舒适性，同时也需要考虑用户与健身房场地之间的关系。因此，对于未来的小型智能健身房，笔者认为：

（1）应该承认“小而全”的设计理念并不完美，300～500 平方米的空间，可以只配备能够记录用户健身房数据的有氧器械，以及必备的无氧器械。

（2）取消传统的哑铃、杠铃器械等固定器械。多采用情景化的设备，增强用户的趣味性以及科技感，如趣味性显示屏、跑道显示器等。

（3）增加场地空间，开设趣味团体课，完善浴室基础设施建设。因为用户在产品品质上的情感体验至关重要，仪器佩戴的简便性，监测用户身体状况的有效性，收集处理用户健身数据的科学性，以及健身过程情景化的趣味性，应是智能健身房的基本要求。

4.2　光猪圈 App 调研分析

作为自主开发的健身房应用软件，光猪圈 App 涵盖了私教课程推荐、线上月卡办理、附近门店推送、圈子社交、数据记录、身体检测等功能，既满足了健身用户的一定社交需求，也简化、方便了健身房的运营管理。

然而，人际交互是人类生活最重要的特征。智能健身房的 App，在一定程度上应具备较强的人际交互性原则。作为智能健身房偏向年轻化的特点，相互激励、相互竞争，是年轻化人群的特征之一，在访谈调研过程中，不少健身人群也都喜欢与他人交流、分享健身数据。因此，作为娱乐性较强的小型智能健身房的移动端，健身排名是十分促进用户健身的一种方式。毕竟，虚拟社区的本质在于"社区"而非"虚拟"。

目前的智能健身房自主开发的内容过于贫乏，为了可以增强用户黏度，增加健身用户到店率、合理的推文，以及激励用户健身的视频，不应该只局限于互联网广告，合理地穿插在 App 中，也是一种值得思考与借鉴的办法。

图 6 为光猪圈 App 首页。

图 6　光猪圈 App 首页

5　结语

综上所述，以光猪圈为例的小型智能健身房，因其独特的智能性、高效性的硬件与软件结合的特点，十分迎合目前年轻人的健身生活需求。然而，也因为其受场地的限制以及处在尚未成熟的阶段，故应合理地改变智能健身房的布局，扬长避短，增强硬件设施科技感与趣味性，软件上多以用户为主导中心创新研发，与健身用户需求相适应。合理的社区化，是增强用户黏度、提高智能健身房服务品质的发展方向。

参考文献

[1] 本刊综合. "互联网＋健身"：引领运动新时尚 [J]. 发明与创新（大科技），2017（11）：42－43

[2] 李觐麟. 智能健身房如何才是真智能：向创新场景与社交看齐 [N]. 电脑报，2018－04－23（010）.

[3] 吴志军，肖文波，张梓杰，等. 智能厨房家具系统的交互设计研究 [J]. 包装学报，2014，6（3）：61－65.

[4] 吕辰. 基于服务情境与模式的智慧家庭服务前端系统设计与实现 [D]. 哈尔滨：哈尔滨工业大学，2012.

[5] 高亚利. 新媒体环境下的人际交互及策略研究 [D]. 武汉：华中师范大学，2017.

基于大学生第二外语需求洞察的学习体验优化设计

王嘉睿　徐伊萌　王希尧

（上海交通大学，上海，200240）

摘　要：第二外语学习的热潮日渐席卷了各大高校，大学生普遍认为这是增强自身就业竞争力的有效途径，因此小语种教育行业发展得如火如荼。以新东方等为代表的线下教育以及以沪江网校为代表的在线语言培训机构势头迅猛。针对这一现象，本研究者通过相关调研分析，梳理大学生第二外语学习的需求结构，并提出优化用户体验的概念设计。

关键词：第二外语；在线学习；用户研究

1　绪论

1.1　背景概述

随着中国与其他国家在商贸上的频繁往来，社会需求对大学生第二外语能力的要求越来越高。这使得大学生要不断扩大自己的知识面，时刻提升自己的知识视野。据了解，2017 年我国在线语言教育市场规模达到 375.6 亿元，用户规模突破 2600 万，如图 1 所示。未来在线语言教育市场规模与用户规模将持续增长。人工智能+教育有望推进个性化、定制化学习的进一步突破；头部企业在教研产品、技术研发、学习服务、品牌打造和渠道拓展等多方布局，推动在线语言教育生态的逐步形成和完善。因此，这一领域存在着巨大的市场与用户。

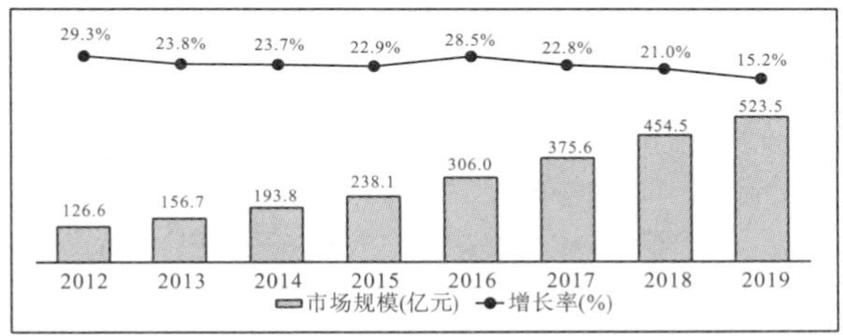

图 1　在线外语教育市场规模

1.2　研究方法和流程

本次研究以洞察需求为起点，基本流程遵循双钻模型，如图 2 所示。内容包括确立研究课题，进行文献研究，确定研究方向，设置观察访谈提纲，寻找被观测用户，进行观察访谈，制作用户旅程图，进行用户分群，总结用户需求，进行问卷验证，提出概念设计等。

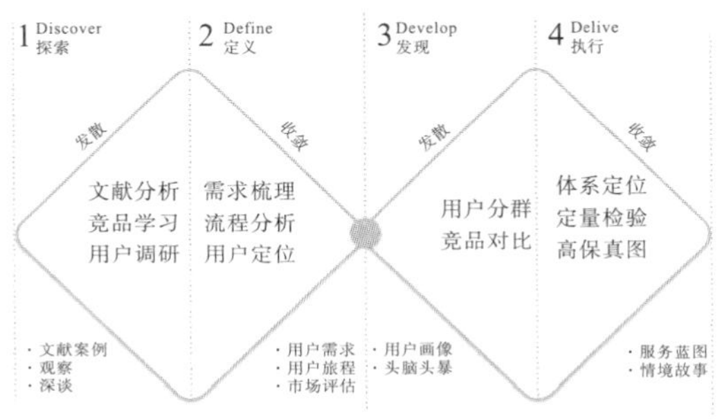

图 2　研究流程

研究中，数据采集主要通过访谈了解用户的基本情况以及观察记录正在学习第二外语的同学的学习行为，获取原始数据后，借助卡片法、用户旅程图、Censydiam 模型分析工具等寻找二外学习行为中存在的用户需求，再进行用户分群，构建不同的用户画像，寻找目标服务人群，逐步明确后期产品设计的定位与产品功能。

2　数据采集

2.1　调研方法与样本

本次调研采用的调研方法为观察法和深度访谈法，共选取 10 位用户（包含一名预访谈和 9 名正式访谈人员）进行数据采集。在观察和访谈的过程中，全程采用录音、录像和拍照的方式来进行记录，并在后续进行整理和分析，每次深度访谈时长为 45 分钟左右。本次样本选取的方法根据语言的学习程度分为三级，每一级招募 3 位用户进行观察以及深度访谈。样本选取情况见表 1。

表 1　用户招募计划

设计调研项目 ——基于大学生的第二外语招募用户计划			
编号	用户类型	要求	人数
1	初级用户	①学习小语种一学期以内，现阶段还在学习中； ②涉及自学、线上上课、线下上课至少各一位； ③性别分布尽量均匀； ④还未参加相关等级考试（如日语 N1、德语德福）	3
2	中级用户	①学习小语种一学期以上，但还未通过相关等级考试，现阶段还在学习中； ②涉及自学、线上上课、线下上课至少各一位； ③性别分布尽量均匀	3
3	高级用户	①学习小语种并且已经通过相关等级考试； ②涉及自学、线上上课、线下上课至少各一位； ③性别分布尽量均匀	3

2.2　调研提纲与信息录入

本次调研根据大学生学习“二外”的流程，制作了调研提纲，并根据预访谈结果进行多轮调研提纲的修正。在观察和访谈中，本次研究主要利用 POEMS 框架（P－被观察者－People，O－物体或产品－Objects，E－观察环境－Environments，M－可能相关的信息－Messages，S－观察中可能涉及的服务－Services）进行关键信息的提取和记录。

根据用户观察和深访的情况，本次研究制作了数据录入表格进行归纳和整理。录入表格按照录入内容的区别分为 6 个不同的表单，分别是基础信息录入表、线下上课录入表、线上上课录入表、自学情况录入表、问题解决录入表以及访谈补充问题录入表。具体的表头设置情况如图 3 所示。

图 3　信息录入表头

本课题共摘录访谈信息超过 300 条，根据调研时的用户录像、录音进行了数据整理和统计。

3　数据分析

3.1　用户需求与层次

鉴于研究初衷是优化用户体验，因此参考

KANO 模型的划分方法对需求进行分类与排序，将二外学习的目的需求划分为基础需求和高级需求两个层次，如图 4 所示。其中，基础需求为用户在学习过程中必须得到满足的需求，这类需求在设计二外学习产品时，要求功能架构必须覆盖所有的基础需求；而对于高级需求而言，产品功能对这些需求满足得越好，用户对产品越满意。

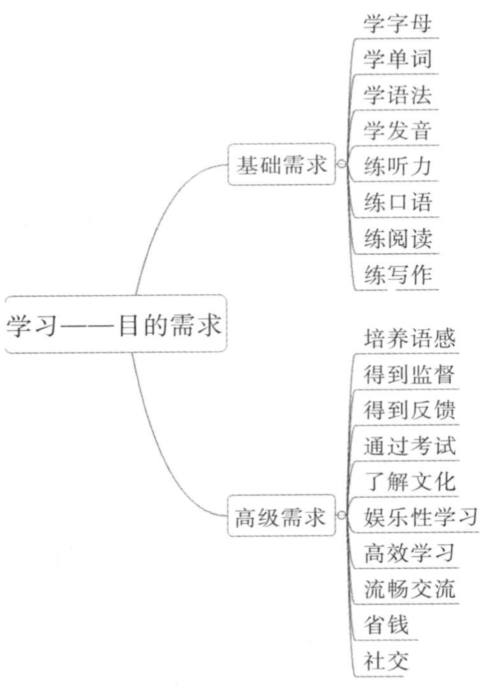

图 4　“二外”学习目的需求的划分

对于访谈观察得到的大量数据，研究采用了卡片法和头脑风暴法进行聚类分析，从目的的维度梳理了搜集到的用户数据，如图 5 所示。

图 5　卡片法与头脑风暴

为了更深层次地挖掘用户需求，本研究又根据学习方式的不同（课堂学习或个人自学），进行了更为细致的梳理，如图 6 所示。在课堂学习中，由于学习的模式化程度较重，在基础需求方面，用户呈现出的方式需求较为单一；而在高级需求方面，用户的方式需求明显更为丰富。可以看出，在课堂学习中，用户希望在课堂中有更多的互动性，能够让课堂学习更富有趣味性而不枯燥。

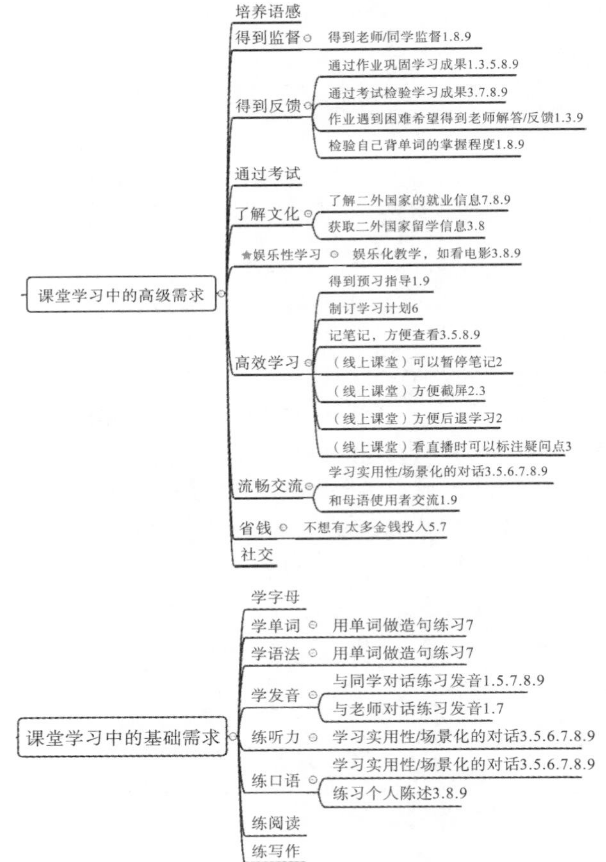

图 6　课堂学习相关需求的划分

值得关注的是，在采用自学的学习方式时，由于有了更广的选择余地，用户的需求相比课堂学习呈现出多样性的需求，如图 7 所示。比如，在自学的高级需求中，个性化学习的部分比较多，从访谈中就可以发现许多现实的解决方案。例如许多用户自创了各种娱乐性学习方式，如看影视剧、看新闻、听广播、看文献等。

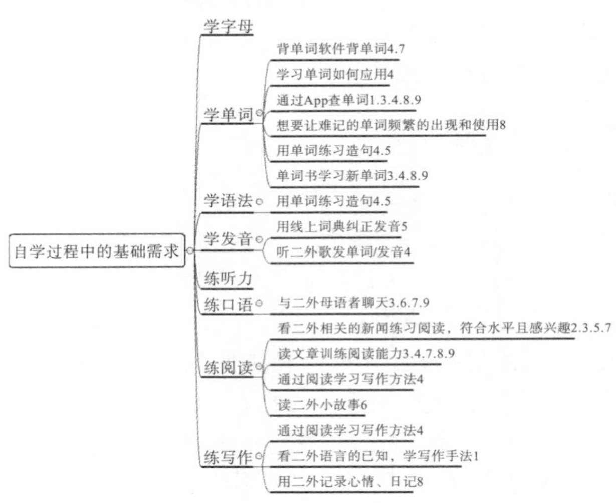

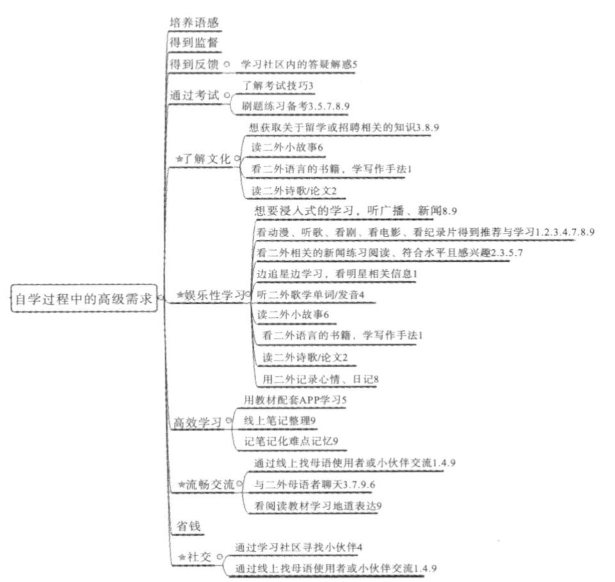

图 7　个人自学相关需求的划分

通过需求的提取和聚类分析，研究者发现用户的个性化需求和娱乐化需求较为集中和密集，如若得到满足，可以大幅地提高用户体验。此外，市场上相关的软件在这一部分还较为空白。因此本课题初步认为，在满足用户的基础需求之外，着重解决满足用户的个性化学习需求的新产品将拥有更好的市场机会。

3.2　用户维度分群与用户画像

根据对 9 个正式访谈样本的评估和分析，本研究将样本借助 Censydiam 模型进行了用户维度的分群。在分群的坐标系中，横轴和纵轴分别衡量了用户在社会和个体层面上的学习方式偏好。将 9 个样本用户在坐标系中进行定位，得到如图 8 所示的分布结果。

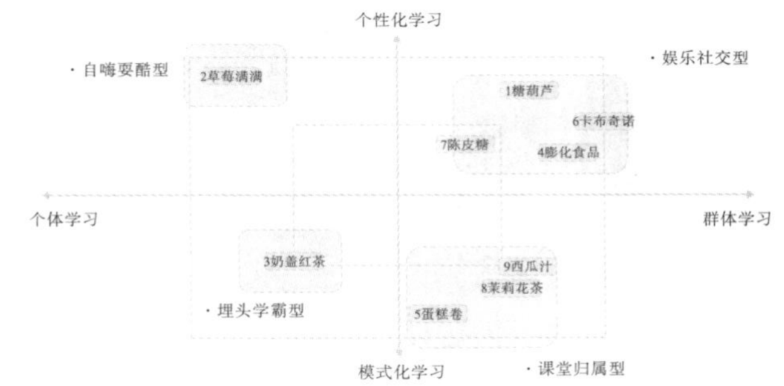

图 8　用户维度分群

根据以上的用户维度分群，本研究对 4 类用户做了如下的用户画像：

（1）如图 9 所示，娱乐社交型用户喜欢多人互动型的课堂，在课前和课后积极与同学/老师交流，也偏好线下课堂的实时互动氛围；对二外国家文化较认同，因此主观能动性较强。但学习二外本身的目的性不强，主要是为了快乐学习。

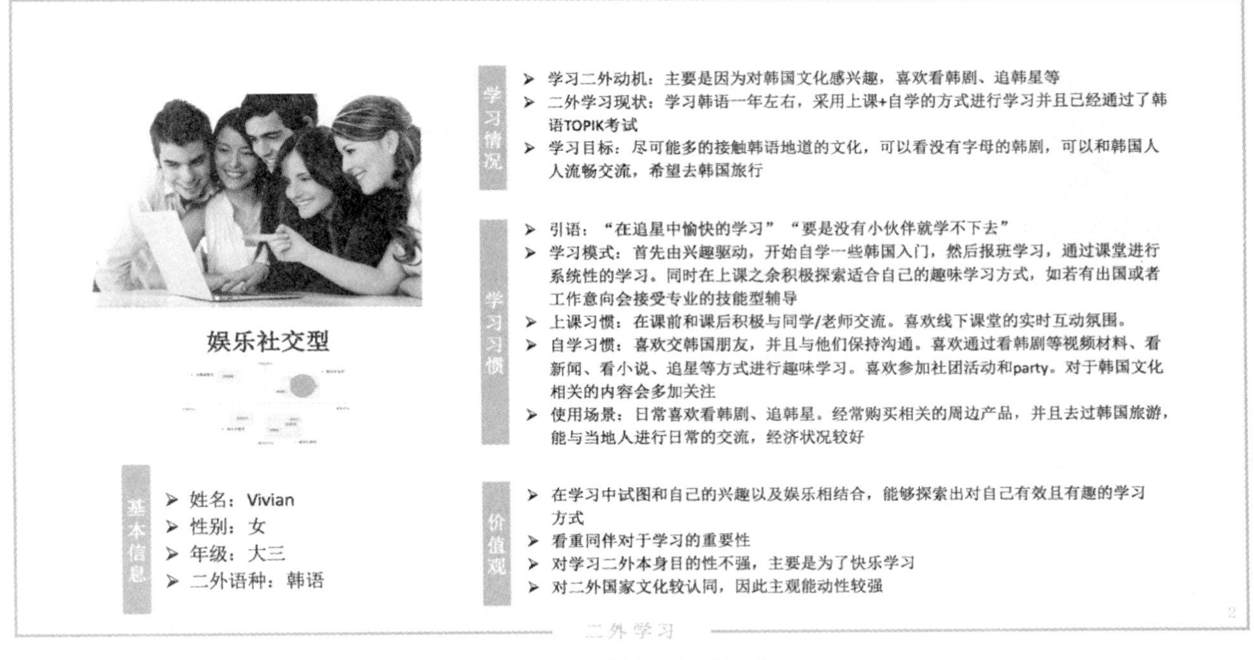

图 9　娱乐社交型用户画像

（2）如图 10 所示，课堂归属型用户尤其重视老师的指导，在课前和课后积极与同学/老师交流；喜欢循序渐进的系统学习进程；看重小伙伴群体学习时的监督作用。而在自学方面，会购买老师推荐的资料并学习；会使用老师推荐的学习 App；会积极参加法语社团的活动；喜欢大家一起通过看法剧/电影等视频材料、看新闻等方式进行讨论学习；对于生活中法国文化相关的内容会多加关注；喜欢将法语的使用融入生活。

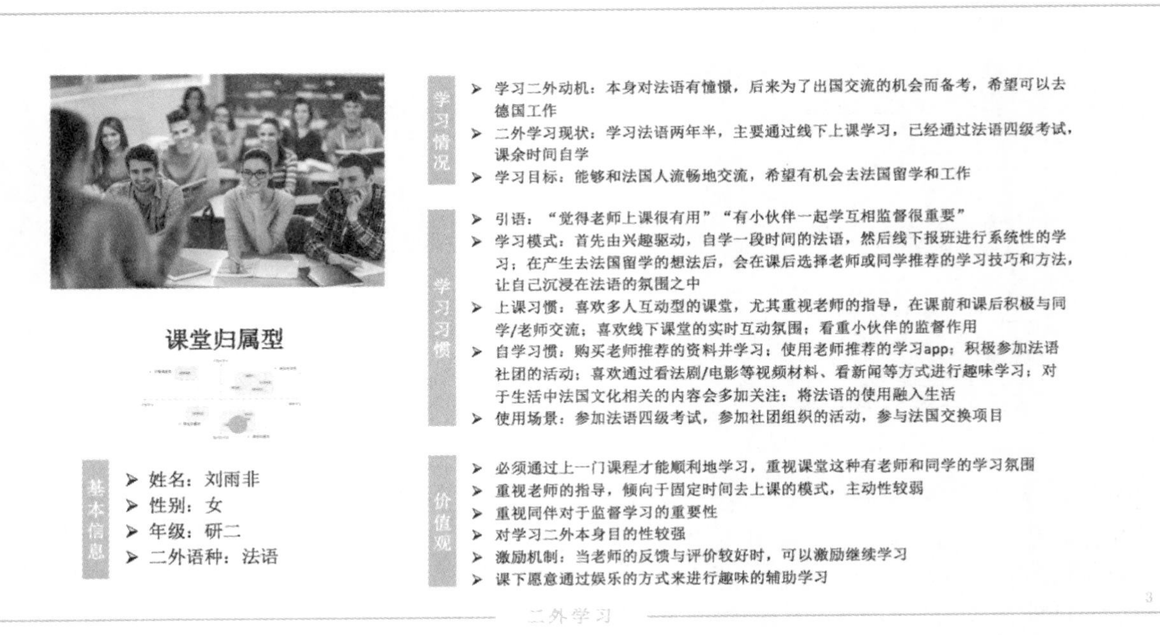

图 10　课堂归属型用户画像

（3）如图 11 所示，自嗨耍酷型用户的学习能力较强，善于发现、创造自己的学习方式，擅于在日常生活中表现自己的能力，博得大家的关注和羡慕；能够较为轻松、愉快地学习；对二外国家的文化等有较大的兴趣。但无强烈的出国留学或者工作的目的。

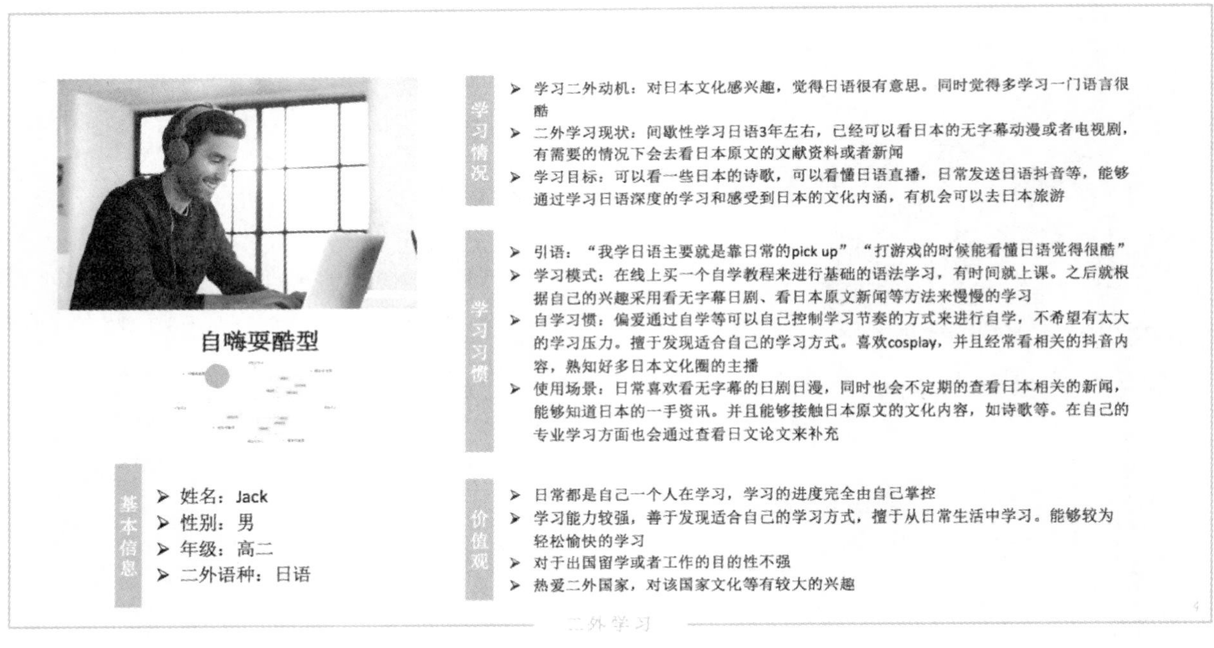

图 11　自嗨耍酷型用户画像

（4）如图 12 所示，埋头学霸型用户很擅长制订学习计划，自我管理意识强；学习时很关注语法语义层面的严谨，不太看重实用性语言应用；对枯燥学习的容忍度较高，达到一定水平后才开始考虑学习的趣味性。

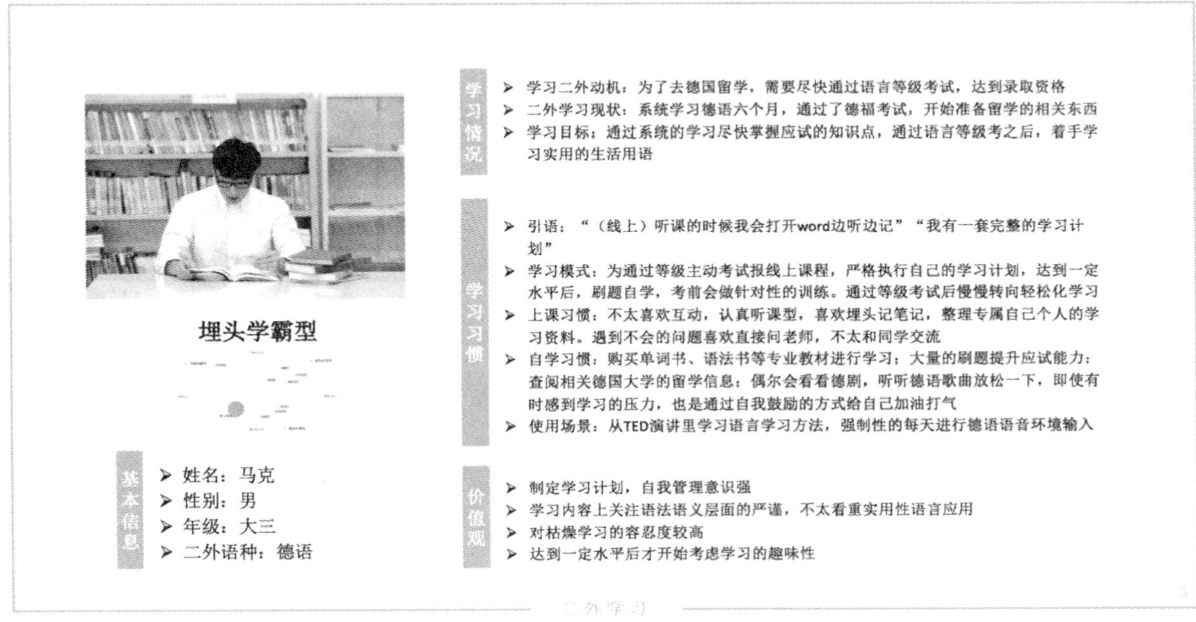

图 12　埋头学霸型用户画像

3.3　用户旅程

厘清了用户画像后，研究进一步分析了用户旅程。做用户需求调研，最重要的是经过需求筛选与排序之后，把用户的需求转化成功能、功能点转化为架构，进一步体现在任务流程和页面呈现中去。根据每一个样本的学习旅程，本次调研按照"基本信息—学生上课/自学行为—接触人行为—情绪体验—用户需求—用户痛点—机会点"的格式绘制了9位用户（正式访谈对象）的旅程图，如图13所示。其中，上课行为包括了线上和线下课程；而用户需求则按照KANO模型的观点，以"基本型需求—期望型需求—魅力型需求"的递进关系对需求进行了分类。根据用户维度分群和Persona塑造，研究将二外学习者分成了娱乐社交型、课堂归属型、埋头学霸型和自嗨耍酷型4个大类，并在已有样本用户旅程图的基础上进行了归纳和提取，做出了具有4类用户代表性的旅程图。

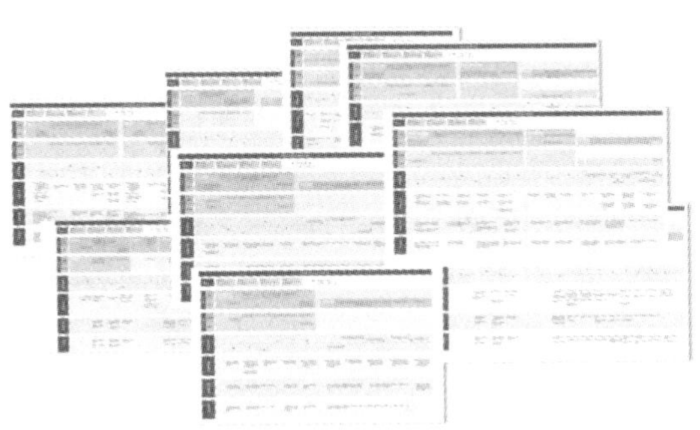

图 13　被调研对象的用户旅程图

3.4　问卷验证

经过定性分析之后，研究者将研究结论作为假设，通过问卷法进行了定量验证。正式调查基于"问卷星"平台进行网络渠道的发放，共回收问卷121份，其中有效问卷（有二外学习经历）100份，男女比例接近1∶1。

根据被调查者对于"二外"的不同掌握情况，本次调研将用户分为3类：能理解该语言的基本词汇或简单问候语的定义为初级用户、进行一般性日常会话或阅读小短文的定义为中级用户，基本理解无字幕影视剧或与当地人流畅交流的定义为高级用户。

由表2可知，本次调研最多的用户为中级用户。

表 2　用户分级

选项	小计	比例
理解该语言的基本词汇或简单问候语	37	37%
进行一般性日常会话或阅读小短文	48	48%
基本理解无字幕影视剧或与当地人流畅交流	15	15%

如图14所示，在问题"用户学习第二外语的方式"的条形分析图中可以看出，现在大家最常用的学习方式还是线下课堂，这也与现在第二外语线上软件空白、自学起来入门较难等原因有关。此外，还有不少用户选择了通过二外影视剧/歌曲/新闻等方式来自学，或者是通过辅导资料、线上学习软件等自学。由此可见，用户对第二外语自学的需求较高，希望能够找到第二外语的线上自学平台。

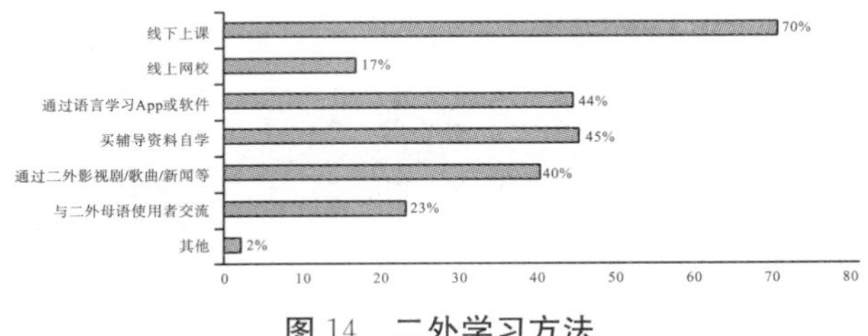

图 14　二外学习方法

如图 15 所示，通过“学习程度”与“学习方式”的交叉图可以看出，学习程度越高的用户选择各种形式的自学概率比较高。

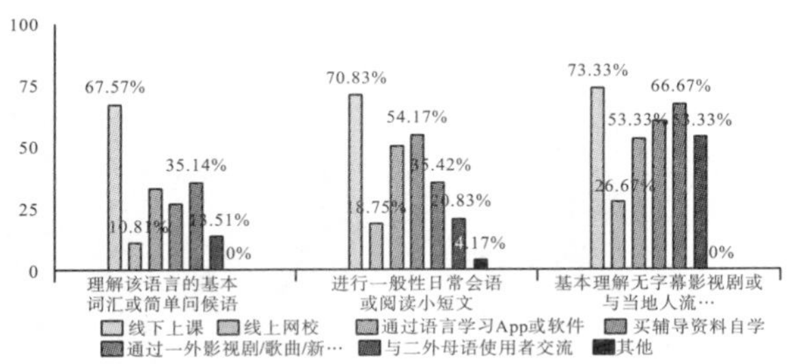

图 15　学习程度与学习方式交叉图

除了描述性统计，问卷针对量表题目进行了因子分析。第一个因子主要相关的题目为文化学习、用趣味的方式趣味学习以及用看新闻/听广播等方式学习，因此将其命名为个性因子；第二个因子主要相关的题目为课堂模式化学习、通过考试、有人监督以及有学习计划，因此将其命名为课堂因子；第三个因子相关的题目为和小伙伴一起学习以及搭伴学习，因此将其命名为群体因子。提取出来的 3 个主要影响用户学习方式的 3 个因子分别为个性、课堂以及群体。这与前期研究用户分群时的分群依据（个性化学习——模式化学习、个体学习——群体学习）完全相符合，证实了研究假设结论的正确性。

在定性研究中，根据两个维度将用户分为了 4 类。为了证明分群假设结论，本次问卷调查的用户也根据两个因子来进行聚类。最终样本根据两个聚类因子被聚为 4 类，每一类分别为 28 人、40 人、9 人、23 人。结果如表 3 所示。

表 3　聚类结果

最终聚类中心				
用户聚类	第一类	第二类	第三类	第四类
个性因子	0.58866	0.41643	0.00953	−1.44460
群体因子	−0.64263	0.84403	−1.85592	0.04069
个案数目	28	40	9	23

将定量分析后的用户分群与定性分析的用户分群进行比较，如图 16 所示。其中，实线框方块为定性分析结论，虚线框方块为定量分析结论。可以看出，两者的用户分群没有较大的矛盾，个性化学习都是比较重的一个部分，唯有埋头学霸型用户的定性和定量分析结论稍有偏差。根据定量结果来看，这一类型的用户更偏向于个性化学习和个体学习，而且这一类型的用户量是最少的。出现这样的结论与定量研究的样本量、研究误差都有关系，但是并不影响最终的产品定位。

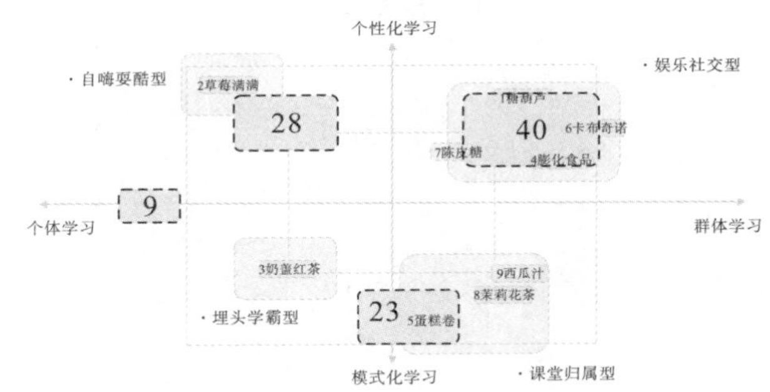

图 16　定性/定量用户聚类对比

本次问卷调研的信度和效度都达到了标准（其中信度检验的 α 系数为 0.8，效度检验的 KMO 值为 0.757），可参考性较高。同时变量的相关性都符合假设。二外学习用户可以被显著地分为 3 类，分别为社交娱乐型、课堂归属型以及自嗨耍酷型。这也与前期定性研究中所得出的用户分群相匹配。其中，社交娱乐型的用户最多，而就整体来看，个性化学习方向的用户占了绝大多数。有非常多的用户都以娱乐和兴趣为驱动，采用个性化的方式来学习。因此，本次研究的功能定位需要强调满足用户这方面的需求。

4　概念设计

4.1　核心功能需求

根据需求洞察的结果，研究者确定的产品定位是打造一款面向大学生的第二外语沉浸式娱乐化学习软件，兼顾场景学习与记忆强化，通过完成互动式的场景任务学习知识点。在提升语言能力的同时，为用户带来趣味性和娱乐化的体验。在核心功能的构建上，研究者关注学习方式、学习内容与学习交流 3 个层面，以游戏化、个性化和社区化作为产品区别于其他竞品的核心竞争力，如图 17 所示。

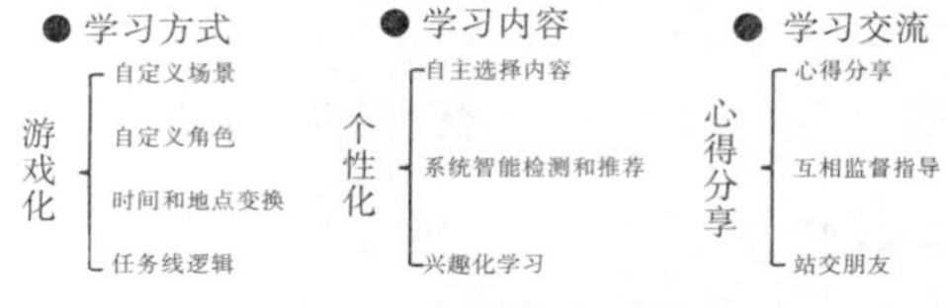

图 17　产品核心功能

4.2 任务流程

在使用流程图的制作过程中，将用户分为了4类，根据使用熟练程度的不同分为第一次使用的用户、初级用户、中级用户和高级用户。图18为第一次使用的用户的使用流程。第一次使用的用户需要进行注册和登录，之后需要选定其学习的语种来完成软件的基本设置，其后会使用较为短暂的碎片化时间来看看社区中的内容，以初步感受整个软件。

图18 产品注册流程

对于完成了注册的用户，正常的使用过程就是完成场景化的任务以及自由地浏览社区中的信息，如图19所示。这一过程中可以通过学习助手熟悉软件使用流程、建立自己的学习偏好等。

图19 产品使用流程

4.3 故事版与设计原型

为了进一步推敲产品，研究者进行了故事版的绘制，构建了主要的使用场景，如图20所示。借助故事板来思考产品，就像将它置于电影的视角下来观察和推断用户的行为和反馈。在这种环境下，可以更自然地了解用户随着时间的推移，在交互和行为上有着怎样的改变。图21为日语情景下的高保真原型。

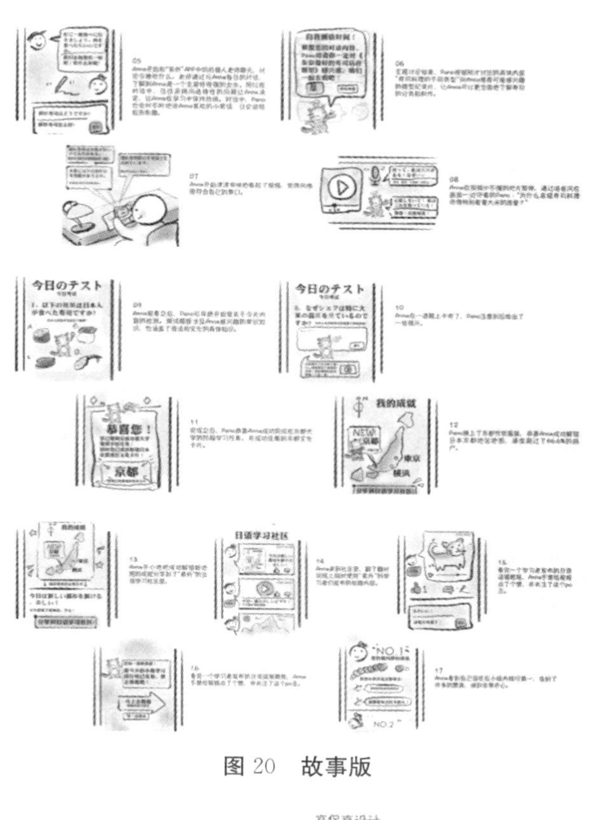

图20 故事版

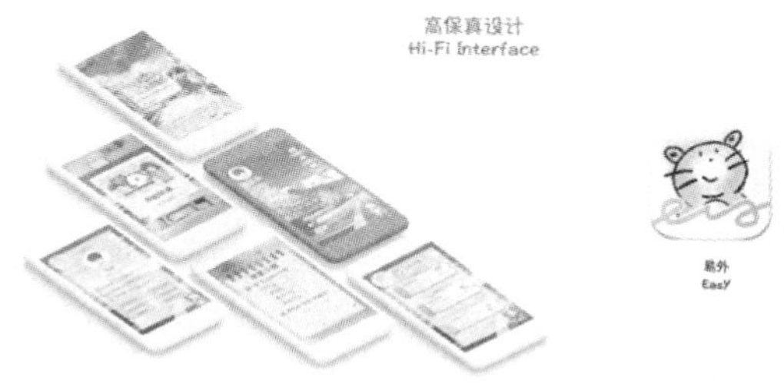

图21 日语情景下的高保真原型

5 总结

通过对大学生第二外语学习情况的调研，研究者了解到，当下大学生们学习第二外语的群体数量庞大，越来越多的人认为这是增强自身竞争力的有效途径。相比大多人的第一外语——英语而言，第二外语的相关学习材料较为匮乏，学生在学习的过程中多是自己摸索，较难有完整的学习体系。对于大学生群体而言，自学能力较强，知识水平较高，所以二外的学习相对容易，更多的是需要有人引领入门，以及入门之后的坚持努力。

不同于传统的课堂学习，二外学习者更倾向于个性化的学习。其最大的原因在于二外的学习多是自愿主观的，因此主观能动性发挥着很大的作用。除此之外，对于第二外语的喜爱，起初多是出于兴趣爱好，因此大部分学习者在学习方式上更偏爱娱乐化的学习，诸如看电视剧、动漫、纪录片等视频，听歌曲或是趣味教程等，而对于传统的平铺直叙知识点的课堂式教学较为反感。

根据调研结论，娱乐化的学习产品是符合用户心理期待的产品。本研究的设计旨在创造一种沉浸式的学习方式，用地图打卡的方式完成寓教于乐的学习任务，通过一系列的情景式任务，如餐厅情景、工作情景、求职情景、就医情景等让学习的过程摆脱枯燥的语法和单词，从而更多地关注实用性与互动性的输入输出。这一过程可以是用户与用户之间进行对话交流，也可以选择与系统设定的语言数据库交流，后期还可以引入人工智能与语音交互的概念。由于产品的学习概念以地图为向导，因此与沙盒游戏的概念类似，用户可以在同一地区内进行组队与加好友，创建学习小组，创造一种全新的学习体验。

参考文献

[1] 戴力农. 设计调研 [M]. 北京：电子工业出版社，2014.

[2] 钱冠连. 外语学习的基本路径假设——兼论外语教育未来 [J]. 当代外语研究，2016 (1)：9－13.

[3] 章彰，刘淼，丁伟. 面向产品服务体系设计的用户研究方法探究 [J]. 设计，2014 (a06)：155－156.

[4] 范圣玺. 从行为和认知的视角看以人为中心的设计 [J]. 机械设计，2013，30 (2)：97－99.

[5] 何文君. 网络环境下培养学生第二外语自主学习能力的可行性与策略研究 [J]. 新课程研究旬刊，2017 (8)：117－118.

[6] 学习能力的可行性与策略研究 [J]. 新课程研究旬刊，2017 (8)：117－118.

[7] 郭茜. 从用户满意度评估新时代交互英语学习系统有效性研究 [D]. 武汉：华中科技大学，2011.

[8] 苏留华. 母语迁移对第二语言学习的影响 [J]. 北京第二外国语学院学报，2000 (4)：44－52.

整合电动牙刷的智能化场景产品研究报告

王　捷　陈世栋

（扬州大学，江苏扬州，225100）

摘　要：目的：设计出一款能够基于智能家居系统使用、提升智能卫浴普及率的电动牙刷。方法：通过牙刷尾巴的启发，结合现有的声波电动牙刷和最新的 MPS2 量子镜面显示技术，使电动牙刷的功能更加丰富；将所需要的信息显示在界面上，方便用户使用；通过人机工程分析设计出合适的产品尺寸。结论：通过对常用消费人群的心理分析，并将其应用到电动牙刷的设计中；优化电动牙刷智能系统，使其能够广泛地为大众所接受。

关键词：电动牙刷；智能卫浴镜；功能设计；界面设计

口腔健康开始受到消费者越来越多的关注。尼尔森数据显示，到 2015 上半年，我国的口腔护理市场增速为 6.6%，其中电动牙刷增速高达 83.1%；同时，我国消费者口腔护理意识的提升、家庭可支配收入的提高，让电动牙刷的市场潜力越来越大；但作为在我国近年来才兴起的智能产品，电动牙刷在用户体验方面依旧存在亟待改善的方面，如消费者自身没有掌握正确的刷牙方式、电动牙刷 App 使用率低等。本文设计的电动牙刷能够带来更好的用户体验，促进智能家居市场的发展，并促使用户养成正确的刷牙习惯和完成 WHO “8020” 计划。

1　市场调查

目前，我国的牙刷市场包括手动和电动两部分，其中电动牙刷的市场占比为 8.46%。虽然它的市场普及率相较于发达国家偏低，但在 2017 上半年，电动牙刷已经进入高速渗透阶段。智能卫浴作为智能家居的品牌增长点，其发展日趋多样化、品牌化，消费人群也日趋年轻化。随着产品技术的日益发展，智能卫浴将进入增长爆发期。

1.1　电动牙刷市场分析

根据天猫电动牙刷的销售量以及我国电动牙刷的产量分析，我国的电动牙刷的增长率已达 87%，电动牙刷有望成为未来小家电中的重要种类。

在我国电动牙刷的市场中，飞利浦、欧乐 B 占 83.4%，素士作为国产新兴品牌，占 4.3%。在对电动牙刷价位的细分调查中发现，被调查者对于电动牙刷的预算基本不超过千元，55.95%的调查者更倾向于购买 500～1000 元价位的电动牙刷。尼尔森的调研分析报告显示，10%的消费者正在使用或者曾经使用过电动牙刷，70%的消费者对电动牙刷表示感兴趣，50%的消费者表示会考虑使用价格合理的电动牙刷。电动牙刷的两种分类对比如图 1 和表 1 所示。

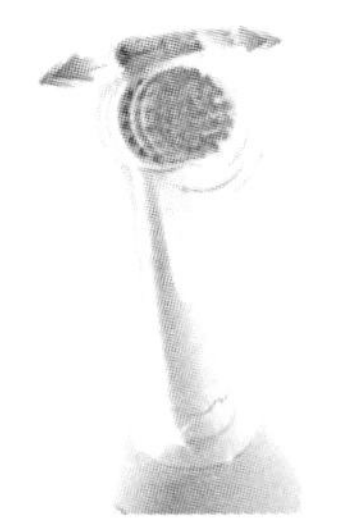

(a)旋转式　　(b)声波式

图 1　电动牙刷

表 1　电动牙刷对比分析

旋转式电动牙刷	声波式电动牙刷
旋转式电动牙刷又被称为机械牙刷，通过使用电动机来驱动圆形刷头旋转。此类牙刷清洁牙齿干净，噪音大，同时会对牙齿产生较大的磨损，并不适合长期使用	声波式电动牙刷指的是电动牙刷的振动频率和声波频率相同。通过刷头的高频振动让水和牙膏的混合物产生微小气泡，气泡爆裂时产生的压力可以清洁牙垢
根据研究显示，只有旋转振动型电动牙刷去除牙菌斑、减少牙龈炎的效果优于手动牙刷	市面上很多电动牙刷都以“声波式电动牙刷”命名，实际上牙刷并不产生声波，只能产生高频机械波
(1) 旋转式电动牙刷在清洁能力上优于声波式电动牙刷； (2) 声波式电动牙刷对牙齿的磨损更小	

1.2　智能卫浴家居市场分析

卫浴产品作为家居行业的发展重点，很多品牌愿意加入这一行业，这必然推动着整个智能卫浴市场的发展。智能卫浴因为采用先进的技术，厂商延续高端路线，导致智能卫浴产品价格居高不下，对智能卫浴的市场普及率有一定的影响。

当下市场上应用到智能卫浴上的技术主要有感应技术、触控技术、自动控制技术、人脸识别技术、恒温技术和记忆功能。通过对智能技术的叠加应用，设计出能够满足用户需求，同时给用户带来更好使用体验的智能卫浴产品。

从 2011 年起，智能家居开始有增长的趋势，智能产品进入渗透期。据调查显示，我国目前共有 1 亿数量智能家居潜在用户，预计 2020 年智能家居产业规模将突破 1 万亿元，硬件领域产业规模将占 6000 亿元，软件规模将占 4000 亿元。市场规模柱形图如图 2 所示。

未来三年，智能家居市场将保持快速增长，在 2018 年将达到 6000 亿元以上。

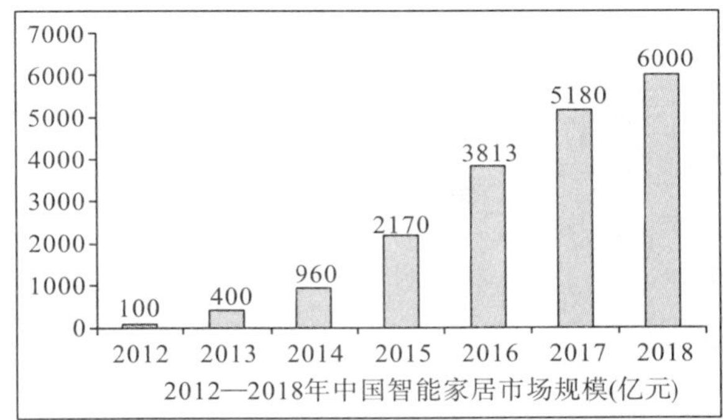

图 2　市场规模柱形图

2　用户研究

智能化家居产品虽然具有广阔的发展空间，但市场上大多数产品不注重用户体验。不管是自动化还是智能化，要想被社会所接受，取得经济效益，就必须以用户为中心。本研究通过制作关于电动牙刷的调查问卷以及分析已有的数据，对当前电动牙刷用户和潜在用户进行研究。

2.1　用户人群

在中商产业研究院的不完全统计中，电动牙刷 57.6%的消费者是女性；总体消费人群中 21～30 岁的中青年占比一半，21～40 岁的数量占总比的 78.7%；电动牙刷消费者收入水平主要集中在 3000～7000 元/月，其中 3001～5000 元/月消费者达到 34.5%，5001～7000 元/月消费者达到 25.8%。年龄分布情况如图 3 所示。

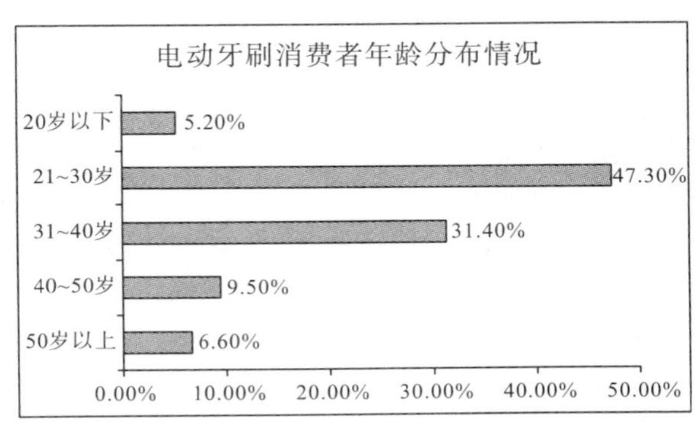

图 3　电动牙刷使用者年龄分布

由此可见，电动牙刷的用户主要集中在收入中等的中青年。该用户群体是社会的主要劳动力，接受和学习能力强，容易接受新兴的产品，同时也是智能家居消费的主力军。

2.2　用户行为

正在使用和曾经使用电动牙刷的消费者都提到：初次使用时，感觉振幅偏大，使用体验较差；在使用 5～6 次后，大部分使用者适应了电动牙刷的高频震动，并主观上认为电动牙刷具有较好的清洁能力，能够有效地祛除牙菌斑和牙结石。专业的牙科医生认为："电动牙刷清洁效果较好，但是对于牙齿不齐的使用者来说，手动牙刷更加人性化。"

电动牙刷的清洁能力即它的基本功能得到了大众的认可，同时适应期不长，对用户来说也可以接受。

电动牙刷的使用场景单一，一般在浴室的洗手台前。根据人们的惯性思维，大多数人的卫浴镜安装在洗手台上方，所以用户在使用电动牙刷的同时也在"被强迫"地使用卫浴镜。

2.3 存在问题

虽然电动牙刷是智能化产品，但是无论在硬件和软件方面，它依旧有很多问题亟待解决。同时牙刷作为日常生活的必需品，优化用户体验更是重中之重。

2.3.1 需要有适应期

适应电动牙刷需要短暂的时间，但电动牙刷的工作方式注定这种适应期必定存在。在设计时，所要做的就是降低适应期的不适感。

2.3.2 App使用率较低

使用率较低的原因，其一是电动牙刷App需要进行蓝牙连接，保持手机蓝牙打开会导致耗电量大，因而许多用户不愿意打开蓝牙；其二是很多App带有的实时功能，在右手拿着牙刷的情况下，左手很难更稳定地去操作手机，不符合人机工程学。

2.3.3 功能过于单一

App使用率较低，导致电动牙刷功能的匮乏。大部分附属功能如检测牙齿健康、刷牙质量评分等被闲置，导致功能过于单一。

2.3.4 功能不适宜儿童

在儿童使用电动牙刷时，由于身体机能、电动牙刷本身体积较大等问题，并不能良好地操作电动牙刷，这样就不能帮助儿童养成正确的刷牙习惯；有些儿童也会觉得用电动牙刷刷牙的过程过于枯燥，对刷牙没有兴趣。

2.4 人机分析

进行恰当的人机分析，运用其理论、数据进行分析，能够帮助设计出能够满足人类健康、舒适的产品。

2.4.1 右手人机分析

抓握牙刷和使用牙刷的动作非常简单。刷牙时手腕各个方向的偏转和手腕的肌肉相关，肌肉相叠交错，如果手腕扭曲、手腕偏屈，使肌肉束相互干扰，将影响肌肉发挥正常功能。在设计电动牙刷时，需要考虑电动牙刷的大小、形状、表面状况与人手的尺寸和解剖条件适应。

2.3.2 视觉人机分析

在视觉设计中，需要考虑的因素很多。首先要分析人体尺寸和生活空间，充分考虑环境带来的影响；其次我们要考虑界面上文字字体、大小和排布的设计，图形和符号的设计也同样重要；最后，界面的高度也要在合适的视觉范围内。

2.5 用户调查结果

在设计产品前，我们针对电动牙刷的目标用户人群进行了调研，通过调查问卷和访谈法，并对调查结果进行了总结。理想功能与材质期待率如图4和图5所示。

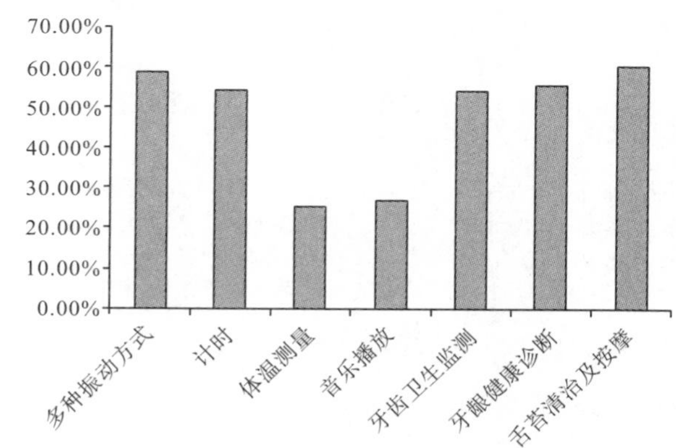

图4 理想功能调查柱状图

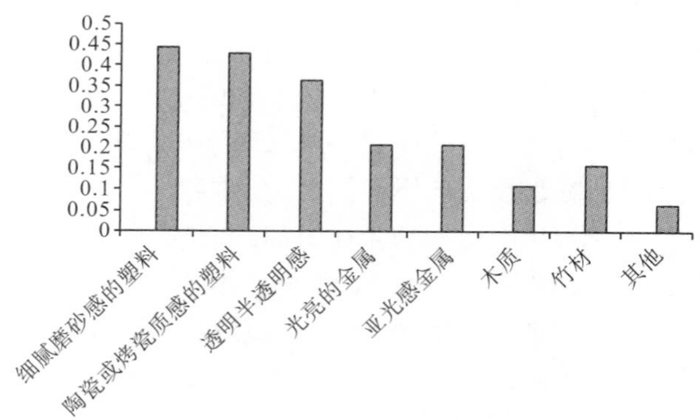

图5 理想材质调查柱状图

通过调查问卷，我们对用户的需求进行了分析。

（1）功能：在满足基本要求的前提下，使得功能更加丰富；但在操作方式上应简单易操作。

（2）外观：简洁统一，能够体现出科技感与现代感；造型的设计应当富有细节感和精致感。

（3）材质上：有更细腻的磨砂质感，在操作时能提升用户的舒适度。

（4）色彩：在色彩的选择上，需要满足不同年龄层次的用户需求。

3 产品设计

3.1 设计背景

电动牙刷在中国的普及率高速提升，随着智能手机行业以及人们在技术方面的发展，电动牙刷和智能 App 的结合率越来越高。在近年来新推出的电动牙刷中，几乎都运用蓝牙技术以实现与 App 的结合。但是电动牙刷的蓝牙连接时间过长，同时开启蓝牙会增加手机的耗电量，因而使用率并不高。笔者希望设计出一款能够提高电动牙刷健康检测系统的使用率以及简化使用者的使用步骤，增强电动牙刷的引导性，使得其所设计出的软件功能得到更好地利用和普及的产品。

与此同时，智能家居的发展也帮助了这一想法的实现，智能卫浴镜已经能成为智能家居的控制中心和显示屏幕，这一现状能帮助我们更好地进行设计构想。

3.2 产品定位

作为一项高智能产品，该电动牙刷可以与智能家居连接，现代的技术完全能够支持该产品的设计。为了该产品符合普通用户的要求，将产品的价格定位在 300～800 元中，使产品能够被大部分群体所接受。在产品的核心技术件选择中，采用高技术马达，成本控制在 200～500 元以内。

3.3 设计构想和技术支持

受到现有产品 32teeth 牙刷尾巴的启发，我在进行电动牙刷的设计构想时，赋予了电动牙刷更加丰富的功能。32teeth 具有智能震动提醒、刷牙行为科学分析、App 助力习惯养成等功能。32teeth 作为刷牙辅助工具，有些功能难以得到好的实现，而电动牙刷无疑是功能实现的最佳载体。

3.4 设计方案

结合现有的智能卫浴镜、声波电动牙刷以及 32teeth 牙刷尾巴的特殊功能，设计出一款能够将界面显示在智能卫浴镜上，且具有刷牙质量检测、刷牙路径引导和分析的智能化功能的电动牙刷。

3.4.1 功能设计

在进行功能设计时，通过参考市面上牙刷尾巴的功能和电动牙刷的现有功能进行更加合理和人性化的设计。通过对市场上电动牙刷所具有的功能进行调查统计，近年来出现的电动牙刷都具有智能化的功能和人性化的服务，其功能和服务的最终目的都是帮助使用者养成良好的刷牙习惯，使牙齿得到更好的清洁效果。本研究结合已有功能和创新设计，对智能化电动牙刷进行了更加全面的功能设计。功能框架如图 6 所示，功能说明如表 2 所示。

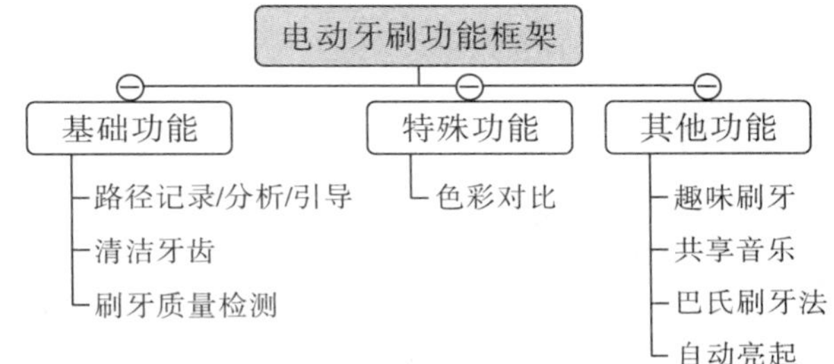

图 6 电动牙刷功能框架

表 2 功能说明表

功能	功能说明
清洁牙齿	牙刷的基本功能，通过声波震动来清洁牙齿
路径记录/分析/引导	实时监测每颗牙齿的每个面的清洁状况；捕捉刷牙轨迹，利用智能刷牙算法来为每个人提供个性化的刷牙指导
刷牙质量检测	刷牙结束后对本次刷牙从覆盖率、均匀率、刷牙时长进行评价
色彩对比	通过镜面来检测出使用者的牙齿表面色彩，并进行对比分析
趣味刷牙	为提高儿童刷牙兴趣的一款游戏设定
共享音乐	控制智能卫浴镜播放音乐
巴氏刷牙法	对使用者进行巴氏刷牙法的教学
自动亮起	镜面扫描使用者脸部，判断家庭成员；该家庭成员的电动牙刷自动亮起

智能化电动牙刷在功能设计上增加了“路径记录/分析/引导”，能够帮助使用者了解更加合理的刷牙方式，同时通过后台记录牙齿的损坏程度，帮助使用者规划更好的刷牙路径。该功能最大的创新性在于其即时性，能够引导式地帮助使用者养成正确的刷牙方式，同时给出刷牙指导意见和提醒，无须使用者拿起手机，减少了使用者的操作负担，优化了用户体验。

其上所有功能的最大特点是依托智能卫浴镜的显示屏幕。智能卫浴镜显示屏幕与人的水平视线处于同一位置，相较于 App 显示的电动牙刷更符合人机工程学。

3.4.2 尺寸设计（图 7）

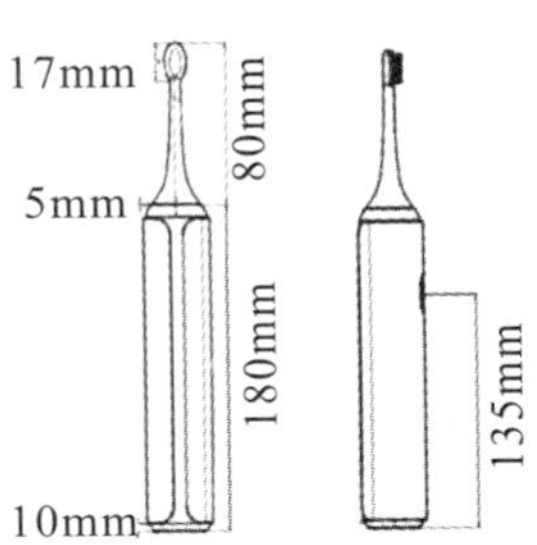

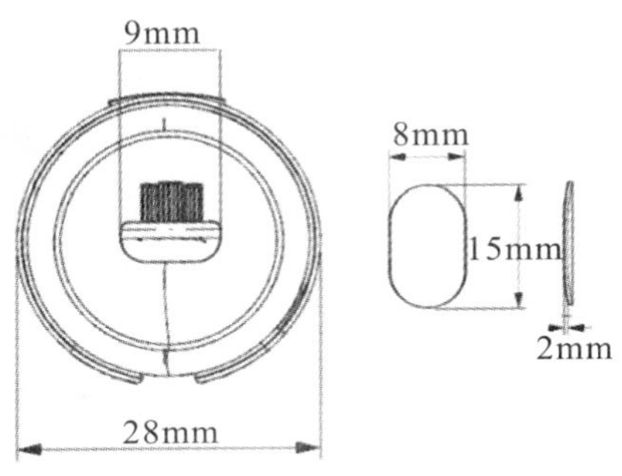

图 7　电动牙刷尺寸设计

3.4.3　外观设计

该款电动牙刷在功能定义上更加智能化，因为其要与智能家居相结合，在外观设计上要尽可能简洁精致；同时由于最新的科技和新兴的智能家居相结合，在外观设计上也要体现一定的科技感。这样的设计才能够符合青年消费者的审美。

3.4.3.1　圆柱形刷柄

刷柄设计为简单大方的圆柱体。由于电动牙刷在使用时，容易让手和抓握的表面产生滑动，电动牙刷会有一定概率从手中脱落。为了减少这一现象的出现，市面上大多刷柄都带有凸起设计，但这种设计在很大程度上减少了美观性。圆柱体的刷柄更容易出现这样的情况，所以在设计刷柄时，在外面添加了一层材料用来减少震动，防止滑落。外侧这一层防滑减震材料在不改变其美观性的同时，为用户带来更好的使用体验。

3.4.3.2　发光接口

电动牙刷分为刷头和刷柄两个部分，在刷头与刷柄的连接处进行了设计，为的是更好地与刷柄区分开，方便用户能够更快找准连接处进行刷头更换；同时也避免在外观设计时显得过于死板，为整体添加一点活力，如图 8 所示。

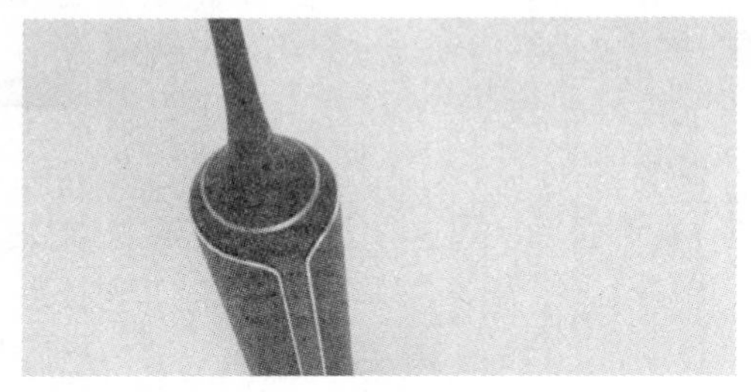

图 8　电动牙刷发光接口

3.4.3.3　按钮设计

按钮作为整个电动牙刷上唯一的凸起，具有一定的厚度，采用蓝色金属材质，增加整个牙刷的科技感，同时也为整体统一黑色牙刷柄增加一点活力。

3.4.3.4　刷毛设计

刷毛的设计采用了参差不齐的植毛方法，使得电动牙刷的清洁能力更强。

3.4.3.5　底部设计

底部的设计是一个倒圆台设计，在不影响电动牙刷的稳定性的前提下，使得整个电动牙刷在造型上有一点变化，不会显得过于呆板，同时和接口处运用同样的发光技术，使得该电动牙刷更具有活力，如图 9 所示。

图 9　电动牙刷底部设计

3.4.4　色彩与材质的选择

色彩在很大程度上决定了产品给用户带来的第一感受，同时也要贴合自己的设计风格和设计理念。电动牙刷作为经常使用的产品，材质的选择显得尤为重要，我们要选择更加舒适的材质来使用户获得更好的体验。此外，色彩和材质也要相互匹配。

3.4.4.1　色彩选择

该款电动牙刷的定位是智能化、科技化，所以在颜色使用时尽可能统一、简洁。黑色相较于白色来说更具有科技感，所以选择黑色作为主要色彩；在进行发光处的色彩设计时，考虑到黑色相对于其他颜色来说更容易配色，同时也有技术支持，将发光处的色彩设置为可变的，用户可以通过后台设计来改变颜色，该色彩也可以用于区分家庭成员间各自的牙刷；增加了金属色的边缘设计，使得牙刷的整体感觉更加活泼。

3.4.4.2　材质选择

为了给消费者带来更好的使用体验，在与消费者手直接接触的防滑层采用了磨砂质感的塑料材质，增大用户手与牙刷之间的摩擦力，而内部采用了光滑的塑料材质，金属边在光滑塑料材质上的反射增添牙刷的美感；与消费者口腔直接接触的刷头选择了无毒塑料磨砂材质；刷毛材质采用柔软杜邦软毛，顶部磨圆设计，减少对牙龈的损伤。

3.4.5　效果图（图 10）

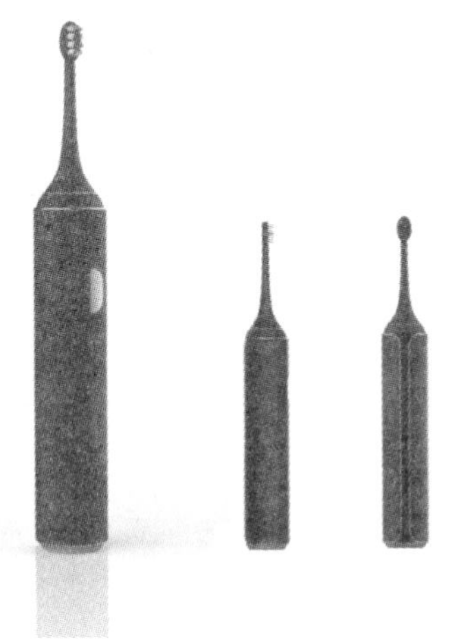

图 10　电动牙刷效果图

3.5　小结

在设计电动牙刷时，在功能设计上更加多样化能够让用户获得更好的使用体验；在选用材质、色彩以及选定设计风格时，充分采用调查问卷的结果，选用具有科技感的设计和磨砂材质质感。电动牙刷作为近年来才兴起的产品，只有在充分完善功能设计的基础上并且考虑外观设计，才能更好地吸引消费者购买。

4　界面设计

4.1　设计背景

随着智能化家居的不断普及和发展，智能镜不仅仅局限于数据显示等，同时也可以成为智能家居控制中心。智能卫浴镜作为安装在洗手间必不可少的产品之一，将其与控制电动牙刷系统和界面结合起来，是最合适的选择。

与此同时，App 类电动牙刷使用起来极其不方便：用户要保持手机蓝牙状态打开，降低了手机的续航时间；右手抓握牙刷，左手拿着手机，使用手机的操作受到影响。因此，智能卫浴镜作为 App 显示工具，比手机更为合理。

4.2　技术支持

智能卫浴镜的最新技术是运用 MPS2 量子镜面显示技术使得显示和控制界面在镜面上显示出来。这种技术是镜面中安装肉眼看不到的极其微小的无机纳米晶体——量子点。量子点的大小只有头发的万分之一，通过改变量子点的尺寸，可以精准地调整出所需要的颜色，使得显示镜面具有精准的色彩控制、丰富的色彩、覆盖广的色域、稳定的显示效果等优点。

4.3　设计方案

4.3.1　界面配色

镜面在显示时背景效果取决于镜子所映出的色彩，为了能够使显示效果更为瞩目，界面字体色彩与电动牙刷发光处色彩统一，在系统中可以更改其色彩，界面上字体的颜色也可以随之更改。

4.3.2　界面内容

界面内容更加智能化、人性化。通过交谈的方式与用户进行交流，增加用户与控制系统的交流，使得系统更加人性化。

（1）通过人脸扫描自动打开系统，判定用户身份信息，并进行蓝牙连接；电动牙刷的灯光闪烁，帮助用户识别自己的牙刷。

（2）自动进入模式选择阶段，用户用手点击屏幕，完成模式选择；如果选择旧模式，可以按下电动牙刷上唯一的按钮进行确定选择。

（3）在各种模式过程中，界面上会显示震动频率调节条。在刷牙的同时，用户可以拖动滑块来调节震动频率。

（4）音乐模式在刷牙进行到 1 分钟时会自动跳出，该音乐系统不随着刷牙的结束而结束，音乐会等到用户离开或用户手动关闭后结束播放。

（5）在引导模式下，系统会记录用户的刷牙路径，并将其简洁化地呈现在屏幕上，同时给用户一些引导性的建议。

（6）刷牙结束后会给出刷牙评分和刷牙意见。

（7）用户的刷牙记录会随着刷头的更换而清空重置。

（8）设置界面在未刷牙时间打开，用户直接触摸屏幕进行更改设置（设置按钮在屏幕外显示）。

界面设计如图 11 和图 12 所示。

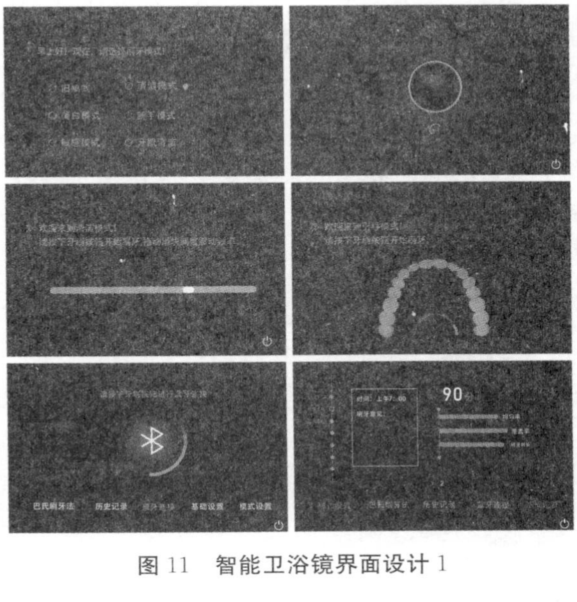

图 11　智能卫浴镜界面设计 1

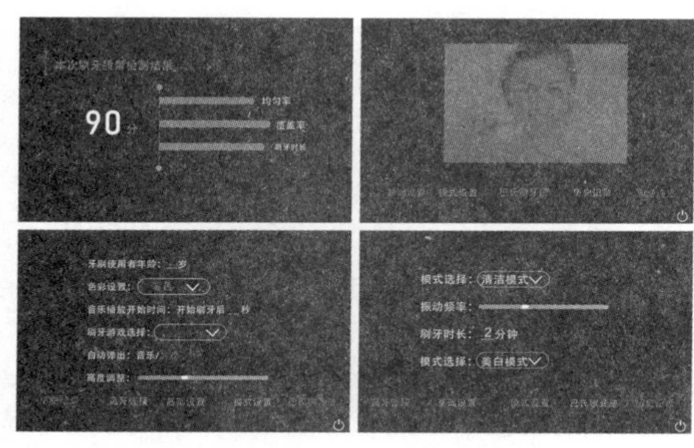

图 12　智能卫浴镜界面设计 2

4.3.3　效果图（图 13）

图 13　智能卫浴镜效果图

4.4　小结

界面在设计的过程中由于是将镜面作为载体，在进行设计中要着重考虑色彩，一般来说，选择高纯度的色彩最为合适。智能卫浴镜作为家庭公用卫浴产品，界面的高度设计需要满足不同年龄层次以及成长期儿童的需求。现在的技术能够支持镜面显示，将使用电动牙刷的 App 界面放置到镜面上，将其作为一个强制使用的功能，不仅能提高 App 使用率，也能提升用户关注口腔卫生的意识。

5　总结

我国的科学技术不断进步，消费者口腔护理意识不断提高，电动牙刷在未来必然会得到广泛的普及和发展。本文在对我国电动牙刷和智能卫浴市场进行充分研究后，设计了一款多功能智能化的电动牙刷，帮助用户养成正确的刷牙习惯，同时促进我国智能卫浴产品的发展，让我国牙齿健康率得到显著的提升。

参考文献：

[1] 艾瑞咨询：2017 年中国智能卫浴线上市场洞察报告［R］. 2017.

[2] 电动牙刷变身新宠［N］. 北京商报，2016－09－20（T17）.

[3] 陈敏珊，祝智胜，陈广发. 基于电动牙刷市场需求变化的产品开发［J］. 日用化学品科学，2016，39（3）：4－7.

[4] 电动牙刷，刷出一口好牙［J］. 日用电器，2017（1）：11－12.

[5] 北京中元智盛市场研究有限公司. 2015－2020 年中国智能家居设备行业发展前景预测与投资机会分析报告.［R］. 2016.

[6] 张桃燕. 当前智能卫浴产业发展困境与前景分析［J］. 南方农机，2017，48（14）：196.

基于人性化设计理念的双模式学步车设计研究*

王炯炯[1]　张春红[2]　阮丹丹[2]

（1. 广东工业大学艺术与设计学院，广东广州，510006；2. 电子科技大学中山学院，广东中山，528402）

摘　要：二胎政策的开放和生活品质的提高使婴童产品市场份额节节攀升，儿童学步车已经成为越来越多父母购买用于训练儿童学习步行的工具。但市面上现有儿童学步车产品依旧存在诸多设计问题，由于其功能的简单和造型的单调已经造成消费者的视觉疲劳。为了改变这种现状，本文基于人性化设计理念，运用人机工学分析和采用环保材料来设计儿童学步车，最终找到一个具有学步车模式和手推车模式的双模式学步车设计方案，其同时也是兼顾美学和实用的方案。

关键词：工业设计；学步车；人机工程学；儿童手推车；人性化设计

* 基金项目：2017 年四川省教育厅人文社科重点研究基地“工业设计产业研究中心”一般项目（项目编号：GYSJ17－009）；教育部高等教育司产学合作协同育人项目（项目编号：201702145019）；2017 年度广东省创新创业教育课程和应用型人才培养课程立项建设项目（项目编号：S－CXCYKC201701）；广东省高等教育教学改革项目（项目编号：S－JXT201504）；全国教育信息技术研究 2017 年度青年课题（项目编号：176140061）

作者简介：王炯炯（1994—），男，广东汕头人，硕士研究生，主要研究方向：工业设计、人机工程学。

1 引言

在中国开放二胎政策和2020年全面建成小康社会的大背景下，社会经济逐渐迈向新的高峰，消费者在选购商品的时候更倾向于购买更多元、多功能、高质量和更具有设计感的商品。儿童学步车这种培训儿童肢体动作协调性的工具性商品受到当下消费者的关注。但目前市场上儿童学步车大多功能单一、造型单调，人机工学和结构设计方面仍需做出较大改进以适应消费者越来越高标准的要求。本文从人性化设计的理念出发，对儿童学步车的材料、功能和结构进行设计研究，用人性化设计来增进产品的亲和力，最终满足消费者对于产品使用的情感需要。

对儿童学步车进行设计研究之前，对现有市面上热门学步车产品进行分析，市面上的儿童学步车大多数适用于年龄为7～18个月的儿童，主体材质为塑料和金属骨架，布套材质为涤纶和皮革。

2 基于人性化设计理念的设计定位

2.1 功能分析

分析儿童学步车的购买过程，可知消费决策者是家长，使用主体是儿童和家长。消费决策者会考虑选择的产品对于使用主体是否实用，是否舒适、安全、美观，是否功能多样，消费者决策包括被动决策、经济决策、情绪决策和认知决策。其中，情绪决策是情感设计和人性化设计的重要核心心理依据。本文所探讨的儿童学步车是从人性化设计理念出发进行设计研究的儿童学步车，受情绪决策影响，考虑以功能多样为主。通过添加辅助功能来增添亮点，吸引消费决策者的注意。根据阿里巴巴大数据平台阿里指数，如图1所示，在母婴用品专区有婴幼儿寝具、童车/座椅、哺育喂养类、孕妇装、婴幼儿洗护、尿裤湿巾等。其中，童车/座椅以2779采购指数居于第二位，表示市场热度高涨。

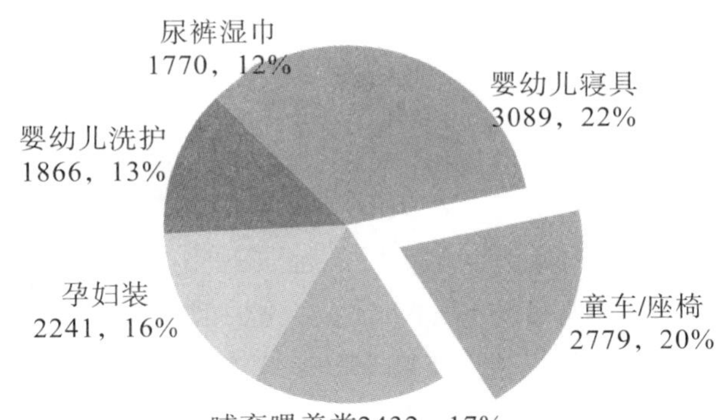

图1 母婴产品市场的采购指数

通过把儿童学步车和儿童手推车结合起来，提高消费决策者的情绪决策。

2.2 尺寸分析

基于人性化理论设计的儿童学步车，需要从人机工程学角度考虑儿童学步车的尺寸，使儿童在使用过程中有一个最舒适的体验过程，达到符合人性化设计的目的。影响儿童使用儿童学步车的舒适性关键尺寸涉及上面板的宽度和上面板到地面的距离，影响父母使用手推车模式的舒适性的关键尺寸涉及手推车把的高度。本文根据《诸福棠实用儿科学》的中国儿童体格发育数据，对这些尺寸进行研究，如表1和图2所示。

表1 中国儿童身长发育数据表

月份	第十百分位（cm）	第九十百分位（cm）
6	65.4	71.5
9	69.4	75.9
12	73.1	80.1
15	76.1	83.6
18	78.7	86.7
21	81.4	90.0
24	84.1	93.1

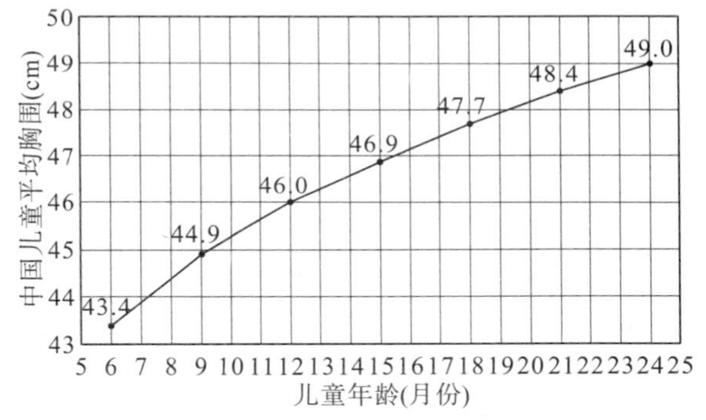

图2 中国儿童平均胸围

根据表1的数据可知，我国第十百分位6个月大的儿童身长到第九十百分位24个月大的儿童身长的距离范围是65.4～93.1cm之间。根据分析可得，上面板到地面的距离为儿童身长的4/7，如图3所示。综合考虑到一些特殊身长儿童的需求以及正常腿部弯曲活动修正量、衣物修正量，最终把儿童学步车上面板到地面的距离定为可调节三档高度，分别是370mm、400mm和430mm。

根据图2的数据可知，我国6个月到2岁的儿童平均胸围在43.3～49.0cm之间。根据陈嘉毅对于儿童婴儿婴儿服研究的文献里面对于儿童成长体格的研究，背肩宽约等于儿童胸围的一半减去

4cm，而背肩宽的宽度是上面宽度的极限最小宽度。根据这个关系可知，上面板宽度至少要大于(490/2) − 40 = 205mm，左右两边需要各留有20cm的活动空间，还要考虑儿童的着装修正量和姿态修正量；同时，儿童衣物以冬天衣物为标准，由于冬天衣物置于儿童身上且不止一件，考虑左右两边各留5cm的着装修正量，以及大个子儿童的体型需求，最终把上面板的宽度定为280mm。

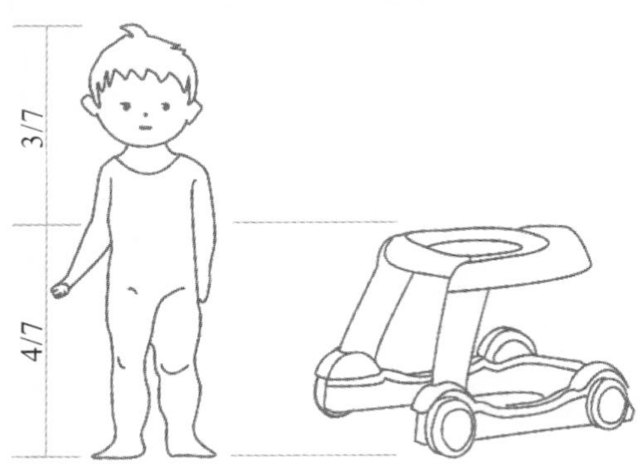

图3　儿童身长与学步车示意图

在国标GB 10000—1988给出的人体标准尺寸中，我国第五百分位成年女性肘高到第九十五百分位成年男性肘高的距离范围是899～1096mm，综合考虑修正量，在儿童学步车变为拖车模式后，手握把高度定为三档可调节高度，分别为920mm、1020mm和1110mm。最终尺寸数据汇总如表2所示。

表2　儿童学步车人机尺寸数据汇总表

名称	尺寸/mm
上面板到地面距离	370、400、430
上面板的宽度	280
手推车模式下手握把高度	920、1020、1110

2.3　材料与风格分析

儿童学步车的材料和整体风格等方面也要注入“人性化”的设计因素，本文研究如何从材料中体现“人性化”的设计因素。经过多种材料的搜寻和研究分析，找到环保复合材料SKYTRA共聚酯塑料，其添加了从玉米中提取的生物原料，强化了材料特性，环保特性与基于“人性化设计”里面的儿童学步车相吻合。

婴幼儿时期对于外界的感知是通过色彩和直观刺激来感受的，往往对于纯度高和明度高的色彩表现出更多的喜爱。上面板选用草绿色，一方面因儿童视距较短，可在儿童视线范围内对儿童眼睛有保护作用；另一方面，纯度高的颜色会给儿童更多的愉悦感。上面板的装饰玩具盘采用明黄色，下底圈搭配白色。整体颜色协调，符合“人性化设计”。

3　方案设计

3.1　整体造型设计

本文研究了儿童学步车的功能、人机尺寸、风格材料，最终对儿童学步车的整体造型进行设计研究，如图4所示。

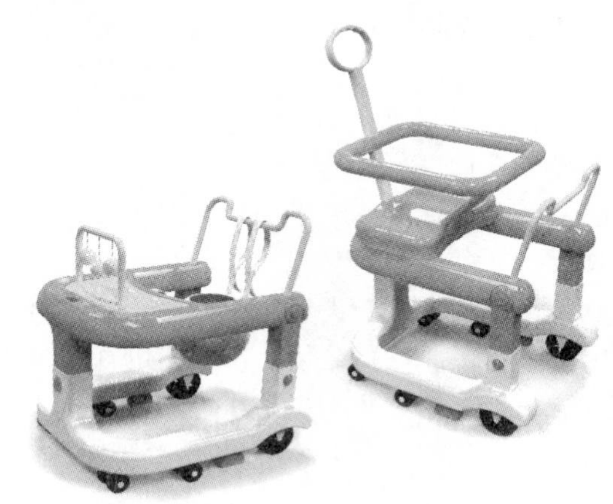

图4　双模式儿童学步车整体造型设计示意图

上面板采用草绿色设计，玩具盘拆卸下来上面板就形成了餐盘位。底部6个轮子增加稳固性。

3.2　学步车模式

在设计儿童学步车的过程中，基于“人性化设计”的设计理念，尽可能地使操作更加简便。本文研究的儿童学步车在使用学步车模式时具有4个步骤，如图5所示，使用效果图如图6所示。

(a) 穿戴好学步带

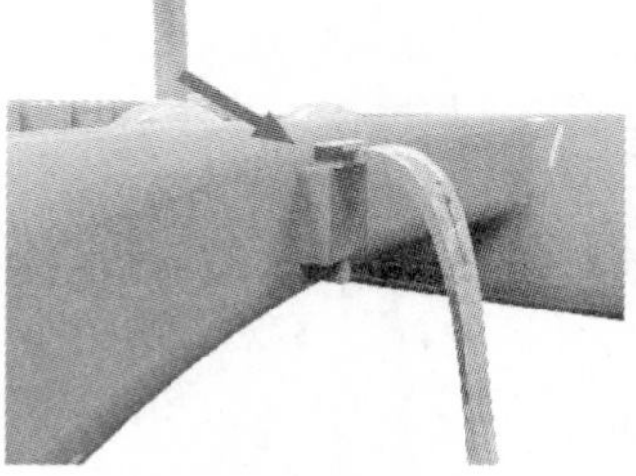

(b) 学步带卡扣固定在面板上

(c) 学步带固定在扶手处

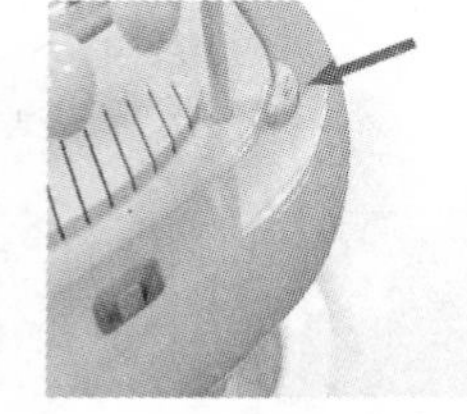

(d) 固定玩具盘

图5　学步车模式使用步骤流程图

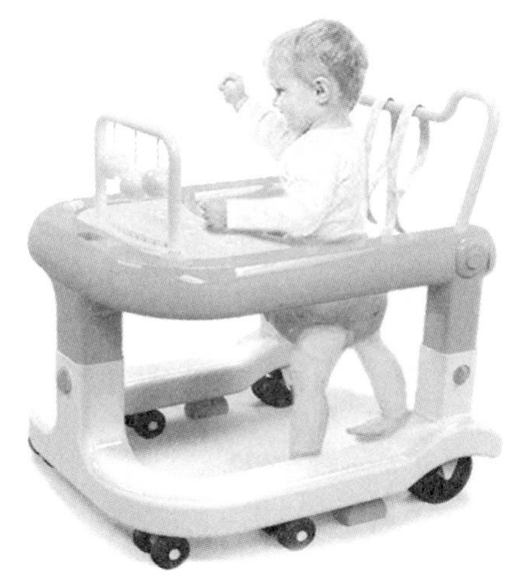

图 6　双模式儿童学步车整体造型设计示意图

3.4　变换手推车模式

当用户需要携带儿童出行的时候，可将儿童学步车变为手推车，具体变换步骤如下：

（1）将座椅安装在面板上；

（2）卡扣扣紧；

（3）安装和固定把手；

（4）变换手推车完成。

变换流程示意图如图 7 所示。

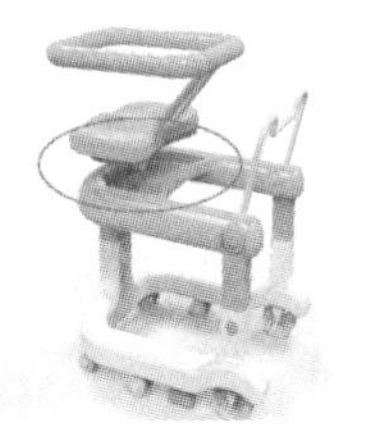

（a）变换步骤一　　（b）变换步骤二

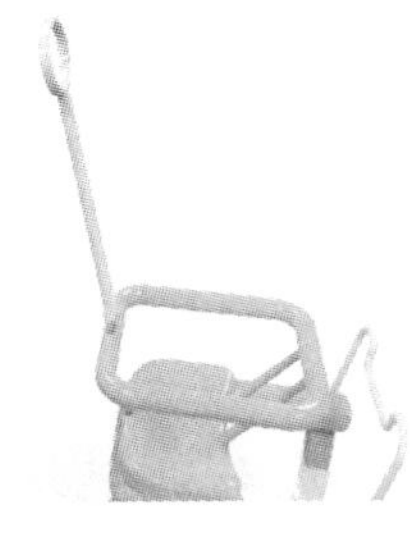

（a）变换步骤三　　（b）变换步骤四

图 7　学步车模式变换为手推车模式示意图

4　产品样机

经过一系列的思考和研究，运用科学的工业设计方法和人机工程学，通过计算机辅助建模设计出儿童学步车的模型。本文通过 3D 打印机的方法制造儿童学步车实物产品，通过实物造型验证产品实际造型的合理性。产品样机如图 8 所示。

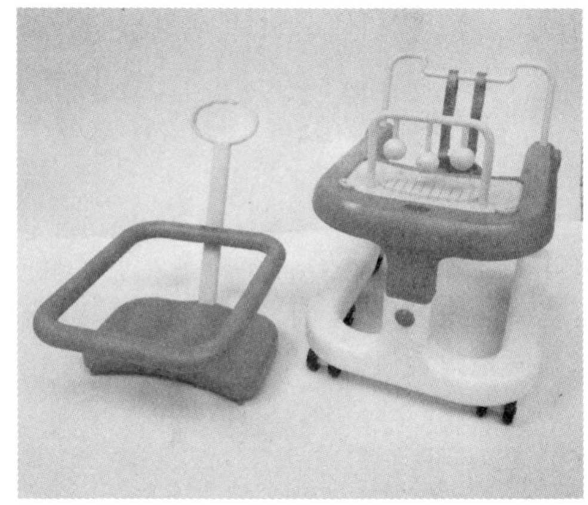

图 8　双模式儿童学步车产品样机

5　结论

人性化设计是在设计中对人的人文关怀和对人性的尊重，人性化设计最终升华到情感化设计当中。本文基于“人性化设计”理念设计双模式儿童学步车，运用合理的人机工程学尺寸分析和环保新材料来呼应人性化设计，对现有儿童学步车做出较大改进，提升了学步车的品质，满足了消费者对于儿童学步车的情感需求，为后续基于“人性化设计”理念设计的产品提供参考。

参考文献

[1] Yang Mei，Bo Qifang. Study on the method of humanized design [J]. Applied Mechanics and Materials，2011，44 (47)：2016—2020.

[2] Tong Yuqin. Extraction of humanized design in industrial design application [J]. Applied Mechanics and Materials，2014 (681)：275—278.

[3] 罗碧娟. 儿童产品的人性化设计 [J]. 包装工程，2006 (1)：213—214，217.

[4] 翟振武，张现苓，靳永爱. 立即全面放开二胎政策的人口学后果分析 [J]. 人口研究，2014，38 (2)：3—17.

[5] 辜转. 论全面小康后中国社会主义经济发展的目标 [J]. 纳税，2017 (26)：133.

[6] 赵炳新，周彦莉. 消费者决策网络：概念与相关问题研究 [J]. 山东大学学报（哲学社会科学版），2012 (3)：24—30.

[7] 胡美亚，诸福棠. 实用儿科学 [M]. 8 版. 北京：人民卫生出版社. 2015

[8] 陈嘉毅. 婴儿服装结构设计的探讨 [D]. 上海：东华大学，2008.

[9] 阮宝湘. 工业设计人机工程 [M]. 3 版. 北京：机械工业出版社，2016.

[10] 罗碧娟. 探析儿童产品的色彩设计 [J]. 包装工程，2008 (1)：177—178，186.

乡村景观设施的地域化设计策略*

王 裴

（西华大学美术与设计学院，四川成都，610039）

摘　要：针对目前美丽乡村建设实践中，由于大量照搬硬套城镇模式或肆意复制个别优秀案例，所出现的景观同质化问题，提出乡村景观及其设施设计应具有乡土特色和地域化属性。通过对自然要素、人文要素和乡土意境3种类型的地域符号加以整理、归纳和提炼，形成对乡土元素的保护、重构与再现，探索乡土元素在乡村景观设施设计中的运用，以此提升乡村景观建设的文化内涵与品牌价值，呼唤乡土情结的回归，为塑造具有地域特色的景观设施提出可供参考和具有应用价值的设计策略。

关键词：产品设计；景观设施；应用研究；地域化；乡土元素

当下美丽乡村建设正在全国展开，从地方政府到民间力量都在积极推进。作为一项惠民利民的政策，美丽乡村建设既是美丽中国建设的基础和前提，也是推动生态文明建设和提升社会主义新农村建设的新工程、新载体。从设计美学角度来看，美丽乡村之所以美丽，是因为包含景观美、人文美和意境美。其中，景观美是最显而易见的达成要素。景观设施是景观设计中的重要元素，也是公共空间中具有重要实用功能的基础设施之一，它与城乡居民的日常生活息息相关，且承载了一定的精神文化内涵。在美丽乡村建设中，乡村景观设施的优劣能直接影响乡村景观审美导向和评价效果，反映乡村精神文明风貌，蔚为重要。而从目前大量的建成案例来看，由于设计者对乡土文脉、乡村景观缺乏深刻的认知，营造方法不当，存在设计方案千篇一律或照搬城市景观设施而出现产品同质化的问题，造成乡土特质日益消退，城乡景观趋于雷同，地域特色尽失。

1　美丽乡村建设中的乡土景观保护和公共设施设计

中国共产党第十六届五中全会在提到建设社会主义新农村的重大历史任务时，提出了构建美丽乡村的目标。为深入贯彻中央一号文件和习近平总书记系列重要讲话精神，推进生态文明和美丽中国建设，农业部从2014年开始，历年开展中国最美休闲乡村和中国美丽田园推介活动已逾5届。2017年党的十九大报告进一步强调并提出乡村振兴战略的实施。美丽乡村的观念和目标已深入人心，也由此掀起了乡村建设和景观改造的浪潮。

在农业部倡导的最美中国休闲乡村活动中，将“优美的生态环境”和“独特的村容景致”作为重要评价标准。要求乡土民俗文化内涵丰富，村落民居原生状态保持完整，基础设施功能齐全，乡村各要素统一协调，传统文化与现代文明交相辉映，浑然一体，村容景致令人流连忘返。农村基础公共设施的改造和建构正是改善人民生活环境塑造乡村美景的重要内容。公共设施的美观、适用与否，在一定程度上也成为美丽乡村建设效果评估的一项重要标准。

1.1　乡村景观设施建设的内容与目标

现代设计理论强调功能与形式的完美结合。我国自改革开放以来，经济迅猛发展，但占有全国土地面积绝大比重的乡村地区多数仍处于发展的初级阶段。因此，从经济适用的设计价值导向出发，乡村景观设施建设首先应满足提升公共空间使用质量和使用效率，适应现代乡村生活的功能性需求。在现代城乡居民生活中，公共设施带来的便利有目共睹。乡村景观设施从建设内容上来看，其主要功能和类别与城镇几乎没有太大差异。按照用途来分，主要的景观设施包含七大类：休息类设施、服务类设施、信息类设施、卫生类设施、运动类设施、游乐类设施和交通类设施。乡村景观设施从总体布局规划、类别配置到个体的工业产品设计，是由宏观到微观、整体到局部的一个系统性设计。基于美丽乡村建设的景观设施设计需立足以上3个层面为基本框架，以改善乡村人居环境、树立乡村风貌和展现乡村文化特色为目标。

* 基金项目：四川景观与游憩中心资助项目（项目编号：JGYQ201422）；2015年地方高校国家级大学生创新创业训练计划资助项目（项目编号：201510623050）。

作者简介：王裴（1981—），女，重庆人，讲师，设计学硕士，研究方向：环境设计教育、历史建筑保护等，出版专著1部，主编教材2部，发表论文及作品数篇。

1.2 正视乡土景观保护与景观设施建设之间的新旧对立统一关系

乡土景观植根于久远的农耕文明发展至今，带有深刻的传统烙印，有其自身的内在逻辑和外在形式。现在随着社会各界的重视，为了发展农村经济、解决“三农”问题、促使乡村产业升级迈入从小康到美丽的新农村，需要在传统的乡土景观中去做一些新的建设和改造，这是社会发展的必然趋势。乡村景观建设需要处理好乡土传统与新建设施之间的关系，避免以外来的做法过多扰动日益稀缺的自然和文化资源，更不能任意套用某种模式进行格式化的建设，令宝贵的地域特色因建设而丧失，出现“千村一面”的“连锁店模式”。在传统乡村生活中，并没有形成如现代城市中一样系统而多样的景观设施体系，但并不意味着乡村建设就不需要景观设施；相反，良好的景观设施配置能大大提升人居环境质量，加快乡村振兴的步伐。面对这一新一旧，是乡村景观及设施设计中所需要考虑和调和的因素，既要保护传承乡土特征，又要使新建的景观设施融入环境并发挥功能，服务于美丽乡村建设的目标。要辩证地看待这新旧二者的对立统一关系，并运用地域化设计策略来探索传承与发展并进的途径。

2 乡村景观中的乡土元素

乡土景观元素源自特定的地域范围，具有鲜明的地域性特征。人民群众在长期生产、生活过程中，累积和传承下来的一些约定俗成的物质和精神内容造就了某一地域范围内具有相似特征的各种自然、社会及文化元素和符号。时下乡村建设千村一面，城镇模式肆意复刻。出现这些问题，究其原因，还是对乡土特质的理解不够全面，也没有意识到乡村之美的源头还应扎根于本乡本土。只有从漫长历史中沉淀下来的生活智慧和文脉传承中去寻找设计元素和设计灵感，才能真正构建出有利于生态文明建设，符合可持续发展，既区别于城市又富有地方特色的乡村之美。如何通过合理的设计表达手法，将乡土元素加以物化提取，形成具有代表性的视觉符号应用于乡村景观及其设施设计，是探索乡村景观之美的重要途径。对乡土元素加以归纳、整理和提取，有利于保护乡土景观和乡村建设的多样性。

2.1 乡土自然元素

乡土自然元素包括乡土植物、乡土材料和乡土地景。与环境之间紧密的、从未终止的关系是乡土景观的典型特征，这种关系被限定于特定的环境之中。地域性特征的不同首先源于自然生态条件的不同。乡土植物反映了当地物种和物种群体赖以生存的自然环境；乡土材料取自当地独特的自然物产资源；由不同的自然环境和地理条件所带来的地景地貌空间形态及自然色彩，都是呈现独特风貌的自然乡土元素。

2.2 乡土人文元素

乡土人文元素分为物质要素和非物质要素。其中，物质要素包括乡土建筑、生产工具、生活器皿等；非物质要素包括民俗活动、风水观念、崇拜信仰、民间传说等。人文元素中包含着乡民的文化传统和生活经验，具有物质和精神的双重内涵。人文元素所包含的内容最为丰富多样。

2.3 乡土意境

乡土意境表现为地方情结和场所精神。2013年12月中央城镇化工作会议文件中提出城乡环境建设要让居民“望得见山、看得见水、记得住乡愁”。独特的乡村风貌和经年累月的生活场景伴随着人们的记忆，使得环境场所给人带来精神上的认同感和归属感。诺伯舒兹（Christian Norberg－Schulz）曾在1979年提出了“场所精神”（Genius Loci）的概念，指出建筑是赋予人一个“存在的立足点”的方式；人需要象征性的东西，需要表达和体验生活情境的意义；建筑空间要配合基本的精神功能：“方向感”和“认同感”。场所精神同样适用于对乡村景观的认知，乡土意境便是乡村中的场所精神，使乡村成为能够守望乡愁的重要场所。

2.4 乡土元素的提取与重构

农耕文明、乡土文化长期积淀形成了富有符号性特征的要素。乡土元素的形成是自然选择的结果，具有时间跨度大、种类庞杂、形式多样等特点。将乡土元素划分为乡土自然要素、乡土人文要素和乡土意境3种类型，有助于进行收集、归纳和整理。这些乡土元素有的以实物形式呈现，可通过图片、视频等加以记录，如乡土自然元素和乡土人文元素中的物质要素；有的则是较为抽象的内容，需要整理为文字或声音材料等加以保留。某一地域环境内乡土景观元素的收集整理需要做大量的田野考察工作。再将收集和分类整理后的材料，通过象征、变形、符号化等设计手段，将这些元素加以提炼或重构，形成可视化内容，运用到景观公共设施这一功能载体的产品设计当中，形成对乡土元素的保护性利用。

3 景观设施设计的地域化表达应用

研究乡土景观元素是为了在保护传承的基础上

对乡土元素进行合理创作和重构，最终运用到设计实践当中。利用乡土元素进行景观设施设计创作并不是博物馆式原封不动的展示，也非解构主义般的拼贴，而是需要立足本土，切合时代发展的需要，与乡村景观建设有机结合，生长出具有文脉源头的"新乡土"符号。能够以乡土的方式，解决景观设施建设中出现的生态问题和文化归属问题，回归本土特色，构建和谐自然的地域性景观，归还人与自然的本真。

3.1 外观设计的地域性特征

乡村景观设施设计在满足基本功能需求的前提下，其外形宜富有地域特色。外观设计可以从乡土自然元素和乡土人文元素中从物化形态的实物中去寻找灵感。例如，选择具有特色的乡村农耕器具或生活用具等经过改造取其形态来设计成公共设施就是一种常用的地域化设计手法。但需要注意的是，这种地域符号的提取和使用也忌千篇一律，如现在出现的村村有石磨、镇镇建水车等设计雷同现象。

3.2 本土化选材

乡村景观设施设计的选材不必一味地向城市设施看齐或求异求新。本地原生材料经过自然淘汰和与环境的共生进化，其形态、属性等均已适应了当地自然条件，且带有鲜明的地域特征和文化特点。本土化选材第一是有利于生态可持续性发展，不会过多打破现有环境生态平衡，就地取材也是秉承绿色设计理念；第二是可以在一定程度上降低远距离运输和制作所带来的经济成本；第三是运用本土材料更能使新建景观设施融入乡土环境，达到和谐一致的美。

3.3 注重体现地域文化内涵

从乡土意境、乡土人文要素中寻找地域文化内涵，是景观设施设计能够呈现地域化特征的又一有效途径。文化内涵体现于乡村景观设施的人性化设计和人文关怀，建立在设计人员对乡村生活、乡土文化充分了解和尊重的基础之上。虽然城乡景观设施种类划分一致，但在具体使用时却有诸多不同。以垃圾桶为例，城市生活中产生的垃圾多以商品包装、食物残渣、废旧用品等为主，由垃圾箱分散收集后再统一运送、集中处理。但乡村生活中产生的主要垃圾内容与城市有所不同，且有些垃圾的处理方式是就地参与生态循环，作为有机肥料或禽畜饲料等。因此，同样的设施在不同地域环境下就有不同的设计要求。总结起来，也是由于各地风俗习惯、生活文化的不同而造成的。尊重乡土文化要从尊重乡村习俗开始，不能以城市的经验简单取而代之。建设美丽乡村也不同于建设美丽城市，需要在保护传统文化、保存生态肌理、保留乡村社会价值体系和集体情感记忆的基础上，深入发掘乡村文化内涵，营造地域化、多样化的乡村景致。

4 结论

在美丽乡村建设中，运用乡土景观元素进行景观设施设计，营造地域化的乡村景观极具实用价值：①可以节约经济成本，提高资源利用率；②符合生态文明理念，遵从可持续发展；③保持地域特色，增强识别性；④发掘和恢复传统乡土资源，合理协调保护与发展建设之间的关系。

景观设施种类繁多、功能庞杂，乡村景观设施建设是一个系统性的工程。地域化导向的设计策略能够解决乡村景观设施从使用功能到外观审美及精神内涵等各方面的设计困局。地域化设计策略有赖于对特定乡土景观元素的整理、提取与重构。做好这些基础工作，就能够在乡村建设实践中灵活运用，利用好自然资源和人文资源，在不破坏环境和文化的情况下，传承农耕文明，展示多样的民俗文化，推进生态文明，实现人与自然和谐发展。

参考文献

[1] 王卫星. 美丽乡村建设：现状与对策［J］. 华中师范大学学报（人文社会科学版），2014（1）：1－5.

[2] 李倞. 景观基础设施：思想与实践［M］. 北京：中国建筑工业出版社，2017.

[3] 孙新旺，王浩，李娴. 乡土与园林——乡土景观元素在园林中的运用［J］. 中国园林，2008（8）：37－40.

[4] 黄昕珮. 论乡土景观——Discovering Vernacular Landscape与乡土景观概念［J］. 中国园林，2008（7）：87－91.

[5] 诺博舒兹. 场所精神［M］. 施植明，译. 武汉：华中科技大学出版社，2010.

闲置资源交易型网站界面布局设计研究

王一童　潘伟营

（南京理工大学，江苏南京，210000）

摘　要：近年来，随着互联网的不断发展，闲置资源交易型网站借助互联网这个大平台逐渐兴起并迅速发展起来，也越来越深得人们的青睐。而网站界面布局设计是用户对网站的第一印象，也是影响用户搜索信息效率的一个重要因素。不论是从商家盈利的角度还是从用户需求的角度出发，对闲置资源交易型网站界面布局设计的研究和探索都显得十分重要。本文首先对闲置资源交易型网站进行了解读，归纳出闲置资源交易型网站的功能区；其次基于视觉搜索理论，并根据前文所归纳出的闲置资源交易型网站功能分类，选取国内外用户使用量较高的3个闲置资源交易型网站界面布局进行实验，总结出具有实际价值的设计策略，希望为今后闲置资源交易型网站界面的交互设计提供参考价值。

关键词：闲置资源交易型网站；界面布局设计；视觉搜索

1　闲置资源交易型网站

1.1　闲置资源交易型网站定义

闲置资源交易型网站就是通过网络上设立网站或网络平台进行商品交易，用户不仅可以出售或分享自己的闲置资源，也可以淘到性价比高的宝贝，实现闲置资源的利益最大化，让闲置资源得到一个互利共赢的平台。

随着共享经济的快速发展，闲置资源交易型网站也开始走向正面市场。目前，国内外闲置资源交易型网站主要为免费共享和出售两种功能形式。其中免费共享型网站有Freecycle、YouRole等，这类网站使用很简单，可发布闲置转送和求助的信息，并且转让和求助闲置均为免费；出售型网站有闲鱼网、Mercari、Carousell、转转等，这类网站通过发布闲置转卖信息，买卖闲置资源，获得报酬。本文选取的研究对象是出售型闲置资源交易网站。

1.2　闲置资源交易型网站界面功能

通常情况下，闲置资源交易型网站与一般网站因功能不同，所包含的界面信息功能也不同。以闲鱼网首页为例，闲置资源交易型网站界面中的内容主要有：功能区有商品信息展示、网站LOGO、Banner、导航菜单、商品搜索等，辅助功能区有版权信息和联系方式等。不同网站的界面信息内容布局不同，用户在搜索信息的效率也会有所不同。

2　视觉搜索

2.1　视觉搜索定义

视觉搜索是一种复杂的认知过程，它是指在面对繁杂的信息中，为了搜索符合自身需要的信息，主动去搜索信息的行为。在搜索的过程中，由于繁杂信息带来的不确定因素，因此需要对所处环境因素进行持续扫描直到所需信息目标被搜索到。

2.2　视觉搜索相关理论

在现有的文献研究基础上，现在认可和应用较高的主要有注意相似理论、认知负荷理论、特征整合理论、引导式搜索论等。

2.2.1　注意相似理论

Duncan在1992年提出的注意相似理论认为，在视觉搜索中，人们会借助短时记忆系统储存信息，再辨析干扰物与任务目标是否有相似的特征。因为短时记忆系统内的存储量较小，所以人们会对视觉信息加以筛选。如果筛选的结果没有满意的结果，就会对信息中的不同位置和特征进行对比，然后完成整个搜索的过程。通过这个理论发现，当任务目标与干扰物之间的相似性越大，搜索任务的难度增加，实验对象对这些元素的分辨难度增加，所以搜索的时间也会增加。

2.2.2　认知负荷理论

Swelter在20世纪80年代提出的认知负荷理论，基于以下两个前提条件：人的长时记忆系统具有无限的存储空间，信息经记忆系统保存后将不再发生改变；记忆资源并不会限制人的图示处理能力，即这种能力在某种程度上看是无限的。该理论就是在这样的假设下，提出人的认知结构在对环境信息认知的过程中会和环境信息之间产生作用。在上述作用过程中，常说的认知负荷即指任务加工作用于人的认知和记忆系统上产生的负荷。近年来，研究人员通过实验发现，认知负荷对人的信息加工过程会产生作用，从而对人的行动效率产生间接的影响。

3 基于视觉搜索的限制资源交易型网站界面布局实验

3.1 实验目的

本文基于视觉搜索理论，通过研究闲置资源交易型网站布局设计，探究闲置资源交易型网站界面布局设计对视觉搜索效率的影响，为闲置资源交易型网站布局设计提供理论参考。

3.2 实验设计

3.2.1 实验设备

本次实验通过富士通 15.6 寸显示屏展示实验样本对象，分辨率为 1366×768px，并通过 JEASS 秒表计时器对被试辨认信息内容所需时间进行测量。

3.2.2 被试人群定位

本次实验主要针对网站界面的常用人群进行实验，所选被试者为南京某高校在校师生，包括本科生、研究生及青年教师在内共计 10 名。为保证实验结果的准确性，被试人群还需满足以下条件：①年龄20～35 岁；②无视力障碍；③无色盲色弱障碍；④非设计类专业；⑤经常使用网站界面。为确保因性别差异对实验结果的影响，本次实验所选男女比例为 1∶1。

3.2.3 实验材料

3.2.3.1 实验对象尺寸

本次实验基于闲置资源交易型网站界面布局设计进行实验，因此，本次实验所制作的实验对象尺寸参照 Web 交互界面常用尺寸分辨率（1366×768px）进行制作。

3.2.3.2 网站布局选取

选取国内外 3 个用户使用量较高，且布局差异较大的闲置资源交易型网站进行实验，如图 1 所示。

3.2.4 实验指标

本次实验将分为 3 组依次测试界面布局信息在其他显示条件（颜色）不变的条件下，闲置资源交易型网站不同的布局对被试信息内容搜索效率的影响。同时，为保证因显示器亮度对实验结果的影响，本次实验还应将显示器亮度调为恒定状态。为保证被试准确地观察实验对象，本次实验中将显示器亮度调为 100%。

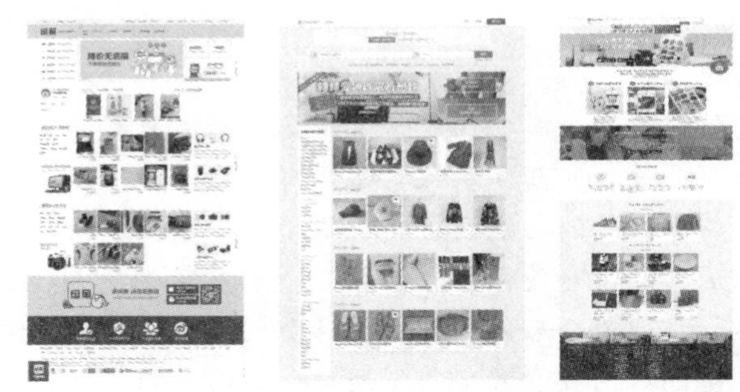

图 1 闲鱼网、Mercari 和 Carousell 网站界面

因本次实验中主要测试界面布局的设计研究，对颜色不做研究，故而将选取的 3 个网站界面色彩统一处理成黑白界面进行实验。

3.2.5 实验过程

本实验主要用于测试被试在实验条件下所能轻松搜索出的指定信息内容，具体实验步骤如下：

步骤 1：要求被试 1 端坐在离屏幕 50cm 的位置，保持视线与屏幕水平。

步骤 2：告知被试 1 需要寻找的信息内容。

步骤 3：要求被试 1 观察在屏幕迅速找到被告知需要寻找的信息内容，找到后用秒表测试被试 1 观测判断所需时间。为减少因被试视力疲劳对实验结果的影响，每次观测后要求被试休息 1min 后再进行下一观测样本对象的观测。

以下两组实验步骤同上。

3.2.6 数据统计与分析

通过上述实验操作，本次实验对 10 名被试人群在 3 组不同界面的布局设计实验中，共获得 3 组实验结果，如表 1～表 3 所示。图 2 为样本网站界面信息搜索效率时间平均值折线图。

表 1 闲鱼网站界面信息搜索效率时间测试（单位：秒）

	被测 1	被测 2	被测 3	被测 4	被测 5	被测 6	被测 7	被测 8	被测 9	被测 10	平均值
LOGO	2.8	2.6	2.7	2.8	2.5	2.5	2	2.1	2.6	2.9	2.55
搜索	2.4	3.4	3.8	4.6	4.3	4.5	3.8	3.7	4.5	5	3.928
导航	2.2	2	2.8	3	3.5	4.3	3.6	5	3.6	3.6	3.36
商品信息	4	3.3	4.8	3.8	3.6	3.9	4.3	4.6	4.2	4.9	3.942

表 2　Mercari 网站界面信息 1 搜索效率时间测试（单位：秒）

	被测 1	被测 2	被测 3	被测 4	被测 5	被测 6	被测 7	被测 8	被测 9	被测 10	平均值
LOGO	3.8	4.6	3.7	2.7	4.2	3.9	4.4	5.1	3.9	5	4.13
搜索	3	2.4	2.8	3.6	4.4	3.5	3.4	3.6	4.2	4.1	3.464
导航	5.2	5.2	4.8	5.3	4.5	4.8	3.9	5.2	4.6	5.6	4.91
商品信息	2.3	3.3	4.5	3.5	3.6	3.9	3.6	4.4	3.2	4.6	3.693

表 3　Carouseli 网站界面信息搜索效率时间测试（单位：秒）

	被测 1	被测 2	被测 3	被测 4	被测 5	被测 6	被测 7	被测 8	被测 9	被测 10	平均值
LOGO	3.9	4.4	4.7	5.2	5.3	3.9	4.4	5.5	4.9	5.3	4.75
搜索	3.4	3.4	2.8	3.6	4.4	3.7	3.2	3.4	3.2	3.1	3.42
导航	5.2	5.2	4.8	5.3	4.5	4.9	4.9	5.2	5.6	4.6	5.02
商品信息	2.3	3.3	4.5	3.2	3.7	3.8	3.6	4.2	3.2	4.1	3.59

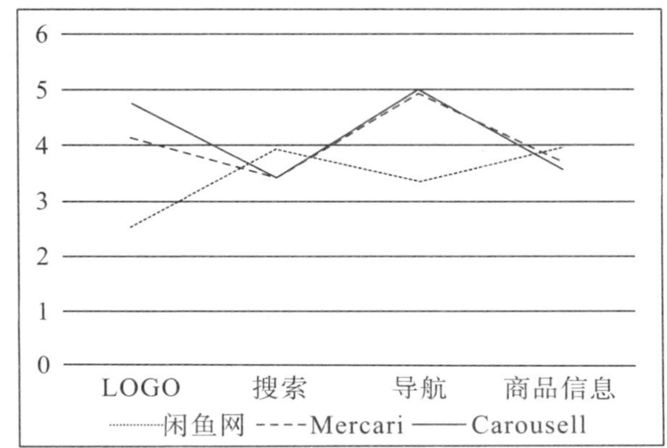

图 2　样本网站界面信息搜索效率时间平均值折线图

3.3　实验结论

根据上述对实验结果的统计分析可知，闲鱼网的整体信息搜索效率较高。闲鱼网站的布局结构类型是综合型布局，这类结构布局是在布局规划上将版面划分为上、中、下 3 个部分。界面上方放置闲鱼网站的 LOGO 和导航栏，界面中间放置闲鱼网站的主要内容，界面下方放置闲鱼网站的版权信息和联系方式等。虽然闲鱼网信息量繁杂，但在布局结构上有清晰的信息层级，信息密度统一，接近黄金分割比，将视觉中心集中到主要的信息区域，商品信息在布局上沿着重心左右平均分布，达到视觉平衡的效果。因此，这类界面布局类型在闲置资源交易型网站中应用，会提高用户视觉搜索效率。同时，界面中呈现的信息若密度不统一，信息内容位置划分不合理将极大地降低使用者的视觉搜索效率。例如，Carousell 网站的布局，首先商品信息内容与导航栏的分割区域并没有按照黄金分割比例，这样不对称的布局就会造成整体版面左右失衡的感觉，导致重心的偏失。用户在寻找导航信息时，搜索效率降低。

因此，在实际闲置资源交易型界面布局设计时，应考虑综合型布局、信息密度及搜索信息目标位置摆放，这些因素都会影响用户对界面搜索信息的效率。

4　结束语

现如今经济全球化程度不断深入，多元化使得人们的消费及审美观念都有所改变，并随着可持续的发展趋势所需以及绿色消费理念的深入人心，越来越多的人开始学习如何在减少消费的基础上获得更好的生活体验。而闲置资源交易型网站的出现为实现这一想法提供了新的思考方式和视角。但是纵观国内外的闲置资源交易型网站，其界面布局设计普遍存在着一些问题，使得用户在面对复杂的信息内容时，降低了搜索信息效率。而针对这种现状的分析研究却非常有限。

本文基于视觉搜索理论，通过分析选取目前国内外用户量较高的闲置资源交易型网站，对其界面布局设计进行实验分析，总结出影响闲置资源交易型网站界面布局的两个因素，即界面中信息的密度和信息的位置。因此，在进行闲置资源交易型网站界面布局设计时，应根据界面信息，综合进行考量，选择适合的信息位置摆放与疏密关系。通过上述对闲置资源交易型网站界面布局的探究，希望为今后闲置资源交易型网站界面的交互设计提供参考价值。

参考文献

[1] Pashler H. The Psychology of Attention [M]. Cambridge: MIT Press, 1998.

[2] Duncan J. Beyond the search: Visual search andengagement [J]. Experiment Psychology: Human Perception and Performance, 1992, 18 (2): 578—588.

[3] Baddeley A. Working memory: Looking back and looking forward [J]. Nature Reviews Neuroscience, 2003 (4): 829—839.

基于场景研究的输液器废物处置机器人的开发设计

王颖秋　陈世栋

（扬州大学，江苏扬州，225100）

摘　要：输液器废物的初步处置是医疗废物处置的首要流程，其过程占用了护士的部分工作时间。为了减轻护士的工作量，让她们将更多的精力投入病人身上，本文对护士处置输液器废物的行为进行了研究，从中发现了可被替代的动作，提出了基于输液室场景的输液器废物处置机器人的设计策略，给出了系统的设计方案，为该类型产品的创新设计提供了新的思路。

关键词：输液器废物；用户行为；创新开发

医疗废物具有空间传染、急性传染和潜伏性传染等危险特性，会对水体、大气、土壤造成污染并直接危害人体健康，是环境污染和疾病传播的双重载体。对此，我国颁布了《中华人民共和国固体废物污染环境防治法》《全国危险废物和医疗废物处置规划》和《医疗废物管理条例》等有关法律，以推进医疗废物减量化、资源化和无害化为目标，开展医疗废物处置工作。然而，现阶段医疗废物的处置过程不仅烦琐而且冗长，机器处置不能保证参与到每个环节；同时有些环节仍需要动用大量人力，特别是在医院的处置室内，大量等待处理的废弃医疗装置不仅大大增加了护士的工作量，使护士不能对病人进行及时的治疗，而且还给护士带来了一些处置风险。本文对护士处理输液废弃物的场景与行为进行了深入的分析，其目的在于设计一款机器人来替代护士初步处理输液器废物这种重复性的工作，以减轻她们的工作量，让她们获得更愉快的工作体验。

1　输液器废物处置状况调查

1.1　输液器废物处置的作用

1.1.1　有效避免传染病的传播

输液器废物是指医疗卫生机构在对病人进行输液治疗过程中产生的具有直接或间接感染性、毒性以及其他具有危害性的废物。输液器废物的及时处置是输液用品管理的重要措施。它们因为接触过病人的体液、血液等，携带了很多病菌，所以被列为感染性垃圾；也有些输液废弃物里含有过期变质的药品、废弃的化学试剂等，具有一定的毒性和腐蚀性。因此，严格的输液器废物监管和科学的处置方式，能有效避免传染病的传播。

1.1.2　避免对环境造成污染

经环保部门认定，输液器废物为危险废物。非正规机构对于输液器废物的自行焚化缺乏必要的烟尘净化措施，所以焚烧时产生的尾气烟尘等废物会产生严重的二次污染；同时废液的部分流失会加快病菌的传播，并对周边环境造成污染。因此，输液器废物的处置需要从根源落实，在初步处置时就要对不同废弃物进行分拣与隔离，在之后的每一步也要确保废物包装的完整性以及废物处置技术的适用性。

1.1.3　防止不法分子对输液器废物的回收利用

小部分医院会把使用过却未经处理的输液管、针头等输液废料低价卖给不具备处置资质的个人，再经转手，医疗废物会被加工成口杯和玩具等，对消费者造成极大的危害。输液废弃物的毁形处置可以使原来的输液器废物残缺、扭曲、凹陷和轻度粘连，对避免可怕的再利用、杜绝医疗垃圾重回临床具有重大的意义。

1.2　国内输液器废物处置存在的问题

1.2.1　输液器废物收集不足

目前国内医疗机构的医疗废物日产量远远大于日回收处理量，产生这种现象的原因包括：相关卫生环保部门对医疗废物的管理不到位；有些单位私自对医疗废物进行简单；有些医疗机构为节省处理费用将医疗垃圾混入生活垃圾处理；偏远地区的医疗卫生机构位置分散，交通运输不便，医疗废物严重流失。

1.2.2　处置操作上存在一定随意性

不少医疗工作人员对输液器废物的分类把关不严，将输液器废物和生活垃圾混放，造成垃圾的交叉感染。还有在初步毁形的过程中，存在将注射针插入输液袋通气孔、皮条毁形不彻底等不规范操作。部分医疗工作者对医疗废物的危害意识淡薄，在医疗废物处置过程中存在不执行防护措施的情况。

1.2.3　没有普遍适用的毁形机械

处置技术的选择上，工艺技术的适用性、经济性考虑不足。不同的环节需要不同的设备对输液器废物进行处置，有些环节还需要耗费大量人力，大大降低了处置效率。

1.2.4　处置过程中对环境产生二次污染

部分处置设备简陋，技术门槛低，无法真正做到不危害环境。废弃物处理过程中产生的大量有毒有害气体，如烟尘、酸性气体、二噁英等，因缺乏有效的尾气处理和空气净化措施，对人和环境都产生了负面的影响。

综上所述，输液器废物的处置问题存在于废物收集、分类、处理等各个环节，在处置技术、处置流程、政策管理方面也都不够成熟。本文对输液器废物的初步处置环节进行研究探讨，针对此环节需要动用大量人力和操作过程存在卫生安全隐患等问题，提出合理的设计建议。

1.3　输液器废物结构

输液器废物一般由输液瓶/输液袋、注射针、输液软管、药液过滤器、流速调节器、墨菲式滴管、瓶塞穿刺器、空气过滤器等部分组成（图1）。

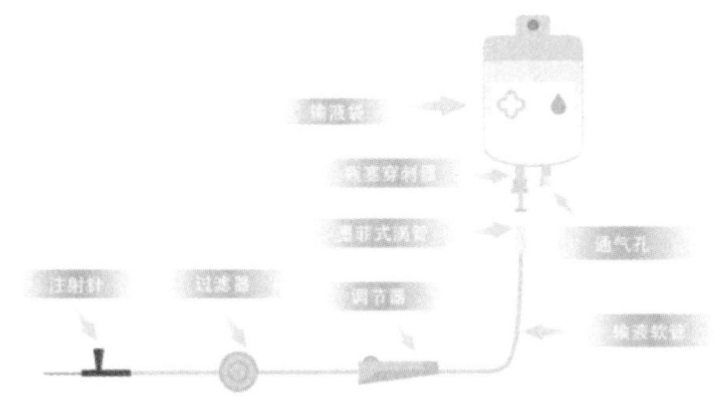

图1　输液器废物结构

根据医院规定，不同的输液器废物初步处置后需要分类放置在不同的回收桶里，在避免感染的同时也能方便后续的集中处理。损伤性废物，如注射针等需放置在黄色利器盒里；使用过的一次性医疗用品，如输液袋/瓶等需放置在输液袋/瓶回收桶里；使用过的输液皮条等需放置在感染性废物桶中。

2　操作场景和用户需求研究

2.1　输液器废物的处置流程

在输液室的场景中，护士主要对输液器废物实施毁形和分拣的处理。一般情况下，输液室内部设有处置室，方便护士在病人输液完毕后第一时间就对输液器废物进行处理，以免到处触碰感染。她们对输液器废物的初步处置可分为7个步骤（图2）。

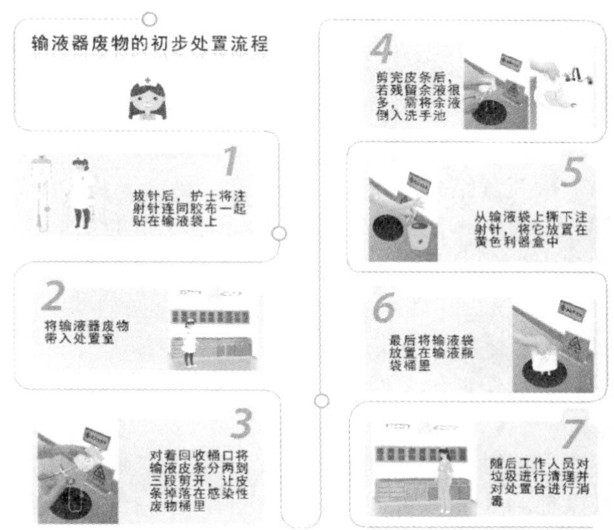

图2　输液器废物初步处置流程图

其中，将注射针连同胶布一起贴在输液袋上是为了固定针头避免针头到处感染，同时也可以缩短皮条的长度，方便护士携带。将输液皮条剪成两到三段是为了对皮条进行毁形处理，以免不法分子回收皮条加工谋利。注射针的单独放置处理是为了让工作人员在后续的废弃物处置中不扎到手，同时注射针因为接触过病人的体液、血液等，携带了很多病菌，所以它也是一大感染性垃圾，需要被隔离处置。

2.2　输液器废物处置过程中的痛点分析

图3为输液器废物处置过程中的痛点分类。

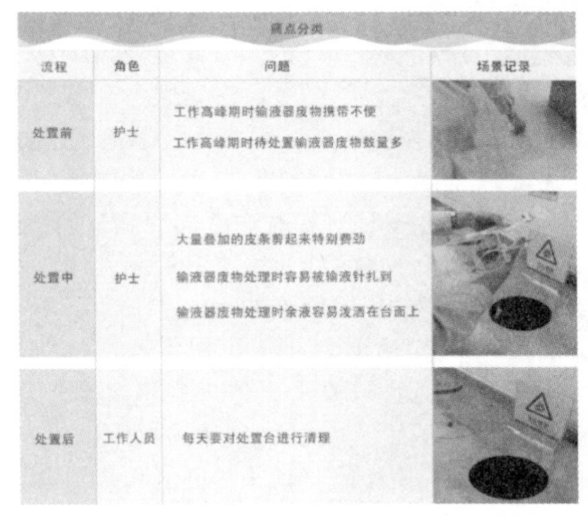

痛点分类

流程	角色	问题	场景记录
处置前	护士	工作高峰期时输液器废物携带不便 工作高峰期时待处置输液器废物数量多	
处置中	护士	大量叠加的皮条剪起来特别费劲 输液器废物处理时容易被输液针扎到 输液器废物处理时余液容易泼洒在台面上	
处置后	工作人员	每天要对处置台进行清理	

图3　痛点分类

2.2.1　工作高峰期时输液器废物携带不便

在护士工作的高峰期，经常会出现同时有好几个病人要求挂水、拔针或换水的情况，所以她们很有可能会携带着上一个病人换下的输液器废物去给下一位病人治疗。这样不仅会影响护士们的工作效率，而且也会降低护士操作的准确率，给她们的工作带来极大的不便。

2.2.2 工作高峰期时待处置输液器废物数量多

在患者数量多、需求量大的工作高峰期，护士往往会出应接不暇的状况，这更导致了护士在病人的输液流程结束后不能对输液器废物进行及时的处理。这时护士们便会将许多输液器废物堆在一起，等到空闲的时候再去处置。但是大量待剪的皮条会增加她们的工作量，特别是很多皮条堆在一起的时候，光是零乱的皮条就很难理顺，同时好几根皮条的叠加也使得护士们剪起来特别费劲。

2.2.3 输液器废物处理时容易被输液针扎到

根据医院规定，注射针被剪下后必须被单独放置以免到处传播病菌，不过护士在处理针头时经常会被针头不小心刺到，被针刺伤后不仅需要极其复杂的处理措施，还有可能对护士的身体造成负面的影响。例如针刺事件发生后，需要进行淌血、清洗和消毒等过程，严重时还需要进行相关标志物、抗原抗体的追踪检查。

2.2.4 输液器废物处理时余液容易泼洒在台面上

由于各个回收桶之间存在一定距离，毁形时残留的余液容易滴落在处置台上，导致医院不得不安排工作人员对处置台面进行消毒清理。这不仅增加了劳动力，还可能使处置台滞留细菌。

2.3 用户需求分析在产品设计中的应用

2.3.1 产品功能的需求

总结用户对于产品功能的普遍需要，主要集中在三个方面：功能是否实用，功能是否先进以及是否能满足用户对于多功能的需求。输液器废物处置机器人应该具备对输液器废物进行毁形和分拣两项基本功能；同时它的运动形式可以是追随着护士的，需要具备自动识别方向与移动的功能，能保证在护士拔针的第一时间就对输液器废物进行处置，从而达到减少护士的工作量、提升废品处理效率和消除处理过程中的风险因素的目的。

2.3.2 产品造型的需求

用户对造型的需要主要体现在造型美观、新颖、情感性等方面。美观的造型能够给用户带来愉悦的心理感受，使产品兼具欣赏价值和亲和力。形态上，输液器废物处置机器人可以采用富有张力的流畅曲线，通过大曲面、大圆角以及整体感强的造型来表达亲切感。用色上可以从安全性、易用性等方面考虑，采用白色、灰色等纯度较低的冷色来营造整洁、平静的氛围；也可以从情感化的角度考虑，采用明亮、温暖、新奇的色彩使患者心态放松。材质方面，可以一改冰冷的机械感，运用不同的材料和表面处理手段使其柔和与人性化。

2.3.3 产品使用性的需求

产品设计应该时刻关注用户在使用过程中对于操作上的种种心理需求。这主要体现在人们对于操作的简便性与安全性的追求。

2.3.3.1 简便性

输液器废物处置机器人需要使医护人员随时随地都能高效地使用和操作产品。从形态上来说，每一部分的设计都要符合目标群体的生理尺寸和使用习惯。例如，操控部位应该与人的站立姿势保持一定斜度，也要为目标群体预留一定的操作空间；操作界面也要简洁明了，有明显的反馈信息等。简便的操作能给目标群体带来更小的心理负担，提高她们的工作效率。

2.3.3.2 安全性

马斯洛指出，安全性需要最直接的含义就是避免危险，它是指个体的行为目标应该统统指向安全，避免行为为用户带来身体或是心理上的伤害。废弃物处置机器人正常工作时应具有一定的保护功能，保证病人医护人员和机器人的安全，从而消除用户对于机器的恐惧感。

3 基于场景的输液器废物处置机器人的设计实践

3.1 设计策略

本产品的设计聚焦点在于帮助护士进行输液器废物的毁形与分拣，并加入一些人性化的功能，为护士创造愉悦的操作体验。

3.1.1 机器人结构设计

结构设计的依据是用户任务，护士处置输液器废物的任务可以拆解成一个个“行为流”，再根据护士的行为来规划操作空间，其目的是提高机器人的使用效率。整个输液器废物处置机器人采用一体式结构，由驱动系统、固定部件和回收空间组成。

3.1.1.1 驱动系统

驱动系统负责驱动整个机器人的运作，包括实现其整体移动以及驱动设备完成废物的毁形、回收等工作，如图 4 所示。实现整体移动所需的关键技

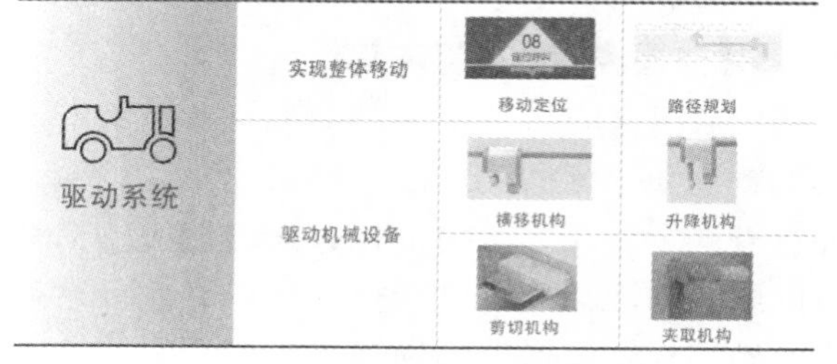

图 4 驱动系统结构细分

术包含移动定位、导航、路径规划、人机交互等方面，实现废物处置动作需要横移机构、升降机构、剪切机构、夹取机构等机械结构。移动的指令由机器人的头部，也就是它的控制中枢发布。此外，机器人的头部还嵌有交互屏幕，用来显示工作状态以及位置信息。

3.1.1.2　固定部件

固定部件主要是指护士放置输液器废物的载体，包括输液器废物的挂放结构和注射针的暂存结构，如图 5 所示。其中，挂放结构为适合输液袋、输液瓶挂放的挂钩；暂存结构为消过毒的一次性塑料泡沫，护士可以将使用后的针头扎在塑料泡沫上以达到固定存放的效果，塑料泡沫因为会被使用过的针头感染，所以塑料泡沫与塑料泡沫之间设置了间隙，互相隔开。护士在完成拔针任务后只需将输液袋挂在挂钩上，将注射针插在塑料泡沫上，就可完成输液器废物的固定，再按下启动按钮，机器人就能对废物进行处置。

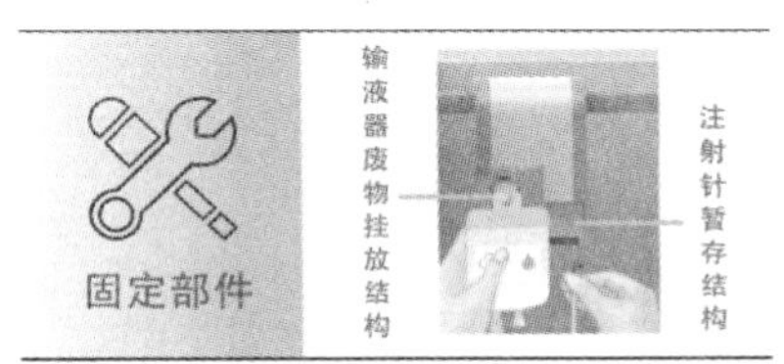

图 5　固定部件结构细分

3.1.1.3　回收空间

回收空间是指被毁形废物的分类存放空间。根据医院规定的医疗废物处置流程，整个回收空间分别设置了回收注射针的黄色利器盒、回收塑料泡沫的存放桶、消毒液存放桶、回收剩余药液的废液桶、回收输液皮条等感染性废物存放桶、回收输液袋的存放桶和回收输液玻璃瓶的回收桶，如图 6 所示。其中，感染性废物存放桶按规定套上防渗漏双层黄色塑料袋，输液袋存放桶按规定套上黑色塑料袋。每个回收桶都设置了可推拉的导轨，方便工作人员取出输液器废物以及对回收桶进行套袋。

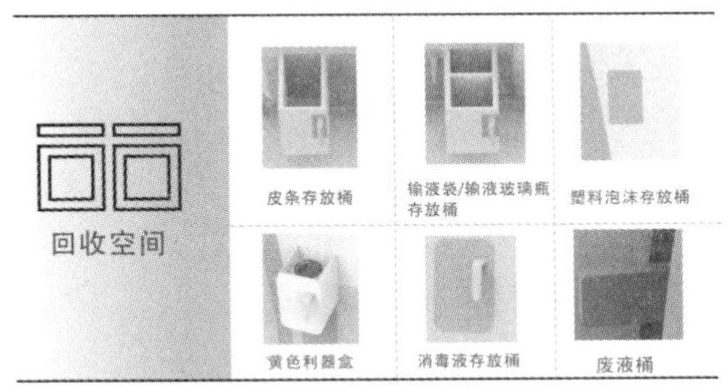

图 6　回收空间结构细分

图 7 为输液器废物处置机器人整体细节展示。

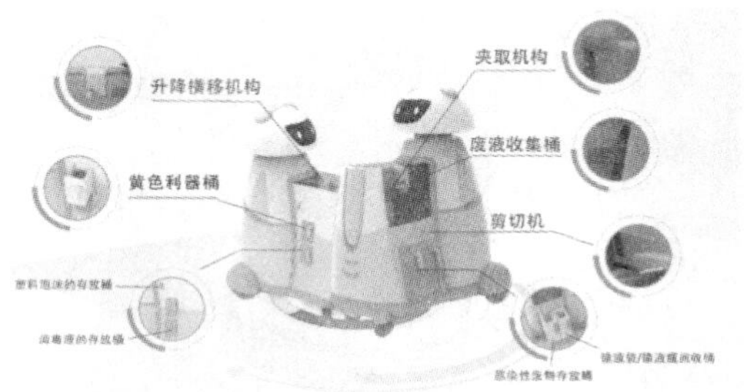

图 7　整体细节展示

3.1.2　机器人功能设计

3.1.2.1　对输液器废物进行毁形与分拣

针对输液室场景下护士工作量大、待处置输液器废物量多、处置输液器废物流程烦琐和处置过程存在风险等问题，该机器人设置了高效处理输液器废物的主线功能：采用机械化的手段对输液器废物进行毁形和分拣，从而替代繁复冗杂的人工处置。

3.1.2.2　移动尾随

该机器人的使用场景也很特殊，它不再“老实”地待在处置室，而是尾随着护士忙碌，使护士在拔完针后第一时间就能对输液器废料进行处理，从而减少护士的移动距离。它的移动定位功能使其能精准地规划好路线，而环境感知功能使其能对周围的障碍物及时做出反应，从而保证周围人员安全。

3.1.2.3　语音交互

该机器人将语音提示路人自己前进的方向，这样不仅能保证道路的通畅，使其更快地到达指定位置，还能保障行人的安全。此外，当护士需要机器人移动位置时，只需对着身边的机器人语音输入指令即可，以此来解放护士双手，提高她们的工作效率。此外，机器人还会语音提示工作人员回收桶的剩余容量，确保输液器废物在回收时不超过规定的容量限度。

3.1.2.4　吸收残余药液

进一步考虑护士的使用场景，发现她们在不同的场景下的操作步骤和环节也是不一样的。例如当输液袋内药液残留量较多时，护士会将输液袋剪下后倒入旁边洗手池，针对此现象，该机器人设置了吸收残余药液的功能。

3.1.2.5　消毒

进一步考虑参与输液器废物处置流程的对象，除了护士以外，还会有保洁人员每日对医疗废物处置台的台面进行清洁，这是为了擦去护士处置输液器废物时不慎滴在台面上的药滴。结合机器人处置输液器废物的场景，为了避免出现废物处置过程中药滴到处滴落而污染机器人内部结构的情况，该机器人设定了自动对回收桶进行消毒的功能。

3.1.2.6　回收桶剩余容量检测

根据医疗废物处理原则，锐气盒和各种医疗废物满 3/4 时要进行有效封口，所以该机器人配备了回收桶剩余容量检测的功能，当输液器废物体积达到回收桶的 3/4 时，机器人会发出提示信号，停止处置废物的工作，并返回处置室等待工作人员对垃圾进行清理。

3.1.3 机器人外形设计

3.1.3.1 外形

本产品关注的人群分别为病患和医护人员，所以它的外形设计不仅要适应功能，也需要满足用户和患者的感性诉求。美观大方的造型可以缓解患者在治病过程中的焦虑，也能给医护人员带来良好的工作体验。该机器人的主体是由变形的圆台和拉伸的箱体组成，造型圆润活泼，壳体采用平缓的弧面和柔和的线角，使其充满趣味性与亲和力。模块化的结构设计简洁明了地揭示了该机器人功能模块，从而引导用户正确操作。玻璃安全盖的嵌入避免了机器运行时给护士和患者造成的伤害，消除她们对于医疗器械的恐惧感。

3.1.3.2 色彩和材质

该机器人的配色是淡紫色配白色，明度较高的颜色可以减轻操作者心理上的沉重感和压抑感。淡紫色清新优雅，摆脱了医疗设备原本冰冷压抑的机械感。该机器人的主体采用了 ABS 工程塑料，减少使用金属材料，使其带有一定的情感属性，并对表面进行了磨砂处理，使它显得高级且富有质感。同时在多个位置采用不同透明度的材质，完全不透明的材质是为了隐藏复杂的零件，不完全透明的材质可以让用户感觉到系统的运行。

图 8 为输液器废物处置机器人外形设计。

图 8　外形设计

3.1.4 机器人界面设计

本产品主要通过电子界面和语音交互来实现信息的传递与反馈。信息模块精简而清晰，主要由状态信息显示、导航显示、回收桶容积显示和呼叫信息显示组成，如图 9 所示。工作状态信息反映了该机器人处于空闲状态还是工作状态，为排班系统安排机器人的任务提供了依据，导航图显示了机器人行走的路径；同时伴有语音提示行进方向，为路人减少了安全隐患。回收桶容积信息显示了各自已被使用的容积，在某个回收桶装满后会提示工作人员对废物进行清理，同时自身也暂停废物处置工作。呼叫信息显示了机器人即将要到达的患者座位号。整个界面采用蓝色配白色，背景为黑色，具有很高的辨识度，同时也有浓浓的科技感。信息显示主次分明，能保证用户的信息采集效率。

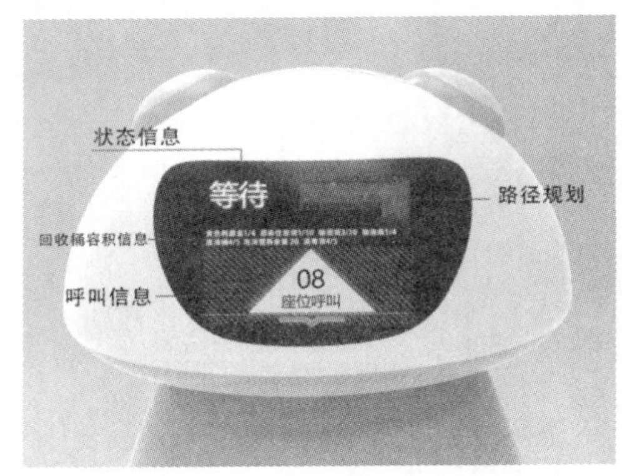

图 9　显示界面要素

3.2 人机分析

3.2.1 人机尺寸分析（图 10）

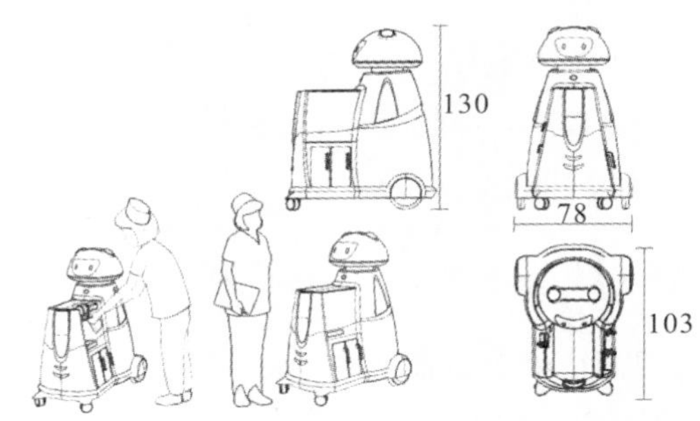

图 10　人机尺寸分析

3.2.2 操作流程图（图 11）

图 11　操作流程图

3.2.3　使用评估

为了完善人机交互的设计，本文通过问卷调查的形式让相关的医疗工作者对该机器人的各项因素进行了评分。表 1 为机器人的各项评分因素及内容解释。本次问卷调查的样本容量为 10 人，被调查者由护士与医疗工作人员组成，两类人群比例为 4∶1。题目采用打分的形式，每道题有 1～5 分 5 个选项，得分越高表示对这项因素的设计越满意。调查结果如图 12 所示。

表 1　输液器废物处置机器人因素与内容

因素		因素内容			相关部件
序号	因素名称	序号	内容名称	内容解释	
1	毁形能力	1	毁形彻底性	按照规定段数进行毁形	剪切步进电机 步进电机启动力矩大，可自由调节剪切机的剪切速度、剪切深度
		2	高效性	保证毁形速度	
2	分拣能力	1	投放准确性	将毁形废物分类存放	横移机构、升降机构
		2	高效性	保证分拣速度	
3	交互能力	1	语音交互	机器人语音提示路人自身前进方向，护士语音向机器人输入动作指令	语音识别模块 自然语言处理模块 语音合成模块
4	移动能力	1	导航能力	规划行走路径，指导前进方向	导航设备
		2	环境感知能力	感知路况、行人和障碍物	环境感知系统
		3	移动速度	快速到达护士指定位置	轮式移动机构
5	安全	1	设备安全	机械设备运行时不会对人产生伤害	保护盖
		2	清洁卫生	废物处置过程中滴落的药液不会造成细菌感染	消毒设备
6	取放废物	1	放置废物便捷性	将废物轻易地固定在机器上	挂放机构
		2	回收废物便捷性	及时方便地回收废物	推拉收纳箱 体积传感器
7	外观	1	尺寸	人机尺寸比例	人与机器的高度比在 6：5 到 4：3 之间，机器的尺寸为 103cm＊78cm＊130cm（长＊宽＊高）
		2	造型		圆润、有亲和力
		3	色彩		温馨、轻快、带有情感属性
8	容积	1	回收空间	存放各类输液器废物的体积	黄色利器盒、塑料泡沫存放桶、消毒液存放桶、废液桶、感染性废物存放桶、输液袋/瓶回收桶

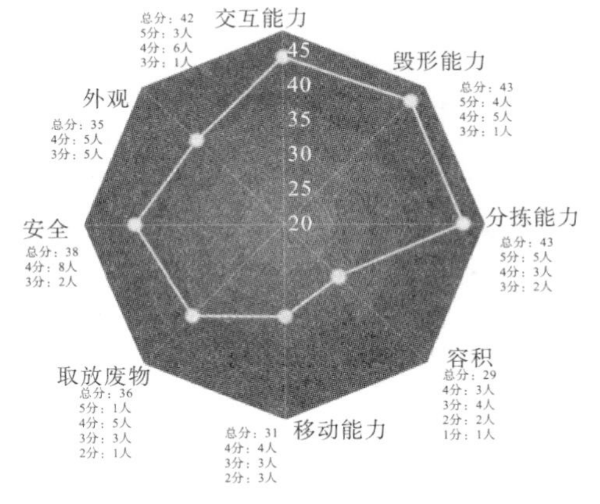

图 12　**调查结果**

由统计数据可知，该机器人的核心因素（毁形能力与分拣能力）都获得了较高的得分，说明该机器人没有偏离本身的定位。其他的因素如交互能力与移动能力等也得到了不错的分数，说明这些辅助因素的设计能够给用户带来超出预期的体验。

通过因素评分，可以检验出机器人的设计是否是围绕着核心功能展开，以及设计中存在着哪些缺陷与短板。例如目前的设计款更适合于空间较大的输液大厅，而对于中小型输液室则需要设计出更加小型化的产品，后续可以开发出适用性更广的产品，灵活地运用到各种规模的输液室中。

3.3　产品特色

3.3.1　独特的输液器废物处置方式

本产品改变了输液室场景下传统的输液器废物处置方式，由高效的机器工作来取代人工，护士只需在随身携带的 PDA 上语音呼叫机器人，机器人就会来到护士将要拔针的病患座位。语音呼叫可以解放护士的双手，这种处置方式也可以减少护士的移动距离。护士拔完针后，立即就可以把输液器废物交给机器处置。该机器人将护士从重复耗时的废物处置工作中解脱出来，为她们节省出大把时间，让她们专注于更有意义的工作——服务病人。

3.3.2　特殊场景，特殊考虑

本产品综合分析了多个使用场景，在保证机器人核心功能（对输液器废物的毁形与分拣）的同时，还考虑了它的附加功能，比如吸收残余药液的功能、对回收桶进行消毒的功能和监测回收桶废物体积的功能。满足用户多种情景下的使用需求，并为她们创造超出预期的兴奋型需求。

3.3.3　易用性与安全性兼具

护士在拔完针后，与机器人发生交互的动作行为非常简单，只需将输液袋挂在机器人的专用挂钩上并将感染针头插在塑料泡沫上，按下按钮，机器人就会对输液器废物实行处置操作。熟悉的挂水袋和插针步骤很符合用户的动作习惯和行为习惯，将针插在塑料泡沫上是为了避免使用后的针因无处安放而到处感染，泡沫塑料块朝外倾斜一定角度，保证插针操作在护士的视野范围内进行。

图 13 为场景效果图。

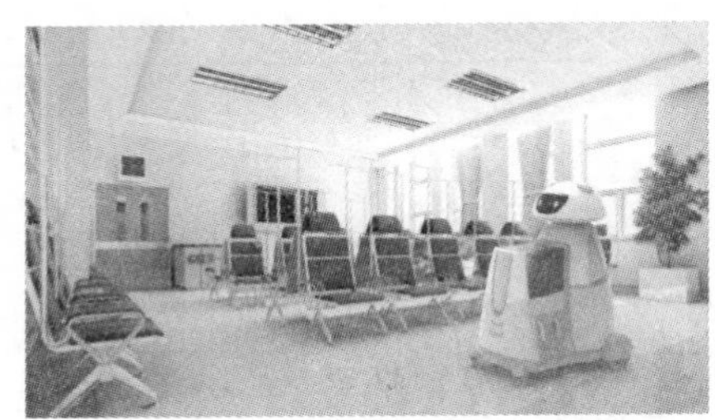

图 13　场景效果图

3.4　服务蓝图（图 14）

输液器废物处置机器人服务蓝图

	操作步骤	人际接触	行为分析	支持
拔针前	护士通过PDA语音呼叫机器人输液完毕的患者的座位号	护士 机器人	帮助护士安排离目标位置最近又处于空闲状态的机器人 语音呼叫减少护士双手操作	患者位置、机器人位置工作状态数据 导航设备 语音功能
	机器人根据内部导航系统规划路线，到达指定位置	护士 机器人	规划出最佳路线 语音提醒路人 绕开障碍物	导航设备 语音功能 环境感知系统 轮式移动机构
拔针后	护士拔完针将输液袋/瓶挂在机器人挂钩上，将使用后的针头扎在塑料泡沫上	护士 机器人	护士将输液器废物固定在机器人上	
	按下启动键	护士	启动机器人	机械设备
	机器人合上保护盖开始自行处置	机器人	防止工作时外露的机械会对人造成伤害	机械设备
	吸收掉多余药液	机器人	避免废物处置时余液到处泼洒	抽水机
	升降机构上下移动配合剪切机将输液皮条分三段毁形	机器人	剪切机启动剪切，升降机构带动输液废物向下移动完成皮条分段毁形	升降机构 剪切机
	剪断的皮条自动落入下方的感染性废物回收桶	机器人	剪断的皮条全部落入回收桶，剩下输液袋/桶和注射针未处理	
	夹取机构将注射针拔下放入黄色利器盒	机器人	夹取机构将注射针从泡沫塑料上取下放入弹出的利器盒	夹取机构 升降机构
	横移机构横移至输液袋/瓶回收桶的上方，升降机构将输液袋/瓶放入输液袋/瓶回收桶	机器人	为保证剪皮条和放输液瓶/袋两个过程紧凑高效，输液袋/瓶回收桶紧挨着皮条回收桶放置 升降机构将输液玻璃瓶安全送至回收桶底部，再将玻璃瓶放下，避免其破碎	升降机构 横移机构
	处置结束，塑料泡沫换新，内置消毒机对机器人进行消毒	机器人	输送机构更换被感染的塑料泡沫 输消毒设备对处置设备进行消毒烘干	输送机 消毒设备
	安全盖打开，护士语音控制机器人的移动，准备新一轮的处置	机器人 护士	语音控制解放护士双手	语音功能
	当有一个回收桶中废物体积达到桶的3/4，机器人发出提示信号并停止工作，智能终端通知工作人员清理垃圾	机器人 工作人员	工作人员拉出回收桶进行垃圾清理及重新套装	体积传感技术 智能终端 语音功能

图 14　服务蓝图

4 结论与未来展望

本文通过对输液室场景下医护人员处置输液器废物过程的研究，发现了她们遇到的诸多痛点，如工作量大、处理废物效率不高、处理过程中存在风险等问题。本文针对不同对象在不同场景下的不同需求，研发了一款输液器废物处置机器人，希望帮助护士减少输液器废物处置的工作步骤，减轻她们的压力。该机器人在结构、功能、造型和运行设计等方面都紧紧围绕产品定位展开，在满足核心功能的前提下增添了许多附加功能，以跟踪式的服务模式高效地帮助医护人员完成废物处置工作。对同类型产品的研发具有一定的指导意义。

未来冀望输液器废物处置机器人能涉及更多的医疗废物处置环节，满足更多科室、更多种类医疗垃圾的处置需求，减少更多工作人员的操作步骤。通过不断迭代修正医疗废物处置机器人的设计方针，研发出能给用户带来高品质体验的服务性产品。希望它在减轻医疗工作者工作负担的同时，以一种更高效、科学的方式解决医疗废物处置难题。

参考文献

[1] 陈刚. 国内医疗废物处置最佳可行性技术应用浅析[J]. 环境保护与循环经济，2010，30（7）：64－66.

[2] 孙晓蕾，卢彭真. 浅议我国医疗废物无害化处置存在的问题及对策[J]. 科学技术与工程，2007（14）：3475－3478.

[3] 王琼芬. 保洁员在医疗废物处置中存在的问题和对策[J]. 黔南民族医专学报，2016，29（1）：45－46，50.

[4] 王海鹏，陈建林. 医疗废物处置单位运营存在的问题及对策[J]. 环境污染与防治，2011，33（6）：103－104，109.

[5] 许敬锦，李力，金京星. 一次性输液器[J]. 护理研究，2002（10）：618.

[6] 张成忠，吕屏. 设计心理学[M]. 北京：北京大学出版社，2008

[7] 沈建华，尹显明，程鲲，等. 医疗产品的“人情味”研究[J]. 机械工程师，2014（12）：19－22.

[8] 吕宁. 一种医疗机器人安全性机构设计[J]. 科技展望，2016，26（4）：161.

[9] 于清晓. 轮式餐厅服务机器人移动定位技术研究[D]. 上海：上海交通大学，2013.

文案写作手法与插画视觉表现的效果分析

武乔美　刘浩浩

（西华大学美术与设计学院，四川成都，610039）

摘　要：在现代生活中，人们越来越重视传播信息的形式美感，文案的写作手法与插画的视觉表现都是为了给读者留下更深刻的印象，二者相辅相成，缺一不可。本文从文案写作手法与插画视觉表现的对比手法、夸张手法、排比书法、点题手法、首尾呼应手法、衬托手法6个方面进行研究，分析二者采用相同手法所呈现的效果。将文案写作手法与插画视觉表现的效果相结合，会增强文案与插画的魅力和代入感，同时给读者带来更深刻的感受。

关键词：文案；写作手法；插画；视觉表现；效果

1 文案写作手法与插画视觉表现之间的联系

文案和插画都不是独立存在的。文案需要插画来为自己增色，插画对文案起补充、解释和增强画面感的作用。插画的任务来源于文案，插画创作是依据文案的要求实施创作的。在文案写作手法和插画视觉表现中存在着共同点，可以将它们的共同点进行结合，达到更好的效果体验。当文案的写作手法十分精彩时，插画视觉表现也会更强烈。因此，文案的写作手法和插画视觉表现的关系是相辅相成的。

2 文案写作手法与插画视觉表现的效果分析

2.1 对比手法

文案中对比手法是一种常见表现手法，是把对立的意思或事物，或者把事物的两个方面放在一起做比较，让读者在比较中分清好坏、辨别是非。运用这种手法，有利于充分显示事物的矛盾，突出被表现事物的本质特征，加强文章的艺术效果和感染力。

在插画中使用对比手法，可以将画面变单调为丰富，使形与形之间产生变化和差异。对比使画面形象明确，特征突出，给人一种强烈、清晰、肯定而又统一的感觉，在视觉上产生丰富、和谐的美感，从而使被画主体物的形象更鲜明，让读者的感受更加强烈，达到突出主题的效果。

从色彩对比方面来说，互补、冷暖色彩是画面深浅关系中两种极致的颜色，相互对立的两个明度极点，两者的对比极为强烈。通过文案中的对比表现手法，我们可以利用色彩对比来设计插画。在插画中使用对比手法可以突出被画主体物。通过互补、冷暖色彩的强烈对比和色彩明度的对比，会给读者带来极大的视觉冲击，给读者留下深刻的印象。

从构图对比方面来说，构图是把构思画面化，是造型过程中从立意到进入画面动手的重要环节。根据文案的内容可以了解到被画主体的重要性。被画主体物与被画辅助物在画面中所占面积的大小与构图位置也会形成强烈对比，使读者可以了解到被画主体的重要性。

对比在文案的写作手法与插画的呈现形式上有着大量的应用，将二者结合起来，可以把握二者的统一整体性，将单调变为丰富。在文案和插画中运用对比可以形成对照，强化文案和插画的表现力。运用对比，能把相反事物的对立揭示出来，给读者带来极大的阅读享受，给人们以深刻的印象和启示。

2.2　夸张手法

文案中的夸张手法，是为了达到某种表达效果的需要，对事物的形象、特征、作用、程度等方面着意夸大或缩小的修辞方式。夸张是运用丰富的想象力，在客观现实的基础上有目的地放大或缩小事物的形象特征，以增强表达效果的修辞手法，也叫夸饰或铺张，是指为了启发读者或听者的想象力和加强所说的话的力量，用夸大的词语来形容事物。

在插画中使用夸张手法可以创造强大的冲击力和制造压迫感。夸张手法可以突出被画主体物的本质，或加强插画带来的某种情感，烘托气氛，引起读者的联想。

从色彩夸张方面来说，就是突出、强调、扩大被画物体色彩的特征。运用夸张的手法来强调其装饰效果，突出其本质特征，增强其情感意趣。色彩的夸张是一种绘画艺术的处理手法，它将生活真实的色彩按照能突出其物体本质的色彩的特征，根据画面的需要，加强或减弱之。

从被画主体造型夸张方面来说，可以给读者留下深刻的印象，与文案相合，可以产生强烈的视觉冲击。如图 1 所示，在文案中描述了这条鱼很大，插图与文案相结合，将鱼的造型方面进行夸张。这条鱼比日常生活中的鱼大出很多倍，游走在丛林之间，它的眼睛瞪得很大，使人感到害怕，从而启发了读者的想象力，增强了画面冲击力的效果。

图 1　Slip _ 19 **图**

当文案中使用了夸张手法，插图也可以使用夸张手法。夸张的主要作用是突出事物的本质，或加强作者的某种感情，烘托气氛，引起读者的联想。对文案和插图运用夸张手法可以引起读者丰富的想象和强烈的共鸣。在文学中，夸张是运用想象与变形，夸大事物的某些特征，写出不寻常之语。在插画中，夸张不仅仅只有色彩夸张和造型夸张，还有排版夸张和构图夸张。目的都是更好地和文案相结合，给读者带来更好的阅读享受。

2.3　排比手法

在文案中，排比手法也是常用的一种，是把结构相同或相似、意思密切相关、语气一致的词语或句子成串地排列的一种方法。用排比来说理，可达到条理分明的效果；用排比来抒情，节奏和谐，显得感情洋溢；用排比来叙事写景，能使层次清楚、描写细腻、形象生动。排比的行文有节奏感，朗朗上口，有极强的说服力，能增强文章的表达效果和气势，深化中心。

在插画中使用排比手法，是表现手法、表现语言和表现形式等方面的综合应用，它们有共同的主题、关联性的故事情节、较统一的人物形象、相接近的画风。例如，系列插画就是插画采用排比手法的典型例子。系列插画是由几幅以上在内容形式上有关联性的插画组成。系列插画因为数量场景故事化，具有一定规模，其传递的情感含义比单幅插图更强烈。

从色彩排比方面来说，可以从色相、纯度、明度 3 个方面入手。让系列插画在色彩方面有共同点，使色彩方面的风格统一。从构图和排版排比方面来说，采用相似的构图和排版，或者相反的构图和排版，可以达到整体统一的效果。如图 2 所示，在色彩、构图和排版方面都运用了排比的效果。在色彩方面都采用明度、纯度较为统一的颜色，有统一的色彩效果。被画主体物的四位人物都在画面的中间，背景采用明度相似的颜色，使画面给人整体、干净的效果。

图 2　Amit Shimoni 图

通过文案的排比写作手法，使插画的呈现方式有排比效果。当文案中有结构相同或语气相同的排比句时，可以从插画的表现手法、表现形式等方面入手，使文案与插画相呼应。将文案的排比效果和插画的排比效果相结合，可以达到内容集中、增强气势、叙事透辟、条分缕析、节奏鲜明的效果。

2.4　点题手法

点题在文案写作中起着至关重要的作用，毫不夸张地说，点题写作技法是文案的灵魂。点题具体是在文案当中最关键的地方，运用扼要语句，点明文案主旨，暗示全文的脉络层次，从而增强文案的主旨意义，使读者能更准确地把握文案所表达的中心思想。

点题的写作方式大致有篇首点题、过渡点题和篇尾点题 3 种。篇首点题，落笔入题，为文案敲定整体基调，使读者对文案主旨一目了然；过渡点题大致就是运用过渡句来对文案情节进行衔接，起着重要的纽带作用，从而使文案在跌宕起伏的情节中保持平衡；结尾点题最为常见，卒章显志是文案运用点睛之笔的频繁手法。

插画里也常有点题的手法，使插画主旨更加明确，给人产生视觉导向，让读者首先看到点题之处，增加插画的视觉冲击力。

在一张插画中，若插画文案运用到了点题手法，在对应的插画中我们可以通过色彩、构图和整体版式等角度，将点题运用到插画视觉表现上。

在色彩运用中，我们可以运用色相比例来突出点题重点。如图 3 所示，就运用到了这个原理。在色相比例上，大面积的运用黑色，而主体物降落伞运用到了红色。红色的颜色特性是较为醒目，点缀在主体物上，起到了引导视觉的作用，使读者一眼能够找到文案当中的主体物。这个方法使插画的点题之处更有视觉冲击力，为文案的点题之处增加了几分色彩。当然也可运用色彩冷暖、色彩纯度以及色彩明度等，不同程度地强调点题重点，让读者通过色彩一目了然地理解文案的主旨大意。若文案写作风格较为风趣幽默，插画中色彩可以较为丰富活泼，定下主体基调色彩；若文案故事情节较为沉闷，插画整体色调可多运用冷色来烘托气氛。

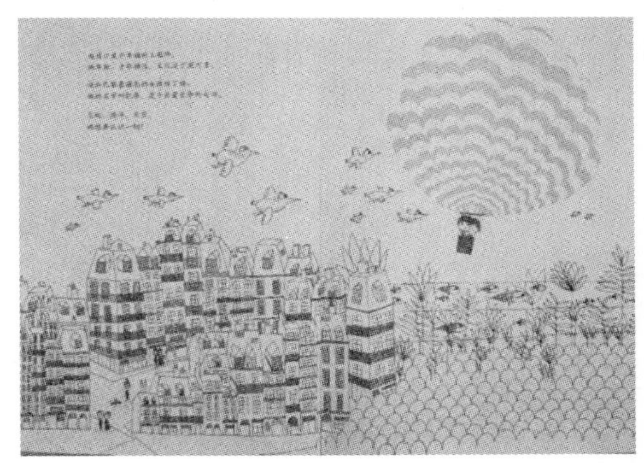

图 3　西勒图

在构图表现中，我们可以通过插画的大小比例、位置关系以及构成手法等构图手法，突出文案要表现的主题。如图 4 所示，乔 • 萨寇（Joe Sacco）的作品 PALESTINE 中强调枪的透视，将重色的枪放到整张画面的正中央，枪成为点题的重要元素。以仰视的角度来表现人物形象，并让 3 个人呈三角构图，给人一种冷酷与危机四伏的感觉。这样运用独特视角、夸张透视和巧妙运用点题元素的构图方式，使插画的主旨大意更加明确。点题是文案中画龙点睛的写作手法，相应地在插画中也是极为重要的呈现方式。在视觉上，插画第一时间给读者传达文案的主旨基调，使文案的点题之处更具有影响力。因此，在文案的点题之处，非常有必要配一张以点题方式呈现的插画。

图 4　乔·萨寇图

2.5　首尾呼应手法

在文案中首尾呼应是一种常见的写作手法。覆盖上首，互相照应。因此，首尾呼应又称对照，可以使文案结构更加紧密，内容更加完整，强调主题，加深印象，引起共鸣。

插画中的首尾呼应常见在首篇与尾篇的运用。可以使首尾篇的插画在视觉上产生“相似性”，而这个“相似性”往往就是首尾呼应手法的精髓所在。“相似性”使首尾篇插画更具有连贯性，让画面变得整体起来。

当文案运用到了首尾呼应，则插画也可以运用这种表现手法，给读者在视觉上带来较为整体的感受。从色彩角度看，首篇插画与尾篇插画在色彩冷暖、整体色调、配色方式等色彩运用中，应有共鸣，配合文案首尾呼应，达到整体统一的效果。如果篇首插画整体运用到了暖色调，篇尾插画再次运用暖色调，可以使文案的画面感连贯起来，增强整体性；从画面构成的角度来看，插画可以在首尾的画面中运用相同的辅助图形来强调两个画面的联系，从而达到呼应效果。相同的构图中不同的画面元素也是运用首尾呼应的插画技巧。构成形式是插画的骨骼，因此构成上的首尾呼应是贯穿画面整体性与连贯性的重要技巧。

2.6　衬托手法

在文案中运用“烘云托月”的手法叫作衬托，一般是以类似事物或反面事物作为陪衬来突出或渲染主体，使主体形象鲜明，文案主题突出，给人留下深刻的印象。

插画中的陪衬物往往就是运用这种手法去突出主体，使画面中的主题物特点更加突出，让画面更具张力，增强画面的主次节奏感。

当文案中利用衬托手法描写主体事物时，对应情节的插画应该运用色彩中的色相、冷暖、明度、纯度等色彩要素。画面主体物进行恰当的衬托是插画最直接、最有效的表现技法。例如主体物与陪衬物的色相相同，则利用纯度、冷暖和明度的差别来衬托主体物，就像是文案写作技法中的正衬。而利用反衬的色彩表现技法来衬托主体的方式最为常见，同时也是最出画面效果的方式，如“万绿丛中一点红”就是为了衬托花的红，利用大面积的补色绿色来做一个反衬。在衬托手法上，利用色彩是最出画面效果的方式，使读者第一时间通过色彩来感受到主体物的特点，从而增强文案中主体的画面感。

3　总结

本文从对比手法、夸张手法、排比书法、点题手法、首尾呼应手法、衬托手法 6 个方面进行了分析，增强了写作手法与插画视觉表现之间的联系，体现两者的不可分割。现如今大多的插画都是从单一的文案情节进行设计。当我们注重文案写作手法与插画视觉表现之间的联系并予以实现时，就可以给读者带来更加立体的感受，从而增加传播信息的形式美感。因此，写作手法与插画视觉表现是相辅相成、缺一不可的，这为我们以后的插画创作提供了一种新的创作思路和设计方法。

参考文献

[1] 刘欣欣. 插画设计 [M]. 北京：科学出版社，2010.

[2] 胡心怡. 插图设计 [M]. 江西：江西美术出版社，2006.

[3] 凌焕新. 写作技法初论 [J]. 常州工业技术学院学报，1988 (1)：55－58.

[4]《实用写作技法》内容简介 [J]. 办公室业务，2013 (6)：24.

[5] 徐齐. 浅析手绘插画设计的艺术表现 [J]. 美术教育研究，2018 (2)：60－61.

服务设计中的用户控制感探究

夏　凡　陶　晋

（北京科技大学，北京，100083）

摘　要：将心理学中关于控制感的研究理论引入服务设计流程的接触点设计中，研究结合服务设计的目的、原则和心理学中控制感的产生及影响，指出用户心理上的控制感在服务设计流程中的重要性。通过从无形服务和有形产品接触的实际案例分析具体提出服务设计中保护用户控制感的对策及方法，提升用户在服务流程中的心理体验。

关键词：服务设计；接触点；控制感；用户体验

1　背景

随着“互联网+”的到来，服务的智能化给作为服务接收者的用户提供了各种自由选择模式和控制方法，其给用户带来全新体验与便利的同时，也对用户的心理与认知提出了挑战。安东尼·吉登斯在其《失控的世界》中指出，人对公共生活及周围环境经常性的丧失稳定性与可靠感，而公共服务机制和系统却往往不能够提供给公众有效的、积极的支持。

从设计的角度看，当人在环境中感到不安和丧失控制感时，就会产生一系列负面情绪，这往往都是服务设计上的缺失导致的。因此，将人的心理结合服务设计在价值上已经超越了技术和单纯“物”的层面，更具有了一种人文关怀。服务设计正在朝着以人的情感体验和心理状态为背景的设计趋势发展。

2　服务设计

2.1　服务设计的相关概念

国际设计研究会指出：服务设计是从客户的角度来设置服务，其目的是确保服务界面；从用户的角度来讲，包括有用、好用以及想用；从服务提供者来讲，包括有效、高效以及与众不同。

同时，在服务设计中，直接接触用户的界面的环节即为接触点，其广义界定是指所有的沟通传达，涵盖在客户关系的生命周期中组织与客户间所有人与物理性的互动。接触点的体验环环相扣，形成系统的服务体验。

2.2　服务设计的原则

Marc Stinkhorn 提出的服务设计的五原则，是现在服务设计学科下普遍认可的理论依据。

（1）以用户为中心原则（User－Centered）：强调用户体验，在解决用户基本需求的同时，为用户打造愉悦的情感体验。

（2）共创原则（Co－Creative）：要考虑过程中的所有角色、参与者，实现多方共赢。

（3）次序性原则（Sequencing）：服务应该通过一系列相互联系、有逻辑的行为表现出来。要求服务设计把握用户的浏览路径和心理过程，进行有针对性的、有顺序的设计和引导。

（4）可视化表达原则（Evidencing）：要求在用户体验过程中的设计和服务是可以让用户感知到的，而非虚无不可感知的。

（5）整体性原则（Holistic）：在服务设计中要有系统的、全局的考虑，关注整个服务过程、所有参与角色及交易流程等。

3　控制感理论

心理学家马斯洛将人的基本需求分为了五个层次，并同时定义了先后顺序，分别是生理需要、安全需要、归属与爱的需要、尊重的需要、自我实现的需要。在后续论证中他又发现，在人类的生活环境中，安全需要是具有相当高的需求层级的。安全需要由低到高可以分为 3 个层次，依次是确定感、安全感、控制感。个体对于安全需求的最高层次是对其有控制感，所以在服务环节的设计上，控制感成为评判当前用户体验心理是否处在安全状态的重要指标。

美国心理学家罗特（J. B. Rotter）提出控制点理论，是指在追求目标的过程中，基于面临许多问题情境时的经验，个体会发展出如何对情境做出最佳的建构的类化的预期或态度，并把内—外控制的类化预期叫作控制点。这个理论之后演变为控制感的普遍心理学定义，即个体相信自己能够影响事件进行而获得所期望结果的程度。

3.1　控制感的相关实验

美国心理学家 Marting Seligman（1967）提出习得性无助的概念，并先后进行了两组实验，证实人会产生一种叫作失去控制感的心理状态。实验结果表明，在第一次实验中，因无论怎么努力都无法控制噪音而产生无助感的受试者，因之前产生了各种消极情绪，便很难完成接下来第二次实验的控制噪音任务，这样的心理状态称之为习得性无助。这个概念表达人类对于环境及自我失去控制感后产生的无助、失望甚至愤怒的消极后果。具体将习得性无助引入服务流程中，是指在服务中的接触点受到持续的失败或受挫会令用户失去控制感，产生无助、失望、愤怒甚至放弃操作等不良的服务体验。

社会心理学家 E. J. Langer 和 J. Rodin（1967）为了研究控制感在服务中对人身体的影响而进行了养老院实验。实验结果表明，对于自己接收照顾或服务有一定范围的选择与控制机会的老人更能表现出活力和快乐，18 个月后的死亡率也更低。他们由此得出结论：保护个人的控制感可以增强个体的健康程度和幸福感。Luck 等科学家（1999）把一些准备做结肠镜检查的病人随机分成两组：一组在手术前观看了关于手术信息的视频，另一组没有。结果表明，观看视频的病人比没有看的术前焦虑更低，伤口也愈合得更快。因此在服务设计接触点中，保护个体控制感可以在一定程度上给用户带来心理状态的健康，进而改进个人的身体健康，增强用户的主观幸福感受。

3.2 控制感丧失后的状态与反应

根据实验及相关理论的论证发现，人在丧失安全感时会出现如下反应行为或心理状态。

（1）渴望获取信息反馈与主动进行信息搜集：当用户发现自己正处于失控状态时，最先的反应就是期望能够得到反馈或者足够多的信息，以便能够对当前所处的场景有个充分的认识。同时，根据个体差异，也会对环境更加敏感和不能理智地去判断所获得的信息的情况。

（2）加剧困境反应或产生反作用：当人们面对意料之外的困境发生失控现象时，更倾向于对事件做出否定的反应，并产生排斥与愤怒。上述实验说明，失控状态下不仅会影响个体的操作水平，而且还会让人感觉很多不舒适的生理症状。

（3）产生绝望和无助情绪：随着控制感的缺失程度加强，人想逃避和放弃的趋势越强，当人们努力地改变对自己不利的境遇却没有获得成功时，就常常会产生绝望和无助，也就会停止努力。绝望的个体基本上是肯定了自己的失败从而放弃了一切的努力，而不是像反作用那样产生愤怒，试图摆脱困境。

3.3 控制错觉的产生

人对控制感的判断往往也会有误差，很多时候会高估自己对事件的控制程度，而低估机运或不可控制因素在事件发展过程及其结果上所扮演的角色，所以会产生控制错觉。这种情况在日常生活中无处不在。例如在掷骰子游戏时，我们会很认真地做一些仪式性的动作（如揉手、用力、吹气等），以此来期待自己可以控制这个结果，实际上无任何效果，但却能够给自己足够正向和积极的心理状态。

因此，无论是控制感还是控制错觉，拥有控制感都可以帮助打破对陌生的恐惧和迷茫，激发自己主动调试以适应陌生事物，从而提升操作中的效率和准确性，将未知和不可控因素转化为熟知、可控、可胜任的工具。

4 控制感对服务设计中用户体验的影响

4.1 影响用户对服务接触点的意图认知

服务设计中接触点往往会有清晰的流程指向性，能够指示用户完整地体验整个流程。当服务接触点指向设计不明时，就会导致用户对接受服务的目的产生置疑或者抗拒，参与过程中也会产生不可控的心理状态，从而影响整个服务设计流程的体验。图 1 和图 2 是某城市的智能便民系统，安放在公交车站供市民使用。按其说明来看，该设备具有多个功能，但功能阐述上仅仅展示了能为民众带来的众多好处，却没有清晰地说明使用流程。该系统上线之后，很多用户前去尝试时不能掌控该服务系统使用后果。其显示功能的设置仅仅为几个按钮，很难预期触发后的结果。该系统最终长期闲置，成为广告粘贴处，造成了资源的严重浪费。

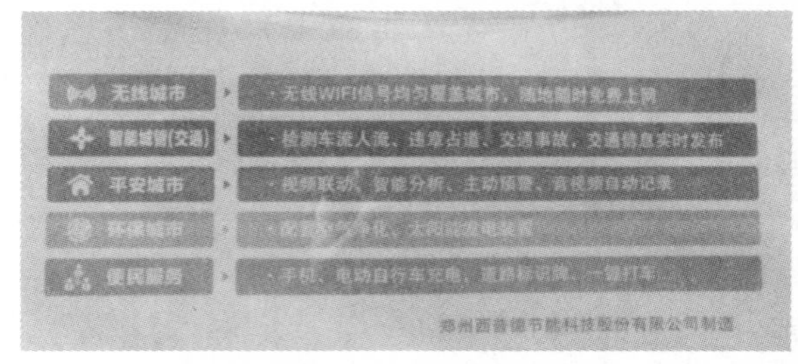

图 1 智慧系统功能说明

图 2 智慧系统安装位置及按钮示意

4.2 会影响用户在整个服务流程中的情绪

由前述实验可知，控制感的缺乏会使用户产生失望、愤怒等负面体验，且持续时间也会很长；同时服务是系统的，环环相扣，接触点之间也会互相影响。例如旅游服务是典型的服务设计场景，当下智慧旅游大肆宣传，多个景区都以智能化手段增加了旅游服务设计的接触点。然而实际上，旅游主线仍然是游览观光，如果这些接触点设计不科学，影响到了主线流程，就会有悖于服务设计的目标，反而因失控产生负面情绪。如图 3 所示是张家界知名景点处设置的智能拍照服务点，它占据的是观景的最好位置，意图是服务用户拍照，提高效率。但实际上其外观不仅与整个景区氛围设计严重不和谐，还造成了严重拥堵，在服务流程上也影响了无拍照需求的用户正常观景。当用户主要流程的目标受到干扰，拥堵在此时无法解决，同时对于后续的进程发展不能控制时，就会产生负面情绪，对整个旅游的心情造成影响。

图 3　张家界景区内某拍照服务点

4.3　会影响用户在服务接触点的行为

研究控制感理论的心理学家 Seligman Beagley（1975）认为，当人们暴露在一个无法获得系统性反馈的环境中时，人们会逐渐变得冷淡、抑郁并很难继续学习产生新的反应。因此，当人持续处于无控制感的状态时，往往会降低学习能力，行为上迟缓甚至排斥。同时由于负面情绪的影响，也无法产生对当下任务的兴趣。如图 4 所示是在银行办理贷款买房的服务体验旅程图。在绘制旅程图时发现，用户一共在 11 处接触点中产生了失去控制感的心理状态，并且直接影响其接受下一步服务任务的学习和完成任务的信心，很多用户因为无法继续学习办理流程产生了放弃的行为。而实际上，其本身是具有学习能力的。这就说明，服务流程的设计烦琐或不合理会带给用户心理控制感的缺失，进而影响到用户每个环节的行为。

同时，诺曼曾指出，控制感能给用户带来积极的情感体验，能够激励人更加主动地尝试新事物。增加控制感，在一定程度也能加强用户的学习能力，产生一系列推进服务流程的正向行为。可以说，控制感是用户行为的驱动力。

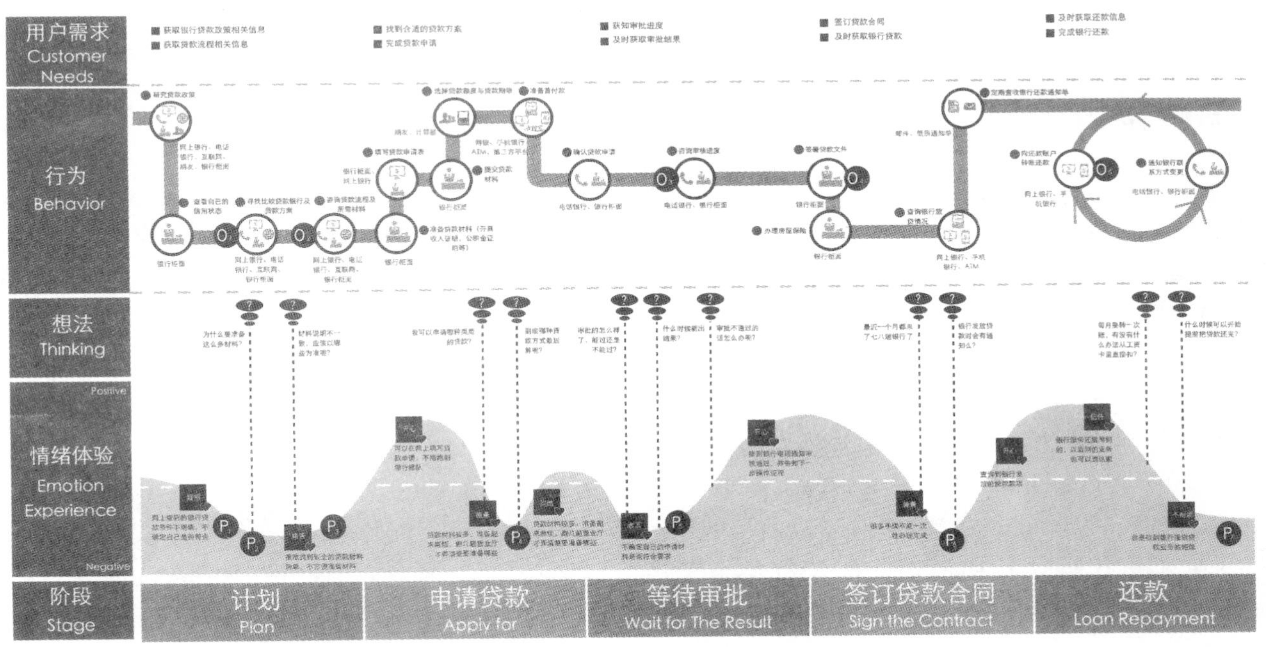

图 4　向银行申请贷款买房的服务流程用户体验旅程图

5　服务设计中用户控制感的保护

根据服务设计的原则及概念，好的服务设计时能够以人为出发点；满足系统性的同时具有次序性；服务接触点能给用户有形的感知，且服务设计过程能够与用户共创体验的特征。因此，笔者通过结合大量服务设计案例，利用以上原则，加深对心理学控制感理论的深入，提出对应的保护控制感的对策。

5.1 获取控制感的基础——设计符合用户心智模型和通用能力的服务触点

服务设计的首要原则是以用户为出发点进行设计，在心理上加强控制感是指服务设计要符合用户的心理模型，唐纳德・A. 诺曼的《设计心理学》著作中提出了 3 个模型：心理模型、实现模型、系统模型。心理模型是依托于用户已有的知识和使用经验的一种对产品的基本形态的一个概念。用户心理模型的建立主要依托于日常的经验积累或者用户的期望。控制感如此重要，其实就是因为保护用户的控制感的本质就是尊重和使用用户在日常生活中的经验和期望。要求系统模型与用户的心理模型匹配其实也是要使最终呈现给用户的产品能够符合用户的期望，尊重用户的经验，最大限度地减少用户的学习、记忆、认知方面的负担，同时也最大限度地给用户创造成功的体验，增强用户的控制感。

在具体接触点功能的呈现形式上要注意以下几点。

（1）可识别性：人的感觉、知觉是有阈限的，超出阈值必定会产生控制感的缺失，所以在设计上应该考虑通用服务人群的感知觉阈值。

（2）可辨别性：不同人的知觉能力存在差别阈限，应考虑通用人群的学习认知能力。

（3）标准化：信息呈现（如文字、符号）或者人工服务的指示（如讲解、手势）必须保证能够被用户理解，符合常用的意义认知，并且概念上要在整个服务流程中统一且保持一致。

5.2 释放用户控制感的前提——呈现系统的服务流程和合理的信息架构

服务设计的最大特点是系统性。系统性的打造前提是信息构架的合理。信息架构是沟通产品、服务和用户认知之间的纽带，能够影响系统组织，导航、信息分类的结构，是信息表达的载体。服务设计直接影响着产品功能的可用性和信息的可寻性，以及怎样的逻辑展现在用户面前以方便用户的获取，进而影响用户对整个服务流程及服务目标的认知。

图 5　信息架构与用户控制感的关系示意

随着智能化服务的发展，系统的服务流程与合理的信息架构可以以不同的手段来呈现给用户，以加强用户的感知和系统控制感。图 6 是交通银行的远程柜员自助服务系统——ITM，其使用清晰的智能动态语音指示代替了原有的平面图形指示。一方面，有智能化信息引导；另一方面，远程柜员也在适时出现引导服务，能够让用户迅速获得整个系统服务的目标，以及每一步的操作流程；同时减少了用户误操作，大幅度提升了用户对产品的控制感，进而实现了在银行服务系统中智能化接触点服务的准确性与高效性，如图 7 所示。整体信息构架流程由智能人工语音配合图像呈现给用户，每一步都有清晰的引导，学习成本很低。图 8 为阿里巴巴智慧自助式点菜系统，桌面上的信息呈现，服务用户用餐的心智模型，图文并茂的清晰指示，学习成本很低，服务系统的预期也很明确，整体点菜、催单、买单一气呵成，让用户具有很强的自主控制性。

图 6　交通银行远程柜员自助服务系统：ITM

图 7　远程柜员引导用户进行服务

图 8　阿里巴巴智慧自助式点菜系统

5.3 加强用户控制感的途径——给予用户更多信息或资源

根据上文控制感缺失的反应论述，当用户缺失控制感时，首要反应是渴望信息反馈与主动进行信息搜集来补充控制感。诺曼也在其《情感化设计》一书中写道：“良好的反馈能够让用户时刻感觉产品的工作进度在其掌控之中，这在主观上会给用户带来很强的控制感，任务进行到什么程度，用户都十分清楚，这就是优越的用户体验。”因此，在服务设计流程中，需要给用户提供更多的服务信息与有形反馈，使得用户增加控制感。图9是为广泛应用的公共场所的智能取叫号系统。用户可以随时知晓排队人数，预知等候时间，线上线下同时排队，掌控服务全局，同时也减少人工服务。

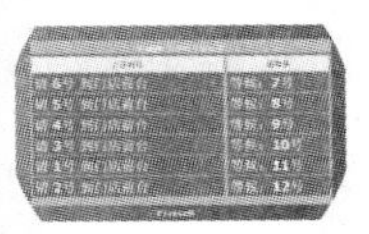

线上线下　同时排队　　全程智能提醒与叫号　　多种排队个性化设置

图9　智能取叫号系统

此外，充分的有形反馈还包括在服务接触点的行为触发后能够告知用户后果，给用户反悔机会，用户往往因为种种原因或者无意识地会做出一些损害自身利益或系统安全的行为，从而用户在控制时会产生畏惧、焦虑等负面心理状况。因此，在服务设计接触点时要充分告知用户后果，当用户对行为后果有足够多的认知时，失控情绪就能够减轻。

5.4 改变用户失控的感知——化失控点为趣味化体验点

当了解到服务流程不可避免地会出现让用户失控的场景时，可以利用共创设计的方法进行设计，创新服务接触点，将不安全的体验感知转变为新奇的体验。因此，除了恰当明确的指示之外，还可以丰富多样地控制交互体验，给用户带来娱乐的情感化体验，以消除用户的失控感情绪。图10是一款游戏Pokémon Go，有地区将这款游戏作为旅游服务流程的一个环节，与用户共同设计环节，目的是减少旅游过程中排队的拥堵，利用线上线下的服务结合，以游戏的形式智能化引流人群，让用户主动脱离出失控的场景去参与游戏；同时也将失控点转变为有意思的体验环节。

图10　Pokémon Go游戏在公共服务场所中的应用

同样，图11也是利用等待时间的小游戏street pong，设置在等待红灯时打发无聊的时光，在减少焦虑感的同时也能让用户掌控时间概念，其整个游戏时间就是红灯的时间，让枯燥的时间变的有意思的同时掌控所处的状态。

图11　street pong等红灯游戏

5.5 利用用户控制错觉——设置多元反馈系统，共创设计迭代体验

控制错觉的利用无处不在，如电梯制造商为了提高电梯的安全性，需要把人的可控性降到最低。因为当电梯出现问题的时候，频繁的开/关是非常危险的，所以大多数电梯设计了一个闭合的系统，尽可能自动控制，以提高安全性。以此为考虑，关门键是一个没有功能意义的按钮。无论按或是不按，电梯都会在固定的时间关门。其实是给用户带来控制错觉，消除疑惑或恐惧的方式。

控制错觉利用在服务设计流程中很重要的一点就是设置服务反馈与投诉系统，提供给用户直接与服务提供者的交流和能够让自己“发号施令”的渠道。反馈系统一方面能作为服务共创设计的依据，促进迭代服务体验；另一方面反馈系统本身也是利用控制错觉提升用户心理的安全感知，而且反馈系统的即时反馈越好，控制错觉就会越高，用户的积极情绪也就越好，便会产生一系列正向积极的行为。巧妙地利用好用户的控制错觉设置相应的服务接触点，能够成为服务体验的加分项。

6 结语

在服务经济时代，产品与服务已经融为一体、服务设计是一个系统的解决方案，包括服务模式、商业模式、产品平台和交互界面的一体化设计。而控制感的状态作为用户体验的心理状态的衡量标准，在服务设计流程中具有重要的作用，用户通过不断获得成功体验建立对服务流程的控制感，进而获得良好的服务体验。可以预见，未来服务设计的发展将更为成熟，人工智能技术也将唤醒万物，真正实现服务设计以人为本的情感目标。

参考文献

[1] Andy Polaine，Lovlie Reason. 服务设计与创新实践［M］. 王国胜，张盈盈，付美平，赵芳，译. 北京：清华大学出版社，2015.

[2] 罗仕鉴，朱上上. 服务设计［M］. 北京：机械工业出版社，2011.

[3] Brigman K. Defining Customer Touchpoints［J］. Retrieved Mar，2010：24，

[4] 雅各布·施耐德，马克·斯迪克多恩. 服务设计思维［M］. 郑军荣，译. 南昌：江西美术出版社，2015.

[5] 潘仲君，阎力. 从概念界定角度看控制感研究中的问题［J］. 社会心理科学，2008（6）：29－30，77.

[6] 柳沙. 设计心理学［M］. 上海：上海人民美术出版社，2013.

[7] Marting Seligman. 习得性无助［M］. 戴俊毅，屠筱青，译. 北京：机械工业出版社，2011.

[8] 李铁萌，侯文军，陈冬庆. 对移动互联网产品交互设计中控制感的研究［J］. 北京邮电大学学报（社会科学版），2014（4）：7－11.

[9] Myears D G. 社会心理学［M］. 8版. 侯玉波，乐安国，张智勇，等，译. 北京：人民邮电出版社，2009.

[10] 唐纳德·A. 诺曼. 情感化设计［M］. 付秋芳，程进三，译. 北京：电子工业出版社，2005.

[11] 唐纳德·A. 诺曼. 设计心理学［M］. 梅琼，译. 北京：中信出版社，2007.

IPTV/OTT用户体验量化指标体系研究

肖 冬 毛义梅

（华为技术有限公司武汉研究所，湖北武汉，430000）

摘 要：从语音时代到黑白标清、高清，再到当前的超清、4K、VR/AR，视频的体验需求远未被满足。随着IPTV/OTT的不断发展，逐步把用户拉回客厅，消费群体也逐渐年轻化。大视频时代正在来临，身处用户体验设计行业，如何打造极致视频体验？只靠修改一两个问题并不能很好地解决本质问题。产品体验提升的核心是要能体验量化，通过体验量化从大局了解当前产品体验的现状及存在的短板，并设定对应体验提升目标及策略，为后续体验提升工作奠定基础。本文从模型的选择、体验地图梳理、体验指标梳理、确定体验指标权重、量化评测体系构建、量化评测体系模型验证和应用实践7个方面介绍构建IPTV/OTT产品体验量化评测体系的整体思路。

关键词：体验指标；体验量化；体验评测；用户体验地图；体验模型；大视频；IPTV；OTT

1 研究背景

当传统话音和数据时代逐渐走远，视频成为人们生活中不可或缺的一部分，随着4G的成熟、5G的逐步来临、百兆宽带的普及，大视频时代也正在来临。迎接大视频时代，如何为我们的用户打造极致视频体验、帮助我们的客户商业成功是华为多年来一直探索的研究课题。

打造极致视频体验不仅仅是一句口号，如何打造？当前产品体验处于一个怎样的水平？与周边的竞品对比又是怎样？当前产品体验上的短板是什么？我们接下来努力的方向是什么？下一个阶段的体验目标又是什么？要想回答这些问题只有量化产品体验。沿着如何量化IPTV/OTT视频体验，我们展开了对应的研究。

业界量化体验的方法大体可以分为以下3类。

（1）用户体验调研：这种方式耗时耗力，周期一般较长，但相对准确。

（2）数据埋点：这种方式对IT系统要求较高，并且只能得到数据的变化，但背后的原因需要进一步调研得知。

（3）专家启发式评估：这种方式后期操作相对简单，并且在评测过程中可以很好挖掘当前产品的可用性问题，但前期需要大量的体验调研梳理指标体系及权重作为重要依据，以确保结果的可靠性。

本文研究采用第三种方式，梳理出IPTV/

OTT 量化指标体系，在全国 20+局点成功实践并指导产品体验提升。

2 研究过程

2.1 选择或构建体验模型

合适的体验模型如同树干决定树枝发展方向，并将盘根错杂的末梢连接起来。选择构建体验模型需要明确以下几点：

（1）评估对象产品类型。不同体验模型适用不同产品类型。

（2）评估目的。是获得产品可用性问题还是量化产品体验好坏。

（3）评估方法是否具备可对比性。此处对比性包含两层含义：第一，量化评估，最终得到的分值代表水平是什么，是否可用优良中差等级来衡量？第二，该方法是否可用来作为同类竞品间对比分析？以 IPTV 为例，不同省份的 IPTV 产品，因环境、市场空间、人文地理、消费习惯等差异，用户关注的体验点各不相同，所选的体验模型能否找到平衡点？

2.1.1 业界 33 个体验模型和标准

以下是收集整理的业界 33 个体验模型、标准，使用场景和可评估对象，见表 1。

表 1 体验模型

模型分类	模型名字	适用场景	评估方法	评估对象
ISO 体验相关的指标介绍	Guidanceon usability9241－11	产品可用性体验/交互体验/产品设计流程/产品生命周期评估	无	软件产品
	Software product quality model9126－1	评估软件质量	无	软件产品
	TR Quality in use9126－4	评估软件使用体验质量	问卷＋工作坊	软件产品
学界、业界用户体验度量	软件的用户体验 Adriaan Fenwick	软件的用户体验，无细分指标与测量	无	软件产品
	定量分析用户体验 Robert Rubinoff	网站品牌间比较及竞品分析评估	标准化问卷（20 个陈述）	网站
	用户体验蜂巢 Peter Morville	适用于 2B 或 2C 结合商业视角	启发式的访谈、问卷调查	软件、硬件
	可用性测试维度 Jakob Nielsen	模型关注了可用性方面的测试：测试原型以及迭代中自测/测试上线产品/测试新旧版区别/分析竞品	启发式的访谈、问卷调查	网站
	SUS 系统可用性量表	针对具有相似任务的不同设计而进行的可用性对比，用在可用性测试结束后的主观评估体系	标准化问卷（10 个陈述）	软件
	USE 有效性、满意度和易用性问卷	标准的心理测量法（大量最初题库，因子分析，计算阿尔法系数，迭代开发）	标准化问卷（30 个陈述）	软件产品
	WAMMI 问卷测试	适用于对于网站设计的评估	标准化问卷（20 个陈述）	网站
国内公司用户体验维度模型	腾讯产品可用性设计评审准则	产品可用性评估	评分表	腾讯产品
	腾讯产品策略体验分类	2C 产品运营情况评估	评分表	腾讯产品
	网易产品用户体验质量的模糊评价	产品可用性评估	问卷/系统数据/专家数据	产品
	淘宝网用户高阶体验维度与指标	产品运营评估	定量数据跟踪	电商网站
国外公司用户体验维度模型	IBM PSSUQ 整体评估可用性问卷	评估计算机系统或应用程序所感知的满意度	标准化问卷（16 个陈述）	软件产品
	Google HEART	对特定项目或者功能进行评估，定性与定量相结合	日志与问卷	产品模块
	Microsoft Usability Guideline	为网站可用性提供了评估维度，强调中等用户	标准化与问卷	微软产品
	Facebook	社交网站的评估体系典范	未公开	社交网站
	Vodafone Australia UX living Guideline	产品或网站视觉质量标准　着	无标准化方法	自有网站

2.1.2 IPTV/OTT 体验模型的选取标准

我们把以上 33 个模型根据其从理论到应用的衍生程度划分为 3 个层级，见表 2。

表 2 体验模型层级

理论模型层级	模型名字	评测维度
第一层级（ISO 国际标准属于公认的最高理论标准）	Guidance on usability9241－11	有效性、效率、满意度
	Software product quality model9126－1	功能、可靠性、可用性、效率、维护性、可移植性
	DTR Quality in use9126－4	功能、可靠性、易用性、效率、维护性、可移植性
第二层级（基于 ISO 进一步衍生的用户体验理论模型）	软件的用户体验 Adriaan Fenwick	功能、可用性
	定量分析用户体验 Robert Rubinoff	品牌、可用性、功能、内容
	用户体验蜂巢 Peter Morville（web3.0）	有用性、渴望度、可访问、交互性、智能性、可靠性、易查找、可用性
	可用性测试维度 Jakob Nielsen	5E 模型（有效性、效率、吸引力、易学性、容错性）
第三层级（基于第一和第二层级进一步衍生的具体问卷、量表或评价准则）	SUS 系统可用性量表	
	USE 有效性、满意度和易用性问卷	
	WAMMI 问卷测试	
	腾讯产品可用性设计评审准则	
	腾讯产品策略体验分类	
	网易产品用户体验质量的模糊评价	
	淘宝网用户高阶体验维度与指标	
	IBM PSSUQ 整体评估可用性问卷	
	Google HEART	
	Microsoft Usability Guideline	
	Facebook	
	Vodafone Australia UX living Guideline	

理论模型越往应用的方向衍生，适用场景就越具体，对应的体验适用条件约束也就越多，如果产品形态吻合度较低则不具备可适用性。IPTV/OTT 产品在第三层级中没有类似吻合的产品，所以我们把理论模型的选取聚焦在第一层级和第二层级。

（1）“可用性测试维度 Jakob Nielsen”其实是从另一个角度进一步解释“Guidance on usability9241－11”，里面的主观满意度展开为“吸引力”“易学性”及“容错性”。

（2）“Software product quality model9126－1”中提及的“可移植性”不适用于 IPTV/OTT 产品。“可维护性”也是针对 IPTV/OTT 企业而言，而非最终消费者用户。

（3）“定量分析用户体验 Robert Rubinoff”与“用户体验蜂巢 Peter Morville”相比，“蜂巢模型”包含的内容更全面丰富，也更贴近 IPTV/OTT 产品，如可靠性、可访问性、智能性等都是 IPTV/OTT 体验及其重要的组成部分。

综上所述，我们选择“蜂巢模型”和软件产品的“可用性 5E 模型”来指导视频体验指标的进一步研究。

2.1.3 已选取模型介绍及应用思路

（1）模型介绍：将用户体验的“蜂巢模型”及“可用性 5E 模型”作为视频体验量化原则的标尺。其中，“蜂巢模型”中涉及“智能性”和“交互性”是在 Web3.0 时提及补充的。“蜂巢模型”的具体维度如图 1 所示，“可用性 5E 模型”的维度项如图 2 所示。

（2）应用思路：以上模型提供了体验评测应遵循的原则及方向，在后期体系梳理过程中，需具体细化，每个原则需对应具体的评测问题，这些评测问题必须结合用户产品体验接触点。通过产品用户生命周期模型的各个环节触点对体验效果进行量化评估。具体流程如图 3 所示。

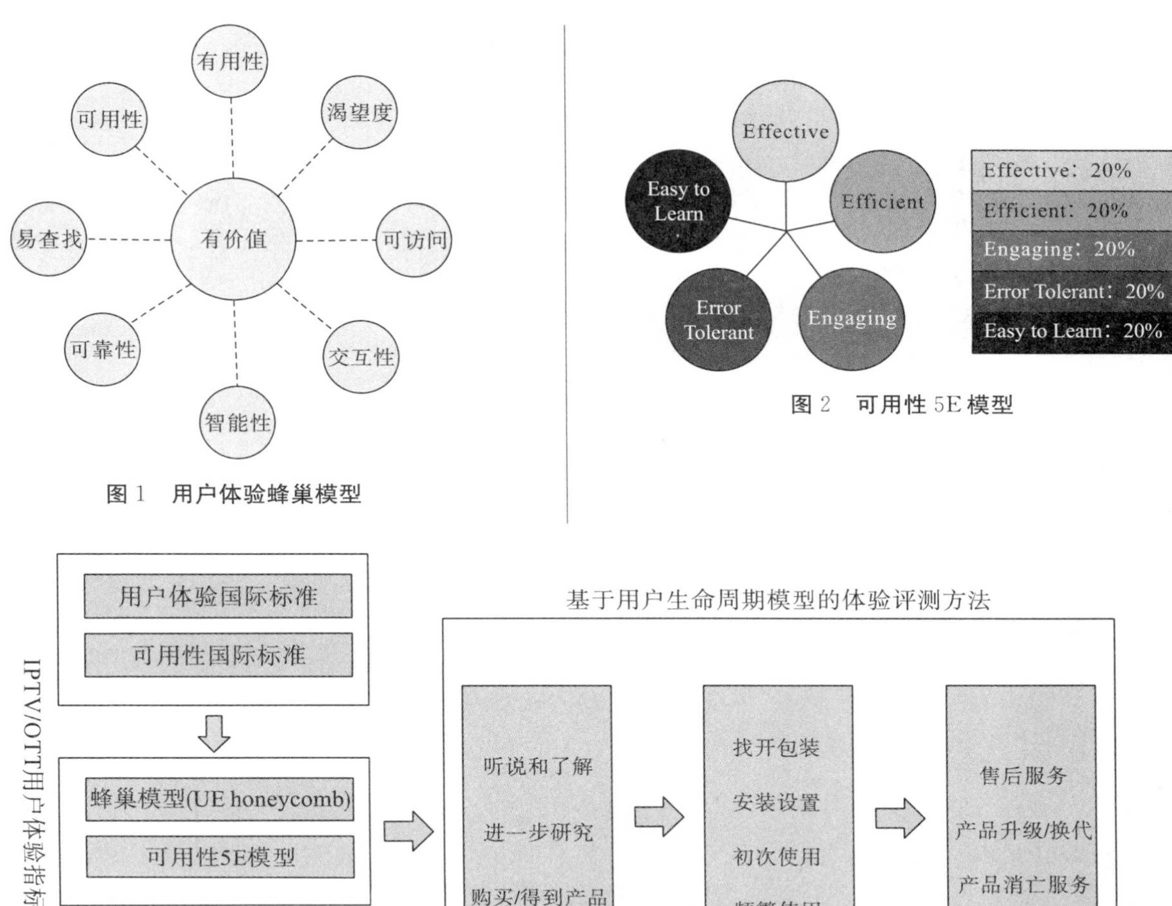

图 1 用户体验蜂巢模型

图 2 可用性 5E 模型

图 3 IPTV/OTT 用户体验指标体系构建流程

2.2 梳理 IPTV/OTT 用户体验地图体验触点

用户体验地图是通过画一张图，讲一个故事的方式，从一个特定用户的角度出发，记录其与产品初次接触、深度使用、互动的完整过程。把用户从接触产品服务开始，到达成自己的任务目标为止，整个流程画个坐标图。其中，横轴是用户的使用路径与触点；纵轴可以是各触点的分类，也可以是用户的情绪，具体以产品研究目标确定。按照以上方式我们以 IPTV/OTT 产品为例梳理出用户体验地图触点，如图 4 所示。

（1）用户进入运营商营业厅，业务员向用户介绍 IPTV 产品相关信息（营销服务）。

（2）业务员向用户演示产品，在此过程中，用户初次体验到了产品的界面、功能、交互。

（3）用户购买产品后，拿到产品，看到产品的包装。

（4）签订相关协议后，预约师傅上门安装，并教会用户使用（安装体验）。

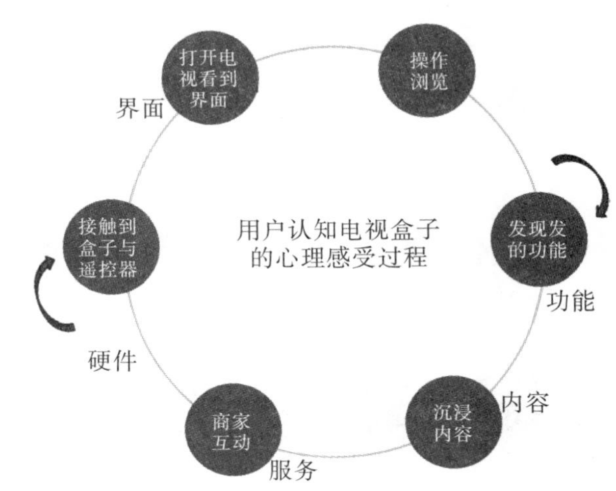

图 4 IPTV 产品用户体验地图

（5）用户深入体验产品（产品使用体验）。

（6）产品后期使用过程中，发生故障，从报修到售后维修师傅上门解决故障（维护体验）。

从上述体验地图总结出 IPTV/OTT 产品具备七大触点：硬件、界面、操作、功能、内容、性能、服务。后续围绕以上七大维度，进一步细化。

2.3 细化 IPTV/OTT 用户体验评测指标

2.3.1 细化七大维度，梳理二级评测维度

根据梳理的 IPTV/OTT 产品七大体验触点，每个触点结合上述选取的“Web3.0 蜂巢模型”和“5E 模型”所提供的体验原则，细化每个评测大维度（本文主要是介绍思路，细化指标不便于展示），如图 5 所示。

通过用户调研对这些体验指标体系进行验证、精简体验指标项，从而形成该产品用户体验生命周期的体验评测指标体系。该体验评测指标体系在实践评测应用中不断迭代完善，从而形成客观性能指标项 73 项，主观体验指标项 114 项。具体如图 6 所示。

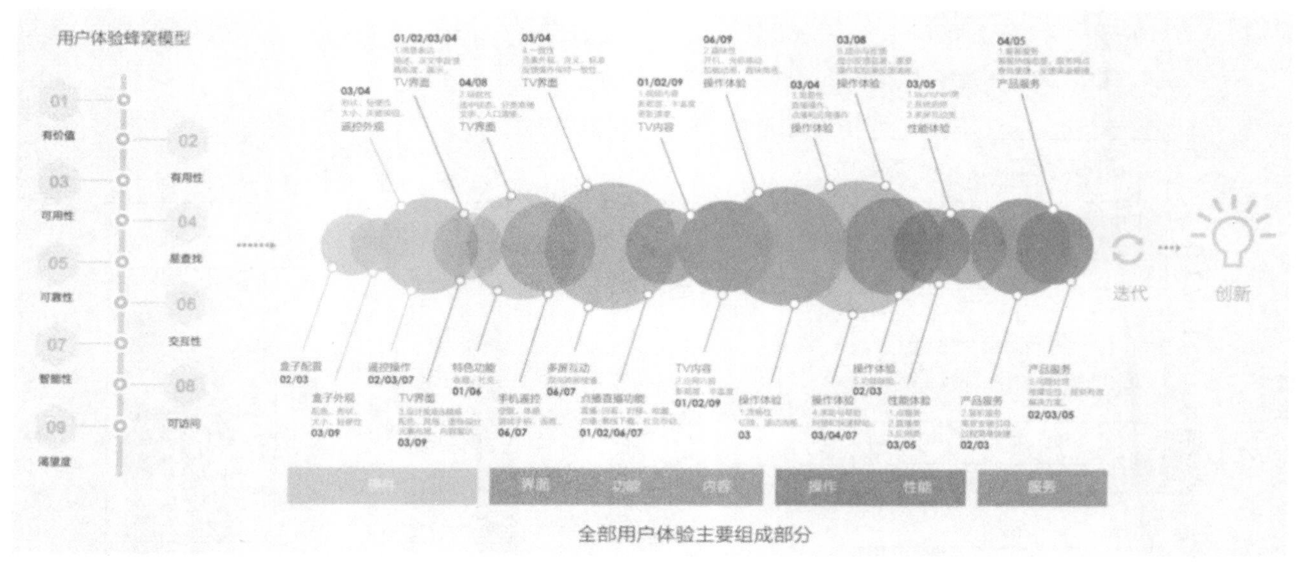

图 5 IPTV 产品用户体验主要组成部分

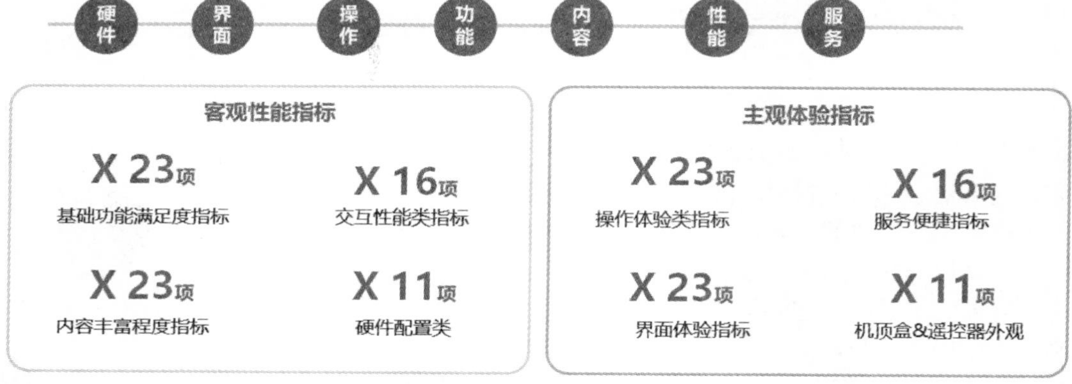

图 6 IPTV 产品用户体验指标体系

如何细化每个维度？以界面维度为例，界面包含以下考察点。

（1）导航性：产品整体信息架构，导航分类是否清晰，是否有助于用户了解及进入产品相应功能模块。

（2）美观度：界面的配色、图标设计、信息排版等是否美观。

（3）信息表达：是否使用了用户语言，能让用户通俗易懂，界面图标是否简洁明了。

（4）一致性：整个产品不同功能模块，不同界面视觉风格，主体操作方式等是否一致。

2.3.2 验证评测维度的可对比性

前面已提到，最终构建的体验评测体系需具备可比性，这样才能更好地进行竞品对比分析。对已有的评测维度进行分类，将有固定标准值做参考的以及实实在在存在、不受评测人员、不受地域等其他外在因素影响的维度分离成客观维度，其他的作为主观评测维度。因此，将内容、性能、功能有无

3 个维度划分到客观评测维度，界面、服务、功能好坏、硬件划分成主观评测维度。

主客观评测维度划分后，针对客观评测维度，确定标准值，设定评分规则。而主观维度受评测人员自身对体验的理解影响较大，同一产品由不同评测人员来评测得到的结果可能完全不相同，如不做校正，主观评测项的可对比性需建立在评测人员相同的前提下。为了让主观评测维度评测结果具备可对比性，做了以下一些限制：

（1）主观评测人员数量上至少要满足 5 个人。

（2）主观评测人员在评测前需鉴定其体验知识级别。

（3）对各评测人员的评测得分利用“基于权重的德尔菲”算法进行计算。

基于权重的德尔菲算法原本是企业运营效率评估模型，但其理论及原理与本模型特别相近，因此我们借鉴该算法对各评测人员的主观评测得分进行汇总。该算法假设有 h 位专家组成评价小组对某问题进行评价，考虑各参评专家学识水平、经验等差异，因此对各类专家赋予一定的权重。预先分析设计出 p 道于评价问题相关的若干子指标，每个评估专家根据对这些指标的了解程度进行打分，按照非常熟悉、熟悉、有所了解、了解较少、不了解依次给自己打 9 分、7 分、5 分、3 分、1 分。设第 i 个评估员对第 p 个子指标的认识程度分值为 f_{ip}。同时让各位评估员对各子指标重要性进行打分，权重值在［0，1］区间，记第 i 名评估员给予第 p 个子指标的权重值为 K_{ip}，第 i 名评估员对所有子指标的权重和为 1，则指标相对于评价问题的重要性权重为：$K_p=\sum_{i=1}^{h}K_{ip}(i=1,2,\cdots,h;p=1,2,\cdots,l)$。专家 i 对主问题认知水平的总分值 $f_i=\sum_{p=1}^{l}(f_{ip}<K_{ip})$，专家 i 的权重 $W_i=f_i/\sum_{i=1}^{k}f_i$，则 h 名专家评估，权重为 $[W_1,W_2,\cdots,W_h]$，各指标评价结果为 $[D_{i1},D_{i2},\cdots,D_{ip}]$。

（4）引入权重：对每个评测维度设定一个权重，最后得分依据权重进行加权求和，以此弱化因评测人员带来的结果偏移。

2.3.3　将评测维度具体化成问题

因最终参与评测的不一定是了解业务的人员，也不一定是从事体验相关工作的人员，因此需将各评测维度拆分成多个具体的评测问题，且问题描述必须通俗易懂，避免使用专业术语。一个维度拆分成多个问题，一方面便于评测人员理解，另一方面可避免笼统评分。例如想评测搜索功能的好坏，错误评测问题：您认为该产品的搜索功能如何？此处就将搜索功能各方面的笼统成一个问题，评测人员将陷入困惑，究竟是评测搜索结果准确性，还是评测搜索操作的便捷性？正确问题拆分应为：①搜索功能是否容易到达？②搜索关键词输入法是否便捷？③搜索结果是否符合期望？④搜索结果呈现是否清晰明了？

2.4　确定体验指标权重

2.4.1　研究方法

对以上梳理出来的用户体验指标体系设置合理的问卷，通过用户体验调研的方式得出各体验指标的重要性权重。

权重的设置是指标体系构建最为重要的一个环节，当前国内外对指标体系的综合评价，通常采用权重加权法，我们要求用户对各个指标重要性程度进行评分，以此作为权重计算的依据，如图 7 所示。

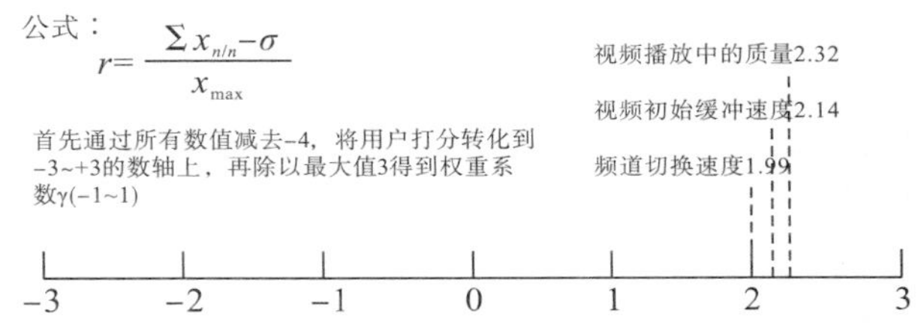

图 7　用户体验指标权重计算公式

2.4.2　IPTV/OTT 产品体验指标权重确定

通过对 1200 多位用户的问卷调研、40 多场 Workshop，对视频体验指标进行权重分析，最终得到以下视频体验指标重要性排序。

七大维度：用户普遍认为性能、内容、交互的重要性远大于其他维度，如图 8 所示。

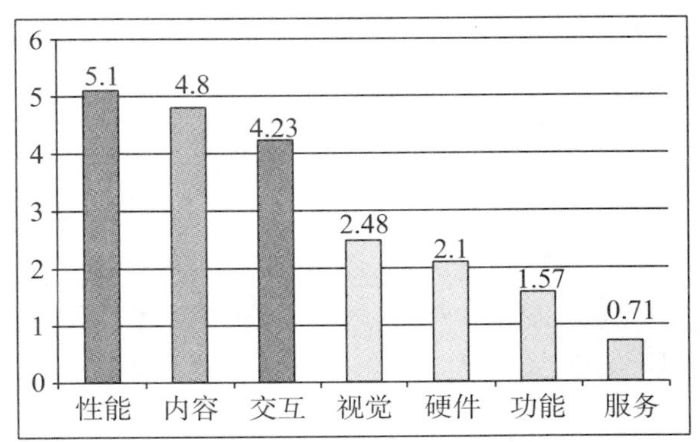

图 8　IPTV 产品七大维度体验权重

Kendall's W 系数（评定者一致性信度）非常高（0.632），即用户选择态度的一致性非常高，且非常可信（0.000）。

（1）性能体验指标权重排序（图 9）。

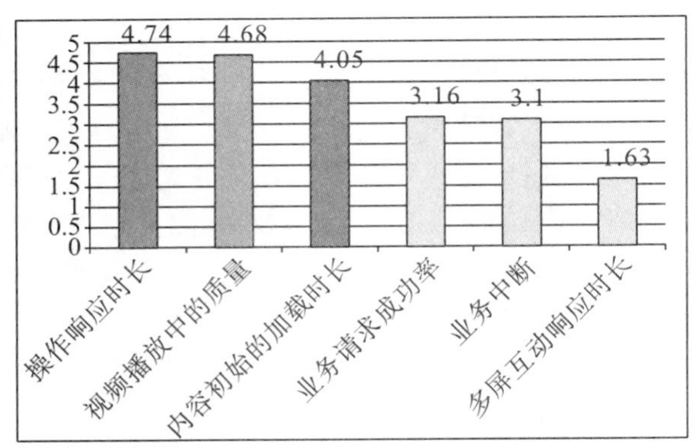

图 9　IPTV 产品性能维度体验权重

Kendall's *W* 系数（评定者一致性信度）较高（0.374），即用户选择态度的一致性非常高，且非常可信（0.000）。

（2）内容体验指标权重排序（图 10）。

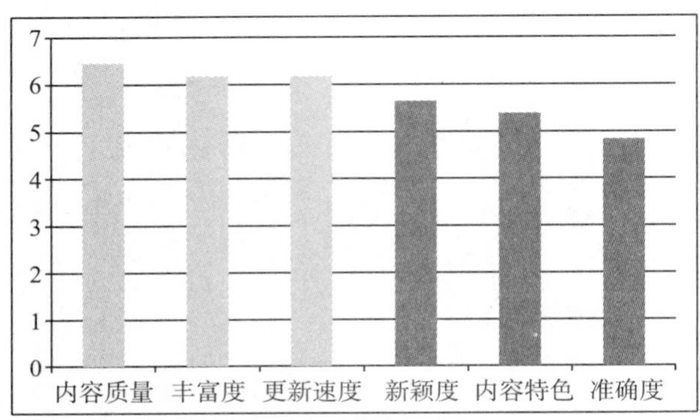

图 10　IPTV 产品内容维度体验权重

分析说明：内容质量、丰富度、更新速度指标评分较高。用户对片源质量和片源性价比（同属内容质量）最为重视，认为在观看过程中，如果片源质量差、收费高，将对内容不良感知产生持续性影响；内容丰富度和更新速度也是用户非常关注的指标；推送内容准确度指标评分较低，主要是因为目前 IPTV/OTT 推送的内容通常不是用户需要的。

（3）交互体验指标权重排序（图 11）。

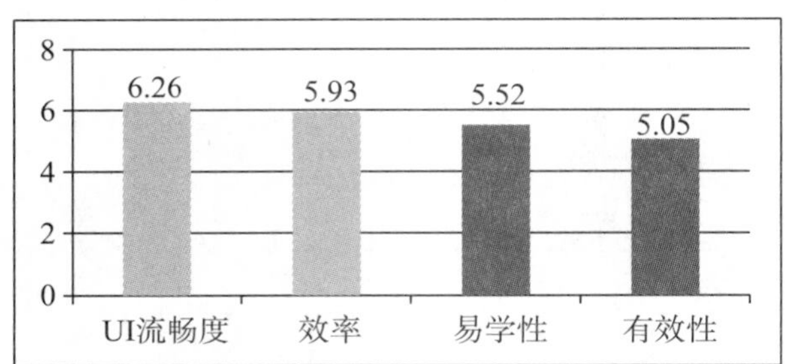

图 11　IPTV 产品内容维度体验权重

分析说明：四个指标评分均较高，其中，UI 流畅度、效率指标重要性程度相对较高；用户对 UI 流畅度非常重视，认为在操作时，如果焦点/界面切换不流畅，存在卡顿现象将严重影响体验；操作时注重高效、便捷；对于老年、女性群体，易学性比较重要。

2.5　用户体验评测得分计算算法

$$单评测用户体验分值 = \sum \frac{[\omega_i^*(S_i - P_i)]}{7\sum(\omega_i^* I_i)} \times 100$$

式中，i 为第 i 个问题；S_i 为该系统在第 i 个问题上所得的分数；P_i 为 1，表示第 i 个问题适用但不存在；P_i 为 0，表示第 i 个问题不适用；I_i 为 1，表示第 i 个问题适用；I_i 为 0，表示第 i 个问题不适用；ω_i 为第 i 个问题重要性得分。评测表分为"客观数据"及"主观数据"部分。其中，主观数据需要 5 名用户体验评测专家进行评测；客观数据中各维度重要性已通过研究确定。主观数据部分的各维度重要性由评测人员根据实际情况给出，重要级别为 1～5；"不适用"：表示该项评测不适用用来衡量该维度，1 为不重要，5 为非常重要；"有无"问题：0 表示无，1 表示有，一般用来客观体现某项功能是否存在，采用 7 分制。最后再利用上面已陈述的"基于权重的德尔菲"算法将所有评测人员得分汇总成最终分值。

2.6　IPTV/OTT 产品体验量化评测体系模型验证

为了验证评测体系的合理性，我们在 A 局点对 IPTV 产品进行了一次用户体验调研，通过运营商平台发放问卷 5 万多份，回收有效问卷 1478 份。通过量化评测体系模型对该 IPTV 产品进行量化评测，得到结果见表 3 和图 12。

表 3　评测结果

	总分	功能	内容	性能	服务	硬件	界面	交互
IPTV 满意度调研	65.3	40.2	30.2	80.6	51.8	65.3	54.5	52.6
IPTV 量化评估模型	44.00	28.30	28.06	62.86	55.07	69.39	59.60	58.62

相关性

		体验量化模型	问卷调研
体验量化模型	Pearson 相关性	1	0.728*
	显著性（双尾）		0.041
	N	8	8
问卷调研	Pearson 相关性	0.728*	1
	显著性（双尾）	0.041	
	N	8	8

*. 在置信度（双测）为 0.05 时，相关性是显著的。

图 12　IPTV 产品内容维度体验权重

从图 12 中可以看出，由于 Sig＝0.041＜0.05，P＝0.728 呈正向显著相关，进一步验证体验量化评测指标体系构建的合理性。后面经过多个局点的反复迭代优化，量化评估指标体系也逐渐稳定下来，指导各局点产品的体验提升和产品极致体验的阶段路标。

3 应用实践

将以上梳理出来的用户体验指标量化体系形成工具后选择竞品进行产品体验评测。下面是一些早期研究的结果（2016 初的产品体验数据，当前已有较大变化，仅供理解以上思路方法的应用）。

研究对象：

（1）某局点 IPTV 产品 A。

（2）某局点 IPTV 产品 B。

（3）互联网 OTT 产品小米小盒子。

在应用 IPTV/OTT 产品体验量化评估模型后得到 3 个产品各自的体验量化总分值、各子维度的体验量化分值如图 13 所示；以及分值的背后需要产品 A 团队提升和改进的用户体验问题如图 14 所示。具体产品体验提升点不详细展开。

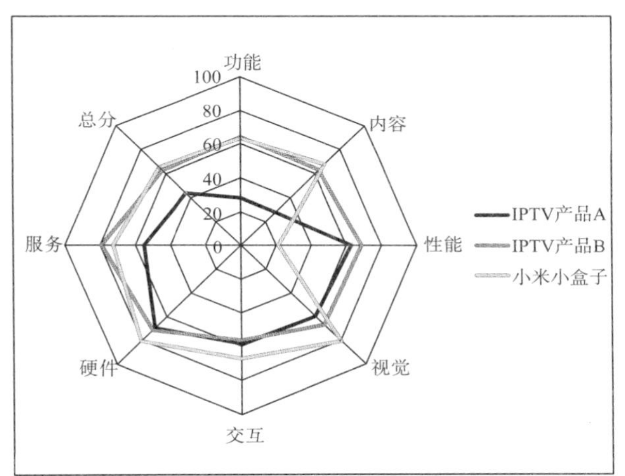

图 13 IPTV/OTT 产品体验评测分值

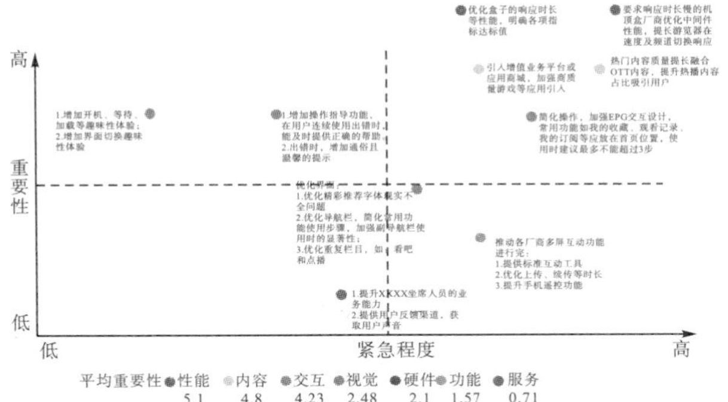

图 14 IPTV/OTT 产品体验评测分值

实际应用中，随着评测的周期性开展，对产品的当前体验现状、周边竞品体验现状会有较为清晰的认识，从大局整体上把控产品体验并设置对应版本的体验路标。随着体验量化指标体系模型的不断深入，该体验量化指标模型越来越适用于该品类产品。

4 总结

4.1 IPTV/OTT 体验评测体系扩充

以上所陈述的重点在于产品使用体验，而在实际调研过程中，我们发现 IPTV/OTT 产品使用体验并不是影响消费者对视频业务体验感知的唯一方面，最终消费者很大程度上会关注消费体验、维护体验、安装体验。因此，在后期实践中，我们将视频体验评测维度进一步扩充。扩充后的体验评测维度如图 15 所示。

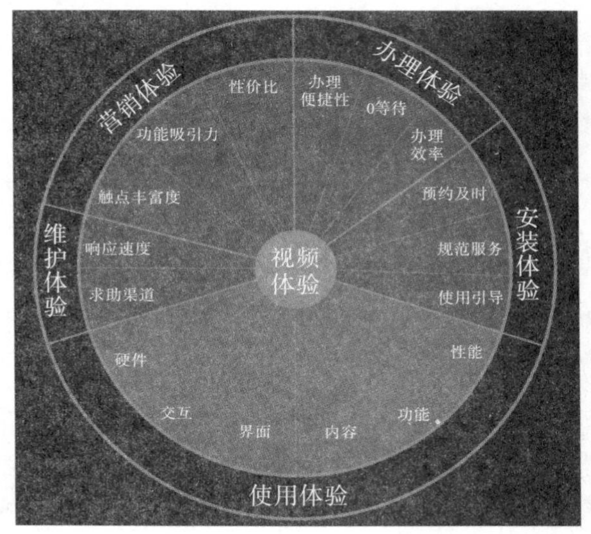

图 15 IPTV/OTT 体验评测演进扩充维度

4.2 产品体验评测体系构建

本文虽然主要讲解的是如何构建 IPTV/OTT 产品体验评测体系构建，但此构建思路及方法适用任何产品。产品用户体验评测体系构建流程总结为：选取模型→从体验地图梳理体验接触点→依据体验接触点梳理出评测维度→细化拆分评测维度→将评测维度转换成评测问题→确定权重→确定最终分值计算算法→在实践过程中验证完善。

参考文献

[1] Nielsen J，Mack R L. Usability Inspection Methods [M]. New York：John Wiley & Sons，1994.

[2] Nielsen J. Usability Engineering [M]. New York：Academic Press，1993.

[3] Vredenburg K，Isensee S，Right C. User－Centered Design：An Integrated Approach [M]. Upper Saddle River：Prentice Hall PTR，2002.

[4] Schaffer E. Institutionalization of Usability a Step－by－Step Guide [M]. Boston：Addison－Wesley，2007.

[5] Lidwell W，Holden K，Butler J. Universal Principles of Design [M]. New York：Rockport Publishers，2003.

[6] 董建明，傅利明，饶培伦. 人机交互：以用户为中心的设计和评估［M］. 北京：清华大学出版社，2013.
[7] Stuart Pugh. Totally design：Integrated Methods for Successful Product Engineering［M］. New York：Addison-Wesley Pub（Sd），1991.

文化偶像品牌特征研究*

谢蔚莉[1,2]　黄　静[2]
（1. 四川工商学院艺术学院，四川成都，611745；2. 西华大学艺术学院，四川成都，610039）

摘　要：本文研究文化偶像品牌的创意思路，寻找创意方式，通过对不同文化偶像品牌典型案例的分析，分别从品牌内涵、核心产品、品牌创意点等方面进行了重点阐述，分析了不同文化偶像品牌的特征，得出文化偶像品牌具有深刻的品牌内涵、文化风潮引领性以及明确的消费人群等特点；最后通过对偶像品牌创意特点的分析，为品牌创意人提供一个清晰有效的思路，使其在进行品牌规划时，目的性、可操作性更强，更有利于未来文化偶像品牌的打造。

关键词：文化偶像；品牌特征；消费者；文化风潮；创新性；偶像崇拜

随着全球化的发展，社会需求的增多，越来越多的人产生了除了满足生理基本需求以外的更高层次的需求，人们的关注点从实体转向非物质情感，能与人类产生情感交流的品牌在市场中更受青睐。这引起了公司产品从“形式追随功能”到“形式追随表达”再到“形式追随梦想”的变化。企业为了让自身品牌能在激烈的市场竞争中脱颖而出，更多考虑受众的精神层面，而文化是人精神的体现，企业必须在品牌打造的文化层面进行深入挖掘。同时，世界各国对于自身文化软实力逐渐重视，例如非物质文化遗产的评定，各国国家旅游文化的挖掘与打造等。在大的时代背景下，文化偶像品牌也顺应社会趋势而产生，将我国文化偶像品牌推向世界是国家发展不可或缺的环节。现如今，国内已经逐渐出现了一些颇具中国民族特色的文化偶像品牌，但发展规模较小。因此，对文化偶像品牌的探讨就显得尤为重要，需要收集国内外发展较为完善的文化偶像品牌，进行特征的梳理，以便找到不同文化品牌特征的特性及共性，从而有利于品牌创业者寻找一些塑造文化品牌的方法和思路。

1　文化偶像品牌的概念

文化是一个民族的精神，鲁迅先生的《且介亭杂文》中说“只有民族的，才是世界的”，强调的是民族文化的重要性，运用在企业品牌塑造中亦是同样的道理。随着社会经济的不断发展，人们开始追求精神上的富有，文化能刺激人们的思维，所以在企业品牌打造中融入文化感是必要的。偶像一词用来比喻人心中具有某种神秘力量的象征物，它强调的是一种心理寄托，与人的心灵产生强烈共鸣，从而获取人们的认同感。如果企业根据其针对的受众进行消费心理研究，引导人与产品的心灵沟通，从而建立其品牌在消费者心中的地位，这将会极大地促进企业的发展。牛津字典将文化偶像定义为“被看成具有代表意义的人或物，尤其是一种文化或运动；或被视为值得羡慕或推崇的人或机构”。由此可见，那些将文化融入品牌形象，并且为社会某个群体所标榜的品牌，即可称为文化偶像品牌。文化偶像品牌范围十分宽泛，因此本文选择几个具有代表性的文化偶像品牌进行案例分析，归纳总结出文化偶像品牌的特征，从而得出打造文化偶像品牌的可行性方法。

2　研究案例挑选及对比分析

本文采用案例分析法，选用香奈儿、星巴克、耐克、德芙、哈根达斯、ZARA、苹果 7 个知名品牌案例作为研究的主要对象（表 1），原因有以下几个方面：首先，作为不同类别产品的典型代表，可以使我们从不同维度的文化偶像品牌出发探究其特性，从差异中寻找关联性，使得分析的结论更具有说服力；其次，这些产品对于消费者来说具有极

* 基金项目：四川省工业设计产业研究中心项目“互联网背景下蜀绣品牌形象塑造研究”资助（项目编号：GYSJ17-013）。
作者简介：谢蔚莉（1990—），女，现任教于四川工商学院，研究方向为品牌推广、非物质文化。
黄静（1972—），女，重庆人，西华大学艺术学院教授，硕士研究生导师，教育部学位与研究生教育发展中心评阅咨询专家，主要从事品牌视觉形象建设与管理、视觉文化研究。

高的识别度，并且已经获得社会的广泛认可，其产品在市场上的竞争力极强，以成功品牌作为案例，更能准确把握偶像品牌特性，寻找正确规律；再次，这些所选案例针对的消费人群不同，所要打造的品牌形象也相差甚远，选择受众不同的产品进行分析，并从中找到文化偶像品牌的共性特点，有利于证明我们所得出结论的全面性。

表 1　偶像品牌特点

品牌名称	产品类别	核心产品	针对人群	品牌内涵	创意点	产品变化代表
香奈儿	服装，香水	女装	追求奢侈	高雅品位	夸张故事情节	香奈儿 5 号
耐克	运动鞋，服饰	球鞋	热爱运动	自由，永不停息	夸张动感	球鞋（样式）
德芙	休闲食品	巧克力	追求浪漫	纵享丝滑	浪漫故事	巧克力（品种）
哈根达斯	冰激凌	纸盒装	追求小资	传情圣物	夸张产品本身	冰激凌（品种）
ZARA	服装	女装	追求酷、时尚	彰显个性	“酷”元素	女装
星巴克	饮品	咖啡	追求小资	自我生活享受	古老传说	咖啡（延伸产品）
苹果	电子产品	电脑、手机	追求新鲜事物	打破常规	历史天才 不同凡响改变世界	iPhone 手机

3　偶像品牌特征解析

从表 1 的分析可以看出，每个文化偶像品牌都有自己的品牌内涵、核心产品、针对人群以及创意点。下文从以上几个方面作为重点，深入挖掘不同文化偶像品牌的特征与规律，以便于运用到未来文化偶像品牌的塑造中。

3.1　文化偶像品牌具有深刻的品牌内涵

3.1.1　深刻的品牌内涵使其成为时代风潮的引领者

随着历史的发展，社会思潮不断发生变化，每一个时期都会有不一样的人文思想，品牌的创始人根据当时的流行思想，策划与之相迎合的企业品牌内涵，使之与人们产生心理共鸣，从而获得人们的推崇。创始人不断探寻品牌自身文化，并与大的社会趋势相联系，建立起独特且具有商业吸引力的品牌，这样，其品牌便成为具有时代潮流引领作用的品牌。例如著名奢侈品牌香奈儿（创始人可可·香奈儿），创立于 1913 年，不断发展至第二次世界大战时期关闭，又于 1954 年重新兴起。这个时期的法国艺术正处于装饰艺术运动阶段，追求单纯和简洁，努力在现代主义的产品中创造一种适合的装饰效果。这种氛围影响到了广大群众，女性们也厌倦了衣帽的矫饰边，一改当时过分艳丽的服饰风尚，开始追逐一种简洁、清爽的美。基于这种社会背景，香奈儿推出简洁自然风格的时装，受到了广大女性的追捧，引领了时尚。随后，又发展到除服装以外的其他产品，使其产品融入人们的生活，深入人心。香奈儿以自己的名字命名品牌，也成为那个时期大众的偶像。

3.1.2　文化风潮的引领

在历史发展的不同时期，会产生不同的文化风潮，在品牌创始时期，企业为了使产品得到更好的销售，必须迎合那个时期的大众文化。历史风潮尽管只是盛极一时，但其影响却是非常深远的，在风潮消退后仍然会在人们心中留下烙印，并且影响以后的生活。因此，找到这个历史风潮的精神文化，将其融入品牌文化中，并以此为中心发展品牌也是将其偶像化的一种方式。例如休闲品牌耐克，以 20 世纪中下期美国流行的“慢跑热”风潮作为切入点，提炼出“自由，永不停息”的文化精神，并把这种精神融入企业文化内涵之中，引起了当时热爱运动的美国大众的广泛认可，其品牌发展至今，已经演变为一种运动文化。其品牌表达的是一种积极乐观的心态，“永不停息”的核心价值观延续至今。

3.2　具有自身品牌下的核心产品

在不同的偶像品牌中，企业会根据自己产品的不同类别，打造其最核心的产品，核心产品不仅仅是一个产品，也代表着整个企业的文化价值观和核心竞争力。它的成功与否，直接关系到整个企业的兴衰成败。只有保证了核心产品在消费者心中的地位，才能保证品牌的地位。例如著名品牌德芙，提起德芙品牌，人们的第一反应就是巧克力。巧克力是德芙企业的核心代表，巧克力产品中也融入了企业的核心文化，即“Dove，Do you love me”，这是以爱情为中心的文化价值观。如今，德芙品牌发展出了除巧克力之外的各种休闲食品，成为美国著名的休闲食品和宠物食品品牌，受到大众的广泛认可。但是其仍然保证巧克力产品在其公司的重要地位，并始终坚持如一。

3.3 偶像品牌具有明确针对的消费人群

不同的人对事物的认知是不同的，只有明确了所针对群体的文化特点，才能使偶像品牌的塑造具有更清晰的目的性。清晰的目的性有利于更好地进行品牌规划，好的规划促使产品设计更有针对性，好的设计使产品得到好的销售，产品的成功销售使其品牌在人们心目中形成好的印象，也就建立了品牌在人们心中成为偶像的基础。

通常情况下，文化偶像品牌针对其受众会有一个恒定不变的消费诉求点。例如哈根达斯与德芙品牌，同为食品品牌，都针对较年轻的年龄层次，但哈根达斯针对的是追求小资情调的群体，1996年哈根达斯以顶级的品牌形象进入中国市场，提倡“尽情尽享，尽善尽美”的生活方式，鼓励人们追求高品质生活享受。围绕此诉求点，其整个店面装修、产品包装等所有的视觉呈现都突出了品牌的高品质感，符合追求小资群体的诉求；德芙是典型的休闲食品，虽然同样针对年轻的群体，但它主要针对追求休闲娱乐和追求浪漫爱情的年轻人，所以其包装较为简洁，广告也以年轻偶像代言，受到大学生和年轻白领的喜爱。又如西班牙服装品牌ZARA，其消费诉求点一直坚持以“酷”为主，无论是针对白领的年轻时尚服装，还是如今发展出的童装，都没有脱离“酷”这个主题。无论旗下产品的种类有多少，其针对的消费群体始终是那些追求“酷”元素的人，这个标准是恒定不变的。因此，文化偶像品牌在打造时应该明确自己的消费人群，并努力为目标群体创造有价值的消费体验，才能在消费者心目中形成“非我不娶”的品牌认同。

3.4 创意点具有独特性

偶像之所以被推为偶像，是因为它具有其他事物没有的独特创意点，与其他事物存在差异性。在打造文化偶像品牌时，挖掘品牌文化独特性是成功的关键。以下列举了3个不同品牌的创意手法案例进行解析说明。

3.4.1 古老神秘传说作为创意点

古老传说具有神秘性，神秘能使人产生崇拜，原始社会的图腾崇拜就是因人们对自然科学的不解而产生的对鬼神的崇拜。神秘感之所以能激发我们想象、暗示各种可能性，是因为它建立在欲望的不满足之上，而具有一定信息的透露，但又没有实质性答案的事物最能激发人们的探秘欲望。著名品牌星巴克，成功将美人鱼传说融入品牌文化，其标识中的双尾人鱼传达出原始图腾的神秘感。在欧洲中世纪，神话中美人鱼是女神亦是女妖，她们能用歌声迷惑水手，关于美人鱼的传说流传了2000多年，那么，是否真的存在这种生物呢？这激发着人们的探秘心理，星巴克将这个谜题融入品牌，无疑使品牌拥有了许多被不断挖掘的信息，这样，品牌就更容易成为人们关注的焦点。

3.4.2 浪漫故事融入品牌文化

正如认知科学家罗杰·尚克所言：“人生来就理解故事，而不是逻辑”，上文中所提到的德芙就是将爱情系列故事融入品牌产品的典型代表，青年是其针对的消费人群，运用这类人对爱情的幻想与追求，将爱情故事融入广告，既发展了企业文化，也迎合了消费者的诉求。图1为德芙巧克力广告，以系列连续故事作为主线，以年轻偶像为代言人，用微电影的方式进行演绎，并按照时间先后顺序播出，通过系列故事使人们产生好感，这种广告策略是独具创意的。

图1 德芙巧克力广告

3.4.3 反常规的创意思维

为了吸引消费者的目光，文化偶像品牌也较常使用反常规的创意思维。世界著名品牌苹果在美国推出了一支60秒长的广告，里面出现了毕加索、爱因斯坦、甘地等伟大人物，旁白这样说：“一些特立独行的人，他们与社会不同调，在方、圆规矩中不协调，对事情有不同的看法，他们是规则的破坏者。你可以引述他们的观点，或是不同意他的见解，以他们为荣，或是鄙视他们。”苹果的广告语告诉我们，不同凡响才能改变世界。这是一种打破常规的创意思维，正是这样的思维造就了苹果的成功。与之相同，夸张也是反常规思维的一种表达，夸张即是利用丰富的想象力，在客观现实的基础上有目的的放大或缩小，使事物与常态相背离。夸张手法用于偶像品牌广告中，能增强趣味性，吸引消费者注意，使其产生情感共鸣。图2为耐克球鞋广告，这是一种明显的夸张手法，表现穿上耐克球鞋能使水都得以感应并为之让步，体现了其球鞋良好的韧性。

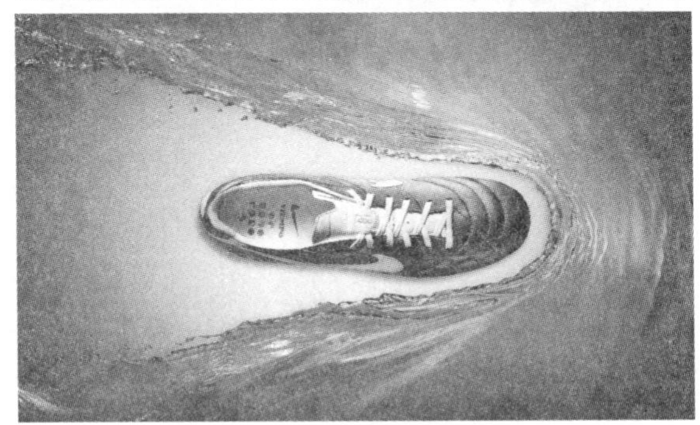

图 2 耐克球鞋广告

3.5 产品设计风格随时代潮流而变化

随着时代的发展，人们的审美需求也在不断发生变化，作为文化偶像品牌，其产品风格必须引领时尚潮流，而不能只是作为一个时代的追随者，这样才能保证它在人们心目中的偶像地位。如上文提到的苹果品牌，作为电子品牌，科技的发展将对其产生巨大的影响，苹果品牌是有计划地废止制度的一个典型的代表，即在设计电子产品样式的时候，必须有计划地考虑几年之间不断更换的部分设计，使得产品设计样式最少两年有一次小的变化，每四年有一次大的变化，而这种变化使得消费者不断产生想要更换的心理。苹果品牌自身产品设计的变化，刺激了产品的消费，也引起了人们求新、求变的心理，人们不断对其提出新的设计要求。因此从一定程度上说，这也反作用于其行业内科技的发展，使得其产品设计有更大的变化。不仅是苹果，在其他偶像品牌中，产品样式都在根据人们的需求迅速变化。图3为香奈儿5号香水。起初人们需求不多时只有一种款式，随着社会的发展，人们生活水平的提高，需求也变得多样化，所以企业为满足人们需求，开发出多种风格不同的香水来满足消费者，并且根据风格的差异设计多种瓶形款式。

图 3 不同时期的香奈儿 5 号

4 结语

人们生活水平在提高的同时，更需要追求生活的意义，寻找精神的满足。文化偶像品牌则能满足人们的精神需求，得到更多的认可，具有强大的生命力。因此，偶像品牌打造的必然性也显得越发重要。根据上文的分析得出结论，文化偶像品牌必然具有深刻的文化内涵。品牌代表产品，明确的消费诉求点，独特的创意性和不断变化的设计风格，在具备以上特征后，品牌才能在消费者心中产生积极的影响。

参考文献

[1] 王受之. 世界现代设计史［M］. 北京：中国青年出版社，2002.

[2] 道格拉斯·B. 霍尔特. 品牌如何成为偶像［M］. 北京：商务印书馆—哈佛商学出版公司，2010.

[3] 易晓蜜. 概念时代产品设计故事感研究［J］. 包装工程，2013（10）：50—52.

[4] 莎莉. 霍格斯黑德. 迷恋［M］. 北京：中华工商联合出版社，2011.

[5] 王岳川. 偶像与中国形象［J］. 自由时评，2003（11）：115—116.

[6] 约翰·奎尔奇. 如何像迈克·杰克逊一样成为品牌偶像［J］. 实务·前智，2009（8）：69.

[7] 傅小龙，金益川，杨熙. 基于香港“奇华”品牌的包装设计本土意识探究［J］. 包装工程，2014（8）：127—132.

[8] 姚君，陈俊浩，刘志斌. 基于品牌文化的垃圾车造型识别设计研究［J］. 包装工程，2014，35（8）：39—42.

[9] 杜颖，陈林侠. 文化偶像、青春消费与符号经济［J］. 艺术广角，2013（9）：9—13

[10] 维克多·帕帕奈克. 为真实的世界设计［M］. 周博，译. 北京：中信出版社，2012.

声音在视障人士出行 App 中的运用研究

徐佳欣

（中国美术学院，浙江杭州，310012）

摘　要：目的：分析视障人士出行过程中，声音对其行为习惯的影响和运用方式。方法：以视障人士日常出行过程中遇到的问题入手，分析声音在具体出行场景中的应用方式和效果，并结合田野调研数据和志愿者经验从视障人士的角度提出具有指导意义的声音运用原则。结果：产出了三条声音在视障人士出行类产品中的运用原则：①适当保留环境音；②不同功能音效需具备较大差异；③从视障人士的角度进行阐述。并依据以上原则设计了“听·见”系列产品与服务。结论：用实际的项目验证声音运用原则的可能性，为把声音融入视障人士产品设计中的设计实践提供新的运用思路。

关键词：视障人士；声音；出行类产品；视觉听觉化

1　听觉是视障人士接收外界信息的主要方式

视障人士是一个特殊的群体，由于视觉感知力较低，他们不得不通过其他非视觉感官通道接收外界信息，而听觉就是其中最重要的通道。通过前期的田野调研与深度访谈，我们发现声音的重要性可以体现在三个方面——辅助视障人士构建画面、感知空间和关键信息提示。

1.1　声音有助于辅助视障人士构建画面

有声电影是一种通过口述再现电影画面的电影形式，大多数视障人士会选择通过这种方式“观看”电影。而且视障人士阿冲告诉我们：“好的口述影像最终会在大脑里形成图像。”视觉听觉化后再“视觉化”成为他们构建画面非常重要的一种方式。

1.2　声音可以让视障人士感知空间

大部分视障人士会选择在自己熟悉的环境中出行，很多明眼人会疑惑他们是如何完成出行的呢？其实，视障人士是可以通过声音的强弱和方向来感知空间的，进一步说，声音对他们具有更重要的辨别方向与判断距离的功能。在调研过程中我们发现，为了培养视障人士的空间感知能力，盲校会为其设计相应的课程，比如“听”球训练——每个小孩子脚下的球里都放置了一个铃铛，他们需要通过听取铃铛的声响来辨别球的方位，以此进行传递。

1.3　关键信息提示

视障人士在等红绿灯和公交车时，如果没有声音的提示作用，他们将无法顺利地完成出行行为。在关键的节点通过声音对视障人士接下来的行为进行引导，也对他们的生活起着举足轻重的作用。

总之，通过正确的方式传递声音可以协助视障人士与周围环境进行更好的交流互动，甚至“看见”这个世界。

2　视障人士出行现状

视障人士生活中有三大难，即出行难、看病难和购物难。相关调研表明，国内视障人士中愿意出行的比例为 60%，与西方国家相比，呈现出出行意愿较低的现状。而相较于已经可以通过读屏软件解决的购物行为，与明眼人体验起来也十分糟糕的就医流程，我们认为出行方式是一个当下较为合适的研究方向。

2.1　不友好的出行环境

视障人士出行环境的艰难可以在以下几个场景中体现——普通室外行走、搭乘公交车时，在相关机构办理业务流程，明眼人对视障人士的出行态度。

中国作为拥有世界上最多盲道的国家，为什么在大街上却很少看到他们出行呢？图 1～图 3 显示出了国内盲道的普遍情况。视障人士普遍反映：相比盲道，他们更愿意选择马路牙子，因为在中国，盲道的建设管理非常不好——生活中时常可以见到“奇葩”造型的盲道，以及破坏后没人修理维护的盲道。因此，比起具有太多不确定因素的盲道来说，马路牙子显得更有安全感。与此同时，除了盲道本身设计管理的问题，由于明眼人对视障人群普遍认知较低，哪怕一些建设完善的盲道也常会遇到被车辆占道的情况。国内无论是盲道还是红绿灯、斑马线等大部分出行基础设施，都没有真正地把视障人群作为设计对象，本应该为他们带去便利的设施由于没有切实的设计和完善的管理，反倒带去了大大小小的危险。

图1　盲道现状1

图2　盲道现状2

图3　盲道现状3

除了基础设施盲道建设的不完善，一些看似设计完善的出行产品在现实中使用时也存在很多问题，比如视障人士搭乘公交车站过程中涉及的出行产品——“车来了App”和公交车。“大老虎”是一位后天失明的视障人士，他常独自外出，整个杭州的地图公交车班次他几乎都知道，但哪怕这样，他仍然有很多问题得不到解决：①视障人士大部分独自搭乘公交车时都需要依靠相关乘车App，但是现在几乎所有的App公交车抵达的时间通知都会有延迟，这样视障人士很容易错过班车；②公交车司机会误以为视障人士在玩手机，不等他们；③目前国内以杭州为首的大部分公交车升级成了站台信息可以外放的比亚迪电动车，每次到站时，只要司机按下外放喇叭按键，视障人士就能准确知道哪路公交车即将抵达站台，但也会经常出现司机提前按下按钮的情况；④当很多辆公交车同时抵达车站，同时响起外放声音时，视障人士只能是一头雾水，于是选择再等下一班车。

除了室外的行走，抵达出行目的地之后的室内空间认知也是视障人士出行过程中面临的问题。出行过程中，视障人士也常去银行等营业厅办理业务。现实情况下，如果银行保安等服务人员处于空闲状态，视障人士可以在他们的协助下进行相关业务办理，如取款机的引导、取号等。但是一旦他们忙起来，视障人士独立去银行等营业厅办理业务就会显得很吃力，如不知道取号机在哪里，休息等待区柜台在哪里等。

由于社会对视障人士的认知程度普遍较低，视障人士在出行过程中常常会遇到明眼人的“不平等”对待。例如，一些明眼人十分热心想帮助他们，却没有把尊重他们的选择作为前提；而另一些明眼人在面对视障人士提出帮助时，由于从外表上看不出他们的视力障碍便冷漠相对；甚至还有些明眼人对视障人士出行本身就怀有错误的认知——“明明视力不好，还出来麻烦别人”。

2.2　视障人士的出行行为习惯

从总体的出行行为习惯上来看，视障人士更倾向搭乘公交车或者地铁出行。2016年腾讯颁布的视障人士出行问卷调查中显示：搭乘公交车是视障人士出门一个常选择的方式。

如图4所示，在接受调查的视障者中，有37%的视障者日常乘坐公交车或地铁出行，有15%的视障者只是短距离的走路出行，有17%的视障者乘坐出租车出行，有9%的视障者由家人开私家车接送出行，其余22%的视障者使用新型的互联网打车软件打车出行。

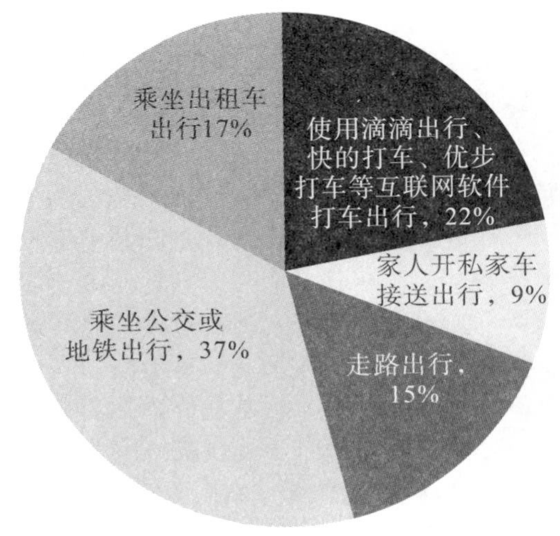

图4　盲视障人士出行方式调查

此外，调查中我们还发现了视障人士在出行时的行为习惯，比如为了出行便利，他们有时会故意避开人多的道路和高峰出行时间；出行时习惯沿着马路牙子行走，比起不确定因素太多的盲道，马路牙子更能带给他们安全感；有手机的视障人士为了不麻烦别人告诉自己车站台的相关信息，在搭乘公交车时大部分会选择“车来了”等乘车 App 获取相对可信赖的信息等。

3 声音在视障人士出行类产品中的运用研究

3.1 适当的保留环境音

当视障人士处于一个陌生环境中，他对自己所在的位置状态一般是通过周围不停变换的环境音来判断的。例如，当他们走近车站听到不远处车辆到站播报的声音，他就知道自己即将抵达目的地；车窗外突然变化的风声意味着车辆进入了隧道；当他走进一家韩式料理店，听见肉在铁板上煎出“滋滋”的声音时就会知道今天的晚餐是烤肉；等等。Hugo Nicolau 在 *Designing Guides for Blind People* 中说道：“一些视障人士因为担心耳机妨碍他们接受周围的环境音而拒绝佩戴耳机式的导航硬件。”环境音一直伴随着视障人士整个出行过程，环境音的缺失很有可能造成他们对环境认知的断层。这就要求设计师跳出现有的耳机导航硬件，重新定义视障人士获取声音的方式。比如，市场上大部分的耳机以其较高的信噪比优势为荣，然而拥有较高信噪比的耳机虽然过滤掉了干扰音，同样也过滤掉了十分重要的环境音。因此，如何设计视障人士对环境音的感知能力也是十分重要的元素。

3.2 不同功能的音效需具备较大的差异

视障人士“听觉”功能的宗旨是带来声音信息，而声音信息可以分为两种：差异化的声音信息和同质化（平均化）的声音信息。差异化的声音信息，即不同类型的声音或者同类声音，但分贝大小不同，基于差异化的声音，视障人士可以通过敏锐的听觉判断方向，辅助记忆或辅助其他感官工作等。同质化或平均化的声音信息，即同类型声音的分贝大小相同甚至相互混淆或者同类型声音发出的分贝值一样。在这种情况下，视障人士的听觉会受到严重影响，只能保持正常人的听力作用，从而可能缺失辨别方向的能力，以及辅助记忆和其他的功能，这对视障人士来说是非常可怕的事情。生活中视障人士经常碰到同质化（平均化）的声音信息，比如下雨的声音，巨大的雨声掩盖周围世界的不同声音信息，视障人士只听到平均化的雨声，这使得他们失去听觉对周围环境的方向判断能力，失去利用听觉进行分析和记忆的功能。在多次的采访中，他们都提过非常怕下雨而产生的平均化声音，因为下雨的世界里没有可以辨别的依据，从而可能造成心里恐惧和失落。抑或是公交车同时抵达公交车站的外放声音，同样分贝的声音很容易让视障人士对车辆信息产生疑惑。很明显，在为视障人士进行设计时，应该力求安排差异性的声音信息，避免平均化或同质化的声音信息设计。

3.3 从视障人士的感知角度进行描述

在为视障人设计的导航系统中，为了帮助他们快速定位，需要通过语言准确地描述出方位——所处的朝向，周围标志性的建筑物，周围的情况——前方三米、左右一米等。同时这些用词要贴近视障人士的语言系统，比如：我们所说的那里是哪里？或许明眼人一眼就可以看到，但是视障人士就不知道了，这里的语言描述要尽可能地准确及客观，以此来帮助视障人士形成他们的心智地图和空间画面。

4 设计实践

4.1 希望解决的问题

人有五感，视听触嗅味。明眼人主要通过视觉感官来认知物体世界，其他为辅；视障人士却无法通过直接的视觉感知，因此他们更加依赖听觉触觉去生活。我们所生活的城市主要由视觉所构建的，但同样也可以是由听觉所构建的。我们希望通过听，即语言描述的方式来让视障人士看见这个城市。

4.2 解决方式

总体来说是一种声音标签的形式，即——储存声音的标签可以被贴在城市的任何一个角落，视障人士可以通过 voicer 硬件或者手机 App 触发听到标签里储存的声音，以此来协助视障人士更好地生活。

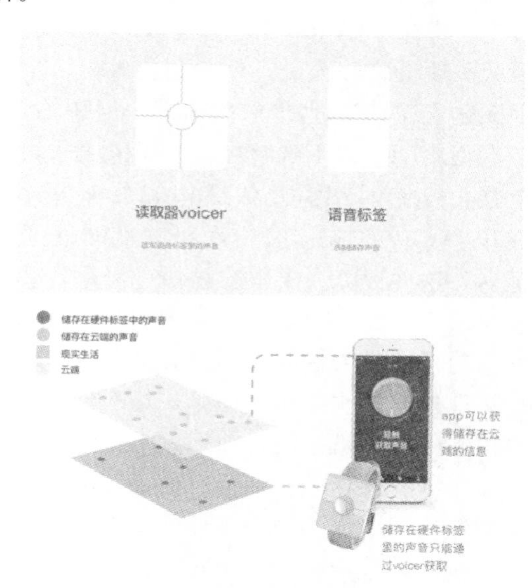

图 5 产品使用方式

4.3 使用场景

在熟悉的环境下，用户主要通过声音标签（语音录入）的方式，将声音录制在标签中，并依附在需要标记的物品上（图6）。例如，当适应期的视障人士使用的时候，他身边的人可以通过这个硬件来辅助他们的生活、不断训练，从而尽快度过适应期；当视障人士和明眼人进行互动交流时，明眼人送给视障人士一个小礼物作为留念，如大家一起拍的一张照片，这张照片对于视障人士来说并不知道里面具体有什么内容，那么明眼人在制作礼物时就可以通过标签录制下关于这个纪念品的信息以及想传达的想法，等视障人士收到这个礼物，就可以通过听觉的方式来对这个礼物进行想象。

图6 熟悉环境下的使用场景

公共环境下的标签与熟悉环境是一样的，只是它们的录入方式需要通过网络端输入统一的声音（图7）。以公交车站为例，视障人士可以通过手机或者是硬件本身听取与公交车站有关的信息，当公交车进站时，voicer发出声音告诉视障人士什么车到了，以此提高他们上车的准确率。

图7 公共环境下的使用场景

4.4 设计亮点

选择用硬件和硬件信号传输的方式提高了车站进站消息的准确性，解决了乘坐公交车的主要问题；硬件信号拾取准确，可以运用在小范围的公共空间中，有助于他们独立熟悉陌生空间，如盲校。

4.5 相关技术原理

从技术角度出发，这里会分成两个场景。第一个是在小范围空间里，视障人士在摸索靠近自己想要拿取辨别的东西时，距离大概在0～20cm间（可以自定义）NFC通信技术可以将之前录制储存在标签里的语音传输到视障人士佩戴的voicer上。

另一个场景是在更大的空间里，某处有一个标签，标签里储存着一些声音，它一直在这里使用经典蓝牙进行信号发射（距离可以根据场景定义），当视障人士走进了信号感应区内，且开启了voicer或者手机读取声音的功能，他们就会立马读取储存在这周围的声音。

4.6 外形设计

在外形设计前，我们对材质的手感、物体造型进行了实验。实验记录见表1。

表1 实验记录

大老虎	叨叨	飞海	白羽
手微离开桌面，进行扫动来摸索物品	手微离开桌面，会上下摆动，来摸索物品	手微离开桌面，进行扫动来摸索物品	手微离开桌面，进行扫动来摸索物品

实验中我们发现，视障人士寻找物品时，手与桌面会存在一定的距离，他们喜欢软性的材质手感，但需要造型有一定的棱角给他们安全感，并且大小能刚好一个手能包容下。因此，整体的造型应该带有棱角，并且轻、小巧，可以方便他们抓握或者携带。从心理需求出发，造型要美观，带有装饰意味，使其成为日常生活的一部分。

4.7 App制作

当手机界面对比不清晰时，视障人士会开启“颜色反转”辅助功能，虽然颜色反转功能可以让界面颜色对比度更大，但是也要求界面本身不能有太弱的对比度。盲校同学普遍反映日常生活中他们最难识别的颜色是蓝色和绿色，黑白由于其高对比度更容易识别。因此，我们最后选取了较暗沉的深灰色、高纯度的亮黄色、最亮的白色作为我们App的主要颜色（图8和图9）。

图 8　App 界面设计

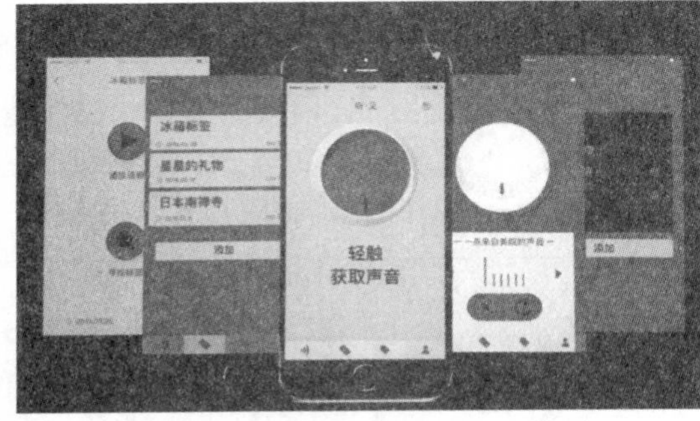

图 9　App 界面颜色翻转效果

5　总结

在为视障人士设计出行类产品时，声音是解决方法中必不可少的元素，如何让声音的应用有理可依有据可寻，是十分关键且具有价值的研究方向。通过本文的研究，将其梳理归纳为以下 3 点：①适当保留环境音；②不同功能音效需具备较大差异；③从视障人士的角度进行阐述。最终，也将以上原则运用在了实际的项目中进行验证。

参考文献

[1] 胡新明，陈紫嫣．盲人用品触觉感性化设计研究［J］．包装工程，2016（10）：103－107.

[2] 杨晗．适用于盲人的速食品触觉包装设计［D］．长沙：湖南工业大学，2015.

[3] 赵浩凯．触觉启动——适用于盲人的包装设计探究与思考［J］．装饰，2012（8）：96－97.

[4] 陈鸿雁．非视觉的深度感知——针对盲人的设计研究［J］．美术学报，2008（4）：62－66.

[5] 王淑珍，朱思泉．视觉和听觉的关系［J］．国际耳鼻咽喉头颈外科杂志，2007，31（4）：199－202.

[6] 谭征宇，杨文灵．面向自然交互的声音通感设计研究［J］．包装工程，2018，39（8）：68－73.

[7] 许小侠，李芳芳．面向盲人群体的产品安全性设计研究［J］．包装工程，2017（22）：152－156.

[8] 王群，曾庆宁，谢先明，等．低信噪比环境下的语音识别方法研究［J］．声学技术，2017，36（1）：50－56.

[9] 江建民．产品通用设计辨析［J］．装饰，2003（2）：92－93.

[10] 王保华．通用设计原则与产品研发策略［J］．中国康复理论与实践，2010，16（1）：89－90.

[11] 方彬，胡侠，王灿．基于用户行为的盲人图书推荐方法［J］．计算机工程，2011，37（15）：271－273.

购物类 App 界面设计的眼动实验分析评价

严慧敏　王军锋　王文军
（西南科技大学，四川绵阳，621000）

摘　要： 为了设计出更能满足用户需求的 App 界面，通过眼动实验，从客观的角度评价购物类手机 App 界面设计的优劣。方法是筛选出现有的 5 种购物 App 的一级界面，经过色块化处理后作为实验样本，通过眼动仪对测试者浏览界面时的眼动数据进行采集，结合改进的层次分析法和熵权法，对各样本的 4 项眼动指标进行综合赋权，筛选出最优方案。对最优方案进行分析，结果表明，界面布局为宫格式框架，明度与饱和度较高且背景为浅色的界面设计评价最高。

关键词： 界面设计；购物类 App；眼动实验；综合赋权

1　引言

随着时代的发展，智能手机的普及率逐年升高，网络的便利带来了电商的飞速发展，网络购物市场日渐庞大，智能手机也成为许多网上商城的主要载体，大量的购物 App 随之出现。因此，手机 App 的界面设计已经成为各电商所重点关心的问题了。

关于手机的界面设计，国内外已经有很多围绕页面色彩与整体布局展开的相关研究。蒋鑫针对色彩在手机游戏界面中的应用方面提出，色彩不能过于繁复，应遵循少而精的原则，色彩搭配重质不重量，简洁大方会使得界面更加和谐。高玉娇等在对手机 App 交互设计中动态色彩研究中，从色彩心理学和色彩的物理及生理感知出发，提出了交互设计中动态色彩的 4 种设计方法。张尧在研究了教育 App 界面的色彩设计方法后，认为界面色彩设计可以给用户带来不同的情感体验，良好的色彩设计可以引起用户的审美共鸣。而在手机 App 界面布局方面，研究者们也提出了自己的观点。丁磊等在研究手机 App 界面视觉对用户的吸引力时认为，App 的界面布局是为了表达设计理念，要注意文字与图片的分量，讲究布局的节奏感和平衡感。侯文军总结出 3 种手机界面的布局结构，并通过眼动实验研究用户在浏览过程中的眼动规律，以指导移动终端的界面设计。现有的研究中大多是指导手机界面设计的色彩与布局，为设计提供各自的有力依据。多数研究者主要针对设计，而围绕市面上已有的 App 界面设计进行探讨的很少，且通过眼动仪实验进行分析的研究更为缺乏。

本文采用眼动追踪技术，通过眼动实验，得出用户在使用购物 App 一级界面过程中的眼动轨迹与数据，对使用者的反应进行客观评测，全面而直观地展现出使用者对购物类 App 一级界面设计的评价，分析不同购物类 App 一级界面设计的好坏，归纳与总结后可以为设计师提供 App 界面设计方面的依据。

2 实验方法

已有研究可以证明，眼动跟踪技术能够有效地研究用户在浏览过程中的眼球运动数据。设计实验利用眼动仪来捕捉被试对购物类手机 App 的一级界面的浏览轨迹，分析其注视时间等数据，来探究市面上已有的不同界面设计对用户的影响。

2.1 眼动追踪技术及 4 种参数

眼动追踪是一种通过测量眼睛注视点的位置或者眼球相对头部的运动而实现对眼球运动的追踪的成熟技术。在本文的实验环境中，实验的注视对象是由若干个产品形态样本组成的图片，通过分析被试者群体观测不同产品形态样本时的眼动数据来分析用户对不同形态样本的喜好度。以下针对 4 个参数做详细解释。

（1）首次注视时间：是指落入测试对象界面第一个注视点的持续时间。在眼动实验中，首次注视时间能够衡量被试对手机界面的感兴趣程度，首次注视时间越长，证明被试对该样本的兴趣程度越大。同时，该指标也是用户界面布局合理性度量的一个重要指标。

（2）总注视时间：是指测试者对测试对象注视持续时间之和。总注视时间的长短反映了该样本对测试者的吸引程度，时间长短与吸引程度成正比。

（3）总注视次数：测试者对测试目标的注视次数可以反映出测试者的喜好度，被关注得越多，表明测试者对测试对象的内容越感兴趣，总注视次数与喜好度成正比。

（4）瞳孔直径：瞳孔大小的平均值可以用来反映被测者实验过程中的心理变化情况下。通常情况下，内心产生强烈的愉悦感时瞳孔会放大，瞳孔直径的大小与喜好度成正比。

2.2 实验准备

实验仪器为爱威视（EYEVISION）眼动仪。采取频率 60Hz，能为绝大多数室内环境提供最佳对比度的瞳孔图像。该仪器不仅能捕捉到眼动轨迹，还能够提供实验时被试者的重要测试数据，如注视时间、注视次数、瞳孔直径变化等，以满足本次实验的要求。

随机选择 10 名在校大学生作为被试者，年龄在 20～30 岁，其中 5 名男性，5 名女性，双眼视力或矫正视力正常，无色盲或色弱等眼疾患者。所有被试者均使用智能手机，并有 2 年以上使用购物类 App 的经验。

2.3 实验材料

2018 年 4 月 16 日，市场分析公司 KW 发布的统计数据显示，中国智能手机市场中安卓系统的占有率为 86%，所以我们的实验材料定为安卓手机购物类 App。本次实验的目的是让用户评价市场上现有购物类手机 App 的界面设计，所以实验材料对象是通过调查各大 App 下载商城中所有的购物类 App，最终筛选出的色彩、布局差别较大的 5 款购物类 App。将其一级界面（即首页）作为实验材料，通过模糊取色等处理将界面上的文字与图片色块化，避免文字与图片对用户产生影响，随机排序并记为方案一～方案五，如图 1 所示。

2.4 实验程序

本次实验在实验室中进行，被试者情绪正常。每个方案的浏览时间为 20s，每次实验持续时间约为 10min。本文的实验步骤流程如图 2 所示。

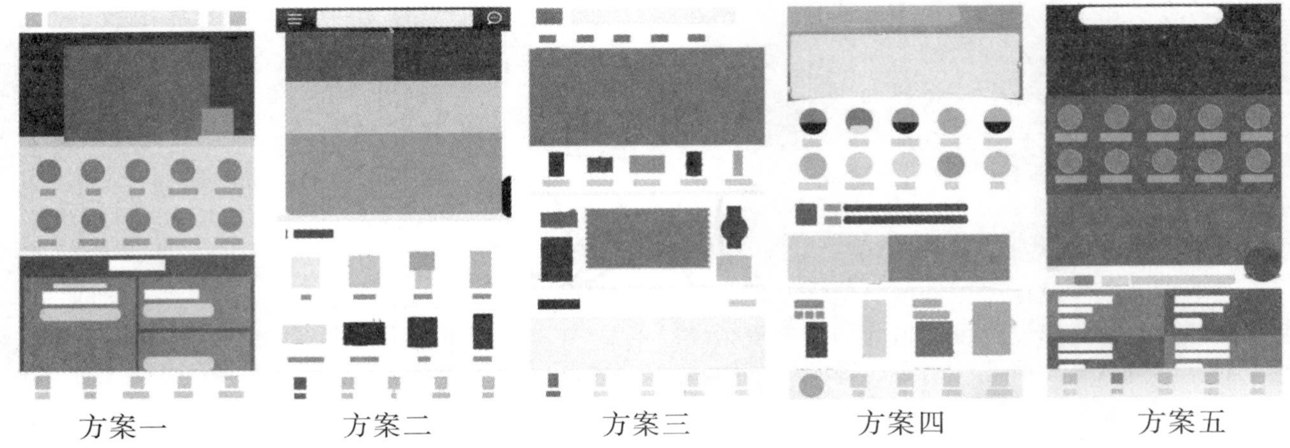

图 1　实验方案

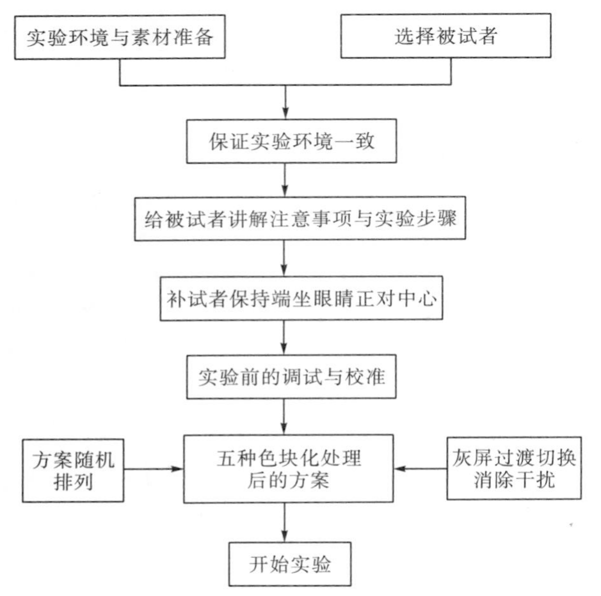

图 2　实验步骤流程图

2.5　数据处理

本次实验的所有被试数据均有效。实验数据使用爱威视（EYEVISION）眼动分析软件进行分析，首先对方案兴趣区域（AOI）中的注视点进行降噪处理，筛选出有效注视点之后，导出数据进行分析。得出眼动实验的数据统计，如表 1 所示。

表 1　眼动实验数据统计

方案	首次注视时间/s	总注视时间/s	总注视次数/个	瞳孔直径/mm
方案一	0.154 7	13.452 0	22.154 0	4.215 3
方案二	0.083 4	10.246 8	19.345 0	4.621 0
方案三	0.000 0	11.546 8	23.450 0	4.521 1
方案四	0.157 6	12.457 2	24.500 0	4.365 0
方案五	0.264 8	11.687 0	22.150 0	4.682 7

3　数据分析

3.1　熵权法计算评价指标的权重

熵权法是一种常见的客观赋权法，多应用于工程技术，社会经济等领域。假设有 m 个待评方案，n 项评价指标，形成原始指标数据矩阵 $\boldsymbol{x} = (x_{ij})_{m\times n}$，对于某项指标 x_j，有信息熵 $e_j = -k\sum_{i=1}^{m} p_{ij}\ln p_{ij}$，通过熵权法计算各指标权重的方法如下：

构建指标的判断矩阵为

$$\boldsymbol{x}_{ij} = \begin{bmatrix} x_{11} & x_{12} & \cdots & x_{1n} \\ x_{21} & x_{22} & \cdots & x_{2n} \\ \vdots & \vdots & & \vdots \\ x_{m1} & x_{m2} & \cdots & x_{mn} \end{bmatrix}$$

评价方案个数 m 为 5，评价指标个数 n 为 5，其中第 j 个评价方案的第 i 个指标的原始数据为 x_{ij}，结合实验的数据进行分析，建立原始数据矩阵为

$$\boldsymbol{X} = \begin{bmatrix} 0.154\,7 & 13.452\,0 & 22.154\,0 & 4.215\,3 \\ 0.083\,4 & 10.246\,8 & 19.345\,0 & 4.621\,0 \\ 0.000\,0 & 11.546\,8 & 23.450\,0 & 4.521\,1 \\ 0.157\,6 & 12.457\,2 & 24.500\,0 & 4.365\,0 \\ 0.264\,8 & 11.687\,0 & 22.150\,0 & 4.682\,7 \end{bmatrix}$$

由于各指标间量纲不同，数据数量级相差较大，数据之间很难直接进行比较，因此需要对原始数据进行归一化处理。对 $\boldsymbol{X}$ 中的各指标归一化处理方法如下：

$$r_{ij} = \frac{x_{ij} - \min x_{ij}}{\max x_{ij} - \min x_{ij}},\ i \in [1,\ m],\ j \in [1,\ n] \tag{1}$$

$$r_{ij} = \frac{\max x_{ij} - x_{ij}}{\max x_{ij} - \min x_{ij}},\ i \in [1,\ m],\ j \in [1,\ n] \tag{2}$$

式中，式(1) 的指标值越大越好，式(2) 中的指标值越小越好。$\max x_{ij}$ 和 $\min x_{ij}$ 分别是矩阵 $\boldsymbol{X}$ 中第 i 行的最大值和最小值。则规范性矩阵为

$$\boldsymbol{R}=\begin{bmatrix} 0.8550 & 0.2545 & 0.5324\,0 & 0.2541 \\ 0.8422 & 0 & 0 & 0.7462 \\ 0 & 0.4261 & 0 & 1.0000 \\ 0.5135 & 0.3891 & 0.9542\,1 & 0.2082 \\ 0.3925 & 0.4462 & 1.0000 & 0 \end{bmatrix}$$

计算第 i 项指标下第 j 个对象的指标值的比重如下：

$$p_{ij}=\frac{r_{ij}}{\sum_{j=1}^{n} r_{ij}} \tag{3}$$

$$S_j=-k\sum_{j=1}^{n} p_{ij}\ln p_{ij} \tag{4}$$

$$\omega_i=\frac{1-S_i}{\sum_{i=1}^{m}(1-S_i)}=\frac{1-S_i}{m-\sum_{i=1}^{m}S_i},$$

$$0\leqslant\omega_i\leqslant1,\sum_{i=1}^{m}\omega_i=1 \tag{5}$$

根据式（3）计算得出指标值比重；由熵权法计算第 i 个指标熵值的方法见式（4）；由第 i 个指标的熵权，可以确定该指标的客观权重，再根据式（5）计算得出各项指标的权重为

$$\boldsymbol{\omega}=[0.1652\ 0.2157\ 0.1524\ 0.1242\ 0.1571]$$

3.2 改进的层次分析法计算权重

层次分析法是 20 世纪 70 年代由运筹学家提出的一种定量分析与定性判断相结合的科学决策方法，能够将人的主观判断用数量的形式进行表达和处理。层次分析法广泛采用 1～9 的标度法来确定重要性等级。但这种标度法在定量人们的判断时不甚准确，不能保证判断矩阵的一致性，合理性欠佳。因此，根据文献[9]提出的方法进行改进，改为 0～1 标度法代替 1～9 的标度法，由改进后的方法构造出的判断矩阵不需要做一致性检验。

首先，需要构造互补形式的判断矩阵，分析几个方案，后一个方案比前一个方案重要用 1 表示，后一个方案没有前一个方案重要能用 0 表示，两个方案同等重要则用 0.5 来表示，如表 2 所示。

表 2　判断矩阵构建

	方案一	方案二	方案三	方案四	方案五
方案一	0.5	1	1	0	1
方案二	0	0.5	1	0	1
方案三	0	0	0.5	0	0
方案四	1	1	1	0.5	1
方案五	0	0	1	0	0.5

采用 0～1 标度法构造的初始判断矩阵为

$$\boldsymbol{Y}=\begin{bmatrix} 0.5 & 1 & 1 & 0 & 1 \\ 0 & 0.5 & 1 & 0 & 1 \\ 0 & 0 & 0.5 & 0 & 0 \\ 1 & 1 & 1 & 0.5 & 1 \\ 0 & 0 & 1 & 0 & 0.5 \end{bmatrix}$$

根据文献[8]，需要将判断矩阵转换为模糊的一次性矩阵，先对矩阵 $\boldsymbol{Y}$ 按行求和，求和公式为

$$r_{ij}=\sum_{j=1}^{m} Y_{ij} \tag{6}$$

再利用如下转换公式：

$$r_{ij}=\frac{r_i-r_j}{2m}+0.5 \tag{7}$$

得到模糊一次性矩阵为

$$\boldsymbol{X}=(r_{ij})_{m\times n}=\begin{bmatrix} 0.5 & 0.6 & 0.7 & 0.4 & 0.8 \\ 0.3 & 0.5 & 0.4 & 0.7 & 0.8 \\ 0.2 & 0.1 & 0.5 & 0.3 & 0.4 \\ 0.6 & 0.7 & 0.8 & 0.5 & 0.9 \\ 0.2 & 0.3 & 0.7 & 0.4 & 0.5 \end{bmatrix} \tag{8}$$

通过将模糊一次性矩阵运用方根法计算出各评价指标的权重，得出最终的指标权重为 $\boldsymbol{W}$，公式如下：

$$W_i=\frac{\left(\prod_{j=1}^{n} a_{ij}\right)^{\frac{1}{n}}}{\sum_{i=1}^{n}\left(\prod_{j=1}^{n} a_{ij}\right)^{\frac{1}{n}}},i\in[1,n]$$

根据公式得出各项指标权重为

$$\boldsymbol{W}=[0.2541\ 0.2103\ 0.1056\ 0.2841\ 0.1456]$$

3.3 计算 4 项指标的综合权重

熵权法是根据眼动数据之间的关系来确定指标权重，可以很好地反映评价指标的客观权重，再结合主观性较大的层次分析法，得出体系的综合权重。因此，将两者结合计算得出的结果体现主客观相结合的思想，提高权重的准确性。根据文献[10]综合权重的获取公式如下：

$$\varphi_i=\frac{w_i\omega_i}{\sum_{i=1}^{m} w_i\omega_i},0\leqslant\varphi_i\leqslant1,\sum_{i=1}^{m}\varphi_i=1 \tag{9}$$

得出各项指标的综合权重为

$$\boldsymbol{\varphi}_i=[0.2354\quad 0.2141\quad 0.1532\quad 0.2671\quad 0.1154]$$

5 个方案的标准化数据按权重进行加权计算，得到的方案最终得分为

$$\boldsymbol{F}=[0.5421\quad 0.4215\quad 0.4311\quad 0.6562\quad 0.5216]$$

4 结果分析

对方案进行排序，将 5 个方案根据得分进行排序，结果为：$Q_4>Q_1>Q_5>Q_3>Q_2$，如图 3 所示。

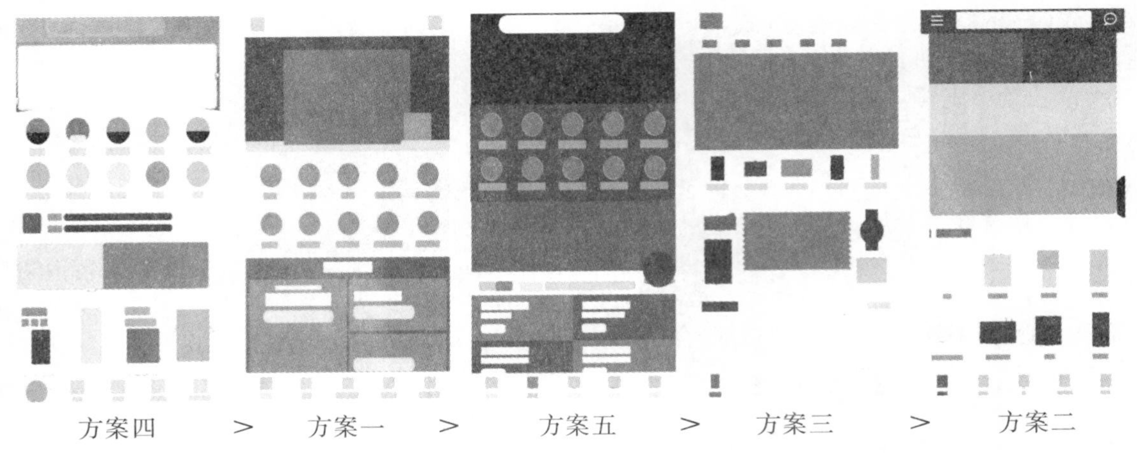

图 3 实验结果

4.1 布局分析

根据《基于眼动浏览规律的手机典型界面结构研究》分析，作者参考了网页界面框架的分类后，调查了大量的移动终端应用界面的布局，将手机App的基本界面框架总结归纳为3类，即宫格式框架、标签式框架和侧边展开式框架，且大多数的移动应用界面在此基础上进行衍生和变化。在我们的实验材料中，方案二为侧边展开式框架，方案三为标签式框架，方案一、方案四与方案五均为宫格式框架。

从实验的排序结果可以看出，购物类App界面设计中宫格式框架最好，其次是标签式框架，再次是侧边展开式框架。

结合实际情况与各种框架的特点进行分析，宫格式框架操作逻辑简单，适用于多功能的工具软件。在App使用的移动场景中，用户往往会更关注操作逻辑的简单性，不关心操作步骤，因此宫格式框架更能减少用户的思考负荷。标签式框架是一种用户最为熟悉和常见的框架样式，适合效率型且导航栏承载功能切换频繁的手机应用。购物类App的功能复杂，注重高效的切换率，因此相比于侧边展开式框架来说，标签式框架更适合购物类App的界面设计。由于侧边展开式框架适合大面积内容为主导的界面设计，不适合承载效率性应用，因此可视性存在劣势，不适用于购物类App的界面设计当中。

4.2 配色分析

在上面的结果分析当中，评价优先的3个框架均为宫格式框架，因此针对这3个方案进行配色分析，验证不同的配色对于评价结果的影响。

根据文献[11]的介绍，此处我们运用HSB色彩模式进行分析。其中，H表示色相，S表示饱和度，B表示亮度。在HSB模式当中，S和B的数值越高，表示饱和度和明度越高，界面的色彩越强烈，界面表现更为醒目。因此，首先通过拾色器得出3个方案界面的功能栏和界面背景的HSB值，如图4和表3所示。

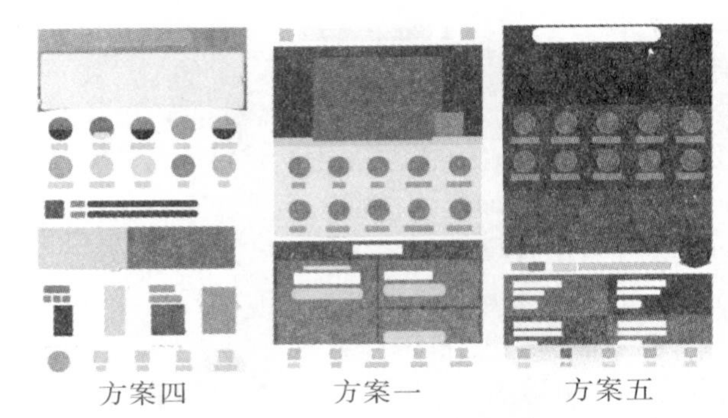

图 4 宫格式框架方案

表 3 HSB 色值统计

方案	背影颜色			功能栏		
	H	S	B	H	S	H
方案四	0	0	100	0	1	98
方案一	24	16	98	0	0	100
方案五	4	87	58	243	7	97

结合方案的排序可以看出，当功能栏的饱和度和明度越高，界面背景的颜色越浅，用户评价越好。

5 结论

在本文研究中，引入了眼动仪，通过分析用户在使用购物App时的眼动轨迹与注视时间，提取其中的4项参数进行分析与计算，运用熵权法与改进的层次分析法对数据进行综合赋权。同时对原始数据进行标准化处理，以排除影响因素。评价指标权重的办法则是综合了熵权法与层次分析法，将主观的判断和客观的标准统一起来，权重的排序最后得出用户评价最高的方案。通过分析最优方案，总结出购物类App界面设计在布局和配色方面的要点，可为设计师设计App界面提供依据与指导。

本文局限于购物类App，研究其界面布局与配色，界面中的信息量和界面风格等其他因素未作考虑。后续工作还应综合考虑并进行深入的研究。

参考文献

[1] 蒋鑫. 色彩在手机游戏界面中的应用策略研究 [J]. 包装工程，2014，35（24）：115－118.

[2] 高玉娇，覃京燕，陶晋. 手机App交互设计中动态色彩的视知觉研究 [J]. 包装工程，2016，37（8）：134－137.

[3] 张尧. 基于用户体验的教育App界面色彩设计研究 [J]. 艺术科技，2017，30（9）：255－256.

[4] 丁磊，李欣霏. App界面视觉设计艺术研究 [J]. 中国包装工业，2013（16）：58.

[5] 侯文军，秦源. 基于眼动浏览规律的手机典型界面结构研究 [J]. 北京邮电大学学报（社会科学版），2014，16（1）：25－30.

[6] 赵新灿，左洪福，任勇军. 眼动仪与视线跟踪技术综述 [J]. 计算机工程与应用，2006（12）：118－120，140.

[7] 周薇，李筱菁. 基于信息熵理论的综合评价方法 [J]. 科学技术与工程，2010，10（23）：5839－5843.

[8] 兰继斌，徐扬，霍良安，等. 模糊层次分析法权重研究 [J]. 系统工程理论与实践，2006（9）：107－112.

[9] 徐泽水. AHP中两类标度的关系研究 [J]. 系统工程理论与实践，1999（7）：98－102.

[10] 陶菊春，吴建民. 综合加权评分法的综合权重确定新探 [J]. 系统工程理论与实践，2001（8）：43－48.

[11] 于福洋. HSB色彩模式的数字化定义 [J]. 电脑学习，2009（3）：2－3.

以用户体验为核心的室内公共空间的自动售药机设计研究

姚 露 陈世栋

（扬州大学，江苏扬州，225127）

摘 要：目的：公共室内空间的自动售药机人机关系与情感分析设计。方法：以人们对现有产品的综合评价为基础，重塑自动售药机用户体验，通过人机学与设计学知识对自动售药机的外形、功能进行再定义。结论：通过对自动售药机的再定义，得到公共室内空间自动售药机的设计。

关键词：用户体验；公共空间；室内；自动售药机；人机工程

1 引言

随着社会经济的不断发展，人们对消费体验的要求越来越高。国家在2004年出台的《药品经营许可证管理办法》中明确规定，药品零售企业必须保证24小时供药。然而，2012年的国家商务部《零售药店经营服务规范》中改为“提倡零售药店设置夜间服务窗口，实现24小时药品供应，以满足广大消费者的需求”。从要求到提倡，这背后最主要的原因就是24小时售药增加了运营成本，使药店入不敷出。传统上以医院和药房为主的药品零售模式由于运营成本压力等因素，存在着服务站点分布不足、开放时间不能充分满足用户需要和销售人员过多推荐特定药品等现象，严重影响了用户的消费体验。现代互联网和人工智能技术的普及为解决这一问题提供了新的可能：通过建设自动售药机系统，为人们提供全时段、快速、便捷的服务和更多的自主选择。本文基于对服务社区的公共室内自动售药机的开发设计，旨在为社区用户提供更好的购物体验。

2 课题背景

2.1 国外自动售药机发展研究

国外早在20世纪中叶就开始了对自动售药机相关概念的探索。自20世纪90年代起，英、美等许多国家开始了对药品自动发放技术的研究。最早的取药机出现在2001年的美国。据报道，该机器可以识别电子处方，准确吐出医生开出的药品和所需数量，准确率高于人工发药的精确度。取药机可以算作是自动售药设备的母代产品。

随着自动售货机技术的普及应用，取药机也越来越向售货机靠拢。Shop2Go推出了第一代售药机产品——DOC。DOC是为OTC（非处方药）、保健产品和一般零售产品特别设计的，可以存储1000个单位的药品，以满足不同场合的多种需求，推出后大受欢迎。

自动售药机最初是和社区医院绑定运营的，这种模式存在漏洞。2003年，Duane Reade开始在医生办公室内设置自动售药机。由于Duane Reade和部分社区医生之间存在不正当的财务关系，使

Duane Reade 获得大笔额外的医疗报销费用。该事件被媒体揭发后，Duane Reade 因此支付了巨额赔偿。这种依托于社区医院和社区诊所平台，由第三方提供服务的第二代售药机产品，尽管在一定程度上满足了人们的需求，但使用监管上的不完善，使之在售药过程中可能产生内部交易，从而影响用户对机器销售的信任。

从前两代售药机的案例中可以发现，设计一款完全第三方独立的售药设备势在必行，我们可以将其称为第三代自动售药机。通过独立平台售药，杜绝与大型诊断平台的合作，减少内部交易发生的可能性，为用户提供更好的购药体验。

图 1 为国外某自动售药机。

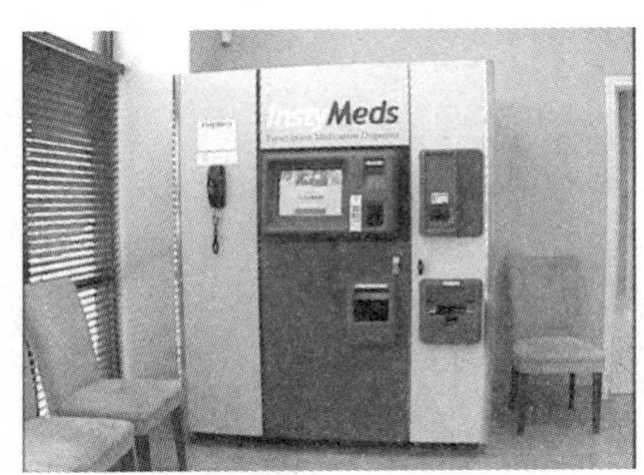

图 1 国外某自动售药机

2.2 国内自动售药机发展现状

国内最早的自动售药机出现在 2002 年的上海，当时上海引进了中国第一台非处方药自动售药机。但由于人们对自动售货类型机器的不熟悉和当时推广宣传的欠缺，并没有引起很大的反响。

2005 年，重庆投入使用 100 台自动售药机，将其安置在繁华市街，提供 24 小时购药的便利；2007 年，陕西一家公司购买了 32 台自动售药机，投入市场；2008 年，上海市的地铁站也安置了自动售药机；2013 年，贵阳街头安装了当地第一台自动售药机，其后又陆续引入 6 台。但因为种种原因，都没有达到预期效果。

总体而言，国内自动售药机市场依旧处于起步阶段，曾经出现的一些热点尝试都没有获得持续的成功，可能有以下原因：

（1）对自动售药机的相关法律和管理规定还不完善，民众对产品的信任度不足。

（2）产品方对用户体验缺乏重视，如针对用户投诉的药品种类不全等问题没有有效的应对措施，造成了用户的流失。

（3）产品宣传和布置规划不够，没有形成有效的推广。

从宏观市场需求的角度来看，传统以医院和药房为主的药品零售模式已经不能充分满足用户的需求，而集成了自动化、计算机和大数据的自动售药机系统可以填补市场的缺环，在高效满足用户需求的同时，减少人力和运营成本。因此，自助服务必将会迎来新的发展。

3 用户研究

3.1 用户心理研究

3.1.1 传统药房售药观察法

我们实地观察了 3 个传统药房，分别是两家扬州的药房与一家常州的药房。明显发现扬州药店的工作人员工作更加放松，很少推荐药品，而且药店的折扣较少；常州则相反，工作人员十分热情，会不断推荐用药，折扣力度较大，甚至有顾客特地为了折扣来买药。

经过分析，发现几家传统药房存在以下一些问题。

（1）药品分类方式没有充分考虑用户的可用性因素。分类方式单一，且过于注重专业性，对用户不够友好。一些药品名称和用途较为专业，人工服务仍存在局限性，用户往往需要找较长的时间。在实际场景下，导购人员往往站在柜台内部，且人流量较大时，只能给予顾客药品分类的方向，不能为用户推荐、精准拿取药品，使用户花不少时间自己寻找药品。如果通过自动售药机直接搜索药品，就可以解决寻找药品慢、不准确的问题，缓解人多时药店的售药压力。

（2）药店导购的热情度影响顾客买药体验。不同的顾客有不同的购药需求，不同的导购有不同的服务态度。有的顾客希望自己购药，有的则希望由导购推荐购药；有的导购十分热情，有的导购相对冷淡。如果自动售药机既操作简单，又能提供简单的问诊服务，就可以解决此类问题。

（3）药房分布密度不合理。相对偏远的场所鲜见药房，而人流量大的社区等场所药店又密度过大，且顾客往往图方便将私家车停在门口，不仅影响交通，而且对急需买药的人来说极不方便。如果利用自动售药机，可以通过合理安排分布，在一定程度上避免此类问题；同时自动售药机投放成本相对药房较小，在偏远场所也可以做到均匀分布。

（4）药店存在不让顾客随意挑选的售药柜台或者售药区，这类药品一般是处方药或者非处方药类的内服药，自动售药机可能在这方面无可替代。因为国家法律规定有些药品的售卖是有条件的，如果自动售药机要卖此类药品可能会存在药品使用的安全隐患。

（5）药店的促销活动可能会影响顾客的购药选择。大幅度的促销活动会导致顾客囤积许多药物，但药品对于保质期判定严格，对过期药品的不当处理可能会带来巨大的安全隐患。如果使用自动售药机，可以帮助顾客做出没有导向性的选择；同时方便快捷的购买渠道能减少用户囤积药品的可能性，减少安全隐患。

3.1.2　问卷调查

在投放的网络问卷中，共有 110 人参加调查（部分问题见图 1）。其中，有 58.42%的人没有听说过自动售药机，38.61%的人听说过没用过，只有极少数人听说并使用过。促使大家使用自动售药机购药的原因也有很多。其中，84.16%的人因为可以满足 24 小时和紧急药品的需求而使用机器购买，就近投放、购买方便也是吸引 70.3%的用户使用的原因，63.37%的用户会因为购买时间少、快速方便而使用自动售药机，多样的支付方式会吸引 45.54%的用户，28.71%的人会因为操作简单易懂而去使用，26.73%的人会因为药品质量有保证去使用。对于自动售药机最重要的因素，83.17%的人认为药品来源正规可靠十分重要，78.22%的人认为药品质量有保证非常重要，而相关部门的有效监管会让 72.28%的人觉得十分重要，57.43%的人觉得提供咨询服务、对症下药且有药剂量说明是非常重要的因素。

您平常会以什么方式购买药品？多选题

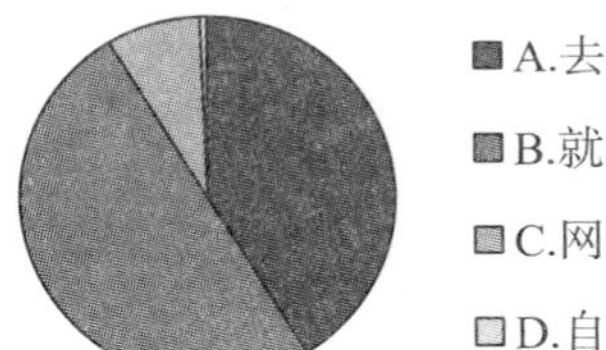

您认为自助售药机出售的药品有保障吗？单选题

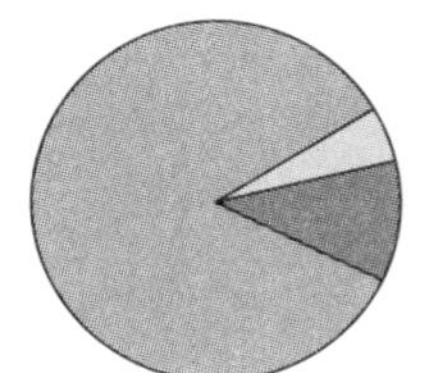

你希望在自助售药机上购买哪些药物？多选题

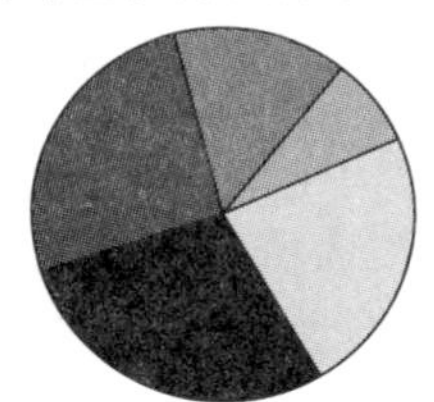

您希望自助售药机采取什么样的支付方式？多选题

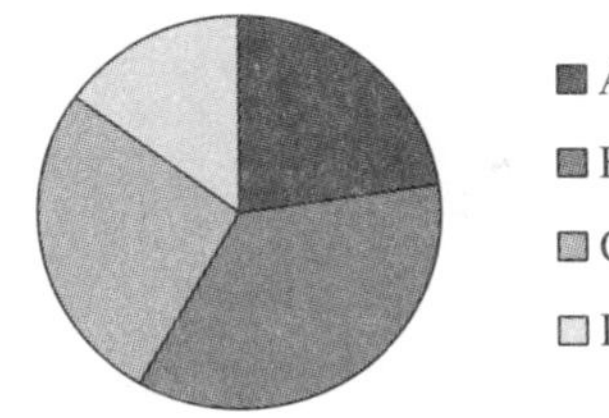

促使您选择自助售药机购买的原因有哪些？多选题

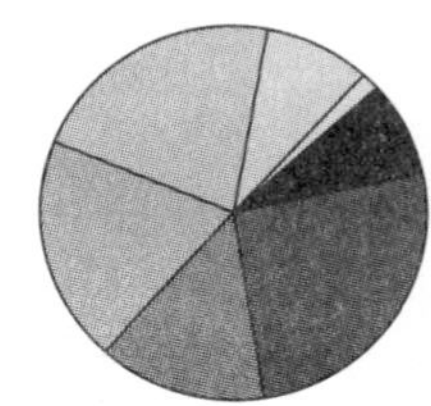

您认为自助售药机最重要的是？多选题

A.药品来源正规可靠
B.药品质量有保障
C.价格便宜
D.相关部门强力监管
E.提供咨询服务
F.互联网对接在线就诊

图 1　网络问卷的部分问题

在问卷调查中，很吸引大家回答的多选题就是“您希望自助售药设备机在哪些地方投放？”。从数据（图 2）中可以看到，70.3%的人选择居民社区，69.31%的人选择交通不便的大学城，65.35%的人选择交通枢纽（火车站、地铁站等），57.43%的人选择景区。这些高票数场所都是大型公共场所，人流量较大，即时购药需求相对较大。在上述这些购药场景，甚至是医院药房中，我们发现因为购药需求较大而带来的排队拥挤现象是一定存在的。因此，如何在这种人流量大且即时需求较大的情况下减少用户的排队时间，合理地安排用户购药是需要解决的首要问题。

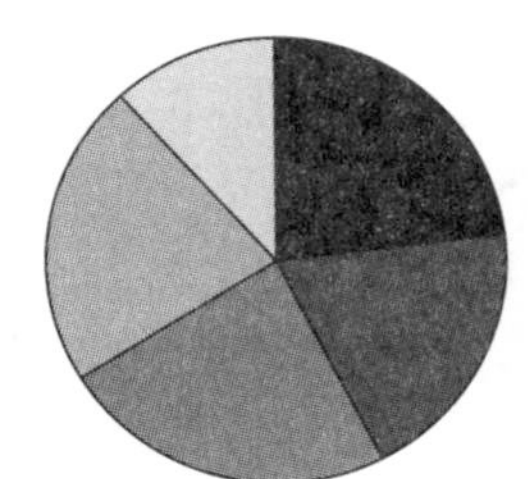

图 2　用户认为应投放自动售药机的地点（多选）

3.2　用户类型研究

售药机的用户主要定位在 18～65 岁。我们将用户分为 3 个年龄段，并根据用户的各个年龄段特点展开研究。

第一类是 18～29 岁的中青年人。这类用户多为学生或是刚刚步入社会的白领。正处在融入社会的关键阶段，他们的心理较为复杂、矛盾，还没有完全形成自己独特的价值观和世界观，这就使得他们对新兴事物有很高的接受度，能快速地适应新兴事物。因此，相对新颖的外观设计能够更加吸引这类用户，满足这类用户对机器类产品在外观上的心理需求，同时机器诊断的功能可以帮助他们省去医院就诊的时间。但正是由于这类用户追求新奇、活泼等特点，使得他们对便捷的操作与多平台支付等设定有着更高的要求。

第二类是 30～59 岁的中年人。这类用户多为有稳定家庭、工作的人。他们对新兴事物的接受能力处于青年人和老年人之间，由于生活方式趋于稳定，自己能够独立安排工作事务，基本形成了自己的价值观和世界观。这类人群一般处世待人的社会行为趋于干练豁达，能适应环境和把握环境，对新兴事物的接受差异化较大，相对能够控制自己的行为。这类用户在使用自动售药机的过程中，要求能够快速、便捷地操作机器，对机器的分布位置有一定的要求，能够在社区、地铁站、公司附近等比较大众的生活场景购药，并在购药时能够与医保等社会保险结合起来使用。

第三类是 60～65 岁的老年人。这类用户多为接近退休或已经退休在家的老人，由于生理功能的衰退，导致他们的情绪不稳定，而且加之他们在多年的社会生活中已形成了自己的价值观和世界观，随着时间的推移思维固化，不容易接受机器销售，对新兴的销售模式理解能力较低。这类用户要求自动售药机外观设计情感化，通过温情的整体外观来改变用户对冰冷机器的固有印象，从而促进用户更加主动地去使用机器。同时，这类用户对机器辅助功能的要求较高，由于视、听等生理功能的衰退，他们在使用过程中可能会出现许多问题，从而导致对机器产品的排斥。因此，良好的辅助功能会给这类用户带来良好的体验，使之一直使用下去。

综合之前的观察法与问卷调查，我们发现不同年龄段的人对自动售药机有不同的心理需求。

年轻人在生理上需要满足一般情况下的即时需求；在情感上，最好能够由自动售药机提供一定的建议而免去医院就诊。中年人由于生活工作的关系，会认为能够保证全时间段使用并结合医保卡等社会保险是十分重要的；在安全性上，正规的销售来源是这类人群重要的考虑因素。而对于老年人，方便的操作流程是最重要的因素，由于这类人群生、心因素的退化，设计易于识别的情感化的外观是十分必要的，同时可以考虑加入一些声音等辅助措施。

图 3 为设计点转化。

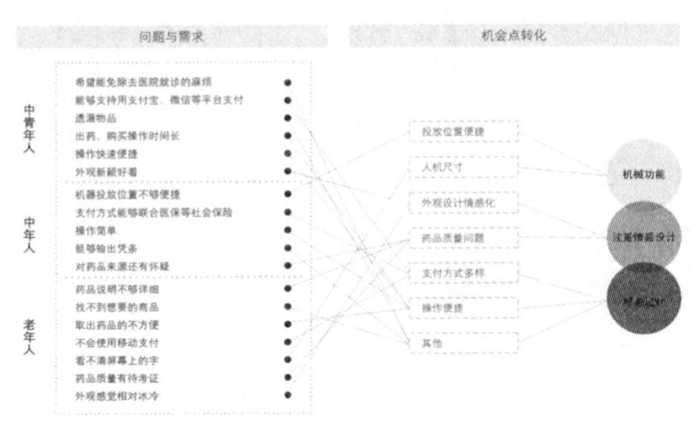

图 3　设计点转化

3.3　用户痛点、需求分析

3.3.1　用户痛点

（1）由于药品相关信息的不透明，用户对于售药机所售药品依旧抱有很大的怀疑态度，对于自动售药机产品依旧不够信任。透明公开的来源、监管渠道会让用户对自动售药机的好感度上升。

（2）用户体验有待改善。主要在两个方面：一是自动售药机中药品种类不全且价格高昂，不能满足日常生活需求；二是购药的整体流程导向不够清晰，部分用户无法理解，从而选择不使用自动售药机渠道购药。

（3）在机器投放位置上，整体引进机器数量少，点位置投放不合理，不能与周围的自助售药机、药店形成有效呼应。同时在人流量大的场景中，单一机器不能满足用户快捷购药的需求。

3.3.2　用户需求分析

1）透明药品信息，销售页面添加药品来源，使得用户可以追踪药品来源，提高用户对自动售药机的信任度。

（2）通过有关配仓算法研究改良现有自动售药机的基础配仓。例如采用支持度、相关度、关联度约束的 SRL 算法挖掘项项正相关且关联频繁项集，然后以该项集为基础配仓。

（3）添加辅助功能设计，为使用过程的各项细节提供完善配套服务，如辅助屏幕、指导声音、出具凭条等。

（4）流程设计简洁化，通过相对单一的界面交互，让用户能够简单上手。

（5）利用外观设计解决在人流量大的实际场景下用户排队购药的现象，且造型要求有一定的辨识度。

（6）支付方式多样化，满足用户的不同需要。部分用户希望能够使用线上支付，而拥有医保等社会保险的用户则希望能够使用医保卡等方式支付。

4 用户体验设计展示

4.1 自动售药机外观设计

从前面的调查问卷中发现，在类似医院、地铁站等人流量较大的公共场所购买产品时，排队总是让人抓狂的事情。设计时，发现多面体的特性即“一机多面”，利用六边形多面来满足一台机器上的多窗口同时购药，以改善人流量大的公众场所排队购药品的问题，如图 4 所示。

图 4　场景渲染

白色作为主体颜色给人安静洁净的感觉，绿色作为辅助颜色给人安心、和谐之感，整体配色低调干净，容易让用户产生信赖、亲切感，如图 5 所示。

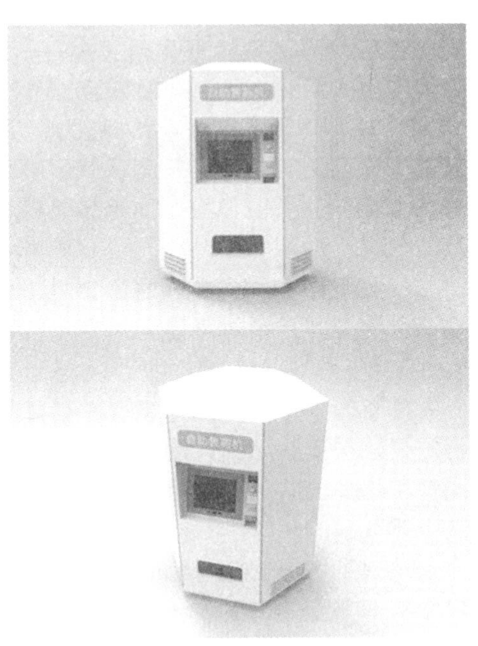

图 5　外观正视图、渲染效果

4.2 细节构造

考虑到实际使用自动售药的用户基本都是成年人，因此将所有数据都参照成年人人体尺寸国家标准 GB 10000—88，如硬币口、纸币卡口、数字键盘、插卡口、凭条口等细节部分参考了银行的 ATM 取款机，辅助屏幕、整体尺寸等部分参考自动售货机的实际使用数据，最后结合国际数据和实际的用户体验确定自动售药机具体的设计尺寸，如图 6～图 8 所示。

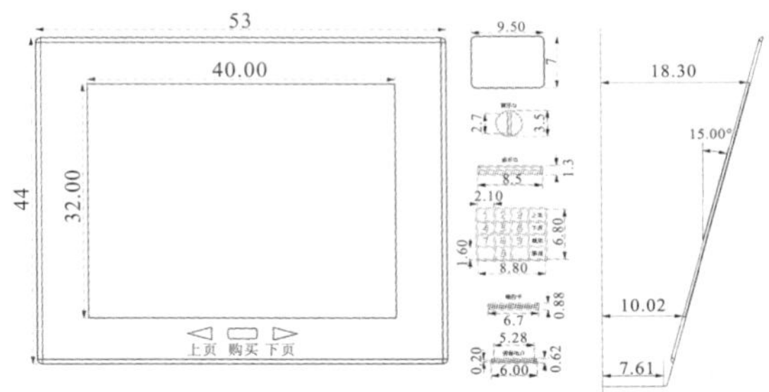

图 6　屏幕尺寸

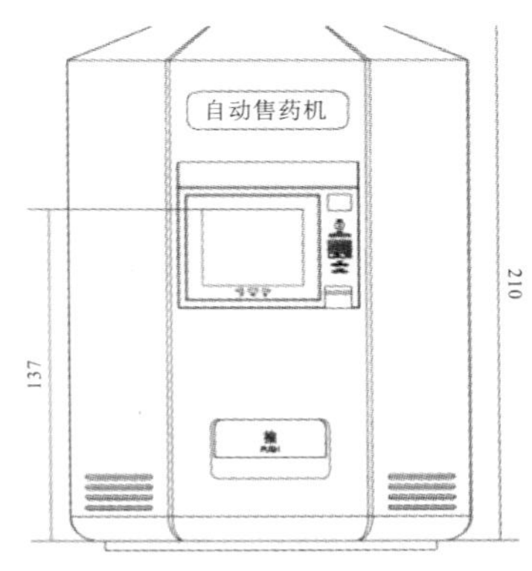

图 7　机器尺寸

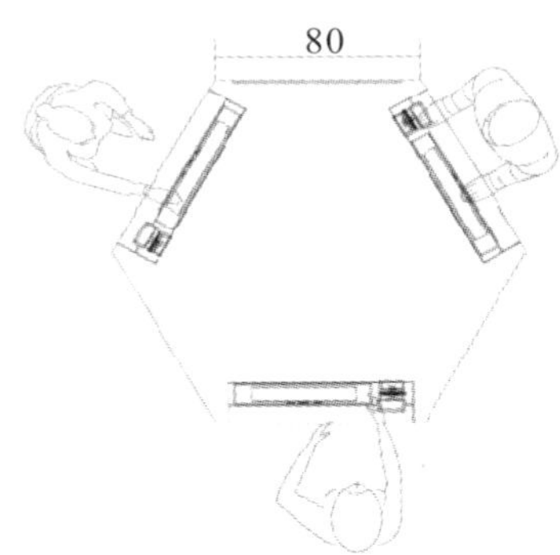

图 8　人机关系图

4.3 自动售药机界面设计

考虑在实际情况下的各种购药场景，还原生活场景下用户购药过程，并将自助购药方式分类，细化购买过程，制作购药流程图，以此为基础设计自动售药机售药流程，完成自动售药机售药的交互界面，如图 9 所示。

购药主要可以分为两种方式，即根据症状由机器推荐和自主选择。自主选择适用于自己知道用药或是有用药习惯的用户；而机器推荐适用于不知道患病情况，需要根据自身症状筛选然后由系统智能推荐的用户。用户可以根据自身的切实需求灵活选择购药方式。同时添加直接搜索功能，帮助用户能够更快地购买目标商品。

药品信息表应尽量全面地展示在操作流程中，如药品图片、名称、价格、库存会在药品分类页面展示，具体药品说明书包括适用症状、不良反应等会展示在详情页面。同时，自动售药机应支持不同的支付方式，以帮助用户获得更好的体验，如图10所示。

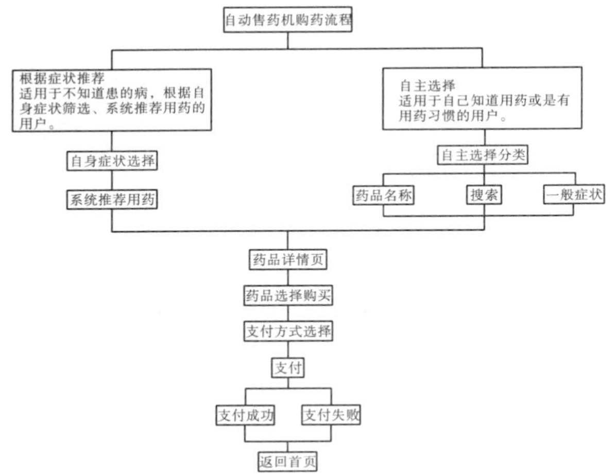

图9　自动售药机购药流程

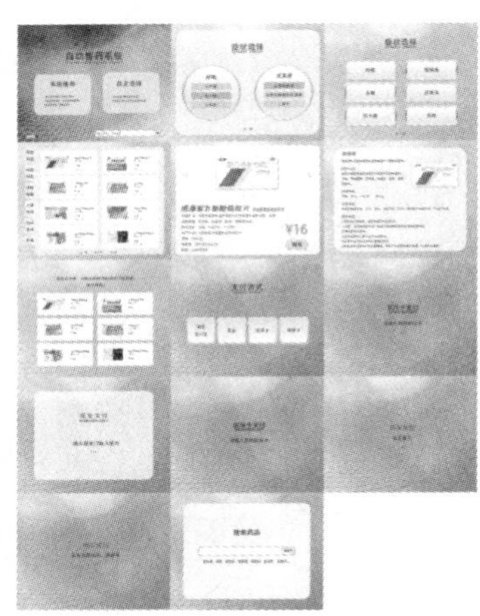

图10　自动售药机界面

4.4　辅助设计

考虑到老年人和部分人群的使用困难，特意在大屏幕的右上方增加了小块的提示屏幕，并伴随着温柔的声音提醒，来帮助这部分用户使用机器，提升用户体验，如图11所示。

小屏幕上会用红色警示字体显示三类信息。第一类是售药机的状态信息，如正常服务、待检修等，显示售药机当前的状态；第二类是当前药品的库存情况，如补充库存中、缺药、库存稀少等，在打开药品详情页面时会显示该类药品在此机的库存情况；第三类信息就是流程提醒，在用户使用购买的过程中显示当前的操作步骤，并伴随着轻柔的声音提醒，帮助用户更好地使用机器。

图11　辅助屏幕

4.5　设计场景演示

如图12所示，年轻人小白，25岁白领，晚上11：50在公司加班时，用小刀裁纸时不小心裁到手，为了不影响工作需要创可贴。下楼走到自动售药机前，发现有系统推荐和自主购买，果断选择了自主购买。通过“消毒杀菌”这个分类找到创可贴，确认购买支付，买到创可贴。很快回到办公室完成了工作后回了家。

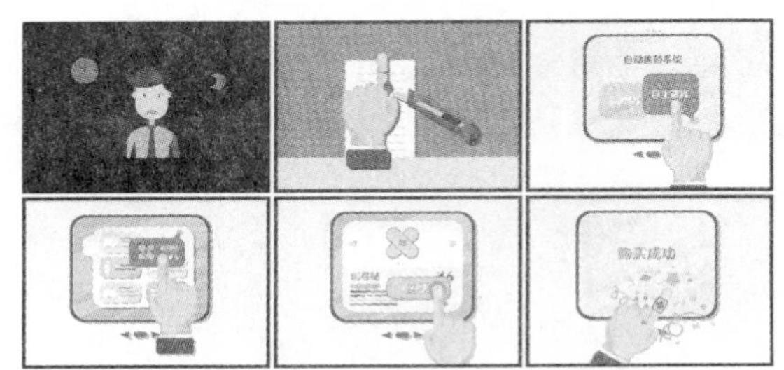

图12　目标场景

5　总结与展望

本次设计主要从用户体验出发，系统研究自动售药机发展过程，并通过实地调研、网络问卷等方法深入了解用户心理，总结用户痛点，对自动售药机进行再定义，得出全新的自动售药机设计。六边形三面同时售药的创新设计，满足了在人流量大的情况下减少排队的即时需求；完全独立的第三方售药平台大大减少了内部交易的可能性，从两方面改善了用户体验。

随着无人超市等自主体验的不断出现，人们对自助服务的接受程度越来越高，在不久的将来，大量无人技术将替代人工服务。传统药房销售模式将无法充分满足用户需求，现代互联网与人工智能技术的普及为售药机体验设计提供了更大的机会，自助售药服务将走向必然趋势。目前的AI技术与自动售药机在未来的进一步结合，将会带给人们一个全新、颠覆性的用户体验。

参考文献

[1] 佚名. 药品经营许可证管理办法 [J]. 齐鲁药事, 2004, 23 (3): 148-150.

[2] 赵安琪. 自动售药机破冰之路 [J]. 中国药店, 2010 (10): 32-34.

[3] 徐璐. 基于人机工程学的自动售药机的设计 [D]. 太原: 太原理工大学, 2013.

[4] 自动售药机风行北美 [J]. 中国药店, 2011 (11): 70.

[5] 赵碧. 自动售药机: 打造民众购药新渠道 [N]. 中国产经新闻, 2017-06-16 (002).

[6] 王晓丹, 王建宇. 自动售药机配仓算法研究 [J]. 计算机工程与应用, 2017, 53 (4): 256-262.

[7] 朱玉婷. ATM 自动取款机的人机学分析与设计 [J]. 大科技·科技天地, 2011 (6): 134-135.

[8] 黄宇. 药店管理信息系统的分析与设计 [J]. 软件导刊, 2009, 8 (2): 97-99.

面向注意力维持的慕课平台用户界面设计研究

殷鑫琪　王军锋　王文军　史忠超

(西南科技大学, 四川绵阳, 621000)

摘　要: 本文旨在探究国内外典型在线教育网站中不同视觉元素的搭配对用户注意力的影响。从用户的视觉注意力出发, 基于眼动仪原理, 采用视觉试验方法, 观察研究慕课平台用户界面, 以 Coursera、MOOC、学堂在线和 EDX 为主的用户界面设计要素, 得到用户的最佳视觉注意, 并提取出该方案的视觉元素; 同时分析出现有在线教育网站页面中存在的影响用户注意力的因素, 给出设计改进策略, 从而减少 UI 设计师在进行在线教育网站设计过程中的障碍, 提高慕课平台的市场竞争力, 增强用户体验, 提高用户对在线教育网站的认可度。

关键词: 在线教育网站; 视觉元素; 注意力维持; 眼动仪

1　引言

随着互联网产品的不断发展, 人们对于互联网的需求越来越大。人们开始逐渐通过互联网的方式进行在线学习, 而在线教育网站中又多以视频学习为主。如何通过网站中视觉元素的运用, 提高用户在在线教育网站中的视觉注意力, 从而提高学习效率, 是 UI 设计师在进行网站界面设计时需要重点关注的问题。而目前的在线教育网站的界面设计风格各种各样, 大多没有进行关于视觉元素对于在线教育网站中用户的视觉注意力的影响的科学研究, 设计师仅仅只是停留在视觉上的美观程度, 没有科学、专业地分析在线教育网站界面中的哪些视觉元素能够帮助用户集中注意力, 哪些视觉元素又会在用户观看视频时分散注意力等问题。一个良好的在线教育网站, 不仅是对课程内容的优化, 而且也应考虑如何帮助用户在使用网站时更加集中注意力。因此, 加强视觉元素在在线教育网站中视觉注意力的影响, 将大大提高用户对于网站的认可度, 增加用户的体验效果, 提高网站的市场竞争力。

2　用户界面

用户界面 (简称 UI) 是人机交互过程中图形化表达的表达方式, 能够把电脑端的数据转换为用户能够接受的表达形式, 是用户和机器硬件之间双向影响和双向作用的软件区域, 用户和人机交互的各种信息交流以及控制活动都在此区域进行。

文字、图片、色彩是组成用户界面的基本元素。当我们进行网页设计时, UI 设计师需要从各方面考虑如何让用户最大限度地接收网页上所传达的信息。这就需要 UI 设计师从科学的视觉元素基础出发, 设计出内容传达准确、界面整体和谐且美观, 同时还具有一定设计感的网站页面。这样才可以使用户以一个积极的状态获取网页传达给用户的视觉信息, 并且加强用户对网页的视觉印象, 从而提高用户认可度。

2.1　图像的编排与处理

图像在网页中起着点缀装饰作用。设计者可以使用不同样式, 但又与文字相符合的图像对网页进行辅助装饰, 这不仅可以提升网页的设计感, 而且可以帮助用户对网站内容进行理解, 使用户更快地接收到网站想要传达的内容, 提高用户的识别效率。当然, 图像的大小、比例、分辨率、风格也影响着用户对这个网站的认可度。在进行网页的编排时, 不仅需要考虑图文一致, 而且对风格的把控也要统一。

2.2　色彩

当用户打开网页时, 网页首先让用户第一感知到的元素就是色彩。颜色的不同给人传递的情感也不同。UI设计师在进行网页设计时，不仅用色应该合理、科学，而且要展现出网站自身的特点。

2.3 文字

文字作为传播信息的主要媒介，会让用户通过网页上的文字接收到网站所要表达的内容。文字设计的好坏直接影响着整个网页设计的成功与否。就网页中文字的主要功能来说，要想准确有效地传达信息，就必须考虑文字编排的整体视觉传达效果，要能给受众简洁明了的视觉印象，提高页面的诉求力。

3 眼动仪原理

眼动仪是一种记录眼动轨迹变化的精密仪器，它能捕捉并记录下诸如跳跃、注视、移动等人眼的任何一个细小动作。在用户体验与交互研究基础实验中，眼动追踪可提供能够揭示可用性问题的用户行为数据，这是一种非常客观和直接的研究方法，主要通过眼动热点图和眼动轨迹图两种形式呈现。

4 实验

4.1 实验目的

基于眼动仪实验，观察记录用户在学堂在线、MOOC、Coursera和EDX4个典型的在线教育网站中视觉注意力的改变轨迹，再将结果进行对比，探究不同在线教育网站中哪些视觉元素会对用户注意力产生影响。

4.2 实验对象

4.2.1 实验道具与实验材料

本实验的道具采用外接电脑屏幕，型号为SAMSUNG S27D360，屏幕大小为27寸，分辨率为1366×768px，刷新频率为60Hz。

本实验以学堂在线、MOOC、Coursera和EDX4个典型的在线教育网站为实验材料。根据实验设计，考虑到视频内容作为一个较大的干扰项目会影响实验对象的视觉注意力，于是在实验前，我们在微信上随机抽选了10名测试者，对网站中的视频内容进行预测试，同时将测试分为5个层次，删除所有高分和低分视频内容，从而使实验材料中使用的视频内容能保持主体兴趣平衡。

4.2.2 测试对象

测试人员与电脑屏幕的视觉距离在40～50厘米之间。实验分为4组。每完成1个小组实验，测试人员给予被测试者1分钟的眼部休息时间。

测试者人数为15人，分别为7男8女，年龄为20～25周岁，身体健康，矫正视力正常，无色盲色弱患者。

4.2.3 实验原理

通过眼动仪进行使用者浏览的追踪，在检测的同时记录使用者在打开在线教育网站的视频页面时的视觉改变轨迹，通过视觉改变轨迹及频率，来判断哪些视觉元素会影响用户的视觉注意力。

实验分为4组，首先通过对学堂在线、MOOC、Coursera和EDX4个典型的在线教育网站中视频页面的定位测试素材；然后将这4个测试素材进行不同区域的划分，如图1～图4所示；最后使用眼动仪检测并记录视觉改变轨迹。为保证实验效果，视频页面中的视频内容设置为同一课程内容，并且规定测试时间，再进行测试。得到测试结果后，先进行结果分析，然后判定不同的网页在不同的视觉元素构成时对用户视觉注意力的影响。

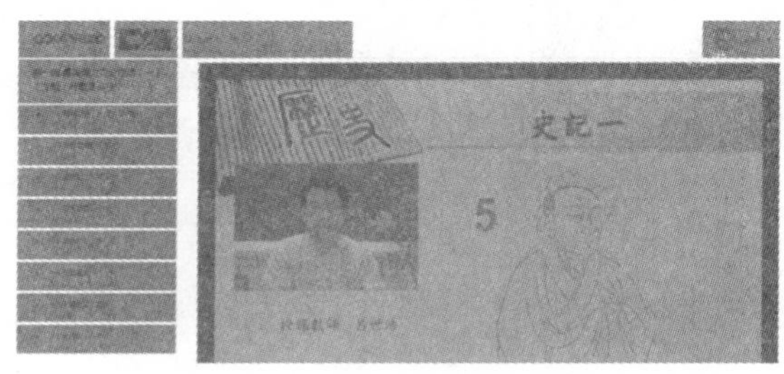

图1 Coursera

图2 MOOC

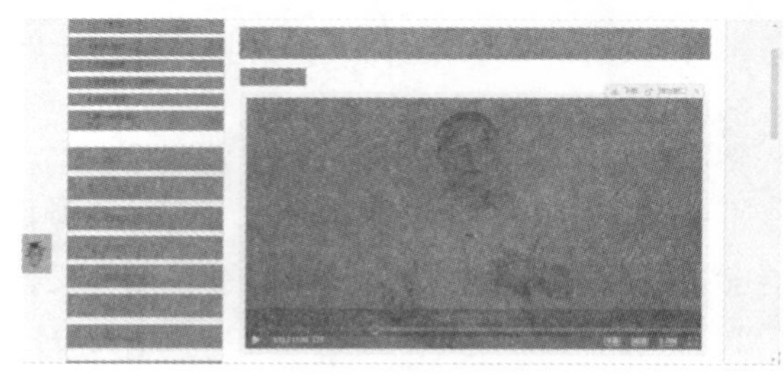

图3 学堂在线

图4 EDX

4.2.4 测试靶材

4.2.4.1 测试目标页面区域的选择

由于本实验采用的道具为27寸的外接电脑屏幕，当用户观看视频时，除去浏览器的导航菜单栏，呈现在用户眼前的界面大小只有3175mm×306mm。在这样的大小区间将页面进行素材块状分布，每个区域里面都有不同的页面素材，如颜色、字体大小、排版等。

4.2.4.2 测试目标的内容选择

由于我们的测试对象是不同的网站，但是学科的分类是统一的，本次的测试素材定位在人文社科类的中国古代诗词分析与讲解内容，学习语言为中文。

4.3 实验准备

在以封闭且安静的空间保证测试空间只有测试者和被测试者两人，光线保持不刺激双眼，被测试者的座位位置保持与显示屏的距离为55cm左右，并让被测试者随时注意自己的坐姿，如图5所示。

图5 实验现场

眼动校准：保证被测试者的眼睛在眼动仪的视觉捕捉范围内。

4.4 实验过程

本着严谨、真实的实验原则，本实验全程追踪，实时监测。实验涉及参与实验的人员与相应器械，器械为电脑和眼动仪监测设备，全程分析用户在实验过程中对于画面的不同区域块和色块的关注点和热度。在网站中，实验页面分为MOOC、EDX、Coursera、学堂在线4个在线教育网站。以第一名被测试者的实验数据（见表1）得到视觉焦点图，将测试的视觉焦点图与视觉轨迹图中用户的瞳孔在视频区域中的得分为0～2分，在导航栏区域中的得分为3～5分，在LOGO区域口中的得分6～7分，在网站其他区域中的得分为8～10分。分数越高，则越不利于用户注意力的集中。

表1 某被测试者的实验数据

网站	视频区域	导航栏	LOGO	其他
Coursera	2	5	7	9
MOOC	2	5	7	10
EDX	1	3	6	8
学堂在线	1	4	6	9

图6为某被测试者的实验结果，剩下的14名参与实验的被测者也以同样的测试形式进行实验，并记录相关数据。为保证实验的精确度和准确性，将20名被测试者的数据进行整理和分析，取之间的平均值并记录、整理得到相应的实验结果。

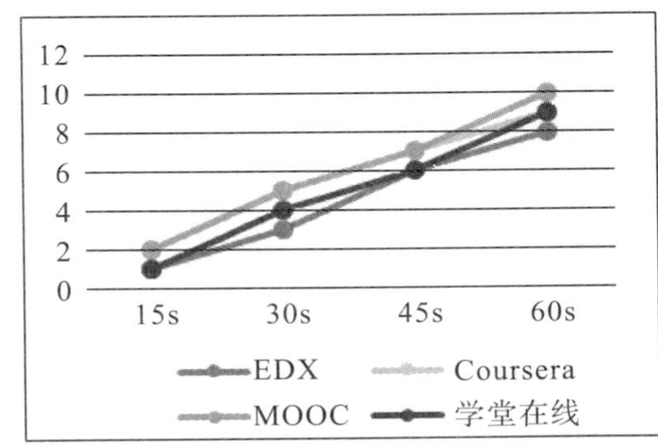

图6 某被测试者的实验结果

将测试结果依照每个时间段里面的注视区域进行数据处理。

为得到实验数据的准确性，以之前单个的测试结构与分析结构为例，对剩下的14名被测试者进行相同实验和记录分析。对15名被测者进行平均数的分析，从而得到一个最终的数据，如表2所示。

表2 15名测试者的平均实验数据

网站	视频区域	导航栏	LOGO	其他
Coursera	1.75	4.77	6.87	9.95
MOOC	1.86	3.92	6.38	9.87
EDX	1.15	2.67	5.27	9.12
学堂在线	1.35	3.85	5.54	9.23

在得出平均实验数据后，同样依照之前的单个被测试者的数据分析方法对15名被测试者的实验数据进行处理，得出实验结果如图7所示。在不同的时间段用户注意的区域块，当数据波动越大，数值越高时，用户的视觉注意力越不集中。

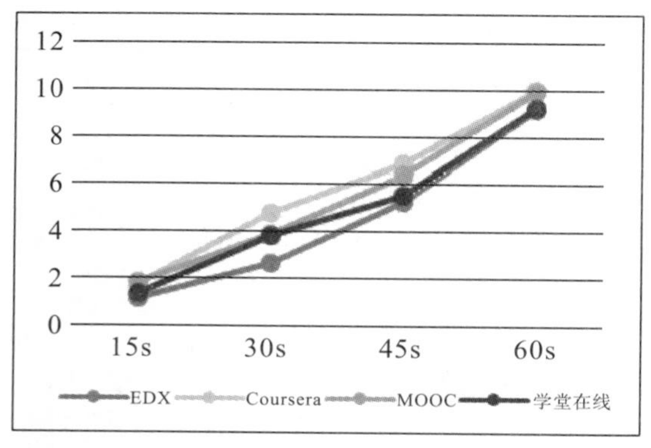

图 7　15 名测试者的实验结果

根据实验数据结果得到，EDX 的波动最为平缓且分值也最低，所以对 EDX 的界面进行用户界面分析：用户视觉注意力转移在哪个模块？这个模块中有哪些视觉元素？怎样的色彩、文字、图像能够更好地帮助用户进行视觉注意的集中，以为在线教育网站界面的安排提供建议。

4.5　实验结果

通过本实验中眼动仪的使用，对用户页面不同区域和不同色彩的专注度有了系统的了解。通过实验发现，影响 EDX 用户注意力的因素主要是右侧提词板，其内容与课程内容有关。整体来看，重点部分都能引起用户的注意。Coursera 用户在看视频时会被浮动导航栏吸引，大部分的目光会被吸引在导航栏上。MOOC 色块比较明显，但过分突出影响了用户整体的注意力。在学堂在线上，用户注意力基本上被导航栏和视频详细信息吸引。综合来看，EDX 页面布局最好，其他几个页面虽然都有明显的色块，某些点也很能吸引用户，但过度的色块布置让整体画面太显突兀。因此，最终确定了 EDX 为最佳方案。

5　讨论

5.1　页面布局对注意力维持有不同影响度

从 EDX 来看，除去浏览器的导航栏部分，网站能给用户的界面尺寸是 479mm×223mm，同时视频的尺寸是 251mm×190mm，右边的题词板是 132mm×190mm，后面的背景色块是 388mm×205mm。当用户滑到播放页面时，刚好就是视频区域，比例恰当，用户也不用再进行调整也没有与本堂课程不相关的内容出现，从而帮助用户维持注意力。交互设计师在进行页面布局时要考虑在鼠标的滚动过程中，我们的视频区域应该放在鼠标滚动频率刚好的位置。

在整个视频观看区域中，EDX 展示的内容除了播放器，还有提词板。提词板的采用对于在线教育网站的作用很大，因为在用户观看外语的视频内容时，可以观看一个实时的翻译；同时，在遗忘视频上几帧讲解的内容时还可以手动进行调节，学习自由度相对较高。

5.2　页面色彩对用户的注意力产生不同的影响

从 EDX 来看，整体色调是黑白灰的无色相颜色，整个页面中的彩色只是视频区域，从而用户的注意力不会被非本堂课程的内容吸引，帮助用户集中视觉注意力。观察实验数据以及录屏数据，EDX 的页面中用户的视觉浏览记录主要是在视频区域和提词板。提词板采用了 RGB：221，220，220 冷蓝色，后面的背景采用了 RGB：241，244，241 冷灰色。冷色调可以帮助用户平静心情，能够很快地进入学习状态。UI 设计师在选择色彩时可以采用冷色系和黑白灰，这样可以帮助用户集中自己的视觉注意力。

图 8 为 EXD 的界面。

图 8　EXD 的界面

6　结语

通过整个实验过程的严谨验证，最终得出 EDX 界面是最优化的界面设计。通过眼动仪的监测也发现多数时间用户的关注点都在视频内，而且热点图显示也在重点区域，这说明 EDX 方案是相对而言最成功的方案，值得研究与推广。

从用户来说，各大网站资源都大同小异，但是用户最愿意选择哪个网站来学习，就是凭借自身的使用经历以及感受来决定的。此实验结果对提高在线教育平台的市场竞争力、增强用户体验、提高用户对在线教育平台的认可度具有一定的帮助。

参考文献

[1] 托马斯·达文波特. 注意力管理［M］. 王传宏，译. 北京：中信出版社，2002.

[2] 冯冲. 界面中的注意力设计［D］. 北京：北京交通大学，2012.

[3] 张豹，黄赛，候秋霞. 工作记忆表征捕获眼动中的颜色优先性［J］. 心理学报，2014（1）：17—26.

[4] 白学军，宫准，杨海波，等. 位置和内容对网页广告效果影响的眼动评估［J］. 应用心理学，2008（3）：

208—212.
[5] 徐娟. 眼动仪的发展和性能比较 [J]. 中国现代教育装备，2012（23）：16-18.
[6] 张杰，魏维. 基于视觉注意力模型的显著性提取 [J]. 计算机技术与发展，2010，20（11）：109-113.
[7] 梁晔，刘宏哲. 基于视觉注意力机制的图像检索研究 [J]. 北京联合大学学报（自然科学版），2010，24（1）：30-35.
[8] 辛曼. 移动互联：用户体验设计指南 [M]. 熊子川，李满海，译. 北京：清华大学出版社，2013.

基于弱听障用户的声音可视化互动研究与设计

——See Your Voice

余陈美　李雨薇　杨　震　吴　琴
（成都信息工程大学，四川成都，610225）

摘　要：弱听障用户一直对外界声音变化持有极强好奇心，但迄今为止，极少有针对此需求的相关设计。本文希望能以娱乐化形式辅助弱听障用户理解外界声音，感受到声音的存在与变化。本次研究方法采用用户问卷法和用户访谈法相结合，研究对象为青少年弱听障人群。根据对调研数据的定量定性分析，研究结果显示，此类用户主要倾向于视觉感官反馈对外界事物进行理解。因此，本研究有针对性地为弱听障用户设计出一款声音可视化光影交互装置——See Your Voice，此装置将声音识别和视觉反馈结合，力求为弱听障用户实时呈现声音变化的视觉效果。

关键词：语音交互；音乐可视化；互动装置；弱听力障碍者

1　研究背景

1.1　听力障碍现状

听力损坏程度分为弱听力障碍、中度听力障碍、重度听力障碍以及完全听力丧失。据第二次全国残疾人抽样调查数据显示，截止到2016年，中国的听力障碍者已达到2780万人，其中1556.8万人属于弱听力障碍者。弱听力障碍者是日常生活中几乎不需要佩戴助听器的听力障碍人群。他们听不到低于26分贝音量的声音，一般使用手势、口语、姿势、读唇、声音扩大、手指语进行日常信息交流，其中大部分主要依靠手语和文字，少部分轻度弱听障可使用简短的词句进行交流。同时，大多青少年弱听障用户对外界的声音持有极大的好奇心，内心期盼感受到听觉感官的乐趣。

1.2　新媒体艺术行业探讨

信息技术飞速发展，新媒体艺术也正以日新月异的速度在全球各地兴起。新媒体艺术已经逐步渗透城市的发展建设以及社会生活当中，音乐可视化、语音识别等先进的交互方式层出不穷。但是，将其运用到特殊用户人群的可视化研究设计很少，尤其是针对弱听障用户的交互设计更是屈指可数。

2　文献探讨

近年来，当代研究者对听障用户的研究不断深入，已出现多个相关研究设计。

首先是Beatbox Cymatics，此装置由英国伦敦Beatboxer Reeps One所制作。它主要采用灯光照射，让粉末产生不同颜色，从而打造看得见的Beatbox。

其次是Spit Splat。这是一款由Hashimi在2007年所开发的游戏，利用声音的多个特征来研究听力障碍者的发声，主要研究交互式媒体语音辅助在增强听力障碍者语音特征意识方面的作用。

然后来自日本的Ryohei Egusa等在2016年研究了一个名为“为听力障碍儿童所设计的肢体游戏”的项目，其主要是为听力障碍儿童患者提供学习帮助和游戏娱乐。他们主要利用了Kinect进行动作捕捉和音效反馈。

此外，英国的艺术家Neil Mendoza设计了Robotic Voice Activated Word Kicking Machine装置，并于2017年10月在洛杉矶的Young Projects Gallery展出。此装置不仅可以将语音文字化，而且可以将文字用模拟物理模型的方式投影出来。它用这一媒介将声音具象化，使声音的表现形式更加多样化。

与此同时，国内也有像“声活”这样致力于为听力障碍者服务的App。“声活”是国内首个听障群体垂直社交App，由来自深圳的听障人士邱浩海和另一位合伙人韦创军一起进行创业开发。“声活”除了可以实现语音翻译及社交功能，让彼此沟通更加顺畅，还能解决听障群体康复治疗以及在教育、就业、创业、医疗等方面的需求。

以上都是基于听障者日常生活的相关设计。本研究重点将以用户对外界声音的好奇心为出发点，将用户不能体验的听觉体验转化为视觉方式呈现。同时，以实时交互的方式增强用户的现场通感体验感，增强用户对声音的感知。

3 用户研究

3.1 研究对象

研究对象主要为青少年弱听障用户。因为我们不会用手语，因此为了方便沟通，我们请求特殊教育学校的工作人员协助我们进行问卷调查和用户访谈。

3.2 资料收集

主要采用两种方式进行资料收集：第一，以调查问卷方式进行量化数据收集；第二，以非结构化访谈形式进行质化内容收集。

3.2.1 问卷资料收集

在此项研究中，我们首先使用自行设计的调查问卷，收集弱听障用户的基本资料，主要囊括对象的性别、年龄、日常习惯等。在考虑了中国本土文化背景和当下中国社会的发展状况下，对原有的量表进行了相关调整。

（1）线下问卷资料收集。首先，在工作人员的协助下，我们向入选的弱听障用户解释本研究的意义，并告知他们有自愿退出学术研究填写的权利。如果用户同意，则发放问卷填写。所有用户都需独立完成问卷的填写。如果用户无法自填，则由我们口述协助其完成问卷。用户在填写过程中若有疑问，我们将会立即给予解释。

（2）线上问卷资料收集。我们在各大弱听障用户网络社区（包括论坛和各大社交软件的弱听障用户群等）以及通过朋友、家庭关系等联系到的用户中选取符合标准的用户。同时向入选的用户解释本研究的意义，并告知他们有自愿填写权利。如果用户同意，则发送问卷进行填写。

3.2.2 非结构式访谈资料收集

通过非结构式访谈的方法，我们在两个月时间内对用户进行了或长或短的非结构式访谈。访谈内容由“日常习惯”到“日常感官倾向”逐渐深入。随后我们向用户解释本研究的主要内容、方法与目的，在征得同意后展开访谈。

3.3 质量控制

3.3.1 非结构式访谈资料控制

本次研究过程均对每段录音进行保存，并在访谈结束后及时对录音进行逐句转录，分析并撰写访谈笔记，以便更为准确、高效地理解访谈者录音。此外，通过参与者检验法，将分析结果再次反馈给其中5位被访者，被访者再次对相关观点进行解释，并说明分析结果符合他们的真实感受。同时，量性资料的收集为质性访谈提供检验方法。以上措施有效地保证了结果的真实可靠性。

3.3.2 问卷资料控制

所有问卷均采取匿名形式进行填写；同时为了最大限度地减少问卷填写障碍，问卷上标注了易懂明了的填写方法。线下发放问卷需要调研者与用户直接交流，且每位用户填写时间大约20分钟，以确保结果的可靠性；线上则一对一对听障者进行问卷发送，定时收回，确保用户的可靠性和问卷回收的可能性，也提高了回收效率。

3.4 资料分析

3.4.1 问卷分析

本次共分发问卷80份，回收有效问卷76份，历时10天。最后对有效问卷的数据进行整理。

大量调查结果显示，听觉丧失后，听障者对感官依赖程度依次为视觉>触觉>味觉>嗅觉，其中视觉高达92%（见表1）。此外，调查显示，视觉带来的反馈更直观、快捷，会直接吸引听障的注意力，而且在日常的生活中，听障者也常常是结合视觉来弥补听觉的障碍。在视觉互动的基础上，我们调查发现，听障者更倾向于识别度高的色彩。

表1 感官倾向数据显示

选项	小计	比例
视觉	70	92.11%
触觉	4	5.26%
味觉	1	1.32%
嗅觉	1	1.32%

3.4.2 非结构式访谈资料分析

通过对各用户的访谈记录分析，我们对反复出现的有意义的观点进行了提取，并分析其内部关联和核心内容。其中，12个用户提到了喜欢鲜艳的颜色，倾向于有趣的效果。还有3个提到，即使听不清楚声音，也喜欢看电视剧，能从几乎无声的画面中能够感受到里面热闹的氛围。但同时，大多数用户会处于一种猜测领悟的情境中，对外界声音的具体变化持有一种想知却不可知的失落与无奈。

4 系统设计

4.1 设计思路

根据调研结果，本研究设计首先以墙面作为投影显示载体，大而广的空间界面显示可增强视觉效果的直观体验；同时我们将重点进行视觉效果及其元素的设计。其次，主要以声音输入和触觉辅助输入、视觉实时输出为核心表现方式；同时根据识别到的声音分贝、音色以及节奏的不同，程序将其转换为不同大小、不同鲜艳颜色的气泡，并随机出现在三个管道出口处。最后，为增强互动体验，我们设定气泡与边界碰撞后会弹开，气泡与气泡碰撞后会破裂迸发出不同的特效。

4.2 系统架构

本装置架构图如图 1 所示，主要包括 5 个部分：Macmini7 计算机（MGEN2xx/A 16GB LPDDR3 内存，3.0GHz 双核 Intel Core i7 处理器），投影设备（极米无屏电视 H1，900ANSI 流明，1920×1080px 的真高清），投影屏幕（一面墙），无线麦克风（极米 K 歌无线麦克风 C2），高透明亚克力管管道（PMMA 材质）。

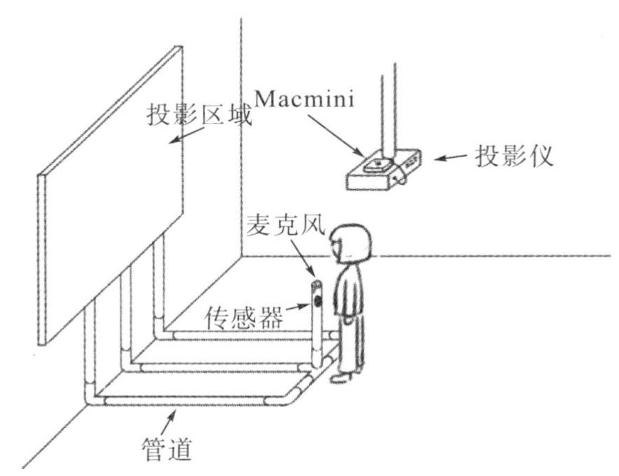

图 1 装置架构图

其中，无线麦克风置于主管道入口，以获取用户的声音，传输实时信息至计算机。当计算机 Macmini 接收到麦克风传送的信息后，对声音进行分析处理，触发应用程序中对应模块，调用对应显示传送给投影仪，呈现气泡可视化反馈。

4.3 系统模块详细介绍

4.3.1 程序处理

该装置的基础交互模式是对用户的语音进行实时互动反馈。装置的核心在于对用户声音输入的处理。我们专门使用游戏引擎编写了一个应用程序进行这项工作。应用程序的功能主要包括分析获取的声音信息、根据声音信息生成气泡、构建游戏场景、为场景中的气泡添加特效、将背景音乐做可视化处理、控制背景渐变、触摸互动控制等。

4.3.2 声音可视化

我们利用麦克风获取用户的声音信息，发送到计算机。通过解析音量的大小、长短等相关信息，生成不同的气泡。其原理主要为相应程序将获取到的音频分为不同的小片段，将片段中最高音量设置为此片段的特征音量。当特征音量达到一定大小，则生成对应大小的气泡。气泡初始创建后会获得一个随机的速度和运动方向，以保证多个气泡的随机变换。

4.3.3 动效设计

通过调查结果分析发现，动态有趣的视觉效果会更加吸引用户。因此，根据不同的气泡，我们预制了数十种的气泡特效。气泡特效主要用于气泡生成、气泡与边缘碰撞、气泡与气泡碰撞；特效包括扩散、旋转、增长、破裂等，特效的选择及播放效果由应用程序进行处理。动效变换过程如图 2 所示。

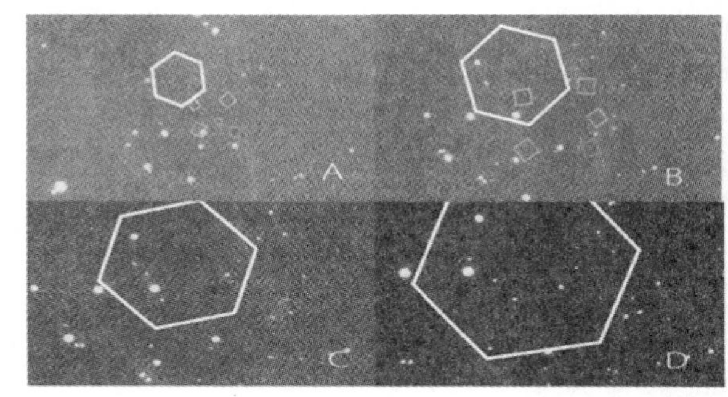

图 2 （A→B→C→D）动效变换过程示意图

4.3.4 背景音乐可视化

基于用户对音乐的好奇心，我们添加背景音乐可视化模块。通过对背景音乐的分块处理，将背景音乐可视化为一个线圈，此线圈由 8 条对应着 8 个音阶的贝塞尔曲线所复合而成，而且在线圈中存在随音乐频率出现的光点群。除此之外，背景音乐可以预制，也可以根据用户喜好选择。

4.3.5 背景自定义美化

调查结果显示用户对鲜艳的颜色更加敏感，尤其是对比度大的颜色。因此，我们设置了可实时控制的背景颜色，可由应用程序进行背景颜色的随机渐变（图 3），同时用户也可以自定义背景效果图（图 4）。

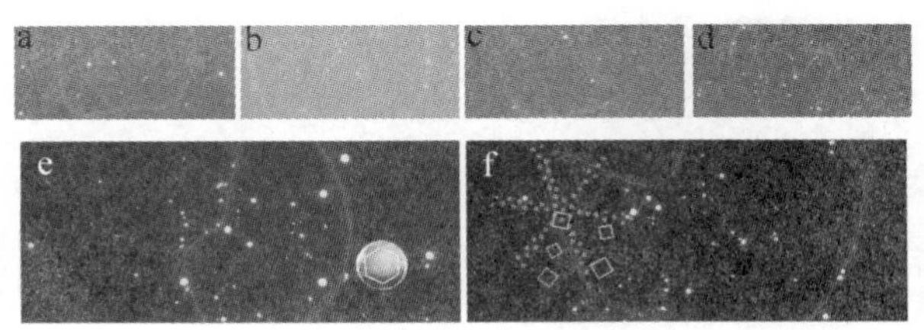

图 3 可视化图像显示效果图

（a→b→c→d：背景颜色部分渐变过程，e：根据语音产生气泡，f：气泡破碎产生动效）

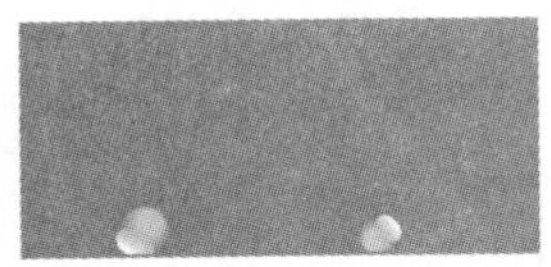

图 4　自定义背景效果图

4.3.6　触摸互动

据调研结果显示，触觉是弱听障用户的第二倾向交互感官。因此，我们在管道的内部即麦克风的下方安装传感器，用户在触摸管道外壁时，传感器接收到信息通过无线传输传给计算机，计算机的应用程序就会进行相应处理，同时投影仪显示出相应的可视化图像。

5　装置调试

5.1　文字调整调试

研究初期，语音识别显示物为文字。但测试发现弱听力患者的发音普遍不标准，甚至多数不会发音，采用文字会导致转换后的文字与原语音不符，无法获得相对应的反馈。因此，我们去除文字显示模块，采用更为直观的气泡动效效果替代。

5.2　触发分贝调试

在实际测试中，当产生的声音低于 29 分贝时，装置将对声音极为敏感，极易受到外部杂音干扰，此时生成的气泡大小并不会如预期为极小，而是极大，如图 5 所示。因此，我们设定场景中气泡生成的基本规则如下：获取的声音处于 29 分贝至 70 分贝，生成气泡；29 分贝对应最小气泡；70 分贝及以上对应最大气泡。除此之外，直接使用音量数值，会让生成的气泡之间大小差距过大，导致画面不和谐。因此，我们使用带有系数的公式处理音量数据，让气泡大小和音量直接相关。每一个气泡在生成时刻将会受到垂直方向［－200N，200N］和水平方向［200N，300N］的随机力，并且在对应的三个管道出口之一随机出现。当气泡从管道弹出并运动到边界时，程序预先设定的气泡动能减少系数程序发挥作用，气泡与边界碰撞后反弹，运动速度减小。同时，若气泡之间发生碰撞，则气泡破裂，气泡内动效播放。

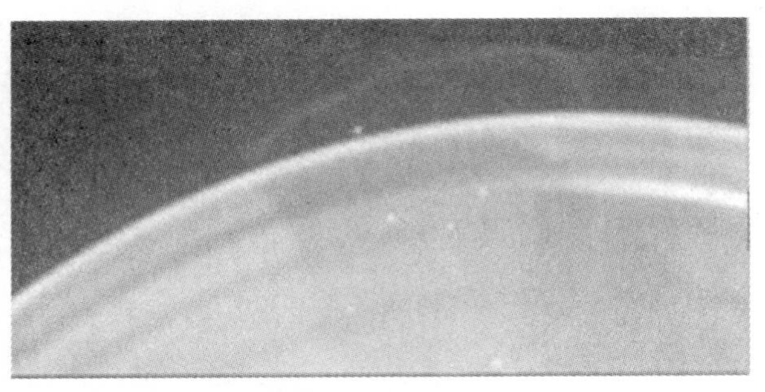

图 5　气泡变得巨大

5.3　画面反馈优化

5.3.1　背景音乐可视化模块

背景音乐预设为相关节奏感较强的歌曲，既可以使用程序预设，也可以由外部导入，且可随用户需求自行设定切换。

5.3.2　背景色渐变模块

背景材质颜色在初始设定在红色和黄色之间线性渐变，变换周期为一个变换的随机值 T，随机周期 T 是渐变效果实现的必要参数，$T \in [0, 1]$。如果采用固定周期，则会直接由一种颜色替换另一种颜色，如图 6 所示，不会出现渐变效果。同时，通过一定量的测试，我们发现这种随机渐变后的图片颜色太过于沉重。因此，我们预设多种渐变配色，用户可以根据自己的需求选择放置的背景图。

图 6　背景颜色参考图

6　实物装置测试

6.1　实物传输装置

在此装置中，传输部分主要采用了 1 根黄色主管道（如图 7 左方，外径 85mm，厚度 3mm，长度 1m×1），4 根圈形图案长管道（如图 7 中间，外径 70mm，厚度 3mm，长度 0.2m×3），4 根圈形图案短管道（如图 7 右方，外径 70mm，厚度 3mm，长度 1m×4），一个小黄人触摸交互模块（原装 3D 打印）以及 7 个白色衔接弯道进行拼接组成。实物总装置图如图 8 所示。

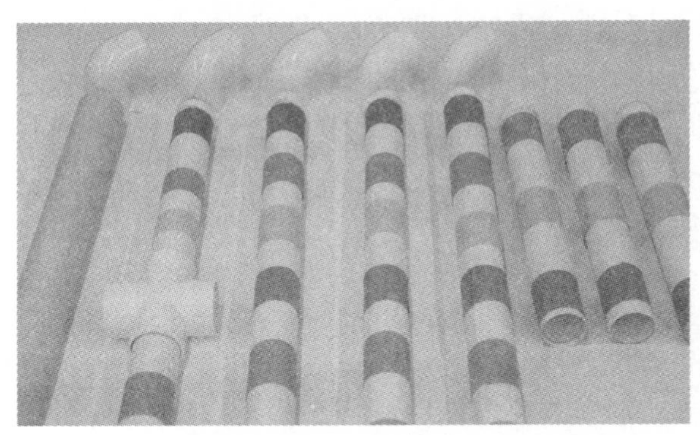

图 7　管道

图 8　实物总装置图

6.2　用户测试

此次测试共有 6 名用户参与。在测试过程中，有一位同学由于特殊原因未完成测试，所以此同学测试数据作废处理。其他 5 名用户测试图片如图 9 所示，详细信息如表 2 所示。

用户 A

用户 B

用户 C

用户 D

用户 E

图 9　现场用户测试图

表 2　用户基本信息

用户	性别	年龄	类型	听障程度
A	男	12	先天性	轻度，能听见 35 分贝以上声音
B	女	20	后天性	轻度，得戴助听器才能听见 30 分贝以上声音
C	女	17	后天性	轻度，能听见 28 分贝以上声音
D	女	20	后天性	轻度，能听见 35 分贝以上声音
E	女	21	后天性	中耳炎患者且耳鸣较严重，听不清声音

6.3　测试分析

6.3.1　数据分析

在此次测试过程中，我们对全过程进行了视频及相片记录。通过回放视频及观看照片，对用户相关信息进行了统计，如测试时长、说话次数、拍手次数、跺脚次数以及触摸小黄人装置次数等进行了量化记录。测试结果如表 3 所示。

表 3　用户测试数据

用户	时长（分）	说话（次）	拍手（次）	跺脚（次）	触摸（次）	其他（次）
A	2	13	8	0	8	8
B	3	4	10	0	2	3
C	5	5	23	4	3	9
D	3	13	23	0	4	2
E	2	3	18	5	7	5
总计	15	38	82	9	24	27

通过数据统计分析，我们得出以下结论：

（1）交互方式具有多样化，包括拍手、跺脚以及触摸小黄人头部等。其中，拍手行为发生频率最高（82），说话第二（38），触摸第三（24），跺脚第四（9）。但是在整个过程当中，我们发现，用户采用其他物品进行交互的次数也达到了 27 次，如摇铃铛、弹口舌等。

（2）不同用户倾向的交互形式不同。用户 A 倾向于简单的吐字发音进行交互，用户 B、用户 C、用户 D、用户 E 倾向于拍手交互。

由此可以看出，用户在测试此装置时具有很多联想性互动方式，他们对外界其他事物的声音极为感兴趣，想感受到不同事物的声音对应的视觉画面。

6.3.2　现场观察分析

经研究发现，用户 B、用户 C、用户 E 更倾向于采用物品碰撞或者其他行为声音进行交互。此外，在测试开始时，所有用户的发声节奏与背景音乐的节奏是不符的。以拍手举例，平均在 1 分钟后，用户手拍的节奏才渐渐和背景音乐可视化的圆圈波动节奏相符。

6.3.3　回访访谈分析

在用户参与测试后，我们通过和用户的照顾者进行了一定的沟通交流，对用户进行为期一周的暗中观察。从用户的照顾者处得知，A 用户对日常生活中的声音关注度有一定的提升，会不时地提起我们的装置，并和生活中不同视觉的碰撞效果图案进行一定的联系。用户 B 和用户 D 则是对日常跳动更加敏感，用户 C、用户 E 对装置触摸互动以及视觉内容有深刻的印象，其中用户 E 尤其对玫红色气泡碰撞特效印象深刻。由此可见，此装置对弱听障提升声音感知具有一定的刺激作用。

7　结论与未来工作

我们通过前期调研得到了弱听障用户的感官倾向相关信息，并且基于这些信息设计了 See Your

Voice 这款主要基于声音可视化的新媒体互动装置。目前，我们已经实现了基于单名用户的声音识别及可视化的实时交互。通过管道入口的麦克风获取声音，使用应用程序对声音和背景音乐进行可视化处理，在管道的出口投影屏上投影出气泡群和可视化后的背景，使弱听力障碍者也能通过观看画面体验到音乐交互的乐趣。在后续的研究工作中，我们仍有以下 3 个扩展设计的方向：

（1）探索声音更多有趣的特性，加入画面实时反馈中，引领弱听障用户更好地感受世界上各种声音的不同与美。

（2）目前仅有一个固定高度的语音管道入口，在后续的扩展中，我们计划使用多个管道入口和多个传感器，实现升级处理和多人实时互动。此外，我们计划让管道的高度可调节，以满足不同身高的用户。

（3）在未来，我们还将研发新的触摸互动技术，将对超声波传感器、温度传感器等传感器进行测试，以求为现有装置增加更多的互动形式。

See Your Voice 这款新媒体艺术装置目前处于早期研究阶段，存在一定的不足，但此装置填补了当今基于弱听障用户声音可视化装置的一大空白。后续，我们将继续研究相关设计，为弱听障用户提供更有趣、更高效的声音可视化的新媒体娱乐装置。

参考文献

[1] 王蔚佳. 中国 2780 万人听力障碍 专业服务人员仅 1 万人［EB/OL］.［2016－11－08］. https：//www.yicai.com/news/5153467.html.

[2] Dr Andrew Smith，王树峰. 全球听力障碍的现状及对策——WHO 关于听障问题的白皮书简介［J］. 中国听力语言康复科学杂志，2004（6）：8—9.

[3] 张宁生，胡雅梅. 听觉障碍者的综合交流法［J］. 心理科学，2002，25（6）：731—732.

[4] 魏朝刚，曹克利，王直中. 听力障碍者的言语识别［J］. 听力学及言语疾病杂志，2000，8（2）：111—112.

[5] 王钧平. 音乐可视化的研究进展及其应用实例［J］. 演艺科技，2018（5）：77—79.

[6] Hashimi，Sama A A. The role of paralinguistic voice－control of interactive media in augmenting awareness of voice characteristics in the hearing－impaired［J］. CHI'07 Extended Abstracts on Human Factors in Computing Systems ACM，2007：2153—2158.

[7] Egusa，Ryohei. Preparatory development of a collaborative / interactive learning game using bodily movements for deaf children［J］. The International Conference on Interaction Design and Children ACM，2016：649—653.

[8] Neil Mendoza. Robotic voice activated word kicking machine［EB/OL］. http：//www.neilmendoza.com/portfolio/robotic－voice－activated－word－kicking－machine/.

[9] 声活科技. 声活——国内首个针对听障群体的垂直社交分享平台［EB/OL］. http：//www.deaflife.cn/.

非物质文化遗产中的木作技艺研究述评*

詹光丹　陈　铭

（四川农业大学林学院，四川成都，611130）

摘　要：木作技艺作为非物质文化遗产的重要组成部分，学界对它的相关性研究较多，多数都是以当地的大木作的构架传统建筑研究为主，探究其在当地的重要性及如何保护与传承，而对木作技艺概念的总结稍有欠缺。查阅相关文献资料，由于学界内尚未对木作技艺进行总结性的概念表述，因此对木作技艺及其相关概念的定义进行整理和归纳，对木作技艺进行详细分类阐述，对木作技艺的传承现状进行综述，同时结合学者们对不同传统文化的保护与传承方法，对木作技艺的保护与传承提出可操作性建议。

关键词：木作技艺；综述；评论；非物质文化遗产

联合国教科文组织的《保护非物质文化遗产公约》对非物质文化遗产的定义是："非物质文化遗产是指被各群体、团体、个人所视为其文化遗产的各种实践、表演、表现形式、知识体系和技能及其有关的工具、实物、工艺品和文化场所。各个群体和团体随着其所处环境、与自然界的相互关系和历史条件的变化不断使这种代代相传的非物质文化遗产得到创新，同时使它们自己具有一种认同感和历史感，从而促进了文化多样性和激发人类的创造力。"非物质文化遗产中包括大量的传统手工艺技

* 作者简介：詹光丹（1995—），女，四川简阳人，本科生，研究方向：产品设计；
陈铭（1979—），男，安徽池州人，博士，副教授，研究方向：产品设计。

能，中国第一批非物质文化遗产目录中木作相关工艺有60多种，其中包括木作技艺、建筑、工具、乐器、玩具、艺术品、生活用品等方面。木作技艺作为传统手工艺技能中的一个重要组成部分，有着其独特的魅力与研究价值。

1 木作技艺相关概念研究评述

关于木作技艺的概念界定较为广泛，韩维生等查阅古籍，发现“木作”二字最早出现于北宋时期的著名书籍《营造法式》，并作为中华传统木工行业的习称。木作有大小之分，大木作是指构造房屋之木架，小木作则是指木构家具及各类木器和精细的建筑装修，两者皆以“构架”为核心技术。小木作后来进一步分为细木作、圆木作、雕花作、巧木作等。《说文解字》对“工艺”二字解释如下：“工，巧也，面也，善其事也。凡执艺事成器物利用，皆谓之工”，又“工，巧饰也”，“艺”即技艺。字典对工艺的解释是：劳动者利用生产工具对各种原材料、半成品进行加工或处理如量测、切削、热处理、检验等，最后使之成为产品的方法，是人类在劳动中积累起来并经过总结的操作技术经验。许晓燕提出木材是木作工艺的材料，木作工艺是处置利用木材的工艺，而木制器物是木材与木作工艺共同作用的结果，是造物活动的实现目标。高峰浅谈到木作从字面上讲，就是人对木的加工制作。李辉政对于精通木作技艺的匠师给予了这样的描述：传统大木作师傅必须具备设计构思、材料预算、统筹协调和把控全局的能力，头脑里装有整幢房屋的设计图，是具备高超技艺的设计大师。他同时着重强调大木作师傅集构图、计算与操作于一身，展现了能力与技艺的交织，文化与执着的融合。词典上解释技艺是：“富于技巧性并难以掌握的武艺或工艺，同时也指从事某一技术工种的人。”

本文结合以上各学者对于“木作”“工艺”“技艺”等的概述，对木作技艺进行了粗略的概括：木作技艺是指充分了解以木构架为核心的营造法则，熟练掌握木材性能、加工方式和运用，能精确计算尺度、熟练操纵木作工具、把控木作工序，具备设计构思、完美的空间构架能力与记忆力、迅速的应变能力的木作匠师所具备的一系列技术、经验、木作工艺和工作法则的总称。根据非物质文化遗产名录中关于木作技艺的列表可知，对于木刻、木梆、木雕面具、木跷、木版等，只要加工材料为木质材料，使用木制品手工艺加工方式的技艺，都可算作木作技艺。木作技艺涉及面十分广泛，民间文学、民间音乐、民间舞蹈、传统戏剧、传统医药等数十种非物质文化遗产项目都有木作信息。由此可知，通过对非物质文化遗产中木作技艺、木艺制品的研究，可以对非物质文化遗产中其他类项目进行相关性研究。

2 木作工艺的分类研究评述

从广义角度来说，凡是以木材为基材的建筑、木制品、工艺品都可以简称木作，而木作技艺是作用于基材上的手工加工技艺。但是目前在界内流行更广的是“木作工艺”，源于《营造法式》。《营造法式》根据木作的作业范围与木作制品的作用，将木作总体分为两类：“大木作”与“小木作”。王浩滢、王琥等认为“大木作”在建筑作业中负担房屋主体结构的设计、建造和主要木质构件的制造、组合、安装和竖立等工作部分。“小木作”泛指依附于建筑主体，属于建筑附件的各种小型构件的制造、装饰，不仅指木质构件，还包括粉刷、糊裱、髹漆等工种。于兰认为传统的木作行业分为两大类：一类是大木作；另一类是小木作。大木作是指将裂解好的板材和枋材加工成用于建筑中的主体结构木柱架，包括柱子、梁、枋、短柱、檩、椽、飞椽、斗栱及其他构件；小木作是指把木材加工成门、窗、天花、藻井、栏杆、楼梯、室内用的各种家具等。随着小木作的进一步发展，还进一步分成细木作、圆木作、雕花作、巧木作等。马妮谈及在《营造法式》中将传统木作大致分为粗木作、细木作和木雕三类，细木作又称为小木作或幼木作，与大木结构并存，但其界线很不明显。大木作是指构造房屋之木架，小木作则概指木构家具及各类木器和精细的建筑装修，小木作后来进一步分为细木作、圆木作、雕花作、巧木作等。韩维生等认为，凡是采用榫卯结构与雕刻技法的木作工艺品，体现了艺人的高超手艺和对材料的价值利用，无论是艺人的技术还是木作工艺品，都是值得后人鉴赏与传承的历史文化瑰宝。纵观我国“非遗”名录，有单独作为保护项目的木作技艺（如东阳木雕），也有某个项目所内含的木艺制品（如合阳提线木偶）。研究和保护这些木艺制品、木作技艺，既是保护木材工业遗产的一部分，也是保护“非遗”的一部分。

由于传统手工艺基本是由口耳相传所传承的缘故，随着朝代的更替出现了小程度的变化，但是总体上的木作技艺及其外延都是以北宋李诫主持编著的《营造法式》为研究的规范。简单的理解，大木作就是以木构件为核心的建筑的支撑构架，是遵循“营造法则”使建筑得以屹立的第二类“地基”，相当于现如今钢筋混凝土建筑中的承重墙和承重梁。

大木作不仅仅是木质构件本身，还包括了由木质构件的组合及其结合方式、建造方式、法则、大木作工具以及工序等。对于小木作，最初是指依附在大木作之上的建筑上的装饰和小型构件，如门、窗、家具等。随着工种的细分，小木作也逐渐细化，包括以木材为雕刻基材的木雕工艺、木旋工艺以及其他细木作。现阶段学者们对大、小木作分开研究的较多，没有关注其共性，其实大木作和小木作属于同一技术体系，彼此互相影响、相互促进。较早出现的大木作的构架技术和形制，奠定了小木作的构形趋势和基本风貌。王晓雪提出建筑是大木作，家具是小木作。传统家具的椎卯结构与大木作建筑结构相通，椅子的坐盘框边、抹头、腿足和牙子与建筑的梁、杭、柱、雀替结构都有很大的共通之处。家具结构之间穿插连接，不需要金属钉子的固定，仅仅使用巧夺天工的挥卯结构就可以实现契合。古代建筑、门窗、器物、家具多采用木作技艺，至今可在古建遗迹当中看到，而当代从生态、安全等多方面考虑，木构建筑逐渐没落。但是木作技艺多为文化遗产，应保留与传承，考虑到一些木作技艺的通用性和实用性，可以将其融于生活，使其得以继续延续。

3 木作技艺传承现状综述

从市场角度而言，自从 2010 年木作市场大火，现今的木作市场可以说真假难辨，尤其是木作古玩市场和珍贵木材的家具市场，以次充好的产品在市场上层出不穷。同时，购买者的关注点更多为材料是否贵重难得、文理是否明显大气、造型是否独特，而对产品所包含的木作技艺不懂、不问、不学。也正是因为购买者这样的一种态度反作用于木作匠人，使得多数匠人为迎合市场潮流而丢失了木作技艺所代表的文化。

从传承角度来看，目前我国正在逐渐关注古建筑的修缮与改造，提升我国的文化软实力，但从事此行业的木作师傅基本都存在文化程度相对较低、专业素养相对欠缺的问题，尽管凭借经验有一定的修缮技艺，但是无法达到“修旧如故”的传统建筑特殊要求。同时，行业内尚无法降低这项工作的强度和改变工作环境，修缮工作费力耗时，相对收入不高，因此“80 后”“90 后”的年轻一代不愿从事此行业。木作行业的传承尚保留着“师徒”制，现今老一代的木作师傅面临难收徒的困境。李辉政认为，如今面临的局面是懂传统建筑修缮技术的工匠不懂专业理论，而懂专业理论的大学生不愿意从事修缮工艺，照此下去，必定是传统建筑木作工匠稀缺与传统木作技艺失传，最终将导致传承至今的历史文化建筑逐步转化为现代仿古建筑。李浈认为，今天随着传统工匠生存的社会行业环境的恶化，工匠队伍锐减；随着现代交通的发达带来的技术传播和工艺模仿的加速，工艺技能评判标准的模糊，导致工艺的地域差别在减少，原创性渐行渐远；审美情趣变异，保存价值也大打折扣，加上整体上缺乏行之有效的措施和策略，原真性的建筑工艺面临失传的严重危险。

木作技艺可以追溯到河姆渡遗址，这个时期已经出现了榫卯结构的木制品，虽然现未能证明木作技艺发明于中国河姆渡时期，但是木作技艺从古至今可以说贯穿于整个华夏文明之中，在传统手工技艺中有着举足轻重的作用。由于其涉及面广，存在时间长，对研究历史文化有着重要的帮助作用。在我国科技高速发展的同时，文化软实力的提升有助于巩固我国的世界地位，传播我国的优秀传统文化和技艺。因此，我们不能因为过度追求日新月异的现代科技，而忽略木作技艺对民族、历史、生活、文化的重要性。

4 木作技艺的保护与传承研究评述

对于木作技艺的保护与传承，学者提出了许多实质性的看法。华觉民认为，对于手工技艺的保护，可采取资料性保护、记忆性保护、政策性保护、扶持性保护、维护性保护等相结合的方式，同时针对不同的非物质文化遗产中的传统手工技艺可采取不同的保护方式。宋俊华的《文化生产与非物质文化遗产生产性保护》认为，对于非物质文化遗产的保护出现了两种路线，保守路线认为现代遗产“物化”手段和“环境稳定”是不二法门；激进路线则认为与时俱进的产业发展是必然选择。而生产性保护则是对上述两种路线的折中，强调从文化生产角度探索非物质文化遗产可持续的保护方法，是符合非物质文化遗产本质的保护方式。邓军在《传统手工艺类非物质文化遗产生产性保护的经验与反思——以自贡彩灯制作技艺为例》中总结了自贡彩灯生产性保护的经验。政府层面：①成立专职机构：灯贸委及下属单位；②政府主办：灯会举办模式调整与连续举办机制；③政府监管：彩灯市场的秩序维护与规章制度。彩灯企业层面：①彩灯企业的市场运作，以承制彩灯及输出彩灯文化的形式面向国内外市场生产；②抱团发展：彩灯企业行业商会；③彩灯版权保护。在制灯艺人培训与技艺创新方面：①艺人培训与技艺传承；②制灯技艺的发展与创新。同为非物质文化遗产，木作技艺可以以此为鉴，探索合适的保护传承之法。文化的传承可以从年轻一代入手，正如王春红在《传统手工艺技能类非物质文化遗产在高职院校深入传承研究——以浙江工贸职业技术学院“一木三瓯”为例》中实证得出的技能类非物质文化遗产因为注重实际操作的动手能力，所以非常适合在高职院校进行传承。合理利用科技手段，借助新科技对木作技艺的保护与传承提高技术支持。例如，朱燕红就营造技艺的保护与传承提出了以下观点：通过摄影测量技术保存古建筑原始资料、利用三维激光扫描技术建立数字化立体模型、制作比例模型再现古建筑艺术精髓、利用现代机电一体化实现技术创新；建造传承实训基地、开展专业建设、开展培训和技能鉴定。杨琳、孙曦等认为实现传统木作家具文化的创新传承，应从其文化价值的两方面着手：第一，加强传统家具“物”的价值与当前时代生活内容的维系，即选择性地传承木作家具传统技艺的制作与装饰方法，结合优良的设计管理家具产品所承载的用户需求，达成传统家具使用价值的创造性转化；第二，通过政府政策与资金支持，结合全国各地非遗保护单位的传承保护行动，以及家具协会等相关社会组织所举办的博览会、展销会等形式，宣扬普及传统木作家具文化内容，并强调中式传统家具的市场价值，实现传统家具文化的社会传承，活态传承。以家具产品为载体，向大众输出木作技艺蕴含的传统文化。

结合以上各位学者的方法，本文给出以下几点方法建议：

（1）如今消息传播最快的途径便是大众传媒工具，因此我国传统文化想要发展，首先国家与政府要积极的重视起来。接着借助传媒手段引起国民的重视与关注并将其展现在大众的眼前。例如 2017 年一档央视综艺“国家宝藏”在全国掀起了一波“知国宝”的热潮，借助娱乐综艺的手段运用人们喜闻乐见的方式将我国国家文物、传统工艺、历史文化展现在人们的眼前。非物质文化遗产是我国优秀文化，精湛工艺之精髓也可借助此类方式得以宣传和保护。

（2）在宣传保护的基础之上重视传承。传承是需要一定的文化素养为基础的，因此我国可以专门开设非物质文化传统技艺院校，进行专业培养并在某些会议或节目当中（如春晚）给予学习者展示的机会。这样我们才能在传统文化中注入新鲜血液，并将我国的传统文化借助年轻一代之手传至海外，享誉世界。

（3）对于那些毁于战火的古代木建筑木构架可以借助现代高科技成型技术进行影像复原，在各地博物馆或展览馆进行影像展览，使得原本晦涩难懂的搭接技术或者其他木作技艺生动形象地展现在参观者眼前。

（4）其实属于小木作的家具其大部分的结构、框架以及装饰都来自大木作构架，可以说家具就是相应时期的建筑缩影。由于现代技术的发展需要，许多古代大木作构架已经不复存在并且很难在原基础上复制一套，但是无论大小木作，木作技艺是相通的。同时近几年中国新中式家具深受海内外人们的喜爱，因此可以借助新中式的势头发扬我国传统木作技艺。

5 总结

非物质文化遗产种类繁多，木作技艺作为其重要组成部分具有不可小觑的研究传承价值，目前学界内对于木作技艺的研究也只是凤毛麟角，学者可以从更深更广的角度进行学习交流，对于大小木作可以结合研究。

此外，现代科技的发展是不可逆的，也是无法阻挡的，时代的进步除了给传统手工艺带来冲击外，也给其带来新的保护与传承方式，我们可以充分地利用现代科技研究我国传统文化，并探究其保护与传承方式。保护与传承木作技艺需要全国人民同心协力，可以从政府、匠师、学生、民众、政策、学会、公益等多个方面着手，运用合理的现代科技手段进行宣传、教学，号召全民学习中国传统手工艺文化。

参考文献

[1] 王燕. 传统手工艺的现代传承［M］. 南京：译林出版社，2016.

[2] 王晓雪. 传统手工艺在现代家居产品设计中的应用研究——木作工艺为例［D］. 上海：华东师范大学，2016.

[3] 韩维生，张书宝，王宏斌，等. 非物质文化遗产中的木作及其保护［J］. 西北林学院学报，2012（4）：210.

[4] 许晓燕. 造物“选”材“适”之为良——中国传统器物“木”之工艺相适性探究［D］. 武汉：武汉理工大学，2007.

[5] 高峰. 谈“木作”架构的“苏式”美［J］. 家具，2010（3）：44-46.

[6] 李辉政. 历史文化古城中仿古建筑设计与传统木作技艺传承研究［J］. 中外建筑，2017（5）：63-65.

[7] 王浩滢，王琥. 设计史鉴：中国传统设计技术研究——技术篇［M］. 南京：江苏美术出版社，2010.

[8] 于兰. 木作工具与明代硬木家具的制作［J］. 红河学院学报，2009（4）：78-83.

[9] 马妮. 传统木作手艺与现代器具的共生设计研究［D］. 湖南：中南林业科技大学，2015.

[10] 徐雯，吕品田. 传统手工艺 [M]. 黄山：黄山书社，2016.

[11] 李辉政. 我国传统建筑修缮与改造的木作技艺传承研究 [J]. 重庆建筑，2018，17 (5)：41－44.

[12] 李浈. 关于传统建筑工艺遗产保护的应用体系的思考 [J]. 同济大学学报（社会科学版），2008，19 (5)：27－32.

[13] 华觉明. 传统手工技艺保护、传承和振兴的探讨 [J]. 广西民族大学学报（自然科学版），2007，13 (1)：6－10.

[14] 宋俊华. 文化生产与非物质文化遗产生产性保护 [J]. 文化遗产，2012 (1)：1－5.

[15] 邓军. 传统手工艺类非物质文化遗产生产性保护的经验与反思——以自贡彩灯制作技艺为例 [J]. 四川理工学院学报（社会科学版），2016，31 (1)：86－99.

[16] 王春红. 传统手工艺技能类非物质文化遗产在高职院校深入传承研究——以浙江工贸职业技术学院“一木三瓯”为例 [J]. 科技视界，2016 (4)：62－64.

[17] 朱燕红. 古建筑营造技艺传承及保护 [J]. 浙江建筑，2014 (11)：5－6.

[18] 杨琳，孙曦. 传统木作家具文化传承模式探索 [J]. 艺术与设计（理论），2018 (C1)：114－115.

基于体感技术和增强现实的新型健身社交平台设计

张晨琪　牟　峰　李雨涵

（中国海洋大学，山东青岛，266100）

摘　要：本文采取质性和量性相结合的研究方式，通过访谈法、问卷法等研究方法，发现在现有模式下健身房和健身者存在的问题，探究并针对目标用户的真实需求，设计出体感技术和AR技术结合、软硬件结合的融入“互联网＋”的新型健身体验。

关键词：健身；体感捕捉；增强现实；服务设计

1　介绍

1.1　引言

2016年，国务院将全民运动健身上升到国家战略。国家出台一系列政策促进健身产业发展，商业健身产业优势明显。在政府积极推动下，人民运动健身需求增加，热情高涨。《全民健身计划（2016—2020年）》提出，到2020年，我国参加体育锻炼的人数将明显增加，每周参加1次及以上体育锻炼的人数将达到7亿，经常参加体育锻炼的人数将达到4.35亿。健身逐渐成为一种刚需。

《中国体育健身俱乐部发展概况之研究》分析指出：中国健身俱乐部的基本特征是数量少、规模小、设施差，项目单调；经营管理情况方面，大部分管理人员缺乏经营管理经验，经济效益不容乐观。因此，传统健身房已经越来越不能满足用户的健身需求。

随着互联网技术的不断发展，计算机网络信息技术渗透到各行各业。将互联网技术与健身结合，符合当下信息社会的发展要求。同时利用互联网数据储存量大、运行速度快的优势，可以创造多样化健身形式以应对不同人群的健身需求，缓解传统健身房遇到的瓶颈问题。目前来看，“互联网＋健身”才刚刚起步，发展仍不完善。因此，通过调查健身者在健身时遇到的问题，深层挖掘用户需求，利用新型互联网技术创造一种新型健身体验势在必行。

1.2　文献综述

1.2.1　我国传统健身行业发展现状

2016年7月13日，国家体育总局正式发布《体育产业发展“十三五”规划》，提出要实现体育产业总规模超过3万亿，产业增加值在国内生产总值中比重达到1%，体育服务业增加值占比超过30%，体育消费额占人均居民可支配收入比例超2.5%等目标。全民健身已经上升到国家战略。

从《健身行业新潮袭来 传统运营模式面临淘汰》一文中可以看出，自2014年年底以来，在政策红利和资本驱动下，我国健身行业表现出强劲的增长势头和广阔的增长空间。近几年来，我国体育健身俱乐部的数量和规模都大幅提高，城市居民用于个人健身的消费每年以30%的速度递增。目前全国知名连锁健身俱乐部的连锁店超过500家，近几年中国连锁健身俱乐部每年的总营业额超过10亿元人民币。数据背后，是巨大的潜力和空间，全民健身被视为激活体育消费的“金钥匙”。

在《健身行业如何破解经营困局》一文中提到，正是由于健身行业的火热商机和准入门槛低，吸引了大量创业者和投资者蜂拥而入。但是中国健身行业发展仅十几年，尚未形成成熟的市场结构和管理办法。大部分传统健身房仍处于探索阶段，无法摆脱硬件设施相似、形式同质化的问题。有调查显示，目前中国商业健身俱乐部约 5000 家，盈利俱乐部不超过 20%，并且国内约 50%的健身俱乐部的经营还处在举步维艰的尴尬境地。

国内健身行业虽然已经开始尝试与“互联网+”结合，如一些健身房利用线上平台和线下场馆联动的方式积累用户量，通过日常运营增加用户黏性。但目前“互联网+健身”融合较浅，作用甚微。若能真正打破传统健身房同质化的竞争局面，利用互联网技术与健身深层融合形成独特的健身房运营方式，才是健身行业又一机会的到来。

1.2.2　互联网和新科技在传统健身行业中的应用

互联网健身是随着科学技术和互联网平台而不断发展的。我国的“互联网+健身”起步较晚，没有构建起完整的全民健身信息体系来服务健身行业。根据《把握大数据机遇 助推全民健身信息服务体系建设》所述，全民健身信息体系建设的主要任务是在掌握庞大的数据基础上，挖掘出有价值的数据信息，充分体现全民健身信息服务体系最根本、最直接的功能——服务功能。目前健身 App 发展势头迅猛，但线上数据的应用仅限于 App 迭代升级，提升服务有限。而线下健身房大多没有互联网技术辅助，与线上完全割裂开，导致用户黏性低，自身发展停滞不前。智能硬件方面，《VR 网络健身平台将拓展传统健身》提到，北京体之杰体育用品开发有限公司曾研制出一款 VR 网络健身器，用户通过游戏方式进行健身，其身体数据还会被记录传输到系统中心，可以算是技术和健身结合的一个重要突破。但之后相关辅助健身的智能硬件仍很少出现。

与国内外互联网健身发展状况对比，我国健身行业对新技术和大数据的运用十分有限。在我国，体感交互技术大多应用于游戏，VR、AR 技术多用于文物再现、康复治疗等，在健身辅助方面应用少，发展慢。

1.2.3　服务设计

由国际设计研究协会（Board of International Research in Design）主持出版的《设计词典》（*Design Dictionary*）给服务设计所下的定义是：服务设计是从客户的角度来设置服务的功能和形式。它的目标是确保服务界面是顾客觉得有用的、可用的、想要的；同时服务提供者觉得是有效的、高效的和有识别度的。

中国有关健身领域的服务设计较少。健身房和健身 App 数量繁多，但服务设计不完善，不能提供智能化、定制化的健身服务，难以满足健身者的需求。我们的设计将深挖用户需求，在现有的健身房基础上，开发出一套增进健身者使用感受的健身服务体系，以增加健身者的健身热情，吸引潜在运动爱好者，帮助传统健身房吸引新用户进入，增加用户黏性。

1.3　研究目标

通过前期资料调研可知，目前传统健身房并没有建立起一种可行的“互联网+”模式。通过大数据技术提供贴切需求的健身指导，融合线上线下需求将成为必然发展趋势。

目前新技术与健身结合的市场仍是空白，所以我们将基于新技术（AR 技术和体感交互技术）和大数据，软硬件结合，建立一个 To B 端的新型健身社交服务平台，目标是：

（1）与智能硬件紧密结合，通过智能硬件进行数据采集，App 端形成数据库，指导用户改善健身方案，帮助健身房收集用户数据，了解用户需求，针对性地推出相关服务。

（2）利用新技术辅助健身，将线上信息与线下物理操作结合，丰富健身内容，增加用户兴趣，使人机交互自然。

（3）增强健身运动社交属性，将社交作为服务设计点，形成“互联网+健身”的底层基础，在流量分发、内容分发部分发挥作用。

2　前期分析

2.1　用户研究

基于收入、年龄、学历、身体状况以及期望值等的不同，健身群体的需求多样化、目的性强。尼尔森与国家体育总局共同组织的调查显示，“70 后”“80 后”重视通过科学系统的运动健身，在缓解压力的同时有效预防运动损伤；“85 后”重视通过高效的运动内容，达到塑身修形的效果；“90 后”则将运动作为社交的重要一环，喜欢通过晒运动照、运动成果在社交网络中塑造自身的健康形象。多样化需求促使传统模式智能化升级，也催生出许多新鲜模式。为满足用户的多种需求，需要在调研时将问题细化，深度挖掘目标用户的真正需求。

2.2　市场分析（PEST 分析模型）

2.2.1　政治环境分析（P）

近年来政府多次出台政策促进体育、健康等产业发展，健身领域得到政策支持。

2.2.2　经济环境分析（E）

消费升级，居民参与体育运动的热情持续升温，体育人口不断扩张。2014 年，我国经常参与体育锻炼的人口约为 4 亿，体育产业规模为 1.35 万亿，到 2020 年，上述两个指标有望达 4.35 亿和 3 万亿。

2.2.3　社会环境分析（S）

随着经济发展，社会价值取向改变。在满足温饱之后，越来越多的人注意到身体健康和外在形象的重要性，这无疑给健身市场带来了巨大的发展空间。

2.2.4　科技环境分析（T）

科技的发展使人们塑造较好体型成为现实。测试仪器可以有效地帮助健身者在较短时间内达到较为显著的效果。因此，健身行业的发展依托于科技的发展。近年来，随着体感技术、VR、AR 等新技术的发展和广泛应用，在未来，健身和新技术的结合将是一个全新的领域。

通过市场分析可以看出，健身行业发展空间广阔。目前健身市场处于线上 App 与线下健身房分化的阶段，健身房同质化严重，用户的潜在社交激情未被完全激发，衍生产品投入市场的进一步发展缺乏入口。

健身房未来的发展方向应分为业态横向扩展和业态纵向升级两部分。业态横向扩展包括：衍生其他项目，扩大盈利范围；与互联网结合，覆盖线上流量。业态纵向升级包括：打造连锁品牌，建立行业标准；业态规模扩张，品牌布点下沉；业态复合化，产品精细化。详情见图 1 与图 2。

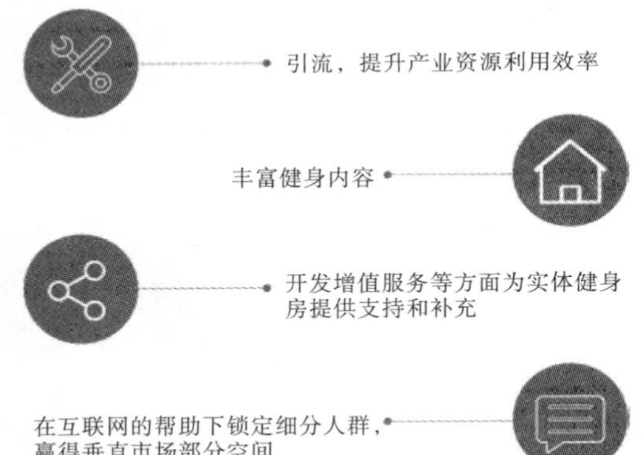

与互联网结合，覆盖线上流量

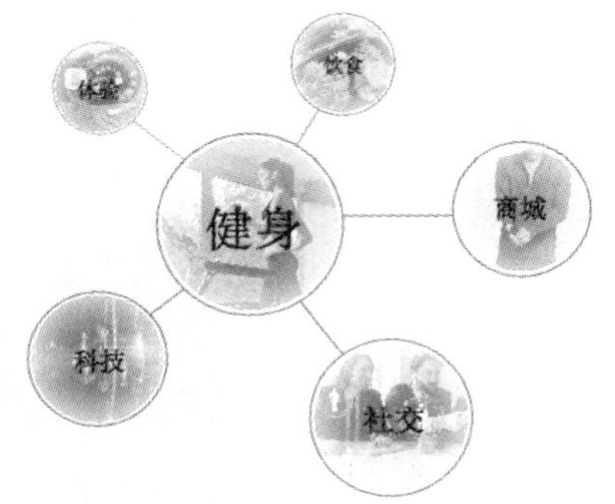

业态复合化，衍生其他项目，扩大盈利范围

图 1　业态横向扩展

业态规模扩张，品牌布点下沉；提升三四线城市健身房整体品质；客群精准化，产品精细化，课程设置精细化。

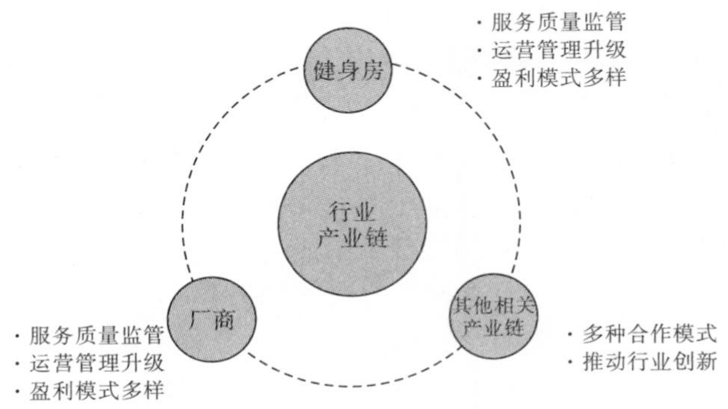

图 2　业态纵向升级

2.3　竞品分析

目前健身产业可分为以下 4 类，详情见图 3。

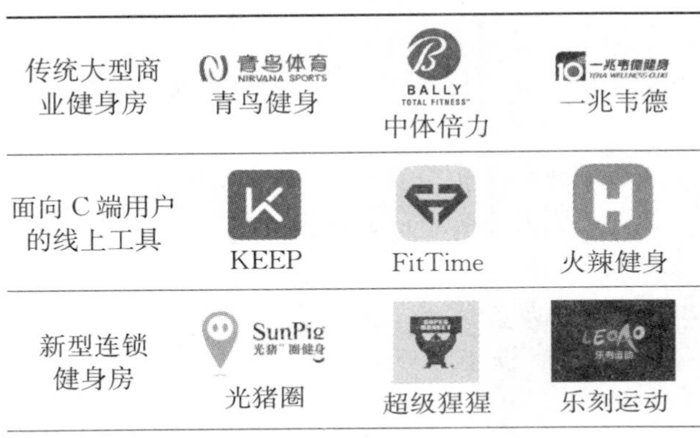

传统大型商业健身房	青鸟健身	中体倍力	一兆韦德
面向 C 端用户的线上工具	KEEP	FitTime	火辣健身
新型连锁健身房	光猪圈	超级猩猩	乐刻运动
大量分散的个人工作室			

图 3　健身产业分布图

我们的产品定位为软硬件结合，硬件部分目前没有成熟投入市场的“新技术+健身”的竞品，所以我们的竞品分析从软件入手，针对市面上较为流行的 4 款运动健身类 App，从用户分析的 5 个维度进行对比，从中得出新产品的完善点和借鉴点。详情见表 1～表 4。

表 1　KEEP 分析

	KEEP
战略层	Slogan：自律给我自由 定位：提供健身视频教学、跑步、骑行、交友及健身饮食指导、装备购买等一站式运动解决方案的健身平台
范围层	全面涵盖训练、饮食、资讯、社交、商城几大模块，并且在训练方面的功能设计较全面
结构层	运动训练模块、社区模块、发现模块、个人中心模块； 涵盖内容广泛，信息架构复杂，分类多，内容广

续表1

KEEP	
框架层	导航采用底部标签导航和顶部二级分类，多图情况采用宫格导航，信息条理清晰
表现层	主色烟紫色，辅助色亮绿色，背景色为白色，简洁美观； 采用文字与健身图片结合，刺激着用户健身； Icon 造型圆润，颜色为烟紫色

表 2　火辣健身分析

火辣健身	
战略层	Slogan：专业移动健身教练，量身定制训练计划 定位：根据用户的不同诉求，提供免费科学的健身饮食计划和超清视频教学课程，辅以全面多维度数据记录工具，记录用户训练过程及成果
范围层	功能围绕训练课程，辅以健身社交圈为用户提供交流的平台，其社交圈中的“周周问”特色功能为用户提供专业性的健身指导
结构层	训练模块、悦览模块、发现模块、个人中心模块； 社交动态板块涵盖“发现”和“悦览”两部分
框架层	导航采用标签和 Tab 导航，多图情况采用列表导航，信息展示整齐划一，可读性强
表现层	颜色为橘红色，和“火辣”相匹配，充满活力，文字 Icon 以黑、白、灰三色辅助，调和鲜艳的橘红色； Icon 造型圆润，采用灰色—橘红色渐变

表 3　FitTime 分析

FitTime	
战略层	Slogan：It's fittime 定位：提供卓越的健身、瑜伽视频训练计划，把家变成健身房，足不出户享受明星教练的课程，在家轻松减肥、瘦身、增肌、塑形

续表 3

FitTime	
范围层	推出线上课程与线上训练营的功能，仅提供给付费用户，一般用户可使用的功能较少且不全面
结构层	训练模块、动态模块、发现模块、个人中心模块； 信息架构清晰，冗余信息少，分类无交叉
框架层	导航采用标签和 Tab 导航，宫格列表导航均予采用，卡片间隔大，信息易读
表现层	Logo 为黑黄色搭配、酷感十足的 FT 字样，界面主色深灰色，其他颜色较少，界面过于暗沉，没有活力； Icon 采用填色图标，部分图标偏方正，体现力量感

表 4　薄荷健康分析

薄荷健康	
战略层	Slogan：减肥健身，掌控人生 定位：由体重与健康管理运营商薄荷科技提供的针对健康减肥运动的 App
范围层	全面涵盖训练、饮食、资讯、社交、商城几大模块，在训练方面的功能设计全面
结构层	运动训练模块、社区模块、发现模块、个人中心模块； 将记录功能单独设为标签，方便用户进行数据的记录
框架层	导航统一采用标签导航和 Tab 导航，多图情况采用宫格导航，条理清晰
表现层	Logo 为一片七彩树叶，不同色彩代表不同的健康评级； 界面主要采用饱和度较高的薄荷绿色，辅助橙色，透出健康活泼的气息； Icon 采用线条感强的图标，营造纤细的感觉

在对 4 种运动健身类 App 进行分析之后，现将其特色功能与核心功能总结如下，以供产品设计参考。详情见表 5。

表 5　总结分析

		KEEP	火辣健身	FitTime	薄荷健康
特色功能		自定义课表 美化图片 饮食建议及查询	榜单	自定义训练课程 运动计时器	健康习惯及记录
核心功能	训练类	针对多种不同健身程度和目标的人群，训练计划功能智能化、自由化，训练动作更加全面	训练计划设置方面粗糙，易造成与用户的匹配度不高的情况；不提供额外的单个动作库	为一般用户提供的健身计划较少，多数训练服务都只针对付费用户	专注于健康数据的分析和记录，只提供瑜伽、减肥的训练视频
	健身资讯类	分类不明显	分类清晰，可读性强	内容略微杂乱，没有针对健身新手的指导	偏重健康知识，没有分类

通过前期分析，我们确定了产品如下的发展方向：

（1）根据不同用户身体参数，增强定制化功能，精细对待每个用户，增加用户黏性，在健身应用中做出差异。

（2）考虑对接硬件，推出数据中心。增强健身体验的真实感和趣味性，同时充分利用健身数据的潜在价值，帮助健身房进行大数据收集与分析。

3 研究方法

3.1 研究规划

此次研究属于定性与定量研究结合，为了通过研究结果正确描述健身者的需求，任务是收集资料、发现情况、提供信息，从大量信息中定量分析出主要规律和特征。若一次调研收集的数据不够，可深入进行多次调研，保证信息足够。通过分析规律和特征为设计提供依据。资料来源于访谈、实地考察和问卷调研相结合的方式。

3.2 研究对象

研究对象为健身房负责人、健身房教练、健身者和运动爱好者。其中，以健身者和健身爱好者为主要研究对象。

通过走访青岛市几家大型健身房和健身会所，在2018年3月～2018年4月对健身房的健身用户进行调查。此次研究采取抽样调查的方法，随机抽取研究对象范围内的用户进行调研。本次调研共分为4次进行，包括1次线下访谈、2次线下问卷和1次线上问卷，参与者超过300人。

3.3 研究材料

3.3.1 访谈资料

通过访谈法，我们对健身房负责人、健身房教练以及健身者进行调研，主要了解健身房现有问题和健身用户在健身中会遇到的问题。

3.3.2 问卷资料

在此研究中，我们自行设计调查问卷，分三次进行调研。第一次对健身者的基本情况和健身中的基本需求进行收集。基本资料包括性别、年龄、健身时间以及健身频率等。根据第一次调研的需求，结合技术考虑机会点，第二次对健身者的基本情况和机会点接受度、新技术接受度进行收集。第三次对大量潜在用户和边缘用户进行基本资料和机会点接受度、新技术接受度收集，目的是了解产品是否可以吸引大量潜在用户。最终确定服务设计的机会点。

3.4 研究过程

3.4.1 资料收集

3.4.1.1 访谈资料收集

向受访者解释访谈意图，并告知其自愿权利。向受访者解释本设计研究的主要内容与目的，在征得同意之后开始访谈。访谈对象包括健身房负责人2位，健身教练1位，健身者11位。

3.4.1.2 问卷资料收集

（1）线下问卷收集。向随机抽中的受访者解释本设计研究的意图，并告知其有自愿填写权利。所有研究对象独立完成问卷的填写。受访者在填写过程中如有疑问，研究者立即解释；受访者填写完毕后，研究者当场检查问卷是否填全，核定无误后收回。

（2）线上问卷收集。通过问卷星平台生成问卷，在研究人员及其朋友、亲属的扩散下，覆盖到尽量多的受访者。

本次研究共回收线下问卷124份，线上问卷202份。

3.4.2 质量控制

3.4.2.1 访谈资料控制

本次研究过程对每段访谈均由录音和笔录两种方式记录，在访谈结束后对录音进行逐句转录，分析并撰写访谈记录，以更为翔实地理解访谈者录音。同时，量性资料的收集为质性访谈提供检验方法。以上措施有效地保证了结果的真实性和可靠性。

3.4.2.2 问卷资料控制

为获取研究对象的真实信息，问卷的填写采取不记名形式；为尽最大可能减少问卷填写障碍，问卷采用简明的提问方式。线下发放问卷需要调查者与被调查者进行交流，问卷收集的整个过程采取面对面形式，时间为10～20分钟，以确保结果的可靠性。问卷回收后根据填写认真度排除无效问卷；线上通过推送转发的形式进行分发，设计问卷时，通过控制问卷最短填写时间进行质量控制，确保问卷回收效率。

3.4.3 资料分析

3.4.3.1 访谈分析

访谈结束后，研究者及时记录受访者的非语言行为和个人资料，并对访谈录音进行及时整理，按照访谈顺序给每位受访者编号并建立单独的访谈文档；即时分析受访者的访谈记录，对有意义的观点进行提取，并分析其内部关联和核心内容。

3.4.3.2 问卷分析

本次分别共发放线下问卷83份、47份，回收有效问卷 81 份、43 份；线上回收有效问卷 202 份，历时 1 个月。最后对有效问卷的数据进行整理：通过 SPSS 问卷对原始数据进行处理；通过频数、百分比、平均值和标准差描述受访者的基本信息和受访者的需求；通过李克特量表描述分析受访者对概念功能的接受度；通过因子分析确定目标用户。

4 研究过程及结果

本章为调研过程和结果，我们将其总结为如下四部分：

（1）前期访谈过程与结果。

（2）第一次问卷调研过程与结果。

（3）第二次问卷调研过程与结果。

（4）线上问卷调研过程与结果。

前期访谈和第一次问卷调研结果主要呈现用户需求，后两次问卷调研结果包括目标用户对机会点设计的接受度。

4.1 前期访谈结果

此次设计的产品为 To B 端，直接客户是健身房，所以首先对健身房方面进行访谈。访谈对象包括 2 名健身房负责人和 1 名健身教练。现将访谈内容整理总结如下：

（1）目前健身房采用会员制收费，会员总数和健身房收入关联较大；雇佣私教的成本低、收益高，所以私教抽成也是健身房的重要收入来源。

（2）健身房建设成本较高。目前健身房只能将预支年卡费用作为主要收入来源。据了解，大多数的健身房都处于亏本状态。

（3）健身房会员选择私教的人数并不多。用户选择健身房的时候更看重环境和距离，新用户进入率低是一个亟待解决的问题。

接下来又在青岛三家较为大型的健身房——帝豪斯健身、全时健身、英派斯健身随机抽取 11 名健身者进行访谈，了解健身相关情况，初步了解健身中的痛点和需求。详情见表 6。

通过第一次访谈，我们发现，用户在健身中遇到的主要问题可概括为三方面：一是担心动作不规范；二是不能坚持；三是不知道怎么制订健身计划。关于用户的其他需求，我们将在之后进行进一步调研。

表 6 访谈结果

受访者编号	性别	年龄范围	健身时间	健身频率	健身目的	健身中的问题	其他
1	男	70 后	2 年	每周 3 次	保持运动量	目前没有	健身新人比较需要对动作进行规范
2	男	70 后	8 年	每周 4～5 次	锻炼身体	难以坚持	私教技术参差不齐，价格较贵
3	男	90 后	超过 1 年	每周 2 次	减轻体重	时间安排	在健身中结识很多新朋友，一起锻炼
4	男	80 后	2 年	每周 2～3 次	身体健康	难以坚持	健身效果不好；私教价格较贵，不会尝试
5	男	95 后	1 年半	每周 5～6 次	强身健体	饮食难控制	请私教不如自己去学，价格比私教便宜，效果也好
6	男	90 后	3～4 年	每周 2～3 次	塑性	健身过程无聊	不会想要分享健身成果，只会在小圈子里分享
7	男	95 后	1 年左右	每周 2～4 次	锻炼身体 肌肉塑性	担心没有使用正确姿势会伤害身体	希望在健身和可以即时看到自己的健身成果
8	男	95 后	1 年	每周 1～2 次	保持提升体型	时间安排	不知道如何根据自身情况和目的制定健身计划
9	男	95 后	1 年半	每周 2～3 次	身体健康 外在形象	觉得动作不规范，难以坚持	一个人去健身房会感到无聊
10	女	95 后	6 个月	每周 3 次	锻炼身体	难以坚持	健身的目的仅是锻炼身体，没必要请私教
11	女	95 后	1 年	每周 2 次	保持身材	动作不规范	如果有经济实力的话会考虑私教，因为要避免受伤

4.2 第一次问卷调研结果

4.2.1 调查结果

本次问卷为线下问卷，共发放 83 份，回收有效问卷 81 份。

4.2.1.1 健身者基本情况

在 81 名受访者中，男性居多，占 75.3%；受访者集中为“90 后”，占 58%；45.7%的人健身时间少于 1 年，属于健身新手；49.4%的人每周健身 3 次以上，健身频率较高；超过 81.5%的人会选择自己练而不请私教协助。详情见表 7。

表 7 健身者基本情况调查统计结果

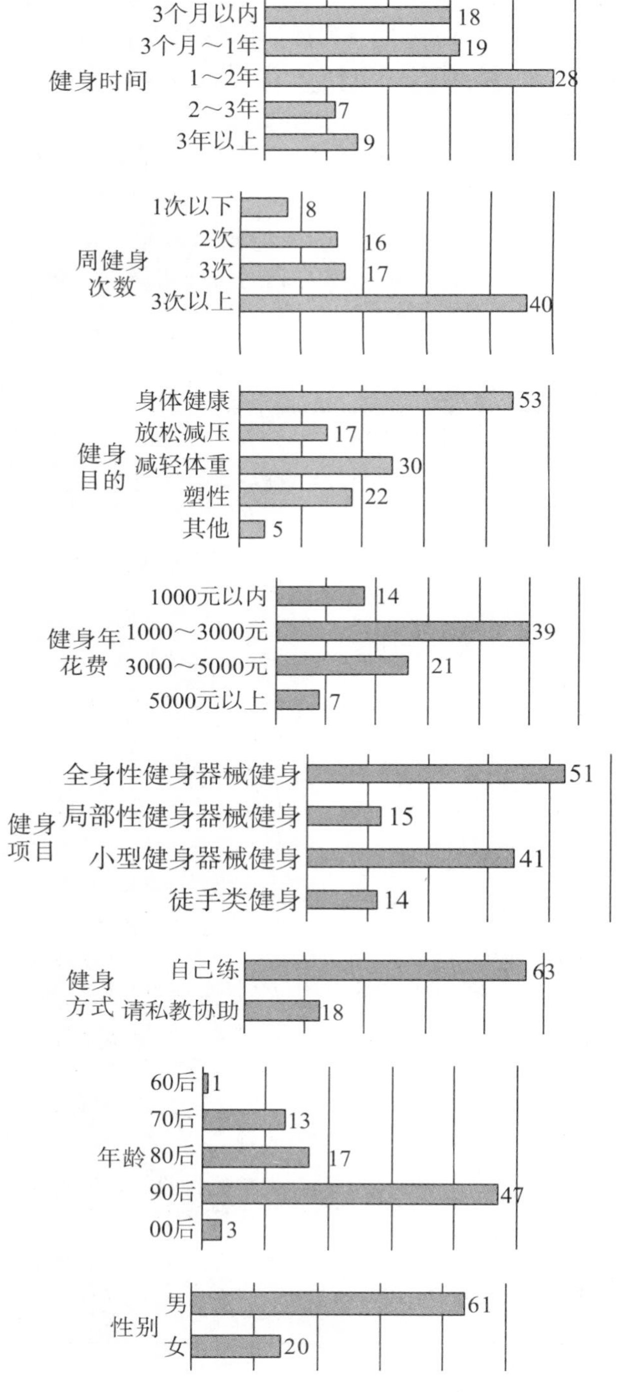

4.2.2.2 健身中的问题和需求

关于健身知识的获取，60%的受访者选择向周围人请教，通过网页和健身 App 查询的占 25%左右，约 20%的受访者认为健身知识不能满足需求。关于健身后的分享，88.9%的人有分享欲望，照片是最常用的分享方式，小视频分享占 20%。详情见表 8。

表 8 健身中问题和需求情况调查统计结果

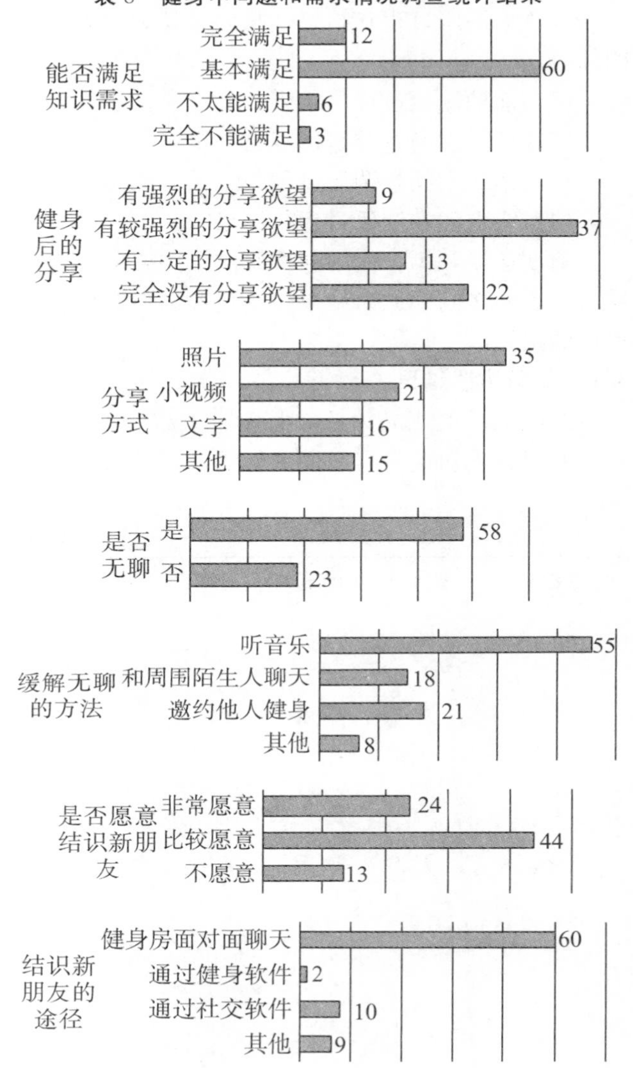

4.2.2 结果分析

通过第一次问卷调研结果，结合前期问卷访谈，根据影响程度、持续时间、客服难度三个方面评分，可以得出用户痛点优先级如下，详情见图 4。

（1）健身中动作不规范，可能伤害身体。

（2）健身过程见效慢，难以坚持。

（3）健身知识获取途径少，知识需求无法满足。

（4）健身过程无聊。

（5）健身后的分享方式单一、分享平台少。

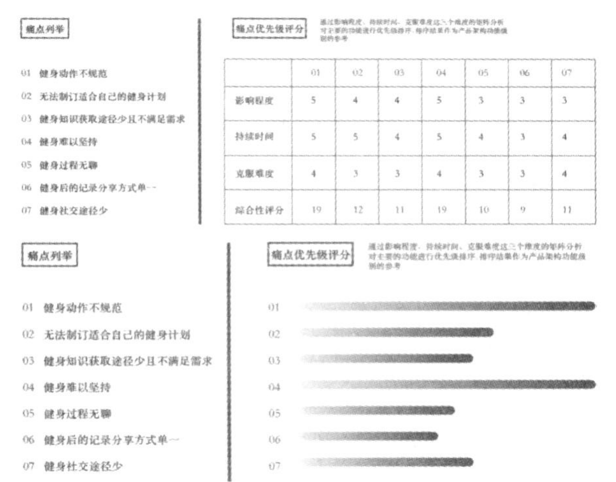

	01	02	03	04	05	06	07
影响程度	5	4	4	5	3	3	3
持续时间	5	5	4	5	4	3	4
克服难度	4	3	3	4	3	3	4
综合性评分	19	12	11	19	10	9	11

图 4　调研及第一次问卷痛点优先级

根据痛点，我们总结出用户需求，并提出概念机会点。详情见图 5。

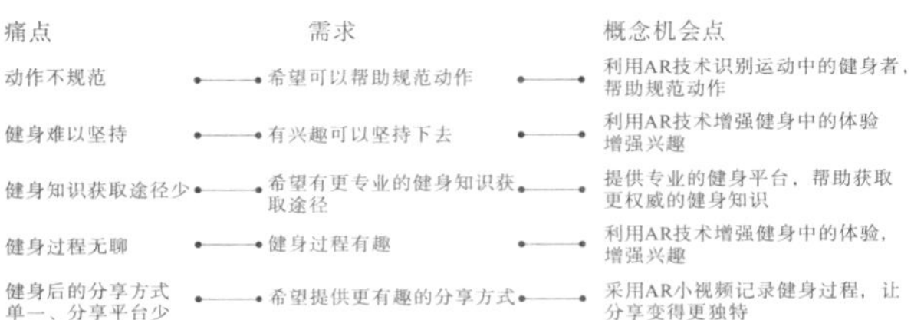

图 5　需求与概念机会点生成

4.3　第二次问卷调研结果

4.3.1　调查结果

本次问卷为线下问卷，共发放 47 份，回收有效问卷 43 份。

4.3.1.1　健身者基本情况

在 43 名受访者中，男性居多；集中为“90后”，占 58.1%；51.2%的人健身时间少于 1 年，属于健身新手；超过 76.7%的人选择自己练而不请私教协助。详情见表 9。

表 9　健身者基本情况调查统计结果

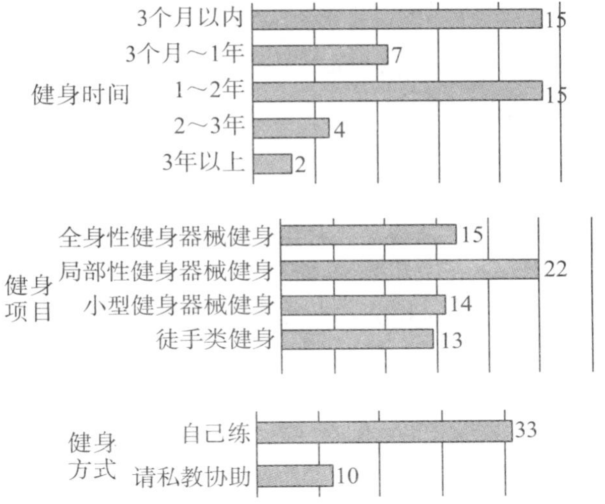

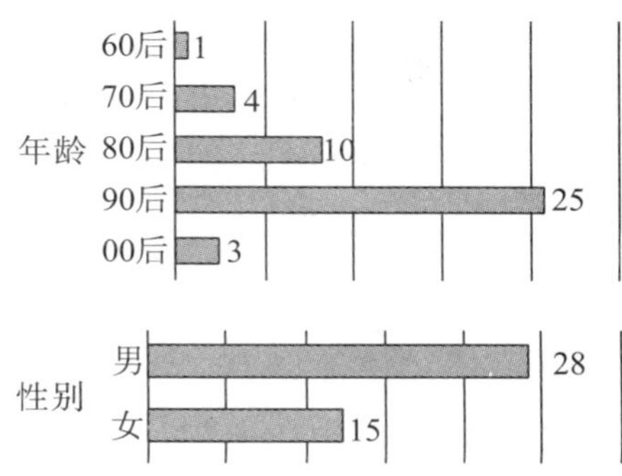

4.3.1.2　健身中的需求

在健身知识获取方面，共有 48.8%的人无法判断知识的正确与否，并且认为知识讲解片面，能看出现阶段人们对健身知识的获取并不满意；90.7%的人会保存并分享自己的健身记录。详情见表 10。

表 10　健身中需求情况调查统计结果

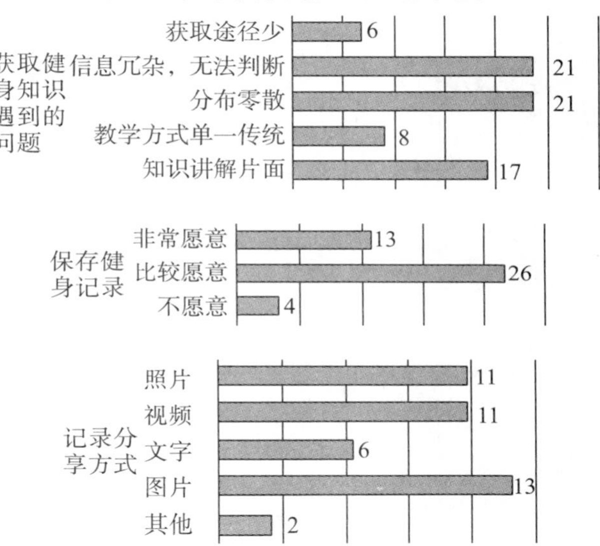

4.3.1.3　对概念机会点的接受度（接受度按李克特量表的改良版进行统计）

对于讲解功能及其在健身房的使用，用户的接受度达到 90%以上；83.7%的人会对健身动作进行评分和排行；愿意记录分享健身成果的人达 55.8%；95.3%的用户希望增加趣味性；79%的用户愿意尝试 PK 健身；对于 AR 和体感捕捉技术，愿意尝试的人达到 90.6%。详情见表 11。

表 11　概念机会点接受度情况调查统计结果

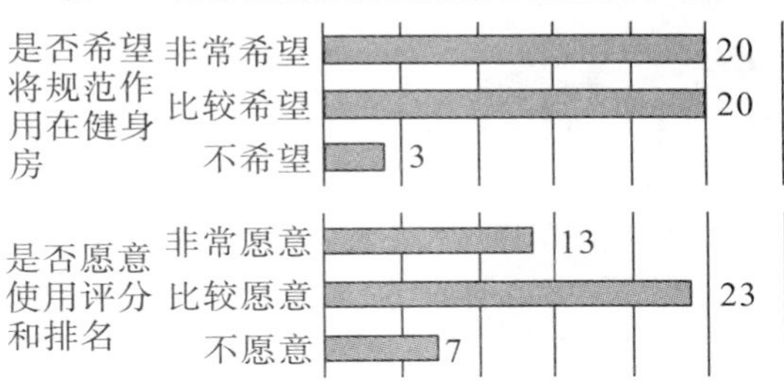

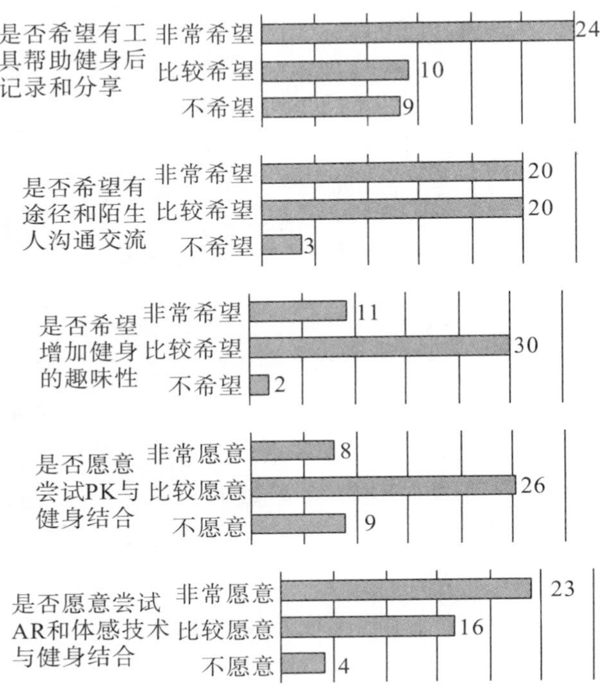

按照3级量表，非常希望为3分，不希望为1分，得到接受度优先级，详情见图6。

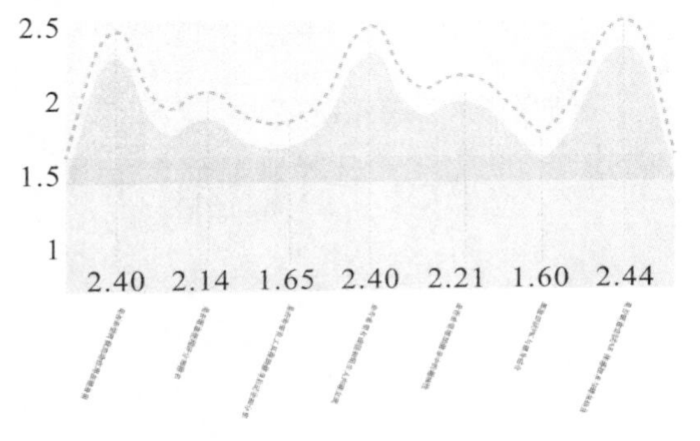

图6　概念机会点接受度

4.3.2　结果分析

4.3.2.1　数据分析

根据第二次问卷调研结果，结合前期调研与第一次问卷，初步确定产品如下的4个主要功能。

（1）训练：体感捕捉技术识别动作，与标准动作对比，规范动作并对动作进行评分排行。

（2）社区：建立健身用户社群，并设计AR小视频记录健身过程。

（3）专题：提供专业的健身平台，包括健身课程、健身攻略、饮食建议等，给予用户全方位的健身指导。

（4）PK、排行榜：通过PK、排行榜机制激励用户健身，运用AR技术增强PK趣味性。

需求功能转化及功能接受度详情见图7。

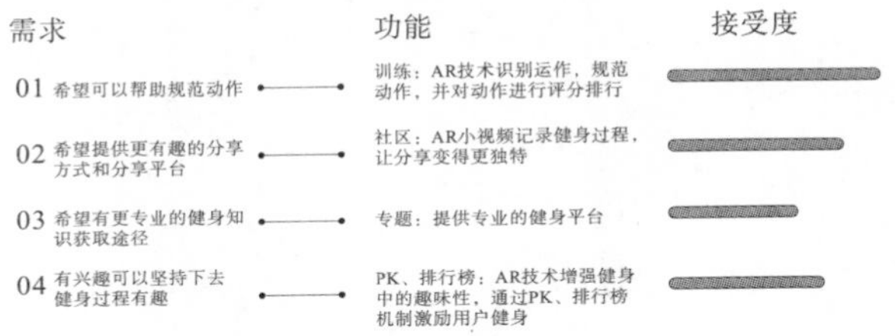

图7　需求功能转化及功能接受度详情

4.3.2.2　用户特征画像

由于产品是安装在健身房内的，所以核心用户是非私教的健身房会员。按照年龄和健身时间这两个变量，选择愿意尝试规范动作、评分并排行、保存健身记录并分析、有途径和陌生人沟通交流、PK与健身结合、新技术与健身结合这6个主要功能的用户进行整理，得出如下两类我们的目标用户。

（1）第一类用户：健身入门级用户。喜欢运动，但对健身知识不够了解。

（2）第二类用户：健身爱好者。热爱健身运动，乐于分享自己的健身过程及成果，并且有一定的健身经验。

详情见图8。

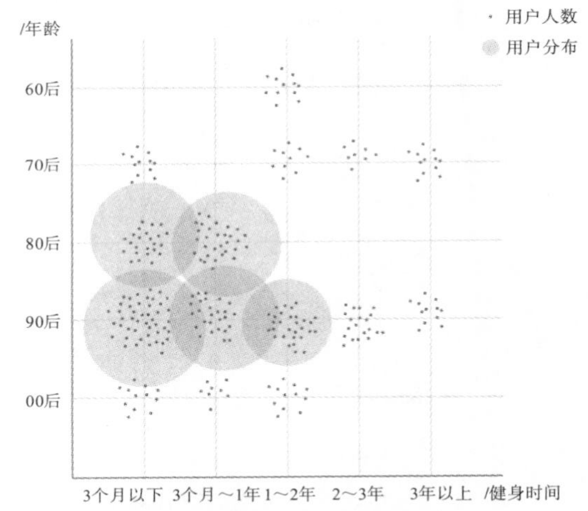

图8　目标用户特征画像

4.4　线上问卷调研结果

4.4.1　调查结果

本次问卷在线上进行，共回收有效问卷202份，按人群分为健身房人群、非健身房健身人群和不健身人群，人数分别为38人、96人、68人。

4.4.1.1　用户基本情况

在202份问卷中，男女比例相近；受访者集中为“90后”，占89.1%；47.5%的人为非健身房健身人群，33.7%的人没有健身的习惯，这两类人群将是接下来的重点调研对象。详情见表12。

表 12　用户基本情况调查统计结果

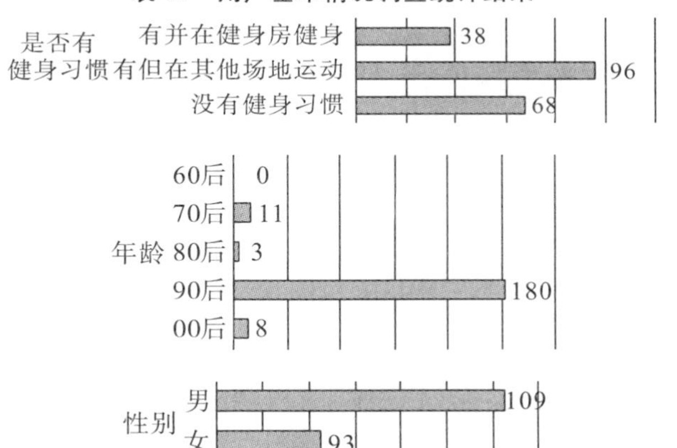

（1）不健身人群基本情况。

在不健身的原因中，占比最高的原因是缺乏毅力。可以以此为出发点，考虑增加健身过程中的趣味性。详情见表 13。

表 13　不健身人群基本情况调查统计结果

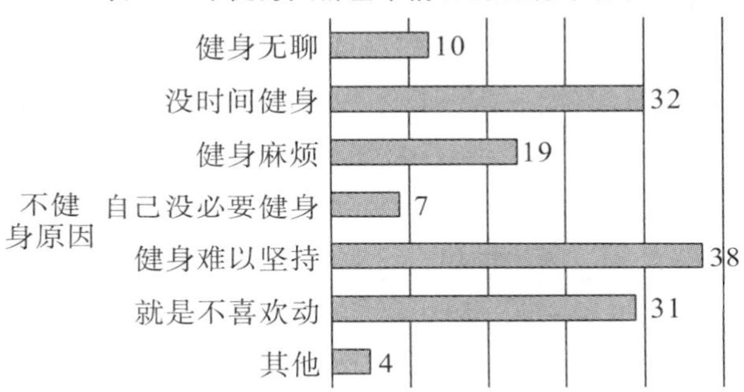

（2）非健身房健身人群基本情况。

在 96 名非健身房健身人群中，除去一些无法改变的因素，如没有时间、健身房距离远等，有 47.9％的人会因为害怕在健身房出丑而不敢迈出进入健身房的第一步。可以考虑利用产品缓解其紧张心理。详情见表 14。

表 14　非健身房健身人群基本情况调查统计结果

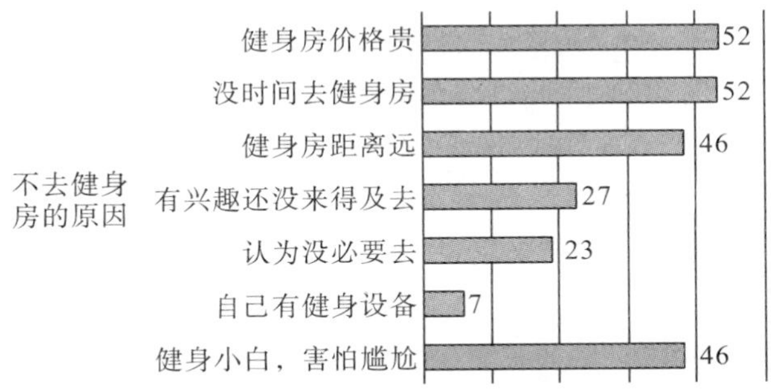

（3）健身房人群基本情况。

在 38 名健身房人群中，63.8％的人健身时间少于 1 年，属于健身新手；超过 86.8％的人选择自己健身而不请私教。详情见表 15。

表 15　健身房人群基本情况调查统计结果

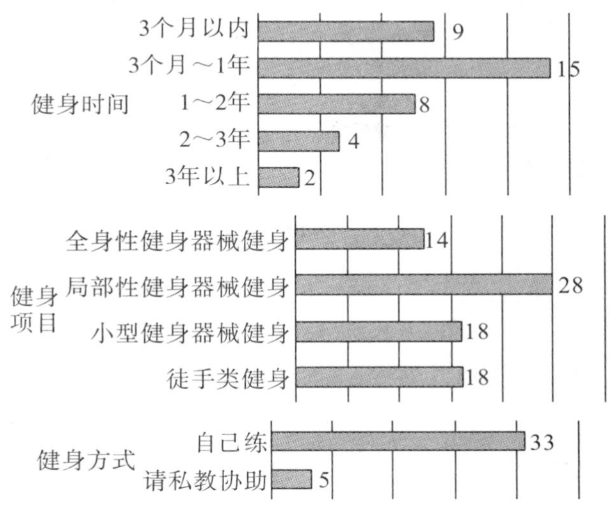

4.4.1.2　健身中的需求

（1）非健身房健身人群需求情况。

在 96 名非健身房健身人群中，52％的人希望有健身知识讲解及规范动作；74％的人希望保存并分享自己的健身过程和结果，需求较大；82.9％的人愿意在过程中结识新朋友，说明健身社交领域有较大发展空间。详情见表 16。

表 16　非健身房健身人群需求情况调查统计结果

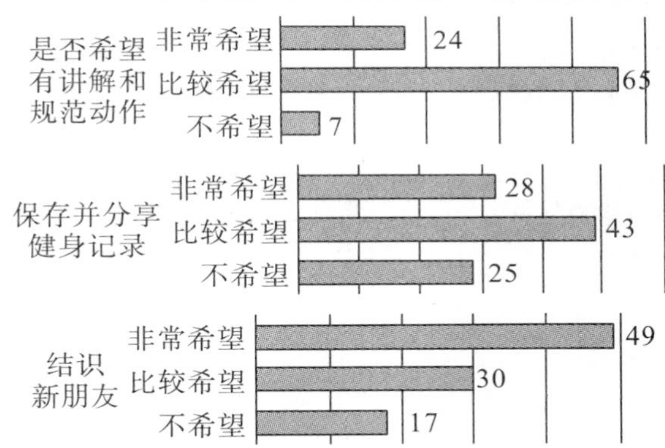

（2）健身房人群需求情况。

在 38 名健身房人群中，92.1％的人希望有健身知识讲解及规范动作，需求远大于非健身房人群；76.3％的人希望能保存并分享自己的健身过程和结果；81.6％的人愿意在过程中结识新朋友，说明健身社交领域有较大发展空间。详情见表 17。

表 17　健身房人群需求情况调查统计结果

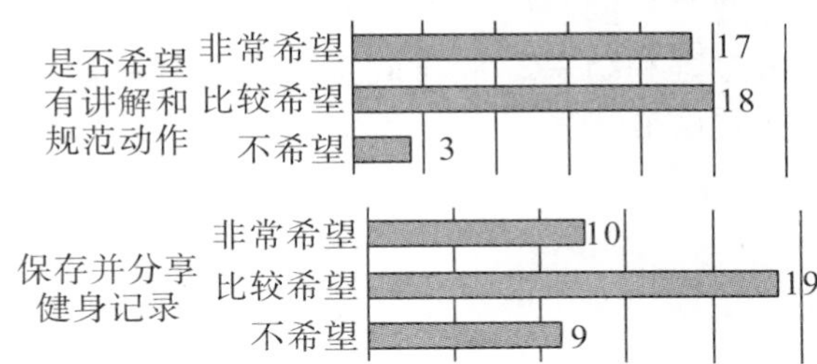

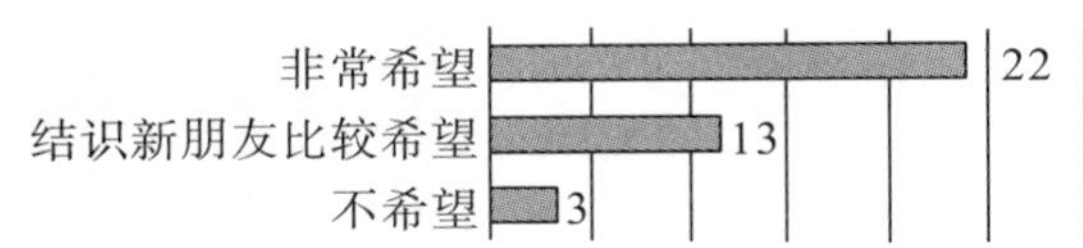

将非健身房人群和健身房人群的需求按照 3 级量表划分，非常希望为 3 分，不希望为 1 分，得到需求优先级，详情见图 9。

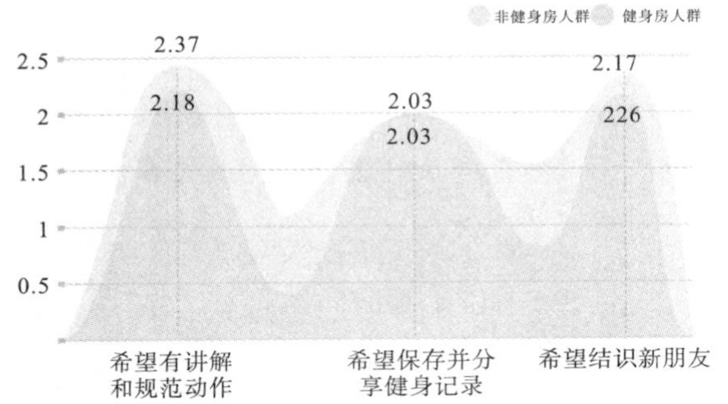

图 9　线上问卷需求优先级

4.4.1.3　对概念机会点的接受度（按李克特量表进行统计，5 分表示极有可能，1 分表示不可能）

（1）不健身人群接受度情况。

不健身的原因有很多种，根据问卷结果显示，PK 和社交功能一定程度上可以吸引部分人去健身房健身。详情见表 18。

表 18　不健身人群接受度情况调查统计结果

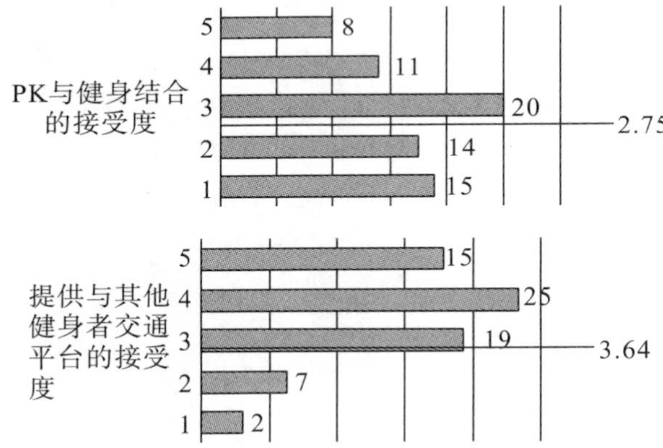

（2）非健身房健身人群接受度情况。

对产品的 5 个主要功能点，非健身房健身人群的接受度都在 3 分以上。对于增加分享过程的趣味性，接受度为 3.55；对于提供健身知识讲解和动作规范功能，接受度为 3.45；关于记录和分享健身过程和结果、帮助搭建社交平台、动作评分，接受度分别为 3.32、3.28 和 3.06。详情见表 19。

表 19　非健身房健身人群接受度情况调查统计结果

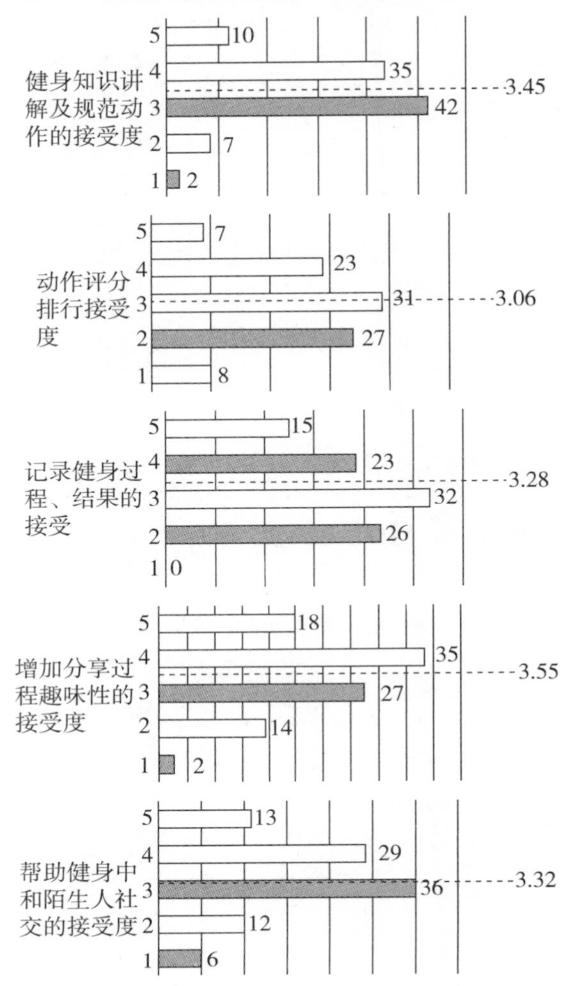

（3）健身房人群接受度情况。

对产品 5 个主要功能点，健身房人群的接受度均高于非健身房人群。其中，接受度最高的是增加分享功能的趣味性、帮助与陌生人进行交流，接受度分别为 3.94 和 3.92；其次是提供健身知识讲解及规范动作，接受度为 3.50；记录健身结果、动作评分排行的接受度分别为 3.47 分和 3.39 分。从中可以看出，对于与社交相关的两个功能，健身房人群的需求明显高于前两类人群。详情见表 20。

表 20　健身房人群接受度情况调查统计结果

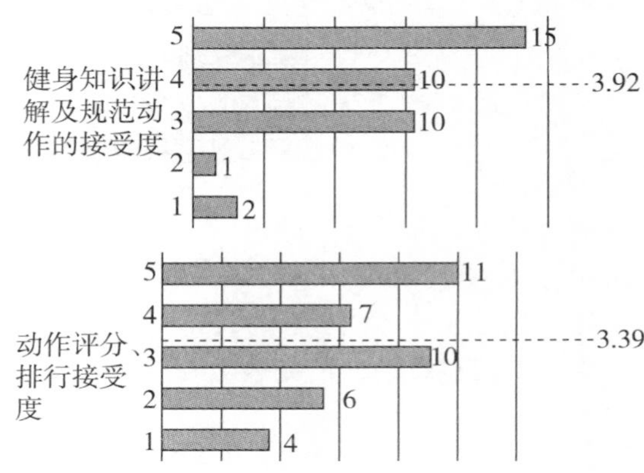

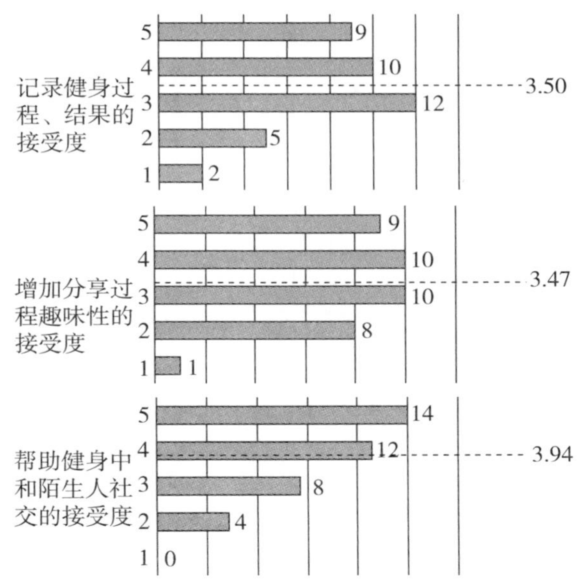

将三类人群对新功能的接受度按照 5 级量表划分，得到接受度优先级。其中，健身社交、健身知识讲解与动作规范、增加健身中的趣味性三项接受度较高。详情见图 10。

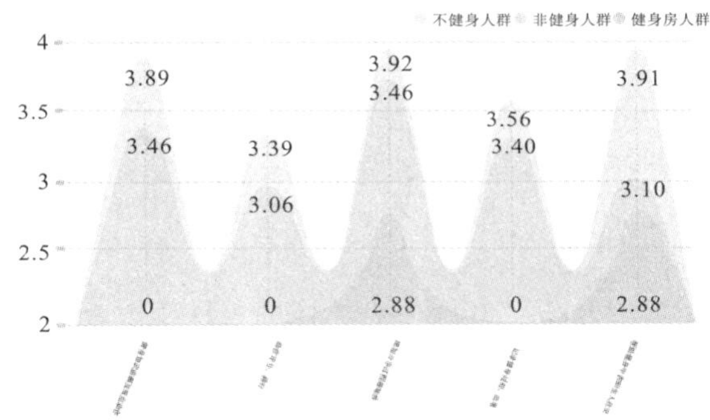

图 10 线上问卷接受度优先级

4.4.2 结果分析

通过对健身房用户、非健身房健身用户和不健身用户三类人群进行调研，发现三类用户的健身需求不同。健身房用户的主要需求是健身社交。非健身房用户对运动健身有需求，其主要希望在健身房通过非私教的手段，获得专业的健身指导，并帮助缓解初入健身房的紧张尴尬情绪；同时，健身社交也是需求点之一。而对于不健身用户，最大的刺激点之一是增加健身兴趣。

5 机会与服务设计

5.1 服务设计机会

据研究结果，确定两类目标人群：有一定经验的健身爱好者和喜欢运动的健身入门者。其痛点分别为健身社交和专业健身知识及指导的获取。因此增强健身社交和提供专业健身知识是关键。同时，考虑 B 端健身房的痛点和需求——健身业态形式单一、老用户留存率低和新用户进入率低。

通过 KANO 模型和马斯洛需求层级理论，我们总结出健身房和用户的需求层级，在此基础上提出设计机会。详情见图 11 和表 21。

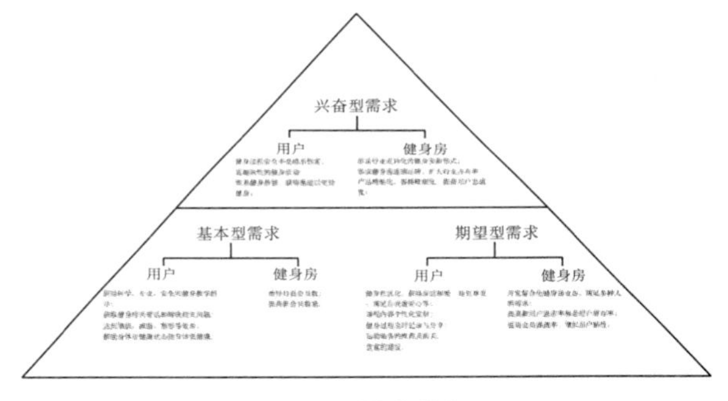

图 11 需求等级

表 21 健身房人群接受度情况调查统计结果

社区建设	训练专题	健身指导	新技术辅助
(1) 精细划分的健身者聚集的垂直化交流平台	(1) 以价值体验为导向，不仅提供健身环境，也提供健身教学和专业知识	(1) 提供健身指导，防止在运动中受伤或锻炼不到位	(1) 运用体感捕捉帮助健身规范动作
(2) 形成健身者社群，帮助找到志同道合的健身好友	(2) 精选攻略，帮助健身者推荐最适合的健身知识讲解	(2) 对健身动作有精细化评价，帮助用户了解不足，及时改进	(2) 运用 AR 技术增强健身中的体验，丰富健身过程
(3) 按照用户自主选择，形成不同的健身圈子	(3) 智能匹配，按照健身者身体数据推荐并提供定制化的健身课程	(3) 将线上健身指导与线下健身房环境结合，形成更好的健身体验	(3) 线上收集关于用户身体参数、课程训练的大数据，帮助健身房形成大数据系统，更好地了解健身者的需求
(4) 健身动态及时记录分享	(4) 提供奖励机制和竞争机制，维系健身热情，激励健身者持续健身		(4) 其他新技术的运用

续表

社区建设	训练专题	健身指导	新技术辅助
(5) 利用线上促进线下社交，打破陌生健身者之间的隔阂	(5) 提供健身周边服务，如饮食指导、健身用品购买等，形成完整的服务闭环		

5.2 服务设计体系

基于以上设计机会，提出如下服务设计方案——基于体感技术与增强现实技术的新型健身社交平台设计。该设计为软硬件结合的服务体系，是为健身房设计的以硬件设备为基础，为健身用户提供动作校正和健身社交功能，从而帮助健身者提升健身体验、增强使用健身房欲望的新型健身服务。

该体系的核心是从健身者和健身房的痛点和需求出发，通过线上线下结合的方式，帮助提升健身者在健身房的体验。围绕该核心展开的有以下 4 个重要功能版块：

(1) 社区版块。建立健身社区，满足健身者的社交需求，社区内容来自软硬件端健身者关于健身各方面的分享。

(2) 硬件产品。将线上课程实体化，并帮助规范动作、评分纠正等，同时具有增强现实功能，提供趣味化健身体验。

(3) 健身课程与知识。提供专业的健身知识，根据用户身体数据提供精细化和定制化的健身服务。

(4) 健身激励机制。通过多种手段激励健身者坚持健身，增加用户黏性。

5.2.1 社区服务

社区主要为健身者提供分享交流平台。从用户需求和市场不足的角度出发，我们将强化社区功能，帮助健身者分享交流。社区内容来自健身者的共享，包括 AR 时刻、热门、关注、我的圈子等。

独创的 AR 时刻使用 AR 技术增强健身视频的拍摄体验，并以视频流方式呈现，帮助用户快速浏览；我的圈子可以通过范围选择来界定不同的小社交圈，如同一健身房的社交圈，主要目的是提供交流平台，增加线下社交的可能性。

5.2.2 硬件产品

智能硬件安装在健身房内，为健身者提供动作校正、动作评分和在线 PK 等功能。将线上健身课程“实体化”，利用新技术，将所做动作与标准动作进行对比和展示，帮助改正错误动作，同时收集用户身体数据，在软件端对接形成大数据平台，帮助健身房有针对性地推出相关课程和服务。其服务系统见图 12。

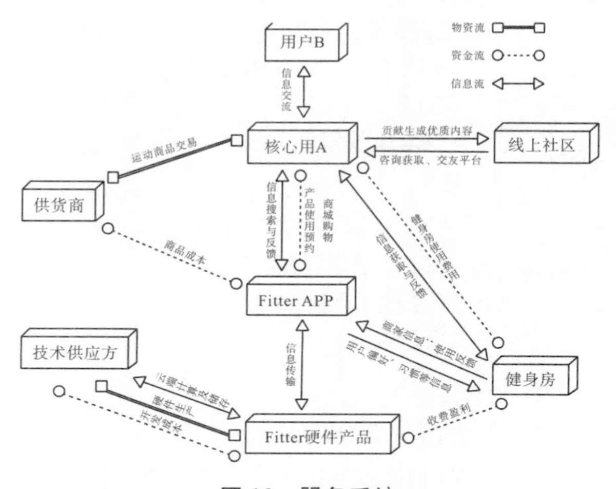

图 12 服务系统

5.2.3 健身课程与知识

调研发现，大部分健身入门者存在健身知识不足、获取途径少的问题，需要提供专业课程和知识，帮助其正确入门健身；同时根据用户身体数据智能推荐课程，帮助健身者选择更适合自己的课程训练。

5.2.4 健身与交友激励机制

研究发现，对于大部分非健身房人群和健身入门者，健身过程枯燥疲惫，不易坚持，因此应设置全方位的激励机制，帮助其坚持健身。首先，设置健身 PK，和同课程健身者实时线上 PK，通过对抗模式激发健身动力，增加互动，触发潜在社交功能；可使用道具、礼物的游戏化健身方式，提供有趣的健身体验。其次，对健身动作进行评分排行。设置训练榜、贡献榜、人气榜，引导用户参与社区，生成优质内容。最后，设置个人成就功能，通过健身不断解锁新成就，获得奖励；增加邀请他人扫码帮助解锁成就功能，驱动线下社交产生。

5.3 设计原型

5.3.1 软件设计

根据前期对整个服务框架与流程的探讨，构建出供线上服务的软件架构（图 13）。其中，运动部分包含训练和 AR，AR 部分与智能硬件结合；发现部分包含健身房、课程、饮食等，涵盖健身的周边服务；社区部分包含 AR 时刻、热门、我的圈子等，为健身者提供社交平台；我的部分包含个人主页、运动数据、排行、运动记录等。整体思路为从健身环境到个人环境，由大到小逐层管理。

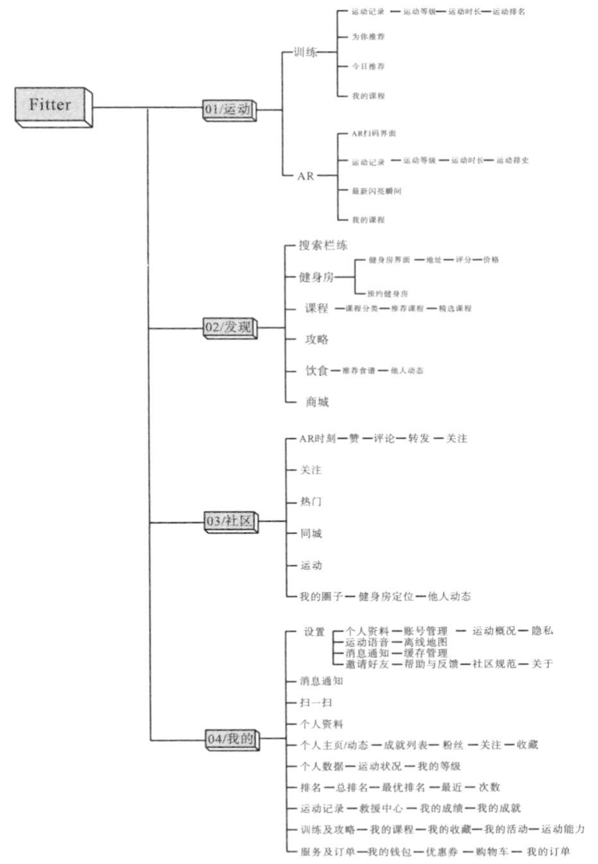

图 13　**软件架构**

确定流程后，在功能范围框架下，确定 App 基本功能页面，包括运动页面、发现页面、社区页面、个人主页等。在视觉设计中，主色调采用渐变橙色，搭配白色背景，给人以动感活力的印象。字体和 icon 的设计边角圆润、纤细轻巧，符合运动 App 的整体形象。

运动页面显示运动排行、运动课程等信息，并根据运动能力推荐课程。运动页面见图 14。

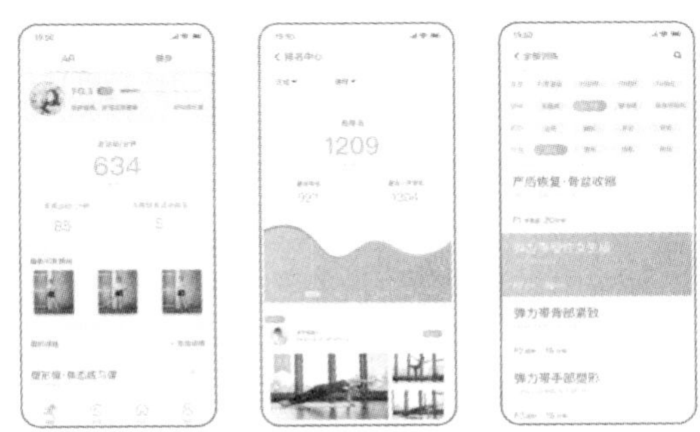

图 14　**运动页面**

发现页面有健身房、饮食、运动等界面，健身房界面显示带有硬件设备的健身房基本信息，用户可预约使用硬件设备并对健身房及硬件设备进行评价，帮助后续改进。健身房页面见图 15。

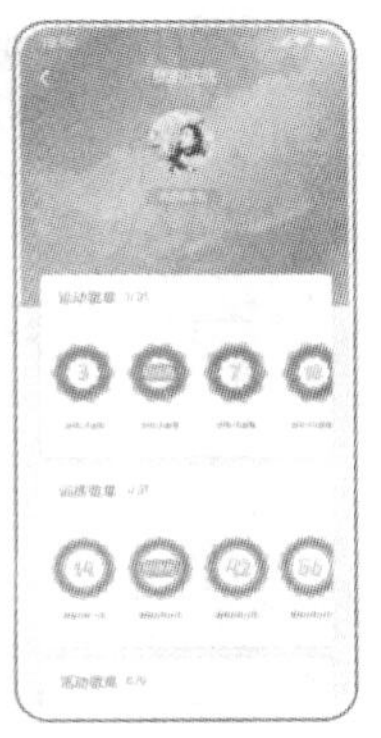

图 15　**健身房页面**

社区页面有视频流形式的 AR 时刻，以及基于健身房定位的社交圈等内容，可以查看他人动态并进行互动。社区页面见图 16。

图 16　**社区页面**

个人页面包含个人信息、排名、运动数据和动态等，用户可以在排名中心看到榜单，关注学习达人的健身技巧；在健身中，用户将不断解锁健身成就，部分成就需要通过他人帮助扫码点亮，促进线下社交的产生。个人主页和成就页面见图 17。

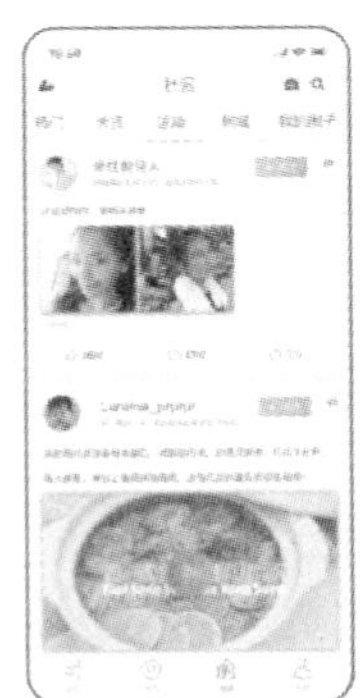

图 17　**个人主页和成就页面**

5.3.2　硬件设计

根据功能需求，完成硬件架构，硬件设备为健身房设计，用户可完成选择课程、规范动作、上传数据、实时 PK 等操作。硬件架构见图 18。

图 18　硬件架构

硬件产品主要由显示屏和动作捕捉器组成，后台电脑运算，通过网络与 App 连接，提供课程和数据交换。

显示屏为镜面屏，尺寸为 2m×2.3m，内置动作捕捉器，捕捉动作的同时将使用者实时传输在屏幕上，捕捉器的摄像头可提供拍照、录制视频的功能。

硬件产品的基本原理是动作捕捉器与屏幕结合，实时传输图像和数据。动作捕捉器为现有的 Kinect，可一次性取得彩色影像、深度数据和声音信号 3 种信息。将其主要功能与显示屏整合形成产品。产品上集合体感捕捉技术与 AR 技术，用户在训练前对身体进行扫描，与数据库中的海量人体数据进行比对，形成定制化的标准动作规范框。在训练中，通过体感捕捉用户关节，与标准动作进行比对，进行动作校正与评分。同时，通过手势识别选择课程、贴纸等，并且手势识别可以进行拍照操作，即时记录健身瞬间。AR 技术则帮助完成更换背景、增加贴图、使用道具、赠送礼物等操作，增强现实感。产品设计见图 19。

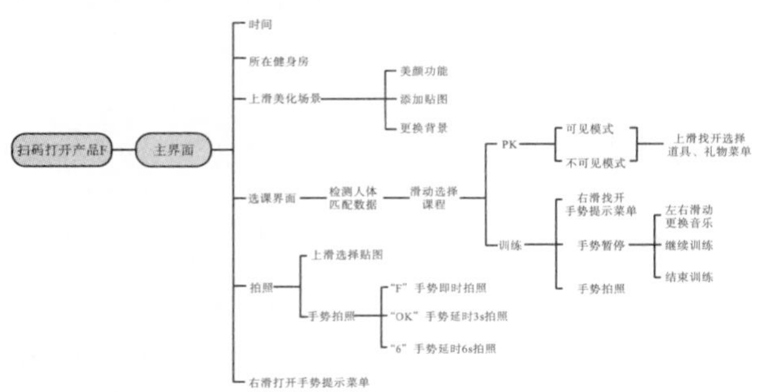

图 19　产品设计

硬件产品界面设计简洁，包含基本操作和提示，交互方式为手势操作。详情见图 20。

图 20　硬件产品界面设计

5　结语

通过科学的由浅及深的调研方法，本次设计首先了解目标用户需求，接着针对关键需求，运用设计思维寻找设计机会，结合新技术，基于服务设计的理念提出概念设计，随后调研目标用户对概念设计的接受度，对设计进行调整和优化，最后了解大量潜在用户对概念设计的接受度及产品对其的吸引力，提出“互联网+健身”的新型健身体验设计，迎合如今的健身潮流。但不可避免的是，本次调研存在一定局限性，如接受度问题，主要依靠的是用户的主观感受，可能存在误差。

希望通过本次调研和设计，提出一项有价值的服务设计项目，为健身行业、健身人群开创健身新时代。

参考文献

[1] 国务院关于印发全民健身计划（2016—2020 年）的通知 [EB/OL]. http://www.gov.cn/zhengce/content/2016-06/23/content_5084564.htm.

[2] 中国健身产业报告：都是谁在健身？平均花多少钱？[EB/OL]. http://tech.ifeng.com/a/20180409/44942965_0.shtm.

[3] 幸运．我国“互联网+健身”实现途径研究［D］．成都：成都体育学院，2016．
[4] 郭师绪．健身行业新潮袭来 传统运营模式面临淘汰［J］．新产经，2016（8）：1．
[5] 刘惠．健身行业如何破解经营困局?［EB/OL］．https：//www．jianshu．com/p/cec668718302．
[6] Erlhoff Michael，Tim Marshall．Design Dictionary：Perspectives on Design Terminology［M］．Boston：Birkhauser，2008．
[7] 袁月天．VR网络健身平台将拓展传统健身［J］．文体用品与科技，2004（9）：34－35．
[8] 王定宣，陈巧玉，易世君，等．把握大数据机遇 助推全民健身信息服务体系建设［J］．四川体育科学，2015（3）：98－100，121．
[9] 刁在箴，马更娣．中国体育健身俱乐部发展概况之研究［J］．北京体育大学学报，2002，6（25）：744－750．

自媒体时代地域文化旅游产品的推广策略研究*

张瀚文

（西华大学美术与设计学院，四川成都，610039）

摘　要：科技兴旅是推进旅游产业转型升级的重要战略，是形成旅游竞争力的重要因素。自媒体作为信息时代的社交型媒介，在旅游产业宣传推广中起着越来越重要的作用。同时，当今社会经济进入“符号经济”时代，文化设计全面进入商品生产的基础领域，与之对应的是消费体验推动经济增长的“体验经济”新样态。这就需要充分认识当今时代的经济与文化特征，同时结合旅游产品的意义生产与符号传播理论来进行研究。

关键词：文旅产品；符号经济；消费体验；物符码

自媒体是私人化、普泛化、自主化的传播者，以现代化、电子化的手段，向不特定的大多数或者特定的单个人传递规范性及非规范性信息的新媒体的总称，也叫“个人媒体”。自媒体包括微博、微信、博客等形式，具有无时空限制、多点传播和即时互动等“新社交”属性特点。旅游业作为民众休闲生活的重要内容同样面临着自媒体时代的新型媒体环境。自媒体其所带来的信息即时性和碎片化，让传统的旅游项目宣传途径已经跟不上新时代的推广要求，在日益激烈的市场竞争中越加乏力。因此，自媒体属性和高效传播方式决定了旅游景区采用自媒体作为营销手段和渠道可以迅速、经济、实惠地达到营销目标。自媒体的交互性和即时性，使得公共舆论空间大为扩展，为拓展商业价值带来了更多便利。其形式上的开放交互，内容上的符号化、感官化使其为广大受众和旅游产业提供了一个新的信息交互平台。因此，针对地域文化旅游产品推广面临新形态下的策略疑难，本文基于消费社会理论，结合旅游产业背景展开深入研究。

1　旅游产品的畅销实质：消费系统内的“物符码”攀升

地域文化旅游产品在当下更多的是被当作一种异域风情的赏玩之物，所以与主流生活商品在价值设计与营销策划方面有较大区别。除了以精湛的传统工艺和鲜明的他乡风情吸引游客之外，文化旅游商品还需要考虑将其文化和价值形态融入现代人的生活方式之中，借助生活产品的力量取得文化价值的认同与聚集，最终形成由地域文化在日常生活范围内主导的意义生产与价值消费方式。弗莱姆在其著作《符号的战争：全球广告、娱乐与媒介研究》中指出，当代文化竞争的实质是产品文化之间的“符号的战争”。而产品文化的构建实质就是将广义的生产行为与产品消费进行包装、塑造成一种形象或者符号，同时将其进行意义神话，搭建一套具体的“符号”分享话语体系，并最终生成与之匹配的意义生产、传播、消费的“符号经济”范式。这个概念源自波德里亚的消费社会理论。在波德里亚看来，消费乃是“语言的同等物”，“它的有意义的用法是指一种符号操控的系统行为”。同时这个系统内的话语符码不是由人指定的，而是由商品在系统内自行编码生成的。

波德里亚在《消费社会》中揭露了消费社会的降临及其实质。消费社会的特质在于：①消费是一种系统的符号操控行为；②商品在消费中被编码为符号；③商品的符号区分、编排形成整个社会的系

* 基金项目：四川旅游发展研究中心2015年项目“自媒体时代旅游产业推广策略研究”（项目编号：LYC15－12）。

作者简介：张瀚文（1985—），男，四川成都人，讲师，博士研究生，研究方向：产品设计及其理论等，发表论文10篇。

统制约。在《物体系》中，波德里亚披露了消费社会中商品的存在形式——物符码。在消费中，商品本身并不特别重要，更为重要的是商品作为意义或象征“符号”对购买者的突出作用，“或让你加入一个视为理想的团体，或参考一个更高的团体来摆脱本团体”。于是，“作为编码根据的物的差异性不是使用价值、功能、自然特征等的差异性，而是‘物符码’地位等级的差异性”。消费社会从本质上看乃是以实用品质为基础的意义生产和消费。世界经济主导转向买方市场，由于经济在全球范围内竞争，同类产品的技术含量高度趋同，于是产品之间的差异不仅是靠技术含量和实用品质的差异，更为重要的是要靠产品的影响力，即产品所具备的生活情调、审美情趣、身份象征等文化因素的差异。约翰·菲斯克曾就此指出：“每一种消费行为，也都是一种文化生产行为。商品售出之际，它在分配经济中的作用已经完成，但它在文化经济中的作用却刚刚开始。”所谓“文化经济”，即商品的文化意义而非实用价值的符号性扭结，消费社会“物符码”的编码也就更多地依据于商品实用品质之外的文化消费因素的进驻。进一步解析，这里的“物符码”地位源自对时尚审美、先进文化、优质价值的崇拜。例如，在故宫开发的文化旅游产品系列中，“皇阿玛”系列大受欢迎，这并不仅仅是因为其工艺质量层面的原始品质价值，更多的是在于“皇阿玛”系列产品背后的出品方——故宫将其作为中国贵族文化旅游的精品来打造，有故宫品牌的用心加持，使得该产品能够在消费系统中处于编码系统内较高的位置。所有优质品牌引领的消费风潮均是同样的道理。由此可见，品牌构建的过程就是其“物符码”在系统内部高级地位的确立过程。因此，地域文化旅游产品的品牌效应构建的实质就是其对应的“物符码”地位在消费系统范围内的攀升运动，攀升的动力来源是品牌构建的关键。

2　旅游产品的品牌构建：文化设计作为品牌升腾的核心

《国富国穷》的作者戴维·兰德斯指出，“如果说经济发展给了我们什么启示，那就是文化乃举足轻重之因素。”波德里亚认为，在消费社会中，“物符码”编码的逻辑依据甚至将文化因素作为最主要的依据——“它取消了一切原始品质，只将区分模式及其生产系统保存了下来”。由此可见，商品的实用品质和技术差异性固然重要，但决定“物符码”地位的重要原因是文化等原始品质之外的消费因素。因此，对消费者购买意向的文化动员是经济增长、品牌升腾的必经途径和最高效的手段。“购买的空间就是经济增长的空间，而购买力的强劲与大小取决于文化动员的效力，尤其是其中活生生的创意刺激的效力”。结合旅游产品考虑，文化设计成为商品生产从一开始就要纳入的必须环节，其在旅游商品生产的过程中与技术因素（功能开发、工艺执行等）融为一体，甚至文化驱动整体设计并成为旅游品牌开发的主导力量。按照经济基础与上层建筑的传统理论，文化是上层建筑，主要功能在于知识传承、观念宣传与价值维护，对经济活动并不起决定作用，只是物质经济的一个符号表征，物质生产才是第一考量。此番理论的社会经济背景还处于卖方市场、生产主导市场的时代，而当今世界范围内的产能高度过剩，在买方市场背景的消费社会中，这种上层建筑与经济基础的二元划分显然失效了。约翰·斯道雷在《文化理论与通俗文化导论》中断言：“从此，我们已经不可能再把经济或生产领域同意识形态或文化领域分开来，因为各种文化人工制成品、形象、表征，甚至感情和心理结构已经成为经济世界的一部分。我们所强调的物质生产，从最原始的环节、产品定位开始就一步一步地把文化意义消费的预期深度铭刻、植入物质生产的每一个环节之中。”消费社会中的文化因素变成了所有商品生产的内部结构部分，需要从一开始依靠文化的意义效力对整个经济大局的消费空间进行前瞻性开启。以此看来，旅游商品生产的文化设计已成为经济增长最为倚重的动力来源之一。

文化向基础领域的全面进驻是整个“符号经济”时代的生产逻辑新形态，理想生活文化主导的意义铭写、设计、操作、编码、标出、动员最终会造就一波又一波的文旅产品时尚消费浪潮。现代人对优越生活方式的追逐，在消费社会系统内即对应消费行为的符码秩序的攀升。综上分析，在全球化深度融合的今天，旅游商品必须依靠优质文化设计开启“物符码”的编码攀升，借助文化驱动构建和提升其品牌的软实力。第亚尼对于文化设计曾指出，“物的编码靠的是从 logo、命名、商品定位、包装、销售场景到广告、形象大使、活动等‘审美效果联合体’的综合作用。”现代设计成为商品意义策划、市场定位、美学塑造的主要手段，旅游产品的文化设计既要力争保持鲜活的创新力，也要注意对传统文化的当代价值转化，做到时尚设计与独特文化的融合与创新，通过“审美效果联合体”优质意义的取得和自我凸显的长期效力，逐渐集聚广泛的社会价值认同，并最终铸就中国文化旅游产品的高端印象和行业引领地位。

3 自媒体助推地域文化旅游产品推广：在体验与分享中传播

“符号经济”的消费动员由文化设计主导，与之对应的是消费取向已经从物质性消费转移到体验性消费，消费主体对旅游产品的文化功能、个性服务、审美品位等精神层面的体验超过了基础功能的物质需求，成为更为关注的方面。消费社会的经济样态被称之为“体验经济”，消费过程即是用户在体验过程之中的意义分享、审美认同、价值聚集和传播。符号学理论中对于符号传达的解释是：“符号信息的发出者，依照符码对符号信息进行‘编码’，意义被编织入符号文本；符号信息的接受者对符号信息进行‘解码’，信息就转换回意义。”这就要求旅游产品从文化设计的概念策划初始要将其品牌的人文情怀、价值体验编制成独特的“符码”，尤其注重消费主体在消费和使用过程中通过“解码”释放和体验地域文化所具有的独特情感享受。由于体验是符号经济实现产品价值的主要途径，所以符号经济时代的旅游产品推广策略便是着力于推动其品牌“符号”的泛文化因素在消费人群之间的体验分享、聚集响应和自行传递。

在技术层面，现代传媒技术为消费社会符号经济的推广传播提供了强大支撑，地域文旅产品的品牌推广路径达到了前人无法想象的丰富度与高效。互联网、大数据、云平台、移动通信、虚拟和增强现实等技术的突飞猛进，彻底改变了传播媒介和交流方式。自媒体是新生媒介最为典型的体现，与传统媒体最大的不同在于，消费主体成为自媒体信息内容生产和传播的主导力量，并且具有主动性、社交性、交互性、迅速性、点对点覆盖、亲近感、参与感等传统媒体不具备的优势。相对于纸质媒介、电视广告、互联网页面宣传等传统宣传途径，自媒体的传播方式让旅游项目更贴近游客，关系更加真实、亲密，需求定位也更加精准。在自媒体推广模式中，通过适当的引导，每一位游客都可以成为一个信息发散平台，以点带面地进行信息扩散。移动信息终端的社交模式可以带来成几何倍数增长的信息受众数量，并且由社交圈层带来的信任感会极大地提升景区的品牌价值和用户体验。以自媒体为代表的信息网络媒介从根本上改变了品牌传播推广的传统方式，世界的自然空间被技术压缩、渗透、分割，人与人之间的空间关系只是一个屏幕的间隔。这种空间形态是无处不在、无法测量、没有中心且现实和虚拟穿插的影像世界、网络世界、信息世界的糅合，并且以文化和经济的方式渗入现实生活，“编码”经由传媒和消费塑造的新空间。

基于推广理论和媒介支撑的认识，自媒体时代地域文化旅游产品的推广策略应该从多个方面进行努力。首先，现今旅游产品的推广策略应该结合自媒体营销特点，在旅游项目网络传播营销中，根据自身特点和定位采用多种有针对性的营销方式，准确地判断未来客源市场的发展趋势，精准地选择目标受众，策划具有新闻价值的活动话题，建立有效的自媒体传播和营销平台，遵循旅游产业自媒体营销内在机理，探索适合文化旅游产品的营销方式；其次，地域旅游产品在文化设计的初始阶段就要将不同客源地的消费群体的文化体验方式纳入考量，塑造文化认同感和聚集感；最后，利用技术优势，推动从物质到数字的信息时代基础设施和平台建设，为地域文旅产品的线上推广提供畅通便利的传播媒介，缩小地域之间的交流距离，并且利用好自媒体等新兴模式，在线下和线上同步推动旅游产品的文化体验与分享传播。总之，要从技术到文化、政府到企业、媒介到用户等诸多环节进行综合考量，把文化驱动消费、体验带动传播的推广策略落实到位。

4 结论

自媒体时代的来临促进了旅游产业对于自媒体运营的重视，在社会经济文化和科学技术突飞猛进的背景下，挑战与机遇并存，应当结合“符号经济”时代的显著特征和社会理论，重视文化设计之于消费动员的重要作用，通过文化系统的构建增强旅游产品的文化魅力和人文底蕴，赋予旗下商品良好的设计价值和消费体验。此外，基于自媒体的网络营销模式的研究能够有助于地域文化旅游产品设计适应产业信息化以及智慧旅游建设发展，通过充分认识“品牌自媒体资产管理”，结合多种形式的自媒体运营，从而提升游客认同感，促进文化旅游商品在激烈市场竞争中的竞争力。

参考文献

[1] 让·波德里亚. 消费社会［M］. 刘成富，全志钢，译. 南京：南京大学出版社，2001.

[2] 吴兴明. 反思波德里亚：我们如何理解消费社会［J］. 四川大学学报（哲学社会科学版），2006（1）：66.

[3] 吴兴明. 窄化与偏离：当前文化产业必须破除的一个思路［J］. 文化研究·当代论坛，2013（1）：31.

[4] 约翰·斯道雷. 文化理论与通俗文化导论［M］. 杨竹山，译. 南京：南京大学出版社，2001.

[5] 马克·第亚尼. 非物质社会［M］. 腾守尧，译. 成都：四川人民出版社，1998.

[6] 赵毅衡. 符号学［M］. 南京：南京大学出版社，2012.

医院病房辅助换水机器人研究

张　晴　陈世栋

（扬州大学，江苏扬州，225127）

摘　要：本文针对医院住院部护士每天进行大量重复性工作，造成身心疲劳、工作效率下降的现状展开研究，通过对护士的工作场景和病房输液流程进行深入的调研，采用观察法、访谈法、线上问卷等方法得到充分的数据，并结合文献研究，聚焦用户的痛点问题，提炼用户需求。在深入研究的基础上，提出设计方案：通过设计一款机器人进行中间过程辅助换水工作，减轻护士工作负担，缓解工作造成的情绪压力，同时在整体上提升护士人员的工作效率。

关键词：病房辅助换水机器人；医护人员；工作环境；需求

1　引言

住院部日常的输液工作量非常繁重，护士高频度的往返于配药室和病区从事重复性的换水工作，会造成身心的疲劳，还可能导致出错率的升高。从技术层面看，一些低技术含量、高重复性和低风险的操作步骤，可以利用智能机器人技术替代人工劳动，让护士从繁重的体力劳动中解放出来，从事更加重要的、技术含量更高的工作，更好地服务患者。本文基于以上背景，研究并设计一款智能机器人，辅助住院部完成输液过程中的重复性换水工作。

2　调查与研究

2.1　医疗机器人的发展

近年来，随着人工智能的发展、技术的突破及应用领域的逐渐广泛化，医疗发展备受关注。医疗机器人能够有效地帮助医生缓解医疗资源紧张，推动医疗信息化的发展。其运用领域大致分为手术、制药、外骨骼康复、医院消毒、远程医疗和陪伴。现阶段，医疗机器人产业链上游为机器人零部件；下游主要供给于智慧医疗市场的需求端，大多应用于医疗手术、康复护理、移送病人、运输药品等领域，下游需求较旺盛。

2.1.1　国际现状

目前，世界医疗机器人的发展以美国企业为引领，手术机器人以美国达芬奇手术系统为代表，占据行业绝对优势；制药机器人和外骨骼机器人方面，德国企业占据一定优势；外骨骼机器人和远程医疗机器人的研发方面，日本以 Cyberdyne 和 Honda Robotics 两家公司在行业中起着引领作用。

2016 年，全球医疗机器人销售数量为 1600 台，均较 2015 年有较大幅度增长。2017 年，医疗机器人在各应用领域不断落地。

2.1.2 国内现状

在政策利好、老龄化加剧、消费群体增加、产业化发展提速等综合因素影响下，我国医疗机器人市场也在高速发展。2014 年，医疗机器人市场规模约为 0.65 亿美元，占全球行业市场份额的 4.96%；2016 年，市场规模达到 0.79 亿美元。在国际医疗市场技术改革发展的推动下，国内技术及医疗机构纷纷涉足医疗机器人的研发和落地，有效减轻地区资源分配不均、医疗差异化的社会问题，缓解医疗矛盾；远程医疗机器人的发展更能为分级诊疗的发展提供助力。

目前，国内医疗机器人的代表企业以新松机器人、楚天科技等为代表。无论是《中国制造 2025》《国家标准化体系建设发展规划（2016—2020 年）》还是《机器人产业发展规划（2016—2020 年）》，均对医疗机器人行业的发展做出了明确的规划与指导，促进产业的快速发展。

2.1.3 总结

技术使机器人与医疗不断接触、融合并产生新的研究成果，医疗机器人的发展也处于上升期。从目前的各项研究案例来看，人们对于医疗各领域的机器人研究主要都集中在手术等临床治疗方面，重在解决医疗资源和差异化的社会问题，对于医护人员的关注相对较少。

因此，我们将转换以往的视角，由对医疗技术的研究转向对医护人员的工作研究，使技术能更好地服务于人们的生活。

2.2　住院部工作场景概述

为进行相关的场景研究，我们首先锁定了扬州市第一人民医院、苏北人民医院、广陵区中医院、扬州市中医院，采用观察法等尝试了解护士们的工作场景。住院部每天极大的人员流动率使医护人员的工作量加重，虽然住院部有24小时值班制，但她们一般采取轮班制，每人都会有不同时间段的工作，白班夜班轮流进行。这里的工作不仅仅只是我们看到的帮病人挂水，还有每天的巡房、记录、换药等，非常辛苦。

2.3 输液工作流程分析

我们观察了来往的护士们并将详细的换水过程进行了记录，主要有以下几点，如图1所示。

1 **确认身份**
护士从配置室把调制好的水袋带到病房，用机子扫描病人手环以确认身份

2 **取下挂完的药水袋**
将滴速减慢至0，拔下空水袋下的针，空袋暂时放在一边

3 **装上新的药水袋**
撕下新水袋的封口并插上针，调节滴速至合适时完成调整，完成更换药水袋

4 **状态记录**
护士在记录板上记录换水时间和药水种类，还需家属每天签字

5 **完成换水**

6 **带走换下的空袋子**

图1　换水过程记录

针对以上记录，我们进行总结如下：

（1）目前住院部挂水确认身份的这一环节基本上采取机器辅助。

（2）换水操作主要落实在取下旧水袋，装上新水袋，基本上接触对象就是输液装置。

（3）状态的记录依旧采用人工方法，较为耗时。

2.4 用户调研

针对护士的工作日常和住院病人平时挂水时的情况，我们进行了线上问卷调查，并将调查数据进行SPSS分析，得到频数统计和百分比计算，如图2和图3所示。

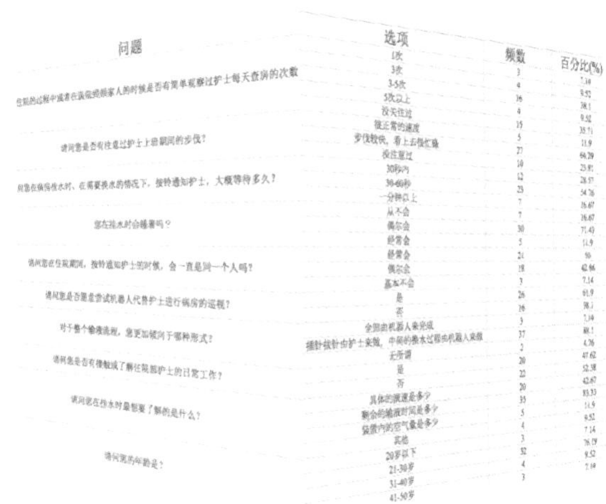

问题	选项	频数	百分比(%)
住院的过程中或者在医院照顾家人的时候是否有简单观察过护士每天查房的次数	1次	3	7.14
	3次	4	9.52
	3-5次	16	38.1
	5次以上	4	9.52
	没关注过	15	35.71
请问您是否有注意过护士上班期间的步伐？	很正常的速度	5	11.9
	步伐较快，看上去很忙碌	27	64.29
	没注意过	10	23.81
如您在病房挂水时，在需要换水的情况下，按铃通知护士，大概等待多久？	30秒内	12	28.57
	30-60秒	23	54.76
	一分钟以上	7	16.67
您在挂水时会睡着吗？	从不会	7	16.67
	偶尔会	30	71.43
	经常会	5	11.9
请问您在住院期间，按铃通知护士的时候，会一直是同一个人吗？	经常会	21	50
	偶尔会	18	42.86
	基本不会	3	7.14
请问您是否愿意尝试机器人代替护士进行病房的巡视？	是	26	61.9
	否	16	38.1
对于整个输液流程，您更加倾向于哪种形式？	全部由机器人来完成	3	7.14
	插针拔针由护士来做，中间的换水过程由机器人来做	37	88.1
	无所谓	2	4.76
请问您是否有接触或了解住院部护士的日常工作？	是	20	47.62
	否	22	52.38
请问您在挂水时最想要了解的是什么？	具体的滴速是多少	20	42.67
	剩余的输液时间是多少	35	83.33
	袋内的空气量是多少	5	11.9
	其他	4	9.52
请问您的年龄是？	20岁以下	3	7.14
	21-30岁	32	76.19
	31-40岁	4	9.52
	41-50岁	3	7.14

图2　线上调查问卷

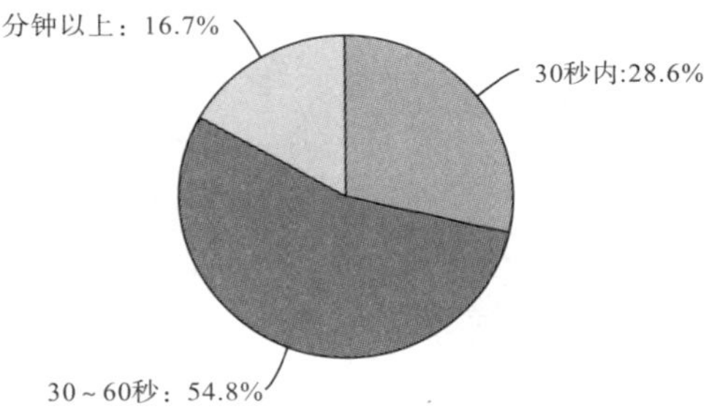

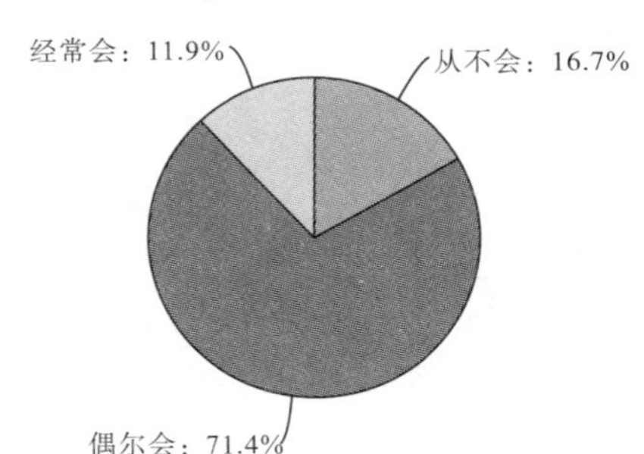

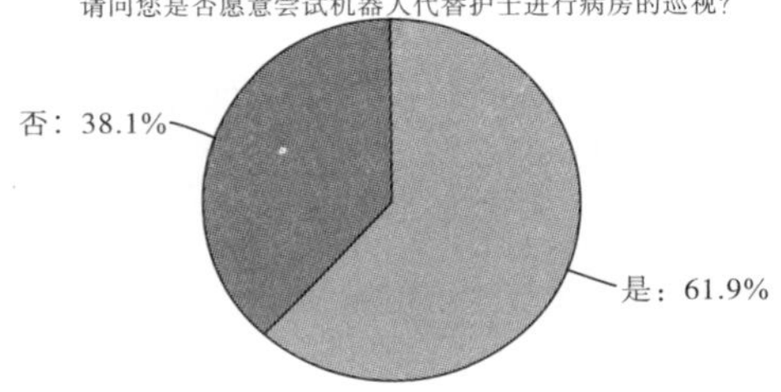

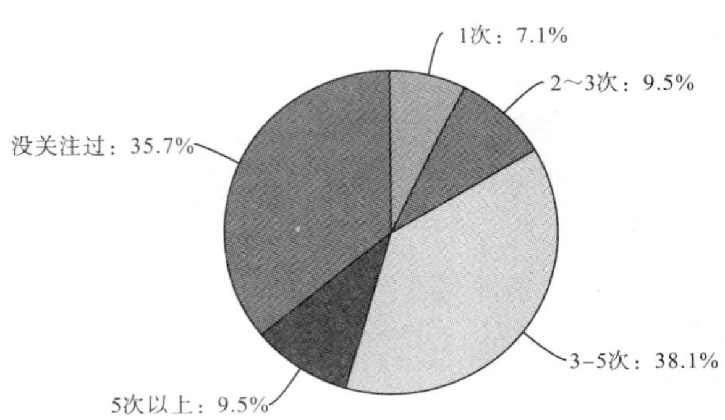

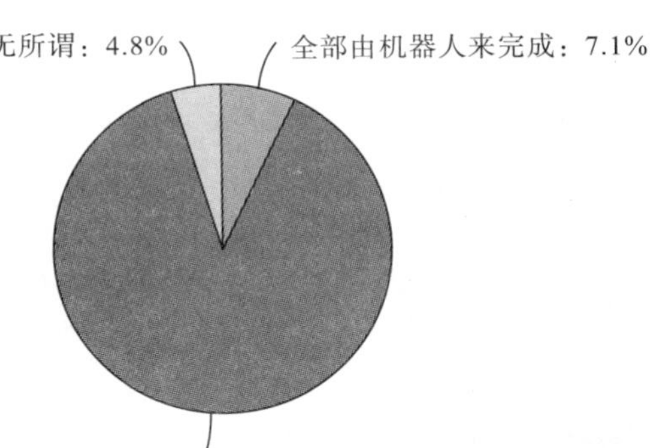

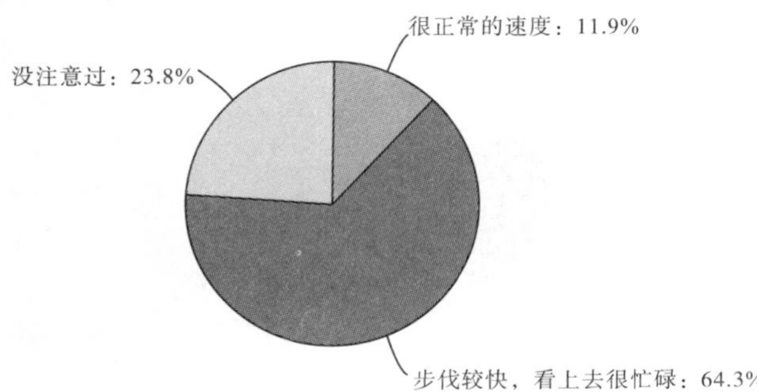

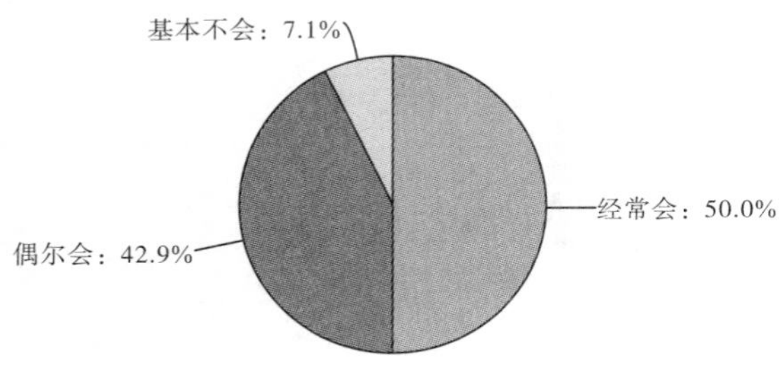

图 3　部分数据比较

图中可以直观地看到人们对护士的工作观察情况以及住院病人挂水的一些感受，我们对此总结如下：

（1）一天下来护士查房的次数不少于 3 次。假设我们取一个平均值 4，那么这部分的工作耗时计算 t_1 即从护士站开始，轮流经过、进入、检查、出来一层楼的每一个病房，然后回到护士站，一天的时间总量 $t_{总}=t_1+t_2+t_3+t_4$。

（2）多数调查对象都不约而同地在数据中体现了这样一种现象：护士走路都比较快，在病人按铃呼叫时，大部分情况下 60 秒内就能赶到现场，并且会多次碰见同一个护士。

（3）人们在挂水的时候最希望知道自己还有多久能挂完这袋水，并且希望即使有机器人来帮忙，插针拔针还是由护士来完成。

根据观察法与问卷调查法进行的两次总结，我们设置以下提问：

（1）诸如确认身份、状态记录、查房这样技术含量很低但重复性很高的工作是否可以直接由机器人来代替?

（2）每当住院部遇上高峰期，是否会出现人手不够、护士来回奔波不能停歇的现象?

（3）我们目前对医院输液机器人的关注较少，尝试将机器人运用到中间的换水操作上，设定输液装置为直接接触对象是否可以大幅度地降低机器人工作难度?

为了能够搜集到更多真实的信息，我们锁定了从护士长、护师到实习护士等不同级别的 8 个人，将观察到的信息和收集到的数据进行描述，从而进行相关的访谈，把问题写在便签纸上，在对话中记录被采访者的关键词，以用于后面的产品方案研究。我们记录到的现象主要有如下 3 个：

（1）某病房的 A 病人一袋水挂完并更换完毕，护士刚回护士站，该病房的 B 病人就开始按铃。

（2）实习的护士，在工作的同时还要争分夺秒地进行职称考试的复习，没有睡午觉的时间。

（3）住院部实行的是 24 小时轮班制，即每个护士会不断地更换工作的时间段，分为白天、前半夜和后半夜。

最后，我们针对 5 个方面、详细描述以及造成的后果绘制有关用户痛点，如图 4 所示。

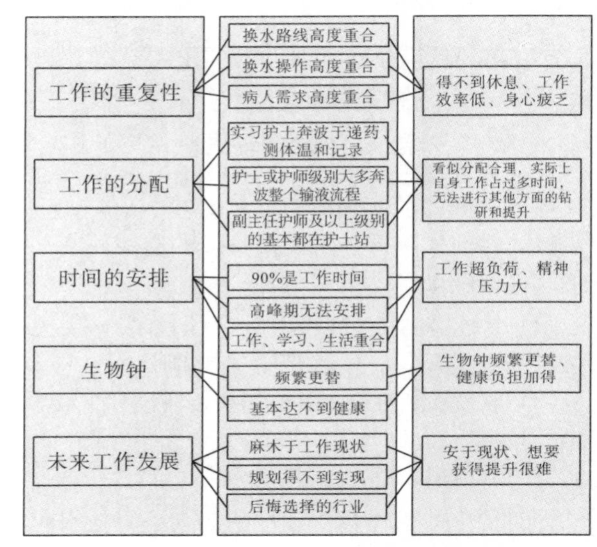

图 4　用户痛点分析

2.5　用户需求分析

通过对现场观察、问卷分析和访谈调查结果的对比分析，用户的痛点问题越来越清晰。

（1）换水的高重复性对护士有一定的体力要求和精力要求，而生物钟的频繁更换势必会对她们造成很大的影响。

（2）为了配合病人的换水需要，护士们总是先放下自己手中的事情，导致她们无法灵活安排时间，没有机会在更深的领域去钻研，充分体现自身价值。

（3）每次完成换水的操作后还要进行记录，技术含量低，较为耗时。

综上所述，护士们希望：

（1）对输液过程中的换水操作进行替换，以提高工作效率。

(2) 提供可视化的定时巡视病房的服务。

(3) 病人能准确地了解到自己挂水的相关情况。

(4) 腾出更多时间进行自我安排，实现自身价值。

(5) 减轻工作压力和健康负担。

3 产品设计分析

3.1 功能规范

3.1.1 储存并运输新的药水袋和空袋子

机器人工作的出发点是配药室，目标地点是某病房的某个床位。那么在机器人主系统中就要进行工作路线的预设，然后开始执行操作。护士在调制完新鲜的药水袋后可开启仓库进行储存，同时机器人在换水完成后需将空袋子一并带回。

3.1.2 扫描、捕捉进而锁定目标对象

离开配药室进行工作的过程中，机器人进行系统扫描，通过环境感知功能及时做出反应，不断移动和定位，最终锁定目标，进入对应的病房。

3.1.3 进行输液过程的换水操作

进入病房，来到目标病人身边，首先确认与该病人对应的药水袋，开仓，机器手臂开始工作。医护人员可对智能系统进行预设，使得机器人能够独立完成调节滴速至0、取下旧的水袋、拔针并插入新的水袋等操作。

3.2 结构设计

关于机器人的整体结构设计，应遵循3个原则，即与之相对应的静力学、动力学和运动学，机器人空间及结构尺寸的相关性，整机设计的原则及设计方法。

3.2.1 机器人的静力学、动力学、运动学

我们主要研究机器人关节变量与其末端执行器位置和姿态的关系，并且建立机器人运动方程，重点研究手部的位置和运动。同时关注机器人静止或缓慢运动的状态以研究相对应的静力学，特别是当手部与输液装置进行接触时，各关节与力（矩）的关系，主要体现在机器人进行换水操作的工作状态中。

除此之外，对机器人的动力学所要研究的问题则集中在给定它运动的要求，求应加于机器人之上的驱动力（矩），即我们预设一个工作运动的模式，使机器人进行执行，这个过程可借助拉格朗日方程法、高斯原理法等方式进行具体分析。

3.2.2 机器人空间及结构尺寸的相关性

机器人在正常工作时，末端执行器坐标的原点能在空间活动的最大范围被我们视为它的工作空间，进一步细化，可得灵活工作空间与次工作空间。通过解析法、几何法，我们可以具体确定换水机器人具体的工作空间。尤其是几何法，将其中一个量设为变量，其他关节变量则进行固定，从而以几何作图的方式可以画出工作空间的部分边界，以此类推，改变其他关节变量则可以得到新的边界，最后得到完整的、直观的工作空间。

根据活动关节的差异性，参考点也在不断发生着变化，我们着重关注腕关节以及前后臂之间的衔接点处。

3.2.3 整机设计原则及方法

这部分的设计可以参考最小运动惯性量原则。因为工作过程中运动状态会经常改变，为了增加操作机运动的平稳性，提高其动力学特性，就需要尽量减少运动部件质量，并进行整体的尺寸最优化，以选定最小的臂杆尺寸，进一步降低运动惯量。同时恰当地选择杆件剖面形状和尺寸，提高支承刚度和接触刚度，减少杆件的弯曲变形。

在对机器人进行具体设计的时候，首先要确定其负载、速度、精度的具体参数。绝大多数非直接驱动机器人运动时，前臂的运动会引起后面关节的附加运动，因而产生运动耦合效应，所以还要进行相应的耦合分析。

机器人的手臂要做到平衡，并且免除在自重下落时伤人的危险。我们对其进行强度校核和刚度校核，尽可能地采用轻型材料以减少运动惯量。臂部作用是连接身体与腕部，实现空间运动，于是我们将手臂分为伸缩型结构、旋转伸缩型结构和屈伸型结构；腕部一般是用来连接手臂与末端执行器的，并决定了末端执行器在空间里的状态，因此一般有2~3个自由度，结构要紧凑，各运动轴采用分离传动。

3.3 工作流程规范

根据对住院部辅助换水机器人的功能定义和规范，我们可以对其工作路线进行具体的、可实施的规划，并对巡视时发现情况进行换水操作的流程进行规划，如图5所示。

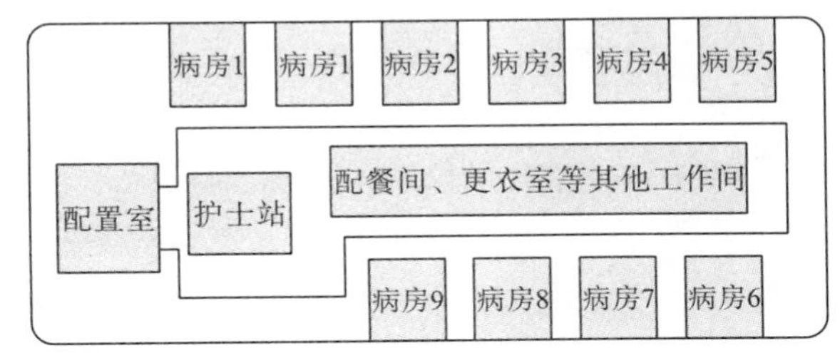

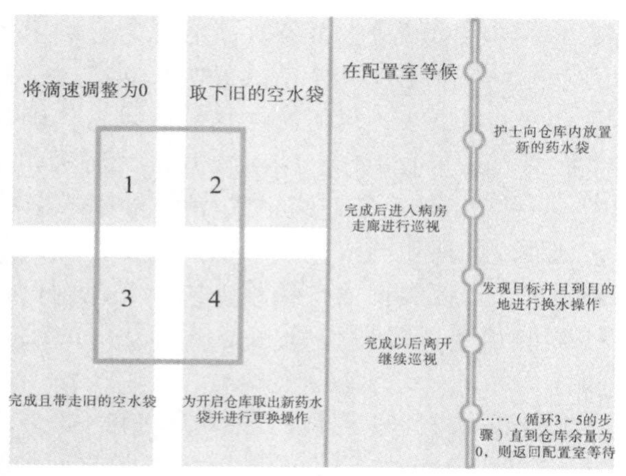

图 5　操作流程及路线规划

4　产品成果展示

机器人采用蓄电模式，可自由移动，进行工作区域内的巡视工作，并独立完成换水操作，在行走和停靠的过程中要保持平稳，拥有较小的转向半径，以便在狭窄的空间中依然能够顺利工作；机械手要有力学反馈，用适度的力将目标物体抓起或托起。除此之外，图像识别还要具有主导和判断能力，人机交互系统（如界面操作）仍需进一步完善等。

其整体形象如图 6 所示。机器人的界面可以显示一些日常信息，如时间、当前室内温度以及天气等（机器人未发现目标时可切换显示）；将软件功能模块进行集成，形成医院智能空间平台操作界面，使移动机器人在这样的环境下可以顺利完成自己的任务。

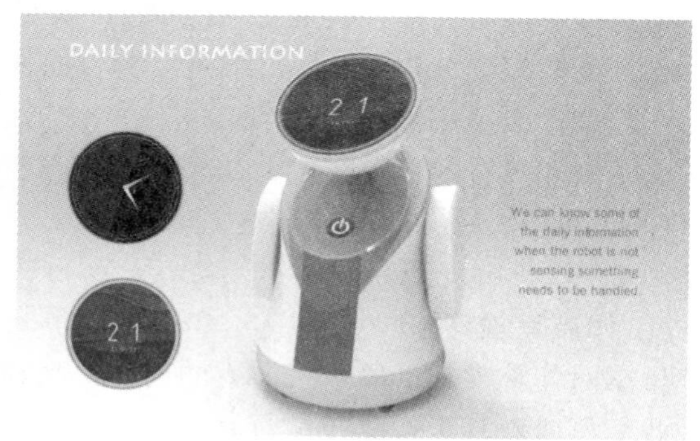

图 6　整体形象

与机器人自身系统相呼应的，还有一个设置在护士站的 PC 端。在机器人对目标对象进行图像采集时，PC 端可查看，以便随时了解机器人的工作情况和病人的治疗状况。图 7 是机器人巡视时定位扫描发现目标对象并到达相应病床前进行换水的状态。

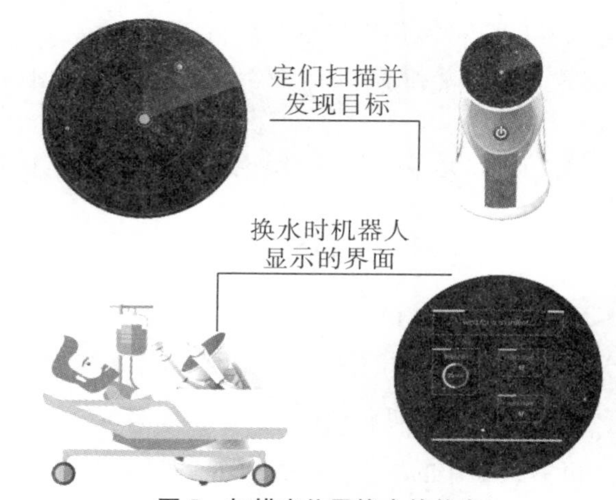

图 7　扫描定位及换水的状态

在此过程中，机器人会提示请您稍等一会，马上就换好药水。除此之外，也会告知病人当前换水所需要的预计时间和剩余时间，以及机器人本身的工作状态、输液装置的设备状态等。有了这些感应显示测评，一来可以保证工作的正常进行，二来也可以给病人带来很大的安全感，无须任何担心。

在换水的过程中，机器人左手抓取药水袋，进行药水袋的“公转”和“自转”运动。“公转”指的是药水袋离开原本针口的运动，“自转”则是在离开针之后在机器关节的驱动下到达目的仓库的运动。左手从侧面看中间为曲线轮廓，因为新的药水袋是满的，这样上面小、下面大的结构可以降低药水袋的中心，避免掉落；而右手则进行更换操作，卡口处负责固定管子的一端并且通过整体的旋转动作将其拧下，同理再把新的药水袋装上去。

完成换水工作后，机器人把旧的药水袋放在后背的临时仓库中，以便最后一起处理。日常巡视中，界面可以切换显示仓库存储的剩余百分比，随着换水工作的进行，百分数会逐渐将至 0。详见图 8。

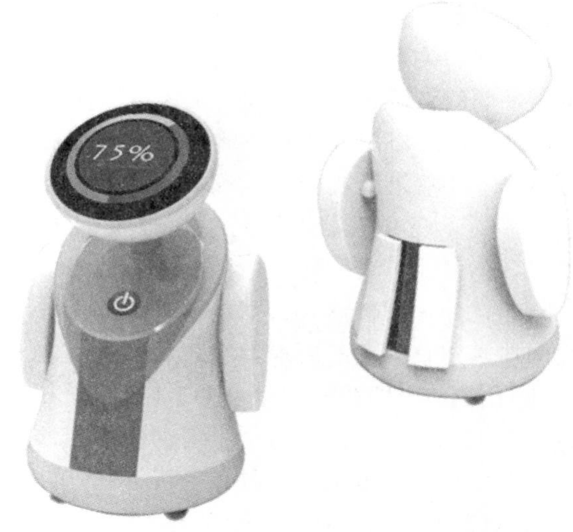

图 8　机器人背面与仓库存储剩余量显示

当机器人发现库存剩余为0，会自动返回到配药室，护士触摸开启仓库门。图9是双重仓门开启的过程。同时后背临时仓库也会开启，护士将旧的空药水袋取出，等仓库两层门完全开启后开始放置新的药水袋，这是新一轮工作开始的标志，也就意味着开始了新的存储过程。本文所研究的应属于用户自定义存储系统，机器人在这个过程中接受护士提供给它的数据，给出反馈显示，即界面的仓库剩余百分比，这样可以极大地提高工作效率，缩短双方信息传输量。工作场景如图10所示。

图9 双重仓门开启过程

图10 工作场景

5 总结与展望

5.1 主要研究结果

本文主要针对住院部护士的工作痛点，对整个输液过程的换水操作进行研究，探讨出有效减轻护士工作负担的方法。

（1）基于目前医院机器人的发展情况，构建适合于在住院部环境下使用的操作系统，通过对机器人单个任务的排列组合完成复杂的任务。

（2）通过用户调研和问卷调查聚焦用户需求，定位机器人的最终功能以及操作顺序。

（3）针对住院部走廊与病房室内两个不同的工作区域，构建适用于机器人进行巡视和工作的路线，以提高机器人本身工作的精准度。

（4）为实现对动态障碍的实时反应处理，机器系统进行智能化设计根据不同的角度划分不同的运动方式，使机器人的运转轨迹平滑。

5.2 未来展望

技术的发展已经让智能医疗机器人逐渐被运用到我们的生活中，从当下主要研究热点来看，为满足机器人复杂环境下的适应性、可靠性，医疗方面的机器人都朝着智能化、自主化的方向发展，从而帮助用户解决问题。去除重复性的操作，提高护士工作效率，使其腾出更多的时间对医疗领域进行更深的钻研，这也是我们研究设计的这款机器人最大的优势。

目前能够尽量做到减轻护士们的工作负担，接下来我们将继续针对病房输液这项工作进行深入研究，寻求能够彻底解决护士工作痛点的方法，对人为操作进行更多的研究。

参考文献

[1] 郭耀煌，钟小鹏. 动态车辆路径问题排队模型分析[J]. 管理科学学报，2006，9（1）：33-37.

[2] 刘俊飞. 基于双目视觉的护理机器人抱取功能的实现[D]. 南京：南京理工大学，2012.

[3] 周勐. 医院病房巡视机器人导航系统设计与实现[D]. 济南：山东大学，2012.

[4] 白建军. 多功能护理服务机器人的设计与研究[D]. 南昌：南昌大学，2010.

[5] 李荣宽. 医院巡视机器人智能空间异构网络设计及应用[D]. 济南：山东大学，2011.

[6] 王家超. 医院病房巡视机器人定位与避障技术研究[D]. 济南：山东大学，2012.

[7] 张凯. 病房巡视机器人系统综合管理平台的设计与实现[D]. 济南：山东大学，2012.

[8] 周勐. 医院病房巡视机器人导航系统设计与实现[D]. 济南：山东大学，2012.

[9] 倪自强，王田苗，刘达. 医疗机器人技术发展综述[J]. 机械工程学报，2015，51（13）：45-52.

论繁琐的装饰之美*

——数字化图形软件在纸币设计中的应用研究

张钰粮

（成都大学中国—东盟艺术学院，四川成都，610106）

摘　要：纸币排版以繁琐装饰为特点，以前采用手绘设计工作量非常庞大，给设计师造成了很大的负担。为了减轻制图压力，近年来随着计算机数字图形技术的快速进步，利用相关软件来设计纸币已逐渐成为主流。以矢量软件 AI 为例，对纸币版面中相关重要元素进行了制作方法与流程上的深入探讨。相较于手绘设计，通过 AI 来制作相关具有数学规律的复杂几何图案能够达事半功倍的效果，从而为提高繁琐图形的绘制效率与准确性找到了更优的解决方案。

关键词：纸币；繁琐；装饰；矢量；AI

1　纸币设计方式的发展

作为一种独特的平面设计，纸币设计比包装、书籍等拥有更多的视觉元素，其装饰语言运用的繁琐是“形式追随功能”的结果。对纸币而言，作为一种货币符号首先要承担支付、流通等媒介功能，因此防伪是重中之重。由于复杂的底纹、图案肯定比简单的图形更难模仿，所以多数国家的纸币设计都遵循“繁密”原则。

在数字化图形软件问世之前，绘制复杂的、带有规律性的图形绝对是对脑力和眼力的双重考验，无论是精力还是时间，都会被大量消耗。随着矢量软件的普遍应用，装饰图形的绘制精度得到了大幅提升，绘制那些包含几何规律的图形不再是难于登天的事情。国内外一些设计学院已经将纸币设计作为平面设计中的一个训练项目。如图 1 所示为新西兰怀卡托理工大学设计艺术学院的学生设计的纸币，使用的软件是 Adobe 公司的 Illustrator（简称 AI）。Corel 公司的 CorelDraw Graphics Suite 也是矢量软件，它们均以数学方式来记录图形，具有信息存储量小、分辨率完全独立、可无级缩放等优点。AI 可以模拟出逼真的纸币雕刻凹版印刷效果，将设计师从沉重的手绘工作中解放出来，更多地沉浸到图形创意带来的快乐中。

下面以 AI 为例，结合 Photoshop（简称 PS），通过对纸币中重要组成部分的创建来详细阐述数字化图形软件在制作浩繁的装饰图形上的优势。

图 1　新西兰学生的纸币设计作业

2　纸币设计中重要组成部分的数字图形化表现

2.1　“地纹”的创建

“地纹”主要用来衬托图形及面额数字，同时辅助防伪，是纸币中不可或缺的部分。因为线是最活跃、最富变化、最具个性的存在，所以各种秩序井然、密集排列的线就成了“地纹”的主要承载物。“地纹”一般满布于整个纸币的正反面，注重单纯的几何形式感的表现，常见的线组形式有旋转纹、网纹、横纹、斜纹、曲纹等，无论是设计还是印制，都需要做到“细如发丝”，即使线与线彼此之间再靠近也不应该有粘连，充分反映出抽象世界

* 基金项目：四川动漫研究中心资助项目（项目编号：DM201624）；成都学院（成都大学）2017 年本科教育教学改革资助项目（项目编号：106）。

作者简介：张钰粮（1982—），女，四川成都人，讲师，硕士，研究方向：虚拟工业设计，工业设计管理等，发表论文 10 余篇。

对形式追求逼近苛刻的完美。旋转纹又称为“团花”，在AI中可以通过旋转阵列得到。由于中心点的定位和旋转角度的千变万化，所以即使拥有相同单元线条，也可以得到大相径庭的效果。另外，“团花”还可以层层嵌套，比如将一个“团花”作为单元图形进行环形阵列，在AI中运用“混合工具”中的“替换混合轴”将其置于内外圆上，得到更为复杂的“团花”形式。

对于网纹、横纹、斜纹、曲纹等可以使用等距排列或渐变距离排列来包含各种数学规律，一方面提高防伪性，另一方面通过疏密、远近、虚实的变化来体现出不同层次的“动势”。在AI中，不仅可以利用“路径工具”和“混合工具”来创建“地纹”，还可以将多个线组层叠或交叉以得到更为繁密复杂的“地纹”。如图2所示为几种不同的“地纹”。

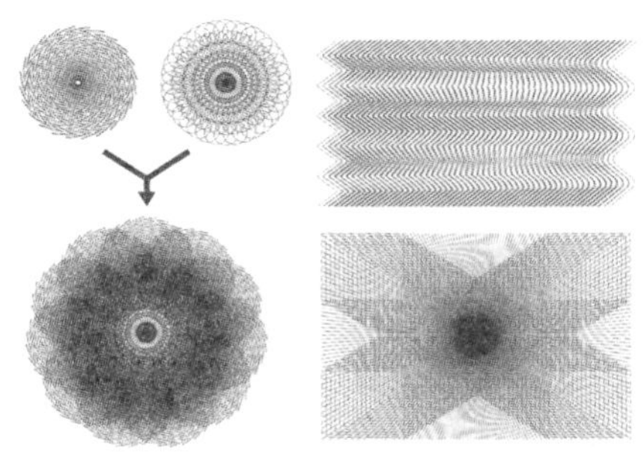

图2 “地纹”样式

2.2 主题图像的创建

主题图像是整个纸币的视觉重心，需要与“地纹”区分开来，即使双方有融合地带，也要把突出主题图像放在首要位置。主题图像的选择具有目的性、寓意性与政治倾向性的考虑，内容涵盖建筑、风景、人物、动物、科技发明、纪念场景等，具有取自真实、超越真实的设计特点，所谓“不表现典型也就无法看到现实的真实”。主题图像需要概括凝练，使人一目了然，不能像“地纹”那样“面面俱到”。如果说“地纹”是“虚”，那么“主题图像”则是“实”，只有虚实相得益彰才能给人留下深刻的印象。很多主题图像都运用了写实手法去描述某种意识形态指导下的社会行为，所表现的事件、现场、人物都体现出相当的现实情境性，但是主题图像很少用纯色绘制，依然是由大量单元图形填充得到轮廓形态。虽然主题图像与“地纹”都是由无数个细小的图形单元聚集而成，但是主题图像应当摆脱密匝匝的“地纹”的引力，使其轮廓感不被削弱。

由上述分析我们知道，主题图像的填充形式应当与“地纹”区分开来且更加精细复杂，因此需要结合PS来创建主题图像的填充。首先将选好的图片置入PS中，接着将图像中包含的色调和饱和度都去掉，在“图像>调正”中选择“去色”“阈值”“黑白”，再选择“图像>模式>灰度”或“图像>模式>双色调”。灰度模式是8位深度的图像模式，即$2^8=256$，表示在全黑和全白之间插有254个灰度等级的颜色来描绘灰度模式的图像，能够在同一色调中为主题图像提供多种明度设定；双色调模式又俗称套色，是为了给灰度模式增添色调而产生的，它不是单一的图像模式，是几种色调选择模式的统称，其中包含了单色调、双色调、三色调和四色调4个选项。由于位图模式是1位深度的图像，它可以由扫描或置入黑色的矢量线条图像生成，也能由灰度模式或双色调模式转换而成，但其他图像模式不能直接转换为位图模式，所以在将主题图像转化为位图之前必须要依赖“灰度”和“双色调”这两个跳板。转换成这两种模式以后，可以发现“图像>模式>位图”选项已经被激活，点击后弹出位图调整面板，其中有“输出（O）”和“使用（U）”两个选框，分别对应分辨率与填充方式，分辨率的高低会对微缩填充的细密程度造成很大影响，而填充方式则决定了填充单元的形状，包括“50%阈值”“半调网屏”“图案仿色”“扩散仿色”“自定图案”，如图3所示。

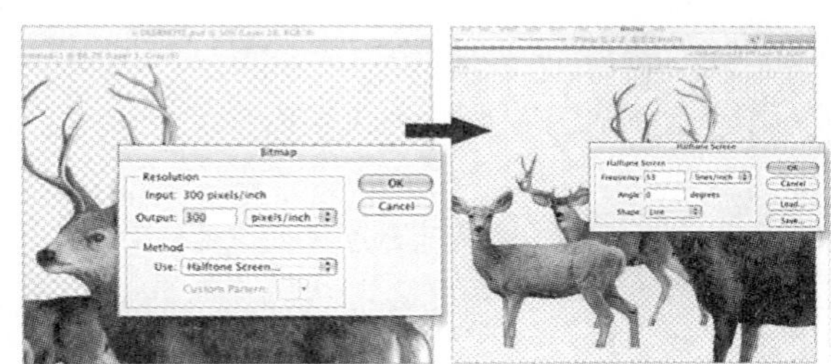

图3 “位图”面板和“半调网屏”面板

其中，“半调网屏”涵盖了“频率（F）”“角度（N）”“形状（H）”3个选项。“频率（F）”与“输出（O）”具有叠加效应，同样会影响到填充图案的单元大小。当“频率（F）”和“输出（O）”的数值较大时，极致的微缩单元可以用“巧夺天工”来形容。配合“角度（N）”和“形状（H）”选项，还可以为填充单元设置不同各种摆放形式，如“圆形”“方形”“菱形”“十字形”等。如图4所示为分辨率300、频率20、角度45°时的效果，这里将频率设置得很低是为了更加清楚地显示不同的单元形状。

图 4　不同形式的半调网屏效果

当然这仅仅是在软件中展现的效果，传递是概念意向，而真正的纸币制造能否达到这种效果还有赖于印刷技术的水平高低。

当在 PS 中处理好主题图像的填充形式后，可以将其保存为“. bitmap”“. psd”“. png”等格式，拖入 AI 中直接变换色调；同时结合“风格化”“变形”等选项，能够在主题图像和“地纹”之间营造出自然的过渡。

2.3　面额数字的创建

从功能出发，纸币的面额数字其实是最重要的视觉传达元素，很多人在使用纸币时会忽略图案，只关注数字符号。基于识别、美观、防伪等多方面的原因，面额数字不会只运用简单的色彩填充，而会加入多层轮廓效果和微缩图案填充。在 AI 中，可以用“无缝贴图”来填充数字内部。无缝贴图的创建有两种方法：一是可以利用 AI 中自带的无缝贴图编辑器，这个只在 CS6 以上的版本中才有；二是采用创建正方形界定框，然后在其四周等距复制图形元素，最后拖入“色板”中形成填充图案的方法，如图 5 所示。

图 5　面额数字的填充

从图形单元的细分程度来看，虽然“无缝贴图”不如在 PS 中利用“灰度一位图”得到的填充效果细密，但是由于面额数字比“底纹”和“主体图像”要小，再加上其单元填充必须和“地纹”及“主题图像”有所区分，所以利用“无缝贴图”来填充面额数字是最好的选择。反过来思考，假设采用 PS 中的“灰度一位图”来创建数字填充图案，即便将字体的分辨率和尺寸都设置得很大，但是在 AI 中一旦将其缩小到真实的印刷尺寸，里面的单元图形必定黏成一团，无法区分。

2.4　花边的创建

在纸币中，花边既可以作为装饰物、防伪物，也可以作为图形元素之间的边界限定物，因此兼具功能和美观等多重价值。纸币中的花边都比较华美复杂，一是要和繁琐的装饰风格匹配，二是以通过复杂装饰来嵌入防伪节点。在 AI 中，可以用“艺术笔刷”或“图案笔刷”来创建花边，相较于用路径工具单独绘制的花边，使用笔刷工具既能够减少系统的缓存消耗，又能够提高效率与准确性，解决弯角处花边的错位问题。复杂花边的设定如图 6 所示。

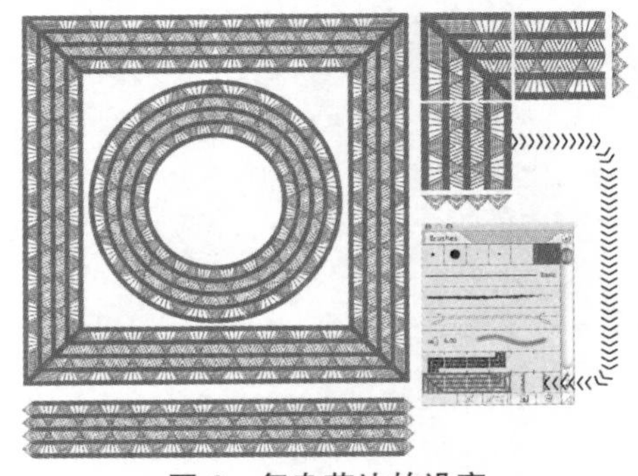

图 6　复杂花边的设定

另外，有很多花边是由重复出现的图案构成的，即在一个单元图案中包含了 2～4 个子图形，然后每个单元图案首尾相接不断延伸，形成了一种心理节奏，透过这些由连续图案组成的花边，让人充分感受到韵律美、秩序美与简繁美。

3　结语

随着时代的发展和技术的进步，纸币设计也变得越发先进、方便了。相较于其他形式的平面设计，纸币设计通过各学科领域的交叉组合，将技术美与艺术美有机融合到一起，形成了一套独特的设计体系，即在视觉表现上以繁琐装饰为主。利用数字化图形软件来设计纸币可以极大地提升设计效率与图形绘制的精确度，作为一种艺术创造活动，除了实操性以外，还要拥有理论性、逻辑性、系统性以及全面性等才能更好地发展下去。本文以 AI 为例，通过对纸币中重点组成部分的创建解析，归纳出数字化纸币设计的流程及方法，正所谓“有章可循”，才能“事半功倍”。

参考文献

[1] 卢少夫，王东，朱瑜媛．主流软件［M］．上海：上海人民美术出版社，2010.

[2] 耿艳玲．纸币图案设计研究［D］．唐山：华北理工大学，2016.

[3] 佚名．纸币上设计底纹的目的是什么？［EB/OL］．［2017－03－30］．https：//cang．cngold．org/money/zhishi/c4908323 _ 2．html.

[4] 吴昉．论纸币图案美学之线条艺术［J］．芒种，2013（5）：175－177.

[5] 沈雁冬．民国早期中国纸币设计探究［J］．包装工程，2012（12）：35－36.

[6] 吴昉．纸币设计面面观之三——纸币设计中的虚与实［J］．艺术教育，2010（5）：14－15.

[7] 吴昉．纸币设计面面观之五——“真实地白描”第一至三套人民币设计［J］．艺术教育，2011（8）：39－40.

[8] 朱仁成．Photoshop调色，超简单！［M］．北京：人民邮电出版社，2014.

[9] Scott Guernsey．Engraving Techniques［J］．Arts，2006（5）：27－29.

[10] 赵君韬，李晓艳．矢量的力量：Illustrator创作启示录［M］．北京：清华大学出版社，2014.

[11] 佚名．图像模式［EB/OL］．［2017－03－30］．https：//bAIke．bAIdu．com/item/% E5% 9B% BE% E5% 83% 8F% E6% A8% A1% E5% BC% 8F/3063020.

四川高校景观设计中地域文化的运用*

——以阿坝师范学院为例

张芷娴

（四川托普信息技术职业学院数字艺术系，四川成都，611743）

摘　要：本文通过物质环境和人文精神两方面的地域文化在高校校园景观设计进行分析，归纳出地域文化在高校校园景观设计中的表现方法。同时以阿坝师范学院为例，从历史、民俗、建筑、材质及乡土植物的运用，总结出四川高校景观设计中地域文化的一般运用方法。

关键词：地域文化；高校景观；四川；阿坝师范学院

地域文化是在一定区域内长期形成的历史遗迹、文化形态、生产方式、社会习俗、建筑风格及宗教信仰等文明表现，也可以是该地区独有的自然景观、自然资源。将地域文化融入高校校园景观之中，是该校师生情感的寄托和归宿，也是塑造高校校园特色、提升高校形象的重要组成部分。

在进行高校校园景观设计时，要考虑如何表达地域文化，即用何种方式、方法将文化融合到景观设计中。因此，高校校园景观设计涉及对地域文化的挖掘和理解，以及地域文化特征与当地城市景观系统要素的相互结合。

本文所指的地域主要范围在阿坝藏族羌族自治州汶川县水磨镇。

1　地域文化在高校景观设计中的特征表达

景观设计是人们在地表上在视觉、触觉和听觉等方面对美的表达，地表必定受当地的自然环境的影响，同时也受当地历史、文化、政治等方面的影响。因此，高校景观设计中要融入地域文化，让高校师生通过一系列景观设计了解并获得地域认同感和归属感。展现地域文化精髓需要从物质环境和人文精神两个方面来表达，包括当地的自然物质、历史沉淀、文化背景、民俗特色等地域文化因素。

1.1　物质环境层面的表达

1.1.1　地形地貌

高校校园景观的地域性首先表现在地理位置的差别。处在平原地区的高校和山地的高校在景观设计表现手法上肯定不同；处在沿海地区的高校和内陆地区的高校在景观设计表现手法上肯定也不一样。例如四川美术学院虎溪校区的景观设计，就是适应、融合原有地形环境的典型，不但保存了原有的山地地貌，还保留了原有的耕地和建筑。因此，设计师必须全面了解当地的地形地貌特点，重视与

* 基金项目：四川省教育厅人文社会科学重点研究基地“工业设计产业研究中心”资助项目（项目号：GYSJ17－022）。

作者简介：张芷娴（1981－），女，汉，重庆南岸人，副教授，硕士，主要研究方向：风景园林设计、室内设计，发表论文7篇。

周边地形环境的融合协调，拒绝照搬照抄其他景观，增强景观设计的高辨识度，这是高校景观设计中需要首先考虑的一个因素。高校校园是城市公共空间的重要组成部分，高校校园景观更是体现城市精神文化品位的重要场所。在地域特征表达过程中，依托不同的地理环境和地理条件，通过合理利用，构思出能凸显当地地域文化的设计手法越来越受到重视。

1.1.2 微气候

微气候是指小范围的气候，包括 WBGT 热环境、CFD 风环境、空气成分和噪音强度等因素。按中国古人的说法，叫“风水”。明代《园冶》开篇提到“先乎取景，妙在朝南”，这是指造园要考虑微气候。高校校园景观中的微气候舒适度是定量分析景观空间构建合理化的重要指标。通过建筑的朝向、植物的栽种、水的运用、道路的通达等景观元素调节微气候、凸显气候舒适度，表现地域文化。

1.1.3 乡土植物

运用乡土植物来表现地域文化是景观设计中必不可少的设计手法。每个城市乃至每个地区都有代表该地域的树、花，我国不少城市和地域以其为别名，如成都称为蓉（芙蓉花）城，说到牡丹都会想到洛阳，海南岛的椰子树，安徽黄山的黄山松，这些都表明相关植物在城市发展过程中所具有的特殊标识含义，其实质便是可识别的乡土植物对地域景观的表达。

不同地域的气候自然因素形成了不同的地域乡土植物，并透过植物反映地区的价值观念、哲学意识、审美情趣、精神文化等地域特征。在高校校园景观中合理地利用乡土植物，能强烈地反映特色地域文化，如电子科技大学的银杏树、四川大学的荷塘等都是具有代表性的校园景观。

1.1.4 材质与色彩

高校校园景观设计中使用的材质和色彩，人们可以通过视觉与触觉等感官直观认知地域文化特征的表达。例如长满青苔的卵石、石灯笼和碎石这些材质组合在一起就是日本枯山水的标配，可见材质的形态、硬度和色彩等质感，都可从视觉和触觉上传递出可识别性的地域文化，有助于人们更好地理解和感受当地地域文化。

色彩是人视觉审美的核心，因此景观设计非常注重色彩所营造的美感、氛围和特色。色彩本身具有一定的地域性，不同民族文化、宗教信仰、政治背景等因素促使人们对色彩有不同的偏好和需求。高校校园景观色彩设计应从视觉层面传递给人们当地的地域文化特色，用直观的视觉传递表达出当地的地域文化气质，其应具有可识别性。

1.2 人文精神层面的表达

1.2.1 校园文脉的传承

校园文化是一个高校的灵魂，每一个高校通过其独特的文化积淀形成文脉。在景观设计中，不但可以通过道路旁的石块上刻名言警句或名人塑像表达文脉，还可以通过一草一木、一石一山体现，如东南大学内的六朝松，为六朝时期栽植，距今已1500 年，见证了校园历史沧桑变迁，已成为今天师生心目中的“精神图腾”。

校园文脉的延续是地域文化得以传承和发展的基础，不但是时间流逝、岁月沧桑的见证，还能展示出当地社会变迁的文化背景，在内心情感上产生共鸣，产生地域归属感和文化认同感。

1.2.2 民俗特色

民俗特色是地域文化的一个重要组成部分，表现的是当地某种特殊的生活模式和习俗。例如我国藏民族地区的宗教文化表现的就是当地人民的精神寄托和内心崇拜，其可通过形象、符号、图案和造型等要素表现。在高校景观设计中突出民俗特色，可在把控和展示民俗风情的同时凸显出地域文化的深层意义，增强师生从整体上对于高校和城市的归属感和认同感。

2 地域文化在高校景观设计中的表现方法

在高校校园景观地域性设计的过程中，相关的因素复杂多样，在保证审美和功能性的同时，对构成因素进行调整和研究，充分表现出地域文化。

2.1 传统性和民族性的延续

传统性和民族性是地域文化的重要特点，传统性和民族性是对传统的尊重和发展，以及对民族特色的体现。传统性和民族性都是从地域历史中流传下来的，常见的表现手法是抽取最具有代表性的图腾或具体形态，通过重构、抽象等手法，将与图腾相关联的图案或者能传达地域精神信仰的符号，巧妙地应用在高校校园景观的设计中，使得传统性和民族性得以延续和传承，地域文化得以彰显。

2.2 生活习俗的满足

地域的民族习性决定了当地的生活风俗，也形成了有别于他处的地域风景线。因此要表现出浓厚的地域文化，就一定要满足当地人民的生活习俗，包括他们的日常聚会、特殊日子里的节庆活动和习惯的生产生活方式等，在高校校园景观设计的过程中要充分尊重和满足当地师生的习俗喜好以及行为心理。

2.3 视觉效果的体现

景观设计中视觉效果是一种最直观、最明显的展示方式，主要从景观的材质、色彩和造型等方面体现。其中，材质是一种展示形式的载体，地域文化的特色需要具有当地特色的材质来体现，利用具有地域特色的自然材质，如石材、木材或金属等，能彰显出地域文化的韵味和魅力。

3 案例分析——以阿坝师范学院为例

阿坝师范学院地处汶川水磨镇，2008 年汶川地震后新建的校园于 2011 年投入使用，位于阿坝藏族羌族自治州东南部。作为“大禹故乡，熊猫家园，羌秀之乡”的汶川，拥有丰富的人文和自然景观资源，水磨镇作为汶川重点开发的藏羌地域文化古镇，藏羌文化元素在水磨景观中随处可见。与此同时，阿坝师范学院背靠三江生态风景区，是国家 AAAA 级景区，自然景观资源丰富。在这样的人文和自然环境中，阿坝师范学院校园景观中地域文化的运用随处可见。

3.1 地域历史元素在校园景观中的运用

校园图书馆前广场的地面铺装，使用了花岗岩雕花石材，雕刻了《论语》中的故事图案及短句（图 1 和图 2）。图书馆侧广场中间树立了孔子及其学生的三人塑像，雕塑基座上刻有“三人行必有我师”几个字（图 3）。运动场入口处除了树立校训外，还立着一块“生命不息，运动不止”的石刻（图 4）。这类雕塑在阿坝师范学院校园内还有很多，都充分表现了阿坝师范学院是以师范类专业为主的高校，展示了以孔子为榜样、尊师重教的历史传统。

图 1 广场铺装 1

图 2 广场铺装 2

图 3 “三人行必有我师”雕塑

图 4 石刻雕塑

3.2 地域建筑元素在校园景观中的运用

在何镜堂院士的“两观三性”建筑设计理论中，提到地域性是建筑设计的基石。建筑是一个集可变和不变的综合体，变化的是时间的流逝，不变的是空间的凝固、世代的延续、共同的语言、信仰和价值观。学校图书馆（图 5）和运动馆（图 6）

的建筑风格都明显带有碉楼元素，羌族文化中特有的碉楼元素在校园建筑形式中得到了合理运用。

阿坝师范学院所处的汶川县地处川西群山之中，起伏不平的地形限制了建筑和景观的布局，属于山地地形。因此，校园中多处因势造景，按照本身高低起伏的地貌铺设草坪，种植乔、灌木（图7）。

校园景观中大量使用当地常见的白石作堡坎（图8和图9），或景观点石（图10）。白石崇拜是羌族精神生活中的主要内容和文化传统。不同羌寨的白石装饰在表现形式上各有不同，这与其对传统文化的保存和理解的不同有关。

图5　图书馆

图6　运动馆

图7　校园坡地

图8　白石堡坎1

图9　白石堡坎2

图10　景观点石

3.4　地域植物元素在校园景观中的运用

汶川县山体宏浑高大，相对高差悬殊，而光照、降水条件随海拔增高而变化，所以这里植物种类繁多，科属很全，共有4000种。因此，阿坝师范学院内植被种类多样，乡土植物的运用丰富灵活，其中大量运用变色叶乔木，以槭树科和银杏科植物为主。校园内槭树科植物包括三角枫（图

11)、元宝枫、鸡爪槭（图 12）等，每年秋季落叶前，槭树科植物树叶会变红，观赏性强。而银杏树每年秋季落叶前，树叶会变金黄，也有很强的观赏性。另外，桂花（图 13）、芙蓉花（图 14）等观花类乡土植物也在校园景观中广泛应用。

图 11　行道树三角枫

图 12　金桂和鸡爪槭

图 13　四季桂

图 14　芙蓉花

4　结论

通过对阿坝师范学院的调研发现，在大学校园景观设计中，地域文化把握得再透彻，如果缺乏有效合理的文化表达方式，那建设地域文化景观依然是空中楼阁。因此，选择科学合适的文化表达方式，充分运用新技术、新材料和新理念，将历史文化与现代科学相结合，用独特的景观形式进行文化表达，营造景观的文化归属感。在实际项目中，要结合场地现状采取适当的文化表达方法。在制定好总的设计主题与理念后，认真梳理各影响要素，在综合考虑其因素的影响下营造体现地域文化的校园景观。通过本文研究，笔者得出以下结论：

（1）高校校园景观规划设计应遵循基本生态学原理、地域文化原理。

（2）通过对阿坝师范学院景观的实地调查，发现了现今四川高校绿地景观设计及环境建设存在的问题，而适合四川地区高校景观的设计原则是人性化、生态化、个性化。在设计中，应充分考虑四川自然环境和社会环境特点，注重创建突出景观的地域特色原则。

参考文献

[1] 林晳，王向荣．地域特征与景观形式 [J]．中国园林，2005（6）：16－24．

[2] 王云才．传统地域文化景观之图式语言及其传承 [J]．风景园林，2009，25（10）：73－76．

[3] 马铭伟，刘破浪．浅析生态型校园景观规划与设计 [J]．现代园艺，2015（1）：65．

[4] 俞孔坚．生存的艺术定位当代景观设计学 [J]．建筑学报，2006（10）：39－43．

[5] 王静．大学校园景观规划发展趋势简析 [J]．南方建筑，2009（2）：53．

基于自然科学的设计研究

——以“藻”的设计为例

赵佳佳
（南京艺术学院，江苏南京，210000）

摘　要：自然科学与艺术创作是两面一体的关系，它们不可分割，相互交融，共同发展。随着跨学科研究的时代到来，科学与艺术的社会需求渐增、社会价值愈发重要。基于自然科学进行艺术创作，本文从两个方向进行探索：一是以深海植物“藻”为主体对象，进行科学图形视觉化设计，从艺术设计的角度，探究图形创作可能性，由静态到动态、由二维到三维，不断尝试并深入设计；二是分析沉浸式体验装置，总结规律，探究交互装置的特点，通过不同的新媒体交互科技技术，提升作品的艺术形式。

关键词：科学图形视觉化；沉浸式体验；自然科学设计

1　序言

1.1　探究的目的与意义

本文的探究目的是以自然科学中的藻为主体，探索藻的形态并将这些理性的科学图像用感性的视觉图形表达出来，结合新媒体展示技术进行再创作。同时，在创作的过程中，将自然科学与艺术融合，探讨自然科学与艺术之间的奇妙关系，消除大多数人对科学知识枯燥的刻板印象，通过富有趣味性的视觉化设计，让参与者感受自然科学的存在，体会自然科学的生长，享受自然科学的美。

本文的探究意义在于：通过对科学知识进行视觉化与艺术化的设计尝试，让生僻的科学信息传递给受众；通过新媒体展示方式，令受众以娱乐的方式接受科学知识概念；最终为设计师们在做此类科学主题设计时，提供相应的经验和参考借鉴。

1.2　国内外研究现状义

自然科学与艺术看起来貌似是两个独立的对象，但实则有所交集。正如法国文学家福楼拜所言，“艺术和科学在山麓分手，回头又在顶峰会聚”，它们的使命都是从紊乱的现象中梳理秩序并整合规律，对社会有绝对的价值贡献。

国外对自然科学与艺术研讨开始得较早，意大利著名学者达·芬奇在其“人体解剖”（图1）的艺术创作中把科学和艺术的关系表现得淋漓尽致，表达了自己对自然科学精密构成的理解，既理性又感性。他在艺术创作中对于焦点透视、力学等的研究也推动了自然科学的发展。美国艺术家 Nathalie Miebach 将自己习得的天文、生态、气象的相关具体理论数据通过艺术的手法，转换成趣味性极强的三维雕塑作品（图2），帮助人们理解气候的变化，更加感性且直观。

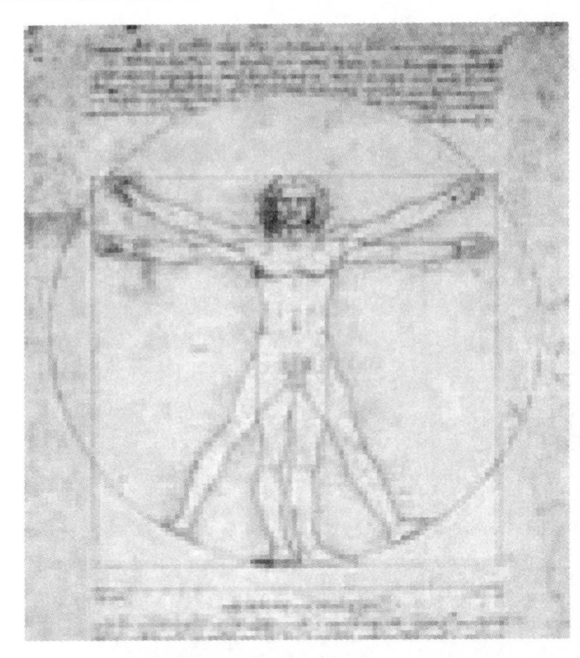

图1　人体解剖

我国学者对自然科学与艺术的探究也在持续进行。诺贝尔物理学获奖者李政道曾说：“艺术和科学是不可分割的，就像一枚硬币的两面。”摄影师王小慧用超高倍显微镜进行拍摄，将虾壳拍出了极富美感的海天相连的画卷（图3上），把剪下来的指甲拍成了一副日式的水墨画（图3下）。国内外对自然科学与艺术的探究还在深入进行，作品也越来越有质的变化。相信随着不断地研讨，自然科学与艺术的研究成果会越来越丰厚。

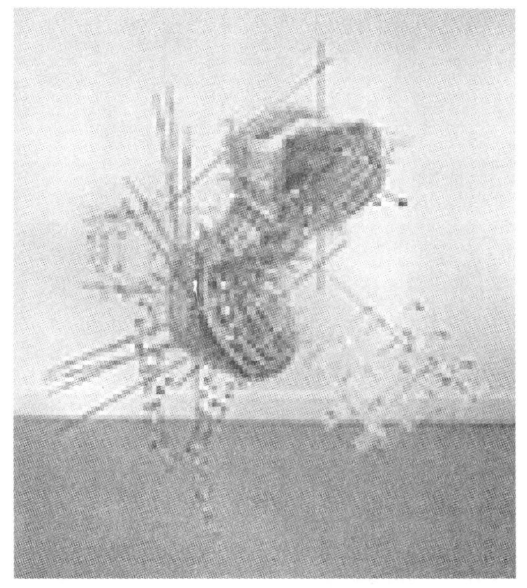

图 2　Fateful Rendezvous at Sable Island

图 3　纳米摄影

1.3　研究的内容与方法

本文的研究内容主要有三点：一是对自然科学对象“藻”进行探讨研究，了解藻的习性、门类、分布等，同时观测藻的形态，用不同的视角对藻进行剖析，归纳整理这些视觉图形，在资料搜寻的过程中发掘自然科学对象在艺术创作中的可能性，为图形视觉化做准备；二是对藻类图形进行视觉化创作，结合科学知识，让图形的创作也有理有据，运用三维软件 C4D 将视觉化的图形进行立体处理，在三维化过程中融合情感化设计，让创作图形更感性；三是在新媒体展现技术上进行探讨，以不同的交互设计形式对“藻”进行再创作，在完整展示形式的同时，追求沉浸式体验，提升艺术形式。

研究的方式方法包括文献查找法、实地考察法和作品研究法。

（1）文献查找法：于各图书馆中阅读并了解与“藻”相关的信息类书籍、科学实验性图形设计的书籍，通过网络途径（如维基百科）对“藻”进行科学知识性的资料搜寻。

（2）实地考察法：到水族馆进行实地考察，记录“藻”的真实生存环境。

（3）作品研究法：对部分科学与艺术交叉融合的作品进行剖析，探究其创作方式方法、展示技巧等。

2　自然科学对象的探究与创作

2.1　自然科学对象－藻

在大自然的孕育下，植物在不断地繁衍、生存，在所有的植物中最古老的是藻类。从各类水产科学研究网、维基百科等相关网站信息资料总结所得：藻类植物由单细胞开始演变，现今有单细胞、群体和多细胞形态，但缺乏真正的根、茎、叶以及在其他高等植物上发现的组织构造（图 4），它们以光合作用产生能量，现今被人类知晓的藻类已达 3 万多种。藻是非常重要的生态结构，它们主要在淡水或海水中生存（图 5），同时也有部分分布于潮湿的陆地上（图 6）

图 4　部分藻的构造

图 5　海底藻类

图 6　潮湿地段的藻

2.1.1　藻的不同分门

由于藻类种类繁多，自然科学的研究者们对其进行了分类。William Henry Harvey 根据藻的色素将藻类分为 4 类：红藻门、褐藻门、绿藻门、矽藻门。也有学者根据藻的细胞核类型、细胞壁成分、载色体的形态结构、色素类型、有无鞭毛、分布位置、生活史类型等，将藻类分为甲藻门、金藻门、黄藻门、硅藻门、红藻门、绿藻门、蓝藻门、褐藻门共 8 类。藻类的不同分类能够帮助人们理解藻对象，同时提供给设计者清晰的条理，可依据门类的分布来选取创作对象。

2.1.2　不同视角下的藻

藻的体型多样化，有单细胞、群体（由较多的单细胞聚集组合而成）和多细胞的丝状体及叶状体，譬如硅藻门的多数为单细胞（图 7），黄藻门多为群体（图 8），红藻门的凹顶藻属属于多细胞（图 9）。从宏观视角，人们能够直接用肉眼观察到多细胞对象，它们较有规律性，附着于礁石或岩石上，形态呈叶状或丝状。人们也能够直接用肉眼看到群体藻，它们会生长在潮湿的枝干或石头上，也会浮游于水面处。从微观视角，藻的单细胞种类需要在显微镜下才能观测得到，它们的形态独特，无秩序地排列，通过环境的变化会增长、扩散、聚集等，有节奏感，像一幅幅精美的图像。

图 7　圆筛藻目

图 8　黄藻门

图 9　凹顶藻属

2.2　以藻类科学图形为主体的设计创作

随着自然科学与艺术的不断交叉发展，自然科学的影像图形越来越丰富，艺术创作的尝试也在不断进行。来自西班牙的圣地亚哥·拉蒙·卡哈尔是一名病理学家、组织学家、神经科学家，他在专业研讨的过程中，将显微镜下的细胞形态通过手绘的形式表达出来（图 10）。他的数千副手绘也是他极富实验性的艺术创作，后人以他的手绘作品为奠基，进行了不一样的创新。

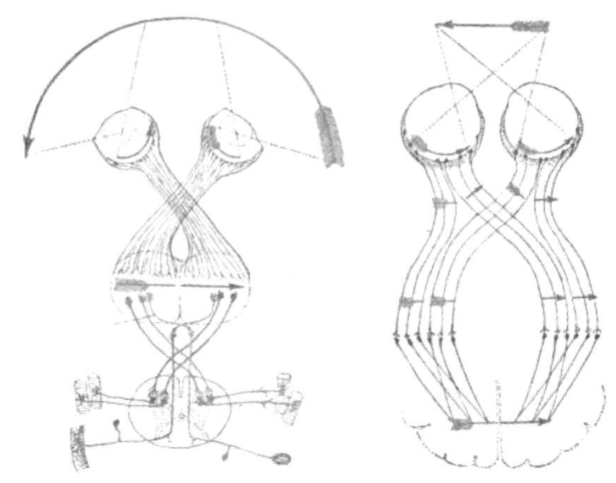

图 10　圣地亚哥・拉蒙・卡哈尔的手绘图形

2.2.1　科学图形视觉化设计

通过藻的分门信息梳理，个人依据藻的 8 个分门，选取藻的单细胞、群体、多细胞形态的图形，从宏观视角以及微观视角分析其最主要的形态结构及特点。对提取的十余个对象进行二维草图绘制，解析其影像图形，明晰其构成，抓住其最主要的特点，寻找一定的规律和秩序，运用重复、旋转、扭曲、缩放、叠加等不同的手法，手绘初步草图。以蓝藻门中的念珠藻属为例（图 11），蓝藻门中的念珠藻属呈圆球形态，但最主要的特点为其组合方式，即由一根根弯曲的藻丝组合而成，有明显的层理，排列紧密，有一定的起伏。依据念珠藻属的主要形态特性进行草图绘制（图 12），主要突出其富含密集且弯曲的藻丝这一特点，强化其特征，使用不规则重复和叠加的构成手法夸张地让藻丝更加密集，将具备实验性质的念珠藻属重构，同时起到与其他藻属区分的效果。

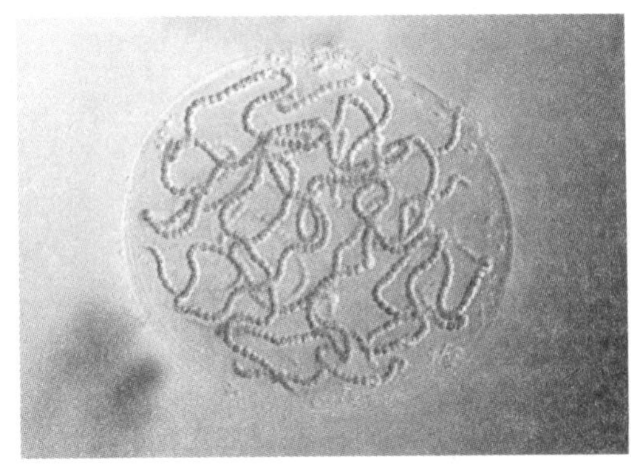

图 11　念珠藻属

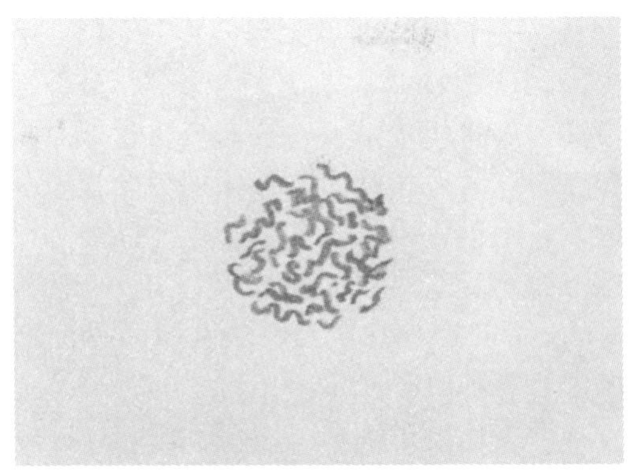

图 12　手绘图形

2.2.2　三维化表现形式

三维模型的建设远远比二维图形的设计更加有视觉冲击力、说服力、真实的直观效果；同时，三维设计本身所具备的各类数据能够使对象在空间中产生远近、虚实的关系，具有层次感（图 13），能够提供多视角、多方向给参观者去观测设计对象，是二维图形设计中不可能做到的。将藻对象进行三维化建模，其目的是让其效果更佳，同时也能够真切地展示在受众面前，让受众无须在显微镜下就能够用肉眼真切地观察到单细胞藻类。此外，更奇妙之处在于，能看到显微镜下看不到的三维单细胞运动形态，并且在二维转化三维的过程中，也能发现新颖之处。在将红藻门中的角叉菜（图 14）三维化的过程中，通过技术上的尝试，意外发现其叶状可有规律地往不同方向分布，利用此规律能够将模型对象调适到最特别的结果，让图形创作起到更精妙、精致的作用，对图形的设计形式有非常大的提升。

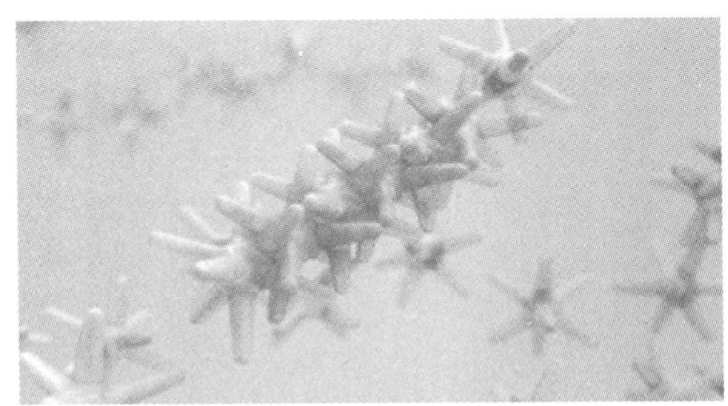

图 13　胶体 CG 动画 1

图 14　角叉菜三维模型

2.2.3　情感化设计思路

美国的认知心理学家康纳德·A. 诺曼在《情感化设计》中提出本能、行为和反思这 3 个层次的设计理念，深入分析艺术创作中的情感以及如何将情感融入艺术创作中，当艺术创作作品能为受众带来情感，影响受众对作品内容的认知，就达到了一定的目的（图 15）。将自然科学对象“藻”进行情感化设计，力求给受众带来新鲜感与神秘感，激发受众对其进行探索的兴趣。在本能水平设计层次，关注藻对象的视觉形态，通过图形、颜色和运动方式，塑造新颖的藻对象（图 16）；在行为水平设计层次，通过添设大场景的设计（图 17），塑造海底的神秘感，给受众一眼即懂的海底世界及真实存在海底的感受，同时设计水母（图 18）、水晶体（图 19）等深海对象提升深海氛围，渲染神秘、奇妙的气氛，通过藻对象的浮动、水母的游动以及相应设备辅助受众进行体验；在反思水平设计层次，希望受众能够对藻对象有新的认知，享受自然科学的奇妙与美，既实现普及自然科学知识的作用，也满足观众对于情感化的心理需求。

图 15　胶体 CG 动画 2

图 16　甲藻门

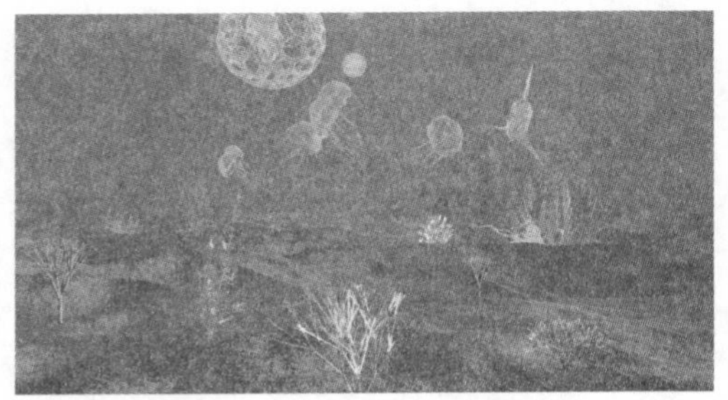

图 17　海底大场景

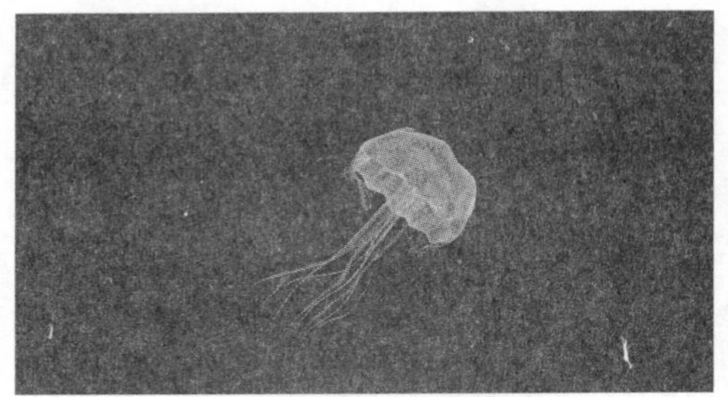

图 18　水母

图 19　水晶体

3　关于作品呈现的探索——沉浸式交互方式

新媒体艺术伴随着新媒体技术的发展而出现，是一种全新的视听语言，冲破了传统的审美理念，存在极强的互动性，在艺术范畴的持续发展中具备重要的意义。新媒体交互展示技术的发展愈发向上，交互形式即方法种类也越来越多，触摸屏交互、人体感应交互、声音交互、虚拟现实交互等，艺术创作者们追求趣味性体验、真实性感受。沉浸式体验方式也是现今新媒体艺术发展的潮流方向，通过新媒体技术使受众感受真实，沉浸在一个真实的虚拟世界中，集中受众的注意力在艺术作品上，并且及时给出反馈。沉浸式的概念也被称作心流理论（图 20），即将一个人的精神及注意力集中到某一样对象或活动上，使人兴奋并感到充实。米哈里·齐克森认为，心流发生的特征有让人们精神专注的活动、会投入注意力的活动、有行为与意识合并的举动、有立即回馈的反应等，当心流发生，也就触发了沉浸式的体验。

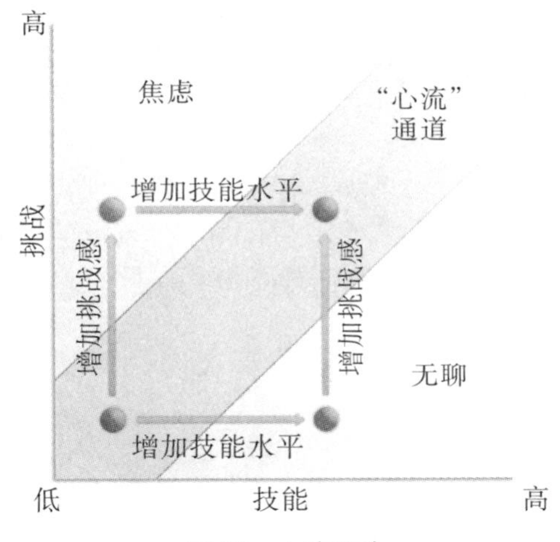

图 20 心流理论

3.1 互动装置艺术探索

互动装置艺术的发展由单纯而原始的指令性操作开始，建立在计算机软硬件平台上的人机交互，没有达到真正意义上的交互，但互动装置艺术在其中隐约出现；随着计算机技术的不断发展，许多新媒体艺术的作品以互动的形式出现，交互方式开始呈现出艺术化的一面；在学科相互交融的影响下，互动装置艺术出现多元素且跨领域、学科融合的景象，沉浸式交互和界面式交互出现在大众眼前，并广受好评。随着时代的发展，数字艺术的强大，艺术家运用多媒体进行艺术创作已是一种时尚潮流，多学科融合发展是互动装置艺术发展的必然方向。

国内外对新媒体交互的探究与尝试愈来愈多，有愈来愈多优秀的新媒体作品进入人们的视线，被受众接受与喜爱，也被广泛运用到社会生活中。著名的互动装置艺术家 Takahiro Matsuo 和日本艺术家、建筑师 Akihisa Hirata 合作的新媒体艺术作品"Gorgeous Deep Sea Room Activated by Movement"（图 21），将深海水母带到了展馆中，带人们欣赏迷人的深海生物，当人们走进墙体时，水母会越来越多，反之则越来越少，创造了一个超现实的、有趣的水下世界；日本团队 TeamLab 在一面墙上创造了一个小人国世界（图 22），人们可以使用不同的"小道具"，在小人的世界里捣蛋；詹姆斯·特瑞尔的一个回顾展"Immersive Light"（图 23）玩转光影，利用光色的改变，使参观者在视觉上失去了对便捷的概念，在超现实的空间中游离思绪。新媒体互动装置的新颖程度给受众带来了许多不一样的体验，吸引受众的眼球，运用新媒体的方式做自然科学知识的普及，是跨领域学科的融合。迎合互动装置艺术的发展趋势，效果会是非常可观的。

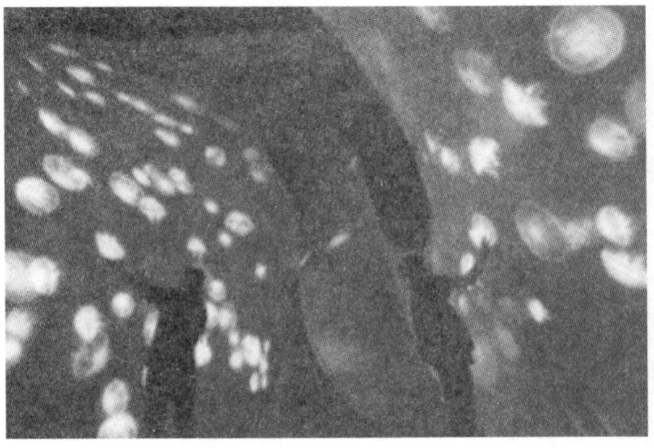

图 21 Gorgeous Deep Sea Room Activated by Movement

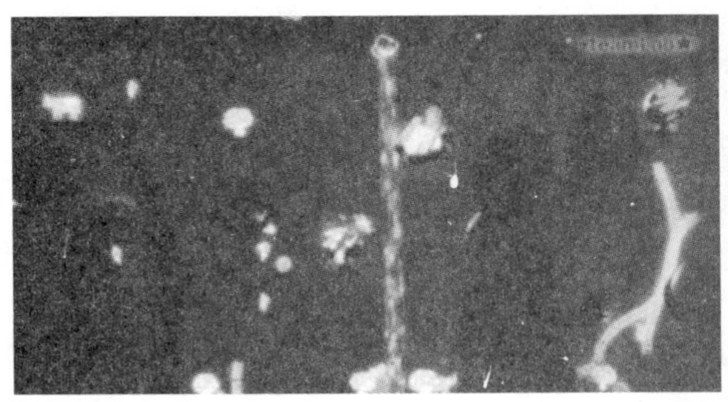

图 22 小人国世界

图 23 Immersive Light

3.2 双重交互方式营造沉浸式体验

沉浸式交互的方式有许多种，其能将空间融入艺术作品中，提升艺术形式感与作品表现力。将其与自然科学对象"藻"结合，以新媒体技术为基础，对整体作品的再创作，是科学与艺术的交叉，也是对艺术设计形式的提升。与较多单一交互形式的新媒体互动装置有所差异的是，通过对各类沉浸式交互装置的探讨，"藻"的交互方式有两种，分别为 Kinect 交互（图 24）和 AR 交互（图 25），前者交互的主要目的是渲染空间氛围，带参观者进入沉浸体验的空间；后者交互的主要目的是在空间中输出"藻"的主要科学性信息供参观者思考，让参观者在获得感官体验的同时得到认知体验，达到沉浸式体验。

图 24 Kinect 交互

图 25 AR 交互

3.2.1 Kinect 交互方式提升感知体验

Kinect 是一种 3D 体感摄像机，它具有实时捕捉动态、语音识别、人体影相识别等功能，在新媒体艺术装置中被广泛引用。受众可通过动态的变化、声音的控制等操作，与装置产生一对一的关系。SintLab 公司致力于新媒体互动技术的研究，其利用 Kinect 深度摄像头，通过捕捉人体活动方式将 26.2144 万个小立方体投影在屏幕上活动起来（图 26）。依据沉浸式体验方式，"藻"的展示方式将通过塑造海底大场景，带给参观者身处海底的体验，通过 Kinect 设备，捕捉参观者人体位置的实时移动，给受众游走于海底的感受（图 27）。同时，让藻对象模拟物理碰撞、躲避的效果，在参观者靠近藻对象时，藻对象会产生相应的反应，使受众体验更加真实，带来沉浸式体验，这也是通过交互手段进行的再创作。

图 26 沉浸式交互 Mapping

图 27 "藻"沉浸式体验效果图

3.2.2 AR 交互方式提升认知体验

AR 又称增强现实，通过实时计算摄像机位置并加上影相、模型、图像等内容，将屏幕中的虚拟对象与现实中的真实对象进行互动。AR 技术在医疗、军事、娱乐、旅游等领域用途广泛，著名动画师 Jack Sachs 和 Blink Ink 团队合作的《泰特美术馆》（图 28）被称为"伦敦必去美术馆之一"，运用 AR 增强现实技术，参观者在参观不同房间时看到的不仅仅是眼熟的艺术作品，还有充满童趣又具有魔性的一系列动画及信息。"藻"的自然科学性知识信息较单一，通过增强现实技术，在屏幕上呈现出来（图 29），会大大增强信息的有效性和趣味性，提升自然科学的艺术形式。参观者也通过屏幕，对藻对象进行细致的观察，达到对科学性知识的普及效果。

图 28 泰特美术馆

图 29　AR 展示效果图

4　总结

随着跨学科时代的到来，多元素、多领域在不断交融，对自然科学与艺术融合而产生的艺术形式带来了持续的冲击与震撼。

本文通过对自然科学对象“藻”的探索，了解对象的科学性知识和实验性影像信息等，设计者可从不同的视角看待自然科学对象，在实验图形信息中发现自然科学对象的构成之美、运动之美，将其作为视觉化图形的出口，创作出新的图形语言。在图形设计上，笔者对“藻”的科学知识和图像信息进行整理归纳，并依此进行科学图形视觉化的设计尝试与研究，剖析其结构构成，生成具有构成性、实验性、创新化、情感化的图形。随着立体化思维的不断发展，设计师在探索过程中也应该不断突破自我，掌握三维化图形的软件设计和制作技能，丰富图形的视觉语言，使受众对图形有更深的认知与解读。在展示方式的设计上，笔者对多种沉浸式体验的新媒体艺术作品进行剖析，总结不同的交互手法，在沉浸式体验过程当中给予受众极强的感官体验与认知体验，带给受众乐趣与思考。本文在探究科学图形视觉化的同时，结合沉浸式体验概念，对艺术设计作品进行再创作，提升整体作品的艺术形式感，实现多元素、多领域融合。

自然科学与艺术创作都是表现事物的手段，都会涉及理论研究、不同方向的思考、寻找规律秩序等。基于自然科学进行艺术创作，是科学与艺术的交叉，设计者要不断深入探索，使艺术作品具有人文关怀、社会研究价值，符合社会需求。自古以来，自然科学与艺术创作融合发展，现今已有较多具有意义和价值的作品，相信随着科学家和艺术家的不断磨合和碰撞，未来科学与艺术会继续迸发出不一样的火花。

参考文献

[1] 埃佐·曼奇尼. 设计，在人人设计的时代［M］. 钟芳，马谨，译. 北京：电子工业出版社，2016.

[2] 约翰·克勒斯，雪莉·舍伍德. 植物进化的艺术［M］. 陈伟，译. 北京：北京科学技术出版社，2017.

[3] 康纳德·A. 诺曼. 设计心理学 3：情感化设计［M］. 付秋芳，程进三，译. 北京：电子工业出版社，2005.

[4] 李政道. 科学与艺术［M］. 上海：上海科学出版社，2000.

[5] 胡霁. 看见神经：从卡哈尔道神经解剖学［M］. 上海：上海科技大学，2017.

[6] 佩特根，于尔根斯，绍柏. 混沌与分形［M］. 田逢喜，译. 北京：国防工业出版社，2008.

[7] 邬烈炎. 设计基础［M］. 南京：美术出版社，2003.

[8] 童芳. 新媒体艺术［M］. 南京：南京大学出版社，2006.

[9] 梁琰. 美丽的化学结构［M］. 北京：清华大学出版社，2016.

[10] 克里斯·米德尔顿，卢克·赫里奥特. 即时图形设计［M］. 王树良，张玉花，译. 北京：中国青年出版社，2010.

[11] 瓦伦丁. 美的实验心理学［M］. 周宪，译. 北京：北京大学出版社，1991.

高校快递用户需求分析与体验优化升级

钟兴仪　任少宁　曹梦怡　夏璟旖

（上海交通大学，上海，200240）

摘　要：随着社会经济的发展和消费观念的改变，年轻一代电商需求不断增长，快递服务已经成为高校生活的重要内容之一，高校快递的持续性发展也逐渐受到重视。本文采用以点带面的方式，以上海交通大学为研究试点，以学生作为主要研究对象，以改善校园快递服务体验为研究目的，通过观察法、访谈法采集用户数据，运用用户旅程图、KANO 模型、用户维度分群、用户画像进行用户分析，挖掘快递服务升级与优化的机会点，结合问卷调研进行机会验证，最终总结出快递服务优化升级的具体思路。

关键词：高校快递；需求挖掘；体验优化升级

1 绪论

1.1 研究背景

中国正由“WTO+外贸”模式转向“互联网+消费”模式，年轻人正是数字消费的引领者，且自电商兴起以来，大学生一直都是网络购物的中坚力量之一。由中国教育后勤协会校园快递工作委员会、菜鸟网络、阿里研究院发布的《校园快递行业发展报告》显示，2015 年，全国高校收货快递占比约全国总量的 6%，大学生人均年收快递 16 个，全国 2000 多所高校人均网购 1100 元，存在消费频率高等消费特征。高校快递市场用户群体活跃，市场发展潜力大。

但随着高校快递业务规模不断扩展，快递服务开始出现取货号易错乱、滞留件多、网络信息数据共享程度差、代理点混乱、耗费人力资源、无法满足“门到门”需求等各种问题，影响着高校快递服务的可持续发展。对此，本文从用户体验的角度出发，通过挖掘大学生对快递服务的需求以提取机会点，从而促进高校快递服务的可持续发展。

1.2 研究方法和流程

本文从用户角度出发，通过文献查阅确定了初步的研究方向，结合观察法和访谈法进行用户数据采集，借助卡片法分析总结用户需求层级，基于 Censydiam 模型建立用户维度分群，构建用户画像，确立目标人群，以用户旅程图的方式进一步梳理目标人群在快递服务流程中的需求点和痛点，确立机会点，再用问卷法验证机会点，最终确立体验优化方向和升级服务。

2 用户数据采集

2.1 调研方法

用户数据采集阶段主要采用的方法是观察法、深度访谈法结合。以用户（本文主要指快递所属者）到达快递点为观察的起点，对用户取/寄快递的全流程（取/寄快递中）进行观察，观察结束后进行深度访谈，以了解用户在取快递前（到达快递店前）和取快递后（离开快递店）的相关信息。在观察和访谈过程中，全程以拍照、录音、录像的方式进行记录，每个访谈时长 30～40 分钟。

2.2 样本选取

本文的调研人群为高校快递的主要服务对象，因此将样本群体锁定在在校学生范围。依据随机原则进行样本选取，以样本反应庞大的学生群体。为了控制男女两类学生群体的差异性，将男女样本比例控制在 1∶1 左右。当样本数量到达 14 的时候，所获数据得出的结论对整体不再有影响，此时样本数量已能说明整体特征，停止样本数据的采集，并将观察与访谈数据进行录入与整理。

2.3 调研提纲

观察提纲主要包括快递行为前、中、后三部分内容；访谈提纲主要包括被访者基本信息、被访者对校园快递公司的偏好及原因、快递服务中不愉快的行为或流程以及对校园快递未来发展的期望 4 部分内容。

2.4 数据录入

录入表格内容包括用户的基本信息、快递行为前中后的数据，录入表采用了美国伊州工学院 IIT—ID 学院的 POEMS（人、物、环境、信息、服务）结构对快递体验进行描述、对快递服务进行评价，如图 1 所示。为了更加清晰地呈现用户数据，按照快递行为前、中、后的流程将观察法和访谈法的录入表格合二为一，如图 2 所示。

图 1　表格录入栏目

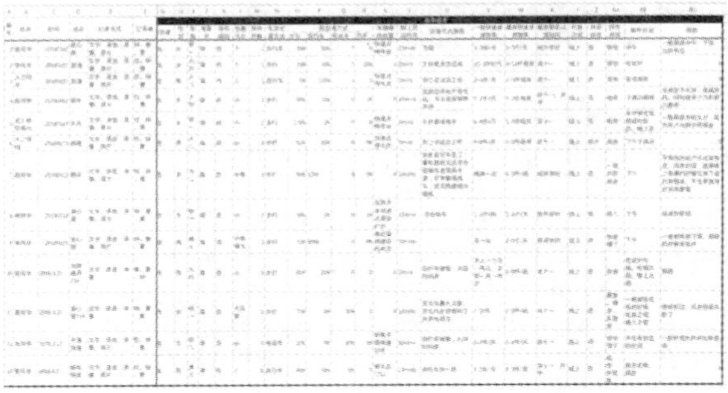

图 2　表格录入信息

3 用户数据分析

3.1 用户旅程图

用户旅程图是一种将复杂的信息以清晰的图示可视化地表现出来的重要方法，清晰有效地进行用户体验研究和服务设计。本次对样本的整个快递流程进行调研，将 14 个样本进行用户旅程图分析，细分出不同行为下对应的需求点、痛点、情绪变化，以挖掘用户体验升级和优化的机会点。

根据需求对比与分析将取快递和寄快递分别汇总成两个具有代表性的旅程图。由旅程图可以明显看出在取快递流程中（图 3），重复查看手机确认取件码和取件地点信息、取件短信多容易遗漏、取件地址指示不明确是用户陈述的最为不便的地方，且在市面上未有针对性的解决方式。此外，基于观察法挖掘到，用户在取件数量多的时候需要多次报取件号码，且需要重复进行快递签字确认，在包裹规格未知的情况下会出现携带不方便等现象，这些不便之处在研究者进一步的访谈后得到了用户对这些隐性需求的确认。

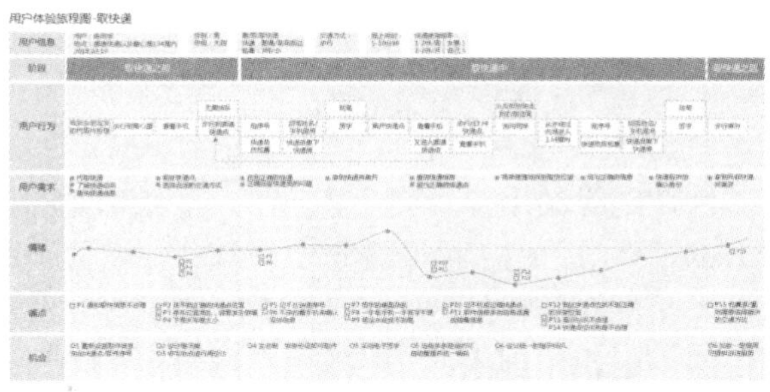

图 3　取快递用户旅程图

而在寄快递的流程中（图 4），痛点主要集中在对环境的要求和填写信息需要重复看手机、快递单容易丢失。但这几个痛点均能够通过规划环境、智能识别信息、生成电子订单的方式解决，且目前存在较为成熟的应用。

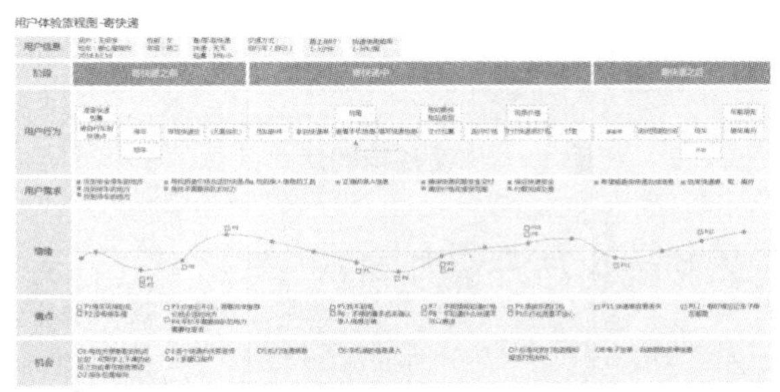

图 4　寄快递用户旅程图

3.2　需求聚类与层次

基于 KANO 模型，将用户旅程图梳理出的目的需求分为基本型需求、期望型需求和魅力型需求，利用卡片法将需求进行聚类（图 5）。聚类后发现魅力型需求主要集中在取快递流程，基本型、期望型需求较为均匀地分布在“取”和“寄”两个流程中。其中，用户寄快递的基本需求和期望需求普遍得到满足，魅力型需求（代寄和上门取件等待时间缩短）正处于发展中。

用户取快递的基本需求和期望需求普遍得到满足，但是期望需求中关于顺路、节省时间、不用排长队的满足主要依靠用户自身对时间的管理和规划，而信息查阅方便目前存在大片空白区。魅力型需求中用户自我陈述的他人顺路“代取”处于发展阶段，包装干净可回收均可由商家进行负责加强。但是其他由隐形需求引发的魅力型需求，即一次性取件、方便携带、快速身份验证、整个流程更加简单，而且没有专门的设计进行优化。在访谈中，取快递是用户最为频繁的快递行为，因此，如何通过设计实现取快递中的期望型需求和魅力型需求在目前看来是一片极大的蓝海。

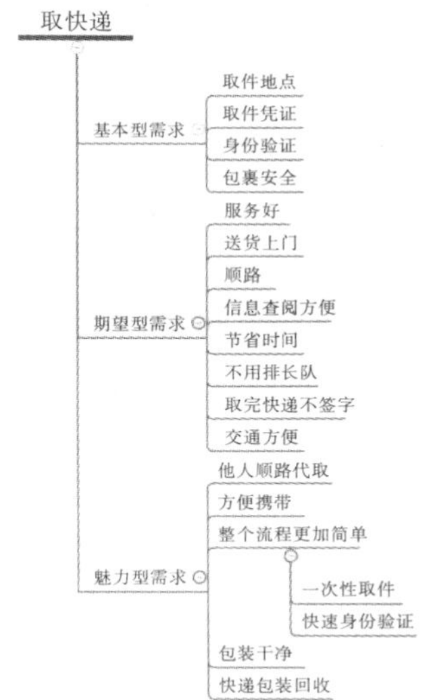

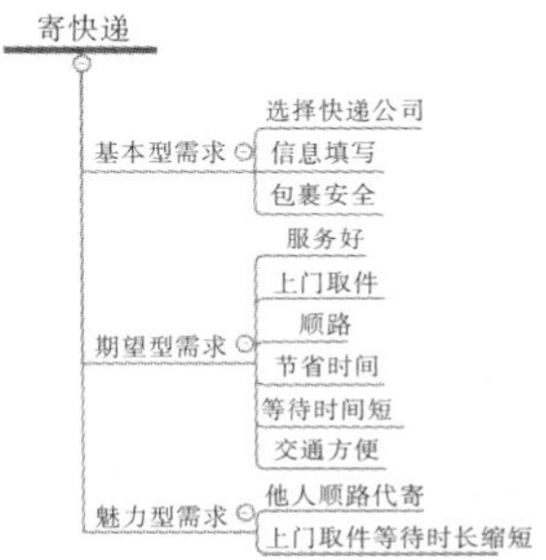

图 5　需求聚类总结

3.3　用户维度分群

根据 14 个样本对快递服务的行为和态度，对 Censydiam 模型进行了修正。基于对于“快递”这件事情的行为和关注点，将横坐标分为计划和随性两个方向；再由快递过程中的关注点，将纵轴分为注重体验和注重实用两个方向（图 6）。

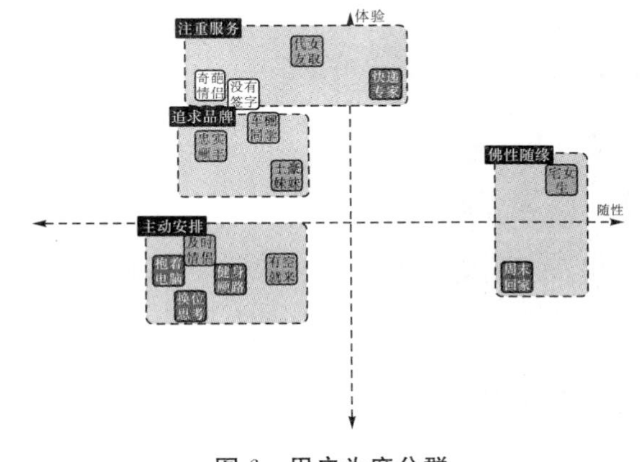

图 6　用户为度分群

根据各个群体在坐标中的位置彼此接近的程度，可以分成4个群体，并根据每个用户群体中典型用户的特征分别将其命名为：注重服务、追求品牌、主动安排、佛性随缘。

3.4 用户画像

根据用户维度分群和用户旅程图进行用户画像构建。

注重服务的用户（图7）认为，“优良的快递服务体验最为重要”，他们将快递看作生活的一种体验，希望在服务过程中获得享受，能够因为服务态度好而忽略其他如排队时间长等缺点，愿意与服务好的快递员建立长久的联系。他们的当天取件比例约60%。

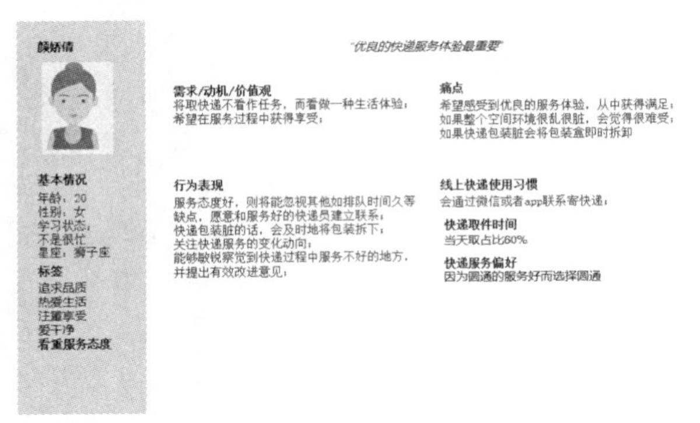

图7 注重服务的用户画像

追求品牌的用户（图8）认为，“安全可靠的顺丰是最佳的选择”，他们非常看重商家的可靠性，希望快递服务安全可靠，不会出现额外的麻烦。他们会实时了解快递进程，取件较为及时。他们的当天取件比例约90%。

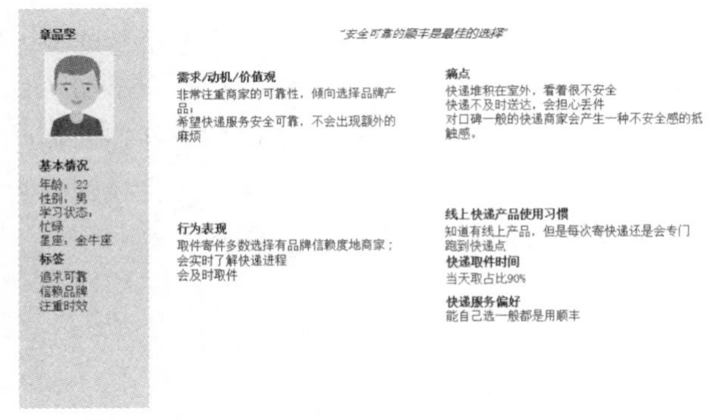

图8 追求品牌的用户画像

主动安排的用户（图9）认为，“我自己的生活安排妥当最好，不想麻烦别人”，他们做事有计划，会将快递安排在日常表中。如果当天的时间、地点不方便，会改天再取件或者希望有人代取。他们的当天取件比例约70%。

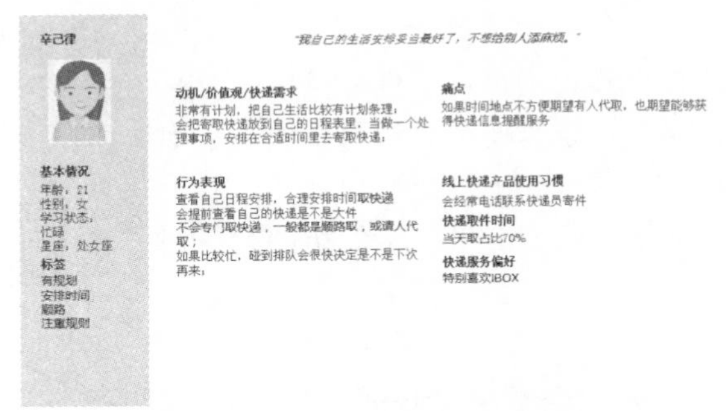

图9 主动安排的用户画像

佛性随缘的用户（图10）认为，“随时取件比什么都重要”，他们生活懒散没有规律，喜欢自由随性，希望取件寄件的时间无限制。如果不能及时取快递，则希望他人代取。他们习惯性囤积快递，当天取件的比例约10%。

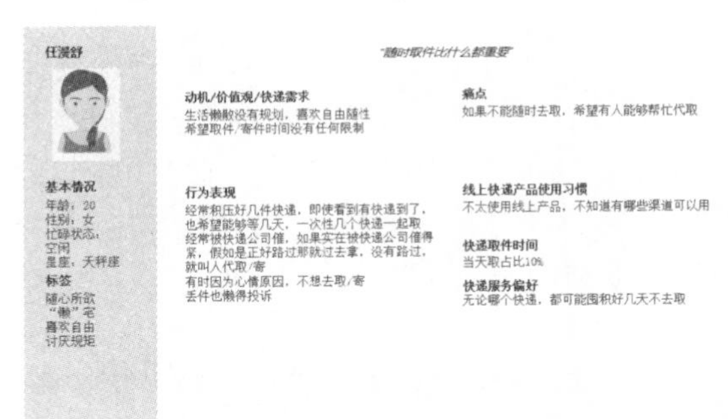

图10 佛性随缘的用户画像

4 体验优化与升级方向

根据需求痛点在人群中的集中分布，将本次机会点体验优化与升级方向的主要用户定位为“佛性随缘”和“主动安排”，次要用户为“追求品牌”和“注重服务”。

综合前文分析，用户对快递行为的主要痛点聚集在取快递流程中，主要的未有相应解决产品的痛点包括重复查看手机确认取件码和取件地点信息、取件短信多容易遗漏、取件地址指示不明确，这些均属于对信息获取更加方便的需求。隐藏在用户潜意识下的需求包括取件流程更加简单、包裹规格提示，这些需求虽然是通过用户观察获取到的信息，是用户容易忽略的点，但是在实际操作中却影响着整个快递流程的进程和体验，在后续回访中用户也表示这些被忽略的问题确实存在。

因此，机会点体验优化与升级的方向可以着重放在取快递前和取快递中两个阶段。

（1）信息查阅。大部分快递信息查阅是由于手机短信夹杂着其他与快递无关的信息，导致快递信息读取困难，因此可以整合到一个App或者小程序中，并增设“快递定位”，以信息可视化的方式供用户更加方便地查阅快点位置。

(2) 取件流程更加简单，其中包含了一次性取件和快速身份验证两点内容，可以运用大数据平台将快递信息整合到一个可实时更新内容的二维码中。同一个快递点的多个快递信息可以通过扫码获得，快递员通过扫描用户出示的二维码获得该快递点的多个包裹信息，并验证用户的身份，此优化方式同时优化了“一次性取件”和“快速身份验证”的流程，且在身份验证中，二维码取件比“签字验证”更加具有安全保障性。随着资源共享的发展，时间共享终将成为可能，未来的“代取”业务将是快递行业的一个发展趋势，“代取”服务若是发展扩张，代取者取件必定是为多个人取件，此时“一次性取件”和“快速身份验证”方式将为“代取”提供更加辽阔的发展前景。

(3) 包裹规格的提示，即在包裹重量超出一定限制的时候，系统可以提示用户注意交通工具的选取，以解决用户在未知包裹规格状态下取件所带来的后续问题。

5 问卷验证

5.1 问卷设计

经过定性分析后，本文以调研结论作为假设进行问卷验证。在全校范围内发布网络问卷，涵盖不同年级的学生，在更大范围的样本中对结论进行定量验证。问卷设计的内容包括开场语、用户基本信息，快递使用信息、快递服务信息、机会点验证、结束语 6 个部分。

5.2 问卷分析

5.2.1 样本比例

本次问卷共收集了 317 份，有效问卷为 317 份。根据调查问卷所反映的 317 个有效样本，男性 153 人，女性 164 人，男女比接近 1∶1，问卷对性别不存在明显的倾向性。其中研一学生较多，共 141 名，占 44.5%。详见图 11。

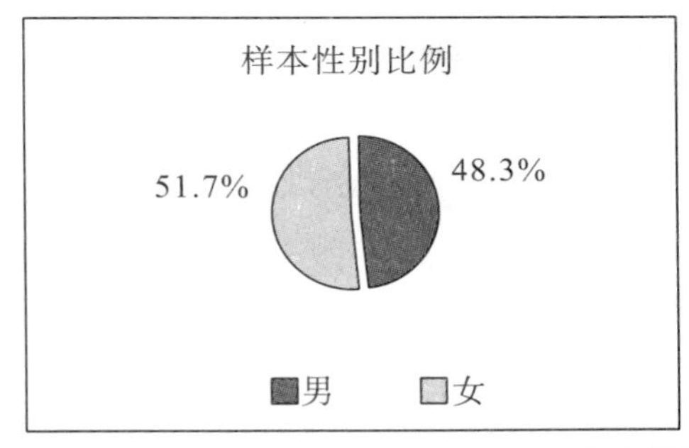

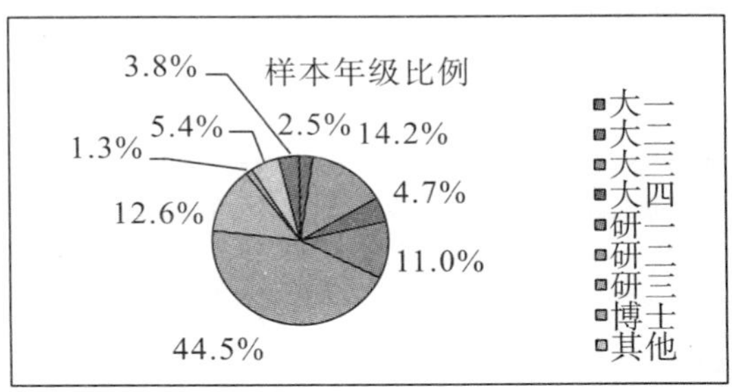

图 11 性别和年级比例

5.2.2 快递使用频率和取件时间安排

根据数据显示，目前高校快递每月 4 次以下取件的学生占 57.73%，每月有 4 次以上取件的用户是主要用户占 42.27%。其中，每月 4 次以上取件用户收到提醒后超过 2/3 都是当天取，这对于我们取件激励机制和代寄取服务有良好的影响，可以有效刺激剩余的 1/3 用户及时取件或使用代取服务，同时可以鼓励当天取件的用户成为代取/寄者。详见图 12。

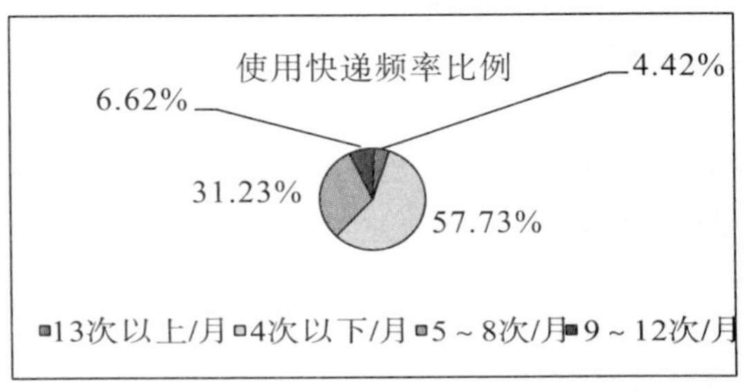

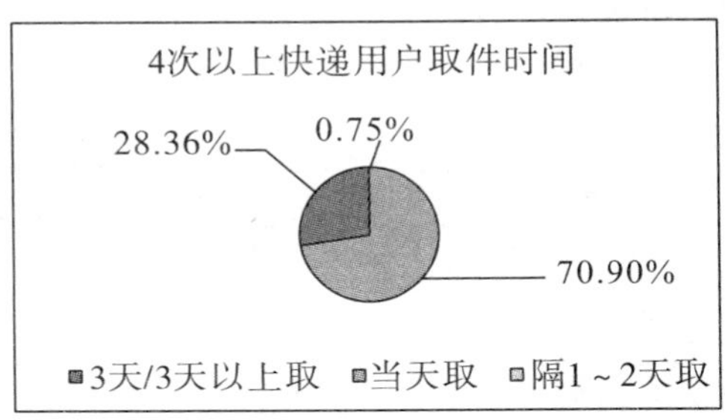

图 12 使用快递频率比例和 4 次以上快递用户取件时间

5.2.3 现有校园快递的可升级之处

根据数据显示，目前学生认为校园快递的最大理想特点是“取件点距离很近”，此需求占 78.55%；其次是“取/寄件过程简单/排队等候时间少”，占 58.04%，第三大理想特点是“安全有保障/个人信息安全”，占 55.21%；第四个超过 50%的特点是“可以送货上门”。详见图 13。说明目前学生对于校园快递的价格不是特别在意，但是对于距离、流程简单和安全保障的希望非常强烈。因此，也验证了研究者观察和访谈的结论。

5.2.4 代寄/取习惯

根据数据显示，都是自己寄取的平均值为 0.90，帮别人寄取的平均值为 0.21。详见图 14。这说明用户帮别人寄/取的现象存在，但是比例不明显，大家对于代寄/取服务存在需求但是习惯暂时还没有养成。

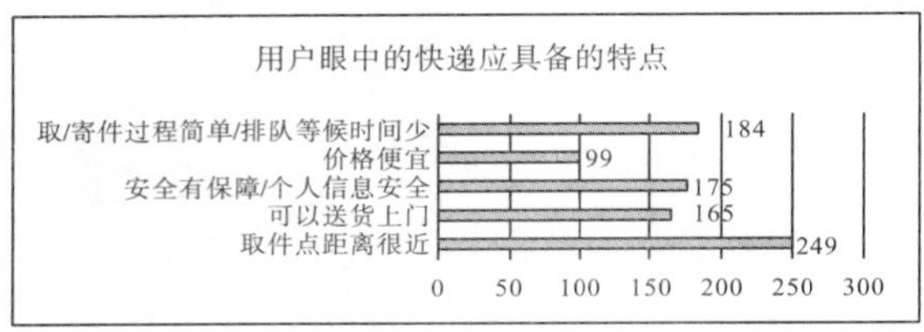

图 13　用户眼中快递应具备的特点

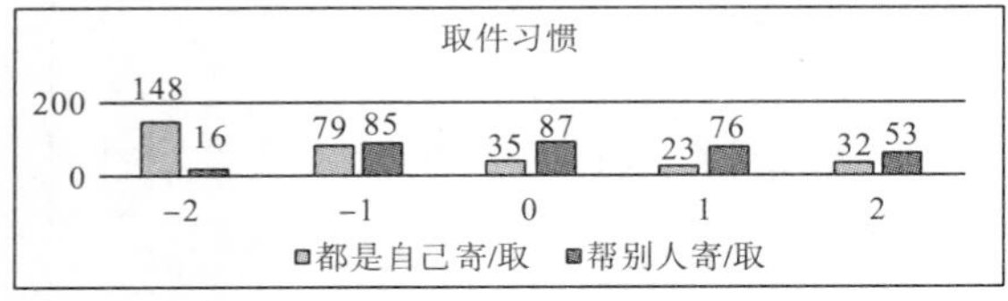

图 14　寄/取件习惯

5.2.5　对于新服务的态度

根据数据显示，有 218 个用户希望新增“快递包装回收服务”，此需求占 68.77%，因此“快递包装回收”服务应该引起相关部门的重视；超过 50%的用户对于“快递包装回收服务”“二维码代替取件号码和手写签收”和“快递定位服务”持有积极态度；对于代寄/取服务，用户积极态度接近一半，无感和消极态度比例接近，可见代寄/取服务具有良好的发展前景。详见图 16。

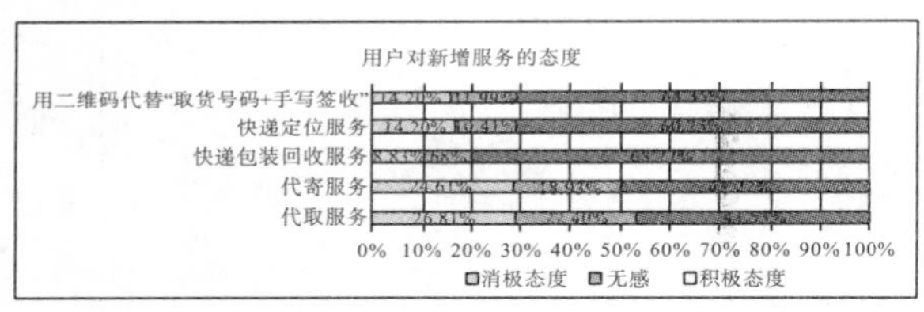

图 16　用户对新增功能的态度

6　体验升级与优化设计

通过问卷验证，将之前的设计调研假设结论进行调整，形成新产品概念设计的定位依据。

6.1　概念设计

针对高校学生，概念设计定位的主要用户为“佛性随缘”和“主动安排”用户，主要功能包括取件、寄件、代取、待寄。与同类竞品相比，具有“信息集中化”“高效智能化”的特点。

概念设计将用户的校园信息、快递信息集中在产品中，实现高校快递服务信息集中化，取件信息通过产品通知用户，用户查阅信息更方便。与校园信息紧密结合，能够准确“定位”校园快递点的具体位置，具有“超规格包裹提示”功能，并且能够将用户身份和所有的取件信息整合到一个二维码中，利用大数据的支持和智能技术，给用户提供“一次性取件”“快速身份验证”“智能规划路径”等服务，开启信息智能化体验。详见图 16。

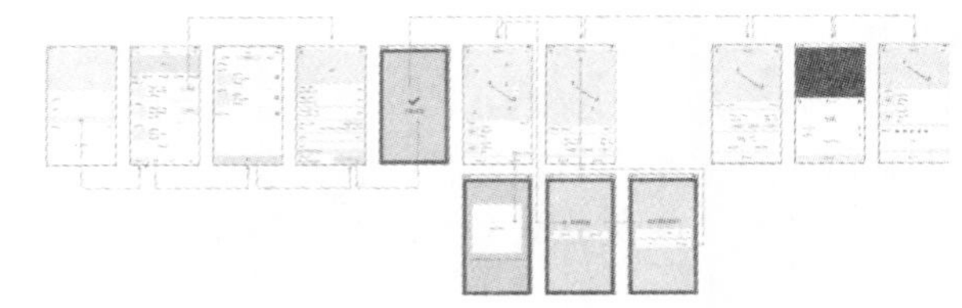

图 16　部分功能（代取）展示

6.2　基于智能二维码的服务升级

概念设计中的二维码信息涵盖了用户校园身份信息、校园快递点信息、用户的取件寄件信息。首先，用户通过实名认证登陆授权，通过绑定校园账号和密码连接校内快递信息网络平台。将取件信息（取件凭证、数量、取件规格等）按照不同的快递点分别整合录入用户二维码中，该二维码可实时对取件信息进行更新。当用户取件的时候，只需要出示 App 中的二维码即可取走同一个快递点的多个快递，同时完成身份验证（图 17）。利用智能二维码取件优化了用户取件和身份验证流程，在快递数量多的时候更显优势。

原取件流程

收到短信 → 查看快递点 → 前往快递点 → 翻出短信 → 报取件码 → 报姓名 → 报手机尾号 → 签字确认 → 取到快递

优化升级流程

收到消息 → 查看快递点 → 前往快递点 → 翻出二维码 → 取到多个快递

图 17　二维码取件流程优化对比

此外，二维码取件还可应用到代取服务中（图 18）。代取者只能获得快递所属者的取件地址、联系方式和送货地址，其他信息（如校园身份信息、取件凭证）只存在于二维码中，当快递员扫码后，快递员处将呈现对应快递点的取件信息及对应的所属者授权信息并验证身份，以保证所属者的个人隐私。

来自不同用户的信息都汇聚到代取者的二维码中，代取者端可以选择自动规划路径，获得最适合自己的代取路径，并通过一个二维码即可在一个快递点取到多个用户的快递，极大地促进了代取者的效率。

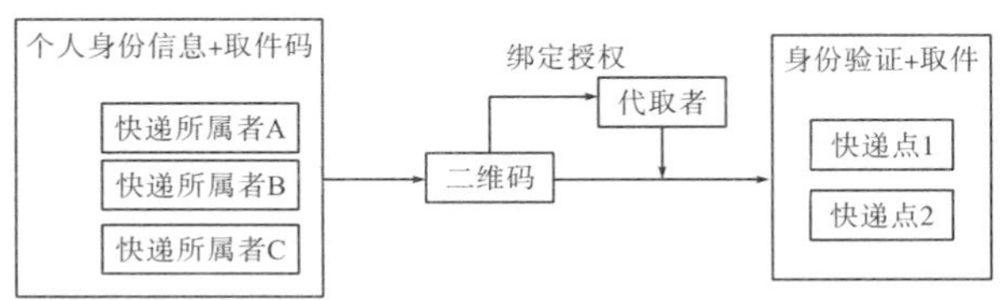

图 18 二维码代取示意图

7 总结

本文通过多种研究分析方法进行用户调研分析，总结出用户对高校快递服务的需求和痛点，将用户聚类出 4 种，并挖掘出用户背后的隐性需求，进行快递服务优化和升级的机会点挖掘，提出了以信息集中化、二维码智能取件与身份验证为主要特色功能的优化设计方向，通过问卷验证了机会点的合理性和科学性，并以框架图的形式展示了概念设计。同时将未来快递产品设计定位确定为“佛性随缘”和“主动安排”两类用户，结合了信息智能的快递服务优化和升级，在人工智能的时代具有重要的应用价值和意义，构思出以“信息集中化”“高效智能化”为特点的新产品。此外，在一定的程度上将有助于解决快递囤积、手写身份验证保障低等问题，对快递发展行业具有重要的指导意义。

参考文献

[1] 阿里研究院. 2016 年校园快递行业发展报告 [R]. 2016.

[2] 冉隆楠. 多种模式并存 校园快递潜力大痛点多 [N]. 中国商报，2016-10-26.

[3] 周丽丽. 论现阶段校园快递派件模式的优化设计 [J]. 全国流通经济，2016 (28)：23-25.

[4] 李嘉冀，柴菁敏. 浅谈校园快递物流现状及未来发展 [J]. 现代营销（下旬刊），2017 (11)：226-227.

[5] 常青平. 校园快递存在问题及新模式探讨 [J]. 物流科技，2014 (11)：136-137.

[6] 任大勇. 学生自主管理下的高校校园快递新模式研究 [J]. 物流技术，2014 (11)：71-73.

[7] 戴力农. 设计调研 [M]. 北京：电子工业出版社，2014.

[8] 王展. 基于服务蓝图与设计体验的服务设计研究及实践 [J]. 包装工程，2015，36 (12)：41-44.

[9] 巩淼淼，李雪亮，肖东娟. 面向数字化社会创新的医疗健康服务设计 [J]. 包装工程，2015，36 (12)：24-28.

基于用户体验的口腔健康检测扫描仪设计研究

朱文叙　陈世栋

（扬州大学，江苏扬州，225100）

摘　要：目的：针对超声波在口腔中的应用，获得人体牙齿的三维数字化模型并对其进行有效分析。方法：选用基于 A 超探头的三维重建系统作为技术支持，利用深度数据库对牙齿的三维模型进行自主分析，立足于用户体验设计一款超声波口腔健康监测扫描设备。结果：立足于理论基础对方案进行优化设计，包括超声波口腔健康监测扫描仪和与之配套的手机 App。结论：使用这款超声波口腔健康监测扫描仪，可以随时随地对自己的牙齿进行健康监测，读懂自己的口腔，更好地维护自己的口腔健康状况。

关键词：超声波；口腔健康监测扫描仪；三维模型

在 2017 年的中国国民口腔健康调查报告中，高达 91.6%的被调查者表示曾受到口腔问题的困扰。许多口腔疾病直接或间接地影响着人们的身体健康，因此越来越受到人们的重视。然而目前大众还缺乏一定的口腔健康保护常识。此外，由于口腔健康检测必须到专业的口腔医院接受相关层面的检查，加上对检查牙齿的恐惧心理，很多人没有依据自身的口腔状况采取及时的保健措施，导致口腔问题进一步恶化。本文针对这一痛点，利用超声波口腔扫描技术及其他智能技术，开发一款超声波口腔健康监测扫描设备，帮助人们在家随时检查自己的口腔健康状况，提供相关基础的医疗咨询，并为专业的口腔医生提供更加完备的健康监测数据，促进全民口腔事业的蓬勃发展。

1 研究背景

1.1 口腔健康监测的重要性

1.1.1 口腔健康的重要性

世界卫生组织提出口腔健康是衡量人体健康的具体标准之一，口腔健康是居民身体健康的重要标志。然而，如此重要的口腔器官却是疾病多发区。口腔疾病不仅影响咀嚼、发音等生理功能，还会导致和加剧许多全身性疾病，如脑血管、心脏病、糖尿病、呼吸道疾病、消化系统疾病等全身系统疾病。国外学者在*Global Burden of Oral Conditions in* 1990—2010 中指出随着全球人口增长和人口老龄化，从 1990 年至 2010 年口腔疾病负担增加了 20.8%，并影响到全球 39 亿人口。不仅如此，世界卫生组织在《2014 年全球预防控制非传染性疾病现状报告》中指出，慢病是死亡的主要原因，而口腔疾病是慢病之一。

1.1.2 我国口腔健康现状分析

没有全民健康，就没有全面小康，中共中央、国务院在 2016 年发布的《“健康中国 2030”规划纲要》提出全民健康生活方式行动、健康口腔专项行动，标志着我国政府对口腔卫生工作的重视达到了崭新的高度。

为了深入了解全国人民的口腔健康情况，卫生部每隔十年就会对全国各个年龄的民众进行调查，发布全国口腔健康流行病学抽样调查结果。我国第四次全国口腔健康流行病学调查部分数据如表 1 所示。

表 1 第四次全国口腔健康流行病学调查

内容	百分比
口腔健康知识知晓率	60.1%
认同口腔健康重要性	84.9%
35～44 岁口腔内牙石检出率	96.7%
35～44 岁牙龈出血检出率	87.4%
成人每天刷两次牙齿	36.1%
5 岁因预防口腔疾病和咨询就诊	40.1%
12 岁因预防口腔疾病和咨询就诊	36.1%

调查结果显示，84.9%的调查对象对口腔保健持积极态度，认同口腔健康的重要性，认为定期检查和自我维护口腔健康是必要的。然而，就 35～44 岁成人口腔内牙石检出率与出血率的数据分析，真正做出行动去保护自己口腔健康者却只有少数。

1.1.3 国内外口腔健康医学护理对比

1.1.3.1 思想层面对比

在我国，缺乏一定的口腔健康教育，个人护理意识淡薄，人们不愿意在牙齿保健方面花费太多的时间、金钱。而在欧美等众多的发达国家中，人们认为拥有一口好的牙齿不仅仅是健康的体现，也是文明和礼貌的象征，他们大部分从 3 岁开始会定期看牙医，并且拥有固定的私人牙医。

1.1.3.2 现实层面对比

除了思想层面的桎梏外，牙医的数量在一定程度上也影响着人们对口腔健康检测的热情。张震康教授日前在全国口腔医学教育学术会议指出：“经济发展、生活水平提高，人们对口腔医生的需要也更多，估计到 2030 年中国可以达到 4000～5000 人拥有一个牙医。”然而这个数据远低于欧美发达或中等发达国家的水平。正是如此，在这些国家，口腔疾病的发病率非常低，生活中由口腔卫生引发的困扰也大大减少。

1.2 基于口腔三维数字化技术的产品调查

近几年，随着口腔问题的日益突出，国内外学者对牙齿三维数字化技术进行了深入研究，出现了多种扫描技术，包括接触式机械扫描、激光单次扫描、结构光扫描、螺旋 CT 和 CBCT、微焦 X 射线等。利用三维数字化扫描技术对牙齿进行三维显示的影像设备也陆续出现在大家的视野中，如 3shape 口内扫描仪、iTero 口腔扫描仪、Lava 口腔扫描仪等受到越来越多用户的青睐。详见表 2。

表 2 三维数字化扫描产品分析

产品	国家	使用过程	原理	优点	缺点
PICZAPIX－300 接触式扫描仪 PIX-4	日本	利用探头接触及计算机的辅助对扫描物体进行重建	传感器记录探头的三维坐标，由计算机控制进行自动扫描并记录	接触式机械扫描具有精度高（可达±0.005mm）、成本低、无扫描盲区等优点	逐点扫描费时，某些精细结构如窝沟点隙处的扫描精度受探头直径和形状的限制，而且接触扫描受测量压力过大时还可能损坏被测物体表面

续表2

产品	国家	使用过程	原理	优点	缺点
3shape 口内扫描仪	丹麦	将光学探头放在口腔内取像，在相连的电脑上实时呈现牙齿的3D影像，获得口内的软硬组织（牙龈和牙齿）的形态、颜色等需要的信息	D250 平行激光系统	精度高、效率快、扫描范围大、色彩体现逼真以及操作灵活	在扫描倒凹较深的区域时易出现盲区，需多次、多角度扫描
iTero 口腔扫描仪	美国	无须布粉，扫描过程中显示屏实时呈现任意调整角度的图像；扫描结束后快速长传数字牙颌模型至服务器	激光平行共聚焦成像	在扫描后几分钟内可以模拟演示患者动态治疗方案；可以在治疗过程中实时获得治疗进展信息；可以通过可视化的界面让患者清晰了解病情	在扫描倒凹较深的区域时易出现盲区，需多次、多角度扫描
Prophix 智能牙刷	美国	与配套 App 连接后可以在屏幕上看到整个刷牙过程	内置有蓝牙和无线网络模块	刷头内置高清摄像头，可以拍摄三颗牙齿的范围，如果需要对某颗牙齿进行特别清洁时，还能调节镜头对它进行放大	无法探测牙齿内部的健康状况

现有三维数字化扫描仪致力于牙齿的三维重建，用于牙齿的取模、种植、修复、正畸隐形矫正等。在需求的带动下，三维数字化扫描技术愈发成熟。然而由表 2 可见，目前的三维数字化扫描仪有其存在的优越性，同时也具有一定的缺陷。其中用户体验方面还有诸多不足，体现在以下几个方面。

1.2.1　使用场景

目前牙齿三维数字化健康监测必须到专业的口腔医院进行。需要在工作、学习之余抽出一定的时间，再加上个别群体对牙齿检查的恐惧，很多人会拒绝定期对牙齿做健康监测，从而可能导致口腔问题进一步恶化。同时，用户在使用的过程中依赖专业医生给出的医疗建议，没有数据库对比分析，非专业人员对其理解难度高。

1.2.2　使用过程

在使用过程中，需要被检测者躺在躺椅上，医生将口腔扫描仪伸进嘴里对其进行 30～60s 的口腔内扫描取像，连接的计算机记录实时影像。然而，在这种情况下，用户容易对陌生对象、陌生环境产生恐惧心理，从而在生理和心理上产生一定的排斥反应。同时目前常见的两大医学影像成像技术 X 射线和磁核共振成本高、速度慢且有辐射。

2　产品化研究可行性分析

2.1　问卷调查分析

口腔健康扫描仪设计的初衷是解决目标用户对自身口腔健康问题上认知的偏颇，使用户读懂口腔，预知口腔问题，从而更好地维护自己的健康。我们的目标用户是所有人，所以针对身边人，围绕这个目标进行了更深入的了解，回收有效问卷 81 份。

下面对于部分问题进行分析说明。

通过发现口腔问题的态度及分析（图 1），可以看出大家对于口腔检查的重要性有一定的了解。然而从口腔检测的频率（图 2）中可以看出，超过 70%的人没有对口腔健康进行过检测，所以口腔健康扫描仪的家庭化研究设计具有一定的必要性。

在对口腔检查者进行咨询时发现，现有产品使用体验一般，由他人辅助的接触式口腔扫描容易让他们产生恐惧的抵触心理。但超过 80%的人在了解口腔健康扫描仪家庭化的便捷性后认为其有实现的必要性。详见图 3 和图 4。

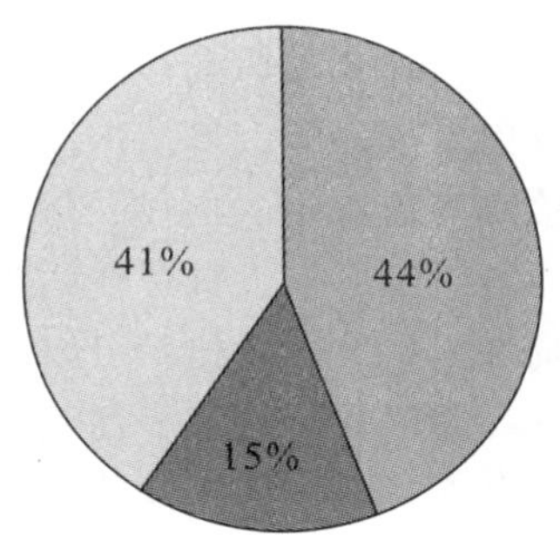

图 1　发现患有口腔问题后的态度

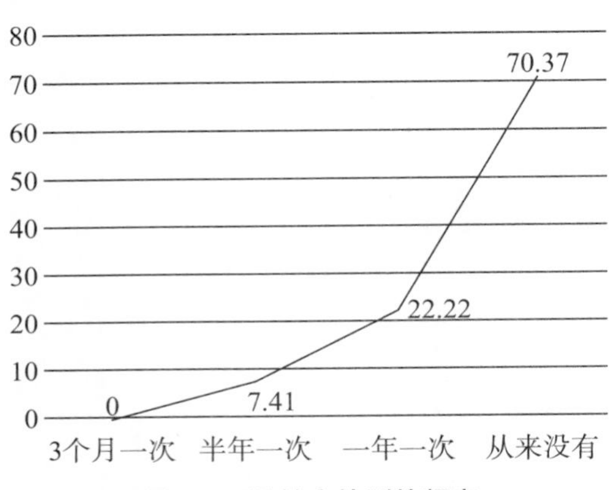

图 2　口腔健康检测的频率

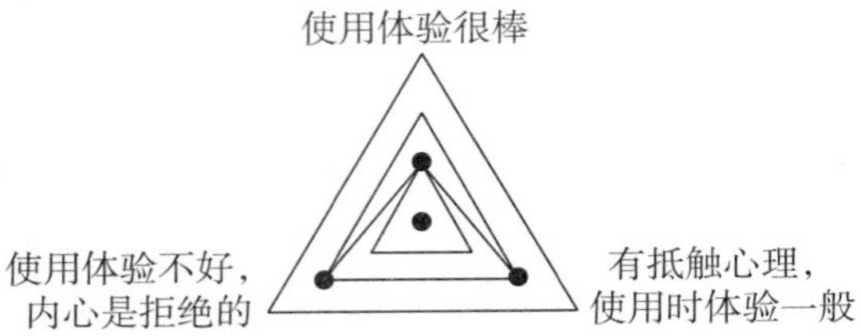

使用体验很棒

使用体验不好，
内心是拒绝的

有抵触心理，
使用时体验一般

图 3　牙科专用口腔扫描仪的使用体验

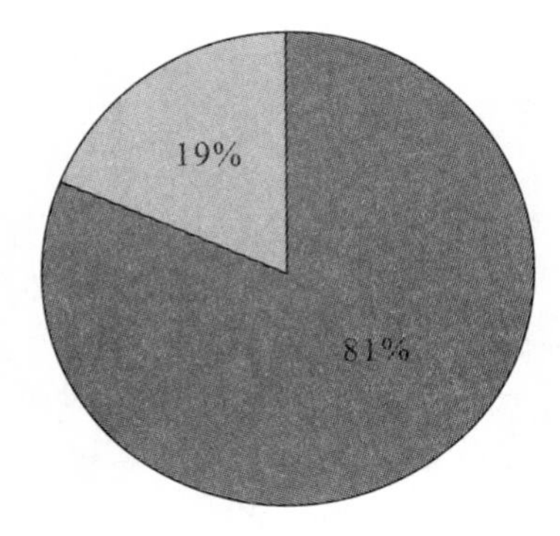

图 4　口腔健康扫描仪家庭化的必要性

2.2　超声三维成像技术分析

超声波是由机械振动产生的超出人类听觉上限的机械波，可以通过发射声波接收回波的方式计算物体的内部结构。1991 年，数字化超声系统的成型开辟了医学超声诊断的新时代。超声波可以穿透大部分硬质物体，而高频超声具有波长短，分辨率高的特性，而牙釉质和牙本质的声阻抗差值较大，可造成一个高反射界面，所以将超声波用于牙齿成像可以有效地检测硬组织中的损伤。传统的超声成像只能提供剖面的二维图形，直接或间接地影响了临床诊断的准确性。三维重建技术可以更直接地帮助医生剖析病灶，得出解决方案。在近几十年，三维超声成像飞速发展，但是从成像效果来看却不尽如人意。目前一种新的机械扫描系统——基于 A 超探头的三维重建系统大大提高了二维图像的质量，进行三维重建时可以基本恢复牙齿样本的釉质层。

2.3　家用口腔健康监测扫描设备应用前景分析

在口腔临床工作中，牙医表示经常遇到由于错失最佳治疗时机而不得不接受复杂治疗的患者。随着口腔健康改善事业的发展建立，定期进行口腔卫生监测对拥有一个健康的体魄有着重要的现实意义。在此大需求的带动下，口腔三维数字化扫描技术愈发成熟。

然而，各种扫描技术与其对应的三维数字化扫描仪均有其优越性，同时也有一定的瑕疵。当前口腔健康检查必须到专业的口腔医院，时间、地点的限制性较强，很多人会反感定期的口腔健康检查，可能导致口腔问题进一步恶化。现有的三维数字化扫描设备较大，理解难度较高，通常需到口腔医院接受医生的辅助检测得出专业性的结论。此外，目前常见的两大医学影像成像技术 X 射线和磁核共振成本高、速度慢，且对人体有一定的危害。因此，一款成本低、速度快、无辐射、便于理解，可以随时随地对自己的口腔进行卫生监测的设备对口腔事业的发展有着重要的现实意义。同时，随着互联网技术的大规模普及，国务院明确发文鼓励互联网医院的建设，传统医院的互联网化已经进入可期行列中。

3　基于用户体验的产品化设计研究

用户喜欢的产品体验一定是严格遵循“以目标用户为中心”的用户体验设计。口腔健康监测扫描仪的目标用户是无法定期前往医院做口腔健康检查的群体。扫描设备从医用向普通家用的转型不仅是产品的迭代，同时也是用户体验的迭代。将目标用户作为出发点，需要从其所处的环境、使用愿景、交互体验以及与产品的情感交流方面对产品进行系统的设计研究。

3.1　场景分析

在初次制定口腔健康扫描计划后，目标用户定期对自己的口腔做一次健康监测。系统会通过数据库的对比分析得到本次的口腔健康检测报告。如果情况严重可以与互联网牙科医院的在线医生进行口腔问题咨询，对口腔问题进行进一步的了解，或前往医院做前期的预防诊治。

3.2　需求分析

为拥有更好的用户体验，我们需要结合产品对目标用户做一个大致的分析与了解。表 3 是口腔健康扫描设备的潜在用户需求分析。根据表格分析可以看出，不同的年龄层对于新事物有不一样的认知。就口腔健康扫描仪而言，他们有不同的需求倾向。因此，适中的体积、安全的操作原理、良好的交互体验、清晰的反馈分析及其便携性是目前的设计痛点。于是，通过对该产品的用户需求分析得出以下几个设计要点。

表 3　口腔健康监测扫描设备的潜在用户需求分析

用户群		环境分析		需求分析
		诱因	使用环境	
儿童	对事物的认知少，依赖父母或长辈	未养成良好的刷牙习惯；摄入糖分过多；换牙	家庭、学校	便于使用；体积适中；安全
中年	普遍容易接受新的事物，具有一定的消费水平，注重使用体验	抽烟喝酒；生活负担重、压力大；生活节奏不规律	家庭、公司、出差等	性价比高；功能全面；方便携带；便于准确地了解自己的口腔状况；安全
老年	对事物接受能力较低，注重产品的实用性	钙质流失；吸烟喝酒	家庭	使用方便，操作简单；反馈清晰；安全

3.2.1　产品造型策略设计

产品的造型设计包括产品的色彩和比例。首先从色彩的角度出发，口腔健康扫描仪的任务是保护牙齿处于卫生良好的状态，因此比较适合使用明度较高的颜色。其次是比例设计，比例是隐藏于产品形式中，让产品获得美感的关键因素。手部最敏感的部位是手掌和手掌下的腕骨，手掌最自然的状态是半握拳，手指的自然形态是五个手指都不悬空，需参照人体尺寸数据分析。

3.2.2　产品细节策略设计

产品的细节是容易被忽视同时又是最重要的设计环节。它包括产品的质感、形态细节及节点设计。

首先是质感分析。质感具有从视觉、触觉双方面影响用户主观感受的表现潜力。口腔健康扫描仪是带有高科技的现代化家居设备。因此，可以考虑在手握处加上一些纹理，不仅具有一定的指示性，方便抓取，也是产品把握处识别性与功能性的表现。

其次是形态细节设计。细节的设计反映了对该产品的多方面思考，包括指示灯的色彩设计、按键设计。一方面是指示灯的色彩设计，需要区分扫描设备在未使用、使用中和充电中三种不同的形式。充电是 power，使用中需要 safe，未使用就是 off。这三者可以对应色彩的冷暖色调及灰色系。另一方面是产品按键设计，按键需要指示性和舒适性并存，在使用过程中具有较强的灵敏度，以满足多数人的用户体验需求。

最后是节点设计。节点设计包含两个方面：连接处连接方式的选择；在连接处与连接方式相配合的细节形态设计。该产品的定位是手持式设备，主要分为三个部分：主体、防护盖、充电底座。首先，主体与防护盖需要便于打开闭合。其次，主体与充电底座的连接方式。随着 2017 年 iPhone x 引爆整个无线充电市场，这项技术迎来质的飞跃，更加简单、快捷、安全。因此，基于安全的用户需求，无线充电更为合宜。

3.2.3　App 策略设计

3.2.3.1　信息引导设计原则

目标用户在初次接触口腔健康扫描设备时难免有一定的使用障碍。信息引导设计旨在引导用户快速熟悉产品、解决使用过程中存在的问题。在进行系统设计的版块划分时，应该将此类问题考虑在内，通过弹窗或者适当的语音提示等方式引导用户正确地使用本产品，让用户从心理上感知产品使用的便捷性。

3.2.3.2　用户界面设计原则

口腔健康扫描仪旨在检测口腔卫生，因此用户界面的设计应保持简洁、明朗的基调。在此需求下，需要对界面排版、字体色彩大小、背景色、图标、按钮等进行统一的规范化处理。

3.2.3.3 附加功能设计原则

在KANO模型中，兴奋型需求会使用户感到惊喜，满意度大幅提升。这部分在扫描功能之外，属于产品的附加值。口腔健康扫描设备的定位是日常家用型产品。因此，结合日常生活需求与口腔健康知识等方面可以对App进行多功能化处理，以更好地促进用户与产品之间的互动，使用户从心理上依赖本产品。

4 家用口腔健康扫描仪产品化方案设计实践

为提升产品的使用体验，超声波口腔健康扫描仪在设计时着重研究用户使用行为及需求，让扫描仪在完成自身功能使命的同时，以目标用户欣赏的方式出现在大众面前。即以目标用户为设计中心，尽可能地满足多方面人群的需求。

4.1 产品方案设计

4.1.1 产品设计说明

通过对用户需求的深入分析与整合，设计出超声波口腔健康扫描仪模型，如图5所示。

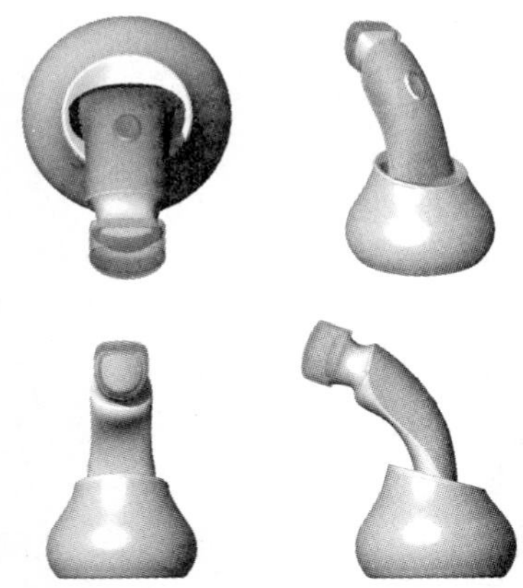

图5 超声波口腔健康扫描仪模型

该产品为超声波口腔健康扫描设备，其特点如下：

（1）非接触式超声扫描，安全、价格低，方便多人使用。

（2）产品造型轻巧，便于携带。

（3）简化设计使得产品简单易懂，方便操作。

（4）适用于各种环境，用户可以随时监测自己的口腔健康状况，得出专业的口腔健康分析，获得适合自己口腔的健康指导意见。

（5）系统自动保存每一阶段的口腔健康检测报告，并在下次监测时做出对比分析。

（6）在前往口腔医院时，可以出示自己的口腔健康检测报告，让医生更好地了解病情。

（7）无线充电，由充电器决定是否需要充电，并后期自行切断电源。

4.1.2 产品工作原理

如图6所示，该产品主要的功能元件有超声探头，脉冲发射接收器；数据采集卡，一维、二维信号处理，体绘制，VTK显示器。其基本的实现过程如下：通过蓝牙连接手机与产品，由脉冲发射器刺激超声探头进行扫描，将光波反射的距离反馈给脉冲接收器；数据采集卡整合数据，对一维和二维的信号进行图片化处理；由一维、二维的图像进行三维体的绘制；由显示屏显示最终的三维图像。

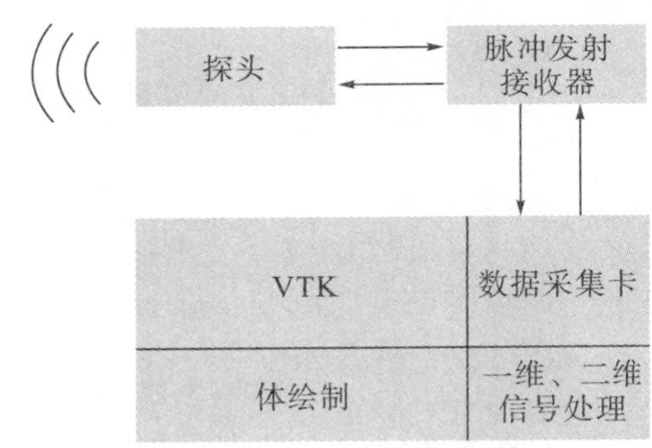

图6 超声波口腔健康监测扫描仪的工作原理图

4.1.3 效果图及细节展示

效果图与细节展示图如图7～图9所示。产品一共由3个部分组成，分别为主体、防护盖、充电底座。

图7 扫描仪渲染图展示

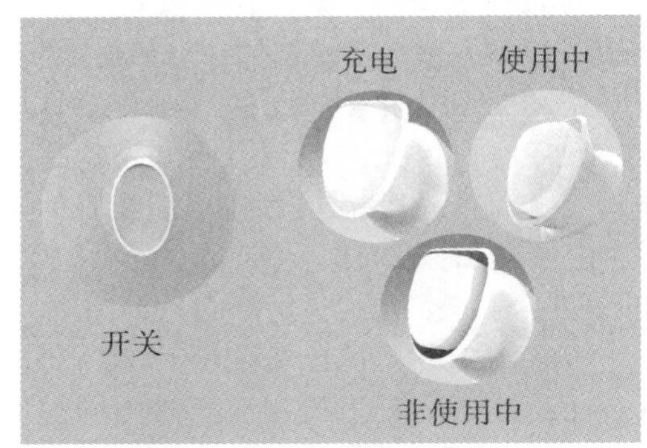

图8 扫描探头颜色变化及开关细节展示

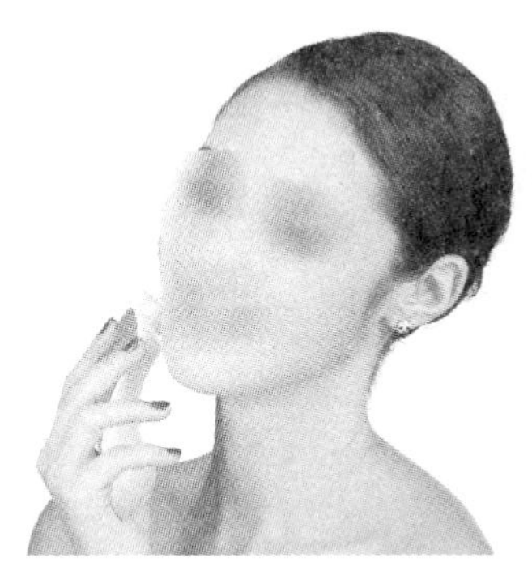

图 9　扫描仪使用效果图展示

扫描仪主体造型采用流线型形式，使之能较好地贴合手的自然状态。扫描探头处，原始角度倾斜向上，且可做略微的调整，方便使用者从自身的角度使用扫描仪。选取塑料作为基本材质，增加磨砂质感，用户在使用时抓握更加轻便。扫描仪的开关是贴合人手的凹型，未打开电源时扫描区域呈深蓝色；轻触开关，扫描区域变成发光淡蓝色，表明扫描仪正处于工作状态；再次触碰开关结束使用。通过指示色彩的变化，直观地感受产品的工作状态。

防护盖的主要功能是保护扫描仪的扫描探头，维持探头的清洁。它与主体利用塑料本身的弹性通过卡扣的方式连接，这种连接方式最大的优点就是开合方便。

充电底座跟风无线充电市场，其主要有两个作用，即充电和日常放置扫描仪。使用结束后将扫描仪放进底座中，底座通过智能感应扫描仪的剩余电量选择对其进行自动充电和切断电源。这个过程也伴随着扫描探头颜色的变化，充电时扫描探头变成黄色，充电完成后，变回非工作状态的深蓝色。

在配色上，基本色是白色，干净、简洁、大方。在扫描仪的外壳及充电器的颜色上做了些许变化。扫描仪的外壳选用柔性的粉色和深沉的蓝色，充电底座选用了不同的灰色系。这样的搭配干净舒服，较为贴合现代化家庭装饰风格。

4.1.4　基本尺寸设计

根据 GB /T 10000—1988 给出的中国成人手部尺寸 3 项（表 4）及男子、女子手部控制尺寸的回归方程，扫描仪的尺寸应该参考男子、女子的手长及虎口食指叉距等数值。考虑到用户体验的舒适度及功能修正量，在本处选用第 50 百分位数作为参考，扫描仪的具体尺寸如图 10 所示。

表 4　人体手部尺寸（单位：mm）

年龄分组 / 百分位数 / 测量项目	男（18～60 岁）							女（18～55 岁）						
	1	5	10	50	90	95	99	1	5	10	50	90	95	99
手长	164	170	173	183	193	196	202	154	159	161	171	180	183	189
手宽	73	76	77	82	87	89	91	67	70	71	76	80	82	84
虎口食指叉距	20.25	20.88	21.29	22.1	23.19	23.61	24.03	17.06	17.66	17.86	18.9	19.66	20.06	20.46

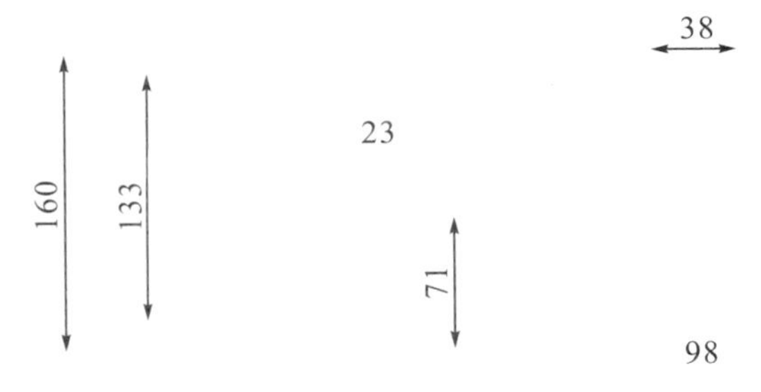

图 10　扫描仪具体尺寸（单位：mm）

4.2　App 设计

App 的界面设计直接引导产品的使用流程，切合产品的使用节点。

4.2.1　信息引导设计

信息引导主要分 3 个方面，即账号的登录和切换、设备与手机之间的蓝牙连接及语音提示，如图 11 所示。这个版块的设计是用户使用产品的前提，正确地登录个人账号及确保产品的可用性。初次通过个人信息进行账号注册，以便系统对每次的扫描结果保存或进行对比分析。该产品为家庭装，可以多人使用，此处允许一部手机登录多人账号或多个移动设备连接同一个扫描产品。

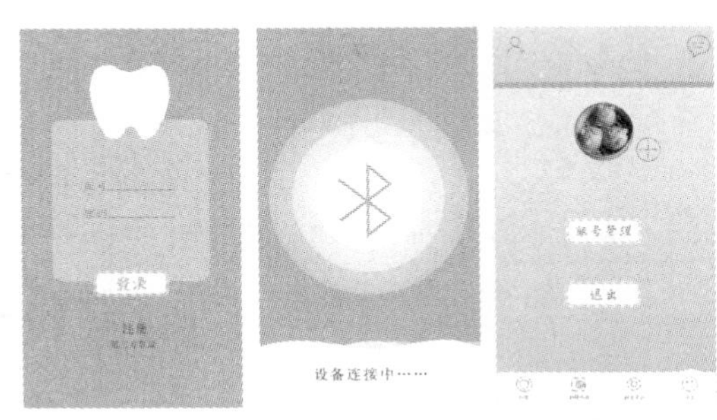

图 11　信息引导页面

在使用过程中，会有语音同步提示使用。从视觉、听觉两个方面对用户进行引导，确保用户准确地使用本产品完成最终的扫描。

4.2.2　用户界面设计

从 App 的整体基调来说，选用蓝色系看起来非常纯净，具有理智、准确的意象，较好地呈现产品的准确性和体现产品的科技感。在扫描环节共分两个板块：使用中及使用后的扫描记录整理。

在准确登录自己的账号并连接设备后是开始扫描页面。此页面只有一个触摸开关，没有附着其他功能，直接开始扫描测试工作。当扫描开始时会有语音提示：开始扫描，请将扫描仪附在后槽牙附近。当正确放置后，扫描开始，手部带动扫描仪缓慢向另一侧移动，约 30s，扫描结束。等候片刻，系统分析得出口腔健康检查报告，报告包括牙齿数量、牙齿健康状况、口腔健康情况及基础的口腔健康改善意见等。在此基础上，用户可以直观地看到每一颗牙齿的切片，配合口腔健康检查报告读懂每一颗牙齿、更好地了解自己的口腔。在扫描纪录页面中会对每次的扫描结果进行自动打分并保存。在页面上部，自动生成最近三次牙齿健康状况、口腔健康状况、综合得分折线图，可以清晰地看出最近时间内口腔健康状况的变化。

扫描记录不仅是用户对自己牙齿变化的直观体现，也是看牙时给牙医提供的一份口腔健康数据报表。在此数据及三维图中，牙医可以更好地确定病灶并排除病源，为用户定制更好的口腔健康改善方式。

功能性界面如图 12 所示。

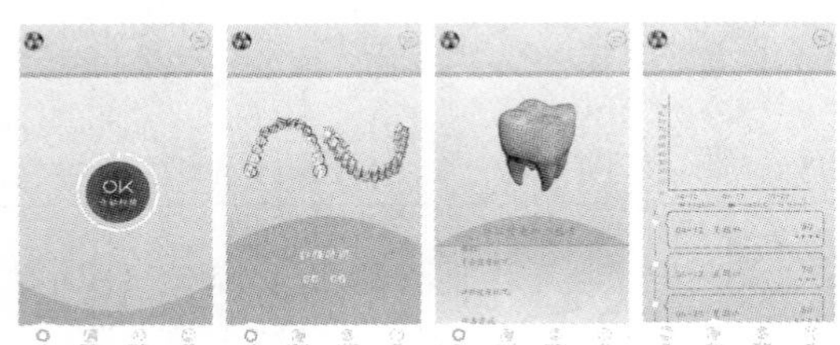

图 12　功能性界面

4.2.3　附加功能设计

在完成扫描及记录功能之外，我们还增加了助牙常识版块，如图 13 所示。通过日常对口腔健康知识的更新，丰富大家的口腔常识。以图片、文字加深用户对口腔健康重要性的了解，以此促进人机间的交互。

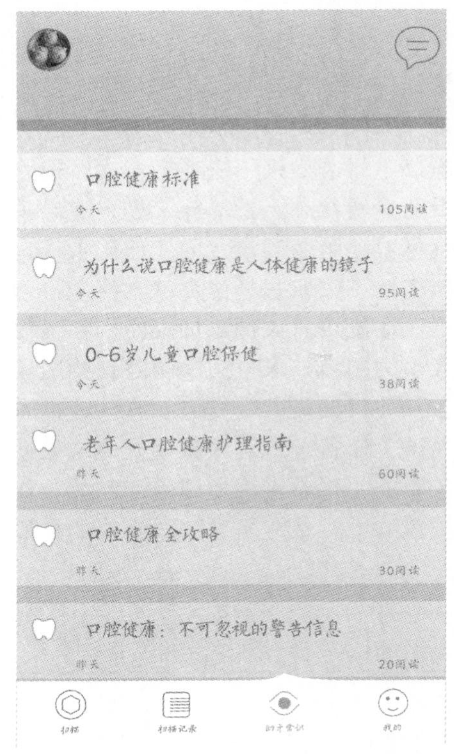

图 13　附加功能界面

4.3　用户使用步骤图解

通过对现有产品的分析及超声波口腔健康扫描设备设计，现将基本使用步骤归结如图 14 所示。基本分三个板块（放置环境、使用步骤及充电过程）对产品进行解释。

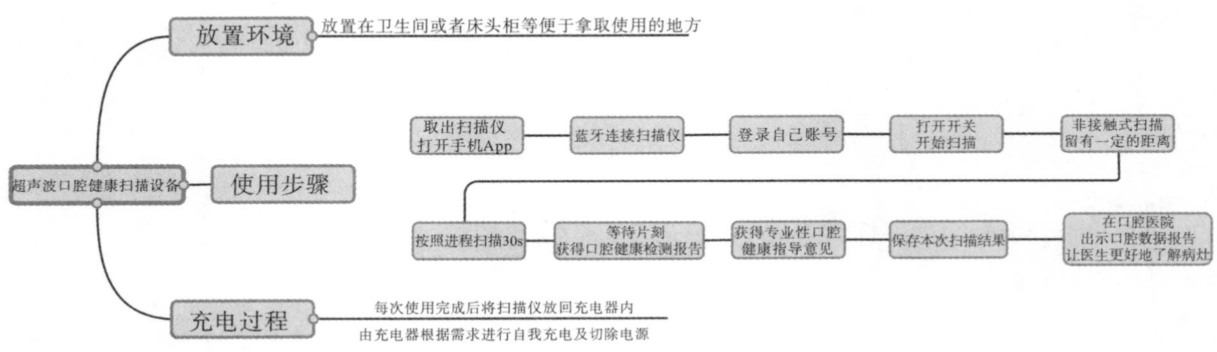

图 14　用户使用步骤图解

5 总结与设计展望

随着生活水平的持续提升，口腔事业迅猛发展，人们对口腔护理的要求也逐步提高，一款轻便、可随时检查自己口腔健康状况、提供相关基础医疗咨询的口腔健康扫描设备的诞生成为口腔事业发展的必然趋势。了解现有三维扫描在口腔方面的应用后，通过对用户场景和用户体验的分析，挖掘用户的使用需求，将基于 A 超探头的三维重建系统、无线充电等智能技术应用到家用口腔健康扫描仪中，最终得出基于用户体验的超声波口腔健康监测扫描设备，以此弥补三维口腔扫描设备在家庭中的使用空白。在不久的未来，“家庭口腔牙医”的出现会成为新型的发展趋势，家用口腔扫描设备的构思及产品的设计值得持续性地再细化、再完善。

参考文献

[1] Marcenes W，Kassebaum N J，Bernabé E，et al. Global burden of oral conditions in 1990－2010：A systematic analysis.［J］. Journal of Dental Research，2013，92（7）：592－597.

[2] 肖静，滕伟. 三维数字化扫描在口腔修复领域中的应用［J］. 国际口腔医学杂志，2014，41（1）：63－67.

[3] 杜娟. 基于高频超声的人牙釉质三维重建［D］. 广州：华南理工大学，2016.

[4] 王雁，刘苏. 手持产品的人体工学设计［J］. 人类工效学，2011，17（2）：52－55.

[5] 吴平. 面向用户体验的产品细节设计［J］. 包装工程，2016，37（6）：71－74.

[6] 杜娟. 基于高频超声的人牙釉质三维重建［D］. 广州：华南理工大学，2016.

儿童科普教育 App

——以“长江生态圈”为例

卓鑫苗

（南京艺术学院，江苏南京，210000）

摘　要：随着信息技术的不断发展，人们已日益习惯通过互联网移动端来获取信息、社交和休闲娱乐的内容，渐渐改变了以往的生活、工作和学习方式。除了成人，儿童也深受信息技术的影响。对于儿童教育已不局限于书籍与父母讲解上，越来越多人通过使用手机、平板电脑等电子设备作为媒介下载各类儿童科普教育的 App 作为辅助儿童学习的工具。本文主要从三个方面对儿童科普教育 App 进行阐述：第一，对移动互联网与 App 发展以及儿童科普教育 App 的发展进行研究，从互联网将给儿童科普教育 App 带来发展的角度，进行有关儿童科普教育 App 的设计探究；第二，分析在 App Store 上较热门的 3 款儿童科普教育类 App 案例，对其视觉、交互设计上进行了分析，并总结这 3 款 App 成功的原因，为后期进行儿童科普教育 App 设计实践提供思路；第三，阐释毕业设计“长江生态圈”设计，这是一款以长江流域动植物为表现主题的 App，结合交互游戏的方式科普儿童知识，希望以此呼吁公众保护长江生态环境的理念。

关键词：儿童教育 App；长江动植物；交互；科普；功能游戏

1 引言

1.1 研究背景

1.1.1 关于移动互联网和 App

CNNIC 调查数据显示，至 2017 年 12 月底，我国使用互联网的民众规模达 7.72 亿，普及率达到 55.8%，超过全球平均水平 51.7%，超过亚洲平均水平 46.7%。我国网民规模保持平稳增长，互联网模式不断创新与发展。越来越多人通过互联网移动端来获取信息、社交和休闲娱乐改变了他们以往的生活、工作和学习方式。而人们所通过获取信息、社交和休闲娱乐方式的途径基本都是来自 App，App 已经成为人们生活的一个重要环节。因此，各大软件供应商不断研发不同类型的新 App，来满足人们生活中的各种需要。

据调研公司 App Annie 发布的报告，截至 2018 年 3 月底，苹果应用商店下载量超过 82 亿次。其中，游戏类应用所占比例为 64%，教育类应用所占比例为 7%。从数据中能够体现智能手机/平板电脑用户每天花在 App 上的时间平均将近 3 小时，每月访问的 App 数量接近 40 个。这些数据很好地向人们说明了手机、平板电脑和 App 对我们现代人的生活有多重要。

1.1.2 儿童科普教育 App 的发展

随着时代的不断发展，公众对于科技产品的接受能力也日益增强。信息技术正在改变着人们的生活方式，很多事情都变得更加智能化。不仅仅是成年人，还有儿童也深受信息技术的影响，在他们的生活中有着各种各样的电子科技产品。iPad、手机成为他们最喜爱的玩具，而不仅仅局限于以往的传统玩具，现在还有各种有趣的 App 围绕在他们身边。《中国互联网数据资讯中心》显示，截至 2017 年底，有 98%的 0~8 岁儿童的家里都有移动设备，32.48%的儿童平均每天在平板电脑、手机等电子产品上花费 1~3 小时，而这个数字在 2011 年只有 4%。

截至 2018 年 4 月 15 日，中国区 App Store 上教育、图书收费应用的下载排名中，儿童教育和儿童图书在两类应用前 50 位排名中占 40%以上。在收费和免费应用的前 200 名中，针对儿童的 App 也占 50%以上。如今，关于儿童 App 应用已成为苹果公司 App Store 除了游戏以外的第二大营收项目。由此可见，越来越多的儿童热衷于电子产品，越来越多的家长会通过下载儿童科普教育 App 来作为儿童的启蒙学习途径。

1.2 研究的目的与意义

在进行科普知识时，对于 0~8 岁的儿童作为启蒙教育来说，有的知识点复杂抽象难以理解。不管是通过父母讲解还是通过图书学习知识，孩子的接收方式是被动的，也是难以理解的。0~8 岁这阶段的儿童玩心较重，若是枯燥无味的学习方式，不但会使他们感到枯燥无味，还会理解不了知识点。现在越来越多的学校针对儿童教育早已不再是纯粹的课本、板书，而是增加了许多与数字化相结合的教学工具。大部分学校已经采用了投影机、电视机等设备来辅助教学，还有的学校已经采用了使用平板电脑上课的模式，深受学生欢迎。若把课本知识点以交互游戏的方式生成教育 App，想必会大大提高儿童学习的乐趣。

本文以南京滨江小学的“小灵娃看长江—高年级教材”为蓝本（图 1），进行再创作。将数字媒体艺术与教育知识结合，通过互动方式提高儿童的学习兴趣，在娱乐的过程中学习到相应的知识点。同时也能够呼吁公众提高保护环境的意识，关注周围濒临灭绝的动植物。这款 App 基于平板电脑端，主要针对 4~8 岁儿童，希望他们在不受时间地点局限的情况下，以交互游戏的方式轻松愉快学习知识。除了常规的互动学习外，还包含了给长江动植物填色的游戏，以及通过拍照的方式将用户个性的肖像与长江动植物相结合生成图片等功能。

《小灵娃看长江》高年级教材

"小灵娃"看长江

小灵娃们，你了解长江吗？

长江秀美多姿，波澜壮阔，是我们的母亲河。长江流域传诵着许多荡气回肠的动人故事，成就了许多震古烁今的人物，创造并谱写了不朽的历史，形成了充盈、进取、灵动的长江文化内涵。

小灵娃们生活在长江边，耳濡目染，便拥有了长江的气质，咱们滨江小学也就此确立了“灵动教育”的办学特色，从而开设了以“长江文化”为背景的校本课程。我们将探索长江的资源、自然景观与文学作品、民众风情等，不断积累认知、养成能力，在尊重现实生活和学习体验的基础上，创设灵动的情境，触发生命的灵动生长。

长江究竟是怎样的？是慈爱的母亲，是智慧的长者，是健壮的勇士，还是充满朝气的孩子？小灵娃们会有自己的解读。

《小灵娃看长江》校本教材根植于长江，根植于校本，更源于滨小的灵娃们。它与学校“灵动每一个，精彩每一个”的理念相呼应，形成 “灵动”的校园文化特色，成就底蕴丰厚的灵动师生。该教材依据低中高三个年段进行分册编写，以主题单元为基本体例，每课中设置“背景知识”“文化聚焦”“资源链接”“问题指南”“作品累积”等板块。

小灵娃们，让我们一起走近长江，跟随长江的步伐朔古论今，了解昨天，感悟今天，畅想明天！

1

《小灵娃看长江》高年级教材

8、动物大观

一、背景知识

长江，不仅是我们华夏民族的母亲河，同时也是其它生命的母亲河。今天，我们将一起来了解生活在长江中的几种珍稀动物，其中有被誉之为“长江女神”的白鳍豚、“长江河神”的江豚、“长江鱼王”的中华鲟以及被称之为“淡水鱼之王”的白鲟。它们同我们人类一起，都应该尊为长江之子。然而，这些美丽的动物由于缺乏足够的了解和重视，它们所面临的形势日益严峻。

二、文化聚焦

白鳍豚终年生活在淡水中，而且只在中国的长江中才有分布。几千年来，浩瀚的长江为白鳍豚提供了广阔的生存空间。与长江相连的众多支流和湖泊，生长着白鳍豚赖以生存的食料鱼。大大小小的浅滩、沙洲、河湾和河口为白鳍豚提供了生活的乐园。

可是 1997 年的调查结果表明：整个长江里的白鳍豚已经不足 100 头了。这主要与长江的环境变化有关。现在长江沿岸几乎所有的湖泊都建了堤坝和闸门，割断了长江和湖泊的通路，使长江里的鱼类得不到适宜的饵料和产卵场，造成长江里的鱼类越来越少，使白鳍豚找不到足够的食物。长江里的航运和渔民的捕鱼工具也经常让白鳍豚死于非命，而江里的有毒污染物也是白鳍豚的一个无形杀手。可以说，有 90%的白鳍豚死亡是人为原因造成的。

白鳍豚失去了赖以生存的环境，如果我们人类不采取措施，它们只能面对灭绝的命运！白鳍豚曾经和人类共处了几千万年，我们有什么理由让这样美丽的动物从地球上消失呢？我们的当务之急，是要加

24

图 1 "小灵娃"看长江

1.3 研究现状

目前，在 App Store 上的儿童科普教育 App 主要围绕儿童电子故事书类、字母语言类、数字教学类、音乐艺术类、生活常识类以及游戏类为主。而大部分儿童科普教育 App 的交互形式主要以阅读、游戏或是通过游戏闯关的方式来学习知识点。对于既通过游戏的交互形式来学习相应的知识点，又包含拍照的方式将用户个性的肖像与学习内容相结合的儿童科普教育 App 目前较少。WWF Together 是包含了用户个性肖像与学习内容的一款 App（详见本文 2.1）。

2 儿童科普教育类 App 作品案例分析

在进行儿童科普教育 App 设计实践前，笔者分析了在 App store 上较热门的 3 款儿童科普教育类 App 案例，对其视觉、交互设计上进行了分析，并总结这 3 款 App 成功的原因。为后期进行儿童科普教育 App 设计实践提供思路。

2.1 WWF Together

WWF Together 是一款关于自然保护类教育 App，并且在 2013 年获得了 WWDC 设计奖。这个 App 主要以濒危动物为主题，介绍了 17 种濒临灭绝的动物，并且给每个动物都贴上了标签，以折纸的设计形式表达濒临灭绝的动物形象，吸引眼球，如图 2 所示。在交互上，以野生动物的视角来观察这个世界，还结合地理位置信息以及与动物互动游戏，不仅让儿童，也能让成人直观地感受到保护动物及环境的重要性。同时，这款 App 还包含了拍照功能，用户可以通过拍摄风景或自身肖像，把动物的折纸形象与拍摄内容相结合生成图片，如图 3 所示。

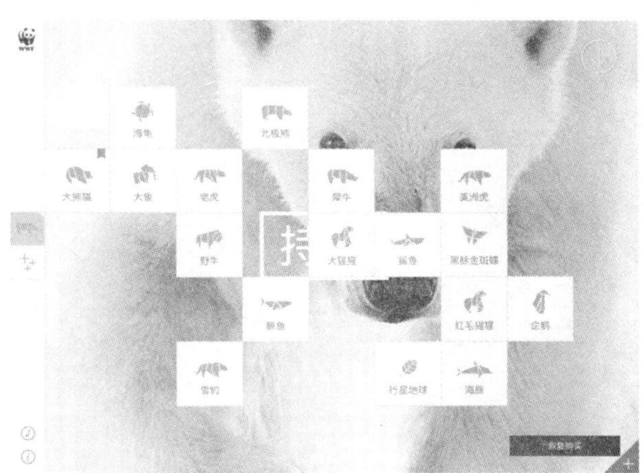

图 2　WWF Together

图 3

2.2 Inventioneers

Inventioneers App 在 2015 年获得了“最佳北欧儿童游戏奖”。这是一款益智类的游戏，主要通过游戏闯关的方式来考验儿童的实践逻辑能力，激发儿童丰富的创造力。在这款游戏中，分为不同场景，每个场景所涵盖的学习内容也是不同的。例如用户通过果园场景中可以学习到果园内果树的分类、浇灌果树的肥料种类等知识，通过修理厂场景可以学习到修理器材所用到的五金工具的内容等。这款 App 主要分为 4 个部分，即“主页”“场景选择”“设置”“分享”，交互流程简单明了。Inventioneers 并没有很明确地规定儿童在游戏中学习哪方面的知识，主要是激发儿童的创造力和实践逻辑能力。详见图 4。

图 4 Inventioneers

2.3 hip hop hen

hip hop hen App 是通过手绘的方式来展现字母让儿童学习。以卡通的视觉风格把字母与动物、食物、日常用品等结合，让儿童在学习的过程中找到乐趣。通过儿童本身手绘出字母的方式，让其对该字母有更深的印象。儿童还可以选择自己所喜欢的颜色去描绘字母，让自己对其更有兴趣。详见图 5。

图 5 hip hop hen

2.4 小结：儿童科普教育类 App 有效设计方法

经过对“WWF Together”“Inventioneers”“hip hop hen”这 3 款 App 的分析，对儿童科普教育 App 有效设计方法总结了以下 3 个方面。

（1）内容上：“WWF Together”是通过系列动物高清大图以及视频让用户系统地学习到濒危动物的现状；“Inventioneers”是通过游戏方式从生活中场景学习事物，让用户客观认知生活常识；“hip hop hen”是通过儿童熟知的卡通形象间接引导用户学习字母。

（2）视觉上：“WWF Together”以具象的动物照片以及视频让用户直观了解动物的现状；“Inventioneers”与“hip hop hen”以大部分儿童喜爱的卡通风格呈现，鲜明的色彩与有趣的卡通形象能够更吸引儿童的眼球。

（3）情感设计：“WWF Together”“Inventioneers”

"hip hop hen"这3款App都是以生活中熟悉的事物来引导儿童学习。例如"WWF Together"App运用儿童所熟知的折纸形式展现野生动物的形象；"Inventioneers"App运用果园、修理厂等生活中的场景引导儿童学习其中的内容常识；"hip hop hen"App运用蜡笔自主绘画字母的方式提高儿童对学习字母的兴趣。对于陌生的事物，儿童容易一闪而过不放在心上，若通过儿童所熟知的场景或事物引领他们学习新的事物，他们能更快接受新事物的知识。

3　毕业设计——以"长江生态圈"为主题的儿童科普教育App设计

3.1　设计思路

儿童科普教育App设计——"长江生态圈"是以校本课程为蓝本进行设计的。首先，在南京地区的小学都已经有属于每个学校独特的校本课程。"长江生态圈"这件作品借助南京滨江小学的"小灵娃看长江-高年级教材"为素材（图1和图2），以数字图形的设计手段，交互游戏的方式科普儿童认知长江流域动植物的知识；其次，有部分长江流域的动植物处于濒临灭绝的处境，希望能够呼吁公众保护环境，不要伤害这些稀有的动植物；最后，因为校本课程是南京每个小学独特的校本课程，不受限于国家或省级教材统一大纲，有更多做创作的可能性。

"长江生态圈"App设计工作流程如图6所示。

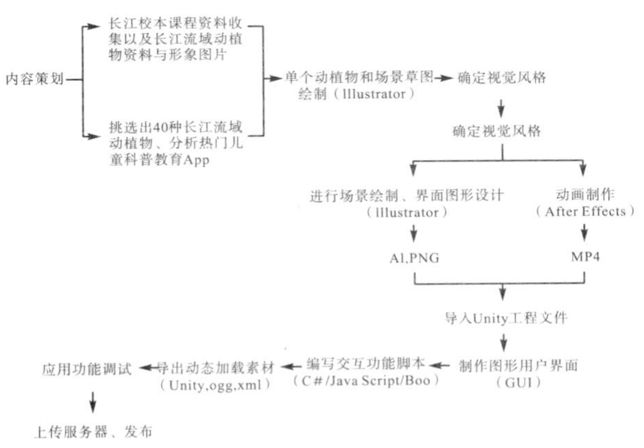

图6　"长江生态圈"App设计工作流程

在"长江生态圈"App中，总共绘制了40种在长江流域的动植物，选择其中最有代表性的6种动物（白鹭、猴面鹰、白鳍豚、水母、四川华吸鳅以及麋鹿）与2种植物（麻栎与梭鱼草）作为App的主要介绍对象。"长江生态圈"设定为一款横屏基于平板电脑端的儿童科普教育App，交互流程框架由多个界面组成，分别是"主页、8个动植物场景、我的画板"等界面，还包括"文本介绍、填色、我的背包、照相、背景颜色、素材"等功能。其中，模块部分主要分为"主页、文本介绍、填色、我的背包、照相"这5个模块。详细情况介绍如图7所示。

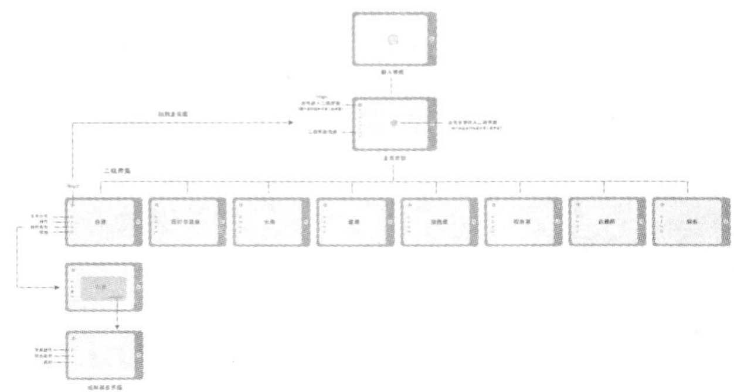

图7　"长江生态圈"App界面

（1）"主页"模块：载入主页界面时会有主页动画提示使用者长按点击进入二级界面的标识。在主页中设置了两种方式进入介绍动植物的二级界面：一种是"长按画面"（图8），这种方式是以线性进行观察，用户无法任意选择要去的动植物界面；另一种是"点击左上角主页logo"（图9），这种方式下用户能够自行选择所要去的动植物界面。

（2）"文本介绍"模块：用户在进入动植物二级画面时，左侧会有一条菜单栏，上面有4个图标，分别是文本介绍、填色、我的背包以及照相。刚进入动植物二级界面时，对于每个动植物的文本介绍会自动弹出，用户可以自主打开/关闭语音朗读。当用户阅读完文本内容或是想关闭文本框时，可以通过点击左侧菜单栏中文本介绍的图标来实现，想再次阅读也由此实现。

图8　"长按画面"方式

图 9　“点击左上角主页 logo”方式

(3)“填色”模块：用户可以通过自主上色的方式为 8 个主体动植物填充自己喜欢的颜色，增加了更多的趣味性和娱乐性。给主体动植物填好色后，可以保存本地或分享至朋友圈、QQ、微博等。

(4)“我的背包”模块：用户可以通过选择界面中喜欢的物体，点击添加在“我的背包”中，然后创作属于自己的画面。在这个模块中，还包含了“背景颜色、已添加物体、素材”3 块内容。在“背景颜色”中选择喜欢的背景颜色再往里拖进已添加的物体，还可以再次改变该物体的颜色。在“素材”中有界面组合好的树林、礁石、珊瑚等素材供使用者选择。组合好新的场景后可以保存在本地或分享至朋友圈、QQ、微博等。

(5)“照相”模块：点击“照相”图标，界面会弹出自动倒数 5 秒的提示，这时用户可以对着镜头进行拍照，拍完后画面上就会出现用户的肖像与动植物相结合的照片。将自身与画面相结合，生成独一无二的照片进行保存与分享。

3.2　设计流程

在设计“长江生态圈”App 之前，首先到南京滨江小学收集该小学《小灵娃看长江》高年级教材的课本资料，选取其中的小章节作为素材；同时收集有关长江流域的动植物信息与形象图片，分析了 App Store 上热门的前 10 款儿童科普教育 App。再挑选出 40 种长江流域动植物进行草图绘制并确认设计风格，进行场景绘制、图形界面、交互流程分析等项目。然后导入 Unity 工程文件，制作图形用户界面以及编写交互功能脚本。最后导出动态加载素材进行应用功能试调，最终上传服务器完成 App 发布。具体流程如图 6 所示。

3.3　视觉设计

“长江生态圈”以长江流域以及周围动植物作为整个 App 的呈现场景，主要是针对 2～8 岁儿童的知识科普使用。因此，整个 App 的视觉风格需要偏向卡通化一些，设计中借鉴了意大利插画家 Philip 的插画作品（图 10）与荷兰插画家 Erwin kro 的插画作品（图 11）。

图 10　Philip 插画作品

图 11　Erwin kro 插画作品

3.3.1　主体图形设计

笔者从收集长江流域动植物形象图片中挑选出 40 种进行绘制，其中动物 13 种，植物 27 种，如图 12 所示。在图形的设计上，主要是以几何块状来代替原本写实的形象，使动植物写实形象图形化、设计化，让使用者看起来会更有趣味性些，如图 13 所示。

3.3.2　在 logo 设计

因为“长江生态圈”App 是围绕长江流域及其周围环境展开的，所以在 logo 的设计上，笔者选择长江流域最具有代表性的动物——白鳍豚作为整个 logo 的主体，将白鳍豚的形象与江水结合能够明确地突出“长江生态圈”这个 App 的内容，如图 14 所示。

图 12　形象图片绘制（部分展示）

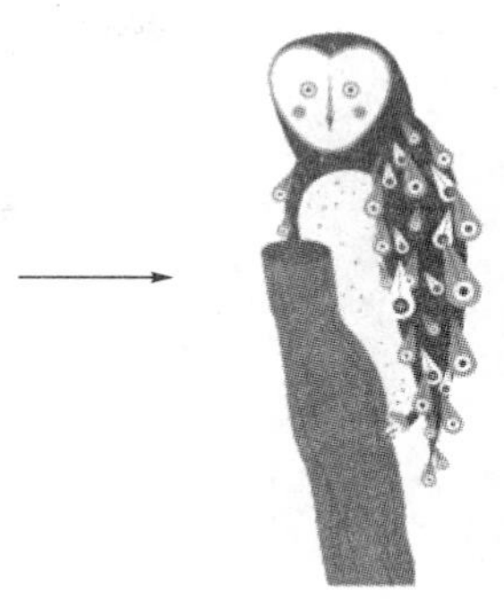

猴面鹰

麻栎

图 13　几何块状物代替原本写实形象

图 14　白鳍豚 logo 设计

3.3.3　色彩设计

主要针对儿童，使用温和、舒适的色调，会给人带来温暖亲近的感觉。

3.3.4　界面设计

在主页中，笔者将部分动植物与江水结合在一起整体体现长江生态圈的氛围，如图 15 所示。而在 8 个动植物的二级界面中，结合长江流域场景以及动植物所生活的地域进行场景组合，在场景上绘制了夜晚、早晨等不同时间段，还有陆地、江中不同地段的场景，如图 16 所示。

图 15

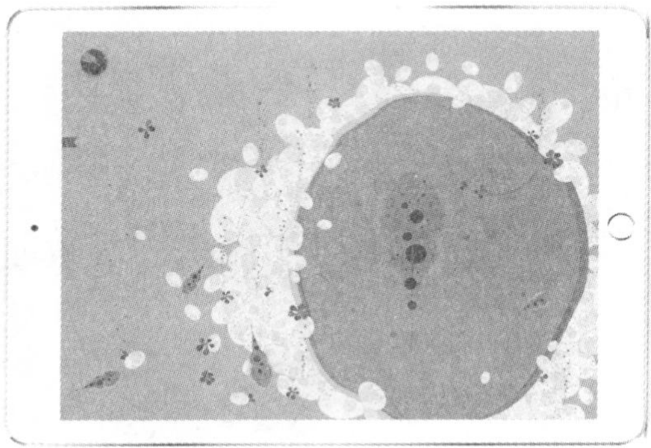

图 16

3.4 交互流程设计

用户在进入“长江生态圈”App 后，出现的是主页界面动画，随后可以通过“点击长按”或“点击左上角图标”进入动植物二级界面。以通过“点击长按”进入第一个二级界面“白鹭界面”为例，进入白鹭界面后会自动弹出对“白鹭”的文本介绍，可通过左侧菜单栏中“文本介绍”图标对此进行关闭或打开，如图 17 所示。点击“填色”图标，界面中的白鹭会成线稿状态以及白鹭旁有个色条，以此来进行自主的颜色填充，如图 18 所示。点击“我的背包”，在无添加任何物体的情况下，其呈现的是空的状态，用户可以通过选择界面中物体添加至“我的背包”中，如图 19 所示。

图 17

图 18

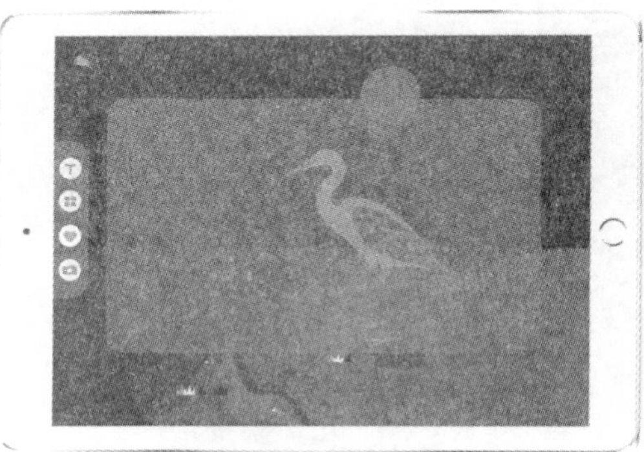

图 19

点击“照相”图标，界面会自动弹出“请看镜头”并倒计时5秒拍照，使用户肖像与场景融合形成独一无二的照片，如图20所示。在添加完物体后，再点击“我的背包”进行创作时会出现“画板界面”，在此界面中包含“背景颜色、已添加物体与素材”3个功能，用户可以通过这3个功能绘制属于自己的场景，如图21所示。

图20

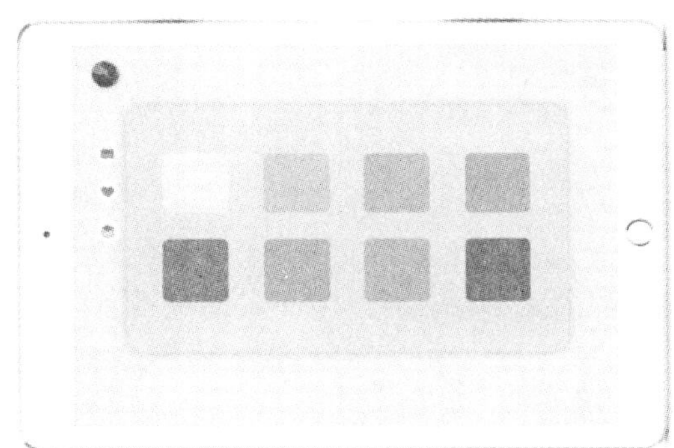

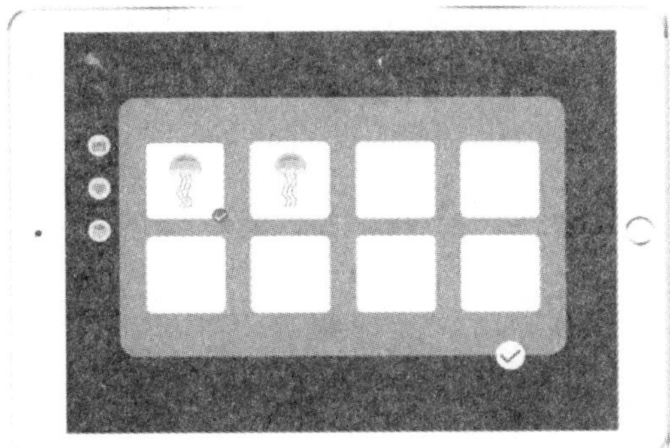

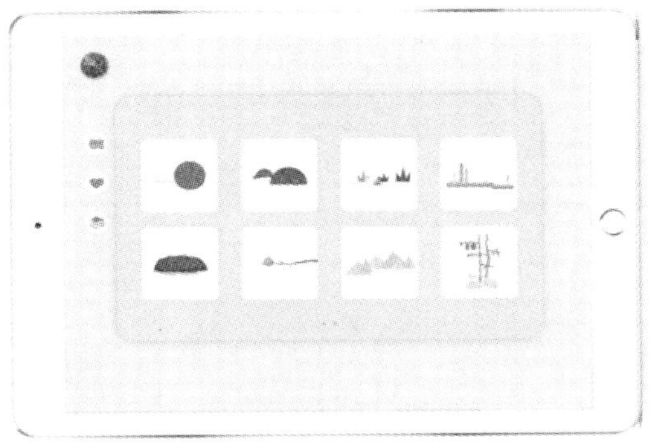

图21

3.5 展示方式的呈现

对于“长江生态圈”App的设计，为了使展示方式不仅在平板电脑端上呈现，使毕业设计展上有更多的趣味性。针对“长江生态圈”这个主题，把长江流域场景分为“春、夏、秋、冬”4个场景，由四季场景表现生态环境，每个季节中呈现该季节的动植物。对于墙面投影的场景制作了四季场景动画，以墙面投影结合iOS端和融入甩屏技术与墙面投影交互，增加更多互动性，如图22所示。针对iOS端，采用两种形式：第一种是在实体展示空间中参与者通过在iOS端上自主为动植物填色的方式投在大屏幕上，参与度高，如图23所示；第二种是针对长江流域动植物制作一个App基于平板电脑端发布App Store上，如图24所示，App主要是给儿童或公众既普及长江流域动植物的知识，也增添交互游戏自主上色以及将自己个性的肖像与长江流域动植物相结合生成图片等。此外，还制作了有关长江生态圈相关的衍生品展现在实体展示空间中，如图25所示。

图22

图 23

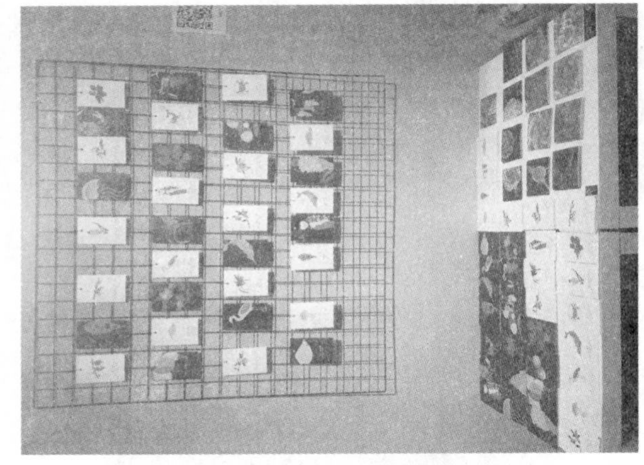
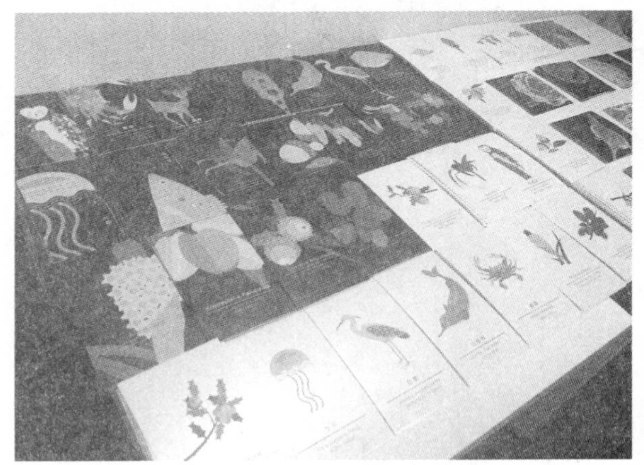

图 25

图 24

4 结论

通过对“长江生态圈”App 的设计实践，了解到要实施一个项目并把这个项目做得完整是需要通过系列流程来实现的。在实施“长江生态圈”儿童科普教育 App 前，要对互联网发展与 App 发展现状、App 历年在 App Store 上下载量的对比分析、儿童科普教育 App 发展现状及每个家庭所持有电子设备的占有率进行分析，以此来估评设计儿童科普教育 App 的发展性。随后还要分析 App Store 上已有的儿童科普教育 App 的类别、视觉效果、交互流程，为接下来的设计提供思路。在确定内容上，以“长江生态圈”为主题的目的是因为在已有的儿童科普教育 App 上对学校课程内容科普的范围较少，所以选取南京滨江小学的长江校本课程作为蓝本对其进行创作。确定完主题后开始收集长江流域周围动植物的资料进行图形设计、场景设计、界面设计以及交互设计。然后导入 Unity 工程文件制作图形用户界面并编写交互功能脚本。最后导出动态加载素材进行应用功能试调，最终上传至服务器完成 App 发布。本文对此进行了详细的描述。

在儿童教育这个问题上，现在的父母亲对于儿童启蒙教育越来越重视。将平板电脑、手机等电子设备作为儿童早教工具的使用也越来越普遍。而把这些电子设备作为早教媒介，最离不开的是 App 应用。

参考文献

[1] 加瑞特. 用户体验要素：以用户为中心的产品设计[M]. 范晓燕，译. 北京：北京机械工业出版社，2011.

[2] Chris Stevens. 为 iPad 而设计打造畅销 App [M]. 陈勇，张晓雯，译. 北京：人民邮电出版社，2013.

[3] Susan Weinschenk. 设计师要懂心理学 [M]. 徐佳，马迪，余盈亿，译. 北京：人民邮电出版社，2013.

[4] Walter Isaacson. 史蒂夫·乔布斯传 [M]. 北京：中信出版社，2011.

[5] Giles Colborne. 简约至上：交互设计四策略 [M]. 李松峰，秦绪文，译. 北京：人民邮电出版社，2011.

[6] Jon Kolko. 交互设计沉思录 [M]. 方舟，译. 北京：机械工业出版社华章公司，2012.

[7] Marty Cagan. 启示录：打造用户喜爱的产品 [M]. 七印部落，译. 武汉：华中科技大学出版社，2011.

[8] 徐丰. 界面设计中视觉信息的主导作用分析 [J]. 包装工程，2015 (1)：20.

[9] 原田秀司. 多设备时代的 UI 设计法则 [M]. 付美平，译. 北京：中国青年出版社，2016.

[10] 唐纳森·A. 诺曼. 设计心理学 3：情感化设计 [M]. 张磊，译. 北京：中信出版社，2015.

[11] 劳拉·里斯. 视觉锤 [M]. 王刚，译. 北京：机械工业出版社，2016.

[12] 罗宾·威廉姆斯. 写给大家看的设计书 [M]. 苏金国，刘亮，译. 北京：人民邮电出版社，2009.

行业前沿

让3D打印放飞孩子的创想

——面向创新教育的3D打印设计软件UX探索与实践

白宏伟

（遨为（上海）数字技术有限公司（IME3D），上海，200333）

摘　要：基于3D打印技术在中国的发展和普及，不少学校和培训机构已开始设立面向青少年学生的3D打印课程，使之成为创客教育和STEAM教育的核心内容。3D打印必须利用3D软件设计3D模型作为数据输入才能实现造物过程，而市面上与之配套的3D设计软件和课程却没有很好的解决方案，许多场合仍然使用专业级3D设计软件来代替，不符合青少年中小学阶段的认知水平和使用习惯，用户体验和实施效果欠佳。本文以青少年3D打印创客教育中所必需的3D设计软件和配套课程为出发点，对软件和课程产品用户体验进行探索，并在实践教学中进行验证。

关键词：3D打印；3D设计；创新教育；课程

1　前言

创客教育是创客文化与教育的结合，其基于学生兴趣，以项目学习的方式，使用数字化工具，倡导造物，鼓励分享，是培养跨学科解决问题能力、团队协作能力和创新能力的一种素质教育。

3D打印技术作为第三次工业革命和工业4.0的代表性技术，其基于计算机辅助设计、计算机三维数据处理、数字化增材制造等多项先进技术，能够依据计算机图形数据，全自动生成任何形状的实物物体。作为最安全、最便捷、最经济的一种数字化造物手段，符合“素质教育”“创客教育”和“STEAM教育”理念，能够很好地与科学、技术、数学、艺术、工程等众多学科结合，其扩展性超越机器人、乐高、智能硬件等创造力教育项目。在当前注重培养青少年创造力、创新和动手能力的教育背景下，3D打印在青少年创造力培训领域拥有极其广泛的应用空间。3D打印在青少年创造力教育领域的应用如图1所示。

图1　3D打印在青少年创造力教育领域的应用

2　竞品分析和产品定位

近年来，桌面级3D打印机发展很快。据不完全统计，全国有数百家厂商在研发各种各样的新的3D打印设备，推动3D打印设备朝着智能化、多元化与低成本化方向发展，基本具备了在教育领域普及和发展的技术基础，由于3D打印必须要有3D设计软件生成的3D模型作为数据输入，而市面上与之配套的面向青少年创新教育3D设计软件和课程没有很好的解决方案，很多场合在用专业级软件及其使用说明来代替。目前常见的几种解决方案如下。

2.1　3D打印机+3D模型库

由于缺乏适合青少年的3D打印创新应用，部分厂商提供3D打印机+模型库的创新教育解决方案。该方案缺乏扩展性和教育性，只能重复地下载模型并3D打印，侧重于3D打印功能演示，只能勉强支撑1～2节3D打印体验课，不能满足学校和教育机构系统性开展3D打印创造力培养的需求。在过去的1～2年之间，很多此类方案进入了学校，但学校普遍反映打印机闲置，不能支撑教学，对3D打印创新教育带来了不好的影响。

2.2　3D打印机+游戏类3D软件

3D游戏类软件也是一种可以与3D打印结合的软件，以“我的世界”“Tinkerplay”等游戏类软件为例，可以输出模型进行3D打印。游戏类3D软件虽然操作简单，但是其教育意义有限，很难和科学知识、动手练习相结合构成创新教育体系，只能在幼儿阶段进行兴趣引导，不能真正用于教学。

2.3　3D打印机+专业级3D建模软件

3D建模软件是针对工程领域的3D解决方案，其设计输出的3D模型可以很好地与3D打印结合，是未来智能制造、工业 4.0 的必然解决方案。3D 建模软件针对的是工程师等专业人员，需要专业的技能，使用门槛高，普及教育阶段的青少年很难掌握，而且通常专业 3D 建模软件费用也很高。目前在全球范围内，很少有专业 3D 建模软件应用到青少年 3D 打印创新教育领域。在国内由于缺乏对应的解决方案，存在一些厂家临时提供盗版的 3D 建模软件给中小学用户，但很难真正地应用成功，对于教育市场造成了不良的影响。

由此可见，把 3D 打印应用于创新教育，不仅仅是 3D 打印机本身，核心在于设计创新，如图 2 所示。除了 3D 打印机之外，必须要有真正能发挥青少年学生创造力的 3D 设计软件、体系化的课程以及专业的师资培训。为了更好地通过 3D 打印这一新型技术来放飞孩子们的创想，针对青少年用户的 3D 设计软件和配套课程方面用户体验的探索与实践，与 3D 打印机同样重要。

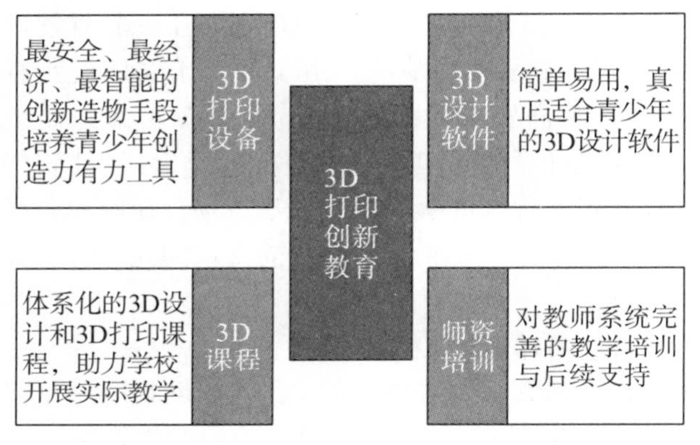

图 2　3D 打印创新教育的核心内容

3　产品设计探索和实践

3.1　基于青少年认识的 3D 设计软件探索

虽然传统的 3D 设计软件已经发展了近 40 年，用户体验也在不断地进行改善，但是针对专业人士的定位不符合青少年中小学生的认知水平和理解能力，很难在创客教育中得到良好应用。

对于青少年认知水平的发展，有许多理论和实验方面的研究，皮亚杰关于“认知发展”的基本观点是被大家广为认可的。他认为，个体一般认知能力的形成及其认知方式是随着年龄、经验的增长而发生变化的，特别是青少年认知的发展是通过认知结构的不断构建和转换而实现的；儿童认知的发展是连续性与阶段性的统一，每个阶段都是前面阶段的延伸，是在新水平上对先前阶段进行改组而形成的系统。

基于该观点我们不难发现，从小学一年级一直到初中三年级甚至高中阶段，3D 打印创新教育中如果只用某款单一的设计软件，显然是不合适的。为了能更符合青少年的认知水平和理解能力，3D 设计软件必须要打破常规的专业计算机辅助设计（CAD）软件的建模方法，结合青少年在不同阶段熟悉的表达方式——绘画、积木、拼接、捏橡皮泥、数学、逻辑判断等，涵盖从简单到复杂的系列化 3D 创新设计软件，如图 3 所示。

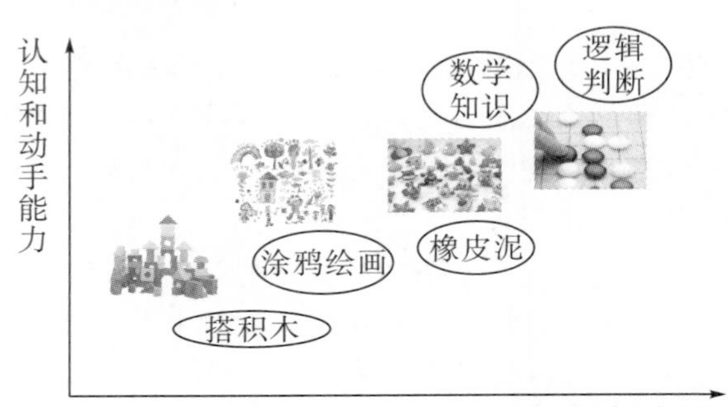

图 3　青少年不同阶段熟悉的表达方式

通过对比分析传统专业的 3D 设计软件和针对青少年的 3D 设计软件，可以发现表 1 中几方面的不同。

表 1　不同用途的 3D 设计软件对比分析

	专业 3D 软件	青少年用 3D 软件
针对人群	专业人员	中小学学生
功能数量	>1000	<100
命令方式	抽象工程化	具象趣味化
学习周期	>3 个月	<1 个月

基于以上分析，本产品针对的目标用户主要是青少年中小学生，同时由于对该类软件的使用只是作为“创客教育”的工具，学习软件本身不是目的，软件本身的学习周期应该尽可能短。因此，本文主要基于青少年认知水平和理解能力，从软件产品“功能数量”和“命令方式”两个维度对软件设计进行探索。

3.1.1　功能数量

通常在设计软件产品时，关注较多的是功能本身，而不会太在乎其数量，特别是由于 3D 设计软件能够做出非常复杂的模型，所用到的功能数量成百上千。虽然专业 3D 设计软件功能数量繁杂，但大多是模块化呈现，每个不同的模块中包含的功能数量并不多，且能较好地用青少年熟悉的表达方式来呈现。

比如，专业软件中的“基于草图绘制进行拉伸实体模型”便可以用“从 2D 涂鸦绘画加厚变为 3D 模型”的方式来表达和呈现；同时，再将孩子们进行实物操作的造物方式用数字化的方式呈现，如在电脑中利用搭积木的方式进行 3D 模型创建，数字化表达中的许多优势（大小可随意修改、形状多变等）使得积木堆叠有了更多的可能，再通过 3D 打印变为实物。

按此方式，便可将庞大而复杂的专业 3D 软件设计为功能数量可控制的系列化“Mini 软件”，并且保证各软件之间有一定的功能和逻辑重叠，满足青少年认知水平的连续性。图 4 显示的是 IME3D 系列化 3D 设计软件，其每个软件的功能数量均少于 100 个，软件名称和功能均结合青少年熟悉的表达方式进行设计。

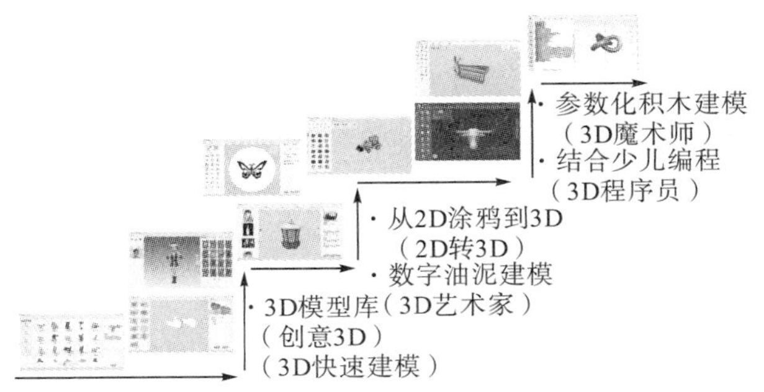

图 4　IME3D 系列化 3D 设计软件

3.1.2　命令方式

除了软件功能本身外，教育用 3D 设计软件的命令方式还要符合青少年中小学生的认知和理解水平，才能提升其可用性（Usability）和用户友好（User Friendly）体验，让孩子一看便知道该功能所表达的意思，不需要进行尝试和摸索。

也可能是由于专业的 3D 设计软件中功能太多，功能的传达是非常抽象的，且大多数都是通过很小的图标来表示，不便于中小学生理解。以下通过 IME3D 系列化 3D 设计软件中的两个设计案例进行说明。

案例 1：如图 5a 所示，某专业的 3D 人物设计软件中对模型的调整功能命令均以小图标的方式表示。为了能更好地符合青少年学生用户的认知，IME3D 系列化软件中 3D 漫像人物设计软件中使用了较为具象的“图标+通俗易懂文字”的命令方式，如图 5b 所示。

a 某专业 3D 人物设计软件

3D漫像调整
角色定制 发型选择 通用设置 五官容貌 表情调整 配饰选择

bIME3D—3D 漫像人物设计软件

图 5　软件命令比较

案例 2：参数修改是 3D 数字化设计软件的优点之一，学生可利用该特点对自己的设计进行修改。图 6a 为某设计软件中参数修改功能中各项命令的方式，过于专业的表述很难被小学生理解；IME3D 系列化软件中的快速 3D 建模将常用模型的参数用非常生活化的方式进行表述，使得小学生们快速理解参数化的概念（图 6b），随着其年龄增长和认知水平的提升，再改为较为抽象的命令方式。

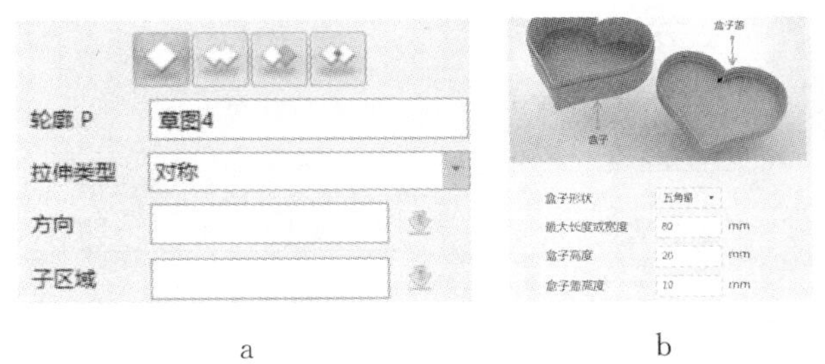

a　　　　b

图 6　参数修改命令比较

3.2　基于 PBL 的 3D 创造力课程探索

3D 打印创新教育，作为一种新型数字化工具与教育结合的产物，课程的设计同样应当从青少年了解的知识点开展，而不应当将 3D 打印或 3D 设计技能掌握本身作为课程设计的重点。

在适合青少年认知水平和动手能力的系列化 3D 软件的基础上，以“创造力培养+学科知识融合+3D 设计+3D 打印知识+互动实践”为出发点，以 PBL（项目式教学法）所倡导的“项目为主线、教师为引导、学生为主体”核心思想，开发基于 3D 打印的创客教育课程体系。与 3D 设计软件不完全相同，为了使课程能实际运用于课堂中，每个课程需要包含讲义、教案、教材以及其他辅助素材资料。

以“音乐之旅”主题课程为例，里面除了包含外观设计和 3D 打印等技术知识点外，前期的导入需要从青少年所熟知的音乐基本知识以及物理科学中的振动和传播介质切入；同时课程的设计也需要考虑青少年认知的连续性：声音的产生—节奏—旋律—音乐，循序渐进，且每个课程均是一个完整的项目，从而才能达到创客教育所倡导的互动实践效果。具体如图 7 所示。

与传统教育课程不同，3D 打印创新教育最后的 3D 设计模型呈现是较为重要的，特别是 3D 打印也需要有 3D 数字模型。因此，课程完成后对 3D 模型的收集是不可缺少的功能；同时对课程所达到的效果以及学生学习该课程后考核与评价的机制也不能像学科课程考试那样去评判。因此，将系列化的3D设计软件和完善的3D打印课程集成于同一平台会更有利于学校进行课程开展。

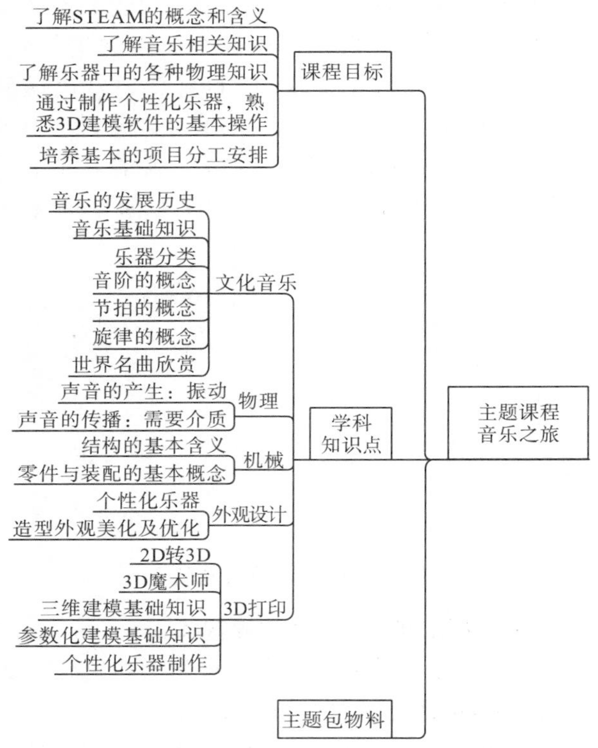

a 课程目标和学科融合知识点

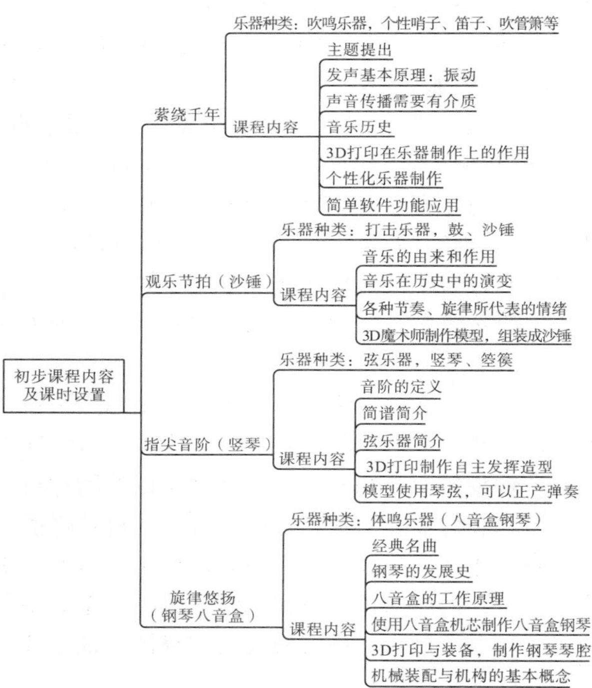

b PBL课程内容设置框架

图7 基于PBL的3D打印教育课程案例框架

基于此，IME3D青少年3D打印创新教育平台集成了系列化3D设计软件和完善的课程体系，如图8所示。平台界面左侧为9款设计软件，右侧为针对青少年不同阶段的课程体系，涵盖了小学、初中和高中不同用户群体的需求，全方位支持老师开展3D打印创新教育。

图8 IME3D青少年3D打印创新教育平台

3.3 产品实践验证和未来发展建议

3D打印创客教育活动可根据学生年龄特点和学校特色展开，主要有科普体验类活动、常态化教学、学校社团/兴趣类活动、夏令营/冬令营类活动、竞赛培养等。产品验证走入各类活动，组织形式上采用了校园、家庭和社会大课堂相结合的方式，以校园学习为主导，如图9所示。

图9 产品实践“让3D打印放飞孩子的创想”

通过两年多的时间，IME3D产品在全国28省市自治区超过1000所中小学进行使用验证和教研活动，得到了许多宝贵的建议，在对产品进行更新的基础上，也对该类软件产品未来的发展总结出一些建议。

（1）随着近年来移动设备的发展，许多学校已经使用移动设备作为数字化教学的工具，未来可将3D设计软件这样功能相对较为复杂的PC端产品“移植”到Pad或Mobile端，对其功能数量和交互方式进行更好的优化和提升。

（2）由于3D打印技术只是创客教育中的一种数字化手段，课程的研发可以将其与智能电子硬件和少儿编程等其他多样化的方式进行结合，以适应未来教育的需要。

4 小结

随着新的科学技术的不断发展，创新教育既是时代发展的需要，更是国际竞争和人才竞争的需要。2015年和2016年教育部在《教育信息化“十三五”规划》中多次提到创新教育的重要性，并鼓励将3D打印技术在教育领域推广。本文从竞品分析和产品定位入手，基于青少年中小学的认知发展，主要研究了3D设计软件和3D创造力课程的用户体验应用模式，并以IME3D青少年3D打印创新教育平台为例，进行了探索实践，让3D打印新型技术进一步提升孩子们的创造力和想象力。

参考文献

[1] 谢作如. 创客教育的DNA [EB/OL]. http://www.cssn.cn/jyx/jyx_ptjyx/201701/t20170116_3386133.shtml.

[2] 认知发展理论 [EB/OL]. https://baike.baidu.com/item/认知发展理论/7876079? fr=aladdin.

从户外亲子活动趋势思考投影机的新情境

——露营投影机使用行为探讨、设计与验证

陈怡彦

（明基电通数字时尚设计中心用户体验部，台湾台北，10106）

摘　要：根据调查，全球露营市场规模在2019年将达50亿美元，且将以4.68%的速度逐年成长。随着露营活动蓬勃发展，各式各样户外休闲娱乐需求也开始发展。我们观察到许多民众会携带投影机至户外或营地，增添露营活动的乐趣。然而，当向来被作为室内娱乐设备的投影机被携至户外使用时，在携带、架设等操作过程中遭遇了各式各样的问题。因此，透过使用者研究，发掘户外（露营）活动使用投影机的痛点，了解户外影音体验的情境和使用需求，重新定义户外投影机的设计目标，也在传统投影应用之外，开拓出新的应用情境和市场机会。产品也因挖掘新的使用情境，并在设计上提出对应解法，而获得2017金点设计奖年度最佳设计、2017 GOOD DESIGN AWARD。同时，在产品开发完成上市一年后，使用者研究团队持续追踪研究，验证设计定义的情境和产品功能是否满足用户需求，并提出改善建议，期待以创新设计为用户带来更愉快的户外影音体验。

关键词：投影机；户外投影仪；亲子；露营

1　研究背景与目的

1.1　生活质量提升带动露营活动成长

随着全球经济发展，民众愈来愈重视休闲娱乐活动；全球娱乐支出逐年增加，而室外娱乐活动的参与度也逐年成长。全球露营相关设备市场规模预计至2019年将达50亿美元。未来五年内全球露营用具市场的复合年增长率为4.68%，亚太区复合年成长率甚至达6.74%。

中国自2014年以来，中央与地方政府都高度重视露营产业发展，在政策与市场的双重刺激下，中国露营产业至2016年呈现爆炸式成长。2017年为露营地产业高速发展的黄金期，全国露营地数量成长76%。

中国台湾地区对于户外休闲娱乐活动需求也如同全球趋势一样大增。台湾地区的露营协会于2017年的调查显示，全台湾的常态性露营人口已突破200万，较2010年成长约一倍，全台湾露营区达1500处，不仅露营场地数量增加快速，年产值更粗估超过3亿元新台币。

1.2　露营是展示、生活品位的体现

露营活动除可亲近自然外，更能与亲友情感交流。露营活动包罗万象，如游乐、竞赛、野炊、训练、影音娱乐等，其本质上是一项高度综合性的户外活动。

而当露营成为一种社交、综合性的休闲活动后，愈来愈多的露营民众（称之为“露友”）开始追求“露营的风格与质量”，期望把个人生活风格带入露营活动中。露营“炊事”已不再是使用简陋的柴火器具，烹煮简单的食材果腹；与大自然的互动也不单是健行/健走这样简单（图1）。

图1　受访者陈先生携带整套咖啡器具，享受户外咖啡时光，并在营地使用铸铁锅制作面包

1.3　露营的夜间影音活动：蚊子电影院成风潮

白天投入大自然，夜间露友们也尝试为露营活动增添乐趣。能够吸引小孩目光、让大人放松观影的蚊子电影院也在台湾地区露营论坛如“睡外面”

露营社、逐露/逐居独立网志中引发诸多讨论，从这些讨论中可以看出，露友们对于户外影音活动的高度兴趣。

随着露营风气越来越兴盛、蚊子电影院蔚然成风，我们不禁思考人们在携带投影机至户外时，会面临哪些问题？向来被视为是室内娱乐设备的投影机，能否在温湿度、风、尘无法控制的大自然环境中正常运作？本研究深入了解露营行为历程，探讨在露营活动中会有哪些影音娱乐需求，这些需求可否透过投影机来满足？在户外使用投影机又会有哪些痛点？

2　研究设计

2.1　研究与产品设计流程

本研究根据英国设计协会于 2005 年提出的“Double Diamond”进行研究与设计（图 2）。

发现期（Discover）	定义期（Define）	发展期（Develop）	交付期（Deliver）

发散的
次级资料收集（趋势与市场探究）
一手资料收集
（深度访谈法、脉络观察）
（同理收地图、影像故事）
逐字稿/影像整理与分析
收敛的
定义用户痛点
汇整设计价值
发散的
提出方案（脑力激荡）
绘制大量设计草图
确认设计方案与执行
收敛的
外观草模检讨
验证與测试

图 2　研究与产品设计采用“Double Diamond”流程

第一阶段为发现期。本研究透过二手资料广泛了解露营趋势与市场价值，同时也在网络上搜集露友行为资料，以作为研究背景知识并提出研究假设。接着透过深度访谈、脉络观察等手法，更深入地了解露营时影音行为。

第二阶段为定义期。在搜集大量资料后，抽取重要概念，进行问题与痛点聚焦，精炼设计价值，作为设计方向准则。

第三阶段为发展期。根据设计价值与用户露营影音行为的痛点，透过脑力激荡再次广泛提出潜在解决方案，并绘制大量设计草图，以筛选讨论出可行的方案。

第四阶段为交付期。考虑痛点与产品定位，再次将设计方案更精准地收敛，以作为户外/亲子投影机的设计特点。同时在确认设计特点后，制作草模并检讨修正为最终定案。在完成产品开发后，进行概念验证与迭代测试，持续优化用户的体验。

2.2　研究对象与方法

本研究范围为台湾地区的露营环境与受访者，共访谈 10 位受访者。受访者条件如下：近一年露营次数 5 次以上为必要条件；曾在露营/户外活动（如营队）时使用影音相关设备为筛选条件。详见表 1。

表 1　受访者条件整理

受访者	一年露营次数	有无子女	户外影音设备
黄小姐/40 岁	25	12 岁/10 岁	投影机
陈小姐/39 岁	24	9 岁/5 岁	投影机、手机/蓝牙喇叭
阙小姐/29 岁	24	无	投影机
林小姐/31 岁	20	无	投影机
曾小姐/30 岁	20	无	手机/蓝牙喇叭
张先生/32 岁	18	4 岁/4 岁	投影机
翁先生/40 岁	10	8 岁/5 岁	投影机、手机/蓝牙喇叭
王先生/39 岁	7	3 岁	
刘先生/32 岁	（户外营队）	无	
许先生/31 岁	（童军团）	5 岁/3 岁	DVD 播放器

除采用深度访谈法外，本研究还包括“研究员绘制同理心地图”（图 3）与“受访者影像故事”（图 4），以求更设身处地地了解露友行为与想法。因此，团队前往台北北投贵子坑露营场、台北华中桥露营场进行调查，并模拟露营投影机使用行为。在进行访谈时，邀请受访者携带露营时印象深刻的照片与研究员分享当中的故事。

图 3　同理心地图：研究员露营场进行影音行为与环境模拟

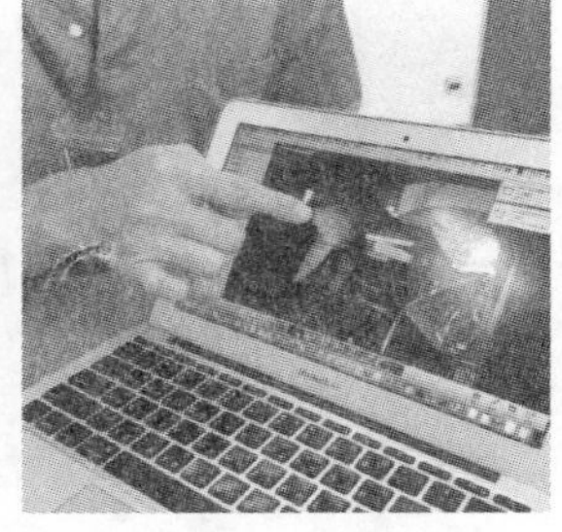

图 4　影像故事：受访者分享露营照片故事

3 阶段一：问题发现——了解露营概况

3.1 谁在露营？露营时做些什么？

露营成员多半为5位以上，且成员时常由1个以上的家庭组成。成员包括配偶、亲朋好友以及13岁以下的青少年儿童。

13岁以下青少年儿童在露营中扮演重要角色。露营的初衷多为想让小孩多亲近大自然、与亲友或其他同侪互动；在有了第一次露营经验后，也因小孩的反应而决定是否继续露营。

露营通常为期两天一夜，多半时间在享受野外共餐的乐趣，并搭配户外动态/静态活动。除了以上活动外，露友也会在营区听音乐或看电影。

音乐作为露营活动的背景，增添气氛，聆听音乐的时间至少是一个下午。受访者对于投影机则持开放接受的态度，认为投影机是3C保姆，将孩童聚集在一起观看卡通节目，可避免孩童乱闯发生危险，也可享受亲子影音共赏的时刻。

两天一夜的露营行程活动安排如图5所示。

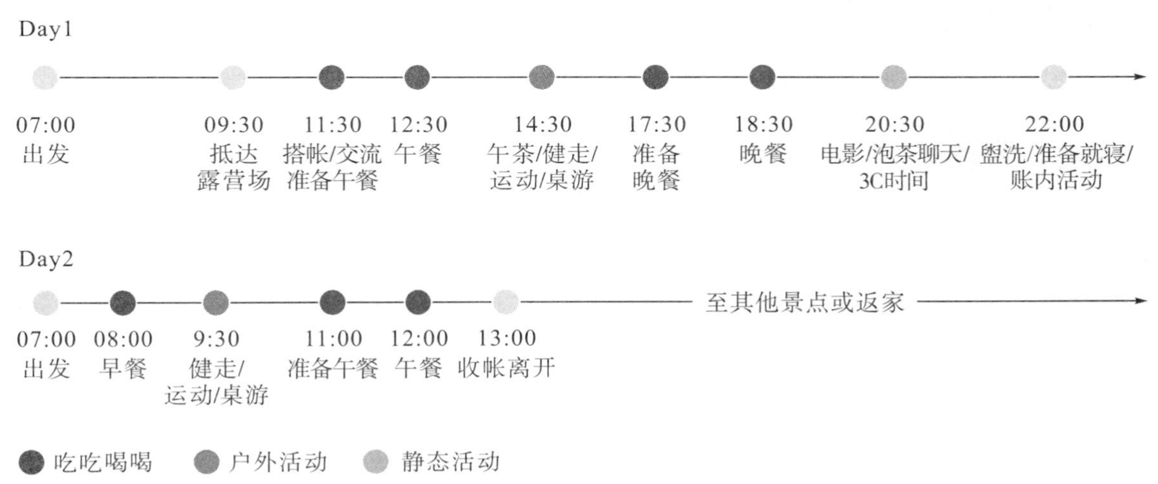

图5 两天一夜的露营行程活动安排

3.2 露营时带些什么？

露营即使通常仅两天一夜，但设备众多（如炊具、食材、衣物、盥洗用品、帐篷、桌椅、医药设备、娱乐设备等），也常有塞满整车空间甚至设备过多塞不进车厢的窘境，如图6所示。若全部设备装不进车厢，最先被舍弃的通常为娱乐设备或非必需用品。对于露友而言，携带影音/装饰设备可能是件心有余而力不足的事情。受访者张先生说："……中间会想要装饰（帐篷）……，但是车子摆不下所以只好舍弃装饰性的，那其他实用性的不可能不带就不能舍弃。"而受访者阙小姐也有因车厢空车不足而舍弃携带影音娱乐设备的经验："我们就说我们带XBOX或Kinnect，不过后来没带，后来考虑到空间跟体积，还是作罢。"

图6 受访者储藏室堆满露营设备，及设备装进车厢内情况

3.3 露营场地

台湾地区的露营场可分为栈板型营地与野地型营地。栈板型营地通常就近能够获取水电设备，而野地型营地虽未必就近能获取水电设备，但透过电力延长线也能解决用电问题，营地供电无虞，但延长线却仍会影响行走安全。栈板型营地的帐篷营位固定，间距较小，任何活动都可能影响其他营位的露友，因此在投影机的架设使用上（如投影距离、投影方向、观影空间等），必须考虑整体环境与营位配置。

不论栈板型或野地型营地，通常一个营位空间约为27平方米（一台车、一个帐篷、一个客厅帐共三个空间，3米×3米×3个空间）。台湾大多数营地多依山而建，腹地较小，容易遇到因露营设备过多、帐篷过大而无法容纳于营地的情况。

此外，露营场地的网络条件也不尽相同，部分营地位于山区，手机网络讯号不佳，而部分营地提供WiFi。但总体而言，露营地通常位于山区郊外，网络条件并不如市区稳定。

4 阶段一：问题发现——了解露营投影机使用行为

4.1 露营时的影音内容来源

承前所言，露营场地的网络条件并不稳定，因此为了避免网络不稳而影响影音内容播放的顺畅性，部分受访者会预先下载影音内容至计算机或随身碟中，再连接投影机播放（图 7）。而至于观看的影音内容，常以卡通内容为主。

图 7 受访者为了播放小孩爱看的卡通 DVD，而携带 DVD 播放器至营地

4.2 户外投影机的架设

由于营地空间有限，且车厢无法携带太多桌子，投影机放置的空间有限，同时也担心饮品/食物泼溅到投影机，因此也未必会放在桌面上。表 2 为受访者主要置放投影机的位置比较。

表 2 户外投影机置放位置比较

比较项目 \ 平台类型	桌子	RV 桶/椅子	自制/自备脚架
携带项目	现成设备，无须额外携带/架设		需额外携带需架设
调整	食物多调整投影麻烦	高度不足需额外垫高	弹性依照需求调整
费用	未必有多余桌椅平台可置放		无须受限投影高度/距离

不论投影机置放于桌子或 RV 桶/椅子，都会有投影高度/位子调整麻烦的问题。因此，受访者黄小姐使用脚架固定投影机，一来省去桌面空间，二来调整投影机的高度也比较有弹性。莫小姐表示：“……用相机脚架 DIY 的投影机脚架，在之前投影机都是放在 RV 桶跟桌上，但桌上有时候需要放些吃的东西啊！而且投影距离调也不方便，用个脚架就可以移来移去。”

而播放设备（如笔电）的置放也遇到与投影机相同的问题（空间狭小、调整不易）。受访者陈小姐说：“计算机也就放投影机旁边，一般我们可能也会同时喝东西，也怕打翻。笔电还是需要插电耶！因为放两三个小时，还是得插。”陈小姐谈到关于电力的问题：虽营区供电大致无虞，但多种设备需要供电使用（电灯、手机、娱乐设备），加上 3C 设备的串接连线（如投影机接计算机），造成营地线材散乱，孩童常因此绊倒受伤（图 8）。受访者林小姐与张先生认为：“……好多线：笔电电源线、投影机电源线、HDMI 线、延长线、音源线什么什么一堆。线会造成很凌乱的感觉。”“小朋友如果乱跑容易绊倒危险。就像营绳上会挂青蛙灯闪闪。小朋友在追时其实不会看到那个东西。”

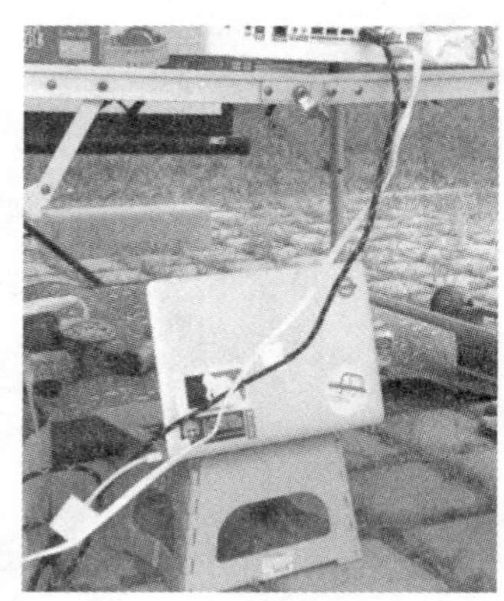

图 8 线材凌乱容易绊倒

线材问题除了有安全疑虑外，户外环境还有更多不可控因素影响观看影音的体验，如突来的风雨、设备因置放空间受限而不稳、倾倒、摔毁等。而在使用完后，也会立即收纳，避免突来的降雨影响机器运作，甚至担心孩童撞到。受访者陈小姐说：“看完就先收好，基本上一定要保护，不要挤压到，不要碰到水，然后放在小朋友不容易撞到的位置，朋友他们应该是直接放回到车上吧！”

5 阶段一：问题发现——了解购买动机/决策

5.1 购买投影机并带至户外使用动机

对于拥有并会带去露营使用的受访者而言，购买投影机的原因在于可家用，顺便带至户外使用。会带投影机至露营场地使用的受访者则是因为孩童，让孩童多一个娱乐选项。受访者黄小姐说：“怕小孩子无聊，晚上的时候。……有次一家四口去拉拉山怕会无聊就带投影机，那天晚上就一家四口窝在客厅帐看卡通片，从此几乎每次都会带去……”

5.2 对于选购投影机的疑虑

因为使用频率低，而降低购买意愿，并非每次都会携带或使用投影机。高价投影机带至户外会担心摔毁、受潮等问题；低价投影机的质量又不值得信赖。户外使用投影机有种矛盾的心态，一方面想增添户外活动的乐趣，不让孩童太无聊；另一方面却因为户外环境易导致投影机坏掉而作罢。受访者张先生说："……这个设备如果淋雨是会坏的，你就不想带它，或者它是比较怕碰撞的，你就会觉得买那么贵的东西带出去如果损坏会很可惜。你如果挑很高档，就会担心它碰撞到坏掉会很心疼……"

5.3 选购户外投影机的预算

若投影机的使用情境仅定义在户外/露营，则价格与所购买的帐篷同级位。其原因在于帐篷为露营设备中最昂贵的；若仅只用在露营情境，则投影机将被视为露营设备，露友无法接受比帐篷更高价位的露营设备。而若多情境使用，投影机并非只是露营设备，价格接受度将会提高。受访者阙小姐认为："……家里也可以用，必备性提高了，势必得花多一点钱，这也是无可厚非，就不会跟帐篷做比较了。……只为露营的话使用频率太低，可能就会想要购买使用的条件比较少的钱购入。"

6 阶段二：问题定义——汇整需求/痛点与设计价值

综上所述，携带投影机至户外露营地使用是很常见的。携带原因大部分是因为儿童：避免儿童无聊，同时也可作为3C保姆，让儿童观看卡通，不会因为乱跑发生意外。

但即便有户外投影机的使用情境，对于已购买使用的受访者而言，仍有许多痛点未被解决。而对于尚未购买投影机的受访者而言，虽有需求，但却认为户外使用频率低，CP值不高。因此，本研究对如何提升户外/露营投影机的易用性（Usability）与想用性（Desirability）两方面来说明。

（1）易用性：提升从携带、安装、放置与播放的简易程度。

①简化线材。一般使用投影机可能会需要外接许多设备或线材，如电源线、播放器（如计算机）、喇叭等，也因此让架设变得烦琐。而投影机若能拥有多合一功能，简化设备/线材，将可降低孩童因线材而绊倒的情况，也让播放空间更加清爽，同时减轻携带影音设备至营区的负担。

②纤薄化设计。露营设备众多，车厢空间有限，许多露营器材皆有便于收纳/折合，且轻薄的特性。而投影机的外观设计上，也应符合便携易收的特性。

（2）想用性：提升让人想要拥有并购买的渴望程度。

①多使用情境。除了适合露营情境外，也能在家中使用。因应不同情境的改变，可以快速架设与收纳，同时适合室内/户外情境的外观造型与功能，降低露友们认为使用情境单一的疑虑。

②防水、防摔、防震。户外环境不比室内空间，环境的不确定性，往往影响使用投影机的体验。如突来的骤雨与风沙，导致设备倾倒与损坏。为避免损坏，投影机外观设计应有更强的保护作用。

7 阶段三：产品发展——发想设计方案

以往投影机市场区隔仅限以室内情境差异（如家庭、商务、展览）来做分野。但本研究发现户外/露营也是投影机市场可切入的定位，加上露营多为亲子同乐活动，因此符合户外且满足亲子使用情境，可作为团队后续设计投影机主要要求之一。

研究结束后，由使用者经验研究员、工业设计师、接口与图像设计师、产品工程师以及产品经理针对符合户外且满足亲子使用情境的投影机进行产品发想与讨论（图9）。

图9 设计团队针对研究结果进行解决方案的讨论

此外，设计团队根据提升易用性和想用性议题，作为设计目标。从30个外观设计提案中筛选5个，再进行细部设计后选出最终外观提案（图10）。

图10 设计师绘制大量外观提案进行讨论

8 阶段四：设计执行——确认方案与执行

户外/亲子投影机命名为GS1，设计团队紧扣用户情境与痛点，完成产品价值主张的聚焦与收敛，说明如下。

8.1 易用性

（1）简化线材。外挂电池模块（可观看两部电影）设计方便户外使用，也可当作行动装置的充电电源。具备记忆卡读取槽，直读播放投影内容，省去播放设备的联机与携带。

（2）纤薄化设计。机身底部设计云台锁孔，便于架设于脚架节省桌面空间、轻巧设计（不含电池530g）让用户更便于携带、亮橘色跳色设计的橡胶套，增添投影机外观亮点，部分满足露友炫耀的心理需求。

8.2 想用性

（1）多使用情境。为让露友在家中使用完后可快速收纳打包带至户外使用，GS1 投影机配置硬壳收纳包，用户无须再自备收纳袋，也无须担心在移动过程中遭遇碰撞。

（2）防水、防摔、防震。具备硅胶套让投影机多层保护免于摔撞（通过 60 厘米防摔落测试）、机身通过 IPX1 防泼水测试，免于因下雨或饮料泼溅导致机身受损。同时，也针对投影机收纳包进行设计，让收纳包可容纳机身与全部配件，便于携带，而硬壳材质也可防护机身碰撞造成的损坏（图 11）。

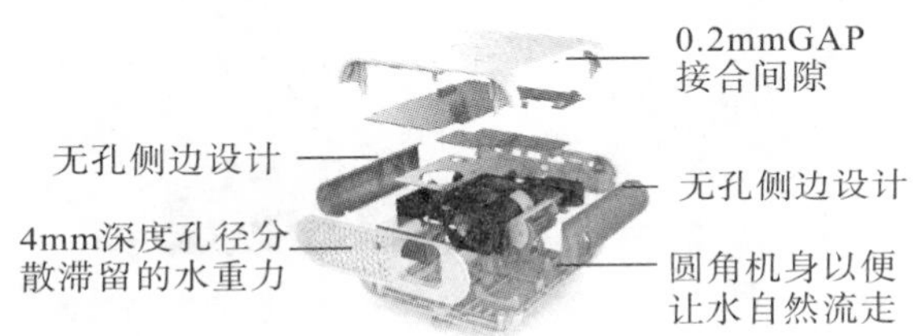

图 11　GS1 投影机除硅胶套可防液体泼溅，机身也针对防泼水有相应设计

在设计方向确认后，产品实际开模量产前，设计团队先行制作 1∶1 外观模型，进行外观检讨。对应露营投影机使用行为痛点，GS1 投影机主要特点如图 12 所示。

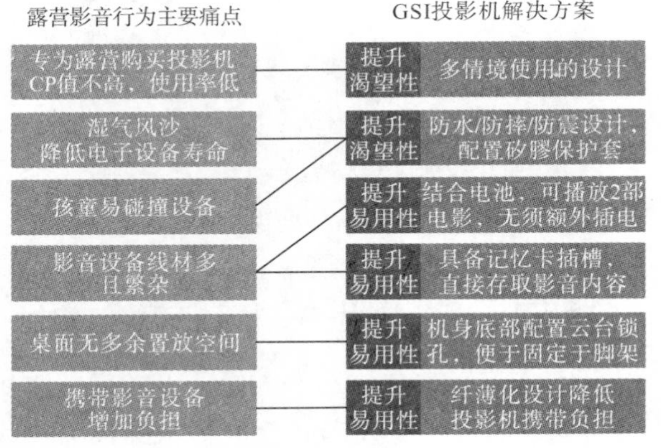

图 12　GS1 投影机解决方案对应露营影音行为痛点

GS1 投影机屡获设计大奖，如 2017 年金点设计奖年度最佳设计（图 13）、2017 年 GOOD DESIGN AWARD（图 14）。GOOD DESIGN AWARD 评审表示 GS1 补足户外影音情境的需求缺口，可拆式电池，防水、防摔、防震橡胶套更是 GS1 独到的设计亮点。

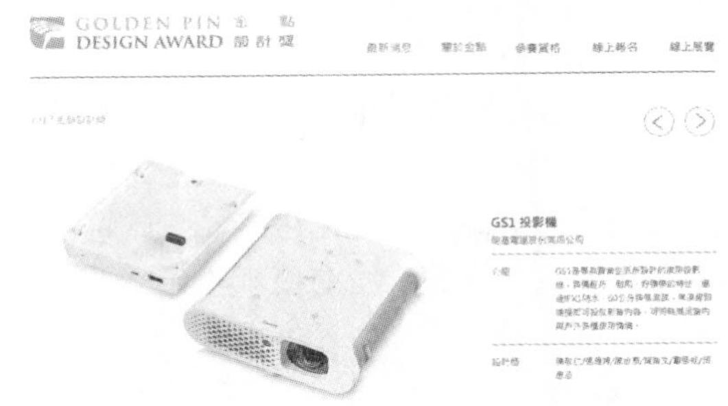

图 13　GS1 投影机获得 2017 年金点设计奖年度最佳设计（官网）

图 14　GS1 投影机获得 2017 年 GOOD DESIGN AWARD（官网）

9　阶段五：设计执行——验证概念与需求

GS1 投影机推出市场一年后，本团队再次进入营地观察与访谈露友（受访者分为已购买 GS1 露友、想购买 GS1 露友以及不想购买 GS1 露友 3 种），验证 GS1 的户外情境需求，同时了解 GS1 是否真正解决了露友影音行为的痛点。

GS1 无论功能操作或外观设计，确实能满足露友想于户外方便地享受影音的需求。此外，不少用户也提到“三防设计”让他们更安心地在家享受亲子影音时光。受访者陈先生说：“有保护套有轻微防震防水，对露营客也是蛮实用的。……而且晚上露营山上湿气比较重，可能防水也是一个自己要考虑的地方。我觉得它的很多功能就是贴心设计给露营的人使用。”

除了最重要的“三防设计”外，露友认为纤薄化设计解除了他们认为额外携带影音设备是一大负担的疑虑。由于露营是团体、社交活动，分享照片、影片、音乐也是露友所在意的。GS1 可外接手机、备有 USB 以及记忆卡插孔，都让露友不论是播放影音内容或分享照片都更加简便。机身底部备有云台锁孔，可直接将 GS1 固定于脚架上，释放桌面空间。而整合外接电池的设计，省去线材干扰的同时，也降低了孩童因线材绊倒的危险性。

对于已购买 GS1 投影机的露友而言，绝大部分是想要有亲子影音时光，而同时也会考虑多元的使用情境（户外/室内），这与本研究结果不谋而合。最后甚至有用户提出橘色硅胶保护套，色彩鲜明，能够凸显露友的个人风格与品味，也满足了露友们想要营造出个人露营品味的心理需求（图 15）。

图 15 GS1 受访者实际使用情境（置于相机脚架、插入随身碟读取影音档案、使用硅胶防护套）

10 研究反省

本次研究最理想的情况是能在访谈前跟随受访者一起前往露营，在旁观察受访者的露营与影音行为，同时记录观察重点与代解疑虑，并在后续访谈中进行追问。但由于受访者露营时间不定，加上天气以及研究期程限制等因素，访谈前并无法影随观察受访者露营与影音的行为，仅能观察非受访者的行为，并进行环境模拟。后续执行用户研究时，须更多方考虑受访者的时间与行程，尽量能够进入到受访者最真实的情境中进行观察，让整体的研究流程与结果更加完整。

参考文献

[1] 焦玲玲，章锦河. 我国露营旅游发展与安全问题分析［J］. 经济问题探索，2009（4）：92－95.

[2] 张明月，邵琦. 中国露营产业将呈爆发式增长［EB/OL］. http：//paper. people. com. cn/rmrbhwb/html/2017－03/13/content _ 1756757. htm.

[3] 露营天下. 2017 年中国露营地行业投资报告［R］. 2017.

建构未来科普类博物馆多维度体验

——上海天文馆观众参观体验策略设计

陈 颖 王 晨 施 韡 林芳芳 孟 冉

（上海科技馆，上海，200127）

摘 要：在互联网技术和体验经济革新的双重刺激下，博物馆正在面临前所未有的挑战。越来越多的商业空间由原有传统商业形态转变为“体验中心”，新业态中的教育和展览空间正与博物馆“竞争”同一批“客户”。而正在建设中的上海天文馆，由于其地理位置远离市区的特殊性，加剧了对未来发展的担忧。本研究基于这一背景，首次在博物馆中采用商业项目中常用的体验设计研究方法，对观众的参观需求开展研究工作，并基于研究成果提出应对策略。

关键词：体验设计；人种志研究；博物馆；新零售

1 体验经济时代下科普类博物馆建设的挑战

1.1 科普类博物馆

科普类博物馆，又称为“科学中心”（Science Center）。相较于以藏品展示为展览主体的传统博物馆，科普类博物馆在内容上以展示当今科学成果为主，功能上更强调科学知识的普及教育。芝加哥科学和工业博物馆的馆长丹尼洛夫（Victor J. Danilov）称此类博物馆是“强调今天而非昨天的科学，是观众参与性的展览、工业的展览与教育性的展览，而不再强调科学的历史发展”。

1.2 当今博物馆发展趋势

互联网技术的飞速发展，体验经济的革新，海量的电子数字资料、万众创客理念的兴起，美国 STEAM 教育理念的盛行，一方面点燃了全民创新科普的热潮，另一方面让商业机构嗅到了科普教育的商机，涌入科普教育的行列。

趋势 1：博物馆开始与商业空间共同竞争“客户”。

面对消费升级、“新零售”商业模型的建立，实体空间已从“销售中心”转变为“体验中心”。越来越多的商业空间中融入了教育和展览业态，最为典型的要属 K11。

其他如以恐龙化石模型制作为拳头产品的台湾石尚科普文创品牌（图 1），与自然类博物馆合作密切的贝林商店，都在各大商业空间开设了店铺，甚至和科学研究者共同开发科普教材，部分商店甚至集销售和教育活动于一体。

图 1　由台湾石尚设计策划的上海七宝万科广场恐龙展

趋势 2：博物馆开始让自己变得“年轻”。

给人以距离感的博物馆逐渐放低“姿态”，开始迎合年轻人的口味，通过各种公众社交平台，用亲切近人的姿态，让自己也变得“年轻”。

图 2 为国内七家文物类博物馆为迎接 2018 国际博物馆日“新方法，新公众”的主题，制作的“抖音”视频。

图 2　七馆共庆 2018 世界博物馆日的“抖音”视频

趋势 3：商业机构中的科普教育热潮大开。

如今科普教育理念已深入公众心中。越来越多的科普教育机构在做与博物馆同类型的教育活动，涌现了很多像“城市荒野 Studio”这样致力于培养都市人对自然产生兴趣的组织（图 3）。这些组织聘请专家带队，给参与活动的公众们带来知识与别样的生活体验。这些教育活动，报名费在 200 元左右，一经开出，便场场爆满。这让以展览和教育为两大支柱的博物馆既看到了商机，也意识到未来巨大的冲击。

图 3　参与“城市荒野 Studio”的小朋友在保育区进行考察活动

1.3　当今博物馆需要迎接的挑战

上述趋势也触发了博物馆开始思考如何才能“赢得”公众。正在建设中的上海天文馆也在思考这一问题。

正在建设中的上海天文馆计划于 2020 年年底建成，2021 年开馆试运行。其位于临港新城，距离市区 70 公里，该地区尚在发展阶段（图 4）。虽然地铁 16 号线可以直达，但单次路程仍要 1.5～2 小时。与之相邻的已建成的航海博物馆，5 年参观人数累计 100 万，与上海科技馆一年 300 万人次的参观人数比，少之又少。

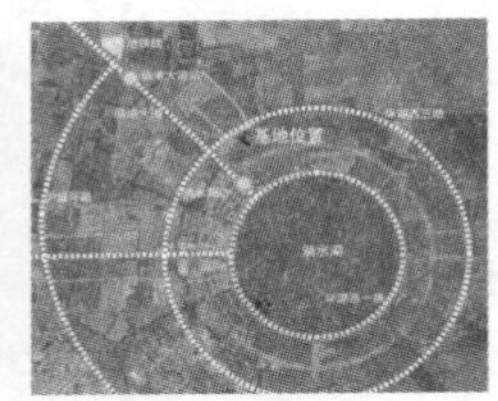

图 4　上海天文馆建筑外貌及地理位置图示

如何“赢得”公众，这个问题在建设阶段就变得格外棘手。上海天文馆正面临着以下三个挑战。

挑战 1：如何吸引公众放弃商业中心色彩斑斓的娱乐生活，而选择来天文馆参观？公众周末休闲娱乐的时间只有两天，天文馆又远离市区，能否给观众一个舍近求远的理由？

挑战 2：如何显得“年轻”，才能赢得青少年的认同感？许多博物馆已经在“卖萌”的道路上一往无前。天文本带有神秘感（图 5），仅此是否能吸引青少年？

对天文的联想
另一个世界　奇妙　永恒
神秘　探索　好奇　虚无
浪漫　放松　自我　安静　孤独
美丽　感官　勇敢　恐怖　酷炫
科幻　无法理解　一片黑暗

图 5　天文的神秘感

挑战 3：如何让展览和教育活动更具“活力”，才能让公众愿意经常参观？展览和教育是博物馆的两大支柱，博物馆的常设展览局限于漫长的更新周期，教育活动则在与商业机构共同竞争，那么如何才能让博物馆常胜常新？

1.4　将体验设计的思考方式植入博物馆顶层设计中

基于上述背景情况，我们希望借力商业规划设计中的体验策略设计方法，对上海天文馆的未来观众的参观需求开展研究工作，并依此进行顶层策略设计规划，吸引没有来过的观众前往参观，吸引来过的观众反复前来。

本研究首次将商业项目中常用的服务设计研究方法引入博物馆领域中，其目的是通过观众体验的前置研究，提出设计策略，增强目标观众与博物馆的黏性，提升博物馆的影响力与口碑。

2　研究方法与过程

本研究采用了很多国内传统博物馆设计非常少见的研究方式，包括专家访谈、深度访谈、旅程地图、原型测试等。

2.1　专家访谈

在项目的不同阶段开展四轮专家访谈工作。

2.1.1　目的

第一、第二轮，主要目的在于了解博物馆中与观众体验相关的几大领域运作方式。

第三轮，希望能借鉴其他休闲娱乐领域的新思想。

第四轮，在形成设计策略和概念之后，用访谈来验证构想，沟通实施方式。

2.1.2　具体内容

第一轮，面向博物馆内的从业人员。

目的是让整个团队构建起对博物馆的整体认识。访谈的范围非常广泛，包括运营、售检票、信息服务、展览策划与设计、展品维修、现场服务、教育活动策划与实施、博物馆商店运营等方面的各种人员，以一对一的方式进行。在这一轮访谈中，研究者深入了解受访者的工作内容，以及存在的困难，并让他们从业内人士的角度描述一至两个他们参观过并感受很深的博物馆体验。

第二轮，面向中小学拓展/科学课程老师。

目的是了解博物馆的主要观众和教育主体学生的基本情况。同时特别关注上海几大天文特色学校。内容包括中小学生的学习生活情况、学校春秋游中博物馆旅程的安排方式、博物馆和学校合作课程的可能性。

图 6、表 1 是访谈的学校和学校团队游方案。

幼儿园

梅陇镇幼儿园
南码头幼儿园

小学

教科院附属小学
静安区外国语小学
黄浦区外国语小学

中学

上南中学
文来中学
育才初级中学

高中

老年大学
科技馆观众

其他

七宝中学
洋泾高级中学
上海中学东校

图 6　访谈的学校

表 1　学校团队游方案

学校团队游方案			
年龄段	春秋游安排	周末安排	馆校合作机会
幼儿园	包给旅行社，老师安排集合时间，学生散玩 幼儿园和小学低年级的学生由家长陪同	爸妈决定去哪玩	较少
小学生			半日科学课程
初中生		开始补课	半日科学课程
高中生		学业压力太大，不太出去玩	物理/化学/天文竞赛

第三轮，面向休闲娱乐领域的专家。

这轮访谈是在已经梳理完博物馆中与观众相关

的服务构架之后，与观众进行深度访谈。在这一过程中，研究者试图打破天文和博物馆领域的局限，挖掘商业空间设计中与建设和运营相关的各种领域的新理念新想法。

基本问题包括两个方向：①本领域的新兴趋势；②对于上海天文馆的启示和灵感。

6类休闲娱乐专家分类（图7）如下：①城市规划/政策导向；②科技创新/新媒体传播；③天文专业/天文自媒体；④沉浸式舞台/商业咨询；⑤建筑设计/城市规划；⑥天文爱好者专家/社群专家。

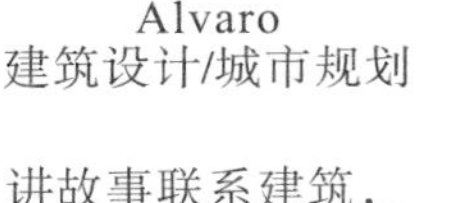

图7　休闲娱乐专家

第四轮，再次面向博物馆内的从业人员。

目的是分步实现策略设计的成果。由于受制于资金以及未来运营团队尚未组建，如何将策略设计的成果分解成每个部门可以实现并执行的方案，这就必须在策略设计时综合考虑阶段可实现性，分步实现方案。

访谈步骤：①配合道具，介绍与该部门相关联的策略设计概念；②询问如何才能实现，包括硬件要求、人员技术能力要求、软件要求等；③与被访谈者讨论如何分步实施。

需要注意的是，此阶段更侧重各部门对策略方案提出建设性意见。

2.2　深度访谈

传统的博物馆观众调研常常采用问卷的方式。问卷调研可以获取大量有价值的信息，但在创新性概念的建设方面比较薄弱。因此，调研的方式主要采用深度访谈。样本量控制在5～10人。

2.2.1　观众选择

首先，由于上海天文馆并未建成，所以其实并没有真实的观众。我们参考了JohnFalk在博物馆观众研究方面的动机模型假设理论对访谈对象进行筛选。五类参观动机具体为：①探索者（Explorer），好奇心驱动；②指导者（Facilitator），为别人而去；③业余/专业者（Hobbyist/Professional），为爱好而去；④体验者（Experience seekers），觉得有趣就去；⑤恢复者（Recharger），为舒缓放松压力而去。

第二个筛选标准是有丰富的博物馆参观经验。因为越是经验丰富的观众，对于提出新概念、产生新创意越有帮助。经验丰富者相对于经验欠缺者，对博物馆，甚至相关行业有更多的认识和体验，更了解前瞻性的创意和趋势。

第三个筛选标准就是对天文不同的爱好程度。受访者的选择从“热爱”，到“一般”，再到“排斥”，以便兼顾不同类型受众的需求。

通过多层筛选标准，最终找到了8位受访者（其中一位为一对夫妻），进行深度访谈，见表2、图8。

表 2　8 位受访者类型

8 位受访者类型					
编号	性别	年龄	职业背景	参观动机分类	观众类型
1	男	27	星空导师	专业爱好者	天文摄影爱好者
2	女	24	服装公司职员	探索者/体验者	业余天文爱好者
3	男	18	学生	业余爱好者/探索者	高中生（天文爱好者）
4	女	28	文创设计师	探索者	喜欢新事物的年轻人
5	女	26	律师	体验者/恢复者	喜欢独自体验新事物的独立女性
6	女	31	景观设计师+创业	体验者/恢复者	喜欢独自体验新事物的独立女性
7	一对夫妻	35	技术+文职	指导者/体验者	中式教育家庭
8	女	42	家庭主妇+创业	指导者	中式教育家庭

2.2.2　访谈流程

具体的访谈提纲梗概和目的如下：

（1）了解受访者基本信息，日常生活。

（2）挖掘休闲娱乐活动的符号学意义，以及行为、决策过程，核心观念等信息。

（3）挖掘天文的符号学意义，天文爱好的兴趣历程。

（4）挖掘去馆/看展的符号学意义，动机及决策过程，了解参观体验。

（5）了解对上海天文馆的期待。

图 8　8 位受访者肖像

2.3 旅程地图

构建旅程地图可以清晰地展示观众从唤起参观的意识一直到参观完离开回家，整个过程中的行为流程以及对服务需求的所有内容。在开展研究、发展概念以及方案汇报过程中，用户旅程地图可以更直观地帮助了解观众在参观前、中、后期的各种需求。

一共修正了2次用户旅程地图。

第一个是最为基础的原始旅程地图，用于了解观众参观全流程的行为以及涉及的展馆需要提供的服务内容。

第二个是目标观众概念设计旅程地图。在完成观众进行深度访谈，形成初步策略以及目标观众故事版后开展。其目的在于形象化地展现策略如何作用在目标观众的体验上。

为了打造一个良性循环的观众体验旅程，旅程地图分析了“唤起意识”—“计划前往目的地”—……—“进入天文馆”—……—“回家”—“再次参观”，形成了一个闭合的循环过程（图9）。

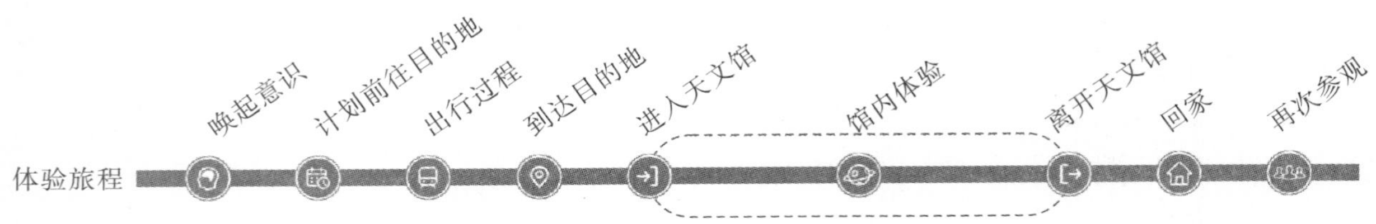

图9 观众体验旅程图

2.4 原型测试

针对分析旅程地图提出的策略概念，我们对其中较为重要的几个概念设计了初步原型。介于目前没有实际的用户用以测试，我们设计了原型图示（图10），并邀请了对博物馆经营及运行经验丰富的一线工作人员一同进行原型测试，对设计方案提出修改意见。

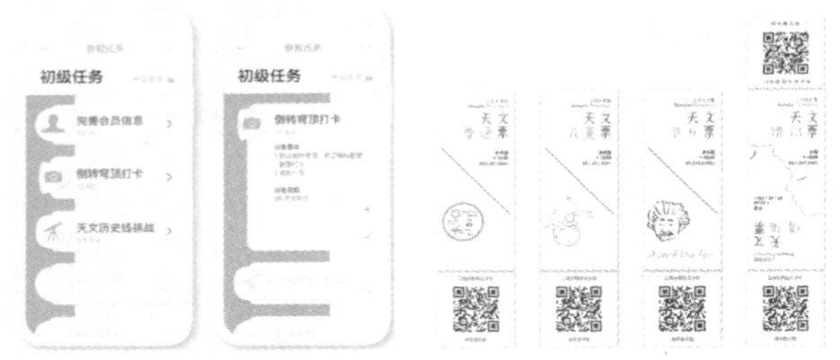

图10 测试原型

3 多维度体验策略建构

3.1 观众参观需求

在观众分类问题上，研究者常被“拷问”为何按照参观动机来分，而不是简单地按照参观人群年龄、性别等统计学结构分。我们的解释是，即使同一类人群，出于不同的参观动机，他们在场馆内所表现出的参观行为和评价会截然不同。

参考大量的访谈调研，以参观动机为基石，结合参观人群身份、年龄、喜好等关联因素，可以将天文馆的目标观众分为如下四类。

3.1.1 周末遛娃家庭

身份概述：孩子在幼儿园至小学低年级阶段的家庭。孩子年龄尚小，母亲多为主要的活动决策者。而对于天文的认知，母亲的兴趣或了解程度远低于父亲。

参观动机：指导者，周末溜娃。

核心需求：带娃，拓宽孩子的知识面。

典型独白：“我想女儿多接触一下天文，接触了才能选择，我不希望我的局限（不懂天文）变成她的局限。”

3.1.2 结伴探索小伙伴

身份概述：覆盖从初中到大学乃至刚毕业不久的青年群体。学生可以在没有家人照看的情况下结伴出游，时间富裕。值得注意的是，随着学业压力的增大，初中高年级和高中学生补习时间较多，课余兴趣休闲时间较少。但不乏一些家长鼓励孩子培养自己的兴趣爱好，或参与科技竞赛，对升学有帮助。大学生和刚毕业不久的青年群体，休闲时间相对灵活，喜好接触尝试新鲜事物。

参观动机：探索者，体验者。

核心需求：感受新鲜事物，和伙伴玩耍。

典型独白：高中生，“（对天文馆）感兴趣，但是没有太多时间，周末要补课”“我的学业不错，爸妈支持我做任何事情”。刚毕业的青年，“（休闲娱乐的核心是）有意思，不喜欢纯玩，一定要能获得新的知识”。

3.1.3 独行减压都市客

身份概述：年龄在20～30岁之间的职场人。有一定可支配收入，工作压力大，需要获得身心放松，休闲娱乐需要考虑时间成本，对天文不一定有太多了解。

参观动机：体验者，恢复者。

核心需求：放松，休闲，零压力。

典型独白："工作有压力就会出去玩。""对我这种高压人群来说，时间成本太宝贵了，我要考虑我的宣泄成本！""天文是给小朋友看的，让他们想当科学家的学习，给我们太晚了（被访者 26 岁）。"

3.1.4　独享爱好天文人

身份概述：喜好天文的人，大多数对天文产生兴趣是从天文摄影开始。

参观动机：业余/专业者。

核心需求：同类，满足感。

典型独白："爱上星空之后，我更加孤独了。""跟朋友、家人去（天文馆），可以当 guide 去告诉他们看些什么，有种满足感。"

3.2　多维度用户体验之设计策略

通过对各类观众的体验需求分析，我们提出了贯穿线上线下、馆内馆外的"无边界"博物馆体验策略。

中国家长多认为教育是给子女的，自己不需要。

采访中有家长说，"我想女儿多接触一下天文，接触了才能选择，我不希望我的局限（不懂天文）变成她的局限"。她认为，博物馆是一个教育空间，孩子来就是接受教育的。换句话说，她认为这个空间不属于自己，没有子女，她不会来博物馆参观。对此我们希望"无边界"博物馆能改变大家对参观就是被动受教育的固有印象，让博物馆成为观众认识宇宙、对自然感兴趣的起点，给各种年龄段的观众带来没有年龄边界的参观体验。

3.2.1　同一空间的多元体验

在日本大阪的 Nifrel 馆中，展览以自然生物与艺术之美为核心，唤起了观众对自然美的惊叹与感动。整个空间，没有说教，只有欣赏。艺术之美源自自然，秉承这一理念，展览在不同展区中将各种艺术作品与自然生物放在同一空间（图 11）。来参观的每位观众，无不惊叹自然的奇妙，虽然最初定位的主要参观人群是青少年，却最终变成青年情侣、家庭出游的好去处。

图 11　Nifrel 馆中不同艺术装置与生物的结合展示

"不期待有多透，或是找到宇宙规律，只想它（天文）能影响我。"

这类博物馆带给观众的是对自然探索的热情与兴趣。观众来这里参观是因为好玩有趣，带走的也将是对自然的兴趣和好奇心。

维度一：同一空间，多元用户，多元体验。

策略一：在实体空间中，营造"另一个世界"。

3.2.2　临场体验

"如果是单纯的给予知识，为何要花 2 小时去看，直接网上看就可以了。"

"天文馆，应该跟科幻片一样吧！"

"无边界"博物馆要能给予公众"非来不可"的临场体验感。通过创造沉浸氛围，提供一些道具，唤起观众的情感，制造临场感。

道具会极大地提升观众的临场感。在沉浸互动戏剧 Sleep No More 里，导演在同一空间组织了多条故事线，观众可以戴上面具穿梭在不同空间中近距离欣赏感受。在 Secret Cinema 里，大批观众装扮成剧中角色，更能加深角色感，深切感受别样的空间体验（图 12）。进入迪士尼乐园的儿童都会穿上公主服，仿佛自己就是"艾莎"公主，在城堡里穿梭。

图 12　Sleep No More 里戴着面具的观众，Secrte Cinima 里戴着口罩的观众成为互动戏剧中的一角

我们希望通过一些小道具，辅助提升观众的临场体验。扮成爱因斯坦的科学老师、手持星际旅图的历险家、戴着太空帽的小小宇航员、太空漫游 2001 主题餐厅、太空食物、弥漫在空气中的宇宙音，这些让观众进入另一个空间维度，拥有完全不同的感受（图 13、图 14）。

图 13　英国自然历史博物馆里的角色装扮

图 14　经典科幻电影"太空漫游 2001"里的太空餐与服装

维度二：创造持续和不断更新的吸引力。

策略二：通过增设“细节”和奖励机制，让观众“上瘾”，成为“常客”。

3.2.3　引入社交属性

“换新的展品，换一个维度，很好玩。一直有新的东西，促进自己的想法。”

“很注重真人秀，每小时都有，有自己讲解的内容，和观众互动。”

年轻用户群有很强的求知欲，对体验的要求更高。观众对“有意思”“好玩”“有趣”的解读是“新”，内容新，形式新。

常换常新对于博物馆常设展览 3～5 年更换一次的频率来说有些难度。对此，在不调整展览的情况下，通过前期规划时在展览中埋下一些不易被发现的“细节”，比如定时达人讲解秀、“网红”讲解展项，结合 AR 导览 App 等工具，让同一个空间产出多条天文探索故事线（图 15）、多种玩法、增设奖励机制，让人一次玩不够，逐渐成为“常客”。

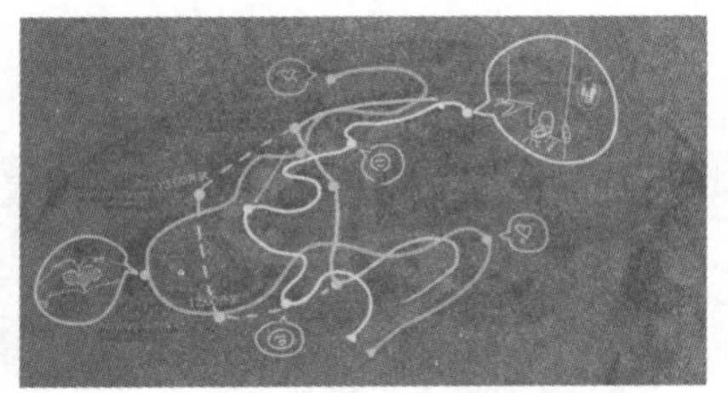

图 15　结合多模式讲解器的多故事线设计原型

维度三：连接人与人，使得用户成为激发用户的源泉。

策略三：在博物馆中引入社交属性，创建社群概念，激发“天文话题”。

3.2.4　引入直播属性

“期待（天文）直播，带来一种追求，话题感。”

对于年轻人而言，只有真正渗透到他们熟悉的社交圈子中才是进入了他们的世界。我们希望天文馆能反复出现在观众的社交网中，就像网红喜茶一样，激发年轻人朋友圈里的“话题”感。结合现在观众越来越喜欢 Show Off 的趋势，让博物馆自发带有适合 Show Off 的属性。就如在日本 Nifrel 馆中，由于引入了大量艺术装置于展馆中，吸引了大量年轻人来此打卡拍照发文，以此作为留念以及生活方式的象征（图 16、图 17）。

期待通过人与人之间的沟通传播，激发观众对天文馆的好奇心，让参观打卡成为他们身份的象征。

图 16　发布在 Instagram 上的 Nifrel 馆照片

图 17　买了必须打卡拍照的喜茶和看过必须拍照晒图的 Sleep No More 戏剧

4　反思

博物馆作为文化类场所是体验设计的新兴疆域，剖开看似神秘的博物馆外衣，本质上和当前商业娱乐空间一样，是一个附加了教育公信力的公众休闲娱乐场所。今天博物馆所面临的挑战，也是期待转型的传统商业空间以及希望拓展线下业务的线上网店所会遇到的。

反思一：如何预断尚未落地项目的可行性？

本项目中，由于项目的定位是博物馆建设之初的前置研究，目的是为后续的建设工作奠定基础。因此在没有任何实体测试条件的前提下，项目只能通过原型，辅助故事版及视频效果图，搭建服务蓝图的前后台，将设计概念尽可能地用对方的语言准确地向典型观众、博物馆相关部门工作人员、戏剧导演、游戏开发人员阐释表达，获得相应反馈并共同修正设计。后期等到开馆试运营，再组织设计与调整工作，直至正式开放。

通过几轮反馈，几乎所有参与者都对此概念方案充满了兴趣，期待能成为首批观众。同时，相关部门工作人员也从运行经验的角度提出了很多在落地过程中会遇到的细节问题，需要在后期推进过程中分步解决。如图 18 所示为一些原型道具。

反思二：如何协调不同人群的休闲娱乐需求？

观众千人千面，以观众体验为导向和满足观众所有需求是不一样的两个概念。满足所有观众需求极不现实，以观众需求为中心，意味着要先解决观众最为关注、具有共性的问题，需要分清主次。国内观众需要适当引导，青少年决策的主动权掌握在家长手中，由家长做决定。同时，虽然老年人不是大多数休闲娱乐的主要设计对象，但却是不容忽视的极大人群，他们有大量的时间与精力，不考虑他们的参观需求会对博物馆整体体验造成破坏影响，所以需要从包容性角度适当进行考虑（图 19）。

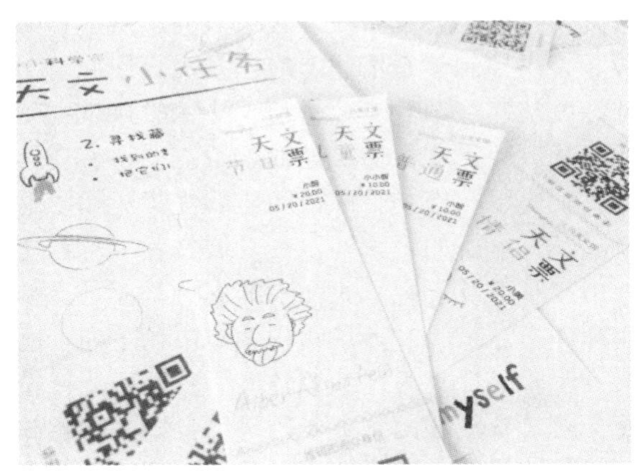

图 18　原型道具

图 19　排队参观中的老年人和由家长带着的孩子

反思三：打破传统行业的思维方式。

传统行业习惯于用自身原有的思维看待新事物。面对新事物，不同部门免不了先考虑是否会影响原有的组织架构和功能运作，而失去了对观众真实体验的充分考虑。我们应当引导决策者真正从观众出发，回归“用户为中心”。

对于传统商业空间而言，传统模式未必适合需求不断升级的消费者。消费者在不断地接触新事物，接受新变化。世界当红艺术团体 TeamLab 在银座打造的互动餐厅，让顾客成为艺术装置的一部分，在其中就餐，感受从未有过的新鲜味觉、视觉、听觉、触觉体验。试问有过如此就餐体验的顾客，是否会觉得传统餐厅有些索然无味（图 20）。

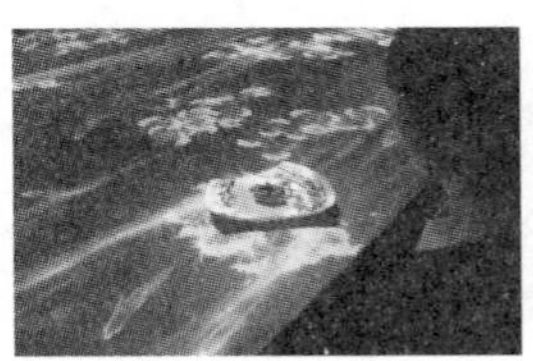

图 20　TeamLab 打造的互动餐厅“佐贺牛 restaurant SAGAYA”

参考文献

[1] Kenneth Hudson. 有影响力的博物馆［M］. 徐纯，译. 台北：台湾海洋生物博物馆，1999.

智能音箱立足幼教市场的一些思考

陈　园

（上海证大喜马拉雅网络科技有限公司，上海，201200）

摘　要：参考亚马逊 Echo 的成长历程，国内智能音箱从玩具变成真正的互联网用户（流量）音频端入口，形成强大的用户群体，目测会经过三个阶段的发展：第一阶段，硬件基因、语音交互成熟度、音频内容丰富度；第二阶段，集成服务丰富度；第三阶段，家居控制体系搭建、应用及用户使用行为习惯的深度培养。每个阶段比拼的重点不一，但如果取得实质性突破，那厂商便会在市场上取得明显的优势。除了三个阶段各自比拼的因素外，在发展过程中也需要渠道、用户基数及资金三大要素的支持。

关键词：智能音箱；幼教行业；刚需内容；通用内容

1　智能音箱国内市场现状

GfK 全国零售监测数据显示，2017 年智能音箱在国内市场首次爆发，当年市场零售量达 165 万台；2018 年智能音箱的火爆趋势愈演愈烈，百度、阿里、小米三大巨头在 3 月分别发布了自家的战略产品，中国智能音箱市场规模将持续增长到约 588 万台（图 1）。

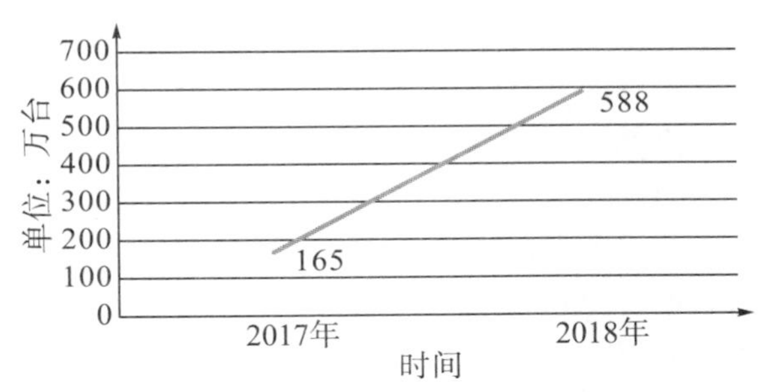

图 1　智能音箱 2017—2018 年销量曲线

随着智能音箱进一步被消费者熟知，且互联网巨头在今年依然会进行补贴，消费级市场会在2017年165万台零售量的基础上继续增长，增长率达256%。中国智能音箱市场月均零售量呈现明显的上涨趋势，特别是在2017年11月阿里补贴天猫精灵，其以99元的价格突破百万销量，推高了市场总量，也提升了消费者的认知。“双十一”后，智能音箱核心价格段从300～500元迅速降至300元以内。目测接下来，国内智能音箱市场销量将呈现爆炸式的增长。

如图2所示为天猫精灵系列价格变化情况。

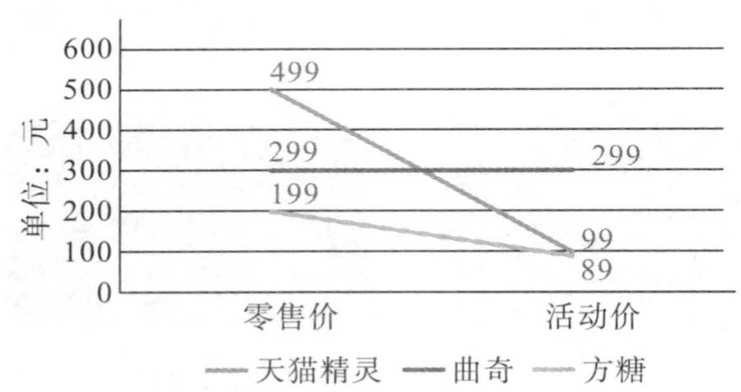

图2　天猫精灵系列价格变化

然而，事与愿违，2018年4月之后，智能音箱迅速增长的膨胀气势似乎被遏制了。先是传出小米音箱供应商因故不得不暂停生产，然后又是渡鸦音箱生产不到1万台，甚至传出渡鸦科技创始人考虑从百度离职的消息……发展如火如荼的智能音箱行业，为何这么早就遭遇了“水逆期”？

2　过早“水逆”的原因

参考亚马逊Echo的成长历程，国内智能音箱从玩具变成真正的互联网用户（流量）音频端入口，形成强大的用户群体，目测会经过三个阶段的发展：第一阶段，硬件基因、语音交互成熟度、音频内容丰富度；第二阶段，集成服务丰富度；第三阶段，家居控制体系搭建、应用及用户使用行为习惯的深度培养（图3）。每个阶段比拼的重点不一，但如果某厂商先于行业所处的阶段，取得实质性的突破，就可以在市场上取得明显的优势。除了这三个阶段各自比拼的因素外，在发展过程中也需要渠道、用户基数及资金三大要素的支持。亚马逊作为行业标杆产品，经过多年的积累与市场培训，已经进入第三阶段，其用户基数较大。我国智能音箱目前处在第二阶段，大家主要还是用音箱来听歌和查询一些基本的服务类信息，产品的体验还有较大的提升空间。且由于我国目前的智能家居的环境尚不成熟，进入第三阶段仍需时间。因此，在C端市场，目前智能音箱产品并没有挠到个人消费者的痛点，有吸引力的智能家居控制又非短期内可以实现的，因此，智能音箱的销售，除各家拼杀价格之外，并无更好的营销方式。而且，随着消费者“免疫力”的提高，一个看上去并无大用且使用体验不是很好的智能音箱，相信大家也不愿意花钱买“麻烦”，或者买了也弃之不用！

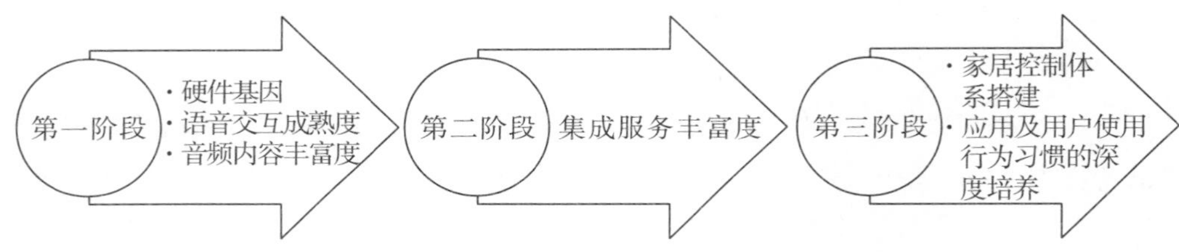

图3　智能音箱发展的三大阶段

3　智能音箱的机会

按目前的形式来看，智能音箱短期内在B端市场的表现会优于C端消费市场。由于加入了语音交互、内容服务等功能，智能音箱可以在特定的场景下解决B端客户的部分需求。智能家居目前在中国尚未普及，一定程度阻碍了智能音箱在消费级市场的发展。但是某些特定的场景，比如以内容为核心，以音箱为呈现形式，打造一个更加趣味、高效、实用的内容分发场景，则有很大机会进入B端市场，并且稳住脚跟。B端市场的普及也可进一步为智能音箱的体验优化积累更多的数据以锻炼算法；B端市场的突破可以为更大的C端市场做好铺垫，最终反哺C端市场。

目前我国幼教产业链主要包含“专业教育机构”和“家庭教育”两块，专业教育机构主要包括线下早教中心（0～3岁）、幼儿园（3～6岁）、特长培训（少儿艺术、少儿语言等）。专业教育机构涉及幼儿教育的教具教材、师资培训；家庭教育则围绕儿童及父母的教育娱乐消费开展，包括传统的幼儿消费内容、玩具以及“科技+幼教”的产品，如早教机器人、熏教机、VR/AR产品等。

2015年，家庭教育市场规模约为2000亿元，3～6岁儿童约为4300万人，按每年4000元支出测算，2015 年幼儿园市场规模约为 1700 亿元，幼儿教育总市场规模约为 3700 亿元。预计 2018 年幼儿教育市场规模将达到 4565 亿元，并且每年保持 6.5%左右的增长率（图 4）。

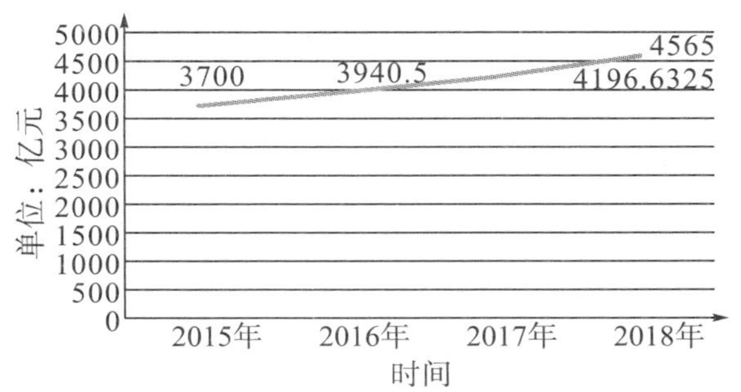

图 4　幼儿教育市场规模预估

我国目前早教行业师资水平还不太高，人才缺口大，人员流动性大。我国缺乏专门的学校和专业培训早教师资，多数早教行业教师是从幼教行业经过短期培训改行而来。而智能音箱作为一款语音交互式音箱，拥有操作简单、安全性高、不损伤视力等优点，最重要的是音箱能承载海量专业、系统的音频幼教课程和教辅内容，能很好地补充甚至取代传统的绘本、书籍、视频课程等。而“远离手机”这一特点，能让智能音箱很容易成为孩子学习娱乐的教辅用具。而在智能音箱 C 端市场尚未打开的时候，幼儿园、幼教中心等这类市场，就是一个很好的 B 端切入点。

4　立足幼教行业的关键点

幼教行业不同于其他行业，无论是中产还是高产家庭，给孩子花钱一般不吝啬，尤其是在教育方面的投资，所以教育市场，尤其是幼教市场在中国的发展前景非常好。而赋予智能音箱优质内容也为其戴上了“早教”“熏教”产品的帽子，进入早教 B 端市场难度不大，重要的是如何在这个市场活下去？需要注意的点是什么？

5　案例分享

5.1　第一次尝试

这是我们“智能音箱+幼教”的第一次尝试。所有的第一次难免带着尝试与试探的心态。2017 年年底，在整个智能音箱行业都在积蓄力量等待爆发的时候，我们的老板毅然决定“扩大规模，扩张渠道，迅速占领市场”，于是一股强大的招人飓风在我们智能硬件部门疯狂吹起。记得那段时间，每周都会有新人来报到，产品、品牌、市场、销售纷纷扩充，公司也从原来的 30 人不到扩张到近 70 人，一种“马上要干大事”的氛围弥漫在办公室的每个角落。新官上任，第一件事就是“疯狂”地开会，周一销售例会，周二部门周会，一开一整天，每个人都像打了鸡血，肾上腺素飙升，感觉公司未来前景一片美好。而这种对未来过度看好的气氛，也在某种程度上蒙蔽了个别高层的双眼，在欠缺充分思考的情况下，草草地开始了幼儿园试点。

渠道部门挑选了广州的 10 家幼儿园，每个园配置一台音箱，因网络原因，每一台音箱配置一台移动 WiFi，这样 10 套设备下来，成本近两万元。而这次试点的商业逻辑在他们看来很简单，把机器放在幼儿园，让老师按我们给的清单来点播节目，吸引孩子们的注意，然后等老师和家长产生兴趣了，再让老师给家长作推荐销售。如今看来，这套方案几个地方欠缺思考：第一，试点的地址选择。我们总部在上海，而试点却选在了广州，这一点决定了我们无法及时地跟进试点效果，根据需求变换策略，调整方案，后期的样品回收也麻烦重重。第二，方案执行上。产品的落地缺少仪式感，很难引起目标用户的注意和兴趣，最终，试点只是冷冷清清，无人问津。第三，老师及园方的利益如何分配？缺少兴趣的支持，至少要有利益的推进，可惜最终结果不尽如人意。

5.2　第二次尝试

这一次尝试是在 2018 年年初，当时幼儿园即将放假，于是我们依然是草草进驻。吸取第一次失败的经验，这一次我们将试点选在了离上海更近的合肥。这一次的试点布置也做得更加细致，在幼儿园里专门挑选了一块区角，并且专门设计了海报，搭建了更接近幼儿喜好的场景，以“智能有声图书馆”的概念入驻其中。另外，整合公司资源，专门设计了一款“内容点播宝典”，精挑细选了一部分适合儿童收听的绘本、有声故事、儿歌等，配套使用。但老师与园方的利益分配问题依然没有明确。入驻当天，因为幼儿园园长将其发布在了朋友圈的缘故，很多家长来电话资讯价格，因利益分配模式暂时还未出台，故销售的事情暂时没有开展，依然是想着先培养孩子的兴趣。然而事与愿违，培养孩子们“听”的兴趣，不是一朝一夕能够完成的。这一次试点我们总结，除了内容、模式之外，利益分配也是很重要的一点，而且需要打“闪电战”，快推快销。虽然这次试点以失败告终，但至少让我们看到了一些希望。

5.3　第三次尝试

有了合肥幼儿园的经验，第三次尝试我们更改了整个模式的侧重点，以“快推快销”为核心。除了前两次的一整套的物料外，我们的商业模式变成了“试用再购买”的形式，给园方50套机器，并制作一些试用指南的物料给领用的家长，不断向其展示产品的优点，最后以低于官方价的方式出售。当然，不喜欢也可以退货，这样一来，试用者不用承担风险，领用数也基本覆盖园方全部家庭。但数量远低于我们预期，不过相对于前两次，这一次尝试真正达到了销售的效果，虽然量不大，但好歹让我们找到了一些思路。

5.4 第四次尝试

转眼就到了7月，智能音箱市场经过半年多的发展，市场格局有了很大的改变，不变的是幼教市场依然很难有人能够成功进入，我们仍然有机会。

7月中旬，几个负责幼教市场的同事去了一趟北京，在一个友商幼教品牌同事的带领下，与北京一家幼儿园的园长就我们的产品进行了一次深入探讨。

总结起来，大概有几点：第一，刚需内容。该幼儿园用的英语教材是《剑桥英语 Playway》，而这部教材的特点是书本上只有图画，没有任何文字，学生需要听音频，结合老师的讲解学习，这样一来，家长如果没有音频内容是无法知道孩子学了什么。而智能音箱里如果有这样一整套内容作为配套，就成了家长的刚需。第二，各园的共同点。如今的幼儿园，绘本成为孩子们学习和娱乐的重要素材，但缺乏规范化的一套参考系统。很多幼儿园都是采购2000多套绘本，但他们不知道几岁的孩子适合哪些绘本，这些绘本大致讲的是什么内容。如果谁能将这一块做好，就有望成为各大幼儿园的通用产品。因此接下来，我们会通过这两个方面来整合内容技术，预计10月会进行下一轮试点工作，并且方向越来越明晰。

6 智能音箱立足幼教行业的三个要点

6.1 形式

要有仪式感，不仅拘泥于简单的形式。适当的形式，合理的搭建，能让家长、园方感受到品牌方在幼教方面的专业性。过于简单和不专业的形式，很容易让人感觉到商业气息太浓，智能音箱要想在幼教场景里毫无违和感地生存下去，一方面不能沾染太多的商业气息，另一方面形式要符合教学场景，要有正能量。比如包装成“声音图书馆”“有声绘本馆”等与传统结合的形式，在保留传统学习氛围的同时，赋予其智能化的新基因。

6.2 内容

形式是智能音箱进入幼教场景的第一步，是孩子、家长、老师接受它的开始，真正的核心还是专业、丰富、系统的内容，并赋予其更具张力、更加灵活的使用场景。如何让智能音箱与家长及孩子形成强关联，如何让音箱成为他们的刚需，从内容切入，是一个不错的点。发现其诸如《剑桥英语 Playway》此类教材的刚需特点，或者梳理内容与其教学过程黏性的结合。

如课前，是不是有专门删选出来的，适合各种年龄段，拥有各种不同主题的音乐、故事、儿歌供小朋友收听。“玩教”氛围浓厚的幼儿园可以偏重娱乐性的主题内容，如神话故事、趣味儿歌等；“学习”氛围浓厚的幼儿园可以偏重传统性主题的内容，如少儿国学、成语故事等。在课前、课余时间，让孩子耳濡目染，不间断地进行“熏陶”式教学。

课中，这是起着决定性作用的一个环节，如何将幼教课程与智能音箱打通。也就是说，需要开发一套以音频形态存在的专业、系统的幼教课程，让这套课程深深地融入孩子们的教学生活中，让其变成每日必修。园方也可定期为孩子举办不同场景的主题活动，发挥想象力，让孩子、家长、老师一起玩进去，渐渐养成一种用户行为习惯，让老师在以后谈论幼教，第一时间想到的是那套音频课程；孩子听到上幼儿园，想到的是可以和一个来自未来的机器人对话的场景；当家长听到幼教，就说一定要去某某幼儿园，因为那里有非常棒的有声图书馆。这个时候，智能音箱才算是真正在幼教这个场景里站稳了脚跟。

我听说某些幼儿园会给孩子安排一个讲故事的作业，让孩子自己声情并茂地讲故事，然后用手机录制下来，在微信群里分享给其他的小朋友。但这会在一定程度上让孩子过早接触手机，家长肯定是不希望的。如果智能音箱被赋予录音功能，是不是能满足很大一部分人的这个需求？因此，让智能音箱除了接受别人的内容外，还能分享自己的内容，甚至通过智能音箱达到一定社交目的，是不是又产生了一种所谓的“人工智能社交”？

6.3 商业模式

“智能音箱+幼教+X”商业模式的形成，除了音箱（图书馆）本身带来的收入外，“用户（流量）积累的全新入口”也是很多厂商期待的，比如天猫精灵就是阿里拓展新用户的战略产品。以阿里为代表的巨头公司，其目的主要在提高企业的GMV（成交总额）上，意在AI时代的流量入口。从阿里近几年的财务报表可以看出，虽然很大一部分增长用户来自2014—2016年，但增长并不明显，

GMV增速放缓，除了原有的流量渠道外，阿里急需补充新鲜的流量渠道。因此，在智能音箱市场开拓的初期，大厂可以用“砸钱”的方式最大限度地占领市场，等这个音频生态入口形成之后，再思考如何从这个生态里发掘新的盈利模式，这无疑是一种风险较大的投入方式。而对于大多数厂商而言，即使初期不盈利，也要保证收支平衡才能持续经营，因此初期就要形成一套自己的商业模式，除硬件本身外，利用付费内容订阅、高级会员服务等来创造收入也不失为一种很好的模式。这个就需要各大厂商根据自己的产品、资源优势来各显神通了。

7 智能音箱在幼教行业未来发展形态的预测

智能音箱作为人工智能音频端的入口，能够合作的B端场景是非常丰富的。例如，在传统零售门店的改造上，是不是可以减少人力、提升体验？酒店、公司、咖啡馆等很多场景都可复制使用，智能音箱的整体发展方向如何？我觉得人工智能依然拥有互联网包罗万象的特点，当然，就幼教行业而言，大致可看到以下两点。

7.1 盈利模式转变

当智能音箱在市场铺开后，更重要的是从持续增长的安装量中发掘新的盈利模式，如音乐订阅、高级会员服务和内容解决方案等。喜马拉雅FM作为中国音频界的“独角兽”，旗下的小雅AI音箱除了拥有大部分常用功能外，最大的特色是点播喜马拉雅FM App上的内容，海量而优质的内容赋予了小雅AI音箱非常独特的使用体验，内容付费作为喜马拉雅一大重要盈利渠道，通过小雅推广、销售付费节目，无疑是一件理所当然的、别人无法复制的盈利模式。据悉，喜马拉雅还有专门的儿童事业部，他们拥有非常专业的幼教行业从业人员，专门负责幼教行业的内容制作、整理、分发，这无疑让本身就极具竞争力的小雅如虎添翼。

7.2 替代传统蓝牙音箱及传统故事机

因耳机会损伤孩子听力，大多数家长会给孩子配一个蓝牙音箱或故事机。目前，智能音箱还不能取代蓝牙音箱的原因是价格仍比较高。因为现在智能音箱的芯片主要还是从机顶盒芯片转变而来的，成本比较高。往后技术不断成熟，再加上互联网巨头的补贴，产品售价会降低，具备普及条件，有望逐步取代传统的蓝牙音箱市场。传统无线蓝牙音箱购买需求逐年攀升，该品类2018年的增长率依然会维持在50%左右的高增长。50～500元的传统无线音箱受到智能音箱的冲击较大，无线音箱市场以线上市场为主，2018年在智能音箱的大规模线上营销活动中，估计大约30%的购买需求会被智能音箱所替换。中国智能音箱市场目前处在萌芽与兴奋的交界期，消费级市场刚刚兴起。智能音箱市场的成功绝非单靠硬件本身的质量，比拼的更是厂商的资源整合能力和服务拓展能力。而故事机由于操作的烦琐、内容单薄，音质还不好，被内容型智能音箱取代是必然的。

作为AI时代的领头军，语音识别系统无疑会成为继触屏时代后又一革命性的交互方式。但语音识别是不是会取代触摸交互，笔者觉得最大的可能还是补充人机交互的丰富性。当然除了丰富普通人的交互方式外，也为一些视障、触摸障碍的人群提供了更好的交互方式。对于语音识别的未来，我相信还有更多的可能性等待我们去探索！

参考文献

[1] Canalys分析：2018年智能音箱将创历史新高［EB/OL］.［2010－06－05］. http：//www. sohu. com/a/214825080_397500.

[2] GfK，中国智能音箱消费市场持续增长2018年销量将达588万台［EB/OL］.［2010－07－11］. https：//www. sohu. com/a/227718463_693445.

推荐系统用户感知调研

高梦晨

（上海华为技术有限公司，上海，200240）

摘　要：本文全面梳理了影响个性化推荐系统用户感知的因素，并且以 ResQue 推荐系统评测模型为参考，以 S＊网站作为研究对象，调查了 S＊网站推荐功能的用户感知体验，通过对调研数据的有效分析，挖掘出当前 S＊网站存在的用户体验问题，并给出了解决方案。

关键词：推荐系统；用户体验；用户调研

1　研究背景

1.1　背景简介

推荐系统最初是一种电子商务网站使用的技术，它可以根据网站畅销产品的一些有价值的信息（包括浏览或搜索历史记录，用户以前的购物行为或明确说明的偏好）自动向客户推荐有趣且需要的产品。因此，这种技术被用来帮助用户节省寻找想要的产品的时间和帮助用户快速做出明智的选择。随着网络带宽的增长及存储容量的升级带来的数据指数级的爆炸，互联网每一秒钟都在生产庞大冗杂的数据信息，我们湮没在数据的海洋里，不知道自己想要什么，而个性化推荐解决了这一难题。它根据用户以往的网络行为（如搜索、浏览、收藏、点赞、评论、转发等）构建每个人独特的用户画像，然后智能推荐引擎根据预先设定的机器算法向用户推送可能感兴趣的内容。因此，推荐系统又被广泛地应用于知识搜索以及信息获取的场景中，比如谷歌推荐搜索等。推荐系统已经成为一个必不可少的工具，尤其是在当前这样竞争激烈的商业环境中。事实上，不仅仅是给用户提供方便，推荐系统也会帮助网站与用户建立紧密关系从而提升网站收益。

在本文中，笔者挑选 S＊网站的推荐功能进行分析。华为作为全球领先的电信解决方案供应商，服务于全球超过 180 个供应商用户，研究推荐功能的可用性，提升用户的信息获取体验，对华为公司来说是必要的。

1.2　研究重点

以前，许多研究人员认为推荐算法是决定推荐系统的成败的关键，尤其对亚马逊这样的大型零售商来说，它们花费了大量资金投资于如何提升推荐算法的性能。因为推荐算法是任何一个推荐系统必不可少的核心内容，以前的研究人员也认为更精确的推荐算法会给出更准确的推荐结果，从而给客户带来满意的用户体验。但实际上，对于今天的商业竞争环境来说远远不够，越来越多的研究证明，算法的准确性并不足以说服用户做出正确的选择。许多研究已经证明了用户对推荐系统的感知，如系统的整体感知质量、推荐建议的有效性等不仅可以帮助用户快速做出选择，也会严重影响用户的满意度。因此为了给客户提供更好的信息获取体验，有必要做一个用户调研去评测该网站的推荐功能，同时可以对用户的偏好和推荐功能的实际使用状态有个更深入的了解。

那么，如何从用户角度进行推荐系统评估？在这个领域里，研究人员已经建立了几个以用户为中心框架并试图制定评估推荐系统的关键标准，其中最具代表性的是 Pu 和 Chen（2011）提出的 ResQue 推荐系统评测模型。ResQue 模型分为四个主要维度：“感知系统质量”“用户信念”“用户的主观态度”和“用户行为意图”。这个模型可以更加清晰地解释系统的物理特性，如算法准确性、信息呈现样式等是如何影响用户的态度、信念和行为意图的。

因此，本文的研究重点为利用 ResQue 模型完成对 S＊网站推荐功能的用户满意度分析。考虑到实验的可操作性和代表性，被调查的对象主要是内部工程师和部分局点用户。

因此，此次的调研目的如下：

（1）基于以前的推荐系统用户调研结果，使用以用户中心模型来识别关键的影响用户感知的变量，以此来设计调查问卷。

（2）结合实际环境和收集的数据，试着分析 S＊网站推荐功能的用户体验并给出一些改进建议。

2　影响用户感知的因素

2.1　推荐准确性

准确性一直被认为是评测推荐系统的主要标准之一。在以前的研究中，大部分都是通过提升算法的准确性去提升推荐结果的准确性。最近，研究者开始关注用户的感知准确性。这个变量是用来衡量推荐结果是否符合用户的喜好和需要的。感知准确性是相对容易测量的，并且对建立用户对推荐系统的信任有直接影响。换句话说，如果用户在这个变量上给出更高的分数，就能推断出底层的算法逻辑是可以准确预测用户的喜好的。

2.2 推荐熟悉度

Pu（2011）年提出“熟悉度是用来描述用户对推荐给他们的结果是否具有适当的知识或经验”。相似地，Swearingen 也在他的研究中阐述了推荐熟悉度的重要性。实验结果证明，推荐用户熟悉的东西会加强他们对系统的信任度，并且让用户更愿意去选择对他们来说，感觉熟悉的结果而不是陌生的选项。然而，即使用户倾向于选择熟悉的产品，但是他们也并不总是对他们喜欢的东西感兴趣。例如，如果推荐系统总是推荐给某个用户喜欢的作者或者喜欢类别的内容，他们可能会认为推荐系统是无聊且不能帮助他们找到新鲜的东西。但是在后面的实验中，这一变量不会包括在测试范围内，因为被试者可能会混淆准确性和熟悉度的定义。

2.3 新颖性

新颖性代表推荐系统是否具有能帮助用户发现新颖且有趣的产品的能力。McNee 等（2006）将这一标准称为“意外事件”，强调收到偶然和意想不到的推荐项目的结果，并且认为这个特性与准确度同样重要，因为如果系统非常擅长推荐顾客在购物车或愿望清单中的产品，这仍然可能是无用的推荐系统。另外，Jones（2007）已经证明了新颖性的影响，通过基于音乐推荐系统的用户学习，发现用户感觉推荐系统推荐的歌曲比他们朋友推荐的歌曲更加符合他们的口味。在这里，我们讨论的新颖性不仅涵盖“新颖”的意思，而且包括让人感到意外的意思。

2.4 多样性

多样性是用来衡量系统呈现推荐列表的多样性水平。如果系统总是给用户推荐一些相同的东西，用户就会感到无聊。Jones（2007）表示，较低水平的多样性可能令客户失望，并降低他们的决策信心，从而导致他们对这个推荐系统失去信心。基于分类学相似性原理，Ziegler 等（2005）在他们的研究中开发了一个话题多样性理论，且调查结果显示与准确度相比，多样性更能影响用户的满意度。另外，McNee 等（2006）发现“item-to-item”的协作过滤算法可能会使用户陷入“相似性漏洞”中，意味着只提供非常相似的建议。同时根据之前的研究，这种协同过滤的算法被广泛应用于推荐系统中，因此调查推荐系统的多样性尤为重要。

2.5 环境背景兼容性

环境背景兼容性的核心概念是一个好的推荐系统应该具备的在相关使用场景给出推荐建议的能力。例如，当电影网站推荐顾客电影时，需要考虑的环境因素包括用户的情绪、他们看电影的环境、是否有同伴等。Pu 等（2012）的研究证明了某种产品对用户的实用性不仅取决于用户和产品这两个维度，还包括其他因素，如时间、共用或者共享者等。因此在这些场景下，简单的基于用户—产品两个维度生成的推荐建议是不足以让用户满意的。推荐系统需要思考怎样利用另外的环境信息去给出更加符合用户需要的推荐。这也是确定用户感知的重要因素，因为考虑各种背景因素来制定推荐的能力应该对构建有效的推荐系统具有显著影响。

2.6 界面充分友好性

不仅仅是在推荐系统中，界面因素在可用性和用户体验评估中也一直占据着很重要的地位。以前的一些研究密切关注如何设计和优化推荐列表的布局，以便为用户提供更好的视觉效果体验，从而提高整体推荐人满意度。例如，根据不同的推荐理由，推荐的产品可能是标有图片、文字或两者结合并显示在不同的区域网页来吸引客户的关注。基于可用性的标准概念模型，Ozok、Fan 和 Norcio（2010）提出了一系列行之有效的推荐系统的界面设计规则。最近，无论是商业网站还是学术研究人员，都逐渐意识到系统的界面设计可能比实际的算法对用户体验的提升更有影响和帮助。

2.7 解释性

解释性代表着推荐系统具备的可以向用户清晰地解释为什么做出这样的推荐的能力。Herlocker 等（2000）进行了可用性实验，用不同的方法来解释为什么给出建议的时候要有具体的解释。研究表明，针对不同的客户需求，有很多种方法来解释其内在的推荐逻辑。例如，“推荐该结果给你是因为你给了 X 积极的评价”“买过此商品的人也买了 Y”等。除此之外，Pu（2007）进行了一些用户研究，证明了解释推荐结果可以有效地提高用户对推荐系统的信任度和满意度。

2.8 信息充足性

信息充足性意味着每个建议的内容应该足够帮助用户做出正确的决定。因为对于用户来说，推荐系统是用来帮助他们节省时间和精力去挑选想要获得的东西，并能协助用户做出自信的选择。Sinha 等（2002）提出，推荐项目的详细描述对推荐系统的感知有用性和易用性有积极的影响。他们也建议使用有效的导航结构来组织所要呈现的信息。信息充足性需要被考虑在内，因为它关注推荐信息本身如何能最大化地激发客户的兴趣，并且能快速有效地帮助客户做出正确的决定。

2.9 感知有用性

感知有用性是用来衡量用户是否能感知通过使用推荐系统可以有效帮助他们获取想要的东西或结果。在本文中，主要从两个方面考虑感知有用性：信息获取效率和信息获取质量。因为推荐系统的一个主要目的就是帮助用户通过最小的努力去找到相关资源去满足他们的需求。除此之外，信息获取的质量也很重要，因为信息质量决定着用户能否通过推荐系统获得自己认为有价值且最正确的资源和信息。

2.10 感知可用性

感知可用性是用来衡量系统是否能帮助用户正确且快速地完成任务的能力。在此为了更好地从用户角度出发，我们使用感知有用性来代替可用性进行研究。例如，亚马逊的推荐系统可以帮助用户快速找到他们想要的优惠产品。根据之前的研究，任务完成效率和完成任务使用的时间可以用于衡量一个系统是否易用。但从某种程度上来说，实际使用情况复杂，会有很多原因让我们在评测时很难区分测试时间和实际完成时间，因为在当前纷繁的互联网环境下，当完成被指定的任务时，用户可能会无意识地探索一些不相关的信息。因此，与其测量完成任务的时间来评测系统的易用性，测量感知易用性会更加有效。

2.11 控制和透明度

与推荐系统交互的过程中，用户控制取决于用户是否感觉能控制这个系统。这意味着推荐系统允许用户修改他们的偏爱内容，去设置新的兴趣内容以及定制收到推荐建议的形式等，这些都严重影响整体的用户体验。透明度衡量推荐系统是否能让用户理解内在的推荐逻辑。例如，如果推荐建议是基于用户的搜索记录、心愿单等，会让用户觉得推荐逻辑清晰且让人信服。到目前为止，许多研究表明，清晰的界面会帮助系统传递内在的推荐逻辑，并且高透明度的系统对用户满意度有着很重要的影响。

3 研究方法

问卷调研被视为评估用户偏好最适当的工具之一，尤其是在多样化和复杂的 Web 环境中去测量用户体验，因此问卷调研已被广泛用作一种有效的测量方法。为此，本文为了更加全面且准确地调研用户对华为 S＊网站推荐功能的满意度，结合 ResQue 模型中确定的影响变量去设计问题，并结合用户使用习惯来设计了结构清晰的问卷来评估用户的感知体验，试图找到当前 S＊网站推荐系统中存在的问题。本次调研的主体是华为工程师和部分局点用户，因为这些人是最经常访问且关注华为 S＊网站的忠实用户。下面具体解释了研究策略（包括问卷设计和目标人群选择）以及本研究的数据收集方法。

3.1 基于 ResQue 模型的数据调研

本文为了评估使用者对 S＊ 网站推荐功能的看法，基于 ResQue 模型中确定的影响变量，设计了 15 个问题的调研问卷，旨在评估用户对 S＊网站的推荐功能的满意度，并且帮助 S＊网站识别当前的用户体验问题。

事实上，用户感知是一种主观的感受，所以很难精确确定用户感知的组成结构，因此需要借助 ResQue 模型来分析。影响用户对推荐系统的感受的变量在 ResQue 模型中被分为四层。

此外，Pu 等在 2011 年的研究中证实了这四个层次之间的关系：第一层感知质量会对第二层用户态度有着重要的影响。而第三层用户态度和态度的改善会最终影响用户的行为意图，例如用户会分享他们的使用经验给朋友，会有强烈意愿反复使用推荐功能等。因此，这四层框架很清晰地解释了如何从物理层的质量一步步影响最终用户行为意图。由于明确了这些变量的因果关系，就可以利用数据分析来逐层分解找到问题所在，从而提升用户的感知体验。

此外，对于调查问卷，设计使用李克特五分量表法来衡量用户的意见，这种衡量方法是相对准确的。对查看推荐结果的频率，我们给出了五个量级，对于用户感知变量如系统准确性、感知易用性、行为意图等也被分配了五个维度，这样使整个问卷结构更加合理。

3.2 数据收集方式

考虑到调查对象是具有丰富的 S＊网站使用经验的华为工程师和对我们有重要影响的局点客户，我们通过内部发布调研问卷的形式将问卷更广泛地发放出去。最终我们收集了 65 份数据。Nielsen（2012）说：“确定系统最重要的用户感知和互动问题，测试 5 个用户通常就足够了。”因此，65 份数据已可以提供足够的样本数量，并得出相对正确的结论。

4 数据分析

4.1 数据分析基础

此次调研的目的是评估用户对 S＊网站推荐功能的整体看法，包括满意程度、感知有用性和信任程度等。换句话说，通过问卷调查的方法收集数据并根据模型进行数据分析，找到目前 S＊网站推荐系统存在的问题，为后续的功能演进打基础。ResQue 模型提供了一个清晰直观的数据分析框架。在第一个 ResQue 的维度，有七个变量：互动充足性，推荐准确性，解释性，推荐新颖性，推荐多样性，信息充足性，界面友好性。与其他用户的主官感受变量比，这些底层变量可以被看作是系统的物理和客观特性，并且这些底层变量都会直接或间接地影响下面三个感知层面的维度，而这些底层变量往往是系统可以改进的重点。例如，提升推荐系统的准确性和新颖性，就会提升用户对系统的满意度。因此，结合数据分析结果，本文试图从用户角度出发，帮助 S＊网站找到提升用户体验的优化解决方案，从而建立用户对网站的信任度。

4.2 人口统计学分析

本次调研的对象主要面向有 S＊网站使用经验的工程师和部分局点用户，他们通过 S＊网站获取相关产品的技术支持，包括产品文档、多媒体资源等。由于产品种类众多，多媒体资源形式众多，要想在 S＊网站中找到自己最需要的技术支持，对于用户来说是非常重要的。

表 1 列出了调研对象的基本信息数据。

表 1 调研究对象基本信息数据

被调查者基本信息			
变量	取值	数量	占比
性别	男	25	38.46%
	女	40	61.54%
年龄	20～30 岁	3	4.62%
	30～40 岁	51	78.46%
	40～50 岁	6	9.23%
	>50 岁	5	7.69%
国籍	中国	45	75%
	其他	20	25%
使用 S＊网站多久	半年之内	24	36.92%
	半年到一年	14	21.54%
	一年到三年	18	27.69%
	超过三年	9	13.85%

很明显，该样本数据在性别年龄以及使用网站经验的角度来说是相对均衡的，因此我们可以认为这是一份合适的、有代表性的样本数据。由此可以得出相对可信赖的结论。

4.3 用户使用习惯讨论

对于这个问题，大部分的调研对象表示有注意到S＊网站的推荐功能，但是仍有 47%的调研对象表示并没有注意到推荐功能（图 1）。换句话说，S＊网站的推荐功能并没有深入人心，还有很大一部分人没有“享受”到推荐功能带来的便利。

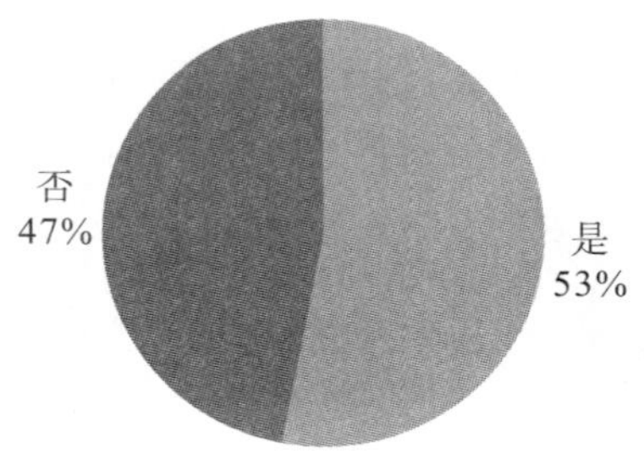

图 1 用户使用习惯数据结果（1）

从得到的数据中我们不难看出，大部分的人（70%）对网站推荐的内容是很少或者从不仔细去查看的，也就是说，推荐的内容并不能吸引用户的注意、兴趣以及浏览的意图（图 2）。这也就能解释下一个问题的结果，超过 50%的人很少或者从不会选择仔细阅读 S＊推荐给他们的内容。因此，我们可以得出结论，目前 S＊网站的推荐功能并不能引起用户仔细查看的兴趣，而推荐的内容本身也不是很符合用户的期望。

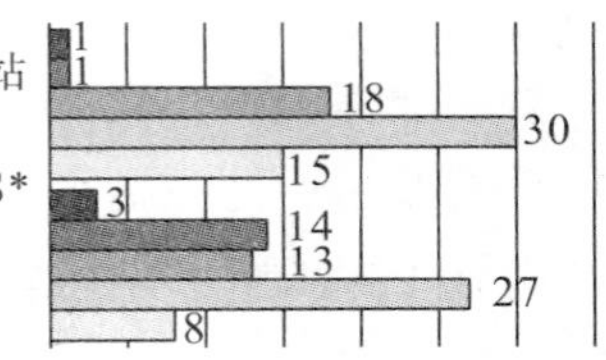

图 2 用户使用习惯数据结果（2）

4.4 基于 ResQue 模型的分析

通过上面的讨论，我们已经明确了当前 S＊网站的推荐功能的现状和问题，那么到底是哪些因素导致推荐功能不起作用呢？在这个部分，我们试图通过 ResQue 模型，更加直观且详细地去理解用户当前的感受和对待推荐功能的态度。该模型从用户的角度出发，定义了四层评估模型用以指导推荐系统的设计，如图 3 所示。

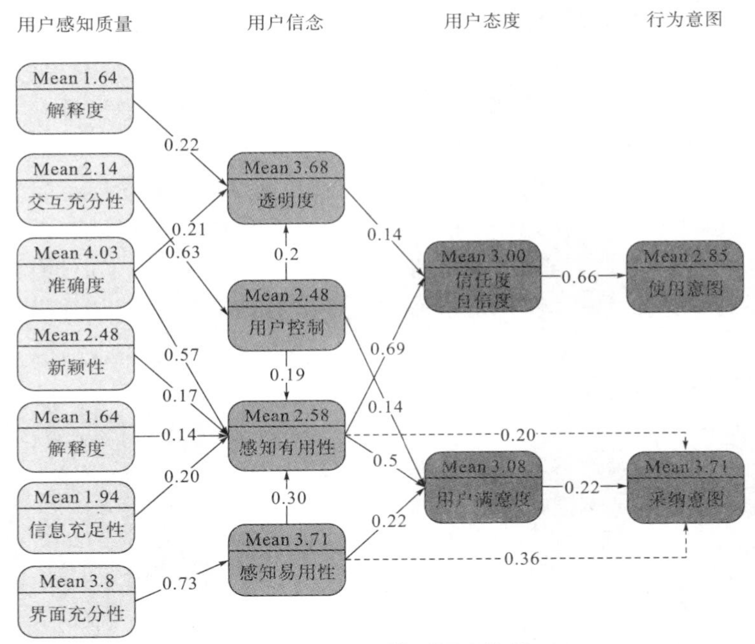

图 3　ResQue 模型调研结果

4.4.1　*用户感知质量层*

用户感知质量层主要是评测推荐系统最底层的质量，也是评测用户最直接的感受。在这一层的变量中我们不难发现，得分最高的是准确度，也就是说，大部分用户认为推荐给他们的内容是准确的，是符合他们的需要的。但是在新颖性和多样性这两项指标中，推荐系统并没有很好的表现，S＊网站的推荐系统不能帮助用户发现新的有用的东西，且推荐的种类比较单一。对于推荐的内容，其推荐原因的解释度和描述信息充足性这两项得分也很低，这也就能解释为什么使用者很少仔细看推荐的内容，有一部分原因是推荐内容本身并不吸引用户，但更重要的一点是在呈现这些推荐内容时，S＊网站并没有很好地解释为什么做出这样的推荐且没能把推荐内容最有价值的信息呈现出来。例如，S＊网站在推荐相关产品的文档说明书时，只是简单放上了版本编号、说明书标题等一些基本信息，没有告诉读者一些更详细的信息，也并没有试图告诉读者是基于怎样的逻辑进行的推荐，所以就导致大部分的推荐内容是无效的。同时，交互充分性得分也偏低，也就是说，用户认为跟推荐功能不能有一个相对良性的“互动”。我们发现，当前的推荐内容都是主动推送给用户的，用户被动接受，没有提供给用户一个反馈的过程，所以是单向传递而不是双向选择，这也是导致用户选择忽略推荐内容的一个原因，即用户会认为“ 既然不是我主动选择的，我也不是很感兴趣”。

4.4.2　*用户信念层*

在用户信念层中，透明度和感知易用性得分相对偏高。从 ResQue 的模型我们可以知道，透明度主要和准确度及解释度有关，也就是说，虽然 S＊网站在推荐的同时没有很好地阐述推荐逻辑，但是由于其推荐的内容相对准确且符合用户期望，所以用户最终还是能理解为什么会收到类似的推荐。这也从侧面反映出我们的推荐逻辑相对简单。但推荐系统的感知有用性和用户控制得分偏低。用户控制得分低很容易解释，因为这个变量在很大程度上受“交互充分性”影响，也就是说，用户感觉不能“控制”推荐系统的推荐结果、展示样式等，不能形成一个良性的信息交互循环。而感知有用性的结果偏低证明虽然很多时候推荐的内容符合用户预期，但用户的要求不仅是看到需要的内容，他们对推荐系统有更高的期待。例如，推荐的内容要保持多样性和新颖性，以帮助他们更好、更快地获取有价值的信息，这样才是他们认为有价值的推荐系统。

4.4.3　*用户态度层和行为意图层*

用户态度层的两项指标用户满意度以及信任度自信度的结果可以说明，大部分用户对推荐系统的态度是中立的，也可以说是毫不关心的，也就是说，S＊网站的推荐功能并没有在他们日常的使用中起作用。用户既没有过高的期待，也没有太失望，而用户态度层的结果也就直接解释了行为意图层的结果，大部分的用户不太会反复使用推荐功能，也不会经常采纳推荐结果。同时，这样的结论也对应了问题“你喜欢 S＊推荐功能吗”的结果。在调查中，绝大部分人其实对推荐系统的态度是“没有感觉的”（图 4）。这也从侧面说明，我们在推荐领域可发展的空间很大。

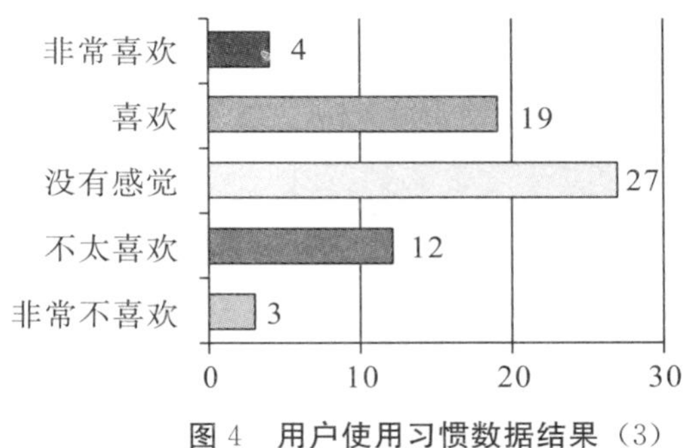

图4　用户使用习惯数据结果（3）

5　结论和建议

从研究的角度来看，本文从用户感知的层面分析了当前S＊网站中用户体验层面的问题。根据前人所做的一系列的用户体验评估模型，我们将影响用户感知的15个变量设计到调研问卷中，期望通过这样的方法全方位地评估用户在使用推荐功能时的感受，并帮助S＊网站发现非技术层面的用户感知问题，从而提升用户的整体满意度。结论总结如下：

（1）最明显的问题是大多数用户没有意识到推荐功能的作用，他们对其的态度是漠不关心，也就是说，我们的推荐系统从根本上来讲并没有引起用户的重视，并不能让用户觉得推荐功能是他们在获取信息时的一个有力助手。

（2）我们的推荐系统虽然能推荐相对准确的内容，但是在内容的多样性、丰富性上有待提高。同时这里的准确度相对较高的结果很可能是因为我们推荐逻辑相对简单，比如基于用户的浏览记录、下载记录、当前热门产品等做的千篇一律的推荐。因此，我们应该在丰富推荐系统的结果的同时告知用户我们背后的推荐逻辑，这样不仅可以提升系统的感知有用性，也可以让用户更加信任我们的推荐结果。

因此，基于研究结果，我们对S＊网站提出如下改进建议：

（1）功能最大化。我们的推荐系统，就是要先引起使用者的注意。比如，在页面的“热区”放置推荐信息，且可以用一些提示告诉使用者推荐的内容，并不只是一个类似“广告”一样千篇一律的推荐，而是针对不同用户的特殊建议，让使用者有种“量身定制”的感觉。总结就是先引起他们对推荐功能的兴趣。

（2）因为本身推荐逻辑相对简单，所以首先应该提升我们的推荐系统，其次加入用户与推荐系统的“互动”功能，增强用户对于系统的可操作性，就是让他们自定义推荐系统。比如，添加收藏喜欢的产品和常用的文档等功能。并且，在推荐的同时解释清楚我们为什么要做这样的推荐。类似于浏览亚马逊网站时“买过这类东西的人也买过×××”的提示，这样会增强用户对推荐功能的信赖程度，提升好感度。

6　局限性和未来研究方向

该研究测量了用户对华为S＊网站的推荐系统的看法，但是这个工作只是华为S＊网站推荐系统研究的冰山一角。这项研究的局限一方面在它讨论的问题都是从用户的角度出发；另一方面是研究只是给出修改意见，并没有看到实际应用效果。因此，在后续研究中，我们会持续推动华为S＊网站的推荐功能的改进，并且给出更加明确和详细的改进方案，同时也会深入探究如何评测改进前后的用户体验效果。笔者坚信，在当前激烈的互联网竞争环境下，会有越来越多的人投入推荐系统优化的工作中来，也会有越来越多的人关注运营商客户的体验工作。

参考文献

[1] Cramer H，Evers V，Ramlal S，et al. The effects of transparency on trust in and acceptance of a content-based art recommender [J]. User Modeling and User-Adapted Interaction，2008，18 (5)：455—496.

[2] Herlocker J L，Konstan J A，Riedl J. Explaining collaborative filtering recommendations [J]. CSCW Proceedings of the 2000 ACM conference on Computer Seed cooperative work，2000：241—250.

[3] Knijnenburg B P，Willemsen M C，Gantner Z，et al. Explaining he user experience of recommender systems [J]. User Modeling and User Adapted nteraction，2012，22 (4—5)：441—504.

[4] Pu P，Chen L. Trust building with explanation interfaces [J]. IUI'06 Proceedings of the 11th international conference on Intelligent user interfaces，2006：100—93.

[5] Pu P，Chen L. Trust-inspiring explanation interfaces for recommender systems [J]. Nowledge-Based Systems，2007，20 (6)：542—556.

[6] Pu P，Chen L，Hu R. A user-centric evaluation framework for recommender systems [J]. RecSys'11 Proceedings of the fifth ACM conference on Recommender systems，2011：157—164.

[7] Pu P，Chen L，Hu R. Evaluating recommender systems from the user's perspective：Survey of the state of the art [J]. User Modeling and User-Adapted Interaction，2012，22 (4—5)：317—355.

[8] Pu P, Chen L, Kumar P. Evaluating product search and recommender systems for e-commerce environments [J]. Electronic Commerce Research, 2008, 8 (1-2): 1-27.

[9] Pu P, Viappiani P, Faltings B. Increasing user decision accuracy using suggestions [J]. CHI'06 Proceedings of the SIGCHI Conference on Human Factors in Computing Systems, 2006: 121-130.

[10] Schafer J B, Konstan J A, Riedl J. E-Commerce Recommendation Applications [J]. Data Mining and Knowledge Discovery, 2001, 5 (1/2): 115-153.

[11] Schafer J B, Konstan J, Riedl J. Recommender systems in e-commerce [J]. EC'99 Proceedings of the 1st ACM conference on Electronic commerce, 1999: 158-166.

[12] Sheeran P. Intention-Behavior relations: A conceptual and empirical review [J]. European Review of Social Psychology, 2002, 12 (1): 1-36.

[13] Swearingen, Kirsten, Rashmi Sinha. Interaction design for recommender systems [J]. Designing Interactive Systems, 2002, 6 (12): 35-38.

[14] Tintarev N, MasthoffJ. Evaluating the effectiveness of explanations for recommender systems [J]. User Modeling and User-Adapted Interaction, 2012, 22 (4-5): 399-439.

[15] Tintarev N, Masthoff J. Explaining recommendations: Design and evaluation [J]. Recommender Systems Handbook, 2015: 353-382.

面向自适应机器人交互的类人反应研究

葛亚特　叶　露

（同济大学，上海，200092）

摘　要： 机器人类人反应的研究，旨在借鉴人对外部刺激做出反应的机制和特点，将其应用于人—机器人交互中，通过让机器人模拟人对不同的刺激做出的自然的反应，提升人和服务机器人交互的体验。自适应交互系统使得服务机器人能够适应持续变化的工作环境和用户信息，为用户提供更加智能和个性化的服务。本文根据人的自然反应特征与自适应机器人交互的特点，提出在自适应机器人交互中，类人反应的应用可以丰富和优化机器人在服务人过程中的外显反应，同时反映机器人的自适应进度，以促进更加流畅的自然交互。此外，在机器人智能交互系统中，个性化、自然的类人反应能够提高智能交互中机器人学习的效率，更好地服务于用户。

关键词： 类人反应；自适应学习；自适应机器人交互

1　背景介绍

1.1　人的自然反应

关于人的自然反应在心理学上的研究可以追溯到20世纪初的行为主义（Behaviorism）。行为主义起源于美国的一个心理学历流派，也是诸多心理学流派中的一个重要学派。该学派代表为约翰·布鲁德斯·华生（John Broadus Watson）。华生认为，行为主义研究的行为是有机体用以适应环境变化的各种身体反应的组合，其细目可以分为肌肉运动或腺体分泌，因为它们证明有机体具有以不同的方式来对周围环境做出反应的能力。

行为主义学者认为人的反应可以分为两类，即习得反应（learning response）或非习得反应（unlearning response），外显反应（overt response）或内隐反应（implicit response）。通过研究人后天对环境的学习规律，可以分析得到受到刺激的个体情绪如何影响其内显反应，并通过一系列对应的外显反应表现出来。

1.2　行为主义刺激模型

华生的行为主义心理学的出发点是“可以观察的事实，也即人类和动物都同样使自身适应其环境的事实”。行为主义研究的行为可以分解成单元，那就是刺激—反应（S-R），该模型可以客观地加入描述的动作、习惯的形成、习惯的集合等。一个刺激可能是比较简单的东西，如作用于视网膜的光波，也可能是环境中的一个物体或者整个情境，即“刺激情境”（stimulus situation）。同理，一种反应可能是简单低级的，也可以是相当复杂的。在这种场合，就用“动作”（manual）来表示。作为单元的各种个别反应可以组合成一个动作的反应群，包括摄取食物、清洁打扫、打棒球、母亲的反应诸如此类的综合反应。

1.3　自适应机器人交互

近些年来，随着人工智能技术的发展，服务机器人成为产业关注的热点。英特尔的自适应机器人交互研究报告中指出，目前的机器人自主性和学习能力比较欠缺，应用模式单一。如何突破现在的单一应用模式，让服务机器人变得更加智能，更加自主，将成为服务机器人行业发展的重要问题。目前的机器人人工智能技术离达到“进入家庭”的水平还有三个主要障碍：①算法的不确定性；②数据量少，无法训练稳定的模型参数；③缺乏常识以及相关知识。为克服这些问题，除了提升人工能智能技术外，通过人—机器人交互进行自主学习和适应，是提升机器人智能的重要手段。自适应学习能力将是服务机器人智能化的一个重要研究方向。

与不具备自适应学习能力的机器人相比，具备自适应学习能力的机器人能通过自适应机器人交互（adaptive HRI）的方式改进目前机器人人工智能方面的不足，即让机器人能够自主地进行持续学习，并且根据需要向用户发起交互来学习。在实际应用中，这是一个从“无知”变得“聪明”的过程，机器人对用户行为和偏好以及工作环境会越来越了解，从而适应工作环境，实现用户的个性化需求。比如，对于老年人和残障人士，机器人能够学习了解用户的行为特点和偏好，从而能根据用户特点进行服务。自适应学习能力在服务机器人的实际应用中起着十分重要的作用。

2　人的反应机制与特点

在本研究中，我们希望将人的自然反应的机制和特点应用到机器人的反应方式的设计上。类人反应的设计更符合人的心理认知，能够有效提升人—机器人交互的自然体验。我们根据心理学领域行为主义的相关研究，总结了人的反应的机制和特点，并提出了类人反应设计机制和在自适应机器人交互中的应用方向。

2.1　反应机制

我们根据人的反应机制，提出了机器人类人反应的设计机制。

如图1所示，在人的外显反应中，每一个外显反应由不同的动作反应群组成，而每一个动作反应群又由不同的动作单体和肌肉或腺体反应组成。

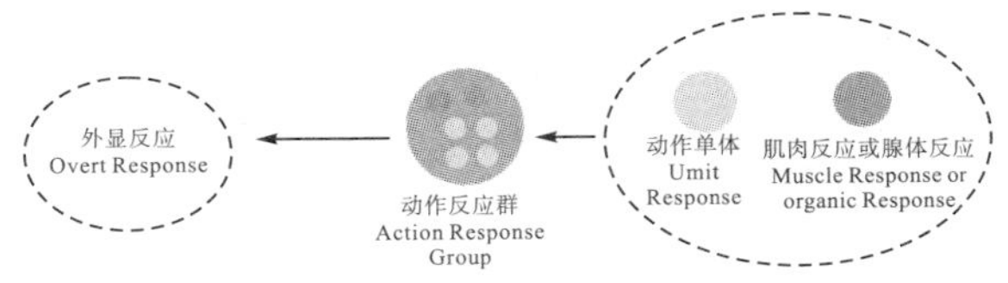

图1　人的外显反应

在机器人的外显反应设计中，我们借鉴人的外显反应模式，将机器人的动作反应群划分为语言、肢体和表情，这三种反应群又有不同的单体组成（例如，表情由眼睛、嘴巴组成）以及不同的反应参数，包括程度、频率等（图2）。

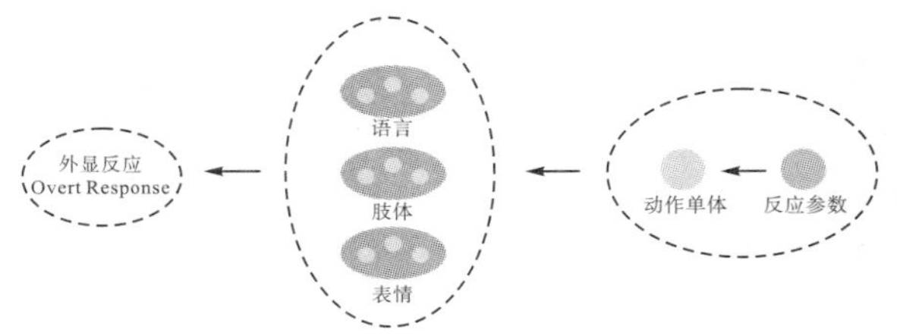

图2　机器人的外显反应设计机制

2.2　反应特点

我们总结了可以借鉴的机器人类人反应设计的三个特点。

（1）人的反应是接受外部信息刺激并经过意识处理后的结果。在认知心理学中，人在接受外部信号的刺激后，需要大脑意识对该信号做出处理，再输出结果。相对而言，人的自然反应同时也反映了外部信号以及大脑意识的处理。

（2）直觉反应是人社交行为中重要的信息反馈方式。直觉反应是一种混合反应，是在先天本能的基础上加学习经验的累积，共同作用在一瞬间的一种及时表现。人在倾听别人讲话以及在做出言语上的回应前，会有很多外显的直觉反应表现，包括面部表情和肢体动作。这些反应能够让对方直观感受到自己的态度和感受。

（3）不同的反应组构成了人的个性。不同的人有着不同的个性，而这些个性都是由人对不同外界刺激产生的不同反应构成的。我们往往通过一个人在某一个环境条件下的外显反应判断一个人的性格。

根据对人的反应机制和特点的研究，以及自适应机器人交互的特点，我们认为，在自适应机器人交互中，类人反应的设计可以应用于人—机器人交互中，通过类人反应缓解机器人知识或者能力不足（无法达到用户期望）导致的交互流程的不顺畅体验，以达到更加自然的人机交互体验。此外，在机器人通过智能交互进行学习时，类人反应的设计可以通过个性化和自然的方式提升用户的体验，促进智能交互的学习效率。

下面将具体阐述这两方面具体的设计方案。

3　类人反应应用于自然交互

3.1　设计需求

在机器人进入实际工作环境还未充分进行自适应学习前，其适应程度过低，不具备足够的用户个性化知识。在该状况下，机器人无法满足用户的个性化需求，仅能实现最基本的功能应用。同时，机器人需要通过多种方式快速学习任务相关知识。

因此，我们希望通过类人反应的设计反映机器人对特定环境的学习适应程度。并通过机器人的自然反应缓解知识或能力不足导致的人—机器人交互流程的不顺畅，从而提升自适应机器人交互中自然的用户体验。

3.2 类人反应设计

不同的工作环境适应程度下，机器人的知识量和能够提供的服务不同，机器人知识学习的情况也不一样。因此，在不同阶段的机器人外显反应的设计中，我们希望能够在人—机器人交互中展现机器人处于不同适应阶段的内部状态，通过外显反应让用户了解机器人对环境的学习适应程度，让用户感受到机器人工作能力的变化。

根据服务机器人对工作环境的适应情况，我们将其划分为五个等级。适应的进度等级根据机器人的知识库变化而有所变化。并按照不同适应程度的机器人的知识特点，提出相应的类人反应设计，详见表1。

表1　不同适应阶段的外显反应

适应阶段	机器人自适应状态	类人反应设计
阶段一	未适应环境：完全对环境没有任何认知，知识基本为零	呈现害羞，胆怯：对外界刺激呈现出胆怯
阶段二	初步适应：学习了最基本的用户知识，但是为了提供服务的可用性，仍然有许多知识需要学习	由害羞胆怯转变为好奇：还是会存在一定的害羞，但是会更加主动对外界刺激做出反应
阶段三	基本适应：能够为用户提供大部分的功能性服务，但是需要学习更多的用户个性化知识和场景知识	友好谦虚：不再表现强烈的好奇心，更多的是能够完成用户的任务，同时也会努力学习用户个性化信息和环境知识
阶段四	高度适应：已经建立了充足的用户个性化知识库，能够尝试为用户提供个性化的服务。但在具体任务执行时，还需要补充知识和更新知识	自信：能够主动对外界环境做出反应，并在HRI中表现出极大的自信和热情
阶段五	已经完全适应了环境：掌握了规律，已经对用户、环境有了深入的了解，能够理解用户的诉求，提供服务	专业顺畅：在HRI中表现得十分顺畅，体现出对用户需求的充分理解。按照对用户的了解做出不同的个性化反应

不同适应阶段下，机器人会在与用户的交互中有不同的类人反应表现。例如，在“用户向机器人打招呼”这一行为下，处于适应阶段一的机器人会表现出害羞和胆怯：将头略微底下，目光朝地面，手臂稍微抬起，微微挥动，做出小幅度的回应，并用紧张的语气回应。处于阶段三的机器人表现出友好热情。目光朝向用户，举其手臂向用户挥手问好，并用积极的语气回应用户。

通过该类人的自然反应设计，我们希望能够有效通过外显反应反映机器人的自适应学习的所处阶段。同时，在机器人处于较低的自适应阶段时（阶段一、二、三），能够通过类人反应提升该情况下人机自然交互体验。

4 类人反应应用于智能交互

4.1 设计需求

智能交互是指通过用户与智能系统的交互来帮助智能系统获取关键信息以提升其能力，从而提供智能的功能。机器人通过智能交互来获取用户知识和其他环境信息是重要的自适应学习方式，而人机对话是最主要的人—机器人交互方式。机器人通过智能交互进行学习，往往需要一系列的交互流程。交互流程包括：触发和引出学习话题、进行知识的学习，进一步确认知识、完成学习。这样的学习过程需要用户持续参与。因此，提升用户与自适应机器人交互的体验是提升机器人学习效率的重要手段。我们希望通过类人的自然反应反映机器人的学习状态和进展，从而促进机器人在智能交互中的表现。

下面我们通过研究人学习新任务、新规则的内在机制，并将其应用于服务机器人的学习机制中，以期能够以更个性化、更显著的外显反应交互方式解释机器人的知识学习状况和能力发展，从而帮助人理解机器人内部运行状态，促进人与机器人之间的交流。

4.2 人对特定任务学习过程的观察实验

本研究首先以人为实现对象，观察人在学习新规则过程中所表现出来的一系列反应特点，并结合William James对情绪的研究，归纳出人在完成新任务、掌握新规则的过程中所引发的一系列情绪，以及由情绪带动的一系列外显反应特征。

本实验使用30种不同的物品作为实验道具。实验分A、B两组进行，每组由3人组成。实验开始，首先由小组中的一人甲考虑将30个道具分成三组不同类别的物品，并选出每组中的一个代表道具暗示改组的分类属性，并说明分类标准；小组中的另外两人乙、丙不参与此过程。此后再由乙、丙尝试将打散的剩余 27 个物品分别放入三组道具中，并由甲告知其放置结果的对错，放置错误的道具将被取出参与后续一轮的分类任务。以此往复，直到所有的物品放置正确。实验过程中使用视频记录的方式，记录实验者在任务过程中展现的表情、动作、语言。后续对实验材料进行观察、归纳和总结，弄清实验者在实验过程中出现的所有情绪和外显反应。

4.3　实验小结

在该实验中，实验对象完成学习任务的过程可以分为探索片段，以及“发现错误”“实现正确”两个节点。在这过程中，实验对象会因为节点出现的频率或在探索片段中认知所处的不同阶段而引发不同类型的情绪，展现出不同的外显反应。因而通过自然人在完成任务的过程中的外显反应可以反映人的内部思考状态和学习状态。搭建“不同认知阶段—内部状态—情绪—外显反应”机制，可以为服务机器人学习新任务建立一套可供参考的学习进度模型，辅助人理解机器人当前的学习认知阶段以及学习能力，从而更好地帮助人与机器人进行更人性化的自然交互，如图 3 所示。

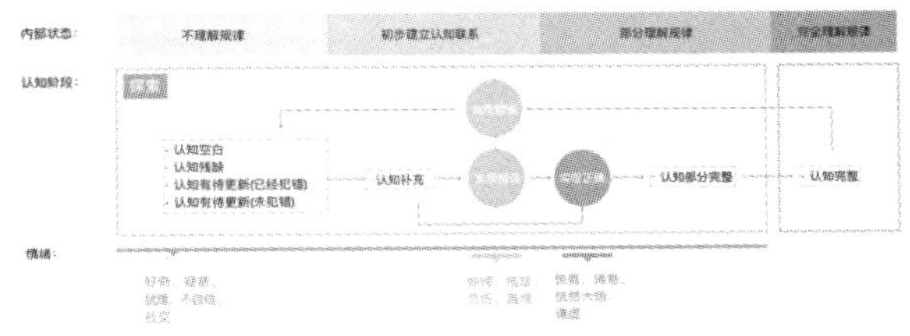

图 3　人对特定任务的学习机制

图 3 显示，在不同的学习认知阶段，人会有不同的情绪和外显反应表现。我们根据上文中总结的学习进度模型和不同情绪下具体的反应形式，设计服务机器人在互动学习过程中的自然反应形式。

4.4　类人反应设计

在上述实验中，我们借鉴了人的学习过程，建立了机器人的学习进度模型，该过程包括探索片段和“发现错误”、“实现正确”两个节点。

在机器人的智能交互中，我们希望能够通过外显反应促进机器人智能交互中的自然表现。基于上述实验中人的反应特征，我们对机器人在学习过程中不同环节的反应进行了设计，见表 2、表 3 和表 4。

表 2　探索片段

反应场景	情绪表现	类人反应
当用户提出一个机器人不知道的概念	好奇	肢体：头部向一侧倾斜 语言：自言自语表示好奇：“……是什么呀” 表情：目光略向上
当机器人知识库的知识与当前认知产生冲突	犹豫	肢体：挠头 语言：解释矛盾双方：“但是……奇怪的是……” 表情：目光于看向用户和往上看之间切换
当机器人对于当前学习的知识需要进一步确认时	不自信	肢体：挠头 语言：求证推理：“是不是这样……” 表情：目光随机转向不同方向
机器人需要进一步向用户发出提问，以获取更多信息	期待	肢体：双臂贴近胸前，双手位于下巴下方 语言：期待和请求的语气：“能不能告诉我……” 表情：目光看向用户，并进行眨眼

表 3　发现错误

反应场景	情绪表现	反应方式
机器人在尝试建立知识时发现错误	惊讶	肢体：用手捂嘴 语言：“嗯？错了吗” 表情：眼睛睁大
机器人多次发现错误	羞愧	肢体：用手捂眼睛 语言：示弱，“啊，又错了” 表情：目光向下
机器人发现错误的频率很高	悲伤	肢体：手抱头 语言：发出哭腔表示无助：“呜呜”；发出叹气声：“哎” 表情：低头

表 4　实现正确

反应场景	情绪表现	反应方式
初次尝试，实现正确	惊喜	肢体：伸出双臂，于胸前做出成功的动作 语言：流露出喜悦之情：“太棒了” 表情：头部微微上扬
多次实现正确	谦虚	肢体：单臂于胸前做出成功的动作 语言：“果然是这样的” 表情：目光看向用户
完全掌握了该场景下需要学习的知识	得意	肢体：手置于胸前 语言：得意的语气，“我已经明白啦” 表情：点头

表 2、表 3 和表 4 分别说明了机器人通过智能交互学习的几种不同情况下的外显反应方式。在具体的应用中，每种反应具备不同的触发条件，以及在不同的条件下反应动作的幅度，同时，时间、频率等参数也有有所不同。不同的反应方式和反应的具体参数变化，能够让机器人的反应显得更加自然和人性化，从而提升用户体验。

5 应用场景

5.1 场景定位

我们以教学空间服务机器人为例，阐述服务机器人在自适应机器人交互中以上两个方面的类人反应设计的具体应用。

教学空间服务机器人定位于在教学空间服务师生，帮助师生完成教学信息的查询以及提供空间内的相关服务。机器人需要在实际工作中不断获取师生的个性化用户信息以及动态事件等信息，从而为师生提供更个性化的服务。例如，通过获取同学的兴趣和发展意向，建立用户知识库，从而为同学推荐相关的讲座、展览、招聘等信息。

机器人具体的反应方式基于机器人的活动部件和显示部件类型。不同的机器人造型条件和实际反应方式有所不同。目前的服务机器人都有相对拟人的造型，但与人的外表还是有很大的区别。在该应用场景中，我们将该机器人定位为具备面部显示屏幕（显示眼睛和眉毛）和可活动的颈部、底部双轮（图 4）。机器人的名字叫“AIBO”。

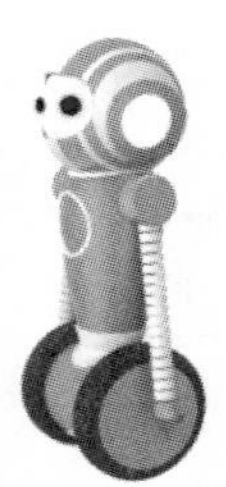
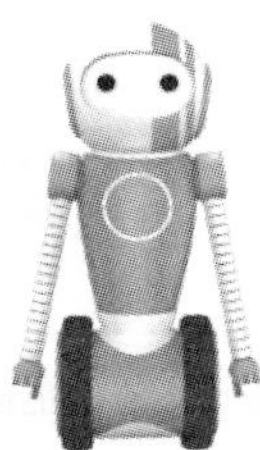
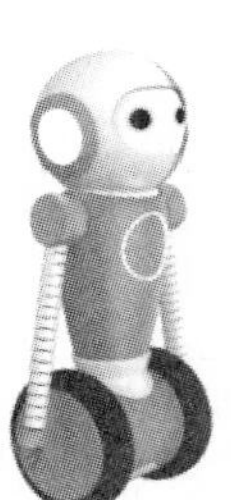

图 4 机器人造型设计

5.2 交互流程一：和用户初次见面，用户知识空白（仅含有基本用户信息）

本交互流程信息详见表 5。

表 5 交互流程一的场景信息

交互流程	情绪表现	反应方式	参考图示
用户：你好，AIBO。 AIBO：你好……	陌生害羞	肢体：身体和头部缓慢转向用户 语言：语速缓慢 表情：眼神向上转动以表思考	
用户：学院最近有什么讲座吗？ AIBO：嗯……最近有“服务设计在中国”“大数据可视化”……	紧张迟钝	肢体：身体和头部正对用户 语言：语速缓慢 表情：眼睛向上转动以表示思考	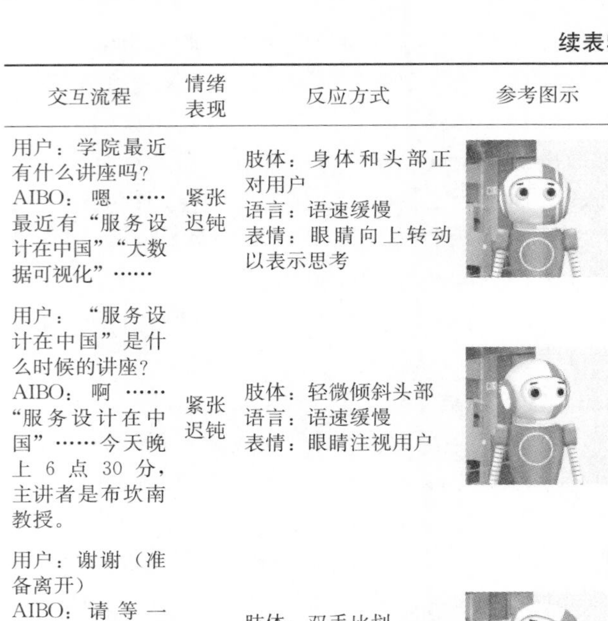
用户：“服务设计在中国”是什么时候的讲座？ AIBO：啊……“服务设计在中国”……今天晚上 6 点 30 分，主讲者是布坎南教授。	紧张迟钝	肢体：轻微倾斜头部 语言：语速缓慢 表情：眼睛注视用户	
用户：谢谢（准备离开） AIBO：请等一下……我能认识一下你吗？如果我能了解你更多的信息，我能为你提供更多的服务。	害羞	肢体：双手比划 语言：语速缓慢 表情：目光在手部和用户之间切换	
用户：当然可以。 AIBO：太好了！请问你是设计创意学院的学生吗？			
用户：是的。 AIBO：太棒了，以后请多多指教。那么，你叫什么名字呢？	喜悦好奇	肢体：用手挠下巴，头部轻微左右晃动 语言：语速平缓 表情：眼睛注视用户，频繁眨眼	
用户：我叫小 A。 AIBO：你是设计理论方向的学生对不对（根据名字搜索到信息）？			
用户：是的。 AIBO：太好了。以后请多多指教。除了讲座，我还能告诉你一些学院以外的信息。我现在对你还不是很了解。如果我能够更加了解你的话，我还能为你提供一些个性化的服务，如……	喜悦	肢体：双手比划 语言：语速稍快 表情：眼睛注视用户，低频眨眼	
用户：好的，谢谢，再见。 AIBO：再见。	喜悦	肢体：单手挥动 语言：语速稍快 表情：眼睛注视用户	

5.3 交互流程二：机器人通过智能交互进行学习

本交互流程信息见表 6。

表 6　交互流程二的场景信息

交互流程	情绪表现	反应方式	参考图示
用户：Hi，AIBO，学院图书馆最近有什么新书推荐吗？ AIBO：Hi，小A，有的，最近图书馆新到图书共有119 册。布坎南教授的新书……	熟悉	肢体：头部和身体立刻朝向用户，双手比划 语言：语速稍快 表情：眉毛低频上扬，眼睛注视用户，低频眨眼	
用户：好的，我去看看。 AIBO：对了，可以和你聊聊近况吗？	害羞社交	肢体：用手挠下巴 语言：语速缓慢 表情：眼睛注视用户，低频眨眼	
用户：可以的。 AIBO：最近课程都结束得差不多了，在你上过的课程里，你比较喜欢哪一门呢？ 用户：我比较喜欢数据可视化概论、交互设计和用户体验设计。 AIBO：嗯，那你最喜欢哪一门呢？	喜悦好奇	肢体：头部左右轻微晃动 语言：语速稍快 表情：眼睛注视用户，中频眨眼	
用户：用户体验设计/ AIBO：嗯，为什么呢？ 用户：因为这门课是在唐硕上的。我喜欢唐硕的氛围。 AIBO：嗯嗯，那你想去唐硕设计公司实习吗？	好奇疑惑	肢体：用手挠下巴，头部轻微左右晃动 语言：语速平缓 表情：眼睛注视用户，中频眨眼	
用户：想去。另外我也比较倾向于去其他的设计咨询公司。比如青蛙设计、IDEO。 AIBO：好的，我会帮你留意这些公司的实习信息以及相关活动信息。	喜悦	肢体：点头示意 语言：语速稍快 表情：眼睛注视用户，高频眨眼	

续表 6

交互流程	情绪表现	反应方式	参考图示
用户：谢谢AIBO。我有事先走了。 AIBO：嗯嗯，拜拜！	喜悦	肢体：单手挥动 语言：语速稍快 表情：眼睛注视用户	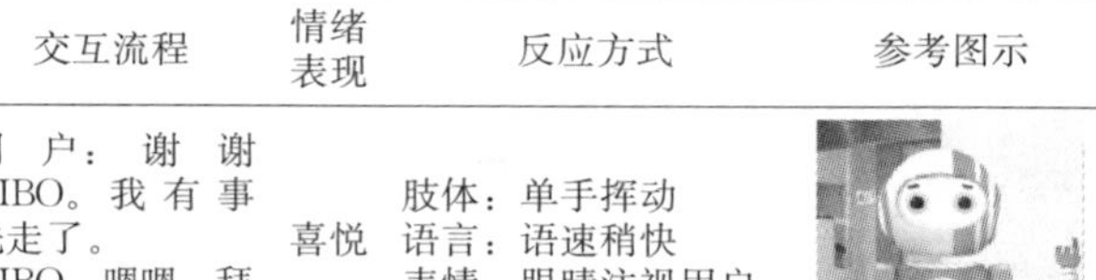

6　总结和展望

本文通过借鉴人的自然反应的机制和特征，结合对自适应机器人交互特点的分析，提出了面向机器人自适应交互的类人反应设计。类人反应设计在服务机器人的自适应交互中主要有两方面的作用：一是通过外显反应反映机器人对工作环境的自适应程度，以及通过自然的反应方式弥补机器人知识或者能力不足带来的不好体验。二是通过外显反应提示机器人通过智能交互进行学习的状态和进度，促进机器人的自然表现，从而提升智能交互的用户体验和提升机器人的学习效率。

在后续研究中，我们将关注类人反应设计在实际应用中的表现。并通过原型开发和用户测试来进行验证，进一步优化设计方案。期待本项研究能够早日应用于服务机器人产业。

参考文献

[1] Watson, John Broadus. Psychology: From the standpoint of a behaviorist [M]. New York: Lippincott, 1919.

[2] Sekmen Ali, Prathima Challa. Assessment of adaptive humanrobot interactions [J]. Knowledge-Based Systems, 2013 (42): 49-59.

[3] James William. The principles of psychology [J]. Read Books Ltd, 2013.

基于用户情感需求多主题设计研究

——以 GOME OS 多主题《光韵》为例

洪燕虹　李冠旻　谢文娟　唐　凌　王琬然

（国美通讯设备有限公司，上海，200120）

摘　要：更换手机主题是当前安卓手机用户一个普遍的使用习惯，它打破了千篇一律的手机默认主题，将界面最大化的视觉效果选择权交到用户手中。它也是一个让用户可以更便捷地选择符合自身情感需求，展现独特品位个性的平台。如何更精准地抓住目标用户族群，增强用户与界面主题之间的情感联系，是本文的主要研究方向。

关键词：需求层次；情感归属；目标族群；用户符号

1 寻找推动用户更换主题的真实需求

马斯洛理论把需求分成生理需求（Physiological needs）、安全需求（Safety needs）、爱和归属感（Love and belonging）、尊重（Esteem）和自我实现（Self-actualization）五类，依次由较低层次到较高层次排列。

2017 年消费报告显示，随着经济发展，我国已进入消费需求持续增长，消费结构加快升级，从有形产品向更多服务消费等为主要内容的升级态势。

在互联网技术的巨大推动作用下，社会消费活动获得了前所未有的升级机遇与动力，消费结构、消费内容、消费模式等在互联网作用下都正在发生天翻地覆的变化，未来消费升级对经济增长的贡献无疑将大大超出以往任何时候。受快速到来的互联网时代各种变革以及国家宏观经济战略转变的双重利好影响，中国经济进入以创新与效益为核心的新常态。

其中，“90 后”移动互联网消费转化趋势显著，移动互联网渠道花销已超过了日常消费支出的一半。借此时机，国产手机品牌市场份额快速提升，已占市场近六成规模。同时，国产品牌迅速从中低端产品向中高端升级，而“90 后”最舍得为手机花钱。

伴随着消费升级的到来，在满足生理需求和安全需求的基础上，互联网消费者越来越多地倾向于第三层次：情感和归属的需要，以及处于尊重和自我实现之间的审美需求，并愿意为之付费。

目前较为知名的国内手机使用的操作系统 MIUI、EMUI、Flyme OS、Color OS 、GOME OS 都已加入多主题市场，提供更多元化桌面主题让用户选择下载。对于设计师方面来说，部分主题市场也增加了供设计师自主选择是否付费下载的选项，极大地提高了设计师设计出更多、更好地打动用户的主题界面的积极性。

2 提高用户对多主题黏度，增加粉丝用户

有一个很经典的 KANO 模型，它将需求分为基础需求、期望需求、兴奋需求、无差异型需求、反向需求。

基础需求，即顾客认为产品“必须有”的属性或功能。当其特性不充足时，顾客很不满意；当其特性充足时，对客户满意度没有多少影响，顾客充其量是满意。对于顾客而言，这些需求是必须满足的，理所当然的。在手机主题中，默认主题属于基础需求范畴，用户基于界面图形对手机进行各种操作。

期望需求，是指顾客的满意状况与需求的满足程度成比例关系的需求，此类需求得到满足或表现良好的话，客户满意度会显著增加，企业提供的产品和服务水平超出顾客期望越多，顾客的满意状况越好。期望需求没有基本需求那样苛刻，要求提供的产品或服务比较优秀，但并不是“必须”的产品属性或服务行为。有些期望需求连顾客都不太清楚，但是他们希望得到的。这是处于成长期的需求，期望需求又叫作意愿需求，这类需求越多越好。在产品中实现得越多，顾客就越满意，反之则不满意。因此，产品的价格通常和线性特性相关。比如手机 OS 有主题商城可供用户选择更多样化的个性主题，用户会更加高兴，相比没有主题商城的手机，用户选择得会更多。

兴奋需求，又称魅力型需求，是指不会被顾客过分期望的需求。这类需求是指提供给顾客一些完全出乎意料的产品属性，使顾客产生惊喜。兴奋点和惊喜点常常是一些未被用户了解的需求，客户在看到这些功能之前并不知道自己需要它们。当其特性不充足时，或者是一些无关紧要的特性，顾客则无所谓。当产品提供了这类需求中的服务时，顾客就会对产品非常满意，从而提高对产品的忠诚度。这类需求可以为产品增加额外价格。

无差异型需求，即不论提供与否，对用户体验都无影响。它们是质量中既不好也不坏的方面，不会导致顾客满意或不满意。例如有些手机在出厂时提供贴膜服务。

反向需求，又称逆向需求，是指引起强烈不满的质量特性和导致低水平满意的质量特性。因为并非所有的消费者都有相似的喜好，许多用户根本都没有此需求，提供后用户满意度反而会下降，而且提供的程度与用户满意程度成反比。例如，一些用户喜欢高科技产品，而另一些用户更喜欢普通产品，过多的额外功能会引起他们的不满。

对照该模型，多主题正处于期望需求和兴奋需求之间，而多主题设计师如何让多主题从用户的期望需求更多地偏向兴奋需求，是本文的主要研究目的。本文以 GOME OS 主题市场中的《光韵》主题为例，进行研究阐述。

3 捕捉目标用户群体族群特征

在此次主题设计之前，我们先确定目标用户年龄段范围为 18～25 岁。

设计前期在线上进行调研（图 1），筛选符合

年龄段的用户，对目标用户的爱好、消费习惯、生活方式、主题偏好等信息进行收集整理和分析。

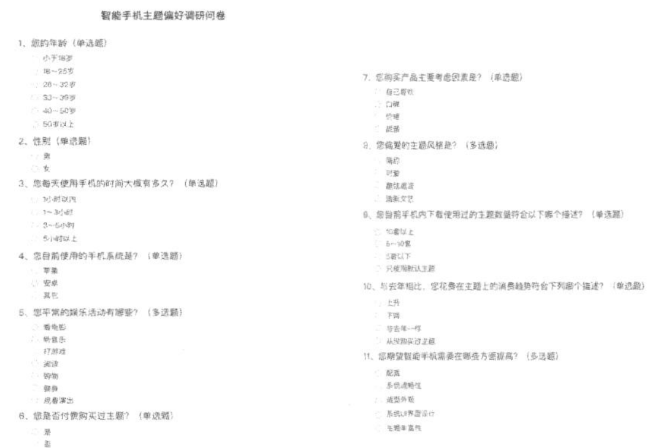

智能手机主题偏好调研问卷

1、您的年龄（单选题）
- 小于18岁
- 18~25岁
- 26~32岁
- 33~39岁
- 40~50岁
- 50岁以上

2、性别（单选题）
- 男
- 女

3、您每天使用手机的时间大概有多久？（单选题）
- 1小时以内
- 1~3小时
- 3~5小时
- 5小时以上

4、您目前使用的手机系统是？（单选题）
- 苹果
- 安卓
- 其它

5、您平常的娱乐活动有哪些？（多选题）
- 看电影
- 听音乐
- 打游戏
- 阅读
- 购物
- 健身
- 观看演出

6、您是否付费购买过主题？（单选题）
- 是
- 否

7、您购买产品主要考虑因素是？（单选题）
- 自己喜欢
- 口碑
- 价格

8、您偏爱的主题风格是？（多选题）
- 简约
- 可爱
- 酷炫潮流
- 清新文艺

9、您目前手机内下载使用过的主题数量符合以下哪个描述？（单选题）
- 10套以上
- 5~10套
- 5套以下
- 只使用默认主题

10、与去年相比，您花费在主题上的消费趋势符合下列哪个描述？（单选题）
- 上升
- 下降
- 与去年一样
- 从没购买过主题

11、您期望智能手机需要在哪些方面提高？（多选题）
- 配置
- 系统流畅性
- 造型外观
- 系统UI界面设计

图 1　智能手机主题偏好调研问卷

3.1　调研结果

选用的安卓系统用户中，男性多于女性，并且该比例与年龄成正比。使用智能手机的“90 后”注重工作更热爱生活，常以自我意志为主，不容易受他人影响。工作之外的生活非常丰富，消费观念相对更激进。消费偏好：自己喜欢>口碑>价格；主题风格上，偏爱简约、清新、文艺风。在购买主题上的花费呈现上升趋势，购买过主题的用户中，手机内下载使用过的主题大多在 5 套以上。看电影、听音乐、打游戏、阅读、购物 5 项内容为年轻人主要的生活消遣行为。

调研结果如图 2、图 3、图 4 所示。

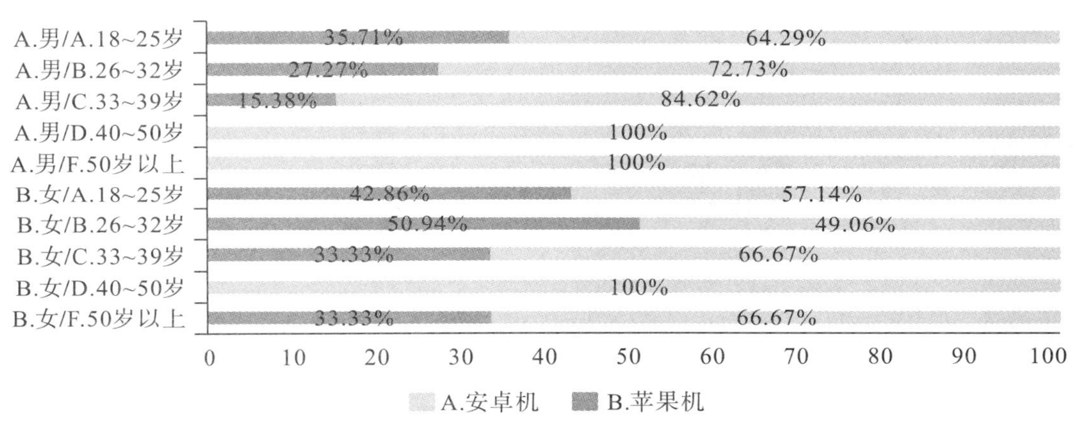

图 2　使用机型分析结果

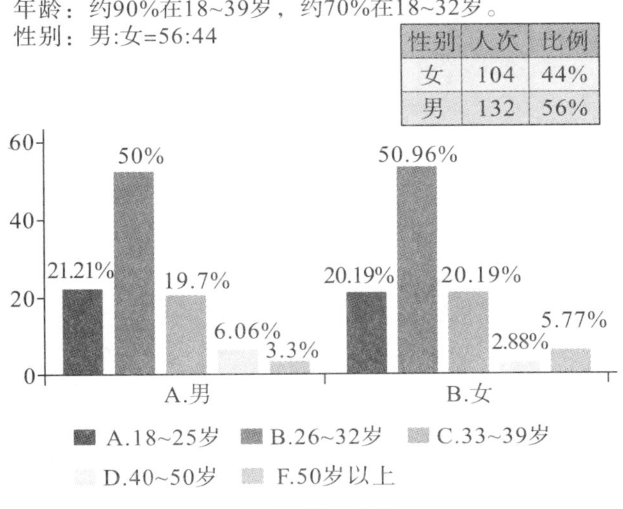

图 3　样本分析

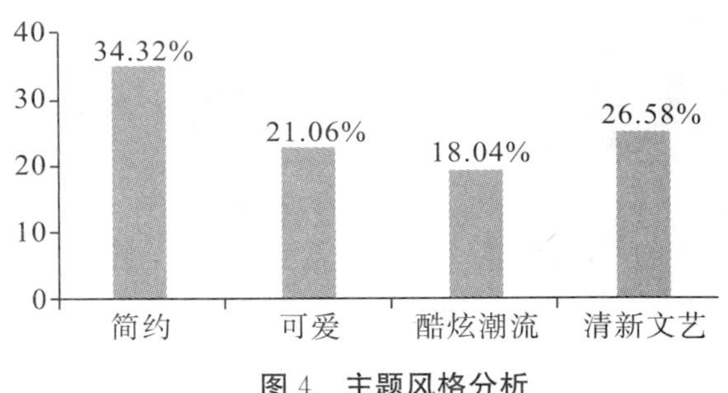

图 4　主题风格分析

在线下根据线上的调研结果选择目标用户，使用 Workshop 方式将调研对象分成“90 后”、非“90 后”两组，通过由调研对象选择喜欢的图片对年轻人的审美倾向进行调查，重点以色彩及质感倾向作为此次的主要调研目的。相关内容如图 5、图 6、图 7 所示。

图 5 色彩风格分析

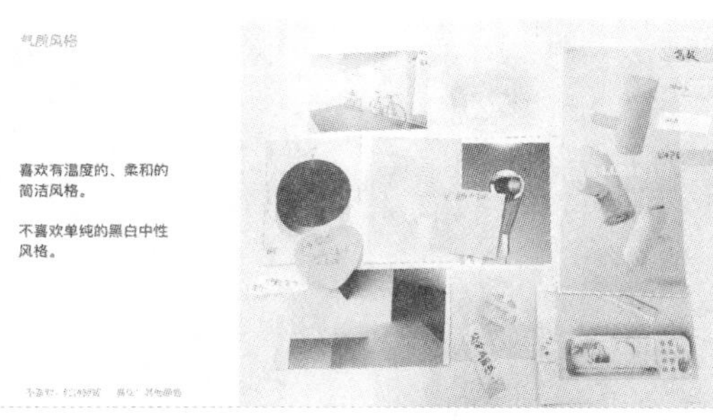

图 6 造型风格分析

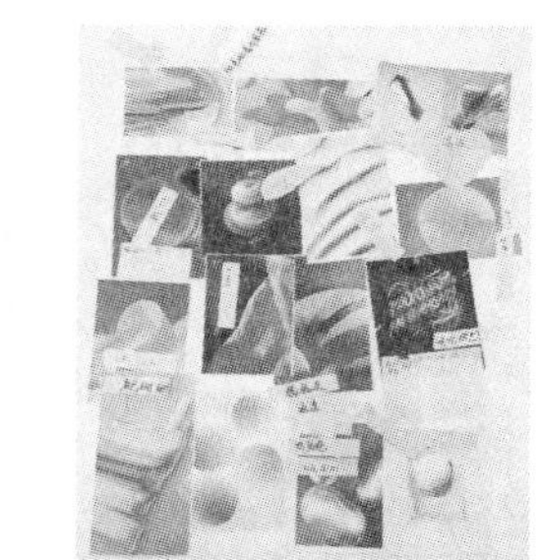

图 7 质感风格分析

3.2 提炼调研结果，得出结论

提炼上述调研结果，得出结论，如图 8、图 9 所示。

色彩倾向

马卡龙粉色蓝色等柔和的较受欢迎，明亮活泼的色彩也很受欢迎，比如蓝紫与玫红的配色。

图 8 色彩倾向提炼

质感倾向

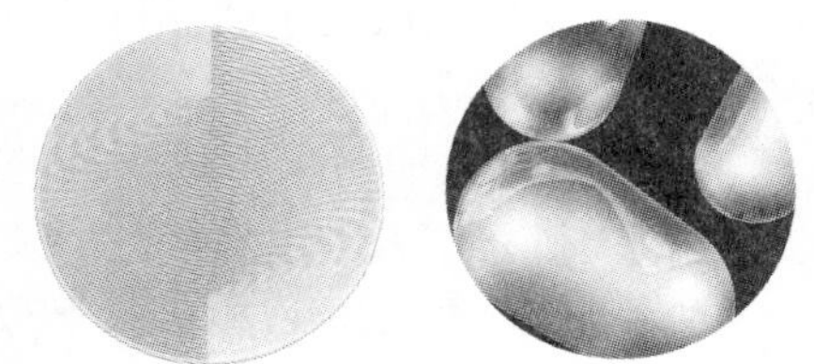

偏爱简约通透的质感

图 9 质感倾向提炼

4 主题设计符号提炼

4.1 确定主题风格比重

基于对目标用户的调研分析，设定各主题的风格倾向占比从高到低分别为（图 10）：

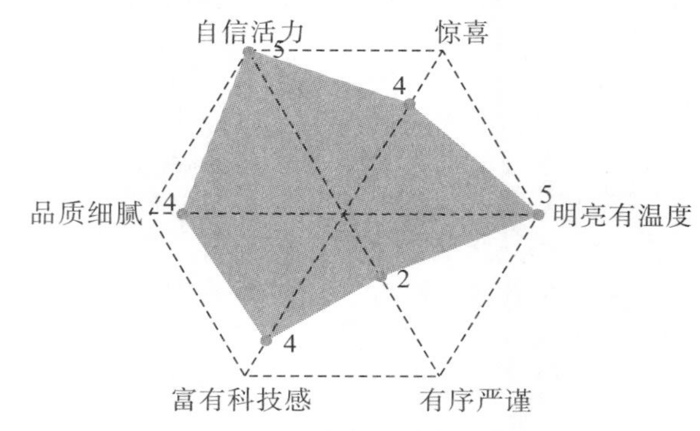

图 10 各主题风格比重

（1）自信活力、明亮有温度。

（2）品质细腻、富有科技感、惊喜。

（3）有序严谨。

4.2 确定主体颜色值

主体颜色值确定为 8 种，如图 11、图 12、图 13、图 14 所示。

VISUAL COLOUR

清新 • 活力 • 明亮

图 11 主体颜色值

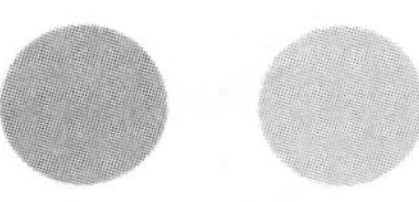

图 12 色彩分析 1

黄色和红色，象征年轻人的明亮阳光与热情。

图 13 色彩分析 2

蓝色、绿色，带出年轻人的活力和朝气。

图 14 色彩分析 3

紫色调表现酷炫和科技感。

整体色彩活泼，使用的都不是高饱和度的颜色，所以整体色调既突出表现了青春活力，又不失柔和亲切。

4.3 “设计 DNA”提取

首先选取四个代表年轻特质的场景，分别对应活力、洒脱、明亮、希望，如图 15 所示。

活力　洒脱　明亮　希望

图 15　代表年轻特质场景

结合以上场景，我们可以提炼出一个共同的元素，那就是光（图 16）。年轻人阳光生动、积极向上是他们一个显著的族群特征，选择采用“光”这个符号也可以更好地展示他们的特点。

VISUAL DNA
AURA

图 16　提炼元素

5　主题设计符号演绎运用

5.1　设计符号演绎

在选定主题符号后，由于元素来源于自然现象，过于具象，需要进一步对该符号简化抽象，以更好地适应界面运用（图 17）。

VISUAL DNA
AURA

图 17　符号抽象化

运用层层扩散叠加的半透白色圆形绘制出光晕的层次感，边缘加入 1 像素的白色半透描边，让层次更加分明细腻，拉开层与层的关系，打造更通透的空间感。

5.2　元素的运用

5.2.1　运用到图标中

将圆形融入背板造型打造更具亲和力的和谐的外形特质（图 18、图 19）。光晕这个元素可以更加灵活地被运用于各个功能图标，如扩散、叠加等特性都可以拆开独立使用。

和谐一致的圆角矩形

图 18　将符号运用到图标中 1

图 19　将符号运用到图标中 2

5.2.2　运用到壁纸设计中

绘制被光晕笼罩的山峰可以表现清新愉悦的效果，层层叠叠的山峦体现画面的空间感。一步步修正山的形状，使它更有层次，并加强山间光晕的明亮度，使原本朦胧较暗的画面向通透明亮的方向优化（图 20）。

图 20　壁纸演绎过程

6　整体方案效果展示

以 GOME OS 多主题《光韵》为例做的整体方案效果如图 21 所示。

图 21　整体方案效果

参考文献

[1] Noriaki Kano. Attractive Quality and Must-be Quality [J]. Journal of the Japanese Society for Quality，1984，14 (2)：147-156.

[2] 中国银联与京东金融. 2017 年消费升级大数据报告 [R]. 2017.

对游戏沉浸体验的设计研究

华秋紫

（网易（杭州）网络有限公司，浙江杭州，310000）

摘　要：在众多虚拟产品中，游戏最为突出的一点应该是与受众的交流往往更为有深度——游戏几乎是最容易产生沉浸感的产品。玩家在游戏中，通过与游戏世界的互动，产生心理与生理上的满足，获得愉悦和刺激感，从而产生一种沉浸体验。而沉浸感其实不仅仅指游戏当中的体验，在游戏前、游戏后，沉浸感都有其深刻的意义。本文对游戏沉浸感的目标与层次的设计进行讨论，分析沉浸感为游戏带来的特殊体验。并尝试总结一些具有普适性的方法，为更多的游戏设计提供参考，以期能够为其他非游戏虚拟产品的设计带来一些启发。

关键词：游戏；沉浸感；交互设计；心流体验

沉浸体验是游戏体验的重要部分，好的游戏往往能够为玩家提供很好的沉浸体验。而沉浸感作为一种抽象的感官概念，究竟对游戏有什么样的影响，以及应该如何在游戏中被设计出来?

1　游戏设计的重要目标

1.1　为什么要有沉浸体验

游戏作为第九艺术，其本质是“虚拟的真实”（Virtual Reality）。与其他艺术非常不同的是，游戏是交互式的，即玩家不再是第三人称观战，而是真正参与其中，拥有极大的再创造空间。因此，对于游戏和玩家来说，沉浸在游戏中，是游戏设计的重要价值所在。沉浸感正式游戏之所以为游戏之意义所在。在一定程度上可以说，好游戏就是能够营造出好的沉浸体验的游戏。然而当前很多游戏并没有十分吸引玩家，更无法让玩家产生浓厚的兴趣，在一定程度上讲就是游戏设计者对于沉浸感的理解不到位。同时，许多以游戏方式进行的产品设计也往往图有游戏的外表而缺乏游戏的核心，也是需要在沉浸感上进一步提升的。当然，沉浸感并不代表沉迷游戏，两者还是有很大不同的。

1.2　什么是游戏的沉浸体验

游戏是一种虚拟体验艺术，而沉浸感更是一种虚拟的感受概念，是娱乐艺术的一种追求目标。对于沉浸感的定义，我们可以参考美国心理学家 Csikszentmihalyi 在 1975 年提出的相关解释。他解释了当人们在进行某些日常活动时为何会完全投入情境当中，集中注意力，并且过滤掉所有不相关的知觉，进入一种沉浸的状态。

虽然 Csikszentmihalyi 是基于心流理论（Flow Theory）阐述沉浸体验的概念（图 1），但是心流这种基于挑战与技巧相互作用的心理现象在游戏中较多存在于游戏的过程之中。然而沉浸体验所涉及的反馈可能更为广泛，并不仅仅在游戏的打怪升级中出现，在游戏开始前、游戏结束后都是其可以涉足的领域。因此，游戏的沉浸感应该是一种贯穿于游戏全流程的感受，即玩家将自己置于游戏之中，与游戏世界产生通感，将游戏的过程转化为自身情感体验的过程。

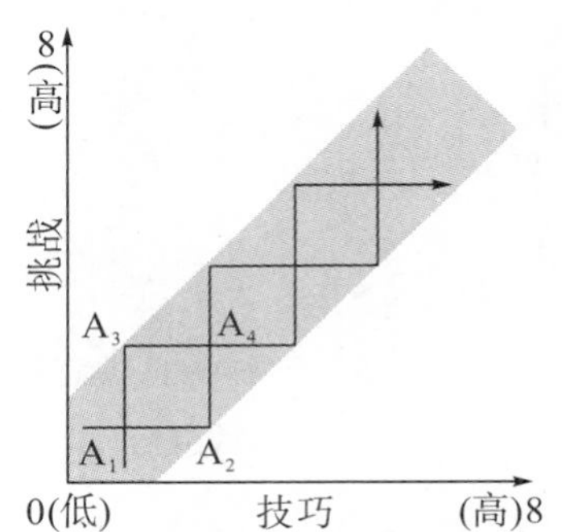

图 1　Csikszentmihalyi 的心流模型

2　游戏全流程的沉浸体验

2.1　在游戏开始前——目标期望

“游戏令人沉迷、充满魅力的主要原因在于，游戏的算法总是根据你的等级进行调整。”尼尔·埃尼尔在著作《上瘾：让用户养成使用习惯的四大产品逻辑》中说道：“玩家总是比达到预期的最佳表现低一级，因此不断渴望得到提升和奖励。”

游戏开始前，为加入沉浸感做好准备。在游戏开始之前，玩家对游戏有一定的体验期望，在此时就可着手对沉浸感的体验进行设计。如果说沉浸感的基础是心流体验，那么心流二元素中的“挑战”元素在游戏体验前可能就已经存在于玩家意向中。因此，在游戏开始前，做好对于游戏玩家期望值的设计是相当重要的，要为玩家确立一个有价值的期望值。

不止“挑战”，游戏的“技巧”也在玩家心中会有一定的期待。当游戏就这两者给玩家的印象与玩家心理预期相仿时，玩家就会准备进入游戏体验一番，因此在玩家开始游戏之前，沉浸体验的设计应该就要开始进行规划。

2.2 在游戏过程中——当前感受

在游戏过程中，沉浸体验更多地表现为心流体验，即“技巧”与“挑战”的相互平衡、失衡与再平衡。“心流体验”是游戏中沉浸体验的基础，在此之上，玩家积极情绪与消极情绪的相互刺激与调整能够大大增强游戏为玩家带来的与现实完全不同的体验感受，这也就是游戏的乐趣所在——丰富玩家的现实生活。

2.3 在游戏结束后——情感回味

一般在游戏结束之后，游戏设计者对于游戏的设计也到此为止了。然而沉浸体验优秀的游戏，往往能够让玩家在游戏结束后继续回味。此时，游戏已经能够成为他们记忆的一部分，为他们带来深刻的情感体验，甚至映射现实，为玩家的现实生活增加一些乐趣和记忆。

3 游戏沉浸体验的维度与方法

游戏沉浸体验也是有多个层次的，不同的层次有不同的要求。当然，并不是所有游戏都必须做到有十分深刻的沉浸体验，不同的游戏目标对于沉浸感的体验层次可以是多样的，甚至同一款游戏中，不同玩法系统因为目标不同，所进行的沉浸体验设计也可以是不同层次的。

3.1 有趣的操作设计

玩家对游戏的操作是玩家与游戏进行交互的第一步，有趣的游戏操作设计已经可以为玩家带来初步的乐趣了。

3.1.1 操作感设计

游戏的操作感，包括对技能的操纵感、对游戏目标的打击感、对游戏结果的反馈感，这几种缺一不可。对技能的灵活操纵决定了玩家游戏体验是否流畅，是否能更为自主地进行游戏世界的探索。对游戏目标的打击感能够为玩家带来游戏体验爽快感，是玩家获得游戏成就体验的基础方式。而游戏结果的反馈是游戏对玩家操作的响应，其反应速度可以影响玩家的判断和下一步操作。这些是影响玩家游戏体验的基础感受。

3.1.2 拟物化设计

拟物化的设计很容易将玩家带入游戏世界，这里的拟物化设计不仅包括视觉元素的拟物化，往往也伴随着交互操作的拟物化。最为经典的还是《炉石传说》的炉石盒子（图2），各种暗格、抽屉、机关。玩家对盒子的各种操作会使盒子产生千奇百怪的变化，而这些变化很多还都是反物理空间的，这样主观上就会产生一种十分魔幻的感受。

图2 《炉石传说》界面设计——炉石盒子

3.1.3 多通道交流

电子游戏作为一种多媒体艺术，其本身就是以多媒体为媒介展示的。因此，游戏可以通过多种维度向玩家展示游戏内容，强化体验。

例如在界面上增加动效，可以丰富玩家的视觉感受。

游戏的音效设计也是增加其沉浸体验的重要方式。游戏的音乐，一方面是游戏世界的展示，另一方面是在战斗和玩法中影响玩家心理的重要环境因素；反之，音乐也能促进玩家对游戏世界的理解。例如台湾著名音乐人骆集益为《仙剑奇侠传》和《古剑奇谭》创作的游戏音乐，已成为游戏内容重要的一部分，让玩家一听到这些旋律就能够想起游戏中的画面。

同时有些通过特殊设备进行的游戏还可以增加手感体验。例如《黑魂3》，在玩家通过手柄进行操作攻击最后一个boss时，每一次释放技能，手柄都会随之产生一次震动，让玩家的进攻感受更为强烈，使命感更强。

3.2 真实的代入体验

3.2.1 角色代入

游戏玩家参与游戏，首先会有一个虚拟的角色设定，这个角色带有一定的属性。例如RPG游戏中，玩家可以扮演游戏中的一个角色而被赋予这个角色的身份、地位、技能、社会关系等，也会拥有这个角色的成长方式、奋斗目标等。在模拟城市中，玩家被称为市长并履行市长应尽的义务，即合理规划城市布局，统筹城市生产与消耗，发展城市贸易，最终达到城市繁荣的目标，是最简单的角色代入方式。

不是所有的游戏都有十分明确的角色显现。角色最为重要的是设定了玩家自身的各项属性，如可以进行的操作、需要完成的目标等。在一些简单的休闲游戏中，玩家可能只是拨动棋子或者点击选择，但也是有操作规则和游戏目标的。

3.2.2 环境代入

玩家进入游戏，就是进入了一个虚拟的游戏环境中，即游戏的世界观。这个游戏环境包括游戏中的各项元素，如游戏道具、其他游戏玩家、游戏规则等。利用环境和角色的互相作用，可以很好地让玩家产生身临其境的感觉。

例如《倩女幽魂》的天气系统（表1），不同天气可以对玩家造成一定的属性影响：当天气效果变化为雨、雪、风沙时，变化开始的10秒内天气对于伤害的加成效果由10%提升到40%，10秒后成为10%。

表1 《倩女幽魂》环境与属性影响对照表

天气	影响属性
晴天	物理攻击、火攻击
雨天	电攻击、光攻击
雪天	冰攻击、幻攻击
风沙	毒攻击、风攻击

当然，游戏环境并不仅仅是指游戏中的环境空间，游戏中的道具、非角色玩家和其他玩家都可以是游戏环境的构成要素。这些游戏内容会对玩家产生各种各样的影响。当然，影响的深度在一定程度上也是对沉浸体验的影响深度。

3.2.3 角色与环境的交互

在游戏中，玩家与环境的作用与反作用，极大地扩充了游戏的可玩性，可以说，游戏的互动艺术就是体现在这种互相作用之中的。美国社会学家米德（G. H. Mead）创立并由其学生布鲁默于1937年正式提出的符号互动论（Symbolic Interactionism）提出了以下三点理论（图3）：

（1）事物本身不存在客观的意义，它是人在社会互动过程中赋予的。

（2）人在社会互动过程中，根据自身对事物意义的理解来应对事物。

（3）人对事物意义的理解可以随着社会互动的过程而发生改变，不是绝对不变的。

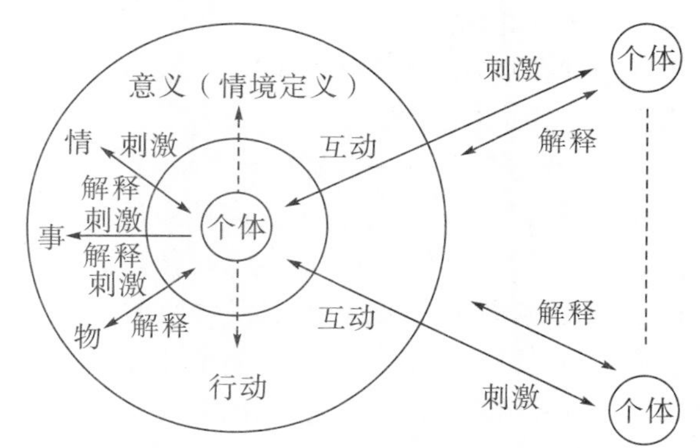

图3 米德符号互动理论

基于这三点，我们可以发现，不论是在现实社会还是游戏的虚拟社会中，意义产生且变化于人们与环境（包括物理环境和环境中的人）的交互过程中。玩家在游戏环境中受到游戏环境的影响，同时通过自己的认知和主动性反作用于游戏环境，以此产生了游戏中的互动性。这种互动的真实程度和强烈程度对于游戏沉浸体验的影响也是成正比的。在沙盒游戏中，体现得更为突出一些：游戏给了玩家一个基础的环境，玩家在其中通过自己的创造产生更为丰富的游戏内容，甚至自己创造更丰富的游戏规则。像MineCraft，玩家在这个世界中不仅构建了建筑家园，而且可以在这里构建具有一定物理机能的器械或者实验装置，以游戏创造游戏。

3.3 激荡的心流体验

说回“心流体验”，依然是沉浸体验的基础，基础的心流体验的核心是人们“技巧”和“挑战”的失衡与平衡创造出来的不同情绪的交替出现，从而产生心流通道，使自身沉浸其中。

3.3.1 情绪正负的激化

虽然大多数虚拟产品的设计重点是为用户提供更为愉悦的使用体验，但游戏并不如此。游戏的沉浸体验需要刺激心流的产生，因此一定的负面情绪是十分必要的，可以说，游戏的负面情绪设计反而是游戏设计的重要难点。

我们结合对玩家脑电与情绪的监控，对几种游戏的情绪进行了测试（图 4）。

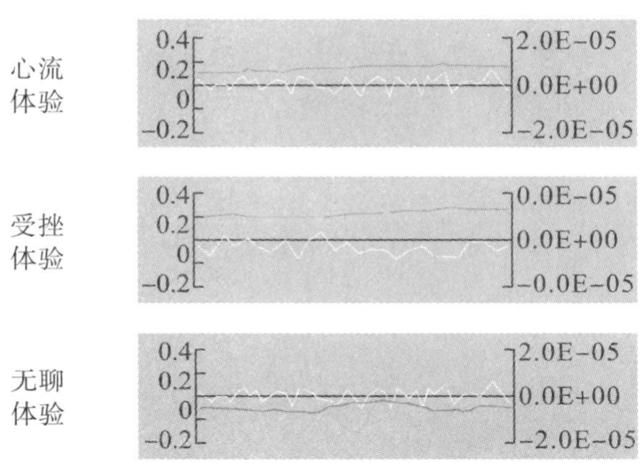

图 4　三种情绪和心流的对照

正向情绪往往出现在游戏关卡胜利、获得新的成就、提升到更高等级时。负向情绪可以体现在相反的情况，如闯关失败、未达到新的成就等。同时也可以进行一些更为感性的设计，如刻意营造一些孤独感、紧张感，以促成玩家对正向情绪的追求。这样正负情绪的相互交替作用才能对玩家心理造成一定影响。而在游戏中有了一定的正负情绪之后，我们需要将其激化，以促成更为强烈的心理感受。当玩家的情绪被游戏调动起来时，沉浸的感受才能开始作用于玩家。例如《第五人格》中刻意对庄园压抑氛围的渲染（图 5），会让玩家产生一定程度的心理压力，在这种氛围中玩家有更为强烈的愿望逃离庄园，而反衬之下，当玩家取得游戏胜利后长舒一口气时的放松感更令人感动。

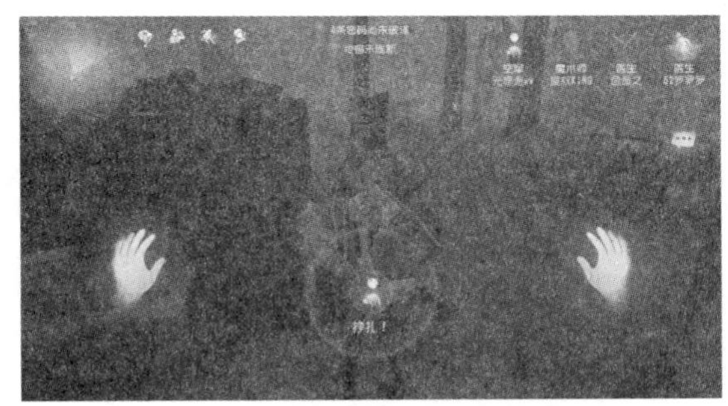

图 5　《第五人格》中对于气氛的渲染

3.3.2　情绪快慢的节奏

当然，也不能一直刺激玩家，使其长时间处于强烈的正负情绪交替之中。过于长时间的刺激容易使人产生疲劳感，因此，情绪的强烈与缓和的节奏调节也是十分重要的。

在《风之旅人》中，整个游戏分为几个章节，如紧张压抑的过雪地躲巨龙，过程中画面颜色单调，且手柄和玩家呼吸心跳节奏同步震动，为玩家营造十分紧张的气氛。但是也有愉快欢乐的章节，玩家在彩旗上跳跃着上升，随之音乐也变得格外轻快，整个游戏节奏充满了愉悦。紧张和缓慢的节奏调节更能丰富游戏的情感体验，并在相互作用下，促使玩家产生更强烈的心理情绪感受。

3.4　情感深度

聊到游戏的沉浸体验，不得不说游戏的情感深度。虽然“心流体验”在很大程度上帮助玩家实现了游戏当中的“沉浸”，但人是有感情的，一时的沉浸可能是受到了感官的刺激，情感的牵挂才更为深刻。

3.4.1　一见钟情

一切可能只源于最早的一个眼神。在游戏初期，第一个情感冲击很有可能成为抓住玩家情感的第一缕羁绊。所以许多游戏设计者会在游戏开始就做足表现力，让玩家在第一眼就被游戏吸引。许多设计是从一开始的感官体验开始的，比如设计一段非常吸引人注意力的 CG 动画，或者以动人的剧情吸引玩家。例如，《恋与制作人》以大多数女生喜欢的邂逅方式让众多女玩家在游戏中遇到了自己的“白马王子”，且新手阶段四位男主纷纷登场，新内容对玩家进行多次心理刺激，以使玩家选择留存于游戏中。

当然除了主动的吸引外，也可以刺激玩家的好奇心，促使其主动探索。例如《美国末日 2》，虽然玩家知道这里讲述的是一个末日故事，充斥着变异的怪物和惨败的场景。但是游戏开头的主菜单界面，一把大提琴安然放在长满藤蔓的沙发上（图 6），阳光懒洋洋地洒在画面中，虽有对破败世界的暗示，但这种安详的氛围还是显示出与后面的夸张剧情巨大的反差。这勾起了玩家的好奇心，让玩家愿意进入游戏，探索其中的世界。

图 6　《美国末日 2》游戏画面

3.4.2　日久生情

虽然游戏中的关系是虚拟的，但是和真实世界一样，在人与人、人与游戏角色相处的过程中，慢慢地还是会产生一些情感联系，情感在哪里都是共通的。这种情感的成长不同于战斗带给人们的感官上的强烈刺激，细水长流的情感更能够成为人们情感上的羁绊，给玩家留下深刻印象。此外，上田文人的游戏作品《最后的守护者》中男孩与大鹫之间的情感就在一步一步的互动中逐渐深厚起来（图7）。上田文人在谈论设计中说道："比如，一开始大鹫不会吃你给它的食物，就算你把桶丢在它脸上也不吃，要等你走开一定距离，大鹫离开你的镜头它才会吃；经过一段时间之后，逐渐你不需要拉开那么大距离，直接丢在它脚下走开两步它就会吃；再经过一段时间，你直接把桶给大鹫，大会跳起来表演凌空吃食。"由此可以看出，大鹫一开始是不接受玩家的，但是随着玩家和大鹫的交流不断增加，两者之间的情感也在不断加深。

图7 《最后的守护者》游戏画面

3.5 深刻的记忆回味

情感很难用科学的方法进行统计，更多的需游戏设计者以自己的同理心为玩家带来深刻的情感回味。

3.5.1 意义认同

每个游戏都有一个终极的追求目标，这个目标是否能够为玩家带来更多的意义认同，决定了这段追求历程的价值所在。大多数游戏的终极目标是变得更高、更强，玩家竞相追逐排行榜名次，在竞争中比拼。当然作为现实的一种心理补充，这样的目标也有其存在的意义。更何况这类游戏在变高、变强的大目标下，还是有其他很多有意义的事情可以做，比如帮助朋友攻克难关。

但也有一些游戏，它们能够传达出来更为深刻的意义，这种意义可能关乎友情、爱情、正义、执着等。这样的意义让游戏不再仅作为一种现实的补充，更成为一种价值的承载。例如《风之旅人》中，在艰苦的旅途中偶然遇到了一位不知姓名、没有了解过的同行者。你们没有语言的交流，没有眼神的交汇，但在旅行中却相互给予对方能量，两人互相携手在恶劣的游戏环境中结伴而行，这显得格外温暖。情感的交流不一定需要语言，但是却影响了玩家的内心，携手和互相帮助成了这一段游戏的主题（图8）。

图8 《风之旅人》两个素未谋面的玩家一起前行

3.5.2 照亮显示

有多少游戏到最后为我们打开了重新观看现实世界的一扇窗。有一些游戏将其终极意义设置为不同寻常的目标，比如《尼尔：机械纪元》，该游戏表现了一个人造人对抗外星人留下的机械体入侵的世界。在游戏中，随着剧情的深入，残忍的真相被逐渐披露，在玩家历经多次虐心结局之后极为渴望拯救被命运折磨的主角时，出现了E结局。这个结局非常难过，玩家需要通过密集的子弹，但往往是一次又一次的失败。当失败达到一定次数时，游戏中会出现其他经历过这个战斗的玩家留言，来鼓励当前的玩家，此刻玩家会发现自己并不是一个人在战斗，这些鼓励的话给了玩家更多的勇气向前行。同时，玩家身边逐渐出现一些"僚机"帮助玩家挡住敌人，而这些"僚机"也是其他玩家留下的。在大家的帮助下，玩家通过了结局，就能够修改被残酷命运折磨的主角们的结局。此刻，游戏会邀请玩家也留下自己的话以鼓励后来的玩家，本以为如此游戏已经为玩家打造了一个充满温情的世界，但最后游戏会询问玩家是否愿意成为帮助其他玩家的"僚机"，代价是牺牲整个游戏的存档。此刻玩家才明白，原来帮自己挡了几秒子弹的"僚机"，真的是其他玩家用全部游戏生命换来的（图9）。这里，游戏的终极目标并不是变得最强而是牺牲与拯救，玩家会希望拯救故事主角们的命运，也会希望拯救其他与自己经历相同的玩家，而代价是自我牺牲。试问，面对有如此意义的游戏，谁会不留下深刻的情感牵挂在其中呢？

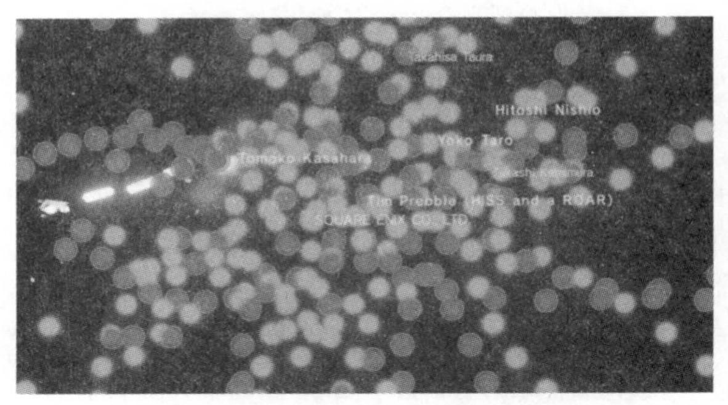

图9 《尼尔：机械纪元》玩家名字

又有多少游戏最后成了我们的人生回忆。那些年玩过的《反恐精英》《梦幻西游》，一起联机、一起通宵成了多少人青涩的回忆。游戏虽然是虚拟的，但是游戏中的情感还是现实的，那些年在游戏中一起为拼首杀而奋战的兄弟们，一起为过副本团战的战友们，都成了游戏经历留给玩家的人生回忆。当然，如果希望游戏成为一代玩家心中的记忆，可能不仅仅是沉浸体验的设计，更需要游戏整体性设计和运营。不过前文所述各项对于沉浸体验的设计，依然是必要的。

4 游戏沉浸体验的类型与偏向

不同的游戏对于沉浸体验的要求是不同的，因此，在对游戏进行沉浸体验优化的时候，需要结合不同游戏的特点，进行有针对性的设计。

我们以角色扮演游戏、第一视角射击游戏、实时策略类游戏为调研目标，分别统计了目前排行上较为靠前的 20 款游戏，根据其沉浸体验维度进行分析，并制作风向图。由此可以看出，在不同类型的游戏中，较为成功者必然有自己独特的沉浸维度偏向①

4.1 角色扮演类游戏

角色扮演（Role-Playing Game，RPG），此类游戏玩家有明确的游戏身份，更注重自身和游戏环境的互相作用，游戏的沉浸感更多的来自游戏中与游戏环境的交互。我们选择的较有代表性的游戏为《倩女幽魂》《第五人格》《楚留香》《剑侠》。

角色扮演类游戏沉浸体验偏向模型如图 10 所示。

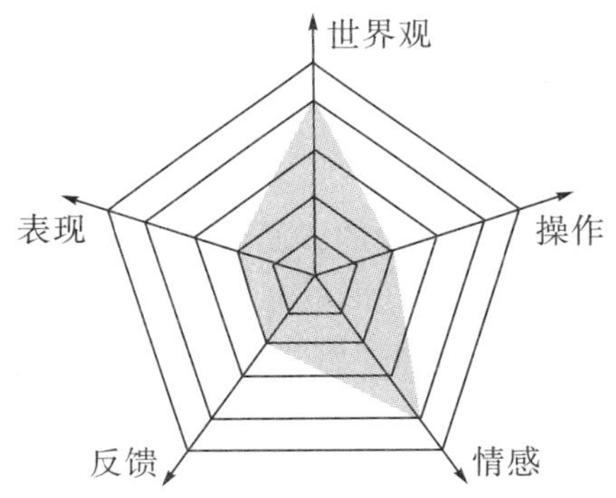

图 10 角色扮演类游戏沉浸体验偏向模型

4.2 第一视角射击类游戏及动作类游戏

第一视角射击类游戏（First-Person Shooter，FPS）的目标非常明确，玩家通过第一视角，在游戏中搜索前行，由于路线的不确定性和敌人的灵活行动，过程充满了不确定的惊险感以及射击时的冲击感。因此，此类游戏强烈的感官冲击需求更为突出，需要强调对玩家各种感官的正负向情绪刺激以提升游戏的沉浸感。

同时，我们发现动作类游戏（Action Game，ACT）和第一视角射击游戏的沉浸偏向非常相近，同样需要非常高的操作要求和强烈的反馈。

这两类我们采样的比较有代表性的游戏有《王者荣耀》《绝地求生》《流星蝴蝶剑》等。

第一视角射击类游戏沉浸体验偏向模型如图 11 所示。

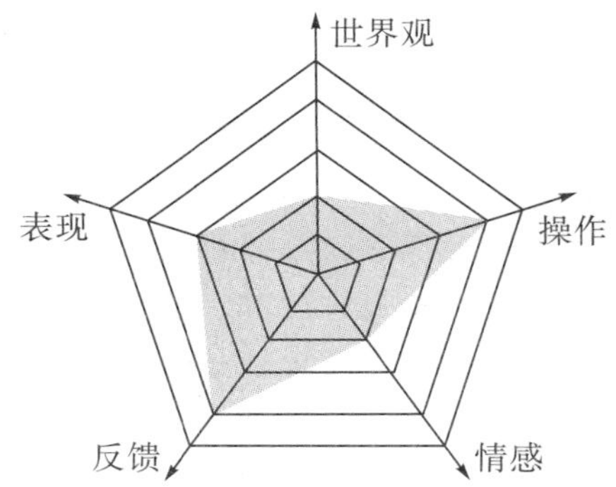

图 11 第一视角射击类游戏沉浸体验偏向模型

4.3 解谜类游戏（PUZ）

解谜类游戏（Puzzle adventure，PUZ）往往有着强烈的世界观，故事背景可以为玩家带来十分深刻的沉浸感，在这个基础上，情绪往往就被渲染得十分突出。

解谜类游戏沉浸体验偏向模型如图 12 所示。

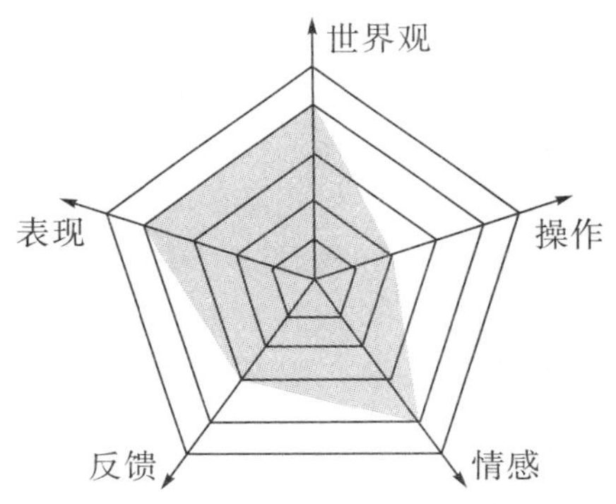

图 12 解谜类游戏沉浸体验偏向模型

5 结语

游戏的沉浸体验是游戏很重要的一部分，虽然是比较感性的体验，但是分析起来依然有值得我们

① 游戏采样类型：由于市场上游戏多以玩法丰富性为发展趋势，很少有游戏仅具有某一类特点，大多数游戏都兼有其他类型游戏的一些特征，因此我们将游戏分类时，并不排斥游戏有其他特征，但主要根据它的主体玩法类型对其进行分类。

总结和归纳的地方。我们可以结合游戏的自身特点，根据游戏沉浸体验的不同层次，为游戏量身打造合适的沉浸体验。

当然，作为一种感官上的体验，沉浸感的设计效果还是需要一定的用户调研作为辅助，以完善相对应的设计策略。

同时，对于游戏沉浸体验的分析，在某种程度上也可用于其他虚拟产品，为其设计带来一些思路和想法。

参考文献

[1] 张静. 试对游戏设计中沉浸感的探讨 [J]. 美术大观，2007 (8)：107.

[2] 孟晓辉，欧剑. 游戏沉浸形成过程中的心理注意因素分析 [J]. 科技创新导报，2011 (13)：216—217.

[3] 华秋紫. 手游新手阶段中的引导及乐趣设计研究 [C] //工业设计研究（第五辑）. 成都：四川大学出版社，2017.

基于无意识认知的移动终端界面设计探究

李冬蕊　徐旭玲　盛思婷　谢文娟　唐　凌

（国美通讯设备股份有限公司，上海，200240）

摘　要：对用户无意识认知的研究可以为设计师带来良好的设计指导。引入无意识认知设计的概念，通过解读实际案例的具体设计过程，阐述如何将基于无意识认知的设计方法运用到具体的界面设计中，使产品实现功能性的同时达到可用性与用户体验目标。

关键词：无意识认知；用户体验；可用性；移动终端

1　引言

在设计实践中我们发现，为解决用户痛点而进行的设计能够满足产品的功能性，但是在实际的用户使用中，由于用户不理解设计者的设计意图，不会主动使用产品来帮助自己解决痛点问题，也很难养成使用习惯，从而导致用户体验不佳。在移动终端界面设计的研究中，已经有学者从行为学、心理学方面研究无意识认知以及将无意识认知应用在界面设计中解决可用性和用户体验问题。

本文引入无意识认知的设计概念，从用户的认知、行为方面探究用户与产品的互动关系，提出基于用户无意识认知的界面设计方法，并应用到具体的实际设计项目中，解决用户难以发现产品功能、不习惯使用的设计问题，提升产品的可用性与用户体验。

2　基于无意识认知的界面设计

2.1　无意识认知

无意识的理论出自对认知心理学的研究。多数学者认为，人脑除了意识认知系统以外，还存在一个无意识认知系统。与意识认知系统不同的是，无意识认知系统是一个快速、自动，无须花费很多脑力，受情感和习惯支配而不受意识控制的认知加工过程。同时，无意识认知系统在复杂环境和时间压力下比意识认知系统运行得更为高效，且与情感发生相关。

2.2　无意识认知与界面设计的关系

优秀的移动终端界面设计是围绕以用户为中心而展开的，设计方案不仅需要实现满足用户需求的功能，还要达到操作高效、流畅的可用性目标和让用户产生更多良好的情感体验目标。由于操作行为的高效和情感化正是人脑无意识认知加工的外在行为表现，所以用户与产品之间的互动行为就是要达到用户的无意识认知加工，即找到过去经验与当前状况的最佳匹配，从而实现产品的好用、易用的良好体验。

2.3　基于无意识认知的界面设计方法

让用户在与产品互动的过程中无须花费过多脑力、自然地领会设计师所要表达的产品含义，“不加思索”地采用操作行为，是研究无意识认知的主要目的。用户与产品的互动发生在一定情景中，我们要从情景中考虑用户行为、认知及情感需求，指导界面设计使其符合用户的无意识认知加工。笔者从以下三个方面阐述将无意识认知应用到界面设计的方法。

2.3.1　降低学习成本的设计

映射是结合外部世界与头脑知识的最佳案例。用户在与产品的互动过程中会将抽象化的界面与头脑中的物理世界相联系。界面设计应从交互到视觉都使用符合用户心理映射模型的比喻体，这有利于用户在设计的本能层面领会产品的设计意图。设计师可以从目标用户的生活环境和行为习惯中获得比喻体的设计灵感。此外，具有内在一致性的界面设计，能让用户在与产品的互动中获得相同的认知模式，促进无意识认知的加工，降低用户的学习成本。

2.3.2　引导用户行为的设计

个体在发生某个行为时，必须具备 3 个要素：足够的动机、实施这个行为的能力、实施这个行为的促发点。引导用户行为的发生即在用户使用产品的各个环节建立恰当的促发点，激发用户行为所需要的动机，同时提升用户行为的能力或降低用户行为的成本，使用户做出符合无意识认知的决策。

一系列研究结果显示，相对文字材料，非文字材料的表现形式更有利于无意识认知的获得；另外，明确的反馈能让用户准确获得行为的结果信息，帮助用户无意识地学习与产品的互动规则。因此，在界面设计中，可以通过更直观的、有吸引力的动效和视觉元素的表达，激发用户的动机；通过及时有效的界面反馈，提升用户的操作能力，从而起到引导用户行为的作用。

2.3.3　促进习惯养成的设计

心理学认为，习惯的养成，依靠四个部分——触机、惯性行为、奖励和信念。面对同样的问题，用户会重复同样的思考过程，当这一问题不断出现时，整个思考过程会越来越迅速，最终达到无意识认知。根据认知心理学的实证研究发现，流畅性高低会影响自动化的无意识加工，个体对事物的认知加工流畅性越高，越会产生积极的情感反应，并引发对该事物更积极的评价。

在界面设计中，可以利用无意识认知的可养成的特征，通过建立适当的促发点，流畅的操作流程，使用户行为的结果成为另一个行为的触发条件，形成一个良性的循环，从而促进用户行为习惯的养成。

3　基于无意识认知的设计实践

本文以一款密码管理应用的设计为例，其存在较典型的能够解决用户痛点却不能满足产品可用性与用户体验目标的设计问题，通过解读设计方案的优化过程，说明如何将无意识认知的设计方法应用到界面设计中，提升产品的可用性与用户体验。

3.1　解决用户痛点的设计方案

设计团队在设计前期通过用户访谈和小规模问卷调查的方法，调研用户如何创建 App 账号与密码，登录账号时遇到的问题以及解决方式，对密码管理应用的态度等问题。经分析和总结，用户在创建、验证和管理 App 密码方面存在的痛点见表 1。

表 1　用户痛点

场景	创建密码	验证密码	查看密码
用户痛点	有特殊格式要求的密码创建时感到麻烦； 新设置的密码不会及时更新到自己密码库中； 过多使用重复的账号与密码，对密码保护的安全性感到担忧	容易忘记账号或密码； 复杂的密码输入不方便	担心泄露； 复杂的密码边对照边输入，过程麻烦

我们尝试从用户的密码使用场景出发，寻找解决用户痛点的设计方案。具体如下：

（1）创建密码时，提醒用户及时更新密码库。

在用户创建新密码或注册新账号信息时，系统应用识别到没有该密码信息，则提示用户及时更新自己的密码记录。界面设计如图 1 所示。

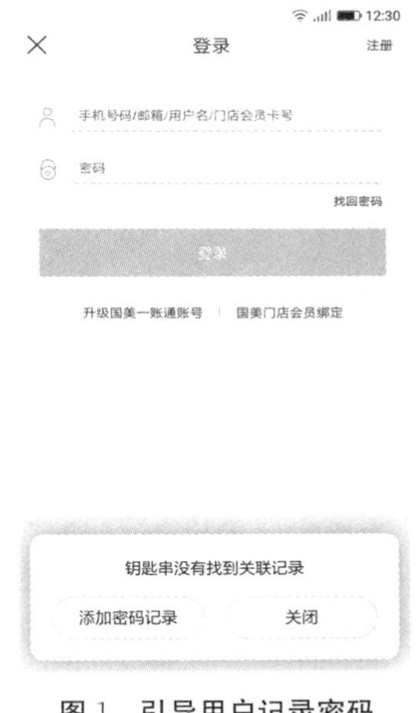

图 1　引导用户记录密码

（2）创建密码时，帮助用户创建复杂的密码格式。

针对一些安全级别高的应用，系统帮助用户创建高级的密码，让创建密码过程变得更简单。界面设计如图 2 所示。

（3）验证密码时，帮助用户记住并填写密码。

为帮助用户解决忘记账号或密码的问题，我们设计了自动填充密码的功能。用户只需在应用中填写第三方应用的账号密码信息，即可实现在登录第三方应用账号时系统自动填写账号与密码。界面设计如图 3 所示。

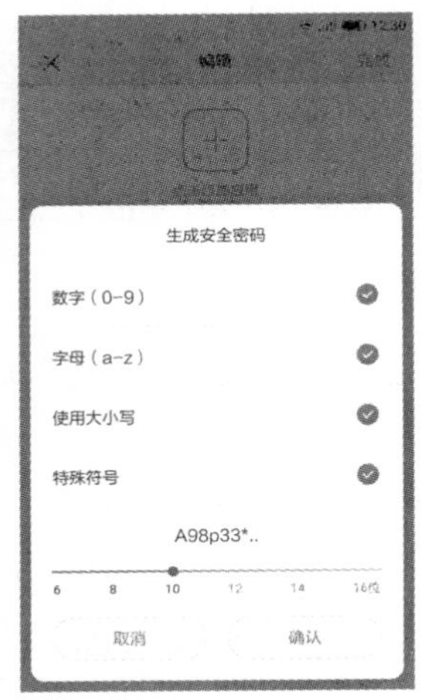

图 2　创建复杂密码

图 3　自动填充密码

（4）查看密码时，帮助用户一键复制。

在用户查看密码记录时，我们增加了快捷的复制功能，帮助用户可以快速地复制相关信息。界面设计如图 4 所示。

图 4　密码记录详情

在完成设计原型后，进行了简单的用户测试和访谈，发现设计上存在以下可用性和用户体验问题：

第一，用户对产品的功能理解有困难。设计师将产品的概念模型定义为保护密码的保险柜，将应用命名为“钥匙串”。用户从应用的名称以及打开应用后的界面风格上难以与产品的功能产生联系，需要几次学习后才能理解产品的功能与操作方式。

第二，使用意愿不强。大多数应用已经有自动记录账号与密码的功能，不需要用户自行记住密码。而少数不常用的账号与密码，用户习惯通过试错、找回密码的方式解决问题。而钥匙串应用本身需要用户主动记录与更新才能实现自动填充密码的功能，操作成本较高，导致使用意愿不强。

第三，无法同时满足安全感与便捷性需求。钥匙串通过使用一个主密码来管理用户记录的所有密码。对于用户而言，主密码如果设置得简单，在使用时缺少安全感；而主密码设置得复杂，在使用时由于输入成本高而缺少便捷性。

3.2　基于无意识认知的设计优化

为解决以上设计问题，引入无意识认知的设计方法，从用户使用密码的场景中延伸思考用户的行为、认知和情感需求，从而优化设计方案，提高产品的可用性与用户体验。

3.2.1　降低用户学习成本的设计优化

用户在首次使用时是学习功能和操作的最佳时机。首先，使用用户熟悉的概念模型能够帮助用户快速理解应用的功能和操作。其次，有吸引力的视觉效果和功能说明能够调动用户的情绪并引导用户操作。然后，考虑到忘记账号或密码的痛点多在用户登录账号时触发，因此适合时机的界面引导能够有效加强用户对该应用的理解。最后，和系统保持一致性的操作行为和界面布局，能够让用户快速上手，从而降低用户的学习成本。通过以上分析得到以下优化方案：

（1）根据用户调研结果发现，多数用户习惯将密码记录在笔记本上。由此将原来的概念模型由“保险柜”改为“密码本”，从视觉元素上、交互行为上帮助用户理解应用记录密码、保护密码的功能。如图 5、图 6 所示的启动界面和空界面采用“笔记本”的视觉元素。

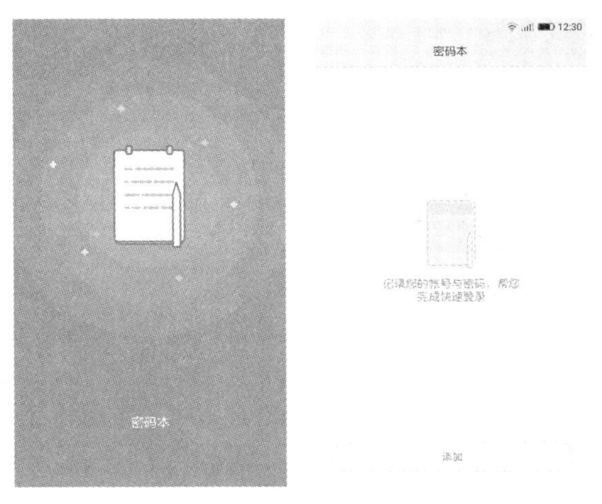

图 5　启动界面　　　　图 6　空界面

（2）突出视觉效果的引导界面的设计，加上具有亲和力的文字说明增加界面的吸引力，调动用户的积极情绪，提升首次使用的用户体验，如图 7 所示。

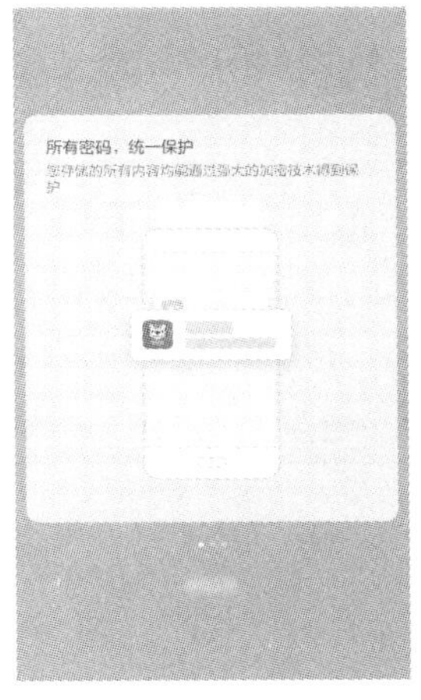

图 7　引导界面

（3）在用户忘记密码的触发界面，增加说明引导，帮助用户理解功能，如图 8 所示。

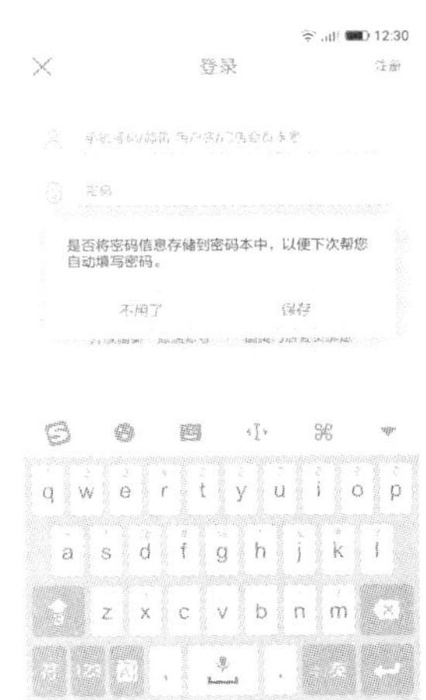

图 8　引导用户记录密码

（4）应用内的操作如删除、多选、编辑等行为采用和手机系统一致的交互方式，界面布局也和系统界面保持相似，让用户一看即会，无须学习。

3.2.2　引导用户养成习惯的设计优化

根据本文 2.3 提到的方法，从优化触发点，简化操作流程，降低操作成本，以及提高界面流畅性方面提升用户体验，培养用户养成使用习惯。本文 3.1 已经给出解决用户忘记账号或密码的设计方案。在此场景中进一步思考用户的行为就会发现，此时用户的目标在于登录账号后进行下一步操作。而原有的设计方案会打断用户的行为，由此可能引起用户的负面情绪。我们通过仔细研究该任务流程，寻找界面的最佳触发点，得到以下优化结果。

原来的界面流程：用户激活账号登录界面的输出框，系统识别出未存储过该账号信息，则给出界面提示用户可以将账号信息添加到应用。优化后的界面流程：当用户完成“登录”操作后，再给出界面提示，且用户执行应用跳转后会自动帮用户填写好账号信息，无须用户二次输入。优化后的界面更加流畅且减少了用户操作步骤，易于用户养成使用习惯。设计流程如图 9 所示。

图 9　存储密码到密码本

另外，我们优化了自动填充界面，去除原来的“复制密码”“添加账号”的功能，简化界面功能，让填充密码操作更加流畅，如图 10 所示。

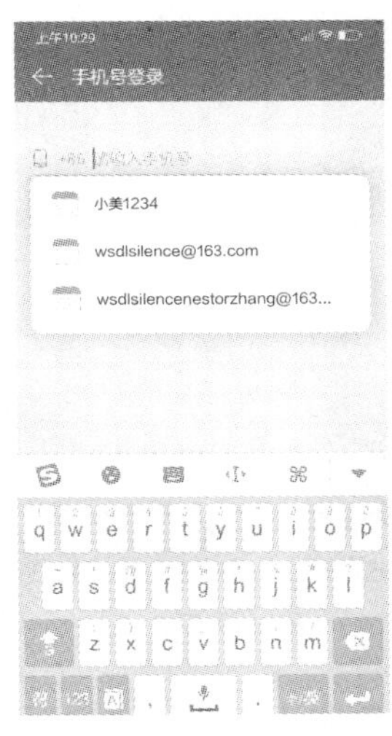

图 10　自动填充

3.2.3　平衡安全感与便捷性的设计优化

从对用户的调研结果看，在验证密码的场景中，用户既有操作便捷的需求，也希望验证密码方式不失安全感，而原来的设计方案，使用传统密码作为主密码，无法同时满足可用性与安全感的需求。我们尝试使用生物密码代替传统密码，采用验证人脸数据或指纹数据的操作方式，在保证便捷性的同时，给予用户安全和无感知的操作体验。该验证方式也提升了验证密码的流畅性，如图 11 所示。

图 11　平衡安全感与便捷性的优化方案

3.2.4　提升安全感的辅助设计

密码作为一种敏感信息，用户对此有较高的安全感需求。为此，我们设计了相关的辅助功能，如后台模糊、禁止截屏、退出锁定、清除剪贴板等，在不增加用户操作成本的情况下提升用户的安全感体验（图 12）。

图 12　提升安全感的辅助设计

3.3　设计效果的验证

设计完成后，我们对优化前与优化后的原型方案进行了简单的可用性测试。本次测试邀请了 12 名新手用户，均分成 A、B 两组。安排 A 组用户对优化前的原型方案进行任务测试，之后对原型方案进行主观打分。同理，安排 B 组用户对优化后的原型方案进行任务测试及主观打分。

本次测试有三个任务：一是首次打开密码本应用，完成甲 App 账号密码信息的记录；二是打开乙 App，登录该账号并将账号密码存储到密码本；三是完成甲 App 账号的自动登录过程。测试者需观察用户使用情况，进行相关记录，并统计任务完成时间，最后对时间数据进行处理，得到的结果见表 2。

表 2　任务完成的平均时间和任务成功率

		任务时间（秒）	任务成功率（%）
A 组	任务一：应用内记录密码	45	83%
	任务二：存储密码到应用	51	50%
	任务三：自动登录	13	100%
B 组	任务一：应用内记录密码	46	100%
	任务二：存储密码到应用	29	100%
	任务三：自动登录	8	100%

本次测试还需用户对应用的功能理解、可用性、使用意愿等问题进行 1～10 的主观评分，最后对分数进行处理，得到的结果见表 3。

表 3　用户主观评分（平均分）

	A 组	B 组
功能理解程度	7.6	8.2
易使用程度	4.2	6.2
使用意愿	5.6	6.1
整体满意度	6.5	7.6

从测试结果看，优化后的方案在存储密码到密码本的任务上完成时间明显缩短，说明流畅性、易用性得到提升。在自动填充密码的任务上，优化后方案完成时间更短，说明生物密码的验证方式提升了便捷性。通过主观评分可以看出，用户对优化后密码本的易使用性、使用意愿及整体满意度均有提升，其中对应用的功能理解有较大提升。

4　结束语

本文从实际应用层面阐述基于无意识认知的设计方法的具体应用。从实际应用结果看，基于无意识认知的设计方法可以为设计师提供良好的设计指导，改善用户与产品之间的关系，对提高产品的可用性、易用性和用户体验有积极的作用。基于无意识认知的设计进一步完善了以用户为中心的设计方法论，为设计实践提供了新的思路。

参考文献

[1] 谢伟，辛向阳，李世国．无意识认知交互设计探讨［J］．包装工程，2015（22）：57－61．

[2] 王芷璇，丁伟．基于用户无意识行为的劝导式交互研究［J］．设计：理论研究，2018：65－67．

[3] 魏文静．无意识行为对交互设计中引导行为启发［J］．包装世界，2017（1）：77－81．

[4] 唐纳德・A．诺曼．设计心理学1：日常的设计［M］．小柯，译．北京：中信出版社，2015．

[5] 张露芳，周逸沁．Fogg 行为模型在互联网产品设计中的应用［J］．包装工程，2018（4）：159－163．

虚拟现实界面设计

李　爽　周真伊　许　婷　龚妙岚　周依婷

（中国银联，上海，201210）

摘　要：VR 元年（2016 年），虚拟现实高速蓬勃发展，但因 VR 硬件的瓶颈带来诸如移动受限、眩晕症，使得其发展由热浪期转为寒冬期。本文在分析总结虚拟现实体验的痛点、内容丰富程度的基础上，从交互方式、设计原则等角度进行深入研究，达到规范虚拟现实界面的设计、提升用户沉浸感及体验的目的。最终以移动支付场景为应用对象进行虚拟现实界面的概念设计，以期为不同行业的虚拟现实产品的开发指引方向。

关键词：VR；痛点；交互方式；设计原则；移动支付

1　内容发展

1.1　发展背景

随着虚拟现实技术的发展，VR 在娱乐与教育、医学、建筑、军事等领域有着越来越广阔的应用场景。但因技术原因，VR 仅适用于轻交互，这也导致了内容发展的局限性。在这样的大环境下，2018 年 VR 电影仍蓬勃发展，避开了非自然的交互方式、技术限制的短板，将沉浸感的优势发挥得淋漓尽致。VR 与教育的结合能极大地解决学习资源和空间不足的问题，大大推动教育的发展。虚拟场景中的师生实时互动能促进主动学习。在医学和建筑等专业领域，人们不仅可以通过 VR 模拟还原真实场景，还可以通过眼动交互的方式释放双手。

1.2　VR 用户体验

VR 中的用户体验主要体现在 VR 产品适用的沉浸感、舒适度、多通道整合的交互方式、有效可靠的反馈等方面。保证舒适度可以从眩晕、延迟方面着手，而提升沉浸感则需要综合考虑界面、交互方式、动效、音效等。舒适度及沉浸感很大程度上取决于 VR 眼镜的显示技术。此外，VR 界面不仅需要可操作的界面，更需要营造一个看似真实的场景，设计师进行 VR 界面设计时必须考虑到沉浸感的特性，这也决定了交互方式、界面最佳尺寸及交互的准则。

为了增强用户在虚拟环境中的沉浸感，VR 中的显示技术需要最大限度地还原人眼对深度、颜色和纹理信息的感知，现有的分色、分光、分时、光栅以及全息投影等技术能通过模拟双眼视差产生立体感的过程构建立体视觉效果。然而有了“立体感”还不足以产生“真实感”，“真实感”可以通过真实感绘制技术来呈现。当用户移动视点时，主要通过纹理映射、环境映射、预测计算等技术快速绘制出与真实场景中质感相似度很高的图像，最大限度地还原场景中物体的纹理和光照等特征，并且通过视点同步来模拟现实中的感知。

在设备发展上，需要专业的立体显示设备增强虚拟场景的沉浸感，如头盔显示器、立体眼镜和全方位显示器等。为了进一步增强沉浸感，VR 相关设备不断轻量化和提升移动性，如 HTC Vive、Oculus Go 一体机等，摒弃了繁杂沉重的设备束缚，让 VR 体验更轻量、更易用。

1.3　交互方式

虚拟现实最大的特点在于它带来的沉浸感。图形图像技术生成的三维立体的虚拟环境给用户带来逼真的视觉感观。此外，自然舒适的交互方式对沉浸式体验也起到重要的作用。虚拟现实的多维特点注定了交互方式的多样性；同时，随着技术发展和产品升级，触摸操作、语音识别、3D 手势、眼动识别等交互解决方案在 VR 领域得到广泛应用，VR 交互呈现出百家争鸣的局面。

VR 的 9 种交互方式有动作捕捉、触觉反馈、眼球追踪、肌电模拟、手势跟踪、方向追踪、语音交互、传感器、真实场地。相比较而言，眼球追踪交互方式更自然、及时、有效，且技术发展较成熟，高清的视觉体验较好地缓解了眩晕症；而其他交互方式都有不够精确、门槛高、不够舒适及场景受限的问题。综合来看，眼球追踪交互方式或在未来 VR 的体验优化发展中起到至关重要的作用。

2 眼动交互在 VR 上的运用

2.1 人机功效学分析

对比 VR 的其他交互方式，眼动交互更为自然，更符合沉浸环境中用户的使用习惯。界面信息要素可分为不可交互的信息元素和可交互的控件，而用户在人机界面中对这些元素、控件的处理行为是遵循视线点流操作的。用户对不同界面的信息处理视线点路线是由界面布局决定的，针对搜索型网页，用户的视线流是遵循如图 1（a）中“F”型模型的；而对于如图 1（b）的中心型社交类网页，用户处理信息的视线点路径是以中心为主，然后向左、向右方向依次转移。相比较而言，“F”型搜索型网页是因为算法智能排序，将最优搜索方案置顶处理，让用户形成了这样的处理信息的习惯；而社交类网页更具有普适性，用户对陌生信息的处理首先在中心点获取焦点，然后视线按照从左到右的顺序进行转移，最后视线点回到界面顶部定位导航，导航帮助用户精确定位目标信息。

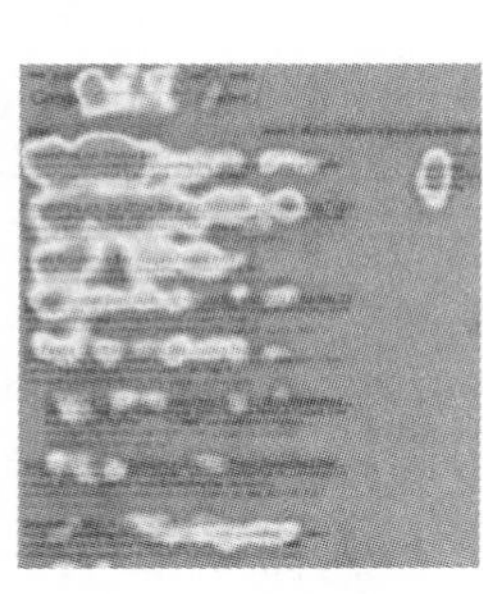

（a）“F”型搜索型网页

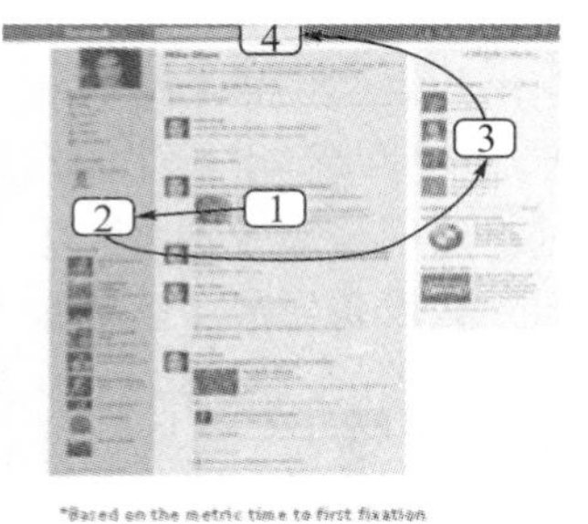

（b）中心型社交类网页

图 1 不同类型网页的视线流

眼动交互过程中，任务流的操作元素由不可交互的信息元素、可交互的控件组成，其中可交互的控件可通过设置视线点驻留时间阈值来确定是否进行眼动交互，从而避免米达斯接触的问题——用户是有意识发起眼动交互还是无意识的走神。任务流眼动交互操作中相邻元素间的距离与交互时间是正相关关系，却不是简单的线性正相关。前人在指控界面的时间预测模型的基础上，根据眼动交互相应实验得出了任务流眼动交互中相邻两元素的眼动交互时间与两者的间距之间的回归模型 $t=0.705\times D^{0.28}$，交互设计师可以根据此模型，带入相邻两元素间距来推算理论眼动交互时间，从而对界面元素位置进行合理的规划，利用统计学、人机工效学、计算机科学等交叉学科知识完成界面元素的布局优化，构建最优视线流路径。

本文使用瞄点结合驻留时间的方式进行眼动交互，用户可以通过瞄点精准地定位 VR 场景中的元素，提升系统的可靠性。VR 场景有最舒适的视角范围，其界面仍然沿用了传统的界面元素，只是添加了深度 Z 轴方向的效果体现，因此视线流的原理仍可沿用，其任务流的眼控操作仍然可以利用该模型进行推算眼动交互时间。

2.2 环境友好、易用性

体感手柄、VR 触摸板等外置交互硬件大多需要用户进行盲操作，不仅打断了用户沉浸体验的过程，同时这种非自然的交互方式也没那么可靠，且学习成本较高。虽然在现今技术受限前提下具有较高的效率，但其可用性与提升沉浸感背道而驰。

眼动整合语音或其他交互方式的多通道整方式将是日后技术革新的发展趋势，它降低了单一通道的负荷。前人基于 unity 进行了多通道可拓展的眼动交互系统的开发及眼控界面相关实验的研究，而 unity 游戏引擎是 VR 开发的利器，语音识别、体感交互、手势等交互方式的整合只需要在项目中引入不同的 SDK 即可实现。百度语音 VR 浏览器很好地印证了这一发展趋势，而设计师面临的挑战是如何合理地在不同场景下整合多通道的交互方式让 VR 使用环境更友好，更易于使用。

3 增强沉浸感

VR 体验与沉浸感关系密切，本着提升用户体验的原则，本文总结得出四种提升 VR 沉浸感的方法。交互设计师主要从设计方法层面进行考虑。

3.1 屏幕技术工艺

VR 头戴显示是一种新型显示技术，成像机制不同于传统平板显示，它形成放大的虚像，而传统显示则为实像，VR 技术和产业链超出传统的平板显示范围。VR 成像系统具有以下特点：

（1）可穿戴，小型化而实现大尺寸高清晰画面，非常适合移动互联时代的需求。

（2）技术交叉性强、门槛高，综合集成电路、新型显示器件、成像光学、超高精密加工和装配、视觉学、人体工学等。

在目前 VR 领域中，像源系统主要是手机设备，手机屏幕中 LCD 屏使用较多，高科技产品多采用低温多晶硅技术，能达到较高的精度，并保障屏幕具有较高的 PPI（每英寸拥有的像素数目）。另一种拥有更多 PPI 的微显示屏，通过光学技术来放大图像。这两种屏幕都会用在 VR 眼镜里面，可以形成超过 100°的视场角，以不同的技术工艺来提升沉浸感。但是超大的视场角会带来一些问题，比如彩虹效应及像素颗粒感。

3.2　场景效果

在 AR/VR 中，场景制作分为真实场景和三维渲染场景。前者场景制作方式主要用于如公司、学校环境展示，通过实景全景拍摄带来足够真实的体验。另外一种三维渲染场景主要应用于房产家居样板房展示以及游戏场景。此类场景要带来良好的沉浸感，需要建模比例与真实物理世界相符，建模渲染逼真细腻。其中，相关的 PPD（每度像素度）的值直接影响场景效果，PPD 的值越大，场景细节显示越精细；而 PPD 大于 60 时，屏幕才不会有颗粒感，人眼的 PPD 达到了 50，而市面上 HTC Vive、Oculus 和 PSVR 的 PPD 都不大，因此想去除现有屏幕的颗粒感还是比较难的。

3.3　视场角

在 VR 中，视场角（FOV）代表了人眼所能看到的范围，通常 FOV 越大，带来的沉浸感就越好，但要综合考虑用户体验。人在舒适的角度下进行 VR 体验会拥有更好的沉浸感，不会因脖子扭动幅度过大而引起不适感。如图 2 所示，当人头保持

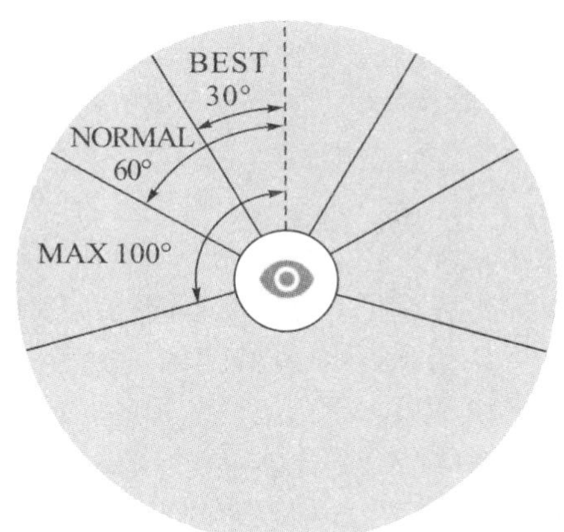

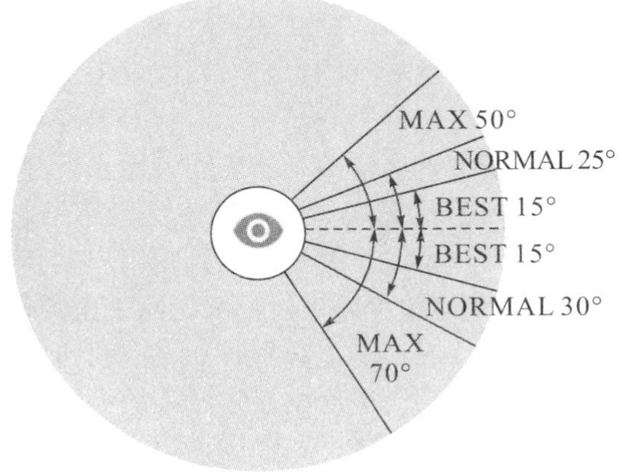

图 2　最舒适视场角范围

不动时的视野范围：在水平方向上，眼睛静止时视场角约为 120°，转动时视场角约为 200°，最佳视场角为 60°；在垂直方向上，眼睛静止的视场角为 55°，转动时为 120°，最佳视场角为 30°。

参考 Oculus 的 VR 设备的界面设计尺寸，如图 3 所示，黑线框表示的是单眼设备屏幕的大小，红色虚线框是人眼所能看见的区域，灰色区域是理论上人眼所能够看到的区域。实际上，人眼可识别范围是在红框区域内的，红框外所看到的都是漆黑一片，注视这区域可能会造成眼部不适，而且不适合阅读。因此，不建议将高频且重要的界面元素放在此处。浅蓝区域是人眼在舒适转动范围内所看到的区域，或者是在眼睛不动的情况下所看到的区域。这部分区域适合放置界面元素，既不会造成眼部不适，也不会遮挡场景，干扰用户执行主任务。深蓝区域是人眼最舒适状态下所看到的区域，当用户的主任务是界面操作时，可以将重要的界面或者高频操作的界面元素放置在该区域。

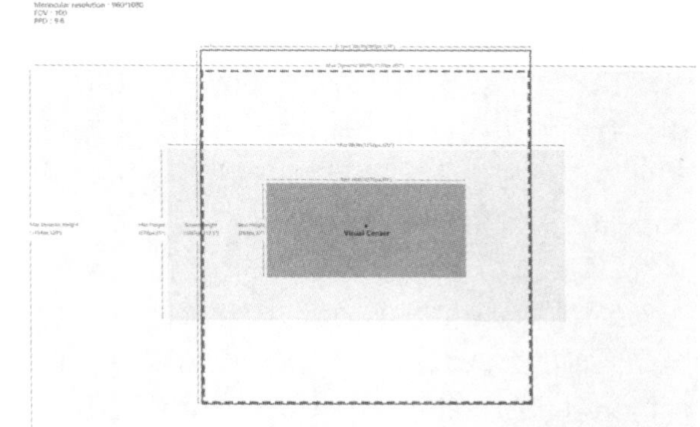

图 3　Oculus VR 设备单眼设计尺寸

3.4　舒适的空间距离

在 VR 场景中，很大程度上是在模拟物理空间，意味着场景中的元素需要符合现在世界的透视规则，同时元素需要有一个舒适的浏览大小。距人眼不到 0.5 米的东西很难吸引人的注意力，超过 20 米将失去立体感。针对现有的 VR 技术，VR 世界中距离人眼 2 米的物体最容易引起人的注意。2 米到 10 米之间的物体是视觉感官的舒适区。因此，合适的空间距离在增强 VR 世界的真实感、提升用户的沉浸感方面具有重要的作用。

4　VR 交互设计原则

4.1　关心用户的生理感受

当人体运动时，生理上会产生三种重要变化。第一，视野变化。如果你移动到一个物体面前，在你的视野中，这个物体会变得更大。第二，前庭系

统会有所反应。例如，当你运动时，内耳结构振动会告知大脑这一信息。第三，皮肤和肌肉将发出感知信号。这些信号会描述你在空间中的具体位置并传达给大脑。

VR 中的不当设计会让人体的生理系统产生紊乱，继而引发恶心、耳鸣、晕眩、视力模糊等模拟症，严重的甚至有生命危险。避免出现以上危害用户身心健康的状况，是进行 VR 设计的基本原则。

4.1.1 始终保持头部追踪

头部追踪可以保证在虚拟现实的世界中，用户周围的物体都被固定在相应位置，以此来模拟真实世界中以自我为中心的被环绕着的感受。而一旦停止对用户头部的追踪，即使是一小会儿的暂停，都会引起某些用户的不适。不仅仅是用户头部的旋转角度，对于三维世界中二维物体的渲染也需要注意对其缩放、倾斜的追踪。如果头部追踪意外暂停或无法启动，让屏幕淡出变黑并保持声音反馈是比较好的做法。及时给予用户提示信息，引导用户接下来的操作。

4.1.2 匀速运动

虚拟现实的界面设计应尽量保持匀速运动，如果用户看到加速或减速运动，身体却并不能感受到真实世界中的加速或减速运动，这种所见和所感的巨大差异会引发用户的不适。

4.1.3 设置固定参考点

如果用户在虚拟现实的世界中看到某个运动着的物体，可能会认为自己也在运动。所见所感的差异可能会引起用户的不适。一个讨巧的办法是，设定用户身处一个驾驶舱、坐在一张椅子或其他固定着的物体上，这样即使用户在虚拟现实的世界中看到了运动着的物体，也会认为自己是固定的。值得注意的是，当用户需要体验剧烈运动的时候，让用户自行启动运动好过于被动接受。

4.1.4 过渡性变化

当用户身处一个安静的环境时周遭突然变得十分喧嚣、身处黑暗的环境时突然看到光亮，都会引起用户的不适。此时就要特别注意两种不同的情境的过渡性设计，包括声音、视野在内的五感都需要一个循序渐进的过程，才不会产生突兀感。

4.2 回归自然的设计方式

和传统的 2D 平面设计截然不同的是，虚拟现实是以用户为视觉的 3D 设计模式，这意味着传统的鼠标点击、拖拽页面以浏览内容等交互方式不再适用，新的回归自然的设计方式即将来临。

4.2.1 舒适区设计

虚拟现实中界面通常按照环幕形式布局，设计范围理论上是无限的，如何引导用户的焦点和注意力成了新的设计挑战。如图 4 所示，我们计算得出环幕距离人眼 3 米时用户的使用感受较为舒适，且用户正视前方，不转动头部或眼球时视场角为 60°，则环幕高度 1.6 米左右最为合适，弧线长度不宜超过 11.5 米。超过此范围，会使用户频繁地转动身体、抬头低头来查看内容，减少留存率。

图 4 unity 中场景搭建实例

4.2.2 即时反馈

2D 时代的我们最常见到的产品反馈方式是文字，比如弹窗，而在 3D 世界中如果只使用文字反馈的话，效果就差强人意了。我们需要从多个纬度及时地给予用户合理的反馈信息。虚拟现实界面设计中一个比较基础的交互方法是十字光标，当用户的目标注视某个物体时会浮现十字光标，表示暂时选中了这个物体。用语音朗读的方式代替单纯的文本文字是一个比较好的方法，避免了有时文字难以阅读的问题。背景音乐是一个十分有用却常常被人忽视的设计要点，我们可以在不同的情境下搭配不同的背景音乐以调动用户的情绪，并给予心理暗示。视觉反馈是最容易让用户感知的，比如路口的指示牌、黑暗中的一簇光。触觉反馈也是我们必须考虑的，比如我们在虚拟现实的世界中射箭，可能需要两手真的像射箭那样控制手柄，手柄上传来的力度则告诉使用者其弓弦拉开到了什么程度。

4.2.3 独立的沉浸式空间

从哲学的角度看空间，它可以改变人们对事物的理解，甚至可以说空间赋予了世间万物变化的属性。设计了一个什么样的场景空间，用户就会有什么样的感知体验。交互和空间环境是紧密结合的，设计不能超出这个场景的范畴，否则用户就会“出戏”。比如游戏地图可以被设计成玩家手里的雷达，用户可以被设计成在家中观看影片。空间属性是虚拟现实和传统二维屏幕上设计的最大的不同点，如何让用户更好地去理解、融合进虚拟空间，从而获得全新的沉浸式体验，是未来 VR 设计最吸引人的一点。

5 VR 支付概念设计

通过前期的调研、分析及总结，挖掘出 VR 界面设计的痛点主要是沉浸感不强、交互方式单一及 VR 交互设计原则的贫乏。本文充分利用设计前期研究成果，综合参考视场角、舒适空间距离、交互设计方式及原则进行了 VR 场景购物流程的概念设计。

如图 5 所示的 VR 超市购物界面流程，简化的情景场景按照“进入超市—找到正确货架—挑选满意的商品—……—支付完成反馈”完成购物支付，但不同的是：VR 场景中用户的操作是自发完成的，所有触点均为虚拟物体，而没有传统购物的导购员、收银员。因此，VR 场景中导航与交互的引导性显得尤为重要。

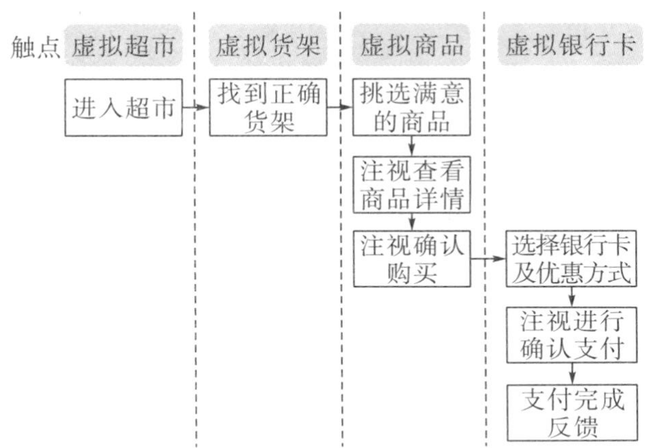

图 5 VR 超市购物界面流程

下面是具体流程界面细节。

（1）寻找货架流程。

不同于现实超市购物的场景，VR 的体验应尽量避免人物的移动，保证人在 VR 操作过程中身体不会触碰到其他物体。如图 6 所示，为减弱用户在传统大型超市中寻找货架的过程，提高寻找货架的效率，使用“跳板式”导航平铺不同货架类型，卡片设计将不同产品货架分门别类，让用户能快速找到目标商品的类别，通过眼动轻交互的方式进入实际场景页面。这种“跳板式”导航在 VR 界面中更易于被接受。

（2）选择心仪商品流程。

分析诸如淘宝、京东、网易严选等电商购物 App，其购物流程大同小异，遵循“选择商品—添加到购物车—选择邮寄地址—选择支付方式—完成支付”的流程。购物车的概念模型更贴近用户使用习惯。本文的 VR 概念设计是一种即兴体验，旨在弘扬支付方式正悄无声息地迎合不同场景的需要，弱化了购物车及邮寄的流程。

家乐福产品导航界面

虚拟酒水货物架场景

图 6 寻找货架流程界面展示

如图 7 所示，用户注视商品，被选中的商品名标签高亮显示，而未选中商品名标签透明度降低，保持视标落在被注视标签 1 秒后显示商品详情。用户浏览完商品详情后，视标落在立即购买按钮上，按钮由红色变为橙色的选中状态，保持注视一秒进入选卡支付流程模块。

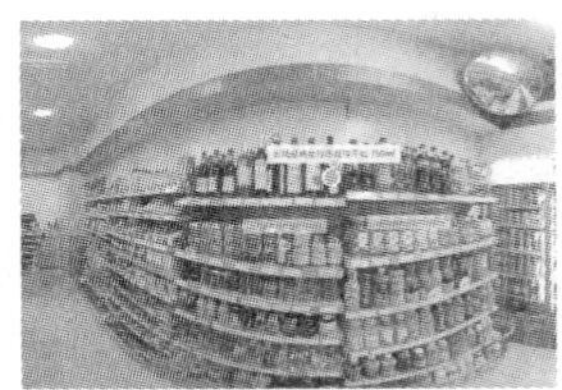

注视选择商品

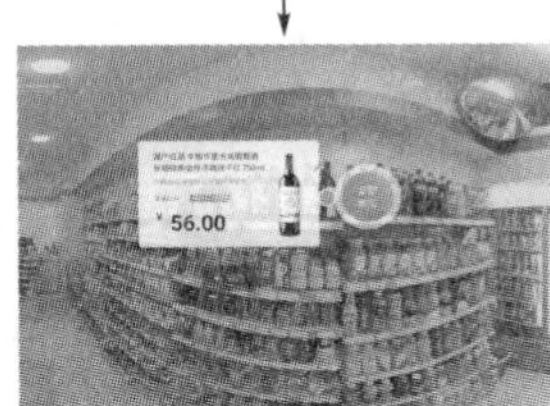

查看商品详情

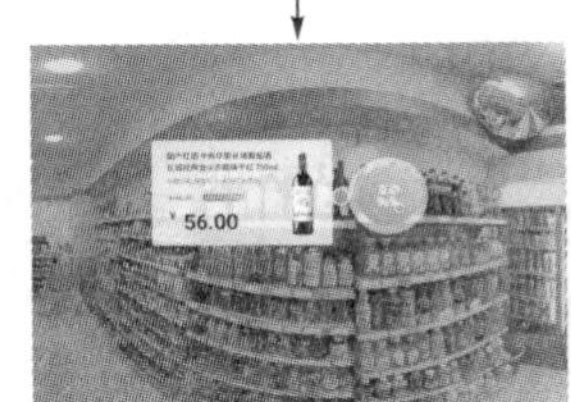

注视进行商品购买

图 7 选择商品流程界面展示

（3）选择银行卡并支付。

主流的线上支付方式以银行卡、第三方支付为主，用户会参考不同支付方式的优惠信息及各人喜好进行选择。不同于移动端交互设计，VR 场景中的界面更宽广，但因设备及技术本身的限制，仍不建议在 VR 场景中进行复杂交互。因此，虚拟现实界面的设计更倾向于轻交互的方式，信息架构层级结构不宜过深，界面元素尽量以平铺的方式代替移动端因屏幕受限而隐藏的设计方式。

如图 8 所示，主要支付流程为“选卡、优惠方式—确认信息—确认支付”，选卡过程中所有可选银行卡平铺展示，用户通过注视停留完成银行卡、优惠方式的选择；在确认支付前，用户再次核对商品信息，确保无误。

选卡、优惠方式

注视进行确认支付

支付完成反馈

图 8　选卡支付流程界面展示

6　总结

本文通过对 VR 内容发展、交互方式的总结、分析确定了眼动交互方式，并参考眼控界面中的时间预测模型、Google Cardbord 设计规范，以超市购物支付场景进行概念设计及分析总结，为设计师进行 VR 界面设计指引了方向。

参考文献

[1] 林美炳. 谁是未来 VR 主流交互方式？[N]. 中国电子报，2016-09-09（001）.

[2] 半导体动态. 9 种 AR/VR 交互方式解读 让你更加了解透彻 AR/VR－全文［EB/OL］.［2018－07－21］. http：//www. elecfans. com/vr/537760 _ a. html.

[3] Nielsen J. F－Shaped Pattern of Reading on the Web：Misunderstood，But Still Relevant（Even on Mobile）［EB/OL］.［2018－07－21］. https：//www. nngroup. com/articles/f－shaped－pattern－reading－web－content/.

[4] 李爽. 眼控界面的设计及评估方法研究［D］. 南京：东南大学，2018.

[5] 谢郑凯，彭明武. 设计未来 VR 虚拟现实设计指南［M］. 北京：电子工业出版社，2017.

[6] 3 分钟了解 AR/VR 眼镜显示与光学技术［EB/OL］.［2018－07－21］. http：//www. pieeco. com/news/2020 _ 1. html.

[7] VR 虚拟现实最佳视场角［EB/OL］.［2018－07－21］. http：//benyouhui. it168. com/thread－5721109－1－1. html.

基于情感化的移动端语音交互设计探究

李真真　谢文娟　唐　凌　徐旭玲

（国美手机，上海，200240）

摘　要：情感化设计（Emotional Design）由 Donald Arthur Norman 在其同名著作中提出，并将情感化设计分为三个层次：本能、行为和反思。本能层次的设计关注外形的视觉效果；行为层次的设计关注功能，讲究实用；反思层次的设计强调个人的体验、联想和记忆。鉴于情感化设计有利于改善用户体验，满足用户心理诉求，多年来一直是研究热点，并被应用于各行各业。随着移动端语音助手的普及，笔者从本能层、行为层和反思层研究语音助手的情感化设计，将语音交互设计与情感化设计相结合为语音助手体验提升提供新的思路和方法。

关键词：语音助手；用户体验；情感化设计

1 语音助手现状分析

进入 AI 时代，人工智能给机器带来三种能力：感知能力、认知能力、自然语言输出能力。感知能力使机器能听得懂人类语言，认知能力使机器能思考如何回答人类问题，自然语言输出能力使机器可以像人类一样表达——三种能力的综合运用将人机交互带入语音交互阶段。从让 Siri 设定闹钟到让 Alexa 即兴表演，语音交互极大地降低了人们与机器交互时的学习成本，将人机交互综合效率带上新的台阶。

近年来，移动端语音助手不断普及，然而，语音助手体验还有待提升。笔者通过用户访谈的方法了解语音助手使用现状、使用语音助手的需求和期望等问题，结合情感化设计方法，以期为语音助手体验提升提供思路和方法。

日常设计工作中，大家都会按照一定的设计流程开展工作。设计前一般会进行探索研究、分析聚焦，然后发现问题，据此得出一定的设计策略。笔者通过用户访谈，了解用户使用语音助手的场景、需求、期望，从而为优化语音交互体验提供思路和方法。设计的用户访谈问卷如图 1 所示。

图 1　用户访谈问卷

本次共计访谈 10 位用户，年龄层次在 18～35 岁之间。访谈之后，笔者对用户访谈的结果进行了整理，整理纬度有日常使用语音助手的情况、使用语音助手的需求与期望、对语音助手的畅想及担心问题。在此基础上，完成用户角色建模，具体的用户角色信息卡如图 2 所示。

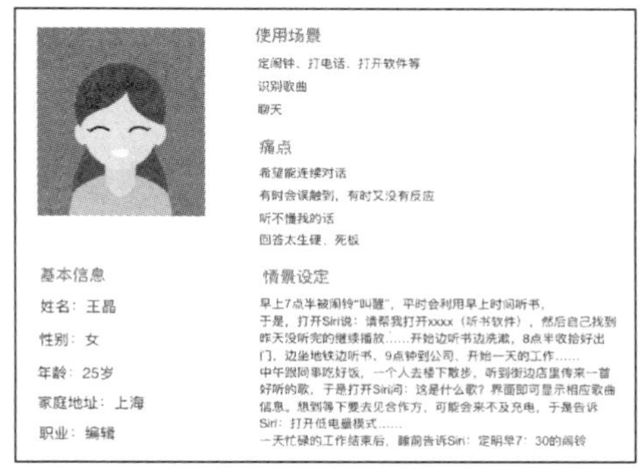

图 2　用户角色信息卡

最终根据用户画像和调研中收集的问题进行聚类分析，集中梳理与归类，得到用户诉求（图 3），包含“自然”“高效”“智能”三个方面，即语音助手设计所要达到的基本要求。

图 3　用户诉求

2 情感化设计概述

“情感化设计（Emotional Design）”最初是由 Donald Arthur Norman 在他的著作《情感化设计》中提出的。之后，Aaon Walter 在 *Designing for Emotion* 一书中，将情感化设计与马斯洛需求层次理论联系起来。正如人类的需求层次分为生理、安全、爱与归属、自尊和自我实现这五个层次，产品特质也可以从低到高划分为功能性、可依赖性、可用性和愉悦性四个层次（图 4），其中最上层的愉悦性即情感化设计。

图 4　产品特质四个层次

在《情感化设计》一书中，结合知觉心理学将情感化设计分为三个层次：本能、行为和反思（图 5）。本能层次的设计关注外形的视觉效果。人是视觉动物，对外形的观察和理解是本能，视觉设计越是符合本能思维，就越可能让人接受并且喜欢。行为层次的设计关注功能，讲究实用，重视的是性能。使用产品是一连串的操作，外观带来的良好第一印象能否延续，关键就要看两点：是否能有效地完成任务，是否是一种有乐趣的操作体验。反思层次的设计强调个人的体验、联想和记忆。这一层次，事实上与用户长期感受有关，需要建立品牌或者产品长期的价值。只有在产品/服务和用户之间建立起情感的纽带，通过互动影响自我形象、满意度、记忆等，才能形成对品牌的认知，培养对品牌的忠诚度。品牌成了情感的代表或者载体。

本能层次的设计	行为层次的设计	反思层次的设计
关注视觉层面，即外形或界面	关注操作，通过操作流程体验带给用户感受	关注情感层面，与用户长期感受有关，需要建立品牌或者产品长期的价值
视觉设计越是符合认知本能，越可能让人接受并喜欢	是否能有效地完成任务，是否是一种有乐趣的操作体验	受到环境、文化、身份、认同等的影响，会比较复杂，变化也较快

图 5　情感化设计三个层次

3　语音助手情感化设计

3.1　本能层次

人们的感觉主要发于本能，是内心世界活动的产物。外部环境的改变会使人们对周围环境产生不同的感受，这也是最为直接的情感体验。在移动端语音交互中，声音是最重要的直观感受。在人与手机交互的过程中，要通过声音为用户提供语音服务，进行信息交互反馈、发出警告等。2014 年，捷克皮尔森西波希米亚大学应用科学系的研究人员曾探讨过 AI 语音系统下，机器化的声音和自然度高的声音的喜好度研究，结果发现，近 3/4 的用户更喜欢自然度高的声音。此次用户访谈中，超过半数用户表示自然度高的声音听起来更舒服自然。同时，为了满足不同用户对声音的需求，可以多提供几种自然度高的声音供用户选择。

除声音外，视觉也是影响语音助手比较直观的因素。由于眼部是人类重要的信息接收器，因此可以设计符合语音助手特质的视觉形象。为语音助手设计视觉形象时，该视觉形象应与声音和情绪相匹配。此外，还要注意不要落入“恐怖谷”陷阱。“恐怖谷”理论是指当人看到一个与人类极其相近但并不完全相像的事物时，就会感到恐怖。因此在设计语音助手形象时可以使用非人形象，比如用动物形象或者卡通头像。如图 6 所示为“恐怖谷”曲线。

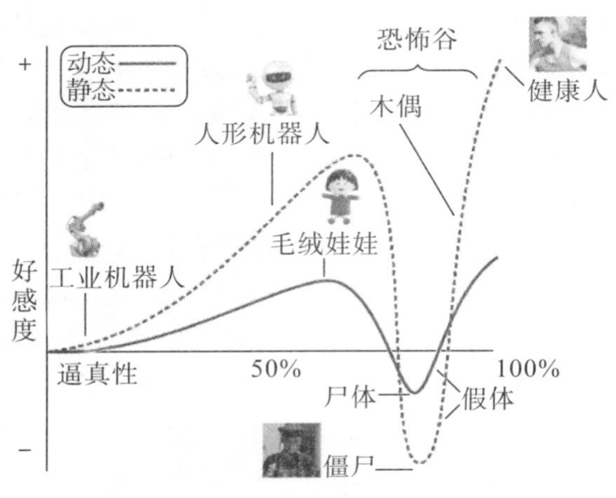

图 6　“恐怖谷”曲线

3.2　行为层次

行为层设计关注设计功能是否满足用户的需求，以及通过操作流程体验带给用户的感受，即是否能有效地完成任务，是否是一种有乐趣的操作体验。

3.2.1　开启对话

许多系统都采用了命令—控制模式，在这种模式下，用户说话前需给出系统明确指示。目前，语音交互唤醒方式大致可分为接触式和非接触式两大类。其中，接触式唤醒包括：

硬件唤醒，如使用 Siri 说话前需按住 home 键或按住 Siri 页面下方的说话图标。

App 式点按唤醒，语音助手以 App 形式存在，如国美手机的“小美同学”除支持硬件唤醒外，在桌面上也有对应的 App。

非接触式即通过唤醒词唤醒，如只需直接对 iPhone 手机说“嘿 Siri”，Siri 便会为你服务。

用户开启说话后，系统应给出一定的反馈。以 Siri 为例，当用户唤醒 Siri 后，系统会出现非语言的音效反馈和视觉反馈，通过这种方式让用户知道可以说话了（图 7）。

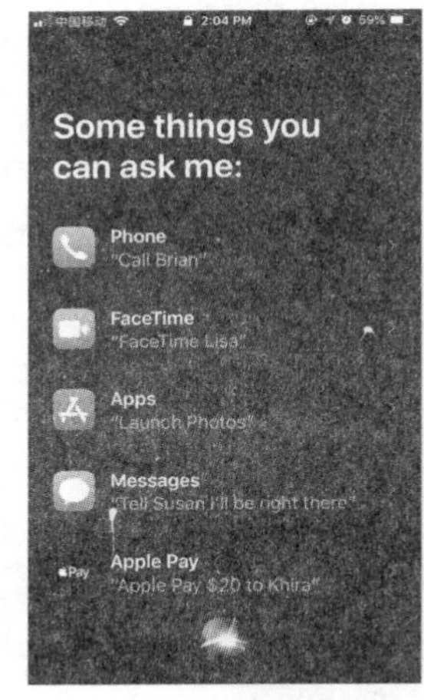

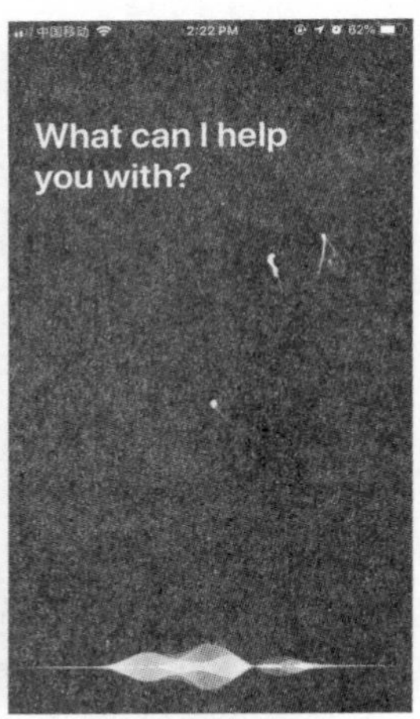

图 7　开启对话后的反馈

3.2.2　对话模式

如果用户正在用语音交谈，应尽量做到对话自然连贯。

3.2.2.1　减少用户操作

用户进行语音对话时，没必要每次说话都重复唤醒设备。因此，系统应根据语境尽可能保持聆听状态，如让 Siri 打电话给“abc”的场景中，系统中存在两个名为“abc”的联系人，需要用户确定联系人；Siri 会自动保持聆听状态以便用户给出明确指示，而不需要用户手动去按说话图标（图 8）。

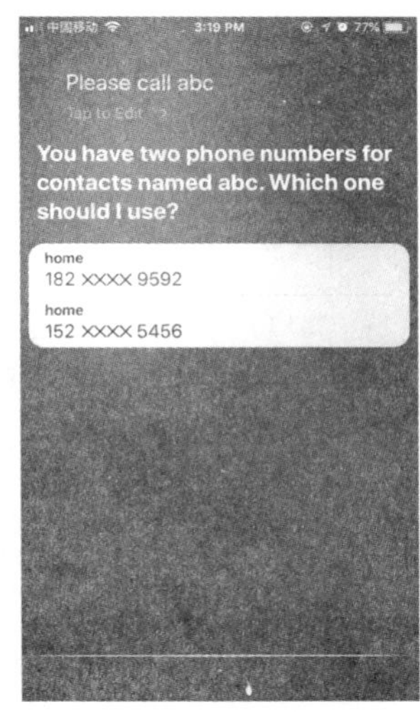

图 8　减少用户操作

该场景下需合理设定系统保持聆听状态的时长，防止时间太短遗漏那些在说话前有短暂犹豫的人说的话，以及时间太长，系统可能会听到一些用户并不打算对系统说的话。

此外，还应减少冗余和烦琐的交互，比如Google的拨号功能设计中，以前用户说“给Cindy发消息”时，Google会询问“是座机还是手机”，用户必须进行选择。而现在，它能智能判断用户指的是手机，因为用户是不会给座机发消息的。这避免了用户再次选择，缩短了交互路径。

3.2.2.2　持续跟踪上下文

目前移动端语音交互大多局限于单轮对话，其原因之一是缺乏会话语境。语境意味着系统需要知道对话的相关信息是什么，并且知道之前发生过的对话内容。为了改变单轮对话模式，使对话更智能、更人性化，系统可以利用上下文信息，如记住上下文代词的指代对象、存储用户问到的某个人的性别，或者始终存储最近一次提到的那个人，并根据用户说“他”或“她”来进行指代。需要用户做出选择时，能区分“第一个”或“第二个”具体指代上文中的哪一个。如上面让Siri打电话给“abc”的例子中，用户明确“the second one”（第二个）即可拨打给152××××5456的用户。通过了解用户的意图并允许用户继续交谈，带给用户更人性化的体验；否则，与一个不能记住上一轮对话内容的系统交谈是一种不舒服又无益的体验（图9）。

除此之外，开放式对话中，根据上下文语境可以让对话更自然流畅。例如，中英文两种语言状态下，与Siri关闭低电量模式的对话中可以看出，英文状态下语境结合度比较高，对话更自然流畅；中文下则相对较弱，对话明显生硬，给人答非所问的感觉。

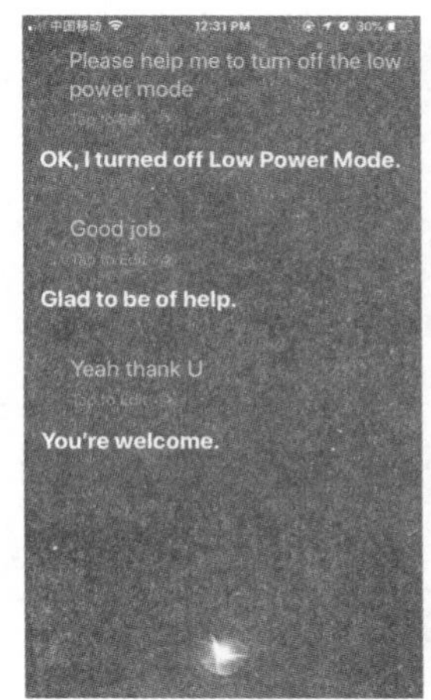

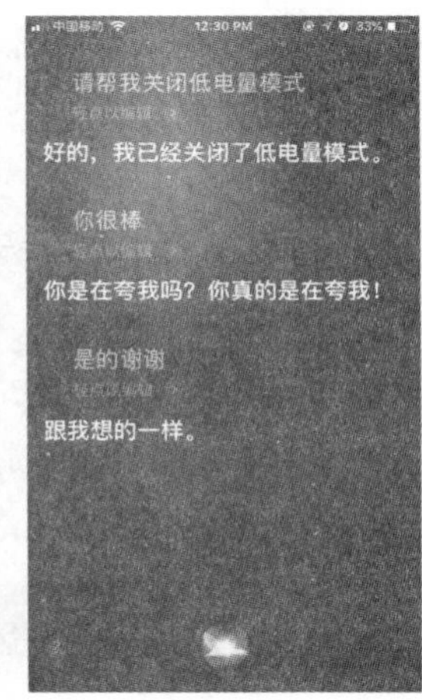

图 9　结合语境反馈

3.2.2.3　提前预测可能会说到的情况

对用户可能会说到的所有情况做更完善的预测，尤其在封闭式对话中，如健康类、金融类对话中。应提前准备好尽可能丰富的语料，以满足功能需求和情感需求。

3.2.3　多模态交互

由于人类记忆力有限，一次性大约只能记住7个以内的听觉项目。为了降低用户认知难度，在向用户传达信息、确认信息时，可将需要传递给用户的信息展示在屏幕的可视化列表中，允许用户同时使用语音和屏幕进行交互。同时，用户可随时查看列表，而不必记住每个细节。如图10所示，假如用户对Siri说“想去医院”，Siri会将附近的医院以列表的形式展示出来，便于用户选择确认，而不是读出一串医院的名字。

图 10　增加可视化组件

通过增加可视化组件让用户更从容地进行交互，从而创造更为丰富的使用体验。

3.2.4　允许用户请求帮助

当用户在开放式情境下请求帮助，而没有任何上下文信息可以用来了解用户到底需要什么帮助，或者用户只是唤醒了语音助理却什么都不说时，屏幕上可以显示一些可以操作的例子，告诉用户它可以做哪些事情。另外，还可以利用视觉展示空间，一些移动应用的 GUI 界面中通常会设计一个“帮助”或“说明”按钮，让用户在需要帮助的时候立马知道如何进行下一步操作（图 11）。语音交互界面中也可以设计这样的按钮，便于让用户知道它真正能做哪些事情。例如在唤醒 Siri 但什么话都不说时，屏幕上会主动显示 Siri 可以做哪些事情，同时左下角会一直显示“帮助”按钮。

图 11　允许用户请求帮助

3.2.5　异常处理

在进行用户访谈时，让用户使用语音助手执行打电话给某人的操作，发现有时用户发出了打电话的指令但是系统并没有执行相应的操作。这有可能是系统没有检测到语音，也可能检测到语音但系统无法识别。对于这种异常情况，系统可以尝试给出一些聪明或有趣的回答，比如 Alexa 无法回答用户问题时，它会说“对不起，我不明白我听到的问题”；同样的情况，国美手机的语音助手小美同学会出现“小美同学还不会，去教他”的反馈。

此外，还可以利用人类已经适应的对话规则。实际对话中，当我们不理解对方所说的话时，最常见的方式就是什么都不说，疑惑地看着对方，或者礼貌地微笑。设计移动端语音助手时可以用一个虚拟形象，当系统不理解用户的话时，使用一些微妙的反馈，比如一直看着用户。

3.3　反思层次

从反思层次进行设计时要求设计能够激发起用户的想象力，从情感的角度出发与语音助手互动，形成情感共鸣，如此才会产生比较高的用户满意度。具体而言，情感体验是内心情感层面的体验，是从情感的角度出发对客观事物进行反思，让用户对语音助手产生新鲜感，在使用中注重与之交互，形成良好的体验，使得交互过程更为安全、流畅，且能够在互动中产生归属感。移动端语音助手交互设计中，将情感元素注入其中，从反思的层面进行设计，需要对人们的认知习惯有充分的了解，并在设计中合理利用。这样有助于设计产生情感共鸣。

3.3.1　学习记忆用户习惯

人与人之间在进行愉快的交谈时，交谈中通常包含一些关键因素：情境感知（关注你和周围环境）、关于之前交流的记忆，以及相关问题的交流，这些都有助于在交流中达成共识。通过机器学习，语音交互将会变得更有代入感、更可信，也更讨人喜欢。当一位经常点披萨吃的用户，唤醒语音助手点披萨时，应该直接显示常点的某家披萨店，让用户确认要不要再次购买，而不只是打开某外卖 App。记住用户的简单信息除了让系统看起来更智能外，还可以节约用户的时间。用户在搜索餐厅时，可以利用定位信息判断用户是在家还是办公室，从而自动推荐信息，无须用户手动选择位置。

3.3.2　情感分析和情绪检测

人的情感是非常丰富的，不同的情感层次需要不同的回应：难过时需要安慰，开心时需要庆祝激励。通过情绪感应技术可以分析用户的语音语调并由此判断他们当前的情绪，如 Moodies Emotions Analytics 通过提取不同声调背后的含义，解码和衡量“全方位人类情感”，从而更好地了解人们的心情和剪裁互动。用户只需按下一个按钮，然后说自己的想法，20 秒后，该应用程序就将显示他们的基本情感，如图 12 所示。

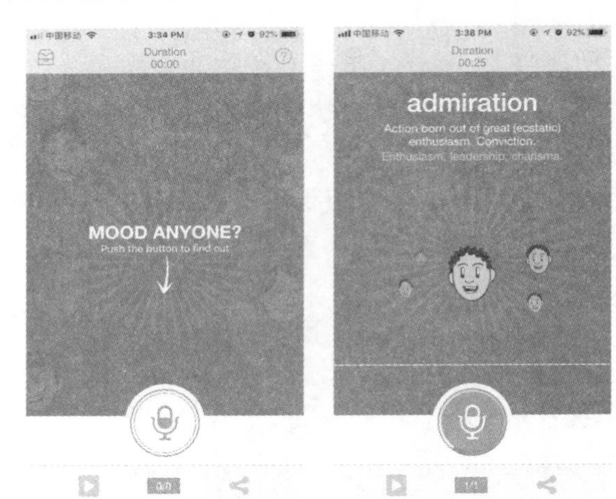

图 12　Moodies Emotions Analytics

使用用户情绪相关的技术时，应尽量应用情感和情绪分析来引导对话，正确判断用户的情感状态非常关键。根据不同的情绪及语境给出回应，当语音助手检测出用户情绪低落时，可以结合用户行为习惯通过一系列措施调节用户的情绪，比如播放用户喜欢的歌曲分散注意力、讲笑话逗用户开心等。

或者根据大数据采取措施，如电影《超能陆战队》中的机器人健康助理“大白”，在主角情绪低落时会结合大数据给出调解方案：接触朋友、爱人，并自动联系朋友。

3.4 总结

综上所述，为了满足用户“自然”“高效”“智能”的诉求，结合情感化设计理论，移动端语音助手交互设计如下：

（1）采用固定舒适且自然度高的声音；措辞口语化，使用日常用语；句式自然，避免说话方式机械化。这将有助于用户对语音助手形成自然的印象，产生愉悦感。

（2）采用多模态交互、视听融合的交互体验，可以减少用户的记忆负担，让用户更从容地与设备进行交互，从而创造更为丰富的使用体验。

（3）使用对话标记，创造自然流畅的对话模式，不仅能避免单轮对话的枯燥感，减少用户操作，而且能提高用户参与度。

（4）系统状态反馈除及时有效外，还应关注用户接受度。尤其是在异常情况时，系统给予用户有趣或聪明的回答能够调节氛围，更容易让用户接受。

（5）合理运用情感分析和情感检测，可以使语音助手更智能、更具同理心。

4 展望

4.1 跨平台体验一致性

与传统移动端交互相比，语音助手解放了双眼和双手，降低了人们与设备的互动成本。目前，语音助手逐渐加入对智能家居的深度管理和控制，给予用户更多自由。随着语音使用场景越来越广泛，可以处理同一空间内不同语音设备之间的关系，不同平台间信息同步以及体验一致性成为未来语音交互需要尽快解决的问题。例如，车内有多个可收听设备，如汽车、手机和手表等，可以使所有设备都接收信息，然后根据场景分派响应优先级，由某个设备响应而不是一起响应。如果用户开车过程中询问“昨晚乒乓球比赛谁得了冠军”，系统通过检测知道用户正在行驶中，于是系统手表应该念出所需信息或者请求手机完成信息反馈，而不是直接显示结果。又如，在驾车场景中，用户使用车载系统听书，到家后，用户唤醒手机可自动播放开车中未播放完的节目。跨平台语音设备保持一致性不仅能提高效率，而且将为用户带来更完整的交互体验。

4.2 用户隐私安全性

语音给人们的生活带来方便的同时，也要注意语音数据隐私的安全性。根据 *The Atlantic* 的报道，向 Siri 发出的请求和设备 ID 会被苹果保存 6 个月，之后他们会删除设备 ID，但是音频文件将再保存 18 个月，用户隐私泄露的隐患大大增加。为了保护用户隐私，用户的音频文件和设备 ID 可以上传至云端，允许用户设置密码保护，如将自己的声纹设为访问密码，提高安全性。用户可以通过设定的声纹密码访问、调用、编辑已有的音频文件。

对于会轮询检测唤醒词的设备，应预先制定优先考虑隐私的标准，在用户说唤醒词前不要保留用户所说的内容，打消用户疑虑。

4.3 更智能

与其他智能语音设备相比，移动端语音助手更具便捷性，可以随用户去更多地方，与用户相处时间最久，可谓了解用户的“一举一动”。随着人工智能的不断发展，语音助手在未来不仅能帮助用户处理指定任务，还有可能更智能地处理社交任务。如用户在洗澡不能及时接起家人来电时，语音助手可以代为接听、说明用户状态，并将结果反馈给用户。

AI 领域已经出现了一个“情感 AI”分支，关注人机互动的情感维度，致力于让人和机器的互动更人性化。可以通过分析人们在不同情绪状态下的表达方式（如言语、身体姿态、面部表情等），“教会”AI 基于人们的情绪做出恰当回应。当语音助手能学会“表现得有情感”并越来越擅长这件事时，人们与其交流会变得越来越顺畅，甚至有可能对其产生信赖。

当然，在享受 AI 智能带来便利的同时，也应警惕这种便利带来的其他影响。

参考文献

[1] Cathy Pearl. 语音用户界面设计［M］. 王一行，译. 北京：中国工信出版集团电子工业出版社，2017.

[2] 唐纳德·A. 诺曼. 设计心理学 3：情感化设计［M］. 付秋芳，程进三，译. 北京：中信出版社，2015.

人工智能的三元理论

梁仁晓

（福建网龙计算机网络信息技术有限公司，福建福州，350000）

摘 要： 毫无疑问，人工智能产品会慢慢渗入人们的工作、生活、娱乐中，给各行各业带来革命性的变化。未来，产品与产品之间、产品与环境之间、产品与用户之间的边界会变得模糊，人们会在多设备中无缝跳转和紧密连接，形成一个“你中有我，我中有你”的整体。在人工智能时代里，“原生硬件”“AI 引擎”“智能 App”是构成完整智能体验和服务闭环的三要素。

关键词： 人工智能；人机交互；交互体验；原生硬件；AI 引擎

1 引言

从 1956 年在达特茅斯正式提出 Artificial Intelligence，如今已经过去六十多个年头，但直到 AlphaGo 大胜李世石和柯洁三负 AlphaGo 后，“人工智能”才成为一个热词进入大众视线。而事实上，最近的一两年，各大科技巨头早已深入布局人工智能领域。从虚拟助手 Siri、微软小冰到各家巨头的智能音箱、智能驾驶，人工智能产品正逐渐融入我们的生活。在这个被视为会颠覆一切的人工智能时代，究竟产品存在什么样的痛点？交互会有如何的改变？什么样的交互设计才能让用户在使用人工智能产品时获得极致体验？

通过对市面一些人工智能产品体验和“AI 导览机”项目（网龙为首届数字中国建设峰会量身定制的智能导览机，可为来宾提供室内寻路、会务信息查询、百科知识解答、拍照合影等智能服务）实现过程进行的分析，得出了一些痛点，将在下文作介绍。

2 当前人工智能产品体验的痛点

2.1 对原生硬件的依赖性强

智能交互可以理解为是感知→计算处理→执行反馈的一个过程，与图形用户界面（Graphical User Interface，GUI）交互中的输入（鼠标或触摸）不同的是，感知是人工智能交互最大的一个特色。受限于权限、进程、设备能力等因素，无论是 App 还是 AI 引擎都难以随时无缝地去访问底层的传感器和计算单元。缺少硬件层面的传感器去感知人与周围环境作为信息输入，就无法让体验达到最佳。

2.2 没有主动性、自发性

目前，智能家居硬件是人工智能最广为运用的领域，比如各大巨头厂商推出的智能音箱。在与机器人开启对话时，用户需要点击机器人身上的按钮，并且每下发一个指令都必须要唤醒一次，然后进行一对一单线程对话。不难发现，这是一种“不自然的语音交互”，其本质也只是更换了一种人工控制的方式。本文针对现有几款智能音箱（小米小爱、天猫精灵、喜马拉雅小雅、百度小度、叮咚二代），整理了天猫和京东消费用户关于产品在语音交互上的反馈，可以明显看到用户对于需要频繁换起（误唤醒）感到不满意（图 1）。

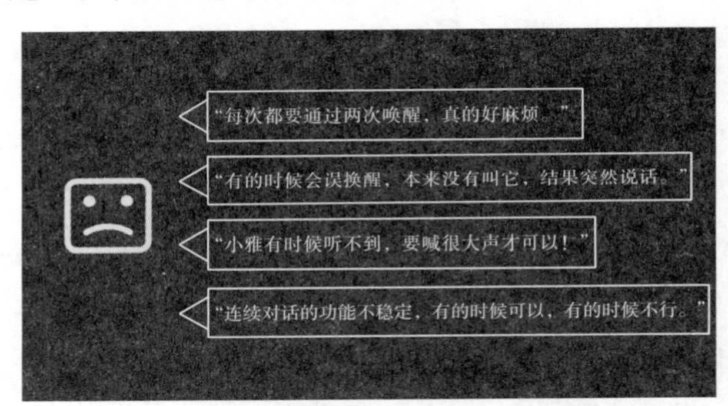

图 1 智能音箱痛点

而在“AI 导览机”项目前期，也存在技术上和体验上的困惑：

技术——由于会场嘈杂，语音唤起导览机产生交互的成功率会大大降低。

体验——为什么需要等到用户开口要求才给予反馈帮助，作为会场服务方，是否能主动去发现理解每一位需要帮助的用户？

在重新梳理情景后，导览机取消了语音唤起的方案，而是通过获取人物影像，根据深度距离判断用户是否进入近场交互触发区，根据人脸识别判断用户是否有互动意向（面向时间，且过滤侧面经过的人群），进而主动询问用户：亲爱的来宾，请问有什么可以帮到您？

理解用户和主动服务是人工智能产品具备的优势，也是设计需要翻越的一道鸿沟。从被动接受的指令模式升级为一种主动服务式的智能产品模式，从用户主导变为主动服务的模式，这才是更符合未来人工智能的“自然交互”。

2.3 信息获取的准确率与效率

语音用户交互（Voice User Interface，VUI）是人通过自然语言与计算机进行交互，也是目前人工智能产品主流的交互方式。

从人类自身感官的角度来看，视觉接收的信息量远比听觉高。从内容信息的形态区分，图形用户界面（Graphical User Interface，GUI）主要为图片和文字，依赖视觉，而语音用户交互（Voice User Interface，VUI）主要为声音文字，依赖听觉。

大脑每秒通过眼睛接收的信息上限为100Mbps，通过耳蜗接收的信息上限为1Mbps。

如果将图像作为信息载体，视觉阅读的信息远超听觉的5倍。眼睛还有一个特别之处，通过扫视的方式一秒内可以看到三个不同的地方。

此外，由于缺乏情境感知（Context Awareness）能力，即人的认知，人工智能还无法很好地理解上下文，根据用户是谁、用户情感、当前环境、之前的记忆给出精确的下一步的预测。

单纯的语音交互对于用户体验来说是有缺陷的，在信息获取的效率和准确率上都有待进一步提高。

3 人工智能产品交互的核心

从PC互联网时代到移动互联网时代，产品的交互主要还是基于图形用户界面（Graphical User Interface，GUI）。但是到了人工智能时代，人与产品（智能App、穿戴设备、智能硬件）的关联越加紧密和深入。人机交互将从简单的人与屏幕的单线程拓展为语音交互、手势交互、增强现实交互等多线程模式，进入一个“自然交互”的时代。自然用户界面是人机交互界面的新兴范式的转变，通过研究现实世界环境和情况，利用新兴的技术能力和感知解决方案实现物理和数字对象之间更准确和最优化的交互，从而达到用户界面不可见或者交互的学习过程不可见的目的，其核心是关注传统的人类能力（如触摸、视觉、言语、手写、动作）和更重要、更高层次的过程（如认知、创造力和探索）。

4 人工智能交互的三元理论

基于当前人工智能体验的痛点和未来人机交互的核心，提出人工智能交互的三元：“原生硬件”“AI引擎”“智能App”（图2），三元一体，环环相扣，会让体验更趋于自然。

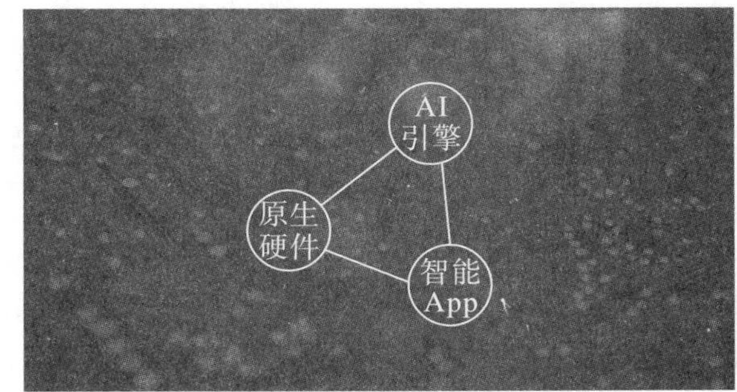

图1 人工智能交互的三元理论

4.1 原生硬件

在“AI导览机”项目PRD文档里有两个关于影像捕获的需求：

（1）识别人脸并与虚拟人物合照，且能判断用户性别，再装饰做一些附加处理。

（2）捕捉用户动作，与虚拟导览员产生互动。

基于这两个需求，发现导览机常规的前置摄像头并不能满足功能的实现：

（1）获取成像的范围有限。

（2）无法获取深度相机的深度值。

（3）无法捕捉用户动作。

因此，开发人员在导览机中配置与Kinect2同等配置的RGB Camera Depth/IR Cameear，形成一个满足大空间中的RGB视场（FOV）（图3）。

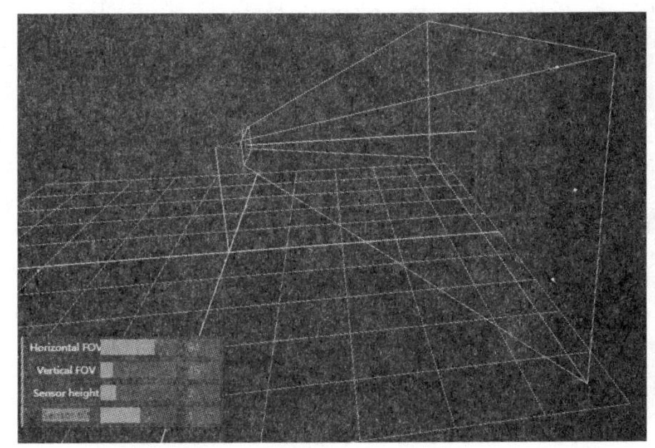

图3 Camera FOV 透视图

芯片、传感器、计算单元、执行单元可以非常好地处理智能交互中的感知、处理、反馈。目前，各种感应设备已经可以精确检测距离、光线、音量、人脸、动作、温度、湿度等各种环境信息，通过感应器采集的信息形成信息空间，信息空间便是连接人和物理空间的虚拟空间。国务院下发的《新一代人工智能发展规划》中也强调了这一空间的建设和使用。

自动记录用户使用数据，自动分析用户使用习惯，自动给予用户最佳推荐，这一切都依赖于原生硬件。正如高黏度、贴近生活场景的硬件成为巨头公司布局智能产品的最佳入口，如手机、手表、车载、音箱、耳机、电视、冰箱等。

当然，未来的硬件也急需一次升级，仅靠单纯的图形界面或是语音作为输入输出，让信息获取的准确率和效率打折扣。硬件需要支持听觉、视觉、触觉、影像等多维的信息输入或展示。图形用户界面结合语音，甚至混合现实（Mixed Reality）、全息投影等，才能让人工智能交互更趋向于立体和本能，而这一切都离不开原生硬件更有执行效率、处理的终端芯片、更多维的传感器。

4.2 AI 引擎

这里 AI 引擎特指人工智能的核心算法（深度学习算法、记忆预测模型算法等）在各领域的运用，包括语音识别、图像识别、自然语言处理和用户画像。

语音识别：人类自然发出的声音转换成相应的文本或命令，把文字转成语音并根据需求定制念出来。

图像识别：我们常说的计算机视觉，常用在印刷文字识别、人脸识别、五官定位、人脸对比与验证、人脸检索身份证光学字符识别（OCR）、名片 OCR 识别等领域。

自然语言处理：由于理解自然语言，需要关于外在世界的广泛知识以及运用操作这些知识的能力。自然语言认知，同时也被视为一个人工智能完备（AI-complete）的问题。自然语言处理（NLP）是人工智能中最难解决的问题之一。

用户画像：用户画像是根据用户社会属性、生活习惯和消费行为等信息、数据而抽象出的一个标签化的用户模型。这也是内容、大数据的结晶。

AI 引擎为人工智能产品提供核心运算技术，是不可或缺的“一元”。在“AI 导览机”的智能对话中就运用了语音识别和自然语言处理。

语音对话框架如图 4 所示。

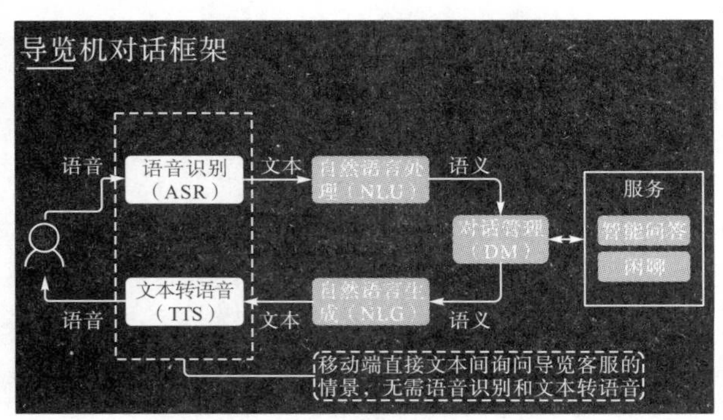

图 4　语音对话框架

语音识别技术已经趋于成熟，多个第三方平台均有提供 SDK，而自然语言理解是人工智能的 AI-Hard 问题，也是目前智能对话交互的核心难题。机器要理解自然语言，主要面临如下 5 个挑战：

（1）语言的多样性。

（2）语言的多义性。

（3）语言的表达错误。

（4）语言的知识依赖。

（5）语言的上下文。

得益于深度学习算法，以上各个问题领域的技术都得到飞速发展，相信在认知计算（交流、决策、发现）发展得到更大突破之后，AI 引擎会从更多领域帮助人类。

4.3 智能 App

智能 App 代表着人机界面，人是交互的最终感知者，因此通过什么样的介质让用户获得智能体验和服务在交互中举足轻重。传统的 App 界面局限在移动设备屏幕中，新兴的智能音箱直接去掉图形交互界面，两者都有局限性。

“AI 导览机”在落地过程中，为了让用户体会到丝绸之路的特色，在导览机中置入多个应用服务（智能 App），让用户可以从视、听、触上感受到峰会的魅力。

导览机 AI 虚拟合影如图 5 所示。

图 5　导览机 AI 虚拟合影

智能时代的 App，一定是能多维度输入数据，如识别语音、识别手势、识别图像、感知物理环境等，也会多维展示信息，如听觉、视觉、触觉、全息影像等，让交互形式更具感性的色彩，“像人一样”。

未来，人工智能一定会为人机交互带来突破，传统的人机交互技术（如鼠标键盘、触屏等）难以使人与计算机实现如同人与人之间那样高效自然的交互。伴随着原生硬件能力的提升和语音识别、图像分析、手势识别、语义理解、大数据分析等人工智能技术的发展，人工智能产品将更好地感知人类意图，驱动人机交互的发展。人工智能三元“原生硬件”“AI引擎”“智能App”的结合运用也会在未来人工智能产品交互的发展中具有指导意义（图6）。

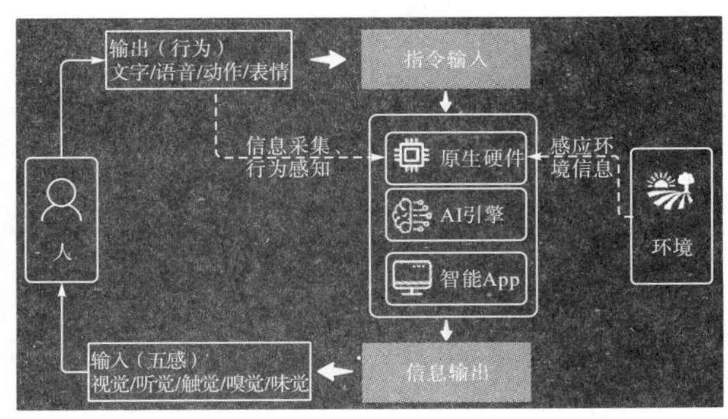

图6　人工智能三元理论框架

也许在未来有这样的场景：圣诞节的晚上，你开车回家。到了地下室，车载设备问你：天气有点冷，到家后要不要喝杯咖啡？你告诉它想要的口味，然后停车上楼。开门进屋后，智能音箱自动播放 *Jingle Bells*，并告知咖啡还有2分钟煮好。

参考文献

［1］Glonek G，Pietruszka M. Natural user interfaces (NUI)：review［J］. Appl Comput Sci，2012（20）：27－45.

［2］国务院关于印发新一代人工智能发展规划的通知［EB/OL］.［2018－08－01］. http：//www.gov.cn/zhengce/content/2017－07/20/content_5211996.htm.

“游戏化”设计理论在互联网产品中的运用

廖春安　王阳阳　项吴越　陈　曦　惠清曦

（中国银联，上海，201201）

摘　要：本文对当前的“游戏化”设计理论进行整理归纳，从中选择应用性较强的八角行为分析法框架，对已有互联网产品进行“游戏化”分析，简析这些产品中所涉及的动机和这些动机在激励用户完成期望行为过程中的效果，并尝试运用八角理论对已有产品进行优化。

关键词：游戏化；用户动机；八角行为分析

1　引言

“游戏化”的理念正在越来越多的领域中得到应用，如产品、职场、营销，甚至是生活方式。例如，许多公司已经开始践行产品游戏化，他们通过在产品中加入动机和激励因素等游戏化的设计，使产品更具吸引力，让用户获得更好的体验。“游戏化”设计理论研究经过几年的发展也已经逐步成熟，形成了很多维度不同的“游戏化”理论框架。但是这些框架的内核是基本一致的：都是基于用户动机与产品目标，将游戏的元素合理移植到互联网产品之中，起到增强用户体验、提升用户参与度、驱动产品业务目标转化的作用。本文将探讨如何分析现有产品的“游戏化”设计表现，并尝试合理运用“游戏化”设计理论对产品加以改善。

2　游戏化理论研究

2.1　游戏化设计定义

“游戏化”（Gamification）一词最初由英国一位咨询师 Nick Pelling 于2002年发明，在2010年达到“谷歌趋势”（Google Trends）收录标准。高德纳咨询公司（Gartner Group）把“游戏化”定义为：使用游戏机制和游戏化体验设计，数字化地鼓舞和激励人们实现自己的目标。塞巴斯蒂安·德特丁（Sebastian Deterding）相对广泛地定义“游戏化”是“将游戏中的元素运用到非游戏的内容中去”。他指出，“游戏化”应该属于一种产品机制范畴的东西，奖励机制和探索机制都是游戏化的组成部分。但是，所谓的游戏元素并不是一个清晰量化的集合，而且很多游戏元素是针对具体的游戏类型设定的。因此，“游戏化”并不能简单地将游戏中的元素和机制进行强制的挪移，而应该是一个增强游戏性体验的过程。Yu-kai Chou 认为，“游戏化”是提取游戏中的乐趣和吸引人的元素并将它们应用到现实世界或生产活动中去的技术，同时也是在过程中最强调人的动机的设计。类似对于游戏化设计的定义还有不少，但其聚焦的关键词基本可以归纳为游戏化元素、产品机制、驱动行为、增强体验。

2.2　理论归纳

目前主流的与“游戏化”设计有关的理论模型

有瑞安与德西的“自我决定论”、理查德·巴图的“四种玩家类型理论”、Lazzaro 的“乐趣四要素”、米哈利的“心流理论”、福格的 MAT 行为模型、Yu-kai Chou 的八角行为分析法。不同的理论通过不同的维度和视角切换去描述游戏化设计的方式。

2.2.1 自我决定论

这一理论阐述了“游戏化”设计中，人们受激励的因素除了奖励与惩罚之外，还有胜任、关系和自主（图 1）。

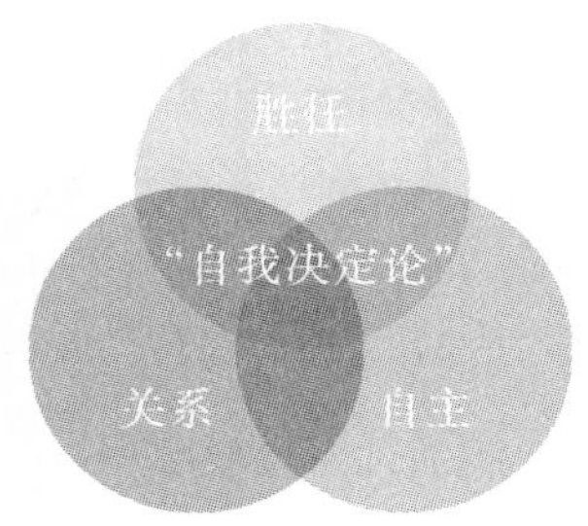

图 1 “自我决定论”动机包含的三个先天因素

2.2.2 四种玩家类型理论

这一理论由研究者理查德·巴图提出，他认为每一个身处游戏环境中的人，或多或少都带有以下四种身份中的某一种或几种（图 2）。

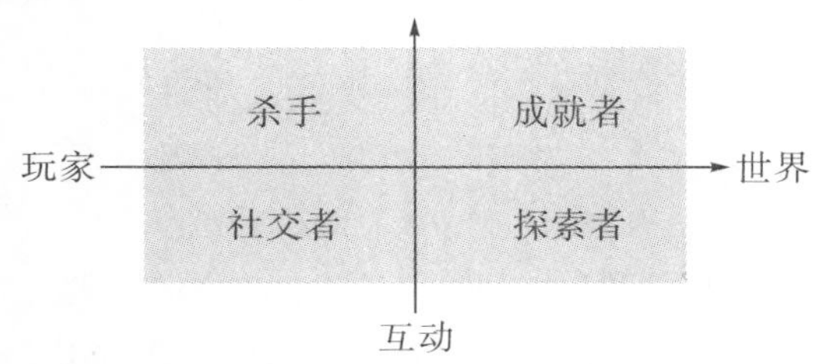

图 2 理查德·巴图的四种玩家类型理论

2.2.3 心流理论

这一理论由研究者米哈里·希斯赞特米哈伊提出，他认为只有当用户的技能水平和挑战难度平衡时，用户才能进入百分百专注的心流状态（图 3）。

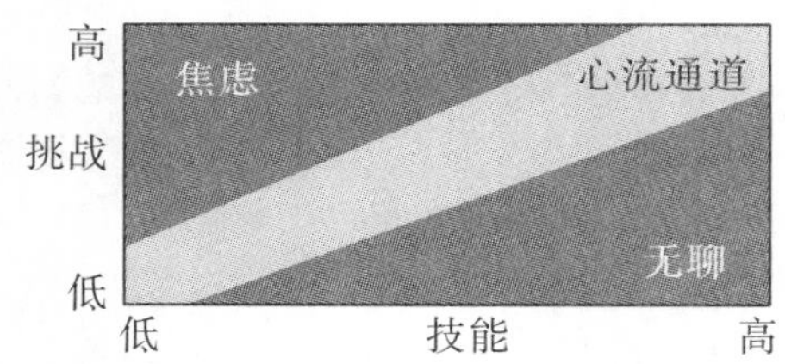

图 3 米哈里·希斯赞特米哈伊的心流理论

2.2.4 八角行为分析法

这一理论由 Yu-kai Chou 提出，通过经济学、动机心理学以及神经生物学的研究理论佐证拓展用户核心驱动力背后的原则，构建了基于用户心智模型的八角理论（图 4）。

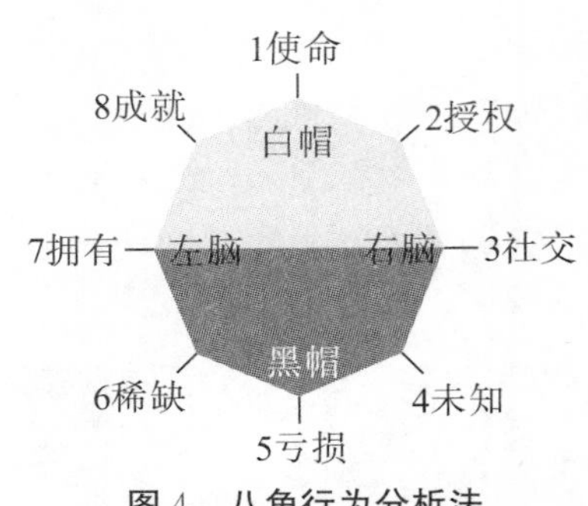

图 4 八角行为分析法

通过阅读研究上述游戏化设计的方法，笔者发现 Yu-kai Chou 的八角行为分析法（Octalysis）补充阐述了“自我决定论”所没有涵盖的“黑帽行为”，囊括了“四种玩家类型理论”中角色包含的所有动机，解释了“心流理论”中用户心理状态的产生原因，映射了“心流状态”中的三种阈值，对于指导互联网产品的游戏化实践有着较高的可行性。

3 “八角行为分析法”在产品中的实践

3.1 “八角理论”概述

Yu-kai Chou 认为，人类所有的行为背后都有一至多个核心驱动力存在，如果没有核心驱动力，就不会有动机，更不会有行为发生。他将用户的核心驱动力总结为八个类型，分别为：史诗意义与使命感、进步与成就感、创意授权与反馈、所有权与拥有感、社交影响与关联性、稀缺性与渴望、未知性与好奇心、亏损与逃避心。他将这八种核心驱动力置于八角形的八个顶点，以八角形的左右两侧区分左脑驱动因素与右脑驱动因素，上下两侧区分白帽驱动因素与黑帽驱动因素（图 5）。

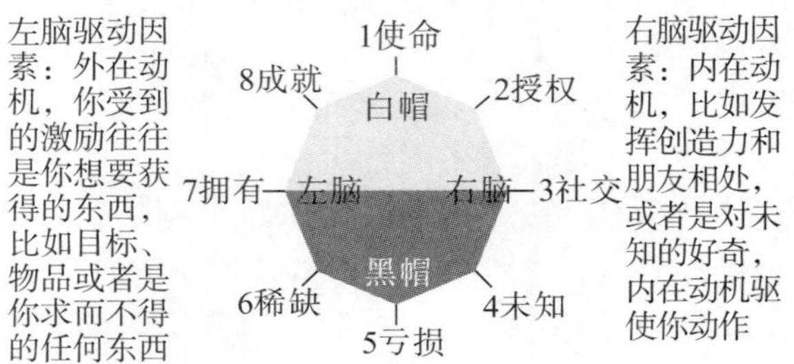

图 5 八角行为分析法框架

依据“八角理论”的理论体系，其应用的场景可以分为两部分：第一部分是用于产品分析，判定其游戏化设计的合理性；第二部分是用于设计实践，指导产品游戏化设计的方向。下面我们将结合案例阐述理论的具体运用方法。

3.2 理论运用之产品分析

“八角理论”认为，用户使用产品的周期大致可以划分为四个阶段：发现—入门—塑造—终局。对于一个有生命力的产品来说，纵观整个产品使用周期，其“游戏化”设计能够充分涵盖八个核心驱动力；同时，在不同的周期阶段各有所侧重，有业务主线和支线。

以支付宝——蚂蚁森林为例：通过刺激用户进行消费，获得游戏基础货币（对蚂蚁森林来说就是生长的能量）；通过增加社交因素增强游戏货币的稀缺性及亏损性，形成社交循环；通过显性排行机制建立用户成就感；通过设立种植证书与命名树构建用户使命感（图 6）。

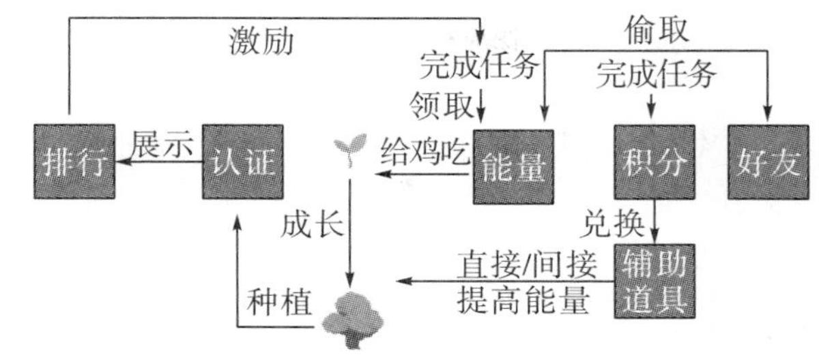

图 6　蚂蚁森林游戏化机制

通过分析蚂蚁森林四个阶段八角图的演变趋势（图 7）我们可以看出，在影响用户参与度的入门阶段以及塑造阶段，核心驱动力社交、亏损、拥有、成就四个因素的图占比呈现扩大趋势，通过相互“偷取”的社交方式增强亏损因素，通过排名显性展示赋予用户成就感，同时增强浸没成本，由此形成一个闭环，提升由塑造阶段过渡至终局阶段的用户比例。

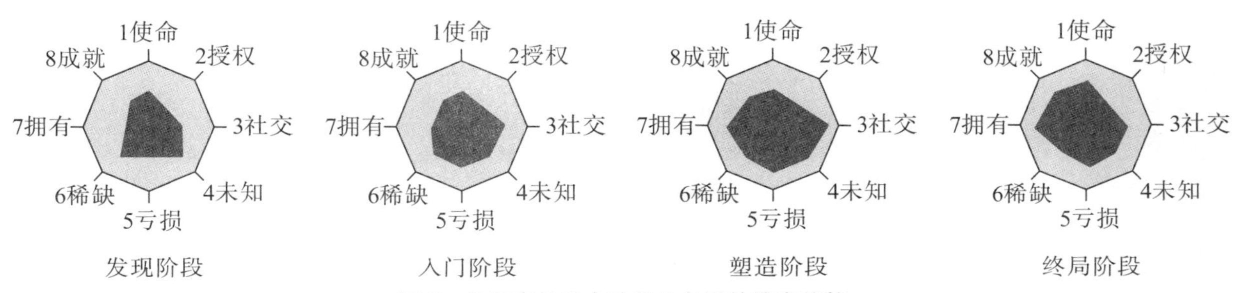

图 7　蚂蚁森林四个阶段八角图的演变趋势

同样分析支付宝的另外一款产品——蚂蚁庄园的游戏化设计（图 8）。

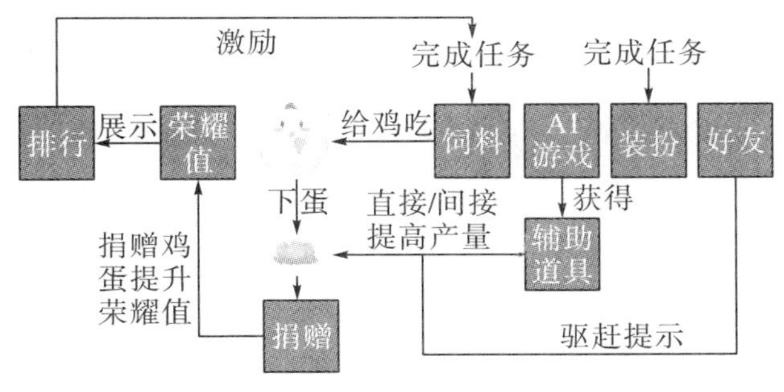

图 8　蚂蚁庄园游戏化机制

通过蚂蚁庄园四个阶段八角图的演变趋势（图 9）我们可以看出，在入门阶段以及塑造阶段，社交、亏损、拥有因素变化的幅度不大，原因可以归结为：虽然蚂蚁庄园也通过“偷取”的游戏机制制造亏损因素，但是这种结果是随机产生的，人为不可控，所以游戏化的效果就会相对弱一些。

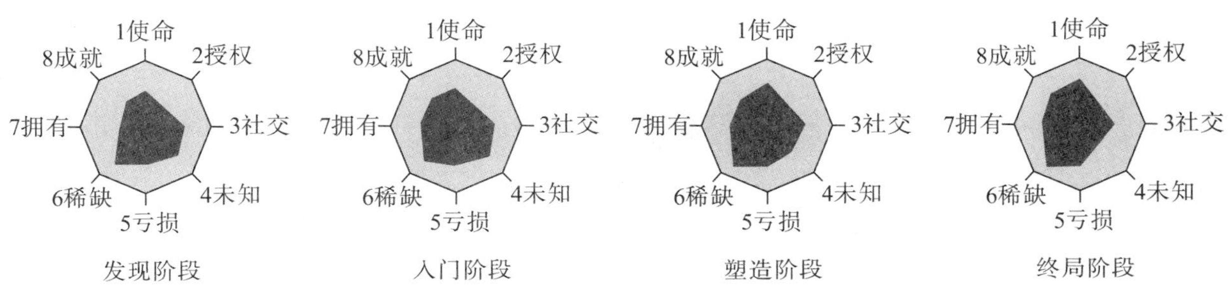

图 9　蚂蚁庄园四个阶段八角图的演变趋势

4 “游戏化”设计实践

4.1 “U 聊”产品概述

进一步使用“八角理论”，可以通过分析用户核心驱动力去创造或优化产品体验，使产品更具吸引力。以公司产品“U 聊”为例，其是针对企业员工的内部通讯与管理软件。公司员工需要在“U 聊”平台上进行工作交流、获取公司资讯、内部转账和打卡等活动。“U 聊”的功能在办公场景中还有很大的拓展空间。公司新人入职的做法是按照一份入职办理流程清单去东奔西走办理入职手续，从新人和被询问的老员工的反馈来看，对该流程存在内容描述不清晰、流程繁杂、缺乏趣味性等负面评价。在“八角理论”的指导下，我们通过“游戏化”设计，将传统线下的入职流程与“U 聊”功能相结合，尝试创造全新的线上新人入职体验。

4.2 “U 聊”新人入职体验优化分析设计

“八角理论”在分析用户核心驱动力创造新体验时，通过五个步骤完成：定义业务目标—定义用户类型—定义期望行为—定义反馈机制—定义奖励机制。

4.2.1 定义业务目标

优化产品体验需要定义清晰的业务目标，并按照重要性排序。因为每个页面都有不同的指标可以提升，所以需要找到一个核心指标来判断该页面是否得到提升，并有助于后期对设计方案进行评估。在“U 聊”中加入新人入职引导的业务目标（图 10）。

1	优化新员工入职流程
2	使新员工尽快掌握“U 聊”基本功能
3	使新员工养成在公司使用“U 聊”的习惯
4	增强新员工对公司的认识
5	使新员工尽快产生归属感，融入集体

图 10 新人入职引导的业务目标（重要性排序）

4.2.2 定义用户类型

不同类型的用户需要强化的驱动力不同，我们需要知道用户类型。新人入职引导功能中的用户明显为刚进入公司的新人，他们是典型的新手用户，需要被明确引导。

通过访谈 2018 年入职新员工，我们得出了新员工的用户画像（图 11）。由图中可以看出，由于互联网已经在他们的生活中扮演重要角色，从社交到消费到娱乐等都渗透了互联网痕迹。互联网的强社交性与用户的社交欲望关联，并且层出不穷的互联网产品满足了他们追求新鲜事物的愿望。由此可见，将新员工入职以“游戏化”的方式进行升级体验，可行性强。

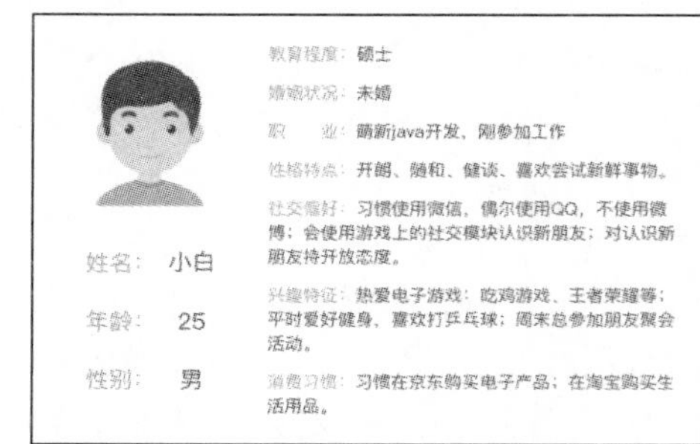

图 11 用户画像

4.2.3 定义期望行为

依照“八角理论”中定义产品生命周期的思路，我们将新员工入职功能流程划分为：发现阶段—入门阶段—塑造阶段—终局阶段。通过定义用户在每个阶段的期望行为，梳理用户目前的实际行为，对比每个阶段的八角分布态势，可以得出需要加强的核心驱动力，做到有的放矢。

新人入职八角旅程地图如图 12 所示。

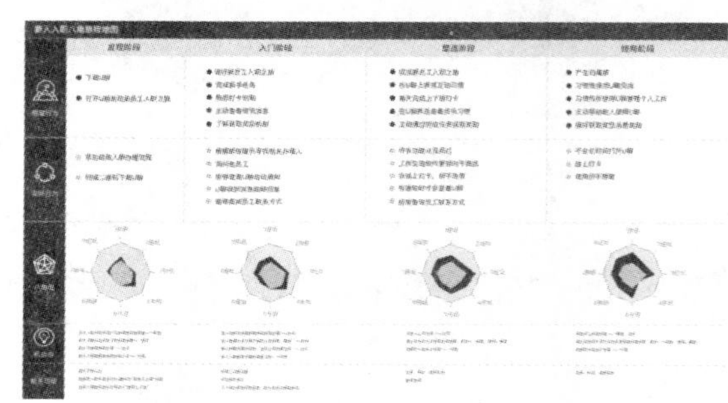

图 12 新人入职八角旅程地图

4.2.4 定义反馈机制

针对用户的期望行为，在该流程中，我们在涉及的模块中制定了符合用户心智模型的反馈机制（图 13）。

“U聊”中嵌入的反馈机制	
1	徽章、成就象征
2	排行榜
3	“U聊”上的状态
4	任务达成的弹窗
5	未完成的任务展示
6	任务进度条

图 13 反馈机制

4.2.5 定义奖励机制

同时，我们也定义了这些模块中，用户操作的奖励机制（图 14）。

奖励机制的去中心化，激励新手用户快速进步，无成本易获取积分。当新手用户从入门到进阶时，需要更有难度且更有价值的任务来满足，并通过提高积分取出成本（亏损心），以及更高的利益（归属感），解决社交平台利益分配不合理的问题，让发现阶段到终局阶段的用户都有更合理的利益分配。

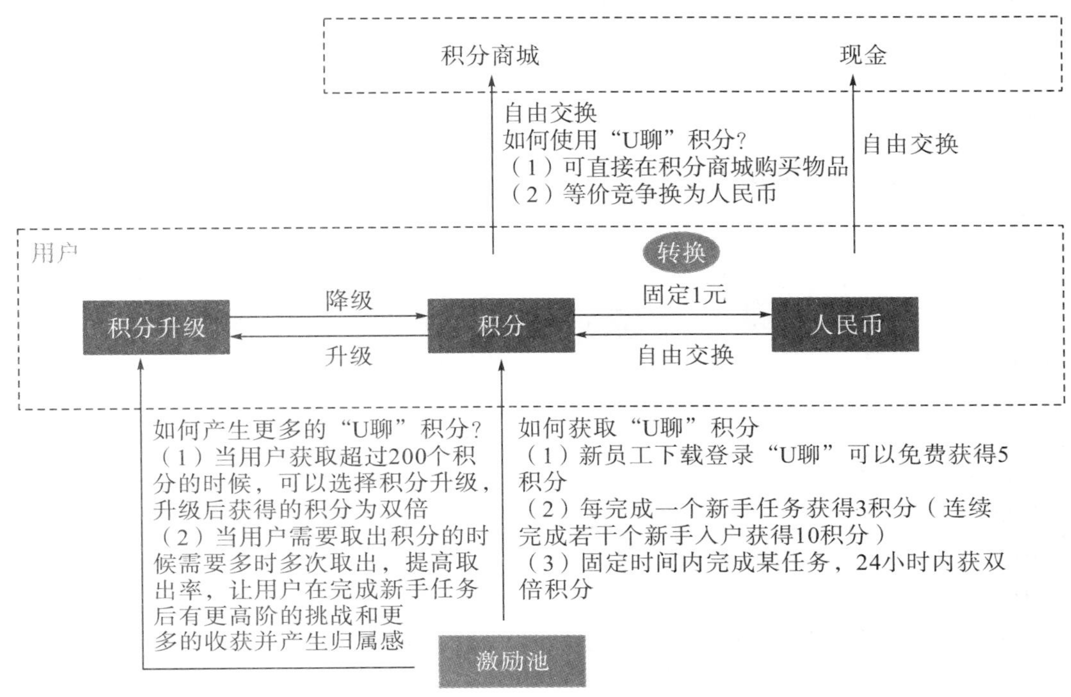

图 14 奖励机制

该奖励机制可用在新手任务中，在“U 聊”社交软件中，用户创造价值、数据，就可以享受创造所带来的利益。这可以激励用户参与到创造价值和互动中，让用户创造的价值和内容有更合理的收益。

下面我们根据“U 聊”产品的奖励机制来详细定义新员工任务的奖励机制（图 15）。

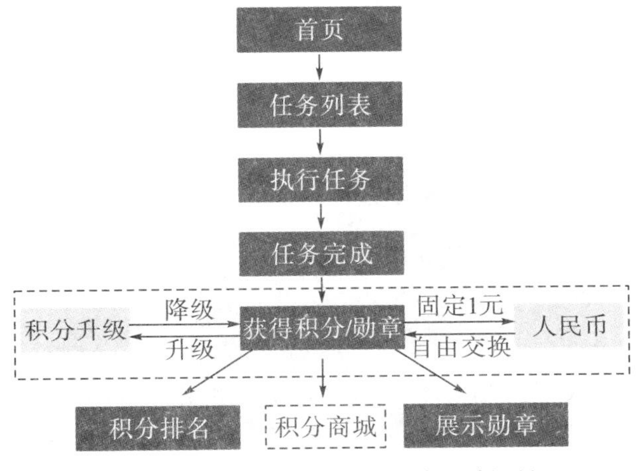

图 15 “U 聊”中新员工模块奖励机制

4.3 关键设计模块介绍

我们将上述定义的奖励机制应用在 U 聊产品游戏化设计中，图 16 为奖励机制应用下的原型设计。新员工引导是本次游戏化设计的核心，包含入职流程、“U 聊”功能指引，将新员工需要知道的入职流程信息、App 使用技巧都融入对新员工的引导中。将新员工入职单独提出作为一个版块，整个过程设计旨在提升用户使命感（核心驱动力—史诗意义与使命感）。在完成入职流程和新手任务中加入了进度条和勋章机制，利用细节告诉用户其所达成的成果（核心驱动力—进步与成就感）。此外，通过个人中心的成就馆，利用积分活动和勋章，促使新老员工都能积极使用“U 聊”，完善、竞争个人中心的成就部分（核心驱动力—所有权与拥有感）。积分获取机制又与连续操作有关，设置沉没成本，增加黑帽部分留住用户，老员工也能获得激励感（核心驱动力—亏损与逃避心）。

图 16 “U 聊”中新员工引导模块原型设计

4.4 优化结果评估

我们根据上述游戏化设计的结果快速制作出中保真界面，并招募了 8 位同事进行用户访谈，其中 5 位为近半年进入公司的新员工，3 位为工作内容与入职流程高度相关的同事。通过整理访谈内容，我们得出如下结论：

（1）入职流程优化效果较好，新的设计方案提升了入职过程的趣味性，能提高新人对完成手续的主动性和积极性，同时减轻相关同事的工作负担。

（2）新的设计方案让新员工更有动力学习“U 聊”的用法并养成使用习惯，同时可以激发新员工的好奇心，主动探索“U 聊”更多的功能。

（3）“U 聊”在帮助新员工认识公司、产生归属感及融入集体方面的作用相对有限，可以考虑增加反馈机制，鼓励员工对产品提出建议并给予奖励。

同时，我们的设计还存在一定的局限性。目前，我们只对新员工入职这一模块进行了“游戏化”设计，未来可以对整个产品的各个功能模块进行全面的“游戏化”设计。此外，方案实际上线后还需进行数据采集分析和用户体验跟踪，以便对产品进行迭代优化。

5 设计总结

在基于游戏化“八角理论”分析互联网产品和优化设计的实践中，设计团队对于“为何这样设计”有了更系统性的思考。“八角理论”阐释了我们常用的积分、排行榜等设计手段的内在驱动力，为之后从驱动力角度选择适合的设计手段提供了理论基础。

参考文献

[1] Burke B. 游戏化设计［M］. 刘腾，译. 武汉：华中科技大学出版社，2017.

[2] Deterding S，Dan D，Khaled R，et al. From game design elements to gamefulness：defining “gamification”［C］// International Academic Mindtrek Conference：Envisioning Future Media Environments. ACM，2011：9－15.

[3] Chou Y. Octalysis—the complete Gamification framework［EB/OL］. https：//yukaichou. com/gamification－examples/octalysis－complete－gamification－framework/.

[4] Chou Y. 游戏化实战［M］. 杨国庆，译. 武汉：华中科技大学出版社，2017.

基于 BI 可视化大屏的交互设计研究

刘 赍 马 克 邹 婷

（江苏鸿信系统集成有限公司，江苏南京，210029）

摘　要：随着数据采集、存储和数据分析技术飞速发展，我们已经进入了一个大数据时代。如何让大量枯燥的数据变得更加直观和易于理解，数据可视化无疑是最有效的途径。以数据为核心的交互产品设计——数字化大屏设计，是数据可视化的关键设计之一。

关键词：大数据；可视化；图表；交互设计

1 研究概述

1.1 研究背景

BI（Business Intelligence）即商务智能，它通过将数据进行有效的整合，为企业的经营和决策提供一整套的解决方案。

而数据展现的载体，除了常用的手机、平板、计算机等介质可作为数据的展示载体外，大屏（图 1）已经成为数据集中展现的新平台。

图 1 常见大屏样式

顾名思义，大屏最为突出的特点就是面积巨大，因此它可以承载大量的数据，给观看者带来强大的视觉冲击力，这也是许多政府机构、媒体、企业等选择使用大屏作为数据展现载体的重要原因。但如果仅仅是数据的堆砌，那是远远不够的，所以，作为设计师，我们需要做些什么呢？

一张大屏的页面，对于数据的提供者而言，希望的是将杂乱无章的数据建立起联系，告诉观看者这些数据的主题和关系，但实际上观看者看到这样一个屏幕时，往往是被大量的数据弄晕——主题是什么？重点是什么？完全不知道应该从哪开始。对于展示性的平台，观看者将很快失去继续观看的欲望；对于指挥性的平台，直接影响的就是工作的效率。

当数据可视化变成数据堆砌，所谓的直观性和易读性也将不复存在。

1.2 研究现状

我们查阅了大量相关技术资料和文献，很多内容只介绍了大屏投射的技术原理、怎么美化信息图表给用户带来视觉冲击力，大多停留在技术或者是纯粹的视觉美观层面。用户到底想通过大屏展现和获取哪些信息？一张巨大的屏幕，用户的观看习惯是什么？相对于其他载体，大屏在数据可视化展现方面有什么特点？如何定义一个大屏的主题……结论缺乏系统性和落地价值。我们重新研究了大屏数据可视化展现的本质，帮助我们深入探索数据可视化是如何通过大屏与观看者产生互动的。

1.3 研究内容

本次研究我们将通过多个大屏项目分析设计与数据可视化展现的相关性，分析摸索如何使数据可视化针对用户更加友好，主要包含如何确立大屏的主题，如何使观看者达到最为直观和舒适的观看体验，如何避免过度的数据可视化等。

2 研究过程

2.1 研究对象的确立

我们整个研究过程贯穿于5个大屏可视化设计项目中。我们深度观察和访谈了36名用户，其中9名为数据提供者，27名为观看者。这些观看者在参观大屏之前，对于大屏的业务主体已有了一定程度的了解，是行业内人员。

2.2 研究指标

根据研究内容和研究对象，我们主要采用观察加访谈的定性研究方法。针对这些用户，我们从以下三个方面进行考虑。

2.2.1 *真实需求*

数据的提供者通常会告诉我们一个设计方向，然后将他们的数据作为需求提供给我们。很明显，这些数据并不是真正需求，他们真正的目的是什么？他们想让观看者获得的信息才是真正的需求。我们认为，这需要站在数据提供者和观看者双方的角度去考虑。

2.2.2 *观看场景*

大屏所处的环境大多是一个固定的空间，如会议室、办公大厅等。在这样一个巨大的屏幕面前，我们要考虑怎样的距离能使观看者达到最佳的观看体验，是否可以通过设计让适合观看的范围扩大？

2.2.3 *数据易读性*

所谓可视化，是否就是将一组组数据转化成不同样式的图表？图表就一定比数据更易理解吗？对于观看者来说，怎样的数据密度是最容易接受的呢？

3 研究洞察

通过梳理观察报告和访谈结果，我们对比了5个项目开始的需求和最终的展示结果，发现其中4个项目的最终的展示结果和开始的需求存在较大的差距。于是我们又对访谈报告进行分析，不难发现客户对于展示需求是有共通性的。

（1）数据的联系、对比与挖掘。对于数据提供者而言，其提供的数据往往是独立存在的，而其真正目的，是让这些数据建立起联系。举个例子，某客服中心在某段时间的诉求量激增，如果只是将这段时间的诉求变化趋势展示出来，无论对数据提供者还是观看者价值都是很小的，所能获取的信息量十分有限。但如果将诉求量的变化趋势与这段时间的热点事件以及政府的处理措施相结合，那么数据的关联性就体现出来了：诉求量激增是由某一热点事件引发的，而在政府部门的快速响应之下，随着事件的解决，诉求量又重新回归平稳。通过数据对比，我们可以将多组数据间的联系展现出来，挖掘出数据背后的价值。

（2）展示的重点在于观看者所属的用户类型。简单来说，观看者其实就是我们最主要的用户，大屏所展示的重点应该是为观看者服务的。同样的数据，领导关心的可能是执行效率；而对于员工，完成量、满意度则更为重要。观看者的类型是确定大屏主题方向的重要因素。

（3）设计丰富但具有层次感。在项目中常常会遇到这样的问题，客户在开始时一般会要求展示效果要饱满，每一屏的数据要丰富，但如果按照客户的要求，将大屏的页面设计得十分紧凑，那么在演示设计效果时得到的答案往往是这样的：数据量这么大，我不知道该看哪里了。没错，大屏最为突出的特点就是屏幕尺寸巨大，如果设计时盲目添加数据而没有主次关系，那观看者的最大感受就将是无从下“眼”。

4 数据可视化交互设计中常见的问题

在大屏的设计过程中，很容易受到下列问题的影响。

4.1 观看距离的重要性

如图 2 所示，宽度为 1.5m 的屏幕适合观看的距离为 5m 左右。调查中可以知道，有 80％的大屏的宽度在 6m 到 12m 之间，这样的屏幕大小，观看者需要站在 10m 以外的范围进行观看才可以完全看到整张屏幕，但由于场地限制，如座位离屏幕距离较近，观看者视线难以覆盖整张屏幕。

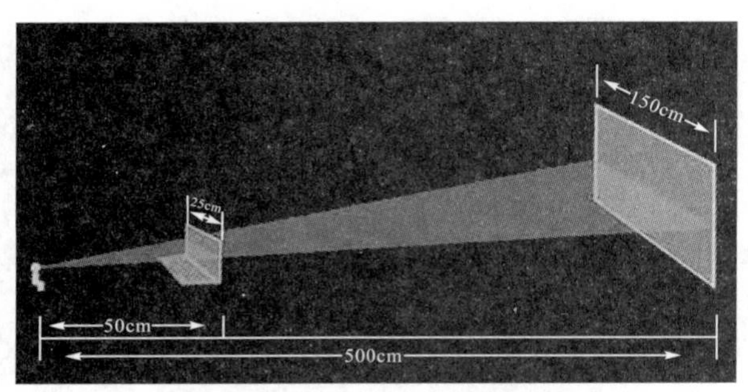

图 2 大屏的合适观看距离

4.2 为“美”而选择图表

为了满足客户视觉冲击力强、炫丽、独特等设计要求，设计的出发点经常把“美”放在第一位。也许观看者第一眼看到这样的页面会被“美”所吸引，一旦深入理解，就会发现华丽的图表所展示的数据并不直观。

4.3 我的鼠标在哪里

通过后台控制的大屏不会出现找不到鼠标的问题，但如果是演讲者在现场进行操作，就容易出现鼠标或者是指示点相对于大屏显得十分渺小的情况。页面没有反馈的机制，那么冷场、尴尬的局面难以避免。

5 研究结论

5.1 不同的观看者，不同的展示重点

设计大屏类似于设计一个产品系统，每一个大屏所面对的角色必然是不同的，可能是单一的，也可能是多种角色。而这些角色所关注的重点必然是我们所要展示的重点。

准确地了解观看者的角色和进行用户洞察，本身就是一门艺术。在确定观看者的角色之后，我们的展示重点是围绕他们来进行的，这实际上是一场无声的交互。从大量的数据分析开始，每一个字段、每一张图表，都是从需求层面帮助观看者可以更加专注于大屏内容。

5.2 场景化页面设计

相对于其他数据可视化的载体，大屏更加注重场景化的设计。观看者与大屏的距离、观看的角度、参观的路线、控制方式等，都决定着我们交互设计的方向。

我们需要到现场去感受观看者的体验，站在不同角度去研究屏幕。我们要看一个主题是覆盖整个屏幕还是半个屏幕，字体的大小也要根据场景来确定。从观看者入场位置看最先被关注到的屏幕位置是哪里，在别的观看角度上，这个位置的显示效果是否清晰……

我们需要把自己转化为一名观看者，沉浸于场景之中体验自己与大屏的互动，这种非接触性交互是决定观看者体验的关键。

5.3 “正确”的可视化图表

无论用户还是设计师在看到图 3 所示的大屏内容时，很容易被震撼的视觉效果所吸引，但观看良久，会发现依旧难以理解这些图表究竟想说明什么。

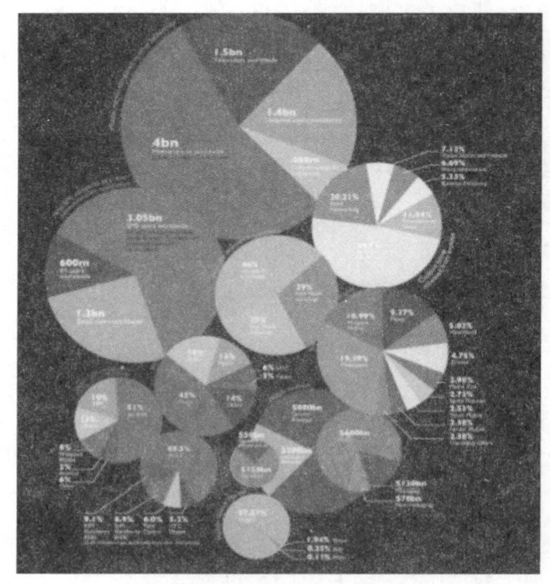

图 3 炫丽的图表

最好的做法是，选择一张图表后，就近找到一个人，看他能否在短时间内明白图表所要表达的意思，正如如图 4 所展示的，只需要几秒钟，就可以理解正面、中立、负面这几种类型数据的占比。

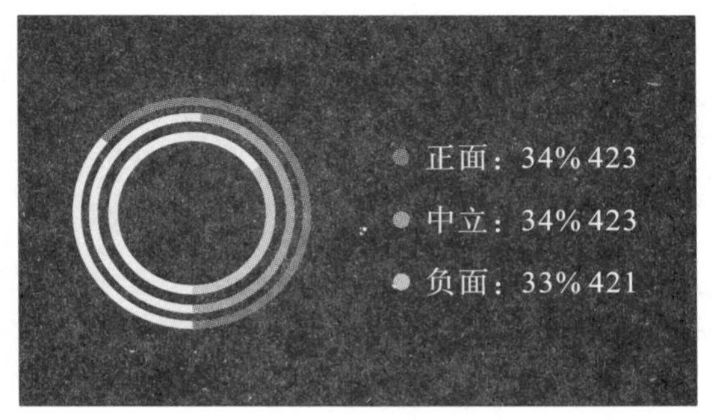

图4 正确的图表

简言之，“正确”比“美”更重要。

5.4 良好的反馈

如果演讲者通过前台控制大屏，快速找到自己的焦点是十分关键的，再将控制点转变成面的反馈。例如，当控制点指向某张图表时，这张图表就会被放大，帮助演讲者和观看者快速聚焦。

同时，减少点击、弹出等事件可以有效减少操作上的负担。

6 总结

数据可视化不仅仅是简单的工具的使用和数据呈现，关注数据挖掘和分析的发展具有相当重要的现实意义。数据可视化便是普通用户与大量数据进行交互的有效途径，大屏作为政府、企业、媒体等进行数据展示的重要载体，它在交互性上的特殊性，需要我们：

（1）站在观看者的角度进行思考——他们关注的内容是什么，这决定了展示方向。

（2）结合展示场景进行设计——距离、角度、路线等都是需要考虑的因素。

（3）不要为了可视化而可视化——图表不一定就能带来理解上的提升，其选择应该以“正确”作为标准。

（4）良好的反馈最大限度地减少操作负担。

综上所述，基于数据可视化的大屏需要更多体验和参与式的交互设计。

参考文献

[1] Nathan Yau. 鲜活的数据——数据可视化指南［M］. 向怡宁，译. 北京：人民邮电出版社，2012.

[2] 维克托·迈尔舍恩伯格，肯尼斯·库克耶. 大数据时代［M］. 周涛，译. 杭州：浙江人民出版社，2013.

互联网+安全生产设计

——以智慧安监 App 为例

刘小近　方王芳　李珊珊

（江苏鸿信系统集成有限公司，江苏南京，210029）

摘　要：互联网技术将把企业的传统安全检查带入“互联网+”时代，让安全管理走向程序化、系统化，提高生产、管理监控信息化和智能化水平。本文使用服务设计的思维，通过可用性测试和用户访谈、用户画像、用户旅程图等方法锁定目标用户，根据他们的痛点和需求进行洞察和头脑风暴，最终确定了“智慧安监”是一款以大数据为核心，全面、实时，有效地集成数据，为作业优化提供依据，为安全生产防止重大隐患提供帮助，提升了安全检查质量。

关键词：安全监管；UX；用户体验；交互设计

1 研究概述

1.1 研究背景

江苏省苏州市工业园区安监局下有多个街道，3000 多家企业，而区安监局的在编工作人员人数较少。

苏州市招聘大量网格人员来辅导安监局进行企业检查，对企业进行主动、定量、系统化和数字化的管理。这样不仅形成了安监人员和网格人员共同对企业进行安全检查，同时也采用了统一的安监标准和整改复查进度规定进行信息的整合和统计，有效提高了安全检查的工作效率。

1.2 研究现状

资料显示，目前绝大多数安监工作依旧是通过纸质化办公进行现场工作。在复杂的现场状况下还要纸质化办公，显然与当今的智能化办公相脱离。与此同时，纸质化安监工作的信息传达率非常低，并且信息的滞后程度较为严重，不仅很难详细描述出具体的现场安全情况，更难以应对现场动态变化。较为低下的安监效率容易造成资源浪费，并加大安全整改工作的困难度。

基于目前全程监管与实时监管的需要，提高安监过程中的及时交流和互动，缩短工作时间，提高工作效率，是十分有必要的。

1.3 研究内容

本次研究分为三个部分：第一部分通过可用性测试和用户访谈，了解不同类型的安监人员在企业检查中的使用场景及需求，包括现场检查、拍照、统计方面的需求和痛点，探索“智慧安监”的设计机会点；第二部分结合设计思维，梳理制作用户画像、用户旅程图、信息架构，通过安监人员检查企业的工作流程中的接触点，发现痛点，改进工作方式，提高工作效率；第三部分是结合前期的准备，进行交互和视觉设计，让产品最终落地。

2 研究过程

2.1 目标用户确立

我们通过对安监生产背景和工作场景的深入了解，确认了对6位目标用户进行访谈。其中，4位为网格人员，1位为安监中队队长，1位为大队队长。同时6位目标用户访谈结果全部有效。

2.2 环境分析

通过PEST分析法（图1），我们了解到安全生产是当前企业生产的基础和重点，在整体考虑政府、企业、员工三大对象因素的多层次的需求后，安监的方式应当发生变化。在此基础上，应当采用更有效的智慧安监系统模式，进行产品宏观信息资源的整合。

图1 PEST分析

通过SWOT分析法（图2），我们了解到中国电信存在的巨大的品牌优势和强大的大数据人工智能分析技术。可是企业在安全检查模式上一直较为固化，标准不统一，给安监推广带来难度。我们会利用以下机会点来优化安监产品：

（1）可以通过一些已有合作企业进行定制化的推广或者系统整合的捆绑营销。

（2）在拥有大量数据的基础上，进行大数据细化分析，为企业提供详细的安监报告。

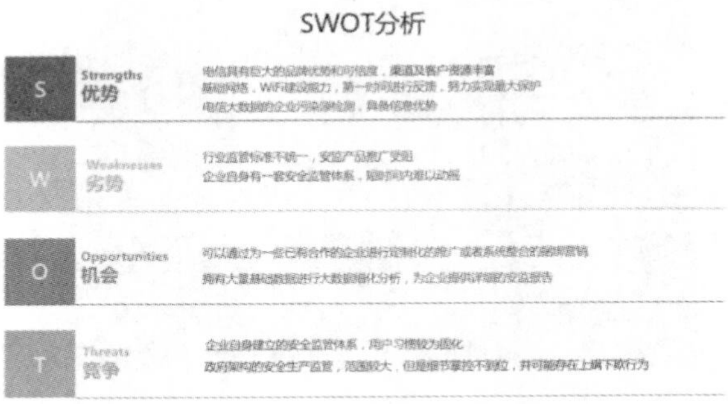

图2 SWOT分析

2.3 产品目标

我们是不是很好地帮助用户完成了他们的工作流程？在无纸质化办公环境下，让他们利用App来办公，能否让他们满意？如何让他们对App办公存在依赖感，让他们觉得安全检查脱离纸质化办公，工作效率会更快、更好，更有依据可查？

智慧安监App的目标是为政府安监部门提供一个日常办公及检查信息管理的工作平台，提高政务工作效率。

3 研究方法

3.1 可用性测试和用户访谈

我们了解安全生产背景后确定了6位目标用户，同时也拟定了可用性测试访谈脚本，进行用户访谈（图3）。通过这次用户访谈，我们了解到安监人员在检查企业的工作流程中遇到的问题。在安监人员开始检查到检查结束这一过程中，我们也发现了以下一些非常有趣的事情。

图3 可用性测试和用户访谈

（1）在检查企业时，随机性大于计划性。对于安监人员或网格人员，一般一天检查2～3家企业，随机检查一般多于计划检查。同时随机检查的方法也各不一样，有的是按街道的路线进行企业检查，有的是按企业的性质去检查企业。因为安监部门对于这些检查前的规划目前没有统一，所以造成检查企业的不确定性和突击性，有时也会使企业在不知情的情况下迎接当天的检查，没有时间做充分准备。

（2）安监人员检查绝大多数是纸质化办公。在当今信息化和智能化时代，我们看到很多政府工作人员在检查企业时还在使用纸质化办公，他们已经把这种工作方式当成了一种习惯。虽然纸质化办公有一定方便性，但是在当今的互联网时代，还是限制了工作效率的提高。

3.2 核心诉求

结合上面目标用户的深入访谈，我们整理了一些核心诉求（图 4）。

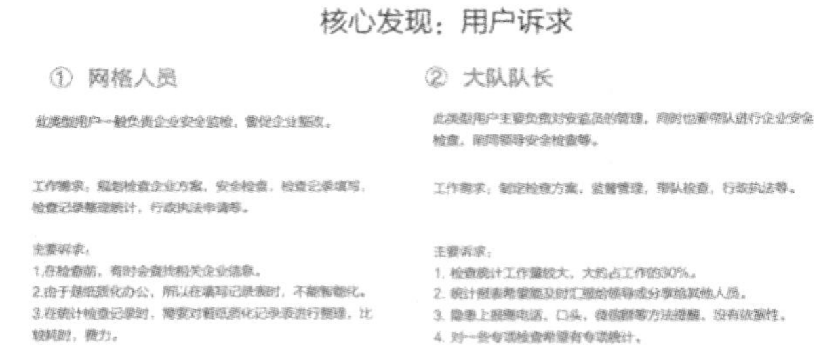

核心发现：用户诉求

① 网格人员

② 大队队长

图 4 核心诉求

3.2.1 不能快速查找企业的相关信息

由于安监人员检查企业众多，无法完全了解企业的相关信息，这时候就需要通过百度和其他方式来查询。他们希望有个渠道能快速查找企业的相关信息，并能让企业及时更新企业信息，有效查看企业信息。

3.2.2 隐患种类界定不精确

在企业检查中，隐患类型较多，虽然可以凭经验去判定隐患种类和隐患级别，但是有的安监人员工作年限较短，工作经验不足，会造成判定不准确，给企业安全隐患定级带来不便。

3.2.3 检查记录统计不方便

安监人员在采用纸质化办公时，统计数据是相当不方便的，如检查次数、企业复查次数、企业的隐患数统计等。安监部门领导在对企业和安监人员进行管理时，基本都是通过数据统计来了解情况。

3.3 用户画像

我们对 6 位用户进行访谈后，利用头脑风暴进行了用户画像的制定，找出了以下四种目标用户，同时也找出了他们工作中的痛点和需求点。

3.3.1 网格人员（A）

这类目标用户以 30 岁以内的“小鲜肉”为主，工作经验不足，在工作中还需要学习和加强技能（图 5）。

图 5 用户画像——网格人员（A）

3.3.2 网格人员（B）

这类目标用户为 35 岁左右，已婚，有一定的工作经验，在工作中能带领网格人员进行安全检查，在汇报统计时，需要进行数据统计（图 6）。

图 6 用户画像——网格人员（B）

3.3.3 中队队长

这类目标用户为 40 岁左右，工作经验丰富，对自己管理的安监人员会提出工作建议（图 7）。另外，还要对重大安全隐患进行隐患上报和行执法申请。

图 7 用户画像——中队队长

3.3.4 大队队长

这类目标用户为 45 岁左右，给安监人员拟订检查计划，带队检查，陪同领导检查，进行专项检查，有行政执法权，经常对检查情况进行统计（占工作 30%左右）（图 8）。

图 8　用户画像——大队队长

3.4　用户旅程图

在拟定用户画像后，我们趁热打铁梳理出用户旅程图（图 9）。在这个图中，我们根据用户的行为习惯和特点，发现了用户在工作中的痛点。当然，我们也找到了设计 App 的一些机会点。

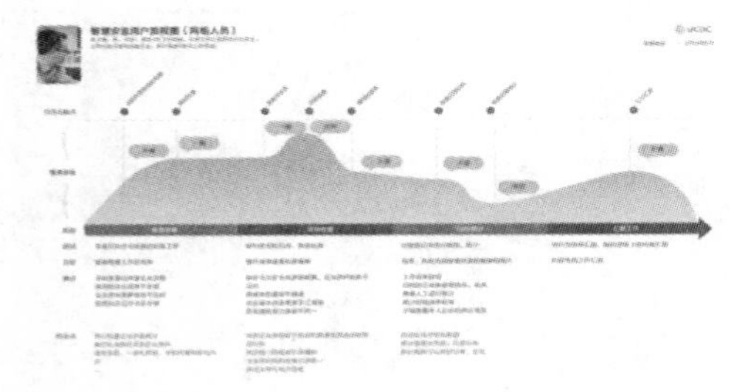

图 9　用户旅程图

4　产品落地

随着用户访谈和旅程图的确定，我们采用了卡片分类方法来对信息架构进行梳理。

4.1　信息架构

秉着流程简单，易操作的 App 原则，我们对安监 App 进行了信息架构的搭建（图 10）。

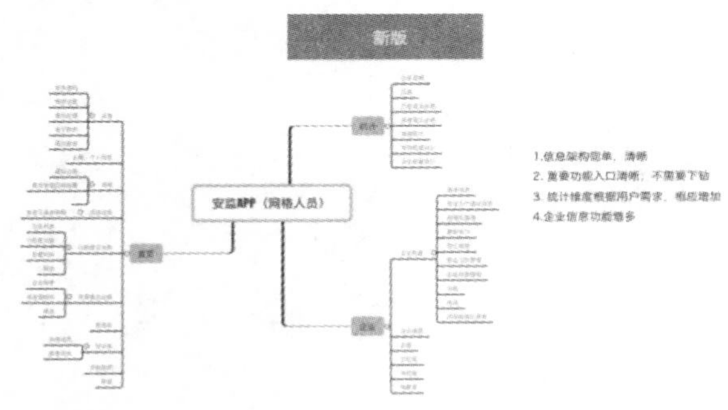

图 10　信息架构

从用户工作环境出发，让安监人员在进行企业检查时，一键操作，完成所有工作流程，便于统计。

我们把用户的关键功能在首页中大致呈现出来，让安监人员打开 App 就能实行检查记录操作。这真正实现了信息时代的工作方式。

4.1.1　首页

导航功能简单，安监人员的需求功能都会在首页中展现。例如本月的检查相关统计，以及在工作中日常需要的快捷菜单，最重要的是把纸质化办公所需要填写的文件转变成记录表，这样一来，流程导向清晰，易于编辑、修改。

4.1.2　企业界面

企业界面不是简单的企业信息列表。对于存在安全隐患的企业要定期进行复查，确保安全生产。

4.1.3　统计界面

依据核心诉求，用多纬度来展现统计页面。例如，针对当前所属管区的企业总数，统计界面项目包括“我”的检查统计、企业自查自纠统计及专项检查统计。这样省去了纸质统计资料，节约了工作时间，大大提高了工作效率。

4.1.4　底部菜单

底部菜单采用“+”号方式，把最重要的添加检查功能悬浮于底部，让安监人员一键操作。

4.2　视觉设计

为政府机关设计 App，要表现出庄重、权威、大方的调性。想表现出 Dribbble 风来，那真是难上加难，不能随随便便删除功能。

由此，我们也做了多种尝试，最后确定了一种风格，具备整体基调统一、界面美观友好、操作简洁、条例清晰的特点。

4.3　色彩选定

界面视觉设计的要求是：室外、室内工作，页面视觉受光线影响低；界面美观友好、操作简洁、条理清晰；庄重、权威、大方。

我们采取了简洁、流畅的设计原则，以淡蓝色为主色，橙色为辅色（图 11）。

图 11 视觉设计

当用户打开 App 时，视线的集中点就是添加检查记录表，同时，可以一眼查看“我”当月所检查的企业情况。

4.4 检查记录表填写

安监人员在检查企业后，打开 App 首页，点击添加检查记录表，按字段一一填写；再点击下一步进行记录表确认，同时可以修改；经过确认以后，需要电子签名，考虑到手机书写范围区域不是太大，采用横屏签字；签字完成确认以后，点击提交并保存到“我”的检查企业中去。如此就形成了一个闭环。

5 总结

随着政策条例对安全生产需要的不断重视，安全监管工作的工作量与重要性与日俱增。安监工作将不仅仅局限在人员与设备安全方面，而是变得更加专业化与细节化。在这样的需求压力下设计出的互联网化的安监 App 将具备综合性更强的企业信息，并且对现场问题进行及时交互，在节省工作时间的同时有效提高了工作效率。

基于安监体系的现状和对目标系统用户的访问，我们此次的设计会更加适应行业需求，更加具有针对性。

参考文献

[1] 卢克·米勒. 用户体验方法论［M］. 王雪鸽，田士毅，译. 北京：中信出版集团，2016.

[2] 中国安全生产协会［EB/OL］. ［2018－08－04］. http：//www.china－safety.org.cn.

设计价值量化评估方法及应用

刘兆峰

（北京奇艺世纪科技有限公司，北京，100080）

摘　要：设计师在设计工作中，一般需要支持各种产品需求和设计优化。随着产品陆续上线，设计效果或者说设计价值在整个工作流程中如何体现，常常困扰着设计师。设计效果的感性体验可以通过定性的用户研究工作得到反馈，产品经理也会追踪后台数据获取需求是否达到了 KPI（关键绩效指标）目标。定性反馈较好理解，但是面对数据图表时，设计师往往手足无措，无法提取有效的数据来验证设计效果。有经验的设计师会在逐渐增长的工作年限和走过的弯路中，逐渐总结归纳出一套数据方法或者 Checklist 来监控、验证和指导辅助设计工作。在众多的数据分析方法中，Google 的 GSM 模型是一套相对直观同时易于上手操作的量化指标方法。本文基于 GSM 模型，构建了一套行之有效的指标体系，用以解读定性和定量的反馈数据，有效评估和直观体现设计价值，指导后续的设计实践。

关键词：设计价值；GSM；用户体验

1 GSM 模型概述

GSM 是 Google 提出的一种对设计效果进行量化的监控方式。“GSM”分别指目标（Goal）、信号（Signal）、指标（Metric）（图 1）。

1.1 目标（Goal）

目标一般指产品目标，涉及产品功能、用户行为、用户场景等方面所达到的效果。对于设计师而言，产品目标可能与设计目标和体验目标不相同，这时就需要前期主动从产品目标中提取设计目标或者用户体验目标，作为自身的评估结果。

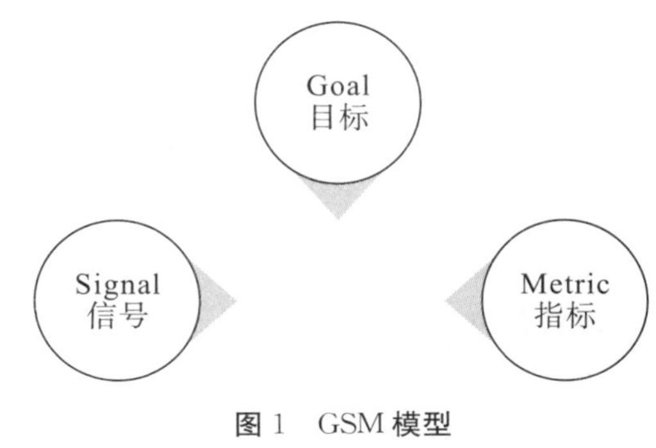

图 1 GSM 模型

1.2 信号（Signal）

信号即表现信号，主要是指根据产品需求或者设计方案来推导用户的行为、感受可以作为目标达成的判断标准。这些信号的反馈结果可以从定性研究中获得，包括用户的认知、行为操作路径、感受、态度体验等内容。从表现获取方法上来看，这些信号的反馈结果有些是能够直接获取（用户访谈）的，如认知、感受等；有些需要通过对信号源发散出的数据进行整理获得，如用户的真实行为路径、满意度（问卷收集）等。

1.3 指标（Metric）

指标主要是指收集到的产品的后台数据。将目标转化为可量化并且支持持续追踪的数据是GSM模型的关键点。可将这些指标数据进行横向与纵向对比，得到可借鉴的结果。横向对比是指与相关竞品在相同或者相似功能点上进行数据的比对分析；纵向对比是指同一功能模块与产品不同版本进行比对。对于设计师而言，横向对比有利于快速发现差异化设计方案的数据反馈效果，但是竞品方的完整数据往往难以获得；纵向对比对于设计更新优化目标意义更大，本文也将主要以纵向的数据对比来构建模型系统。

对每个可量化的指标都需要理解其中的意义，用于同一个设计点的指标需要酌情选取，避免横向或者纵向数据铺开范围过大反而稀释数据效果。另外，需要灵活处理指标数据，包括相对数据和绝对数据的转换以及实际基数的体量等因素。

本文以GSM模型为基础，建立起一套系统化的设计价值衡量指标体系，创建起可用性较强的量化标准，搭建起用于可量化的设计指标的评价体系。将目标、反馈与数据放置于模型中，能够很好地获得指导性的结果，进而驱动设计进程。

2 GSM模型系统分析

设计师若要在实际工作中对设计价值在一定规则下进行相对完整、周期稳定的评估，需要首先建立一套行之有效的评估体系。通过GSM模型搭建一套系统化的指标体系用以评估和提取设计价值，能够保证每一次的设计价值评估和提取的标准都是一致的；在固定的周期下执行，有利于对设计价值进行完整的追踪和评估。

2.1 四种分析结果

在GSM模型中，目标（G）是在需求初期产生中确定的，信号（S）和指标（M）的反馈结果是在设计上线后通过定性和定量研究结果获得的。对信号和指标的反馈结果进行一对一的对比分析，能够准确判断设计价值的实际效果。其中，根据反馈结果倾向性的不同，信号和指标分别会产生两种结果：正向反馈结果和负向反馈结果。

正向反馈结果：用户表现信号与预期的用户行为、感受等一致，或者数据变化趋势与预期相同。

负向反馈结果：用户表现信号与预期行为、感受等不一致，或者数据出现背离预期的现象。

将信号和指标产生的不同反馈结果分别进行匹配后，会出现四种对应的分析结果，如图2所示。

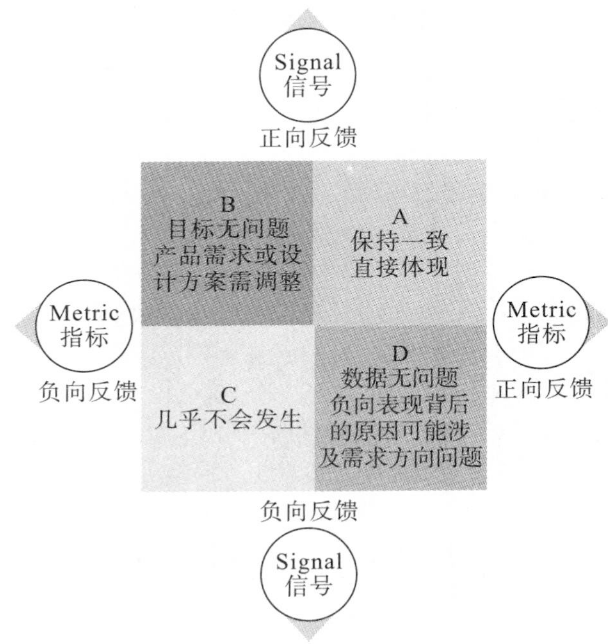

图2 GSM模型四种分析结果

2.2 分析结果解析

2.2.1 A类结果

这类结果是指用户表现与数据指标均为正向反馈，说明用户在认知和感受层面对产品、功能和设计是认可的，满意度较高，整体表现与预期设定的用户表现一致；产品的数据指标有了一定幅度的提升，或者数据总量增加等。

2.2.2 B类结果

这类结果是指用户在认知与感受上满意度较高，与预期的表现描述内容一致；但是获得的数据结果不理想，数据趋势下降或者总量降低等。出现此类结果时，一般可以判断需求或者设计优化方案在用户体验方向的把控上不存在问题，但在实际的需求设定或者方案选取上存在偏差，设计方案需要重新优化调整。

2.2.3 C类结果

这类结果是指实际表现与指标均呈现负向反馈，与预期的表现和指标不一致。这样的结果无疑是毁灭性的，说明需求或者设计优化在最初的目标设定上就存在问题。不过，这种结果在实际工作中出现的概率很低。

2.2.4 D类结果

这类结果是指数据反馈结果无问题，能够支持预期的指标描述。这说明产品需求或者优化设计表现层面无问题，但是负向表现背后的原因可能涉及需求定位或者用户目标偏离等策略问题。

在一次产品或者设计优化过程中，前期的产品需求目标可能会细分成更小的维度，在每个小目标下，表现和指标描述也就会相对更加具象、易追踪。在构建指标体系的时候，对每一个细分目标要优先选择一个最优的表现和指标来对应，这样可以避免因过度细分造成的不准确性。

3 构建基于GSM模型的设计价值评估指标体系

根据GSM模型的四种分析结果，结合当前在设计实践中积累下来的设计价值提取经验，可以建立基于GSM模型的系统化指标体系，并以此作为设计价值挖掘和体现的基础（图3）。

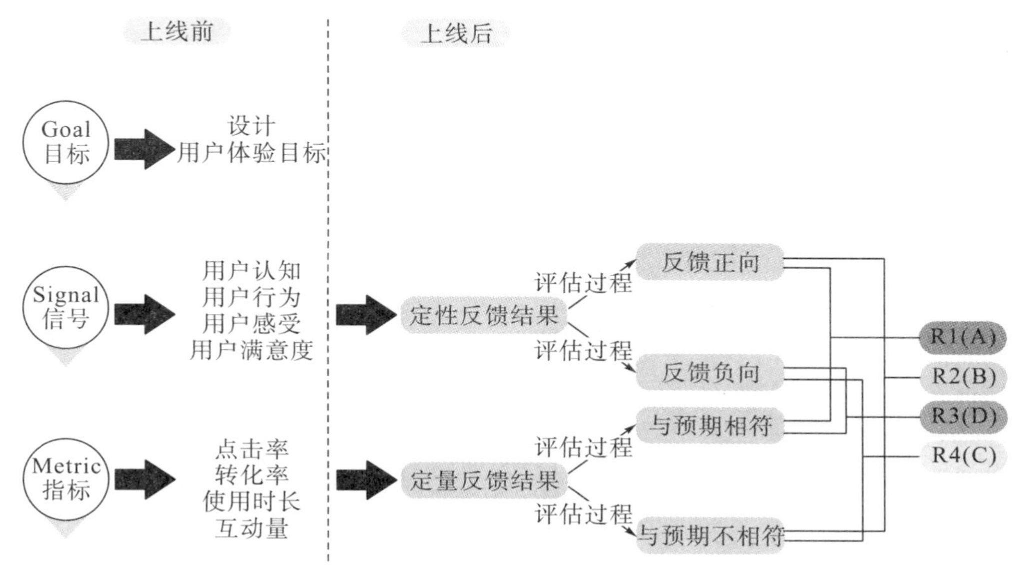

图3 基于GSM模型构建的指标体系

设计师通过模型能够较为清晰高效地掌握GSM模型构建的设计评估指标体系的使用方法，具体操作流程如下所述。

第一步：在设计价值提取和评估过程中，首先将目标内容代入模型，优先确认设计优化目标，或者从产品需求中提取设计优化点。

第二步：增加预期的表现描述和指标标准。需要注意的是，数据的需求需要设计师主动给后台，避免出现上线后获取不到追踪数据的尴尬。

第三步：待需求或者设计优化上线一段时间后，设计师可将用户研究结果和后台数据获得表现及数据反馈内容带入体系中。

第四步：根据项目整体流程，对反馈结果和数据进行评估和筛查，提取与设计价值体现直接相关的反馈结果，进而根据用户表现和数据指标来判断设计价值体现效果。对比实际的数据指标，能够得出R1（A）、R2（B）、R3（D）、R4（C）的评估结果。

4 应用案例解析

对上述构建出的GSM指标体系，可以通过一系列的实际案例来说明其具体的使用方式及效果，即设计师在实际工作过程中如何使用GSM指标体系来对自身的设计价值进行评估提取，从而指导后续的设计实践。

其中，R4（C）“反馈负向+指标与预期不相符”的情况发生概率较小，发生此类情况时，更多是因为前期的产品决策失误或用户目标定位不明确，需要重新确定产品需求或设计优化方向。因此，这里概述R4（C）只描述前三种情况。

4.1 R1（A）——表现反馈正向+指标与预期相符

R1（A）结果与GSM模型中的A类结果对应，用户的实际使用表现与预期效果相符。若方案由设计师直接推动实现，则定性反馈与关键数据指标得出的结果可直接作为设计的价值的体现；若方案融合在产品需求中，则需要提取出相关的关键数据指标。

4.1.1 案例背景与项目描述

案例为爱奇艺 App 某个页面功能的产品需求，案例设计点为需求中的一部分，因此最终的指标数据仅提取与设计点相关的内容呈现。

在产品需求中，产品目标在于提高筛选菜单的使用量，以及其中“精华”标签的点击量。在产品提供了需求目标，设计师提供了多种解决方案后，产品确认最优方案，因此，最终获得的反馈与指标数据可直接体现出设计价值。

原版方案中，页面内的标签筛选样式为折叠样式，用户需要点击后选择筛选条件，要进行两步操作才能选中目标；折叠的筛选条件不外露，用户对折叠的筛选条件缺少心理预期；从页面整体布局上考虑，当前页面本身承载的信息量较大，筛选入口很容易被淹没在信息流当中。

4.1.2 设计改版方案

新版样式中，将筛选标签放在页面直接显示，让用户能够对标签筛选条件信息一目了然；在设计上，标签内容占据了一行高度，首屏进入后更加显著，在信息流中的重要性得到提升；从用户操作行为上看，用户可直观看到当前的内容，并且点击即可完成目标操作，缩短了实际的操作行为路径，体验更加流畅。

R1（A）案例改版前、后的方案如图 4 所示。

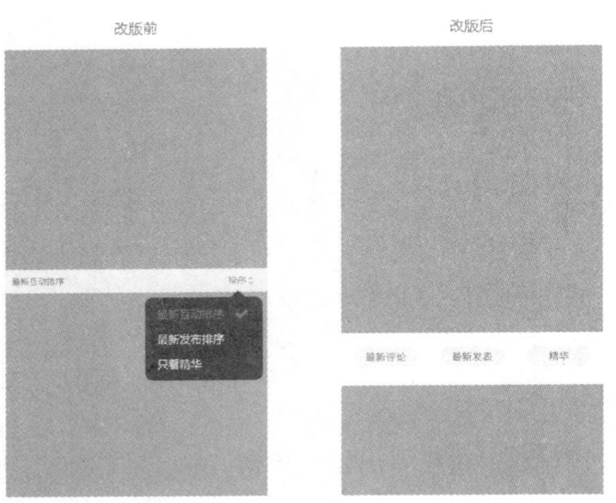

图 4　R1（A）**案例改版前、后方案**

预期效果：页面内筛选器的点击量和使用量增加，用户对当前筛选条件的注意力增强，操作体验提升。

4.1.3 设计价值呈现

将筛选标签外露后，用户反馈表示筛选功能更加明确，易用性提升。从产品后台获取的数据显示，在圈子 UV（用户访问量）有所降低的前提下，筛选操作的点击量和使用量提升了 2 倍，精华筛选条件点击量增加近 3 倍，如图 5 所示（数据已隐去）。

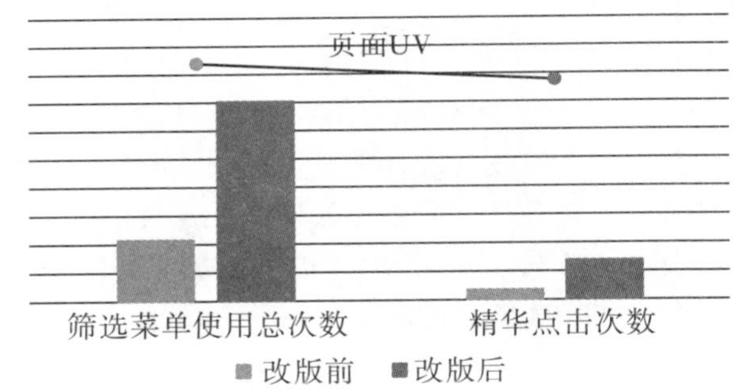

图 5　R1（A）**案例数据反馈指标数据**

从用户反馈和数据可见，筛选操作的点击量和使用量、精华筛选条件点击量的提升可以直观地反映出设计价值所在。

4.2 R2（B）：表现反馈正向＋指标与预期不相符

4.2.1 案例背景与项目描述

案例是一次产品需求改版调整。产品目标在于提升搜索命令中的明星圈搜索结果的点击量，设计给出页面调整样式。设计目标与产品目标一致。

搜索结果页面原版方案中，命中的明星圈搜索结果样式使用简洁的卡片样式，重点呈现明星头像及相关信息，在整体布局上较为平和，无突出亮点，与打榜操作入口与明星信息关联不紧密，对于明星圈的氛围感渲染不充分。

4.2.2 设计改版方案

明星搜索结果使用大图海报方式突出展现，页面区域扩大的同时带来的是实际操作热区的同步扩大，能够更有效地引导用户进入明星圈。优化目标是整体进圈量增加。

R2（B）案例改版前、后的方案如图 6 所示。

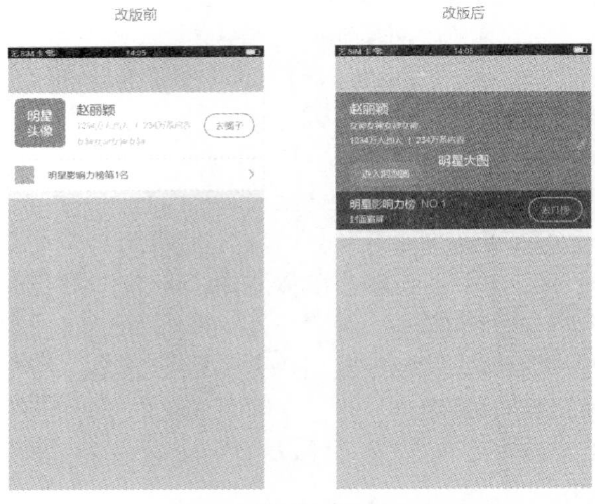

图 6　R2（B）**案例改版前、后方案**

预期效果：改版后命中的明星卡片可以带来泡

泡圈整体进圈量的增加；用户对于明星圈搜索结果的感知更加强烈，被吸引注意力，点击欲望得到强化。

4.2.3 设计价值呈现

上线后用户反馈效果良好，对于新改版样式较为认同；数据结果来源于产品提供的数据内容。从图 7 中可以看到，图标曲线的整体趋势并未提升，曲线波动保持在平稳状态，但在中间时间段出现了数据的波谷。如果仅从图表判断，是否可以认为此次改版设计效果不好，或者是一次相对毫无价值的改版？其实不然，仔细研究一下数据就会发现，图表呈现样式是在时间周期和数据选择标准上出现了偏差。

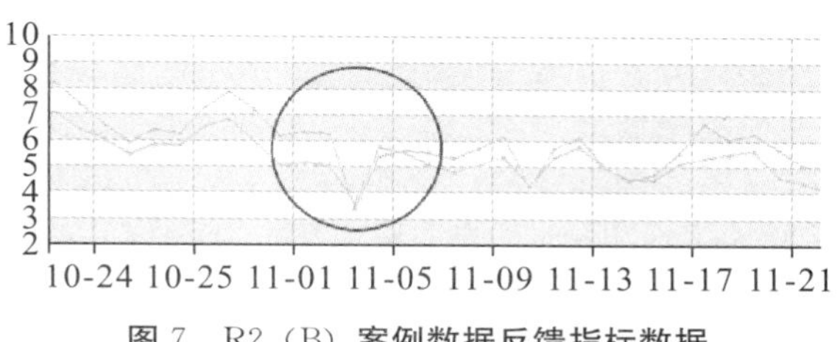

图 7　R2（B）案例数据反馈指标数据

波谷时间恰好与新版发布时间吻合，即当前恰好是新版本发布上线的时间点。一般来说，新版本发布的时间周期内造成的页面内整体操作比例的降低，属于数据正常波动范围；另外，新版本发布后，用户的进圈量的基数是上升的，即该点数据的整体数据量基数是上升的。由此可知，尽管图中曲线是相对平稳的，但是在整体进圈量（分母）增加的情况下，数据的实际进圈量是提升的，也就是整体进圈量增加。

因此，若想准确描述设计价值，则需要调整图表数据，使用绝对进圈量来体现，而不是当前图表中的比率数据。

4.3 R3（D）：表现反馈负向＋指标与预期相符

4.3.1 案例背景与项目描述

这种结果相对不好发掘，但是却普遍存在。因为用户反馈的表现结果可能需要一个很长周期去追踪获得；后台的数据则相对较为容易获取，而且往往与 KPI 直接相关，当收集到指标数据的效果呈现良性趋势，那么可能会轻视或者忽略表现反馈的结果，从而无法发觉隐藏的问题或者不合理之处。本案例来自一次设计推动的优化改版，方案由设计师发起。案例中获取的表现描述和数据的指标均可作为设计价值的直观体现。

原方案中用户搜索命中的视频搜索卡片结果，点击整条卡片（缩略图、文案、“去观看”按钮以及卡片空白区域）可进入视频圈子，同时自动播放视频。所有的设计要素都在引导用户点击观看。功能上线后，由获取的数据显示，用户点击 CTR（点击通过率）始终保持提升状态。

按照最初的产品目标来看，这是一个比较令人满意的结果。数据持续上升，说明用户产生了点击行为，同时进行了观看，可见设计效果得到了实证。但是，在用户访谈中，用户反馈结果却让人大跌眼镜。

> 用户 A：“我不知道这一条内容会直接播放视频，吓得我赶紧退出了。”
>
> 用户 B：“第一次点击吓了我一跳。”……

用户对于搜索时结果页的视频卡片的点击预期与操作结果不相符，尽管页面进入率提升了，但是大部分用户点击进去后会马上关闭播放或者选择退出，也即圈子页面的跳出率反而受到了负面影响；当然，更主要的是超出了用户的心理预期，造成负面的体验印象。

R3（D）案例改版前、后的方案如图 8 所示。

图 8　R3（D）案例改版前、后方案

4.3.2 设计改版方案

优化方案时，将视频相关标签信息调整至卡片上方；缩略图上去掉播放按钮，增加“进入泡泡圈”按钮，这样页面点击逻辑的引导更明确；在点击逻辑上，点击“立即播放”按钮进入视频圈子后，视频直接播放；点击“进入泡泡圈”按钮及卡片其他区域进入圈子，展示圈子内容，视频不自动播放，不打破用户的心理预期。

预期效果：用户对于改版样式的接受程度增加，页面按钮、热区的点击跳转效果与用户的心理预期一致；数据方面，卡片上的整体点击量稳定提升。在设计优化过程中，同样存在预期风险，包括对当前持续上升的 CTR、圈子页面跳出率、视频播放量等其他方面数据的影响。

4.3.3 设计价值呈现

数据指标中，整体 CTR 呈现持续提升的趋势，对比新版本上线前后的点击量数据，整体 CTR 增幅达到近 20%；拆分后的按钮显示，用户点击“进入泡泡圈”按钮 CTR（约 32%）高于点击“立即播放”按钮 CTR（约 23%），可见用户对于该页面的直观心理预期是点击后可查看圈子内容，而非主动播放视频，因此拆分后的按钮的使用效果更好，用户的操作行为和心理预期一致，体验得到提升。

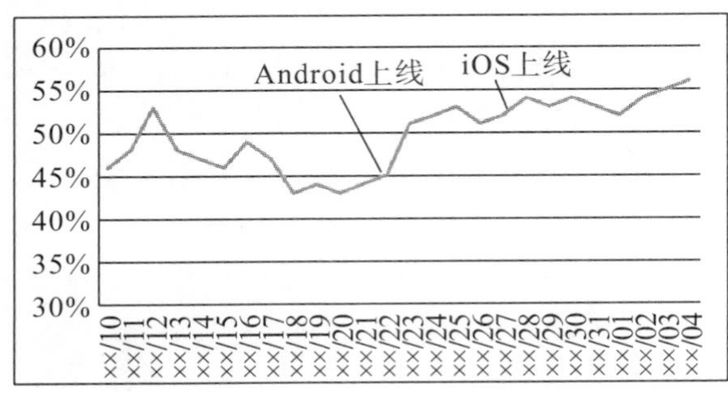

图 9　R3（D）**案例数据反馈指标数据**

5　结语

设计师需要对自己的设计成果保持较高的敏感度，在工作过程中除了保持对体验的洞察力，还需要对设计方案的实际表现效果、后台数据等内容保持关注度。合理提取两者的反馈结果，体现设计师在工作流程中的价值。

文章通过 GSM 模型构建了一套基于 GSM 模型的设计价值评估指标体系，设计师可通过目标、信号、指标三项关键内容代入体系中对设计结果进行评估，发掘设计方案的实际价值表现，指导后续的设计优化。这时对设计师专业素养以及对数据敏感度的形成，都会产生很好的促进效果。

参考文献

[1] Rodden K，Hutchinson H，Fu X. Measuring the user experience on a large scale：user-centered metrics for web applications [C] // International Conference on Human Factors in Computing Systems，CHI 2010，Atlanta，Georgia，Usa，April. DBLP，2010：2395－2398.

[2] Finstad K. The Usability Metric for User Experience [J]. Interacting with Computers，2010，22（5）：323－327.

[3] Jeff Sauro，James R. Lewis. 用户体验度量：量化用户体验的统计学方法 [M]. 殷文婧，徐沙，杨燕，等，译. 北京：机械工业出版社，2014.

[4] 周天骄. 基于移动用户体验的极简化设计研究 [D]. 上海：华东理工大学，2015.

[5] 郭惠尧. 被设计驱动的世界——关于设计价值综合效能的思考 [J]. 湖北美术学院学报，2012（3）：76－78.

[6] 张媛. 互联网产品用户体验设计与评估研究 [D]. 南京：南京航空航天大学，2014.

运用设计思维驱动企业 ERP 产品的概念设计落地

汪　雪

（SAP 中国研究院，上海，201203）

摘　要：本文基于真实项目背景，阐述了 SAP 中小企业 ERP 项目研发团队如何以设计为主导，并运用设计思维，在研发日常产品项目的同时保证概念设计的落地。围绕着帮助用户高效地了解订单处理的工作流程和快速地做出决定进行响应操作，我们灵活地运用设计思维的流程和方法，通过跨地域的研究方式了解用户，洞察用户和跨团队跨地域协作的情况，明确用户在企业 ERP 产品研发中，尤其是“订单管理”这一行为背后的态度。从用户的角度出发，最终完成对订单管理模块的创新设计。

关键词：设计思维；跨团队跨地域协作；企业 ERP 产品；概念设计落地

1　绪论

1.1　背景

作为一款面向小企业的 ERP 软件——SAP Anywhere，我们的目标是打造完整的前端解决方案，帮助用户管理所有销售渠道。其包括线上线下零售和网络营销、客户关系管理等全渠道业务成长管理套件，为用户提供全面、安全、简单易用的体验。

2017 年初，项目团队根据部门战略的调整，将产品的受众定位到北美市场，尤其是美国小型企业用户（10～50 人）；上海的产品团队和设计团队进行了精简和更紧密的合作，为了在市场上占据有利位置，不仅提高商业价值，还提供良好的产品用户体验，让用户产生对品牌的忠诚度。产品的策略之一是重视产品核心模块的用户体验。此时，产品研发周期进入了快速迭代的敏捷开发阶段，基本每四周或六周即完成项目的周期发布。上海的研发团队和美国的 GTM 团队开始紧密沟通与协作，跨地域地共同为美国中小企业用户服务。

1.2 目的

作为产品 UX 团队的负责人及设计思维教练，面对日常产品的项目周期的设计交付工作的挑战，带领设计团队和产品研发团队进行产品核心模块设计，重点之一是销售订单管理模块的设计梳理，包括定义新的用户角色、新的用户使用产品的情境分析和产品团队核心成员对模块现有工作流程和用户体验的梳理，发现内部问题，并以设计和用户需求为主导解决问题，进行概念设计，最终将设计落地，在产品研发中实现。

产品研发现状的优势是，项目团队尤其是产品经理团队开始紧密与设计团队进行沟通合作，越来越重视用户体验和设计给产品带来的商业价值；面对的挑战是，在如此紧凑的项目周期和日常设计交付工作中进行概念设计，需要开发团队、设计团队和产品经理团队以及市场营销团队的更多付出和极大的工作热情。

基于以上情况，要在概念设计项目初期，有目的地运用设计思维的方法论，结合用户研究的方法，采用 SAP 设计思维流程，管理设计团队的工作和项目团队的协作和沟通。

2 设计思维在企业 ERP 项目研发中的实践和设计创新

2.1 SAP 设计思维流程和核心价值

2.1.1 设计思维的概念

设计思维是以人为中心，解决问题和创新思维的一种方法和思维方式。

设计思维的三个维度分别是可用性、可行性和价值性（图 1）。每一个维度都需要不同的职能人员参与其中，包括设计师、开发和测试人员、产品和市场人员的共同协作。最佳的项目团队，需要团队成员的共同协作，完成产品的交付。设计思维不是设计师的专利。

图 1 设计思维的维度

2.1.2 设计思维流程

2004 年，设计思维在美国斯坦福大学 D-school 由 IDEO 公司的创始人大卫 · 凯利（David Kelley）和 SAP 公司的创始人之一哈索 · 普拉特纳（Hasso Plattner）共同创建。

设计思维流程如图 2 所示。

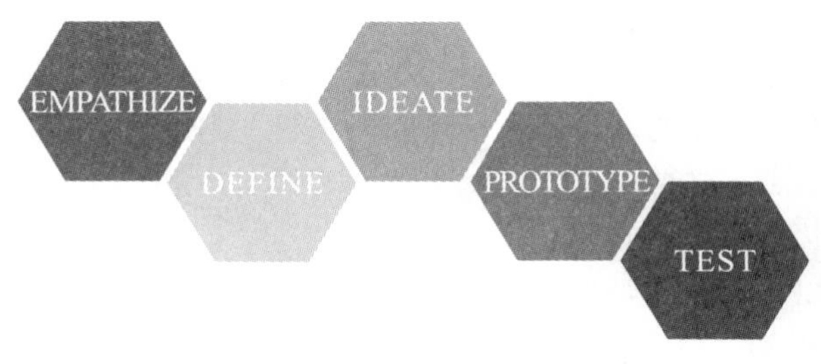

图 2 设计思维流程：共情，定义，设想，原型，测试

在此基础上，SAP 设计思维流程（图 3）利用多年被运用到商业项目的经验做调整。把问题理解部分分解为内部理解（Understand）和外部用户观察（Observe）两部分，我们认为带着问题的答案去寻找问题的答案会得到更好的解决方案；只有在这两部分进行深入的问题探究，得出的结论才会指引接下来的问题解决方案的实施。SAP 的项目策略，也因此从功能驱动转变成以设计驱动，以用户为导向的产品研发定位的策略。

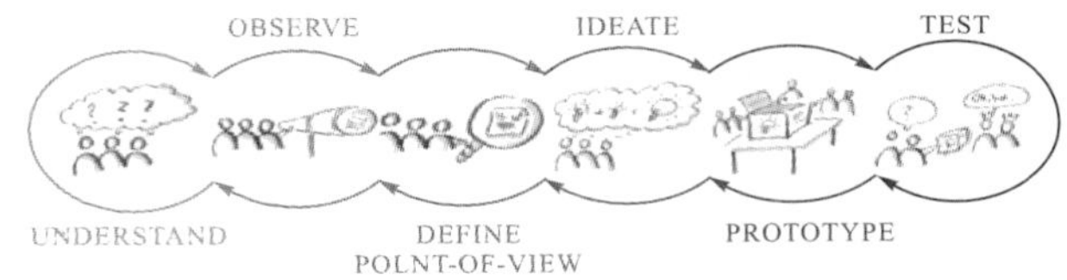

图 3 SAP 设计思维流程：理解，观察，定义，设想，原型，测试

2.1.3 设计思维的一个中心点和四个核心价值

（1）设计思维以用户为中心。

设计思维是拥抱用户，以用户需求为中心的理念。如果让设计思维在项目研发中运用，团队成员需要接受这个前提。在当前的设计创新项目中，我们所有的成员都能以这个中心为出发点，做以用户为中心的设计。

（2）设计思维的核心价值 1：对用户和利益相关人的同理心。

同理心是抛开个人对产品持有的观点和体验，从用户的角度，深入地理解用户需求，理解用户使用产品的上下文环境，使用行为和遇到的挑战（痛点），最终理解用户的感受和体验。

好的想法和构想，需要产品研发团队等利益相关人开发实现出来。在概念设计初期就让相关团队成员加入并了解其开发能力，对于产品的最终实现非常有益。

（3）设计思维的核心价值 2：创新，测试，探索。

创造越多越好的想法，进行设计概念及原型的探索，并且不断地与目标用户和专家进行可用性测试和用户研究，将使得产品和服务越来越接近真实的用户需求。在探索设计概念和原型阶段，小组可以迅速做决定，基于一两个想法完成构想探索，变成可视化的产出物。然后，快速地与利益相关人分享，并进行可用性测试。实践经验告诉我们，这可以缩短后期的产品研发进程。

（4）设计思维的核心价值 3：合作与 T 型团队。

T 型团队，是指团队成员的每个人都在各自的专业领域有一定知识深度，还有其他领域的知识广度，大家共同协作成为一个 T 型团队，给产品带来全方位的思考。基于合作，所有团队成员对项目的理解都在一个平台上，这会大大降低沟通成本，降低团队之间错误理解的概率。

（5）设计思维的核心价值 4：迭代。

迭代是一种工作周期，是为了确保高质量的工作交付。迭代可以管理设计风险，从设计思维的三个维度更多次回答解决用户需求的问题，让设计工作趋于完善，最终创造用户喜爱的产品和服务。

2.2 SAP ERP 概念设计项目的开展和实践

2.2.1 问题理解阶段

SAP 设计思维流程，非常重视问题理解的三个阶段（图 4）。我们认为只有将问题理解透彻，方案解决部分才会有明确的方向，减少资源和时间的消耗，提高项目进程的效率。

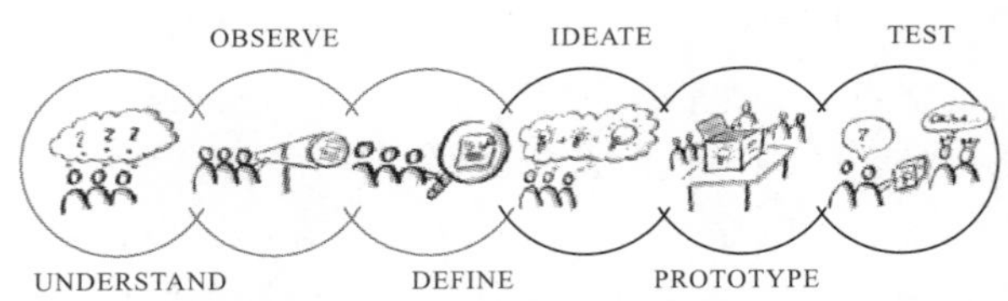

图 4 SAP 设计思维问题理解阶段：理解，观察，定义

2.2.2 内部问题理解（2017 年 3—5 月）

2017 年 3 月是 SAP 每年工作的伊始（图 5）。项目团队中的相关利益关系人，对现有的订单管理模块（OMS）安排进行内部梳理和审核（图 6）。

参与者：

——产品经理团队负责人和模块的产品经理。

——OMS 模块设计师和设计实习生。

——设计团队负责人和设计思维教练（作者）。

——开发团队负责人和模块开发核心人员。

——知识管理相关人员。

（1）内部梳理用户角色（2017 年 3 月下旬—4 月下旬）。

针对北美市场订单管理模块（OMS）的用户角色进行重新定义和优先级排列，从商业价值及业务频繁使用订单管理系统的两个维度定义典型的 B2B 重要用户（图 7）。

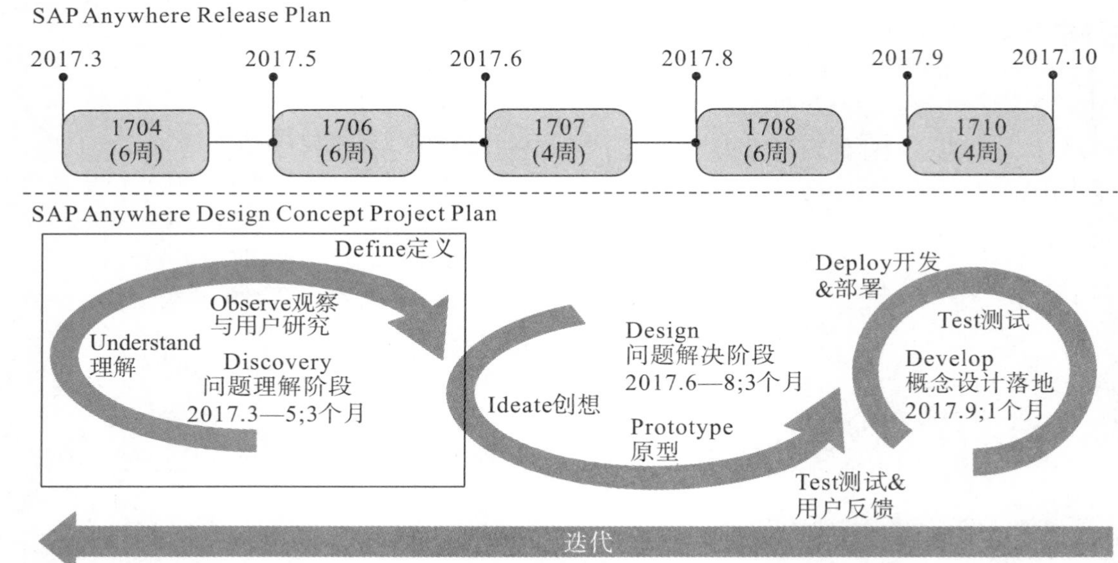

图 5 产品日常项目周期计划和概念设计项目计划同步进行

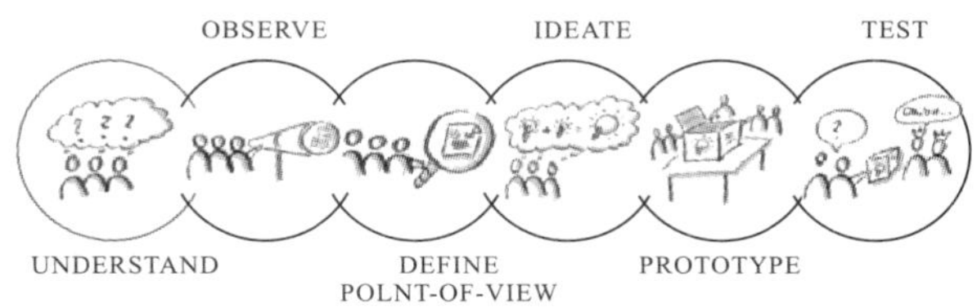

图 6　SAP 设计思维问题理解阶段：内部理解

图 7　B2B 订单管理系统典型用户角色

中小企业典型 B2B 的 OMS 用户为：

①销售订单处理专员。

②销售代表。

③拣货专员。

④打包专员。

⑤发货专员。

（2）创建订单处理模块故事板。

通过创建故事版，全局性地了解用户的业务情景，发现用户的痛点和设计焦点，有益于项目团队从用户角度出发进行高效沟通（图 8 和图 9 例）。

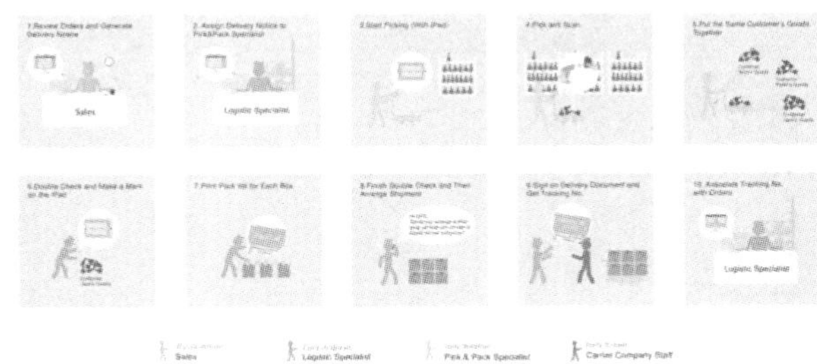

图 8　利用 iPad 完成订单管理的故事版

图 9　利用传统纸质文件完成订单管理的故事版

（3）内部梳理业务流程。

产品经理、核心开发人员和设计师共同讨论完成订单管理模块（OMS）的流程图梳理（图 10），目的是发现目前系统中可以改进的设计交互部分。

（4）内部理解：主要问题总结。

（5）订单管理主页（图 11）。

①订单工作流程不明确，用户不能自如地从上一步到下一步处理订单，没有说明。

②创建订单位置和更多操作，和目前订单管理页面信息显示并不相关。

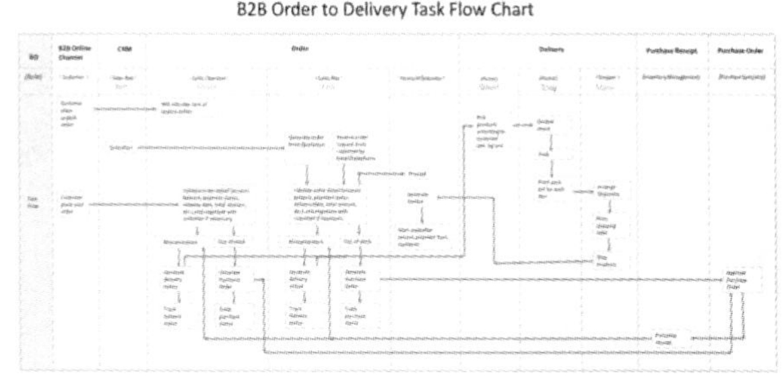

图 10　B2B 订单管理模块（OMS）的业务流程图

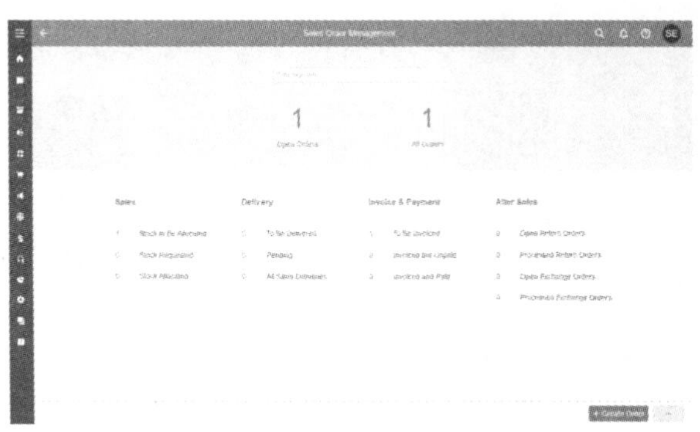

图 11　订单管理模块（OMS）：订单管理主页

（6）创建订单页面（图 12）。

创建信息冗长，不必要的信息一直显示，造成用户认知负荷。

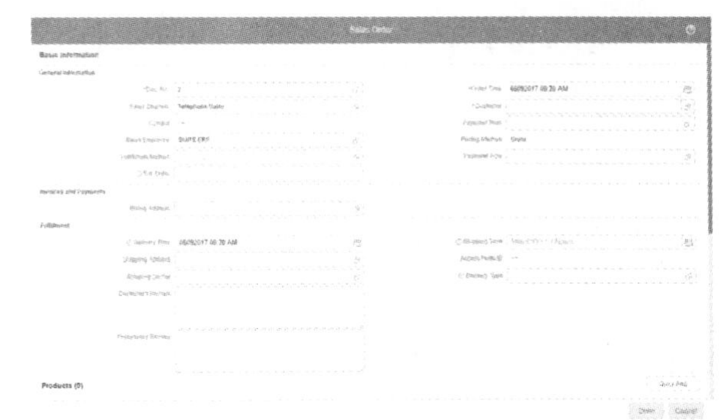

图 12　订单管理模块（OMS）：创建订单页面

（7）订单详细信息页面（图 13 和图 14）。

①订单其他步骤的操作，必须进行不同页面间跳转，跳转次数频繁。

②页面没有明确信息指导用户进行订单下一步的操作，流程不明确。

③订单顶部的主要信息已经不是目前用户关心的数据。

④订单的主要操作被隐藏在更多操作按钮，无法快速找到。

⑤用户认知负荷严重。

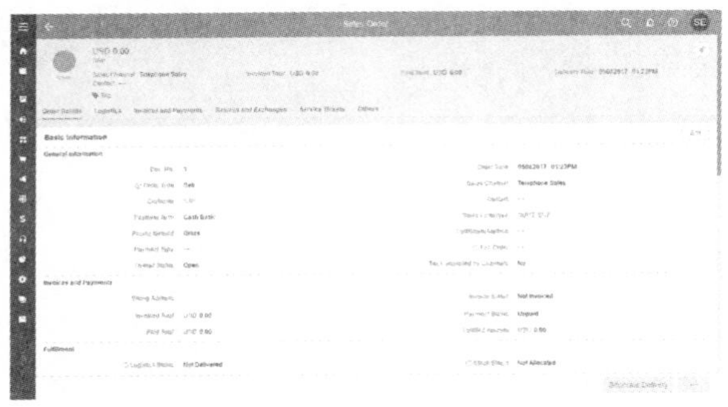

图 13 订单管理模块（OMS）：单个订单详细页面

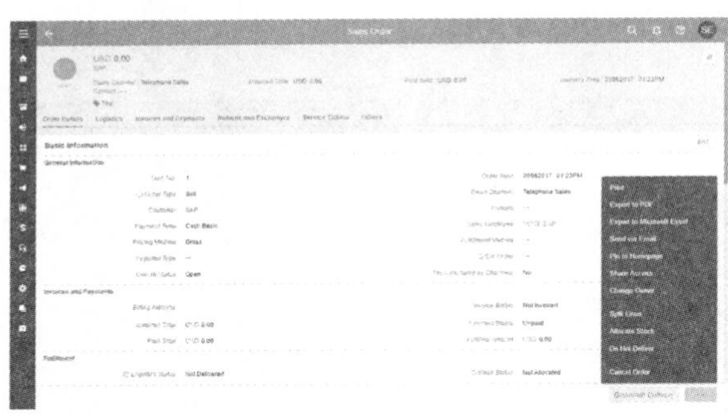

图 14 订单管理模块（OMS）：单个订单详细页面，有弹出选项

2.2.3 定义产品着力点

作为设计团队负责人，基于第一阶段的内部理解，设计团队开始设计草图，将构思和想法可视化。我们在问题理解阶段，先开始定义设计着力点，是因为我们基于已有系统的概念设计，可以没有先后顺序，接下来进行观察和用户反馈的工作（图 15）。

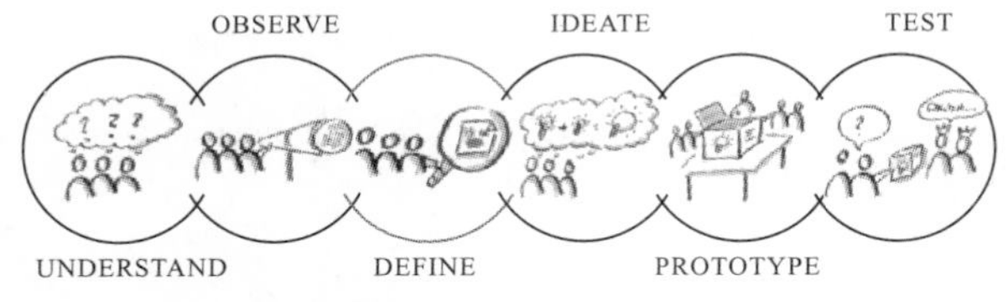

图 15 SAP 设计思维问题理解阶段：定义产品着力点

（1）设计工作安排（2017 年 4 月下旬—5 月下旬）。

为了确保设计工作按时交付，结合日常项目周期的设计工作量，制定概念设计项目的设计工作计划（10 个工作日）（图 16），其中包括和相关产品经理，设计和开发团队的审核会议时间点。目标是将其按时交付给美国 GTM 团队，快速获取用户反馈，以便尽早发现概念设计的优势和弱点。

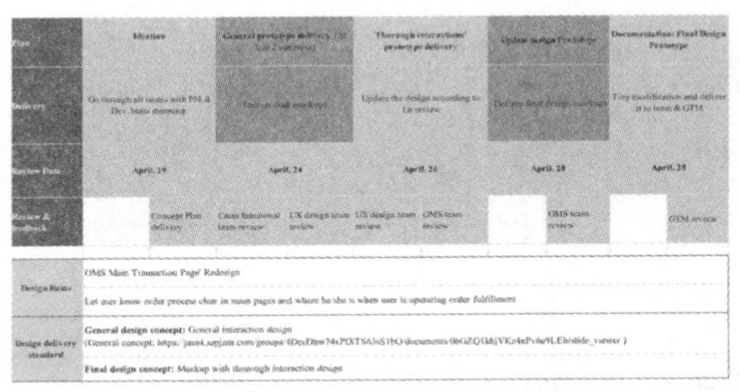

图 16 概念设计项目：设计草图工作计划

①重新设计订单管理模块的交易流程部分，帮助用户可以快速高效地获取信息和完成工作。

②重新设计订单流程，让每一位订单相关用户了解订单的状态和接下来的操作。

（2）设计草图。概念设计草图如图 17、图 18 和图 19 所示。

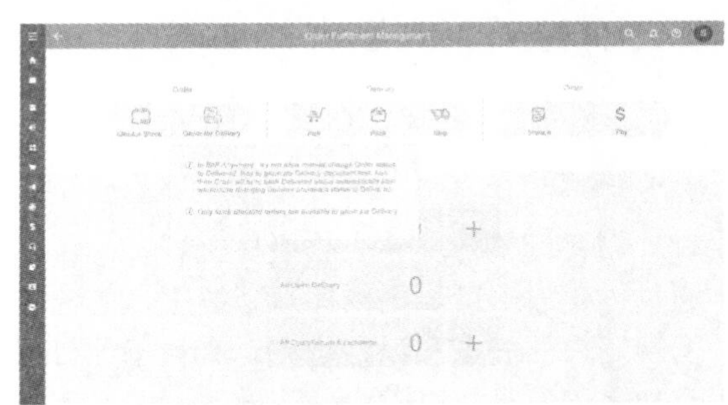

图 17 概念设计草图：订单管理页面

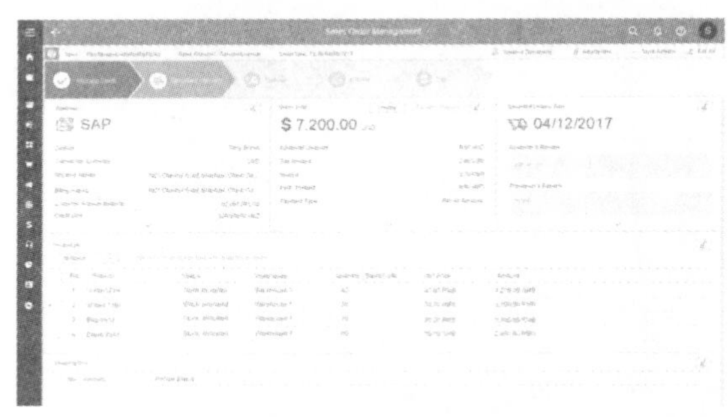

图 18 概念设计草图：单个订单详细信息页面（包括重新设计创建订单页面的结合）

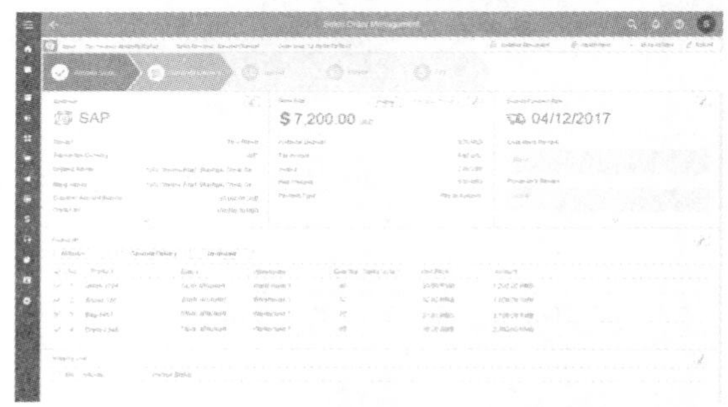

图 19 概念设计草图：单个订单详细信息页面（主要操作按钮放置在相关信息的附近）

2.2.4 跨团队跨地域协作的用户研究

鉴于新的 B2B 用户在北美市场，设计和开发团队在中国，项目资金和时间有限。设计团队采用的用户研究方法是和美国的 GTM 团队即市场营销、销售和产品团队之间进行紧密沟通（图 20 和图 21）。GTM 团队直接与目标用户接触，了解用户的需求和痛点；在概念设计项目初期，设计团队、产品经理团队和 GTM 团队进行了多次线上线下分享和用户访谈，确保 GTM 团队在与用户沟通的过程中可以从用户需求的角度获取用户信息。

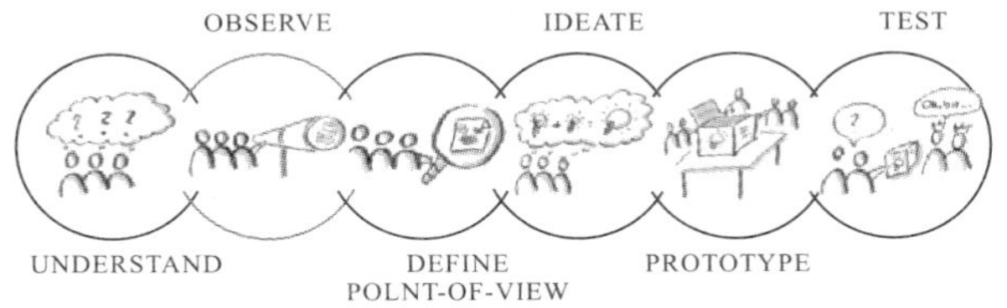

图 20　SAP 设计思维问题理解阶段：研究

用户：美国小企业B2B用户　团队：中国上海开发&美国GTM

图 21　跨地域协作体验创新和设计

（1）跨地域协作沟通流程。

中国产品研发团队，每个产品研发周期与 GTM 团队相互开设 DEMO 会议和项目开发总结，了解彼此进展和挑战；设计团队开始参与月度销售总结会议，学习并获取 ERP 商业知识和用户信息。在上海团队的产品研发周期中，包括此次概念设计项目，一直引入 GTM 团队，作为用户反馈的直接来源，保证我们的设计从用户需求的角度出发（图 22）。

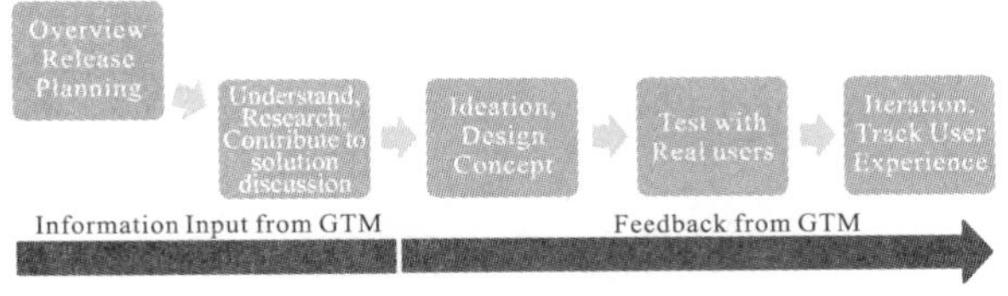

图 22　设计团队和 GTM 团队的工作流程：设计过程引入 GTM 团队的用户反馈（以用户为中心的设计）

（2）跨地域协作沟通方式。

如何从用户的角度出发，获取可用的信息反馈给产品研发团队，特别是设计团队？

作为设计团队的用户研究专家，我们前期组织了用户访谈的培训，并且帮助 GTM 团队撰写用户访谈脚本，提供示例，协助 GTM 团队获取不同形式的用户信息。

通过一段时间的合作，双方跨地域协作摸索出了高效的工作方式（图 23）：

①以设计为中心的用户体验和创新。

②设计思维。

③工具。

④运用用户故事撰写用户需求，而不是堆叠产品功能（图 24）。

⑤SAP JIRA 工具可以共享和追踪项目进展和项目问题（推荐嵌入用户现场的图片，音频视频文件）（图 25）。

⑥SAP Jam 工具让文档跨可以地域分享（图 26）。

⑦SAP online meeting system 让远程沟通和视频会议变得高效。

⑧进行定期的面对面会议。

用户体验和创新	设计思维	工具

图 23　跨地域协作体验创新和设计的方式

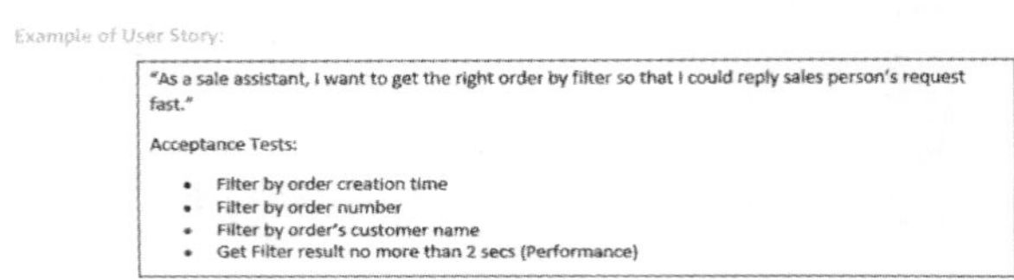

Example of User Story:

"As a sale assistant, I want to get the right order by filter so that I could reply sales person's request fast."

Acceptance Tests:

- Filter by order creation time
- Filter by order number
- Filter by order's customer name
- Get Filter result no more than 2 secs (Performance)

图 24　用户故事撰写用户需求和用户问题

图 25　UX 和 GTM 通过 SAP JIRA 跟踪并分享用户需求和数据（图片，音视频的备注）

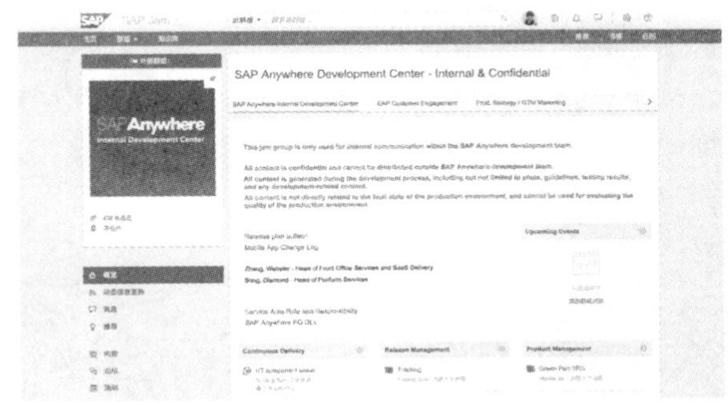

图 26　SAP Jam 的文件共享系统

（3）用户反馈面对面：GTM 团队访问中国团队（2017 年 5 月底）。

基于目前概念设计的基本构想的主要页面呈现，GTM 团队和各相关团队经过评审，一致同意进行下一步的设计工作，概念设计符合用户的需求和业务场景。

中国产品研发团队和美国 GTM 团队进行定期的面对面协作沟通，为项目的成功奠定了基石。GTM 逐渐从用户的角度提出问题和描述问题，开发团队逐渐形成合作默契，可以给予彼此有效支持，共同目标就是提供更好的用户体验的产品，服务小企业用户。

高效的沟通和跨团队跨地域协作，以及创新过程中的苦与乐，来自团队之间的信任和信念（图 27）。

图 27　跨地域协作和设计：信任，信念

设计团队，需要随时跟进和分享业界的设计动态，作为管理者需要定义适合团队的创新文化或者惯例。也许是每周三下午的茶歇时间，也许是每周的例会，永远预留设计创新的话题分享，带领团队完成平时的创新练习。这些潜移默化的创新文化培养和训练，能让团队相信：我们可以，我们能做创新。

2.2.5　问题解决阶段：构思创想，迭代和测试（2017 年 6 月—8 月）

经过问题理解阶段，团队成员包括设计团队对于目前的用户需求和设计方向，有了非常深刻的体会，接下来进入问题解决阶段，进行更多交互层面的细微设计（图 28）。这一阶段注重实现，设计方案的讨论和迭代（来自美国 GTM 用户的反馈）。

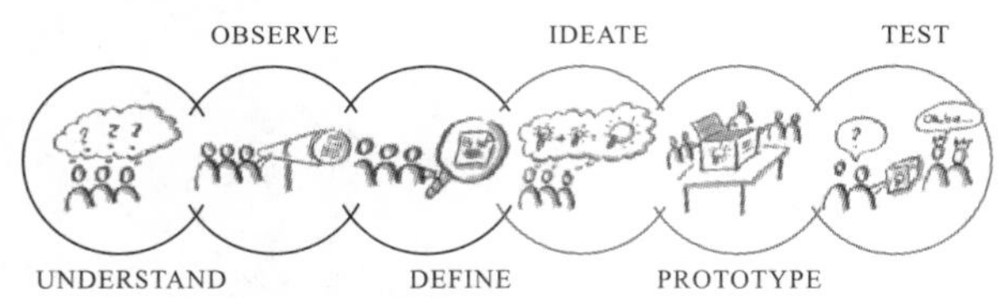

图 28　SAP 设计思维问题解决阶段：设想，原型，测试

（1）概念设计反馈和迭代。

迭代后的 B2B 用户角色：由五个角色减少到三个角色。小企业用户，有很多职位是一人身兼数职。对于小企业用户，很多业务场景下，一个角色会负责多种职能，便于业务的高效运转和公司成本的节省。

迭代后的 B2B 订单管理模块的典型用户（图 29）：

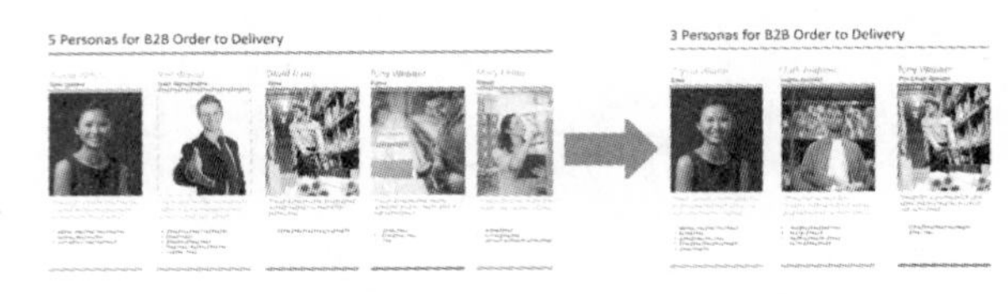

图 29　迭代的订单管理模块的典型用户角色

Alysa，作为一名小企业公司的销售专员，在订单管理中的主要需求有（图 30）：

①高效管理订单和进程状态。

②发出订单发货通知，尽快完成客户的订单。

③及时获取订单相关信息，如订单中产品的库存信息、采购信息、订单交付流程等，迅速回复客户要求。

图 30　B2B 订单管理系统典型用户角色：销售专员

Clark，作为一名小企业公司的物流管理专员，在订单管理中的主要需求有：

①及时安排订单拣货，发货和物流公司的订单配送工作。

②跟踪订单流程并对订单的意外情况及时做出反应。

图 31　B2B 订单管理系统典型用户角色：物流管理专员

Tony，作为一名中小企业的拣货发货专员，在订单管理中的主要需求有（图 32）：

①可以根据订单发货信息，高效准确地进行拣货、发货。

②可以根据发货清单，合理安排拣货、发货工作。

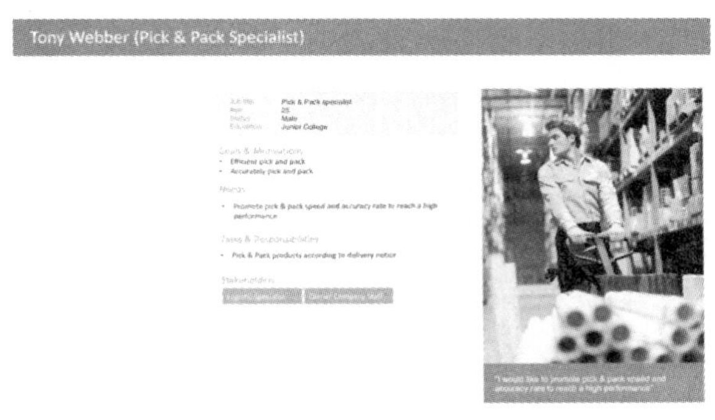

图 32　B2B 订单管理系统典型用户角色：拣货发货专员

设计草图用户反馈（来自 GTM 团队）：

①用户接受度非常好。

②期待新设计可以尽快部署和实现到项目研发中。

③基于用户角色数量的减少，需要简化订单处理流程。

基于这一轮概念设计反馈，设计团队和项目相关利益关系人明确了用户的需求和设计的着力点，进行设计的迭代。这也是 SAP 设计思维的核心价值所在：尽早失败，尽早成功。尽早获取用户反馈，了解概念设计的优势和需要改进的部分，以便进行下一轮工作。

3　设计思维驱动概念设计项目的迭代

3.1　迭代

根据 GTM 团队的阶段反馈，项目进入迭代阶段（图 33）。这个阶段的重点是和开发团队讨论设计着力点的开发优先级，设计实现的可行性，是否可以利用现有的开发资源和开发框架，同时考虑同步开发的日常项目工作进展。所有这些工作都需要在概念设计项目实现上进行考量。

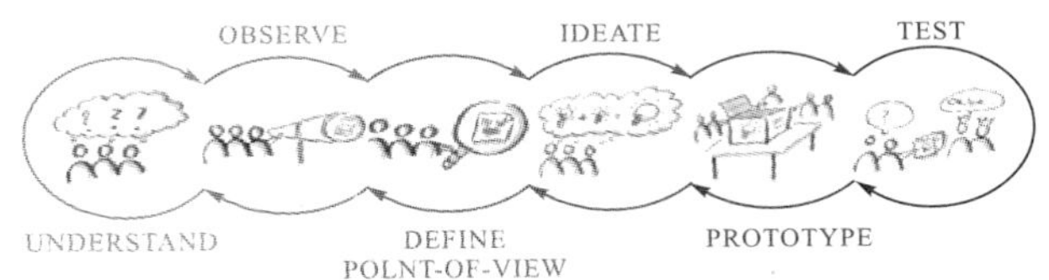

图 33　SAP 设计思维流程：迭代

经过前期的概念设计完善，预期为每个设计的着力点（Point of View）提供 2～3 个设计方案，进行产品团队和开发团队的审核。

3.2　设定设计计划

关于概念设计交付的工作和内部设计团队的审核，需要提早进行，对开发团队实现的同理心在此体现。我们希望在有限的时间和资源下，看到概念设计的落地，产品核心模块的用户体验的提升。

我们对产品团队和开发团队的审核非常耗时，期间进行了多轮探讨和论证，考验设计团队的说服能力和用户数据、灵活可用性测试的能力。设计团队的负责人进行了设计工作计划的制订和关键审核时间点的安排（图 34）。

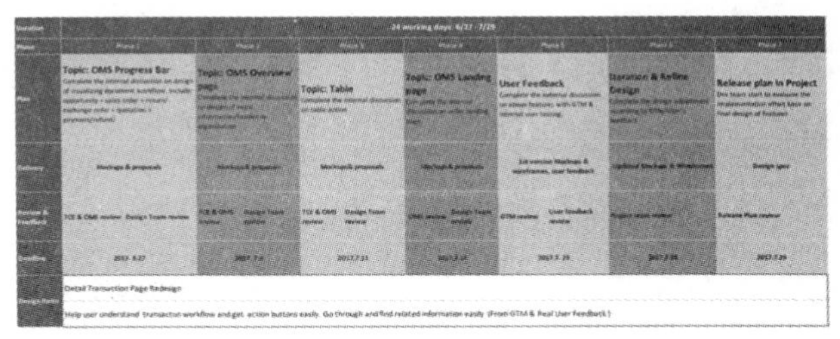

图 34　概念设计项目：设计迭代工作计划

设计时间：6 月 27 日—7 月 29 日共 24 个工作日。

审核次数：7 次。

设计主题：4 个。

UX 培训：在此期间，对设计团队的所有设计师进行内部可用性测试的知识培训。在讨论设计的细微问题时，灵活运用公司内部人员作为用户，进行设计的验证，以此更好地演示设计方案。

3.3　设计方案实现的优先级排列

和开发团队进行了多轮的设计讨论和设计审核会议后，结合 GTM 的市场和用户反馈，我们将设计方案实现的优先级排列（图 35）如下：

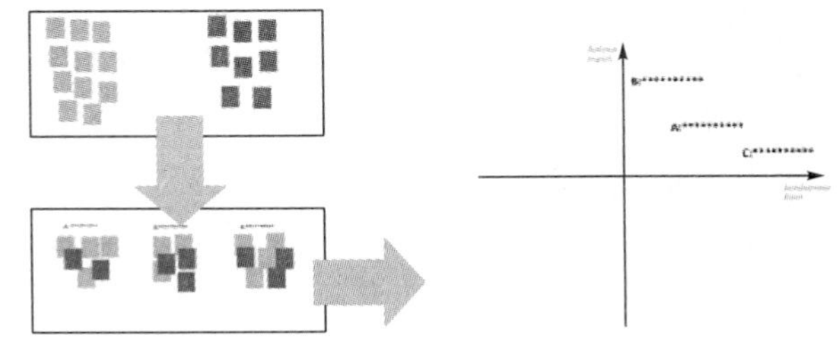

数据分类：寻找共同主题　　　用户需求优先级分布

图 35　用户需求优先级排列

①订单管理模块的工作流程交互设计（优先进入开发进程）。

②订单管理模块的订单创建和基本信息设计。

③订单管理模块的总览页面设计。

开发团队、产品和设计团队一致同意第一个问题即订单管理模块的流程交互设计急需改善。用户在订单流程处理上有许多痛点，即使使用了一段时间的订单管理模块，对于订单的当前情况以及接下来的操作，仍然存在困惑和误操作。考虑到目前相关开发人员无法全部投入概念设计和开发框架的限制，将第一个设计着力点落地已经实属不易，大家非常兴奋地进入了最终的设计工作。

3.4 设计和原型（Design & Prototype）

在设计和原型阶段，设计团队开始对订单管理模块的流程交互设计的界面和交互进行完整的高保真设计，完成原型设计（图 36）。作为设计团队的负责人兼用户研究专家，我们继续保持和美国 GTM 团队沟通设计进展，进行用户研究，得到原型设计的反馈。

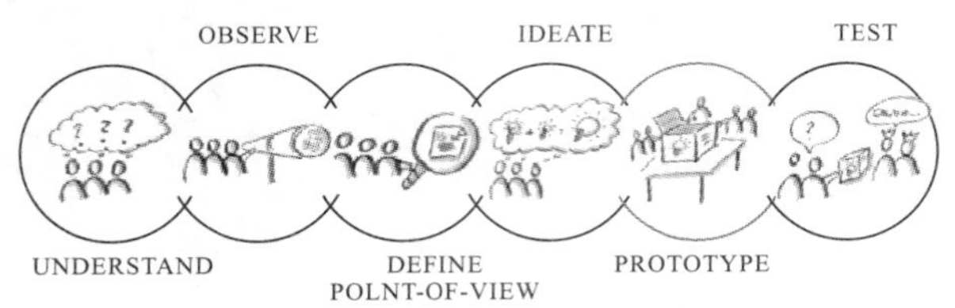

图 36　SAP 设计思维流程：设计和原型

3.4.1　面对面沟通：GTM 团队访问中国团队

7 月下旬，GTM 团队核心成员再次来到中国，双方都认同设计的迭代改进并计划接下来的用户研究工作。

3.4.2　设计迭代

设计迭代工作有（图 37～图 40）：

①重新设计订单头部信息架构。

②重新设计订单交易流程，减少页面间跳转。

③提升工作流程中操作信息的引导和提示。

图 37　订单处理模块：工作流程交互设计迭代

图 38　订单处理模块：工作流程信息提示

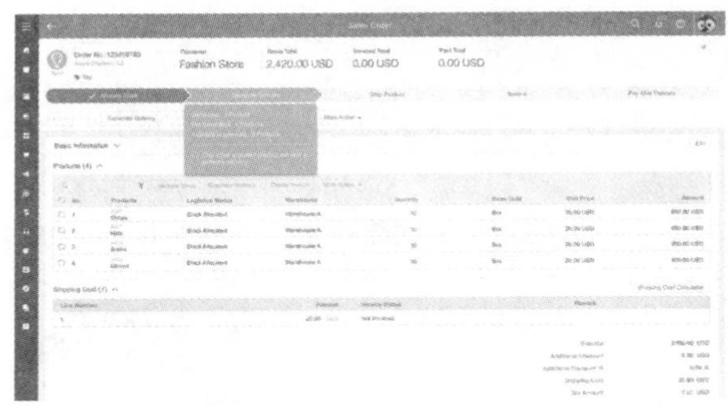

图 39　订单处理模块：工作流程信息引导和操作提示

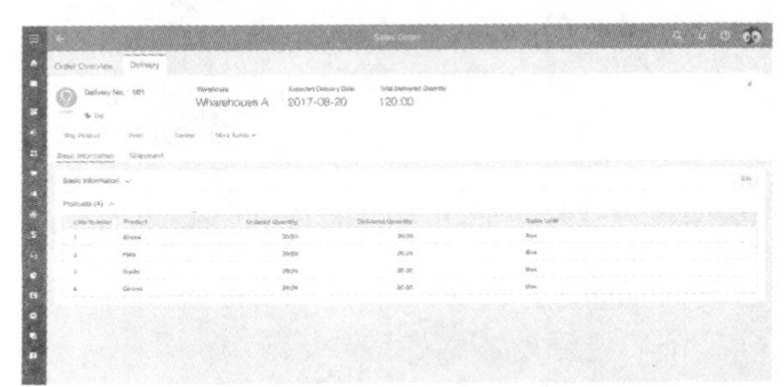

图 40　订单处理模块：订单处理流程通过 Tab 进行切换，减少跳转和降低用户认知负荷

④提升订单交互效率，利用相关操作按钮来便于查找。

开发团队和产品团队全程参与，给予可行性和商业价值性上的建议，共同为将来部署产品研发周期打下坚实的基础。

3.5 测试

2017 年 8 月下旬，GTM 团队决定去美国纽约进行产品客户拜访，同时向用户展示订单管理模块的原型设计，获取用户反馈（图 41）。

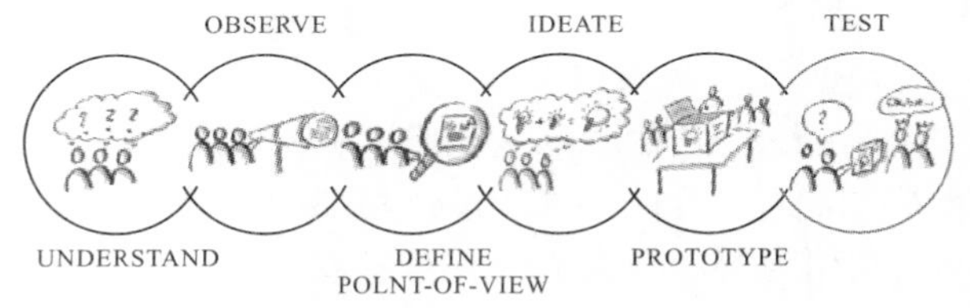

图 41　SAP 设计思维流程：测试

上海设计团队、设计师和用户研究专家共同和相关利益关系人完成了用户访谈及订单处理模块设计原型的可用性测试脚本的撰写，并进行了审核和沟通。GTM 团队在客户拜访时，完成用户访谈，并同步发送给上海团队用户视频和反馈信息。

设计团队和开发团队基于用户视频，提取可用信息，讨论解决方案和实现的进程（图 42）。

项目前期，我们通过和第三方合作来招募美国用户，进行远程在线可用性测试，受到产品研发团队的一致认可。

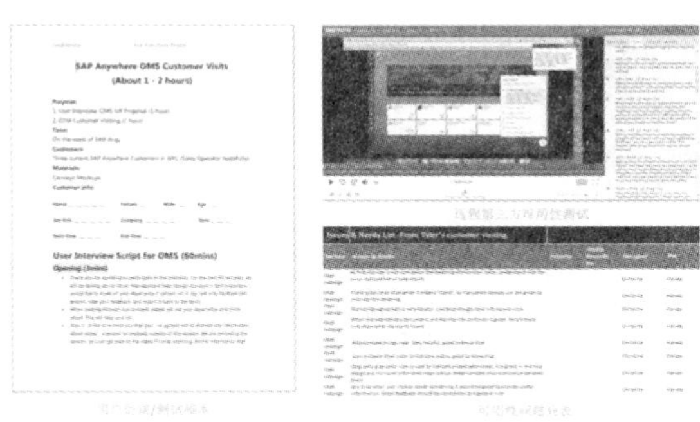

图 42 用户访谈，远程 UT 和相关文档

4 概念设计的落地和总结

4.1 概念设计的落地（2017 年 9 月—10 月）

2017 年 9 月，订单处理模块概念设计项目经过用户数据的再一次反馈和迭代设计，终于进入产品项目研发阶段（图 43）。

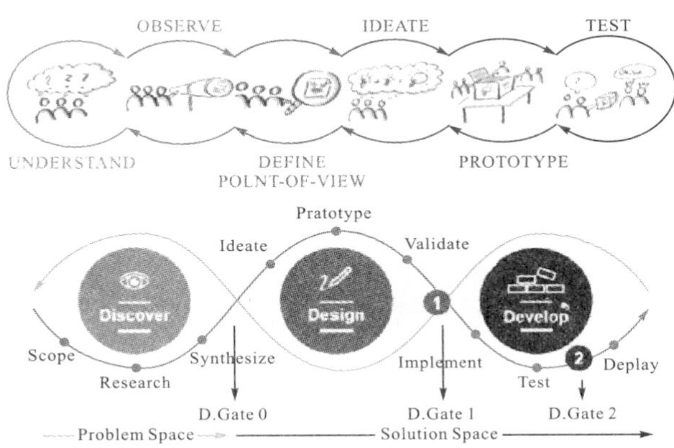

图 43 运用设计思维驱动产品项目研发

金秋十月版本最终发布。这一以设计为主导的概念设计项目，运用设计思维，在跨团队跨地域协作的共同努力下，终于落地（图 44）。在后续的项目周期，进行着不断的迭代。

图 44 SAP Anywhere

在有限的资源（人力、物力和时间）下，全体设计团队和开发人员仍然可以在日常产品研发工作中进行概念设计的工作，并最终在产品中实现。运用设计思维和设计思维的流程进行设计管理，收到了良好的效果。除此以外，运用用户体验和良好的沟通和工具，让跨团队跨地域协作成为可能（图 45）。

用户体验和创新	设计思维	工具

图 45 跨地域协作体验创新和设计的方式

4.2 概念设计的总结

这一次概念设计项目的落地及最终实现，对于整个项目团队是意义深远的。包括高级管理人员在内，都开始重视设计和用户体验，也意识到在日常产品研发过程中可以实践并进行概念设计项目。以此为契机，接下来的项目研发周期中有了很多设计主导的概念设计项目，运用设计思维创造用户喜爱的产品。

目前整个产品研发部门同仁正怀着满腔的热情投入产品研发和创新设计项目中。

参考文献

[1] Introduction to Design Thinking [EB/OL]. [2018-07-25]. https://experience.sap.com/skillup/introduction-to-design-thinking/.

[2] SAP Design Thinking [EB/OL]. [2018-07-25]. http://design.sap.com/designthinking.html.

[3] Project Management for User Research: The Plan [EB/OL]. [2018-07-25]. https://www.nngroup.com/articles/pm-research-plan/.

[4] Steve Portiga. Interviewing Users: How to Uncover Compelling Insights [M]. New York: Rosenfeld Media, 2013.

机器人链路融合法

——机器人技术在机房场景下的应用及价值研究

王　瑞
（阿里巴巴网络技术有限公司，浙江杭州，201807）

摘　要：从 1910 年捷克斯洛伐克作家卡雷尔·恰佩克在他的戏剧作品《罗萨姆的机器人万能公司》中创造出机器人（Robot）这个词，到 1959 年美国诞生了世界上第一台工业机器人，人类了解、开发、应用机器人已经有几十年的历史。有关数据显示，2015 年全球工业机器人销售再创历史新高，达到 24.8 万台，同比增长 12%。2017 年，我国工业机器人销量首次超过 11 万台，市场规模达到 42.2 亿美元，服务机器人市场规模达到 13.2 亿美元，特种机器人市场规模为 7.4 亿美元。毫无疑问，这是个机器人产业爆发的年代。

本文以“机器人技术在机房场景下的应用及价值研究”为研究课题，通过行业分析、用户访谈、量表评分等方法对目标角色建立用户画像，梳理体验流程，最终帮助目标行业建立和机器人协作的体验链路，实现在工作流中的“机器融合”。

关键词：机器人；用户画像；体验链路；人机交互；全链路设计

1　前言

当亚马逊的物流机器人 Kiva 在美国特雷西仓库有条不紊地搬运货物时，当中国昆山富士康工厂的数万机械臂整齐挥动时，当大疆“精灵 3”无人机在叙利亚战场划破天际时，您是否会担心自己的工作将被这些冷血的家伙所取代？或者您其实是一位管理者，正在思考手上哪些工作可以得到机器人的帮助？然而，这些疑问都很难仅凭臆想做出判断，但本文介绍的“机器人链路融合法”将会告诉您想要的答案。

“机器人链路融合法”是一套衡量机器人如何融入工作链路的评测方法，它由“收集—建模—评测—设想—验证”五个核心步骤组成，可以帮助我们准确、快速地衡量流程中哪些角色和工作应该邀请机器人来协作，以及如何协作。下面我们就以其在“数据中心智能化”项目中的应用案例来说明。

阿里数据港张北数据中心是阿里巴巴在张北部署大规模云计算服务基础设施的重要基地之一，由园区安全、机房监控、机器维修等多个工作场景组成，相关人员包括负责维修的服务器厂商、负责园区安全的保安等，是一个依靠多角色协同保证其稳定运转的复杂生态系统。而本次“数据中心智能化”项目的目的便是利用机器人等先进技术优化这些链路，让其更聪明、更智能。

2　方法

2.1　收集——通过“三维验证模型”获得有效信息

首先，体验设计师们通过信息收集、讨论分析对目标操作人员进行了初步假设，明确了样本需求，将角色划分为访客、前台、安保、服务器厂商以及驻场工程师共计五类用户。接着在机房挑选并招募到了 9 名目标被试，分别组织了深度访谈。其中，为了确保我们的信息准确可靠，在调研访谈中，我们将问题以“诉求”“痛点”“担忧”三个维度来进行提问，这三个维度的问题独立且相互关联，一个问题点最多需要三个维度共同确定才能确保答案有效。如果实验过程出现主试听错或被试错报，谎报等情况，“三维表”便会出现答案间的矛盾，设计师可以继续深入挖掘。这样做，可以使得整个分析数据都准确可靠。

例如：

设计师：“您觉得在工作中机器人能够帮您做什么呢？”

被试回答：“我们的工作太灵活了，不需要。”

设计师：“那您认为工作中会遇到哪些困难或做哪部分工作最费劲？”

被试回答：“取下来的硬盘我经常记错号码。”

设计师：“如果由机器臂来取硬盘和更换，您觉得会有什么问题吗？”

被试会带：“这也可以吗？如果能实现的话是

可以节约我很多时间，不过如果取错怎么办，而且机房环境复杂，不同位置都能取到吗?”

在这个过程中，被试对于自己的“诉求”模糊，我们则换个维度通过“痛点”入手，得知了用户其实是有需求的，只是他没想到可以通过机器人解决。最后我们通过“担忧”维度的问题确认解决办法是否有效，过程中可能会遇到什么问题。

2.2 建模——通过用户画像建模来初步分析各角色职能

在获取了充足的角色信息后，我们来梳理工作人员的画像。建立用户画像的核心工作是给被试贴通用“标签”，而标签是通过对用户信息分析而来的高度精练的特征标识，这将有助于我们排除无用信息，让研究人员能更专注在核心研究点上。

通过筛选分析本次用户画像的核心标签来确定初步用户画像，如图 1 和图 2 所示。

我们通过建立这些用户画像把每个人的工作内容、痛点等零散信息串联起来，并慢慢丰富每个画像，让它更加有血有肉。

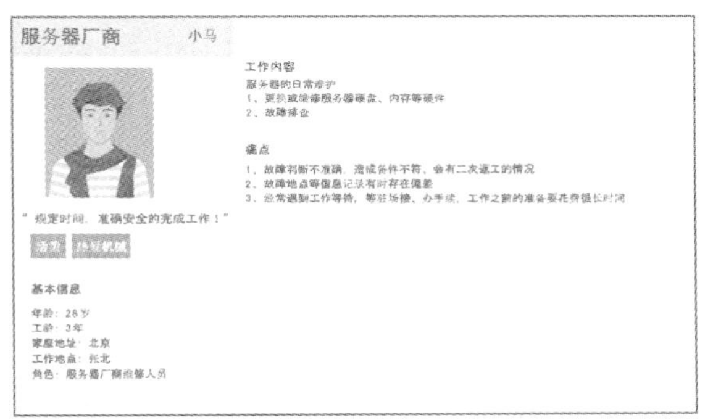

图 1　服务器厂商初步用户画像

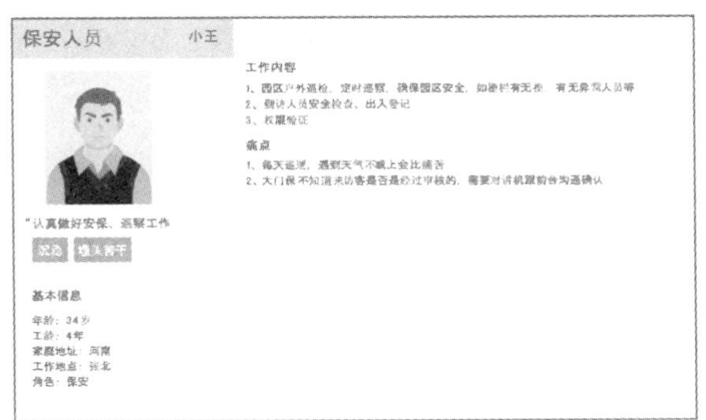

图 2　保安初步用户画像

2.3 评测——通过“33 评测表”来分析哪部分工作可以被替代

当我们通过用户画像深刻地了解了角色的工作内容和流程，就采用“33 评测表”的方式来进一步梳理哪部分工作可以被机器人更好地代替。“33 评价表”由正向 3 个维度（重复性、危险性、精准性）和反向 3 个维度（灵活性、创造性、复杂性）组成（图 3），正向维度分数越高，反向维度分数越低，就认为此部分工作适合被机器人所替代；反之，则认为不适合由机器人替代。（注：评分是通过专家走查的方法由多名专家打分综合给出，100 分为满分。）

以保安角色为例，我们通过专家打分以及和保安代表多次确认后（图 4），给出了评测结果。

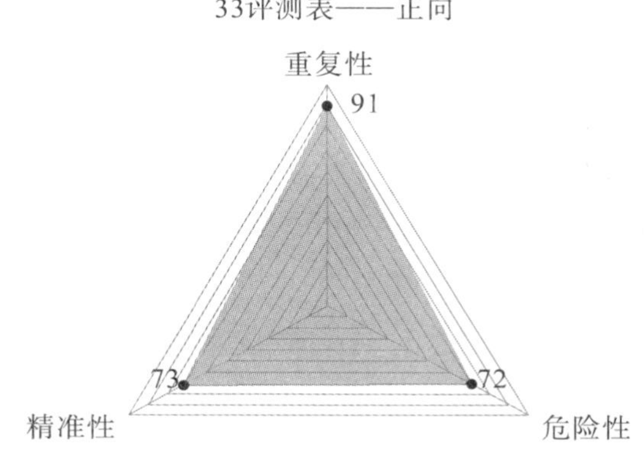

图 3　保安正向 3 个维度的评分

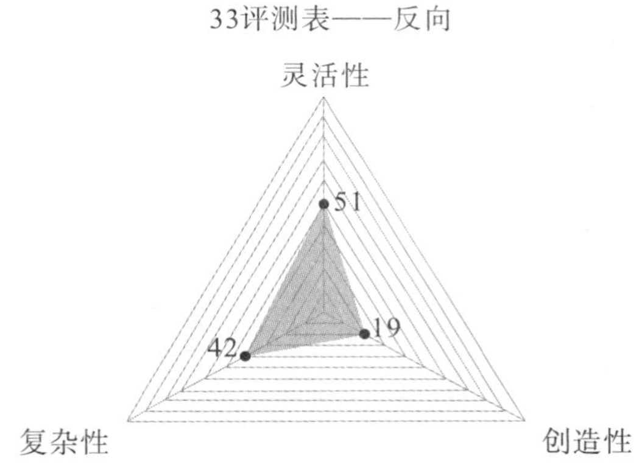

图 4　保安逆向 3 个维度的评分

我们能清楚看到，保安在正向维度评分很高，逆向维度评分很低，这说明保安的工作职能比较简单，容易替代，实现难度也不高。

2.4 设想——通过“认知走查法”假想效果

当我们聚焦到了这些应该被改变的工作中后，我们必须确认一旦机器人参与这个流程后，工作链路会变成什么样，更好还是更糟？这时，根据现有材料，利用“认知走查法”假想目标流程的效果是一个行之有效的办法。

首先，体验设计师设想自己的方案，将其写下来；接着，所有体验设计师进行头脑风暴，形成一个共识方案；最后，体验设计师将这套方案给研究对象，让他预想此方案有什么问题，是否可行。

比如，我们将自己想象成一名保安，那预想的场景便可表述为：“冬天的傍晚，寒风刺骨，但是巡逻机器人却照例 24 小时进行巡逻，对园区关键地点安全隐患进行排查，我只需要在监控室看摄像头即可掌握全厂的情况。这时有访客申请进入，智能摄像头通过人脸识别判断安全，便自动放行。”

这听上去好像不错，既能解决该角色的痛点，又具有很高的可行性。于是，在经过多方评估后，机器人协助保安的方案便基本确定了。我们将这些内容丰富到用户画像中，便得到了完整的角色卡片（图 5）。

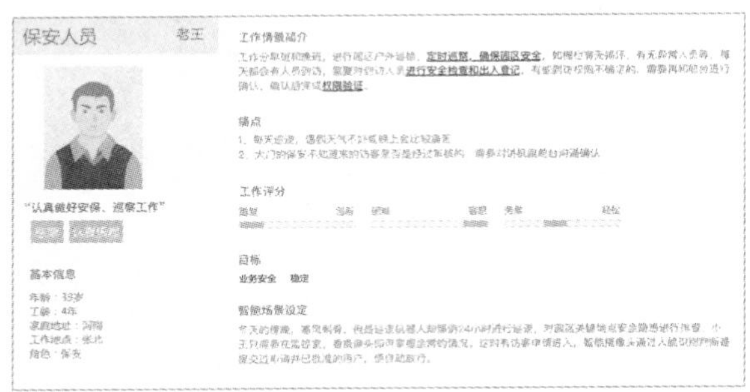

图 5　保安最终用户画像

2.5　验证——将角色卡片串联起来组成整个体验链路图

正如深泽直人所说，“设计要考虑其所在的环境。”我们对角色的预想场景设计不仅要考虑其独立场景，更应该考虑他们所在的整个链路。因此，在完成每个角色的预想场景设计后，我们将他们放进完整的园区流程，综合评估其合理性（图 6）。比如：“服务器厂商的维修人员小李来到园区，人脸识别后允许其进入（快速通过）。引路机器人在获取他的维修订单后，带他进入指定的机房（免陪同）。路上他看到很多安保机器人在定时检查园区安全（自动化）。进入机房后，他在机器人的协作指引下完成指定的维修任务（快速、准确，易学习）。”

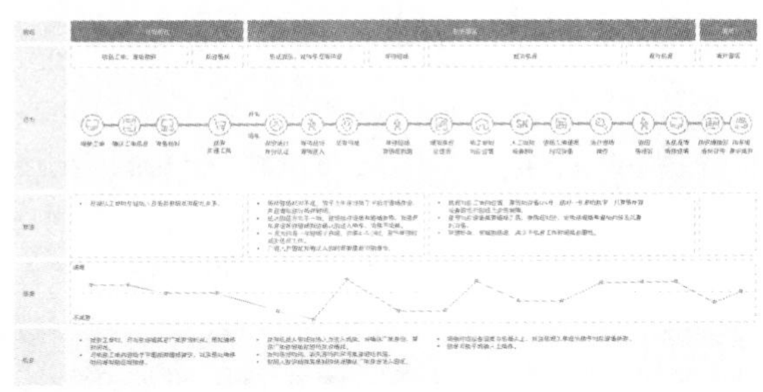

图 6　厂商维修体验地图

在这个多角色配合的复杂任务流中，我们看到包括机器人等先进技术对整个流程的改变，确实使其更加智能、高效。所以我们认为，此优化方案是可取的。

3　总结

通过案例我们能发现，“机器人链路融合法”是一套易实施、成体系的机器人附能方案，能够帮助我们很好地衡量机器人在整个链路中的发力点以及评估改变后的成果。在实际应用过程中，可以参考图 7 来进行实际操作。本方法会对于那些需要应用机器人来协作工作生产的公司或个人，确实能起到非常积极的作用。

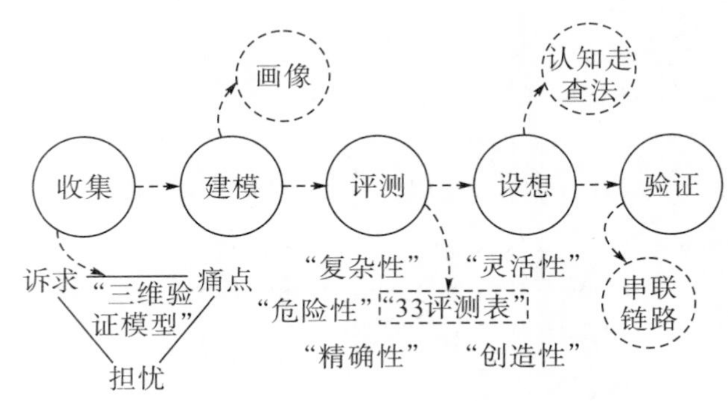

图 7　整体流程图

参考文献

［1］John Rieman. Usability Evaluation with the Cognitive Walkthrough［J］. Conference Companion on Human Factors in Computin，1995：387－388.

［2］杨连营，杨亚，汪文杰，等. 一种电力信息通信机房智能巡检机器人设计与应用［J］. 微处理机，2017（5）：89－94.

［3］智研咨询集团. 2015—2020 年中国机器人市场现状评估及发展战略研究报告［R］. 2015.

［4］中商情报网. 2017 年中国工业机器人行业分析报告［R］. 2017.

［5］李慧迎，祁玉娟. 体验式虚拟实验的设计及实效性分析［J］. 中国教育信息化·基础教育，2013（9）：80－83.

基本移动互联网发展多层级的安全研究

王紫慧　徐旭玲　代嘉鹏　谢文娟　林胜师　蒋旻娟

（国美通讯设备股份有限公司，上海，210000）

摘　要： 随着电脑技术和网络信息技术的飞速发展，手机等移动智能设备早已深入人们的生活和工作，把人们带进了一个日新月异的网络时代。网络日渐成为我们获取信息，学习知识，休闲娱乐的重要工具。但是，网络在扩大我们知识获取范围的同时，移动互联网安全问题日益凸显。手机将不再是我们单一的通信工具，已成为我们社交、个人信息存储、移动支付、网购等不可缺少的移动终端。本文将研究如何平衡手机便利性及安全性带来的复杂操作，以多层级安全的形式来平衡复杂和便利之间的关系，利于技术的创新，给用户带来更加个性化和便利的安全体验。

关键词： 手机；专属安全；便利操作；多层级安全体验

1　移动互联网的发展与手机的关联

1.1　移动互联网的发展促进了手机行业的发展

移动基础设施的普及和移动生活的便利性共促行业发展。2016 年，中国移动互联网的用户规模连续 3 年保持 11%左右的增长率。手机终端规模连续 3 年的增长率分别为 21.9%、14.6%、8%（图 1）。

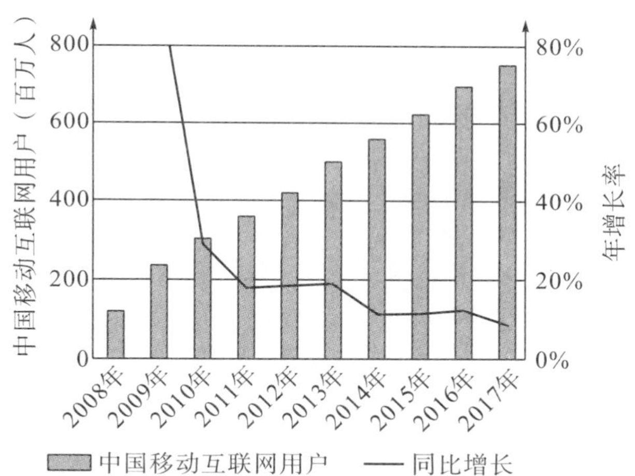

图 1　中国移动互联网用户年增长率

（参考自 2018 年《互联网趋势报告》）

移动互联网的飞速发展给广大用户带来了极大便利。根据艾媒网讯 2016 年 9 月 12 日全球领先的移动互联网第三方数据挖掘和分析机构 iiMedia Research（艾媒咨询）权威发布《2016Q2 中国移动安全市场季度监测报告》显示，截至 2016Q2，中国智能手机用户规模达到 6.31 亿人，同比增长 4.9%，环比增长 1.1%。中国移动安全软件用户规模达到 5.24 亿人，总体用户数量逐年增加，但用户规模增长速度持续放缓（图 2）。一方面，中国智能手机市场人口红利见顶对移动安全用户规模增速有所影响；另一方面，移动支付快速发展有效提升了用户在移动安全方面的需求。

移动网民的增加，尤其是移动化生活逐步渗透至人民的金融消费、出行、教育、娱乐等各领域，因此移动网民对移动应用的安全性和安全强度将会提出新的要求，促使移动应用安全企业持续研发更新安全防护技术，加速移动应用安全市场的发展。

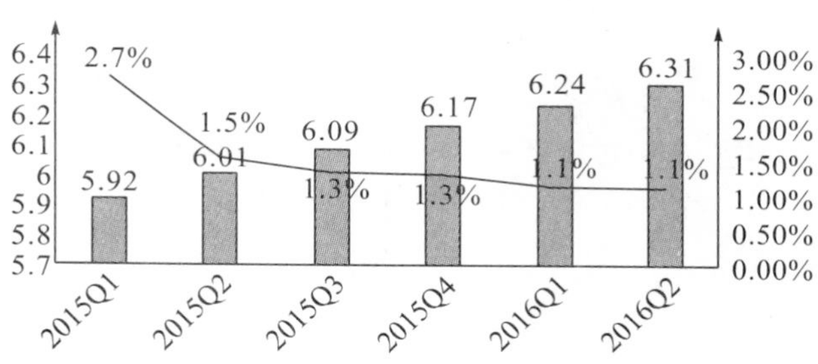

图 2　2015Q1—2016Q2 中国智能手机用户规模

（参考自《2016Q2 中国移动安全市场季度监测报告》）

1.2　手机行业用户对安全性的需求

智能手机用户对于手机安全产品的需求正逐步变为刚性。因此，智能手机的普及率将是决定手机安全市场用户规模和增长速度的根本因素。在此基础上，4G 和移动互联网的发展、病毒事件的爆发、用户安全意识的提高等诸多因素对手机安全行业的发展也有不同程度的影响。

1.3　如何看待手机带给用户的“安全感”

虽然通过手机行骗的手段越来越多，也经常听闻通过手机被骗的案例，或是手机遗失、信息被盗等，但在购买手机时，却很少有用户提到手机安全的问题。尽管平时在购买、使用手机的过程中，用户鲜有考虑安全问题，但从自身与手机的关系中却可以察觉亲密关系背后隐藏的深层次的安全问题。

不少用户提到跟手机的关系，如同家人、配偶、兄弟、密友一般，只有在充分信任、彼此毫无芥蒂的情况下，才能建立这样紧密的联系，觉得手机的存在就是自己不可或缺的一部分。这种关系是以安全感为基础的，手机在身边不会觉得对自己有危害，在自我防范意识当中不会提防来自手机的威胁，如同和亲人在一起，这就是安全感。

1.4 安全需求的定义及重要性

在用户需求模型中，安全需要（safety needs）属于较初级的需求，也是基础的需求。安全需求主要包括对人身安全、生活稳定以及免遭痛苦、威胁或疾病的需求，和拥有家庭、身体健康以及自己的财产（图 3）。

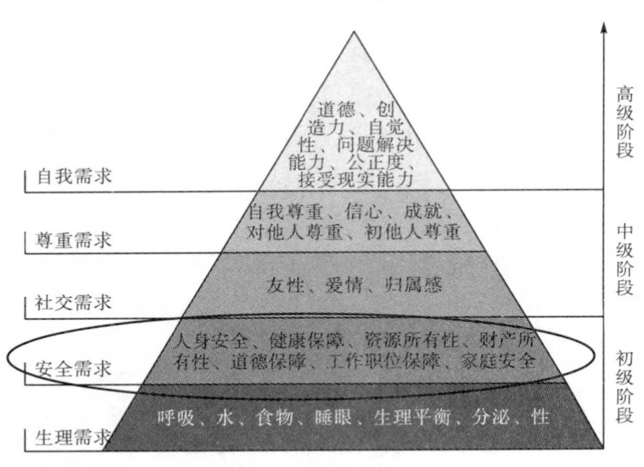

图 3　安全需求

缺乏安全感的特征：感到自己受到身边事物的威胁，觉得这世界是不公平或是危险的，而变得紧张、彷徨不安，认为一切事物都是“恶”的。

无论是学生还是大人，暂时失意者或成功者，都会有安全感的需求。

这些安全感会在以下方面投射：人身安全、健康保障、资源所有权、财产所有权、道德保障、事业保障、家庭安全。

1.5 手机安全问题

针对手机到底存在哪些安全的问题，用户的理解各有千秋。有的安全问题用户亲身经历过，有的则是听闻。不少是比较常见的手机安全隐患，比如手机被盗、遗失，导致信息找不回或者隐私泄露；手机通讯录、相册等被偷看也时有发生；更恼人的是通过手机被恶意刷取消费，账号密码泄露，导致钱财被窃。

DCCI 的调研报告显示：视频、图片和账号密码是 Android 手机用户担心泄露的三大隐私内容。超过 20%以上的用户表示曾泄露过涉及隐私的视频、图片、账号密码和联系人信息（图 4）。

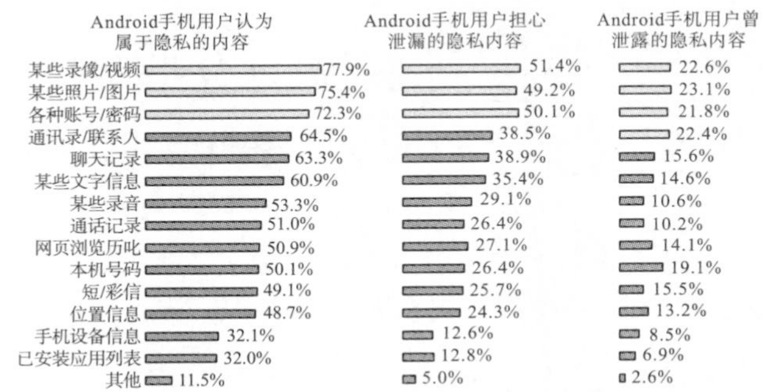

图 4　DCCI 2016 年中国移动隐私安全现状调研结果

此次，我们主要针对在移动互联网发展下的手机安全性问题中的关于安全隐私方面的问题展开分析和探讨。

1.6 现有的手机安全策略

随着智能手机的日渐普及，移动支付开始逐渐渗透，这种比 POS 机刷卡、Web 端支付更便捷的方法，无疑会有更广阔的发展空间。目前的移动支付方法包括 PayPal 数字钱包、Google Wallet、Square 等，它们正借助智能手机飞速扩张。用户很可能因为安全问题对移动支付望而却步。来自英国的调研机构 Auriemma Consulting Group 做了一组调查，他们发现，和智能设备强调用户体验至上相悖的是，更烦琐的手续反而更容易让用户接受。

安全意识强的用户会提及“双保险”，即同时使用两个手机验证。另外，也有个别用户提到，解决手机安全问题的主要措施还有把资料备份到云端、设置双重解锁密码，甚至每个应用都设置一个密码，比如文件加密、照片加密、通讯录加密，成为名副其实的密码控。从操作方式来看，安全认证文件、多次输入密码、验证码在每次交易中都会使用到。然而移动设备对便捷的需求更加强烈，简化流程是大势所趋，但如何兼顾安全性以及让用户接受，成为一个难题。从应用市场下载关于安全性的 App 可以看出，用户对手机安全的需求高热不下（图 5）。

对于大多数用户来说，安全性与便捷性是鱼与熊掌的关系，如何让二者兼得是用户较为渴望的诉求。安全需要加密与限制，便捷性意味着简洁与自由，新的安全再设计时需要兼顾二者的平衡关系。多数情况下，用户是需要在一个较为安全放松的环境中使用手机，所以我们需要把基本安全的机主模式状态作为常态，把高级安全加密环境与受限使用的受限模式作为相对低频的状态。

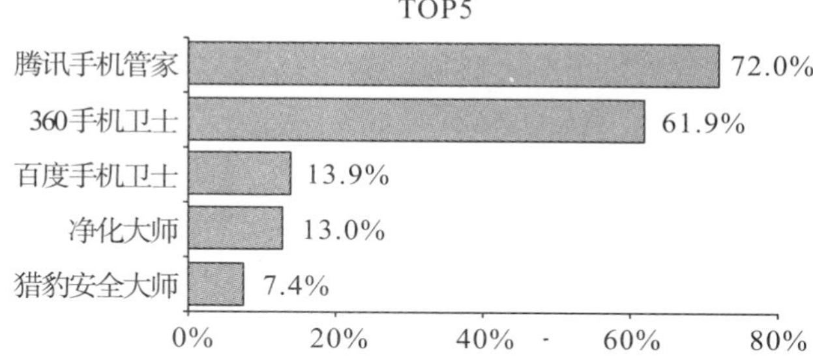

图 5　2016 年第二季度中国手机安全市场活跃用户覆盖率

如何在满足安全的需求上增加用户使用的便利性，国美通讯结合用户使用手机的习惯，探索了一个有温度、无感知且多层级的安全模式，带来了一种有序严谨的安全体验。

2　多层级的安全技术

2.1　技术层面上带来独有安全感

生物识别技术是目前最为方便与安全的识别技术。利用生物识别技术进行身份认定，安全、可靠、准确。

生物识别系统对生物特征进行取样，提取其唯一的特征转化成数字代码，并进一步将这些代码组成特征模板。由于微处理器及各种电子元器件成本不断下降，精度逐渐提高，生物识别系统逐渐应用于商业上的授权控制，如门禁、企业考勤管理系统安全认证等领域。用于生物识别的生物特征有手形、指纹、脸形、虹膜、视网膜等，行为特征有签字、声音、按键力度等。基于这些特征，人们已经发展了手形识别、指纹识别、面部识别、发音识别、虹膜识别、签名识别等多种生物识别技术。

由于人体特征具有人体所固有的不可复制的唯一性，这一生物密钥无法复制、失窃或被遗忘，利用生物识别技术进行身份认定，安全、可靠、准确。而常见的口令、IC 卡、条纹码、磁卡或钥匙则存在着丢失、遗忘、复制及被盗用等情况。因此，采用“生物钥匙”，用户可以不必携带大串钥匙，也不用费心去记或更换密码。

2.2　安全密码的分类

目前，市面上的密码基本分为普通密码和生物密码两种。普通密码，有数字、混合、图案等几种传统的使用方式；生物密码，有指纹、人脸、虹膜、声纹等。根据密码的使用场景不同，密码的使用层级也不尽相同。

创建密码和记忆密码几乎成了每人必需的基本功。同时也出现了密码过多导致难以管理、难以记忆的问题。

在使用普通密码的过程中，在密码认证系统当中，人们使用最广泛的是字母、数字，即通过一组字母和数字的组合作为密码。其中混合密码的使用为：字母+数字+符号的组合，安全等级较高，且一般都要求 6 位或 8 位数以上。这样一来，被破解的可能性就会极大降低，一般适用于对安全需求较高的用户。而图形密码的密码空间较大，应用方式灵活，不使用单词，方便快捷。目前，安卓机中使用图案密码作为解锁方式的用户也不在少数。

生物密码有一个好处就是不需要记忆，指纹和虹膜都是随身携带的，按一下或看一眼就相当于输入了一个成千上万位的密码。生物特征识别技术具有不易遗忘、防伪性能好、不易伪造或被盗、可随身“携带”和随时随地可用等优点，使用更加便利。生物识别技术比传统的身份鉴定方法更具安全、保密和方便性。

人类的生物特征通常具有唯一性、可以测量或可自动识别和验证、遗传性或终身不变等特点，因此生物识别认证技术较传统认证技术存在较大的优势。

2.3　生物识别带来的便利性

从生物识别入手，每个生物识别都有它独特的属性。不同的生物识别技术在精度、稳定性、识别速度、便捷性方面有着明显的差异，因此，在不同的应用领域中，有着各自不同的特点。作为取代传统密码用途以及对人们身份进行搜索确定的核心手段之一，生物识别技术拥有良好的发展期许。以下以人脸识别、指纹识别、虹膜识别、声纹识别展开论述。

2.3.1　人脸识别

人脸识别是基于人的脸部特征信息进行身份识别的一种生物识别技术（图 6），其技术应用最为广泛，使用最便捷。人脸与人体的其他生物特征（如指纹、虹膜等）一样与生俱来，其唯一性和不易被复制的良好特性为身份鉴别提供了必要的前提。与其他类型的生物识别相比，人脸识别具有以下几个特点。

（1）人脸识别技术的主要优点。

人脸识别的优势在于其自然性和不被被测个体察觉的特点。所谓自然性，是指该识别方式同人类进行个体识别时所利用的生物特征相同。例如人类就是通过观察比较人脸区分和确认身份的，另外具有自然性的识别还有语音识别、体形识别等，而指纹识别、虹膜识别等都不具有自然性，因为人类或者其他生物并不通过此类生物特征区别个体。

不被察觉的特点对于一种识别方法来说很重要，这会使该识别方法不令人反感，并且因为不容易引起人的注意而不容易被欺骗。人脸识别具有这方面的特点，它完全利用可见光获取人脸图像信息，不同于指纹识别或者虹膜识别，需要利用电子压力传感器采集指纹，或者利用红外线采集虹膜图像，这些特殊的采集方式很容易被人察觉，从而更有可能被伪装欺骗。

（2）人脸识别技术的主要缺点及困难点。

人脸识别的困难主要是人脸作为生物特征所带来的相似性及易变性。人脸识别虽然具有较高的便利性，但是其安全性也相对较弱一些。其识别准确率会受到环境的光线、识别距离、照片易破解等多方面因素影响。另外，当用户通过化妆、整容对面部进行一些改变时，也会影响人脸识别的准确性。而且对于需要戴口罩的一些环境，人脸识别也难以起到作用。同时，根据人脸识别的采集点不同，人脸识别存在安全性高低的差异。

图 6　国美手机录入人脸截图

2.3.2　指纹识别

指纹，由于其具有终身不变性、唯一性和方便性，已几乎成为生物特征识别的代名词（图 7）。指纹是指人的手指末端正面皮肤上凸凹不平产生的纹线。纹线有规律的排列形成不同的纹型。纹线的起点、终点、结合点和分叉点，称为指纹的细节特征点。由于每个人的指纹不同，可用于身份鉴定。此技术虽然已较为成熟，但并不适用于每一个人。

（1）指纹识别技术的主要优点。

①指纹是人体独一无二的特征，并且它们的复杂度足以提供用于鉴别的特征。

②指纹扫描的速度很快，使用非常方便。

③接触是读取人体生物特征最可靠的方法。

④指纹采集头可以更加小型化，并且价格会更加的低廉。

（2）指纹识别技术的主要缺点。

①某些人或群体的指纹特征少，难成像。

②读取指纹时，用户必须将手指与指纹采集头相互接触。

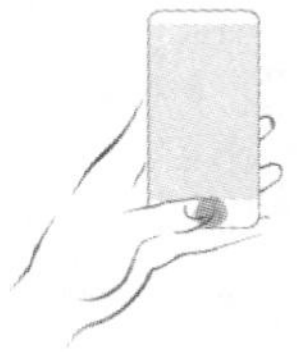

图 7　国美手机录入指纹截图

2.3.3　虹膜识别

虹膜识别是基于眼睛中的虹膜进行身份识别，应用于安防设备，以及有高度保密需求的场所（图 8）。人的眼睛结构由巩膜、虹膜、瞳孔、晶状体、视网膜等部分组成。虹膜在胎儿发育阶段形成后，在整个生命历程中将保持不变。这些特征决定了虹膜特征的唯一性，同时也决定了身份识别的唯一性。虹膜目前已成为生物认证技术的“宠儿”，安全性居于首位。

（1）虹膜识别技术的主要优点。

①便于用户使用。

②可能会是最可靠的生物识别技术。

③不需物理接触。

④可靠性高。

（2）虹膜识别技术的主要缺点。

设备造价高，无法大范围推广。

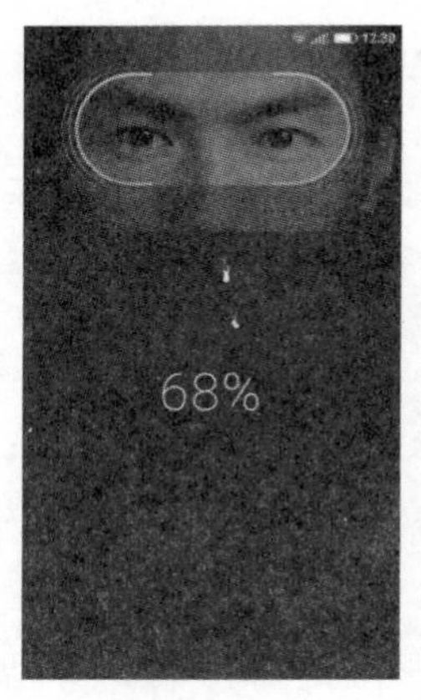

图 8　国美手机录入虹膜截图

2.3.4 声纹识别

声纹识别是生物识别技术的一种，也称为说话人识别（图 9）。其分为两类，即说话人辨认和说话人确认，成本低廉、获取便捷，适用要求严格。声纹识别就是把声信号转换成电信号，再用计算机进行识别。

（1）声纹识别的优点。

①蕴含声纹特征的语音获取方便、自然，声纹提取可在不知不觉中完成，因此使用者的接受程度也高。

②获取语音的识别成本低廉，使用简单，只需一个麦克风即可。

③适合远程身份确认，只需要一个麦克风或电话、手机就可以通过网络实现远程登录。

④声纹辨认和确认的算法复杂度低。

（2）声纹识别的缺点。

①同一个人的声音具有易变性，易受身体状况、年龄、情绪等的影响。

②识别性差，比如不同的麦克风和信道对识别性能有影响，存在恶意攻击录音的可能。

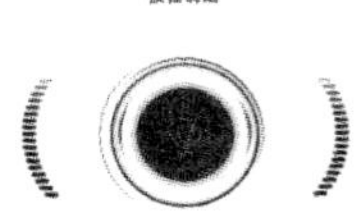

图 9 国美手机录入声纹截图

2.4 生物识别

综上所述，每个生物识别都有它独特的生物特征，可对不同的使用场景使用不同的生物识别技术（表 1）。

表 1 各个生物密码的优缺点对比

	人脸	指纹	虹膜	声纹
特点	①自然性 ②不易被察觉 ③方便快捷	①独一无二 ②需要与指纹传感器接触才可使用	唯一性	远程身份辨认便捷
弊端	相似性 易变性	①部分群体特征少，难成像 ②过程不自然	设备造价高	易变性 难提取
安全性	高/低	高	高	高

3 多层级的安全设计

针对不同安全层级的定义，每个人对安全的定义及认知的异同。目前，国美手机的几个功能可以针对内容隐藏需求的不同，使用不同的安全保护。在前期手机安全概念分析建模的基础上，确定安全的定义、架构与评估要素之后，就需要量化分析模型在安全功能与用户体验方面的效果。

首先，搜集汇总安全相关功能按照功能，需求进行分析。然后进行定量调研，评估用户对于现有安全功能的需求。最后，结合用户需求构建用户体验分析库，并不断对库中的数据进行更新。

3.1 高密级的安全设计

根据图 5 可知，视频、图片、账号密码以及通讯录联系人等是用户认为主要的信息泄露的内容。这些被用户认为的重要的加密内容及加密场景要作为安全重点问题。针对视频、图片、账号密码以及通讯录联系人等信息的加密，目前国美手机中有两款产品可以解决此问题，一是安全模式，二是钥匙串。

3.1.1 安全模式的定义

它是一种可以将用户不想展示给他人查看的内容通过用户自己的生物识别进行保护。用户可以选择生物识别的种类及排列组合来使用安全模式（图 10）。安全模式是一个可以查看加密内容的专属空间，使用生物识别的加密技术，可以全方位保障加密信息的安全性。

图 10 国美手机安全模式介绍截图

下面通过一个案例来说明。

有一个宝宝照片加密需求（图 11），宝妈的用户场景主要是避免给不熟悉的人或者客户看到宝宝照片。宝妈平时经常会浏览，所以不能隐藏得太深，要便于查看。还要能批量快捷处理宝宝的照片，操作不能太烦琐。

安全模式可以解决宝妈的困惑。利用生物识别的便利性及安全性，就既解决了加密的需求又便于自己日常查看。

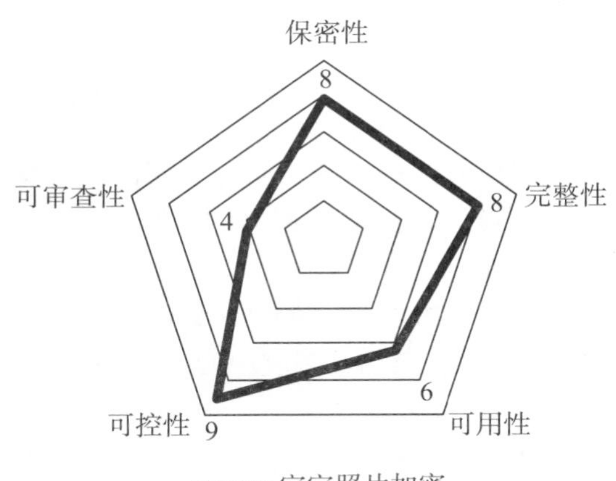

图 11　宝妈对宝宝照片的加密需求

3.1.2　钥匙串

简单密码容易被破解，复杂密码又记不住；设成相同的密码，每个 App 的要求格式又不统一。

钥匙串是一款安全便捷的密码管理应用，它解决了用户账号太多，记不住密码，重复申请账号的困扰。它能够帮助用户在登录时用户只需扫一下验证虹膜，即可自动填充这些被记住的信息，为用户提供一种安全、便捷的交互体验（图 12）。

图 12　国美手机钥匙串介绍截图

下面通过一个真实案例来说明。

由于手机端各种账号日益增多，用户对于账号密码如何设置、设置之后如何备忘、如何防止相同密码泄露等问题逐渐增多。接近四成的人为了方便使用了相同的密码，25 岁以下的年轻人有 46.2% 更为突出。手机端密码设置、管理、备忘的功能将成为潜在的用户痛点。而钥匙串功能可以更好地解决手机账户密码的问题。

3.2　轻量级的安全设计

轻量级的安全主要体现在给同事看某一张或者某一组照片时，会一不小心翻阅到不方便给其查看的内容。还有在办公的时候接到人电话，不方便同事看到来电详情，等等。

根据轻量级安全的特征，建议使用的加密技术相对要求较低，例如可以使用轻量级的人脸识别来解决。目前，国美手机中有一个功能叫 Face－Me 其中包含了锁定查看及 Face－Me，通称 Face－Me。

锁定查看是可以在传阅手机里的图片时，机主可以锁定需要传阅的图片，避免他人看到机主的隐私图片。国美手机中 Face－Me 中锁定查看使用人脸识别技术，使手机能够智能识别机主，只对机主进行翻阅（图 13）。这是一种无感知的交互方式，帮助用户不失礼貌地保护个人隐私，给用户带来智能、便捷、安心的使用体验。

图 13　国美手机 Face－Me 功能截图

下面通过一个案例来说明。

周末带孩子出去玩，选了几张好看的照片给他分享，但又怕其他人会不小心翻到其他照片。可以在分享照片的同时根据分享者快速创建照片分享集，只在可选的照片内进行翻阅，但是希望自己可以看自由翻阅。

3.3　常规的安全设计

普通的安卓手机的密码分为两种：一种是手势密码（图案密码），也就是我们常见的九宫格密码图；另一种是输入密码，这个也分为 PIN 密码和复杂字符密码，而 PIN 密码就是四位数字密码，比较简单。

而苹果手机中仅有数字密码，在推出 iOS 9 后，其所有配置 TouchID 以及运行 iOS 系统最新版本的苹果设备都需要将解锁密码从 4 位升级至 6 位，这将使破解密码的难度大大提高，第三方将很难访问用户的数据。IBM 在他们最新的一张信息图表中对比了破解 4 位和 6 位密码需要的时间。尽管 4 位密码比较容易被破解，但是仍有 1 万种密码组合，黑客利用合适的工具大概需要 18 分钟。而 iOS 9 新的 6 位字母数字密码组合将达近 100 万种，如果网络犯罪分子按照破解 4 位密码相同的方式破解所有 6 位密码，需要花上 196 年时间。这个时间是破解 4 位密码需要 18 分钟的 572.32 万倍。不过单比 4 位密码，6 位密码的记忆成本也随之增加了。

3.4 小结

根据以上分析，针对安全性需求，可从两方面考虑来平衡使用生物密码。第一，根据需求的安全级别；第二，针对需求分析用户对便利性体验的要求。平衡以上两点后以不同层级的使用规则来满足用户的使用需求。利用生物密码的独特性及唯一性给用户带来专属贴心的安全体验。

参考文献

[1] 易观：中国互联网广告市场趋势预测 2017—2019 人工智能快速发展，营销云时代即将到来［EB/OL］. https://www.analysys.cn/article/analysis/detail/1001339.

[2] 中国智能手机市场格局趋稳 国产厂商有望占据龙头地位［EB/OL］. ［2018－08－05］. http://tech.huanqiu.com/Enterprise/2014—08/5097351.html.

致创业团队：基于自身的基因检测进行迭代

熊小玲

（上海童锐网络科技有限公司，上海，200120）

摘　要：本文介绍了笔者在多个创业团队中遇到的一个问题，即创业团队引进了新设计思维和设计工具做产品，但推进过程中，成员之间因未能达成共识而导致迭代缓慢。于是笔者对此进行了体验式分析总结和非专业性理论的实践总结。总结包含三个部分：创业团队的迭代逻辑；产品开始/迭代前的基因检测和检测结果决定的产品和服务关键词；实践中常被引入的工具之间的关系解析。

关键词：设计思维；基因检测；交互

1　研究背景：创业团队引进了新的设计思维

创业是一个职业人常用的词汇，常听的声音。在这个场域中，有人选择跟随整体的声音，有人选择呼应某种声音，或选择与一个喜欢的声音前行，也有人自己创造了一个声音。创业者，多是自己创造了一个声音的那个人。而在创业和发展的过程中，有成就，也有新问题的出现。本文针对部分互联网创业团队在推进、迭代产品的过程中，突然发现将友商、竞品、大企业、某课程中提及的一些工作思路和工具引入自己的团队和业务并不一定能在成员中达成共识，有效推进，由此而进行了一些体验式研究。

2　研究现状

2.1　新的设计工具引入，好像没有达到它该有的效果

在创业团队的自我更新需求上，除了产品迭代和业务拓展，对内的管理也存在引进新的设计思维、设计工具的需求。

常见的问题是：引进了新思路、工具，团队不理解；运用起来不奏效；难以推进但是又不想放弃；为什么同样一套方法别人奏效，而我方无效？

2.2　自己团队的产品，到底是一个什么样的产品

定义：为什么样的用户解决什么问题？产品定义，决定了这个产品的关键交互和真正的业务指标，决定其是否能生存和壮大（线下行业俗称规模化，而互联网行业叫“壮大”更为贴切）。

定位：自己的定位是什么？和竞品的区别是什么？在不同维度有不同竞品，分别是什么？定位决定了这款产品是否可持续，和其持续的方式。

3　实践回顾：书单帮助理解需求，实践总结产品经验

3.1　设计工具引入

有一个创业团队的必读书单是：*User story mapping*，*The elements of user experience*，*Design with mind in mind*。

另一个团队要求的是得到 App 上梁宁的产品课程，以此让团队形成一些工作思路和沟通共识。

还有一些团队从工作坊中接触到，从而引进和特别推崇用户体验地图、用户故事地图、服务蓝图。

3.2　实践分享

案例 1：为批发商定制的服务系统（图 1）。

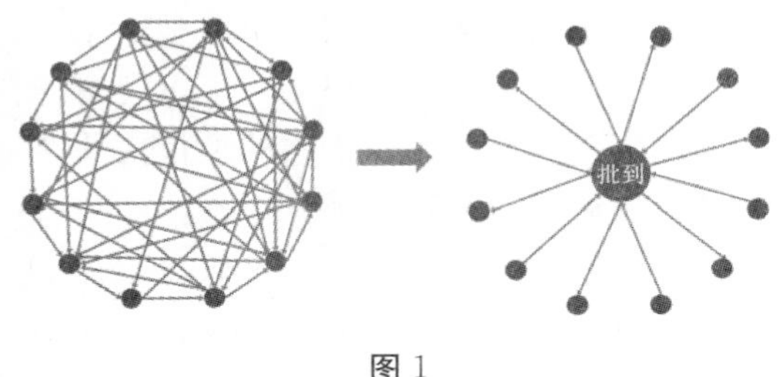

图 1

业务理解上，由甲方代表、乙方团队（引导师、设计师、数据人员、开发人员各 1 人）进行 3 小时的业务梳理和需求获取，了解业务的角色、流程、交互物，绘制用户故事地图，了解各个环节并找出不合理的点和优化点。

用户上，由甲方提供往期本业务的实现方式和相关图例、材料、对话、行为规律等，初步形成用户画像，确认对该用户群（批发商）最有价值的信息（进出货信息和联系方式）和交互载体（手机和手机上的电话、微信）。

执行上，3 小时形成初步方案和简略的设计交互稿，结束后双方进行业务流程确认和修正、用户角色模拟、方案完善、功能分期、视觉设计稿、开发验证。

这个平台最终的产品定义是：批发商之间的出售和求购信息公示平台，它的基因是“人和信息的交互”，决定了当用户到来，平台上的信息本身的真实性（质）和信息量（量）共同构成了平台基础；信息促成交易是产品价值，用户为此信息付费是关键指标，简洁的对话式界面和客服在线是体验触点。

这个系统的基因构造是人（批发商）—产品（供求信息公示平台）—行动（根据信息互相联系，出货、进货完成交易）—反馈（信任和留存）；关键词是可选择和可信，适应用户日常生活表达的映射是评价互动的对话。

案例 2：为医美销售团队定制的信息管理系统（图 2）。

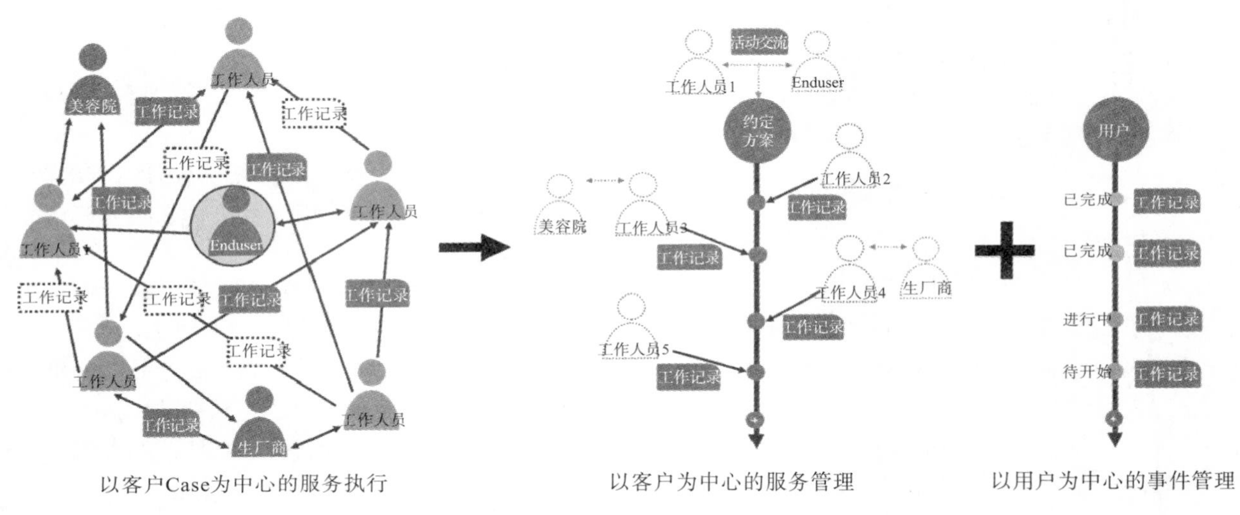

图 2

业务理解上，与上述案例同理，不同的是医美行业是个低频次、高客单价、周期长、工作人员在外跑没有办公室的行业，一个客户由多个甚至很多个人服务他且步骤烦琐，因此这个业务基因是人（销售团队的各个角色）与人（客人）的交互之后形成交互记录，确定下次疗程任务，最终是“人与事件的交互”。这决定了：

目标用户——不是那群花大钱来做医美的客人，而是这群没有办公室的服务人员。

要解决的问题——这群服务同一个客户的工作人员之间的信息交接和客户资料存档共享。

产品定义——为医美销售团队提供员工间信息共享，对客户疗程周期管理的任务记录的系统。

实施触点——移动端微信上，并为管理者（老板、财务）配置后台在电脑上工作和进行业绩分析。

关键交互——事件的进程和待办、状态和反馈。

最后把方案可视化并沟通实施，快速验证。

而这个系统的基因构造是人（工作人员）—事件（为客户做咨询、疗程执行）—产品—记录（以用户为中心和以用户接触过的客户为中心的事件记录）；关键词是真实、可追溯、可行动；映射的是任务管理。

这些思路是对外业务的理解，也是对内沟通的背景。

4 实践洞察：除了运营管理，你需要这样 3 个思路

第一，一个大的迭代逻辑，时刻明确自己的定位，如图 3 所示。

管理/沟通工具
基因检测
确认指标
量/率
度
验收迭代
执行/管理

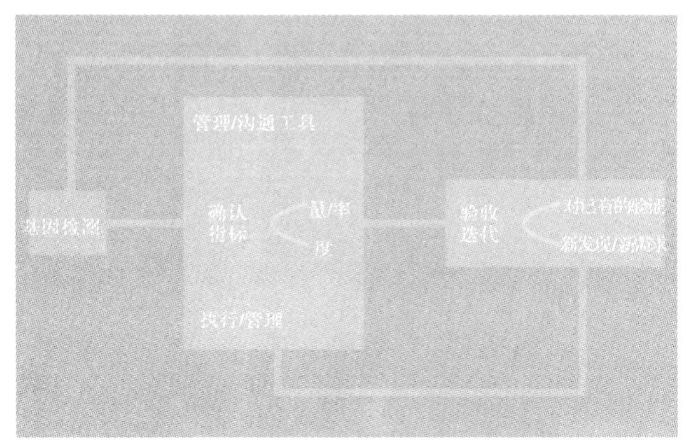

图 3

图中没有标记箭头，透明通道从左往右阅读，然后回流。这是一种带有能量的逻辑，大的框架上是单向的，也可能有某一条线是双向的。

当团队引进的新思维、新管理、沟通工具（诸如体验地图、服务蓝图等）没有奏效，最根本的原因是自己产品和其他产品的定位是不一样的。也就是说，尚未经过源头上的基因检测进行自我认识，就将自有业务对号入座到引进的思维和工具中，随即导致了前面提到的引入的新思维不一定奏效的问题。除了管理、沟通工具不一定奏效，还会有指标不一定达标（达标环节出错、指标之间的关系不清晰、指标本身和这个业务的评估标准不契合）的问题，执行、管理困难（共识问题、落地问题、应激性处理问题不能形成管理闭环），从而导致迭代方向失误，迭代效果不佳。

第二，产品的基因检测，层层剖析，明确自我定位，如图 4 所示。

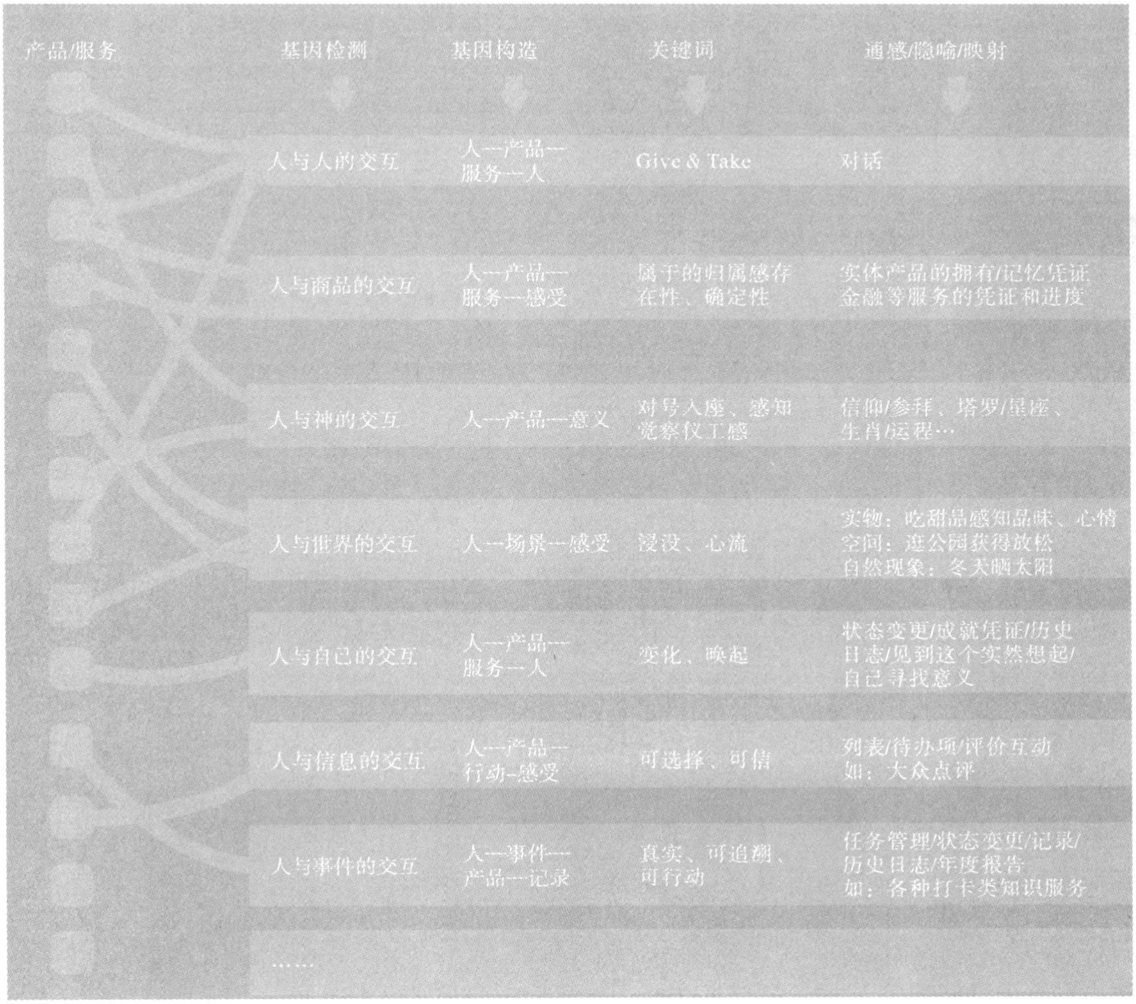

产品/服务
基因检测
基因构造
关键词
通感/隐喻/映射
人与人的交互
人—产品—服务—人
Give & Take
对话
人与商品的交互
人—产品—服务—感受
属于的归属感存在性、确定性
实体产品的拥有/记忆凭证
金融等服务的凭证和进度
人与神的交互
人—产品—意义
对号入座、感知觉察仪式感
信仰/参拜、塔罗/星座、生肖/运程…
人与世界的交互
人—场景—感受
浸没、心流
实物：吃甜品感知品味、心情
空间：逛公园获得放松
自然现象：冬天晒太阳
人与自己的交互
人—产品—服务—人
变化、唤起
状态变更/成就凭证/历史日志/见到这个突然想起/自己寻找意义
人与信息的交互
人—产品—行动–感受
可选择、可信
列表/待办项/评价互动
如：大众点评
人与事件的交互
人—事件—产品—记录
真实、可追溯、可行动
任务管理/状态变更/记录/历史日志/年度报告
如：各种打卡类知识服务
……

图 4

图 4 左侧的圆角矩形是我们的一个个产品，每个产品都与用户有一种关系，这种关系的明确就是基因检测，称之为“人与××的交互”，一个产品的检测结果可能只对应一种关系，也可能对应多种关系。如腾讯 QQ，QQ 好友和会话本身是人与人的交互，里边的空间日志是人与自己的交互（记录自己的东西，可以设置权限）。

基因构造则是在业务中产品和用户之间的连接方式。比如前面案例中的人与信息的交互，拆开为人（批发商）—产品（供求信息公示平台）—行动（根据信息互相联系，出货、进货完成交易）—反馈（信任和留存）；比如人与商品的交互，人（用户）—产品（淘宝）—服务（商品展示、商品购买方式、商品配送、售后服务）—感受（买到了商品，商品属于我）。

关键词则是一种被重点关注的符合用户深层认知的行为逻辑和真正的焦点，是一种产品要营造和强化的逻辑。

通感、隐喻、映射即表达方式的抽象，产品，在用户已有的认知、过往的经验、日常的互动中有什么比较好理解的接近的东西，抽象它，让用户“一看就会”——借鉴和抄袭的区别，也在于此。

第三，理解工具和工具与业务、与人的关系如图 5 所示。

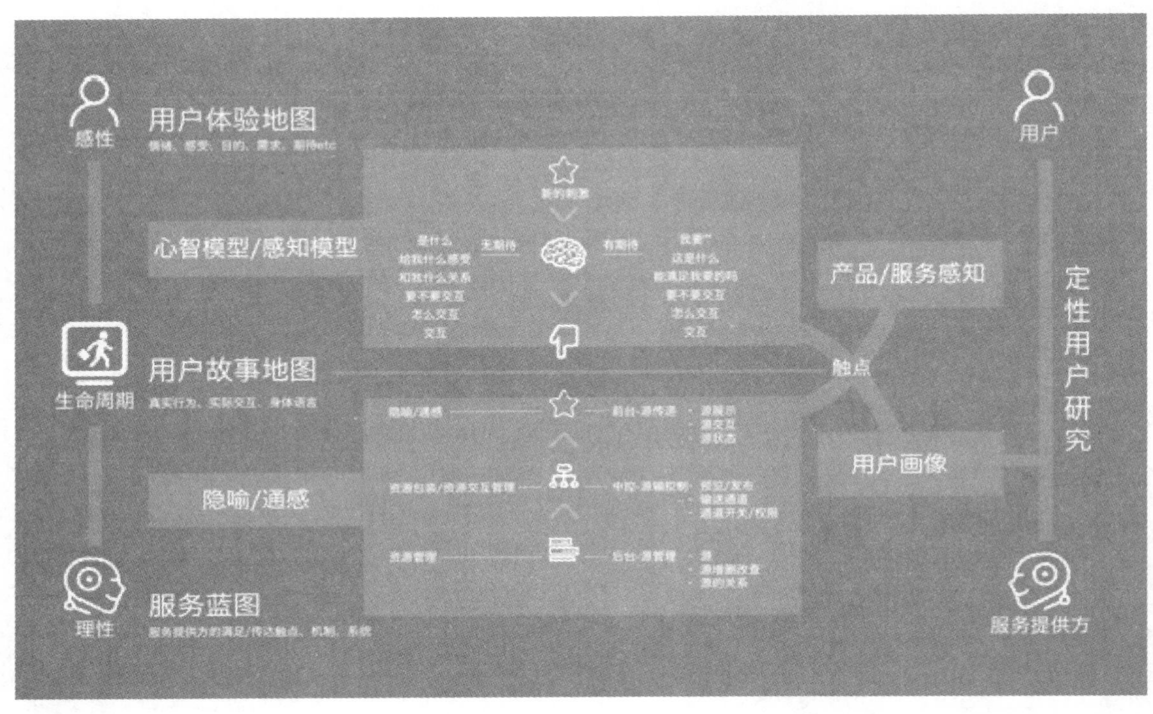

图 5

用户体验地图、用户故事地图、服务蓝图，是最常被引进的工具。用户体验地图是最感性的，用户故事地图倾向于客观、实际发生的事情，服务蓝图则是最理性的由管理者视角出发进行的梳理。

产品能为用户提供的服务都是一个个事件，在理性侧自下而上，将自身已有的能力和资源进行管理，中间加工包装，往上用符合用户认知的隐喻、通感等方式串联推给用户。这个推进过程，常用服务蓝图来共创共识。

用户体验地图从用户怎么决定去执行一件事情从而获得体验的角度，从用户对一个出现在面前的事件理解的心智模型，或者对一个交互的感知模型出发，来了解用户反馈，设计触点引导用户走向为之设计的在这个产品上的用户故事。用户的感知模型帮助补充定性类的用户画像，隐喻、通感的资源表达方式帮助其更好地传递产品、服务的价值，让价值被感知。这些工具是一种梳理思路，也是定性用户研究的一种方式。

5 总结

（1）创业团队会面临的问题很多，新工具和新思维的引进没有发挥好是其中一个。

（2）创业团队的产品迭代，需要一个迭代逻辑，时刻明确自己的定位。

（3）开始和迭代前的基因检测和检测结果决定的产品和服务关键词：基因检测结果决定产品和服

务的定位、与用户的交互方式、呈现界面、在用户心目中的形象和关键管理指标，并且在执行和迭代中进行基因完善，明确自身定位，同时让自己的产品在丰富的过程中保持用户理解的一致性。

（4）工具的引用和推进，需要一些共识，并结合自身面对的业务，进行选择和灵活运用。工具不是生搬硬套，而是根据业务基因、产品基因，最大价值地帮助产品推进。

打造新型线下点餐模式

——以中国电信智慧餐饮生态链为例

徐　倩　刘小近　许婷婷

（江苏鸿信系统集成有限公司，江苏南京，210029）

摘　要：本文通过竞品分析、用户访谈、问卷调查、服务蓝图等方法研究并锁定目标用户，根据他们的痛点和需求进行洞察和头脑风暴，最终确定“餐饮云”是一款集预点餐、排号、点餐、明厨亮灶等功能于一体的智慧餐厅应用产品，将线上的便捷性和线下的真实性结合到一起，提升了用户的消费体验。

关键词：线上线下融合；餐饮企业；线下体验；UX

1　研究概述

1.1　研究背景

“互联网+”餐饮行业的兴起，带来了整个行业的积极改变。当下，餐饮外卖行业异常火爆，外卖的市场份额还在扩大，但餐饮企业赚钱越来越难，服务质量和菜品质量得不到保障。感触最深的就是纯外卖品牌，他们没有堂食收入，高度依赖平台流量。且相较于传统餐饮品牌，因为没有线下门店，顾客对品牌很难有更立体的认知。因此，只有打通线上、线下业务，做全渠道运营，增强品牌势能，才能够在行业竞争中活下来。

1.2　研究现状

根据性质不同，有些餐厅仍使用纸质菜单，有些餐厅已经用通过智能手机、平板电脑等移动终端进行选餐、订餐，并在线上支付，实现了线上、线下的完美结合。但这样还是无法很好地改善用户的线下体验。用户无法得知是否需要排队，或者需要另外下载 App 来查看，操作麻烦，体验差。对于用户来说，排了长时间的队，很希望可以尽快用餐，但在现有模式下，排队等待的时间是一种浪费。只有坐到餐厅座位上，才能进行点餐，这让用户觉得无聊和不耐烦。

1.3　研究内容

本次研究分为三个部分，第一部分通过用户访谈、问卷调研、市场及竞品分析等，了解不同类型的餐馆餐前、餐中、餐后的场景及需求（包括管理、运营、营销方面的需求和痛点），探索“餐饮云”的定位和发展机会点。第二部分结合设计思维，梳理制作服务蓝图、信息架构，通过展现顾客同企业及服务人员的接触点，发现痛点，改进服务质量。第三部分是结合前期的准备，进行交互和视觉设计，完成最终产品的落地。

2　研究过程

2.1　目标用户确立

我们通过深度访谈结识了 8 家商户，其中 4 家为轻餐饮（快餐、奶茶、面包等），4 家为正餐（中西餐、火锅等），主要为使用过智慧餐饮系统的商户。

2.2　环境分析

好的开始是成功的一半，通过 PEST 分析法（图 1）、SWOT 分析法（见图 2），将与研究对象密切相关的各种主要内部优势、劣势和外部的机会、威胁等，通过调查列举出来，如此可以对公司目前所处的情景进行全面、系统、准确的研究，从而制定相应的计划、目标。根据分析结果可知，从 2017 年开始，餐饮 SaaS 行业进入红海，市面上出现了越来越多的智慧餐饮系统，服务商们的竞争程度可以用贴身肉搏来形容。要想脱颖而出，我们就必须依靠自己的优势、抓住机会。

图 1　PEST 分析

图 2　SWOT 分析

（1）很多连锁企业想从线下转入线上，需要收集会员，精准营销。可通过线上一些产品的定制化进行切入。

（2）可打包网络，WiFi，明厨亮灶，加上收银系统整套解决方案，帮助连锁企业新店的智能化建设。

（3）电信渠道，电信大数据的精准用户画像，商业区热力图，周边消费能力模型，帮助商家做商业决策。

2.3　产品目标

中国电信旅游基地的“餐饮云”是一款以手机为载体的产品，让用户在到餐厅前就可以线上查看餐厅排队情况，进行取号排队；到达餐厅门口排队时，可以在等待期间进行线下预点餐；进入餐厅，可以很快扫码下单。顾客在点餐或用餐的过程中如需寻求帮助，只需点击点餐平台中的“呼叫服务员”，餐厅服务员便会根据接收到的信息确认桌台号并到达用户所在位置，如此既摆脱了以往在公共场合大声呼叫服务员多次无果的尴尬，也节省了寻找服务员的时间，从而可以更好地享受餐厅的氛围。除此之外，对于加菜、菜品备注等基本操作，顾客也可以自行在线进行。“餐饮云”给用户带来了便利，加强了用户黏性。

3　研究洞察

3.1　多方需求调研

3.1.1　用户访谈

通过访谈餐厅经理、营销总监等，梳理了结果（图 3），得出如下结论：

（1）消费者目标——节省时间，不想等很长时间，最好是能先排号、先点餐，等时间到了直接去吃。

（2）餐厅经理目标——希望客人多的时候，一切都能有条不紊，高效地给客人提供服务。当餐厅客人多时，会出现秩序混乱、效率低、耗时等问题，容易流失客户。

（3）运营总监目标——关心线下和线上用户如何融合；如何提升品牌价值，开拓市场。大多数餐饮企业的优惠活动仅局限于线下的人工宣传，没有与互联网平台有效联系起来。这样不仅不会给商家带来更多的顾客，反而会使现有顾客的忠诚度降低，阻碍企业的发展。

商家名称	扬城一味餐饮管理有限公司
商家类型	正餐
是否有其他餐饮店	集团下有7吃8吧，扬州宴
是否连锁	否
受访人名称	吴经理，鞠经理
受访人职务	餐厅经理
联系方式	183×××××××3
使用硬件设备/品牌	绿云酒店管理系统～收银机，后厨打印机，叫号机，点餐宝，餐厅内电脑2台
使用软件名称/品牌	绿云酒店管理系统～收银，预定，结账，点单，桌台管理，沽清，营收分析等
店内环境描述	大堂+包间

商家名称	牛哥段子餐饮有限公司
商家类型	主要是快餐
是否有其他餐饮店	集团下有牛哥凉皮，武面，豆捞（火锅，正餐），水木小站，牛哥水果铺
是否连锁	是
受访人名称	徐总
受访人职务	营销总监
联系方式	133×××××××3
使用硬件设备/品牌	收银机，打印机，后厨打印机
使用软件名称/品牌	艾客仕
店内环境描述	牛哥凉皮主要是小店，工作人员3~6人；武面和豆捞是中小型店面，80~100平米，工作人员10个左右

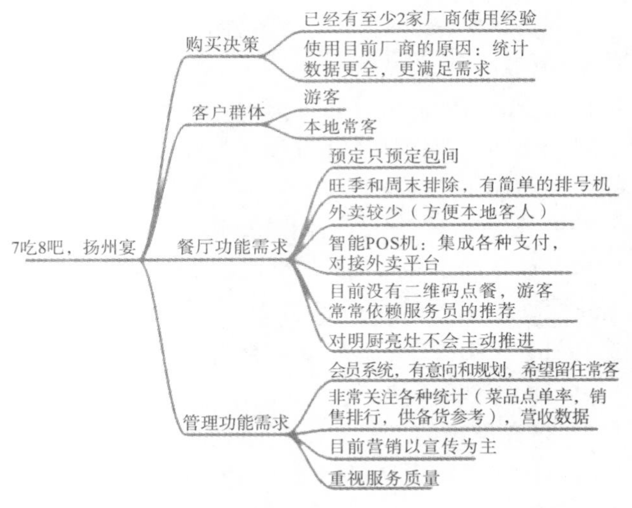

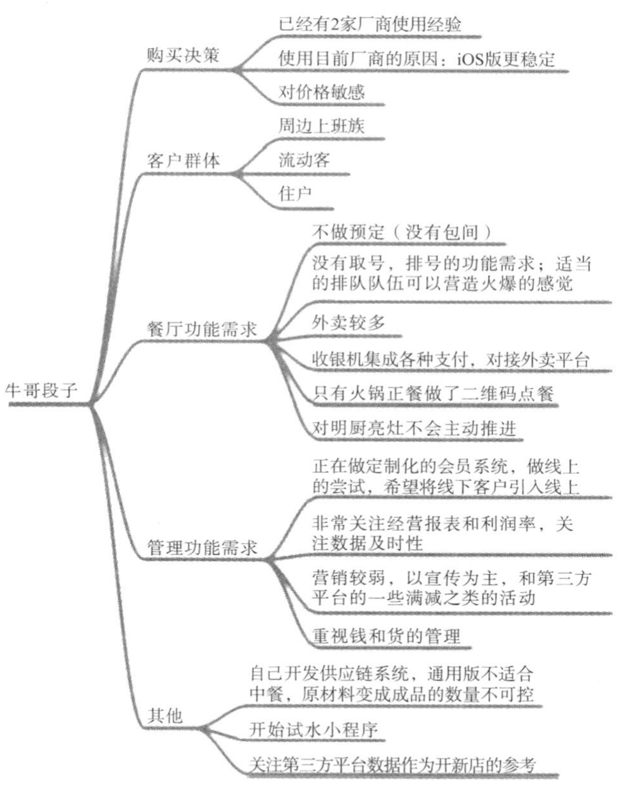

图 3　商家概括、访谈梳理

3.1.2　问卷调查

在短短 5 天的时间内，我们一共回收了 125 份调查问卷（图 4），可以发现：

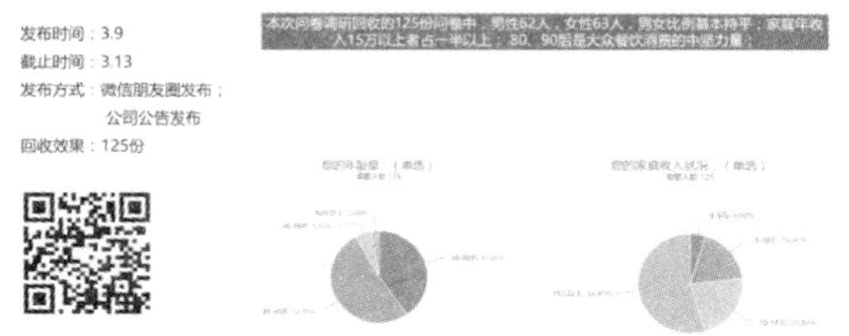

图 4　问卷调查概况

（1）消费者已经开始从传统的电话预定方式转向网上预订，包括平台预定、公众号、微信预定。

（2）网上提前取号为消费者提供了便利，大部分人很愿意使用。

（3）目前，大部分消费者都是从第三方平台预定外卖的，其中有半数以上的消费者愿意通过商家的公众号或小程序点外卖。

（4）折扣、优惠券、积分对于消费者吸引力最大，可以作为吸纳会员的手段。

（5）互联网化的服务能够提升消费者的用餐体验。消费者更关注效率方面，后厨视频直播，自助连接 WiFi 可以是锦上添花的功能。

（6）消费者愿意使用扫码点餐，但是希望流程简便，不能过多地涉及个人隐私。

（7）自助结账方式对于消费者来说，接受度很高。

3.1.3　用户画像

用户画像（图 5）的目的是尽量全面地抽象出一个用户的信息全貌，为进一步精准、快速地分析用户行为习惯、消费习惯等重要信息，提供足够的数据基础。

图 5　用户画像

3.2　通过服务蓝图洞察设计机会点

经过多方需求调研、做用户画像，我们制作了消费者从产生用餐动机到结账的服务蓝图（图 6）。

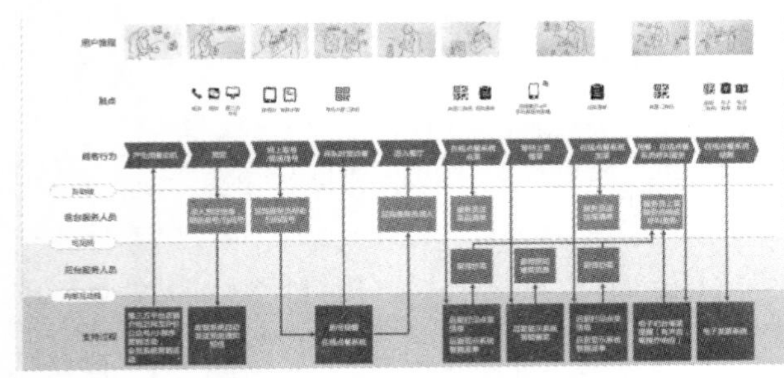

图 6 服务蓝图

通过绘制服务蓝图，展现顾客同企业及服务人员的接触点，促使我们全面、深入、准确地了解商家所提供的服务，有针对性地设计服务过程，更好地满足消费者需求。

在吸引顾客上，我们可以多触点地给用户推送消息和提供便利：

(1) 商家通过公众号、小程序、会员系统，推送营销活动，使用户产生消费动机。

(2) 在线预订，绑定桌号，为顾客预留位置。

为了留住顾客，我们需要提供更人性化的服务：

(1) 提早网上取号、现场取号，省去更多的等待时间。

(2) 排队时提供预点餐，给用户沉浸式体验。

进入餐厅，在提供效率、节省人力本、更快更好地提升线下体验上，我们可以进行以下优化：

(1) 在线点餐。

(2) 在线催菜。

(3) 在线加菜。

(4) 在线呼叫服务员。

(5) 在线结账，打印电子发票。

3.3 产品形态

最终，我们结合产品需求、产品定位，给出了“餐饮云”的解决方案——产品形态（图 7）。

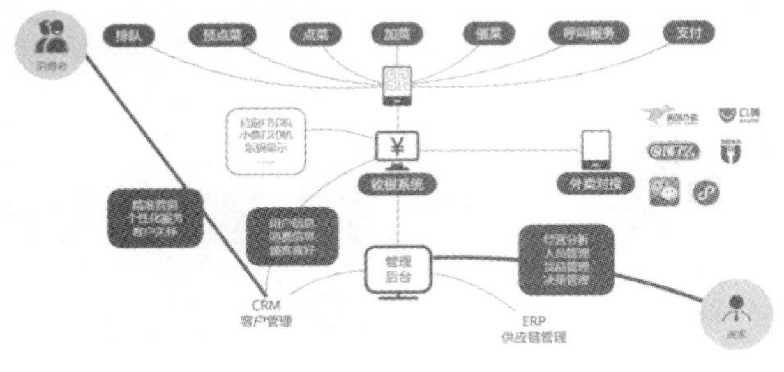

图 7 产品形态

4 产品落地

明确了产品形态以后，我们就可以目标为导向着手设计方案了。

4.1 信息架构

首先，我们进行了信息架构的梳理，绘制了扫码点餐系统流程（图 8），分为了排号和点餐两个部分

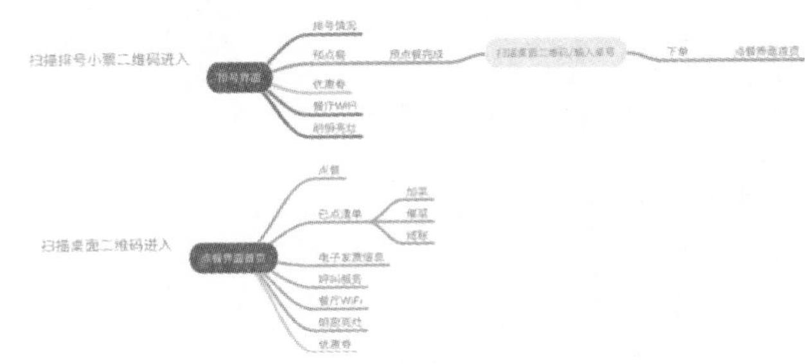

图 8 扫码点餐系统

4.1.1 排号界面

用户通过扫描排队小票二维码进入排号界面，首先可以查看当前排号情况，然后在餐厅门口排队时进行预点餐，节省时间；另外还能查看商家优惠券、WiFi、明厨亮灶。

4.1.2 点餐界面

进入餐厅，扫描桌面二维码，对于没有预点餐的顾客来说，可以在线点餐；已经预点餐的，直接下单。下单完成，可以进行加菜、催菜、呼叫、结账等操作。

4.2 情感化视觉设计，提升线下用餐体验

来到一家餐厅，消费者更关心的是是否需要排队，如果要排队，需要等多久，所以页面展示的也必是用户最想看到的（图 9）。

当用户打开 App 时，视线的集中点就是排队情况，给用户以关怀。

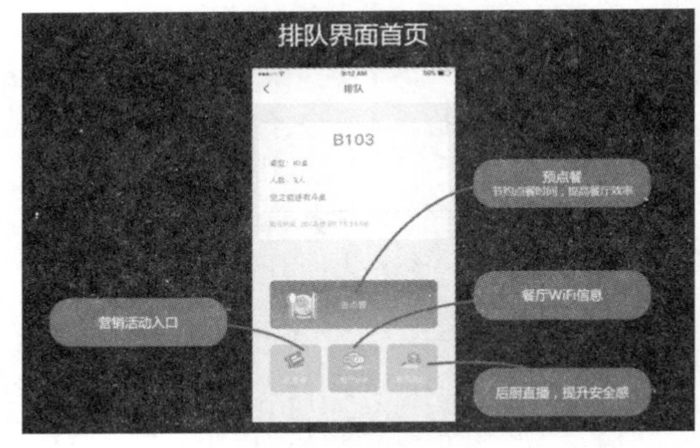

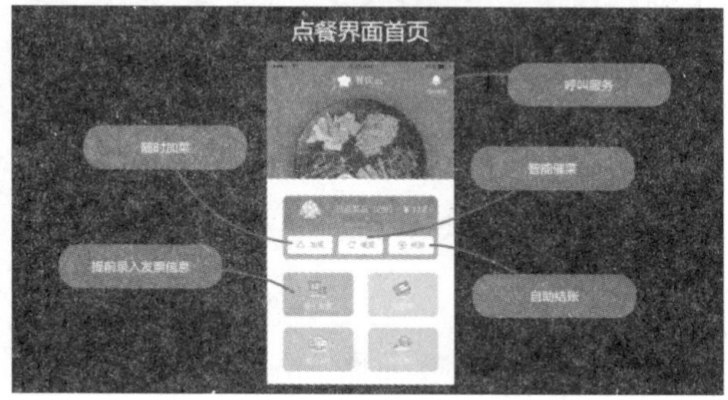

图 9　视觉设计

4.3　数据统计，帮助提升餐厅管理和服务

餐厅如何提升服务质量，提高工作效率，节省雇佣成本，也是我们需要考虑的一个方面。

当消费者使用微信或者支付宝登录后，就与餐厅进行了链接，后台管理系统（图 10）的统计数据都可一一呈现，而这些数据也能够行之有效地帮助餐厅进行管理，改善服务。

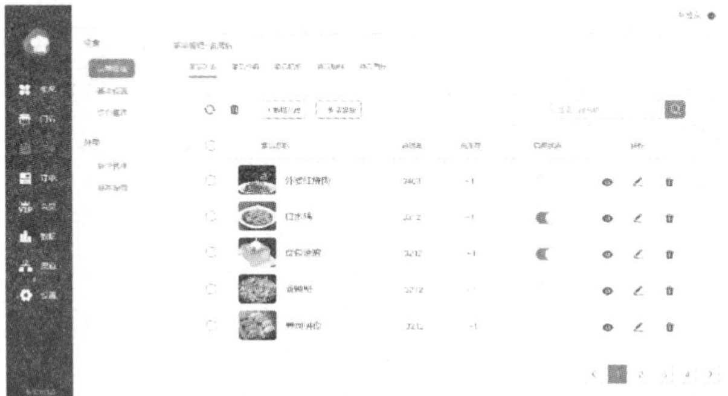

图 10　后台管理系统

大数据是未来社会的“最强大脑”，餐饮零售企业要想赢得未来，同样需要全面打通以消费者为中心的会员、支付、库存、服务等数据。

此外，建立自己的会员库，可以有效抓取数据，多维度分析数据，形成用户画像，最终实现精细化分层营销，更加精准地服务顾客，提升顾客体验。

企业可依托大数据向顾客发送优惠信息、偏好推荐、优惠提醒和活动邀请，为顾客特殊的纪念日和特定需求进行定制化服务，“千人千面”地服务好每一位顾客。

5　总结

（1）移动互联网的普及加速了餐饮业的解构和升级，其商业模式和商业流程正发生着巨大改变，整个产业链也面临着调整和重塑。随着时代的发展，餐饮业逐渐向个性化、特色化、多样化、精细化方向发展，餐饮企业必须及时转变传统经营理念，融入移动互联网思维，用互联网思维做餐饮，才能适应时代发展的潮流，在移动互联网浪潮中发现新商机，找到新机遇，加强创新，提高经营效率，降低经营成本，促进企业又好又快发展。

（2）越来越多的实体店开了在线商城，越来越多的电商开始铺设实体店。无疑，从以前的“冰火两重天”，到如今“优势互补、联动发展”，线上、线下一体化已经成为行业新趋势，中国零售业正在进行革命性转变。

（3）新型的智能线下点餐体验，也是餐厅服务品质的重要体现。对餐厅而言，不仅满足了顾客的点餐需求，加快了点餐速度，同时也提升了餐厅的服务和工作效率。

参考文献

［1］Jesse James Garrett. 用户体验的要素［M］. 范晓燕，译. 北京：机械工业出版社，2011.

［2］唐纳德・A. 诺曼. 设计心理学［M］. 梅琼，译. 北京：中信出版社，2013.

产品留置测试探索

严文娟

（维沃移动通信有限公司，广东深圳，518000）

摘　要：在快销品行业，如牙膏、纸巾、洗洁精等产品会被留在被访者家中进行留置测试。其实其他产品同样可以进行这样的测试。我们尝试使用这种方法，将手机、耳机等产品给被访者使用一段时间，或者要求被访者使用某个App一段时间，然后进行回访，了解被访者对测试产品的评价，这样的评价更加真实，对产品的提升和改进非常有价值。

关键词：产品测试；留置测试；试用；对比指标

1　产品留置测试的定义及解决的问题

1.1　产品留置测试的定义

产品留置测试是市场调研中测试产品的方法之一：把待测试的产品放在消费者家里或其他自然的使用环境里，让消费者按自己的习惯使用产品，然后进行回访，了解消费者对产品的评价。

留置测试是产品测试的一种方式，除此之外还有街头测试。街头测试是一种偏向于一次性的测试方式，而留置测试相对更长期。

一般在快销品行业，一些产品会被留在被访者家中进行留置测试。在被访者使用一段时间后对其进行访问，了解其使用后的意见。从经验来说，产品留置测试有两种类型（图1）。

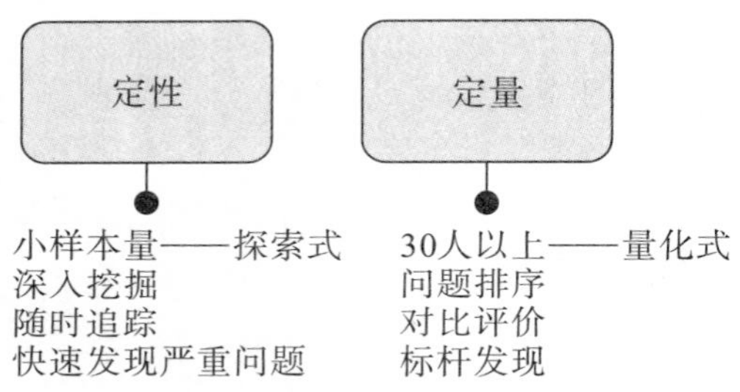

图1　产品留置测试类别

定性测试：这类测试是探索式的，可了解与竞争产品相比，被测产品所拥有的优势，此外还可以使公司发现产品的实际的使用情况和潜在的价值，以便调整目标市场。通常这类测试是用小样本来完成的，可以使用便于获得的样本，比如内部灰度试用。因为，员工对功能比较了解，并且方便沟通，可及时对初始阶段（未上市）的产品进行使用反馈，快速改善严重问题。此外，也可以对外部使用竞品的用户进行产品的留置测试，由此可以知道测试产品是否能够满足用户需求，为产品的提升及竞争策略提供支持。这类测试样本量小，管理方便，深入度高，但缺乏大量数据支持，更适合产品内部沟通使用。

定量测试：这类测试是要求一定量（30人以上）的被访者在规定的时间内强制试用公司所提供的产品，并做出反应。这个时间可以根据项目目的灵活设置，可以为一个星期至两个月不等，并在这段时间里定期跟踪，获得被访者的反馈。这类测试可以得到大量基于使用提出的改进建议，以及试用效果对比，可以更好地支持产品改进的优先级别，优先解决提及率高的问题；在得到不同产品的使用综合评价后，可以更好地帮助产品做改进。

由于留置测试是在家庭环境下进行的，因而其具有以下三个特点（图2）：

第一，因为被访者有亲身使用体验，其结果比街头访问更为客观真实。

第二，其执行成本更高。由于完成一个完整的访问需要进行多次访问，占用人力、财力。且每次都需要被访者配合，会有被访者因为各种原因退出而导致样本流失，因此在管理、控制此类项目时，必须在启动时就做一些备份样本，这也是导致成本上升的因素之一。

第三，项目执行周期长。一般的普通快销品在被访者家中留置时间通常为一周，因为要保证被访者有一定的使用次数。而我们手机产品通常最低需要一周的测试时间，最长可到两个月。所以，在选取样本时要比较慎重，这也拉长了整个项目的执行时间。如果留置的产品还要与其他产品进行对比，执行周期就更长了。

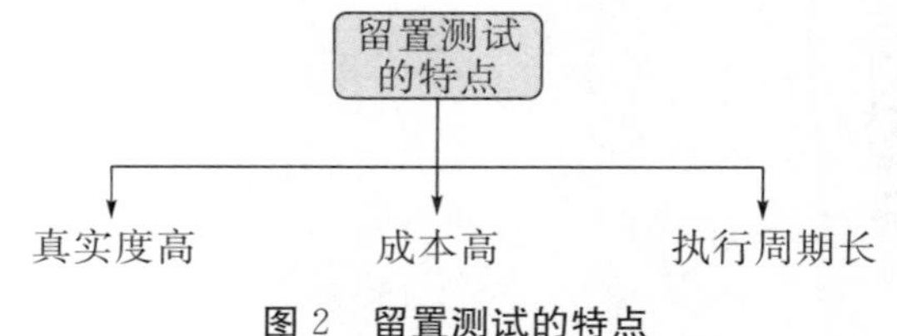

图2　留置测试的特点

我们引入了这个方法进行多个研究，比如核心竞品用户使用 Vivo 的产品，进行对比评价；比如拍照灰度试用，获得拍照效果上的改善建议；比如耳机留置（图 3），获得被访者对不同产品的评价和选择。

图 3　被访者使用留置的耳机场景

1.2　留置测试的合适时机

什么时候该用街头测试，什么时候该使用留置测试呢（图 4）？

一、验证产品属性是否最优化
二、识别竞争产品的优势和弱势
三、与竞争对手相比，产品的特性
四、产品属性吸引力评估
五、区分改进后的产品与改进前的产品

留置测试

一、产品的改进建议
二、识别自身弱势和核心卖点
三、新产品改进点感知度
四、确认标杆

图 4　街头测试和留置测试的合适时机

以下问题适用于使用街头测试：

（1）如何使产品的属性特征最优化，从而更加吸引顾客？

（2）如何识别竞争产品的优势和弱势，来确定产品在市场中的位置？

（3）与竞争对手相比，产品在哪些特性上更加吸引顾客？

（4）就产品属性而言，是否吸引顾客，是否在某些属性上还可以改进？

（5）改进后的产品是否真的比改进前好，顾客能够区分改进后的产品与改进前的产品间的区别吗？

而以下问题则更适合使用产品留置测试：

（1）需要深入了解消费者对产品的属性特征的评价，从而获得产品的改进建议。

（2）识别自身弱势和核心卖点：分析与竞争产品的使用对比，获得双方产品在消费者使用中的优劣势，从而得到竞品在消费者需求上的优势功能，而自有优势功能可作为核心卖点。

（3）消费对新产品改进点是否有感知，对上一代产品的使用者进行新产品留置，在使用后了解新的改进点是否符合消费者预期。

（4）在新产品研发之初，从竞品进行学习是最快的方式。对市场上核心产品进行留置测试，可以基于目标群体真实使用维度找到最适合自身状况的标杆。

2　留置测试的目的

2.1　产品留置测试的目的

留置测试的目的如图 5 所示，具体而言为：

图 5　留置测试的目的

（1）发现现有产品的缺点。可以从被访者使用和评价中了解现有产品存在的问题，找到改进方向或者市场机会点。

（2）评价商业前景。通过被访者对整体使用的满意度和与其他产品的对比评价，从消费者端得到一定的产品商业前景预估。

（3）评价其他产品配方。通过分析其他产品的评价，可以知道其他产品的优点、缺点，以便在市场营销时进行有针对性的活动。

（4）观看记录被访者实际使用产品的过程，更改产品外包装设计和容量。这一点对快销品更有价值，而我们观察被访者的实际使用过程，可以发现一些他们自己都没有注意到的使用问题，也可以了解到消费者对不同问题的容忍程度。

（5）发现产品对各个细分市场的吸引力。在样本量足够的情况下，可以看到不同细分市场消费者对每个产品的态度和评价。

（6）获得营销创意。可以从被访者的使用评价、建议中获得营销创意的灵感。

（7）产品留置测试可以为产品命名、包装、口味等决策提供可靠的支持。

2.2　产品不同阶段的留置测试

产品留置测试的目的随着被测试产品的发展或生命周期的不同阶段而不同（图 6），决定采用哪种研究设计是建立在研究目的基础之上的，所以并没有一种设计可以称得上是最好的。

在产品发展初期，如果没有想法，则可通过留置测试找到目标消费者中最合适的行业标杆，进行学习。若有原始模型，测试目标则可以找到产品最优特征，帮助确定定位策略，将产品特征转化成显著的顾客利益，并且找到最不满意的产品属性进行改进。假设有一种冰淇淋，经过留置测试，得出顾客更喜欢薄荷巧克力口味，而不是香草口味。初始产品留置测试可以确定口味是否迎合大众。产品留置测试所收集的数据还可以帮助调整产品属性，以保证产品拥有更好的质量、浓厚的风味等。

当产品最终完成但还没有引入市场时，实施内部产品留置测试可以识别一些严重的不可忽视的问题，以及必须改善的问题；实施外部留置测试可以确认产品的竞争优劣势，还可以确定产品在目标市场中的位置。但对于保密要求高的企业来说，一般在上市前的留置测试都是内部小样本量的验证。

一旦产品推出上市，进行的产品留置测试可以覆盖更广泛的人群，为下一代产品改进提供方向。

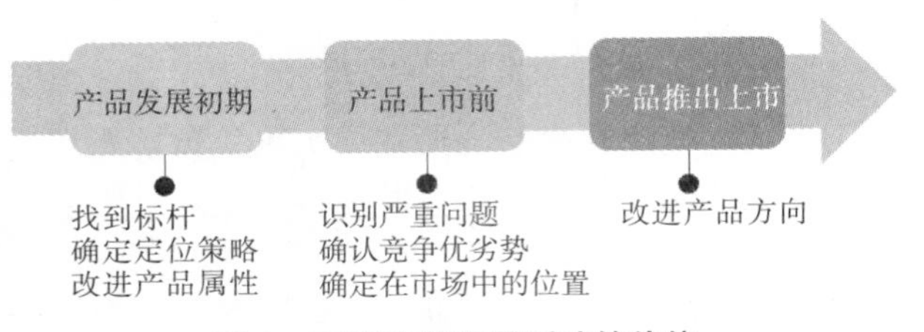

图 6　不同阶段留置测试的价值

3　应用示例——特定问题特定分析

接下来是根据我所经历的项目来说明如何在特定问题下使用定性方法、定量方法来进行产品留置测试。

3.1　研究设计

首先，确定本次研究的测试目的，确定测试方法：街头访问或产品留置测试。

其次，根据研究的目的，确定测试的产品个数以及要测试产品的哪些属性。

第三，确定测试产品的展示形式，是模型还是真实产品，以及要对产品进行的保密措施。

第四，根据研究目的确定是运用定性方法还是定量方法进行留置测试。

抽样设计：①确定目标被访者。对于企业来说，目标用户可能是那些买它产品的人，也可以是潜在的用户。所以我们要根据研究目的确定目标被访者是品类使用者还是本品牌使用者。而且目标用户越精确越好：年龄、性别、城市、使用产品、使用时长、需要具备的特性等，这些特征能够帮助区分目标用户和非目标用户。②确定样本容量。确定是使用 5~7 个定性样本分析还是 30 个以上有统计意义的量化分析。③样本分配。有时为了研究的需要，会对各类目标顾客的样本数加以配额。

3.2　定性案例

因为在 2016 年时 Vivo 就以拍照为品牌定位，我们也启动了对拍照的多个研究。美图手机当时在自拍专业用户中获得了很多好评，为了获得更加深入的了解，我们在项目中加入了留置测试，将我们的产品提供给美图用户进行试用。

3.2.1　研究设计及执行

这是一个整体的研究项目，涵盖定性、定量部分，定性覆盖了专家型用户、达人型用户。为了获得更好的产品改进建议，我们在专家型用户研究这一部分加入了产品留置研究，因为是探索性的项目，所以样本规模较小，留置部分仅测试了 3 个样本（图 7）。

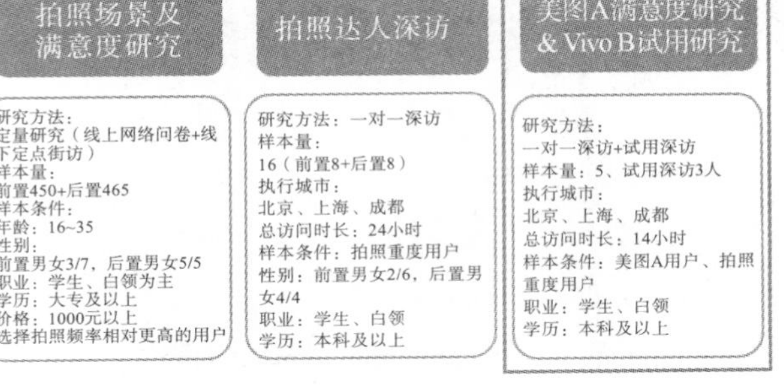

图 7　拍照项目设计

我们选取了当时在自拍市场上影响力最大的美图手机，将 Vivo 当时一款旗舰机型给到这几位专家级的用户进行留置试用（图 8）。

图 8　试用手机

试用时间为一周，我们要求每天所有的照片必须用两个手机各拍一张（图 9）。我们也对一些常用的拍照场景进行了硬性要求。除了拍照的基本要求，同时也要求被访者不能删除任何照片，包括不喜欢的照片。这样有助于我们在后续的访谈中了解这些不喜欢的照片哪些地方不够好。这是普通的深度访谈了解不到的。因为大部分用户自拍时都有即时删除的习惯，多数研究我们只能听被访者描述，很少能看到具体的照片。而这样的数据在研究分析中意义不太大。

拍照场景

每天使用不低于10张照片，场景需覆盖不同光线，按照平时拍照习惯进行拍摄，可适度增加场景。以下供参考：
暗环境——
家里、户外、餐厅、KTV等
普通光——
家里、商场、户外等

图 9　拍照场景要求

同时，在手机试用期间，我们也会每天和用户进行简单沟通，了解当天具体的使用情况，覆盖场景，以及部分问题的反馈。根据每天的记录，我们在最后两天会有针对性地要求被访者去覆盖那些十分常用但没有完成试用的场景，以达到场景的全面试用；甚至会跟随被访者去 1～2 个场景进行观察，以更好地记录使用行为。

3.2.2　分析报告

在试用结束后，进行一场 2～3 个小时的访问，针对两个手机进行定性对比。从总体到细节进行深入的对比和评价，这时所有的照片就可作为素材，我们再根据照片效果进行更加深入的探讨（图 10）。

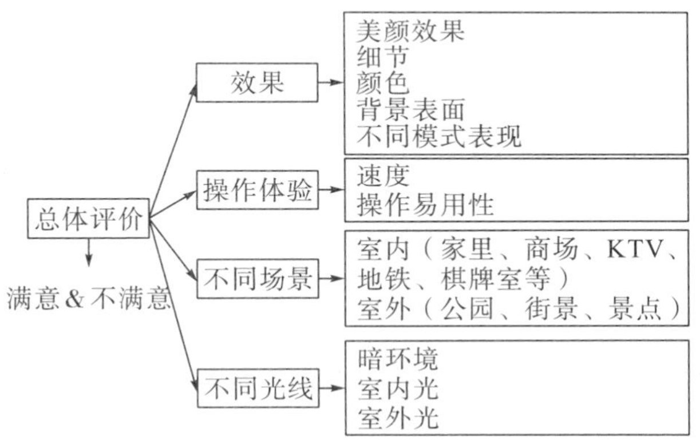

图 10　深访对比维度

即使只有三个用户的留置测试，因为被访者为专家型的用户，我们依然获得了多方面的评价和提升建议。

在测试完成后，我们对结果进行了分析，发现总体上来说，两款手机使用效果差异明显（图 11）。

从图 12 的总结可以看出，B 产品相对 A 产品差距较大，从各个维度都有可提升的空间。

同样，除了总体维度，我们也得到了不同场景下的对比评价，包括不同灯光环境、不同场地、不同拍摄对象的评价（图 13）。

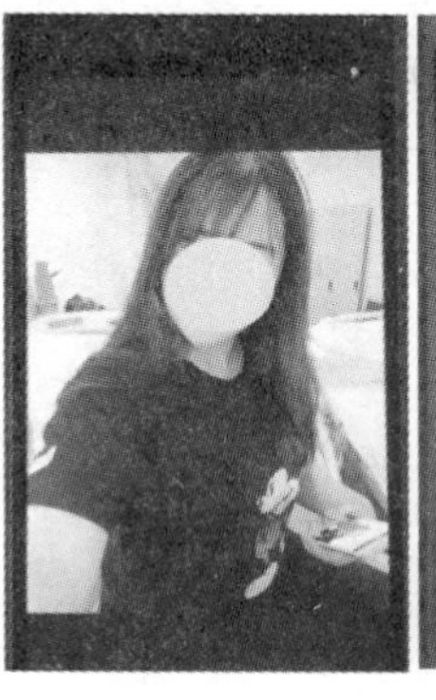
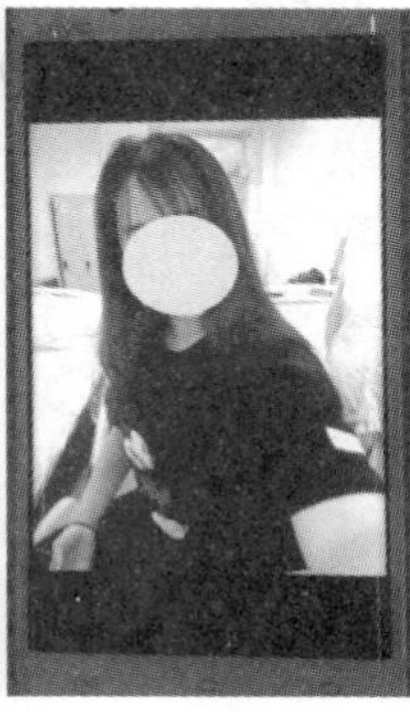

图 11　对比样张

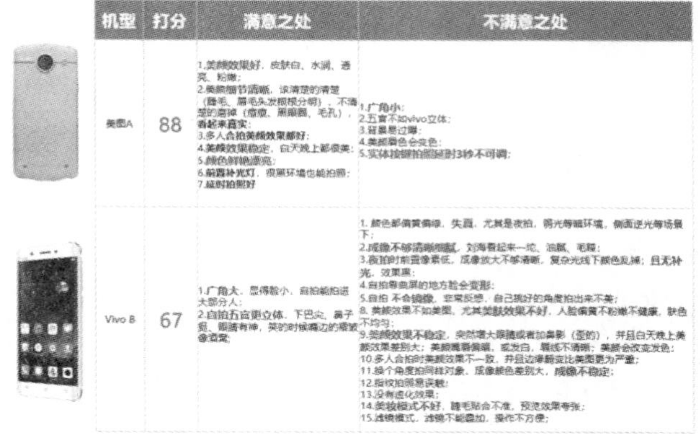

机型	打分	满意之处	不满意之处
美图A	88	1.美颜效果好，皮肤白、水润、透亮、粉嫩； 2.美颜细节清晰，该清楚的清楚（睫毛、眉毛头发根根分明），不清楚的磨掉（痘痘、黑眼圈、毛孔），看起来真实； 3.多人合拍美颜效果都好； 4.美颜效果稳定，白天晚上都很美； 5.颜色鲜艳漂亮； 6.前置补光灯，很黑环境也能拍照； 7.延时拍照好	1.广角小； 2.五官不如vivo立体； 3.背景易过曝； 4.美颜肤色会变色； 5.实体按键拍照延时3秒不可调；
Vivo B	67	1.广角大，显得脸小，自拍能拍进大部分人； 2.自拍五官更立体，下巴尖，鼻子挺，眼睛有神，笑的时候嘴边的褶皱会消失；	1. 颜色都偏黄偏绿，失真，尤其是夜拍，弱光等暗环境，侧面逆光等场景下； 2.成像不够清晰细腻，刘海看起来一坨、油腻、毛糙； 3.夜拍时前置像素低，成像放大不够清晰，复杂光线下颜色混淆；且无补光，效果黑； 4.自拍靠曲屏的地方脸会变形； 5.自拍 不会镜像，非常反感，自己调好的角度拍出来不美； 8. 美颜效果不如美图，尤其美肤效果不好，人脸偏黄不粉嫩不健康，肤色不均匀； 9.美颜效果不稳定，突然增大眼睛或者加鼻影（歪的），并且白天晚上美颜效果差别大；美颜偏暗偏黑，或发白，眼线不清晰；美颜会改变发色； 10.多人合拍时美颜效果不一致，并且边缘脸变比美图更为严重； 11.换个角度拍同样对象，成像颜色差别大，成像不稳定； 12.指纹拍照易误触； 13.没有虚化效果； 14.美妆模式不好，睫毛贴合不准，预览效果夸张； 15.滤镜模式，滤镜不能叠加，操作不方便；

图 12　第一次外观测试结论

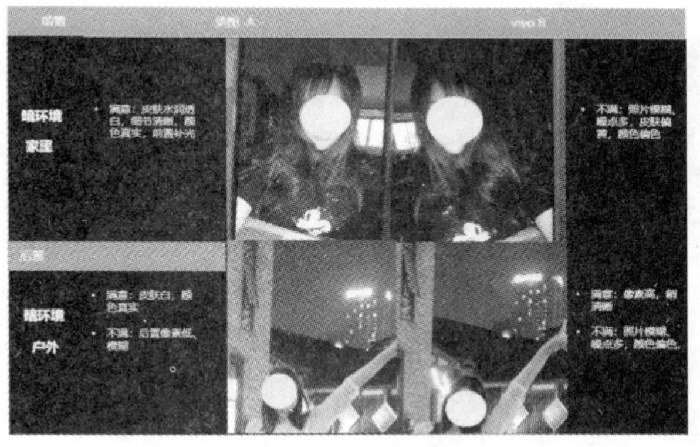

图 13　细节对比评价

因为获得了非常多的评价，我们根据定量项目按照场景的使用程度及满意程度进行十字维度分析，获得了优先级别最高的场景（图 14）。工程师再根据这些场景中专家给予的要求和评价，有针对性地对产品性能进行提升。其他优先级别靠后的内容在迭代升级时再进行改善。由此可以优先改进家里、休闲娱乐场所等环境下的拍摄效果，立即推进多人自动对焦功能，并保留广角功能。

通过留置测试，我们可以得到这些使用频率高一满意度低的场景下，什么样的效果是被访者认为好的，什么样的效果是被访者认为不好的。基于目前产品的表现，了解哪些部分需要改善，哪些地方是优势。比如本次研究中我们发现虽然两款手机拍照效果有差距，但都得到了专家用户的认可。在后续的改进中，工程师要努力保持这个优势，并改善美颜效果，通过几代产品的提升，做到手机产品中自拍效果行业领先。

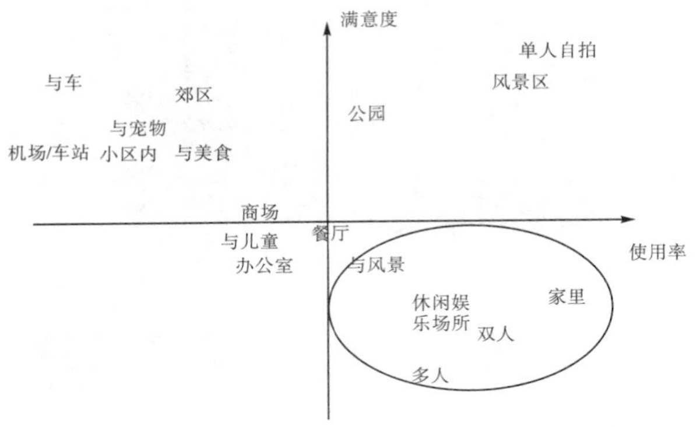

图 14　前置拍照使用率 & 满意度维度图

3.3　定量案例

定性的留置测试适合探索性、开放性、发现性的研究，而定量的留置测试则在产品选择、不同维度改进上更加有价值。

3.3.1　研究介绍及研究设计

通过几代产品的回访发现，用户对耳机的满意度偏低（图 15）。我们需要在对比中找到差距，为迭代升级指明方向。

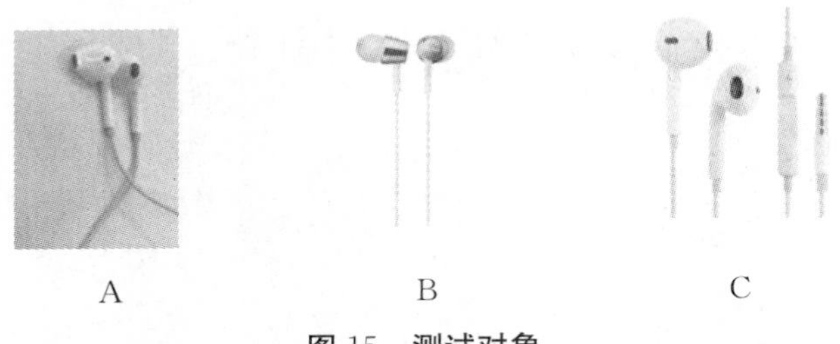

图 15　测试对象

因为技术同事提供的评价维度非常专业，我们不知道被访者是否能理解这些专业指标并进行评分，于是在研究设计上加入了内部留置测试（图 16）。

阶段	用户群	定量样本量	定性样本量
1. 内部测试	办公室职员 耳机使用重度用户 非相关岗位人员	28	8
2. 外部测试	18～30 岁 耳机使用重度用户 白领、个体户、学生	30	9

图 16　研究设计

3.3.2　内部测试

内部测试进行了 28 个定量被访者＋8 位简单定性深度访谈的测试，主要目的是了解用户评价耳机的维度，以及三个耳机的初步表现。因此，内部用户并没有试用过长时间，我们只要求每个耳机使用一天，然后在第四天、第五天进行集中访问，以建立评价体系（图 17）。

*评价维度	
外观设计	整体
	好看程度
	材质质感
舒适性	整体
	尺寸合适性
	舒适性-不疼痛
	重量
音质	整体
	重低音效果
	重高音效果
	立体音效
	柔和度
	低音量表现
	高音量表现
降噪	

图 17　评价体系

同时，我们对数据进行分析。综合来说，C 方案获得了最高的得分，尤其在外观设计和音质上获得被访者的认可；而 B 方案在舒适度和降噪上表现最好；A 方案表现最差（图 18）。

*评价维度		C	B	A
外观设计	整体	75%	25%	50%
	好看程度	82%	21%	57%
	材质质感	79%	25%	39%
舒适性	整体	29%	64%	25%
	尺寸合适性	32%	79%	43%
	舒适性-不疼痛	36%	79%	46%
	重量	57%	68%	68%
音质	整体	68%	50%	29%
	重低音效果	61%	46%	32%
	重高音效果	68%	29%	39%
	立体音效	57%	46%	39%
	柔和度	57%	39%	39%
	低音量表现	57%	43%	46%
	高音量表现	75%	54%	57%
降噪		32%	75%	36%

图 18　内部测试结论

3.3.3　外部测试

在进行内部测试的同时，我们进行了研究公司资质的筛选及选择，并进行了样本的招募。对外部用户，我们要求的使用时间更长，每个耳机使用 5 天。在开始的 5 天我们要求被访者每天提供使用照片及反馈，后续 10 天每 3～5 天进行一次反馈收集。这样能够实时掌控被访者的使用情况，保证项目的顺利进行。

在试用完成后，将所有被访者约到研究公司进行 20 分钟左右的问卷调查，针对不同维度进行 5 分制打分，获得如图 19 所示的数据结论。

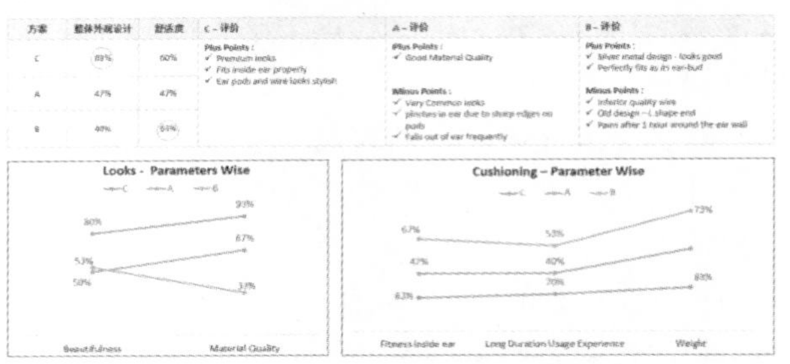

图 19　外部——整体外观 & 舒适度表现

从数据可以看出，在外观设计和舒适度上，C方案表现最好。而A方案在舒适度上表现最差。我们再来看看另外两个维度的表现（图20）。

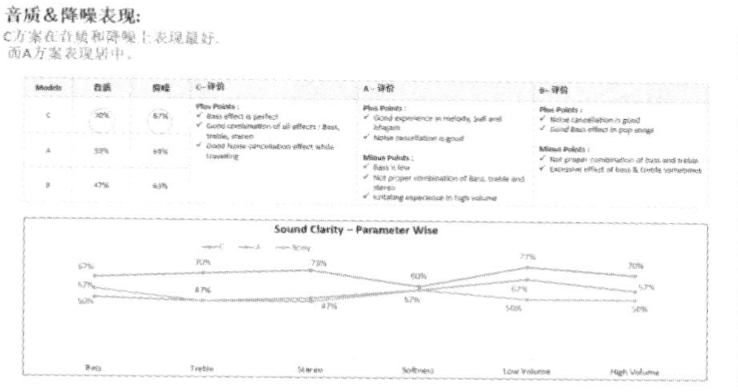

图20　外部——音质&降噪表现

C方案又获得了不俗的表现。

为什么内部和外部测试结果有差异？尤其是在C方案的表现打分上，我们在拿到数据结论后也进行了内部讨论分析：因为本次的测试涉及三个品牌，而C品牌为苹果，在外部测试时，被访者对C方案的评价一定程度上因为品牌加了分，从而导致内外部测试的差异。

另外，为什么我们这里选择了30个用户，而不是20个或者50个呢？从统计学上来说，最低30才有基本的统计价值，保证数据的可靠性最低需要30个样本量。当然样本量越大越好。本次研究选择30个用户而非更多，主要是样本的管理问题，样本越大管理越困难，如果在人力足够的情况下，做60～100个样本的数据可靠度更高。

我们在进行内外部的测试时，对一部分表达较好的用户也进行了30分钟的深度访谈，了解他们使用耳机的强度、场景以及选择耳机时的指标排序，这些信息有助于理解用户行为及评价原因（图21）。

图21　耳机基本使用信息

我们通过研究，对耳机的设计及改进方向提供可行的建议（图22）：在耳机的设计上尽量运用硅胶套，这样佩戴更舒适。在音质上也因根据使用行为，有所侧重地调试效果。

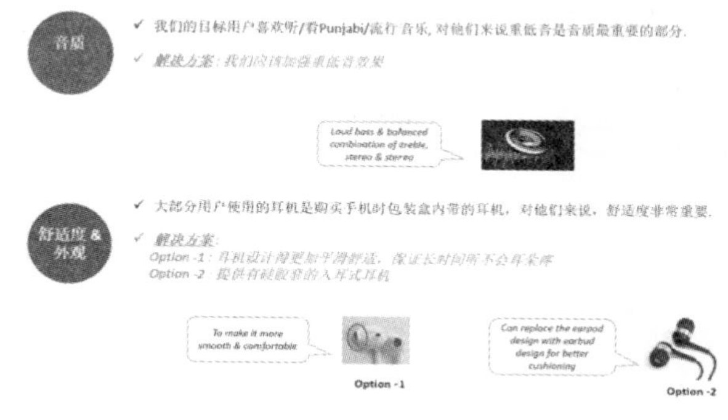

图22　综合建议

通过多次的研究和回访，我们的耳机实现了一次又一次的迭代（图23），这个迭代并不只是如图展示的由开放式耳机升级到半入耳式耳机、再由半入耳式升级到入耳式耳机，也包括了推动舒适度、音质上的提升。

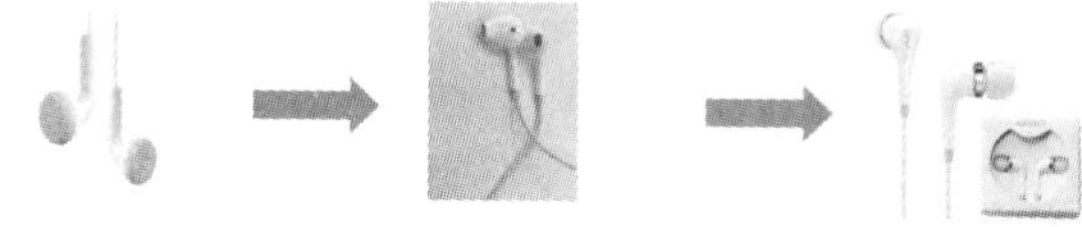

图23　耳机的迭代

4　产品留置测试的研究意义

4.1　留置测试的研究意义

近几年来，手机市场的竞争越来越激烈，存量市场的抢夺更加需要对消费者更深入的理解和洞察，生产出更加符合他们需求的产品，如此才能够获得消费者的认可，才有好的口碑和忠诚度。

而留置测试的真实性以及对比使用能够更好地发现问题，洞察需求。尤其是对特定功能的迭代升级非常有帮助。比如本文中所列举的耳机、拍照功能。留置测试在快销品行业已是非常成熟的一种方法，相信在其他行业，留置测试也是一种值得尝试的方法。

定性、定量的方式应该根据需求灵活运用，如果在人力和时间充分的情况下，可进行30人以上的留置测试，即有问卷的推送以获得客观的数据，同时也有定性的访问，以了解评价的具体内容和原因，更好地指导产品的改善。

4.2　其他产品测试

留置测试只是产品测试的一种，产品测试还包括街头测试、可用性测试等，而这些都属于一次性测试，一次性测试在快速获得总体用户喜好、评价上更为合适。尤其在新产品上市前，可对外观、包装、基本属性等进行快速摸底，以了解产品的表现及改进方向。一般一次性的测试更容易发现的是表面上的问题，比如新的颜色消费者不喜欢、产品的配置没有竞争力等。而对产品如何进行具体调整，在一次性测试中就难以知晓。

参考文献

[1] 产品留置测试［EB/OL］.［2018－08－11］. https://baike. baidu. com/item/产品留置测试/5814021? fr=aladdin.

[2] 产品留置访问［EB/OL］.［2018－08－11］. https://wenku. baidu. com/view/877b0e4cf111f18582d05a38. html.

[3] 郑宗成，陈进，张文双. 市场研究实务与方法［M］. 广州：广东经济出版社，2011.

[4] Stephen Wendel. 随心所欲：为改变用户行为而设计［M］. 张一驰，孙锦龙，译. 北京：电子工业出版社，2016.

[5] 新产品开发研究［EB/OL］.［2018－08－11］. http://soft. lediaoyan. com/customerized _ service/service _ newproduct.

简单的产品测试不简单

严文娟

（维沃移动通信有限公司，广东深圳，518000）

摘　要：线上产品测试多为网站 A/B 测试、可用性测试，线下多是快销品口味测试、产品外观测试等。大多数人认为产品测试是非常简单的一种研究，而且很多公司忽略测试的重要性，认为这是可以忽略的一环，实际上真正把产品测试做好不容易，面对不同的问题需要灵活运用，并且可以大大降低企业犯错的风险。

关键词：产品测试；一次性产品测试；对比测试；指标体系

1　为什么要做产品测试——目的

一个企业上一个新产品需要投入大量金钱、人力等成本，所以产品测试是十分重要的。

1.1　目的

产品测试的目的随着被测试产品的发展或生命周期的不同而不同（图 1），决定采用哪种研究设计是建立在研究目的基础之上的，所以并没有一种设计可以称得上是最好的。

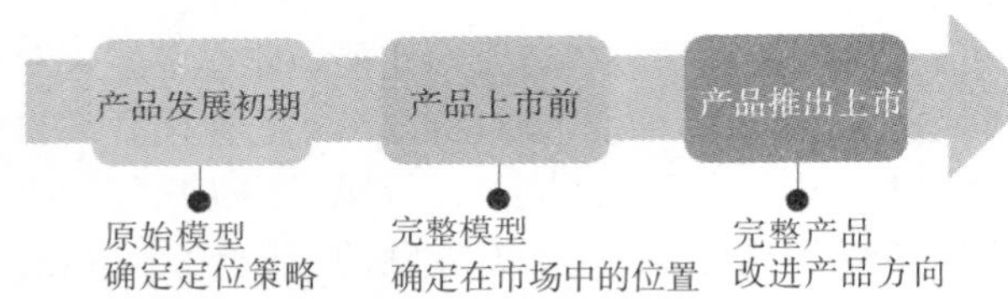

图 1　产品测试的目的

（1）在产品发展初期，只有原始模型，测试目标是如何使产品的属性特征最优化，从而更吸引顾客。此外，还可以帮助确定定位策略，将产品特征转化成显著的顾客利益。

（2）当产品最终完成但还没有引入市场时，实施产品测试可以识别竞争对手的实力和弱势，同时还可以确定产品在目标市场中的位置。

（3）一旦产品推出上市，进行产品测试通常就有两个目的。首先，作为质量控制手段，维持产品生命；其次，如果产品有做进一步改进的潜力的话，应该对改进产品进行测试。

总体归纳起来，产品测试的目的是发现现有产品的优缺点，评价其他产品，发现产品对各个细分市场的接受程度、吸引力，获得营销计划。

1.2　解决问题

当产品经理、研究人员面对以下问题时，应该考虑使用产品测试。

如何使产品的属性特征最优化，从而更吸引顾客？

如何识别竞争产品的优势和弱势，来确定产品在目标市场中的位置？

与竞争对手相比，产品在哪些特性上更吸引顾客？

就产品属性而言，是否吸引顾客，是否在某些属性上还可以改进？

改进后的产品是否真的比改进前好，顾客能否区分改进前后产品的区别？

企业对新产品的需求如图 2 所示。

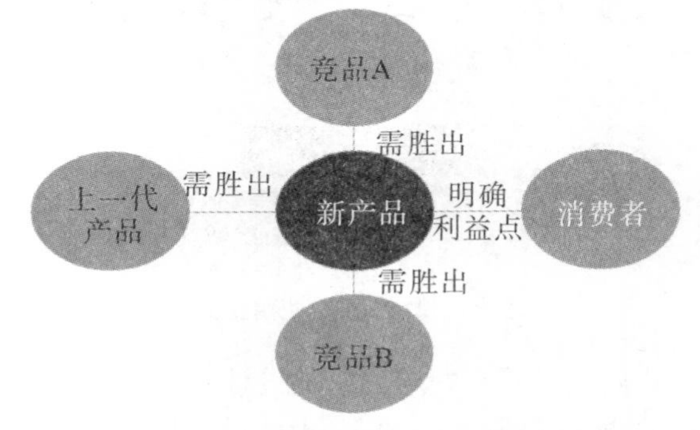

图 2　企业对新产品的需求

2 产品测试的定义及方法、展现形式

2.1 产品测试的定义

产品测试就是将制造好的新产品样品交给潜在消费者使用。包括实际生产产品以及让消费者使用它，是最终用户或目标市场对产品（或服务）的评价。

2.2 产品测试的方法

产品测试可以根据测试类型分为外观测试、包装测试、UI测试、动效测试、产品概念测试、口味测试、可用性测试、A/B版本测试、留置测试等。不管是实体产品还是互联网产品，在概念阶段都可以进行概念测试。概念测试也可根据概念的类型和目的采用线下或者线上的测试方式。

而对已成型的产品进行的产品测试因为产品形态的不同，测试的方法也有不同。比如实体产品既可以在街头，也可以在消费者家庭中进行测试。

2.2.1 街头访问

在街头，例如商店过道、超级商场内摆出被测试的产品，请过路人试用，并用问卷询问被测者，这种测试就称为街头访问（图3）。这种测试采用非随机抽样方式截取访问样本，且在非自然使用环境下进行测试，因而缺乏真实性，但测试成本较低。比如产品口味测试、外观测试等通常使用这种方式。

图3 街头定点访问

2.2.2 留置测试

对于有些经常使用的产品，对他们进行产品测试，需要将产品留置在被访者家中，让他们使用一段时间，然后派访问员上门，了解其使用后的意见（图4）。这类产品测试被称为产品留置测试。产品留置测试采用随机抽样的方式抽取访问样本。由于测试在家庭自然环境下进行，其结果比街头访问更为真实，但成本也更高。本文主要针对一次性产品测试进行案例讲解，对产品留置测试不进行深入探讨。

对应互联网产品的测试方法稍有不同，可以是对Demo的可用性测试，亦可以是A/B不同版本的真实测试。对UI风格的研究可以采用街头测试的方法。方法看似不同，原理其实一样。

图4 留置产品后入户访问

2.2.3 可用性测试

可用性测试更多安排在固定场地，如公司内部访谈室、研究公司访谈室等，可结合一定的仪器设备进行任务的走查询问（图5）。这种测试采用的也是非随机抽样的方式，同样是在非自然使用环境下进行测试。但会因呈现给被访者的Demo非完全状态下的产品，缺乏真实性。不过测试成本较低，测试快速。比如在产品开发初期的交互设计时可采用此方法。

图5 可用性测试

2.2.4 A/B版本测试

对不同新版本或者新老版本进行对比时进行的产品测试，需要将产品展示给两组不同的用户进行对照，采用同样的时间节点，类似的PUSH方式，类似的样本条件，然后分析使用数据，也可配合可用性测试，了解用户使用产品后的意见，解读对数据不理解的地方（图6）。这种方式采用随机抽样进行对照研究，由于测试是在被访者自然使用且多数不知情情况下进行的，因而其结果更为真实。目前多数互联网产品测试采用此种方式。

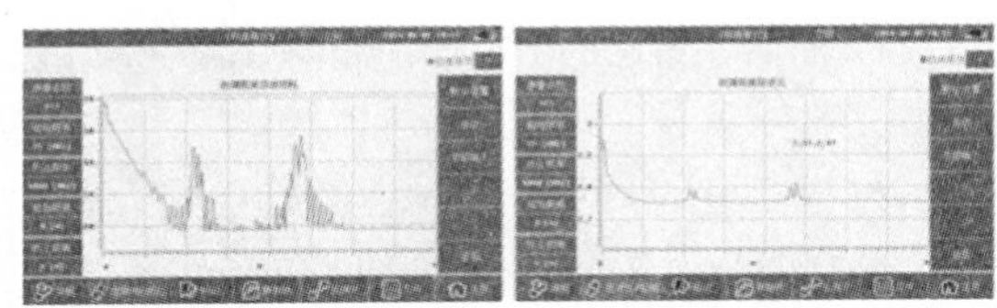

图 6　A/B 测试分析

2.3　产品测试的展现形式

按测试产品的数量、每个被访者试用产品的个数，一般将产品测试分为以下三个类型（图 7）。

（1）单产品测试：每个被访者只试用和评价一个产品，如果需要测试多个产品，则不同产品由不同的被访者试用。

（2）配对比较测试：每个被访者先后试用两个产品，分别进行评价或试用后统一进行比较评价。

（3）多产品比较测试：将多个候选产品展示给被访者，被访者根据自己的喜好选出最喜欢、其次喜欢、最不喜欢等维度的产品进行 TOP/BOTTOM 排序。

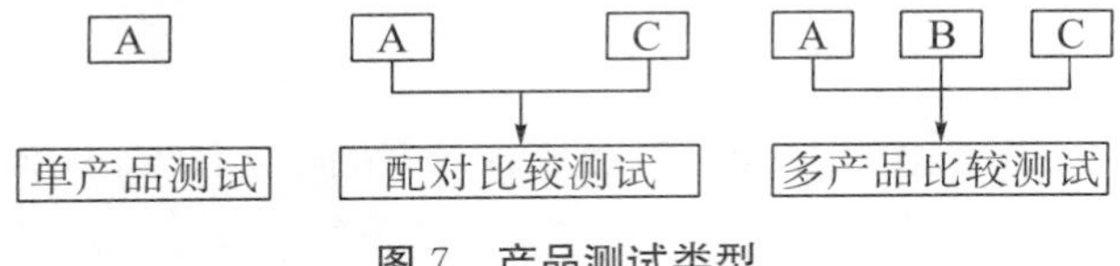

图 7　产品测试类型

我们使用较多的方式为配对比较测试和多产品比较测试。因为企业上市新产品的原则就是要比上一代产品有改善、比竞品有优势，所以都会进行对比。

测试产品展现形式也有以下三种。

盲测：隐去有关品牌与厂商的信息再给消费者试用，因而测试时排除了广告、促销、品牌、包装的影响，完全集中在产品的属性和性能上（图 8）。

图 8　产品盲测

明测：在自然的市场环境中评价产品效果，消费者看到的产品与其在市场上的形态一致，测试时考虑全部产品属性如外观、颜色、包装等的影响，也考虑品牌的影响。

概念—产品测试：将完整的产品概念出示给消费者进行测试，而不是单一的外观或者功能。进行内部方案筛选时，多选择盲测，进行竞品对比时常选择盲测+明测的方式。先进行盲测了解纯产品的竞争力，再出示品牌进行明测，可以发现品牌的影响力，对预测产品竞争力有一定价值。

3　产品测试原则

产品测试因为不同阶段、不同目的而采用的方法、形式各不相同，因此会有一些基本原则要遵循。

3.1　抽样原则

在抽样的设计上要尽可能考虑潜在消费者的品牌、价格偏好，保持与目标消费者一致。且在样本量的设计上要充分结合研究目的，如可用性测试用 5～8 个样本便可获得 80%以上的问题解决方案。但街头测试、A/B 版本测试等都应注意样本量，需要考虑测试精度和可靠性，是否需要进行子群分析，一般最小样本量为 100，如测试产品多，再根据分析维度增加样本量。而 A/B 版本及不同产品对照组测试，都应保持对照组样本量及样本条件一致，确保可进行数据对比。

同时，企业的要求都是测试越快有结果，越有利于快速调整、快速决策，故我们一般有一个原则：如果简单的内部测试，最低 60 个样本；进行外部对比测试，一般选择 2～3 个城市，每个城市 80～100 个样本量，以保证总体结果的可靠性。

3.2　建立标准体系

任何项目都需要有评价标准，因此，在测试前建立指标体系非常重要。

比如外观、包装、UI 测试的指标可以为喜好度、适合度、选中率、独特性、时尚性、易理解性、整体性等。

可用性测试的指标可以是易用性、优先级别、需求程度、效率、满意程度等。

A/B 版本测试的指标可以是转化率、流失率、停留时间等。

本文后续案例主要以一次性产品测试比如外观、UI 测试为例来说明。

3.3　加入竞品进行测试

产品应与其他机型做对比，如前一代产品或核心竞品。因为新产品可能会有好几个方案，当对几个新方案进行对比时，选出的只是新方案中最优的产品，如果不与上一代产品或者核心竞品进行比较，就无法获知新产品是否能够优于自己的上一代或者核心竞品，便无法保证上市后产品本身的竞争力。因此，此原则在产品测试中非常重要。

而在沟通中，有的产品经理不愿意增加竞品进行对比，因为他们非常自信，认为自己的产品一定是优于上一代、优于竞品的。但作为研究项目的负责人，一切以消费者数据来提供分析建议，只有真正进行对比，看到真实的数据表现，才能确认被测产品是否优于竞品。

3.4 避免测试误差

在产品测试中，下面的情况都会使测试产生偏差。

（1）问卷中有些问题，前面问题的回答会影响后面问题的回答，这种偏差称为上下文偏差。为了降低这种偏差造成的影响，实践中我们采用转换这些问题询问顺序的方法（比如让询问顺序做随机循环），但是也得注意问题的前后逻辑关系。

（2）如果测试几个产品，一般来说，放在前面测试的产品结果会影响后面测试的产品结果，从而造成测试偏差，这种偏差称为顺序偏差。我们一般也会对测试的产品进行循环出示，以避免有序偏差。

（3）当测试产品太多的时候，一般我们将产品定为5～7个，不能超过人的生理可接受范围，以免导致被访者无法明确地回答问题，产生相当大的偏差。我们一般采用内部专家或内部访谈的方式进行首轮筛选，将产品数量降至可接受范围，再进行外部测试。或者将产品进行分组，比如相同类型的产品作为一组先进行选择，后与其他类型做比较，以降低测试产品过多带来的偏差。

（4）当样本结构与总体不一致时，会产生偏差，所以样本设计必须严格按照目标消费者标准进行抽样。

（5）我们在测试时会对产品进行编号，一般的编号为1，2，3，4或者A，B，C，D等，这样的编号可能会让被访者在潜意识里认为1比2好，A比B好，因此我们采用随机在26个字母中抽取两个字母来进行编号，这样产品编号就变成了GH，MR，CX，OM等，被访者看到编号就不会产生谁好谁差的联想，以避免偏差（图9）。

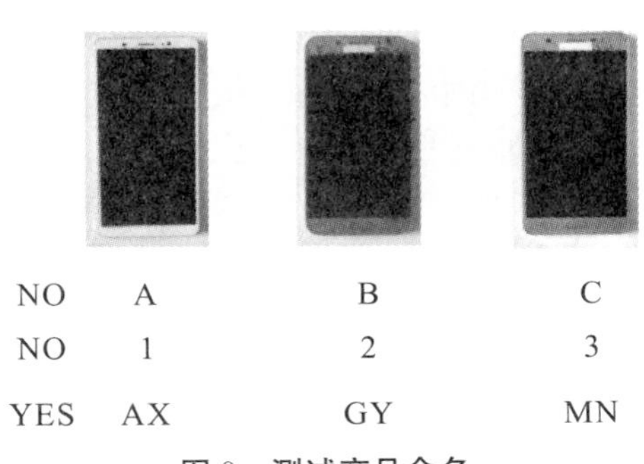

图9 测试产品命名

4 以案例讲述产品测试

前面介绍了产品测试的重要性和方法、展示方式、原则等。接下来以两个案例来展示产品测试该如何进行。因为产品测试多种多样，以下案例均为一次性产品测试，不涉及留置测试。且因为笔者在手机行业工作，以下均为手机测试案例研究。

4.1 外观测试案例

4.1.1 研究介绍

遵循基本框架，首先是介绍研究背景，因为手机产品从定义到真正上市周期非常长，我们在初期的外观定义阶段总是非常谨慎小心。比如在苹果iPhone X上市后，当时市场上很多品牌的产品也有U形屏，大家就会认为其他品牌是在模范苹果，实际在这个过程中，企业有无奈之处，因为并不是每一个企业都能引领潮流，成为像苹果一样的先驱。当然，每个企业的梦想都是成为一个伟大的企业，而我们在从普通全面屏发展到U形屏的过程中，进行了多次测试，验证消费者的审美倾向是否会跟随苹果而行（图10）。

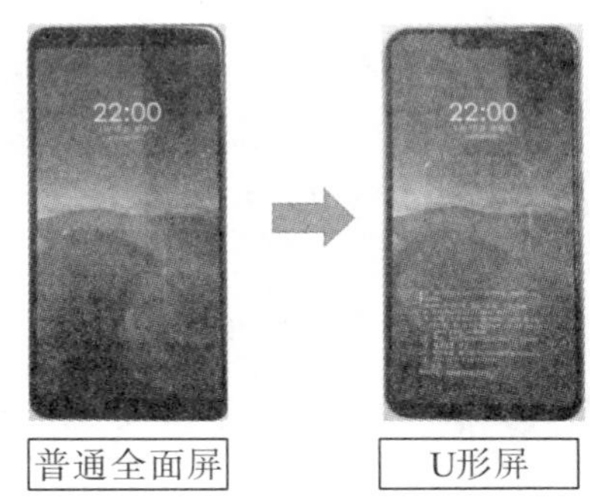

图10 手机屏幕变化

4.1.2 研究设计

我们的第一次测试是在iPhone X上市之前，因为大家已有共性认知，苹果会引领手机消费的潮流。但调研的结果并非如此，这才导致我们启动了第二次、第三次调研，时间是苹果发布会之后及产品上市之后，来验证消费者是否因为苹果的发布、上市而改变想法。我们的目标消费者为Vivo V系列的潜在购买者，并且三次测试选定了同样的样本条件，保证数据可对比。

本次外观测试研究介绍如图11所示。

4.1.3 研究分析及结论

我们来看看第一次外观测试的结果（图12）：选中率完全一比一，发现消费者除了觉得U形屏幕外观独特之外，并没有觉得功能上有利益点；也发现苹果的影响还很小，值得我们再次进行跟踪验证。

- **研究目的:**
  步骤1：选择外观：MN(U型) VS RT（普通全面屏）
  步骤 2:基于外观和配置进行综合选择: -
- **研究类型：外观和配置测试**
- **研究方法:** 定量、定点街坊
- **执行城市:** Mumbai (Tier-1), Bangalore (Tier-1)
- **执行时间:**

Mumbai	September 2017
Bangalore	September 2017

- **样本量:**
- **配额描述:**

性别	
男	
女	

职业	
白领	
个体户	
学生	

年龄	
18-24岁	
25-30岁	
31-35岁	

图 11　外观测试研究介绍

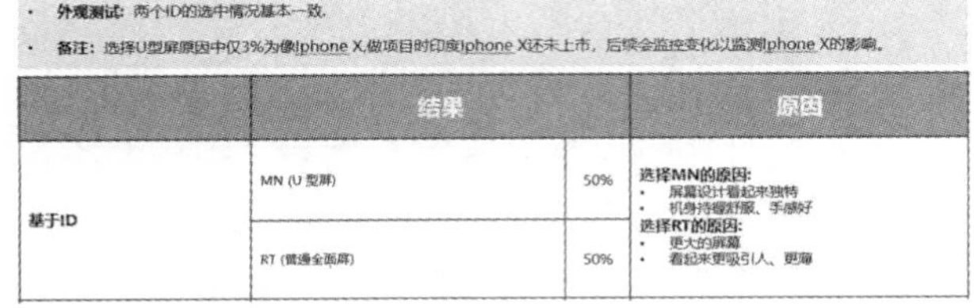

- **外观测试:** 两个ID的选中情况基本一致.
- **备注:** 选择U型屏原因中仅3%为像Iphone X,做项目时印度Iphone X还未上市，后续会监控变化以监测Iphone X的影响。

	结果		原因
基于ID	MN (U 型屏)	50%	**选择MN的原因:** • 屏幕设计看起来独特 • 机身持握舒服、手感好 **选择RT的原因:** • 更大的屏幕 • 看起来更吸引人、更薄
	RT (普通全面屏)	50%	

图 12　第一次外观测试结果

接下来我们看看第二次外观测试的结果（图 13）：U 形屏的选中率上升了。

- **外观测试:** AX(U-Type) 的选中率显著高，因为“**独特的设计**”和“**全面屏**”。同时我们发现像Iphone X的比例上升到8%。

结果		原因
AX (U)	55%	**选择AX的原因:** • 独特的设计-摄像头和屏幕的关系 • 边缘更小，更适合持握
GY (普通)	45%	

图 13　第二次外观测试结果

在这里其实不需要看第三次的数据，我们也能够知道结论会如何，但为了严谨，我们还是进行了第三次测试，确实是苹果的影响更明显了。

同时，我们的测试不会只有选中率一个指标。在这个测试中，我们的指标还包括喜欢程度、适合程度、选中率、对比平均值表现等指标。

喜欢程度，指被访者对所展示产品的喜好程度。

适合程度，指被访者认为所展示产品是否适合自己的打分程度。

为什么会有喜欢程度和适合程度呢？因为喜欢的不一定适合自己，适合自己的不一定是喜欢程度打分最高的（图 14）。

选中率，指被访者对所展示的产品组合进行模拟选择，如果其需要购买下一款产品，会选择哪个产品。

对比均值表现，指通过长期的产品测试研究建立数据库，将本次测试的每个指标的得分对比过往测试的得分情况，得到新产品放在总体产品中的表现值；高于均值则代表产品表现好的可能性更大，而低于均值，则代表产品有一定的风险。

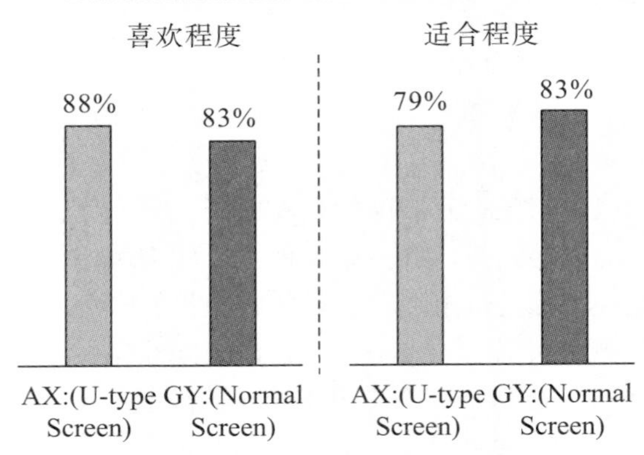

图 14　喜欢程度和适合程度表现

4.2　UI 测试案例

除了实体产品外观，虚拟产品也可以进行一次性的产品测试，比如 UI 界面（图 15）。

4.2.1　研究介绍

用户体验部门收到各方反馈，对系统 UI 设计提了不少建议。但这些建议不统一。他们希望通过一次系统的研究，了解消费者对主要竞争品牌的 UI 设计的看法和喜好程度，故进行了本次研究。

图 15　Vivo 界面设计

4.2.2　研究设计

我们在研究设计时也考虑了对线上、线下方式都进行测试：线上的优势是可以快速获得大样本量，线下的优势是设计师可以参与执行，可以与目标消费者面对面进行沟通（图 16）。通过综合评估，最终我们放弃了线上方式，原因如下：

（1）界面显示涉及显示器偏差，无法真实呈现手机上的表现。

（2）涉及测试对象过多，线上被访者参与程度低，无法保证被访者答案的真实准确性。

（3）线上问卷需要全封闭式答题，而本次测试设计师希望有一部分开放题可以获得被访者的回答。

（4）设计师希望能与部分被访者一对一进行访谈，线上 Push 问卷很难做到。另外，线上的邀约不如设计师直接去线下邀约现场。

项目背景与目的

✓ 目前公司正在着手准备新一代系统，希望能通过和竞品对比，找出我们在设计上的优势劣势，以为后续的优化找到参考方向。

研究方法

✓ 考虑到测试方法（多次对比、开放题过多）的局限性，只安排**线下街访；**
✓ 共有七个品牌的五组图片按顺序出示，让被访选择并做出评价。

样本类型和条件，地点和样本量

✓ 样本量：
✓ 执行地点：上海，南京，湘潭
✓ 年龄：18-34岁，
✓ 性别：男女1：1
✓ 职业：学生　　，白领　　，其他职业（20%），排除无工作人群
✓ 手机使用价格：1000～1999 元　　2000～2999 元　　3000元+

图 16　界面测试研究介绍

由此可以看出，任何一个研究，采用的途径、方法以及问卷设计都与项目的目的密不可分，不能简单照搬其他研究方法。

因为涉及 7 个不同品牌的界面，我们采用了 TOP2+BOTTOM2 的方法进行访问（图 17）。

➢ **第 1 部分**
【督导注意：随机出示 7 部手机，要求手机的界面停留在数字“AM-RD”中，都访问完后再访问 Q1-Q4 题】
下面我将向您展示一些手机图片，请先观察一下，我会向您询问一些问题
Q1　请问以下哪张图片的设计是您最喜欢的（选两张）

	AM	CF	YE	NV	UX	BG	RD
喜欢的设计	01	02	03	04	05	06	07

请访问员将上述选中的编号填入到下方的横线上。

Q2	**请问您为什么要喜欢这两张图片呢？还有呢？还有呢？【访问员追问两次以上】**
	编号 1______
	编号 2______

请访问员收回选中的手机，出示其他 5 台手机
Q3　请问以下哪张图片的设计是您最不喜欢的（选两张）

	AM	CF	YE	NV	UX	BG	RD
不喜欢的设计	01	02	03	04	05	06	07

图 17　界面测试问卷

让被访者分别选出最喜欢的两个界面以及最不喜欢的两个界面，并分别问原因，了解喜欢和不喜欢背后的原因，为 UI 设计提供参考。

4.2.3　研究分析及结论

整体而言，在测试的五种界面中，AM（Vivo）的天气界面比较受被访者喜欢，其他几个界面表现比较一般（图 18）。

各品牌界面的选中率占比

		AM	CF	YE	NV	UX	BG	RD
锁屏	最喜欢	8%	25%	47%	8%	57%	40%	13%
	最不喜欢	28%	29%	23%	50%	11%	9%	51%
主界面	最喜欢	31%	13%	44%	16%	57%	27%	12%
	最不喜欢	16%	61%	27%	37%	9%	18%	31%
音乐界面	最喜欢	23%	27%	55%	16%	16%	31%	32%
	最不喜欢	21%	40%	16%	44%	43%	10%	20%
闹钟界面	最喜欢	28%	36%	32%	21%	38%	24%	20%
	最不喜欢	13%	22%	35%	28%	19%	27%	55%
天气界面	最喜欢	42%	18%	24%	30%	32%	41%	13%
	最不喜欢	23%	27%	55%	16%	16%	31%	32%

表现好的品牌　　表现较差的品牌

图 18　界面测试整体结论

整体表现比较好的为 YE、UX 和 BG，而另外两个表现不佳。

我们讲述一个最主要的界面——锁屏界面，来展示细节分析（图 19）。

锁屏界面 Vivo 表现一般，同时发现，被访者喜欢的三个界面有相似之处，值得我们借鉴。

锁屏界面

锁屏界面中，被访者更喜欢UX（57%）、YE（47%）、BG（40%），YE的颜色舒服，整体感觉炫酷时尚、有神秘感，三星整体感觉舒服、清爽、简洁大方，颜色柔和。

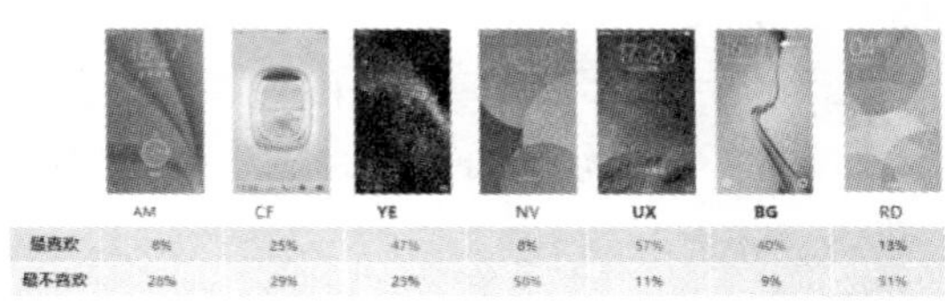

	AM	CF	YE	NV	UX	BG	RD
最喜欢	8%	25%	47%	8%	57%	40%	13%
最不喜欢	28%	29%	23%	50%	11%	9%	51%

喜欢该品牌锁屏界面的原因

UX：整体感觉简洁大方，看起来舒服；画面为自然风景、点点星空
YE：颜色深、颜色亮，看起来舒服；整体感觉炫酷/时尚、有神秘感
BG：整体看起来舒服，清爽、简洁大方；颜色搭配较好、简单柔和

图 19　锁屏界面结论

我们再单独来看 Vivo 的表现，整体比较平庸，喜欢的和不喜欢的比例都不高，而从主要负面评价可以看出，整体让人感觉比较普通，颜色色调过于鲜艳（图 20）。设计师在现场与被访者有过沟通，他们面对消费者提的问题也有自己的解读，有助于设计参考。

锁屏界面—vivo表现

vivo锁屏界面在众多品牌中表现得比较平庸，选择最喜欢和最不喜欢vivo 的被访者比例都不高（分别为 8%和28%）。

✓ 喜欢vivo最主要的原因为颜色舒服、简单；
✓ 不喜欢vivo最主要的原因为整体感觉普通，颜色搭配不好色调太鲜艳等。

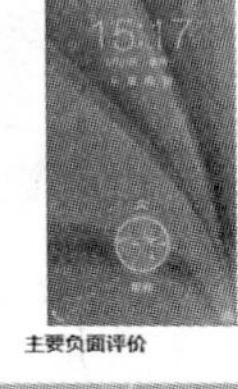

喜好原因汇总

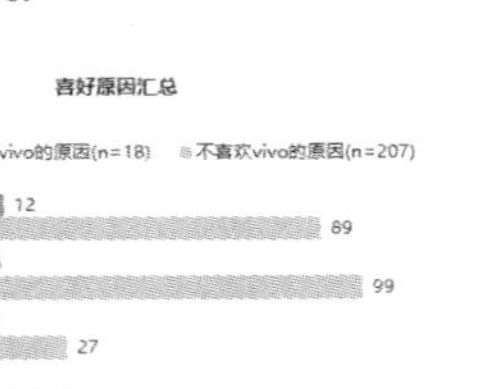

主要负面评价

[illegible]	[illegible]
不喜欢这样的颜色搭配	22
色调太鲜艳	12
不喜欢这个颜色	11
颜色看着不舒服	7
整体普通	25
没有特点	13
感觉不好看	6
图片单调	4
图案不好看	4

图 20　Vivo 锁屏界面表现

其他界面的分析也是相同的。这样的一次性测试可以让设计师从整体上了解被访者对各个品牌界面设计的一些看法，会发现消费者的视角与专家设计师的视角是不同的，对设计的认知是一个补充。在后续版本升级时，他们参考本次研究，进行了设计方向上的调整。

5　产品测试的可拓展性

5.1　一次性产品测试的应用

像这样一次性的产品测试在我们的工作中有很多不同类型的项目：

产品外观、配置、竞争力等测试——可以获得新产品的综合表现，为产品改进及上市提供综合数据。

包装测试——针对旗舰机的包装方案进行测试，了解消费者对不同方案的喜好度以及与旗舰机定位的匹配程度，指导包装提升。

产品新功能测试——几个新的功能可以通过一次性的试用效果展示获得消费者对新功能的喜好程度、使用关联性、利益点是否足够有吸引力等结果，辅助进行新功能选择。

拍照测试——获得消费者对主要竞品的喜好程度以及喜好原因，供拍照团队了解消费者需求，进行拍照效果的提升改善。

动效测试——对不同交互方式的小动画进行测试，可以知道消费者对不同交互方式的感知、喜好程度，提升动效设计的效率。

屏幕效果测试（图 21）——不同屏幕的饱和度不同，通过测试可知道消费者在初次看到不同屏幕时的表现，了解其对屏幕显示的喜好。

图 21 屏幕效果测试

扩大来看，一次性测试可以在更多方面提供快速、相对准确的结论，对用户研究来说非常有用。但需要研究人员跳出固定的框架，根据研究目的进行灵活的设计，并针对特定项目建立特定评价指标，把握好研究设计和结论的输出，由此可以获得非常好的结果。

5.2 留置产品测试的应用

本文没有对留置测试进行详细的阐释，留置测试因为其执行周期长，因而应用没有一次性产品测试广泛。但留置测试可以让被访者较长时间使用产品，以此获得更多使用阶段的意见，是了解消费者对产品满意度的一个非常好的方法。

参考文献

[1] 产品测试 [EB/OL]. [2018-08-01]. https://baike.baidu.com/item/产品测试/334183? fr=aladdin

[2] 产品正式入市前的三种产品测试方法 [EB/OL]. [2018-08-01]. http://www.woshipm.com/pmd/52853.html

[3] 郑宗成，陈进，张文双. 市场研究实务与方法 [M]. 广州：广东经济出版社，2011.

[4] 陈抒，陈振华. 交互设计的用户研究践行之路 [M]. 北京：清华大学出版社，2017.

从亲子共读到数字阅读

——由儿童桌前阅读学习历程谈智能台灯设计

叶崇文

（明基电通数位时尚设计中心使用者研究部，台湾台北，10106）

摘　要：2017 年世界卫生组织报告指出，中国近视患者已达 6 亿人口，而高中生和大学生近视率均超过 7 成，青少年近视率则高居世界第一。近视最主要成因来自用眼距离过近、时间过长、环境太暗。一中小学人工智能教育平台调查指出，中国学生每日平均花 2.82 小时写作业，时长全球第一。家长无不希望孩子能在良好的环境下学习，所以，如何给孩子提供优良的桌上照明效果，是父母关心的问题。许多研究表示，处在正确的照明环境下不仅可维护视力健康，也能提升专注程度。为了打造适合孩子学习阅读的台灯，团队透过用户研究，了解不同年龄层孩子的桌边学习活动。研究发现，在低年级儿童家庭亲子共读行为十分普遍，而中高年级儿童则会开始使用电脑等数字产品，桌上照明设备除了满足纸本阅读之外，也应提供适合屏读的灯光。基于研究结果考虑，产品设计和工程研发团队合作开发，并经多次使用性测试验证，最终打造出一盏安全、可弹性调整高度、角度能伴孩子成长的智能台灯——WiT Minduo。

关键词：共读；学习；孩童；视力；智能台灯

1 研究背景与目的

1.1 中国青少年近视严重

根据媒体引述世界卫生组织调查（2017），中国近视人群比例达 47%，与美国（42%）、日本（46%）、新加坡（59%），同属全球近视患病率最高区域，并且日趋恶化。20 年前，上海近视的小学毕业生很少，如今，6～7 岁刚入学的上海儿童近视患病率即已接近 10%，10 岁左右儿童近视患病率更超过 50%。台湾地区的情况不遑多让，据卫生福利部国民健康署调查（表 1），台湾小学生六年级近视比例已超过 65%，相比 1986 年高出三成以上，而近视的学童中，500 度以上甚至已达九成五。医学研究指出，少部分近视为先天造成，绝大多数仍来自后天影响，包括：

（1）用眼距离过近。

近视最主要成因来自用眼距离过近。正常阅读距离应为 30～35 厘米，但一般人使用手机（距离 10～25 厘米）、书本阅读、写字、画图等桌上作业（20～35 厘米）常小于这个范围，也因此桌上活动成为导致孩童视力恶化的最主要原因之一。

（2）用眼时间过长。

即使保持适当距离从事活动，用眼时间过长使睫状肌长时间收缩也易导致近视。中小学人工智能教育平台“阿凡题”于 2017 年发布了《中国中小学写作业压力报告》，报告显示，中国的中小学生每日写作业时长平均为 2.82 小时，接近全球平均的 3 倍。繁重的课业带来的压力，也成为导致孩童视力问题的原因之一。

（3）照明不当。

照明不足时，孩童可能会为了看清楚而拉近用眼距离引发近视，然而一般人或许并不清楚，现在很多孩子看书写字的灯光并非太暗，而是太亮。亮度强时瞳孔缩小比亮度弱时瞳孔放大更易使眼睛疲累。

表 1　台湾地区 6～18 岁近视率

年份 / 年级	1986 (%)	1990 (%)	1995 (%)	2000 (%)	2006 (%)	2010 (%) ≤ −0.25D	2010 (%) ≤ −0.50D
小学一年级	3	6.5	12.8	20.4	19.6	21.5	17.9
小学六年级	27.5	35.2	55.8	60.6	61.8	65.8	62
初中三年级	61.6	74	76.4	80.7	77.1		
高中三年级	76.3	75.2	84.1	84.2	85.1		

资料来源：台湾卫生福利部（2013）近视历年流行病学调查结果。

1.2 亲子共读

亲子共读，广义来说是家长与孩子一同阅读学习。许多研究指出，亲子共读除了督促孩子专注于书桌上的作业外，更重要的是家长能借共读与孩子培养亲密关系。张鉴如（2011）在亲子共读研究文献回顾与展望中提及，2005 年美国亲子共读的比例已高达 86%。《中国家庭亲子共读调研报告》指出，目前中国 12 岁以前孩童家长的共读比例虽较低，但也达 1/3 左右（中国儿童少年基金会，2018）。中国儿少基金会将亲子共读作为推展“未来家庭教育计划”的其中一项主轴，意味着中国的亲子共读比例还可能持续上升。

一般市售儿童台灯并未考虑亲子共读情境，普遍针对单人使用而设计，照明广度不够。这也驱使明基着手儿童的学习行为研究，要打造一盏能真正帮助家长与孩子共同学习的“智能台灯”。

2 研究设计

2.1 研究及设计流程

研究与设计流程参考 IDEO 提出的设计思考流程（图 1）。

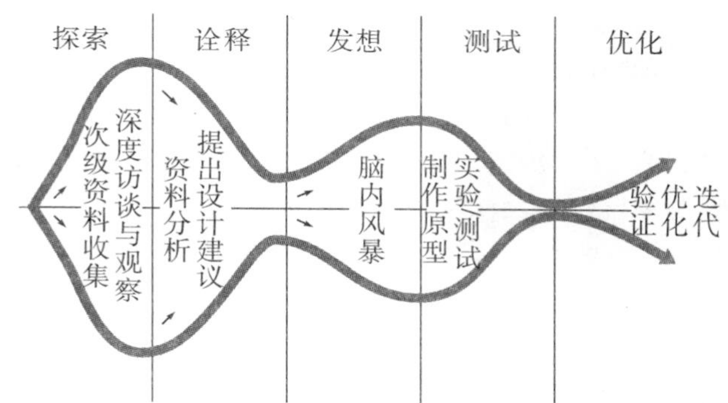

图 1　IDEO 设计思考流程：The Design Process

第一阶段为探索阶段，透过网络搜集数据，探索可能的主要竞品以及目标族群是否定义准确，确立研究对象并预备研究计划；然后进行实际的田野调查，透过观察、访谈，收集资料。

第二阶段为诠释阶段，利用访谈取得的逐字稿、影像、环境数据（桌面尺寸、照明度等）进行分析，梳理用户的需求与痛点，找出关键问题，提出可能的设计建议。

第三阶段为发想阶段，围绕痛点发展出的设计建议，与产品经理、工业设计师、互动设计师等共同参与头脑风暴，激荡各种可能的解决方案。

第四阶段为测试阶段，审视各种解决方案，找出亮点并评估可行性。方案收敛后制作原型并测试，产出最终设计。

第五阶段为优化阶段，透过用户回馈验证产品，持续优化迭代。由于此阶段尚待市场回馈后进行，本论文将主要着墨于前四个阶段。

2.2 研究对象

以台湾地区儿童、家长为主，由于学龄前、低、中、高年级儿童的放学时间、离开学校后的作息与作业量有显著不同，故分此四组，各招募 2～3 个家庭，进行入户访谈。此外，为了解多人使用情境、前代产品的改善方向，优先招募符合以下条件者：

（1）有多人共读（亲子、手足）行为。

（2）使用本公司前代产品或其他以“照明广度”为要求的竞品。

受访用户信息详见表 2。

表 2 受访用户信息

组别	受访家长	孩童性别	孩童年级	台灯型号	每日书桌活动时间
小学前 4～6 岁	许先生	男	大班	E 牌双臂台灯	≤30 分钟
	黄女士	女	大班	T 牌小型台灯	1～1.5 小时
低年级 7～8 岁	陈女士	女	一年级	D 牌	30 分钟
	周先生	女	二年级	BenQ WiT	30 分钟
中年级 9～10 岁	阮先生	男	三年级	A 牌	1 小时
	潘女士	男	四年级	BenQ WiT	2.5 小时
高年级 11～12 岁	张女士	男	五年级	P 牌	≥1.5 小时
	游女士	女	五年级	BenQ WiT	1 小时（先至安亲班 2 小时）
	周先生	女	五年级	BenQ WiT	1 小时（先至安亲班 2 小时）

2.3 研究设计

此研究采用入户深度访谈的方式，同时观察产品的使用环境。依半结构式晤谈方法进行，每位研究对象含访谈及场域观察约 1.5 小时。

访谈大纲大致切分为两个部分：

（1）第一部分着重了解台灯的购买行为。

（2）第二部分针对实际使用情况作观察与访谈。

3 探索阶段——儿童台灯的购买行为

将购买行为依照“3W1H”（WHY、WHO、WHAT、HOW）梳理如下：

3.1 WHY：购买目的

当孩子需要桌面写字画画或有固定作业后，家长即会开始添购阅读相关用品，通常是在幼儿园时期或孩子即将步入小学时。

3.2 WHO：由谁选购

不一定会由爸爸或妈妈来买，但只要是将台灯认知为“电器产品”的家庭，选购便通常成为父亲的责任。

3.3 HOW：如何选购

用户选购历程的第一阶段为“搜集相关信息”，对无暇研究的忙碌父母来说，直接到实体渠道（量贩店、3C 卖场）浏览并当场消费最省时省力。而有空档研究的父母，依性别大致分成两种搜集信息的类型：

（1）爸爸们倾向搜寻网络评价、参考论坛开箱。

（2）妈妈较信任熟人经验、听从医师等专家建议。

但即使是先经过研究的父母，也通常会到实体渠道测试、体验，确定合适后再回到网络渠道比价选购，享受可无偿退货的“鉴赏期”权益。

3.4 WHAT：家长选购时考虑的产品要求

3.4.1 使用年限长，一盏灯伴孩子成长

（1）优先考虑“亮度不易衰减、无须频繁替换灯管”的 LED 光源灯具

（2）孩童容易“横冲直撞”，灯具需要“坚固耐摔”。

（3）儿童“身高变化快”，灯要能“有弹性，可随身高变化调整高度、角度”。

台湾学龄前幼童两年内平均身高变化达 10 厘米，学生自小学到中学平均身高变化达 40 厘米（图 2、图 3）。

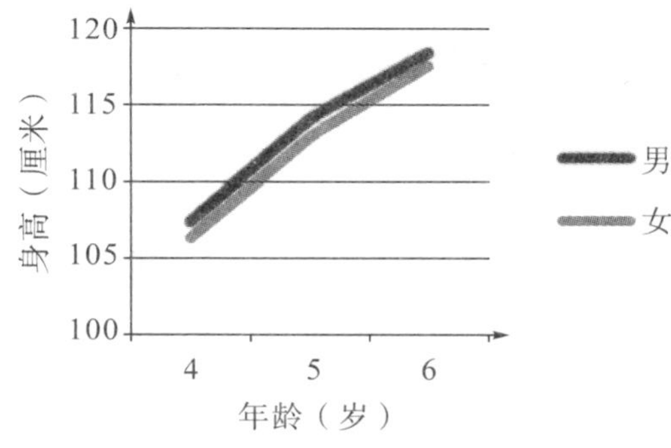

图 2　2008 年台湾学龄前幼童身高常模

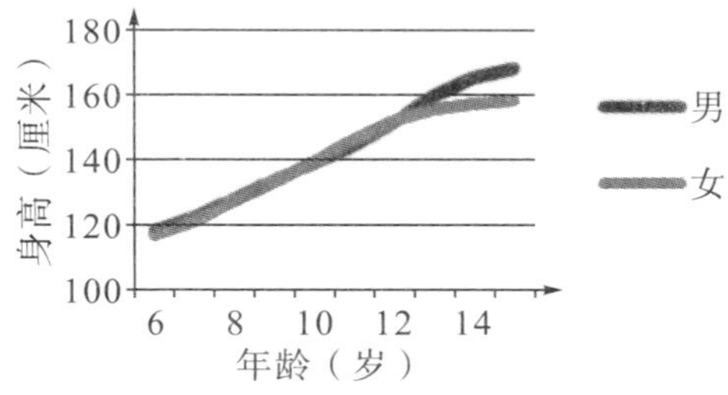

图 3　2013 年台湾中学以下学生平均身高

3.4.2　安全性高

小孩活动力十足，经常横冲直撞、爬上爬下，家长选购儿童用品时除了关注产品耐用性，更会考虑是否能保护孩童安全，尽量选择外观线条柔和、不易撞到、刮伤孩童的产品。

3.4.3　照射范围广

一盏台灯若是能提供手足或亲子一起共读需要的照明，即使单价稍微高一点，都会比买两盏灯更省成本（图 4）。

图 4　左图为黄女士陪同五岁女儿，右图为周先生二年级和五年级的女儿共同使用书桌

3.4.4　防眩光

眩光其实就是刺眼，是因视野范围内的亮度大幅超过了眼睛所能适应的程度，这样就会导致烦扰抑或是视力损害，可分为由光源直接引起的直接眩光以及因物体表面反射光引起的反射眩光（林彦辉，2008）。

陈女士："最在意的是防眩光，之前小朋友不舒服看眼科，医生说是台灯的关系，会太刺眼。"

陈女士所陈述的即为桌面台灯在孩童视野范围内所造成的直接眩光。另外，光滑的书面材质也常引发反射眩光。

4　探索阶段——儿童台灯的使用情形

4.1　家长的共同需求

为了提高阅读效率、培养家庭情感，八位受访家长中，有六位皆会陪同孩子念书、写作业，有亲子共读行为。在亲子共读情境中：

黄女士："父母与孩童身高差异大，两者对灯光高度的需求不同。"

黄女士表示，适合女儿的灯光高度对自己来说却过低，视野范围内会看到灯，感觉碍眼，一旦调高又会使女儿直视光源，造成眼睛伤害（图 5）。

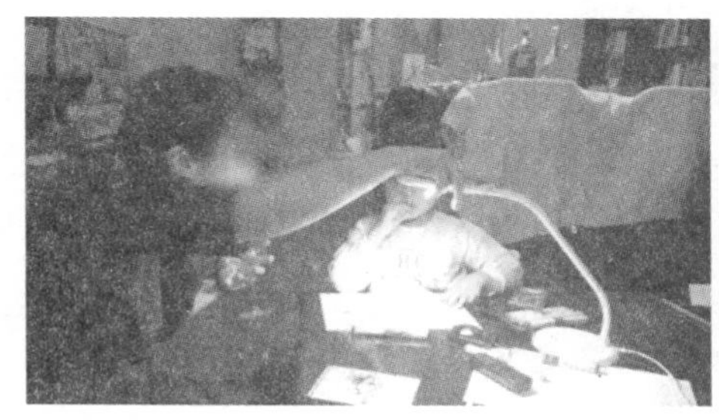

图 5　有时父母与孩童对灯光高度的需求差异很大，对孩童来说理想的光源高度对母亲来说显得过低

许先生："应不同使用情境、不同位置，需要方便地调整灯光高度、角度。"

许先生一家四口共同使用一长桌共读（图 6），并共享两盏 E 牌双臂台灯。为了方便左右移动选择办公室型滑椅，因此座位并不固定，需要经常左右移动台灯。对许先生来说，E 牌双臂台灯的灯臂单手即可拖拉，操作很方便。

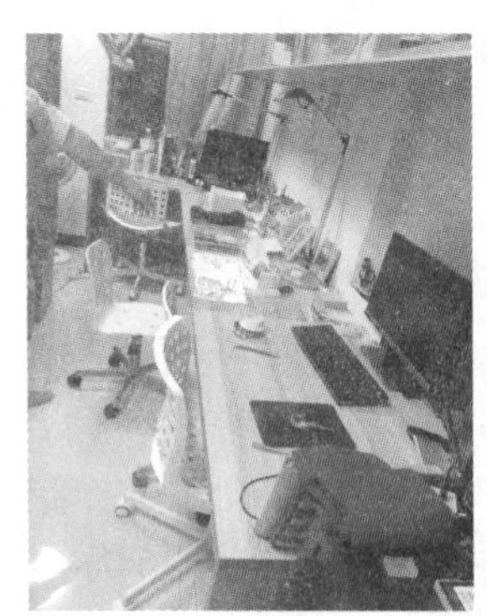

图 6　用户许先生一家四口共享一长桌，会经常移动座位，对灯光照射广度以及可调整幅度有需求

"桌面有限，灯具最好能不占空间。"

儿童作业、课本多，桌面常不够用，灯具最好能不占用桌面空间。

“灯光随着情境、心情需要，变换不同的色温。”

孩子写作业喜欢白一点（色温较高）的灯光；读课外书、休闲活动或是使用电脑喜欢黄一点（色温较低）的光线（图 7）。

图 7　不同桌上行为的光线色温偏好

图 a：喜好白一点（高色温）图 b：喜好黄一些（低色温）

4.2　不同学龄儿童在书桌上的用光行为

4.2.1　小学前

“小孩不会定点使用桌面的某部分区域。”

小孩不太会固定座位或姿势，经常动来动去，黄小姐表示无论为小孩准备什么，都不太会照着正确姿势使用。

“幼童不会自己主动开灯。”

幼童对环境“够不够亮”没有意识，只要不是暗到看不见，就不会主动开灯，等家长发现帮忙开可能都已在低光源下用眼数分钟。

黄女士：“我想要知道亮度到底是不是合适的，对眼睛有没有害，而且要有个建议值。”

4.2.2　低年级

“小朋友会自己开灯，但不太会调整。”

低年级开始有少量作业，小朋友回家会固定坐在桌前，每日约三十分钟，也学会也自己开灯，但通常不太会去调整。

4.2.3　中年级

“儿童近视比例升高，家长开始对台灯有较强的护眼需求。”

中年级开始，课表由一周一天全日班增为三天全日班（图 8），因科目变多以致作业增加，儿童在书桌前的时间随之延长。此外，课本书籍的图变少，取而代之的是“空间频率”较高、用眼更吃力的文字。2010 年，台湾地区 6～18 岁屈光状况之流行病学调查显示，孩子升中年级（7～8 岁）为近视发生的第一个尖峰（另一尖峰为 13～14 岁）。

图 8　典型的台湾低年级与中年级学童课表（中年级后科目明显增加，并由一个全天增至三个全天）

4.2.4　高年级

“学童的课业加重，用眼负荷急速上升。”

若放学后不到安亲班，一般至少需花 1.5 小时在书桌前写作业。段考前复习则每日可达 3 小时以上。以陈女士的女儿为例：六年级，平日 4 点下课后需花 2～3 小时写作业，有时甚至写到晚上 11 点（图 9）。

图 9　高年级学童写作业时间长，用眼负荷急速上升

“孩子姿势不佳，家长经常需要费神提醒。”

因长时间久坐，学童开始出现不良姿势。例如头太低以致眼睛与桌面距离过近；椅子离桌太远使得上身前倾，造成低头并连带影响脊椎健康；错误握笔以致阻挡光源（大多数用户光源来自前方，写字容易产生影子，理想光源应来自正上方或后方）。受访用户不良姿势调查结果如图 10 所示。

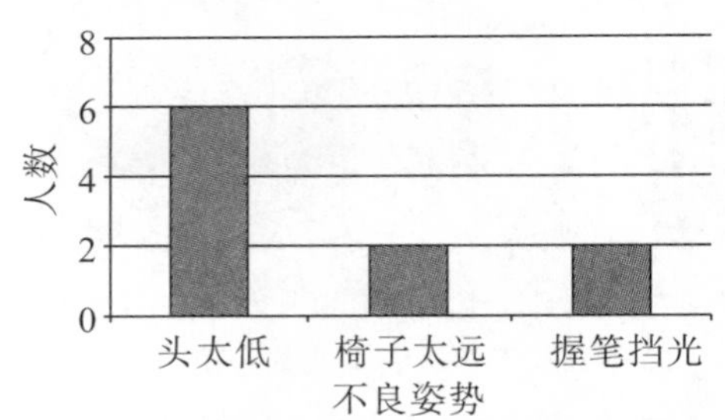

图 10　受访用户不良姿势排行（中高年级六位孩子的家长皆会不断提醒孩子抬头，其次为拉近座椅及正确握笔）

为了避免孩子近距离用眼，张女士表示一个晚上就可以提醒儿子抬头一二十次，然而除了不断提醒，还能怎么做？

阮先生：“我们都会跟儿子开玩笑要在衣服领口装根针防止他低头。”

这也许是一句玩笑话，但坊间确实出现各种防近视的写字产品（图 11），足见家长对孩童视力的在意程度及其背后隐藏的市场机会。

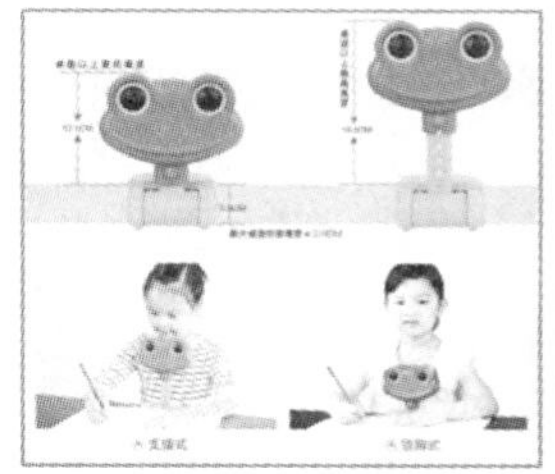

图 11　坊间的防近视儿童写字设备

5　诠释阶段——需求统整与设计建议

整探索阶段的发现，要打造适合儿童使用的理想台灯，除了须满足跨龄的共同特性（包括身高变化大、可用桌面有限），也须考虑各阶段儿童及家长的行为与需求特征（小学前好动、不会主动开灯；低年级会开灯但不会调整；中年级近视比例攀升，家长对护眼的需求增加；高年级课业重，桌前活动时间长，坐姿不良需要家长一再提醒）（表 3）。

就访谈结果将各项台灯功能在受访者心中的重要程度进行排序（图 12）："维持视力健康"对用户来说仍是最重要的，次要考虑为"适应不同座位/坐姿"，以及"适合多人共读的情境"；接着考虑台灯的使用年限，一盏灯能否随孩子成长、是否安全无虑；最后，能否随情境调整亮度、颜色以及较不占桌面空间对受访者来说，相对不那么重要，但可为台灯增值。

表 3　家长对儿童桌上活动的照明需求统整

	小学前	低年级	中年级	高年级
使用时间	30 分钟内	30 分钟～1 小时	1 小时以上	2 小时以上
使用人数	2 人以上共读	2 人以上共读	1 人	1 人
使用情境	1. 画画 2. 劳作 3. 绘本	1. 少量作业 2. 画画 3. 劳作 4. 故事书	1. 写作业 2. 念书（文字为主）	1. 写作业 2. 念书（文字为主） 3. 3C 产品
共同特征	小孩身高变化大 孩童用品多，桌面有限			
对应需求	调整范围大（可因应身高变化） 不占桌面空间			
阶段特征	1. 不会固定坐、好动 2. 对够不够亮无意识，不会主动开灯	会自己开灯但不会调整	近视比例升高，护眼需求增加	1. 用眼负荷急速上升，护眼需求强烈 2. 有数字阅读需要
阶段需求	1. 安全性 2. 耐用 3. 照明广，适合多人共读	照明广，适合多人共读	用眼距离提醒	1. 用眼距离提醒 2. 在纸本与数字阅读间切换适合的光线

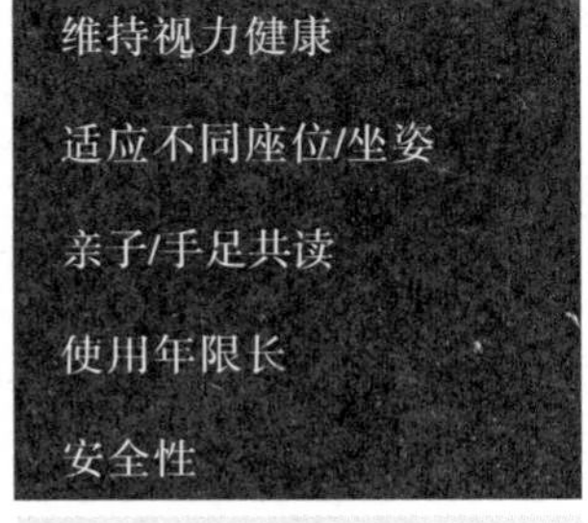

图 12　台灯功能重要性排序

浅色功能为上一代 WiT 台灯已可满足之需求；深色区块则为上一代 WiT 台灯尚未能满足，但同时为家长最重视的五项需求，要能满足家长，应该优先解决深色部分需求

回头检视前代 WiT 台灯功能，其可调整亮度、颜色，也提供了站立式灯座及夹式配件以节省桌面空间（图 13），然而这还不能满足儿童台灯目标用户最重要的需求。新的 BenQ 台灯除了延续前述功能外，更需要优先解决家长在意的维持视力健康、适应不同座位/坐姿、适合亲子/手足共读、长的使用年限以及安全性等需求。

图 13　前代 WiT 台灯已可调整亮度色温，也具备节省桌面空间的站立式灯座及夹式配件

以下将分述针对这五项需求提出的设计主张及

建议。

(1) 维持视力健康。

自动开关灯——小学前的幼童不会自己开灯，光线不足，影响视力，因此台灯若能够在用户入座后侦测照明环境并在光线不足的情况下自动开启，或许是一个可行的解决方式。

用户照明顾问服务——家长很难凭肉眼判断光线是否充足，要维持视力健康，首先需要了解什么是合适的光源环境以及当下的照明情形是否理想。因此，可提供照明知识教学、各个成长阶段的灯光建议，建立儿童台灯的专业说服力。此外，要能够辨识当下的照明情形供用户参考，告诉用户该不该开灯，甚至是否该降低亮度，因用户需要的是理想的照明环境，而非一盏灯。

(2) 适应不同座位/坐姿以及亲子/手足共读。

超广照明——低年级孩童很难安定在书桌前的某个固定位置。而大多用户现有的灯具照射范围并不能涵盖孩童的移动范围，灯臂也不容易调整，需要不断移动底座位置以配合孩童。而在亲子/手足共读的情形中，个体间的身高差异大，对灯光高度需求亦不同。如果有够宽的照明广度，则可以从高处直接覆盖孩童移动以及共读所需的范围。

调整范围大——孩子的身高变化极大，要用一盏灯伴孩子成长，产品需要有足够的可调整高度、角度范围，能够涵盖4～12岁孩童的身高变化。

(3) 使用年限长。

(4) 安全性。

坚固、圆滑、无毒——许多孩童常横冲直撞，需确保产品的结构坚固耐摔；外观上需避免棱角、锋利的线条，要不易造成孩童割伤、撞伤，此外，圆滑的线条在意象上也较能使用户安心；材质须确保无毒性，且不易过热或者因热而产生质变。

(5) 其他功能。

亮度、色温调整——高年级孩童在书桌上不只是读书写作业，也会使用电脑。纸本活动时孩童倾向较白的照明，用电脑时则倾向较黄的照明。纵然随情境调整亮度和颜色在家长考虑的重要性排序相对较靠后，却可彰显产品独特性，成为设计亮点。

6 发想阶段——头脑风暴

回到研究初衷，将“第一台适合亲子共读的台灯”作为产品的价值核心，用户研究员与产品经理、工业设计师、互动设计师等共同进行了几次头脑风暴，针对需求诠释阶段提出的自动开关灯，用户照明顾问服务，超广照明，调整范围大，坚固、圆滑、无毒，亮度、色温调整六项设计建议，发想解决方案。

7 测试阶段与最终产出——设计落地

发想的方案经过收敛后，透过原型设计，测试可行性及易用性，产出最终设计。以下将说明针对五项需求（六个设计建议）产出的最终设计及测试过程。

(1) 维持视力健康。

自动开关灯——为确保自动给光的感应侦测的准确性，在提出想法后，团队制作了感应模块原型（图14），并放置桌面，测量用户在桌面的动作区域，设定侦测驱动的范围（图15）。

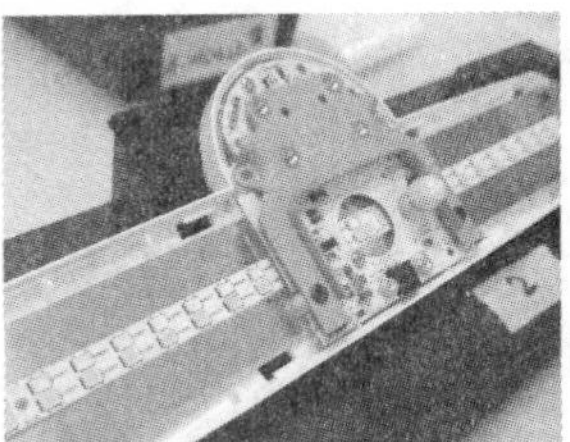

图14 红外线感应模块原型

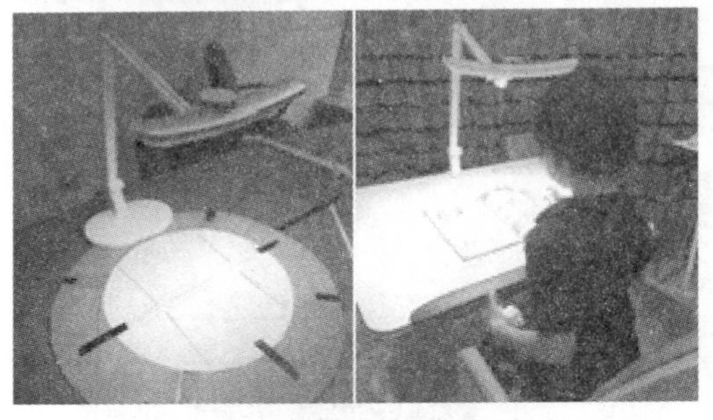

图15 自动开灯侦测范围测试

最终产品提供了手动模式及自动模式。在自动模式下，台灯会透过红外线感应用户入座并自动开灯（图16），用户离座30分钟便自动关灯的机制，减少电力浪费。

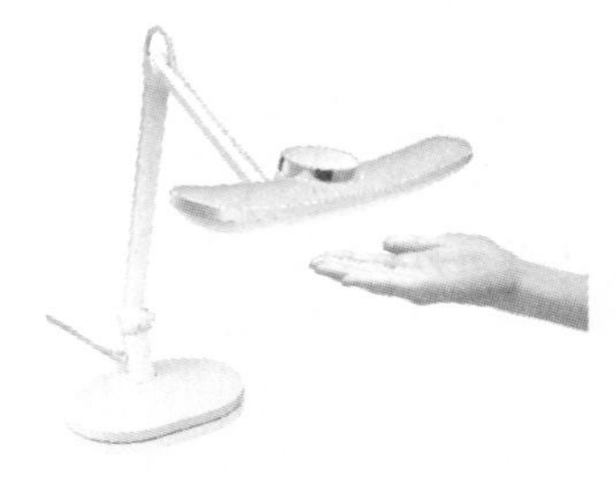

图16 感应用户入座自动给光示意图

用户照明顾问服务——台灯内建智能侦测器，能主动侦测各式情境的亮度，经测试，最后决定以蓝、绿、红色灯号分别提示当下环境亮度是太亮、刚好或太暗（图 17），使用户了解当下的照明情形。

图 17　以三种颜色灯号提示当下的环境亮度

（2）适应不同座位/坐姿以及亲子/手足共读。

超广照明——原先团队提出平面的灯头设计，照明虽够宽，庞大灯头体积却也占去许多桌面空间。为解决此问题，提出数种改善方法，最终采用弧面灯头及格栅技术，加上多次实验（图 18），使灯头得以控制于 32 厘米宽，却仍保有足够的 95 厘米照明广度。相比前代 WiT 台灯，广度增加了 5 厘米，照射面积约达到一般市面台灯的 1.5 倍。

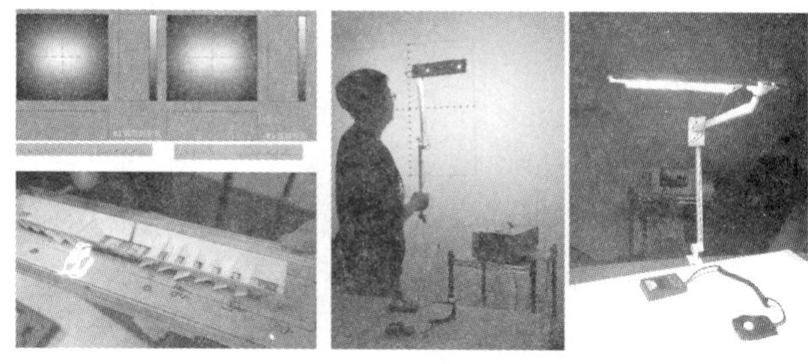

图 18　利用光学仿真、格栅模型实验改善照度范围

（3）使用年限长。

调整范围大——灯座、灯臂、灯头各设计一关节，其中灯头采用内建扭力弹簧的转轴与球状关节，能够做极大范围的调整（图 19）。并且使用 LED 灯泡，寿命长，足够应付数年的高频率使用。

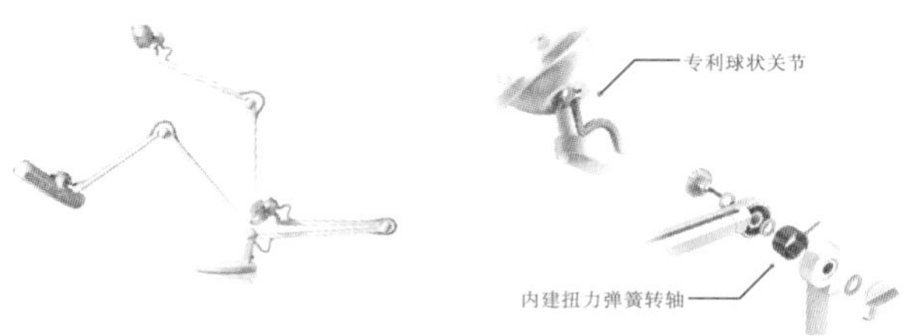

图 19　内建扭力弹簧的转轴与球状关节，可调整范围广

（4）安全性。

坚固、圆滑、无毒——最终整盏台灯采用流线设计无锐角，并确定材质可通过无毒检验、防触电，达到儿童产品安全法规标准。

（5）其他功能。

亮度/色温调整——延续前代 WiT 设计，内建两种灯光模式。在数字阅读模式提供 4000K 色温与较低的亮度，防止观看屏幕时出现眩光，书本阅读模式提供 6000K 色温且较亮的光线，能让孩童更加专心。并且提供用户手动模式，在不同的环境、活动中，能任意调整偏好的亮度与色温。

最终产品 WiT MindDuo 获得了 2017 Good Design Award 以及金点设计奖的肯定（图 20）。

图 20　WiT MindDuo 获得日本 Good Design Award

评审意见："多年来少见的创新灯具设计，可以看出对于孩童眼睛照顾的用心。"

资料来源：GOOD DESIGN AWARD 官网（http：//www. g－mark. org/award/describe/45207？token=G3rjfoqZLm）

参考文献

[1] 林瑞益. 陆青少年 7 成近视世界第一［EB/OL］. http：//www. chinatimes. com/newspapers/20170607000816－260309.

[2] 林隆光. 近视历年流行病学调查结果［EB/OL］. https：//www. hpa. gov. tw/Pages/Detail. aspx？nodeid=609&pid=1084.

[3] 阿凡题. 中小学写作业压力报告［EB/OL］. http：//edu. sina. com. cn/zxx/2017－12－20/doc－ifyptkyk5392007. shtml

[4] 张鉴如，刘惠美. 亲子共读研究文献回顾与展望［J］. 教育心理学报，2011（43）：315－336.

[5] 中国儿童少年基金会. "未来家庭教育计划"亲子共读公益项目在京启动［EB/OL］. http：//www. cctf. org. cn/news/info/2018/01/30/4537. html

[6] 林彦辉. 室外工作场所采光照明与作业安全之研究［D］. 新竹：行政院劳委会劳工安全卫生研究所，2014.

移动智能终端中的动效设计原则与设计方法

余晓瑜
（国美通讯设备有限公司，上海，201210）

摘　要：随着智能终端产品的性能发展，界面动态设计在视觉设计中的占比越来越大，成为完善用户体验不可或缺的一环，并直接关系着产品“门面”。于此，本文结合实例，将移动智能终端的视觉动态设计作为研究对象，并思考如何去构建一个合理高效的动效体系，最终梳理出一些做好动效的通用设计原则和关键手法。

关键词：动效设计原则；动效时长；运动转场；动效速率

1　应用界面中动效的作用与设计原则

为什么在视觉设计的过程中还需要设计动效？简单来讲，动效有以下价值点：

（1）引导视图焦点。

（2）提示用户操作。

（3）明确元素之间的层级、空间关系。

（4）打造情感化设计。

（5）突出品牌个性。

一个优秀的动效能过渡界面的元素，关联局部关系与层级关系，在引导用户视觉焦点的同时满足用户的心理预期，并缓和用户的负面情绪，激发正面情感。

那么做好动效的关键是什么呢？对于动画师而言，动画的时间、速度、节奏等都是表现动效的关键要素，这些关键要素的表现手法只有结合合理的设计原则，才能做出成功、出色的动效。动效的设计原则：

（1）真实、自然的动效。

（2）满足用户情感需求的动效设计。

（3）高效的反馈和适度设计。

结合以上关键点，本文还将细述构建合理高效动效体系的具体方法。

2　真实、自然的动效

2.1　自然、符合心理预期的动效

对即将发生或潜在可能发生的事情做出预判准备，从而更好地适应环境的变化，这个提前的心理准备过程被研究者称为“心理预期”。

预期性是人机界面设计中的重要原则。在交互过程中，有意识地暗示用户可能发生的下一步操作，可以加强用户对交互逻辑的理解，并提升用户的满意度。

这一原则在动效中同样适用：一个符合用户预期的动效，会让人倍感自然和舒服。在界面转场、衔接等动态设计过程中，只有遵循真实的自然物理状态，才能对应用户对事物的固有认知，从而达到其心理预期。

苹果的早期设计，采用的便是拟物的设计手法：将虚拟的界面实物化，模拟真实世界已有的物品，使得产品的外观和行为接近现实生活中的事物。用户因此快速地理解它们的交互方式，并在使用中感觉身临其境，例如 iBook 的书本翻页的效果。

而在 Google 的 Material Design 中，视觉元素的设计更为抽象。它不刻意还原某一实物的具体形态样式，而是将界面元素刻画成某一虚拟物体，假定其质量、材质、层次、深度和组件材质的叠放逻辑。其原理更像是把交互界面定义成一张张的纸面。这种虚拟的框架环境，利用娴熟的动效表现手法还原物体的具体属性，使之能真实地描述一个抽象物体在运动状态下的属性值，从而让用户对物理世界的认知映射到对产品的认知上，并自然对应产品页面间的逻辑关系。

2.2　符合力学的物体运动

在现实世界中，物体的运动都是遵循经典物理定律的。人对于事物的理解，源自对客观世界规律的观察和理解，而应用界面中的材质都是虚拟的，如果这些元素的运动异于我们平时所能观察到的物理运动，用户就会在视觉的感知上存有认知偏差，从而无法从中想象其背后的交互逻辑及层级关系。

因此，我们设计的动态效果只有在满足物理定律的前提下，才能帮助用户把体验到的逻辑映射到产品认知中，使那些即使没有经验的用户在体验中，也能自然而然地知道元素背后的含义及其使用方法。

在自然界中，由于受到摩擦力的影响，我们看到的位移运动都非匀速。而匀速运动本身又是缺乏

变化、乏味的，故通常只被运用在透明度的变化中。

在对比测试中，将三个小球动画分三组做运动对比，三个小球在同一个屏幕、同样的运动距离和时长下，分别做匀速直线（A组）、匀变速直线（B组）和不规则变速直线运动（C组）。抽样调查中发现，90%以上的人会先关注到有变速运动的小球（先C后B），而对比两组变速运动，匀变速运动的小球（B组）让人感到无怪异、习惯舒适、运动真实。

实验组小球直线运动速度曲线。

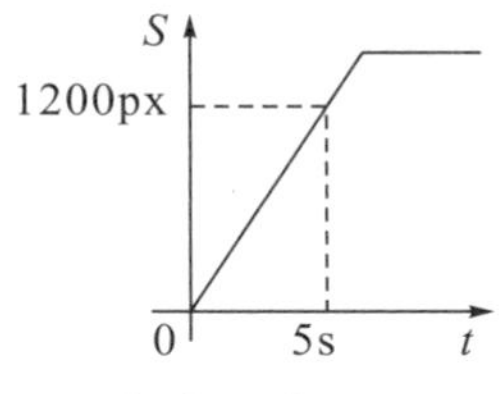

A组匀速运动（0～5s）

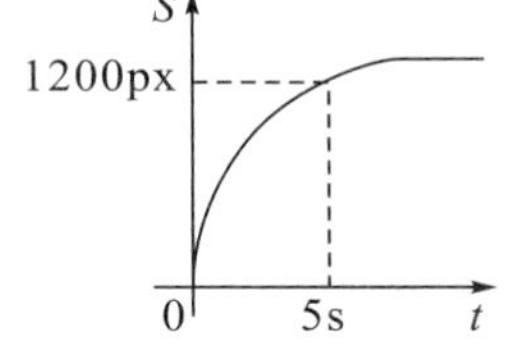

B组匀变速运动（0～5s）

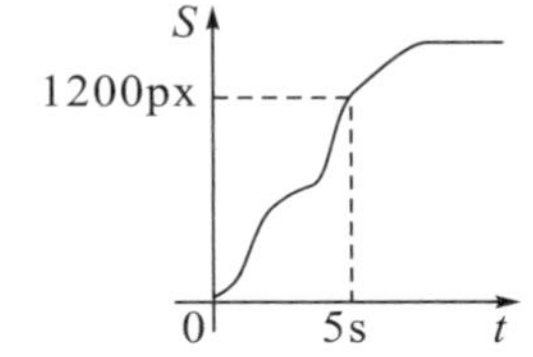

C组不规则变速运动（0～5s）

图1　实验组小球直线运动速度曲线

因此，速度的设计中，巧用规则的变速运动，可以使得运动增加视觉引导性，并增加动效的可信度和趣味。

在多种匀变速运动中，同样的运动幅度和运动时间，搭配不同的速度曲线，就会有不同的动效体验。

（1）加速运动（ease-in）。

静止的物体开始位移、缩放、旋转时都会经历提速，这个速率常用于元素的消失。动画速度要先慢后快，这时的速率呈现如图2所示的曲线效果。

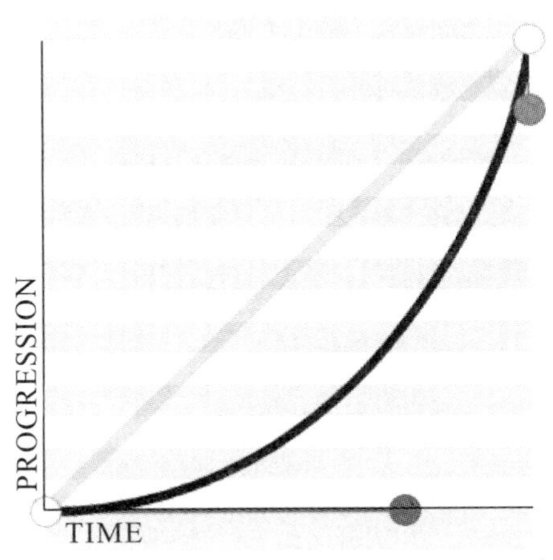

图2　加速曲线

（2）减速运动（ease-out）。

运动结束后，物体在摩擦力的作用下，逐渐降速，该速度曲线一般用于表现元素的凭空出现等，即进来画面的动画要先快后慢，如图3所示。

（3）组合缓动（ease-in-out）。

当元素在界面中既是突发运动又不出界消失，或界面发生转场等变化时，加减速度往往是同时存在的，物体会经历先加速后减速的变化过程来模拟现实运动。此时的速度曲线如图4所示。

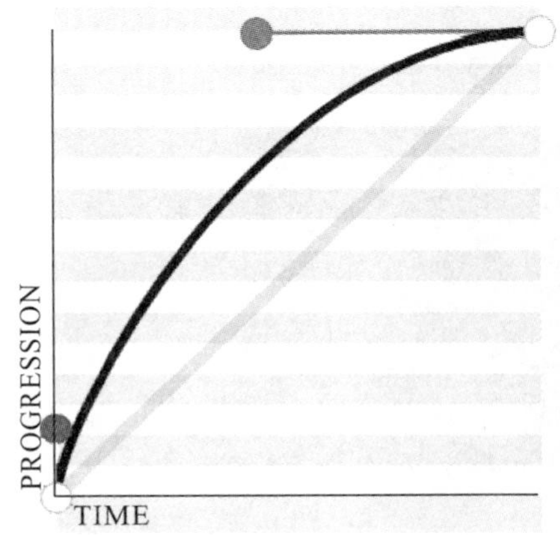

图3　减速曲线

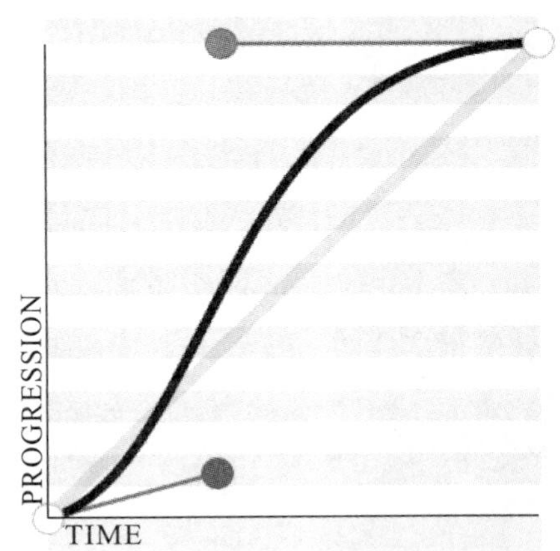

图4　组合缓动曲线

2.3　符合材质特征的动效

除了考虑物体运动的速率，动效设计还可以从模拟特定现实材质的属性出发，包括质量、弹性、韧性、形状等，使得用户自动对照现实物理规律，从而既增强动效的客观合理性，又丰富动效的表现性。

2.3.1　质量

质量是物体的属性，而体现质量的特征之一即是惯性。当进行运动或静止时，物体不会瞬间变速或者突然停止，而是在惯性和摩擦力的相互作用下，经历一段加减速的过程。反之就可以用速率的骤变程度表现质量，质量越大的物体惯性越大。表现时，加速度越慢，减速度也越慢。

2.3.2　弹性

现实中，我们经常通过观察物体运动受阻后的反作用运动，来观察它的弹性。例如小球下落（图5），落地后小球的回弹幅度、次数与其弹性成正比。依此反推，我们可以利用运动截止时的摆动来表现弹性运动。

由于弹性运动可以较好地表现物体的材质，我们可以经常看到它在动画中被用于表现某些Q弹的元素，比如动画中孩童的脸蛋、晃动的果冻、被拍打的网球等。依样类推，弹性运动可以使运动元素在界面中看起来真实、趣萌、有活力。

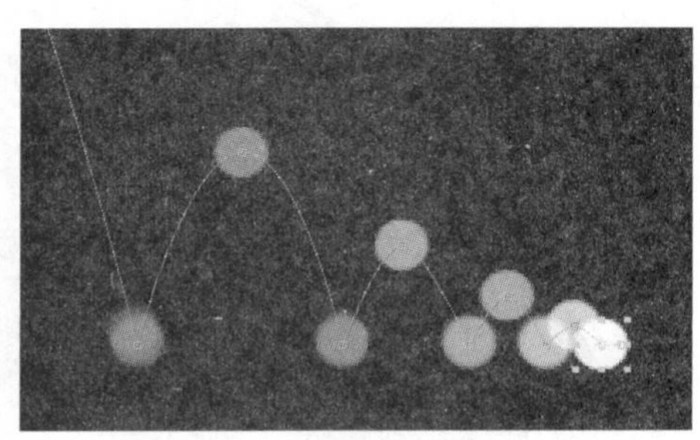

图5　小球的落地回弹动效

2.3.3　韧性

物体的韧性值可以用与外力接触时的形变程度来表现。如在国美 GOME U7 switch 的设计过程中，白色小球在圆矩框内撞击，启动时，球身拉升变长，碰壁后会挤压变扁，并伴随轻微回弹效果，表示小球的Q软（图6）。在小范围动效评测中，多数人认为，加上形变后的动画比原本无形变的位移切换更显得整个体验过程轻松、愉悦、耐看。

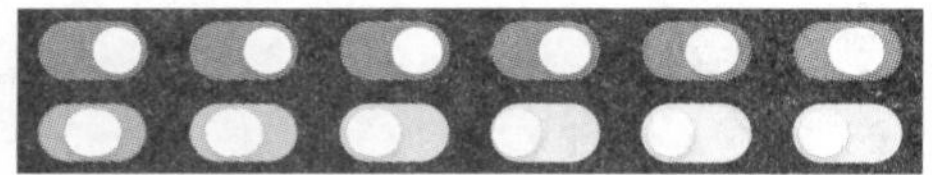

图6　GOME U7 Switch 开关动态序列

2.3.4　形状

在icon、小组件的点击、转场动效中，可以结合组件本身的形状特征进行设计。如果icon、小组件是简单的几何造型，则可以用形变配合位移、缩放达到不错的动态效果。如果icon、小组件本身具有写实的造型，可以根据人的固有认知来设计形变动效。

如Google网页设计的icon动画的暂停键与播放键之间的切换，根据形状特征做了形变与旋转变化；点赞的icon在点击时，会竖起拇指比赞。

在两者动效小范围调研验证中，对比播放键硬切、点赞动画不发生形变而仅做透明度变化的动效，用户对原本 Google icon 动效的喜爱程度占80%（共10位被调研用户），理由为这两个动效过程看起来更自然、有趣、好玩。

因此，根据形状制定合适的动效可以更好地唤起用户的感知力，使动效触发看起来更贴合、贴切。

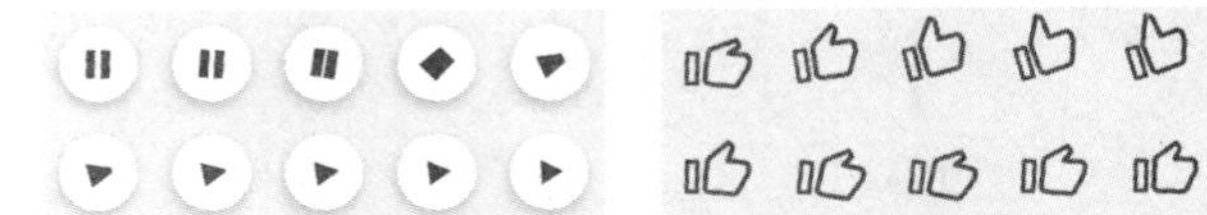

图7　Google 播放、点赞 icon 动态序列

2.4　空间与视差

现实中，物体存在运动的空间是三维的。在手机的二维界面设计中，为了追求真实感，我们经常利用视差来模拟三维世界。

什么是视差？例如坐车时眺望远方，公路边缘的树在迅速后退，而远方的山或房屋却比树的后退看起来慢一些，这便是由于景深带来的视觉差异。

模拟办法其实很简单：将界面中的层级组件分层堆叠，在某个元件发生位移变化时，其他元素根据层级排列景深关系，发生不同程度的跟随位移。按照现实生活经验，越远的景物移动越慢。如 Android P 中的日历 Banner 滚轴效果，在滚动页面时，利用视差，使得整个上下级组件构成纵深空间感，带来沉浸式的视觉体验。

这种视差效果，让界面中的元素相互之间有了距离和深度，使得设备界面不再是一个简单的二维平面，而是形成立体层次错落的运动效果。视差手法，除了用来强调元素之间的不同层级高度，还可以带来非常出色的视觉体验。

3　满足用户情感需求的动效设计

动效的情感化设计除了要考虑解决产品层级功能性的引导需求，降低用户的学习成本，还需要满足用户的情感体验，考虑动效的易理解程度和使用的友好、愉悦程度。

3.1　操作与暗示

当用户进行点击、长按、滑动或其他交互操作时，都需要有及时的反馈。适当的动效，可以通过缩放、透明度变化、位移、变色等手法改变交互前后的视觉效果，帮助用户区分交互前后的状态，从而提供安全感。

当遇到持续的交互步骤时，动效还可以提示用户当前的未完成状态，暗示和引导用户进行下一步骤，减少用机的学习成本。

如苹果的删除应用动画，当长按桌面某个图标后，所有图标都会开始晃动，提示当前已进入图标拖拽的第二状态，可以进行下一步操作了，而抖动的不稳定感还可以警示用户，目前是删除的命令，帮助用户明确交互目标并做出正确的选择。

3.2 顺畅的承转手法

在用户访谈中，60%的用户觉得在页面切换、icon切换中，有必要存在承转动效，20%用户觉得无所谓，20%的用户觉得没必要。由此可见，用户对转场动效有着较强的心理需求，认为这种动效对于层级之间关系的表达和逻辑提示比较清晰。合理转场动效可以使需要切换的元素、界面之间能有平滑的转换，使应用操作体验起来顺畅愉悦，并同时增加视觉的细节表现。

3.2.1 元素联动

在界面或组件的转场过渡中，单个元素还可以考虑与界面内的组件建立关联运动。联动动画通过多层级的辅助传达，使得整个过渡动画更加合理自然，同时能更清晰地表达界面逻辑，并丰富整个动效画面，使之看起来生动有趣。

在横向对比中，笔者将GOME U1和U7的桌面应用打开动画做喜好选择测试。其中，U7打开某个桌面应用时，该应用界面从icon的中心放大出现，桌面作为背景层次从其中心点缩小、后退消失。而U1的桌面应用打开动画，桌面不发生联动，仅有应用放大。10位被调研用户中，7人觉得更喜欢U7的桌面动效，占到70%，2人觉得无所谓，仅1人觉得U1更好。

U7的桌面应用开关动画，与桌面存在联动关系，让人感觉该应用被选中后，可以展开内容并优先表达，与未选中的其他元素拉开距离，次要的东西就后退消失（图8）。这个过程还原了用户选择查看的心理过程，对比UI仅是界面展开却不与桌面联动的动画更加贴近用户的认知习惯，故操作体验更为顺畅。

图8 GOME U7 桌面应用开关动态序列

3.2.2 跟随运动

跟随动画，就是让周边元素围绕主要运动物体动势，进行伴随运动的动效，可以辅助表达元素之间的关系，润色动画。

如华为的Tab页设计中，当激发一个Tab页的切换时，Tab页上方会有一个蓝色的滑条跟随滑动，辅助说明页面是左右滑向的，并说明当前Tab页的位置（图9）。而滑条的滑动速度根据手指移动的速度、力度变化而变化，使整个切换过程响应及时，交互逻辑清晰。

图9 华为Tab页切换动态序列

3.2.3 元素共用

另外，利用共有元素的衔接也是转场的一种表现手法。在画面的切换过程中，观察前后页面之间是否有共同的元素，将它们提取出来做衔接动画，其他元素配合做次要的转场变化（图10）。这种过渡手法使得动画的转换看起来一气呵成。

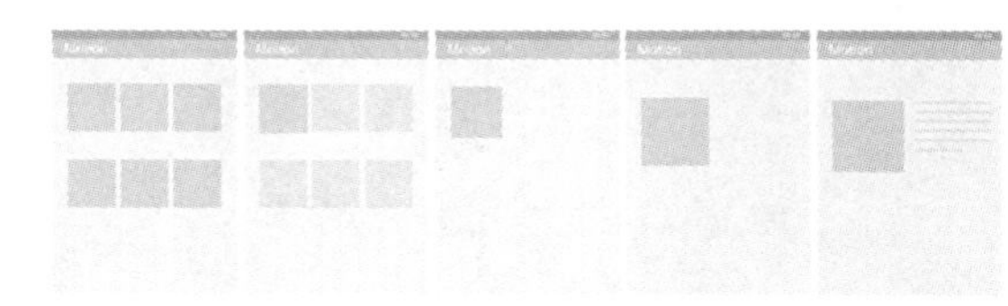

图10 元素共用动态序列

3.2.4 制作补间

补间动画是指从一个元素做形变等变化，转换成另外一个元素的过程动画。补间动画可以完成两个不同元素之间的衔接，使得元素的联系性加强，切换更加流畅、水到渠成（图11）。

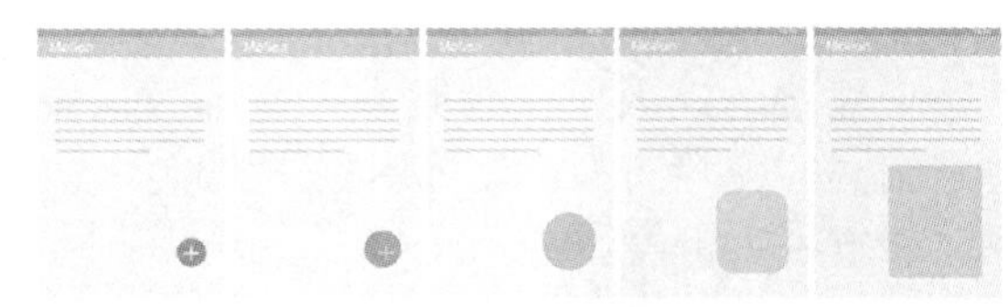

图11 补间动画动态序列

3.2.5 共享运动

当面积大小、颜色等形态相近的两个图标做切换动画时，共享运动通过两者共同模拟一个运动趋势并从中跳转，来创建平滑的过渡效果（图12）。

例如，当浮动按钮内的一对图标进行切换时，可以使它们朝着一致的方向进行旋转，在运动速度的最高点，进行淡入淡出切换，使整个切换过程到达不错的平滑效果。

图 12 共享运动动态序列

3.2.6 层次与间隔

瀑布流效果是将变化进行分层和间隔处理而出现的渐层效果（图 13）。

在列表类的界面加载过程中，使用瀑布流效果，将界面布局打散分组，载入时，每一组保持相同的动势和间隔时间（每个元素运动时间间隔不宜过长），保持动画的流畅和快速性。需要注意的是，这种效果应适当地控制幅度和总时长，避免过于花哨而影响信息的读取。

使用瀑布流效果，可以打破原本列表界面加载效果的单一、乏味，变得层次分明、错落有致。

图 13 层次与间隔动态序列

3.3 个性与趣味

未添加动效的产品，会带给人一种平铺直叙、呆板无趣的感觉。在某些界面中，增加一些个性的定制动效会增加亲和力和趣味性，并加深品牌印象。

如安卓原生的时钟 Tab icon，在闹钟、时钟、秒表、计时器的切换中，会出现个性的小动画（图 14）。在用户访谈中，大部分用户能主动识别并提及这种个性化的动效，认为其十分有趣。这说明，这些定制类的微妙动画可以为用户体验增添光彩和趣味，缓解视觉审美疲劳。

图 14 安卓原生时钟 Tab icon 动态序列

4 高效的反馈和适度设计

4.1 高效的动效时间设计

动效的要求是既要快速响应用户的指令，还要吸引眼球。合适的动效时长，可以让用户在无须等待的基础上可察觉它。故此，动效时长的设计尤为重要。

在设计过程中，不同动效类型的时间长度也是不同的：动效的长度需要根据应用场景、运动面积，设计不同的时间配比。

（1）考虑一：应用场景。

不同的用户使用场景对动效的时长有着截然不同的需求。在设计动效时，要先明确动效的用途。

点击反馈需要能迅速、精确地响应用户触发的命令，动画时长以简洁短小为宜；转场切换类的动画时长在快速的同时，还需要清晰阐述页面层级关系，并为页面加载预留一定时间，也应该以中短简洁为主；等待的 loading 动画为循环的动画，在界面加载时，要减少用户的等待焦虑，因此动画的循环内容不宜过长或过短——动画过短则不耐看，过长则会加剧等待的负面情绪；特殊类的动画，如演示动画等，设置的时长应贴近所表达场景的实际情况，不宜过快，避免出现用户看不懂等问题。

（2）考虑二：运动面积。

除了用户使用场景，元素运动的面积、幅度也是考虑因素之一：当运动物体的体积较大或运动幅度较大时，适当地放慢速度，可以使这个动效过程能完整呈现，而不显得突兀；当运动的面积较小时，动效要尽量保持简短，减少用户的等待时间。

这个考虑因素同样适用于智能终端产品的适配问题，当小屏幕设备的动效适配到大屏幕设备时，需要适当延长动效时间，反之则缩短（图 15）。

图 15　智能终端产品的动效面积

4.2　常见动效的时长表

在传统动画影像学的概念中，人类眼睛的视觉暂留现象正好符合每秒 24 帧，即大约 0.04 秒。以此作为时间梯度的最小基数，统一规划，在此基数上做倍率增加。

笔者将一些主流 App 中的动效时长做了调研分析和记录，发现了一些通用的设计时长范围，并做了简单的整理和搭配方法建议，详见表 1。

表 1　常见动效时长表

动效类型	推荐时长
icon、文字点击反馈	推荐 200～240ms，根据对象的运动面积可调整
透明度出现/消失	推荐 200～240ms，根据对象的运动面积可调整
通知弹框弹出/收起	推荐 240～360ms，根据对象的运动面积可调整
Dialog 弹出/收起	推荐 360～400ms，根据对象的运动面积可调整
屏幕范围内的位移	推荐 360～400ms，根据对象的运动面积可调整
屏幕内外的位移	推荐 500～540ms，根据对象的运动面积可调整
切页动画	推荐 240～400ms，根据对象的运动面积可调整
应用开关	推荐 400～540ms，根据对象的运动面积可调整

续表 1

动效类型	推荐时长
呼吸循环类	1000ms 或 2000ms 一循环，根据对象的运动面积可调整
特殊类的动画展示	根据动画的场景现实估算动画时长
演示动画	根据实际操作的时长来设计演示教程动效时长，确保用户可以切实地观察并理解使用步骤

4.3　克制、适度的动效

动效被应用的理想状态是“适度”，运用时需要避免不必要的炫技。我们使用动画来吸引用户的注意力，提醒用户需要注意的信息或暗示下一步操作，但当动画使用的次数过多时，画面中几乎所有的东西都在动，关键信息传递的效果反而越差，并且会干扰用户的认知和操作。因此，动效不能随意滥用，要严格控制它的数量及幅度。

动效的使用应具有针对性，从交互出发，站在用户的角度考虑操作的目的及期望的视觉呈现效果，并依此为元素进行有效的主次划分，削弱次要部分，以便对应操作的逻辑并给出正确的动效反馈，避免带给用户眼花缭乱之感。

参考文献

[1] 吴俭涛，李蒙晓，王之苑. 移动应用界面中动效设计的运用与探究［J］. 艺术与设计（理论），2015，2（9）：40—42.

[2] 杨洁敏，张蜀，袁加锦，等. 心理预期与认知方式对负面情绪的交互调节［J］. 心理科学进展，2015，23（8）：1312—1323.

[3] 吴政兴，朱晓菊. Material Design 的设计语言与动效设计探析［J］. 艺术与设计（理论），2018，2（5）：70—72.

语音办公助手 VUI 交互设计研究

曾丽霞　康佳美　孙甜甜　孙传祥

（百度网络技术在线（北京）有限公司，北京，100000）

摘　要：近些年，随着 AI 技术的成熟以及相关产品的不断问世，各大媒体和互联网商业巨头开始对 AI 投入更多关注度。其中，VUI（对话式交互）产品作为一种相比 GUI（图形用户界面）更加自然和普适、对用户感官更少占用的交互方式，已经成为各大巨头进入 AI 市场的一个主要的切入点。

VUI 产品主要通过语言来建立人与机器沟通的桥梁，解放了双手后的用户认知与用户体验，与在移动端界面的操作是迥然不同的。VUI 在用户的使用场景、交互行为等方面与 GUI 产品存在较大差异化，交互场景更加复杂。VUI 产品的交互设计实践中的挑战，更多来自对交互设计流程、设计原则、设计方法的重新探究与定义。

关键词：VUI；智能语音；对话式交互；用户体验

1　语音交互

20 世纪 50—70 年代是 VUI 的技术的萌芽阶段，其主要标志是 AT&T 贝尔实验室开发的 Audrey 语音识别系统的出现。第二阶段是 20 世纪 80 年代，这一阶段是技术突破阶段。智能语音技术研究开始转向基于统计模型（HMM）的技术思路，并再次提出了将神经网络技术引入语音识别问题的技术思路。20 世纪 90 年代—21 世纪初是第三阶段，也是 VUI 的产业化阶段，智能语音技术由研究走向实用并开始产业化，以 1997 年 IBM 推出的 ViaVoice 为重要标志。2010 年以后的第四阶段，是快速应用阶段。苹果 Siri 的发布是重要的引爆点，智能语音的应用由传统行业开始向移动互联网等新兴领域延伸。

VUI 简史如图 1 所示。

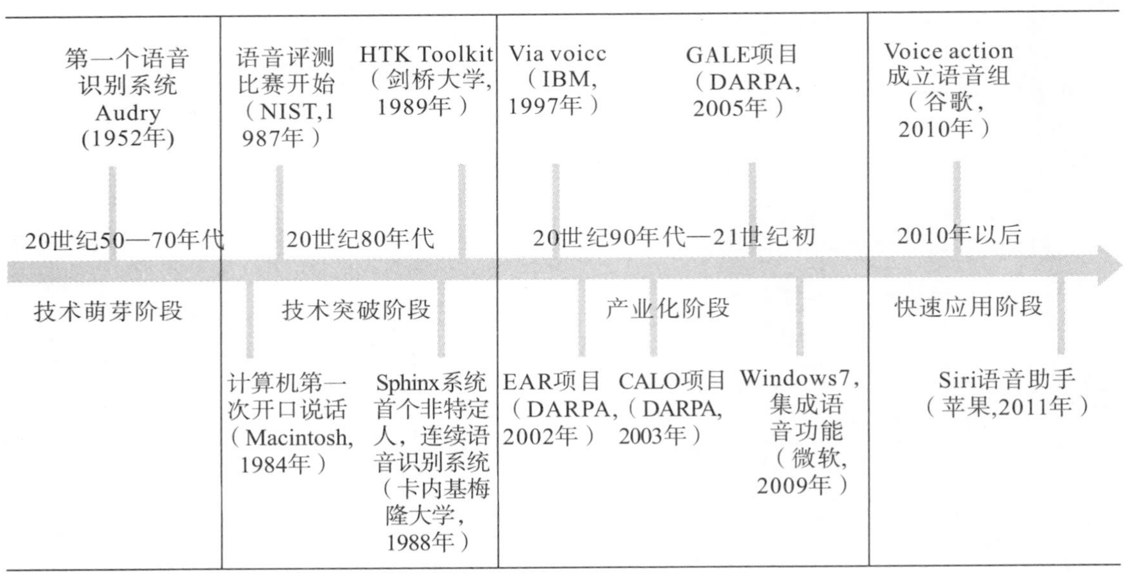

图 1　VUI 简史

（图片来源：《人人都是产品经理》）

其中，20 世纪 90 年代出现了交互式语音应答（Interactive Voice Response，IVR）代表了 VUI 的发展的一个重要时期，它可以通过电话线路理解人们的话，并且执行相应任务。现在三大通信运营商的机器客服依然采用这种语音应答的方式。另一个重要时期是各大公司都开发了自己的语音助手，可以同时使用语音和屏幕交互，是一种多模态的交互方式，如微软的 Cortana、谷歌的 Google OK 和苹果的 Siri。这些语音助手集成了视觉和语音信息的 App。最近两年，如 Amazon echo 和 Google home 这类纯语音交互的设备，受到市场的青睐。在未来的生活和工作场景中，语音交互是一个新的入口，它提供了更灵活的交互方式。如图 2 所示为智能语言设备。

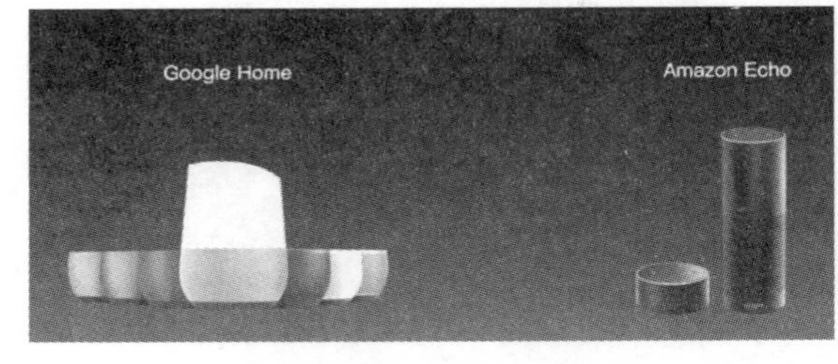

图 2　智能语音设备

2　VUI 设计相关问题解析

2.1　我们已经有这么多 App，为什么需要语音交互

这是在开始一个 VUI 设计之前设计师需要明确的问题，也是设计的最原始出发点和动力。目前，语音交互产品有着显著优势，包括以下几个方面：

（1）新颖性。

到 2017 年，苹果应用商店中的软件数量已经达到了 220 万个，这些庞大的应用程序种类涵盖了生活中的方方面面。但是这些应用程序的操作交互主要是基于二维界面，具有典型的 GUI 产品特征，在排除种类特性的前提下，用户的操作行为同质化程度较高。VUI设计可以突破二维界面的限制，从以“眼观”为主到以“嘴说”为主，以多种硬件形式为载体，让用户可以在更加立体化的场景下，在弱可视化或非可视化下，更加自然地实现与机器之间的交互。

（2）简化性。

VUI产品的用户主要通过语音与产品对象进行信息交流，相比于在固定的二维界面上的手指输入，语音交互能够将操作行为扩展到三维空间，解放人的双手。另外，语音操作的任务处理流程是单一线性的，没有产品架构的限制，用户可以快速跳转到目标任务，行为路径只有起点和终点，免去了二维界面下的信息架构复杂性问题。这些都将极大地简化用户的操作流程，为生活提供更多的便捷性。

（3）助力搜索。

在PC时代，百度网页是所有搜索的入口，但是随着移动应用的普及，搜索的行为更加垂直化，每种产品都提供各自内容的垂直搜索内容，命中更加准确的信息。但是这种垂直搜索的结果的不足之处便是，当用户需要其他信息时，需要打开各种各样的应用开启搜索功能，分散功能入口让用户的操作行为产生停滞。

语音交互产品会区分智能家居、音箱等类型，将搜索的入口再次聚合。一个语音产品可以作为多种垂直产品的搜索入口，用户通过智能音箱来搜索天气、歌曲、出行信息等各种内容。VUI将搜索的功能再次聚合，并通过更加快速的途径将信息送达给用户，提供区别于移动端搜索的更大价值。

2.2 VUI交互优缺点明晰

尽管VUI交互有着很多天然的优势，但是这些优势与劣势都是相对存在的、有条件的，每一种优势都对应着一种需要克服的劣势的存在。

（1）操作路径短——操作精度差。

VUI的对话式流程，跳出了App中的信息架构的限制，让用户可以直接通过对话快速触达目标，获取预期的反馈。这样，用户的实际操作路径从多层级的递进变为两点之间的直接命中，极大地方便了信息的获取流程。但是，这种路径类似“两点一线”的对话流程，往往存在“差之毫厘，谬以千里”的问题，因为缺少严格的层级逻辑与操作节点，获取信息时变成了一种“一次性”的流程，缺失了中间不断校正和判断修复的节点，导致用户最终获取的结果完全不可控。另外，不同的语言表达形式、语法特征，甚至不同地区的语言风格，都会对VUI产品的信息录入和分析判断产生影响，让最终得出的结果与预期的内容完全背离。

（2）解放双手——牺牲隐私。

VUI交互一个显著的特征就是信息录入方式的改变，用户无须使用手势即可享产品录入信息指令。但是，相比于二维屏幕上的内容，语音本身对隐私的保护始终存在问题。除去外部场景下对话流程中的内容会被环境中的其他用户获取，更重要的是同步会被其他不相关的设备所“监听”，这种隐私问题在设计开发阶段是需要重点关注解决的。

（3）近远距离操作——受限制的反馈。

VUI产品的对话流程，让用户不需要紧盯着屏幕就可以完成目标任务，但是产品给用户的反馈主要依赖“语音”这一唯一的途径实现，相较于移动端的视觉、语音、震动等多种形式结合的反馈形式，VUI产品的反馈途径受到了自身产品特征的限制。

（4）操作成本低——环境要求高。

VUI交互流程中，用户只需发出语音指令即可完成全部操作，这种脑力和体力消耗都很低的行为，却对外部使用环境的要求十分苛刻。用户可以在嘈杂的环境下自如地使用手中的移动设备，但是却无法顺畅地使用VUI产品，因为来自外部的信息干扰已经严重影响了信息获取的精确性，这也是当前的VUI产品更多的展示形式是智能家居或者智能音箱的原因。这些都是放置在家庭等相对安静的环境中的产品，所处环境本身也适合对话流程的进行。

（5）自然的交互方式——不自然的“脑力”。

所有的操作流程以人们最熟悉的“对话式”的方式实现，像两个普通人之间进行一段对话，这在一定程度上实现了自然的交互。用户本身的认知成本降低了，但是伴随而来的是记忆成本的增加。对话式流程中的信息都是简短的、多轮的，用户实际上在每轮的对话中获取的信息都是点状的。在多轮对话中，用户需要在无法通过页面文字进行回溯的情况下自己去串联信息，这种额外的脑力消耗是不可避免的。

2.3 VUI设计的挑战

对于习惯GUI设计的设计师而言，在转向VUI设计的过程中，存在很多差异和“挑战”。

（1）“有边界”设计到“无边界”的设计。

在设计GUI界面时，设计师和产品经理需要梳理用户在界面内的完整操作流程，穷举用户在固定像素界面内所有可能的操作，以达到设计恰到好处的用户反馈的目的。但是语音交互用户的信息输入是没有边界的，用户可能输入的信息将远远超出穷举的范围。从“有边界”的设计到“无边界”的设计，触屏交互的设计规范在语音设计过程中将完全失效。

（2）“近场”交互到“多场”的交互。

GUI交互行为集中在二维页面中属于典型的“近场”交互，用户的操作在一个固定的区域完成；语音交互则涵盖了多种距离的场景的识别，根据距离分为近场识别、中场识别和远场识别三种情况。近场交互包括度秘、Siri等移动端的语音功能；中场交互包括车载语音系统；远场交互主要是指当前流行的智能音箱和智能家居产品等，其产品与GUI设计的差异最为显著，而且设计难度更大。目前的VUI设计也主要在远场交互中开始发力，但是当前的远场语音交互产品大部分处于冷启动周期中，只有在积累了一定数据后，才能更好地提升产品体验。

（3）语音识别正确率。

语音识别正确率的常用指标是识别词错误率（Word Error Rate），这也是VUI产品好用性评估的一个方面。由于隐马尔可夫模型、机器学习和各种信号处理方法的应用，以及庞大的计算资源和训练数据的支撑，语音系统的错误率有较为显著的降低，甚至可与专业速记员比肩。语音识别正确率的提高能够有效地提升产品的使用体验。

（4）语义识别。

如果用户和语音助手进行过对话，会发现其语义理解还停留在对固定模式识别处理的阶段，产品只会对用户话语中特定的词做出反应，对于超出其理解范围的相似词汇，不一定能给出正确的回答。目前来讲，遇到的问题至少有分词、歧义和未知语言处理。中文不像英文单词有空格分开，而且歧义性高，对AI有更高的要求。例如和Siri说“打开×了么外卖”，在它没有学过“×了么”这个单词的情况下，可能答复就是“对不起，我没听明白”。

（5）多轮对话问题。

我们觉得目前的一些语音产品易用性很差，有时是因为它违反了人类自然对话的原则。人类对话看似简单，其实说话者会根据对方的背景和自己掌握的信息调整对话内容，上下文之间也会有呼应关系。但是现有的很多产品，其对话缺少关联性。语音助手不理解上下文背景，只能进行单轮对话，看似进行的多轮对话其实也只是多个单轮对话的组合，这种多轮会话的内容在逻辑上很难串联起来。

（6）缺乏持续使用动力和核心场景。

很多人在新鲜感消退后，会立即对语音交互失去兴趣，回归到以触控为主的交互方式中。目前，语音交互缺乏核心功能，缺少核心竞争力和不可替代性。

3 VUI交互设计原则

VUI的设计流程与GUI的具象使用方式有着显著不同，核心的设计要点也不同。目前，相对权威的VUI设计原则来自谷歌对话式交互规范，包含以下五个核心的设计要点。

3.1 创建用户画像

与GUI设计流程一致，在设计前需要构建目标用户的画像，然后根据用户画像的特征来设计对话流程在各个维度上的展示形式，包括对话的节奏、语调、语气、语速等属性。

3.2 突破框架去思考

机器与用户的对话流程存在多种可能性，语言逻辑系统相比于页面操作，会衍生出各种歧义和可能性。VUI对话流程的设计不能是单一、线性的，而需要考虑多种可能性。

3.3 考虑用户场景

根据用户场景来满足用户的期望和意图。移动端的操作将用户操作的注意力设定在了屏幕范围之内，因此用户场景考虑的范围较小。但是VUI产品更多的是近远距离操作，用户所处的环境、此刻用户所进行的行为、面对的设备等，都会对对话流程的体验产生更加显著的影响。移动设备可以在目标导向的前提下，实现某一具体功能，VUI产品则是需要在满足以用户期望和意图为导向的前提下，考虑不同场景下更好的实现方式。

3.4 对话不存在“出错”的概念

移动端的界面操作会出现“错误”“警告”等情况，但是用户的语言表达会是各种各样的方式，因此不管用户怎么说、如何说，都不能把它当作“错误”来处理。在对话式交互中，要注意将用户的语音内容转化为可对话的方式，实现顺畅自然的交互效果。

3.5 站在更高的角度去思考

VUI作为一种创新方式，必然会有更大的用途，设计师和开发人员应当站在更高的角度去思考VUI的应用体验，打破当前的思维局限。VUI产品独有的交互特征，不应只是停留在为娱乐类产品提供更多游戏化方式的截断，在人们的衣食住行的日常生活、在线的多维教育、医疗健康恢复与护理、军事等领域，还应有更大的挖掘价值，能够帮助社会创造更大的价值。

4　VUI 设计流程——以语音办公助手设计为例

语音产品的无边界性，会让习惯了 GUI 界面的设计师有一些不适应，这时就需要一套新的设计流程和设计方法作为指导，参考谷歌推荐的设计流程，即：选择正确的用户场景、创建用户画像、撰写对话、进行测试、实现迭代。此与体验设计流程（用户画像、情景分析、设计、测试和开发实现）区别不明显。前期的流程跟 GUI 设计一致，差异点在于撰写对话和进行测试阶段，在界面设计中并不会涉及自然语言对话的撰写和设计。同时在设计语音产品时，不仅需要考虑用户画像，还要考虑虚拟角色的画像。下面按照设计流程重点讲述语音办公助手的设计过程（图 3）。

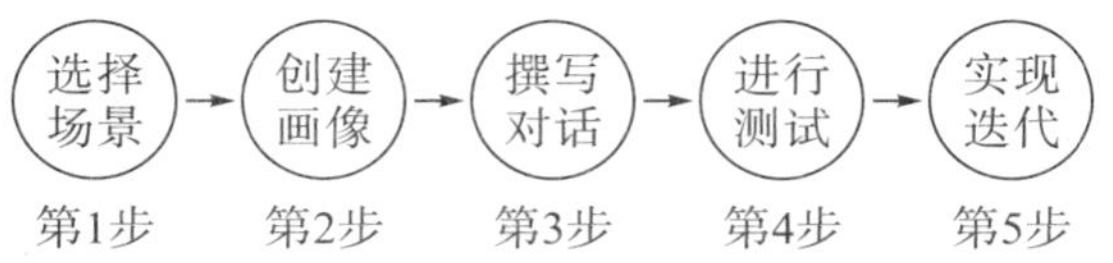

图 3　语音产品的设计流程

4.1　选择场景

在“互联网女皇”Mary Meeker 的 2018 年度的 *Internet Trends* 报告中显示，语音技术正处在一个转折点上，其原因是语音识别的准确率达到了 95%。其中比较有代表性的是亚马逊 Echo 音箱的销售量的爆炸式增长。调研显示，美国人使用语音产品主要是为了解放双手和眼睛（图 4）。

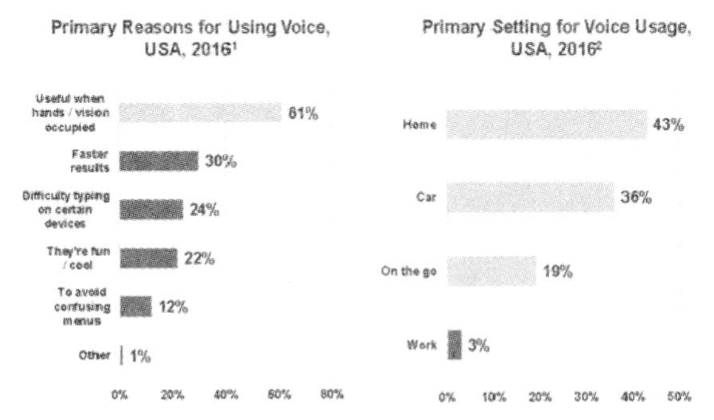

图 4　使用语音产品的原因和场景

（图片来源：kpcb. com/Internet Trends）

语音办公助手挖掘的是办公空间的语音交互场景，目标是辅助用户办公以提升效率。其采用硬件 + App 相结合的形式，具备日程管理、预订会议室、发会议邀请和语音备忘录等功能。以语音预订会议室的应用场景为例，根据预订会议室的策略和用户习惯，有办公空间移动、工位静坐、路上行走和乘坐交通等情景预订会议室（图 5）。

办公室空间移动　工位静坐　路上行走　乘坐班车

图 5　语音预订会议室的场景

（图片来源：kpcb. com/Internet Trends）

前期测试结果显示，在办公区行走的情况下，分别使用语音办公助手和 GUI 移动办公 App 进行预定会议室操作，语音办公助手效率更高；采用会话式的语音交互形式，用户在行走过程中只需要两轮交互即可便捷地完成预订操作，而在 GUI 移动办公 App 的触屏交互下，用户则需盯着屏幕的列表进行筛选然后预订会议室（图 6）。

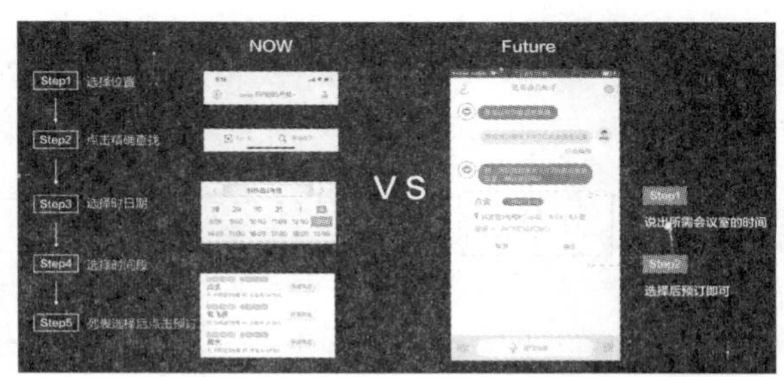

图 6　移动办公 App 和语音办公助手预订会议室

4.2　创建画像

语言更加容易表达情感和思想，形象化构建角色特征。用户在与产品的对话过程中，可能通过产品的语气、语速、语法等在脑海中构建产品的角色形象，加深对产品的认知和理解，这也有利于用户通过预期的交流方式与产品进行对话。从这个结果向前回溯就会发现，事先构建产品的虚拟角色形象是多么重要。如果设计师没有设定产品的虚拟角色形象，那么用户依然会在认知中构建一个产品形象，但是这个抽象化的形象对每个用户而言都是不一样的，都是不可控的。产品所传达的品牌特征和属性就会被稀释，很难达到有效的品牌传播效果。

在语音办公助手的角色构建过程中，我们定义了她是一个专业女性助理的形象，年龄在 27 岁左右，性格特质是亲切而又严谨，语音特质语气温和，语调平缓，话语节奏平稳（图 7）。其用于辅助日程管理和办公引导。现正在开发设计的功能有预定会议室、会议邀请、日程助手、语音备忘等，未来会以软硬结合的形式来运行，如与“小度在家”和智能音箱合作等。

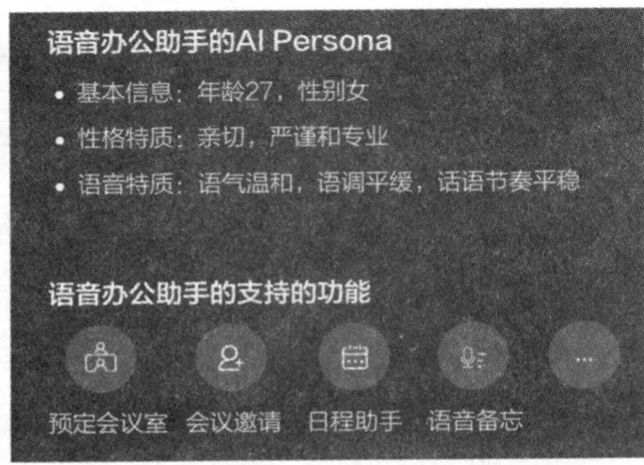

图 7　语音办公助手的角色定义和形态

4.3　撰写对话

在撰写对话过程中，重点要关注口语化的表达与预估行为的多样性问题。由于语音办公助手产品是直接面对工作流程的，相当于一类垂直产品，所以尽管用户在对话过程中使用的是口语化的内容，但是实际操作过程中，口语的语法和词汇与书面内容差异并不是很大，如“预定会议室”就基本和书面语法无异。相比于工具类的语音产品，语音办公助手在将用户的口语化内容翻译成为书面化的、更加精准的内容的过程中，出错率较小。

尽管口语化的内容对于语音办公助手产品而言处理难度较小，但是在预估行为多样性的问题上依然要重视。如语音交互产品目前遇到的普遍问题就是如何教会用户跟语音产品说第一句话。因此，首页的智能引导尤为关键。语音办公助手最初的设计思路是引导用户问话，例如教会用户说出类似“预订今天下午 2 点的会议室”的话术，但 V1.0 版本测试后，发现很多用户并不会按照界面提示的用语来问话。Google 的设计指南中也提到这一问题，即不要试图去教导用户，让他们按照安排好的台词进行交互，这违背自然的会话原则。基于目前微信等社交 App 上的沟通都习惯用短句子，可在介绍功能时采用短句子，同时结合底部功能提示入口（hint）。例如，语音办公助手在直接询问用户“请问您要什么时间什么时候的会议室”，此时用户就会有一个明确的会话的方向（图 8）。

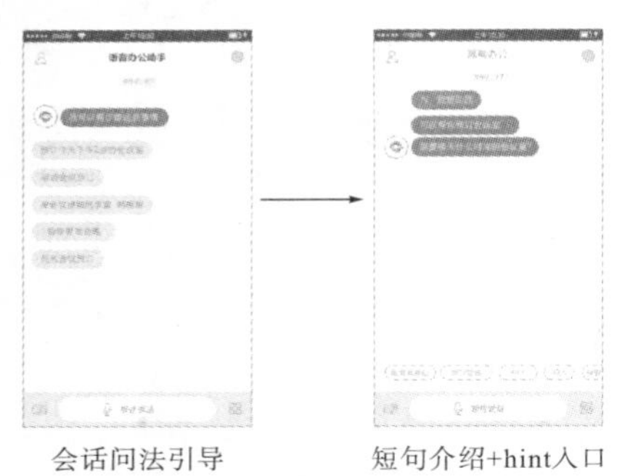

会话问法引导　　短句介绍+hint入口

图 8　语音办公助手的会话引导

4.4　进行测试，实现迭代

语音产品没有一个固定的流程来走查所有的交互或者体验问题，所以要设计一个走查清单，包括问候语与结束语、自然会话、对话修复/容错等内容，用于发布产品之前检验问题（图 9）。

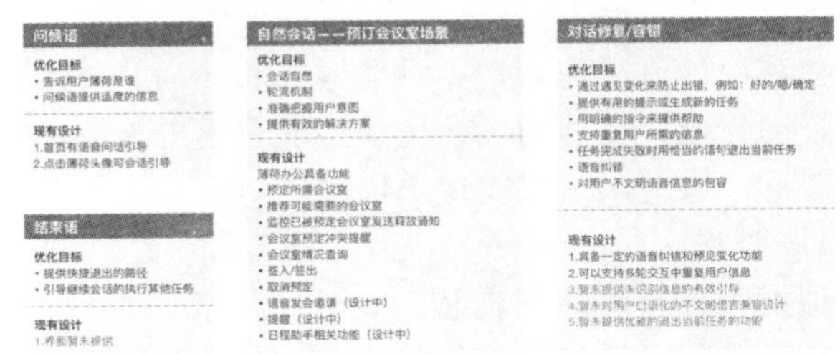

图 9　语音办公助手的设计走查清单

语音产品的上线测试也与传统的 GUI 产品有所区别，靠一个或者几个测试人员来压测，已无法完全满足无边界的语音产品的测试，于是语音办公助手采用了 ET 测试和用户测试相结合的形式。我们征询了一些开发团队以外的用户，让他们体验语音办公助手的各项功能，观察并记录体验过程。重点记录问话内容以修正和完善会话内容。最后整理测试用户体验中遇到的问题及其体验中的兴奋点。例如，用户哪个对话路径完成起来有困难，或是用户在语音交互时产生的感受。每一次测试后都需要对结果进行分类整理，发现在不同场景下、不同操作节点中存在的各种问题，随后需要迭代新的版本进行快速修复和优化。一般而言，经过 2～3 轮的测试和迭代优化后，就可以进行开发实现了。

5　结语

语音交互产品向着更加自然的交互形式不断迈进，各种不同的使用场景也在不断被挖掘。但是，VUI 设计流程还处于探索阶段，设计方法和原则需要不同的设计实践去验证和优化；同时，不同的团队协作、不同的产品形态、不同的技术实现能力，都需要对应的设计流程去配合支持，高效合理地输出 VUI 交互设计。

参考文献

[1] Myers C Y，Furqan A，Nebolsky J，et al. Patterns for How Users Overcome Obstacles in Voice User Interfaces [C] // CHI Conference，2018：1-7.

[2] Jofré N，Rodríguez G，Alvarado Y，et al. Natural User Interfaces：A Physical Activity Trainer [M] // Computer Science-CACIC 2017，2018.

[3] Myers C，Furqan A，Nebolsky J，et al. Patterns for How Users Overcome Obstacles in Voice User Interfaces [C] // CHI Conference，2018：1-7.

[4] Cathy Pearl. 语音用户界面设计：对话式体验设计原则［M］. 王一行，译. 北京：电子工业出版社，2018.
[5] 陈涛，高必梵，艾菊梅. 语音识别技术在智能家居控制系统中的应用研究［J］. 电子质量，2015（3）：1−3.
[6] 韩勇，须德，戴国忠. 语音用户界面研究进展［J］. 计算机科学，2004，31(6)：1−4.
[7] 雷葆华. 语音用户界面平台的设计与评估［D］. 哈尔滨：哈尔滨工程大学，2002.

儿童友善医疗之儿童齿科服务研究与设计

张惟贻
（翩和信息科技有限公司，上海，200000）

摘　要：近年来，因儿童精细化饮食和不良口腔习惯而造成的儿童口腔问题越来越普遍，也越来越复杂。与此同时，因为儿童医疗、儿童口腔齿科的服务环境、服务意识、服务流程等存在不足，让很多儿童因为害怕而无法看牙，让家长因为焦虑而担心给孩子看牙。因此导致儿童牙齿问题更严重。本研究透过用户调研与访谈，了解患者期望认知与服务提供者在服务意识和服务品质上的落差；以改善患者体验为目的导入服务设计进行整体思考，探索更友善、更有效、更系统的服务流程与体验策略；以儿童友善设计为指导，充分考虑儿童行为和心理发展特性，以人为主厘清利益相关者，以时间轴为主，梳理内部服务流程和实际顾客旅程，透过各环节服务触点表现与洞察，定义目前服务缺口，设定目标用户画像，提出儿童齿科服务设计方案。借此，帮助儿童齿科领域从业者、一线医护人员提高工作效率，改善儿童就医体验，使其获得更好的治疗服务。

关键词：儿童友善医疗；儿童齿科；服务设计；儿童友善设计；儿童心理疏导；儿童行为引导

1　绪论

1.1　研究背景与动机

根据中国卫计委数据，我国 0～14 岁儿童约 2.3 亿，随着 2015 年 10 月全面二胎政策落地，预计未来每年新生儿 300～400 万，按此，预计到 2024 年儿童人口会达到 2.65 亿。与此同时，中国有上亿儿童存在口腔问题。据《2017 中国儿童口腔护理白皮书》显示，超过 60％的家庭的儿童有口腔问题，5 岁儿童患龋齿率达 66％。另外，中华医学会的调查结果显示，中国儿童因精细化饮食和不良口腔习惯，70％以上都有不同程度的错颌畸形（牙齿不齐），发病率在乳牙期（1～5 岁）为 51.84％，替牙期（5～12 岁）为 71.21％，恒牙期（大于 12 岁）为 72.92％，其中 97％未经治疗。

在中国，有大约 10％的成年人有牙科恐惧症，而其中有大约 80％的人是因为儿时不愉快的看牙经历所致。儿童作为医疗领域比较特殊的病患群体，在诊疗过程中，对空间环境、服务体验的需求比成人更高。疾病带来的身体不适，在医院（或诊所）这个特定的空间里，儿童和家长的主观感受都会被放大，加上对医院（或诊所）环境的恐惧心理，对医护人员服务表现的固化认知，使得儿童与家长很容易陷入恐慌与焦虑，同时也增加了诊疗难度，对儿童心理和生理都造成了影响。因此我们常常会看到因为害怕而无法看牙的孩子，因为被强迫而惧怕甚至痛恨看牙的孩子。恐惧牙科会让人更加讳疾忌医，从而导致牙齿问题更严重，形成恶性循环，将直接影响儿童颌骨正常发育（面部）、恒牙生长、口齿不清、口腔气味重、咀嚼失力等问题，导致消化不良，阻碍儿童健康成长，形成成年后各种口腔疾病。

因此，本研究以极橙儿童齿科诊所为研究场域，以改善顾客体验为目的的服务设计导入，以儿童友善设计为指导，充分考虑儿童行为和心理发展特性，以人为主厘清利益相关者，以时间轴为主，梳理内部服务流程和实际顾客旅程，透过各环节服务触点表现与洞察，定义目前服务缺口，提出儿童齿科服务设计方案。

1.2　研究目的

本研究主要目的为透过服务设计和儿童友善设计，改善当前儿童齿科服务缺口，提升服务效率、意识与品质。以此提出新的服务体验设计方案，希冀作为日后儿童友善医疗、儿童齿科服务设计模式之可参考的服务体系与典范。

1.3　儿童口腔患者与患儿家长的需求

根据顾客调查和体验反馈，3～12 岁儿童口腔患者的诊疗项目主要集中在：色素牙、龋齿、替牙问题、错颌畸形。大多家长都很重视培养孩子每天早晚刷牙的习惯，但却不了解正确的刷牙方式，更缺乏有效监督。对于孩子口腔出现的问题，也无从判断与防护，总是在出现明显症状、疼痛、畸形的状况下才带孩子去看牙。

1.4 儿童口腔治疗服务

有些儿童可以轻松地完成治疗，但有些儿童一听到看牙，就紧张、抗拒。进诊室、上牙椅、张嘴……每个环节仿佛都是一次挑战。有些是因为孩子年龄较小，无法主动配合医生操作，还有一些孩子饱受牙痛折磨，影响吃饭、睡觉、面部发育、身体健康，急需治疗。对于哭闹不止的患儿，医生、护士、家长有时会齐上阵，安抚哄劝都不管用的情况下，多采用：①束缚治疗，即强行用束缚板捆绑固定孩子身体手脚进行治疗，此方式会对患儿身心造成十分不利的影响。②全麻治疗，较多用于口腔患者，即通过口或鼻插管和药物作用在无意识下对其进行治疗。大多家长都很难接受，认为孩子看个牙居然要全麻，风险太大，又担心今后影响孩子大脑和身体发育，且此治疗方式一般只能在大型医疗机构才能做，私立齿科无法单独完成。③笑气治疗，一种喉罩式吸入性镇静镇痛药，即一氧化二氮。儿童齿科刚引进启用，很多家长在不了解的情况下也不敢轻易让孩子尝试。同时，门诊治疗周期较长，需要多次复诊（公立医院难预约），影响了儿童和家长正常的学习和工作。另外，儿童口腔治疗的大部分费用不在医保范围内，私立齿科只能自费，且治疗费用更是高于公立医院至少三四倍。在面对治疗方式的选择、治疗方案的沟通、治疗产品的辨别、治疗周期较长等各种抉择和问题时，患儿和家长的被动与困扰，无助与焦虑，疲惫与痛苦，都将是儿童齿科服务设计所面临的挑战。

1.5 儿童友善设计

在我国，儿童友善设计的认知和应用范围更多体现在外部表现上，不论是公共环境、商业空间，还是服务表现上，大都以成人对儿童的理解为主。此设计多采用卡通的、五彩的、拟人拟物的形式去构建，缺乏儿童想象空间、自然生态体验、创造力培养、思维认知延展等。儿童友善设计，关注儿童健康成长（生理和心理），从儿童生理发展、儿童身心特性、儿童视角出发，在人居和人文环境的各个方面体现出为儿童着想的友善感，把儿童的根本需求纳入设计之中。尊重儿童的想法，顺应儿童的天性，让他们能够在安全、自然的环境里玩耍和成长，让他们能够参与设计，真正以儿童为主，以儿童的视角看世界，同时关怀亲子亲情的共性和相处。

1.6 服务设计

服务设计是从用户的角度来为其提供服务的，其目的是在规划服务时提供更全面的观点（Moritz，2005）。从用户的角度来讲，服务包括有用、可用和好用；从服务提供者的角度来讲，服务包括有效、高效和与众不同。五大服务设计原则：第一，服务设计是由内而外和以人为本的一种思考模式；第二，服务设计是跨学科、跨组织的共创过程，所有的利益相关者都被视为有创造力，可提供特殊价值的角色，并纳入服务设计流程之中；第三，服务设计将服务流程视为一趟旅程，视觉化呈现其连续系的关联动作；第四，虽然服务具有无形的特质，设计师却可依据其相关实体物证将服务行为可视化；第五，服务设计是一种具整体性和整合性的设计活动（Stickdom，2011）。因此，将服务设计运用到儿童医疗领域，将帮助我们更有效、更全面地发现服务缺口与形成原因，找出可能的解决方式。

2 儿童齿科服务设计研究

2.1 研究思路和步骤

以往设计调研多为定性研究与定量研究相结合，而其定量研究大多借鉴国外的相关理论（图1）。尤其是医疗类研究，一般会从病理性、临床方面作为调研基础。本研究的重点是儿童齿科的服务缺口和体验设计。因此在调研方法上，除了定量研究，我们更侧重采用桌面研究、田野调查、体验追踪、案例分析、顾客访谈等定性研究方法，同时结合需求层级模型进行快速梳理，直接转化到洞察库中。

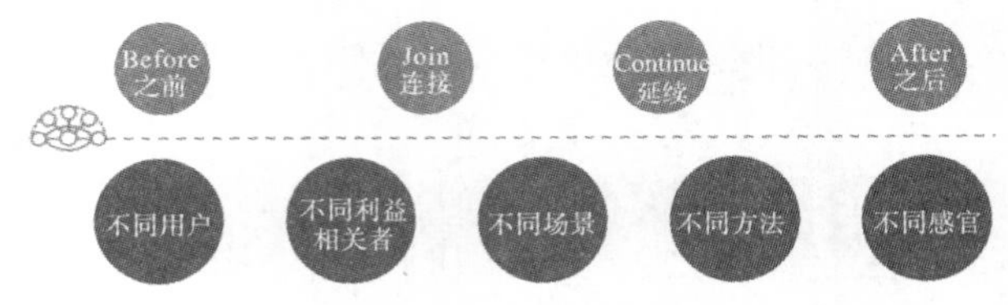

图1 研究思路和步骤

在服务设计过程中需要整体思考用户行为的流程，提供服务的各个环节和所有利益相关者（图2）。也要留意不同的用户在不同的场景可能用不止一个逻辑或方式去完成一个任务。从不同的维度去思考用户在服务过程中的各个环节与接触点，确保没有遗漏的场景和故事。

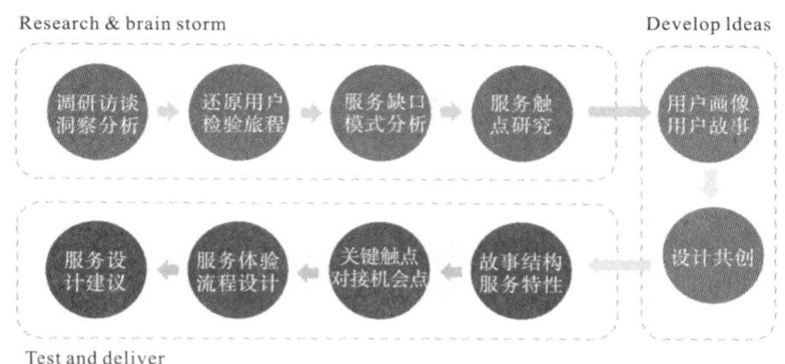

图 2　整体思考

从调研访谈中收集信息，产生洞察，还原服务流程，了解不同类型顾客体验旅程与特征，挖掘服务缺口，设定目标用户画像和用户故事，将关键接触点与机会点对接，设计服务体验流程和服务蓝图，运用原型工具将设计具象化，提出可执行、可落地的设计建议。

2.2　儿童齿科概貌

儿童齿科这个细分领域，主要分布在公立医院齿科、私立医院齿科、儿童医院齿科，以及私立家庭式口腔诊所内（图 3）。近年来，市场上出现了专门服务于儿童的齿科诊所。

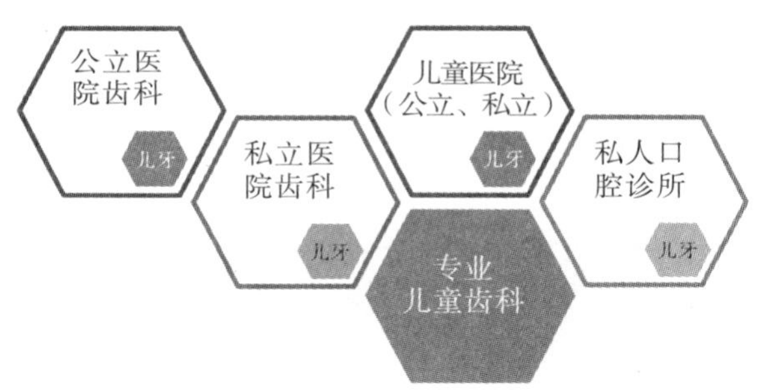

图 3　儿童齿科分布

2.2.1　公立医院齿科

公立医院的齿科主要基于成人诊疗需求，提供专业的技术、环境、设施、器械等，知名齿科医生也较集中。所以公立医院的齿科就诊患者多，预约难（最少提前 2 周，很多凌晨就要开始预约）。国内大多公立医院的齿科的环境和服务对儿童患者都不够友善，遇到抗拒苦恼的孩子，更会将其拒之门外。表 1 数据来源于 230 份在线问卷调查及 56 位访谈用户信息统计。

表 1　公立医院齿科情况

优势：
1. 专业齿科医生集中（知名医科和三甲医院背景）
2. 临床经验丰富
3. 价格便宜（可用医保）
4. 医疗设施、设备、器械等硬件齐全
问题：
1. 预约难、排队久、人多、拥挤嘈杂
2. 医护人员态度差、没耐心、不友善
3. 流程烦琐复杂、缺乏明确合理的导视
顾客特征：
1. 新手父母
2. 长辈老人
3. 知名医院和医生
4. 疑难杂症
5. 离家近
6. 普通经济收入家庭

2.2.2　私立医院（诊所）齿科

多数家长会选择带孩子去自己以往看过的私立医院或诊所，选择熟识的、专业友善的医生（或朋友推荐）。私立医院（诊所）齿科最大优势便是有专业的儿童齿科医生，贴心的护理人员，通过舒适便捷的环境与服务，缓解儿童紧张畏惧的心理，这样能够帮助他们更好地适应和认知诊疗过程，了解自己的状态，降低对未知的恐惧，积极配合治疗。同时为家长省时省力，排除焦虑（表 2）。

表 2　私立医院（诊所）齿科情况

优势：
1. 可随时预约看诊，省时省力
2. 舒适美观的就诊环境（或配备童趣游乐区）
3. 专业儿童齿科医生（有海外经历或知名齿科背景）
4. 医护人员友善，工作有序、高效
5. 相对较多的沟通时间
问题：
1. 价格贵，不能用社保
2. 疑难杂症，临床经验不足
3. 缺少大型医疗器械或设施
4. 医生护士的流动性
5. 经营稳定性
顾客特征：
1. 急需解决牙齿问题
2. 在其他医院或诊所受创被拒
3. 医院品牌口碑
4. 熟悉和信任的医生
5. 工作忙碌、时间紧张的家长
6. 对环境和服务有要求的家长

3 定义目标客群

3.1 客群概貌

本研究走访了 6 家齿科医院和诊所（公立 1 家、私立 3 家、儿童齿科 2 家），进行了 50 位顾客访谈（追踪式采访、电话访谈、一对一访谈、焦点小组访谈），做了 230 位线上调查问卷，收集了 1000 个儿童齿科会员诊疗数据和 20 位齿科医护人员（有儿童齿科诊疗经历）的观察和追踪访谈。图 4 为客群概貌，其中，妈妈占 86.3%，为主要参与者和决策者，爸爸占 13.7%，为建议者和临时陪伴者。

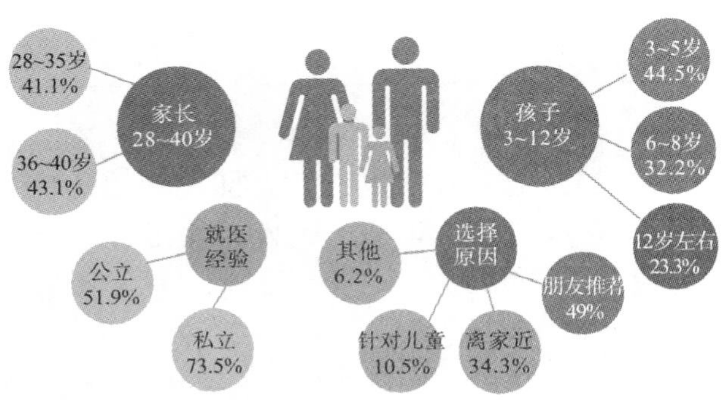

图 4　由 230 份在线问卷调查得出的统计结果

3.2 目标客户特征

从客群概貌中提炼出以下四类目标客户样貌与特征：初诊懵懂型妈妈、创伤性型妈妈、理性高知型妈妈、细腻敏感型妈妈（图 5）。

图 5　目标客户样貌与特征

其中儿童口腔患者也可归纳为以下四种个类型：抗拒紧张型、胆小敏感型、克服适应型、舒适轻松型（图 6）。

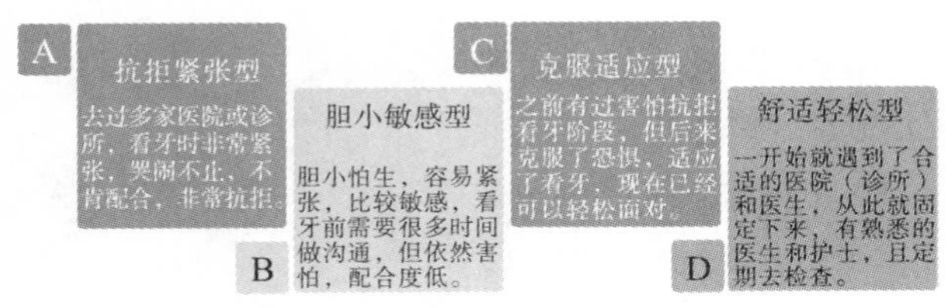

图 6　儿童口腔患者类型

3.3 访谈模式

前期调研访谈，了解顾客对之前或目前儿童齿科服务的经验和感受，同时直接观察服务提供者与患儿和家长之间的互动，并分析其行为模式，洞察其内在需求。在访谈前，本研究对现有服务提出问题假设与对应访谈须挖掘之目的。表 3 为前期访谈大纲，访谈时间设定为 1 小时，主要采用非结构式访谈。其特点是弹性和自由度大，能充分发挥访谈双方的主动性、积极性、灵活性和创造性，但访谈调查的结果不宜于定量分析。

表 3　前期访谈大纲

时间	访谈假设	访谈重点
20 分钟	访谈者对儿童医疗服务有相关经验，并存在既定的态度和看法	了解用户心理期待和内在需求，以及对孩子状态的解读与判断
20 分钟	访谈者对齿科治疗有自己的经验，并存在既定的态度和看法	洞察和了解用户对看牙这件事的心理状态和承受度
20 分钟	访谈者对儿童齿科诊所的期望	挖掘机会点

田野调查（即直接观察法），主要采用实地追踪访谈法，适用于外环境是活动、不固定的，突发性事件或没有约定的采访（图 7）。

图 7　田野调查

田野调查的特点是更好地将人物和环境、问题和事件结合起来（表 4）。根据场域特点分为：A. 大厅前台；B. 游乐区域；C. 诊疗室；D. 拍片室；E. 卫生间。

表 4　田野调查情况

A	接触点	观察重点
大厅前台	招牌路牌 大门入口 五感 前台接待 洗手消毒 填表 沟通	家长、孩子 保安、保洁 前台、客服

续表4

B	接触点	观察重点
游乐区域	入口右边游乐区 转角电视区域 走道攀爬区 固定设施 玩具书籍 换装区 座椅凳子 视频及音乐	家长、孩子 客服、护士 其他人
C	接触点	观察重点
诊疗室	牙椅 视频播放设备 牙科诊疗工具 相关器械设施	家长、孩子 客服、护士 其他患儿和家长
D	接触点	观察重点
拍片室	小牙片室 全景室	家长、孩子、护士
E	接触点	观察重点
卫生间	动线和指示 马桶 垃圾桶 洗手台 洗手液 纸巾 其他工具设备	家长、孩子 客服、保洁

3.4 访谈对象

一对一访谈由32位家长参与，采用非结构式访谈，其中10位家长成了长期访谈者（根据后续治疗发展持续关注）（图8）。

图8　参与访谈的部分长家

透过调研与访谈信息收集，从家长年龄、职业、居住地区、就读学校、教育理念、消费方式和价值观念等外部信息，再到就医经历，选择原因、日常刷牙和检查方式与频率，家长自身牙齿状况，健康护理态度与理念等维度再次进行样本细分（图9）。

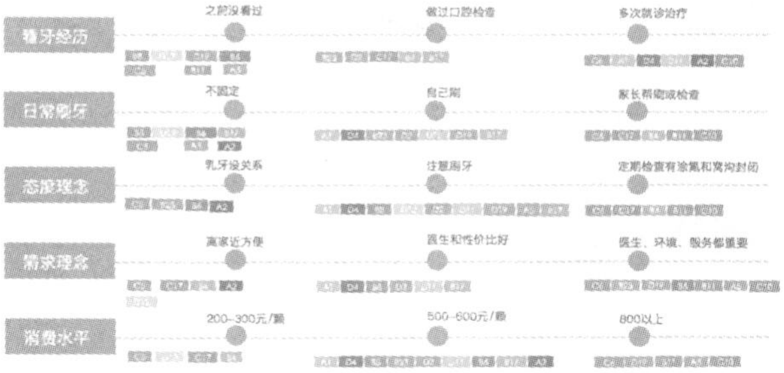

图9　细分样本

儿童作为主要服务对象，是真正接受治疗，体验服务的主体。他们的情绪感受对父母的影响极大，直接影响着父母的选择和决策。同时，父母对看牙的自身经历、经验和心理，对儿童又有着潜移默化的影响。因此，不仅要关注家长的状态，还需要站在儿童视角，去了解儿童对于看牙这件事的认知（图10）。

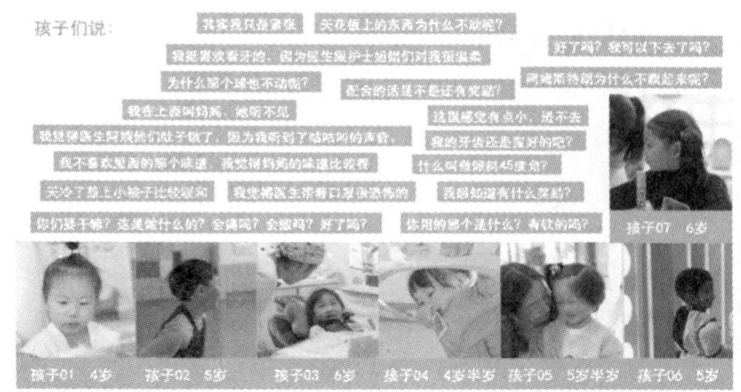

图10　访谈儿童

针对小年龄段儿童（2～5岁）无法清楚表达自己的想法和感受，我们主要采用观察法和追踪访谈法，从儿童心理与行为特征入手，解读其肢体语言，发掘儿童实际体验中的问题点、痛点和情绪变化点等（图11）。

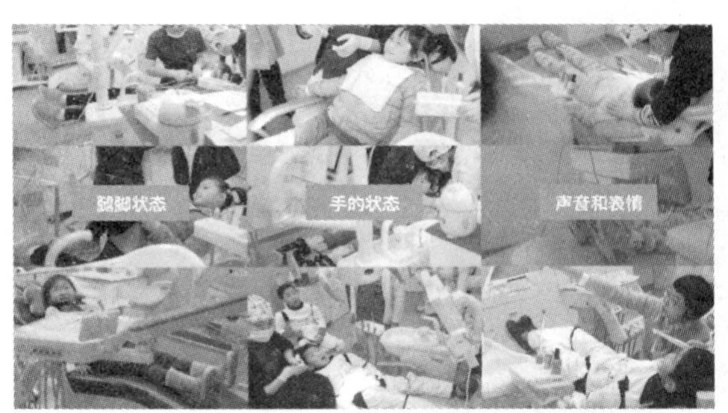

图11　观察儿童的心理和行为特征

3.5 研究结果和发现

3.5.1 儿童年龄和牙齿问题

孩子年龄范围在3～12岁之间，其中，3～5岁口腔问题主要集中在龋齿预防和治疗，6～8岁口腔问题主要集中在替牙期问题、矫正和外伤，9～12岁口腔问题主要集中在错颌畸形矫正，此时已经影响到颌骨发育。

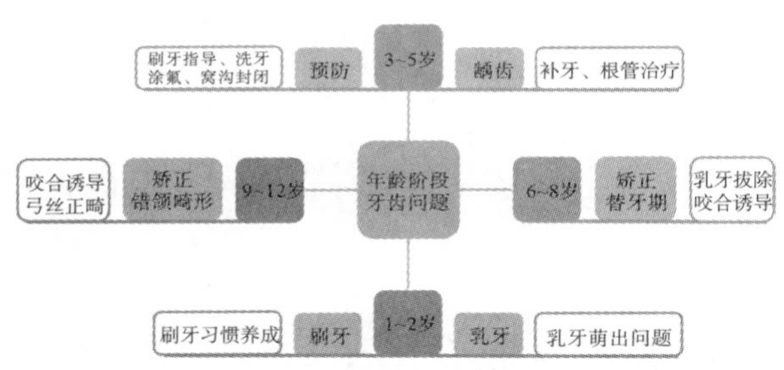

图12 儿童各年龄段牙齿问题

3.5.2 儿童害怕看牙的原因

儿童患者在生理上已经很不舒服了，还要面对心理情绪上的困扰。医院没有自己喜爱的玩具，没有熟悉的小伙伴，更没有家中的舒适与安逸。对医院环境的惧怕、医疗人员的陌生感、家长的压迫、对治疗过程的不了解和担心等，让孩子对于上医院（诊所）看医生，很难不心生害怕，哭闹不休，经常上演和家长拉拉扯扯，医生、护士强行诊疗的剧码。

从调研访谈结果中发现，儿童害怕看牙的主要原因见表5。

表5 儿童害怕看牙的主要原因

A. 家长的心理与情绪会直接影响孩子
家长焦虑和孩子在诊室的行为有直接的相关性。如果家长自身有牙科恐惧症，或多或少会影响孩子（分年龄阶段和孩子性格特质）：儿童从父母的状态中判断这是件可怕的事，常以抗拒、哭闹来表达自己的紧张和恐慌
B. 环境和气氛在感官上造成的直接影响
大多齿科医院都是以成人（工作人员或成人病患）需求和习惯而设计的，对于儿童顾客就会显得不那么友善。陌生的环境，冰冷的器械，可怕的声音，刺眼的灯光，身高尺寸的不适合，加上一张张戴着口罩的脸，一双双严肃的眼睛，这样的氛围下，儿童会本能地产生畏惧和恐慌，有的患儿甚至不说话，采取消极不合作的态度
C. 未知带来的恐惧
看牙之前缺乏对齿科和牙医的正确认知，因此在面对治疗时会无法判断这件事对自己是否有伤害。人类天生具有自我保护的意识，如果认为自己要受到危害，会毫不犹豫地抵抗和反击
D. 以往经历造成的心理阴影
以往有过不好的就诊经历，或看到过其他儿童负面的就诊画面情境，导致孩子对此产生心理阴影，甚至产生恐惧症
E. 不乖，就带你去看医生
许多家长（尤其是长辈）常常会在管教孩子的过程中对孩子说这样的话，如“你再不好好刷牙，牙齿坏掉医生就会把你的牙拔掉”，希望借此让孩子听话配合，却没顾虑到在孩子心中，已经产生了对医院对看牙的恐惧

4 服务流程探索

4.1 还原服务流程

还原当前服务流程和顾客体验旅程，从预约咨询、到达接待、看诊就诊、咨询指导到确认支付，从服务使用者和服务提供者两个层次，由内到外梳理利益相关者（图13）。

图13 服务流程

本研究将从最核心利益相关者切入，服务使用者（从内到外）：儿童、家长（妈妈、爸爸、长辈、保姆）、妈妈圈、儿童齿科顾客群到儿童医疗服务领域；服务提供者（从内到外）：医生、护士、客服、前台、保洁、保安、财务、市场、供应商及合作机构（图14）。结合服务缺口排查，将收集到的有效信息与资料，经由脉络分析依序说明。

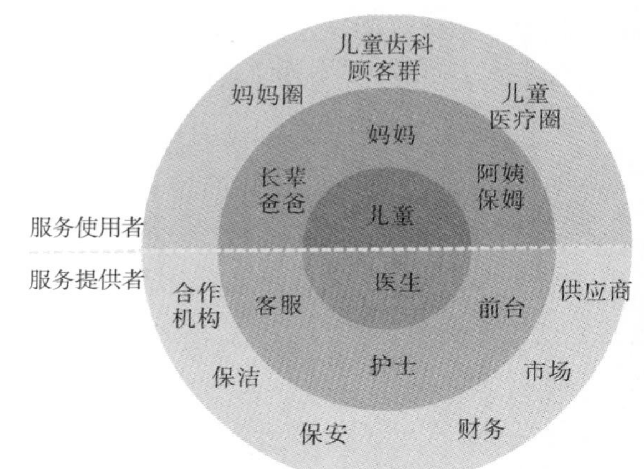

图14 利益相关者信息

洞察各个环节与接触点之间的关联与状态，发现缺失，找到突破口，以及自身未发现的服务特性与创新突破口（图15）。

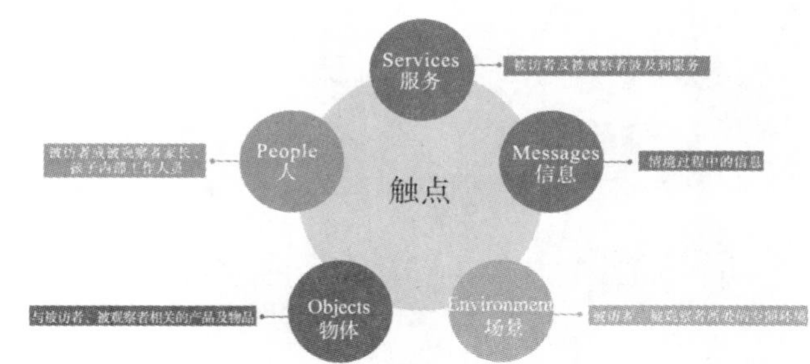

图15 发现缺，找突破口

室内环境风格与材质，空间的功能性与利用

率，儿童友善设计与互动方式，内部工作人员服务动线与顾客活动线，如图 16 所示。

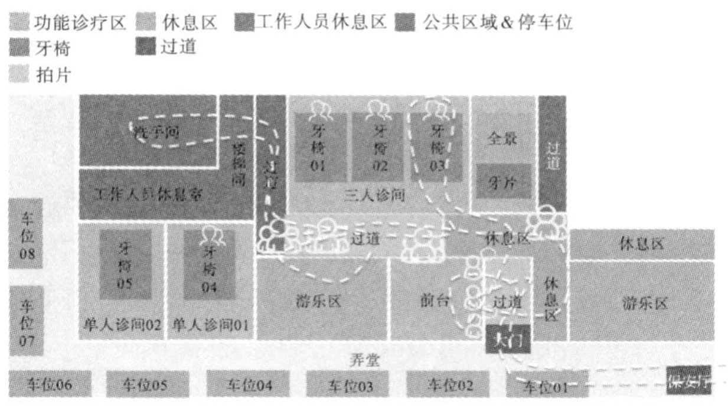

图 16　医院布局

医院外部区域环境因素，如顾客出行方式，路程路线，周边商圈等，如图 17 所示。

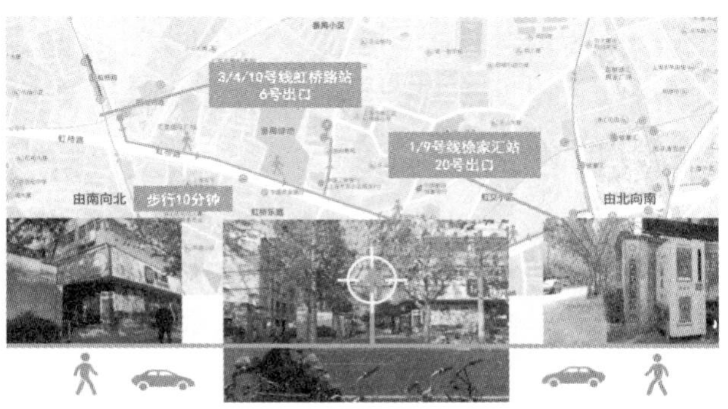

图 17　医院外部区域环境

4.2　服务缺口分析

当客户对服务的期待与实际接受到的服务水准之间有落差时，代表服务提供者与客户之间产生了服务缺口。如图 18 所示，说明了服务缺口所形成之原因与可能的解决方式。

将收集到的有效信息与资料，经由脉络分析找到关键服务缺口。本阶脉络分析的五个阶段——组织、编码、分类、定义、解释，依序进行说明。

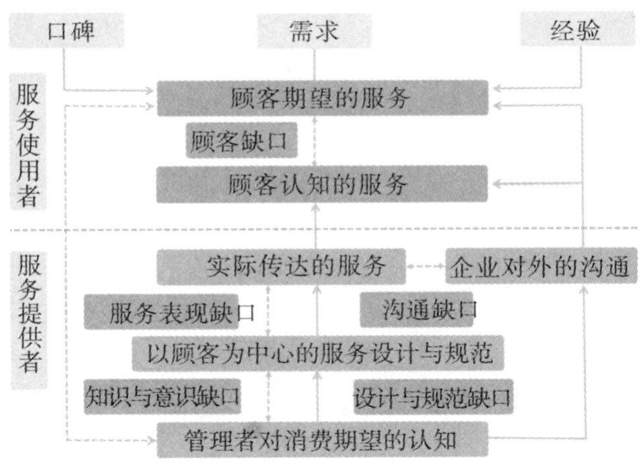

图 18　服务缺口形成原因及解决方式

4.2.1　组织——问题统整

在梳理儿童齿科现有服务流程后，发现内部设定的标准流程与一线人员的执行有差距，存在规范的环象；另外在周中（1—5 周）和周末（6—7 周）顾客人数产生较大差距时，现有服务流程更是出现混乱与缺失，造成服务不一致及严重下降的情况。本研究透过整合观察活动笔记和视频监控内容，分析原始资料，并依其服务角色的不同进行标记，借此来分析问题发生于哪个阶段、哪个接触点，如图 19 所示。

图 19　问题分析结果

4.2.2　编码——问题编码

针对研究场域和情境，分解服务流程各环节，将问题整理与编码，见表 6。

表 6　服务流程编码及问题叙述

编码	问题叙述
QA01	前台预约，预约规则、预约话术、记录…
QA02	进门接待，姿态、话术、洗手、填表…
QA03	刷牙指导，牙刷、牙膏、牙线、道具…
QA04	进入诊室，动画片选择，玩具展示…

4.2.3　分类——问题分类

将服务流程中的 5 个关键接触点，即人（被访者或被观察者家长、孩子、内部工作人员）、物体（与被访者、被观察者相关的产品及物品）、场景（被访者、被观察者所处的空间环境）、信息（情境过程中的信息）、服务（被访者及被观察者涉及的服务）进行分类整理（图 20）。

4.2.4　定义与解释——服务缺口与关键时刻分析

针对服务缺口找出在服务体验流程中问题发生的确切位置和 MOT 关键时刻，客户与服务过程之间的互动，包括服务人员、实体设施及其他有形设施和无形服务形式等（图 21），作为进行儿童齿科服务体验设计之前界定关键服务缺口与关键时刻的依据。

图 20　分类整理服务流程的 5 个关键按触点

服务时刻		服务触点描述	一般行为	体验提升行为
1	接待	开门	主动开门，问候并询问用户预约名字及手机号码	主动称呼孩子名字并蹲下来与其互动
		问候		
		储物	询问是否需要储物	
		洗手消毒	说明需要洗手及消毒方式	
2	确认信息	现场填写表格	提供表格及垫板和笔	帮用户按下笔芯，说明填写重点
		网上已填写基本信息	告知已经在网上预留信息	确认并说明预留信息重点，如医生、项目
4	贴名字贴	帮小朋友贴在身上	贴在身上	询问喜欢的图案及想要贴在哪里
5	玩	游乐园、玩具、看绘本、其他	领到游乐区踏玩	告知有哪些可以玩，询问孩子喜好
6	入诊室	介绍医生及团队	告知这是某某医生	医生站起来，摘下口罩与家长孩子正面正式打招呼介绍自己和团队；准备一套儿童看牙器具，跟着医生一起了解和互动。
		上牙椅	带上牙椅	
		选动画	问要看什么	
		了解试用器具	告知器具功能	

图 21　服务缺口与关键时刻分析

5　儿童齿科服务设计

透过前述顾客调研、问题归类、服务流程排查、服务缺口分析，可以了解不同客层特性与需求特征，以及服务阶段中发生的问题类型和缺口属性。综合上诉分析，本研究将目标用户设定为四类：创伤型妈妈、初诊懵懂型妈妈、理性高知型妈妈、敏感细腻型妈妈。服务流程设计了以下五个环节：前置服务、诊疗前、诊疗中、诊疗后、延展性服务。另外，还从儿童齿科相关产品及医疗工具创新、儿童友善医疗空间设计、线上活动与辅助内容等方面提出了服务体验策略。

根据儿童齿科顾客特性调研，家长和儿童之间，既是相互联动又是各自独立的（在情感情绪方面相互影响，在诊疗过程中又是各自独立的）。家长和儿童在同一时间，同一情境下会产生两种不同的感知和心理变化。

5.1　目标客户人物画像与旅程

5.1.1　创伤型妈妈

这类客户需求侧重在心理、情感、专业保障上。她们有过其他医院或诊所的诊疗经验，和孩子都有创伤和焦虑。她们了解孩子的病症，急需解决孩子牙齿问题和个人心理焦虑，需要可信赖的“救急救火队员”。因此，服务流程的重点环节在：前置服务和诊疗前，服务关键点在缓解家长焦虑情绪，解决其不安、顾虑、创伤，其次是对孩子进行心理疏导与行为引导，帮助孩子可以逐渐适应与接受治疗。

5.1.2　初诊懵懂型妈妈

这类客户需求侧重在充分沟通和解惑上，在意舒适度与品牌形象，初遇孩子牙齿问题，有些紧张和焦虑，会通过朋友和网上查找相关信息进行了解，但无从判断。因此，服务流程的重点环节在：诊疗前、诊疗后，以及后续服务。服务关键点在与家长进行充分及时的解惑答疑，耐心倾听与讲解，使其掌握状况，对问题充分了解，缓解紧张后，对孩子起到积极鼓励的作用。

5.1.3　理性高知型妈妈

这类客需求侧重在专业度、服务效率、品牌保障上，注重孩子身体发育和口腔保健，但因为工作忙碌，时间紧张，所以省心、省时、省力对其很重要，同时非常在意医生背景、专业资质、产品背书。因此，服务流程的重点环节在诊疗前、中、后，服务关键点是专业与品质兼具，省心、省力、省时，有保障。

5.1.4　细腻敏感型妈妈

这类客户需求比较侧重品牌知名度、环境、服务表现，注重生活品质和形象，朋友建议会影响其消费行为和决策。因此，服务流程的重点环节在前置服务和诊疗前，以及后续服务。服务关键点除了解决孩子牙齿问题，心理诉求的重点在省心、省力，最好性价比高，还能满足虚荣心与面子。所以，她们在确定一家医院或诊所前，会考察多家进行对比，做多方考量。

5.2　服务流程设计

在儿童齿科服务流程探索阶段，通过还原实际服务流程和用户使用流程，梳理利益相关者，从五个关键服务触点进行排查，由内（室内空间）到外（外部周边环境）延展探索。通过研究结果和洞察分析，设计了以下五个环节组成的服务流程：前置服务、诊疗前、诊疗中、诊疗后、延展性服务，并对每个环节中的关键点提出设计建议（图 22）。

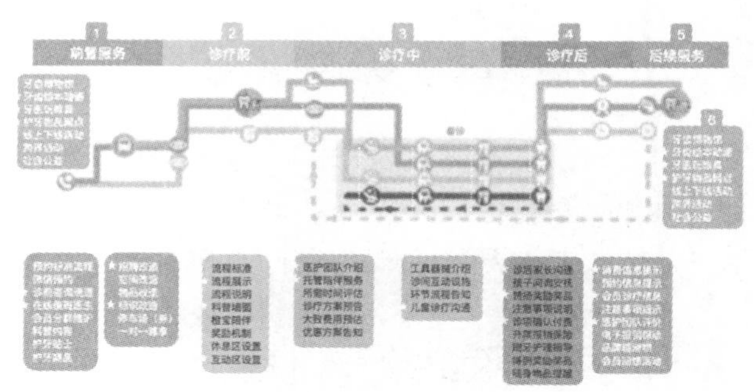

图 22　五个服务流程

5.2.1 前置服务

透过前述调研和分析可以发现，家长在遇到孩子牙齿问题时，一般会通过网上搜索与问询身边亲戚朋友，帮助自己了解状况，缓解紧张情绪，选择就诊医院（诊所）与医生。因家长获取到的信息渠道不同，因此就诊预期会有差异，往往会在就诊时出现沟通问题，同时增加门诊的沟通成本。因此，前置服务的设计建议见表 7。

表 7 前置服务的设计建议

A. 线上线下咨询通道
设计电话客服问询沟通的标准流程与话术规范，改善线上预约流程，增加在线医生、自检系统、会员群，介绍医护团队资质背景，有推荐看诊医生或自选服务
B. 辅导资料
科普知识、常见问题、案例介绍的内容分类，加强易读性，推荐儿童齿科相关绘本、动画、游戏，辅助家长进行诊前引导
C. 诊前指示
门店介绍、方位路线、初诊问询表、来访特殊接待、天气提示、当天提醒、停车位预留或指引
D. 诊前预热
根据预约需求或孩子症状进行病情预判，提供相对应的资料和信息，有公开课、体验日等辅助治疗内容

图 23 是线上口腔自检服务系统的交互设计概念图，作为儿童齿科中的一项创新服务功能，可以帮助家长作为日常检测和排查孩子牙齿问题的便捷工具，将以往只能到医院或诊所才能进行的初步检查环节前置化，帮助家长的同时也提升了齿科的工作效率，提前对求诊患儿症状和问题有所了解及预判。

图 23 线上口腔自检服务系统交互设计概念图

5.2.2 诊疗前

透过前述调研和分析可以发现，很多用户抱着较高的期望到医院或诊所，期待专业的儿童齿科医生能够解决孩子牙齿的问题，能够在这里感受到与以往不同的服务体验。此阶段的服务表现是重点，一般体现在空间环境氛围、客服人员接待、儿童互动沟通方面。服务提供者通过前置服务获取顾客信息，结合现场沟通，再次确认孩子症状和家长预期，同时引导孩子与家长了解诊疗流程和各个环节，熟悉当天任务，说明本次目标；通过游戏机制、心理疏导等方式鼓励孩子积极配合治疗，帮助家长选择陪伴方式。诊疗前服务的设计建议见表 8。

表 8 诊疗前服务的设计建议

A. 确认预期
通过前置服务（线上表单或沟通信息）获取顾客信息，结合现场沟通，再次确认孩子症状和家长预期，并介绍当天主治医生和团队
B. 流程说明与引导
用游戏化的方式（故事串联、玩具辅助、角色扮演），引导孩子与家长熟悉环境，了解诊疗流程、医护团队、工具器械等
C. 游戏机制与奖励
将诊疗过程与游戏机制结合，配合游戏任务书、挑战手册等（病例创新），说明本次目标和任务，让孩子提前看到奖励内容，产生期待
D. 陪护服务
针对焦虑家长和敏感惧怕型孩子，提供专业儿童医疗心理疏导和行为引导服务（团队）、专业诊疗陪护，或指导家长如何在诊疗中进行有效陪伴

图 24 为服务表达的交互与关键点概念设计，强调诊疗前到店后，线上与线下的服务细节与时机，以及空间识别系统与服务本身的有力结合。

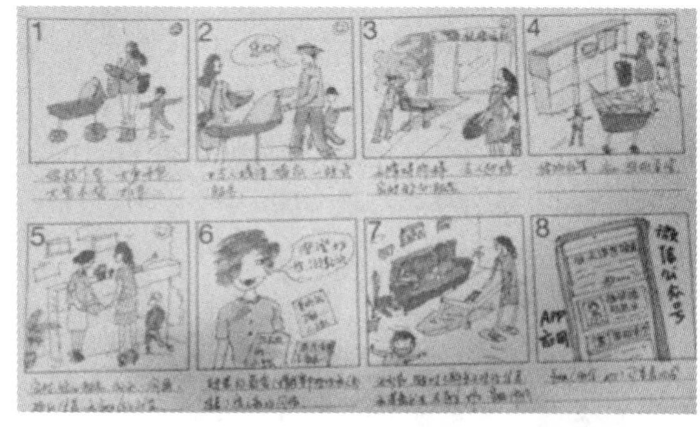

图 24 服务表达的交互与关键点概念设计

诊疗前以游戏化的方式，通过游戏机制，借助齿科玩具，让儿童熟悉诊疗过程和各种所需器具。另外，可以让家长安心与医生或客服人员进行沟通。图 25 为服务实地拍摄，此项设计已落地实践。

图 25　服务实地拍摄

5.2.3　诊疗中

透过前述调研和分析发现，诊疗中对于初诊客户的引导要更多关注。首先是引导孩子上牙椅，张嘴检查这个环节，其次是给予家长是否需要陪伴的建议并说明对孩子的影响和差别，帮助家长做判断。在介绍症状的时候，用孩子和家长能够听得懂的语言及描述方式，将专业名词、各个环节和所使用的产品、工具等介绍清楚。此阶段医护团队的配合，沟通方式，知识与意识的传达是重点见表 9。

表 9　诊疗中服务的设计建议

A. 说顾客听得懂的话
专业产品、专用名词、诊疗环节、器械工具等介绍，用家长和孩子易懂的方式说明讲解，语气亲切友善，去掉口罩看着顾客说
B. 当前进展和状况说明
告知家长和孩子现在需要做什么，会用到什么，感觉如何，需要怎么配合，等等
C. 过程记录
改善和创新记录表，提升记录人员的工作效率。对接线上系统，与会员信息、病例、后续医嘱等结合

诊疗中的服务设计大都是各个环节的细节串联，医生和护士为此环节主要的提供服务者，因此诊疗环节的专业性、完整性、流畅性、舒适性，便是这个环节的服务特征（图 26）。

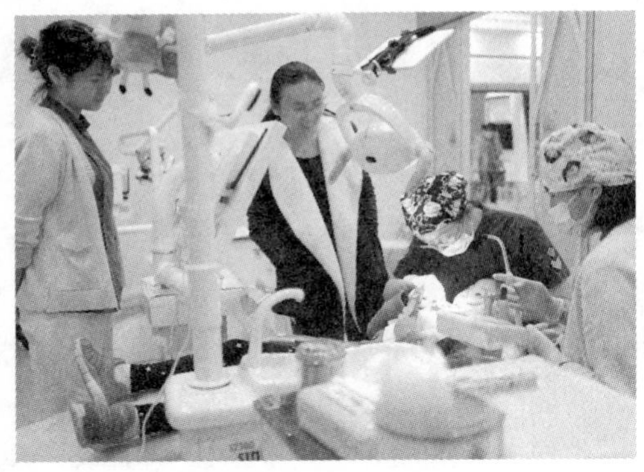

图 26　诊疗服务现场

5.2.4　诊疗后

透过前述调研和分析，发现诊疗后家长最关心的就是孩子牙齿的状况（检查或治疗），因此充分有效的说明与沟通是非常重要的环节。而此时孩子看好牙就会马上起来，护士或客服可以带领孩子进入奖励环节，领取奖品，玩要休息，为家长留出和医生沟通的时间，便是一种贴心而周到的服务表现（表 10）。

表 10　诊疗后服务的设计建议

A. 治疗方案沟通确认
提供舒适安心的空间，让医生能够根据检查结果与家长沟通孩子的牙齿状况，协助家长了解病因和发展，给出适合的建议与方案，说明产品、材料、治疗周期、所需费用等，帮助家长做出判断和选择
B. 儿童陪伴、奖励、刷牙指导
诊后对孩子进行赞扬和奖励，进行有仪式感的颁奖。结合玩偶和玩具，进行刷牙指导
C. 结账付款
提供诊疗项目与金额明细，对接保险，可开具发票，提供可选择的会员套餐与优惠方案
D. 预约下次看诊与取物送客
提前预约下次看诊时间和注意事项，提醒并协助顾客拿取物品，以防遗忘。提供停车券或路线指引或叫车服务。

闯关任务书不仅仅是一种仪式感的设计，更是串联与记录诊疗前、中、后的各项服务的凭证。孩子最终完成诊疗，了解了看牙的整个过程，游戏任务挑战成功，得到奖励（图 27）。

图 27　孩子得到奖励

5.2.5　延展性服务

透过前述调研和分析，发现结束治疗后，会有部分儿童会出现不适症状，即使医生有告知过注意事项，但还是会在出现问题的时候希望能够有治疗医生的协助。因此，后续的回访便是服务重点。另外，通过线上线下的内容、活动、产品，普及护牙知识与常识，将有助于品牌价值的传递和客户连接的黏性（表 11、图 28）。

表 11　延展性服务的设计建议

A. 诊后定期回访
诊后回访孩子牙齿状况，帮助家长解决问题，定期关注孩子牙齿发育，提供适时提醒和指导
B. 线上线下科普内容与活动
线上内容设计，案例和科普知识分类，年龄阶段与高发病症讲解，公开课、校园宣传、社会公益
C. 儿童口腔产品
推荐国内外优质儿童口腔产品（牙膏、牙刷、牙线、木糖醇糖果等）或自主设计研发，儿童口腔书籍绘本，口腔进化发展相关展览。让孩子了解其他动物和人类牙齿的演变和口腔齿科的发展，探索未来，创造改变，强化品牌价值，扩展品牌愿景

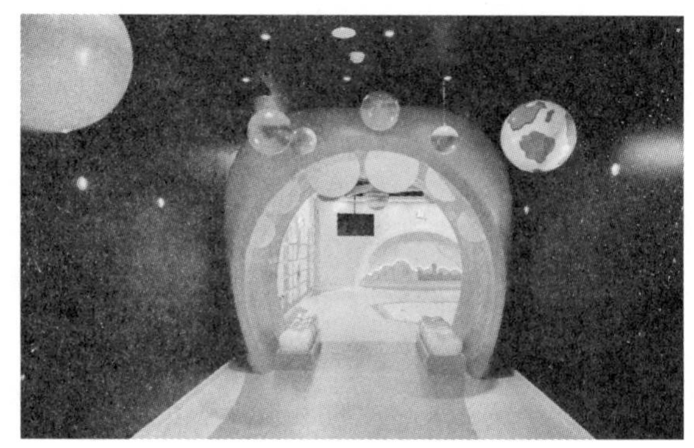

图 28　延展性服务场景

6　结论与未来展望

本研究透过服务设计和体验策略，发现当前儿童齿科服务体验缺口，缩短客户期望认知与服务提供者在服务意识和实际服务品质上的距离，探索更友善、更有效、更系统的服务流程与标准。希望借此帮助儿童齿科领域从业者、一线医护人员提高工作效率与顾客满意度。此项目已通过极橙儿童齿科提案和共创工作坊验证设计方案的可行性与显著性研究，并在空间改善、服务表现、服务流程、团队服务意识培训、服务体验评价、线上线下服务连接、品牌价值传递等多方面逐步落地实施。

本研究希望帮助儿童口腔相关企业或机构在产品与服务正式投入和实施前，营造尽可能接近真实的场景，测试和观察客户在服务流程、实地空间场景中的直接反应，收集一手信息和资料，用于后续设计研究的实施。

现在，民众的生活水准提高，信息发达，消费升级，健康保健意识提升，使得更多优生优育的家庭更愿意在孩子疾病诊疗和预防保健方面投入更多精力和金钱。不同收入群体开始出现不同的需求，促使产生更专业和更人性化的儿童医疗环境与服务。一个专业、安全、舒适、友善、温馨、便捷、充满想象力与创造力的医疗服务环境，不仅可以缓解、降低儿童患者、患儿家长，以及医护人员的心理压力，改善儿童就医体验，也可以让医护人员因此能够更高效地工作。美国波特兰儿童齿科创始人 Dr. Pik 曾说过：“就算在医疗操作层面是完美的，如果孩子是眼含泪水离开，那么整个诊疗也是失败的。”在儿童患者的诊疗过程中，关注的重点除了病症，更多的是“儿童”。

儿童健康事关家庭幸福和民族未来，国家卫计委发布了《关于加强儿童医疗卫生服务改革与发展的意见》，提出要完善儿童医疗服务体系，推动形成儿童医疗服务网络，提高资源配置效率和服务水平，针对儿童及其家属心理特点，加强医患沟通，及时释疑解惑，满足多样化儿童医疗卫生服务需求。

参考文献

[1] Beyer H, Holtzblatt K. Contextual Design: Defining Customer-Centered Systems [M]. San Mateo: Morgan Kaufmann, 1997.

[2] Zeithaml V A, Parasuraman A, Berry L L. Problems and strategies in services marketing [J]. The Journal of Marketing, 1985: 33-46.

[3] 赵玮. 儿童口腔就诊行为管理技巧：始于爱心 成于精湛 [J]. 中国口腔医学研究杂志（电子版），2016，10（6）：401.

[4] 郭延庆. 应用行为分析与儿童行为管理 [M]. 北京：华夏出版社，2012.

[5] 尼尔·本内特，利兹·伍德. 通过游戏来教：教师观念与课堂实践 [M]. 刘焱，刘峰峰，译. 北京：北京师范大学出版社，2010.

[6] 珍妮特·莫伊蕾斯. 仅仅是游戏吗：游戏在早期儿童教育中的作用与地位 [M]. 刘焱，刘峰峰，雷美琴，译. 北京：北京师范大学出版社，2010.

信息流动在封闭信息环境的现实意义探索

周会彬　郭海蓉

（北京华为技术有限公司，北京，100000）

摘　要：出于信息安全等方面的考虑，仍然有相当多的领域从业者在应用产品时是在相对封闭的信息环境中。在封闭的信息环境中，从业者仍然有互动和分享的诉求。因此，本文主要探索在封闭信息环境中的信息内循环的意义及方法。

关键词：封闭信息环境；信息内循环；UGC

1　背景及现状

随着移动互联网技术的普及，互动和分享成为新的传播文化。人们通过社交媒体来创造共享资源并汲取所需知识，低成本的互动和分享扩大了社会交往，也构建了新型的社会关系。然而出于信息安全等方面的考虑，仍然有相当多的领域从业者在应用产品时是在相对封闭的信息环境中。

本文主要以通信领域运营商运维系统的封闭环境为例对此进行描述。

在封闭的信息环境中，从业者仍然有较强的互动和分享的意愿。基于此情况，本文从以下几个方面来论述该问题：封闭信息环境的现状；封闭信息环境的信息流动限制；开启信息“内循环”的意义；如何使封闭信息系统的信息流动起来；信息内循环的未来发展前景值得期待。

2　封闭信息环境的现状

封闭信息环境是指用户在应用某一产品时所处的环境是与外界隔离的，无法通过互联网等媒介与外界进行交流。据统计，当前有超过半数的行业应用是在封闭或半封闭的信息环境中运行的，比如通信运营商、部队、电力系统等对信息安全要求较高的领域。

在封闭的信息环境中，从业者无法从互联网获取及时有效的问题帮助，同时，经验值较高的从业者所持有的价值信息在封闭的信息环境未能得到有效流动，无法将自己的经验信息及时分享传递出去。

3　量身定制是个理想化的伪命题

在封闭的信息环境下，产品厂家想要提供完全贴合用户的信息只能是美好的愿望，因为实际用户在操作过程中遇到的问题千变万化。基于成本的考虑，厂家提供的帮助信息不可能完全覆盖。超过半数的用户在封闭信息环境使用产品时遇到过“我当前这个问题该如何解决”的疑惑，此时用户要么求助厂家客服，要么求助有经验的同事，但在封闭的信息环境下，求助过程异常艰难。

4　封闭信息环境的信息流动限制

在封闭信息环境中应用产品有如下限制：

（1）产品厂家只能向用户提供预设置好的固定信息，这些信息大多是离线或半离线的。

（2）信息流动只能从厂家向用户单向信息流动，无法从用户获得反馈来及时修正调整信息，用户的使用经验也无法在用户之间流动。

（3）信息容量受到产品包大小的限制，想要提供富媒体等信息时无法完全施展拳脚。

5　开启信息“内循环”的意义

在封闭信息环境中为该环境内的用户打开互相沟通的渠道就是开启了信息的“内循环”。用户在该环境中可以分享和互动，及时解决问题。

5.1　打通 UGC 通道

开启信息“内循环”就打通了 UGC（User Generate Content，用户产生内容）的通道。在开放的信息环境中，用户既是信息的浏览者，也是信息的创造者。在开启信息“内循环”后，就是开启了该环境内用户之间交流的网络，用户可以根据自己的体验分享心得。产品需要构建用户激励机制，让用户生产内容。

5.2　增加用户黏性和品牌忠诚度

通过关系沉淀增加用户黏性和品牌忠诚度，就是开启信息“内循环”增加用户与用户的关联关系以及用户与产品的关联关系。用户的行为不断融入产品后，可对产品建立一种全新的情感关联认知。

5.3　形成内循环的数据积累

通过信息“内循环”获取并分析用户在使用产品过程中的一手数据，可以修正和调整产品或产品资料，做好产品后续的优化。

查看用户使用频率高的问题，分析是否能从产品本身优化用户体验。如果因客观原因无法优化，可以在手册或界面中做成案例共享给用户。查看用户点赞数量高的功能，将其作为推荐共享给所有用户。

可以将信息“内循环”视为众筹，以用户的使用数据促使产品不断向良性方向发展，实现自优化和自闭环。

6 如何使封闭信息系统的信息流动起来

考虑如何使信息在一个封闭系统里流动起来，我们可以类比水流的流动。水要流动，需要有压力差，并且需要一定的渠道承载水流。

我们可以从这两个角度考虑信息流动：压力差和流动渠道。幸运的是，对于信息来说，压力差通常是天然存在的，因为时间的原因，总有更熟悉的经验用户和新手用户之分，而他们之间的信息持有量是有差异的，由此产生信息压力差。

单有信息压力没有渠道无法形成有效流动。我们要做的是提供畅通的信息流通渠道，使这些信息流动起来。

6.1 哪些信息需要流动

根据流动的目的地不同，信息可以分为三种。本文重点阐述人人、人机两种信息流动。机机流动主要涉及系统的对接，不同系统之间差异较大，本文不做展开论述。

人人信息流动（图 1）：解决不同经验等级的用户之间的信息流动问题。

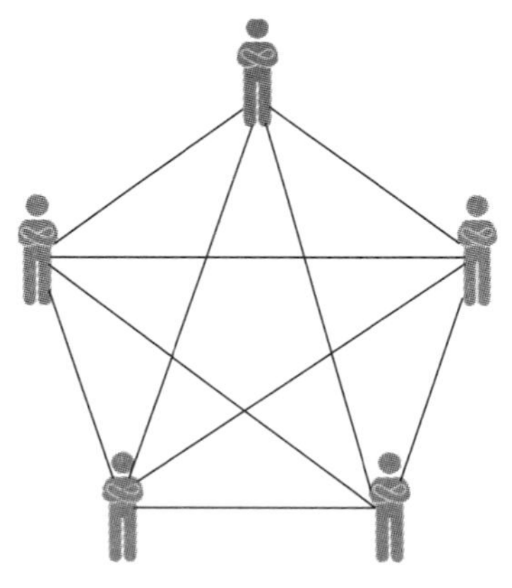

图 1 人人信息流动

人机信息流动（图 2）：解决人对系统的愉悦、抱怨、建议等反馈信息的流动问题，以及系统根据人的行为、角色、时间等属性提供及时匹配的精准信息的问题。

人机信息流动（图 3）：解决系统之间或者系统模块之间信息流动的问题，或者系统与三方系统的信息流动问题。例如系统与用户自有论坛之间的信息流动问题。

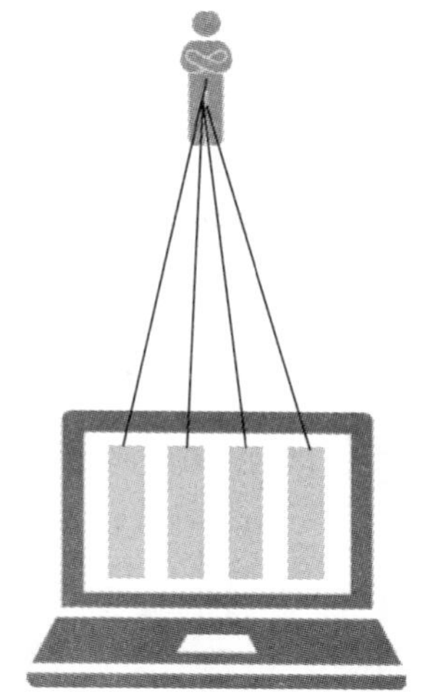

图 2 人机信息流动

图 3 机机信息流动

6.2 如何增加信息压力差

虽然信息压力差总是天然存在的，但每个个体之间的信息压力差比较小，此时需要通过一定的手段将这些信息集中起来，形成较大的信息压力差，构成信息流动的充分理由（图 4）。

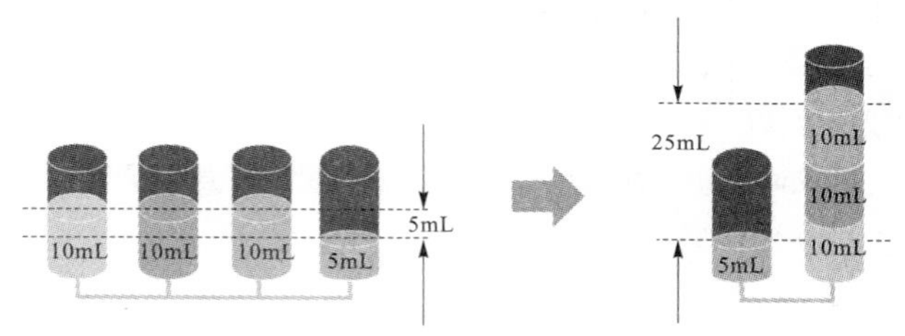

图 4 信息压力差

所以该问题转化为，如何将信息集中起来，形成一个较大的信息池。

对于水来说，将其集中起来需要一个水泵，信息集中起来也需要一个动力源。

为了确保个体都能贡献信息到总体信息池中，单靠原始的分享本性动力是不够的，还需要有单独的“信息泵”的角色。这个信息泵需要承担以下两个职能。

第一，形成信息贡献的量化机制。最普遍的做法是建立一定的积分制，积分跟个体荣誉关联，甚至可以抵扣部分购买该厂商其他产品或新版本的许可证，折算成实实在在的金钱。作为厂家来说，有意识帮助用户促进信息流动是很明智的，因为大家越习惯于对你的产品发出声音，在你的产品中越会出现更多的铁杆粉丝。品牌黏性会成倍增长。

例如，对于一个电信运营商来说，运维工程师针对某个常见故障输出了一个案例总结，该总结在全省范围内被使用超过 500 次，这个案例就应该计入更多的价值积分，通过这种方式，促使使用运维系统的不同角色都能贡献出符合该运营商的价值信息，提高工作效率。

第二，对信息进行过滤和重组。因为个体获知的信息是零散、重复甚至错误的，包含了很多“杂质”，不是简单地做加法将信息堆叠起来，这样会给从“池子”中获取信息造成很大的困难。

6.3 低成本信息分享

在封闭信息系统中，阻碍信息流动的最大障碍在于分享过于复杂。

例如，北京某运营商网管运维人员遇到一个棘手问题，经过定位解决后，决定分享给其他省份相关角色，他需要：

（1）对案例进行描述、截图、整理形成一个案例初稿，拷贝到 U 盘等手工传递的介质。

（2）进行脱敏处理，把案例中一些涉及具体地址、具体接口等关键信息进行模糊处理。

（3）切换到 OA 网络。通常类似内部论坛、案例库等渠道是在 OA 网络中，出于安全的考虑，OA 网络与生产环境网络是隔离的，所以需要先从生产环境的网管系统切换到 OA 网络。

（4）从 U 盘拷贝案例，然后录入对应的论坛或案例库。

如图 5 所示为一封闭信息环境信息分享的示例图。

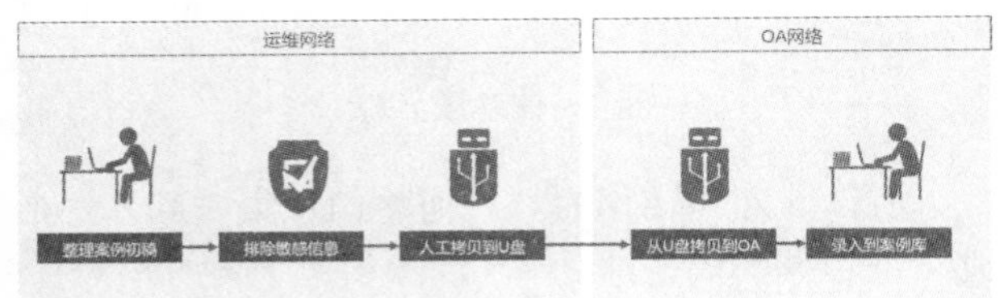

图 5 封闭信息环境信息分享示例图

可以看到，整个过程是比较复杂的。相信如果没有行政要求的驱动或者本身强烈的个人分享意愿，这个有价值的案例很难流动到有需要的同事那里。

其根本原因在于分享环境和工作环境之间是隔离造成的。这也是本文想要强调信息“内循环”的意义。

因此，最关键需要打通一个低成本、端到端的内部分享渠道。进一步分解为两个问题：

（1）要分享信息的人，如何低成本分享。

（2）要获取信息的人，如何低成本获取。

下面从这两个角度阐述“低成本”关键要素和能力。

“低成本分享”关键要素：

（1）用户不必脱离工作界面。

尽管厂家会提供很多文档、帮助，但有经验的老用户使用产品时仍会产生很多针对他们自己场景的更专属的信息，这些信息或许是厂家提供大而全信息的过滤后的版本，也可能是在原来提供信息基础上创造性总结出来的更合适的操作方法（图 6）。这些信息如果不必跳出工作界面环境，就不必进行“脱敏”处理，而且这些有价值信息最终并非要分享给工作环境外的人，所以保持在工作界面的环境完成分享是“内循环”的基础。

（2）低成本创造信息。

这包括两种类型，一种是在厂家信息基础进行的修改定制，一种是“原创”信息。

对于原创信息，例如针对一个界面报错信息，需要确保有经验的用户可以顺手形成一个案例：工作界面的相关信息大部分直接自动读取，包括错误码、错误截图、错误的简单描述等，通过这些系统自动的动作可以形成一个半成品的案例，用户做少量修改输入自己的解决办法即可完成分享。

对于定制信息，需要系统帮助提供可定制并且方便分享的能力，补充厂家帮助中对于特定场景描述不够具体的问题。

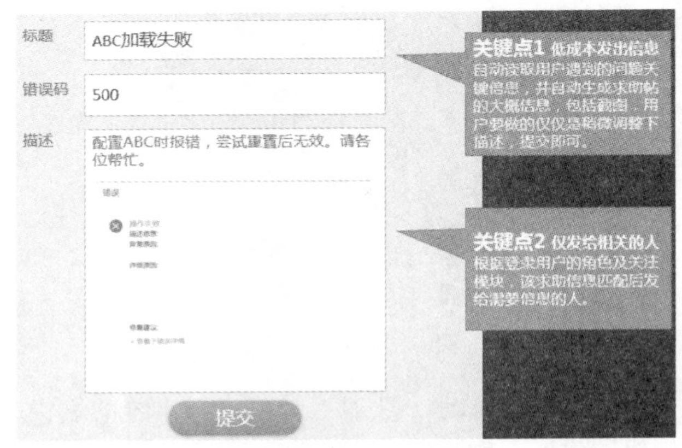

图 6 根据界面报错信息低成本信息分享示意图

（3）控制信息流的精准流动，根据用户属性仅发放给需要该信息的相关人，而不是广播式信息流。

信息传播领域一直主张最小化，精准信息流动就是这个目的。让刚好需要该信息的人得到刚刚好的信息。

因为一般封闭信息环境是包含鉴权控制和用户角色、权限控制的，可以借助这些天然的用户角色对信息进行匹配。

例如，某运营商网络中 A 市监控工程师小 a，发现在特定时段不定期收到某链路的质量裂化告警，经过反复定位判断查出是由于前端 MTU 设置不当引起的，调整后问题解决。小 a 将该案例在内部分享给全省所有监控工程师。

B 市监控工程师小 b 也有遇到该问题，他收到小 a 的案例分享的消息后，了解到自己遇到的问题跟其一致，不必重新定位，直接按照小 a 的建议处理即可。他认为这个案例对他有很大帮助。

而作为安全管理员的小 e，并不会收到小 a 关于监控告警案例的分享消息，否则会认为该消息是垃圾消息。

（4）除案例类信息（信息块），一些需要交互的确认类信息，例如省级运营商运维人员，需要进行升级扩容，期间影响地市的某些业务需要地市相关角色确认，这种类即时信息通过“内信息循环”系统直接传递也会比借助外部系统传递有更多的优势，成本更低。

6.4 人机信息流动的关键要素

前面提到，人机信息流动解决人对系统的愉悦、抱怨、建议等反馈信息的流动问题，对于开放信息环境来说，这些都不是问题，厂家可以直接获取用户的相关反馈、非隐私类的行为数据等，用于更好地理解客户的痛点，改善产品。

但封闭信息环境下，做到这些绝非易事。

所以当前绝大多数封闭系统的用户反馈都是通过人对人的传递到厂家：厂家定期会收集客户意见，客户把印象最深的一些好的、不好的反馈给厂家，厂家识别后进行改进。

但有更多在产品使用过程中的小“不爽”，并不能很有效地完整地传递给厂家。实际上，在开放环境下，可以通过用户在某个界面停留成功完成操作。这些本不需要用户反馈的信息因为封闭环境的限制，不得不以类似口述的方式传递给厂家，大多是打折后的信息。

所以要想获取完整的用户反馈，实现人到机器（系统）的信息流动，必须要在系统上设置随时可以反馈的渠道，如可以设置反馈缓冲区，具体思路如下：

（1）系统中包含随时可以对产品进行吐槽、点赞、意见反馈的入口。

（2）用户 A 发表了一条对于产品的意见后，相关用户也会收到相关消息，如果这些收到消息的用户对于 A 所反馈的问题深有感触，则只需要点赞（支持、认同）就可以完成对产品满意或不满意的信息叠加。

（3）但是别忘了，所有信息都只是在封闭环境中的，对于用户的喜怒哀乐，厂家并没有感知到，因此我们需要一个渠道能通知厂家，这就是缓冲区的意义。根据最广泛的用户真实票选的意见或建议的热度，会触发缓冲器中提前设置好的自动邮件通知阈值：比如已经有 57 个运维工程师反馈了对于支持批量业务修改的建议，此时会自动将该建议的信息概况发送给厂家邮箱，厂家需要对此进行快速处理以满足重点意见处理。

之所以发送信息概况，也是基于信息安全的角度，因为是机器自动触发，所以可以避免把机密信息误带出封闭环境。当然具体概括到什么程度，需要征求用户的意见。用户提供的信息越全面，厂家在实施该建议时就可以越少地去干扰用户询问具体改进点。

如图 7 所示，为低成本收集用户反馈示意图。

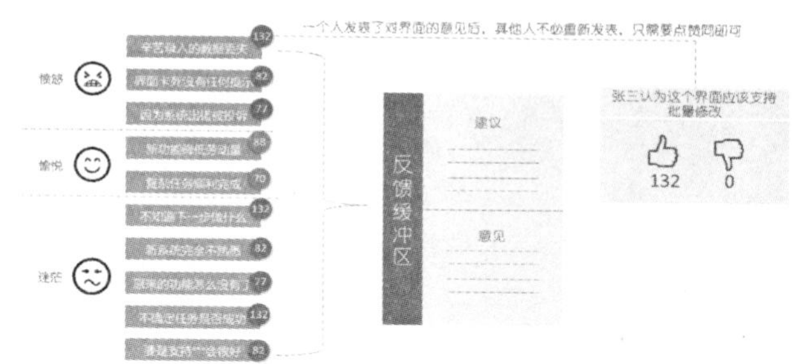

图 7 低成本收集用户反馈示意图

7 信息内循环的未来发展

未来，产品在大客户领域的应用会更加偏向私人定制，用户自己的使用经验如何在用户内部快速共享会是产品所关心的问题。可以通过用户自运营促进产品更健康的发展。即时通信软件与封闭信息系统内产品的跨界结合可以达到信息在特定封闭场合流动起来的目的，使产品既能保持信息安全又促进系统内的信息流动，达到双赢的目的。

另外，信息之所以封闭还是对当前技术的不完全信任，担心开放系统后会引起不必要的被攻击风险或者信息泄露风险。但随着技术的发展和成熟，绝对封闭的环境会慢慢变少，即，用户可以靠技术手段稳定控制该流动的信息自由流动，不该流动的信息完全不会流动。

不过这是一个理想的状态，是一个渐变的漫长过程，也正因如此，按照信息内循环思路来设计系统也会在一段时间内有其现实意义。

参考文献

[1] Edwards K W, Mynatt E D. Timewarp: Techniques for Autonomous CollaborationRroceedings of CHI [J]. 97 Association for Computing Machinery, 1997: 218-225.

[2] 陈杰. 本地文件系统数据更新模式研究 [D]. 武汉：华中科技大学，2014.

[3] 罗东健. 大规模存储系统高可靠性关键技术研究 [D]. 武汉：华中科技大学，2011.

西华大学美术与设计学院简介

西华大学美术与设计学院坐落于成都市郫都区，有近30年的办学历史，拥有产品设计（工业设计）、视觉传达设计、环境设计、动画、美术学5个本科专业，1个“设计学”一级学科。在校本科生、研究生共1729人。

设计学学科有10名教授，18名副教授，其中8名具有博士学位，12名硕士研究生导师。部分骨干教师具有国内外重点设计院校博士后、访问学者的研究工作背景。本学科教师团队曾主持国家自然基金项目、国家社科基金艺术学项目等国家级课题5项，教育部、文化部、四川省哲学社会科学规划等省部级项目14项，文化厅、教育厅及各省重点哲社研究基地项目60余项；在《文艺研究》、《装饰》、《美术与设计》、《机械设计》、《美术观察》、《电影艺术》等CSSCI、CSCD、EI收录期刊发表论文100余篇；发明专利5项；获得“中国工业设计发展十年优秀论文奖”、“第七届高等教育四川省教学成果奖二等奖”等多个奖项。本学科教师入选四川省“千人计划”、四川省学术和技术带头人，受聘为四川省科技厅科技与文化服务委员会委员、四川省经信委特聘专家、四川省旅游发展委员会青年专家、四川省工业设计协会副理事长。

依托西华大学计算机科学与技术、机械工程、车辆工程、建筑学、管理学、文学等多学科学术资源，在课题研究、师资共享等方面形成了一定规模的交叉融合。针对国家与地方经济和产业发展所急需的领域开展应用研究。

目前学院的“设计学”一级学科硕士点共设置了5个研究方向：

①设计历史及理论；

②工业设计研究；

③信息交互与体验设计研究；

④地域文化与创意设计研究；

⑤动画与数字媒体设计研究。

此外，西华大学美术与设计学院还拥有四川省教育厅人文社会科学重点研究基地“工业设计产业研究中心”、校级重点学科“设计艺术学”等学科平台，以及“工业设计产业研究中心 • 爱威视眼动交互研究实验室”、“UXPA用户体验设计联合实践基地”等。

四川 • 成都